DICTIONNAIRE des Sciences de la Vie et de la Terre

MICHEL BREUIL
Professeur de chaire supérieure
Docteur en Génétique
École Nationale de Chimie, Physique, Biologie
Lycée Pierre-Gilles de Gennes (Paris)

Nathan

Édition : Gilbert Gié
Maquette intérieure : Thierry Méléard
Couverture : Benny Aguey-Zinsou
Photos de 4e de couverture : © Michel Breuil
Schémas : Domino, Corédoc
Fabrication : Pascal Mégret

ISBN : 978-2-09-188269-7

PRÉFACE

L'élève de la classe de Sixième apprend environ 6 000 mots nouveaux, dont environ 400 en Sciences de la Vie et de la Terre ; son vocabulaire s'enrichit de 20 000 mots en Quatrième tandis que, au lycée, l'adaptation relative des contenus d'enseignement à des champs disciplinaires à la fois plus diversifiés et plus spécialisés rend nécessaire l'assimilation de définitions et d'explications de plus en plus nombreuses et précises. L'inflation des terminologies disciplinaires est un problème transversal ou commun aux différents enseignements.

En outre, dans les pratiques quotidiennes, sont utilisés des termes communs à visée méthodologique comme « problème, analyse, hypothèse, expérience… », avec un sens variable suivant les disciplines d'enseignement et aussi avec les enseignants. Aussi, l'Inspection Générale s'intéresse à ces deux aspects de notre terminologie spécifique : la limitation utile et l'univocité de langage dans les enseignements.

Le *Dictionnaire des Sciences de la Vie et de la Terre* conçu et réalisé par Michel BREUIL répond de façon parfaite à cette double préoccupation. Le choix de 4 500 entrées utiles à l'enseignement dans les lycées nous aide à cerner les notions exigibles, correspondant aux programmes d'enseignement de Biologie, de Sciences de la Terre et de Planétologie. La méthode utilisée pour guider ce choix : l'analyse des *Instructions officielles*, celle des manuels scolaires et la consultation des ouvrages parascolaires utilisés par les professeurs a permis des propositions extrêmement pertinentes. Des niveaux de formulation des différentes notions abordées facilitent notre représentation commune des connaissances attendues chez les lycéens, niveaux d'exigences utiles concernant les informations et les explications actualisées, précises et justes.

Au-delà, les différentes entrées et corrélats aménagés (renvois directs aux notions) permettent de faire des liens dans cet ouvrage, et de constituer un réseau de « mots clés », autre mode de représentation des contenus de formation assignés au lycée.

De même, le lexique d'une soixantaine de termes méthodologiques les plus souvent employés en Sciences de la Vie et de la Terre permet de circonscrire le champ de la formation méthodologique, spécifique de notre enseignement des sciences expérimentales. Ce lexique peut être le support des réflexions nationales relatives à la définition concertée de « ce à quoi on forme ». Ces deux approches sont complémentaires.

La qualité de ce dictionnaire tient aussi à l'équilibre des différents domaines des Sciences de la Vie, au poids judicieux des Sciences de la Terre (environ un quart du dictionnaire), à la valeur des quelque 80 figures, à la cohérence de la rédaction, à la prudence et à l'ouverture des propositions, ainsi qu'à la facilité d'utilisation.

Pour de nombreuses raisons scientifiques, didactiques et pédagogiques, le dictionnaire de Michel BREUIL présente un très grand intérêt pour les enseignants, les formateurs des IUFM et des MAFPEN, les candidats aux concours de recrutement et aussi pour les lycéens. Cet outil de travail contribuera au renforcement de la qualité de l'enseignement des Sciences de la Vie et de la Terre.

L'Inspection Générale remercie Michel BREUIL d'avoir ainsi mis ses compétences de chercheur universitaire et de professeur de l'enseignement secondaire au service de la formation, sous la forme d'un travail excellent et original, à la fois utile aux enseignants et à leurs élèves.

Régis DEMOUNEM,
Inspecteur Général,
Doyen du Groupe Sciences de la Vie et de la Terre.

MODE D'EMPLOI

En plus de son rôle explicatif, ce dictionnaire a pour objectif principal la facilité d'utilisation. Il comporte plus de 4 500 entrées dont quelque 4 000 sont immédiatement suivies d'une définition, souvent complétée par un développement plus ou moins important. À chaque entrée est associé le (ou les) code(s) matières (liste p. 543) définissant les domaines d'application concernés, auquel s'ajoutent, pour les mots simples, la forme grammaticale (adj. et/ou n.) et le genre.

Chaque entrée est suivie soit d'un article définissant le terme, le concept, l'analyse recherchés, soit d'un renvoi direct vers un synonyme défini ou vers une autre entrée où la notion est traitée. Dans ce dernier cas, le mot recherché apparaît en ***italique gras*** dans l'article correspondant [cette aide est inutile lorsque le mot (adjectif ou nom propre) est inclus dans l'intitulé de l'entrée vers laquelle on est renvoyé].

Si un mot possède des synonymes, leur liste alphabétique est placée à la fin de la définition (certains synonymes mentionnés sur la liste sont absents du corpus, car peu utilisés). Priorité étant donnée à la pratique courante, c'est le synonyme (ce peut être un sigle ou un mot étranger) qui est considéré comme le plus usité qui fait l'objet d'un article développé (le choix adopté peut néanmoins sembler subjectif…). Les termes étrangers et les noms scientifiques des espèces (*Australopithecus*, *Homo…*) apparaissent en *italique* et les sigles sont toujours déchiffrés *in extenso* dans la langue d'origine (par exemple, *FSH : Follicle Stimulating Hormone*).

Par un souci de clarté, tous les termes faisant l'objet d'une entrée ne sont pas systématiquement repérés dans le corps de l'article. Cependant, l'utilisation de **caractères gras** attire l'attention du lecteur sur des « mots clés » qui sont souvent des prérequis indispensables à une bonne compréhension de la notion définie, et qui constituent toujours des entrées du dictionnaire. Pour lever toute ambiguïté dans le protocole utilisé, l'ajout d'un astérisque (*) à un terme en ***italique gras*** correspond au cas d'un « mot clé » étranger donnant lieu à un article. Quand il s'agit d'un concept polysémique, les différents sens, qui appartiennent à un même code matières ou à un même ensemble de codes matières, sont distinctement présentés par des chiffres en gras.

Une liste alphabétique des renvois vers des termes corrélatifs, souvent proposée en fin d'article, permet de mieux situer la notion dans son contexte par des regroupements thématiques, des élargissements de sens, ou d'éviter des confusions avec des notions voisines.

Pour 83 entrées, il existe des figures permettant de mieux visualiser une notion, une structure ou un fonctionnement. Certaines sont très simples et/ou classiques, d'autres, au contraire, sont plus originales et mettent l'accent sur des problèmes souvent mal compris.

Toutes les entrées se retrouvent par classement alphabétique direct. Pour les expressions formées de plusieurs mots (un nom associé à un adjectif par exemple), il faut chercher au nom plutôt qu'à l'adjectif. De plus, le fait d'avoir groupé les entrées de ce type par nom permet d'avoir, d'un seul coup d'œil, différentes notions qui sont complémentaires et évite, de ce fait, de multiples va-et-vient dans le corpus. Par exemple, si vous cherchez le mot « allèle », vous aurez la définition d'un allèle et juste à la suite les différents types d'allèles, il en est de même pour « *Australopithecus*, gène, *Homo*, lymphocyte, roche... ».

Pour les lois, expériences, méthodes, structures, organes... associés à un nom propre, il faut chercher au nom commun que l'usage a consacré (lois de Mendel, expériences de Miller, appareil de Golgi, nerf de Hering...) ; pour ceux que l'usage n'a pas encore consacrés (Southern Blot...), il faut chercher au nom propre qui vous indiquera l'entrée à consulter. Dans quelques rares cas, le nom propre a engendré un nom commun (darwinisme, lamarckisme...).

L'ouvrage se termine par un lexique méthodologique de plus de soixante-dix entrées. La plupart des mots qu'il contient sont des mots « familiers » dont on croit connaître le sens. Ces mots se rencontrent dans les sujets de devoir ou de baccalauréat. Ils sont fondamentaux pour répondre correctement aux questions posées. Il est souhaitable de parcourir cette liste et d'en étudier les définitions. Par exemple, nombre d'entre vous seront surpris d'apprendre que donner une explication, ce n'est pas « rendre claire une chose obscure » ou « chercher à mieux faire comprendre », mais c'est établir une relation de cause à effet entre les différents éléments d'un système.

Vous tous qui utiliserez ce dictionnaire, faites-nous part de vos remarques et de vos suggestions ; vous nous aiderez à le rendre encore plus performant.

A

ABA

Physiol. vég. - Sigle d'Acide abscissique.

ABBÉVILLIEN *n. f.*

Préhist. - Culture préhistorique du **Paléolithique inférieur**, formant l'**Acheuléen** précoce d'Europe. L'industrie préhistorique associée est caractérisée par des bifaces très irréguliers fabriqués par *Homo erectus* entre 1 Ma et 300 000 ans. Les premiers outils de ce type ont été trouvés dans la Somme près d'Abbeville. Cette division du Paléolithique inférieur n'est plus usitée, elle est intégrée à l'**Acheuléen.**

⟶ ***Homo, Industrie préhistorique.***

ABDOMEN *n. m.*

Anat - **1.** Chez les **Vertébrés**, partie du corps qui contient les organes digestifs, excréteurs et reproducteurs. Chez les Mammifères, l'abdomen est séparé du thorax par un muscle lisse, le diaphragme. **2.** Chez les **Arthropodes**, partie postérieure du corps bien individualisée de la partie antérieure.

ABERRATION CHROMOSOMIQUE

Génét. Méd. - syn. ***Anomalie chromosomique.***

ABIOTIQUE *adj.*

Écol. Évol. - Désigne un milieu dépourvu d'êtres vivants en raison des conditions extrêmes qui y règnent en permanence.

⟶ ***Biosphère, Biotique.***

ABRASION *n. f.*

Géomorpho. - Forme d'**érosion** où un fluide (eau, air, glace) transportant des particules solides (grains de sable, galets ou blocs charriés par un glacier) va user mécaniquement une roche comme le fait du papier de verre sur une surface à polir.

ABSCISSION *n. f.*

Physiol. vég. - Processus et mécanisme de la chute des feuilles, des fleurs et des fruits à la suite d'une fragilisation de la paroi des cellules de la base d'un pétiole ou d'un pédoncule (zone d'abscission) suivie par la formation d'une couche de cellules subérifiées autour de la zone de séparation. L'abscission est déclenchée par des facteurs externes favorisant la synthèse d'**acide abscissique**.

ABSORPTION *n. f.*

Physiol. - **1.** Passage de matière à travers une couche de cellules épithéliales à partir d'un compartiment de l'organisme vers un autre compartiment. **2.** Processus par lequel des molécules pénètrent dans une cellule.

ABSORPTION D'UN RAYONNEMENT

Phys. - Diminution que subit l'intensité d'un rayonnement électromagnétique émis par une source en raison de la présence d'un milieu interposé entre la source et l'observateur. Cette absorption peut être continue ou ne toucher que certaines longueurs d'onde et se traduit alors par des raies noires dans le **spectre** des longueurs d'onde émises.

ABSORPTION INTESTINALE

Physiol. ani. - Passage des **nutriments** du tube digestif, au travers de la paroi intestinale.

→ ***Absorption, Entérocyte, Intestin.***

ABSORPTION RACINAIRE

Physiol. vég. - Passage de la **solution du sol** dans la **racine**. Les **poils absorbants** sont capables de prélever, par transport actif (donc, coûteux en énergie), les ions minéraux dont la plante a besoin. L'intérieur du poil absorbant devient **hypertonique** par rapport à la solution du sol, ce qui entraîne le passage de l'eau par **osmose.**

ACARIENS *n. m.*

Zool. - **Arachnides** de taille généralement microscopique (15 µm à 0,2 mm) à corps plus ou moins ovale sans distinction entre un céphalothorax et un **abdomen**. Comme tous les Arachnides, les Acariens possèdent six paires d'appendices : une paire de chélicères et une paire de pédipalpes formant un rostre, et quatre paires de pattes locomotrices. Les Acariens possèdent de nombreuses formes libres vivant dans la **litière**, certaines sont phytophages, d'autres carnivores, certaines détritivores. De nombreux Acariens se nourrissent de poussières (débris de peau, cheveux, laine…) et sont à l'origine de nombreuses allergies. Il existe des Acariens parasites comme les Tiques qui sucent le sang des Mammifères et transmettent des parasites (maladie de Lyme), d'autres comme les Sarcoptes creusent des galeries dans l'épiderme des Mammifères et causent la gale.

→ ***Microfaune.***

ACAULE *adj.*

Bot. - Caractérise une plante qui ne possède pas de tige apparente au moins durant le stade végétatif, les feuilles ont alors une disposition en rosette (pâquerette, primevère, arabette…). L'acaulisme se rencontre souvent en montagne et produit le nanisme, il est dû à la destruction de l'auxine par les rayons ultra-violets.

ACCEPTEUR *n. m.*

Éner. - Molécule capable de recevoir un ou deux électrons et protons en provenance d'un **substrat** ou d'un autre accepteur. Les accepteurs se comportent comme des transporteurs. Dans leur état **réduit**, ils peuvent être **oxydés** par d'autres accepteurs ayant un **potentiel rédox** supérieur qui deviennent à leur tour réduits.

→ ***Accepteur final, Transporteur d'électron, Transporteur d'hydrogène.***

ACCEPTEUR FINAL

Éner. - Molécule oxydée recevant, en provenance d'une molécule réduite, des électrons et/ou des protons qu'elle conserve. **1.** Dans la **respiration aérobie**, l'accepteur final des électrons s'associe avec des protons pour donner naissance à une molécule d'eau. **2.** Dans la **photosynthèse**, l'accepteur final est un transporteur d'électrons et de protons, noté TH_2 ($NADPH_2$), qui sert à réduire le CO_2 au cours du **cycle de Calvin**.

ACCOMMODAT *n. m.*

Bot. - **Phénotype** végétal dont les caractéristiques sont imposées par les contraintes directes du milieu extérieur éloignées de celles considérées comme optimales.

→ ***Acaule.***

ACCOMMODATION *n. f.*

Écol., Évol. - Capacité que possède un être vivant de s'adapter à de nouvelles conditions si celles-ci changent graduellement.

Physiol. ani. - Capacité que possède le cristallin à modifier sa convergence par une variation de sa courbure. Le **cristallin** est maintenu attaché à la sclérotique par des ligaments suspenseurs qui le soumettent à un étirement permanent. Le cristallin est alors étiré et la convergence est faible ce qui permet une vision éloignée nette. Pour une vision nette rapprochée, les muscles des procès ciliaires se contractent ce qui entraîne le relâchement des ligaments suspenseurs et, le cristallin, en raison de son élasticité, prend une forme plus bombée et devient plus convergent.

→ ***Presbytie.***

Strati - Espace disponible entre le niveau de la mer et le fond. Cette épaisseur dépend de la **subsidence,** de la variation du niveau (**eustasie**) et des dépôts sédimentaires.

ACCOUTUMANCE *n. f.*

Neurobiol. - État de l'organisme qui tolère de mieux en mieux une substance et y réagit de moins en moins fortement. Ce processus a pour effet, si la substance est une **drogue**, d'entraîner une augmentation de la fréquence des prises et une augmentation des doses pour obtenir les mêmes effets.

→ ***Mithridatisation, Toxicomanie.***

ACCRÉTION OCÉANIQUE

Tecto. - Mise en place de nouvelle **lithosphère** océanique, à partir d'une dorsale océanique.

→ ***Tectonique des plaques.***

ACCRÉTION PLANÉTAIRE

Astron. - Formation d'une **planète** par incorporation de nouveaux objets célestes. On pense actuellement que la Terre, tout comme les autres planètes, s'est formée à partir de l'agglomération de poussières constituant des amas de plus en plus importants. La masse de la Terre a augmenté à la suite d'un bombardement météoritique qui eut lieu dans la période allant de 4,5 Ga à 4 Ga. L'énergie d'impact a provoqué la fusion de la planète en formation et sa **différenciation** simultanée en enveloppes concentriques sous l'effet de la gravité. L'eau présente sur Terre provient du dégazage des **météorites**.

→ ***Atmosphère primitive.***

ACELLULAIRE *adj.*

Cyto. - Se dit d'une structure biologique dépourvue de cellules (syn. Anhiste).

ACÉTATE *n. m.*

Biochim. Éner. - CH_3-COO^-. Forme ionisée de l'acide acétique.

→ ***Fermentation, Mycoderme du vin.***

ACÉTYLCHOLINE (ACh) *n. f.*

Endocrino., Neurobiol. - **Neurotransmetteur** produit par certaines **synapses**. L'acétylcholine est libérée par le **système nerveux sympathique** dans les synapses préganglionnaires, dans le **système nerveux parasympathique** au niveau des synapses terminales et dans certaines régions de l'encéphale. L'acétylcholine est aussi produite dans les **synapses neuromusculaires**. Sa fixation sur la membrane des cellules postsynaptiques provoque l'ouverture de **canaux ioniques** chimiodépendants. Il existe deux récepteurs membranaires à l'acétylcholine, les **récepteurs nicotiniques**, présents au niveau de la synapse neuromusculaire et les **récepteurs muscariniques** du **système nerveux autonome**. L'acétylcholine est synthétisée par les neurones présynaptiques par acétylation de la choline. Elle est détruite dans la fente synaptique par l'**acétylcholinestérase**, ce qui entraîne la fermeture des canaux ioniques et un arrêt de la transmission.

ACÉTYLCHOLINESTÉRASE *n. f.*

Neurobiol. - Enzyme présente dans La **fente synaptique** qui hydrolyse l'**acétylcholine** fixée sur les récepteurs postsynaptiques, ce qui entraîne la fermeture des canaux ioniques qui leur sont associés.

ACÉTYL-COENZYME A *n. m.* ou *f.*

Biochim., Éner. - Coenzyme A ayant fixé un radical acétyl ($-CH_3-CO$) provenant de la **glycolyse** ou d'une autre voie de dégradation hyaloplasmique. Le coenzyme A introduit le radical acétyl dans le **cycle de Krebs** et permet sa fixation sur l'acide oxaloacétique qui devient de l'acide citrique. L'acétyl-CoA est aussi à l'origine de la synthèse de l'acétylcholine et du cholestérol.

ACh

Endocrino., Neurobiol. - Sigle d'**Acétylcholine**.

ACHEULÉEN *n. m.*

Paléont. - Culture préhistorique du **Paléolithique inférieur** qui dure de 1 Ma à 300 000 ans. Les **bifaces** aux tranchants réguliers définissent cette **industrie préhistorique**, ils ont été trouvés la première fois à Saint-Acheul dans la Somme. Leurs auteurs sont des ***Homo ergaster**** et des ***Homo erectus****.

ACHONDRITE *n. f.*

Astron.

→ ***Météorite pierreux.***

ACIDE *n. m.* ou *adj.*

Biochim. - Suivant Lewis, un acide est une molécule capable d'accepter une paire d'électrons d'une base. Suivant Brønsted, un acide est une molécule capable de céder un ou plusieurs protons. En biologie, on applique la définition de Brønsted.

Pétrol. - Qualifie une **roche magmatique** dont la quantité de silice (SiO_2) est supérieure à 66 % du poids de la roche. Du fait de cette importante quantité de silice, les roches acides sont riches en cristaux de quartz, mais elles sont pauvres en **minéraux ferromagnésiens** et en calcium (15 % ou moins). Les **granites** et les **rhyolites** sont les principales roches acides.

→ ***Basique, Ultrabasique.***

ACIDE ABSCISSIQUE (ABA)

Physiol. vég. - Hormone végétale de nature terpénique qui provoque la **sénescence**, la chute des feuilles, la **dormance** dans les bourgeons et la multiplication des cellules des méristèmes secondaires. L'acide abscissique est fabriqué à l'extrémité des racines et dans les feuilles adultes. Sa synthèse est stimulée sous l'effet des contraintes de l'environnement (stress hydrique, déficit nutritionnel). Ses effets sont antagonistes des hormones de croissance (gibbérellines, **auxines**).

ACIDE ACÉTIQUE

Biochim., Éner. - $CH_3 - COOH$. L'acide acétique, sous forme ionisée l'acétate, est la plaque tournante de tout le **catabolisme** aérobie. En effet, la dégradation des **glucides** (oses simples), **lipides** (acides gras), **protides** (acides aminés) dans le hyaloplasme conduit à cette molécule. L'acétate entre dans les mitochondries en étant fixé sur le coenzyme A, d'où il est transféré sur les molécules du **cycle de Krebs**.

→ ***Fermentation.***

ACIDE AMINÉ

Biochim. - Molécule possédant une fonction amine (NH_2) et une fonction acide carboxylique (COOH) portées par le même carbone, sa formule est

$$H_2N - \underset{\displaystyle R}{\underset{|}{CH}} - COOH.$$

Il existe vingt radicaux différents dans les chaînes polypeptidiques. On distingue des acides aminés dont les radicaux sont basiques (lysine, arginine, histidine), acides (acide glutamique, acide aspartique), non chargés (sérine, thréonine, asparagine, glutamine) ; de plus, ces neuf acides aminés sont hydrophiles. Huit autres sont hydrophobes (alanine, isoleucine, leucine, méthionine, phénylalanine, tryptophane, valine, tyrosine). Trois sont particuliers (cystéine, glycine, proline). La cystéine est hydrophobe, mais son groupe S–H se lie avec une autre cystéine pour produire une liaison « forte » (liaison covalente), le **pont disulfure**. La glycine dont le radical R est l'hydrogène est dépourvue de tout caractère hydrophile ou hydrophobe. Par sa forme, la proline, fortement hydrophobe,

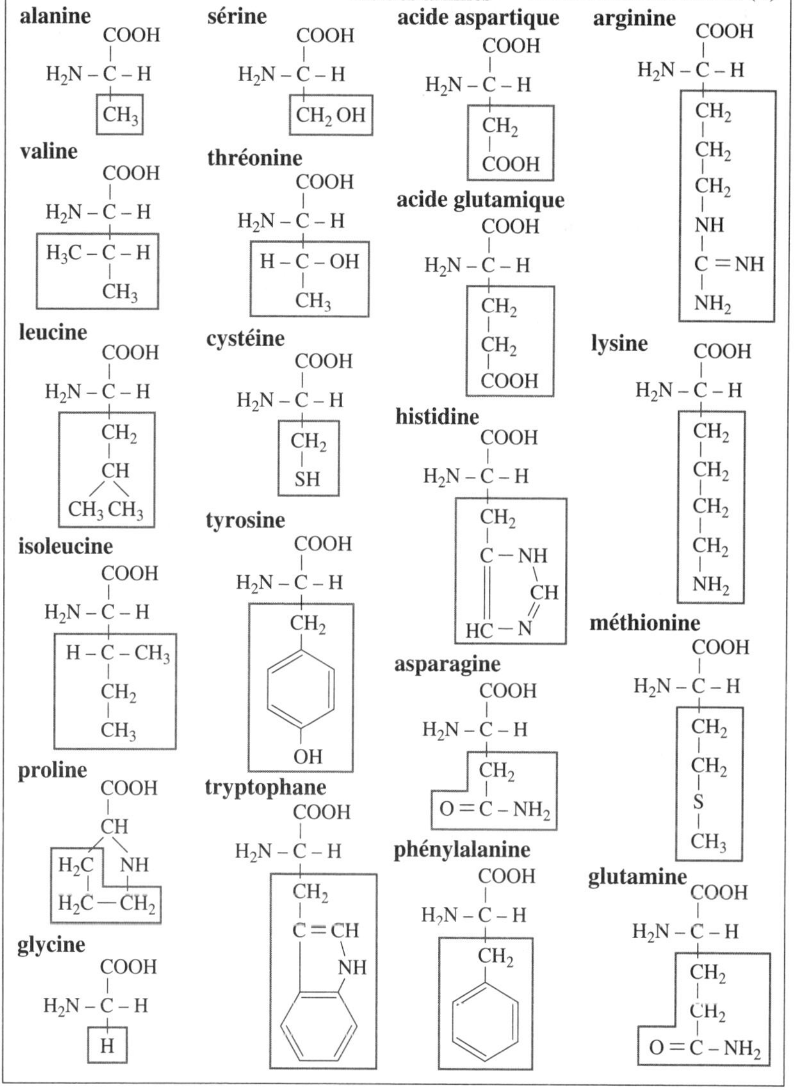

Acides aminés les radicaux sont encadrés (R)

imprime un angle à la **chaîne polypeptidique**. Les mutations qui conduisent à des remplacements d'acides aminés ont d'autant plus d'effet sur la structure de la **protéine** et donc sur sa fonction quand l'acide aminé substitué n'appartient pas à la même catégorie que l'acide aminé précédent et qu'il se situe dans le **site actif**. La position des acides aminés dans une chaîne polypeptidique est spécifiée par la **séquence nucléotidique** de l'ADN du **brin transcrit** (syn. Amino-acide).

⟶ ***Horloge moléculaire, Mutation.***

ACIDE BUTYRIQUE

Biochim., Éner. - $CH_3-CH_2-CH_2-COOH$. L'acide butyrique est un **acide gras** à courte chaîne carbonée. Il est produit lors d'une **fermentation** anaérobie comme celle que réalisent les Bactéries du genre *Clostridium* qui produisent des toxines, comme celles provoquant le tétanos (Bactéries du sol) ou le botulisme (Bactéries présentes sur la nourriture avariée).

ACIDE DÉSOXYRIBONUCLÉIQUE

Biochim., Génét. - syn. ***ADN.***

ACIDE GRAS

Biochim., Éner. - Molécule biologique à chaîne carbonée linéaire plus ou moins longue de formule générale CH_3 (C_xH_{2n}) COOH où la chaîne est saturée si x = 2n ou insaturée dans le cas contraire. Ces acides gras se caractérisent par le nombre et la position de leurs doubles liaisons. Ce sont des molécules bipolaires dont le pôle hydrophile est formé par le groupement COOH et le pôle hydrophobe par la chaîne aliphatique. Les acides gras sont synthétisés par les cellules à l'exception des acides gras essentiels qui doivent être apportés par l'alimentation et qui ne sont pas les mêmes suivant les espèces animales considérées. Les acides gras interviennent comme molécules énergétiques de réserve, ils sont stockés principalement par des cellules spécialisées les **adipocytes**. De plus, ils ont un rôle structural important dans les **lipides** membranaires qui constituent la bicouche lipidique, base de toute **membrane biologique.** Les acides gras se forment aussi dans l'espace et 44 sortes d'acides gras différents ont été identifiés dans les chondrites carbonées.

→ ***Acide gras insaturé, saturé.***

ACIDE GRAS ESSENTIEL

Biochim., Éner. - Catégorie d'acides gras que l'organisme n'est pas capable de synthétiser. Ils doivent donc être apportés par l'alimentation. Chez l'Homme, les trois acides gras essentiels sont des **acides gras insaturés** : acide linoléique, acide linolinique, acide arachidonique.

ACIDE GRAS INSATURÉ

Biochim., Éner. - Acide gras comprenant une ou plusieurs doubles liaisons dans la chaîne carbonée. Plus le nombre de doubles liaisons est important, plus l'acide gras est oxydé facilement. *Exemples :* acide linoléique, acide linolinique, acide arachidonique.

ACIDE GRAS SATURÉ

Biochim., Éner. - Acide gras dont toutes les liaisons entre les atomes de carbone constituant la chaîne carbonée sont des liaisons simples. Ces acides gras sont stables, ils s'oxydent difficilement. *Exemples :* acide stéarique, acide palmitique.

ACIDE HUMIQUE

Pétrol. - Acide provenant de la dégradation par les Bactéries de la **cellulose** et de la **lignine** lors des processus d'**humification**.

ACIDE INDOLE(-)ACÉTIQUE (AIA)

Physiol. vég.

→ ***Auxines.***

ACIDE LACTIQUE

Biochim., Éner. - $CH_3-CHOH-COOH$. Produit final de la **fermentation** dite lactique. L'acide lactique est de l'acide pyruvique qui a été réduit par les transporteurs réduits (TH_2) durant la **glycolyse**.

ACIDE NUCLÉIQUE

Biochim., Génét. - Polymère de **nucléotides.**

→ ***ADN, ARN.***

ACIDE OXALOACÉTIQUE

Biochim., Éner. - $COOH - CH_2 - CO - COOH$. Acide carboxylique à 4 atomes de carbone qui fixe le groupement acétyl de l'**acétyl-CoA** et donne un acide carboxylique à 6 atomes de carbone, l'acide citrique.

ACIDE PHOSPHORIQUE

Biochim. - H_3PO_4. Triacide intervenant dans la structure des acides nucléiques et dans celle des nucléotides triphosphates comme l'adénosine triphosphate (ATP). Le phosphate PO_4^{3-} est la forme d'absorption du phosphore par les plantes.

ACIDE PYRUVIQUE

Biochim., Éner. - $CH_3-CO-COOH$. Produit terminal de la **glycolyse** qui, en fonction de la présence ou de l'absence de dioxygène, est transformé dans des voies métaboliques différentes. En **anaérobiose**, l'acide pyruvique se comporte comme un accepteur d'hydrogène (e^-, H^+) et donne naissance à de l'**acide lactique** (**fermentation** lactique) ou à de l'éthanol (fermentation éthylique) s'il y a une décarboxylation oxydative.

ACIDE RIBONUCLÉIQUE

Biochim. Génét. - syn. ***ARN.***

ACIDE 3-PHOSPHO-GLYCÉRIQUE (APG)

Biochim., Éner. - $COO-CHOH-CH_2OPO_3H_2$. Glucide à 3 atomes de carbone trouvé dans toutes les cellules. Il provient du clivage d'une molécule instable à 6 carbones produite par la fixation du CO_2 sur le Rudi-P.

⟶ ***Cycle de Calvin.***

ACIDOSE *n. f.*

Éner. - Diminution du pH sanguin. L'acidose métabolique est provoquée par une perte excessive de bases ou une accumulation d'acides fixes (acide lactique). L'acidose respiratoire est due à un défaut d'élimination du CO_2.

⟶ ***Alcalose.***

ACINUS *n. m.*

Anat., Physiol. ani. - Petit sac terminal d'une glande dite acineuse dont la paroi est délimitée par un épithélium unistratifié glandulaire. *Exemple* : cellule acineuse du pancréas exocrine.

ACP

Biochim., Génét. - Sigle d'**Amplification en Chaîne par Polymérase.**

syn. ***PCR.***

ACROCENTRIQUE *adj.*

Génét. - Se dit d'un **chromosome** ou d'une **chromatide** dont le **centromère** se situe à la quasi-extrémité de celui-ci.

⟶ ***Bras court, Bras long, Télocentrique.***

ACRON *n. m.*

Zool. - Région préorale des Annélides et des Arthropodes. L'acron ne correspond pas à un **métamère** en raison de l'absence de vésicules cœlomiques.

ACROPHASE *n. f.*

Neurobiol.

⟶ ***Rythme biologique.***

ACROSOME *n. m.*

Biol. cell. - Vésicule dérivée de l'**appareil de Golgi**, située à l'extrémité de la tête du **spermatozoïde** et qui contient des enzymes capables de digérer la **membrane vitelline** de l'**ovocyte**.

⟶ ***Fécondation.***

ACTH

Endocrino. - Sigle anglais de *Adreno-Cortico-Tropic-Hormone,* l'hormone ***adrénocorticotrope***. Hormone produite par l'hypophyse sous contrôle d'un facteur de libération hypothalamique (**corticolibérine**). L'*ACTH* déclenche la libération des **glucocorticoïdes** par les glandes **corticosurrénales** et d'acides gras par les cellules adipeuses (syn. Corticotrophine, Corticotropine, Corticostimuline, Hormone adrénocorticotrope, Hormone corticotrope).

ACTINE *n. f.*

Biol. cell., Éner. - Protéine motrice fibrillaire constituant les **myofilaments** fins de la **myofibrille** des fibres musculaires. La **myosine**, en présence d'ATP, se fixe sur l'actine et provoque un raccourcissement du **sarcomère**. L'actine appartient à une famille de protéines globulaires (forme G) qui se polymérisent de manière réversible et donne naissance à de l'actine fibrillaire (forme F). L'actine intervient aussi dans l'architecture (**cytosquelette**) et la mobilité des cellules.

ACTINO(LI)TE *n. m.*

Minér. - **Amphibole** calcique ferromagnésienne du **métamorphisme** du faciès des **schistes verts**. On employait aussi actinote.

ACTIVATEUR *n. m.*

Génét. - Protéine qui, lorsqu'elle est fixée en amont du **promoteur**, facilite la fixation de l'ARN polymérase.

→ *Gène de régulation, Répresseur.*

ACTIVATION DES LYMPHOCYTES B

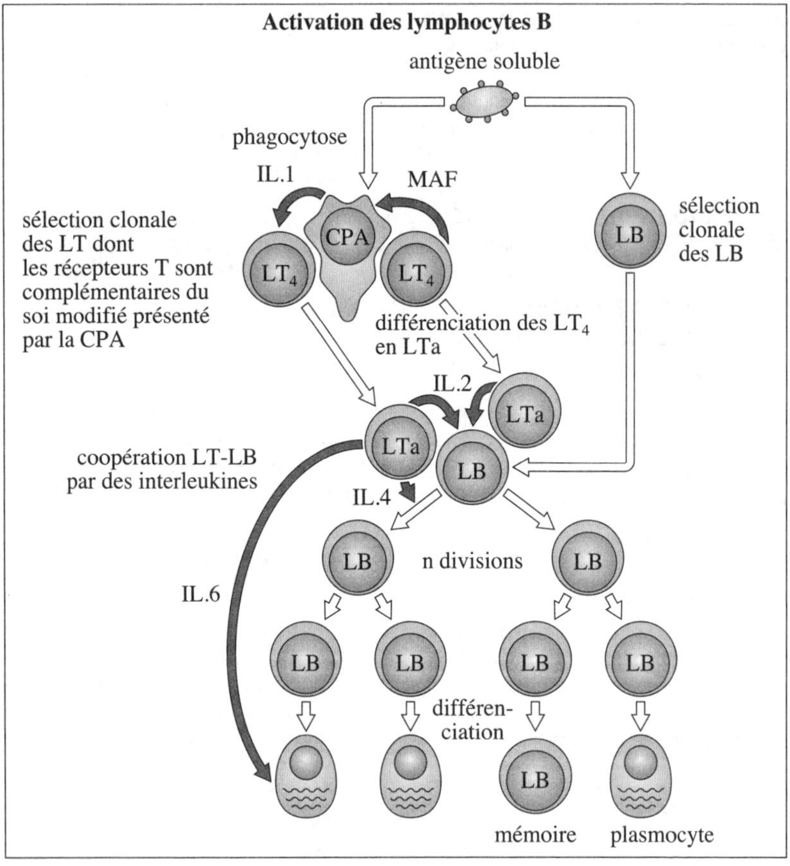

L'activation des lymphocytes B sélectionnés se fait par l'intermédiaire d'une coopération cellulaire entre une cellule présentatrice d'antigènes (CPA) et des LT4 qui, une fois transformés en lymphocytes T auxiliaires (LTa) sécrètent des interleukines (IL.2, IL.4, IL.6) qui activent les lymphocytes B.

Immuno. - Passage des **lymphocytes B** (LB) d'un état de repos à un état de grande activité cellulaire et moléculaire. Les lymphocytes B sont activés quand un type d'**antigènes solubles** se fixe sur leurs récepteurs membranaires (IgM, IgD) [un lymphocyte B donné ne peut fixer qu'un seul type de déterminant antigénique]. À la suite de ce contact, ces **lymphocytes B matures**, présents dans les tissus lymphoïdes périphériques, se réveillent et expriment à leur surface les récepteurs à l'interleukine-2 (IL-2). La fixation de l'IL-2 produite par les **LTh** sur leurs récepteurs provoque leur multiplication, puis leur différenciation en **plasmocytes** et en lymphocytes B mémoire. De plus, les LB se comportent comme des **CPA** et exposent à leur surface du **soi modifié** qui est reconnu par les LTh qui produisent de l'IL-2 (responsable de l'activation des lymphocytes), de l'interleukine-4 (responsable de la multiplication des LB) et de l'interleukine-6 (responsable de leur différenciation en plasmocytes). L'activation des lymphocytes B résulte d'une coopération cellulaire entre les différentes cellules du système immunitaire.

→ ***Activation des lymphocytes T, Anergie, Lymphocyte B activé, Sélection clonale.***

ACTIVATION DES LYMPHOCYTES T

Immuno. - Passage des **lymphocytes T** (LT) d'un état de repos à un état de grande activité cellulaire et moléculaire. L'activation des LT est déclenchée à la suite d'un contact avec une cellule présentatrice d'antigène présentant du **soi modifié**. Les lymphocytes T ayant à leur surface les récepteurs membranaires (**récepteur T**) correspondant au soi modifié présenté par la CPA vont être activés. Ils se multiplient alors et se différencient. À la suite de ce contact, le macrophage libère de l'interleukine-1 qui entraîne l'expression des récepteurs à l'IL-2 sur les **LT4** et les **LT8**. La présentation par les CPA d'un **déterminant antigénique** associé aux antigènes du CMH de classe I déclenche l'activation des LT8, associé aux antigènes du CMH de classe II, celle des LT4 qui produisent de l'IL-2 responsable de la prolifération des LT4 sélectionnés et des LT8. Les lymphocytes T sont incapables de reconnaître un déterminant antigénique s'il n'est pas associé aux antigènes du soi (CMH). En fait, l'activation d'un lymphocyte T nécessite un double signal (= double reconnaissance), d'une part la reconnaissance du soi modifié présenté par la CPA et d'autre part d'un cosignal déclenché par la liaison d'une protéine appelée CD28, présente à la surface du lymphocyte T, avec une protéine B7 portée par la membrane de la CPA.

→ ***Anergie.***

ACTIVATION DES MACROPHAGES

Immuno. - Augmentation de l'activité cellulaire et moléculaire des **macrophages** quand ils se fixent, par l'intermédiaire de leur **soi modifié**, à des LT4. Ces lymphocytes produisent alors une lymphokine, le MAF (*Macrophage Activating Factor*) qui augmente leur activité : augmentation de la production d'enzymes de dégradation, augmentation du nombre de récepteurs non spécifiques sur la membrane.

→ ***Macrophage infecté.***

ACTIVATION DU COMPLÉMENT

Immuno. - Processus par lequel les protéines solubles du **complément**, présentes dans le sang, deviennent fonctionnelles. C'est une réaction en chaîne de clivage et de coupure qui est déclenchée par la **voie classique** ou la voie alterne.

ACTIVATION D'UN ACIDE AMINÉ

Biochim. - Étape précédant la **traduction** et consistant à la fixation d'un acide aminé sur un **ARNt** qui lui est spécifique (**code génétique**).

ACTIVITÉ ENZYMATIQUE

Biochim. - Expression de la quantité d'**enzyme** nécessaire à la transformation d'un substrat en produit. L'activité enzymatique est mesurée par la quantité de substrat transformée en produit par unité de temps (micromole de substrat en une minute). La **catalase** est l'enzyme qui a la plus grande activité, c'est-à-dire le plus grand turn-over, soit environ $10^7 \cdot s^{-1}$.

→ ***Cinétique enzymatique, UI.***

ACTIVITÉ EXTERNE

Climato. - Déplacement de l'atmosphère et de l'hydrosphère à la suite de l'inégale répartition de l'énergie solaire reçue en fonction de la latitude, de la période de l'année et de la **force de Coriolis** liée à la rotation de la Terre.

ACTIVITÉ INTERNE

Géophys. - Déplacements de matière dans et entre les différentes enveloppes du globe.

→ ***Énergie interne.***

ACTIVITÉ SOLAIRE

Astron. - Variations des caractéristiques de la surface solaire. Cette activité se manifeste sous forme de taches provenant d'anomalies magnétiques et d'éruptions apparaissant plus ou moins régulièrement à la surface du Soleil. L'activité solaire varie avec une période de 11 ans.

→ ***Tache solaire.***

ACTUALISME *n. m.*

Évol., Géol. - Théorie supposant que les causes des phénomènes géologiques actuels sont les mêmes que celles ayant agi dans le passé. Le terme actuel, traduction de l'anglais *actual* correspond à réel et non pas à actuel (faux ami) contrairement à ce qui est traduit dans « principe des causes actuelles ». En effet, dans le contexte géologique de l'époque où régnait le **catastrophisme**, le terme de *actual,* était utilisé dans le sens de réel (causes réelles). Il s'opposait aux causes imaginaires postulées par les catastrophistes et non pas aux causes actuelles (syn. Uniformitarisme).

ACUITÉ VISUELLE

Physiol. ani. - Capacité à discerner deux points séparés dans l'espace. Le ***pouvoir séparateur*** (ε) de l'œil humain est normalement de 1' d'angle, ce qui correspond à une acuité visuelle de $1/\varepsilon = 1/1 = 10/10^e$.

ADAKITE *n. f.*

Pétrol. - Roche magmatique produite dans les **arcs magmatiques**. Les adakites se différencient des roches de la **série calco-alcaline** par leur faible concentration en yttrium et en terres rares lourdes. Elles sont interprétées comme des **granitoïdes** archéens qui se seraient formés à partir de la fusion partielle directe de la croûte océanique subduite en raison d'un gradient géothermique plus élevé à ces époques anciennes. En début de subduction, la lithosphère océanique plus froide et plus dense que l'asthénosphère n'a pas encore infléchi les isothermes de cette dernière. En conséquence, au début de la subduction de la lithosphère océanique jeune (< 50 Ma), la surface de la lithosphère subduite, non encore déshydratée, se trouve à des températures supérieures de quelque 300 °C à celles de l'asthénosphère dans laquelle elle plonge par rapport à celle régnant dans l'asthénosphère refroidie quand la subduction est avancée. Ainsi, même pour des conditions thermiques plus faibles qu'à l'Archéen, la croûte océanique peut fondre et participer à la formation de magma dans les **arcs magmatiques** récents. Jusqu'aux années 1990, on pensait, que depuis l'Archéen, seul le coin du manteau métasomatisé par l'eau minéralisée provenant de la déshydratation des sédiments et de la croûte participait à la formation des magmas dans les arcs.

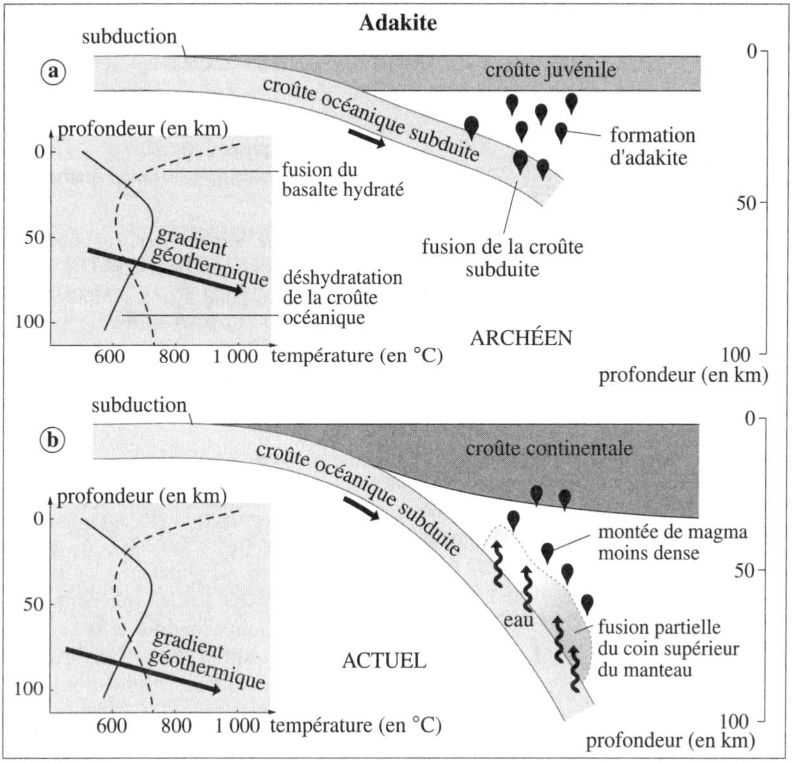

Durant l'Archéen (avant 2 Ga), le gradient géothermique était plus élevé. Au cours de sa plongée, la plaque subduite atteint le domaine de fusion du basalte hydraté, elle fond et donne naissance à des adakites. Actuellement, la croûte océanique se déshydrate d'abord en raison du gradient géothermique plus faible. Les fluides contenus dans les sédiments et dans les basaltes fissurés sont alors libérés et abaissent le point de fusion des péridotites du manteau supérieur. Leur fusion partielle est à l'origine des magmas des zones de subduction.

ADAPTATION *n. f.*

Évol. - **1.** Mécanisme évolutif déclenché directement ou indirectement par le milieu et qui a pour conséquence d'augmenter la probabilité qu'un être vivant ait une descendance. L'adaptation peut concerner simplement le **phénotype**, c'est alors le milieu qui intervient directement sur le caractère (augmentation du nombre de globules rouges quand la pression atmosphérique diminue, augmentation de la masse musculaire par l'entraînement, bronzage…), dans ce cas, on parle plutôt d'acclimatation ou d'**accommodation**. L'adaptation concerne surtout le **génotype**, il s'agit alors d'une ou plusieurs **mutations** (apparues indépendamment d'un besoin quelconque suivant la **théorie synthétique de l'évolution**) qui provoquent une modification d'un caractère (morpho-anatomique, physiologique, biochimique, éthologique, écologique) qui fait que, soit l'être vivant les possédant augmente sa probabilité de survie dans un milieu donné par rapport à ceux qui ne les possèdent pas, soit il aura la capacité de s'établir dans une nouvelle **niche écologique**. Ainsi, cet individu exploitant mieux le milieu laisse une descendance plus nombreuse et plus viable que d'autres individus de la population. **2.** Dans un sens plus large, le terme d'adaptation s'emploie pour insister sur le fait qu'une espèce possède une caractéristique nécessaire pour vivre dans un milieu donné. Ainsi, on dit que les branchies des poissons sont une adaptation à la vie en milieu aquatique alors que les poumons des Vertébrés sont une adaptation à la respiration de l'air atmosphérique.

→ ***Évolution, Sélection naturelle.***

ADDITION *n. f.*

Génét. - **Mutation** due à l'insertion d'un ou plusieurs **nucléotides** dans la molécule d'ADN. Si le nombre de nucléotides insérés n'est pas un multiple de trois, il s'ensuit une modification du **cadre de lecture**, ce qui provoque la mise en place dans la chaîne polypeptidique d'acides aminés complètement différents de ceux initialement prévus. Si cette addition est un multiple de trois, il y a ajout d'un, deux, trois... acides aminés sans modification du cadre de lecture.

ADÉNINE *n. f.*

Biochim., Génét. - Base azotée de la famille des bases puriques ; avec un **ribose** ou un **désoxyribose** et un **acide phosphorique**, l'adénine constitue un **nucléotide**. Dans l'**ADN,** l'adénine s'apparie par deux liaisons hydrogène à la thymine, elle s'apparie avec l'uracile de l'ARNm au cours de la transcription.

→ ***Adénosine.***

ADÉNOHYPOPHYSE *n. f.*

Endocrino., Neurobiol. Physiol. ani. - syn. ***Antéhypophyse.***

ADÉNOSINE *n. f.*

Biochim., Éner. - **Nucléoside** ayant pour base azotée l'adénine. L'**ATP** ou adénosine triphosphate est la molécule dont l'hydrolyse libère une grande quantité d'énergie.

ADÉNOSINE DIPHOSPHATE (ADP)

Biochim., Éner. - Nucléotide formé d'adénosine liée à 2 groupes phosphate. Cette molécule est fondamentale dans toutes les réactions de transfert d'énergie se déroulant dans les cellules. L'ADP est phosphorylé en **adénosine triphosphate** grâce à l'apport d'énergie fourni par le catabolisme.

ADÉNOSINE TRIPHOSPHATE (ATP)

Biochim., Éner. - L'adénosine triphosphate est un **nucléotide** triphosphate qui est le donneur d'**énergie** le plus important des cellules. La liaison entre les deux derniers groupes **phosphate** est riche en énergie, son hydrolyse libère environ 29 kJ. Cette dernière est couplée à des réactions **endergoniques**, aux transports actifs (pompe) aux systèmes contractiles (myofilaments), à certains transporteurs membranaires... Sa synthèse est assurée par les **sphères pédonculées** des mitochondries et des chloroplastes (**phosphorylation** oxydative) à partir d'**adénosine diphosphate**, de phosphate inorganique et d'énergie, ainsi que par des réactions **exergoniques** du catabolisme (glycolyse, cycle de Krebs).

ADH

Endocrino., Neurobiol. - Sigle anglais de *Antidiuretic Hormone,* l'hormone antidiurétique. L'*ADH* est un nonapeptide produit par la **neurohypophyse** qui agit sur le rein (tube collecteur du néphron) en augmentant sa perméabilité à l'eau, ce qui facilite sa réabsorption dans le milieu intérieur. L'urine ainsi produite est moins abondante et donc le volume sanguin (**volémie**) est maintenu. L'*ADH* a aussi un effet **vasoconstricteur**, d'où son nom de vasopressine. Sa libération est en partie déclenchée par la stimulation de **volorécepteurs** situés dans le système veineux, mais surtout par ceux de l'oreillette gauche. Ces récepteurs sont liés par voies nerveuses aux cellules hypothalamiques responsables de la production d'*ADH* (syn. Hormone antidiurétique, Vasopressine).

ADIPOCYTE *n. m.*

Biol. cell. - Cellule animale spécialisée dans le stockage des graisses (**triglycérides**) dans son cytoplasme. Les adipocytes sont particulièrement abondants dans les tissus sous-cutanés.

→ ***Lipogenèse, Lipolyse, Tissu adipeux.***

ADN

Biochim., Génét. - Sigle d'Acide Désoxyribonucléique. Polymère de **désoxyribonucléotides**. L'ADN est formé de deux chaînes de désoxyribonucléotides antiparallèles (***double hélice***), reliées entre elles par des **liaisons hydrogène** entre les **bases azotées**. L'adénine est liée avec la thymine par deux liaisons hydrogène, la guanine à la cytosine par trois liaisons hydrogène. La succession de ces paires de bases azotées est le support de l'**information génétique**. Les zones de la molécule les plus riches en paires G-C sont plus solides que les zones où les paires A-T prédominent. La molécule d'ADN mesure 2 nm de diamètre, pour une longueur de plusieurs centimètres. On note la présence de dix paires de bases tous les 3,4 nm. L'ADN se trouve dans le noyau, les mitochondries et les chloroplastes. Chez les Eucaryotes, associé à des protéines, les histones, il forme dans le noyau la **fibre nucléosomique** qui, en se condensant, donne naissance à un **chromosome.** Chez les Bactéries, dans les chloroplastes et dans les mitochondries, il est nu (syn. Acide désoxyribonucléique).

→ ***ADN chloroplastique, ADN circulaire, ADN mitochondrial, Plasmides, Procaryotes.***

ADNc (BANQUE D')

Génét. - Ensemble des **ADNc** obtenus par **rétrotranscription** à partir d'ARN prélevés dans les différents tissus d'un organisme, à différents stades de développement et dans des tumeurs. Les ADNc permettent de connaître la séquence des protéines codées mais aussi ils servent de **sondes** pour localiser les gènes sur les chromosomes.

ADN CHLOROPLASTIQUE (ADNcp)

Génét. - ADN circulaire présent dans le stroma du chloroplaste. Sa taille varie entre 200 000 et 2 500 000 paires

ADN : structure et caractéristiques de la double hélice

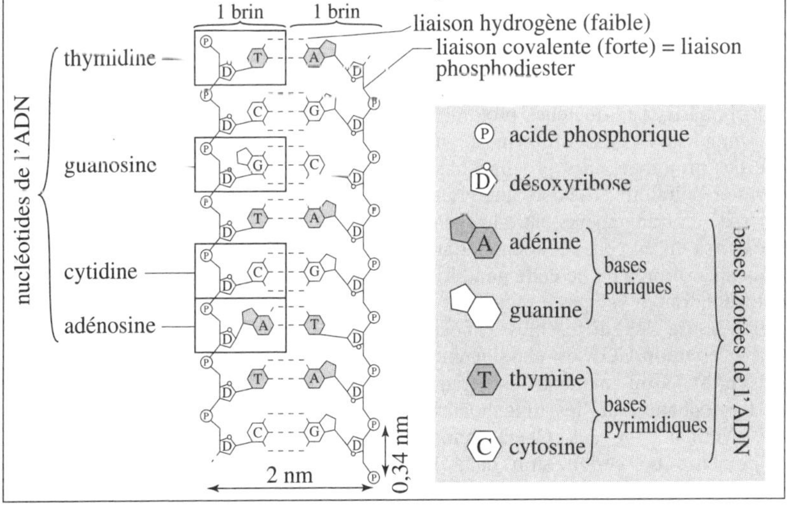

Les deux brins complémentaires de la double hélice sont antiparallèles, c'est-à-dire orientés en sens inverse. L'unité de base est le nucléotide.

de bases. Cet ADN chloroplastique code pour des **ARNt** et des **ARNr** chloroplastiques, ainsi que pour des protomères du complexe ATP-synth(ét)ase et différentes enzymes de la chaîne photosynthétique. Sa capacité de stockage est de l'ordre de 120 gènes. On admet actuellement que les chloroplastes proviennent d'anciens **Procaryotes** photosynthétiques capturés par les ancêtres des cellules eucaryotes.

→ ***Théorie endosymbiotique.***

ADN CIRCULAIRE

Génét. - ADN dont les deux extrémités opposées de la molécule sont liées entre elles. Les **plasmides**, les **chromosomes bactériens**, l'**ADN mitochondrial**, l'**ADN chloroplastique** et l'ADN de certains virus sont circulaires.

ADN COMPLÉMENTAIRE (ADNc)

Génét. - ADN **monocaténaire** obtenu par l'action de la **transcriptase inverse** sur un ARN.

ADN MITOCHONDRIAL (ADNmt)

Génét. - **ADN circulaire** présent dans la matrice des mitochondries. L'ADNmt humain comprend 16 569 paires de bases. L'ADNmt code pour 2 **ARNr** mitochondriaux, 22 **ARNt** mitochondriaux et quelques protomères du complexe **ATP-synth(ét)ase,** ainsi que des protomères des protéines de la chaîne respiratoire. Il existe une grande diversité d'arrangements entre les gènes nucléaires et les gènes mitochondriaux, mais plus surprenant, le **code génétique** mitochondrial n'est pas exactement le même entre les différentes espèces. Ainsi, le **codon** UGA est classiquement un **codon stop** mais il est traduit en tryptophane dans les mitochondries des Animaux et des Champignons. Il demeure un codon stop dans les mitochondries des plantes. On admet actuellement que les mitochondries proviennent d'anciens Procaryotes hétérotrophes capturés par les ancêtres des cellules eucaryotes.

→ ***Théorie endosymbiotique.***

ADN POLYMÉRASE

Biochim., Génét. - Complexe moléculaire assurant la **réplication** de la molécule bicaténaire d'**ADN. 1.** Chez les Eucaryotes, l'ADN polymérase α est responsable de la synthèse de l'ADN nucléaire, l'ADN polymérase β des fonctions de réparation et l'ADN polymérase γ de la réplication de l'ADN mitochondrial. **2.** Chez les Bactéries, l'ADN polymérase I participe à la synthèse et à la réparation d'ADN endommagé, l'ADN polymérase III catalyse la synthèse du nouveau brin et l'ADN polymérase II n'a pas de rôle identifié. Certaines ADN polymérases ont la capacité de repérer les bases mal appariées et de les retirer.

→ ***Système de réparation.***

ADN RECOMBINANT

Génét. - ADN produit en insérant *in vitro* des gènes d'origines différentes ou des gènes qui ont été modifiés pour introduire une nouveauté dans un autre ADN.

ADN SATELLITE

Génét. - Séquences d'ADN qui, en raison de leur différence dans la composition moyenne en bases azotées, migrent au cours d'une centrifugation en gradient de densité de part et d'autre de la bande principale.

ADP

Biochim., Éner. - Sigle d'**Adénosine diphosphate**.

ADRÉNALINE *n. f.*

Endocrino., Neurobiol. - **Hormone (neurotransmetteur)** [catécholamine] sécrétée par des cellules nerveuses (dérivées du **système nerveux sympathique**) des glandes **médullosurrénales** et par les neurones dits adrénergiques du système nerveux sympathique. Dans les synapses, l'adrénaline se comporte comme un neurotransmetteur. L'adrénaline libérée par les médullosurrénales se comporte comme une hormone. Elle stimule les récepteurs α et β des cellules cibles. Elle accélère le rythme cardiaque, augmente la force et l'amplitude des contractions du cœur, entraîne la contraction des fibres musculaires des vaisseaux irriguant les muscles lisses et la peau, mais provoque le relâchement de celles des artères coronaires, des poumons et des muscles squelettiques. De ce fait, l'adrénaline provoque une augmentation de la **pression artérielle**. De plus, elle élève la **glycémie** en favorisant la libération du glucose hépatique, ce qui est nécessaire pour la réalisation des travaux musculaires. L'adrénaline prépare ainsi au stress. Elle régule aussi l'utilisation des lipides au repos (syn. Épinéphrine).

→ ***β-bloquant, Insulinorésistance.***

ADRÉNERGIQUE *adj.*
Neurobiol. - Se dit d'un neurone dont l'arborisation terminale libère de l'adrénaline ou des récepteurs membranaires qui la fixent.

→ ***Récepteur adrénergique.***

ADRÉNOCORTICOTROPE *adj.*
Endocrino.

→ ***ACTH.***

ADVENTICE *n. f.* ou *adj.*
Écol. - **1.** Plante non souhaitée dans une culture. Unc plante adventice est de ce fait indésirable. L'Homme cherche à l'éliminer soit par des pratiques culturales particulières, soit par l'emploi d'**herbicides**. **2.** Se dit aussi d'une plante introduite fortuitement dans une zone géographique qui n'est pas la sienne. L'élodée du Canada est un exemple de plante adventice.

AÉRATION D'UN SOL
Pédol. - Volume d'air contenu dans les interstices du **sol** et qui occupe la place de l'**eau de gravité** quand celle-ci s'est écoulée. L'aération d'un sol est très importante car sans l'apport de dioxygène (respiration aérobie), les racines ne pourraient prélever les ions et l'eau dont les plantes ont besoin.

→ ***Structure d'un sol.***

AÉROBIE *n. m.* ou *adj.*
Écol. - **1.** Organisme qui a besoin de dioxygène pour vivre. **2.** Milieu où du dioxygène est présent.

→ ***Anaérobie, Fermentation, Respiration.***

AÉROBIOSE *n. f.*
Éner. - Mode de vie des êtres vivants **aérobies**.

→ ***Anaérobie.***

AÉROLIT(H)E *n. m.*
Astron. - syn. ***Météorite pierreux.***

AÉROSOL *n. m.*
Écol. - Particules de faible dimension, solides ou liquides, en suspension dans un gaz. Le brouillard est un aérosol. Les bombes aérosols contiennent la substance utile (parfum, insecticides...) sous pression mélangée à un gaz propulseur. Ce gaz a été pendant longtemps un **CFC** (Chlorofluorocarbone) dont on s'est aperçu qu'il détruisait la couche d'**ozone**.

AFFÉRENT *adj.*
Anat. - Qui amène de la périphérie vers le centre, qui amène vers un organe.

→ ***Efférent.***

AFFINITÉ *n. f.*
Immuno. - Mesure de la force avec laquelle un **déterminant antigénique** se lie, par une liaison non covalente, avec le paratope de l'anticorps ou une **enzyme** avec son substrat.

AFFLEUREMENT *n. m.*
Géol. - Portion d'un **terrain** directement visible à la surface de la Terre et

qui n'est pas recouvert par des formations superficielles comme le **sol** ou les **alluvions**. Sur les cartes géologiques, les affleurements sont délimités par des traits fins appelés contours géologiques. La largeur des affleurements dépend du **pendage**, mais aussi de la pente.

AGAMMAGLOBULINÉMIE *n. f.*

Immuno. - Maladie due à l'absence de la différenciation des **lymphocytes pré-B** en **lymphocytes B**. Il n'y a donc pas de **plasmocytes** et donc pas d'anticorps. Il existe une agammaglobulinémie liée à un gène récessif porté par le chromosome X ou maladie de Burton. Elle se manifeste, chez le bébé, à l'âge de 6 mois quand les **anticorps maternels** disparaissent. Le sujet est particulièrement sensible aux infections par les Bactéries extracellulaires alors que son système immunitaire réagit normalement face aux infections virales. Le sujet devra recevoir tout au long de sa vie des **gammaglobulines**.

→ ***Syndrome de Di George.***

ÂGE ABSOLU

Paléont. - Temps qui s'est écoulé depuis un événement donné. En géologie, l'âge absolu est mesuré en millions d'années (Ma). Il s'obtient en considérant des phénomènes qui ne sont liés qu'à la durée et dont les caractéristiques sont les mêmes actuellement que celles qu'elles étaient dans le passé. La vitesse de désintégration des atomes radioactifs répond à ce critère.

→ ***Âge relatif, Radiochronologie.***

ÂGE RELATIF

Paléont. - Datation d'un événement de l'histoire de la Terre par rapport à un autre qui est plus récent, plus ancien ou contemporain. Les méthodes de datations stratigraphiques, paléontologiques et structurales (relations géométriques entre les roches) sont des méthodes de datations relatives.

→ ***Actualisme, Âge relatif, Radiochronologie, Stratigraphie.***

AGENT PATHOGÈNE

Immuno. - Micro-organisme (Bactéries, Protozoaires, Champignons) ou virus responsable d'effets morbides sur l'organisme.

ÂGES GLACIAIRES

Climato., Glaciol. - Périodes froides durant lesquelles les glaciers et les **inlandsis** avaient un développement plus important qu'aujourd'hui. Les périodes glaciaires sont marquées par les **glaciations** et sont séparées par des stades interglaciaires.

→ ***Mini Âges glaciaires.***

AGGLUTINATION *n. f.*

Immuno. - Agglomération de plusieurs cellules ou particules réalisée par des anticorps spécifiques. Les anticorps se comportent comme des **agglutinines**.

AGGLUTININE *n. f.*

Immuno. - Substance causant l'**agglutination** de cellules ou de particules. Ce sont des anticorps présents dans le sang qui sont capables, par exemple, de lier les hématies entre elles.

→ ***Groupe sanguin, Immunoglobuline.***

AGGLUTINOGÈNE *n. m.*

Immuno. - Glycoprotéine (**antigènes**) de la surface membranaire des hématies capable de réagir de manière spécifique avec une agglutinine (anticorps). Ce sont ces glycoprotéines qui définissent les **groupes sanguins**. Chez les donneurs universels, il n'y a pas d'agglutinogènes.

AGGRADATION *n. f.*

Strati. - Accumulation verticale de dépôts sédimentaires essentiellement continentaux sur la bordure d'une marge continentale à la suite de la création d'espace vertical, dû au phénomène de **subsidence** qui compense la diminution de profondeur du bassin.

AGONISTE *adj.*

Endocrino., Neurobiol. - Se dit d'une substance qui mime les effets d'un **neurotransmetteur** ou d'une **hormone**.

→ ***Antagoniste.***

AGOUTI *adj.*

Génét. - Caractérise la couleur du pelage des Mammifères en génétique mendélienne par référence à un Rongeur d'Amérique du Sud et des Petites Antilles, l'Agouti, qui possède une robe fauve foncé.

AGRÉGAT *n. m.*

Pédol. - Ensemble formé par des particules de quelques millimètres à quelques centimètres de diamètre. Les agrégats sont constitués par des **colloïdes** argileux et humiques réunis par des ions positifs et entourant des grains de sable. Les agrégats conditionnent la **structure d'un sol**, son aération et sa fertilité.

→ ***Humus.***

AGRICULTURE *n. f.*

Agric. - Techniques employées pour cultiver un sol et, d'une manière plus générale, ensemble des transformations réalisées par l'Homme pour aménager le milieu naturel pour la production de végétaux (culture) et d'animaux (élevage) qui lui sont utiles.

→ ***Agrosystème.***

AGROSYSTÈME *n. m.*

Agric. - Surface destinée à un usage agricole. L'agrosystème est soit un champ utilisé pour la production végétale, soit une **prairie** utilisée pour la production animale.

AIA

Physiol. vég. - Sigle d'Acide Indole(-)Acétique.

→ ***Auxines.***

AIDE À LA PHAGOCYTOSE

Immuno. - syn. ***Opsonisation.***

AIMANTATION *n. f.*

Phys., Sédiment., Tecto. - Capacité que possède un corps d'attirer le fer.

→ ***Boussole, Magnétisme terrestre, Paléomagnétisme, Pôle magnétique.***

Voir figure page 24.

AIMANTATION RÉMANENTE

Sédiment., Tecto. - **Aimantation** qui persiste après la disparition du champ magnétique à l'origine de l'aimantation. L'aimantation rémanente s'oppose à l'aimantation induite.

→ ***Paléomagnétisme.***

AIRE AUDITIVE

Neurobiol. - Partie du **cortex cérébral** recevant les messages auditifs. L'aire auditive se situe dans le lobe temporal (aires 41 et 42 de Brodman).

AIRE CORTICALE

Neurobiol. - Surface délimitée du **cortex cérébral** caractérisée à la fois par son architecture (type et architecture des neurones) et sa fonction (aire de projection, aire d'association, aire sensitive, aires motrices…).

AIRE (CORTICALE) PRIMAIRE

Neurobiol. - Partie du cortex cérébral qui reçoit des neurones afférents en provenance des récepteurs périphériques sensoriels (rétine, peau…). Chaque fonction sensorielle périphérique possède une **aire de projection** corticale, appelée aire corticale primaire (aire auditive, aire visuelle…).

AIRE D'ASSOCIATION

Neurobiol. - Partie du cortex cérébral située à proximité d'une **aire motrice** ou d'une **aire sensitive** (aire corticale primaire). Les aires d'association établissent de nombreuses relations avec d'autres parties de l'encéphale (syn. Cortex d'association).

→ ***Aire de projection.***

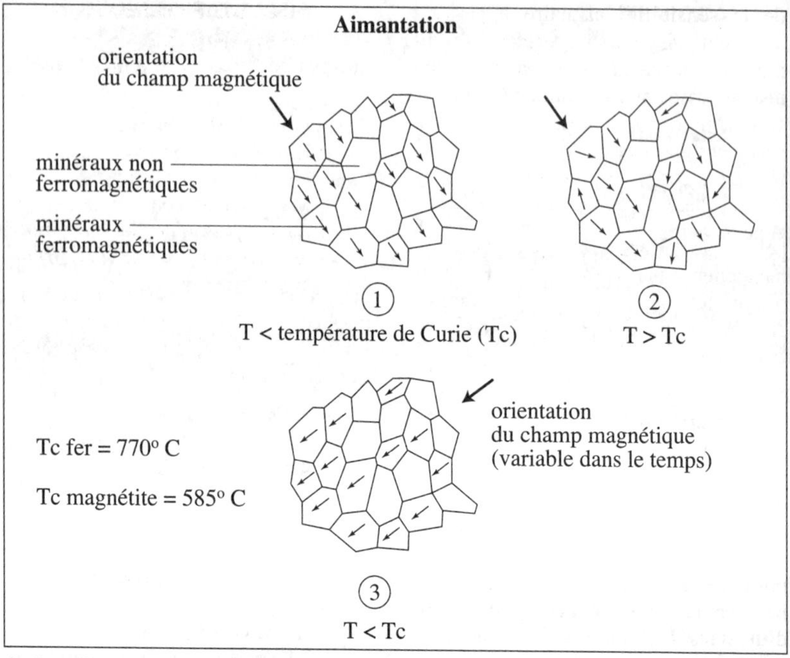

1. Quand un magma contenant des minéraux ferromagnétiques se refroidit dans un champ magnétique, il acquiert, quand sa température tombe en dessous de son point de Curie (environ 600 °C pour un magma basaltique), une aimantation appelée aimantation thermorémanente. Celle-ci possède les caractéristiques du champ magnétique (déclinaison, inclinaison) au moment du refroidissement. Cette aimantation est stable et se maintient en dehors de tout champ magnétique ou dans un champ ayant d'autres caractéristiques. Il y a fossilisation du champ magnétique de l'époque de la mise en place de la roche.
2. Si la roche est de nouveau chauffée au-dessus du point de Curie (enfouissement, thermométamorphisme), les minéraux ferromagnétiques perdent leur aimantation thermorémanente (mais ils continuent, dans une bien moindre mesure, à être influencés par un champ magnétique : paramagnétisme).
3. Avec un nouvel abaissement de la température au-dessous de la température de Curie, la roche fossilise les caractéristiques d'un nouveau champ magnétique.

AIRE D'ASSOCIATION MOTRICE

Neurobiol. - syn. ***Aire prémotrice.***

AIRE D'ASSOCIATION SENSITIVE

Neurobiol. - Partie du cortex cérébral située en arrière de l'**aire de la sensibilité primaire**. L'aire d'association sensitive est connectée à de nombreuses régions du cortex cérébral. Elle assure des fonctions d'**intégration** élaborée (conception de gestes, de l'espace, reconnaissance des formes…) et certaines fonctions du langage ; en réponse, elle influence, par des voies sensorimotrices, les neurones de l'aire motrice primaire (syn. Aire pariétale postérieure).

AIRE DE LA SENSIBILITÉ PRIMAIRE

Neurobiol. - Zone du cortex cérébral située en arrière de la scissure de Rolando et au-dessus de la scissure de Sylvius (aires de Brodman 1,2,3). L'aire de la sensibilité primaire appartient au lobe pariétal (***cortex pariétal***). La stimulation de cette aire provoque des sensations élémentaires dans des parties bien délimitées du corps. Ces sensations se situent toujours dans la partie diamétralement opposée (controlatérale) à l'hémisphère cérébral stimulé. Chaque zone du corps possède donc une zone du cortex où aboutissent les voies de la sensibilité primaire. Une zone corticale de cette aire possède une surface d'autant plus importante qu'elle contient de nombreuses terminaisons nerveuses. La cartographie de ces aires de projection a fourni l'**homoncule sensitif**. Durant la réalisation d'un mouvement, des informations en provenance des récepteurs articulaires, musculaires et cutanés arrivent par des neurones sensitifs à l'aire de la sensibilité primaire. Chez les différentes espèces de Mammifères, les homoncules présentent des proportions différentes. Il y a donc une originalité au niveau spécifique qui indique que la mise en place de l'aire somatosensorielle est sous la dépendance du génome. Néanmoins, au sein d'une espèce, il existe des différences plus ou moins marquées dans l'importance de la représentation de tel ou tel territoire qui montrent l'influence de l'environnement et de l'apprentissage dans le modelage du cortex (syn. Aire somatosensitive, Aire somatosensorielle, Cortex somatosensoriel, Cortex somesthésique primaire).

— ► ***Plasticité cérébrale.***

AIRE DE PROJECTION

Neurobiol. - Partie du **cortex cérébral** dans laquelle arrivent des informations véhiculées par des neurones sensitifs, de celle-ci partent les voies motrices. Toutes les aires considérées impliquées dans les fonctions sensorielles ou le mouvement sont des aires de projection.

AIRE DE PROJECTION MOTRICE

Neurobiol. - syn. ***Aire motrice primaire.***

AIRE DE PROJECTION SENSORIELLE

Neurobiol. - syn. ***Aire sensitive.***

AIRE MOTRICE

Neurobiol. - Partie du cortex cérébral impliquée dans la motricité volontaire. Suivant leur rôle on définit une **aire motrice primaire**, une **aire motrice supplémentaire** et une **aire prémotrice** (syn. Cortex moteur).

AIRE MOTRICE PRIMAIRE (AMP)

Neurobiol. - Partie du cortex cérébral située en avant de la scissure de Rolando et au-dessus de la scissure de Sylvius, dans le lobe frontal. La stimulation répétée de cette surface par des chocs électriques provoque des contractions de groupes de muscles qui sont en général **controlatéraux**. Ainsi, il a été possible de réaliser une cartographie de l'aire motrice donnant lieu à un **homoncule moteur** ressemblant beaucoup à l'**homoncule sensitif**. Comme dans ce dernier, il n'y a pas de relation entre l'importance des masses musculaires considérées et la surface corticale correspondante. La surface corticale est proportionnelle à la finesse du mouvement que réalisent les groupes de muscles. La destruction de cette aire motrice primaire conduit à une hémiplégie controlatérale. C'est de cette aire que partent des neurones qui établissent directement des synapses avec des **motoneurones** médullaires. Ils forment la **voie directe** ou pyramidale qui est monosynaptique. Chaque muscle est relié à ces neurones corticaux dont la stimulation électrique provoque la contraction des muscles controlatéraux correspondants (syn. Aire de projection motrice, Aire motrice principale, Cortex moteur, Surface de projection motrice).

AIRE MOTRICE PRINCIPALE

Neurobiol. - syn. ***Aire motrice primaire.***

AIRE MOTRICE SUPPLÉMENTAIRE (AMS)

Neurobiol. - Partie du cortex cérébral située à la face interne du lobe frontal (dans le sillon interhémisphérique). L'aire motrice supplémentaire possède également une représentation somatotopique (une carte des territoires a été établie), mais la stimulation des différents points de cette aire engendre des mouvements beaucoup plus complexes que ceux résultant de la seule stimulation de l'**aire motrice primaire**. L'ablation de l'AMS ne supprime pas la capacité de réalisation de mouvements, l'AMS a les caractéristiques d'une **aire prémotrice**, c'est une **aire d'association**.

AIRE PARIÉTALE POSTÉRIEURE

Neurobiol. - syn. ***Aire d'association sensitive.***

AIRE PRÉMOTRICE

Neurobiol. - Partie du cortex cérébral située dans le lobe frontal. L'aire prémotrice s'étend entre 1 et 3 centimètres en avant de l'**aire motrice primaire**. Sa destruction ne provoque pas de paralysies, mais des troubles dans l'exécution de mouvements complexes (parole, écriture, mouvements de précision...) où interviennent plusieurs groupes de muscles. Cette aire prémotrice participe probablement à la programmation, c'est-à-dire à l'établissement de l'ordre d'intervention des différents muscles impliqués, d'un acte moteur dirigé relativement complexe. Cette aire est une aire d'association, connectée à de nombreuses régions du cortex cérébral, au thalamus et aux noyaux gris centraux (syn. Aire d'association motrice, Cortex prémoteur).

→ ***Phase de programmation d'un mouvement volontaire.***

AIRE SENSITIVE

Neurobiol. - Partie du cortex cérébral qui reçoit les terminaisons des neurones véhiculant des informations de nature **sensorielle**. On distingue plusieurs aires sensitives qui correspondent aux différents sens : **aire de la sensibilité primaire** (cortex pariétal), aires olfactive (creux du cortex temporal), gustative (creux du lobe pariétal près du temporal), visuelle (cortex occipital), auditive (cortex temporal) (syn. Aire de projection sensorielle, Aire sensorielle).

AIRE SENSORIELLE

Neurobiol. - syn. ***Aire sensitive.***

AIRE SOMATOSENSITIVE

Neurobiol. - syn. ***Aire de la sensibilité primaire.***

AIRE SOMATOSENSORIELLE

Neurobiol. - syn. ***Aire de la sensibilité primaire.***

AIRE VISUELLE

Neurobiol. - Partie du cortex cérébral située à l'extrémité postérieure du lobe occipital (***cortex occipital***, aire 17 de Brodman) qui reçoit des informations de nature visuelle. L'aire visuelle est en liaison avec une **aire d'association** qui intègre l'information visuelle contribuant à sa mémorisation. L'aire visuelle primaire du cortex cérébral du lobe occipital droit interprète les messages nerveux issus du côté gauche d'un objet détecté par la moitié temporale de la rétine de l'œil droit et de la moitié nasale de la rétine de l'œil gauche. L'aire visuelle primaire du cortex du lobe occipital gauche interprète les messages nerveux visuels issus du côté droit d'un objet détecté par la moitié nasale de la rétine de l'œil droit et la moitié temporale de la rétine de l'œil gauche.

AIRES DE BRODMAN

Neurobiol. - Description et numérotation des différentes zones du cortex cérébral. Les 46 divisions sont réalisées sur la morphologie du **cortex cérébral** (circonvolutions) et sur la cytologie des 6 couches de neurones corticaux.

AJUSTEMENT INDUIT

Biochim. - Modification de la structure tridimensionnelle d'une enzyme à la suite de la fixation d'un substrat dans son **site actif**. Cette augmentation de l'**affinité** de l'enzyme se traduit par une meilleure complémentarité avec le substrat qui assure l'efficacité de la réaction enzymatique en le portant à un niveau énergétique supérieur (l'état de transition) et en favorisant son positionnement dans le site catalytique.

→ ***Énergie d'activation.***

ALBÉDO *n. m.*

Astron. - Rapport entre la quantité de lumière renvoyée par une planète et la quantité qu'elle a reçue.

ALBINISME *n. m.*

Biochim., Génét., Méd. - Absence **congénitale** et totale de la **mélanine** dans la peau, le système pileux et les yeux. L'albinisme est dû à un **allèle récessif**. Il existe deux formes d'albinisme. La forme cutanéo-oculaire (allèle récessif autosomique) s'accompagne de troubles de la vision et les sujets atteints de cet albinisme sont particulièrement sensibles aux rayons ultraviolets ; ils sont prédisposés au cancer cutané dans les régions à fort ensoleillement. Ainsi, en zones tropicales le tiers des sujets atteints d'albinisme développe un cancer de la peau après 30 ans. L'albinisme oculaire isolé est une anomalie héréditaire liée au sexe caractérisée, chez l'Homme, par les mêmes problèmes de vision que ceux décrits pour la première forme. Les femmes sont conductrices.

ALBINOS *n. m.*

Biochim., Génét., Méd. - Individu atteint d'**albinisme**. L'albinisme se rencontre chez l'Homme et dans de très nombreuses espèces animales.

→ ***Mélanine.***

ALBUMINE *n. f.*

Biochim. - Catégorie de **protéines** qui se caractérisent par leur solubilité dans l'eau et dans les solutions salines, par leur grande mobilité électrophorétique à pH 8,6. L'albumine sérique est synthétisée dans le foie, maintient la pression osmotique du sang et assure le transport de différentes molécules. La lactalbumine du lait, l'ovalbumine du blanc d'œuf sont des albumines.

ALCALOÏDE *n. m.*

Neurobiol. - Nom générique de différents composés plus ou moins complexes d'origine végétale qui se caractérisent par la présence d'azote dans leur molécule et par leur propriété basique. Les alcaloïdes sont peu solubles dans l'eau, mais le sont dans l'alcool et prennent des couleurs caractéristiques avec certains réactifs. Ils ont des propriétés physiologiques à faibles doses, mais ont une toxicité élevée à dose supérieure. La **morphine**, la codéine... extraites du pavot sont des alcaloïdes.

→ ***Opium.***

ALCALOSE *n. f.*

Méd. - Perturbation de l'équilibre acido-basique du milieu intérieur avec une augmentation du pH sanguin. L'alcalose métabolique est due à une élévation de la concentration en bicarbonate ou à une perte importante d'acides fixés. L'alcalose respiratoire est provoquée par une importante élimination de CO_2 à la suite d'une hyperventilation.

→ ***Acidose.***

ALCAPTONURIE *n. f.*

Biochim., Génét., Méd. - Anomalie héréditaire due à un allèle autosomique récessif codant pour une forme non fonctionnelle de l'enzyme acide homogentisique oxydase qui intervient dans le métabolisme de la tyrosine. L'acide homogentisique ou alcaptone se trouve libéré dans les urines qui brunissent à la lumière. Cette anomalie du

métabolisme s'accompagne d'arthrite chronique. C'est par l'étude de cette maladie qu'a été établi pour la première fois le lien entre une anomalie du métabolisme et un mode de transmission héréditaire. On observe un individu homozygote pour 200 000 naissances.

→ ***Allèle récessif.***

ALCOOLISME *n. m.*

Méd. - Intoxication par des boissons contenant de l'alcool éthylique. La forme aiguë constitue l'ivresse quand le taux d'alcool pur dans le sang dépasse 0,5 à 2 $g.l^{-1}$; elle se caractérise par un état d'euphorie et d'excitation transitoire (délire, surexcitation, stress, anxiété, douleurs, tremblements) provoqué par un excès. Un sevrage brusque peut entraîner un *delirium tremens*. Dans l'alcoolisme chronique, la consommation importante et régulière d'alcool entraîne une dépendance physique et psychique déterminant un état de besoin caractéristique de la **toxicomanie**.

ALDOSTÉRONE *n. f.*

Endocrino. - **Hormone stéroïde** produite par les glandes corticosurrénales, l'aldostérone est impliquée dans la régulation de l'équilibre hydrominéral. Elle agit au niveau du rein (néphron) en augmentant la réabsorption du sodium urinaire et en favorisant l'excrétion du potassium dans les urines, ce qui provoque une rétention d'eau. De plus, cette hormone détermine une sensation de soif au niveau des centres hypothalamiques (dipsostat), le sujet boit ce qui contribue à augmenter la **volémie**. La libération de l'aldostérone est sous la dépendance de l'**angiotensine** II. Ainsi, une partie de l'action hypertensive de l'angiotensine II est due à la libération d'aldostérone.

→ ***Système rénine-angiotensine.***

ALGONKIEN *n. m.* ou *adj.*

Strati.

→ ***Échelle stratigraphique.***

ALGUES *n. f.*

Bot. - Végétaux chlorophylliens cryptogames dont l'appareil végétatif se compose soit d'une seule cellule, soit de plusieurs cellules formant une lame. Les Algues unicellulaires aquatiques constituent le **phytoplancton** à la base des réseaux trophiques aquatiques. Les études cladistiques ont montré que les Algues forment un groupe totalement hétérogène.

→ ***Producteur primaire, Protistes.***

ALGUES BLEUES

Bot. - syn. ***Cyanobactéries.***

ALIMENTATION D'UNE NAPPE

Hydrogéol.

→ ***Pluie efficace.***

ALIZÉ *n. m.*

Climato. - Vent caractéristique des régions intertropicales soufflant du nord-est vers le sud-ouest dans l'hémisphère Nord et du sud-est vers le nord-ouest dans l'hémisphère Sud.

ALLANTOÏDE *n. f.*

Embryo. - **Annexe embryonnaire** qui provient de l'endoblaste extra-embryonnaire recouvert par du mésoblaste. Chez les Reptiles et les Oiseaux, l'allantoïde assure des fonctions respiratoires, digestives et excrétrices. Chez les Mammifères, elle est le plus souvent réduite et son rôle est assuré par le placenta dont elle constitue une partie.

ALLÈLE *n. m.*

Génét. - Séquence d'ADN (**gène**) située sur le même site chromosomique (**locus**) et correspondant à différentes versions d'un même gène. Les allèles du même gène produisent des **protéines** qui assurent la même fonction, plus ou moins efficacement, mais qui diffèrent dans leur séquence d'acides aminés (**isoenzyme**). Un gène qui ne possède qu'un seul allèle est dit monomorphe, un gène qui en possède plusieurs est polymorphe.

→ ***Allèle dominant, nul, récessif.***

ALLÈLE DOMINANT

Génét. - Version d'un **gène** qui s'exprime toujours au niveau du **phénotype**. Représenté souvent par une lettre majuscule. *Exemple :* A. Se dit de l'allèle qui détermine le phénotype d'un individu **hétérozygote**.

→ ***Allèle sauvage.***

ALLÈLE LÉTAL

Génét. - syn. ***Allèle morbide.***

ALLÈLE MORBIDE

Génét. - **Allèle** qui, à l'état **homozygote**, provoque une maladie génétique très grave conduisant à la mort à court terme (syn. Allèle létal).

ALLÈLE NUL

Génét. - **Allèle** dont la séquence nucléotidique conduit à l'absence d'une protéine fonctionnelle. Les allèles nuls sont en général des **allèles récessifs**. Dans le système sanguin ABO, l'allèle « O » n'est pas fonctionnel, c'est-à-dire qu'il ne permet pas la fixation du marqueur A, ni la fixation du marqueur B.

→ ***Groupe sanguin.***

ALLÈLE RÉCESSIF

Génét. - Version d'un **gène** qui ne s'exprime pas au niveau du **phénotype** lorsqu'il est présent à un seul exemplaire dans le **génotype** (individu hétérozygote). Représenté par une lettre minuscule. *Exemple :* a, l'**allèle dominant** associé est noté a^+.

ALLÈLE SAUVAGE

Génét. - **Allèle** le plus fréquent dans une **population**.

→ ***Sauvage.***

ALLÈLE THERMOSENSIBLE

Génét. - **Allèle** dont le fonctionnement correct ne peut s'effectuer qu'à une certaine température, car la **protéine** produite par cet allèle muté est non fonctionnelle à une température donnée (modification de la **structure III**). Les chats siamois ont une **tyrosinase** thermosensible.

ALLÈLES CODOMINANTS

Génét. - Allèles (du même gène), présents chez un **hétérozygote**, qui produisent un **phénotype** en général intermédiaire entre ceux des deux homozygotes respectifs.

ALLÈLES SEMI-DOMINANTS

Génét. - Allèles (du même gêne) dont les deux produits d'expression sont en principe présents en même quantité. Les allèles A et B des **groupes sanguins** du système ABO sont semi-dominants.

ALLÉLOMORPHE *adj.*

Génét. - Se dit d'un **gène** dont il existe plusieurs **allèles**.

→ ***Polyallélisme.***

ALLERGÈNE *n. m.*

Immuno. - Substance à laquelle un individu est hypersensible après un second contact avec celle-ci.

→ ***Allergie, Anaphylaxie, Hypersensibilité.***

ALLERGIE *n. f.*

Immuno. - Réaction de défense immunitaire hyperdéveloppée d'un individu à la suite de l'exposition ultérieure à un **antigène** donné. L'allergie se traduit au niveau clinique par de l'asthme, le rhume des foins, de l'eczéma. Ce sont différentes caractéristiques d'une **inflammation**. Les manifestations de l'allergie proviennent de la libération par les **mastocytes** d'histamine (un vasodilatateur) en réponse à la fixation de l'**allergène** sur leurs IgE membranaires qui ont été sécrétées par des plasmocytes en réponse à un premier contact avec l'allergène. L'allergie est le résultat d'une exagération de la réponse immunitaire qui s'oppose à une insuffisance de celle-ci lors d'une immunodéficience.

ALLOCHTONE *n. m.* ou *adj.*

Tecto. - Caractérise un **terrain** qui, par des phénomènes tectoniques, a été déplacé de son lieu d'origine.

→ ***Nappe de charriage.***

ALLOGREFFE *n. f.*

Immuno. - Transfert d'un tissu d'un individu d'une espèce, appelé donneur, sur un autre individu de la même espèce appelé receveur.

→ ***Autogreffe, Greffe.***

ALLOMÉTRIE *n. f.*

Biol. - Croissance plus rapide (allométrie positive) ou plus lente (allométrie négative) d'un organe par rapport à l'ensemble ou à une référence. La conséquence de l'allométrie est donc un changement des proportions de certains organes par rapport au reste du corps.

→ ***Isométrie***

ALLOSTÉRIE *n. f.*

Biochim. - Propriété de certaines protéines (principalement des enzymes, des récepteurs) qui, en fixant de manière réversible une molécule de petite taille (**ligand**) à un site, changent de forme et donc de propriétés. À la suite de cette transition allostérique, une enzyme passe d'un état inactif à un état actif. Selon certains auteurs, le terme d'allostérie ne s'applique qu'à des protéines ayant une **structure IV** comme l'**hémoglobine** ou les anticorps.

ALLUVIONS *n. f.*

Sédiment. - **Sédiment** déposé par les cours d'eau dans leur lit, mais aussi en dehors de celui-ci au moment des crues. Les alluvions sont composées, suivant le diamètre des particules charriées, de galets, de graviers, de sable, d'argiles et de limons. Les particules de grandes dimensions sont déposées dans le lit du fleuve alors que celles de dimensions plus réduites recouvrent de grandes surfaces dans les zones inondables.

α-BUNGAROTOXINE *n. f.*

Neurobiol. - Peptide de 74 acides aminés contenu dans le venin de Serpents (Bungare) de la famille des Cobras. Cette **toxine** se fixe irréversiblement sur les récepteurs postsynaptiques de la synapse neuromusculaire et empêche la transmission du message nerveux, ce qui provoque une paralysie.

α-FŒTO-PROTÉINE (AFP) *n. f.*

Biochim. - Protéine fabriquée par le sac vitellin ou le foie du fœtus. Chez la femme enceinte, si la concentration à la 30e semaine de gestation est faible, il y a un risque de **trisomie 21**, et si elle est élevée, de spina bifida (malformation de la colonne vertébrale dans la région postérieure).

→ ***Diagnostic prénatal.***

ALPIN *adj.*

Tecto. - Qui se rapporte aux Alpes, mais d'une manière plus générale à toutes les chaînes de montagnes qui ont commencé à se former au Trias et dont la surrection se poursuit encore de nos jours. Le **cycle alpin** est responsable des reliefs qui entourent la Méditerranée, des Balkans, des Carpates, des montagnes d'Asie Mineure et d'Iran ainsi que de l'Himalaya.

→ ***Échelle stratigraphique.***

ALTÉRATION *n. f.*

Pétrol. - Ensemble des mécanismes physiques et chimiques qui transforment une **roche-mère** en la désagrégeant en petites particules et en libérant des ions qui soit partent en solution soit cristallisent sur place sous forme de minéraux de néoformation. On distingue une altération mécanique et chimique. **1.** L'altération mécanique est provoquée par les variations de température entraînant une dilatation et une contraction différentielles des minéraux [1], par la fracturation provoquée par l'eau contenue dans les fractures qui augmente de 10 % en volume en gelant [2], par le frottement des glaciers [3], par la cristallisation des sels dans les fissures [4], par l'action de la végétation [5]. **2.** L'altération chimique est due à l'eau chargée de CO_2 qui forme une solution d'attaque sur les éléments constitutifs de la roche qui ne sont pas en équilibre thermodynamique à la surface du globe. Elle conduit à la mise en solution, et/ou à la précipitation des ions de la roche-mère. L'intensité de l'altération chimique dépend de la température et de la quantité d'eau disponible. Elle est d'autant plus importante que la surface d'attaque générée par l'altération mécanique est importante.

—→ ***Érosion.***

ALTÉRATION EN BOULE

Pétrol. - Forme de destruction d'un **granite** donnant naissance à un chaos, c'est-à-dire à un amoncellement de blocs rocheux plus ou moins sphériques, à la base duquel se trouve une **arène granitique**.

—→ ***Granite pourri.***

ALUMINE *n. f.*

Minér. - Oxyde d'aluminium Al_2O_3. L'alumine forme une espèce minérale, le corindon, dont la dureté est juste inférieure à celle du diamant. L'alumine est soit incolore, soit diversement colorée et devient une pierre précieuse (rubis, saphir, améthyste orientale, topaze, émeraude orientale).

—→ ***Spinelle.***

ALVÉOLE PULMONAIRE

Anat. - Repli terminal ou sub-terminal des bronchioles respiratoires et des sacs alvéolaires dont l'épithélium très fin constitué de **pneumocytes** correspond à l'échangeur respiratoire. Chez l'Homme, il y a 300 millions d'alvéoles qui totalisent une surface de 75 m^2.

AMAS DE GALAXIES

Astron. - Ensemble de plusieurs dizaines ou centaines de galaxies dans une même région de l'**Univers** et ayant une structure analogue aux amas stellaires de notre Galaxie, mais à une échelle beaucoup plus grande.

AMÉLIORATION GÉNÉTIQUE

Génét. - Pratique destinée à obtenir des variétés de plantes ou des races animales plus rentables d'un point de vue économique. L'amélioration génétique porte sur tous les aspects : augmentation de la masse, de la résistance aux maladies, de la vitesse de développement, de la taille des fruits…

—→ ***OGM.***

AMENDEMENT *n. m.*

Agric. - Opération destinée à améliorer les propriétés physiques d'un sol. L'amendement mécanique se fait entre autres par le labourage. L'amendement chimique est obtenu en incorporant de la matière minérale et/ou de la matière organique dans le sol.

—→ ***Engrais, Hersage.***

AMIDON *n. m.*

Biochim. - **Polymère** de glucose de formule brute $(C_6H_{10}O_5)_n$. L'amidon est un **polyholoside** qui est la forme caractéristique de stockage du glucose chez les végétaux. Il est constitué de deux types de molécules, l'amylose qui est linéaire et l'amylopectine qui est ramifiée. Dans les cellules des végétaux chlorophylliens, l'amidon est présent dans des plastes sous forme d'amas, ou **grains d'amidon,** plus ou moins réguliers dont la forme caractérise l'espèce. Il est coloré en bleu violacé par l'eau iodée. Il constitue la fécule.

—→ ***Amylase, Cellulose, Féculent, Maltose.***

AMINE BIOGÈNE *n. f.*

Neurobiol. - Molécule dérivée d'**acides aminés** et qui se comporte comme des **neurotransmetteurs**. La **sérotonine** est dérivée du tryptophane et la dopamine, la **noradrénaline** ainsi que l'**adrénaline** dérivent de la tyrosine.

→ ***Catécholamine.***

AMINO-ACIDE *n. m.*

Biochim. - syn. ***Acide aminé.***

AMINOACYL-ARNt SYNTHÉTASE

Biochim. - Enzyme qui fixe de manière spécifique un **acide aminé** sur un **ARNt**.

→ ***Code génétique.***

AMINOERGIQUE *adj.*

Neurobiol. - Se dit d'un neurone dont l'arborisation terminale libère comme **neurotransmetteurs** des acides aminés (GABA, glycine, glutamate).

AMMONISATION *n. f.*

Biochim. - Transformation par les Micro-organismes du sol de la matière organique azotée en ammoniac.

→ ***Cycle biogéochimique de l'azote.***

AMMONITES *n. f. pl.*

Paléont., Zool. - Groupe de **Mollusques** céphalopodes proches parents des Seiches, Calmars et Nautiles actuels. Les Ammonites se caractérisent par une coquille allongée, plus ou moins enroulée en spirale plane. Leur taille était comprise entre quelques millimètres de diamètre et plus de deux mètres. Ces prédateurs habitaient essentiellement les mers épicontinentales. Les Clyménies et les Goniatites qui sont des formes proches des Ammonites apparaissent au Dévonien, les Cératites et les « vraies Ammonites » apparaissent au Trias. Ces groupes se diversifient par la suite en plusieurs milliers d'espèces et disparaissent à la fin du Crétacé. Par leur diversité, leur large aire de répartition et leur évolution rapide, les Ammonites, les Cératites et les formes apparentées (Clyménies, Goniatites) constituent d'excellents **fossiles stratigraphiques**.

AMMONIUM *n. m.*

Biochim. - Ion NH_4^+. L'ion ammonium provient de la fixation d'un proton sur une molécule d'ammoniac (NH_3), c'est de la matière minérale.

AMNIOCENTÈSE *n. f.*

Méd. - Technique de **diagnostic prénatal** dans laquelle des cellules du fœtus sont prélevées dans la ***cavité amniotique***, par ponction à travers la paroi abdominale de la mère, sous contrôle échographique afin de réaliser le **caryotype** et de détecter d'éventuelles anomalies chromosomiques ou géniques. L'amniocentèse se pratique à partir de la quinzième semaine d'absence des règles.

AMNIOS *n. m.*

Embryo. - **Annexe embryonnaire** formée par un repli de l'ectoblaste extra-embryonnaire doublé à l'extérieur par le mésoblaste extra-embryonnaire. Cette membrane délimite une cavité remplie d'un liquide salin, la ***cavité amniotique***. Cette cavité contient l'embryon, puis le fœtus qui se développe en milieu aqueux, elle assure aussi une protection mécanique. La présence de cet amnios dans l'œuf des Reptiles et des Oiseaux ainsi que chez les Mammifères a permis à ces groupes de s'affranchir de la reproduction et du développement dans le milieu aquatique extérieur.

→ ***Amniotes, Anamniotes.***

AMNIOTES *n. m. pl.*

Zool. - **Vertébrés** dont l'embryon, au cours de son développement, met en place une cavité extra-embryonnaire, la cavité amniotique délimitée par l'**amnios**. Les Reptiles, les Oiseaux et les Mammifères sont des Amniotes.

→ ***Anamniotes.***

AMPHÉTAMINES *n. f.*

Méd., Neurobiol. - Médicaments excitant le système nerveux central et augmentant le niveau des activités psychiques et physiques. Les amphétamines étaient prescrites comme médicaments antifatigue. Elles agissent soit en provoquant l'exocytose des vésicules de **neurotransmetteurs** contenues dans les neurones présynaptiques (excitateurs), soit en empêchant leur recapture par les neurones présynaptiques, elles favorisent ainsi la naissance et la transmission de messages nerveux et peuvent provoquer des hallucinations. La structure des amphétamines (et de la cocaïne) est proche de celle de la noradrénaline et de la dopamine dont elles sont des **agonistes**.

AMPHIBIENS *n. m. pl.*

Zool. - Classe de **Vertébrés** terrestres qui comprend actuellement plus de 4000 espèces (Crapauds, Grenouilles, Salamandres...). Les Amphibiens se caractérisent par une température corporelle dépendant de la température extérieure, par la possession de quatre membres marcheurs, une peau humide qui les protège mal de la déshydratation en milieu aérien, une respiration pulmonaire et cutanée et par le fait qu'ils sont obligés de pondre dans l'eau, à quelques exceptions près, des œufs qui donnent naissance à des larves aquatiques (têtards). Les premiers Vertébrés terrestres sont des Amphibiens qui sont apparus il y a quelque 350 Ma. Ces derniers dériveraient d'un ancêtre commun qu'ils partageraient avec des poissons comme les Dipneustes ou les Crossoptérygiens ayant déjà acquis une respiration pulmonaire et dont l'anatomie des nageoires préfigure celle du membre marcheur des Amphibiens. En devenant de plus en plus adaptés au milieu aérien, ils ont donné les **Reptiles** qui ont pu coloniser tous les milieux continentaux.

→ ***Batraciens.***

AMPHIBOLE *n. f.*

Minér. - Silicate ferromagnésien en chaîne double avec une proportion plus ou moins importante de calcium et de sodium. Les amphiboles sont particulièrement abondantes dans les roches du **métamorphisme**.

→ ***Amphibolite, Minéral ferromagnésien.***

AMPHIBOLITE *n. f.*

Pétrol. - Roche du **métamorphisme régional** de couleur vert sombre présentant une certaine **schistosité**. Les amphibolites sont formées essentiellement par des cristaux d'amphibole et des plagioclases plus ou moins abondants, le quartz est peu représenté. Les amphibolites se forment à partir de roches diverses métamorphisées à des degrés variables. Ce terme désigne aussi un faciès de métamorphisme de moyennes pressions (0,2 à 11 GPa) et de moyennes températures (500 à 700 °C).

→ ***Métamorphisme, Subduction.***

AMPHIMIXIE *n. f.*

Cyto. - Fusion du pronucléus mâle et du pronucléus femelle après la fécondation en une structure unique.

→ ***Caryogamie.***

AMPHIPATHIQUE *adj.*

Biochim. - Substance comme les **lipides** qui possède à la fois un pôle hydrophile et un pôle hydrophobe.

→ ***Micelle.***

AMPLIFICATEUR *n. m.*

Génét. - Séquence d'ADN située sur la même molécule qu'un gène qui favorise la fixation de l'ARN polymérase sur le promoteur de ce gène, augmentant ainsi le taux de transcription.

AMPLIFICATION DE GÈNES

Génét. - **1.** Technique enzymatique consistant à dupliquer successivement un **gène** ou une séquence d'ADN pour produire un grand nombre de copies afin de les séquencer. Le processus d'amplification est utilisé dans la technique de la **PCR**. **2.** Augmentation du nombre de copies d'un **proto-oncogène**.

AMPLIFICATION EN CHAÎNE PAR POLYMÉRASE (ACP)
Biochim.Génét. syn. ***PCR.***

AMYÉLINIQUE *adj.*
Neurobiol. - Qualifie un neurone dont l'axone est dépourvu de **gaine de myéline** (neurones des Invertébrés, fibres C...).

AMYGDALE *n. f.*
Immuno. - Étymologiquement, toute structure en forme d'amande. En immunologie, désigne deux organes lymphoïdes pairs présents sur la paroi latérale du larynx. Les amygdales sont des **organes lymphoïdes périphériques**.

AMYLACÉ *adj.*
Biochim. - Qui contient de l'**amidon.**

AMYLASES *n. f.*
Biochim., Éner. - Enzymes capables d'hydrolyser l'**amidon** et le **glycogène** en courtes chaînes formées de molécules de glucose, de maltose. Il existe des amylases salivaires et des amylases pancréatiques.

→ ***Hydrolase.***

AMYLOPLASTE *n. m.*
Biol. cell. - **Plaste** chargé de réserves amylacées se présentant sous la forme de **grain d'amidon**.

ANABOLISANT *n. m.* ou *adj.*
Physiol. ani. - Stéroïde proche de la testostérone (**nandrolone**) dont les effets augmentent la synthèse des protéines et plus particulièrement des protéines musculaires.

ANABOLISME *n. m.*
Biochim., Éner. - Ensemble des réactions **biochimiques** conduisant à la synthèse de molécules organiques complexes à partir de molécules plus simples et au stockage d'**énergie**.

→ ***Métabolisme.***

ANAÉROBIE *n. m.* ou *adj.*
Écol. - **1.** Organisme qui vit en absence de dioxygène. **2.** Milieu dépourvu de dioxygène.

→ ***Aérobie.***

ANAÉROBIOSE *n. f.*
Écol. - Condition des organismes vivant dans un milieu dépourvu de dioxygène.

ANAGENÈSE *n. f.*
Écol. - Transformation progressive d'une lignée d'êtres vivants par modifications graduelles de certains caractères sans qu'il y ait apparition de lignées divergentes.

→ ***Cladisme, Cladogenèse.***

ANALOGIE *n. f.*
Zool. - Ressemblance fonctionnelle et morphologique entre des organes ayant des fonctions équivalentes mais n'ayant pas la même origine embryonnaire. Ainsi l'aile des Insectes et l'aile des Oiseaux sont des structures analogues, alors que les ailes des Chauves-souris, des Oiseaux et des Ptérosauriens sont homologues, car elles présentent fondamentalement la même anatomie qui témoigne de leur origine commune.

→ ***Convergence évolutive, Homologie.***

ANAMNIOTES *n. m.*
Zool. - **Vertébrés** dont le développement embryonnaire ne met pas en place une cavité amniotique. Ce sont les Poissons et les Amphibiens.

→ ***Amnios, Amniotes.***

ANAPHASE *n. f.*
Biol. cell. - Troisième stade de la

mitose et de chacune des deux divisions de la **méiose**. Au cours de l'anaphase de la mitose, les **chromosomes** dupliqués (= à 2 chromatides identiques) se fissurent au niveau du centromère et donnent naissance à deux chromosomes à une **chromatide** qui se répartissent aux deux pôles de la cellule (ascension polaire). Au début de l'anaphase I de méiose, il y a séparation des **chromosomes homologues** de chaque paire (**brassage interchromosomique**) ; au début de l'anaphase II de méiose, chaque chromosome à 2 chromatides se fissure au niveau du centromère et les chromosomes fils à une chromatide migrent soit vers un pôle, soit vers l'autre pôle de la cellule. Cette seconde migration conduit aussi à un brassage interchromosomique s'il y a eu au cours de la prophase I des ***crossing-over**** *. L'anaphase A est l'étape de la mitose durant laquelle les chromosomes se déplacent vers les pôles tirés par la dépolymérisation des **microtubules** qui se fait au niveau du **cinétochore**. L'anaphase B est l'étape durant laquelle les pôles s'éloignent à la suite du glissement des microtubules polaires des deux demis fuseaux achromatiques.

ANAPHYLATOXINE *n. f.*

Immuno. - Molécule produite dans le sérum sanguin lors de l'activation du **complément**. Il en existe deux notées respectivement C3a et C5a. Les anaphylatoxines provoquent la dégranulation des vésicules d'**histamine** par les **mastocytes** et les granulocytes basophiles. Les anaphylatoxines augmentent la perméabilité vasculaire et provoquent la contraction des muscles lisses. L'injection intraveineuse d'anaphylatoxines produit un choc comparable au **choc anaphylactique**, d'où leur nom.

ANAPHYLAXIE *n. f.*

Immuno. - Réponse très violente de l'organisme après une seconde exposition à un **antigène** alors que celui-ci est, le plus souvent, inoffensif. L'anaphylaxie est induite essentiellement par les IgE. Cette réponse peut entraîner la mort de l'individu notamment en provoquant la contraction des muscles lisses des bronches (asphyxie).

→ ***Allergie, Choc anaphylactique.***

ANATEXIE *n. f.*

Tecto. - Processus par lequel des roches fondent totalement ou partiellement lorsqu'elles sont soumises à une augmentation de température à la suite d'un choc (météorites) ou d'un enfouissement profond (zone de **subduction** et **chaînes de montagnes**). Une fusion partielle de la roche donne des **migmatites**, une fusion totale donne un magma qui pourra être à l'origine, après cristallisation, d'un **granite** d'anatexie. La température de fusion des premiers minéraux d'une roche dépend de la composition chimique, de la pression totale et de la présence ou de l'absence d'eau. L'ordre de fusion des minéraux est l'inverse de l'ordre de cristallisation.

→ ***Métamorphisme.***

ANATOMIE *n. f.*

Anat. - **1.** Science qui étudie au moyen de la dissection ou de la radiologie et des méthodes en dérivant, l'organisation interne des êtres vivants, c'est-à-dire qui décrit les caractéristiques des éléments constitutifs et qui en précise les relations structurales qui existent entre eux. **2.** Par extension, structure de l'organisme étudié.

→ ***Morphologie.***

ANATOXINE *n. f.*

Immuno. - **Toxine** dont la virulence est atténuée par un traitement approprié, mais qui possède la capacité à stimuler la production d'**immunoglobulines** contre la toxine initiale.

→ ***Vaccin.***

ANCÊTRE COMMUN

Évol. - Organisme réel ou supposé avoir existé qui, à la suite d'une **cladogenèse**, a donné plusieurs lignées évolutives (phylums) qui se sont différenciées les unes des autres. Dans la majorité des cas, les espèces fossiles ne peuvent être considérées comme les ancêtres d'espèces plus récentes.

→ ***Apomorphie, Arbre, Synapomorphie.***

ANCÊTRE COMMUN EXCLUSIF

Évol. - Espèce inconnue, à l'origine de plusieurs groupes **monophylétiques**. L'**ancêtre commun** exclusif hypothétique n'est partagé qu'entre deux **groupes-frères** et avec aucun autre groupe de l'échantillon soumis à l'analyse cladistique.

ANCHIZONE *n. f.*

Géol. - Zone où les roches passent de la **diagenèse** à un **métamorphisme général** de faible intensité.

ANDALOUSITE *n. f.*

Minér. - Silicate d'**alumine** ayant cristallisé dans le système orthorhombique, l'andalousite est rare dans les roches magmatiques, mais très abondante dans les roches du **métamorphisme régional** (schistes, micaschistes, gneiss). Elle se forme lors de la cristallisation du silicate d'alumine entre 400 et 900 °C pour des pressions modérées n'excédant pas 0,5 GPa. Ce minéral est à la fois un **géothermomètre** et un **géobaromètre**. En lumière polarisée analysée, l'andalousite apparaît sous forme de cristaux prismatiques gris clair ou rosés.

→ ***Minéral du métamorphisme.***

ANDÉSITE *n. f.*

Pétrol., Volcano. - Roche magmatique volcanique effusive, gris violacé, de structure microlitique, composée de plagioclases, de biotite et de pyroxènes. Suivant leur teneur en silice, on distingue des andésites acides riches en silice, peu fluides, donnant naissance à des aiguilles volcaniques bouchant les appareils volcaniques, et des andésites basiques moins riches en silice donnant des coulées. Le volcanisme andésitique est typique des zones de **subduction** (cordillère des Andes, Antilles…). Le magma formé dans ces zones proviendrait de la fusion des roches de la plaque lithosphérique supérieure, facilitée par la déshydratation de la plaque plongeante.

→ ***Volcanisme andésitique.***

ANDROCÉE *n. m.*

Bot. - Ensemble des **étamines**.

ANDROGÈNE *n. m.*

Endocrino. - Hormone mâle dérivée du **cholestérol.** Les androgènes sont produits par les cellules endocrines des testicules (**cellules interstitielles de Leydig**), ce sont la **testostérone** et l'androstérone, cette dernière hormone est beaucoup moins active que la première.

ANÉMIE FALCIFORME

Génét., Méd. - syn. ***Drépanocytose.***

ANERGIE *n. f.*

Immuno. - État d'un lymphocyte T qui a fixé sur ses **récepteurs T** spécifiques le **soi modifié** présenté par une **CPA**. Ce lymphocyte ne se multiplie pas en raison de l'absence du cosignal B7-CD28 et sécrète quelques molécules de lymphokines, mais pas d'interleukine-2, et une protéine inhibitrice de sa propre activation. L'anergie intervient dans les mécanismes de l'**apprentissage du soi**.

ANEUPLOÏDIE *n. f.*

Génét., Méd. - État d'une cellule ou d'un organisme qui possède un nombre supérieur ou inférieur de chromosomes à celui de l'espèce.

→ ***Monosomie, Trisomie.***

ANGIOGRAPHIE *n. f.*

Méd., Physiol. ani. - Radiographie des vaisseaux après injection d'un liquide opaque aux rayons X.

→ ***Coronographie.***

ANGIOSPERMES *n. f. pl.*

Bot. - Division majeure du **règne végétal** appelée également plantes à fleurs. Avec les **Gymnospermes**, les Angiospermes constituent le groupe des plantes à graines ou Spermatophytes. Les Angiospermes possèdent des organes reproducteurs (étamines et carpelles) regroupés dans un organe appelé **fleur**. Après le transport des grains de **pollen** jusqu'à l'ovaire (**pollinisation**) suivi d'une fécondation particulière de l'ovule, l'ovaire se transforme en **fruit** et l'ovule en **graine**.

ANGIOTENSINE *n. f.*

Physiol. ani. - Petite molécule peptidique libérée dans le sang et formée à partir de l'**angiotensinogène** fabriqué par le foie. L'angiotensine I est un décapeptide inactif alors que l'angiotensine II, un octopeptide, est une hormone active. L'angiotensine I se forme par l'action de la **rénine**, une enzyme protéolytique libérée par les reins, sur un précurseur appelé angiotensinogène. L'angiotensine I est transformée par l'action d'une hydrolase sanguine en angiotensine II, qui est la forme active de la molécule. L'angiotensine II est un puissant **vasoconstricteur** des parois artérielles, sa libération conduit à une augmentation de la **pression sanguine**. L'angiotensine II provoque aussi la contraction de l'utérus et stimule directement la production d'**aldostérone** par la glande cortico-surrénale.

→ ***Appareil juxtaglomérulaire, Système rénine-angiotensine.***

Angiospermes : morphologie et anatomie

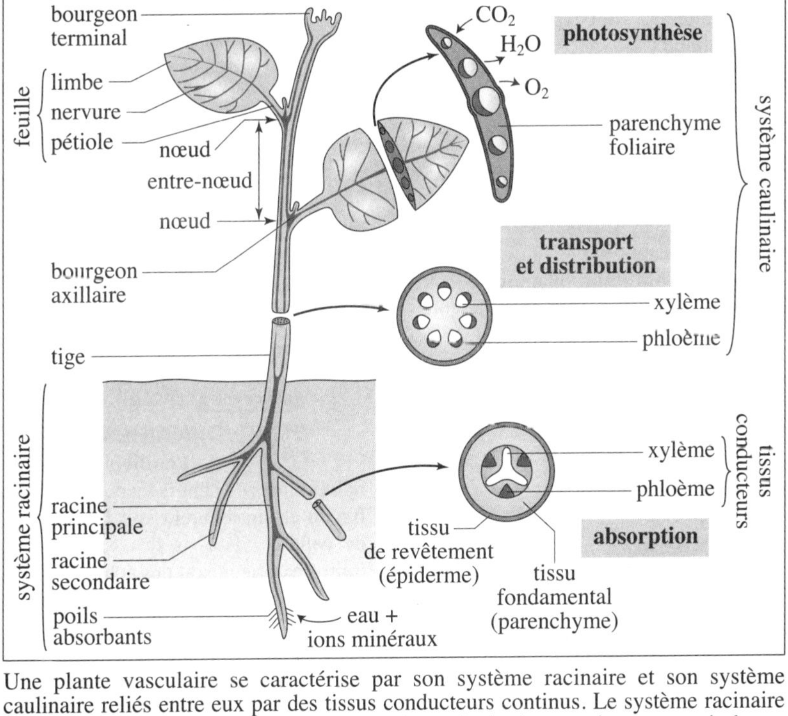

Une plante vasculaire se caractérise par son système racinaire et son système caulinaire reliés entre eux par des tissus conducteurs continus. Le système racinaire est composé le plus souvent d'une racine principale ou pivotante qui donne naissance à plusieurs racines secondaires ou latérales dont les extrémités portent les poils absorbants. Le système caulinaire est formé de la tige, des bourgeons axillaires, des feuilles et des fleurs. Chacune de ces parties assure une fonction précise.

ANGIOTENSINOGÈNE *n. m.*
Physiol. ani. - Protéine synthétisée par le foie et libérée dans la circulation sanguine. L'angiotensinogène peut être transformé par la **rénine** en **angiotensine** I.

ANGLE D'INCIDENCE
Sismo. - Angle que fait un rayon ou un **rai sismique** avec la normale à la surface qu'il rencontre.

→ ***Rai incident.***

ANHISTE *adj.*
Cyto. - syn. ***Acellulaire.***

ANIMAL *n. m.* ou *adj.*
Zool. - Être vivant **hétérotrophe au carbone** et doué de **sensibilité**. Les êtres vivants qui possèdent ces caractéristiques, qu'ils soient unicellulaires ou pluricellulaires, sont regroupés dans le règne animal.

→ ***Métazoaires, Protozoaires.***

ANIRIDIE *n. f.*
Génét. - Maladie héréditaire des Mammifères caractérisée par de petits yeux dépourvus d'**iris** chez les sujets hétérozygotes et chez les homozygotes, par une **anophtalmie** bilatérale accompagnée d'altérations cérébrales rapidement létales. L'aniridie est due à une mutation du gène ***PAX-6****.

ANISOPAQUE *adj.*
Tecto.

→ ***Pli anisopaque.***

ANNEAU *n. m.*
Astron. - Ensemble de petits corps solides allant du micron au kilomètre qui tournent, à leur vitesse propre, selon une orbite circulaire autour de l'équateur des planètes gazeuses.

ANNÉE *n. f.*
Astron. - Intervalle de temps qui correspond à une révolution de la Terre autour du Soleil ou période sidérale. L'année bissextile comprend 366 jours (29 février).

ANNÉE DE LUMIÈRE
Astron. - Unité de longueur astronomique qui équivaut à la distance parcourue par la lumière en un an. Une adl ou al = $9,46 \cdot 10^{12}$ km.

ANNÉE JULIENNE
Astron. - Année de 365,25 jours exactement. Le calendrier grégorien qui est reconnu internationalement à l'heure actuelle définit une durée moyenne de l'année de 365,2425 jours.

ANNÉLIDES *n. m. pl.*
Zool. - Embranchement d'animaux de forme allongée (**Ver**), dépourvus de tête différenciée et formés par une succession d'unités répétitives, les métamères, possédant en général la même morphologie et la même anatomie. L'embranchement des Annélides est divisé en trois classes dont les membres se reconnaissent par la possession de soies (production du tégument). Les Oligochètes sont essentiellement terrestres (Ver de terre) et se nourrissent de débris végétaux et creusent des galeries dans le sol dont ils contribuent au brassage.

→ ***Turricule.***

ANNEXES EMBRYONNAIRES
Embryo. - **Feuillets embryonnaires** situés en dehors du corps de l'**embryon** et qui assurent soit la protection de celui-ci vis-à-vis des variations du milieu extérieur, soit des échanges métaboliques entre l'embryon et le milieu. Chez les Vertébrés, on distingue plusieurs annexes embryonnaires : **allantoïde**, **amnios**, **chorion**, **placenta**, **sac vitellin**. L'apparition de ces structures a permis aux Reptiles, aux Oiseaux et aux Mammifères de coloniser le milieu terrestre.

→ ***Amniotes, Anamniotes.***

ANOMALIE *n. f.*

Géol. - Différence observée entre la valeur mesurée d'une variable (champ magnétique terrestre, température, accélération de la pesanteur, vitesse de propagation des ondes...) et la valeur calculée ou théorique de cette même variable en un point donné. Une anomalie peut être soit positive si elle est supérieure à la valeur prévue, soit négative dans le cas contraire.

→ ***Anomalie magnétique, Anomalie thermique.***

ANOMALIE CHROMOSOMIQUE

Génét., Méd. - Altération de la morphologie d'un **chromosome** (**translocation**, **délétion, duplication**, **inversion**) ou du nombre de chromosomes (**monosomie**, **trisomie**, **polysomie**, **aneuploïdie**) [syn. Aberration chromosomique].

ANOMALIE MAGNÉTIQUE

Géol. - Valeurs des caractéristiques du **champ magnétique** terrestre qui diffèrent des valeurs théoriques prédites par le modèle du champ dipolaire. Ces anomalies sont dues à la présence de corps aimantés. On distingue des anomalies négatives qui correspondent à une inversion de la position des pôles ; le pôle Nord magnétique se trouvant proche du pôle Sud géographique et le pôle Sud magnétique proche du pôle Nord géographique, et des anomalies positives où les **pôles magnétiques** sont proches de leur position actuelle.

→ ***Aimantation, Boussole, Déclinaison magnétique, Inclinaison magnétique, Magnétisme.***

ANOMALIE THERMIQUE

Géol. - Anomalie provoquée par un gradient géothermique plus élevé au niveau d'une dorsale ou d'un panache que sur le reste du plancher océanique, c'est une anomalie thermique positive. Dans une zone de subduction, le gradient géothermique est inférieur, c'est une anomalie thermique négative.

→ ***Tectonique des plaques.***

ANOPHÈLE *n. m.*

Zool. - Genre de Moustique dont la femelle est responsable de la transmission de l'**Hématozoaire du paludisme**.

ANOPHTALMIE *n. f.*

Méd. - Absence d'un ou des deux yeux. L'anophthalmie est souvent due à une mutation du gène ***PAX-6****.

ANOREXIE *n. f.*

Méd. - Diminution marquée, voire perte complète de l'appétit. L'anorexie mentale est un trouble du comportement caractérisé, essentiellement chez la jeune fille, par un refus de nourriture conduisant à un amaigrissement extrême.

ANOXIE *n. f.*

Méd., Physiol. ani. - Diminution de la quantité de dioxygène arrivant aux tissus.

→ ***Apnée, Hypoxie***

ANTAGONISTE *n. m* ou *adj.*

Endocrino., Neurobiol. - Molécule qui se fixe sur un récepteur membranaire et empêche la molécule spécifique de se lier à son site habituel. L'antagoniste n'active pas le récepteur et donc bloque le message au lieu de le transmettre.

→ ***Agoniste, Curare.***

ANTÉCAMBRIEN *n. m.* ou *adj.*

Strati.

→ ***Échelle stratigraphique.***

ANTÉHYPOPHYSE *n. f.*

Endocrino., Neurobiol. - Partie antérieure de l'**hypophyse**, de nature glandulaire, produisant de nombreuses hormones dont la plupart sont sous contrôle hypothalamique : FSH, LH, ACTH, TSH, GH, MSH et prolactine (syn. Adénohypophyse, Hypophyse antérieure).

→ ***Complexe hypothalamo-hypophysaire.***

ANTÉMÉTAMORPHE *adj.*

Tecto. - Caractérise une roche avant qu'elle n'ait connu des événements métamorphiques.

→ ***Métamorphisme.***

***ANTENNAPEDIA* (COMPLEXE OU GÈNES)**

Génét. - Ensemble de cinq **gènes sélecteurs homéotiques** (*labial, proboscidia, deformed, Sex combs reduced, Antennapedia*) qui dirige l'évolution de la partie antérieure de la Drosophile jusqu'au 5ᵉ parasegment. Ces 5 gènes codent pour des **facteurs de transcription** à **homéodomaines**. Ce complexe définit l'identité segmentaire, entre autres, la présence des **appendices** spécifiques, sur la tête et le premier segment thoracique. La mutation *antennapedia* est responsable de la mise en place d'une patte à la place d'une antenne.

ANTENNE COLLECTRICE

Éner. - Ensemble de pigments associés à la **chlorophylle** a dans la membrane des **thylacoïdes**. Ces molécules captent des **photons** qui excitent leurs électrons périphériques et transmettent leur état **excité** à la chlorophylle a qui cède l'électron excité au premier accepteur de la **chaîne photosynthétique**.

→ ***Réactions photochimiques.***

ANTHÈRE *n. f.*

Bot. - Extrémité, le plus souvent renflée, d'une **étamine**. L'anthère est constituée de deux loges divisées en sacs polliniques dans lesquels se différencient, par méiose, les **grains de pollen** qui contiennent les gamètes mâles.

→ ***Gamétophyte, Spore.***

ANTHROPIQUE *adj.*

Écol. - Se dit d'un être vivant qui affectionne la présence de l'Homme ou du résultat de ses activités.

→ ***Adventice.***

ANTHROPOÏDES *n. m.*

Évol., Zool. - Superfamille de **Primates** de grande taille dépourvus de queue, dotés d'un encéphale volumineux, se déplaçant au sol en s'appuyant sur le dos des phalanges (marche sur les phalanges), munis d'un pouce opposable et pouvant parfois adopter une démarche bipède. Les Anthropoïdes actuels comprennent le Gorille, les deux espèces de Chimpanzés, l'Orang-outang et les différents Gibbons. Les Chimpanzés et plus particulièrement le Bonobo sont, d'un point de vue morphologique, anatomique, éthologique et génétique, très proches de l'espèce humaine. Les données de la biologie moléculaire suggèrent que l'ancêtre commun à l'Homme et aux Chimpanzés aurait vécu, en Afrique de l'Est, il y a quelque 7-8 millions d'années (syn. Hominoïdes).

→ ***Anthropomorphe, Bipédie, Hominisation.***

ANTHROPOMORPHE *n. m.* ou *adj.*

Zool. - Qui a l'allure, la forme d'un Homme. Ce terme s'emploie comme adjectif ou substantif, dans ce dernier cas, il est synonyme d'Anthropoïdes.

ANTIBIOTIQUE *n. m.* ou *adj.*

Méd., Microbiol. - Nom d'ensemble des substances naturelles produites par des Micro-organismes ou artificielles qui ont la propriété d'enrayer la multiplication des Bactéries (bactériostatiques), ou de les détruire (bactériolytiques) si elles appartiennent à des souches sensibles.

ANTICLINAL *n. m.*

Tecto. - **Pli** affectant des couches géologiques où les **strates** les plus anciennes se situent à l'intérieur de la courbure alors que dans un **synclinal**, ce sont les couches les plus récentes qui occupent cette place. Dans le relief, s'il n'y a pas eu d'érosion, l'anticlinal se caractérise par un bombement; s'il y a eu érosion, il se repère, sur une carte géologique, par l'existence de strates de plus en plus récentes à mesure que l'on s'éloigne de son plan axial.

ANTICLINE *adj.*

Biol. cell., Bot. - Se dit d'une division cellulaire ou d'une paroi se formant perpendiculairement à la surface d'un organe.

→ ***Péricline.***

ANTICODON *n. m.*

Génét. - Triplet de **nucléotides** porté par un **ARNt** complémentaire d'un **codon** de l'ARNm. Il y a 61 anticodons différents. Il n'y a pas d'ARNt qui correspondent aux trois **codons stop**.

→ ***Code génétique.***

ANTICORPS *n. m.*

Immuno. - syn. ***Immunoglobuline.***

ANTICORPS CIRCULANT

Immuno. - Immunoglobuline (IgM, IgG) sécrétée dans le sang par les lymphocytes B, devenus **plasmocytes**, après avoir été stimulés par du **non-soi**.

→ ***Anticorps membranaire.***

ANTICORPS MATERNEL

Immuno. - Immunoglobuline fabriquée par la mère et qui traverse la barrière placentaire. Ces anticorps assurent la défense immunitaire du bébé alors que son système immunitaire n'est pas complètement opérationnel.

ANTICORPS MEMBRANAIRE

Immuno. - Immunoglobuline (IgM, IgD) qui est enchâssée dans la membrane des **lymphocytes B**. Ces IgM et ces IgD sont donc des récepteurs membranaires (**récepteurs B**) qui vont fixer les déterminants antigéniques. Un LB n'exprime à sa surface qu'une seule catégorie d'anticorps membranaire.

ANTICORPS MONOCLONAL

Immuno. - Catégorie d'immunoglobuline sécrétée par un seul type de lymphocytes B. Les anticorps monoclonaux sont donc tous identiques. Ils peuvent être produits en très grosses quantités par la technique des **hybridomes**.

ANTICORPS SOLUBLE

Immuno. - Immunoglobuline (**IgG, IgM**) sécrétée dans le milieu intérieur par opposition aux immunoglobulines membranaires qui constituent les récepteurs B des lymphocytes B.

ANTICYCLONE *n. m.*

Climato. - Zone où la pression atmosphérique est élevée à la suite de la redescente d'air en provenance de l'équateur, les zones anticycloniques se situent, d'une manière générale, au niveau des 30° de latitude Nord (anticyclone des Açores) et Sud, mais peuvent se déplacer.

→ ***Circulation atmosphérique.***

ANTIDÉPRESSEURS *n. m.*

Méd., Neurobiol. - Famille de molécules qui intervient dans la lutte contre les différentes formes de **dépression**. On distingue trois catégories d'antidépresseurs : les tricycliques, les IMAO (inhibiteur de la monoamine oxydase) et les nouveaux antidépresseurs. Ces différentes molécules augmentent la teneur de la **fente synaptique** en amines biogènes (sérotonine, dopamine, noradrénaline). Les antidépresseurs tricycliques bloquent le fonctionnement de la protéine qui les recapture après leur libération dans la fente synaptique ; les IMAO empêchent leur destruction après leur recapture conduisant à un accroissement de la transmission synaptique. Les différentes molécules d'antidépresseurs synthétisées sont plus efficaces sur telle ou telle catégorie de neurones.

ANTIGÈNE *n. m.*

Immuno. - N'importe quelle substance capable de provoquer une réponse immunitaire spécifique, soit par la formation d'**anticorps circulants**, soit par l'activation de lymphocytes T auxquels des fragments de l'antigène ont été présentés sous forme de **soi modifié**.

ANTIGÈNE DE CLASSE I (ou II)

Immuno.

→ ***CMH de classe I (ou II).***

ANTIGÈNE SOLUBLE

Immuno. - Molécule en suspension dans le **milieu intérieur**, s'oppose à antigène tissulaire (CMH de classe I, CMH de classe II), c'est-à-dire porté par les membranes des cellules constituant les tissus. Les toxines, les antigènes de Micro-organismes sont des antigènes solubles.

ANTIGÈNES MAJEURS D'HISTOCOMPATIBILITÉ

Immuno.

→ ***CMH de classe I, CMH de classe II.***

ANTIGÈNES MINEURS D'HISTOCOMPATIBILITÉ

Immuno. - Antigènes définissant les **groupes sanguins**.

→ ***Agglutinogène.***

ANTI-HORMONE *n. f.*

Endocrino. - Molécule comme le **RU 486** (RU = Russel-Uclaf) qui se fixe sur les récepteurs d'une hormone, mais ne provoque pas la réaction spécifique. Le RU 486 est utilisé comme molécule contragestive. Les anti-hormones sont des **antagonistes** des hormones et entrent en compétition avec elles.

→ ***Anti-progestérone, Contragestion.***

ANTIMITOTIQUE *n. m.* ou *adj.*

Biol. cell., Méd. - Molécule comme la ***colchicine*** extraite du Colchique qui bloque la **mitose** en **métaphase** en empêchant la formation du **fuseau de division** et donc la séparation des chromatides des **chromosomes dupliqués**. La colchicine est utilisée pour réaliser des **caryotypes**. D'autres molécules comme des faux précurseurs de l'ADN sont des antimitotiques utilisés pour lutter contre la prolifération des cellules tumorales.

ANTI(-)ONCOGÈNE *n. m.*

Génét. - Catégorie de gènes dont la fonction normale est d'empêcher le développement d'une tumeur. Quand les deux allèles sont non fonctionnels, leur dysfonctionnement peut être à l'origine d'un **cancer** (syn. Gène suppresseur de tumeurs).

→ ***Oncogène.***

ANTIOXYGÈNE *n. m.*

Biochim. - Molécule qui prévient les huiles et les graisses de rancissement quand elles sont exposées à l'air, augmentant ainsi leur durée de conservation. Dans les aliments, les antioxygènes sont numérotés de E 300 à E 400. Certains, comme la vitamine E, sont naturellement présents dans les huiles végétales.

→ ***Scorbut.***

ANTI-PROGESTÉRONE *n. f.*

Endocrino., Méd. - Molécule comme le **RU 486** qui se fixe sur les mêmes récepteurs que la **progestérone,** mais qui ne provoque pas ses effets.

→ ***Anti-hormone, Contragestion.***

ANTITOXINE *n. f.*

Immuno. - Molécule capable de neutraliser une **toxine**. Les **immunoglobulines** sont des antitoxines.

ANTI(-)TRYPSINES *n. f.*

Génét. - Inhibiteurs protéiques de la **trypsine** codée par une **famille de gènes.** Chez les Mammifères, l'antitrypsine est produite par le gros intestin. Les gènes de certaines anti-trypsines végétales ont été introduits dans des Céréales (OGM) qui ne les possèdent pas afin de les rendre résistantes aux attaques de certains parasites et de rendre la céréale indigérable.

ANTRUM FOLLICULI *n. m.*

Histo. - Cavité du **follicule ovarien**, remplie du ***liquide folliculaire***, qui se forme entre des cellules de la **granulosa**. La présence de l'*antrum* définit un follicule cavitaire ou tertiaire (syn. Cavité folliculaire).

→ ***Folliculogenèse.***

ANXIOLYTIQUES *n. m.*

Méd., Neurobiol. - Famille de médicaments qui apaise l'inquiétude, l'anxiété et l'angoisse. Le chef de file de ces médicaments est la benzodiazépine qui a donné naissance à toute une famille de médicaments (valium) qui ont une action sédative hypotonique, anticonvulsive et de relaxant musculaire. Leur mode d'action n'est pas connu avec précision (syn. Tranquillisants).

→ ***Neuroleptiques.***

AORTE *n. f.*

Anat. - Grosse **artère** qui, chez les Mammifères, part du **ventricule gauche** et distribue le sang oxygéné dans le corps. Chez l'Homme, l'aorte naît juste au-dessus des **valvules sigmoïdes** et se dirige vers le haut (aorte thoracique ascendante), puis tourne vers l'arrière dans sa position horizontale (aorte thoracique horizontale) d'où partent, vers l'avant, les **artères carotides** et latéralement les artères sous-clavières irriguant les bras. L'aorte thoracique ascendante et l'aorte thoracique horizontale forment la **crosse aortique** qui se prolonge vers le bas par l'aorte thoracique descendante.

APEX *n. m.*

Bot. - Extrémité pointue d'un organe. Les apex racinaire et caulinaire possèdent des **méristèmes primaires** apicaux.

APG

Biochim., Éner. - Sigle d'**Acide phosphoglycérique.**

APLASIE *n. f.*

Méd. - Arrêt ou insuffisance du développement d'un tissu ou d'un organe.

→ ***Néoplasie.***

APNÉE *n. f.*

Physiol. ani. - Arrêt temporaire de la respiration.

APOMORPHIE *n. m.*

Évol. - État d'un caractère qui est présent à l'intérieur d'un groupe dérivant d'un **ancêtre commun**.

→ ***Arbre, Cladisme, Synapomorphie.***

APOPTOSE *n. f.*

Immuno. - État d'une cellule qui fait suite soit à la réception d'un message de nature chimique (interleukines), soit à un contact avec une autre cellule, ce qui provoque son « suicide ». La cellule engagée dans le processus d'apoptose se caractérise par une condensation du noyau et une fragmentation de l'ADN (syn. Mort cellulaire programmée).

APPAREIL *n. m.*

Anat. - Ensemble des systèmes, des organes participant à une même fonction. *Exemples :* appareil digestif, appareil reproducteur.

APPAREIL DE GOLGI

Biol. cell. - Ensemble des **dictyosomes** d'une cellule.

APPAREIL JUXTAGLOMÉRULAIRE

Anat. - Ensemble de cellules associées au néphron (unité fonctionnelle du rein) qui sont responsables de la production de **rénine** sous l'effet direct de la diminution de la **pression artérielle**, de la diminution de la **natrémie** ou de la stimulation des fibres du **système ner-**

veux parasympathique qui innervent directement les cellules productrices de rénine.

→ ***Système rénine-angiotensine.***

APPAREIL REPRODUCTEUR

Bot., Zool. - Ensemble des organes d'un être vivant pluricellulaire qui assurent sa reproduction sexuée. La fleur est l'organe reproducteur des **Angiospermes**.

→ ***Sexe.***

APPAREIL VÉGÉTATIF

Bot. - Ensemble des organes d'une plante (racine, tige, feuille) qui assurent sa croissance. S'oppose à appareil reproducteur.

APPARIEMENT DES BASES

Génét. - syn. ***Complémentarité des bases.***

APPENDICE *n. m.*

Zool. - Expansion externe du corps chez les Animaux (membres, pièces buccales, antennes, pièces copulatrices). On réserve plutôt l'emploi de ce terme aux Arthropodes et aux Vertébrés chez qui ces expansions sont articulées.

APPÉTENCE *n. f.*

Physiol. ani. - Tendance qui attire un être vivant vers ce qui peut satisfaire ses besoins pour sa survie ou sa reproduction.

APPRENTISSAGE DU SOI

Immuno. - Capacité que possède un organisme à éliminer les **lymphocytes T** et les **lymphocytes B** capables de réagir avec ses propres **antigènes** (auto-antigènes) et **déterminants antigéniques**. Ainsi, les lymphocytes T d'un individu sont capables de reconnaître les protéines de son CMH associées à ses différents antigènes ou à des fragments de ceux-ci, de conserver et de multiplier les lymphocytes T qui ne reconnaissent que les protéines du CMH (et pas ses propres antigènes) et qui sont donc capables de reconnaître des antigènes étrangers associés aux protéines du CMH. Les lymphocytes T incapables de reconnaître les protéines du CMH finissent par mourir. De même, les lymphocytes B capables de reconnaître les antigènes du soi sont aussi éliminés (syn. Éducation du soi, Tolérance au soi).

APPRÊTEMENT DE L'ANTIGÈNE

Immuno. - Processus qui conduit à la capture d'un antigène, à son découpage en petits peptides, à son association avec les antigènes du CMH et à son exportation sur la membrane plasmique de la **cellule présentatrice d'antigène** où il forme le **soi modifié**. Un antigène donné donne naissance, en raison du découpage en peptides et au polymorphisme du CMH, à plusieurs types de soi modifié.

APRAXIE *n. f.*

Neurobiol. - Perte de la capacité à réaliser des mouvements volontaires coordonnés alors que les fonctions musculaires et sensorielles ne présentent pas de dysfonctionnement. L'apraxie est due à des lésions de l'aire prémotrice, du lobe temporal ou du lobe frontal.

AQUIFÈRE *n. m.*

Hydrogéol. - Terrain poreux et perméable contenant une **nappe d'eau souterraine** qui constitue donc une **roche réservoir**. L'aquifère se caractérise par des espaces entre les différents éléments le constituant où l'eau pénètre et circule lentement. Ainsi, on peut définir, suivant la taille et la nature des cavités de l'aquifère, une **porosité** « en petit » où l'eau se situe dans les interstices de la roche (sable) et une porosité « en grand » où l'eau occupe les fissures et les fractures de la roche (granite, calcaire). Dans les grès, les deux types de perméabilité peuvent coexister.

ARACHNIDES *n. m. pl.*

Zool. - Groupe (classe) d'**Arthropodes** fondamentalement terrestres dont la partie antérieure ou céphalothorax porte six paires d'appendices (une paire de **chélicères** à rôle alimentaire, une paire de pince ou pédipalpe, quatre paires de pattes) alors que l'**abdomen** est dépourvu d'**appendices**. Les **Araignées**, les Scorpions, les **Acariens** sont les principaux groupes d'Arachnides.

ARAGONITE *n. f.*

Minér., Pétrol.

→ ***Calcaire, Carbonate.***

ARAIGNÉES *n. f.*

Zool. - Groupe d'**Arachnides** qui se caractérise par un abdomen très nettement séparé de la région antérieure ou céphalothorax. L'abdomen possède des glandes séricigènes, responsables de la production de soie servant à la fabrication des toiles. Les Araignées sont des prédateurs dont les **chélicères** sont venimeuses.

ARBORISATION TERMINALE

Neurobiol. - Extrémité ramifiée d'un **neurone** qui établit des **synapses** avec des neurones ou d'autres cellules qui sont alors des cellules effectrices.

→ ***Membrane présynaptique, Transmission synaptique.***

ARBRE *n. m.*

Bot. - Végétal ligneux dont la tige ou ***tronc*** ne porte des ramifications ou branches qu'à partir d'une certaine hauteur, ces branches forment le ***houppier***. De plus, pour être nommé arbre, le végétal ligneux doit atteindre une hauteur d'au moins 7 m et mesurer au moins 7,5 cm de diamètre à 1,3 m du sol. Les arbres ne se trouvent que chez les **Gymnospermes** et les Angiospermes **Dicotylédones**. Les Palmiers (Monocotylédones) ne sont pas des arbres, leur tige ou stipe est formée par les bases des feuilles, de plus, ils ne possèdent pas de branches.

→ ***Arbrisseau, Arbuste, Canopée, Forêt, Lignine.***

Évol. - Méthode de représentation graphique des relations entre différents êtres vivants que l'on relie entre eux en fonction de leur degré de parenté. Suivant la méthode utilisée pour élaborer ces arbres, les résultats obtenus ne sont pas toujours identiques. Les ***dendrogrammes*** sont des arbres exprimant les relations de parenté entre espèces sous la forme d'une succession de branchements dont les extrémités sont les espèces considérées. Il existe de nombreuses méthodes de calcul pour quantifier, sur un arbre, les différences de séquences de nucléotides ou d'acides aminés à partir d'une matrice des distances. Le **cladogramme** est un arbre traduisant les relations phylogénétiques entre les espèces ; les points de branchements ou nœuds correspondent à des **synapomorphies**, c'est-à-dire à une ou des caractéristiques possédées par un **ancêtre commun** inconnu qui seront présentes chez tous ses descendants et rien que chez eux.

→ ***Apomorphie, Cladisme, Classification.***

ARBRE GÉNÉALOGIQUE

Génét. - Représentation conventionnelle des liens parentaux qui unissent les différents membres d'une famille. On représente, les hommes par des carrés, les femmes par des cercles, les individus atteints d'une **maladie génétique** par un signe dans le symbole précédent. Une barre horizontale, reliant un individu de sexe féminin à un individu de sexe masculin, représente une union. Du milieu de cette barre horizontale se détachent des ramifications qui représentent la descendance. Les chiffres romains indiquent les numéros des générations, les chiffres arabes, le numéro de l'individu dans la génération.

→ ***Entrant, Fratrie, Pedigree.***
Voir figure page 46.

ARBRISSEAU *n. m.*

Bot. - Végétal ligneux de moins de 4 m de hauteur, ramifié dès la base, il ne possède donc pas de tronc comme les **arbustes** et les **arbres**.

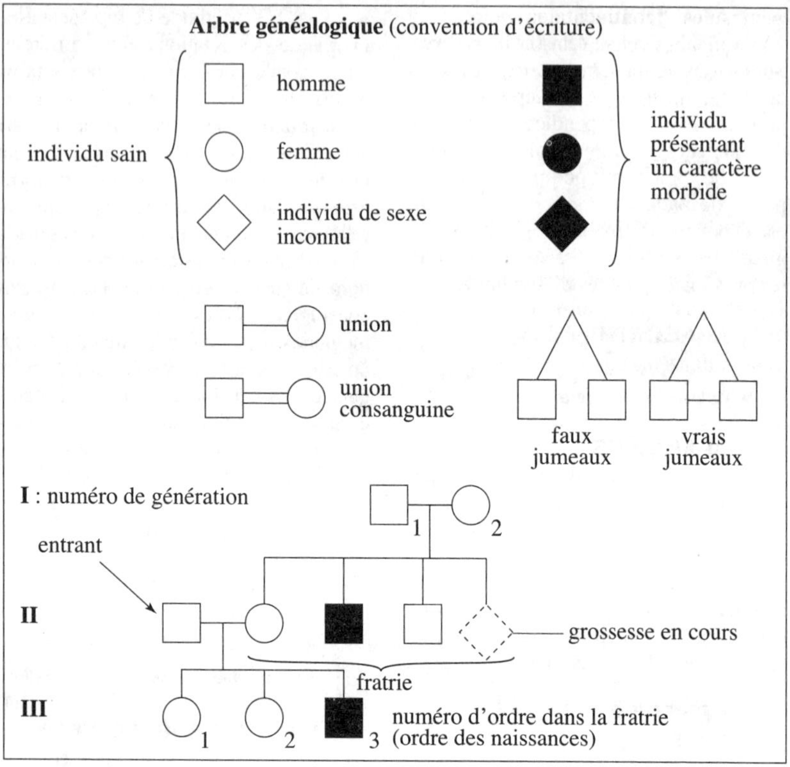

ARBUSTE *n. m.*

Bot. - Végétal ligneux de taille inférieure à 7 m de hauteur, mais présentant par ailleurs toutes les caractéristiques d'un **arbre**. L'arbuste est donc un petit arbre qui correspond soit à une espèce ne dépassant pas 7 m de hauteur, soit à un jeune d'une espèce de grande taille.

ARC

Immuno., Méd. - Sigle anglais de *AIDS-Related Complex*. syn. ***Para-SIDA.***

ARC INSULAIRE

Tecto. - syn. ***Arc magmatique.***

ARC MAGMATIQUE

Tecto. - Ensemble d'îles volcaniques actives réparties, en principe, suivant une courbe associée à une fosse (**subduction**) et dont les laves appartiennent aux **séries tholéiitique** et **calco-alcaline. 1.** Si la subduction est intra-océanique, comme celle des Petites Antilles, les îles ainsi formées par les volcans sont entièrement volcaniques (même si secondairement, elles peuvent être recouvertes par des calcaires à la suite de leur **subsidence**). **2.** Si la subduction a lieu près d'une marge continentale, les phénomènes sont plus complexes. Le substratum de l'arc est de nature continentale (granite + gneiss) et cet ensemble d'îles est séparé du continent par un bassin d'arrière-arc (archipel Nippon, Nouvelle-Zélande), formé à la suite d'une distension de la bordure continentale, provoquée par la formation de courants de convection à la suite d'une subduction à fort pendage. **3.** Il existe aussi des arcs volcaniques qui se mettent en place sur une bordure continentale (Andes). **4.** Les arcs intermédiaires prennent naissance entre des péninsules continentales émergées (Aléoutiennes orientales) ou immergées (Indonésie) et une plaque en subduction (syn. Arc insulaire, Arc volcanique).

ARC RÉFLEXE

Neurobiol. - Unité fonctionnelle du système nerveux comprenant un récepteur sensoriel, un organe effecteur (muscle, glande) et un circuit de neurones véhiculant l'information sensorielle au système nerveux central et de ce **centre nerveux** aux organes effecteurs. L'arc réflexe le plus simple ne comprend que deux neurones, un **neurone sensitif** et un **motoneurone**. Cet arc réflexe ne possède qu'une synapse, il est dit monosynaptique.

→ ***Réflexe myotatique.***

ARC VOLCANIQUE

Tecto. - syn. ***Arc magmatique.***

ARCHÉEN *n. m.* ou *adj.*

Strati.

→ ***Échelle stratigraphique.***

ARCHÉES *n. f. pl.*

Microbiol. - Groupe de **Procaryotes** renfermant des Bactéries vivant dans des milieux extrêmes comme celles des sources chaudes (fumeurs des dorsales océaniques), des lacs très salés, des sources très acides... Certaines Archées produisent du méthane. Les Archées diffèrent des autres Bactéries (Eubactéries) par la composition chimique de leurs lipides membranaires, par des ribosomes particuliers et la possession d'**introns** dans leurs gènes. Elles ont été considérées comme étant le groupe le plus ancien d'organismes encore vivants mais cette hypothèse est remise en cause.

ARCHÉOPTÉRYX *n. m.*

Paléont.

→ ***Chaînon manquant, Oiseaux.***

ARDIPITHECUS RAMIDUS

n. m.

Paléont., Zool. - Espèce d'**Hominidés**, d'abord rangée dans le genre ***Australopithecus****, ayant vécu en Éthiopie vers 4,4 millions d'années, connue par de nombreux restes fossiles qui présentent un mélange de caractères de Chimpanzés (dentition de lait, canines et incisives) et d'**Homininés** (faible développement des molaires). Sa stature et sa masse corporelle sont estimées, respectivement, à 1,25 m et 35-45 kg. *Ardipithecus* possède des caractères de bipède, mais a conservé une capacité à grimper dans les arbres. Il vivait probablement en milieu forestier. Cette découverte remettrait partiellement en cause l'origine de la **bipédie** qui relie l'apparition de cette modalité de locomotion au passage d'un habitat forestier à un habitat de savane. Des restes datés entre 5,8 et 5,2 Ma ont été rattachés à une nouvelle sous-espèce *A. r. kadabba*. Compte tenu de cette mosaïque de caractères, cette espèce pose un problème : s'agit-il d'un Hominidé présentant des convergences avec les grands singes africains (1), d'un grand singe qui aurait développé des caractères plus humains (2) ou d'un ancêtre des Chimpanzés et des Gorilles (3) ?

→ ***East Side Story.***

ARÈNE *n. f.*

Pétrol., Sédiment. - **Sable** grossier, provenant de l'**altération** locale de roches magmatiques ou métamorphiques riches en quartz et en feldspath.

→ ***Arène granitique.***

ARÈNE GRANITIQUE

Pétrol., Sédiment. - Sable grossier provenant de l'altération sur place d'un granite. L'arène granitique est formée essentiellement de grains de quartz non altérés, les autres minéraux du granite (feldspaths, micas) ayant été transformés et entraînés par les eaux de ruissellement.

→ ***Arénisation, Granite.***

ARÉNISATION *n. f.*

Pétrol., Sédiment. - Formation d'une **arène granitique** à partir d'un granite ou d'un gneiss par désagrégation des feldspaths et altération des micas par des eaux d'infiltration.

ARÉNITE *n. f.*

Pétrol., Sédiment.

→ ***Granulométrie.***

ARGILE *n. f.*

Minér., Pétrol, Sédiment. - **1.** Désigne des minéraux, des sédiments et des roches sédimentaires composées d'une grande proportion de ces minéraux dits argileux. **2.** Une fraction granulométrique de minéraux inférieure à 3,9 µm. Certaines argiles non métamorphisées sont parfois appelées à tort schistes.

→ ***Minéral argileux.***

ARN

Biochim., Génét. - Sigle de Acide Ribonucléique. Polymère de **ribonucléotides**. Il existe des **ARNpm**, **ARNm**, **ARNt**, **ARNr** et des petits ARN **(ARNsn, ARNsno)** [syn. Acide ribonucléique].

→ ***Splicéosome.***

ARN GÉNOMIQUE

Génét. - ARN simple ou double brin constituant le génome des virus à ARN.

→ ***VIH.***

ARNm

Biochim., Génét. - ARN (ARN messagers) qui sont le résultat de la **transcription** des **gènes** des **Procaryotes** ou le produit de la **maturation** des **ARNpm** des **Eucaryotes**. L'ARNm se fixe sur les **ribosomes** où il est traduit en chaîne polypeptidique.

→ ***Code génétique, Épissage.***

ARN MONOCISTRONIQUE

Biochim., Génét. - **ARNm** dont la **traduction** ne produit qu'une seule chaîne polypeptidique.

→ ***ARN polycistronique.***

ARNpm

Biochim., Génét. - ARN (ARN prémessagers) qui sont le résultat de la **transcription** des **gènes morcelés** présents principalement chez les Eucaryotes. Ils vont être excisés, puis épissés, c'est-à-dire que certaines séquences appelées **introns** vont être retirées ; il en résulte un **ARNm** plus court qui est traduit sur les ribosomes.

→ ***Épissage, Excision.***

ARN POLYCISTRONIQUE

Biochim., Génét. - **ARNm** dont la **traduction** produit plusieurs chaînes polypeptidiques. On trouve des ARN polycistroniques dans les gènes de structure des **opérons**.

→ ***ARN monocistronique.***

ARN POLYMÉRASE

Biochim., Génét. - Complexe enzymatique assurant la transcription du **brin non-codant** d'ADN en ARN. Ce brin qui sert de matrice est appelé brin transcrit. Les ARN polymérases repèrent les **promoteurs** situés en amont des **gènes** à transcrire, sur lesquels elles se fixent.

ARNr

Biochim., Génét. - ARN (ARN ribosomaux) qui forment avec des protéines les **ribosomes** et maintiennent leur cohésion. Le séquençage des ARNr est utilisé pour établir les **liens de parenté** entre les êtres vivants.

ARNsn

Biochim., Génét. - Catégorie d'une douzaine de petits ARN nucléaires à propriétés catalytiques (*small nuclear*) qui participent à la production des autres types d'ARN.

→ ***Splicéosomes.***

ARNsno

Génét. - Catégorie d'une centaine de petits ARN nucléolaires (*small nucleolar*) qui participent à la formation des ribosomes en aidant à la coupure des précurseurs des grands ARNr et en modifiant de nombreux nucléotides par l'adjonction de différents groupements.

ARNt

Biochim., Génét. - ARN (ARN de transfert) qui porte à une de ses extrémités un acide aminé spécifique de l'**anticodon** qu'il possède à l'extrémité opposée. Les ARNt constituent la « pièce intermédiaire » entre les acides aminés et les **codons** de l'ARNm. Le séquençage du génome humain a montré qu'il n'y a que 32 gènes d'ARNt différents (73-93 nucléotides). La lecture des 61 codons est possible parce que la liaison entre la première base de l'anticodon et la troisième base du codon n'est pas stricte (hypothèse du *wobble* = flottement).

→ ***Code génétique.***

ARNt CHARGÉ

Biochim., Génét. - **ARN** de transfert qui a fixé l'acide aminé qui est spécifique de son **anticodon**.

ARTEFACT *n. m.*

Biol., Géol. - Résultat de l'intervention de l'Homme dans des faits naturels.

ARTEFACT DE STIMULATION

Neurobiol. - Perturbation locale d'un enregistrement électrique à la suite de l'intervention directe de l'expérimentateur.

ARTÈRE *n. f.*

Anat. - Vaisseau sanguin conduisant le sang des **ventricules** aux organes. Les artères possèdent dans leurs parois plus ou moins élastiques des **fibres musculaires** lisses qui leur permettent de changer de diamètre. Elles supportent des pressions sanguines importantes. À mesure que les artères se ramifient et deviennent de plus en plus étroites, leurs parois deviennent de plus en plus fines et la proportion de fibres musculaires associées augmente par rapport à celle des tissus élastiques. On distingue ainsi des **artères élastiques** qui sont des artères conductrices et des **artères musculaires** qui sont distributrices et participent à la régulation du flux sanguin.

→ ***Vasoconstriction, Vasodilatation.***

ARTÈRE CAROTIDE

Anat. - Artère issue de la **crosse aortique** et qui irrigue la tête. On distingue une paire de carotides internes et une paire de carotides externes. Au niveau de la séparation entre la carotide externe et interne se situe le **sinus carotidien** qui contient des **barorécepteurs** et des **chémorécepteurs**.

→ ***Corpuscule carotidien.***

ARTÈRE CORONAIRE

Anat. - Artère irriguant le cœur. Chez l'Homme, il existe deux artères coronaires. L'obstruction de ces artères ou de leurs branches par des plaques d'**athérome** ou des caillots sanguins entraîne un **infarctus du myocarde**.

→ ***Maladie cardiovasculaire.***

ARTÈRE ÉLASTIQUE

Anat. - Artère dont la paroi est riche en tissu élastique. Ces artères sont proches du cœur (**aorte**) et sont capables d'encaisser de fortes pressions qui les font se dilater. Leur relâchement progressif permet de régulariser le débit cardiaque et d'obtenir un écoulement régulier du sang dans le réseau artériel alors que le cœur est en **diastole**. Ces artères sont dites conductrices.

→ ***Artère musculaire.***

ARTÈRE MUSCULAIRE

Anat. - Artère dont la paroi est riche en **fibres musculaires** lisses. Les artères musculaires se situent après les artères conductrices. Les contractions des fibres musculaires lisses permettent à ces vaisseaux de relayer le cœur en diminuant le diamètre de leur **lumière**, ce qui chasse le sang vers l'avant. Les artères musculaires régulent la **pression artérielle** par **vasodilatation** ou **vasoconstriction**.

ARTÉRIOLE *n. f.*
Anat. - Petite artère située juste en amont des réseaux de **capillaires**. Les artérioles possèdent une paroi riche en **fibres musculaires** lisses qui, en se contractant, sont responsables de la **vasoconstriction** locale, elles participent donc à la régulation de la **pression artérielle**.

ARTÉRIOSCLÉROSE *n. f.*
Méd. - État pathologique caractérisé par une diminution générale du calibre des **artères** ainsi que leur durcissement et leur épaississement. Elles perdent ainsi leur souplesse et donc leur capacité à se dilater et à se contracter pour réguler la **pression artérielle**.

ARTÉSIEN *adj.*
Hydrogéol.

→ ***Bassin artésien, Puits.***

ARTHROPODES *n. m.*
Zool. - **Embranchement** du règne animal qui compte le plus grand nombre d'espèces (plusieurs millions). Les Arthropodes sont des Invertébrés caractérisés surtout par la présence d'un squelette externe (exosquelette) articulé et par une croissance discontinue se faisant par des mues successives. Ils possèdent de nombreux **appendices** spécialisés (pièces buccales, antennes, pattes) qui assurent des fonctions variées. Les Arthropodes comprennent des groupes aquatiques (**Crustacés**) et des groupes terrestres (**Acariens**, **Araignées**, **Mille-pattes**, **Insectes**).

ASCOMYCÈTES *n. m.*
Bot., Génét. - Division du Règne des **Mycètes** qui regroupent les Champignons dont le mycélium est cloisonné et dont les spores (**ascospores**) se forment dans des sacs, les **asques**, regroupés dans une structure le périthèce. Les Ascomycètes comprennent les Mildious, les Truffes, les Morilles, les Neurosporas, les Sordarias et les Levures (*Saccharomyces cerevisiae*); ces trois derniers genres étant très utilisés en génétique.

ASCOSPORE *n. f.*
Bot., Génét. - Spore produite par des Champignons dans des organes appelés **asques**. Les spores proviennent d'une **méiose**, elles sont donc haploïdes.

→ ***Asque postréduit, préréduit.***

ASEPSIE *n. f.*
Méd. - Opération préventive qui consiste à détruire les **Micro-organismes** et à prévenir leur arrivée dans un milieu.

ASISMIQUE *adj.*
Tecto. - Qualifie une région où il n'y a pas de **séismes**.

ASPIRATION FOLIAIRE
Physiol. vég. - Mécanisme de l'évaporation de l'eau au niveau des **stomates**. L'aspiration foliaire est en grande partie responsable de la montée de la **sève brute** dans les vaisseaux du **xylème**. Cette perte d'eau, sous forme de vapeur, au niveau des stomates correspond à la transpiration.

→ ***Évaporation, Poussée racinaire.***

ASQUE *n. m.*
Bot., Génét. - Sac allongé produit par certains Champignons. L'asque contient huit **ascospores** qui proviennent de la **méiose** de la cellule œuf, à laquelle a succédé une mitose classique conduisant à huit ascospores. Les asques de *Neurospora* et de *Sordaria* sont ordonnés et traduisent, par les **phénotypes** des ascospores qui correspondent aux **génotypes**, la migration des chromosomes au cours des deux divisions de méiose.

→ ***Asque ordonné, Asque postréduit, Asque préréduit, Distance génétique entre un gène et le centromère.***

ASQUE ORDONNÉ

Génét. - Asque dont la disposition des **ascospores** traduit les mouvements des chromosomes au cours des deux divisions de la méiose.

→ ***Asque postréduit, Asque préréduit.***

ASQUE POSTRÉDUIT

Génét. - Asque dans lequel il y a eu un ***crossing-over****, entre le **locus** du gène étudié et le **centromère**. De ce fait, les deux **chromatides** d'un chromosome homologue possèdent deux allèles différents. Ces deux allèles sont donc séparés à la seconde division de méiose. Il y a alors ***postréduction***. Quatre combinaisons sont possibles : BBNNBBNN, BBNNNNBB, NNBBBBNN, NNBBNNBB (B = blanc ; N = noir correspond à la couleur des ascospores).

→ ***Asque préréduit, Distance génétique entre un gène et le centromère.***

ASQUE PRÉRÉDUIT

Génét. - Asque dans lequel il n'y a pas eu de ***crossing-over**** entre le **locus** du gène et le **centromère**. Ainsi, à l'**anaphase** I de méiose, les deux **chromatides** de chaque chromosome homologue sont identiques, elles possèdent donc les mêmes allèles qui sont donc séparés à la pre-mière division de méiose, il y a alors **préréduction**. De ce fait, l'asque est formé de huit ascospores réparties en deux groupes de quatre. Il n'y a donc que deux types d'asques préréduits : NNNNBBBB, BBBBNNNN (B = blanc ; N = noir correspond à la couleur des ascospores).

→ ***Asque postréduit, Distance génétique entre un gène et le centromère.***

Voir figure page 52.

ASSIMILAT *n. m.*

Biochim., Éner. - Composé organique produit pendant la photosynthèse.

→ ***Assimilation chlorophyllienne.***

ASSIMILATION *n. f.*

Physiol. - Capacité fondamentale d'un **être vivant** d'intégrer à sa propre matière de la matière et de l'énergie prélevées dans le milieu extérieur.

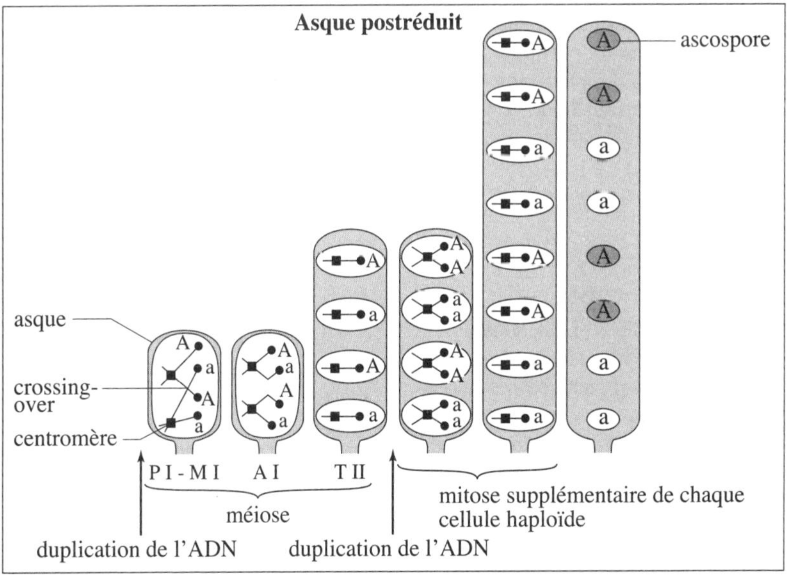

Dans un asque postréduit, il y a un crossing-over entre le gène considéré et le centromère. La postréduction conduit à quatre types d'asques parce que les deux allèles (A et a) sont séparés à la seconde division de méiose.

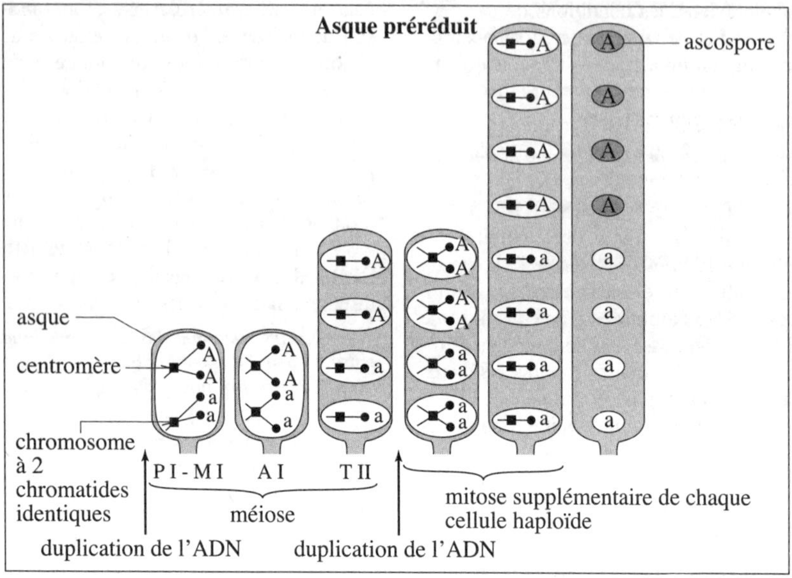

Dans un asque préréduit, il n'y a pas de crossing-over entre le gène considéré et le centromère. La préréduction conduit seulement à deux types d'asques parce que les deux allèles (A et a) sont séparés à la première division de méiose.

1. Chez les **autotrophes au carbone**, capacité à intégrer du dioxyde de carbone à des molécules organiques. **2.** Chez les **hétérotrophes au carbone**, capacité d'intégrer à ses propres biomolécules des molécules provenant de la **digestion** ou à les utiliser pour se procurer de l'**énergie**.

→ ***Cycle de Calvin, Photosynthèse, Respiration.***

ASSIMILATION CHLOROPHYLLIENNE

Physiol. vég. - Capacité que possèdent les végétaux autotrophes au carbone d'inclure du carbone minéral (CO_2), de l'eau et de l'azote minéral dans leur **matière organique**.

→ ***Autotrophe au carbone, Photosynthèse.***

ASSISE (GÉNÉRATRICE) LIBÉRO(-)LIGNEUSE

Bot. - syn. ***Cambium.***

ASSISE (GÉNÉRATRICE) SUBÉRO(-)PHELLODERMIQUE

Bot. - syn. ***Phellogène.***

ASSISE PILIFÈRE

Bot. - Couche externe de la **racine** où les cellules épidermiques se différencient en **poils absorbants** (syn. Rhizoderme).

→ ***Absorption racinaire.***

ASSISE SUBÉREUSE

Bot. - Couche de cellules sous-épidermiques parenchymateuses de la racine se différenciant au-dessus de la zone pilifère et remplaçant la fonction de revêtement de l'épiderme disparu chez les Dicotylédones.

ASSOCIATION MINÉRALE

Minér. - Présence concomitante de certains minéraux dans une roche qui reflète une communauté d'origine. Dans les roches magmatiques, les minéraux stables, dans des conditions définies de pression et de température, forment une association minérale.

ASSOLEMENT *n. m.*

Agric. - Pratique culturale qui consiste à alterner, sur un même champ, des cultures ayant des besoins minéraux différents. Les périodes d'assolement sont séparées par des **jachères**.

ASTER *n. m.*

Biol. cell. - Assemblage de microtubules se développant dans la cellule à partir des **centrioles** et migrant à chaque extrémité du **fuseau de division**. Les asters sont absents des cellules végétales.

ASTÉROÏDE *n. m.*

Astron.

→ ***Ceinture des astéroïdes, Petite planète.***

ASTHÉNOSPHÈRE *n. f.*

Tecto. - Partie moyenne du **manteau** supérieur située sous la **lithosphère** et s'étendant d'environ 100 km à 670 km de profondeur. L'asthénosphère comporte la **LVZ** située entre 100 et 250 km de profondeur, l'asthénosphère proprement dite entre 250 et 400 km de profondeur, et la **zone de transition** entre 400 et 670 km de profondeur. La température de l'asthénosphère passe de 1 200 °C à sa limite supérieure à 1 600 °C à sa limite inférieure. L'asthénosphère est formée par des péridotites (olivine et pyroxène) dont quelques pour-cent ont fondu. Entre 400 et 670 km, l'olivine prend une structure de **spinelle**. Il n'existe pas de discontinuité chimique entre la base de la lithosphère et l'asthénosphère, mais une discontinuité thermique qui permet à la lithosphère de glisser et de flotter sur l'asthénosphère moins rigide dans laquelle elle s'enfonce. En se refroidissant, la partie supérieure de l'asthénosphère donne naissance à la base de la lithosphère (manteau lithosphérique) qui s'épaissit. L'asthénosphère est parcourue par des ***courants de convection*** qui peuvent converger et donner naissance, sous un continent, à un rift à l'origine d'une **dorsale océanique** ; dans cette situation, l'asthénosphère est très proche (10-20 km) de la surface.

→ ***Convection mantellique, Tectonique des plaques.***

ASTHME *n. m.*

Immuno. - **Syndrome** ventilatoire obstructif, accompagné d'une hyperactivité bronchique, réversible sous l'effet de traitement vasodilatateur. Cette hyperactivité se traduit par la libération d'**IgE** ; la réaction de l'**allergène** avec les IgE entraîne la libération de substances broncho-constrictives qui diminuent le diamètre des bronches et empêchent l'arrivée d'air aux poumons.

→ ***Allergie.***

ASTIGMATISME *n. m.*

Méd. - Trouble de la vue dû à une anomalie de courbure de la cornée ou du cristallin et provoquant la perception d'images déformées.

ASTRE *n. m.*

Astron. - Corps céleste de forme déterminée (étoiles, lunes, planètes, comètes). Les corps de forme non déterminée sont appelés objets célestes. Les astres peuvent être lumineux par eux-mêmes (étoiles) ou simplement diffuser la lumière d'un autre astre (planètes).

ASTRONOMIE *n. f.*

Astron. - Science qui étudie les astres, les divers objets célestes et l'Univers.

ASYMPTOMATIQUE *adj.*

Méd. - Individu qui ne présente pas les signes cliniques d'une maladie alors qu'il est porteur de l'agent causal.

ATHÉROME *n. m.*

Méd. - Lésion localisée à l'intérieur d'une **artère** sur laquelle se dépose du

cholestérol qui obstrue progressivement les vaisseaux. Ces foyers se calcifient et sont à l'origine de l'**athérosclérose**.

→ ***Cholestérol HDL et LDL.***

ATHÉROSCLÉROSE *n. f.*

Méd. - **Sclérose** des **artères**. L'athérosclérose se caractérise par la formation de plaques d'**athérome** dans l'ensemble du système artériel et par le durcissement des tissus constituant les parois de l'artère. Le tissu se calcifie de plus en plus, les plaques d'athérome augmentent d'épaisseur et finissent par obstruer l'artère, ce qui prive l'organe de son irrigation.

→ ***Infarctus du myocarde.***

ATMOSPHÈRE *n. f.*

Astron. - Enveloppe gazeuse entourant une planète dont il est difficile de préciser la limite supérieure, car les gaz deviennent progressivement de plus en plus rares. La présence d'une atmosphère autour d'une planète dépend de l'attraction qu'elle exerce sur les molécules gazeuses dont la vitesse est liée à la température. Ainsi, l'absence d'atmosphère sur Mercure est, entre autres, due à sa faible masse, donc à sa faible attraction. Sur les planètes gazeuses de grande dimension, les gaz légers comme l'hydrogène et l'hélium sont retenus par la gravité alors que sur Terre, celle-ci est insuffisante pour les conserver.

→ ***Vitesse de libération.***

ATMOSPHÈRE PRIMITIVE

Évol. - Atmosphère terrestre formée par dégazage lors de l'**accrétion planétaire** ayant donné naissance à la Terre. On admet actuellement que l'atmosphère primitive était réductrice et contenait du dihydrogène, du méthane, de l'ammoniac, de l'eau, du dioxyde de carbone et du diazote, mais pas de dioxygène. À partir de ces molécules et, en utilisant l'énergie de décharges électriques, il a été possible de synthétiser des acides aminés, des aldéhydes, des acides carboxyliques... L'évolution de la vie est étroitement liée à celle de l'atmosphère et la production de dioxygène par la photosynthèse a rendu possible l'apparition d'organismes à hauts besoins énergétiques.

→ ***Expériences de Miller.***

ATMOSPHÈRE TERRESTRE

Climato. - Enveloppe gazeuse ceinturant la Terre et constituée par une série de couches superposées de densité décroissante de la surface terrestre à sa limite supérieure. La ***troposphère*** s'étage de la surface jusqu'à 12 km d'altitude, elle contient les 9/10e de la masse de l'air atmosphérique qui sont parcourus par des courants aériens verticaux et horizontaux ; la troposphère contient aussi la quasi-totalité des nuages. Au-dessus et jusqu'à 40 km d'altitude, se situe la ***stratosphère*** renfermant l'essentiel de la célèbre couche d'ozone qui arrête les rayons ultraviolets. De 40 km à 80 km s'étend la ***mésosphère*** et de 80 à 1 000 km la ***thermosphère*** où la température passe de – 60° à 1 400 °C. Puis, au-delà, les températures diminuent à la suite du vide interplanétaire.

→ ***Atmosphère, Ozone.***

ATP

Biochim., Éner. - Sigle d'**Adénosine Triphosphate.**

ATP-ASIQUE *adj.*

Éner. - Se dit d'une molécule qui a la capacité d'hydrolyser de l'**ATP**, comme la **myosine** ou l'**ATP-synthase**, et qui libère lors de l'hydrolyse de l'énergie utilisable pour réaliser un changement conformationel et/ou un travail mécanique.

ATP SYNTH(ÉT)ASE *n. f.*

Biochim., Biol. cell., Éner. - Complexe macromoléculaire présent sur la membrane interne des **mitochondries**, sur la membrane des **thylacoïdes** et sur la membrane plasmique des Bactéries, qui par un système de girouette actionnée par un flux de protons la traversant entraîne un changement de conformation qui fournit les conditions nécessaires à la synthèse d'ATP à partir d'ADP et de phosphate. Certaines ATP synthases sont capables de réaliser la réaction inverse.

→ ***Phosphorylation oxydative, Sphère pédonculée.***

ATRÉSIE FOLLICULAIRE

Histo. - Régression des **follicules ovariens** au cours de la vie de l'individu.

→ ***Folliculogenèse.***

ATROPHIE *n. f.*

Méd., Physiol. - Diminution du volume d'un organe, d'un tissu ou d'une cellule à la suite d'une nutrition insuffisante, d'une activité amoindrie ou d'un processus physiologique de régression naturelle (sénescence) ou accélérée (**vieillissement**).

AUBIER *n. m.*

Bot. - **Xylème** secondaire, peu résistant, se trouvant à la périphérie du tronc et des branches et dans lequel circule la sève brute. Il est plus clair et plus tendre que le **duramen** et n'a donc pas la même valeur économique.

AURÉOLE CORONITIQUE

Minér. - Couronne formée par un minéral apparu au cours d'un événement métamorphique autour d'un des minéraux impliqués dans la réaction. L'auréole coronitique correspond à la fossilisation d'une réaction chimique qui a été arrêtée à la suite du changement des conditions thermodynamiques.

→ ***Métamorphisme.***

AURÉOLE DE MÉTAMORPHISME

Tecto. - Zone plus ou moins circulaire, ayant pour centre un massif intrusif (**pluton**), où les roches encaissantes et celles situées à quelques centaines de mètres autour ont été métamorphisées sous l'effet de la chaleur apportée par le **magma** qui s'est progressivement refroidi.

→ ***Métamorphisme de contact.***

AURIGNACIEN *n. m.*

Préhist. - Première culture préhistorique du Paléolithique supérieur (34 000-27 000 ans) contemporaine du Périgordien, l'Aurignacien, décrit de la ville d'Aurignac en Haute-Garonne, correspond à un ensemble culturel préhistorique. Il est formé par des **silex** aux bords caractérisés par des retouches relativement grossières, par des pointes en os, par la production systématique de lames et non d'éclats, et par l'apparition des premières représentations animales dont certaines, comme celles de la grotte Chauvet (30 000-28 000), présentent un grand réalisme alors que d'autres de la même époque en Dordogne sont plus grossières. L'Aurignacien est associé à l'Homme de Cro-Magnon.

AURORE BORÉALE

Astron. - Phénomène d'émission lumineuse de particules cosmiques sous l'action du **champ magnétique terrestre** dont les lignes de forces se resserrent au pôle Nord. Il existe des aurores australes au pôle Sud.

AUSTRALOPITHÉCINÉS *n. m.*

Paléont., Préhist., Zool. - Sous-famille des **Hominidés** qui regroupe les espèces des genres ***Australopithecus****, ***Kenyanthropus****, ***Orrorin**** et ***Ardipithecus**** à l'exclusion du genre ***Paranthropus****.

AUSTRALOPITHECUS AFARENSIS *n. m.*

Paléont., Préhist., Zool. - Espèce d'**Hominidés** ayant vécu en Afar (entre 4,1 et 2,9 Ma). Cette espèce se caractérise par une face et un crâne proches de ceux d'un Chimpanzé, une crête osseuse au-dessus des yeux, un nez plat et une absence de menton. Les mâchoires se projettent vers l'avant (prognathisme) et les dents postérieures sont grandes. La **capacité crânienne** se situe entre 375 et 600 cm^3. Les canines sont plus petites que celles des Anthropoïdes, mais plus pointues que celles des Hommes. La forme de la mâchoire est intermédiaire entre celle rectangulaire des Anthropoïdes et celle parabolique des humains. Les os du pelvis et des jambes ressemblent davantage à ceux des humains modernes qu'à ceux des **Anthropoïdes**. *A. afarensis* devait marcher plutôt que courir et a conservé des restes d'adaptation à la vie arboricole (phalanges des mains plus longues et courbées). La taille est comprise entre 1,06 m et 1,35 m et le poids entre 30 et 45 kg. Un des plus célèbres fossiles d'*A. afarensis* découverts, dénommé Lucy, en souvenir d'une chanson des Beatles qui était écoutée sur le terrain par les paléontologistes qui l'ont exhumé, se caractérise par un squelette résiduel de 52 os (mais sans le crâne), ce qui est exceptionnel pour un fossile de primates vieux de 3,2 Ma. Elle mesurait 1,06 m. Cette espèce pourrait être l'ancêtre d'***A. africanus****.

AUSTRALOPITHECUS AFRICANUS *n. m.*

Paléont., Zool. - Espèce d'**Hominidés** ayant vécu en Afrique australe (entre 3,5 et 2,5 Ma), proche d'*A. afarensis*, mais légèrement plus grande (1,30 m et 40 kg pour les mâles, 1,15 m et 30 kg pour les femelles) avec une **capacité crânienne** plus importante (430 à 530 cm^3), un peu plus grande que celle d'un Chimpanzé de même taille. Le cerveau est dépourvu d'aire du langage. Les dents postérieures sont un peu plus grandes que chez *afarensis*. Bien que les dents et les mâchoires de cet Australopithèque soient plus fortes que celles des humains, elles sont plus humaines qu'**anthropoïdes**. La forme de la mâchoire n'est pas encore complètement parabolique et les canines sont plus réduites que chez *A. afarensis* (*Praeanthropus africanus*). La bipédie est plus assurée et il existe toujours une aptitude au grimper.

AUSTRALOPITHECUS ANAMENSIS *n. m.*

Paléont., Zool. - Espèce d'**Hominidés** ayant vécu dans le nord du Kenya (entre 4,2 et 3,6 millions d'années), connue sous forme de restes peu nombreux. Néanmoins, ils indiquent une bipédie permanente proche du genre *Homo* alors que l'âge de cette espèce est proche de celui d'*Ardipithecus*. Peu d'éléments de son crâne sont connus et donc la capacité crânienne n'a pu être estimée, mais ils suggèrent un développement important de la mastication avec des dents ressemblant à celles d'**Anthropoïdes** primitifs. Sa masse corporelle est estimée à 50 kg pour une taille de 1,40 m. Selon certains auteurs, cette espèce pourrait être l'ancêtre d'*A. afarensis*, pour d'autres, il serait à l'origine du genre *Homo*.

AUSTRALOPITHECUS BARELGHAZALI *n. m.*

Paléont., Zool. - Espèce d'**Hominidés** connue par une mandibule avec quelques dents trouvée au Tchad. Sa morphologie est relativement évoluée bien que son âge soit estimé à 3,5-3,0 millions d'années. La présence d'un Australopithèque ancien à l'ouest de la vallée du Rift indique, soit que ce groupe avait des capacités certaines d'extension, soit qu'il faille modifier le scénario de l'**East Side Story**.

AUSTRALOPITHECUS GAHRI *n. m.*

Paléont., Préhist., Zool. - Espèce d'**Hominidés** ayant vécu en Éthiopie il y a 2,6 Ma, se caractérisant par des dents développées, une capacité crânienne d'environ 450 cm^3, une bipédie plus humaine (fémur plus allongé) que celle des autres *Australopithecus*, une taille de 1,40 m et un poids d'environ 50 kg. Plus surprenant, *A. gahri* est associé à la fabrication d'outils d'éclats de silex et à leur utilisation pour se nourrir comme en témoigne les traces de coupures et de raclures sur les os des animaux associés.

AUSTRALOPITHÈQUES *n. m.*
Paléont., Préhist., Zool. - **1.** Ensemble hétérogène qui regroupe différentes espèces d'**Hominidés** qui se caractérisent par une **capacité crânienne** en général inférieure à 500 cm^3 et une bipédie imparfaite. Classiquement, les espèces des genres *Australopithecus, Ardipithecus* et *Paranthropus* étaient regroupés sous le nom d'Australopithèques. Le genre *Paranthropus* regroupe les espèces dites robustes et les deux autres genres les espèces dites graciles. **2.** Actuellement, seules les espèces appartenant au genre *Australopithecus* doivent être appelées Australopithèques : *A. barelghazali* (Abel) au Tchad ; *A. anamensis* au Kenya ; *A. afarensis* (Lucy) en Éthiopie et en Tanzanie (Laetoli) ; *A. gahri* (Éthiopie) ; *A.* ou *Praeanthropus africanus* en Afrique du Sud. Certains auteurs considèrent que les Australopithèques constituent un rameau détaché assez tôt de la lignée conduisant au genre *Homo* alors que d'autres pensent que le genre *Homo* trouve ses racines dans une espèce primitive comme ***Ardipithecus ramidus****.

AUTO-ANTICORPS *n. m.*
Immuno. - Anticorps spécifique produit par un organisme contre les molécules de son **soi immunologique**.

——► ***Auto-antigène.***

AUTO-ANTIGÈNE *n. m.*
Immuno. - Antigène du soi (glycoprotéines du CMH, glycoprotéines de surface...). Lors d'une **maladie auto-immune**, le système immunitaire réagit contre les auto-antigènes.

——► ***Autoréactif.***

AUTOCATALYSE *n. m.*
Biochim. - Réaction qui est activée par ses propres produits. La réplication de l'ADN est autocatalytique.

AUTOCIDE *adj.*
Agric.

——► ***Lutte autocide.***

AUTOCRINE *adj.*
Physiol. ani. - Effet d'une substance sécrétée par une cellule sur elle-même. L'interleukine-2 produite par les lymphocytes T auxiliaires a un effet autocrine, elle active leur propre multiplication.

——► ***Paracrine.***

AUTO-ÉPURATION *n. f.*
Écol. - Capacité d'un milieu d'éliminer spontanément différents polluants.

AUTOGREFFE *n. f.*
Immuno. - Transfert d'un tissu d'un individu sur une autre partie de son corps.

——► ***Greffe.***

AUTO-IMMUNITÉ *n. f.*
Immuno. - Condition dans laquelle l'organisme réagit contre ses propres composants moléculaires (**soi**).

——► ***Maladie auto-immune.***

AUTOMATISME CARDIAQUE
Physiol. ani. - Réalisation de la contraction cardiaque indépendamment de toute volonté. L'automatisme cardiaque est dû à la présence d'un pacemaker dans le **tissu nodal**.

AUTOMORPHE *adj.*
Minér. - Se dit d'un **minéral** qui possède une forme régulière à surfaces planes et angles caractéristiques d'un système cristallin donné. Il a cristallisé librement et a grandi sans être gêné par d'autres cristaux tant qu'il y avait des ions dans le milieu pour s'intégrer au cristal en croissance. Dans un magma, un minéral automorphe a cristallisé en premier.

——► ***Xénomorphe.***

AUTORADIOGRAPHIE *n. f.*
Biol. cell. - Technique par laquelle il est possible de localiser de grosses

molécules ou différents composés cellulaires. L'autoradiographie nécessite l'incorporation d'atomes radioactifs à la place d'atomes non radioactifs de leurs molécules. La préparation est alors disposée sur un film photographique qui sera impressionné par les **rayonnements** là où se trouvent les molécules marquées.

AUTORÉACTIF *adj.*
Immuno. - Qualifie un **auto-antigène** qui déclenche une réaction immunitaire spécifique.

AUTOSOME *n. m.*
Génét. - N'importe quel **chromosome** autre que les chromosomes sexuels. Les deux autosomes d'une même paire sont strictement homologues, c'est-à-dire qu'ils possèdent la même succession de **loci**. Ils ont la même taille et ont un centromère situé au même endroit.

→ ***Hétérochromosome.***

AUTOSOMIQUE *adj.*
Génét. - Qui se rapporte aux **autosomes**.

AUTOTROPHE AU CARBONE
Physiol. vég. - Caractérise un **être vivant** qui est capable de synthétiser sa propre matière organique à partir de matière minérale (CO_2) et d'énergie.

→ ***Assimilation chlorophyllienne, Autotrophie, Hétérotrophie, Photosynthèse, Producteurs primaires.***

AUTOTROPHIE *n. f.*
Physiol. vég. - Propriété d'un être vivant qui consiste à fabriquer de la matière organique à partir de matière minérale et d'énergie. Si l'énergie est la lumière, la cellule est ***phototrophe***, si elle est d'origine chimique, la cellule est ***chimiotrophe***.

→ ***Photosynthèse.***

AUXÈSE *n. f.*
Physiol. vég. - Croissance en longueur de la cellule sous l'effet de l'entrée d'eau par osmose.

→ ***Auxines, Mérèse.***

AUXINES *n. f. pl.*
Physiol. vég. - Catégorie de substances de croissance végétales (hormones végétales) dont les cellules cibles sont les cellules méristématiques. La forme la plus active est l'***acide indole(-) acétique*** ou ***AIA***. L'auxine est fabriquée essentiellement dans les méristèmes des apex **caulinaires**, mais est également abondante dans les feuilles en sénescence. Elle est transportée principalement par le **phloème** et progressivement dégradée durant son trajet vers les racines, établissant ainsi un gradient de concentration à l'origine du contrôle de l'organogenèse. L'auxine augmente la plasticité et la perméabilité à l'eau des parois des cellules jeunes qui s'allongent sous l'effet de la **pression de turgescence** (auxèse). L'auxine stimule la **dominance apicale**, le début de la **rhizogenèse**, la formation de racines adventives (hormone de bouturage), la croissance et la différenciation des cellules, la maturation des fruits, la formation du xylème et inhibe l'élongation racinaire. L'auxine est aussi responsable de différents tropismes (**phototropisme**, géotropisme). Elle retarde l'**abscission** des feuilles et des fruits. Ses effets dépendent du stade de croissance et des organes.

AUXOTROPHE *adj.*
Biochim. - Se dit d'un organisme qui nécessite la présence d'un **nutriment** donné pour réaliser sa croissance, l'organisme est alors auxotrophe à la substance. Cette caractéristique se trouve chez de nombreux mutants de Champignons et de Bactéries qui ont perdu la capacité à synthétiser une enzyme fonctionnelle. Ces souches peuvent néanmoins se développer sur le **milieu minimum** complété par le nutriment qui n'est plus synthétisé.

→ ***Auxotrophie.***

AUXOTROPHIE *n. f.*

Biochim. - Incapacité de se développer sur un **milieu minimum** sans l'ajout de certaines substances (vitamines, acides aminés...).

→ ***Auxotrophe.***

AVANTAGE SÉLECTIF

Évol. - État d'un organisme qui, en raison de la possession d'une **innovation génétique**, exploite mieux le milieu que ceux qui ne la possèdent pas. De ce fait ils auront une descendance plus nombreuse dont une partie l'aura héritée.

→ ***Sélection naturelle.***

AVITAMINOSE *n. f.*

Méd. - Ensemble des troubles et des dérèglements du fonctionnement d'un organisme qui surviennent quand celui-ci est privé d'une ou plusieurs vitamines. Les avitaminoses sont dues à des carences alimentaires ou à des défauts d'absorption de celles-ci.

→ ***Scorbut.***

AVORTEMENT *n. m.*

Méd. - Expulsion spontanée (fausse couche) ou provoquée (**IVG**) d'un fœtus avant qu'il ne soit viable, c'est-à-dire âgé de moins de 6 mois.

AXE *n. m.*

Biol., Géol. - Ligne passant par le centre d'une structure. Chez les embryons d'animaux à symétrie bilatérale, il existe trois axes de polarité : antéro-postérieur, dorso-ventral et médiolatéral, qui sont établis au cours des premières étapes du développement.

AXÉNIQUE *adj.*

Écol., Génét. - Se dit d'un milieu qui ne contient aucun autre être vivant que celui que l'on cherche à cultiver.

AXILLAIRE *adj.*

Bot. - Caractérise une structure qui se situe à l'aisselle d'un organe (rameau, feuille, bractée).

AXONE *n. m.*

Neurobiol. - Partie allongée d'un **neurone** qui propage l'influx nerveux. Dans un neurone typique, la membrane de l'axone véhicule le message nerveux du corps cellulaire ou soma vers l'arborisation terminale. Dans un neurone bipolaire, le message nerveux est véhiculé des dendrites, souvent de nature sensorielle, à l'arborisation terminale. Les différents axones sont classés suivant la présence ou l'absence de **gaine de myéline** et leur diamètre. Chez les Vertébrés, tous les **motoneurones** sont myélinisés, ce sont les **fibres A**. En revanche, pour les neurones sensitifs, il existe les deux types, les fibres A et B sont myélinisées et les **fibres C** sont amyéliniques. Les différentes fibres des nerfs sensoriels spécialisés n'entrent pas dans cette classification (syn. Cylindraxe, Fibre nerveuse).

AXONE MYÉLINISÉ

Neurobiol. - Axone entouré par une **gaine de myéline** (syn. Fibre blanche).

AZT *n. m.*

Génét., Méd. - Sigle de 3'azido-2', 3'didésoxythymidine ou azidothymidine. Analogue de la thymine dans laquelle N_3 est remplacé par OH en position 3' ce qui empêche un groupement phosphate de se fixer et donc l'élongation du brin d'ADNc par la transcriptase inverse du VIH-1. Malheureusement cet analogue est aussi utilisé par l'ADN polymérase humaine, ce qui a pour effet de tuer les cellules qui l'ont incorporé et plus particulièrement les cellules souches des globules rouges.

→ ***Trithérapie.***

B

BAC *n. m.*

Génét. - Sigle anglais de *Bacterial Artificial Chromosome*. Chromosome bactérien artificiel de la Bactérie *Escherischia coli* capable d'intégrer de façon stable jusqu'à 300 kb d'ADN étranger et de le maintenir au cours des cycles de division. C'est ainsi que l'on amplifie de l'ADN à séquencer quand on ne peut pas le faire par PCR.

BACILLE *n. m.*

Microbiol. - Bactérie en forme de bâtonnet.

→ ***Colibacille.***

BACK-CROSS *n. m.*

Génét. - Terme anglais qui désigne un croisement en retour c'est-à-dire le croisement d'un individu **F1** avec un des parents. Quand on croise l'individu F1 avec le parent récessif, il s'agit d'un *test-cross* ou croisement-test (syn. Croisement en retour, Rétrocroisement).

BACTÉRIE *n. f.*

Microbiol. - Être vivant unicellulaire, **Procaryote**, c'est-à-dire qui est dépourvu de systèmes membranaires internes (noyau, chloroplastes, mitochondries, réticulum endoplasmique, appareil de Golgi…). Bien que se reproduisant essentiellement par reproduction asexuée, les Bactéries présentent une forme de reproduction sexuée par l'intermédiaire de phénomène de recombinaison génétique à la suite d'échanges de fragments d'ADN (phénomène de **parasexualité**). De plus, les Bactéries possèdent à côté de leur **chromosome bactérien**, de nombreuses molécules d'ADN circulaire appelées **plasmides** qui possèdent des gènes, notamment ceux qui confèrent une résistance aux **antibiotiques**. On distingue les **Eubactéries** et les **Archées**.

BACTÉRIE FIXATRICE D'AZOTE

Microbiol. - Bactérie (le plus souvent du genre *Rhizobium*) qui a la capacité de fixer à de la matière organique du diazote atmosphérique N_2. Ces Bactéries établissent une **symbiose** avec les racines des **Légumineuses** (= Fabacées) où se forment les **nodosités**. On cherche actuellement à isoler les gènes bactériens responsables de cette propriété afin de les intégrer à d'autres plantes à grande valeur agricole (Céréales) et supprimer ainsi les apports d'engrais azotés qui augmentent le prix de revient et sont responsables de la pollution des eaux par les **nitrates**.

→ ***Cycle biogéochimique de l'azote.***

BACTÉRIES PHOTOSYNTHÉTIQUES

Microbiol. - **1.** Les Bactéries pourpres et les Bactéries vertes qui utilisent comme source d'électrons des molécules réduites comme le SH_2, le soufre, l'hydrogène ou de la matière organique. En conséquence leur photosynthèse est anoxygénique. **2.** Les **Cyanobactéries** réalisent une photosynthèse oxygénique. Ces trois catégories sont des Eubactéries. La Bactérie halophile (*Halobacterium salinarum*) [**Archées**] synthétise de la bactériorhodopsine, qui sous l'action de la lumière, pompe des protons à l'origine d'un gradient dont l'énergie sert à fabriquer de l'ATP.

BACTÉRIOLOGIE *n. f.*

Microbiol. - Partie de la microbiologie qui a pour objet l'étude des Bactéries.

BACTÉRIOLYTIQUE *n. m.* ou *adj.*

Microbiol. - Type d'**antibiotique** qui détruit les Bactéries.

BACTÉRIOPHAGE *n. m.*

Génét., Microbiol. - syn. ***Phage.***

BACTÉRIOSTATIQUE *n. m.* ou *adj.*

Microbiol. - Type d'**antibiotique** qui empêche les Bactéries de se reproduire.

BANC *n. m.*

Sédiment. - Couche sédimentaire bien délimitée des ensembles parallèles situés au-dessus ou au-dessous. On réserve plutôt ce terme aux couches durcies comme les grès, les calcaires.

→ ***Strate, Terrain.***

BANDE PASSANTE

Physiol. ani. - Amplitude des valeurs que peut prendre la variable à réguler sans que le système ne soit perturbé.

→ ***Régulation.***

BANDING *n. m.*

Cyto., Génét. - Technique de coloration des **chromosomes** (quinacrine, Giemsa, acridine orange...) qui permet de réaliser, par exemple, des bandes claires et foncées sur les **chromosomes métaphasiques**. Le *banding* est à la base de la comparaison entre les chromosomes d'espèces proches et de la recherche des anomalies chromosomiques. La topographie et la longueur de ces bandes sont spécifiques à chaque chromosome.

→ ***Caryotype.***

BANQUE DE GÈNES

Génét. - Ensemble des différents fragments de l'ADN d'un organisme, découpé par des **enzymes de restriction** et dont les fragments sont intégrés à des **plasmides** bactériens ou de Levures. Chaque cellule possédant un fragment différent de l'ADN de l'organisme est à l'origine d'un **clone** dont l'**insert** peut être séquencé.

→ ***ADNc (Banque d'), BAC.***

BANQUE DE SPERME

Méd. - Lieu où sont déposés et stockés des échantillons de **sperme** destinés à pallier les cas de stérilité masculine. Le sperme est conservé, dans l'azote liquide (– 193 °C) dans des tubes fins, les **paillettes**. Chaque paillette est référencée par rapport aux caractéristiques du donneur qui reste anonyme.

BANQUISE *n. f.*

Climato., Glaciol. - Couche d'eau « douce » flottant à la surface de l'eau et provenant de la solidification de la partie superficielle de la mer. La température de congélation de l'eau de mer dépend de sa salinité ; plus elle est élevée, plus elle gèle à des températures négatives.

→ ***Circulation thermohaline.***

BARBITURIQUES *n. m.*

Méd., Neurobiol. - Famille de médicaments dont le phénobarbital est le représentant le plus utilisé. Les barbituriques sont utilisés comme **anxiolytiques** dans le traitement de l'épilepsie, maladie due à des décharges soudaines et incontrôlées d'un grand nombre de neurones cérébraux. Les barbituriques agissent en déprimant l'excitabilité neuronale.

BAROCÉPTEUR *n. m.*

Physiol. ani. - Structure sensorielle qui transforme des variations de pression en message nerveux. Il existe des barorécepteurs dans la peau (corpuscules de Pacini) et des barorécepteurs dans le

sinus carotidien et dans la **crosse aortique**. Les barorécepteurs des artères sont en fait des tensio- ou mécanorécepteurs qui sont sensibles à une distension de la paroi artérielle. Ils sont reliés par voie nerveuse au **centre intégrateur hypothalamo-bulbaire** (**nerfs de Cyon-Ludwig** pour les récepteurs de la crosse aortique, **nerfs de Hering** pour les sinus carotidiens) qui régule la **pression artérielle**. Il existe aussi des barorécepteurs dans l'**appareil juxtaglomérulaire** qui sont sensibles à une baisse de la pression artérielle, leur stimulation conduit à la libération de **rénine**.

→ ***Aldostérone, Système rénine-angiotensine.***

BARR

Génét.

→ ***Corpuscule de Barr.***

BARRIÈRE HÉMATO-ENCÉPHALIQUE

Physiol. ani. - Interface entre les capillaires sanguins et le cerveau. Cette structure est très particulière et limite les passages de certaines substances (protéines, certains médicaments, déchets, certains virus), les capillaires du cerveau forment donc une barrière sélective. En revanche, certaines substances de faible poids moléculaire (nutriments, alcool, drogues, nicotine…) franchissent ce réseau et provoquent des perturbations cérébrales plus ou moins importantes.

BASALTE *n. m.*

Pétrol. - Roche magmatique volcanique effusive, ayant pour équivalent grenu le **gabbro**, très répandue plus particulièrement sur les planchers océaniques. C'est une roche noire, microlitique, contenant parfois quelques petits cristaux millimétriques. Les basaltes sont pauvres en **silice** mais contiennent de nombreux **feldspaths** et d'autres minéraux comme l'**olivine** et les **pyroxènes**, mais peu de quartz. Suivant leur composition chimique, on distingue deux grandes catégories de basalte qui sont reliées entre elles par une variation continue de leur composition chimique. Ainsi, on distingue les basaltes de la **série tholéiitique** contenant un peu de quartz (silice) mais peu ou pas d'olivine et les basaltes des **séries alcaline** et **calcoalcaline** très pauvres en silice, mais riches en olivine. Les basaltes tholéiitiques se rencontrent dans le **volcanisme intraplaque** ayant formé de grands épanchements de lave (**trapp**) et les fonds océaniques, alors que les basaltes alcalins sont plutôt associés au volcanisme continental et aux **arcs magmatiques**.

→ ***Adakite.***

BASALTE THOLÉIITIQUE

Pétrol., Tecto.

→ ***Série tholéiitique.***

BASE AZOTÉE

Biochim., Génét. - Molécule cyclique contenant de l'azote et entrant dans la constitution des acides nucléiques.

→ ***Base purique, Base pyrimidique.***

BASE PURIQUE

Biochim., Génét. - Molécule contenant de l'azote et entrant dans la constitution des **nucléotides** et des **nucléosides**. Les bases puriques sont des molécules formées par deux cycles adjacents, ce sont des bases azotées. L'**adénine** et la **guanine** sont les deux bases puriques.

→ ***Complémentarité des bases.***

BASE PYRIMIDIQUE

Biochim., Génét. - Molécule contenant de l'azote et entrant dans la constitution des **nucléotides** et des **nucléosides**. Les bases pyrimidiques sont des molécules formées par un cycle, ce sont des bases azotées. La **thymine**, l'**uracile** et la **cytosine** sont les trois bases pyrimidiques rencontrées dans les acides nucléiques.

→ ***Complémentarité des bases.***

BASIQUE *adj.*

Pétrol. - Qualifie une roche magmatique dont la quantité de **silice** est comprise entre 45 et 52 % du poids de la roche, d'où l'absence de cristaux de quartz. Les roches basiques contiennent de 20 à 35 % de fer, de magnésium et de calcium. Les principales roches basiques sont les gabbros et les basaltes.

→ ***Acide, Ultrabasique.***

BASOPHILE *adj.*

Immuno. - Se dit de certaines catégories de **granulocytes** ou polynucléaires. Les granulocytes basophiles comptent pour 0,5 % des **leucocytes**, leurs granules cytoplasmiques contiennent des médiateurs de l'inflammation (histamine). Par leur structure et par leurs fonctions, ils jouent un rôle comparable aux **mastocytes**.

BASSIN ARTÉSIEN

Hydrogéol. - Ensemble de terrains sédimentaires présentant une ou plusieurs **nappes d'eau souterraines** captives pouvant être exploitées au moyen d'un forage ou **puits** artésien duquel l'eau sort naturellement sous pression.

BASSIN (D')ARRIÈRE-ARC

Tecto. - Dépression située au-dessus d'un plan de **subduction**, en arrière d'un **arc magmatique**. Le fond du bassin d'arrière-arc est constitué soit par une croûte continentale amincie à la suite d'une distension de la marge liée à la subduction (mer de Chine), soit par des basaltes océaniques (syn. Mer marginale).

BASSIN (D')AVANT-ARC

Tecto. - Bassin océanique situé au-dessus d'un plan de subduction.

BASSIN HYDROGRAPHIQUE

Hydrogéol. - Ensemble des reliefs inclinés vers un même cours d'eau qui collecte les eaux de ruissellement qui, à son tour, se jette dans un autre et ainsi de suite. Les différents bassins hydrographiques sont séparés les uns des autres par une ligne, appelée ligne de partage des eaux (syn. Bassin versant).

BASSIN SÉDIMENTAIRE

Sédiment. - Dépression de forme et de taille plus ou moins variables, située sur un continent ou à sa bordure dans laquelle de grandes quantités de **sédiments**, en général marins, se sont déposés ou se déposent encore. Avec l'accumulation des sédiments, le fond du bassin peut s'enfoncer (phénomène de **subsidence**) ce qui permet à d'autres couches de se déposer. La sédimentation peut durer des dizaines de millions d'années tout en changeant de caractéristiques. Ainsi, les couches sédimentaires du Bassin Parisien se sont déposées depuis le Trias et jusqu'à la fin du Tertiaire, pour la partie centrale, soit pendant environ 200 Ma.

BASSIN VERSANT

Hydrogéol. - syn. ***Bassin hydrographique.***

BÂTONNET *n. m.*

Biol. cell. - Cellule photosensible de la rétine, contenant de la rhodopsine, responsable de la vision achromatique sous faible éclairement (vision nocturne). Les bâtonnets sont des cellules hypersensibles ; un seul photon est suffisant pour les activer, ils sont saturés en pleine lumière. La fréquence de fusion de 12 Hz est plus faible que celle des **cônes** et ne permet de détecter que des variations lentes d'éclairement. Les quelque 125 millions de bâtonnets de chaque œil sont principalement localisés dans la rétine périphérique, leur maximum, 500/mm^2 se situe à 20° de l'axe optique.

BATRACIENS *n. m.*

Zool. - Terme considéré comme synonyme d'**Amphibiens**, mais pour des raisons historiques (hétérogénéité de la classe des Batraciens qui contenait des Poissons), on lui préfère Amphibiens.

BAUXITE *n. f.*
Pétrol. - Roche sédimentaire constituant un **minerai** d'aluminium en raison de sa richesse en hydroxyde d'aluminium (au moins 40 %). La bauxite est souvent associée à d'autres minéraux comme des oxydes de fer lui donnant sa couleur rouge et des minéraux argileux. Elle provient de l'**altération**, en climat tropical humide, sous couvert végétal de la **roche mère**. Celle-ci est constituée de roches magmatiques ou métamorphiques riches en feldspaths et en micas (minéraux riches en aluminium) associés à des **minéraux argileux** originaires de l'altération de roches sédimentaires. Le produit de ces altérations est un sol rouge ou latérite qui reste sur place ou, au contraire, est transporté et resédimenté plus loin. La bauxite des Baux-de-Provence provient de l'altération des roches magmatiques du Massif Central.

BCR
Immuno. - Sigle anglais de *B Cell Receptor*. syn. ***Récepteur B.***

BÉBÉ-ÉPROUVETTE *n. m.*
Méd. - Expression plutôt médiatique utilisée pour indiquer qu'une **fécondation** a été réalisée *in vitro*.

→ ***FIVETE.***

BENIOFF
Tecto.

→ ***Plan de Wadati-Benioff.***

BENZODIAZÉPINES *n. f.*
Méd., Neurobiol. - Famille d'**anxiolytiques** (tranquillisants) commercialisée sous de nombreuses spécialités pharmaceutiques (temesta, tranxène, valium…). Il existe dans l'encéphale des récepteurs aux benzodiazépines. Dans la situation normale, le **GABA** se fixe sur des récepteurs membranaires spécifiques et déclenche l'ouverture de **canaux chimiodépendants** Cl^-, ce qui a un effet inhibiteur sur la transmission du message nerveux (PPSI). Les benzodiazépines se fixent sur ces récepteurs au GABA et accentuent l'effet de ce neurotransmetteur.

BERLÈSE *n. m.*
Écol. - Appareil formé d'une sorte d'entonnoir dans lequel on dispose un échantillon de sol, il est surmonté par une lampe et se vide dans un récipient. Sous l'effet de la chaleur dégagée par la lampe et de la diminution de l'humidité de l'échantillon, la **microfaune** contenue dans le sol se déplace vers le bas de l'entonnoir où elle finit par tomber dans le récipient de récolte.

β-BLOQUANT *n. m.*
Méd. - Médicament utilisé comme **antagoniste** (compétiteur) de l'**adrénaline**. Les β-bloquants se fixent sur les récepteurs β-adrénergiques et empêchent l'adrénaline de déclencher la contraction des fibres musculaires des artères ou d'accélérer le rythme cardiaque et la puissance des contractions. Les β-bloquants sont des médicaments hypotenseurs.

→ ***Hypotension.***

β2-MICROGLOBULINE
Immuno. - Polypeptide associé aux antigènes du CMH de classe I.

BICATÉNAIRE *adj.*
Biochim., Génét. - Se dit d'un **acide nucléique** (ADN ou ARN) formé par deux **brins** complémentaires reliés entre eux par les **liaisons hydrogène** entre les **bases azotées** complémentaires.

BICOÏD *adj.*
Embryo., Génét. - Gène maternel codant la protéine *Bicoïd*. Dans l'ovule de Drosophile, l'ARNm *Bicoïd* est stocké dans sa partie antérieure. Sa traduction produit la protéine *Bicoïd* qui diffuse le long de l'axe antéro-postérieur du **blastoderme** et établit ainsi un gradient qui fournit l'**information de position**. La protéine *Bicoïd* est un facteur de transcription à homéodomaine qui active

le gène ***Hunchback**** et bloque la synthèse de la protéine ***Caudal**** qui devient plus concentrée dans la partie postérieure.

BIFACE *n. m.*

Préhist. - Outil fabriqué en général à partir de **silex**, taillé sur deux faces, de taille variable, en forme de triangle allongé caractérisant plus particulièrement les industries du Paléolithique moyen.

→ ***Industrie préhistorique.***

BIG BANG *n. m.*

Astron. - Théorie supposant que toute la matière et l'**énergie** de l'**Univers** étaient concentrées en un objet extrêmement petit et qu'une gigantesque explosion a tout dispersé dans toutes les directions, créant l'Univers à mesure de son extension. La mesure de la vitesse d'éloignement des **galaxies** par **effet Doppler** a permis de fixer cet événement à environ 15 Ga.

BILAN RADIATIF

Astron., Climato. - Différence entre le rayonnement solaire incident ou flux solaire absorbé par la surface terrestre et le rayonnement infrarouge qu'elle réémet. Ce bilan varie avec la latitude, il est positif dans la zone intertropicale et négatif dans les régions polaires. Il s'ensuit un important transfert d'énergie, par l'intermédiaire du déplacement de masses d'air de l'équateur vers les pôles qui tend à rétablir l'équilibre thermique. Ainsi, la Terre réémet autant d'énergie qu'elle en reçoit et se comporte approximativement comme un corps noir, sa température moyenne de surface est de 10 °C et correspondrait à une réémission de 390 $W \cdot m^{-2}$, or, elle ne réémet que 240 $W \cdot m^{-2}$, ce qui donnerait une température de surface de – 15 °C sans l'intervention de l'atmosphère. La température supérieure obtenue est due à l'**effet de serre** ; la basse atmosphère absorbe et renvoie vers la surface terrestre la majorité des rayonnements infrarouges réémis.

→ ***Circulation atmosphérique.***

BILE *n. f.*

Physiol. ani. - Sécrétion produite par le **foie** et accumulée dans un réservoir, la vésicule biliaire, dont le contenu est déversé dans le **duodénum** par le canal cholédoque. La bile est formée essentiellement à partir de cholestérol. Son rôle principal est d'émulsionner les graisses, c'est-à-dire de leur faire former des microgouttelettes qui sont plus facilement attaquées par les **lipases**. Elle neutralise aussi l'acidité gastrique.

BIOACCUMULATION *n. f.*

Écol. - Entrée d'une substance présente dans un milieu à l'intérieur d'un organisme alors que celle-ci lui est inutile, voire toxique.

→ ***Bioamplification, Bioconcentration.***

BIOAMPLIFICATION *n. f.*

Écol. - Concentration de plus en plus importante d'une substance naturelle ou contaminante à mesure qu'elle circule dans les maillons supérieurs d'un **réseau trophique**.

→ ***Bioaccumulation, Bioconcentration.***

BIOCATALYSEUR *n. m.*

Biochim., Éner. - Molécule produite par un **être vivant**, conformément à son information génétique, et qui réalise une réaction enzymatique. Les **enzymes** sont des biocatalyseurs qui abaissent l'**énergie d'activation** de la réaction.

→ ***Catalyse.***

BIOCHIMIE *n. f.*

Biochim. - Partie de la chimie qui traite des éléments constitutifs des êtres vivants, de leurs rôles biologiques et de leurs transformations au cours des réactions chimiques qui s'y déroulent et qui constituent le **métabolisme**. L'énergétique cellulaire est une des parties de la biochimie.

→ ***Biologie moléculaire.***

BIOCLASTIQUE *adj.*
Sédiment. - Qualifie un **sédiment** qui contient des restes, voire quelques organismes fossiles entiers, noyés au milieu de débris ; ces éléments ont été transportés ou non (syn. Biodétritique).

⟶ ***Roche biodétritique.***

BIOCŒNOSE, BIOCÉNOSE *n. f.*
Écol. - Ensemble des êtres vivants rencontrés dans un **biotope** donné. Avec le milieu, la biocœnose forme l'**écosystème** qui se caractérise par les différentes relations existant entre les êtres vivants entre eux et avec leur milieu. La biocœnose comprend toujours des **producteurs primaires** (autotrophes au carbone), différentes catégories de **consommateurs** et des **décomposeurs** qui recyclent la matière organique en matière minérale.

⟶ ***Biodiversité, Écologie.***

BIOCONCENTRATION *n. f.*
Écol. - Accumulation dans un organisme de composés, le plus souvent toxiques, à des valeurs supérieures à celles rencontrées habituellement dans le milieu naturel.

⟶ ***Bioaccumulation, Bioamplification.***

BIODÉGRADABILITÉ *n. f.*
Écol. - Propriétés de certaines molécules d'être découpées en éléments plus simples par des **Micro-organismes** présents dans le milieu. Ces produits sont, en général, moins toxiques pour l'environnement.

⟶ ***Bioaccumulation, Bioconcentration.***

BIODÉTRITIQUE *adj.*
Sédiment. - syn. ***Bioclastique.***

BIODIVERSITÉ *n. f.*
Écol. - Terme employé pour désigner le nombre total d'espèces (Micro-organismes, Végétaux chlorophylliens, Animaux, Champignons) présentes dans un milieu.

⟶ ***Biocœnose, Écosystème.***

BIOÉTHIQUE *n. f.*
Méd. - Morale médicale qui consiste à essayer de limiter et de prévenir les excès que peuvent engendrer les possibilités qu'a l'Homme d'intervenir sur son patrimoine génétique et sur sa reproduction.

⟶ ***Éthique.***

BIOGÈNE *adj.*
Sédiment. - D'origine animale ou végétale. Les sédiments biogènes sont formés à partir de restes d'êtres vivants.

⟶ ***Bioclastique.***

BIO-INDICATEUR *n. m.*
Écol. - Être vivant qui, par ses caractéristiques physiologiques, marque l'apparition de modifications **abiotiques** ou **biotiques** dans un milieu (syn. Espèce indicatrice, Indicateur biologique).

⟶ ***Pollution.***

BIOLOGIE *n. f.*
Biol. - Science dont l'objet d'étude est les êtres vivants sous toutes leurs formes (Micro-organismes, Végétaux, Animaux, Champignons) et tous les phénomènes qui sont à la base de leur développement, de leur croissance, de leur fonctionnement, de leur nutrition, de leur reproduction et de leur mort. On distingue la biologie générale dont l'objet est l'étude des mécanismes fondamentaux de la vie, la biologie animale qui traite des particularités des Animaux, la biologie végétale de celles des Végétaux et la microbiologie de celles des Micro-organismes. La génétique s'intéresse au matériel héréditaire, la biochimie à la fabrication de la matière organique, la physiologie au fonctionnement de l'organisme quelle que soit l'échelle considérée, la botanique à la diversité des Végétaux, la zoologie à la diversité des Animaux ; l'écologie traite

des relations entre les êtres vivants et leurs milieux et l'éthologie des comportements des Animaux (syn. Sciences de la vie).

BIOLOGIE CELLULAIRE

Biol. cell. - Étude de la structure et du fonctionnement d'une cellule faisant appel à des approches variées (biologie moléculaire, biochimie, cytologie, génétique…).

BIOLOGIE MOLÉCULAIRE

Biol. mol. - Étude de la structure, des propriétés fonctionnelles, de la dégradation et de la synthèse des molécules constituant les êtres vivants.

→ ***Biochimie.***

BIOLUMINESCENCE *n. f.*

Biochim., Éner. - Production, par un organisme vivant, de lumière visible, le plus souvent à la suite de réactions enzymatiques. La lumière est produite à la suite de l'oxydation par le dioxygène d'une protéine, la luciférine, en oxyluciférine en présence d'une enzyme spécifique, la luciférase et d'**ATP**.

→ ***Phosphorescence.***

BIOMASSE *n. f.*

Écol. - Masse totale des organismes présents dans un **écosystème**. Dans un écosystème, il est possible d'estimer la biomasse de chaque espèce présente. On peut alors construire une **pyramide écologique** des biomasses soit par espèce, soit par catégorie trophique (**producteurs primaires**, **producteurs secondaires**, **consommateurs**, **décomposeurs**).

BIOPSIE *n. f.*

Méd. - **1.** Prélèvement d'un échantillon de tissu ou d'organe chez un être vivant afin d'en étudier les caractéristiques biochimiques ou structurales. **2.** Le prélèvement lui-même. Une prise de sang est une biopsie.

BIOSPHÈRE *n. f.*

Écol. - Ensemble des différents milieux naturels de la Terre où la vie est possible de manière continue.

BIOSYNTHÈSE *n. f.*

Biochim., Génét. - Fabrication d'une molécule organique par un être vivant à l'aide d'une suite de réactions enzymatiques.

→ ***Anabolisme, Enzyme, Voie métabolique.***

BIOTECHNOLOGIE *n. f.*

Génét., Microbiol. - Ensemble des techniques utilisant les **Micro-organismes** ou certaines de leurs molécules (ADN, enzymes, protéines) dans différents champs d'activité allant de l'agriculture à la médecine et aux industries pharmaceutiques.

BIOTIQUE *adj.*

Écol. - Qui se rapporte aux **êtres vivants**.

→ ***Abiotique.***

BIOTITE *n. f.*

Minér.

→ ***Mica.***

BIOTOPE *n. m.*

Écol. - Partie de l'**écosystème** caractérisée par ses éléments physiques et chimiques ainsi que par son étendue. Le biotope correspond au milieu de vie.

→ ***Écologie, Habitat.***

BIOTURBATION *n. f.*

Sédiment. - Perturbation provoquée dans un **sédiment** par l'activité des différents organismes qui l'habitent (pistes d'organismes rampants, terriers d'organismes fouisseurs…).

BIPÉDIE *n. f.*

Évol. - Capacité de marcher de manière permanente sur les membres postérieurs. Les **Australopithécinés** et les **Homininés** présentent cette particularité alors que les Chimpanzés présentent une bipédie occasionnelle. L'acquisition de la bipédie a modifié considérablement le squelette de leur ancêtre commun : migration du trou occipital vers l'avant [1] ; disparition des crêtes crâniennes permettant l'insertion des muscles soutenant le crâne [2] ; forme du bassin [3] ; acquisition de courbures dans la colonne vertébrale [4] ; modification du pied avec apparition d'une voûte plantaire et un pouce parallèle aux autres doigts [5] ; raccourcissement des membres antérieurs qui ne s'appuient plus sur le sol [6] ; main avec un pouce parfaitement opposable [7] ; diminution de la taille des mâchoires qui perdent leur rôle préhenseur au profit des mains [8]. Actuellement, on ne connaît pas de fossile qui présenterait une situation intermédiaire entre le squelette d'un Australopithèque et celui d'un animal pratiquant la marche sur le dos des phalanges comme les Chimpanzés. L'étude des différentes espèces d'Hominidés a montré qu'il existait plusieurs formes de bipédie plus ou moins élaborées associées à la conservation de quelques caractéristiques squelettiques relatives au grimper dans les arbres. Une bipédie évoluée apparaît il y a 6 Ma avec ***Orrorin tugenensis****, elle semble différente des bipédies encore balbutiantes de la majorité des Australopithèques plus récents, et se poursuivrait avec celle d'***Australopithecus anamensis**** et conduirait à celle du genre *Homo*.

→ ***Hominisation.***

BISEXUÉ *adj.*

Biol. - Qui possède simultanément ou successivement les deux sexes fonctionnels.

→ ***Hermaphrodisme, Unisexué.***

BITHORAX (COMPLEXE OU GÈNES)

Embryo., Génét. - Ensemble de trois **gènes sélecteurs homéotiques** de la Drosophile (ultrabithorax, abdominal-A, abdominal-B) dont les produits d'expression (**facteurs de transcription à homéodomaine**) dans les **parasegments** sont présents suivant un mode combinatoire et sont responsables de l'identité du 3e segment thoracique et des 10 segments abdominaux. Ces trois gènes sont régulés pendant 4 heures par les produits des **gènes *gap*** et des **gènes *pair-rules***. La mutation bithorax est responsable de la formation de la seconde paire d'ailes sur le thorax des Diptères (mouche, moustique) à la place des deux balanciers, vestiges de la seconde paire.

BIURET (RÉACTION DU)

Biochim. - Réaction destinée à mettre en évidence les **liaisons peptidiques**. Du sulfate de cuivre de couleur bleue est versé sur l'échantillon à tester, celui-ci est ensuite rincé, puis mis en contact avec de la soude. L'échantillon vire au violet s'il contient des protides.

BIVALENT *n. m.*

Génét. - Structure formée de deux **chromosomes homologues** appariés qui contient les quatre **chromatides** (deux chromatides pour chaque homologue). Les bivalents se forment au cours de la prophase de la première division de **méiose** et persistent jusqu'au début de l'**anaphase** I quand les deux homologues qui les composent se disjoignent (syn. Tétrade).

→ ***Crossing-over.***

BIVITELLIN *adj.*

Biol. cell. - Qui provient de deux **œufs** comme les faux jumeaux.

BLASTOCŒLE *n. m.*

Embryo.

→ ***Blastocyste, Blastula.***

BLASTOCYSTE *n. m.*

Embryo. - **Embryon** de Mammifères qui fait suite au stade morula. Le blastocyste présente une cavité, le ***blastocœle***, délimitée par une couronne de cellules, le **trophoblaste** auquel est attachée une masse de cellules ou ***bouton embryonnaire*** à partir de laquelle se développe l'embryon et ses **annexes embryonnaires**. Dans l'espèce humaine, le blastocyste s'implante dans la muqueuse utérine une semaine après la fécondation.

→ ***Nidation.***

Blastocyste humain
(6e jour après la fécondation)

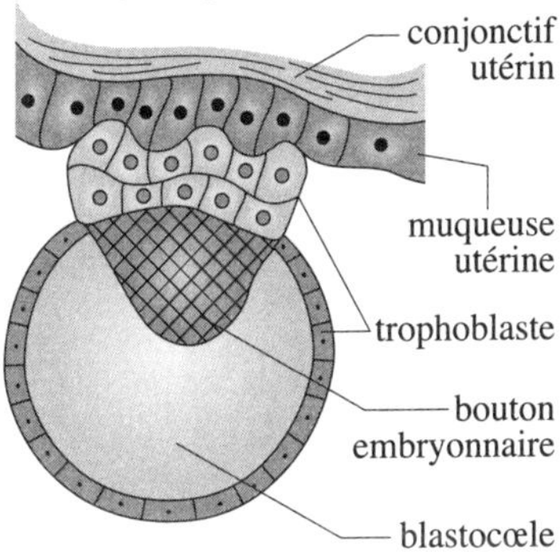

Les cellules du bouton embryonnaire sont à l'origine de l'embryon, celles du trophoblaste forment une partie des annexes embryonnaires.

BLASTODERME *n. m.*

Embryo. - **1.** Couche de cellules périphériques qui entoure complètement les réserves vitellines, les ARN et les protéines de l'œuf des Insectes. **2.** Désigne le stade embryonnaire des Insectes où cette couche est présente.

BLASTOMÈRE *n. m.*

Embryo. - Cellule résultant des divisions de segmentation. La **blastula** est formée de nombreux blastomères.

→ ***Blastocyste.***

BLASTULA *n. f.*

Embryo. - Stade de développement de tous les Animaux pluricellulaires qui fait suite à la **morula**. La blastula se caractérise par l'apparition d'une cavité, le ***blastocœle*** ou ***cavité de segmentation***, rempli de liquide. Le stade blastula précède le stade **gastrula**.

→ ***Blastocyste, Embryogenèse.***

BLENNORRAGIE *n. f.*

Méd. - Maladie **vénérienne** contagieuse due à des Bactéries, les Gonocoques. La blennorragie se caractérise par une atteinte des voies génito-urinaires et des douleurs lors de la miction qui s'accompagne d'émission de pus. Elle conduit à une stérilité temporaire ou définitive. Ces symptômes sont aussi provoqués par d'autres Micro-organismes comme les Chlamidiae (syn. Chaude-pisse, Gonorrhée).

BLOC DIAGRAMME

Géol. - Représentation schématique, didactique et tridimensionnelle d'une portion de terrain. Le bloc diagramme permet de visualiser les relations géométriques entre les différents objets géologiques tels les **strates**, les filons, les **failles**, les intrusions…

BLOC ERRATIQUE

Sédiment. - Rocher de grande taille transporté, le plus souvent, par un glacier loin de son lieu d'origine. Les blocs erratiques sont de précieux éléments permettant, tout comme les **moraines** frontales, de mesurer l'avancée d'un glacier qui a reculé ou disparu.

BODE *n. m.*

Astron.

→ ***Orbite.***

BOIS *n. m.*

Bot. - Actuellement, bois est considéré comme synonyme de **xylème** secondaire.

BOIS BLANC

Bot. - Bois (**xylème** secondaire) non fonctionnel dont le centre ne se transforme pas, à l'inverse du **duramen**, et garde les caractéristiques morphologiques de **l'aubier**.

BOMBE VOLCANIQUE

Volcano. - Projection de **lave** émise par un volcan, les bombes volcaniques ont des tailles comprises entre le décimètre cube et plusieurs mètres cubes. Suivant la viscosité de la lave, la forme de la bombe est différente. Ainsi, une lave fluide produit des bombes fusiformes résultant d'une rotation de la lave au cours de son trajet aérien et retombe solidifiée, une lave visqueuse donne une bombe en croûte de pain, et une lave qui n'est pas figée en arrivant au sol, une bombe en bouse de vache.

→ ***Éruption volcanique, Pyroclastique.***

BORDURE EN BROSSE

Biol. cell.

→ ***Microvillosité.***

BOTANIQUE *n. f.*

Bot. - Branche de la biologie ayant pour objet l'étude des **plantes** dans leur diversité.

BOUCLE DE RÉGULATION

Physiol. ani. - Système associant un système réglant à un système réglé dans lequel la variable régulée est continuellement comparée à une valeur appelée **point de consigne**.

→ ***Rétroaction.***

BOUE *n. f.*

Sédiment. - **Sédiment** gorgé d'eau dont les particules solides ont une taille inférieure à 64 µm de diamètre. Les boues sont peu cohérentes, instables et s'écoulent facilement, c'est une des formes de **sédimentation** typique dans les bassins océaniques se faisant à une vitesse moyenne de 1 mm par 1 000 ans. Les boues sont constituées souvent par des **minéraux argileux** associés ou non à des micro- ou des **nanofossiles**. On distingue des boues biodétritiques contenant des fossiles et des boues détritiques qui en sont dépourvues.

BOUE BIODÉTRITIQUE

Sédiment. - **Boue** formée de minéraux argileux et de restes d'organismes fossiles de petite taille. Les boues calcaires et les boues siliceuses sont des boues biodétritiques ou bioclastiques.

BOUE CALCAIRE

Sédiment. - **Boue** biodétritique contenant des **Coccolithophoridés** (Algues unicellulaires) et des **Globigérines** (Foraminifères) et formant l'essentiel des **sédiments** marins déposés en milieu de faible profondeur. Au-delà d'une certaine profondeur, appelée profondeur de compensation des carbonates, les tests calcaires se dissolvent au cours de leur descente, ce qui empêche tout dépôt. La stratigraphie du tertiaire, en milieu océanique, est basée sur la répartition des Globigérines.

BOUE DÉTRITIQUE

Sédiment. - **Boue** ne contenant pas de restes d'organismes fossiles. Les **boues rouges** sont des boues détritiques.

BOUE ROUGE

Sédiment. - **Sédiment** océanique typique des zones de grandes profondeurs, les boues rouges, ou argiles rouges des grands fonds, se caractérisent par la pauvreté de la fraction biogène (< 25 %), par la présence de **minéraux argileux** et par celle d'hydroxydes de fer et de manganèse associés à du cobalt sous forme de micronodules ou de nodules polymétalliques dont l'exploitation est envisagée.

→ ***Profondeur de compensation des Carbonates.***

BOUE SILICEUSE

Sédiment. - **Boue biodétritique** contenant des restes de Diatomées (Algues unicellulaires) et de Radiolaires comptant pour plus de 50 %. Les boues siliceuses à Diatomées se déposent principalement dans les zones froides alors que celles à **Radiolaires** apparaissent en zone subéquatoriale.

BOULIMIE *n. f.*

Méd. - Trouble du comportement consistant en une augmentation morbide de l'appétit conduisant à une consommation excessive d'aliments qui s'observe surtout dans des états de névrose et de psychose.

⟶ ***Anorexie, Obésité.***

BOURGEON *n. m.*

Bot. - Ensemble constitué par de très jeunes **feuilles** (bourgeon foliaire) ou de très jeunes **fleurs** (bourgeon floral) situé sur un axe relativement court. Les bourgeons sont des organes de l'appareil végétatif responsables de la croissance en longueur et de la ramification. C'est à l'aisselle des bourgeons que se forment les feuilles. Lorsqu'un bourgeon terminal, c'est-à-dire situé à l'extrémité d'une tige, fonctionne durant toute la vie d'une plante, il est responsable de la mise en place d'unités de végétation successives, la croissance et la tige (tronc) en résultant sont qualifiées de ***monopodiales***. Lorsque le bourgeon terminal ne construit qu'une seule unité de végétation et meurt, puis qu'un des bourgeons axillaires, en se redressant, devient l'année suivante le bourgeon terminal, et ainsi de suite (chaque année, c'est un bourgeon différent qui assure la formation de l'unité de végétation), la croissance et la tige sont dites sympodiales.

BOUSSOLE *n. f.*

Géol., Géophys. - Petite aiguille aimantée, mobile dans le plan horizontal et le plan vertical, qui s'oriente parallèlement au **champ magnétique terrestre** local. On distingue la boussole de déclinaison et la boussole d'inclinaison.

La boussole de déclinaison est une petite aiguille aimantée, mobile dans le plan horizontal, qui s'oriente dans la direction de la composante horizontale du champ magnétique terrestre local (Nord magnétique). L'angle que fait l'aiguille avec la direction du Nord géographique est la déclinaison magnétique.

La boussole d'inclinaison est une petite aiguille aimantée, portée par un axe horizontal, et qui permet de mesurer l'angle de la direction du champ magnétique local avec le plan horizontal (angle d'inclinaison magnétique).

⟶ ***Aimantation.***

BOUT COLLANT

Génét. - Extrémité simple **brin** d'une molécule d'ADN bicaténaire qui est complémentaire d'une autre extrémité d'un brin monocaténaire d'ADN obtenue par coupure par l'action d'une même **enzyme de restriction**.

BOUTON EMBRYONNAIRE

Embryo.

⟶ ***Blastocyste.***

BOUTON SYNAPTIQUE

Neurobiol. - Extrémité aplatie d'un élément de l'**arborisation terminale** d'un neurone qui forme une synapse avec une autre cellule (neurone, cellule musculaire…).

BOUTURAGE *n. m.*

Agric., Bot. - Action consistant à réaliser des **boutures** afin de multiplier de manière asexuée un individu.

⟶ ***Clone.***

BOUTURE *n. f.*

Agric., Bot. - Portion plus ou moins importante d'une plante (feuille, tige, rhizome…) qui est capable de régénérer les parties manquantes et de se développer totalement. Les boutures issues d'une même plante sont, en principe, génétiquement identiques et constituent un **clone**.

BRACHIATION *n. f.*

Zool. - Modalité et technique de déplacement dans les arbres des Gibbons permise par une modification du squelette et de la musculature de l'épaule où successivement les membres antérieurs droit et gauche sont projetés en avant et sur les côtés pour saisir des branches au vol.

BRADYCARDIE *n. f.*

Méd., Physiol. ani. - Ralentissement des pulsations cardiaques au-dessous de 60 par minute. La bradycardie peut être liée aux sports pratiqués, à la prise de certains médicaments. Le rythme normal pour un adulte étant de 75 cycles par minute, mais diminue avec l'âge.

→ ***Révolution cardiaque, Tachycardie.***

BRANCHIE *n. f.*

Anat. - Surface respiratoire des animaux vivant dans l'eau. Chez les Invertébrés et les têtards d'Amphibiens, l'épithélium respiratoire est d'origine ectoblastique ; elle sont dites branchies externes même si elles sont recouvertes par des structures protectrices. Chez les Cordés, les surfaces respiratoires branchiales se forment sur les parois des poches du **pharynx** en communication avec l'extérieur, mais sont aussi d'origine ectoblastique, elles sont appelées branchies internes.

BRAS COURT

Génét. - Dans un chromosome **télocentrique** ou **submétacentrique**, désigne la partie de la chromatide la plus petite. Le bras court est désigné par la lettre p.

→ ***Bras long, Centromère.***

BRAS LONG

Génét. - Dans un chromosome **télocentrique**, **acrocentrique** ou **submétacentrique**, désigne la partie de la **chromatide** la plus longue. Le bras long est désigné par la lettre q.

→ ***Bras court, Centromère.***

BRASSAGE CHROMOSOMIQUE

Génét. - Ensemble des recombinaisons génétiques qui ont lieu lors du **brassage intrachromosomique** et du **brassage interchromosomique**, puis lors de la fécondation. Le brassage chromosomique conduit au **brassage génique**.

Voir figure page 73.

BRASSAGE GÉNIQUE

Génét. - Recombinaison des différents gènes au cours de la **méiose** lors de la formation des gamètes par **brassage intrachromosomique**, puis par **brassage interchromosomique** et lors de la fécondation par association aléatoire de deux gamètes possédant, à cause des brassages précédents, une combinaison génétique entièrement originale.

BRASSAGE INTERCHROMOSOMIQUE

Génét. - Répartition aléatoire, au cours de l'**anaphase** de la première division de **méiose** des chromosomes dupliqués (chromosome bichromatidien) de chaque paire. Pour 2n = 46, le nombre de combinaisons de caryotype est de 2^{23}. Il existe aussi un brassage interchromosomique au cours de la seconde division de méiose où chaque **chromatide** du chromosome homologue peut partir vers chaque pôle de la cellule ; ce brassage apparaît s'il y a eu au préalable des *crossing-over*.

→ ***Brassage intrachromosomique.***

BRASSAGE INTRACHROMOSOMIQUE

Génét. - Réassociation, au cours de la **prophase** de la première division de **méiose**, de chromatides homologues qui se sont cassées, puis recollées, ce qui conduit à des **chromosomes** (**chromatides**) **recombinés** ou réassociés.

→ ***Brassage interchromosomique, Crossing-over, Gènes dépendants, Gènes liés.***

BRÈCHE *n. f.*

Sédiment. - Roche formée par l'association dans un ciment d'éléments anguleux et rugueux de taille supérieure à 2 mm. Si tous les éléments sont de même nature, la brèche est monogé-

Brassage chromosomique

Première division de méiose : division réductionnelle (2n = 4)

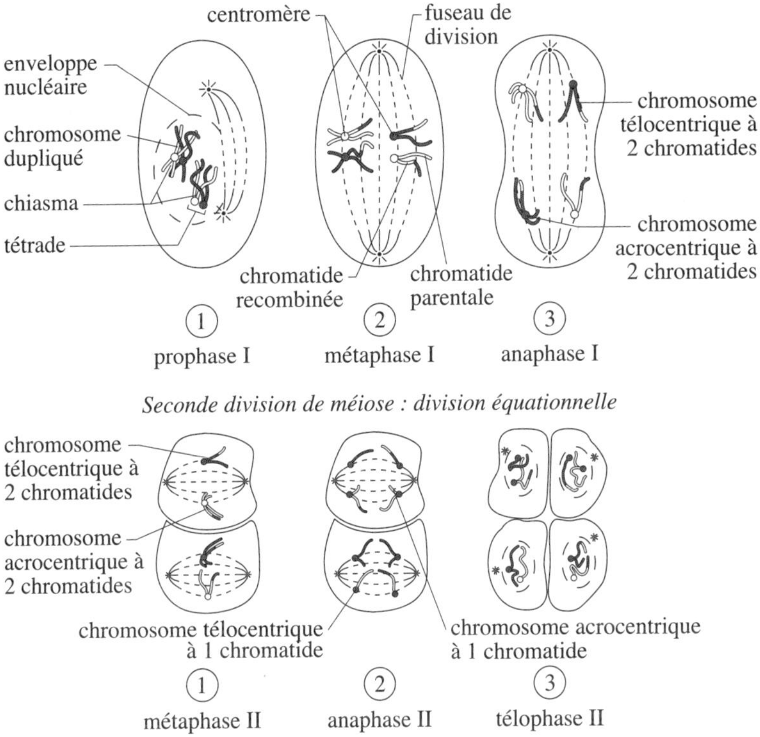

Première division de méiose = division réductionnelle.
1. Début de la prophase I, il y a des chiasmas entre les chromatides des chromosomes homologues, ce qui conduit à des chromatides recombinées (crossing-over), il y a brassage intrachromosomique.
2. Début de l'anaphase I, séparation des chromosomes homologues de chaque paire, il y a alors brassage interchromosomique.
3. Anaphase I, migration de chaque lot haploïde à chaque pôle de la cellule.

Seconde division de méiose = division équationnelle.
1. Métaphase II, alignement des chromosomes à deux chromatides sur la plaque équatoriale.
2. Anaphase II, fissuration des centromères et migration des chromosomes à une chromatide vers chaque pôle de la cellule. S'il y a eu en prophase I des crossing-over, il y a un nouveau brassage interchromosomique.
3. Fin de télophase II, chaque cellule possède un chromosome de chaque paire d'homologues. Les chromosomes n'ont plus qu'une seule chromatide.

nique, elle est polygénique dans le cas contraire. On distingue essentiellement des **brèches sédimentaires** et des **brèches volcaniques**.

→ *Conglomérat.*

BRÈCHE SÉDIMENTAIRE

Sédiment. - Roche sédimentaire formée par l'accumulation et la cimentation de fragments rocheux ayant subi peu de transport et qui de ce fait sont restés anguleux alors que dans un **pou-**

dingue les fragments ont été polis par le transport.

→ ***Brèche, Conglomérat.***

BRÈCHE VOLCANIQUE

Sédiment.. Volcano. - Roche volcanique formée par l'association de fragments de roches magmatiques et/ou de roches encaissantes cimentées par des cendres ou des **lapilli**.

→ ***Brèche.***

BRICOLAGE MOLÉCULAIRE

Génét. - Hypothèse selon laquelle certaines innovations génétiques sont le résultat de l'association de **gènes** ayant des fonctions différentes. Ces gènes codent pour les différents **domaines des protéines** complexes. C'est suivant l'expression de François Jacob, l'utilisation du vieux pour faire du neuf.

BRIN *n. m.*

Génét. - Chaîne de désoxyribonucléotides ou de ribonucléotides (polymère). Un acide nucléique simple brin est dit monocaténaire. La nomenclature des brins d'ADN de la double hélice est riche et prête parfois à confusion. **Brin transcrit**, **brin anti-sens** et **brin non codant** désignent le même brin de la molécule. **Brin non transcrit**, **brin sens** et **brin codant** correspondent au brin complémentaire. Bien que ces termes désignent le même objet, ils ne sont pas strictement synonymes car leur appellation ne fait pas référence au même problème biologique. Brin transcrit et brin non transcrit sont les termes à employer de préférence pour éviter les confusions.

BRIN ANTI-SENS

Génét. - **Brin** d'ADN qui sert de matrice à l'**ARN polymérase** ; sa séquence est donc complémentaire de celle de l'**ARNm**.

BRIN CODANT

Génét. - **Brin** d'ADN qui a la même séquence (à l'exception de T) que l'**ARNm**.

BRIN NON-CODANT

Génét. - **Brin** d'ADN qui est transcrit en ARN, ces deux brins d'acide nucléique ont donc des séquences complémentaires.

BRIN NON-TRANSCRIT

Génét. - **Brin** d'ADN complémentaire du **brin transcrit**.

BRIN SENS

Génét. - **Brin** d'ADN dont la séquence est identique à celle de l'**ARNm** formé lors de la **transcription**, à l'exception de la thymine du brin d'ADN qui est remplacée par l'uracile dans l'ARN.

BRIN TRANSCRIT

Génét. - **Brin** d'ADN qui sert de matrice à la formation de l'ARN.

→ ***Transcription.***

BRODMAN

Neurobiol.

→ ***Aires de Brodman.***

BRONCHE *n. f.*

Anat. - Une des deux branches de la trachée qui conduit l'air à chaque poumon. Comme la trachée, les bronches possèdent des anneaux de cartilage dans leurs parois. Elles se divisent une vingtaine de fois chez l'Homme en bronches de plus en plus petites et constituent l'arbre bronchique avant d'arriver aux bronchioles terminales qui se divisent en bronchioles respiratoires sur les parois desquelles bourgeonnent quelques alvéoles pulmonaires.

BRYOPHYTES *n. m. ou f. pl.*

Bot. - Embranchement de Végétaux terrestres de petite taille le plus souvent, dépourvus de vaisseaux conducteurs de sève, et dont les organes reproducteurs (archégones, anthéridies) sont cachés (**Cryptogames**). La différenciation tissulaire est faible. Les Bryophytes représentés principalement par les **Mousses** vivent essentiellement dans des endroits humides. Néanmoins, certaines espèces résistent à une déshydratation presque totale (moins de 5 % d'eau) et peuvent reprendre une vie active après plusieurs années passées dans cet état de vie ralentie en absence de pluie dans un désert ou même dans un herbier (jusqu'à 25 ans de conservation), quand on les réhydrate. C'est le phénomène de la reviviscence.

BULBE *n. m.*

Bot. - Stade de développement et de résistance à la mauvaise saison des Angiospermes, le plus souvent souterrain, dans lequel la plante accumule de la matière organique qui sera utilisée pour reformer un **appareil végétatif** à la saison suivante. À la différence du **tubercule**, la tige est très courte et aplatie. Les feuilles sont souvent charnues, gorgées de réserve (oignon). Le bulbe est l'une des formes grâce auxquelles les **plantes vivaces** passent l'hiver.

BULBE RACHIDIEN

Neurobiol. - Partie la plus postérieure de l'**encéphale**, le bulbe rachidien est situé juste au-dessus de la **moelle épinière**. Il est en partie sous la dépendance des centres nerveux supérieurs, mais il assure à lui tout seul la rythmicité respiratoire, la rythmicité cardiaque et la régulation de la contraction des muscles lisses entourant les artères. Il est donc responsable du maintien des fonctions végétatives.

C

CADRE DE LECTURE

Génét. - Ordre des nucléotides groupés par triplet sur un **ARNm** (codon). Le cadre de lecture est déterminé par le codon d'initiation (AUG). Son positionnement dans le site A du **ribosome** va définir les triplets suivants jusqu'au codon stop.

→ ***Code génétique.***

CADUC *adj.*

Bot. - Se dit d'un feuillage ou de feuilles qui tombent régulièrement à chaque mauvaise saison (automne, saison sèche) après avoir réalisé leur fonction d'assimilation chlorophyllienne.

CAILLOU *n. m.*

Pétrol. - Terme qui désigne, d'une manière imprécise, un fragment de **roche**. Dans un sens plus restreint, élément constitutif d'une **roche détritique** dont le diamètre est compris suivant les classifications de 10 ou 20 mm à 100 ou 200 mm.

→ ***Granulométrie.***

CAL *n. m.*

Bot. - Ensemble indifférencié constitué par des cellules végétales inorganisées en **tissu**. Les cals apparaissent lors de phénomène de régénération d'un végétal soit dans des cultures *in vitro*, soit lors de la cicatrisation d'une plaie. Ces cellules sont capables de se redifférencier et donner des tissus fonctionnels, puis une plante entière.

→ ***Bouturage, Clone, Vitroplant.***

CALCAIRE *n. m.* ou *adj.*

Pétrol. - **Roche sédimentaire**, carbonatée contenant au moins 50 % de **carbonate** de calcium $CaCO_3$ (***calcite*** ou ***aragonite***) qui peut être accompagné par d'autres carbonates (dolomite). En fonction de la proportion de ces différents minéraux, on distingue les calcaires purs (95 à 100 % de $CaCO_3$), les calcaires magnésiens (5 à 10 % de dolomite) et les calcaires dolomitiques (10 à 50 % de dolomite). Les calcaires sont des roches peu dures, rayables à l'ongle, de couleur claire, faisant effervescence à l'acide chlorhydrique dilué. Les calcaires contiennent très souvent de nombreux fossiles et sont donc très importants pour la datation des couches. La majorité des calcaires se forme par l'accumulation de débris d'organismes vivants visibles à l'œil nu (Bivalves, Madrépores…), visibles au microscope optique (Foraminifères…) ou électronique (Coccolithophoridés). Ces organismes favorisent la précipitation du calcaire ($2\,HCO_3^- + Ca^{2+} \leftrightarrow CaCO_3 + H_2O$). Les calcaires ont des utilisations nombreuses (pierres de construction, réservoirs d'eau, d'hydrocarbures, de gaz, ciment, chaux…).

CALCITE *n. f.*

Pétrol.

→ ***Calcaire, Carbonate.***

CALDEIRA *n. f.*

Volcano. - **Cratère** volcanique géant, de forme elliptique ou circulaire, pouvant atteindre quelques dizaines de kilomètres de diamètre. Une *caldeira* se forme soit à la suite d'une gigantesque explosion qui a pulvérisé la partie centrale du volcan, soit à la suite de l'affaissement de l'appareil volcanique provoqué par le départ de lave de la **chambre magmatique** sous-jacente qui, en raison du vide laissé, n'a plus supporté le poids du volcan.

CALÉDONIEN *adj.*

Tecto. - Qui se rapporte aux reliefs (Scandinavie, Écosse, Irlande, Appalaches) formés de l'Ordovicien supérieur au Carbonifère supérieur (450-300 Ma) provoqués par la fermeture, la subduction, l'obduction de l'océan Iapetus suivie d'une **hypercollision.**

→ ***Échelle stratigraphique.***

CALORIE *n. f.*

Éner. - Unité d'**énergie**, qui n'est plus utilisée aujourd'hui, on lui préfère le joule. Une calorie = 4,18 joules. Une calorie est la quantité d'énergie nécessaire pour faire passer un gramme d'eau pure de 14,5 °C à 15,5 °C sous pression constante de une atmosphère. La grande calorie ou kilocalorie vaut 1 000 cal.

→ ***Chaleur.***

CALORIMÈTRE *n. m.*

Éner. - Appareil destiné à mesurer les échanges de **chaleur**.

CALORIMÉTRIE *n. f.*

Éner. - Partie de la physique qui étudie et mesure les productions et les consommations de **chaleur**.

→ ***Thermodynamique.***

CALOTTE GLACIAIRE

Glaciol. - **Glacier** recouvrant d'une chape de glace les sommets des montagnes élevées.

→ ***Glaciation, Inlandsis.***

CALVIN

Éner.

→ ***Cycle de Calvin.***

CAM

Immuno. - Sigle de **Complexe d'Attaque Membranaire**.

CAMBIUM *n. m.*

Bot. - Couche de cellules formant un manchon à l'origine des tissus conducteurs secondaires : **xylème** secondaire (bois) vers l'intérieur et du **phloème** secondaire (liber) vers l'extérieur. Le cambium est un **méristème secondaire** responsable de la croissance en diamètre des Gymnospermes et des Dicotylédones. Il se forme à partir de la différenciation de cellules du **procambium** (cambium fasciculaire) ou d'un méristème résiduel situé entre les faisceaux libéro-ligneux (cambium interfasciculaire). Il existe deux types de cellules cambiales, les initiales fusiformes à l'origine du liber et du xylème, et les initiales radiales à l'origine des rayons et des parenchymes horizontaux (syn. Assise (génératrice) libéro(-)ligneuse).

CAMBRIEN *n. m.* ou *adj.*

Strati.

→ ***Échelle stratigraphique.***

CANAL DE FUITE

Neurobiol. - Protéines transmembranaires qui laissent passer les ions suivant leur gradient de concentration. Les ions K^+ intracellulaires ont tendance à sortir, les ions Na^+ extracellulaires à entrer. Ces canaux ouverts en permanence ont reçu le nom de canal de fuite. Il est à noter que s'il n'existait pas un dispositif actif de transport de ces ions (pompe Na^+-K^+), les concentrations ioniques intracellulaires seraient égales, au bout de plusieurs heures, à celles du milieu extracellulaire, et le message nerveux ne pourrait plus se propager.

→ ***Diffusion membranaire.***

CANAL DE L'ÉPENDYME

Neurobiol. - Prolongement dans la **moelle épinière** des cavités du cerveau, le canal de l'épendyme contient du liquide céphalo-rachidien.

CANAL DE MÜLLER

Embryo. - Conduit pair qui se développe chez l'embryon de Vertébrés quel que soit son **sexe génétique** ; il relie l'ovaire à l'orifice génital. Il donne naissance à l'**oviducte** de la femelle et disparaît chez le mâle sous l'effet de l'**hormone anti-müllérienne**.

→ ***Pseudohermaphrodisme.***

CANAL DE WOLFF

Embryo. - Conduit pair qui se développe chez l'embryon et le fœtus des Vertébrés quel que soit son sexe génétique. **1.** Chez les **Anamniotes** des deux sexes, le canal de Wolff correspond au conduit excréteur des reins (**mésonéphros**), mais chez le mâle c'est aussi le chemin que prennent les spermatozoïdes, c'est donc un uro-spermiducte. **2.** Chez les **Amniotes** des deux sexes, après le fonctionnement du rein transitoire, le mésonéphros, le rein définitif ou **métanéphros** se met en place ; l'urine qu'il produit est évacuée dans la vessie par un uretère secondaire néoformé. Chez le mâle, le canal de Wolff se différencie en canal efférent au testicule et en **spermiducte** dont la partie antérieure se développe en l'**épididyme** et sa partie postérieure donne le **canal déférent**.

CANAL DÉFÉRENT

Anat. - Conduit reliant le **testicule** (épididyme) à une **vésicule séminale**, il correspond au **spermiducte**.

→ ***Canal de Wolff.***

CANAL IONIQUE

Neurobiol. - Passage formé par un ensemble de protéines transmembranaires, présent dans la membrane des cellules et qui laisse diffuser différents ions. Dans le neurone, on distingue des canaux (ioniques) voltage-dépendants et des canaux (ioniques) chimiodépendants.

CANAL (IONIQUE) CHIMIODÉPENDANT

Neurobiol. - Protéines transmembranaires, appelées aussi protéines canal, associées à un récepteur sur lequel se fixe un **neurotransmetteur** (d'où le terme de chimiodépendant). La fixation de cette molécule déclenche un changement conformationnel dans la protéine canal, ce qui entraîne son ouverture. De ce fait, les ions peuvent diffuser du milieu le plus concentré vers le milieu le moins concentré. Ainsi, le **potentiel (électrique) de membrane** est localement modifié. Ce type de canal se trouve au niveau d'une membrane post-synaptique (neurone, cellule musculaire). D'une manière générale, ce sont les ions du milieu extracellulaire qui diffusent dans la cellule (Na^+, Cl^-).

→ ***Synapse.***

CANAL (IONIQUE) VOLTAGE-DÉPENDANT

Neurobiol. - Protéine(s) transmembranaire(s) permettant une diffusion d'un type d'ions (Na^+, K^+, Ca^{2+}). Ces canaux se trouvent dans la membrane des neurones. Leur ouverture est fonction de la tension électrique locale (d'où le terme de voltage-dépendant).

→ ***Potentiel d'action, Potentiel (électrique) de membrane.***

Voir figure page 79.

CANAL K^+ INSTANTANÉ

Neurobiol. - Canal ionique voltage-dépendant dont l'ouverture est déclenchée par la **dépolarisation** progressive de la membrane du neurone à la suite de l'ouverture des canaux Na^+. Les K^+ sortants vont repolariser la membrane et s'opposer à la naissance d'un **potentiel d'action**.

→ ***Canal K^+ retardé.***

CANAL K^+ RETARDÉ

Neurobiol. - Canal voltage-dépendant qui ne s'ouvre qu'une fraction de milliseconde après le début de la **dépo-**

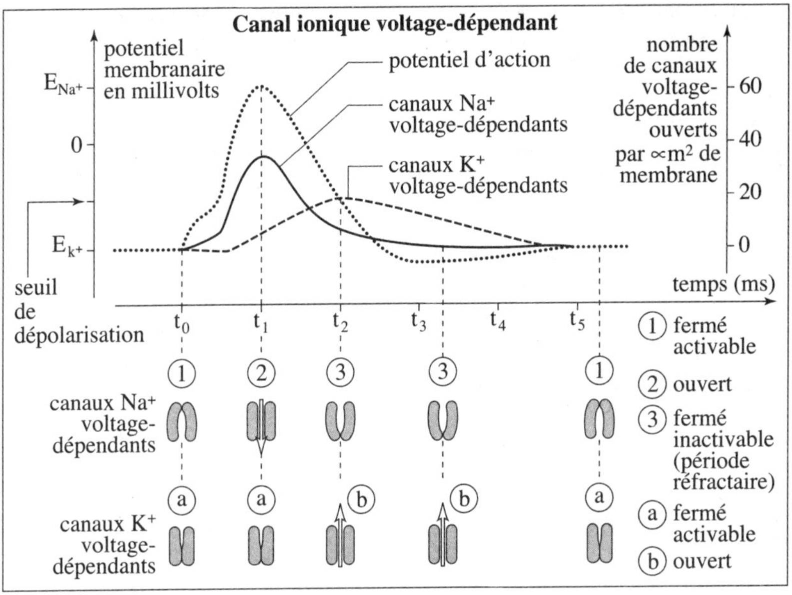

Le potentiel d'action comprend trois phases, il est dû à l'ouverture des canaux ioniques voltage-dépendants :
De t_0 à t_1, la dépolarisation est provoquée par l'ouverture des canaux Na^+ voltage-dépendants. L'entrée massive des ions Na^+ suivant leur gradient de concentration et la différence de potentiel électrique produit une dépolarisation locale de la membrane.
De t_1 à $t_{2,5}$, la repolarisation est due à l'ouverture des canaux K^+ voltage-dépendants qui commencent à s'ouvrir dès le début de l'ouverture massive des canaux Na^+, les ions K^+ quittent le neurone suivant leur gradient de concentration et repolarisent alors la membrane.
De $t_{2,5}$ à t_5, l'hyperpolarisation est provoquée par une sortie excédentaire d'ions K^+ due au maintien de l'ouverture des canaux K^+. Le potentiel de repos est rétabli par la pompe Na^+/K^+ (NB : sur ce schéma, seuls les canaux voltage-dépendants sont représentés).

larisation. De ce fait, ces canaux ont été nommés canaux K^+ retardés. Ils restent ouverts tant que la membrane est dépolarisée et sont responsables du retour à la polarisation initiale après une légère **hyperpolarisation**.

→ *Canal K⁺ instantané, Potentiel d'action.*

CANAL LYTIQUE

Immuno. - Ouverture formée dans la membrane d'une cellule infectée ou cancéreuse par l'action d'un **lymphocyte T cytotoxique** qui insère une protéine, la **polyperforine** qui forme un canal laissant passer de l'eau, des toxines et fuir le contenu cellulaire. La cellule subit un choc osmotique et éclate.

→ *Complexe d'attaque membranaire.*

CANAL Na⁺ VOLTAGE-DÉPENDANT

Neurobiol. - Canal voltage-dépendant qui s'ouvre en fonction du potentiel membranaire local et qui laisse entrer des ions Na^+. L'arrivée des ions Na^+ dans le neurone provoque une **dépolarisation** de la membrane. Ces canaux se situent le long de la membrane des dendrites et des axones. Dans les axones myélinisés, ces canaux Na^+ ne se situent qu'au niveau des

nœuds de Ranvier. Leur ouverture et leur fermeture successives sont responsables de la conduction du message nerveux. En effet, quand le **potentiel (électrique) de membrane** atteint la valeur seuil, les canaux Na^+ voltage-dépendants s'ouvrent pendant 1 ms, ce qui permet le passage d'environ 6000 ions Na^+ par canal. Les canaux se referment alors et deviennent réfractaires pendant quelques millisecondes, ce qui empêche la naissance de nouveaux **potentiels d'action** et conditionne le sens de propagation du message. Quand le potentiel de membrane diminue en valeur absolue, le nombre de canaux Na^+ ouverts augmente; la membrane se dépolarise encore plus, ce qui a pour conséquence de provoquer une sortie de K^+ à la suite de l'ouverture de canaux K^+ instantanés. La sortie des ions K^+ repolarise la membrane et la rend donc moins excitable. La probabilité de déclenchement d'un potentiel d'action dépend du rapport entre le flux entrant de Na^+ qui diminue en valeur absolue la dépolarisation membranaire et le flux sortant de K^+ qui repolarise la membrane. Si le seuil de la dépolarisation membranaire n'est pas atteint, aucun potentiel d'action ne voit le jour.

→ ***Conduction saltatoire, Coulomb.***

CANCER *n. m.*

Immuno., Méd. - Prolifération incontrôlée des cellules formant des tumeurs qui ont tendance à se détacher (elles sont dites malignes) et à s'implanter dans d'autres parties du corps où elles forment des **métastases**. Le cancer est une maladie génétique somatique clonale provoquée par de nombreuses anomalies génétiques dues à l'activation ou à l'inactivation de certains gènes. Les gènes impliqués se regroupent en gènes favorisant la prolifération cellulaire (**oncogènes**) dont les allèles mutés se comportent de manière dominante et sont donc cancérigènes, et en ceux qui l'empêchent (**anti-oncogènes**) dont les allèles mutés se comportent suivant un mode récessif. Ce serait de l'accumulation de ces anomalies que naîtrait le développement tumoral. Les anomalies à l'origine des cancers sont multiples : mutation ponctuelle, délétion, amplification génique, translocation, inversion. La potentialité de la majorité des cellules cancéreuses à être immortelles réside dans leur capacité à synthétiser la **télomérase**.

→ ***Rétinoblastome.***

CANCÉRIGÈNE
CANCÉROGÈNE *adj.*

Méd. - Se dit d'un agent physique ou chimique qui peut provoquer un cancer (syn. Carcinogène).

→ ***Métastase, Tumeur.***

CANNABIS *n. m.*

Neurobiol. - **Drogue** extraite du Chanvre indien (*Cannabis sativa*) connue également sous le nom de marijuana, shit, kif, haschich… Le cannabis est utilisé au moins depuis 5000 ans. Il induit des états d'euphorie, une tendance au rire sans raison, un sentiment d'insouciance accompagné parfois d'une augmentation de l'acuité sensorielle et d'une tendance à la somnolence. Les effets du cannabis dépendent des doses prises. À des doses massives, le cannabis bloque la recapture et stimule la libération de **dopamine** et de **noradrénaline** dans les **synapses**; à des doses faibles (doses physiologiques), le cannabis inhibe la recapture de la dopamine et sa libération dans les synapses. Ainsi, les influx moteurs ne sont pas transmis, les fonctions motrices sont ralenties.

→ ***Toxicomanie.***

CANOPÉE *n. f.*

Bot. Écol. - Milieu formé par les branches et les feuilles des arbres (houppier) dans une **forêt**. Actuellement, on estime que les canopées des forêts tropicales humides présentent une très grande **biodiversité** qui se chiffrerait en millions d'espèces à découvrir. Le radeau des cimes, sorte de mongolfière, permet d'explorer ce type de milieu qui se trouve jusqu'à plus de 50 m au-dessus du sol.

CANYON *n. m.*

Sédiment. - Vallée à parois verticales, en général creusée dans des terrains sédimentaires par un fleuve. Les canyons sont des reliefs particulièrement intéressants qui fournissent des coupes géologiques sur des très grandes profondeurs, donc sur des très grandes durées. Par exemple, le Grand Canyon du Colorado (États-Unis) possède une base datant du Précambrien recouverte en discordance par des couches commençant en Cambrien et s'étageant jusqu'au Permien quasiment sans lacunes de **sédimentation**.

CAPACITANCE *n. f.*

Physiol. ani. - syn. ***Capacitation.***

CAPACITATION *n. f.*

Physiol. ani. - Processus par lequel les **spermatozoïdes** acquièrent la possibilité de réaliser la **fécondation**. Chez les Mammifères, la capacitation se réalise dans le tractus génital femelle par élimination des molécules déposées sur la membrane des spermatozoïdes lors de leur passage dans le tractus génital masculin. Cette capacitation leur permet de traverser les cellules de la ***corona radiata****** qui se contractent alors et amènent les spermatozoïdes au contact de la **membrane pellucide**. La capacitation modifie aussi les caractéristiques de la membrane du spermatozoïde, l'acrosome libère ses enzymes qui digèrent partiellement la membrane pellucide; la fusion de la membrane plasmique du spermatozoïde avec celle de l'ovocyte II a lieu, c'est la **fécondation** (syn. Capacitance).

→ ***Membrane de fécondation.***

CAPACITÉ CRÂNIENNE

Paléont., Préhist., Zool. - Volume occupé par le **cerveau** dans le crâne. Compte tenu du faible nombre de fossiles disponibles pour les espèces les plus anciennes, l'étendue de la variation du volume encéphalique est peu connue et elle est masquée par les incertitudes sur les reconstitutions crâniennes. Même s'il existe une augmentation du volume cérébral des premières espèces d'Hominidés aux *Sapiens* et aux Néandertaliens, la capacité crânienne montre que la taille absolue du cerveau n'est pas un critère fiable de l'**hominisation**. Certains moulages endocrâniens permettent d'étudier l'importance des surfaces des différentes **aires corticales** et la nature de leur irrigation (syn. Volume cérébral).

CAPACITÉ DE RÉTENTION

Pédol. - Volume d'eau retenue par les particules du sol.

→ ***Eau de rétention, Porosité.***

CAPACITÉ MAXIMALE EN EAU

Pédol. - Quantité d'eau pouvant être contenue dans un sol. L'eau de gravité définit la macroporosité, l'eau de rétention la microporosité.

→ ***Porosité.***

CAPILLAIRE *n. m.*

Anat. - Vaisseau sanguin de très petit diamètre situé dans les organes. Les capillaires sont localisés entre les artérioles et les veinules. Leur paroi n'est constituée que d'une seule couche de cellules supportées par une membrane basale au travers de laquelle se font la quasi totalité des échanges de nutriments, de gaz respiratoires et de déchets. Il existe environ 2 500 capillaires par cm^2 qui développent un réseau sanguin de quelque 100 000 km pour irriguer les quelque 60 000 milliards de cellules constituant notre organisme.

CAPILLARITÉ *n. f.*

Physiol. - Propriété des tubes de fin diamètre de réaliser une poussée verticale supérieure au poids de la colonne d'eau contenue dans le tube. De ce fait, l'eau va monter, sans apport extérieur d'énergie, au-dessus de son niveau de base. Le phénomène de capillarité participerait à la montée de la sève brute dans la **tige**.

→ ***Aspiration foliaire.***

CAPSIDE *n. f.*

Microbiol. - Coque protéique entourant l'acide nucléique d'un **virion** (syn. Nucléocapside, Core).

CAPTEUR *n. m.*

Neurobiol. - Dispositif permettant de détecter les variations d'un paramètre donné et émettant, en réponse à cette détection, des signaux. Il existe par exemple des cellules glucosensibles et thermosensibles dans l'hypothalamus qui sont respectivement des capteurs de la glycémie et de la chaleur.

→ ***Récepteur membranaire, Récepteur sensoriel.***

CARACTÈRE *n. m.*

Évol., Génét. - Partie d'un individu quel que soit le niveau de l'approche considérée : organes, tissus, cellules, séquences de molécules. Dans une perspective évolutive, un caractère peut se transformer, il passe alors d'un ***état*** ancestral ou primitif (caractère plésiomorphe) à un état dérivé ou évolué (caractère apomorphe).

CARACTÈRE QUALITATIF

Génét. - Caractère phénotypique héritable qui existe sous des états parfaitement définis sans aucun intermédiaire. Les caractères qualitatifs se traitent, en première analyse, comme s'ils ne dépendaient que d'un seul **gène**.

→ ***Phénotype.***

CARACTÈRE QUANTITATIF

Génét. - Caractère phénotypique déterminé par les effets coordonnés de plusieurs **gènes** et dans une certaine mesure par le milieu. Les caractères quantitatifs possèdent une variation continue qui ne peut être mesurée que par une échelle de valeur (taille, poids, couleur de la peau…).

→ ***Phénotype.***

CARACTÈRES SEXUELS PRIMAIRES

Anat. - Ensemble des conduits génitaux et des organes copulateurs qui différencient les individus des deux **sexes**.

CARACTÈRES SEXUELS PRIMORDIAUX

Anat. - **Gonades** mâles et femelles, c'est-à-dire testicules et ovaires.

CARACTÈRES SEXUELS SECONDAIRES (CSS)

Anat. - Ensemble des différences morphologiques (taille, masse musculaire, pigmentation, plumage, pilosité…), physiologiques (métabolisme) et éthologiques (comportement) qui différencient les mâles des femelles au sein d'une espèce. L'apparition des caractères sexuels secondaires est due, pour le mâle à la production de **testostérone**, pour la femelle à la production d'**œstrogènes**.

CARBOHYDRATES *n. m.*

Biochim. - syn. ***Glucides.***

CARBONATE *n. m.*

Pétrol. - Minéral possédant l'ion $(CO_3)^{2-}$ le plus souvent associé à du Ca^{2+}. Suivant la forme de cristallisation, on distingue le carbonate de calcium cristallisé en ***calcite*** ou en ***aragonite*** et la dolomite quand l'ion calcium est associé à l'ion magnésium. Les carbonates constituent les minéraux principaux des calcaires.

→ ***Profondeur de compensation des carbonates.***

CARBONE MINÉRAL

Biochim. - Atome de carbone qui fait partie de la molécule de **dioxyde de carbone** ou de monoxyde de carbone.

→ ***Carbone oxydé.***

CARBONE ORGANIQUE

Biochim. - Atome de carbone faisant partie de la **matière organique**.

→ ***Carbone réduit.***

CARBONE OXYDÉ

Biochim. - Carbone dont les électrons célibataires périphériques sont engagés dans des liaisons avec des atomes électronégatifs qui ont tendance à les éloigner du noyau de l'atome de carbone.

→ ***Carbone minéral, Dioxyde de carbone.***

CARBONE RÉDUIT

Biochim. - Atome de carbone dont au moins un des quatre électrons célibataires de la couche externe participe à une liaison, le plus souvent avec un atome d'hydrogène. Dans cette situation, le carbone est réduit parce qu'il a gagné des électrons.

→ ***Carbone organique.***

CARBONE 14

Paléont. - **Isotope** radioactif du carbone. Le carbone 14 possède une **période** de 5 730 ans (valeur de 1951 [5 568 ans] toujours utilisée dans les calculs). Il se forme spontanément dans la haute atmosphère à partir de l'azote 14 et se désintègre en azote en émettant un rayonnement β. On admet (peut-être à tort comme des travaux récents l'ont montré) que l'intensité du rayonnement cosmique responsable de la formation du carbone 14 est restée la même au cours des temps et donc que la teneur en carbone 14 reste constante tout au long de la vie de l'organisme. Après la mort, le carbone 14 n'est plus renouvelé, sa quantité décroît donc avec le temps, il est alors possible, connaissant sa période, d'estimer la date de la mort. La **datation par le carbone 14** est surtout utilisée pour les périodes récentes du fait de la valeur de cette période (milliers d'années).

CARBONIFÈRE *n. m.* ou *adj.*

Strati.

→ ***Échelle stratigraphique.***

CARBOXYLASE *n. f.*

Éner. - Enzyme du stroma des **chloroplastes** qui fixe le dioxyde de carbone sur le **ribulose-diphosphate** en présence d'**ATP** et de transporteurs réduits. Cette carboxylase ou Rudi-P-carboxylase (***rubisco***) est une enzyme universelle qui se trouve chez tous les organismes chlorophylliens. C'est l'enzyme la plus abondante du monde vivant.

→ ***Réactions non-photochimiques.***

CARENCE *n. f.*

Physiol. - Insuffisance ou absence dans un organisme de certains éléments (nutriments, vitamines) indispensables à son métabolisme.

CARMIN ALUNÉ-VERT D'IODE

Bot. - Technique de double coloration qui permet de colorer en rose la cellulose des parois qui fixe le carmin aluné et en vert les cellules dont les parois sont imprégnées de **lignine**.

CAROTTAGE *n. m.*

Sédiment. - Opération consistant à prélever, au moyen d'appareils divers appelés carottiers, un cylindre de quelques centimètres de diamètre et de longueur variable (**carotte**) dans des sols, des sédiments, des roches, de la glace. Pour les sols, on utilise une tarière, pour les sédiments meubles, un tube lesté dont la chute fait remonter les sédiments à l'intérieur, pour les roches, on emploie un tube muni d'une couronne garnie de diamants en rotation.

CAROTTE *n. f.*

Sédiment. - Prélèvement d'échantillons de terrain au moyen d'un carottier. La carotte se présente comme un cylindre de quelques centimètres de diamètre et d'une hauteur de plusieurs décimètres.

→ ***Carottage.***

CARPELLE *n. m.*

Bot. - Unité de base du gynécée ou pistil formée par une feuille modifiée qui porte un ou plusieurs **ovules**. Chez les Angiospermes, le carpelle se ferme et délimite à sa base une cavité, l'**ovaire**. La partie supérieure du carpelle forme le stigmate dont les sécrétions collent les grains de **pollen**. Le **style** constitue une partie effilée qui réunit le stigmate à l'ovaire. Les carpelles peuvent être libres ou soudés.

CARTE DE RESTRICTION

Génét. - Caractérisation d'une région de l'ADN par le nombre et la position relative des différents sites de coupure spécifique pour une **enzyme de restriction** donnée. Il est possible de combiner sur le même morceau d'ADN, l'action de plusieurs enzymes de restriction différentes. Les différents morceaux peuvent ensuite être séparés par **électrophorèse** et séquencés ou insérés dans des Bactéries ou des Levures.

→ ***Banque de gènes.***

CARTE FACTORIELLE

Génét. - syn. ***Carte génétique*** (terme créé à une époque où les **gènes** étaient appelés facteurs).

CARTE GÉNÉTIQUE

Génét. - Représentation du **chromosome** indiquant la position relative des **loci** les uns par rapport aux autres. Les distances entre les gènes sont le reflet des pourcentages de **recombinaison**, elles fluctuent autour d'une valeur moyenne. Elles sont exprimées en **centimorgans** ou en morgans. D'une manière générale, les distances génétiques sont plus grandes chez les femelles, ce qui signifie, non pas que le chromosome est plus grand, mais que les recombinaisons sont plus fréquentes chez les femelles. Un cas extrême se rencontre chez le mâle de Drosophile chez lequel il n'existe pas de **brassage intrachromosomique**. Tous les gènes d'un même chromosome du mâle de cette espèce sont dépendants (syn. Carte factorielle).

→ ***Carte physique, Distance génétique entre deux gènes.***

CARTE PHYSIQUE

Génét. - Carte d'un **chromosome** représentant la position exacte des différents **loci** connus. La taille des gènes et les distances les séparant les uns des autres sont exprimées en kilobases.

→ ***Carte génétique.***

CARTILAGE *n. m.*

Anat. Histo. - Tissu conjonctif des Vertébrés, spécialisé, opaque, blanc-bleuté dont la **matrice extra-cellulaire** produite par des cellules spécialisées, les chondrocytes, est riche en **collagène** qui lui donne sa résistance à l'étirement et en chondroïtine-sulfate à l'origine de son élasticité.

CARYOGAMIE *n. f.*

Biol. cell. - Fusion des membranes des **pronuclei** au cours de la fécondation, les lots de chromosomes haploïdes de chaque gamète sont regroupés en un seul **noyau** qui est donc **diploïde**. La caryogamie n'existe pas chez les Mammifères chez qui les pronoyaux ne fusionnent pas. Les enveloppes sont plus ou moins imbriquées l'une dans l'autre. Elles se cassent et les chromosomes à deux chromatides de chaque pronucléus s'alignent sur la plaque équatoriale.

→ ***Amphimixie, Fécondation.***

CARYOTYPE *n. m.*

Génét. - Présentation photographique, dessinée ou numérisée, du nombre et de la forme des **chromosomes** ; il est caractéristique de l'espèce. Le caryotype est réalisé à partir de culture de cellules que l'on a bloquées en métaphase de mitose par un traitement approprié (**antimitotique**). Les chromosomes dupliqués sont alors pourvus de deux **chromatides** identiques. Les chromosomes sont numérotés suivant leur taille décroissante en commençant par les chromosomes **métacentriques**. Les chromosomes ont pu être colorés au préalable pour une étude fine de leur structure (recherche des insertions, des délétions, des translocations...).

⟶ ***Anomalie chromosomique, Banding.***

CASTRATION *n. f.*
Agric., Méd. - Opération qui consiste à retirer les **testicules** ou les **ovaires**.

CATABOLISME *n. m.*
Biochim., Éner. - Ensemble des voies de dégradation de molécules d'origine alimentaire ou de réserve conduisant à la libération d'**énergie** utilisée pour synthétiser de l'**ATP**. La **glycolyse**, les **fermentations**, la **respiration** sont des voies du catabolisme énergétique. Cette énergie est ensuite utilisée par les cellules pour réaliser des synthèses de matière organique (anabolisme).

⟶ ***Métabolisme.***

CATALASE *n. f.*
Biochim., Éner. - Enzyme qui assure la décomposition du peroxyde d'hydrogène ou eau oxygénée (H_2O_2) en eau et en dioxygène. La catalase est une des enzymes les plus actives que l'on connaisse.

⟶ ***Cinétique enzymatique.***

CATALYSE *n. f.*
Biochim., Éner. - Accélération d'une réaction provoquée par la présence d'une substance, le **catalyseur**, qui reste inchangée à la fin de la réaction. Dans une catalyse enzymatique, le catalyseur est une enzyme.

CATALYSEUR *n. m.*
Biochim., Éner. - Substance qui accélère des réactions chimiques mais qui n'est pas transformée après la réaction. Il existe des catalyseurs métalliques (zinc, platine...) et des **biocatalyseurs**, comme les enzymes, qui sont des macromolécules fabriquées par les êtres vivants. Ces derniers abaissent l'énergie d'activation de la réaction.

⟶ ***Cinétique enzymatique.***

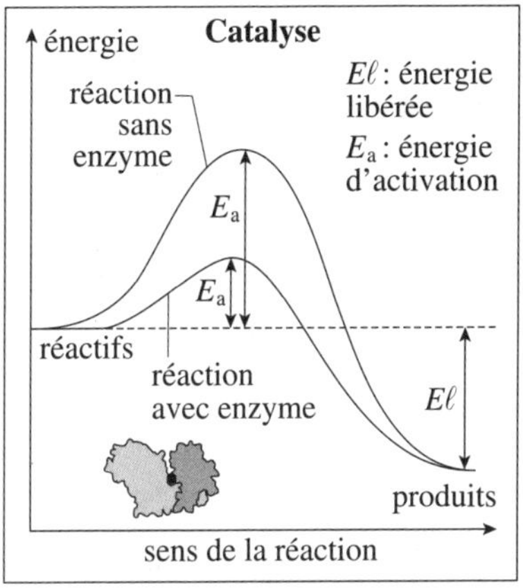

CATARACTE *n. f.*
Méd. - Opacité progressive du cristallin qui diminue l'acuité visuelle.

CATARRHINIENS *n. m.*
Zool. - Infraordre des **Simiens** à narines séparées par une fine cloison et à queue non préhensile ou absente. Les Catarrhiniens sont répartis dans deux superfamilles les Cercopithécoïdes (Babouins, Macaques, Colobes,...) et **Hominoïdes**.

CATASTROPHISME *n. m.*
Géol. - Théorie qui postule que les causes actuelles des phénomènes géologiques n'expliquent pas les phénomènes géologiques du passé, le catastrophisme s'oppose donc à l'**actualisme**. Le catastophisme fait appel à des causes qui n'existent plus aujourd'hui (déluge,...) pour rendre compte de certains phénomènes anciens. Bien que l'actualisme soit la théorie habituellement admise, l'impact d'un astéroïde à la fin du Crétacé montre de manière très nette que des événements catastrophiques ont pu ponctuer et influencer de manière spectaculaire l'histoire de la Terre.

⟶ ***Dinosaures, Iridium.***

CATÉCHOLAMINES *n. f.*

Biochim., Neurobiol. - Groupe de substances biologiquement actives qui agissent comme les **hormones** ou les **neurotransmetteurs**. Les catécholamines ont pour point commun d'être synthétisées à partir du noyau catéchol (= 2-hydroxyphénol) qui dérive de la tyrosine. La **dopamine**, l'**adrénaline** et la **noradrénaline** sont des catécholamines. Les récepteurs de chaque catécholamine, fonctionnant comme des **neuromédiateurs**, diffèrent d'une cellule à l'autre et, de ce fait, les catécholamines peuvent produire soit un effet inhibiteur, soit un effet excitateur.

CAUDAL

Embryo., Génét. - **Gène maternel** codant la protéine *Caudal*. Son ARN est réparti dans l'œuf de manière uniforme. Un gradient postéro-antérieur de concentration de la protéine *Caudal* s'établit par la suite par blocage de la traduction de l'ARNm *Caudal* par la protéine ***Bicoïd****.

CAULINAIRE *adj.*

Bot. - Qui se rapporte à la tige.

→ ***Acaule.***

CAVITÉ AMNIOTIQUE

Embryo.

→ ***Amniocentèse, Amnios.***

CAVITÉ DE SEGMENTATION

Embryo.

→ ***Blastula.***

CAVITÉ FOLLICULAIRE

Histo. - syn. ***Antrum folliculi.***

CCD

Sédiment. - Sigle anglais de *Carbonates Compensation Depth.*

→ ***Profondeur de compensation des carbonates.***

CD

Immuno. - Sigle anglais de *Cluster of Differentiation.* Classe de Différenciation. Molécules de la surface des **leucocytes** et des plaquettes sanguines qui caractérisent différentes sous populations cellulaires (166 classes différentes). Comme ces molécules interviennent dans la reconnaissance entre des cellules du système immunitaire, elles sont aussi des corécepteurs.

CD4

Immuno. - Sigle de **Corécepteur CD4.**

CD4⁺

Immuno. - **Thymocyte** qui exprime un corécepteur **CD4**.

CD8

Immuno. - Sigle de **Corécepteur CD8.**

CD8⁺

Immuno. - **Thymocyte** qui exprime un corécepteur **CD8**.

CÉCITÉ *n. f.*

Méd. - État d'un être vivant qui a perdu la fonction visuelle que ce soit par la déficience des récepteurs, des voies nerveuses ou des centres cérébraux de traitement des images.

CECOS

Méd. - Sigle de Centre d'Étude et de Conservation du Sperme. Il existe 20 établissements de ce type en France (un par région) qui gèrent les différentes **banques de sperme**.

CEINTURE DES ASTÉROÏDES

Astron. - Ensemble d'***astéroïdes*** tournant autour du Soleil entre les **orbites** de Mars et de Jupiter, on les appelle aussi **petites planètes**, la plus grosse Cérès mesure 770 km de diamètre. Cette ceinture se situe à l'endroit ou devait se trouver une planète hypothétique prévue par la ***loi de Titius-Bode***, on l'interprète donc comme les restes de cette protoplanète qui aurait explosé.

CELLULASE *n. f.*

Biochim. - Enzyme produite par des Champignons, quelques Invertébrés (origine endogène ou symbiotique ?) et par certains Micro-organismes. La cellulase est capable de digérer la **cellulose** en un dimère de glucose, le cellobiose.

CELLULE *n. f.*

Biol. cell. - La plus petite unité constitutive et fonctionnelle d'un **être vivant**, c'est-à-dire d'un système moléculaire capable de métabolisme (assimilation), de croissance et de reproduction. La cellule est limitée par une **membrane** plasmique qui enferme un gel, le **cytoplasme**. On distingue deux catégories de cellules en fonction de la présence (**cellule eucaryote**) ou de l'absence (**cellule procaryote**) de réseau membranaire interne (**organite**). Les cellules végétales se distinguent des cellules animales, entre autres, par la possession d'une paroi de cellulose qui assure un rôle de soutien.

→ ***Compartimentation cellulaire.***
Voir figures pages 88, 89, 91.

CELLULE AUTOTROPHE

Biol. cell. - Cellule qui utilise des **matières minérales** comme seule source de matière et de l'énergie, soit chimique (**cellule chimiotrophe**) et contenue dans des molécules minérales réduites, soit lumineuse (**cellule phototrophe**), pour la synthèse de ses composés organiques.

→ ***Autotrophie, Matière organique.***

CELLULE B

Immuno. - syn. ***Lymphocyte B.***

CELLULE CHIMIOTROPHE

Biol. cell. - Cellule qui n'utilise que l'énergie chimique potentielle d'un substrat comme source d'énergie. Si l'énergie est contenue dans de la **matière minérale**, la cellule est chimiolithotrophe, si elle est contenue dans de la **matière organique**, elle est chimio-organotrophe.

CELLULE CHLOROPHYLLIENNE

Biol. cell. - Cellule possédant de la **chlorophylle** et donc capable de synthétiser de la matière organique à partir de matière minérale et d'énergie lumineuse.

→ ***Assimilation chlorophyllienne, Autotrophie, Chloroplaste, Photosynthèse.***

CELLULE CIBLE

Endocrino. - Cellule possédant des récepteurs spécifiques d'une **hormone** donnée. Les récepteurs peuvent être membranaires (hormones peptidiques) ou cytoplasmiques (hormones stéroïdes…).

CELLULE CRIBLÉE

Bot. - Cellule du **phloème** dont le contenu cellulaire a partiellement disparu. Les cellules criblées sont alignées les unes à la suite des autres, elles constituent alors les **tubes criblés**. Ces cellules sont séparées les unes des autres par des parois perforées de trous, les ***cribles***, au travers desquels circule la sève élaborée.

CELLULE DE CONVECTION

Géophys. - Déplacement dans un fluide (= ***courant de convection***) causé par une augmentation de la température à sa base qui provoque une dilatation de la matière et donc une diminution de densité responsable de l'ascension du volume chauffé (principe d'Archimède) ; son refroidissement consécutif entraîne une augmentation de densité responsable de son retour en profondeur. L'allure et la localisation des cellules de convection à l'intérieur de la Terre sont l'objet de discussions, mais l'essentiel de l'énergie interne est évacué par les **dorsales océaniques**.

→ ***Convection mantellique.***

Cellule végétale

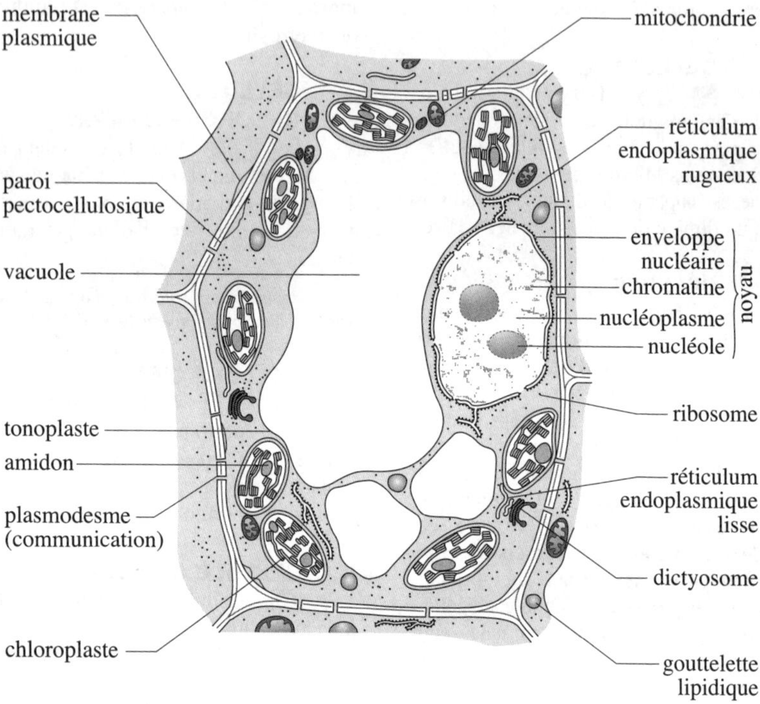

Les cellules végétales, autotrophes au carbone, se différencient des cellules animales entre autres par la présence de chloroplastes, d'une grande vacuole, d'une membrane plasmique doublée à l'extérieur par une paroi qualifiée de squelettique à cause de son rôle de soutien ou de pectocellulosique en référence à sa composition chimique.

CELLULE DE SCHWANN

Neurobiol. - Cellule entourant certaines catégories de neurones situés dans les nerfs. Les cellules de Schwann forment une **gaine de myéline** qui est un isolant électrique. Chaque cellule de Schwann est séparée de la suivante par une discontinuité appelée **nœud de Ranvier**. Les cellules de Schwann, par le pouvoir isolant de leur membrane riche en myéline, sont responsables de la **conduction saltatoire** de l'influx nerveux. La sclérose en plaque est une maladie détruisant les gaines de myéline.

→ ***Oligodendrocyte.***

CELLULE DE SERTOLI

Endocrino. - Cellule épithéliale de la paroi des **tubes séminifères** sur laquelle se fixent les cellules de la **lignée germinale**. Les cellules de Sertoli ont un rôle trophique (nourricier) durant la **spermatogenèse**. Elles produisent aussi l'**inhibine** qui exerce un **rétrocontrôle négatif** sur la **FSH** dont elles sont les cellules cibles. Elles produisent l'**hormone anti-müllérienne**. Les cellules de Sertoli produisent des protéines capables de se lier à la **testostérone** et aussi des faibles quantités d'**œstrogènes**. Les cellules de Sertoli sont responsables de la formation des **tubes séminifères** et des spermatogonies.

CELLULE DENDRITIQUE

Immuno. - Cellule des tissus lymphoïdes qui n'appartient pas aux lignées lymphocytaires. Les cellules dendritiques se caractérisent par de nombreux prolongements cytoplasmiques et se comportent comme cellule présentatrice d'antigènes notamment dans le cadre de l'**apprentissage du soi**. Elles possèdent les corécepteurs CD4 et CCRS et sont des cibles du **VIH** (syn. Cellule stromale).

CELLULE EFFECTRICE

Immuno. - Cellule comme les **plasmocytes**, les **lymphocytes T cytotoxiques**, les cellules naturelles tueuses, les **macrophages** et les autres phagocytes qui neutralisent et/ou détruisent le non-soi.

CELLULE EUCARYOTE

Biol. cell. - Cellule possédant un **noyau** individualisé contenant le matériel génétique et des systèmes membranaires internes (mitochondries chloroplastes, réticulum endoplasmique, appareil de Golgi...).

→ ***Eucaryote, Organite, Procaryote.***

CELLULE GERMINALE

Biol. cell. - Cellule à l'origine des **gamètes** (= gonies). Chez l'Homme, les **spermatogonies** se multiplient de la

Cellule eucaryote

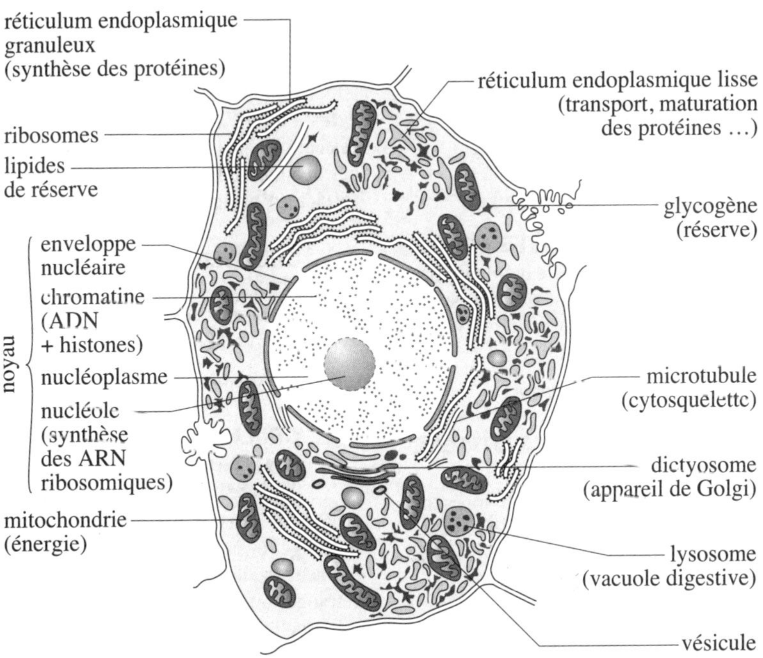

Une cellule eucaryote se caractérise par de nombreux compartiments internes délimités par des membranes (réticulum endoplasmique, dictyosome, vésicule, lysosome...) ou des enveloppes (noyau, mitochondrie, ...). La taille des cellules eucaryotes est comprise entre 10 et 300 ∝m. On distingue des cellules eucaryotes végétales pourvues de chloroplastes, enfermées dans une paroi pectocellulosique, des cellules animales qui sont dépourvues de ces deux structures et des cellules fongiques possédant une paroi contenant de la chitine.

puberté à la **sénescence**, en revanche, la femme naît avec son stock définitif d'**ovogonies**.

→ *Gamétogenèse, Germen.*

CELLULE GLIALE

Neurobiol. - Type de cellules nerveuses qui ne sont pas des neurones mais des cellules conjonctives. Les cellules gliales participent au soutien et à la nutrition des neurones. Par leur multiplication, elles comblent les espaces laissés libres par la mort des neurones.

CELLULE GONADOTROPE

Endocrino. - Cellule de l'**antéhypophyse** qui produit les gonadotrophines (**folliculostimuline** et **LH**).

CELLULE HÉTÉROTROPHE

Biol. cell. - Cellule qui a nécessairement besoin d'une source de matière **organique**, car elle ne peut synthétiser de matière organique à partir de matière minérale.

→ *Autotrophie, Hétérotrophie.*

CELLULE IMMUNOCOMPÉTENTE

Immuno. - Cellule capable de produire une **réponse immunitaire spécifique** à la suite d'une rencontre avec un antigène ou du soi modifié.

→ *Lymphocyte B, Lymphocyte T.*

CELLULE INTERSTITIELLE DE LEYDIG

Endocrino. - Cellule présente dans le tissu interstitiel entourant les **tubes séminifères** et qui produit la **testostérone** et les androstérones.

→ *Cellule de Sertoli, TDF, Testicule.*

CELLULE MUSCULAIRE

Biol. cell. - syn. ***Fibre musculaire.***

CELLULE NATURELLE TUEUSE (NK)

Immuno. - Cellule appelée aussi NK pour *Natural Killer,* c'est une catégorie de lymphocytes produisant une réponse immunitaire non spécifique. Les cellules tueuses s'attaquent principalement aux cellules cancéreuses et aux cellules infectées par un virus. Le contact entre une cellule naturelle tueuse et une cellule à détruire déclencherait le mécanisme d'**apoptose**. Il ne faut pas confondre les cellules NK qui sont non spécifiques avec les **lymphocytes T cytotoxiques** qui, eux, le sont (syn. Cellule NK).

CELLULE NK

Immuno. - syn. ***Cellule naturelle tueuse.***

CELLULE PHAGOCYTAIRE

Immuno. - Cellule capable d'ingérer des particules solides, y compris d'autres cellules, par le processus d'**endocytose**. Dans le système immunitaire, les cellules phagocytaires sont principalement les **macrophages** et les **granulocytes** ou polynucléaires. Certaines de ces cellules phagocytaires se comportent par la suite comme des **cellules présentatrices d'antigènes**.

CELLULE PHOTOTROPHE

Biol. cell. - Cellule qui utilise la lumière comme source d'énergie pour synthétiser de la matière organique.

→ *Photosynthèse.*

CELLULE PRÉSENTATRICE D'ANTIGÈNE (CPA)

Immuno. - Cellule capable d'associer, dans son cytoplasme, un fragment d'**antigène** (peptide) en provenance d'un élément du non-soi qui a été phagocyté (étranger ou venant d'une protéine mutée de la cellule) aux antigènes du **CMH de classe I** (ou **II**). Cet ensemble, appelé le **soi modifié**, est exporté vers la membrane plasmique où il déclenche une réponse immunitaire spécifique. Les **macrophages** (et les lymphocytes B) sont les principales CPA. Les macrophages, exprimant sur leur membrane à la fois les antigènes du CMH I et ceux du CMH II, présentent des fragments d'antigènes étrangers, sous forme de soi modifié aussi bien aux **lymphocytes T8** qu'aux **lymphocytes T4**. En revanche, les LB associent aux antigènes du CMH II, des déterminants antigéniques qui proviennent d'antigènes s'étant fixés sur leurs anticorps membranaires. Ces LB présentateurs ne peuvent se lier qu'aux LT4 qu'ils activent. De plus, des cellules infectées par des virus ou des Bactéries se comportent aussi comme des CPA. Il en est de même de certaines cellules (**cellules dendritiques**) de la moelle et du thymus qui présentent aux LB et aux LT les antigènes du soi. Si le contact entre les lymphocytes et les cellules présentatrices est trop fort, les lymphocytes meurent ce qui évite, par la suite, qu'ils ne s'attaquent au soi.

→ ***Apprentissage du soi, Apprêtement de l'antigène.***

CELLULE PROCARYOTE

Biol. cell. - Cellule caractérisée par l'absence de réseau membranaire interne définissant les **organites**. Les cellules procaryotes contiennent des ribosomes et de l'ADN circulaire.

→ ***Archées, Bactéries.***

CELLULE SOUCHE

Biol. cell. - Cellule indifférenciée qui a conservé la possibilité de se diviser. Elle est souvent pluripotente.

→ ***Pluripotence.***

CELLULE SOUCHE HÉMATOPOÏÉTIQUE

Immuno. - Cellule de la moelle osseuse (**moelle rouge**) à l'origine des cellules sanguines.

→ ***Cellules souches myéloïdes.***

CELLULE SOUCHE PLURIPOTENTE

Immuno. - La cellule unique donnant naissance, à la suite d'une lente multiplication, aux cellules souches des différentes lignées **myéloïdes** et **lymphoïdes**.

→ ***Cellules souches lymphoïdes, myéloïdes.***

Cellule procaryote

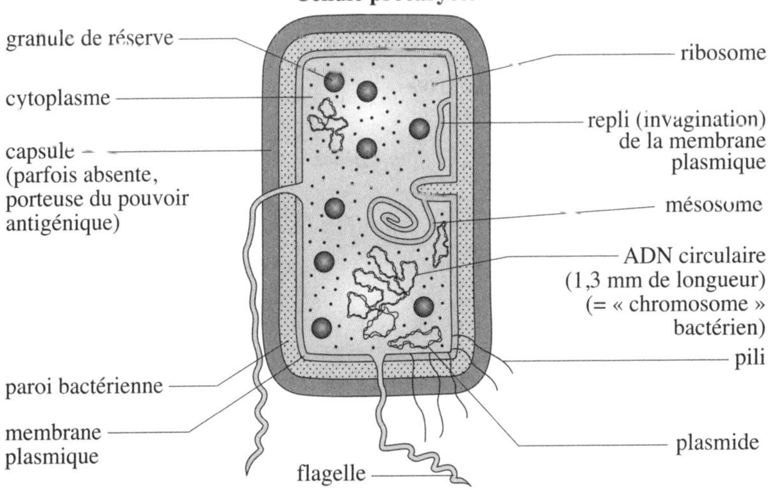

Une cellule procaryote comme cette Bactérie est caractérisée par l'absence d'organites compartimentés (mitochondrie, chloroplaste, réticulum endoplasmique, noyau...), mais possède des ribosomes. La taille est de l'ordre de 2 à 3 µm.

CELLULE STOMATIQUE

Bot. - Cellule épidermique chlorophyllienne différenciée qui délimite, à la surface de la feuille, une ouverture, l'ostiole, par laquelle se font les échanges de gaz (CO_2, H_2O et O_2). Par la variation de leur turgescence, les deux cellules stomatiques, définissant le **stomate**, régulent l'ouverture de l'ostiole et donc les mouvements de gaz.

→ ***Chambre sous-stomatique, Transpiration foliaire.***

CELLULE STROMALE

Immuno. - syn. ***Cellule dendritique.***

CELLULE T

Immuno. - syn. ***Lymphocyte T.***

CELLULE TUEUSE (K)

Immuno. - Cellule appelée aussi K pour *Killer*, c'est une catégorie de lymphocytes capables de détruire des cellules cibles quand celles-ci sont recouvertes d'anticorps auxquels elles se lient par l'intermédiaire de **récepteurs Fc**.

CELLULE TUMORALE

Immuno. - syn. ***Cellule cancéreuse.***

CELLULES SOUCHES LYMPHOÏDES

Immuno. - Cellules qui sont à l'origine des **lymphocytes B** et des **lymphocytes T**. Les cellules souches lymphoïdes se situent dans les organes lymphoïdes centraux, c'est-à-dire la **moelle osseuse** et le **thymus**.

CELLULES SOUCHES MYÉLOÏDES

Immuno. - Cellules de la moelle osseuse qui sont à l'origine des cellules sanguines (**monocytes**, **granulocytes**, **mégacaryocytes**, **érythrocytes**). Les cellules souches myéloïdes constituent le tissu hématopoïétique.

CELLULOSE *n. f.*

Biochim. - **Polymère** linéaire et rectiligne de glucose. Les liaisons qui unissent les différentes molécules de glucose constituant la cellulose sont différentes de celles qui lient les molécules de glucose de l'**amidon**. Cette particularité donne des caractéristiques nouvelles à la molécule, notamment le fait de ne pouvoir être hydrolysée que par très peu d'êtres vivants (Micro-organismes) qui possèdent l'enzyme spécifique ou **cellulase**. La cellulose est le composé organique le plus abondant de la biosphère, il constitue l'essentiel des **parois** végétales. Son utilisation industrielle produit le papier et ses dérivés.

→ ***Micelle.***

CELLULOSIQUE *adj.*

Biochim. - Composé de **cellulose**.

CENDRE *n. f.*

Volcano.

→ ***Éruption volcanique.***

CENTIMORGAN *n. m*

Génét. - Unité de **recombinaison** génétique. Le centimorgan correspond à un pour-cent de recombinaison. Ainsi, pour 100 **gamètes** haploïdes produits par **méiose**, un d'entre eux présentera une réassociation d'**allèles** résultant d'un **brassage intrachromosomique**. Chez les espèces diploïdes, le nombre de chromatides recombinées au cours d'une méiose s'obtient par un ***test-cross****. En revanche, chez les haploïdes, il est parfois directement observable.

→ ***Asque, Distance génétique entre deux gènes.***

CENTRE CARDIO-ACCÉLÉRATEUR ET VASOMOTEUR

Physiol. ani. - Centre sous-bulbaire (relais synaptique) du **système nerveux sympathique** qui est situé dans la partie antérieure de la moelle épinière. Ce centre reçoit des informations relatives à la pression artérielle en provenance du **centre vasomoteur** (sympathique) qui est lui-même en relation avec le **centre cardiomodérateur** (parasympathique).

→ ***Centre intégrateur hypothalamo-bulbaire.***

CENTRE CARDIOMODÉRATEUR

Physiol. ani. - Centre sous-bulbaire du **système nerveux parasympathique** qui reçoit des informations relatives à la pression artérielle par les **nerfs de Cyon-Ludwig** et les **nerfs de Hering**. Il est relié par des **interneurones** au **noyau du nerf vague** d'où partent les **nerfs pneumogastriques** qui, dans une situation d'**hypertension** sont stimulés et libèrent, à leur extrémité cardiaque, de l'**acétylcholine** qui freine le rythme et diminue la force des contractions cardiaques. Le centre cardiomodérateur est aussi relié au centre cardio-accélérateur et vasomoteur sympathique qui est alors inhibé (syn. Centre cardio-inhibiteur, Noyau du tractus solitaire).

→ ***Centre intégrateur hypothalamo-bulbaire.***

CENTRE INTÉGRATEUR HYPOTHALAMO-BULBAIRE

Physiol. ani. - **Centre nerveux** responsable du contrôle de la **pression artérielle** par voie nerveuse. Il est formé par plusieurs centres ou noyaux dont les rôles sont différents. Le noyau du tractus solitaire (ou **centre cardiomodérateur** ou cardio-inhibiteur) reçoit des informations sensorielles en provenance des **barorécepteurs** des sinus carotidiens (**nerfs de Hering**) et de la **crosse aortique** (**nerfs de Cyon-Ludwig**). Dans le cas d'une hypertension artérielle, ce centre transmet un message à un autre centre (= noyau du nerf vague) qui déclenche un message efférent par les fibres des **nerfs pneumogastriques** dont les extrémités arrivant au cœur libèrent de l'acétylcholine qui a pour effet de ralentir le rythme cardiaque et de diminuer la puissance des contractions. Le message sensoriel provenant des nerfs de Ludwig-Cyon et de Hering arrive, par l'intermédiaire de neurones inhibiteurs sur un autre centre nerveux du bulbe, le **centre vasomoteur** qui est en relation avec le centre cardio-accélérateur et vasomoteur sous bulbaire. Les neurones inhibiteurs bloquent alors le passage d'un influx nerveux dans ce centre cardio-accélérateur et vasomoteur.

Voir figure page 94.

CENTRE NERVEUX

Neurobiol. - Lieu où s'établissent les **synapses** entre les **neurones**. Dans le système nerveux central, les centres nerveux sont constitués par les regroupements des corps cellulaires des neurones. Comme ces corps cellulaires sont dépourvus de **gaine de myéline**, ils forment, dans le cerveau et la moelle épinière la **substance grise**. Dans le système nerveux périphérique, les corps cellulaires des neurones forment des ganglions nerveux sur le trajet des nerfs.

→ ***Centres sous-corticaux.***

CENTRE QUIESCENT

Bot. - Zone du **méristème** apical racinaire contenant des cellules ne se divisant quasiment pas.

CENTRE RESPIRATOIRE

Physiol. ani. - Noyau gris de la partie supérieure de la moelle épinière (*medulla oblongata* du bulbe rachidien) impliqué dans le contrôle involontaire des mouvements respiratoires (ventilation).

CENTRE VASOMOTEUR

Physiol. ani. - Relais synaptique bulbaire entre le **centre cardiomodérateur** (système nerveux parasympathique) et le **centre cardio-accélérateur et vasoconstricteur** (système nerveux sympathique). Le centre vasomoteur est lié au centre cardiomodérateur par des neurones inhibiteurs qui, lors de l'arrivée d'un message nerveux, par les **nerfs de Cyon-Ludwig** et de **Hering**, signalant une hypertension, vont empêcher l'action du centre cardio-accélérateur et vasoconstricteur.

→ ***Centre intégrateur hypothalamo-bulbaire.***

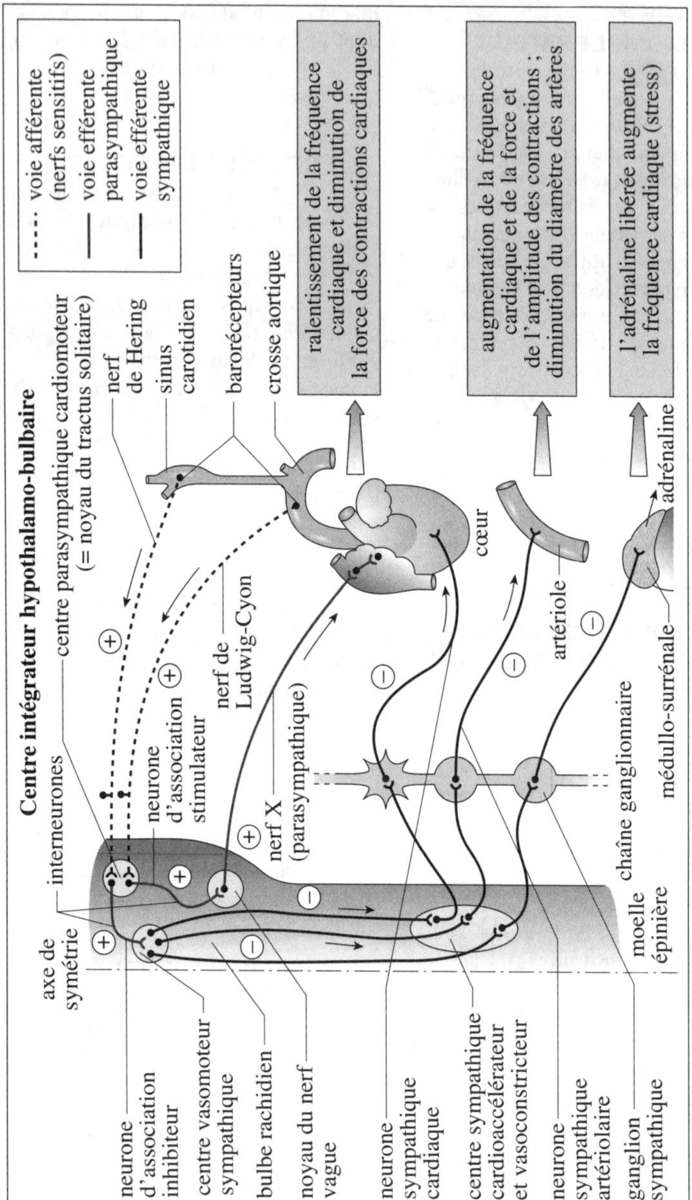

Fonctionnement des arcs réflexes régulant la pression artérielle dans la situation d'une hypertension locale détectée par les barorécepteurs de la crosse aortique et des sinus carotidiens. Les signes + indiquent l'augmentation de la fréquence des potentiels d'action, les signes – une diminution de leur fréquence. La distension (hypertension) des barorécepteurs de la crosse aortique et des sinus carotidiens provoque une activation du nerf X et une dépression sympathique réflexe.

CENTRES SOUS-CORTICAUX

Neurobiol. - Nom collectif donné aux différents noyaux gris situés sous le cortex cérébral au milieu de la substance blanche. Ces noyaux gris sont des relais synaptiques, c'est-à-dire des centres nerveux (syn. Noyaux gris).

CENTRIOLE *n. m.*

Biol. cell. - Structure double formée par 9 triplets de **microtubules**, les deux centrioles sont présents juste à l'extérieur de l'enveloppe nucléaire, ils sont à l'origine des **asters**.

CENTROMÈRE *n. m.*

Génét. - Zone hypercondensée du **chromosome** où se fixent les fibres motrices du **fuseau de division** cellulaire. Le centromère est la zone de jonction entre les deux chromatides sœurs d'un même **chromosome homologue**. Au cours de l'anaphase de mitose ou de l'anaphase II de méiose, le centromère se divise en deux et les deux chromosomes, à une seule **chromatide**, s'individualisent.

→ ***Acrocentrique, Bras court, Bras long, Métacentrique, Télocentrique.***

CERCLES POLAIRES

Géol. - Cercles terrestres situés aux latitudes de ± 66° 33'. Au nord et au sud de ces cercles, le Soleil n'apparaît pas pendant l'hiver correspondant (la valeur 66° 33' = 90° – 23° 27' qui est l'inclinaison moyenne de l'axe de rotation de la Terre par rapport à l'**écliptique**).

CÉRÉALES *n. f.*

Agric. - Plantes dont les graines riches en amidon servent de base à l'alimentation humaine. Les principales céréales sont des **Graminées** (Maïs, Blé, Avoine, Orge, Seigle, Riz...), à l'exception du Sarrasin (surtout cultivé en Bretagne) qui est une Dicotylédone. Le grain des céréales fournit la farine (**amidon**) et l'enveloppe le son, riche en protéines (**gluten**) et en vitamines.

→ ***Féculent.***

CÉRÉBELLEUX *adj.*

Neurobiol. - Qui concerne le **cervelet**.

CERNE *n. m.*

Bot. - Couronne dans le **bois** formée par l'activité du **cambium** au cours d'une saison de végétation. Les cernes sont séparés par des lignes d'arrêt de croissance. Il en existe aussi dans le phloème secondaire et le liège, mais ils sont moins visibles.

CERQUE *n. m.*

Zool. - Appendice pair situé à l'extrémité abdominale de nombreux Insectes et qui porte des soies sensorielles sensibles aux déplacements de l'air.

→ ***Nerf cercal, Nerf paracercal.***

CERVEAU *n. m.*

Neurobiol. - syn. ***Encéphale.***

(Le terme de cerveau s'emploie aussi, dans un sens plus restreint, pour désigner les hémisphères cérébraux dérivant du proencéphale embryonnaire.)

CERVELET *n. m.*

Neurobiol. - Partie du cerveau située au-dessus du bulbe rachidien et en dessous du mésencéphale. Avec la protubérance annulaire, il forme le ***métencéphale***. Le cervelet se compose de trois parties apparues successivement au cours de l'évolution. L'archéo-cervelet, présent chez tous les Vertébrés, reçoit les informations relatives à la position de la tête, il permet donc l'orientation dans l'espace. Le paléo-cervelet apparaît chez les Amphibiens et les Reptiles, mais se développe surtout chez les Oiseaux où il intervient pour contrecarrer les effets de la pesanteur. Ces deux parties n'ont pas de connexion avec les centres supérieurs. Le néo-cervelet est une acquisition des Mammifères où il est particulièrement développé chez les Primates. Il constitue le centre de la coordination des mouvements volontaires. Le néo-cervelet est relié par des voies aller et retour au cortex cérébral (voie cortico-cérébello-corticale). Le cervelet reçoit par un ensemble de neurones à grande vitesse de conduction (100 $m \cdot s^{-1}$) des informations sensorielles périphériques (yeux, oreille interne, peau, muscles) et d'autres émanant du cerveau (aires motrices). Le cervelet est placé en dérivation entre les voies sensitives (centripètes) et les voies motrices (centrifuges), il compare en permanence les ordres du cerveau et les données correspondant aux mouvements réellement effectués. En cas d'écarts, le cervelet informe le cerveau des corrections à apporter.

CFC *n. m.*

Écol. - Sigle de ChloroFluoroCarbone. Substance chimique inodore, ininflammable, non toxique et chimiquement inerte utilisée comme propulseur dans les aérosols et comme réfrigérant. En 1990, 93 nations ont décidé de suspendre la production des CFC qui attaquent la couche d'**ozone**.

CHAÎNE ALIMENTAIRE

Écol. - Ensemble des relations qui unissent, d'un point de vue alimentaire, les différents niveaux trophiques d'un **écosystème**.

→ ***Consommateur, Décomposeurs, Producteurs primaires, Producteurs secondaires, Réseau trophique.***

CHAÎNE DE COLLISION

Tecto. - Reliefs intracontinentaux comme les Alpes ou l'Himalaya formés à la suite de l'affrontement de deux masses continentales. Les chaînes de **collision** se caractérisent par : des mouvements horizontaux (nappes), un épaississement de la croûte et la présence de **sutures ophiolitiques** qui sont des restes de planchers océaniques souvent métamorphisés à basses températures et hautes pressions et charriés sur les montagnes. Ces sutures ophiolitiques marquent la limite entre les deux anciennes plaques. De plus, les roches métamorphisées comme les micaschistes et les gneiss fondent partiellement vers 700-800 °C et donnent des **migmatites**. Lors de la remontée (mouvements verticaux) des couches enfouies à la suite d'un rééquilibrage thermique, la diminution de pression permet une fusion des roches riches en silice et en minéraux alcalins comme les gneiss ; le magma résultant monte vers la surface et forme des massifs granitiques intrusifs (**pluton**).

→ ***Hypercollision, Métamorphisme.***

CHAÎNE DE COULISSAGE

Tecto. - Chaîne de montagnes provenant de la surrection de terrains à la suite de leur compression provoquée par le fonctionnement d'une **faille** qui lui est plus ou moins parallèle (Faille alpine de Nouvelle-Zélande).

→ ***Contrainte tectonique.***

CHAÎNE DE MONTAGNES

Tecto. - Relief d'altitude plus ou moins élevée, long de quelques centaines de kilomètres à quelques milliers de kilomètres et d'une largeur nettement inférieure. Les caractéristiques et la répartition des chaînes de montagnes s'expliquent facilement dans le cadre de la théorie de la **tectonique des plaques**. Suivant les modalités de leur formation, on distingue des **chaînes de subduction**, des **chaînes de collision**, des **chaînes d'obduction**, des **chaînes de coulissage**.

→ ***Cycle orogénique, Subduction.***

Voir figure page 97.

CHAÎNE DE SUBDUCTION

Tecto. - Chaîne de montagnes formée sur la bordure d'une plaque continentale à la suite d'un phénomène de **subduction**. La chaîne de montagnes est en partie de nature volcanique.

→ ***Arc magmatique, Volcanisme andésitique.***

Voir figure page 98.

CHAÎNE D'OBDUCTION

Tecto. - Chevauchement d'une vaste portion de **lithosphère** océanique sur un domaine continental. De ce fait, cette croûte océanique se trouve soulevée et plissée au-dessus de la croûte continentale de plus faible densité qui ne peut s'enfoncer davantage. Ces chaînes d'**obduction** où le plancher océanique chevauche un continent s'observe en Oman, en Nouvelle-Guinée et en Nouvelle-Calédonie. C'est le stade qui précède la collision.

→ ***Chaîne de collision, Ophiolites.***

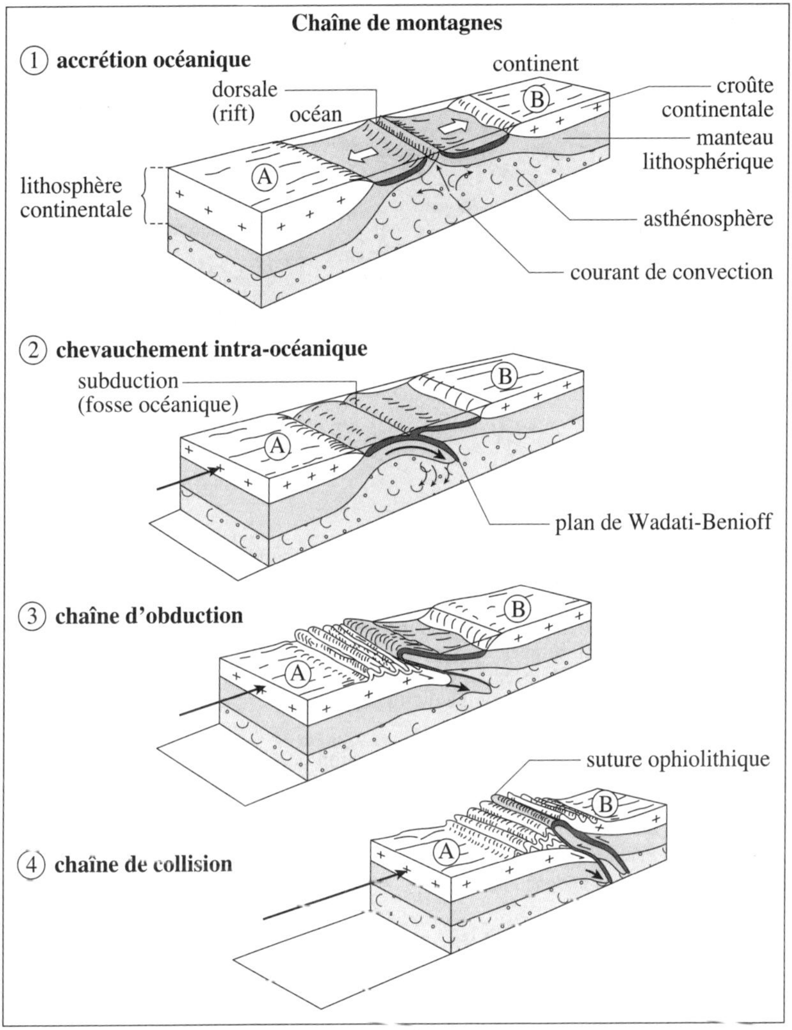

1. Éloignement de deux continents à la suite du fonctionnement d'une dorsale.
2. Fin de l'accrétion océanique, le mouvement de la plaque A est inversé, la lithosphère océanique passe sous la plaque B.
3. Toute la lithosphère océanique de A a disparu dans l'asthénosphère, le plancher de B passe sur le continent A qui se plisse perpendiculairement à la poussée.
4. Le plancher océanique de B se sépare du continent, il constitue une suture ophiolithique coincée entre les deux masses continentales.

CHAÎNE D'OXYDORÉDUCTION

Biochim., Éner. - Ensemble de **transporteurs d'électrons** classés dans la membrane interne des **mitochondries** ou dans celle des thylacoïdes suivant leur **potentiel rédox** croissant. Les électrons qui parcourent cette chaîne engendrent un champ électrique responsable du pompage, contre un gradient de pH, des protons qui s'accumulent dans l'espace intermembranaire (mitochondries)

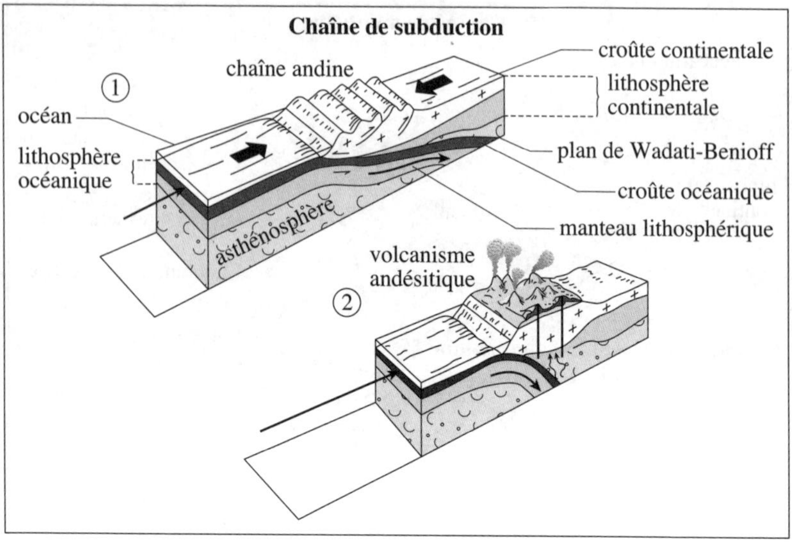

1. Si le plan de Wadati-Benioff est peu incliné (subduction forcée), la marge continentale se plisse perpendiculairement à la poussée, il y a formation d'une chaîne andine.
2. Si le plan de Wadati-Benioff est plus incliné (subduction spontanée), il y a fusion partielle du manteau supérieur de la plaque continentale à la suite de la déshydratation de la croûte océanique de la plaque subduite. Cette fusion partielle du manteau lithosphérique est à l'origine du volcanisme andésitique.

ou dans la cavité du thylacoïde (**chloroplaste**).

→ ***Chaîne photosynthétique, Chaîne respiratoire, Phosphorylation oxydative, Photosynthèse, Sphère pédonculée.***

CHAÎNE GANGLIONNAIRE

Neurobiol. - **1.** Ensemble des ganglions du **système nerveux sympathique** disposés parallèlement à la moelle épinière. **2.** Système nerveux central des **Invertébrés**.

→ ***Ganglion nerveux, Système nerveux autonome.***

CHAÎNE LÉGÈRE

Immuno. - Chaîne polypeptidique d'environ 220 acides aminés, appelée aussi chaîne L (L pour *Light*). Les chaînes légères constituent une des deux catégories de chaînes polypeptidiques formant la molécule d'**immunoglobuline**. La chaîne légère est formée par une région de 110 acides aminés, commune à toutes les chaînes L et appelée pour cette raison **région constante** [en fait, il existe deux types de régions constantes appelées λ (lambda) et κ (kappa)] et une **région variable**, qui différencie toutes les chaînes légères produites par les différents clones de lymphocytes B. Les chaînes légères sont synthétisées après les chaînes lourdes.

→ ***Gènes des immunoglobulines.***

CHAÎNE LIMINAIRE

Tecto. - Chaîne de montagnes formée sur la bordure d'un continent au cours d'un phénomène de **subduction**. Si la plaque océanique porte un continent, la collision qui suit fait disparaître progressivement la chaîne liminaire.

CHAÎNE LOURDE

Immuno. - Chaîne polypeptidique d'environ 440 acides aminés, appelée aussi chaîne H (H pour *Heavy*). Les chaînes lourdes constituent une des deux catégories de chaînes présentes dans une **immunoglobuline**. La chaîne lourde est formée par une **région variable** de 110 acides aminés et trois ou quatre régions constantes de même longueur. Il existe neuf types de **régions constantes** (Cμ, Cδ, Cγ [4 types], Cε, Cα [2 types]), mais au sein d'une chaîne lourde donnée, les trois ou quatre régions constantes sont identiques.

→ ***Classe d'immunoglobulines, Commutation de classe, Gènes des immunoglobulines.***

CHAÎNE MÉTABOLIQUE

Biochim. - Suite de réactions chimiques catalysées par des **enzymes** et aboutissant à une **biosynthèse** (**anabolisme**) ou à une dégradation (**catabolisme**) [syn. Voie métabolique].

CHAÎNE NERVEUSE VENTRALE

Neurobiol. - Ensemble des **ganglions nerveux**, reliés entre eux par des **nerfs**, situé ventralement par rapport au tube digestif chez les Invertébrés. La chaîne nerveuse ventrale a une fonction équivalente à la moelle épinière des Vertébrés.

→ ***Chaîne ganglionnaire (2.), Nerf cercal, Nerf paracercal.***

CHAÎNE PHOTOSYNTHÉTIQUE

Éner. - Chaîne d'oxydoréduction contenue dans la membrane du **thylacoïde**.

CHAÎNE POLYPEPTIDIQUE

Biochim. - Enchaînement linéaire d'**acides aminés** reliés entre eux par des **liaisons peptidiques.** La plus longue chaîne polypeptidique connue est celle de la titine ou connectine, une protéine musculaire, qui contient entre 22 000 et 30 000 acides aminés. Les chaînes polypeptidiques résultent de la **traduction**, sur les ribosomes, du message codé par de l'**ARNm**.

→ ***Exon, Peptide, Polypeptide.***

CHAÎNE RESPIRATOIRE

Éner. - Chaîne d'oxydoréduction contenue dans la membrane interne de la **mitochondrie**.

CHAÎNON MANQUANT

Évol. - Fossile hypothétique qui est supposé combler une lacune morpho-anatomique entre deux plans d'organisation. Le chaînon manquant doit posséder des caractéristiques des deux groupes qu'il est censé relier. L'***Archéoptéryx*** a longtemps été considéré comme un des chaînons manquants entre les « Reptiles » et les **Oiseaux**. Actuellement, on admet généralement que c'était un Oiseau capable de voler ou un **Dinosaure** comme le montre la description de certains squelettes de cette espèce sur lesquels l'empreinte des plumes n'avait pas encore été repérée.

→ ***Évolution.***

CHALEUR *n. f.*

Éner. - Phénomène physique dû aux différents mouvements des molécules (rotation, déplacement). La chaleur se transmet par convection et conduction. L'accroissement de cette énergie « microscopique » se traduit par une augmentation de la température et par divers phénomènes comme la dilatation des matériaux, par des phénomènes électriques ou des changements d'état (**évaporation**, **fusion**, **sublimation**). La chaleur est la grandeur physique qui mesure le transfert énergétique thermique d'un système. Son unité de mesure est le joule. La chaleur est équivalente à un **travail**.

→ ***Calorie, Énergie.***

Physiol. ani. - syn. ***Œstrus.***

CHALEUR INITIALE

Géol. - **Chaleur** emmagasinée par la Terre au moment de sa formation et provenant du phénomène d'**accrétion planétaire**. L'énergie gravitationnelle libérée et celle de la radioactivité des éléments à courtes périodes ont été assez importantes pour faire fondre partiellement la proto-Terre et permettre la différenciation de celle-ci en plusieurs enveloppes. Selon certaines estimations, cette chaleur initiale compterait pour $1 \cdot 10^{13}$ W, selon d'autres, elle se serait dissipée en 600-800 Ma.

Physiol. ani. - Dégagement de **chaleur** par la **fibre musculaire** striée après une contraction. La chaleur initiale est due à l'énergie libérée lors du transfert d'un groupement **phosphate** de la **créatine-phosphate** à l'**ADP** qui devient de l'**ATP**.

→ ***Chaleur retardée.***

CHALEUR LATENTE DE CONDENSATION

Phys. - Quantité de **chaleur** libérée quand un kilogramme de vapeur se condense et donne naissance à des gouttelettes.

CHALEUR LATENTE DE CRISTALLISATION

Phys. - Quantité de **chaleur** libérée quand un kilogramme de liquide passe à l'état cristallisé.

→ ***Graine [Géophys.].***

CHALEUR LATENTE DE VAPORISATION

Phys. - Quantité de **chaleur** nécessaire pour faire évaporer un kilogramme de liquide. À 20 °C, il faut environ 2 500 kJ pour évaporer un kilogramme d'eau.

CHALEUR RETARDÉE

Physiol. ani. - Dégagement de **chaleur** par une fibre musculaire striée après une contraction. La chaleur retardée est due à la régénération d'**ATP** par la respiration cellulaire. Elle apparaît plusieurs dizaines de secondes après la **chaleur initiale**.

→ ***Myokinase.***

CHAMBRE MAGMATIQUE

Tecto., Volcano. - Cavité de quelques kilomètres cubes située dans la **lithosphère** se trouvant à l'aplomb d'une dorsale ou d'un volcan et dans laquelle se trouve du **magma**. Sous une **dorsale**, le magma remplissant cette chambre se forme à partir de matériaux en provenance de l'**asthénosphère** qui remontent et, à la suite de la diminution de la pression liée à des phénomènes de distension de la lithosphère, entrent en fusion partielle. Le liquide obtenu, moins dense et plus ou moins cristallisé, s'isole d'un résidu solide à l'origine des **péridotites** et se met en place dans la chambre magmatique où il subit une **cristallisation fractionnée** donnant naissance à des dépôts d'olivines, des gabbros, des diorites. Cependant, tout le volume de magma ne cristallise pas dans la chambre et des laves atteignent la surface et forment des épanchements basaltiques, sous forme de **laves en oreillers** dans les rifts sous-marins. Dans les dorsales lentes, les chambres magmatiques de petite dimension sont discontinues et éphémères. Dans les dorsales rapides, elles ont une forme lenticulaire et se situent à 1-1,5 km sous le plancher. Néanmoins, elles n'ont pas pu être observées directement mais repérées grâce aux ondes S qui ne se propagent pas en milieu liquide (magma).

CHAMBRE SOUS-STOMATIQUE

Bot. - Espace situé sous les cellules stomatiques, en continuité avec le parenchyme lacuneux et en communication avec l'atmosphère.

→ ***Stomate.***

CHAMP *n. m.*

Agric. - Étendue de terre propre à la culture d'espèces végétales.

→ ***Agrosystème.***

CHAMP MAGNÉTIQUE TERRESTRE

Géophys. - Ensemble de forces magnétiques générées par le déplacement, en liaison avec la rotation de la Terre, de fer liquide dans le noyau externe (effet de dynamo). Le champ magnétique terrestre s'inverse périodiquement, sa valeur a baissé de 15 % depuis 1670 et une annulation est prévisible en l'an 4 000.

→ ***Aimantation, Magnétisme terrestre, Paléomagnétisme.***

CHAMP VISUEL

Physiol. ani. - Partie de l'espace qui embrasse le regard lorsque l'œil est immobile. Le recouvrement partiel des champs visuels droit et gauche est à l'origine de la vision stéréoscopique.

CHAMPIGNONS *n. m.*

Bot. - Organismes appartenant au règne des **Mycètes** qui possèdent des cellules à noyaux différenciés (Eucaryotes). Les Champignons se caractérisent par leur **hétérotrophie** au carbone et constituent à eux seuls un règne. Ils peuvent être **unicellulaires** (Levures) ou **pluricellulaires**, ils forment généralement, à l'état végétatif, des filaments ou **mycélium** (moisissure) dont les cellules possèdent des noyaux haploïdes. À l'état reproducteur, ils produisent différentes structures spécialisées (par *exemple* le chapeau = carpophore, des **asques**...) qui assurent la production des **spores**. Les Champignons présentent trois modes de vie possibles. Les saprophytes, en s'attaquant à de la matière organique morte comme la lignine et la **cellulose**, sont des **décomposeurs** très importants dans les écosystèmes. Les parasites s'attaquent à des êtres vivants. D'autres Champignons forment des associations durables à bénéfice réciproque (**symbiose**), par *exemple*, les **mycorhizes**.

→ ***Ascomycètes.***

CHANCRE *n. m.*

Méd. - Apparition d'une brèche dans un tégument ou une muqueuse (ulcération) entraînant une perte de substance et se développant sur le lieu d'inoculation de certaines maladies infectieuses comme les maladies **vénériennes**.

CHANGEMENT CONFORMATIONNEL

Biochim. - Modification de la forme d'une molécule à la suite de la fixation d'une autre molécule appelée ligand : substrat pour une enzyme, antigène pour une immunoglobuline, hormone ou neurotransmetteur pour un récepteur.

CHAPERON, CHAPERONINE *n. m., n. f.*

Biochim. - Catégorie de protéines formant de gros complexes macromoléculaires, présente dans le hyaloplasme, le réticulum, les mitochondries et les chloroplastes. Les chaperons s'associent à des chaînes polypeptidiques néoformées, empêchant ainsi qu'elles ne se replient prématurément et guident, en consommant de l'ATP, leur reploiement dans l'espace.

CHAPON *n. m.*

Zool. - Jeune coq qui a été castré et engraissé pour les besoins de la table. Le chapon présente une viande riche en graisses et des caractères sexuels secondaires atrophiés.

→ ***Castration.***

CHARBON *n. m.*

Pétrol. - Roche sédimentaire carbonée, le plus souvent stratifiée, de couleur marron à noire, utilisée comme combustible. Ces roches proviennent de la transformation plus ou moins complète de différents végétaux avec enrichissement en carbone et départ d'oxygène et d'hydrogène. Sous l'effet de l'enfouissement (augmentation de la pression et de la température), le carbone est de plus en plus abondant. La tourbe, formée à partir de sphaignes (Bryophytes), contient 55 % de carbone, le lignite entre 70 et 75 %, le charbon ou houille 85 %, l'anthracite entre 92,5 et 95 % et le graphite est du carbone pur formé par métamorphisme.

CHARNIÈRE *n. f.*
Tecto. - Partie du pli d'une série sédimentaire où la courbure est maximale.

→ ***Anticlinal, Pli anisopaque, Pli isopaque, Synclinal.***

CHAUDE-PISSE *n. f.*
Méd. - syn. ***Blennoragie.***

CHÉLICÈRE *n. f.*
Zool. - Appendice de la tête des **Arachnides** intervenant dans l'alimentation. Les Araignées ont des chélicères en forme de crochets et les Scorpions en forme de petite pince.

CHÉMORÉCEPTEUR *n. m.*
Neurobiol. - Terminaison nerveuse sensible à la composition chimique du milieu comme les bourgeons gustatifs ou les cellules sensorielles de la muqueuse nasale. Il existe aussi des chémorécepteurs dans la **crosse aortique** et dans les **sinus carotidiens** qui sont sensibles aux variations de pH et des pressions partielles en O_2 et CO_2.

CHEVAUCHEMENT *n. m.*
Tecto. - Résultat d'un mouvement tectonique qui a conduit un ensemble de terrains à en recouvrir un autre.

→ ***Nappe de charriage.***

CHIASMA *n. m.*
Génét. - Figure observée sur des **chromosomes** en prophase de première division de **méiose** où les **chromatides** d'un **bivalent** s'entrecroisent. C'est durant ce phénomène que se produisent des cassures et des recollements de chromatides conduisant à la formation de chromosomes remaniés.

→ ***Brassage intrachromosomique, Crossing-over.***

CHIASMA OPTIQUE *n. m.*
Neuro. - Région de croisement des deux nerfs optiques dans laquelle certaines fibres se croisent alors que d'autres restent du même côté.

CHIMÈRE *n. f.*
Embryo., Immuno. - **1.** Organisme s'étant développé à partir d'un embryon formé de cellules originaires de deux individus différents et, de ce fait, constitué par des cellules possédant deux génotypes différents. **2.** Organisme composé de cellules appartenant à deux individus à la suite d'une greffe (**Parabiose**).

CHIMIORÉCEPTEUR *n. m.*
Neurobiol. - Terme utilisé à tort pour **chémorécepteur**.

CHIMIOTACTISME *n. m.*
Biol. cell. - Propriété d'une cellule d'être attirée (chimiotactisme positif) ou au contraire de s'éloigner (chimiotactisme négatif) en présence d'une substance chimique spécifique.

CHIMIOTAXIE *n. f.*
Biol. cell. - Déplacement de cellules dans le sens ou en sens opposé d'un gradient de concentration.

CHIMIOTHÉRAPIE *n. f.*
Méd. - Administration d'un **médicament** (produit chimique) destiné à guérir une maladie ou à en ralentir son développement. Ce terme est surtout utilisé dans la lutte contre le cancer.

CHIMIOTROPHE *adj.*
Éner.

→ ***Autotrophie, Cellule chimiotrophe.***

CHLAMYDIAE *n. f.*
Méd. - Genre de Bactéries, parasites obligatoires des cellules des muqueuses, transmises par voie sexuelle (**MST**) ou de la mère au fœtus par l'intermédiaire du placenta. Les Chlamydiae se localisent essentiellement dans les cellules de l'appareil génito-urinaire et, chez la femme, sont responsables de **salpingite** conduisant à la stérilité.

CHLORITE *n. f.*
Minér. - Phyllo**silicate** hydraté et

ferromagnésien se formant surtout dans le métamorphisme de basse pression-basse température. Il caractérise les **schistes verts**.

CHLOROFLUOROCARBONE

Écol. - *n. m.*

→ ***CFC.***

CHLOROPHYLLE *n. f.*

Biochim., Éner. - **Pigment photosynthétique** situé dans la membrane du **thylacoïde** et associé à la chaîne photosynthétique. La chlorophylle est de couleur verte car elle absorbe principalement les radiations lumineuses dans le violet, le bleu et le rouge. En présence de lumière, la chlorophylle devient excitée et perd un électron qu'elle récupère par photodissociation de la molécule d'eau.

→ ***Chlorophylle excitée, Photosynthèse, Réactions photochimiques.***

CHLOROPHYLLE EXCITÉE

Biochim., Éner. - Chlorophylle dont un électron a reçu un photon, ce qui a eu pour conséquence la diminution de son **potentiel rédox**. La chlorophylle devient alors facilement oxydable par le premier **accepteur** d'électrons de la **chaîne photosynthétique** qui se trouve alors réduit. Elle récupère son électron en dissociant la molécule d'eau en 1/2 O_2, 2 H^+, 2 e^-. Le dioxygène présent sur la Terre et la rendant de ce fait

Chlorophylle excitée

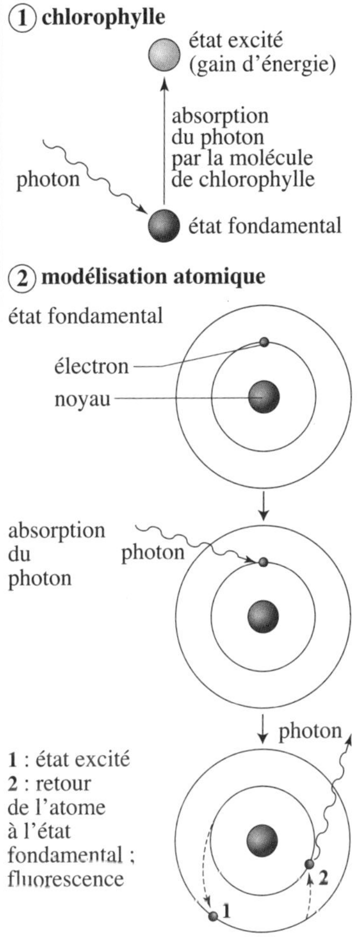

1. Quand une molécule de chlorophylle reçoit de la lumière, elle absorbe un photon. Elle passe alors d'un état fondamental stable à un état excité, instable et plus énergétique. Le gain d'énergie correspond à l'énergie du photon absorbé. La molécule ainsi excitée a un potentiel rédox abaissé ce qui facilite son oxydation par le premier accepteur de la chaîne photosynthétique.

2. L'absorption d'un photon fait passer un électron sur une couche (orbitale) plus éloignée du noyau que celle sur laquelle il gravitait, donc à un niveau énergétique plus élevé. Le retour de l'électron à son niveau énergétique initial s'accompagne d'une libération d'énergie sous forme de fluorescence ou de chaleur. C'est cette situation qui s'observe dans une solution de chlorophylle brute où de la lumière rouge est émise par fluorescence quand elle est éclairée par de la lumière blanche. En revanche, dans le chloroplaste il n'y a pas de fluorescence, l'électron excité étant capturé par le premier accepteur de la chaîne photosynthétique.

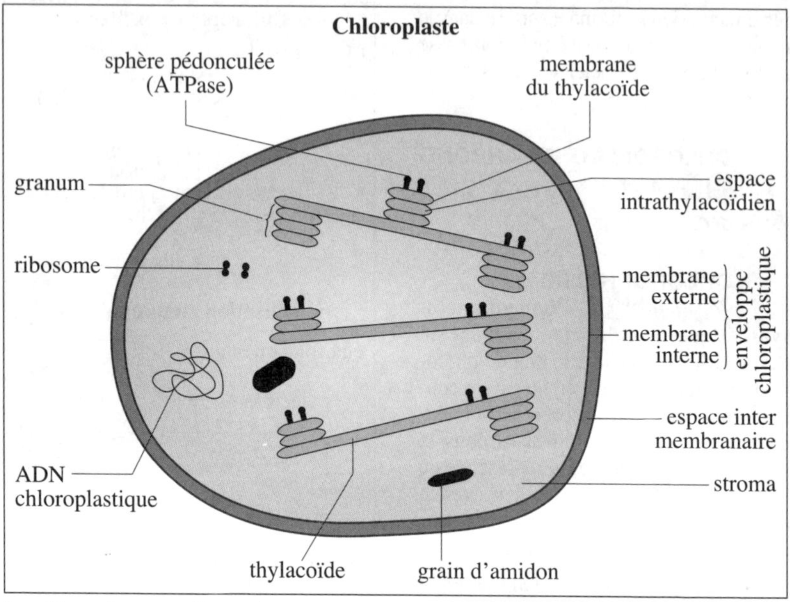

Le chloroplaste est l'organite responsable de la photosynthèse. Le stroma contient les enzymes (carboxylases) nécessaires à la fixation du CO_2, les membranes des thylacoïdes contiennent les pigments photosynthétiques, les transporteurs d'électrons et de protons et les sphères pédonculées.

unique par rapport aux autres planètes provient de la photosynthèse.

→ ***Photodissociation de l'eau, Photophosphorylation.***

CHLOROPLASTE *n. m.*

Biol. Cell. - **Organite** formé par une double membrane qui délimite un ***stroma*** dans lequel se déroulent les réactions « sombres » et qui contient des saccules (thylacoïdes) dont les membranes portent les **sphères pédonculées** et les **chaînes photosynthétiques**. Ce sont dans les thylacoïdes que se déroulent les réactions photochimiques.

→ ***Photosynthèse.***

CHOC ANAPHYLACTIQUE

Immuno. - Réaction très violente du système immunitaire à la suite d'un contact avec un déterminant antigénique, le plus souvent inoffensif, mais qui a déjà été rencontré. Ces réactions peuvent conduire à la mort de l'individu. C'est une sorte d'inflammation généralisée.

→ ***Allergie, Anaphylaxie.***

CHOLESTÉROL *n. m.*

Biochim. - **Lipide** neutre formé à partir du noyau stérol. Le cholestérol est abondant dans toutes les membranes biologiques des cellules animales qui le synthétisent à partir de l'**acétyl Coenzyme-A**. Le cholestérol est le précurseur des **hormones stéroïdes** et de la vitamine D. Il est produit en grande quantité par le foie qui le libère dans le milieu intérieur et il est aussi fabriqué dans les glandes corticosurrénales.

→ ***Artériosclérose, Cholestérol HDL, Cholestérol LDL.***

CHOLESTÉROL *HDL*

Biochim. - **Cholestérol** associé à des lipoprotéines à haute densité (*HDL = High Density Lipoproteines*). Les

HDL sont responsables de l'élimination du cholestérol des parois des artères en le transportant au foie où il est dégradé. C'est le « bon » cholestérol.

→ ***Athérome, Cholestérol LDL.***

CHOLESTÉROL *LDL*

Biochim. - **Cholestérol** associé à des lipoprotéines à faible densité (*LDL = Low Density Lipoprotéines*). Ces lipoprotéines contiennent jusqu'à 50 % de cholestérol d'où leur faible densité. Elles conduisent le cholestérol hépatique aux différentes cellules, mais ont parfois tendance à le déposer sur les parois des artères, c'est le « mauvais » cholestérol.

→ ***Athérome, Cholestérol HDL.***

CHOLINERGIQUE *adj.*

Neurobiol. - Qualifie des **synapses** qui produisent de l'**acétylcholine**, comme celles qui connectent un neurone et une cellule musculaire.

CHONDRITE *n. f.*

Astron.

→ ***Météorite pierreux.***

CHONDRITE CARBONÉE

Astron. - **Météorite pierreux** qui peut contenir jusqu'à 5 % de matière organique (acides aminés, acides carboxyliques, bases azotées…).

CHOPPER *n. m.*

Préhist. - Galet aménagé caractérisé par la présence d'une seule face coupante.

→ ***Industrie préhistorique.***

CHOQUÉ *adj.*

Minér. - Désigne un objet et plus particulièrement un minéral dont la structure présente des marques extérieures qui ne peuvent avoir été produites que par l'onde de choc générée lors d'un impact météoritique. Il existe principalement des quartz et des zircons ($ZrSiO_4$) choqués. La présence de minéraux choqués est, avec celles des **magnétites nickélifères**, un des arguments les plus forts en faveur de l'impact d'un **météorite** à la fin du Crétacé.

→ ***Iridium.***

CHORÉE DE HUNTINGTON

Génét., Méd. - Plus connue, sous le nom de danse de Saint-Guy, c'est une maladie héréditaire autosomique due à l'existence d'un **allèle dominant**. Cette maladie ne se développe, le plus souvent, que chez les personnes âgées de plus de 40 ans et se traduit par des gestes incohérents et anormaux quand le sujet est éveillé (dégénérescence de certains **neurones** intervenant dans la motricité), de plus, un déficit mental progressif s'installe. La chorée de Huntington est une des rares maladies génétiques qui est due à un allèle dominant.

CHORIOCENTÈSE *n. f.*

Méd. - Technique de **diagnostic prénatal** dans laquelle des cellules du fœtus sont prélevées sur les villosités choriales afin de réaliser le **caryotype** et de détecter d'éventuelles **anomalies chromosomiques** ou génétiques. La choriocentèse peut être réalisée à partir de la 8-9e semaine suivant l'arrêt des règles.

→ ***Amniocentèse, Cordocentèse.***

CHORION *n. m.*

Embryo. - **1.** Membrane formée par le mésoderme et l'ectoderme extraembryonnaires. Chez les Oiseaux et les Reptiles, le chorion s'accole à la membrane coquillière, chez les Mammifères, avec l'allantoïde, il participe à l'édification du **placenta**. **2.** Chez les Amphibiens, c'est une couche dépourvue de cellules qui recouvre la membrane de l'ovocyte.

CHOROÏDE *n. f.*

Anat. - Membrane vascularisée se trouvant entre la sclérotique et la cornée. Dans la partie antérieure de l'**œil**, elle se différencie en corps ciliaires qui comprennent une partie musculaire attachée au cristallin et responsable de ses changements de forme (**accommodation**) et une partie vasculaire responsable de la nutrition du cristallin, de la cornée, de l'humeur vitrée et de la sécrétion de l'humeur aqueuse.

CHROMATIDE *n. f.*

Génét. - Produit de la **duplication** d'un **chromosome**, une chromatide ne contient qu'une molécule d'ADN.

→ ***Chromosome dupliqué, Chromosome métaphasique.***

CHROMATIDE NON-SŒUR

Génét. - **Chromatide** appartenant aux deux **chromosomes** homologues d'un même **bivalent**. Les chromatides non-sœurs sont semblables et non pas identiques.

→ ***Chromatide sœur.***

CHROMATIDE SŒUR

Génét. - Chacune des deux copies identiques d'un **chromosome** produites à la suite de sa **réplication**. Cette appellation vient du fait qu'elles proviennent, par réplication de l'ADN, de la même molécule parentale. Le chromosome dupliqué est formé par les deux chromatides sœurs reliées entre elles par le **centromère**.

→ ***Chromatide non-sœur.***

CHROMATINE *n. f.*

Biochim. - Ensemble formé par la molécule d'ADN et les protéines nucléaires (histones) sur lesquelles elle s'enroule. Suivant son état de condensation, on distingue une ***euchromatine*** peu condensée et une ***hétérochromatine*** très condensée. La chromatine correspond aux chromosomes décondensés durant l'**interphase**. L'euchromatine contient la majorité des gènes transcrits.

→ ***Fibre nucléosomique.***

CHROMATOGRAPHIE *n. m.*

Biol. - Technique de séparation des substances présentes dans un mélange qui utilise la migration d'un liquide ou d'un gaz sur un support solide (papier filtre, gel...). Ainsi suivant les propriétés physico-chimiques (taille, masse, polarité, charge ionique...) des constituants du mélange, le liquide ou le gaz entraîne plus ou moins loin les molécules qui se trouvent ainsi séparées. Comme cette technique a d'abord été appliquée à des pigments végétaux, elle a conduit à la séparation des chlorophylles (vert), des xanthophylles (jaune) et des caroténoïdes (orange). Les bandes de couleur ainsi obtenues sont à l'origine du nom de cette technique.

CHROMOSOME *n. m.*

Génét. - Structure très condensée que prend la **fibre nucléosomique** (ADN + histones) quand elle s'enroule sur des protéines du squelette du chromosome au cours des divisions cellulaires. Il n'y a qu'une molécule d'ADN par chromosome.

→ ***Acrocentrique, Caryotype, Chromosome bactérien, Métacentrique, Télocentrique.***

CHROMOSOME BACTÉRIEN

Génét. - Molécule d'**ADN circulaire** qui constitue l'essentiel du matériel génétique des **Bactéries**. Le chromosome bactérien était réputé nu, en fait il est associé à des protéines basiques. Il possède une zone d'insertion sur la membrane de la Bactérie et sa réplication s'amorce, à partir de cette zone, par l'intermédiaire de deux **fourches de réplication** qui procèdent en sens inverse. Le terme de chromosome bactérien sert à différencier ce matériel génétique des nombreux **plasmides** présents dans le cytoplasme de la Bactérie.

CHROMOSOME CIRCULAIRE

Génét. - Molécule d'ADN dont les deux extrémités se rejoignent, la molécule est donc sous la forme d'un cercle fermé.

→ ***ADN chloroplastique, ADN circulaire, ADN mitochondrial, Chromosome bactérien, Plasmide.***

CHROMOSOME DUPLIQUÉ

Génét. - Chromosome résultant de la **réplication** de l'ADN au cours de l'**interphase**. Les chromosomes dupliqués sont constitués par les deux **chromatides sœurs** identiques reliées entre elles par le **centromère**.

CHROMOSOME GÉANT

Génét. - syn. ***Chromosome polytène.***

CHROMOSOME MÉTAPHASIQUE

Génét. - **Chromosome dupliqué** présent au cours de la **métaphase** des divisions cellulaires. Ce sont les chromosomes métaphasiques qui sont représentés dans un **caryotype**.

Voir figure ci-contre.

CHROMOSOME PARENTAL

Génét. - **Chromosome** présent dans un **gamète** qui possède le même assortiment d'**allèles** que le chromosome du parent considéré. Ainsi, au cours de la prophase de première division de méiose, on obtient un chromosome parental s'il n'y a pas eu de ***crossing-over**** entre les **chromatides non-sœurs** des chromosomes homologues d'un même **bivalent** (ou tout au moins entre les deux loci considérés).

→ ***Chromosome recombiné.***

CHROMOSOME POLYTÉNIQUE

Cyto., Génét. - Chromosome formé de très nombreuses molécules d'ADN disposées parallèlement les unes aux autres à la suite de la réplication de la molécule d'ADN initiale sans séparation des molécules filles (en général, 9 réplications successives conduisant à 512 nucléofilaments parallèles pour chacun des deux homologues, soit 1 024 nucléofilaments). Les chromosomes polyténiques présentent une succession de bandes spécifiques que l'on assimile souvent à un seul **gène**. Quand un gène est exprimé, la bande correspondante se décondense et produit une boursouflure appelée **puff** chromosomique (syn. Chromosome géant, Chromosome polytène).

→ ***Polyténie.***

Chromosome métaphasique

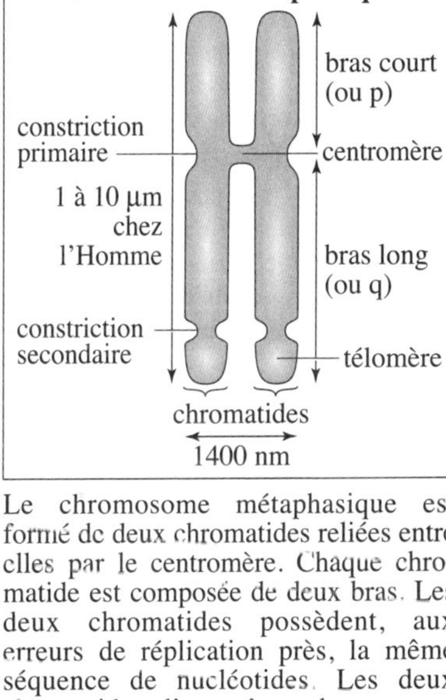

Le chromosome métaphasique est formé de deux chromatides reliées entre elles par le centromère. Chaque chromatide est composée de deux bras. Les deux chromatides possèdent, aux erreurs de réplication près, la même séquence de nucléotides. Les deux chromatides d'un même chromosome sont appelées chromatides sœurs parce qu'elles proviennent du même chromosome parental. À l'anaphase de mitose et à l'anaphase II de méiose, le chromosome dupliqué se casse au niveau du centromère et donne naissance à deux chromosomes à une chromatide. Si les bras sont d'égale longueur, le chromosome est métacentrique, si l'un des bras est légèrement plus court il est submétacentrique (schéma), si l'un des bras est très court il est acrocentrique, s'il n'existe qu'un seul bras, il est télocentrique.

CHROMOSOME RECOMBINÉ

Génét. - **Chromosome** présent dans un **gamète** et possédant un assortiment d'**allèles** qui diffère de celui trouvé sur les chromosomes des parents. Il y a donc eu échange de portions de **chromatides** (***crossing-over****) entre les deux **chromosomes homologues**.

→ ***Chromosome parental.***

CHROMOSOME SEXUEL

Génét. - syn. ***Hétérochromosomes.***

CHROMOSOME X, Y

Génét.

→ ***Hétérochromosomes.***

CHROMOSOMES HOMOLOGUES

Génét. - **Chromosomes** identiques par la taille et la forme, portant la même succession de **loci**, mais pas obligatoirement les mêmes **allèles** pour chaque **gène**. Ils ne sont donc que semblables qualitativement. Dans un organisme diploïde, les chromosomes existent par paires, chacune constituée de deux chromosomes homologues.

→ ***Hétérologue.***

CHROMOSPHÈRE *n. f.*

Astron. - Partie de l'atmosphère solaire qui se manifeste par l'absorption des raies atomiques. La chromosphère n'a pas de limite bien nette, elle est intermédiaire entre la photosphère et la couronne. Région de flammes et de gaz, on y observe des structures granulaires liées à des mouvements convectifs.

CHRONAXIE *n. f.*

Neurobiol. - **1.** Durée nécessaire pour qu'un muscle se contracte à la suite d'une stimulation électrique supérieure à un seuil. **2.** Durée minimale pour qu'une cellule nerveuse produise des trains de potentiel d'action lors d'une stimulation minimale continue.

CHRONOBIOLOGIE *n. f.*

Neurobiol. - Étude des **rythmes biologiques** des êtres vivants.

CHRONOGRAMME *n. m.*

Biol., Géol. - Enregistrement représentant la variation de certains facteurs au cours du temps.

CHRONOLOGIE *n. f.*

Évol. - Établissement, à partir de la connaissance des âges, de la succession d'événements. On distingue une chronologie relative, basée sur les **âges relatifs** et une chronologie « absolue », basée sur les **âges absolus**.

CHRONOPHARMACOLOGIE *n. f.*

Neurobiol. - Étude des effets des médicaments en fonction des heures, des jours, des mois... de prise. L'effet des traitements dépend des valeurs des différents paramètres physiologiques qui varient au cours de la journée.

→ ***Chronotoxicologie.***

CHRONOSTRATIGRAPHIE *n. f.*

Strati. - Division du temps basée sur la succession des couches géologiques. L'unité de base utilisée en chronostratigraphie est l'**étage** qui dure en moyenne 5 à 6 Ma. Les étages sont regroupés en sous-système, les sous-systèmes en **système**, les systèmes en **Ère**.

→ ***Échelle stratigraphique.***

CHRONOTOXICOLOGIE *n. f.*

Neurobiol. - Étude de la toxicité d'une molécule en fonction des heures de la journée. La toxicité d'une substance varie suivant le rythme nycthéméral des fonctions physiologiques.

→ ***Chronopharmacologie, Nycthémère.***

CHYLE *n. m.*

Physiol. ani. - Liquide blanc laiteux, présent dans l'**intestin grêle**, formé par les produits de la digestion des aliments et mélangé aux sécrétions du tube digestif. Le chyle intestinal forme une bouillie qui recouvre les **villosités intestinales** qui l'absorbent. Il est transporté dans le milieu intérieur par des vaisseaux lymphatiques spécialisés, les vaisseaux chylifères.

→ ***Chyme, Entérocyte.***

CHYLIFÈRE *adj.*

Anat. - Qui transporte le **chyle**.

CHYLOMICRONS *n. m.*

Physiol. ani. - Agrégats formés par des lipides et des protéines dans les cellules épithéliales de la paroi intestinale. Les chylomicrons sont libérés dans la circulation lymphatique et sont responsables du transport des lipides, principalement les triglycérides, de l'intestin aux organes.

→ ***Entérocyte, Lipoprotéine.***

CHYME *n. m.*

Physiol. ani. - Volume formé par la nourriture partiellement digérée au moment où elle quitte l'estomac et arrive dans l'intestin antérieur. Le pH du chyme est voisin de 1,5, il est neutralisé par la bile.

CINÉTIQUE ENZYMATIQUE

Biochim., Éner. - Mesure de la vitesse à laquelle une **enzyme** transforme un substrat en produit. Cette vitesse de réaction est évaluée par la quantité de substrat transformée ou la quantité de produit apparue (**UI**). La vitesse de la réaction enzymatique est : proportionnelle à la concentration de l'enzyme [1], augmente avec la concentration initiale du substrat pour atteindre une vitesse maximale (V_{max}) qui correspond à la fixation d'une molécule de substrat sur chaque molécule d'enzyme [2], diminue avec le temps pour une concentration initiale de substrat [3]. La vitesse de la réaction dépend aussi des conditions physico-chimiques. Le pH et la température sont des facteurs fondamentaux qui modifient la structure tridimensionnelle de la protéine et la forme de son **site actif**.

→ ***Complexe enzyme-substrat, Énergie d'activation, Inhibiteur enzymatique.***

Voir figure page 110.

CINÉTOCHORE *n. m.*

Biol. cell. - Point d'ancrage situé sur le **centromère**, où se fixent les microtubules durant les divisions cellulaires.

CIPOLIN *n. m.*

Pétrol. - **Calcaire** métamorphisé, le cipolin est une variété de marbre.

CIRCADIEN *adj.*

Neurobiol. - **Rythme biologique** qui s'étend sur 24 heures comme le rythme veille-sommeil. L'organisme est piloté par une **horloge biologique interne** dont un élément important est l'**hypothalamus** qui reçoit des informations en provenance des yeux. Ces informations sensorielles synchronisent l'**horloge biologique interne** avec les paramètres du milieu extérieur.

→ ***Épiphyse, Nycthémère, Synchroniseur.***

CIRCONVOLUTION CÉRÉBRALE

Neurobiol. - Plissement du cortex cérébral qui augmente d'un facteur 3 la surface de la substance grise.

→ ***Aires de Brodman, Cortex cérébral.***

CIRCULATION ATMOSPHÉRIQUE

Climato. - Déplacements des masses d'air dus à des différences de températures entre les latitudes tropicales et les latitudes polaires ; la circulation atmosphérique assure des transferts de chaleur et de vapeur d'eau. Les déplacements d'air se réalisent dans des cellules de convection. Ainsi, l'air monte au-dessus des régions chaudes (diminution de la densité), créant localement une dépression et redescend à des latitudes plus élevées, créant de hautes pressions

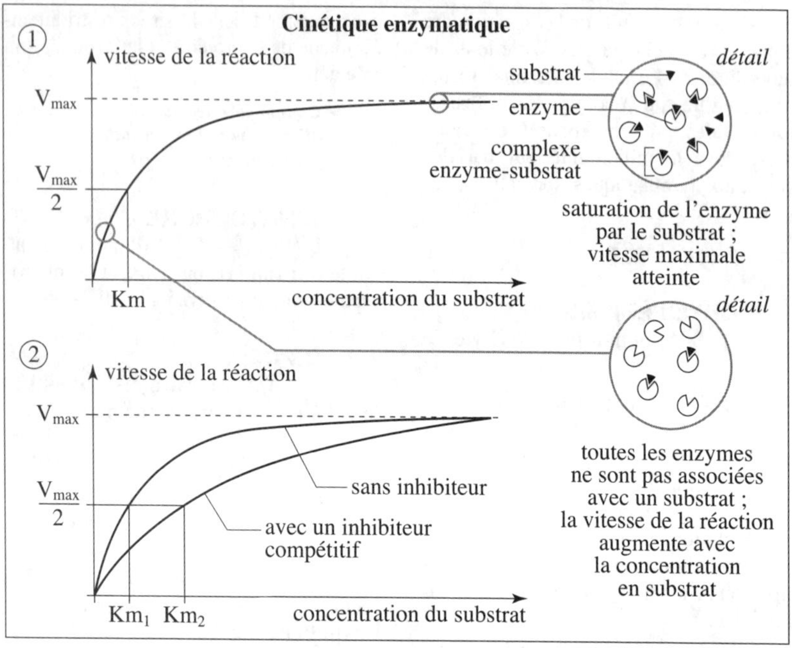

1. Pour une concentration fixée en enzyme, la vitesse initiale de la réaction augmente avec l'accroissement de la concentration du substrat jusqu'à un palier. La vitesse initiale est alors maximale. On interprète ce phénomène par l'existence d'un complexe enzyme-substrat. Quand la vitesse est maximale, toutes les molécules d'enzyme sont associées au substrat. Cette courbe est obtenue en mesurant la vitesse de réaction au cours de plusieurs expériences, chacune réalisée avec une concentration fixée de substrat.
2. Un inhibiteur compétitif est une molécule dont la structure ressemble à celle du substrat. De ce fait, il peut se fixer sur le site actif de l'enzyme. Quand le substrat et l'inhibiteur sont en présence, il y a compétition entre ces deux molécules pour occuper le site actif de l'enzyme. En conséquence, la vitesse initiale de la réaction est plus faible, l'inhibiteur compétitif ne se lie que de façon temporaire au site actif (les deux courbes finissent par se rejoindre).

comme l'anticyclone des Açores. Ces mouvements d'air de part et d'autre de l'équateur forment les cellules de convection équatoriales. Au-dessus des pôles, l'air froid et sec redescend et s'écoule vers les latitudes tempérées (dépression d'Islande) où, en se réchauffant, il remonte et repart vers les pôles, ces déplacements d'air forment les cellules polaires nord. Entre les cellules équatoriales et les cellules polaires, les mouvements des masses d'air sont perturbés par la **force de Coriolis** engendrée par la rotation de la Terre et circulent d'ouest en est. D'une manière générale, les vents se déplacent des zones anticycloniques (hautes pressions) vers les zones de basses pressions. Cependant, leur direction est perturbée par la force de Coriolis de telle manière que dans l'hémisphère Nord un observateur se déplaçant dans le même sens que les vents aurait toujours à sa gauche les basses pressions (dépression d'Islande) et à sa droite les hautes pressions (anticyclone des Açores).

→ ***Isobare.***
Voir figure page 111.

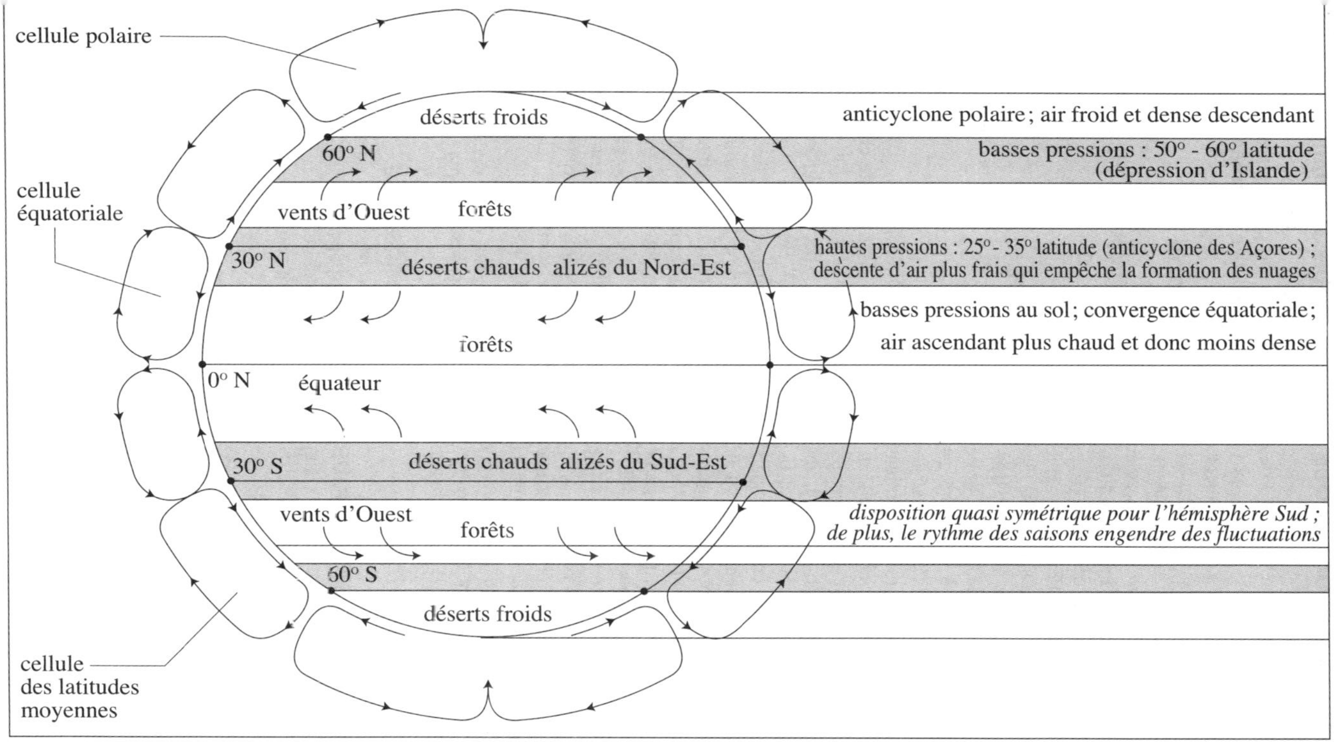

Au cours de son déplacement vers les pôles, l'air chaud équatorial prend une direction ouest-est à cause de la rotation de la Terre. Plus il se rapproche des régions polaires, plus la vitesse de rotation autour de l'axe des pôles augmente. Ce courant d'altitude ainsi produit devient si violent vers la latitude 30° qu'il constitue une barrière pour l'air chaud équatorial qui redescend et forme les hautes pressions.

CIRCULATION OCÉANIQUE

Océan. - Déplacement des masses d'eau dans les océans. On distingue des courants superficiels et des courants profonds. Les moteurs de ces déplacements sont les vents qui affectent les couches superficielles suivant le même schéma que celui de la **circulation atmosphérique** et les différences de densité dues à des différences de température et de salinité (***circulation thermohaline***). Pour une même température, plus l'eau est salée, plus elle est dense. Quand l'eau de mer gèle (banquise), le sel est expulsé de la glace, de ce fait, l'eau de mer située à proximité est donc plus dense ; la densité de l'eau de mer en surface augmente avec la diminution de la température alors que celle de l'eau douce diminue. Ainsi, quand les eaux de l'océan Antarctique gèlent, les eaux environnantes deviennent très froides et très salées. Elles coulent doucement en raison de l'augmentation de leur densité, elles forment alors des courants profonds, responsables aussi des transports de sédiments, qui se dirigent par le canal des trois océans vers le pôle Nord où elles refont surface. De la même manière, les eaux de l'océan Arctique s'écoulent vers le pôle Sud mais à moindre profondeur que celles venant du pôle Sud. Ces courants océaniques, tout comme les courants atmosphériques participent à l'égalisation de la répartition de l'énergie solaire reçue.

→ ***Force de Coriolis, Gyre.***

CIRCULATION SYSTÉMIQUE

Physiol. ani. - Circuit du sang, qui propulsé par la contraction du ventricule gauche, passe dans la crosse aortique ; une partie part vers l'avant par les artères carotides, l'autre vers l'arrière par l'aorte qui distribue, par l'intermédiaire d'artères, le sang oxygéné et chargé de nutriments à tous les tissus du corps (syn. Circulation générale).

CIRCULATION THERMOHALINE

Océan.

→ ***Circulation océanique.***

CIRQUE GLACIAIRE

Glaciol. - Dépression dans le relief provoquée par l'action de creusement d'un **glacier de cirque**.

CISTRON *n. m.*

Génét. - Séquence d'ADN codant pour une **chaîne polypeptidique** donnée.

→ ***Gène.***

CLADE *n. m.*

Évol. - syn. Groupe **monophylétique**.

CLADISME *n. m.*

Évol. - Méthode de **classification** qui cherche à préciser les liens de parenté entre deux espèces, et la date à laquelle elles se sont séparées à partir d'un **ancêtre commun**. Si deux espèces El et E2, ont entre elles moins de différences qu'elles n'en présentent avec une troisième espèce E3, on admet qu'elles possèdent un ancêtre commun moins éloigné dans le temps qu'avec l'espèce E3. Le cladisme permet entre autres une utilisation des données issues de la comparaison des séquences nucléotidiques ou d'acides aminés.

→ ***Apomorphie, Arbre, Caractère, Cladogramme, Phylogenèse, Synapomorphie.***

CLADOGENÈSE *n. f.*

Évol. - Modalité de la **phylogenèse** où un groupe ancestral donne naissance, à la suite d'une séparation, à plusieurs groupes qui se différencient progressivement les uns des autres.

→ ***Anagenèse, Ancêtre commun, Cladisme, Cladogramme, Spéciation.***

CLADOGRAMME *n. m.*

Évol. - Arbre traduisant les relations de parenté entre les différentes **espèces** ou groupes d'espèces. Les points de branchements ou nœuds correspondent à des synapomorphies, c'est-à-dire à une ou des caractéristiques possédées par un **ancêtre commun** inconnu qui sont présentes chez tous leurs descendants et rien que chez eux.

→ ***Apomorphie, Arbre, Cladisme, Cladogenèse, Classification, Taxon.***

CLASSE *n. f.*

Bot., Microbiol., Zool. - Division de la classification des êtres vivants qui correspond à la subdivision d'un embranchement. Chez les **Eucaryotes**, la classe se caractérise par des particularités principalement morphologiques et anatomiques concernant les adaptations aux milieux et aux modes de vie.

CLASSE D'IMMUNOGLOBULINES

Immuno. - Regroupement des différentes **immunoglobulines** en fonction de la nature des régions constantes de leurs chaînes lourdes. On distingue les **IgA, IgD, IgE, IgG, IgM,** qui possèdent respectivement les régions constantes α, δ, ε, γ, μ.

→ ***Commutation de classe.***

CLASSIFICATION *n. f.*

Évol. - Opération consistant à regrouper les êtres vivants dans un système, en utilisant des critères de séparation de plus en plus précis. Ainsi, les grandes coupures du monde vivant constituent les règnes, qui sont eux mêmes subdivisés en embranchements, les embranchements en classes, les classes en ordres, les ordres en familles, les familles en genres, les genres en espèces.

→ ***Cladisme, Classification phénétique, Classification phylogénétique.***

CLASSIFICATION PHÉNÉTIQUE

Évol. - Méthode de **classification** fondée sur le degré de ressemblance globale des différentes espèces indépendamment de leurs relations de parenté. C'est une méthode de classification hiérarchique qui s'oppose à la classification phylogénétique (**cladisme**) fondée sur les relations de parenté.

CLASSIFICATION PHYLOGÉNÉTIQUE

Évol. - Méthode de classification fondée sur le degré de parenté évolutive, c'est-à-dire sur la possession d'un **ancêtre commun** que l'on cherche à connaître.

→ ***Cladisme, Phylogenèse.***

CLIMAT *n. m.*

Climato. - Conditions météorologiques dans une région particulière du Globe sur une longue période de temps. L'étude du climat comprend la connaissance des éléments météorologiques (ensoleillement, température, pluviométrie) et les facteurs qui les modifient. Parmi les facteurs principaux influençant le climat on note : l'effet de la latitude et de l'oscillation de l'axe de rotation terrestre [1]; les mouvements à grande échelle des masses d'air [2]; les différences de température entre les masses continentales et l'océan [3]; le relief terrestre [4]; les courants océaniques [5].

CLIMATOLOGIE *n. f.*

Climato. - Science qui étudie l'action des différents phénomènes météorologiques sur les différentes parties du globe et donne une explication de la répartition des **climats**.

CLIMAX *n. m.*

Écol. - Ultime étape de l'évolution d'une communauté végétale ou animale qui correspond à l'état d'équilibre (optimum de développement) du peuplement, compte tenu des conditions climatiques et/ou édaphiques du biotope considéré.

Zool. - Période de la **métamorphose** où les changements sont les plus importants, les plus spectaculaires et les plus rapides.

CLINE *n. m.*

Génét., Zool. - Caractère morphologique ou **fréquence allélique** se modifiant plus ou moins régulièrement en fonction de la variation d'un paramètre du milieu. Un caractère variant de manière clinale a une probabilité élevée d'être sous la dépendance de la **sélection naturelle**.

CLIVAGE *n. m.*

Génét. - Cassure du **centromère** d'un chromosome à deux chromatides en deux centromères fils portant une seule chromatide. Le clivage du centromère marque le début de l'**anaphase** de la mitose et de la seconde division de méiose.

Minér., Pétrol. - Capacité pour un minéral ou une roche de se fendre, c'est-à-dire de se débiter facilement suivant une série de plans parallèles bien définis. Dans un minéral, les ***plans de clivage*** traduisent l'agencement des atomes alors que dans une roche sédimentaire, ils dépendent de l'alternance des différents dépôts la constituant.

→ ***Schistosité.***

CLONAGE *n. m.*

Génét. - **1.** Formation d'un **clone** d'individus ou de cellules génétiquement identiques (**Dolly**). **2.** Isolement, insertion puis introduction d'un fragment plus ou moins long d'ADN dans l'ADN d'une autre cellule (Bactéries ou Levures) qui, en se multipliant, multipliera le fragment inséré qui peut être séquencé.

→ ***Biotechnologie, Génie génétique.***

CLONE *n. m.*

Biol. cell. - Toutes les cellules issues d'une cellule souche. Aux erreurs de réplication de l'ADN près, elles sont identiques.

→ ***Clonage.***

CMH

Immuno. - Sigle de **Complexe Majeur d'Histocompatibilité**.

CMH DE CLASSE I

Immuno. - Gènes qui codent les ***antigènes majeurs d'histocompatibilité***. Ces antigènes sont présents sur la membrane de toutes les cellules nucléées de l'organisme. Les ***antigènes de classe I*** sont formés par une chaîne α (273 acides aminés) et une chaîne de **β 2-microglobuline** (99 acides aminés) qui stabilise la précédente mais qui n'intervient pas dans le site de formation du **soi modifié**. Seuls, les petits **déterminants antigéniques** peuvent s'associer aux antigènes de classe I. Le soi modifié ainsi formé est présenté par les **macrophages** aux LT8. Comme un individu possède sur chaque chromosome homologue les trois loci A, B, et C, un individu triple hétérozygote pourra produire six chaînes α différentes (codominance) et donc six antigènes de classe I différents. La β 2-microglobuline est codée par un gène monomorphe.

→ ***Complexe majeur d'histocompatibilité.***

CMH DE CLASSE II

Immuno. - Gènes qui codent les ***antigènes majeurs d'histocompatibilité***. Ces ***antigènes de classe II*** du CMH sont présents sur la membrane des macrophages et des différentes cellules présentatrices d'antigènes (lymphocytes B, cellules dendritiques). Ils sont formés par une chaîne α (229 à 236 acides aminés) et une chaîne β (225 à 238 acides aminés) libres à leur extrémité extracellulaire. De ce fait, ils peuvent s'associer à des **déterminants antigéniques** de plus grande taille que les antigènes du **CMH de classe I**. Ce soi modifié est présenté par les macrophages et les LB aux LT4. Les chaînes α et β sont codées par chaque sous-région DR, DQ et DP.

→ ***Complexe majeur d'histocompatibilité.***

COACERVAT *n. m.*

Évol. - Sphérule délimitée du milieu extérieur par une barrière. Le coacervat est un prototype des étapes hypothétiques conduisant à une cellule. Suivant les conditions expérimentales, un coacervat peut prélever de la matière dans le milieu extérieur, croître et même bourgeonner.

→ ***Expériences de Fox.***

COAGULATION *n. f.*
Physiol. ani. - Transformation d'un liquide de l'organisme (lait, sang) en une partie insoluble, le caillot, et une partie liquide, le sérum. Dans le cas de la coagulation sanguine, le caillot colmate une lésion dans un vaisseau sanguin. Chez les Vertébrés, le caillot est formé par un maillage de **fibrine** qui emprisonne les cellules sanguines. La coagulation est déclenchée par des **facteurs de coagulation**.

→ ***Hémophilie.***

COCAÏNE *n. f.*
Neurobiol. - **Drogue** extraite à partir des feuilles du Coca (*Erythroxylon coca*), un arbre d'Amérique du Sud, elle peut aussi être synthétisée. La consommation de cocaïne était d'usage courant chez les Incas. La cocaïne agit suivant trois modalités : une activité **psychotrope** qui provoque un effet stimulant (hyperloquacité, excitation du psychisme et des activités intellectuelles, diminution de la sensation de fatigue) [1] ; une activité **sympathomimétique** qui se traduit par une augmentation du rythme cardiaque, une hypertension, une hyperthermie [2] ; une action anesthésique locale est la propriété la plus intéressante de la cocaïne, qui, de ce fait, est utilisée en médecine, mais ses effets négatifs limitent son usage [3].

COCCOLITHE *n. m.*
Minér. - Élément du test calcaire des **Coccolithophoridés**. Dans un bâton de **craie** naturelle, il y a environ 1,5 million de Coccolithophoridés, soit environ 30 millions de coccolithes.

COCCOLITHOPHORIDÉS
n. m.
Paléont. - Algues calcaires unicellulaires marines n'excédant pas le centième de millimètre de diamètre et vivant dans une enveloppe sphérique formée par une vingtaine de petites plaques calcaires, les **coccolithes**. Ces Algues, connues depuis le Paléozoïque, ont formé, dans les mers peu profondes, plus particulièrement à la fin du Secondaire, de gigantesques dépôts à l'origine de la **craie**.

→ ***Calcaire.***

CODAGE *n. m.*
Neurobiol. - Transformation d'un message selon un ensemble de règles d'équivalence entre signes, tout en en conservant le sens initial en vue de sa transmission.

→ ***Code génétique, Site de transduction.***

CODE GÉNÉTIQUE
Génét. - **1.** Système d'équivalence présenté sous la forme d'un tableau à 64 cases donnant la relation entre les triplets ou **codons** des **ARNm** et les **acides aminés** portés par les **ARNt** (+ 3 codons stop UAA, UAG, UGA) qu'ils spécifient. Certains acides aminés comme le tryptophane et la méthionine ne sont spécifiés que par un seul codon, la méthionine étant le codon d'initiation (AUG) commun à toutes les **chaînes polypeptidiques**. Certains acides aminés sont codés par plusieurs codons (jusqu'à six pour la leucine, l'arginine, la sérine), d'autres par quatre comme la valine, la thréonine, la proline… Cette caractéristique est appelée **redondance du code génétique**, on dit aussi que le code génétique est dégénéré. On notera que ce sont les deux premières bases d'un codon qui sont prépondérantes pour spécifier un acide aminé, la troisième ayant rarement un rôle déterminant. **2.** Ensemble de l'**information génétique** contenue dans le noyau et les organites. Cette acception ancienne était tombée dans l'oubli mais a tendance à refaire surface, il serait souhaitable de ne pas l'employer.

→ ***Synthèse des protéines, Universalité du code génétique.***
Voir figure page 116.

CODOMINANT *adj.*
Génét.

→ ***Allèles codominants.***

Code génétique

deuxième lettre

première lettre	U	C	A	G	troisième lettre
U	UUU, UUC phényl-alanine UUA, UUG leucine	UCU, UCC, UCA, UCG sérine	UAU, UAC tyrosine UAA, UAG codon stop	UGU, UGC cystéine UGA codon stop UGG tryptophane	U C A G
C	CUU, CUC, CUA, CUG leucine	CCU, CCC, CCA, CCG proline	CAU, CAC histidine CAA, CAG glutamine	CGU, CGC, CGA, CGG arginine	U C A G
A	AUU, AUC, AUA isoleucine AUG méthionine codon initiation	ACU, ACC, ACA, ACG thréonine	AAU, AAC asparagine AAA, AAG lysine	AGU, AGC sérine AGA, AGG arginine	U C A G
G	GUU, GUC, GUA, GUG valine	GCU, GCC, GCA, GCG alanine	GAU, GAC acide aspartique GAA, GAG acide glutamique	GGU, GGC, GGA, GGG glycine	U C A G

Le code génétique est universel et redondant, il donne l'équivalence entre un codon de l'ARNm et un acide aminé. Quatre codons ont un rôle particulier. Le codon AUG code pour la méthionine et sert de codon d'initiation, les codons UAA, UAG, UGA sont les codons de fin de traduction ou codons stop.

CODON *n. m.*

Génét. - Séquence de trois nucléotides (triplet) d'un **ARNm** correspondant à un acide aminé ou à une ponctuation (codon stop) spécifié par le **code génétique**. Il y a $4^3 = 64$ codons différents.

→ ***Anticodon, ARNt.***

CODON D'INITIATION

Génét. - Codon de l'ARNm spécifiant la méthionine (AUG). Ce codon est le premier à prendre place dans le site P du ribosome.

→ ***Code génétique, Traduction.***

CODON FAUX SENS

Génét. - Codon qui, à la suite d'une **mutation**, est devenu un codon stop, ce qui provoque l'arrêt immédiat de la **traduction** de l'**ARNm** et donc une **chaîne polypeptidique** incomplète.

→ ***Code génétique.***

CODON NON-SENS

Génét. - Codon qui spécifie, à la suite d'une **mutation**, un autre **acide aminé** que celui qui était présent avant la mutation.

CODON STOP

Génét. - Un des trois codons (UAA, UAG, UGA) qui ne correspond pas à un ARNt. Quand un codon stop se trouve dans le site A du ribosome, il y a fixation d'un facteur de libération qui entraîne la dissociation du ribosome et la libération de l'ARNm.

→ ***Code génétique, Traduction.***

COEFFICIENT DE SÉLECTION

Évol., Génét. - Si, entre la fécondation et l'acquisition de la maturité sexuelle, seulement (1 – s) individus de génotype aa survivent pour chaque individu de **génotypes** AA ou Aa, on appelle s le coefficient de sélection et 1 – s la valeur adaptative ou **valeur sélective** du génotype.

COEFFICIENT THERMIQUE DU DIOXYGÈNE

Physiol. ani. - Quantité d'**énergie** qui est libérée par la consommation d'un litre de dioxygène utilisé pour l'oxydation complète d'un gramme de glucides, de lipides ou de protéines. Le coefficient thermique du dioxygène vaut 21,3 kJ pour les glucides, 19,6 pour les lipides.

CŒLACANTHE *n. m.*

Zool.

→ ***Forme relique, Poissons.***

CŒLIOSCOPIE *n. f.*

Méd. - Technique d'observation médicale qui consiste, après injection d'air ou de gaz stériles dans l'abdomen, à visualiser, à l'aide de fibres optiques reliées à une caméra (endoscope), l'intérieur de la cavité abdominale. Les fibres optiques sont introduites soit par les voies naturelles, soit par voie transpariétale.

CŒNOZOÏQUE, CÉNOZOÏQUE *n. m.*

Strati.

→ ***Échelle stratigraphique.***

COENZYME *n. m.*

Biochim. - Molécule organique de petite taille, non protéique, agissant comme cofacteur d'une enzyme en prenant part à la réaction qu'elle catalyse. Le coenzyme agit souvent comme une molécule de transport (elle est alors appelée transporteur) et permet le transfert d'atomes ($H^+ + e^-$) ou de petites portions de molécules à d'autres molécules. Le coenzyme n'est pas altéré au cours de la réaction.

→ ***Acétyl-Coenzyme A, Coenzyme A.***

COENZYME A

Éner. - Molécule organique complexe, dérivant d'une vitamine (groupe B). Le coenzyme A intervient dans le transport d'un groupe acétyl ($CH_3 - CO$) provenant de la dégradation des glucides, lipides, acides aminés dans le hyaloplasme et assure son transport dans la matrice des mitochondries où se poursuit la dégradation du radical acétyl par le **cycle de Krebs**.

→ ***Acétyl-Coenzyme A.***

COÉSITE *n. f.*

Minér., Tecto. - Forme de très haute pression et de haute température de la **silice** (d = 2,93) d'abord synthétisée artificiellement, puis découverte dans les roches des cratères d'impact et dans des roches métamorphiques des Alpes où elle définit un **métamorphisme d'ultra-haute pression**.

CŒUR *n. m.*

Anat. - Vaisseau sanguin musculaire spécialisé qui assure le déplacement du sang dans l'appareil circulatoire. Chez les Mammifères, le cœur est formé de quatre chambres ou cavités cardiaques. Les deux chambres antérieures (**oreillettes**) possèdent des parois musculaires fines alors que les deux chambres postérieures (**ventricules**) ont des parois musculaires épaisses. La paroi du ventricule gauche est plus épaisse que celle du ventricule droit, sa contraction plus puissante chasse le sang

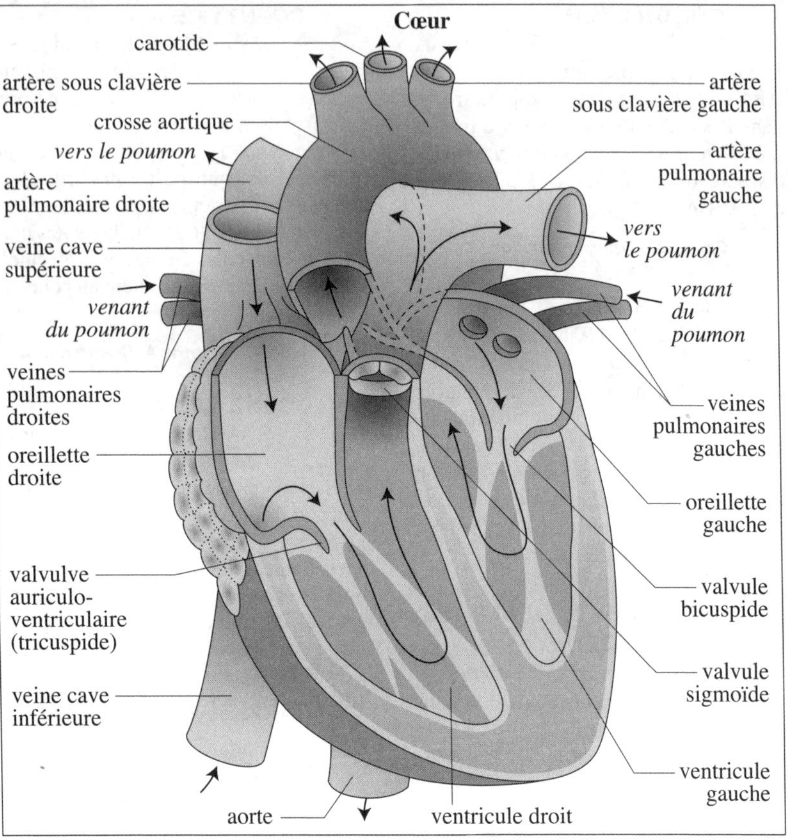

dans l'**aorte**. L'oreillette gauche est en communication avec le ventricule gauche, l'oreillette droite avec le ventricule droit, mais il n'y a pas de communication entre les deux côtés du cœur (sauf maladie). Le sang transporté par les **veines** arrive dans l'oreillette droite, passe dans le ventricule droit et gagne les poumons par l'intermédiaire des artères pulmonaires ; il revient par les veines pulmonaires dans l'oreillette gauche, passe dans le ventricule gauche et, de là, est propulsé dans la **crosse aortique**. La contraction du cœur, ou **révolution cardiaque** est auto-entretenue et déclenchée par les cellules **pace maker** du **nœud sinusal**. Le cœur bat environ 40 millions de fois dans l'année.

→ ***Artère, Cœur droit, Cœur gauche.***

CŒUR DROIT

Anat. - Ensemble formé par l'**oreillette** droite et le **ventricule** droit. Le cœur droit contient le sang désoxygéné en provenance des organes. La contraction du ventricule droit chasse le sang dans les **artères** pulmonaires.

CŒUR GAUCHE

Anat. - Ensemble formé par l'**oreillette** gauche et le **ventricule** gauche. Le cœur gauche contient du sang oxygéné en provenance des poumons et le répartit dans tout le corps par l'intermédiaire de l'**aorte**.

COÉVOLUTION *n. f.*

Évol. - Évolution de deux espèces en relation l'une avec l'autre, comme une **Angiosperme** avec son Insecte pollinisateur.

COFACTEUR *n. m.*

Biochim., Éner. - Molécule non protéique qui est nécessaire au fonctionnement d'une protéine. Les coenzymes comme le NAD, le FAD, le coenzyme A et de nombreuses vitamines sont des cofacteurs qui demeurent inchangés à la fin de la réaction.

COIFFE *n. f.*

Bot. - Capuchon recouvrant l'extrémité de la racine qui assure la protection du méristème racinaire. Les cellules qui désquament régulièrement produisent un abondant **mucilage** qui favorise la pénétration de la racine entre les particules du sol.

COL DE L'UTÉRUS

Anat. - Limite entre le **vagin** et l'**utérus**.

COLCHICINE *n. f.*

Biol. cell.

→ ***Antimitotique.***

COLÉOPTILE *n. m.*

Bot. - Manchon formé d'une seule couche de cellule recouvrant l'extrémité de la jeune tige et de la jeune racine des **Graminées**. Lors de la croissance, la jeune tige et les jeunes feuilles percent cet étui protecteur.

COLIBACILLE *n. m.*

Microbiol. - Bactérie vivant dans le gros intestin de l'Homme et des animaux et participant à la digestion.

→ ***Coliformes.***

COLIFORMES *n. m.* ou *adj.*

Microbiol. - **Bactéries** proches d'*Escherishia coli*, la Bactérie intestinale la plus commune. Les Coliformes se rencontrent dans les eaux polluées par des matières fécales **fermentescibles**. Une eau ne doit pas contenir plus de 5 Coliformes par cm^3 pour être admise comme eau de boisson (eau potable).

COLLAGÈNE *n. m.*

Biochim. - Protéine fibrillaire particulièrement abondante dans les tissus conjonctifs (derme) et les os. Le collagène, extrait des os, constitue l'essentiel de la gélatine des charcuteries.

→ ***Scorbut.***

COLLEMBOLE *n. m.*

Zool. - **Arthropode** à 3 paires de pattes (Hexapodes) très primitif, dépourvu d'ailes, de taille millimétrique très abondant dans les sols.

→ ***Insectes, Microfaune.***

COLLENCHYME *n. m.*

Bot. - Tissu de soutien formé par des cellules vivantes parenchymateuses, généralement allongées suivant l'axe de l'organe et dont la paroi primaire est épaissie par des dépôts supplémentaires de **cellulose** et de **pectines**. Le collenchyme se trouve dans les organes en croissance non encore lignifiés.

COLLET *n. m.*

Bot. - Zone de transition entre la racine et la tige.

COLLISION *n. f.*

Tecto. - Phénomène correspondant à une convergence compressive entre deux plaques portant des continents et conduisant à la formation d'une chaîne de collision. La convergence entre les deux plaques débute par une **subduction**. Le raccourcissement de la lithosphère continentale y est de l'ordre de quelques centimètres par an et produit un relief important mais n'excédant pas 10 000 m et en profondeur un épaississement crustal, la **racine**. Des morceaux de plaques peuvent être entraînés à 200-300 km de profondeur et connaître un **métamorphisme d'ultra haute pression**, puis être exhumés par le jeu des failles normales.

→ ***Chaîne de collision, Hypercollision.***

COLLOÏDE *n. f.*
Pédol., Sédiment. - Particules de quelques micromètres de diamètre restant en suspension dans l'eau, essentiellement par le fait que chargées négativement, elles se repoussent, ce qui empêche toute sédimentation. Ainsi, l'eau perd sa limpidité et apparaît opaque. L'adjonction d'ions positifs (Ca^{2+}), une modification du pH… entraînent l'établissement de liaisons entre les différentes particules de colloïde qui se regroupent et sédimentent au fond de l'eau, on dit qu'il y a ***floculation***.

→ ***Complexe argilo-humique.***

CÔLON *n. m.*
Anat. - Subdivision du **gros intestin**.

COLONNE STRATIGRAPHIQUE
Sédiment. - Représentation schématique et proportionnelle de l'épaisseur et de la disposition des **strates**. Les couches sont représentées par des figurés traditionnels. À gauche de la colonne, on note les épaisseurs des strates, à droite, des caractéristiques correspondant à leur faciès, à leur résistance à l'érosion et les étages correspondants.

→ ***Stratigraphie.***

COLORANT VITAL
Biol. cell. - Colorant utilisé en microscopie optique et qui ne tue pas les cellules (rouge neutre).

COMÈTE *n. f.*
Astron. - **Astre** du système solaire décrivant une **orbite** parabolique ou elliptique fortement allongée et qui n'est visible que lorsqu'il est près du Soleil. Outre, le noyau, la comète est formée d'une chevelure et d'une ou plusieurs queues.

COMITÉ CONSULTATIF NATIONAL D'ÉTHIQUE
Méd. - Conseil créé pour étudier les implications des nouvelles techniques de procréation assistée et les possibilités d'agir sur le patrimoine génétique humain.

→ ***Ethique.***

COMMUTATION DE CLASSE
Immuno. - Passage de la production d'un anticorps à celle d'un autre qui conserve le même récepteur (paratope) du **déterminant antigénique**. Ainsi, les **lymphocytes B** exposent sur leur membrane des IgM, puis en même temps des IgM et des IgD. Ces anticorps constituent les **récepteurs B**. Certains LB sécrètent des IgM, d'autres des IgG, des IgE ou des IgA. Les LB mémoire exposent les IgE, IgA et IgG sur leur membrane alors que les **plasmocytes** les sécrètent. Les IgE, IgA, IgG appartiennent à la classe secondaire, car elles n'apparaissent qu'après que le lymphocyte B ait rencontré le déterminant antigénique. La classe d'un anticorps est déterminée par sa **région constante** qui confère les propriétés générales de la classe. Toutes les immunoglobulines produites au cours du phénomène de commutation de classes possèdent les mêmes sites de reconnaissance des déterminants antigéniques, voire des sites ayant une plus grande affinité pour l'antigène.

→ ***Chaîne lourde, Maturation d'affinité.***

COMPACTE *adj.*
Pédol.

→ ***Structure d'un sol.***

COMPAGNE *adj.*
Bot. - Qualificatif donné aux cellules qui sont parallèles aux **cellules criblées**.

COMPARTIMENT *n. m.*
Tecto.

→ ***Faille.***

COMPARTIMENTATION CELLULAIRE

Biol. cell. - Division du volume cellulaire par des réseaux membranaires internes. Ces **membranes** délimitent des **organites** dans lesquels s'effectuent des réactions spécifiques. Ces compartiments cellulaires sont une des caractéristiques des **cellules eucaryotes**.

COMPATIBLE *adj. et n. m.*

Géochim. - Caractérise les éléments chimiques qui ne passent pas facilement dans les liquides de fusion en raison de leur faible rayon (Mg, Ni, Co, Cr) qui favorise leur maintien dans les cristaux comme ceux d'olivines ou de pyroxènes.

COMPÉTENCE *n. f.*

Immuno. - État d'une cellule qui est capable de réaliser une fonction donnée.

→ ***Immunocompétence.***

COMPÉTITION *n. f.*

Écol. - Relation caractérisant le fait que des individus d'une même **espèce** (compétition **intraspécifique**) ou d'espèces différentes (compétition **interspécifique**) sont en concurrence pour l'exploitation de la même ressource du milieu (alimentation, place de repos...,) qu'elles utilisent en même temps. Si deux espèces vivant au même endroit utilisent, dans les mêmes conditions, la même ressource, l'une élimine l'autre.

COMPLÉMENT *n. m.*

Immuno. - Ensemble d'une vingtaine de protéines du **sérum sanguin** fabriquées par le foie. Le système du complément complète et amplifie l'action des anticorps. Il constitue le moyen principal de lutte contre les infections bactériennes en détruisant les Bactéries par la formation de pores dans leur membrane. Ces protéines sériques sont activées en chaîne. L'initiation de cette réaction débute par la formation de **complexes immuns** (cette modalité d'activation est appelée **voie classique**) ou directement par les antigènes des Bactéries (**voie alterne**). Au cours de cette activation du complément, différents fragments protéiques sont produits. Certains, les **anaphylatoxines**, provoquent la dilatation des vaisseaux sanguins et l'arrivée des phagocytes, d'autres se fixent sur la membrane des Bactéries, ce qui facilite leur reconnaissance par les phagocytes. On distingue deux groupes de protéines du complément, les protéines précoces qui sont des pro-enzymes activés séquentiellement par la voie classique ou alterne, et les protéines tardives responsables de la formation des pores membranaires.

→ ***Complexe d'attaque membranaire.***

COMPLÉMENTARITÉ DES BASES

Génét. - Principe suivant lequel, dans les **acides nucléiques**, une **base purique** est toujours liée à une **base pyrimidique** suivant la règle suivante, dite règle de Chargaff : adénine-thymine, guanine-cytosine dans l'ADN et adénine-uracile, guanine-cytosine entre un **brin** d'ADN et un brin d'ARN (syn. Appariement des bases).

COMPLEXE ADSORBANT

Pédol. - syn. ***Complexe argilo-humique.***

COMPLEXE ARGILO-HUMIQUE

Pédol. - Ensemble formé par l'association de particules d'argile et de composés humiques acides formant des micelles colloïdales. Chargé négativement, le complexe argilo-humique a la capacité de retenir des ions positifs (NH_4^+, Ca^{2+}, H_3O^+, Mg^{2+}, Na^+, K^+), mais ne peut retenir directement des ions négatifs (NO_3^-, PO_4^{3-}) qui sont entraînés par les eaux d'infiltration (pollution par les engrais). Cependant les ions $H_2PO_4^-$ et HPO_4^{2-} forment des complexes stables avec Ca^{2+}, il y a donc une rétention indirecte de certains anions. Les ions positifs sont alors directement utilisables par les végétaux (syn. Complexe absorbant).

→ *Colloïde, Pouvoir absorbant.*

COMPLEXE ARNt-ACIDE AMINÉ-ACTIVÉ

Biochim. - Association d'un **ARNt** à son **acide aminé** correspondant par une liaison covalente riche en énergie. Cette liaison demande l'hydrolyse d'ATP.

COMPLEXE D'ATTAQUE MEMBRANAIRE (CAM)

Immuno. - Désigne les différentes protéines tardives du **complément** qui s'insèrent dans la membrane d'une cellule à la suite de l'activation du complément et forment un canal lytique.

→ *Perforines.*

COMPLEXE ENZYME-SUBSTRAT

Biochim. - Association temporaire entre une **enzyme** et son ou ses **substrat**(s) qui se place(nt) dans le **site actif** de l'enzyme pour que la réaction puisse se faire. Moins le complexe enzyme-substrat est stable, plus la V_{max} de la réaction est élevée et inversement. Le substrat est alors transformé en **produit**.

→ *Cinétique enzymatique.*

COMPLEXE FILONIEN

Tecto. - Partie du complexe ophiolitique située sous les basaltes en coussins et au-dessus des gabbros massifs. Le complexe filonien, contenant de nombreux ***filons basaltiques*** provient de l'injection du magma de la chambre magmatique d'une dorsale vers la surface, ces intrusions basaltiques peuvent éventuellement traverser les gabbros massifs. Quand ils atteignent la surface, ils se solidifient et donnent les basaltes en coussin.

→ *Ophiolites.*

COMPLEXE HYPOTHALAMO-HYPOPHYSAIRE

Anat., Endocrino., Neurobiol. - Ensemble anatomique et physiologique formé par un **centre nerveux** (**hypothalamus**) dont les **neurones** déversent leurs sécrétions (neuropeptides, neurohormones) dans les capillaires sanguins irriguant l'**antéhypophyse**. Ces **neurosécrétions** sont des hormones de libération ou **libérines** de la plupart des hormones hypophysaires (FSH, LH, TSH…, **stimuline**). L'hypothalamus est en liaison avec les centres supérieurs qui influencent son fonctionnement.

→ *Hypothalamus, Neurohypophyse, Tige hypophysaire.*

Voir figure page 123.

COMPLEXE IMMUN

Immuno. - Agencement moléculaire formé par un **antigène** et son **anticorps** spécifique auquel on ajoute parfois la première protéine du **complément**.

Voir figure page 124.

COMPLEXE MAJEUR D'HISTOCOMPATIBILITÉ

Immuno. - Ensemble de six gènes principaux (A, B, C, DR, DQ, DP) portés, chez l'Homme, par la paire de chromosomes 6 codant des glycoprotéines de surface qui interviennent dans le rejet des **greffes** et la reconnaissance du **soi modifié**. Ces marqueurs de la surface des cellules se trouvent chez tous les Vertébrés. Les gènes qui les codent forment, chez l'Homme, le système HLA (*Human Leucocytes Antigens*). En 1992, le gène HLA-A comptait 41 allèles, le gène HLA-B, 61, le gène HLA-C, 18. Chacun de ces gènes code pour une chaîne α de l'antigène du **CMH de classe I**. C'est un gène porté par la paire de chromosomes 15 qui code la **β 2-microglobuline** qui est associée à la chaîne α du CMH de classe I. La région HLA-D comporte en fait trois sous-régions principales notées DR, DQ, DP, appelées parfois D1, D2, D3 dont chacune possède au moins deux gènes qui codent les chaînes α et β des

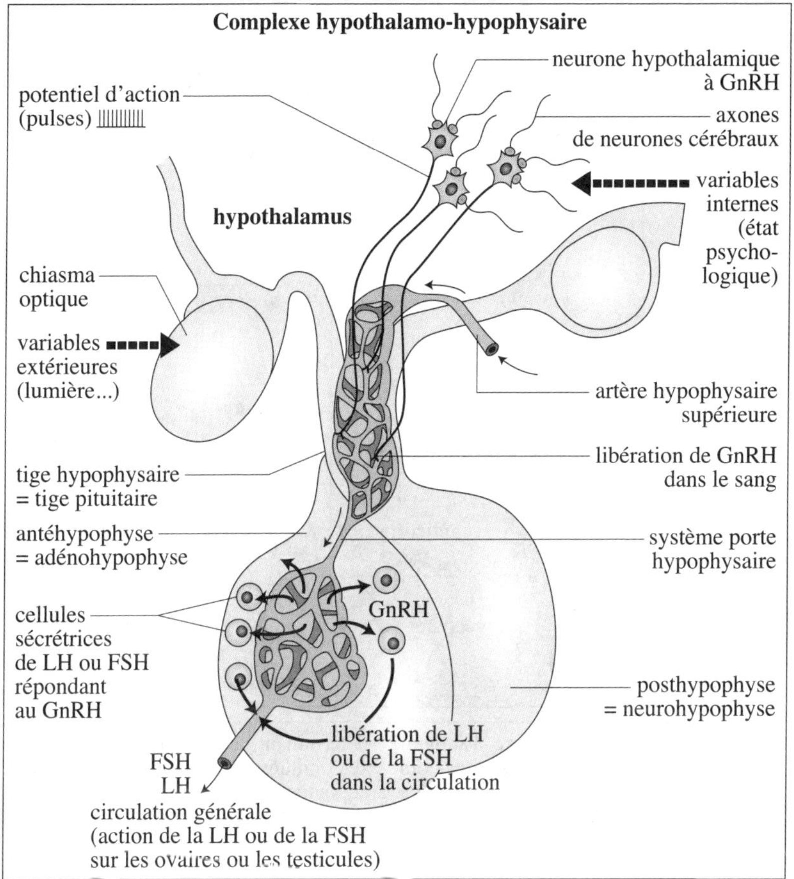

Seules sont indiquées les hormones intervenant dans la régulation du taux des hormones sexuelles. La libération des hormones de l'antéhypophyse (FSH, LH ...) est sous le contrôle des libérines hypothalamiques (GnRH ...). La régulation de l'activité des gonades s'exerce par des rétrocontrôles.

antigènes du **CMH de classe II**. En 1992, on comptait 149 allèles différents pour l'ensemble des gènes de la région D. Comme les individus sont en général hétérozygotes pour les six principaux loci du CMH, un individu donné présente à la surface de ses cellules douze sortes de glycoprotéines. Chacune d'entre elles est présente à des milliers d'exemplaires. Comme ces gènes sont liés, les *crossing-over* sont exceptionnels et les gènes se transmettent en bloc. De ce fait, la probabilité que deux enfants, issus des mêmes parents, aient le même CMH est de 1/4.

COMPLEXE MINEUR D'HISTOCOMPATIBILITÉ

Immuno. - Ensemble des glycoprotéines membranaires définissant les **groupes sanguins**.

COMPLEXE OPHIOLITIQUE

Tecto. - syn. ***Ophiolites.***

COMPRESSION *n. f.*

Tecto. - Action d'exercer une pression sur un objet et d'en diminuer le volume. Si la pression est équivalente sur toute la surface, il y a diminution du

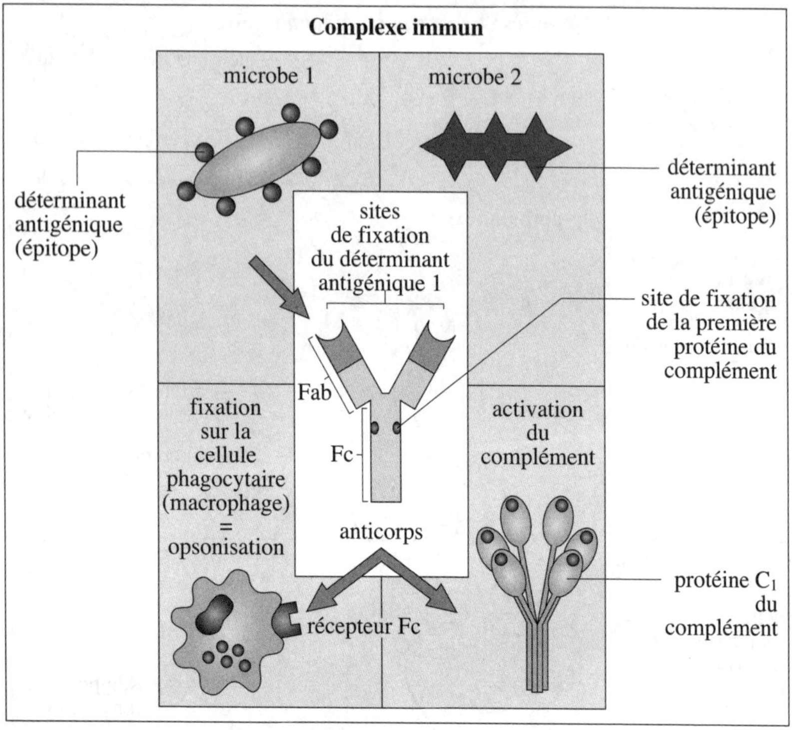

Une fois qu'un anticorps fixe l'antigène (déterminant antigénique) dont il est spécifique, celui-ci est neutralisé. Les complexes immuns ainsi formés sont aisément phagocytés par les macrophages et les granulocytes qui les capturent grâce à la complémentarité entre leurs récepteurs Fc membranaires et la région Fc des molécules d'anticorps. De plus, les complexes immuns activent le complément.

volume, mais pas de déformations. En revanche, si les valeurs de la pression sont différentes, il y a déformation. Les forces de compression sont dues à des phénomènes de **subduction**, de **collision** ou de **subsidence**. Ainsi, lors de l'affrontement de deux plaques lithosphériques, les terrains se plient et se déforment.

→ ***Contrainte tectonique.***

CONCORDANCE *n. f.*

Sédiment. - État d'une couche sédimentaire qui repose au-dessus d'une couche qui lui est plus ancienne et au-dessous d'une couche plus récente et qui n'ont été ni plissées ni basculées par des mouvements tectoniques. Les couches concordantes sont donc parallèles entre elles, même si parfois, elles ne sont plus horizontales.

→ ***Contact anormal.***

CONDENSATION *n. f.*

Biochim. - Réaction qui unit deux molécules organiques en un produit à plus longue chaîne carbonée. Les réactions de **polymérisation** sont des condensations.

Phys. - Formation d'eau liquide à partir de vapeur d'eau. La condensation de la vapeur d'eau se fait, par exemple, quand de la vapeur d'eau (nuage) arrive sur une zone plus froide et provoque des pluies.

CONDITIONS STANDARD

n. f. pl.

Éner. - Conditions physico-chimiques de référence pour lesquelles sont mesurées la libération ou la consommation d'énergie au cours de réactions. En biologie, on réalise les mesures à pH 7, à pression atmosphérique, à température de 25° C et pour des concentrations de substrats d'une mole. Dans les systèmes biologiques, les concentrations de substrats ne sont pas molaires et la température dépend de l'organisme considéré. Néanmoins, les conditions standard permettent de comparer les bilans énergétiques.

CONDUCTANCE *n. f.*

Biol. cell., Neurobiol., Phys. - Grandeur physique qui est l'inverse de la résistance et qui mesure la charge électrique nécessaire pour créer une tension donnée. La charge nécessaire pour produire une différence de tension de 1 volt est la capacitance membranaire qui se mesure en faradays (1 faraday = 96 500 **coulombs**). Les membranes biologiques ont une capacitance de 0,01 pF/μm^2 ; un déplacement de charges sur une surface de 1 μm^2 provoque une dépolarisation de 100 mV.

CONDUCTION D'UN MESSAGE NERVEUX

Neurobiol. - syn. ***Propagation d'un message nerveux.***

CONDUCTION SALTATOIRE

Neurobiol. - Mode de propagation de l'**influx nerveux** dans les fibres myélinisées où l'influx nerveux « saute » de **nœud de Ranvier** en nœud de Ranvier. La conduction saltatoire augmente considérablement la vitesse du message nerveux qui peut atteindre une centaine de mètres par seconde et qui est d'autant plus grande que les nœuds sont espacés. La conduction saltatoire est due à l'inversion de la polarisation entre deux nœuds de Ranvier successifs. Cette différence de potentiel membranaire crée un courant local qui a pour effet de dépolariser la membrane au niveau du nœud de Ranvier suivant. Cette dépolarisation produite à distance provoque l'ouverture des canaux Na^+ voltage-dépendants de ce nœud de Ranvier ; l'entrée des ions Na^+ génère alors un **potentiel d'action**.

Voir figure page 126.

CONDUCTION THERMIQUE

Phys. - Élimination de **chaleur** par contact entre deux milieux conducteurs à températures différentes.

CONDUCTRICE *n. f.*

Génét.

→ ***Femme vectrice.***

CÔNE *n. m.*

Biol. cell. - Cellule photosensible de la rétine responsable de la vision des couleurs sous éclairement normal. Chaque cône possède des photopigments de type **rhodopsine** légèrement différents (3 opsines différant de celle des bâtonnets). Un cône est essentiellement sensible à une catégorie de longueur d'ondes centrée sur le rouge (560 nm), le vert (530 nm) ou le bleu (420 nm). Les cônes suivent des variations rapides des images rétiniennes ; la fréquence de fusion est de 55 Hz, ce qui signifie qu'il se forme 55 images par seconde sur la rétine. Pour être activés, les cônes ont besoin d'une centaine de photons et ne fonctionnent donc qu'à la lumière. Les quelque 6 millions de cônes sont très abondants dans la **fovéa** (500/mm^2) et leur nombre chute très rapidement à mesure que l'on s'en éloigne.

CÔNE AXONIQUE

Neurobiol. - syn. ***Segment initial.***

CÔNE DE DÉJECTION

Sédiment. - Accumulation, en forme d'éventail, des différents matériaux transportés par un torrent quand sa

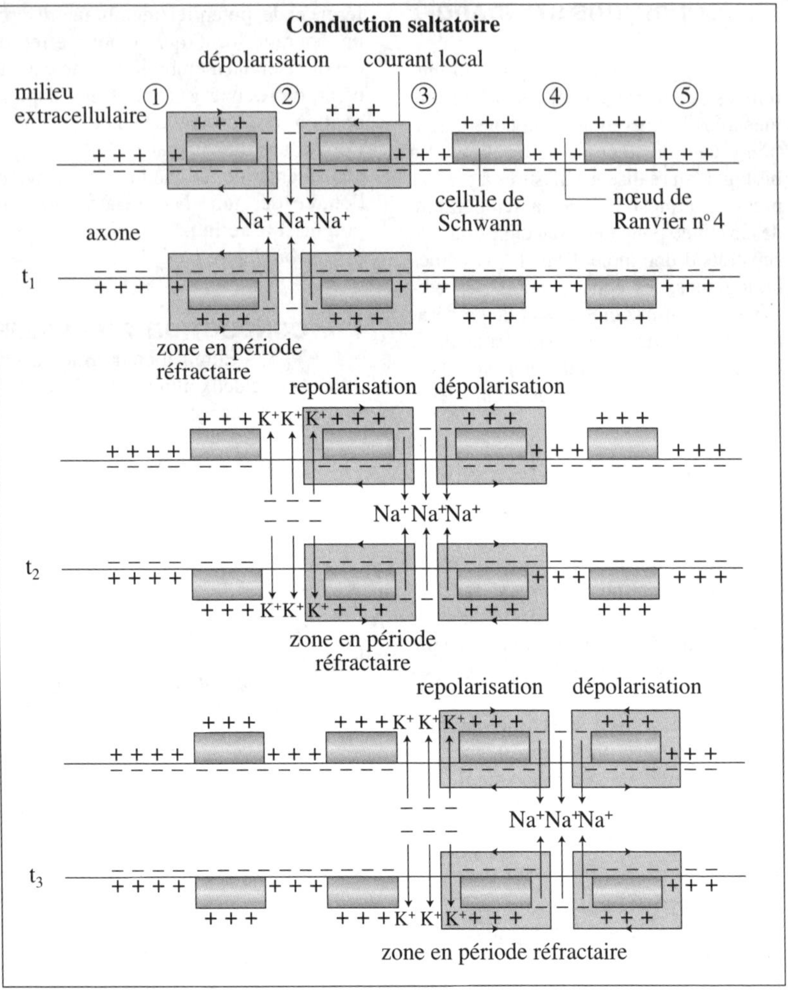

Au temps t_1, les canaux Na^+ voltage-dépendants sont ouverts dans le nœud de Ranvier n° 2, ils laissent passer les ions Na^+ à l'intérieur de l'axone. L'extérieur de la membrane devient alors négatif alors que l'intérieur devient positif. Comme les milieux extracellulaires et intracellulaires sont conducteurs, il se forme des courants locaux entre les nœuds de Ranvier adjacents. Ainsi, les canaux Na^+ voltage-dépendants du nœud n° 1 s'étant ouverts précédemment, ils ne peuvent s'ouvrir immédiatement (période réfractaire) alors que ceux du nœud de Ranvier n° 3 s'ouvrent.

Au temps t_2, les ions K^+ passent dans le milieu extracellulaire et repolarisent la membrane dans le nœud de Ranvier n° 2. Le courant local né entre les nœuds de Ranvier n° 2 et n° 3 entraîne dans le nœud de Ranvier n° 3 l'ouverture des canaux Na^+ voltage-dépendants à l'origine d'un nouveau potentiel d'action.

Au temps t_3, les ions K^+ repolarisent la membrane dans le nœud de Ranvier n° 3, tandis que le courant local entre les nœuds n° 3 et n° 4 entraîne l'ouverture des canaux Na^+ voltage-dépendants dans le nœud de Ranvier n° 4. Le cycle se répète, le potentiel d'action naissant à chaque nœud de Ranvier.

vitesse et sa force de transport diminuent avec l'arrivée dans une vallée.

CONFIGURATION TRIDIMENSIONNELLE

Biochim. - Forme adoptée dans l'espace par repliement d'une **chaîne polypeptidique**. La configuration ou structure tridimensionnelle est maintenue par des liaisons **pont disulfure** entre acides aminés cystéine, par des **liaisons hydrogène,** par des **liaisons hydrophobes** et par les **liaisons de Van der Waals**. La protéine adopte l'état d'équilibre le plus stable. Des protéines, appelées protéines **chaperons**, participent au repliement de la chaîne polypeptidique dans l'espace.

CONGÉNITALE *adj.*

Génét., Méd. - Qualifie une anomalie présente dès la naissance. Si l'anomalie congénitale se transmet de génération en génération, elle est héréditaire. Si elle ne se transmet pas, soit elle peut être due à un accident au cours du développement embryonnaire, soit à un **médicament**, une **drogue** ou un **virus**.

CONGLOMÉRAT *n. m.*

Sédiment. - **Roche sédimentaire** détritique formée par l'accumulation et la cimentation de débris rocheux de taille supérieure à 2 mm. Si les débris sont encore anguleux, le conglomérat est une brèche sédimentaire, si les débris sont arrondis (galets), le conglomérat est un poudingue. Si les fragments cimentés sont de même origine, le conglomérat est monogénique; s'ils sont d'origines diverses, il est polygénique.

CONIFÈRES *n. m. pl.*

Bot. - Subdivisions des **Gymnospermes** (environ 600 espèces) qui comprend des arbres et des arbrisseaux aux feuilles en général persistantes (sauf cyprès chauve, mélèzes) en aiguilles ou en écailles et des inflorescences femelles en général sous forme de cônes. Les Conifères sont souvent des résineux dont la résine est exploitée industriellement (pin des Landes). Le **bois** des Conifères est **homoxylé** et constitue la principale matière première pour l'industrie papetière et l'ébénisterie.

CONJUGAISON BACTÉRIENNE

Génét. - Phénomène de transfert d'ADN (plasmide ou séquence d'ADN) entre une Bactérie donneuse et une Bactérie receveuse par l'intermédiaire d'un pont cytoplasmique.

→ ***Parasexualité.***

CONSANGUIN *adj.*

Génét., Méd. - Se dit d'individus génétiquement apparentés. Un mariage consanguin provient de l'union d'individus possédant des ascendants proches. Comme ces derniers possèdent des allèles communs du fait de leur ascendance commune, ils augmentent le risque de posséder, pour le même gène, les mêmes allèles défectueux, ce qui favorise l'apparition des maladies génétiques récessives dans la descendance.

CONSEIL GÉNÉTIQUE

Génét., Méd. - Acte médical qui consiste à estimer la probabilité, pour un couple, compte tenu des caractéristiques familiales, de donner naissance à un enfant ayant une **maladie génétique**.

CONSOMMATEUR *n. m.*

Écol. - Se dit d'un être vivant qui utilise de la **matière organique** produite par un autre être vivant. Les Animaux constituent les consommateurs alors que les végétaux chlorophylliens sont les **producteurs primaires** et les Champignons saprophytes sont des décomposeurs.

→ ***Chaîne alimentaire, Hétérotrophe au carbone, Réseau trophique.***

CONSTANTE RADIOACTIVE

Phys. - Constante intervenant dans le calcul de la **période radioactive** d'un élément.

→ ***Radiochronologie.***

CONSTANTE SOLAIRE EFFECTIVE

Astron. - Puissance du rayonnement solaire reçu en moyenne par unité de surface de la Terre. Mesurée à la limite supérieure de l'atmosphère, sa valeur varie entre 1 360 et 1 400 $W \cdot m^{-2}$ et fluctue en fonction de l'activité des taches solaires (périodicité de 11 ans), mais elle est d'un peu moins de 1 000 $W \cdot m^{-2}$ à la surface terrestre en raison de l'absorption d'une partie de l'énergie par l'atmosphère. Ces valeurs correspondent à des rayonnements qui arrivent perpendiculairement à la surface terrestre, comme si la Terre était un disque de surface πr^2, or, ces rayonnements frappent une demi-sphère faisant une rotation, soit une surface correspondant à 4 πr^2. On en déduit que la constante solaire effective est alors 4 fois plus petite, soit environ 340-350 $W \cdot m^{-2}$ (syn. Flux solaire).

CONSTELLATION *n. f.*

Astron. - Région du ciel reconnaissable à un groupe d'étoiles, qui vues de la Terre, se trouvent dans des directions voisines, présentant une forme invariable, à laquelle on a donné un nom particulier. Les étoiles d'une constellation n'ont pas des rapports de proximité dans l'espace. Les étoiles de notre Galaxie déterminent 88 constellations.

CONTACT ANORMAL

Strati. - Contact entre deux ensembles de roches ayant subi des déplacements l'un par rapport à l'autre après leur formation. Ainsi, les forces responsables de ces mouvements se sont exercées après la mise en place du terrain le plus récent.

→ ***Concordance.***

CONTAMINATION CRUSTALE

Volcano. - Présence, dans un **magma**, de minéraux qui ont été arrachés aux roches encaissantes lors de sa montée dans la croûte terrestre.

→ ***Chambre magmatique.***

CONTINENT *n. m.*

Tecto. - Surface émergée entourée par plusieurs **océans**. Toutes les terres émergées, soit 29 % de la surface du globe, ne constituent pas des continents. En effet, les Géologues ont une vision des continents différente de celle des Géographes. Pour le Géologue, ce qui caractérise le continent, c'est la nature de la **croûte terrestre**. La croûte continentale diffère de la croûte océanique par : sa nature pétrologique (de type granite au lieu de basalte) [1], son épaisseur (30 à 70 km contre 10 km) [2], sa structure [3], son âge ancien (jusqu'à 3,8 Ga pour les continents contre 200 Ma pour les planchers océaniques) [4]. Les talus continentaux, les plates-formes continentales, bien que recouverts par les océans, sont comme leur nom l'indique, des prolongements sous-marins des continents. Inversement, des îles comme l'Islande sont formées par des basaltes. Si l'on considère l'ensemble de la croûte continentale, elle compte pour 45 % de la surface du globe. Ainsi, lors des phénomènes de **régression marine**, le niveau des océans diminue et les plates-formes continentales sont exondées.

CONTRACEPTIF *n. m.* ou *adj.*

Méd. - Molécule, dispositif ou technique qui empêche la **fécondation** ou la **nidation** d'un **embryon**.

→ ***Contraception, Pilule.***

CONTRACEPTION *n. f.*

Méd. - Méthode utilisée pour empêcher qu'un rapport sexuel n'entraîne une grossesse. Les différentes techniques de contraception font appel à des barrières physiques (contraception mécanique) pour prévenir la rencontre des gamètes (préservatif, diaphragme), des méthodes chimiques (spermicides) pour tuer les **spermatozoïdes** et des méthodes hormonales (« pilules ») pour empêcher l'**ovulation** ou la **nidation**.

→ ***Pilule contraceptive.***

CONTRACEPTION CHIMIQUE

Méd. - Contraception locale faisant appel à des substances capables de tuer les **spermatozoïdes** (spermicides). On emploie aussi cette expression, à tort, pour désigner une **contraception hormonale**.

CONTRACEPTION HORMONALE

Méd. - Techniques de contraception utilisant des **hormones**. Ces méthodes utilisent des hormones destinées à bloquer l'ovulation ou à empêcher une éventuelle nidation.

→ ***Contraceptif, Pilule.***

CONTRACEPTION LOCALE

Méd. - Technique de contraception qui s'applique au niveau de l'appareil génital. Les préservatifs et les diaphragmes sont des **contraceptifs** mécaniques. Le stérilet, quant à lui, en modifiant les caractéristiques de la **muqueuse utérine**, empêche la nidation de l'embryon. C'est plus un **contragestif** qu'un contraceptif. Les spermicides sont appliqués dans le vagin et sur le col de l'utérus, ils sont souvent à utiliser en même temps que la contraception mécanique.

→ ***Contraception chimique.***

CONTRACEPTION NATURELLE

Méd. - Attitude qui consiste à éviter que les gamètes ne se rencontrent sans qu'il y ait intervention de méthodes physiques, hormonales ou chimiques de contraception. Le retrait ou coït interrompu consiste à retirer la verge du vagin avant l'éjaculation. Le taux d'échec est important en raison du manque de maîtrise que peut avoir l'homme. La recherche de la date de l'**ovulation** repose sur le fait que l'ovulation est suivie d'une augmentation de la température corporelle matinale due à la sécrétion de **progestérone**. Passé trois jours de température élevée (37,2 °C le matin), la femme n'est en principe plus féconde.

CONTRACEPTION ORALE

Méd. - Technique de **contraception** qui se fait par la prise, par voie orale, d'hormones.

→ ***Pilule.***

CONTRAGESTIF

Méd. - *n. m.* ou *adj.* – Molécule qui fonctionne comme une **antihormone**, c'est-à-dire qui se fixe sur les mêmes récepteurs que la **progestérone**, mais qui ne déclenche aucun de ses effets (**contragestion**) ; elle provoque un avortement.

→ ***Antagoniste, RU 486.***

CONTRAGESTION *n. f.*

Méd. - « Le terme de contragestion (dérivé par contraction de contragestation) est proposé pour distinguer tous les aspects du contrôle de la fertilité qui s'opposent au développement des produits de la fécondation… Il s'applique dès que le spermatozoïde et l'œuf ont fusionné… par analogie avec contraceptif, nous disons contragestifs » (E. Baulieu, inventeur du RU 486, le premier contragestif).

CONTRAINTE TECTONIQUE

Tecto. - Ensemble des **forces** s'appliquant sur un ensemble de **terrains** et tendant à le déformer. L'origine des forces est le mouvement des plaques lithosphériques qui provoque des forces de compression, de distension ou de cisaillement. L'**énergie** de ces contraintes est stockée, sous forme élastique, dans la roche, mais au-delà d'une certaine valeur, les contraintes deviennent supérieures à sa résistance. La roche se déforme et l'énergie accumulée est libérée sous forme de **chaleur**. Dans le cas de roches peu profondes, la libération de chaleur est accompagnée d'**ondes**.

→ ***Compression, Pli, Séisme.***

CONTROLATÉRAL *adj.*

Neurobiol. - Situé de l'autre côté du plan de symétrie d'un être vivant.

→ ***Ipsilatéral.***

CONVECTION MANTELLIQUE

Tecto. - Déplacement lent de matière (***courant de convection***) sous l'effet de différences de température provoquant des différences de densité dans le manteau. Ainsi, les parties profondes de l'**asthénosphère** ont tendance à être plus chaudes que les parties superficielles et donc sont moins denses. Elles remontent alors lentement (principe d'Archimède) et se refroidissent, leur densité augmente alors et, de ce fait, elles s'enfoncent de nouveau, elles se réchauffent alors et le cycle recommence. La chaleur du noyau est évacuée par des ***courants de convection*** de péridotite remontant à l'état solide, à la vitesse du centimètre au décimètre par an. Les dorsales sont souvent à l'aplomb de la confluence de deux cellules de convection chaudes et donc ascendantes alors que les zones de subduction sont des lieux de descente des courants froids. La température à la base du manteau est estimée, suivant les approches à 2 250° C ou à 3 500° C. Ainsi, plusieurs modèles de convection ont été proposés pour expliquer les transferts de chaleur dans le globe. **1.** Dans le modèle de convection à un étage, c'est l'ensemble du manteau qui est en mouvement entre deux zones de conduction, la **couche D"** à sa base et la base de la lithosphère à son sommet. L'essentiel de la perte de chaleur (0,5°C/km) se faisant dans ces deux couches limites qui bloquent la convection. **2.** Dans le modèle à deux étages, la frontière entre le manteau supérieur et le manteau inférieur constitue une nouvelle **couche limite** en raison de leur différence minéralogique qui s'opposerait à la remontée des péridotites à olivine à structure de **pérovskite** plus dense dans des péridotites à olivine à

Convection mantellique

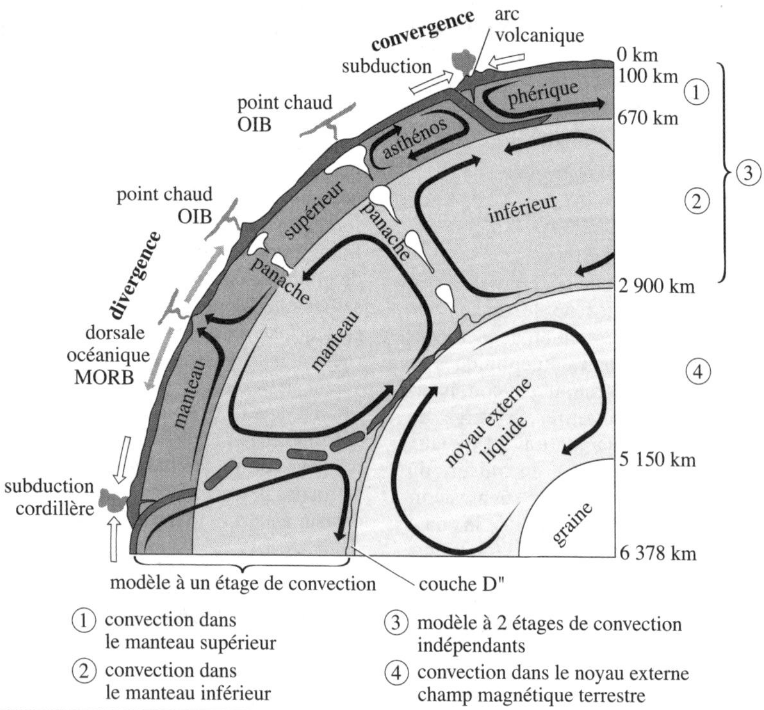

structure de **spinelle** moins dense. Ainsi, une perte de chaleur par conduction de plusieurs centaines de degrés se ferait à environ 670 km de profondeur. Ce modèle suppose alors une température de 3 000° C à la base du manteau. **3.** Dans le modèle de la convection pénétrative, il existerait des cellules de convection indépendantes dans le manteau supérieur et le manteau inférieur (arguments géochimiques et minéralogiques), mais aussi des cellules de convection de grande taille capables de traverser à l'occasion la limite des 670 km en raison d'une plus grande température donc d'une plus faible densité (arguments sismologiques et gravimétriques).

→ ***Gradient adiabatique, Points chauds, Points d'ancrage du géotherme, Tectonique des plaques.***

CONVECTION THERMIQUE

Phys. - Circulation de chaleur liée au déplacement d'un milieu matériel le plus souvent gazeux ou liquide.

→ ***Convection mantellique.***

CONVERGENCE ÉVOLUTIVE

Évol. - Évolution de deux lignées appartenant à des plans d'organisation différents qui, par **adaptation** aux contraintes d'un même milieu, acquièrent des organes analogues ou une morphologie voisine. Ainsi, la ressemblance morphologique entre un Requin, un Ichtyosaure et un Dauphin est une adaptation (hydrodynamisme) facilitant une meilleure locomotion en milieu aquatique, on dit qu'il y a eu convergence évolutive.

→ ***Analogie, Classification, Homoplasie, Radiation adaptative.***

COOPÉRATION CELLULAIRE

Immuno. - Influence des différentes cellules du **système immunitaire**, les unes sur les autres. La stimulation d'une cellule immunocompétente par un antigène ou par du soi modifié déclenche de la part de celle-ci une réponse qui est communiquée, soit par contact direct entre les cellules, soit par la libération de substances chimiques (**cytokines**) agissant à distance sur d'autres cellules du système immunitaire.

→ ***Interleukine.***

CORAUX *n. m. pl.*

Paléont., Zool. - Animaux primitifs, à symétrie radiale, formé par deux couches cellulaires constituant un sac à une ouverture, le polype. Les Coraux appartiennent à l'embranchement des Cnidaires. La bouche servant aussi d'anus est entourée par des tentacules pourvus de cellules urticantes. On distingue deux types morphologiques : les méduses nageuses et les polypes fixés. On réserve le terme de Coraux aux espèces de polypes coloniaux (Madréporaires), construisant un squelette calcaire à l'origine des récifs coralliens. Les Coraux ne se développent que dans les mers chaudes (température toujours supérieure à 20 °C), à eaux claires et peu profondes. Dans des conditions écologiques différentes, les Algues vertes qu'ils abritent (**symbiose**) meurent provoquant la mort du Corail. Les Coraux sont actuellement confinés à la ceinture intertropicale, on suppose qu'il en était de même dans le passé, ils constituent donc d'excellents **fossiles de faciès**.

→ ***Récif corallien.***

CORDE *n. f.*

Zool. - Baguette squelettique élastique constituée par des cellules vacuolisées, située au-dessous de la moelle épinière des embryons d'animaux appelés **Cordés**. La corde disparaît chez la plupart des **Tétrapodes** actuels.

CORDÉS *n. m. pl.*

Zool. - Groupe d'animaux à symétrie bilatérale qui se différencie par trois caractères, non retrouvés dans un autre groupe de Métazoaires. Dans le plan de symétrie se superposent : le tube nerveux dorsal qui se forme par invagination de l'ectoblaste dorsal (neuru-

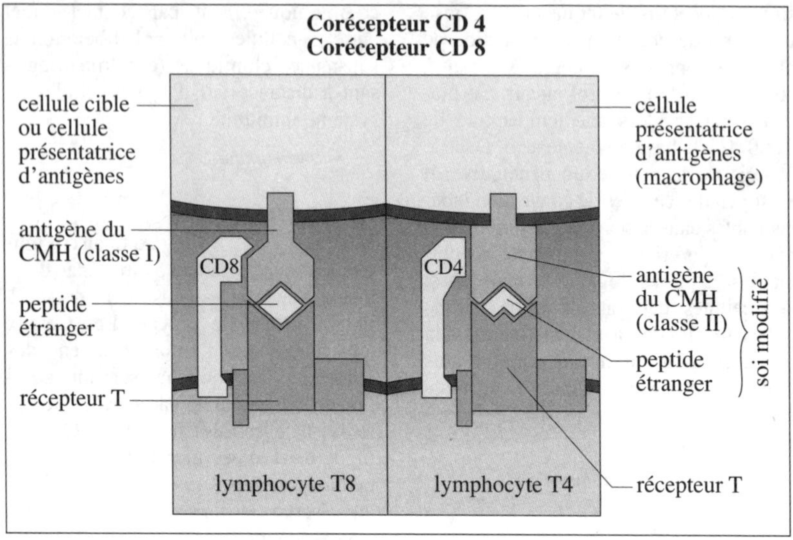

Les corécepteurs CD4 et CD8 différencient deux catégories de lymphocytes T, les lymphocytes T4 et les lymphocytes T8. Le corécepteur CD4 sert à stabiliser la liaison entre le soi modifié présenté par un macrophage ou une autre CPA à un lymphocyte T4 ; le corécepteur CD8 stabilise le complexe formé par le soi modifié présenté par la CPA ou cellule cible et le récepteur T du lymphocyte T cytotoxique.

lation), la **corde** et en position ventrale le tube digestif dont la partie antérieure ou **pharynx** branchial communique avec l'extérieur par des orifices paires, les fentes pharyngiennes. Les Cordés regroupent plus de 52 250 espèces dont quelque 51 000 espèces de **Vertébrés**.

CORDOCENTÈSE *n. f.*

Méd. - Technique de **diagnostic prénatal** dans laquelle des cellules sanguines du fœtus sont prélevées directement dans le cordon ombilical sous contrôle échographique, afin de réaliser le **caryotype** et de détecter d'éventuelles **anomalies chromosomiques** ou géniques. La cordocentèse est pratiquée à partir de la 18e semaine d'absence des règles.

CORDON OMBILICAL

Anat. - Conduit contenant des vaisseaux sanguins qui apportent le sang au placenta et le ramènent vers le **fœtus**.

CORÉCEPTEUR CD4

Immuno. - Protéine exprimée à la surface de tous les lymphocytes T auxiliaires. Les protéines CD4 se lient aux molécules du **CMH de classe II** portées par une **cellule présentatrice d'antigènes**. Cette interaction contribue à stabiliser la liaison entre le **récepteur T** du lymphocyte T auxiliaire et le **soi modifié** présenté par la CPA. Ce contact conduit à la différenciation des lymphocytes T4 immatures en lymphocytes T auxiliaires si le cosignal (B7-CD28) est présent. Le site de reconnaissance du récepteur CD4 est complémentaire de la protéine de surface gp 120 du virus du Sida. Les corécepteurs CD4 se trouvent également sur les cellules dendritiques (présentes dans toutes les muqueuses de l'organisme), les monocytes, les macrophages et certaines cellules nerveuses. Les récepteurs CD4 sont aussi appelés T4.

→ ***CD, Corécepteur CD8.***

CORÉCEPTEUR CD8

Immuno. - Protéine exprimée par tous les lymphocytes T8. Les corécepteurs CD8 se lient aux molécules du **CMH de classe I** portées par une CPA ou par une cellule présentant du **soi modifié**. Cette interaction contribue à stabiliser la liaison entre le **récepteur T** du lymphocyte T8 et le soi modifié. Ce contact conduit à la différenciation des lymphocytes T immatures en lymphocytes cytotoxiques si le cosignal B7-CD28 est présent.

→ ***CD, Corécepteur CD4.***

CORIOLIS

Phys.

→ ***Force de Coriolis.***

CORMOPHYTES *n. m.*

Bot. - Ensemble des plantes dont l'appareil végétatif est un **cormus** (Bryophytes, Ptéridophytes, Spermatophytes). S'oppose aux Thallophytes (Algues, Champignons, Lichens, quelques Bryophytes) dont l'appareil végétatif est constitué par un **thalle**.

CORMUS *n. m.*

Bot. - Axe végétal plus ou moins dressé possédant une tige, des feuilles et le plus souvent des racines.

CORNE DORSALE (DE LA MOELLE ÉPINIÈRE)

Neurobiol. - Partie de la substance grise située en position dorsale et dans laquelle arrivent les neurones sensitifs provenant des récepteurs cutanés et neuromusculaires. Les neurones contenus dans cette corne ont leurs extrémités sensorielles à la périphérie, leurs corps cellulaires groupés dans le **ganglion spinal** et ils établissent des synapses avec des motoneurones et des interneurones dans la **substance grise** de la moelle.

CORNE VENTRALE (DE LA MOELLE ÉPINIÈRE)

Neurobiol. - Partie de la substance grise située en position ventrale et d'où partent les **motoneurones** issus de la **moelle épinière** qui innervent les muscles. Ce sont les mêmes motoneurones qui sont impliqués dans la motricité volontaire et dans les réflexes. Ces motoneurones possèdent des synapses avec les neurones sensitifs de la **corne dorsale**, des interneurones et des neurones issus du cortex moteur (voies directes) et du cortex prémoteur (voies indirectes).

CORNÉE *n. f.*

Anat. - Membrane (tissu) transparente provenant de la différenciation de la sclérotique en avant du **cristallin** où elle est séparée de la **choroïde** par l'humeur aqueuse. La cornée est une lentille convexe qui possède un indice de réfraction de 1. Elle est dépourvue de vaisseaux sanguins et lymphatiques.

CORNÉENNE *adj.*

Pétrol.

→ ***Roche cornéenne.***

CORONA RADIATA *n. f.*

Histo. - Couronne de cellules folliculaires appartenant à la **granulosa** et qui entoure l'**ovocyte II** de Mammifères au moment de l'ovulation. Les cellules de la *corona radiata* reposent sur la membrane pellucide.

→ ***Follicule de De Graaf, Ovule.***

CORONITIQUE *adj.*

Minér.

→ ***Auréole coronitique.***

CORONOGRAPHIE *n. f.*

Astron. Phys. - Photographie et étude de la couronne solaire à l'aide d'un coronographe, dispositif qui élimine au mieux la lumière diffusée.

Méd., Physiol. ani. - **Angiographie** des artères coronaires par injection d'un produit de contraste opaque aux rayons X.

CORPS CALLEUX

Neurobiol. - Lame de **substance blanche** constituée par des axones myélinisés qui relie les deux **hémisphères cérébraux** au fond de la scissure interhémisphérique. Le corps calleux permet les transferts et les échanges d'informations entre les deux hémisphères cérébraux, il forme une des commissures cérébrales.

CORPS CELLULAIRE

Neurobiol. - Partie du **neurone** contenant le noyau par opposition aux neurites (axone, dendrites) qui sont des prolongements cytoplasmiques (syn. Péricaryon, Soma).

CORPS GENOUILLÉ LATÉRAL

Neurobiol. - Partie du **thalamus** où arrivent les axones des **nerfs optiques** qui font synapse avec des neurones de troisième ordre dont les axones atteignent les **aires visuelles** situées dans le cortex occipital.

CORPS JAUNE

Histo., Neurobiol. - Résultat de la transformation du **follicule de De Graaf**, après l'**ovulation**, en une structure chargée de pigments jaunes qui produit la **progestérone**. En cas de **gestation**, le corps jaune persiste et continue de produire de la progestérone avant d'être relayé par le **placenta**.

→ ***Phase lutéale.***

CORPS NOIR

Phys. - Corps hypothétique qui émet un rayonnement dont la densité d'énergie dans chaque longueur d'onde est la même que celle du rayonnement émis par un corps chauffé qui absorbe toutes les longueurs d'ondes. Par voie de conséquence, un corps noir libère autant de rayonnements qu'il en absorbe, il est donc en équilibre thermique. La longueur d'onde du maximum d'émission est d'autant plus courte que la température du corps est élevée. Ainsi, les étoiles bleues ont des températures de surface supérieures à celles des étoiles rouges et les corps à température terrestre émettent essentiellement dans l'infrarouge. La ***loi de Stefan-Boltzmann*** indique que l'énergie radiante (M) émise par un corps noir par unité de surface et par seconde est proportionnelle à la puissance 4 de la température absolue de ce corps. $M = \sigma T^4$ où σ est la constante de Stefan-Boltzmann qui vaut $5{,}670.\ 10^{-8}\ W.\ m^{-2}.\ K^{-4}$.

CORPS STRIÉ

Neurobiol. - Ensemble de trois noyaux gris (noyau caudé, noyau lenticulaire et *claustrum*) de la substance blanche cérébrale.

CORPUSCULE CAROTIDIEN

Anat. - Une des deux petites masses de tissu situées dans le **sinus carotidien**. Le corpuscule carotidien contient des **chémorécepteurs** sensibles au pH et aux pressions partielles de CO_2 et d'O_2 ainsi que les terminaisons sensorielles du **nerf de Hering** (syn. Glomus carotidien).

→ ***Système nerveux sympathique.***

CORPUSCULE DE BARR

Génét. - Condensation de chromatine présente dans le noyau des cellules de femelles de Mammifères. Le corpuscule de Barr correspond à un des chromosomes X inactivé de manière aléatoire (***inactivation du X***). De ce fait, une femelle est constituée de différents **clones** de cellules n'ayant pas inactivé le même chromosome X. Si, pour un gène donné présent sur le chromosome X (par exemple « couleur du pelage » chez les chats) l'individu est **hétérozygote**, le pelage sera formé de plusieurs plages de couleur traduisant l'inactivation aléatoire d'un chromosome X.

CORTEX CÉRÉBRAL

Neurobiol. - Partie superficielle du cerveau formée par de la substance grise. On distingue six couches de neurones superposées, qui forment différentes aires spécialisées dans des fonctions bien précises. Le cortex cérébral mesure 5 millimètres de profondeur et développe une surface de 2 000-2 500 cm^2 et possède quelque 100 milliards de neurones (syn. Écorce cérébrale).

→ ***Aire corticale.***

CORTEX D'ASSOCIATION

Neurobiol. - syn. ***Aire d'association.***

CORTEX MOTEUR

Neurobiol. - syn. ***Aire motrice primaire.***

CORTEX OCCIPITAL

Neurobiol.

→ ***Aire visuelle.***

CORTEX PARIÉTAL

Neurobiol.

→ ***Aire de la sensibilité primaire.***

CORTEX PRÉMOTEUR

Neurobiol. - syn. ***Aire prémotrice.***

CORTEX SOMATOSENSORIEL

Neurobiol. - syn. ***Aire de la sensibilité primaire.***

CORTEX SOMESTHÉSIQUE PRIMAIRE

Neurobiol. - syn. ***Aire de la sensibilité primaire.***

CORTEX TEMPORAL

Neurobiol. - Partie de l'**encéphale** qui traite les informations relatives à l'audition et permet le langage.

CORTICOÏDES *n. m.* ou *adj.*

Endocrino. - syn. ***Corticostéroïdes.***

CORTICOLIBÉRINE (*CRH*) *n. f.*

Endocrino. - **Neurohormone** produite par l'hypothalamus. Son rôle est de déclencher la libération de la corticostimuline (**ACTH**) par l'antéhypophyse (syn. CRH).

CORTICOSTÉROÏDES *n. m.* ou *adj.*

Endocrino. - Hormones produites par le cortex des glandes **surrénales** à partir du cholestérol. Les corticostéroïdes comprennent les **glucocorticoïdes** et les minéralocorticoïdes. Les glucocorticoïdes, comme la **cortisone**, la **corticostérone** et le **cortisol** agissent principalement sur le métabolisme des glucides (**néoglucogenèse**) et entraînent aussi la régression des organes lymphoïdes. Les minéralocorticoïdes comprennent les hormones, comme l'**aldostérone**, qui agissent sur les déplacements d'eau et l'équilibre électrolytique du milieu intérieur (syn. Corticoïdes).

→ ***Système rénine-angiotensine.***

CORTICOSTÉRONE *n. f.*

Endocrino. - **Corticostéroïde** produit par la corticosurrénale en réponse à la libération par l'antéhypophyse d'**ACTH**. La corticostérone agit sur le métabolisme des glucides (**néoglucogenèse**), lipides (**lipolyse**) et protéines (**protéolyse**). Elle agit aussi comme un immuno-suppresseur.

→ ***Surrénale.***

CORTICOSTIMULINE *n. f.*

Endocrino. - syn. ***ACTH.***

CORTICOSURRÉNALE *n. f.* ou *adj.*

Endocrino.

→ ***Surrénale.***

CORTICOTROPHINE *n. f.*

Endocrino. - syn. ***ACTH.***

CORTICOTROPINE *n. f.*

Endocrino. - syn. ***ACTH.***

CORTISOL *n. m.*

Endocrino. - **Corticostéroïde** produit par la corticosurrénale en réponse à la libération par l'antéhypophyse d'**ACTH**. Le cortisol favorise, dans le foie, la formation du glucose à partir des acides aminés (**néoglucogenèse**), il agit aussi en favorisant la **lipogenèse**. C'est aussi un immuno-suppresseur qui agit en ralentissant les mitoses des lymphocytes, il module aussi l'activité d'autres hormones.

→ ***Cortisone, Surrénale.***

CORTISONE *n. f.*

Endocrino. - **Corticostéroïde** produit par la corticosurrénale. La cortisone limite les réactions inflammatoires et favorise la formation du glucose (**néoglucogenèse**). La cortisone n'agit qu'après avoir été transformée en **cortisol** par le foie.

→ ***Surrénale.***

COSIGNAL B7-CD28 *n. m.*

Immuno. - Liaison entre la protéine B7 d'une **cellule présentatrice d'antigènes** et la protéine CD28 d'un **lymphocyte T**. Cette liaison est nécessaire, en plus de la reconnaissance du soi modifié avec le récepteur spécifique (TCR) du lymphocyte T, pour que celui-ci soit activé, c'est-à-dire produise de l'interleukine-2 et se divise.

→ ***Activation des lymphocytes T, Anergie, Double reconnaissance (2.).***

COTYLÉDON *n. m.*

Bot. - **Feuille** de l'embryon des plantes à graines (**Spermatophytes**). Les graines des **Monocotylédones** ne possèdent qu'un seul cotylédon alors que celles des **Dicotylédones** en possèdent deux. Ces feuilles embryonnaires contiennent souvent des réserves (amidon,...) qui sont utilisées pour le développement et la croissance de la plantule tant que celle-ci n'a pas acquis la capacité de photosynthèse. À ce moment-là, elle est hétérotrophe.

COUCHE D" *n. f.*

Géophys. - Zone d'anomalies de vitesses située entre 2600 et 2900 km de profondeur d'épaisseur et de surface supérieure irrégulière. Les réactions de fusion du manteau, solide à cette limite, seraient à l'origine de gigantesques **panaches**. La couche D" serait constituée par des olivines à structure de **pérovskite**, du fer et du nickel venant du noyau externe. La tomographie sismique a révélé à cet endroit des structures rigides et froides interprétées comme d'anciennes plaques ayant traversé tout le manteau. Cette interprétation est en partie à l'origine du modèle de la **convection mantellique** pénétrative.

COUCHE GÉOLOGIQUE

Sédiment. - syn. ***Strate.***

COUCHE LIMITE *n. f.*

Géophys. - Zone où la chaleur du manteau n'est plus évacuée par convection mais par conduction en raison d'un blocage physique.

COUCHE ROUGE

Sédiment. - Formation de sable d'ori-gine continentale de couleur rouge due à la présence d'oxyde de fer. Ces couches rouges (grès) témoignent d'un climat, au moment de leur formation, de type tropical humide (syn. *Red bed*).

→ ***Bauxite, Rubéfaction.***

COULISSAGE *n. m.*

Tecto. - Déplacement horizontal de deux compartiments de part et d'autre d'une **faille**.

COULOMB *n. m.*

Phys. - Charge électrique portée par $6 \cdot 10^{18}$ ions univalents. Ainsi une charge de 0,001 pC correspond à un déplacement d'environ 6000 ions Na^+ à travers 1 μm^2 de membrane qui engendre une dépolarisation de 100 mV. Cette entrée d'ions ne modifie pas la concentration de Na^+ cytosolique ($7 \cdot 10^7$ ions Na^+ par μm^3).

→ ***Courant entrant, Potentiel d'action.***

COUPLE RÉDOX

Biochim., Éner. - Ensemble des formes **oxydée** et **réduite** d'une molécule. L'acide acétique CH_3- COOH et l'ion acétate CH_3- COO^- forment un couple rédox.

→ ***Potentiel rédox.***

COUPURE *n. f.*

Paléont. - Repère géologique marqué par la disparition et/ou l'apparition d'espèces végétales et animales au sein d'un ensemble stratigraphique. Suivant l'importance de ces modifications, ces coupures sont utilisées pour établir des séparations entre deux **ères**, entre deux périodes, entre deux **étages** ou entre deux **horizons**.

→ ***Crise biologique, Stratigraphie.***

COURANT DE CONVECTION

Phys.

→ ***Cellule de convection.***

COURANT DE SURFACE

Océan. - Déplacement des eaux superficielles des océans. Les moteurs des déplacements des eaux de surface sont les vents qui frottent sur la surface des océans. Les eaux de surface sont poussées vers la droite dans l'hémisphère Nord et vers la gauche dans l'hémisphère Sud en raison de la **force de Coriolis** qui est d'autant plus élevée que l'on se situe aux moyennes et hautes latitudes. Quand les eaux de surface convergent, des bosses se forment à la surface des océans, quand elles divergent apparaissent des creux. Les différences de densité sont à l'origine des déplacements de l'eau sous la surface.

→ ***Gyre.***

COURANT DE TURBIDITÉ

Sédiment. - Volume d'eau contenant en suspension des matériaux terrigènes qui, à cause de sa densité supérieure, s'écoule par gravité sur les pentes marines ou lacustres, puis ralentit en arrivant sur le fond, provoquant ainsi la **sédimentation** des particules transportées qui, après **diagenèse**, donne naissance aux **turbidites**.

COURANT ENTRANT

Neurobiol. - Déplacement d'ions par l'intermédiaire de canaux ioniques au travers de la membrane d'une cellule. Les ions Na^+ diffusant du milieu extracellulaire vers le milieu intracellulaire provoquent une **dépolarisation** de la membrane alors que les ions Cl^- circulant dans le même sens induisent une **hyperpolarisation** membranaire. Il existe des canaux à Na^+ ouverts en permanence, d'autres voltage-dépendants dont l'ouverture est responsable du **potentiel d'action** et des canaux chimiodépendants dont l'ouverture est sous contrôle de la fixation d'une molécule de neurotransmetteur sur le canal.

→ ***Coulomb, Courant sortant, Patch-clamp, Voltage imposé.***

COURANT-JET *n. m.*

Climato. - Vent circulant jusqu'à 400 km/h dans l'**atmosphère** à plus de 6 000 m d'altitude dans la troposphère supérieure et la basse stratosphère. Il existe plusieurs courants-jet dont les variations des vitesses et des trajectoires ont une grande influence sur le temps. Le courant-jet subtropical est plus connu sous le nom de ***jet-stream***.

COURANT SORTANT

Neurobiol. - Déplacement d'ions par l'ouverture de protéines-canal (canaux ioniques) situées dans la membrane d'une cellule. Les ions K^+ quittent la cellule en accord avec leur gradient électrochimique. Ils sortent de la cellule par des canaux toujours ouverts, les canaux de fuite. À la suite d'une dépolarisation, des canaux K^+ « voltage-dépendants » s'ouvrent et laissent partir des ions K^+, ce qui crée un courant sortant qui repolarise, puis hyperpolarise la membrane.

→ ***Canal K^+ retardé, Coulomb, Dépolarisation, Hyperpolarisation, Patch-clamp.***

COURONNE SOLAIRE

Astron. - Partie externe de l'atmosphère solaire s'étendant sur une distance correspondant à plusieurs rayons du Soleil. Très ténue et très chaude, la couronne solaire n'est visible que durant les éclipses totales du Soleil.

CPA

Immuno. - Sigle de **Cellule Présentatrice d'Antigène**.

CRACK

Méd. - Mélange de **cocaïne,** de bicarbonate de soude et d'ammoniaque sous forme de petits cailloux. En les chauffant, de la fumée se dégage, accompagnée de petits craquements (d'où le nom). L'inhalation de cette fumée provoque des effets plus rapides et plus intenses, mais plus brefs que ceux de la cocaïne. L'usage régulier conduit à des dommages cérébraux, à une altération des voies respiratoires voire des arrêts respiratoires ou cardiaques. Sa consommation entraîne une dépendance psychique importante dont il est difficile de se défaire.

CRAIE *n. f.*

Pétrol. - Roche sédimentaire carbonatée contenant plus de 90 % de $CaCO_3$. La craie est d'origine marine, formée par accumulation des restes de **Coccolithophoridés** dans des bassins de moins de 300 m de profondeur principalement durant le Crétacé. D'autres espèces planctoniques sont présentes dans la craie, mais aussi des espèces de plus grande taille (Oursins, Spongiaires, Ammonites…). Les **bancs** de craies contiennent des précipitations siliceuses sous forme de rognons de silex déposés en bancs horizontaux (*exemple :* falaises de Normandie).

CRATÈRE *n. m.*

Astron. - Résultat de l'impact d'un **météorite** à la surface d'une planète (syn. Cratère d'impact).

Volcano. - Dépression située au sommet de certains **volcans** et par laquelle s'échappent la matière en fusion et les projections.

CRATON *n. m.*

Tecto. - Vieux socle granitisé formé au Précambrien, fortement rigide et en conséquence non déformé. Les plus vieux cratons datent de 3 Ga. Les cratons contiennent des **komatiites**.

CRÉATINE-PHOSPHATE *n. f.*

Biochim., Éner. - Acide aminé n'entrant pas dans la constitution des protéines. La créatine-phosphate peut transférer un groupement **phosphate** et de l'**énergie** à de l'ADP pour reformer de l'ATP (syn. Phosphocréatine).

→ ***Chaleur retardée.***

CRÉATIONISME *n. m.*

Évol. - Théorie très en vogue actuellement aux États-Unis qui consiste à rejeter l'idée d'évolution et à prendre le récit de la Genèse comme l'histoire du Monde. Les créationistes sont des partisans du **fixisme** et du **catastrophisme**.

CRÉSOL

Biochim.

→ ***Rouge de Crésol.***

CRÉTACÉ *n. m.* ou *adj.*

Strati.

→ ***Échelle stratigraphique.***

CRÈTE MITOCHONDRIALE

Biochim., Éner. - Repli de la membrane interne de la **mitochondrie** qui contient des **chaînes d'oxydoréduction** et porte des **sphères pédonculées**.

CREUTZFELD-JAKOB (MALADIE DE) (MCJ)

Méd. - **Encéphalopathie** humaine dont il existe 4 catégories : la forme sporadique, les formes génétiques, les formes infectieuses et la forme associée à l'**ESB**. **1**. Dans la forme sporadique, le gène de la **PRNP** n'est pas muté, en revanche il existe un polymorphisme au codon 129 qui peut coder soit pour une méthionine soit pour une valine. Ainsi, un individu est soit homozygote (valine//valine ou méthionine//méthionine), soit hétérozygote (méthionine//valine). Cet état homozygote mét//mét semble être un facteur de risque mais pas une cause de la maladie **2.** La forme génétique (10-15 % des cas) est héritée, c'est-à-dire provient d'une famille où cette maladie est déjà connue. Les causes sont des mutations ou des insertions dans le gène PRNP : en position 200 où l'acide glutamique est remplacé par la lysine, en position 178 par le remplacement de l'acide aspartique par l'asparagine (insomnie fatale familiale). **3.** Pour les formes infectieuses, il s'agit d'une contamination par des greffes (dure-mère), des injections d'hormone de croissance et de gonadotrophine humaines ou des rites anthropophages comme celui à l'origine du kuru en Papouasie. Le facteur commun est l'entrée dans l'organisme de prions humains. **4.** Les nouveaux variants (60 cas) de la maladie de Creutzfeldt-Jakob proviennent de la contamination par de la viande bovine atteinte d'ESB bien que les gènes des **prions** de ces deux espèces diffèrent par 30 codons.

CRH

Endocrino. - Sigle anglais de *Corticotropin Releasing Hormone*.

syn. ***Corticolibérine.***

CRIBLAGE DES TRANSFORMANTS

Génét. - Ensemble des techniques destinées à repérer les cellules ayant intégré le ou les **gènes d'intérêt** pour la fabrication d'un **OGM**. Le criblage des transformants repose sur l'utilisation de souches sensibles et résistantes à plusieurs antibiotiques

CRIBLE *n. m.*

Bot.

→ ***Cellule criblée.***

CRISE BIOLOGIQUE

Paléont. - Période marquée, à l'échelle du globe, par des disparitions plus ou moins brutales de groupes entiers d'organismes. Les crises biologiques sont des éléments fondamentaux pour établir les **coupures** entre différentes périodes. En effet, la disparition plus ou moins synchrone d'un grand nombre d'espèces suggère que des événements de grande ampleur ont touché la Terre (transgression, régression, séparation ou collision de masses continentales, météorite…). La crise biologique majeure de l'histoire de la Terre est celle dont on se sert pour définir la fin du primaire. Celle ayant marqué la fin du secondaire est la mieux connue avec la disparition des **Ammonites**, des Ichtyosaures, des Plésiosaures, des Ptérosaures, des **Dinosaures** et de très nombreuses espèces du plancton.

→ ***Échelle stratigraphique, Iridium.***

CRISTAL *n. m.*

Minér., Pétrol. - Solide dont les différents atomes constitutifs sont arrangés de manière régulière définissant un motif de base, la maille élémentaire. La répétition de cette maille dans les différentes directions de l'espace forme le ***réseau cristallin***. Un cristal qui a pu se former sans entrave (**automorphe**) présente macroscopiquement la forme de la maille élémentaire. Il existe sept types de mailles élémentaires (ou systèmes cristallins) qui sont, en quelque sorte, les « squelettes » des **minéraux**.

CRISTALLIN *n. m.*

Anat. - Lentille biconvexe, d'indice de réfraction de 1,43, qui fait converger les rayons lumineux vers la **rétine**. Le cristallin provient de la différenciation de l'épiderme.

→ ***Accommodation.***

CRISTALLISATION *n. f.*

Minér., Pétrol. - Formation de **cristaux** suivant différentes modalités. Les cristaux se forment par associations d'anions et de cations dans une phase liquide. **1.** Dans les roches magmatiques, les anions sont des silicates (SiO_4^{4-}, $Si_2O_7^{6-}$, ...) et les cations des métaux (Fe^{2+}, Mg^{2+}, Al^{3+}), des alcalins (Na^+, K^+) et des alcalino-terreux (Ca^{2+}, Si^{2+}). **2.** Dans les roches physicochimiques, les anions sont les phosphates (PO_4^{3-}), les sulfates (SO_4^{2-}), les carbonates (CO_3^{2-}) et les cations (Ca^{2+}, Mg^{2+}). Plus les cristaux sont gros, plus le refroidissement ou la précipitation ont été lents. À l'inverse, l'absence de cristaux dans une roche magmatique témoigne d'un refroidissement très rapide ; la matière non cristallisée est dite amorphe ou vitreuse.

→ ***Automorphe, Cristal, Cristallisation fractionnée, Verre, Xénomorphe.***

CRISTALLISATION FRACTIONNÉE

Minér., Pétrol., Volcano. - Processus responsable de la différenciation d'un **magma** dans une **chambre magmatique** à cause des différentes températures de cristallisation des divers minéraux présents dans le mélange. Ainsi, les **olivines** sont les premiers minéraux à cristalliser et, comme ils sont plus denses que le mélange magmatique résiduel, ils tombent sur le plancher de la chambre et sédimentent au-dessus des **péridotites**. À la suite de l'appauvrissement du mélange en olivine, le liquide restant s'enrichit donc en **silice** et, en se refroidissant, il donne naissance à des gros cristaux de **pyroxène** et de **feldspaths** sodi-calciques (plagioclases) formant des **gabbros**. Le liquide résiduel, très riche en silice, cristallise à son tour en **amphiboles** et en plagioclases sodiques à l'origine des **diorites.** De plus des minéraux déjà formés peuvent réagir avec le liquide résiduel compte tenu des nouvelles conditions thermodynamiques. Du magma non entièrement cristallisé peut s'échapper par des fissures et gagner la surface où il forme des coulées de lave.

CRO-MAGNON

Préhist. - Lieu-dit situé dans le village des Eyzies en Dordogne où ont été trouvés des squelettes typiques de l'Homme moderne (*Homo sapiens sapiens*) avec une industrie de type magdalénien et de très nombreuses représentations pariétales (peintures). Les Hommes de Cro-Magnon avaient une taille élevée (1,8 m), un volume crânien de l'ordre de 1 400 centimètres cubes, ils vécurent de 40 000 à environ 10 000 ans.

→ ***Aurignacien.***

CROISEMENT EN RETOUR

Génét. - syn. ***Back-cross.***

CROISEMENT-TEST *n. m.*

Génét. - syn. ***Test-cross.***

CROSSE AORTIQUE

Anat. - Partie de l'**aorte** située juste à la sortie du **cœur**. De la crosse aortique partent les **artères carotides**. La crosse aortique contient des **barorécepteurs** (extrémités libres des nerfs de Cyon-Ludwig) et des **chémorécepteurs**. Lors de la **systole ventriculaire**, les parois élastiques de la crosse aortique se distendent, lors de la **diastole**, elles se relâchent sous l'effet de leur élasticité, ce qui assure un débit continu du sang dans les artères.

CROSSING-OVER *n. m.*

Génét. - Échange, en principe réciproque, de portions de **chromatides non-sœurs** entre **chromosomes homologues** au cours de la prophase I de méiose (syn. Enjambement).

→ ***Brassage intrachromosomique, Centimorgan, Chiasma, Chromosome recombiné.***

CROSSOPTÉRYGIENS *n. m. pl.*

Paléont., Zool.

→ ***Poissons.***

CROÛTE TERRESTRE

Tecto. - Partie la plus superficielle de la Terre. La croûte terrestre située sous les **océans** ou croûte océanique est formée de **basalte** surmontant des **gabbros** sur une épaisseur de moins d'une dizaine de kilomètres alors que la croûte continentale, constituée essentiellement de **granodiorites**, mesure entre 30 et 40 km sous les continents et jusqu'à 70 km sous les montagnes. La croûte continentale granitique s'étend aussi sous les océans par l'intermédiaire du plateau et du talus continental. Du fait de la différence de composition chimique, la croûte continentale a une densité moins élevée (2,7) que la croûte océanique (2,9) [syn. Écorce terrestre].

→ ***Continent, Tectonique des plaques.***

CRUSTACÉS *n. m. pl.*

Zool. - Subdivision (classe) des **Arthropodes**, les Crustacés se caractérisent par la possession de deux paires d'antennes, par une paire de mandibules et par une respiration branchiale, à l'exception des rares formes terrestres (Cloporte). Ils possèdent une carapace particulièrement dure, imprégnée de calcaire. Les Crustacés sont les espèces animales les plus abondantes du **plancton** marin et **dulçaquicole**. Les Langoustines, les Crevettes, les Daphnies, les Cloportes sont des Crustacés.

CRUSTAL *adj.*

Tecto. - Qui se rapporte à la **croûte terrestre**.

CRYOTURBATION *n. f.*

Glaciol.

→ ***Modelé périglaciaire.***

CRYPTOGAMES *n. m.* ou *adj.*

Bot. - Groupe de végétaux comprenant les espèces dépourvues de **fleurs** et dont les organes reproducteurs sont peu visibles. Les Cryptogames se reproduisent au moyen de **spores** (**Algues**, **Bryophytes**, **Ptéridophytes**, **Champignons**).

→ ***Angiospermes, Phanérogames.***

CRYPTORCHIDIE *n. f.*

Méd. - Anomalie **congénitale** qui se caractérise par l'absence des **testicules** dans le scrotum à la suite de l'arrêt de leur descente dans la cavité abdominale. Cette cryptorchidie est associée à une stérilité, car la lignée germinale ne peut se développer qu'à une température légèrement inférieure à la température corporelle de 37° C.

CRYPTOZOÏQUE *n. m.*

Strati. - Partie de l'histoire géologique se terminant avec l'apparition de très nombreux fossiles au début du Cambrien. Cette division n'a pas de réalités géologique et évolutive. Le Cryptozoïque correspond à l'Archéen et au Protérozoïque.

→ ***Échelle stratigraphique.***

CULTURE HORS SOL

Bot. - Culture artificielle dans laquelle les racines des végétaux ne sont pas dans la terre mais baignent dans une solution nutritive de composition contrôlée (syn. Culture hydroponique).

→ ***Milieu de culture.***

CULTURE MIXTE LYMPHOCYTAIRE

Immuno. Technique de culture *in vitro* permettant de quantifier les capacités de reconnaissance de cellules d'individus différents. Cette technique repose sur la mise en contact des cellules d'un individu avec des **lymphocytes T** d'un autre individu. L'importance de la prolifération des cellules en présence des lymphocytes T est une estimation du degré de reconnaissance. Ce type de culture est utilisé par exemple avant de réaliser des greffes.

CULTIVAR *n. m.*

Agric., Bot. - De l'anglais *Cultivated variety*. Variété pure de plantes produite par les sélectionneurs. Les cultivars sont multipliés de manière végétative (clone) ou de manière sexuée tout en conservant leurs caractéristiques propres. Les cultivars sont des **races pures**.

CUMULAT *n. m.*

Tecto. - **Roche grenue** comme les **gabbros** ou les **péridotites** formée par la sédimentation précoce de minéraux denses dans une **chambre magmatique** et cimentés entre eux par d'autres minéraux. Ce mode de formation donne une structure litée à la roche. Ce type de roche se trouve dans la partie inférieure des **ophiolites**.

CURARE *n. m.*

Neurobiol. - Poison d'origine végétale préparé à partir de plantes du genre *Strychnos* poussant en Amérique du Sud. Le curare a la propriété d'être un **antagoniste** de l'**acétylcholine**. Il se fixe sur les récepteurs postsynaptiques de la **synapse neuromusculaire** et bloque la transmission du message nerveux. Le curare provoque donc une paralysie.

CURARISÉ *adj.*

Neurobiol. - Déposé du **curare** dans une structure biologique.

CURIE

Phys.

→ ***Point de Curie.***

CUTICULE *n. f.*

Bot., Zool. - Dépôt luisant, de nature lipidique, sécrété par les cellules épidermiques des végétaux terrestres et des **Arthropodes**. Chez les végétaux terrestres, la cuticule forme un revêtement uniquement interrompu au niveau des **stomates**. Chez les Arthropodes comme chez les végétaux terrestres, elle protège l'**épiderme** des chocs mécaniques et des différentes agressions et, par sa nature hydrophobe, empêche l'eau de s'évaporer.

→ ***Subérine.***

CYANOBACTÉRIES *n. f.*

Évol. - **Procaryotes** photosynthétiques qui furent les premières cellules à réaliser la **photosynthèse** libérant ainsi du dioxygène qui fut à l'origine de l'atmosphère oxydante de la Terre (syn. Algues bleues).

→ ***Stromatolites.***

CYCLE ALPIN

Tecto. - Ensemble des phénomènes tectoniques ayant conduit à la formation des Alpes depuis la France jusqu'à l'Autriche. L'orogenèse a débuté au Crétacé (80-70 Ma) et se poursuit de nos jours. Cette orogenèse provient de la subduction de la Thétys ligure ou **océan alpin**, sous la marge de l'Afrique, suivie d'une **obduction** de son plancher océanique (ophiolites) et d'une collision entre la péninsule Italienne et la masse continentale eurasienne.

CYCLE BIOGÉOCHIMIQUE

Écol., Géol. - Transfert et réutilisation d'un élément naturel, biogène ou d'un composé artificiel entre les différents compartiments de la **biosphère** (hydrosphère, atmosphère et couches supérieures de la lithosphère). Tout cycle biogéochimique débute par l'intégration de l'élément considéré dans la biomasse des végétaux autotrophes (phénomène d'**assimilation** des **producteurs primaires**) et poursuit sa circulation dans les niveaux trophiques des consommateurs (phénomène d'assimilation des consommateurs : végétariens et consommateurs d'ordre supérieur). Avec la mort de ces êtres vivants, la matière organique est utilisée par les saprophages ou décomposeurs (Champignons, Bactéries…) qui la minéralisent entièrement. Cette matière minérale (CO_2, H_2O, NH_3, PO_4^{3-}, SO_4^{2-}, ...) est ensuite réutilisée par les producteurs primaires ou est à l'origine de roches (carbonates, phosphates, sulfates). La matière organique non entièrement minéralisée peut être soustraite « momentanément » au cycle biogéochimique du carbone par fossilisation (charbon, pétrole, gaz naturels).

→ ***Cycle biogéochimique de l'azote, Cycle biogéochimique du carbone.***

CYCLE BIOGÉOCHIMIQUE DE L'AZOTE

Écol., Géol. - Cycle au cours duquel l'élément azote passe dans les différents compartiments de la biosphère. L'azote atmosphérique N_2 est transformé en nitrates (NO_3^-) par les Bactéries et autres organismes fixateurs d'azote (**nitrification**). Ces nitrates sont absorbés par les végétaux qui les utilisent pour élaborer leurs acides aminés et leurs protéines. À leur mort, les acides aminés sont transformés en ammoniac (NH_3) (**ammonisation**), puis par certaines Bactéries en NO_2, en N_2O et enfin en NO_3^-.

CYCLE BIOGÉOCHIMIQUE DE L'EAU

Écol., Géol. - Cycle au cours duquel l'eau passe de l'hydrosphère à l'atmosphère et y retourne. La chaleur solaire entraîne l'évaporation de l'eau essentiellement à partir des surfaces océaniques mais aussi des surfaces émergées (évaporation, évapotranspiration). Le déplacement des masses d'air chargées de vapeur d'eau assure en partie leur redistribution sous forme de précipitations solides ou liquides. La majorité de l'eau retombe dans les océans. Celle qui arrive sur les continents ruisselle et assure l'alimentation des cours d'eau, celle qui s'infiltre alimente les nappes phréatiques et la circulation aquatique souterraine.

CYCLE BIOGÉOCHIMIQUE DU CARBONE

Écol., Géol. - Cycle au cours duquel l'élément carbone passe entre les différents compartiments de la biosphère. Ce cycle est régulé par la **photosynthèse** et la **respiration** qui constituent deux processus antagonistes. La destruction des forêts diminue les capacités de fixation du CO_2 par la photosynthèse ; la combustion des combustibles fossiles (pétrole, charbon, gaz) libère des quantités de CO_2 de plus en plus importante ce qui augmente la concentration de ce gaz dans l'atmosphère et contribue au réchauffement de la planète par **effet de serre**. Sa concentration en CO_2 est modifiée par différents événements. Par exemple, elle était maximale au Crétacé (augmentation du fonctionnement des dorsales) et minimale au Carbonifère. Parmi les facteurs qui consomment du CO_2, on retient : l'altération des silicates calciques et magnésiens, la dissolution des carbonates, la photosynthèse, le piégeage de la matière organique dans les roches (pétrole, charbon, gaz). En revanche, le dégazage du manteau et la précipitation des carbonates libèrent du CO_2 dans l'eau et l'atmosphère. Lorsque la température augmente, la solubilité du CO_2 diminue, il passe alors dans l'atmosphère et l'effet de serre augmente.

Voir figure page 144.

CYCLE BIOLOGIQUE

Bot., Zool. - Ensemble des étapes du développement par lesquelles passe un être vivant de sa naissance à sa mort.

→ ***Cycle diplophasique, Cycle halophasique.***

Voir figure page 145.

CYCLE CELLULAIRE

Biol. cell. - Ensemble des changements qui se déroulent dans une cellule entre la période de sa formation en tant qu'entité indépendante et sa propre division, ces changements comprennent toujours la **duplication** de l'**ADN**. Dans les **cellules eucaryotes**, le cycle cellulaire se divise en quatre phases. G1, S, G2 constituent l'interphase et M la mitose. G1 est la période qui suit immédiatement la division, à ce moment-là, la cellule est diploïde, S est la phase de duplication de l'ADN qui se termine quand tous les **chromosomes** sont formé de deux **chromatides**, G2 est la période où la cellule est dans un état **tétraploïde**. Enfin la mitose suit et restaure, par la division cellulaire, un état diploïde dans chaque cellule. Le cycle cellulaire est régulé par un groupe de gènes qui codent pour des protéines-kinases.

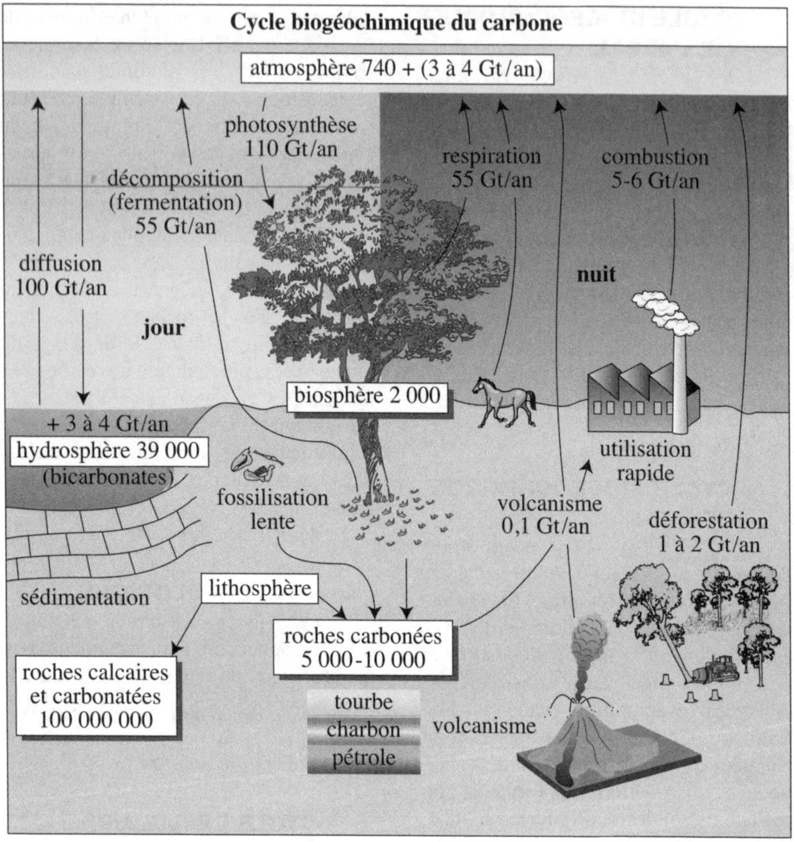

L'élément carbone, constituant de base de la matière organique, est stocké dans les quatre grands réservoirs : l'atmosphère (CO_2), l'hydrosphère (bicarbonates), la lithosphère (roches calcaires, carbonatées et carbonées), la biosphère (molécules organiques des êtres vivants). Les échanges de carbone entre ces compartiments (passage du carbone minéral au carbone organique et *vice versa*) se font par diffusion entre l'atmosphère et les océans et par des processus biochimiques (respiration, fermentation, photosynthèse) entre l'atmosphère et la biosphère. On admet que les flux de carbone entre ces différents compartiments étaient à peu près équilibrés jusqu'au début de l'ère industrielle. Par la suite, les activités humaines provoquent une augmentation de la teneur en CO_2 atmosphérique malgré l'existence d'échanges accrus entre l'atmosphère et les autres compartiments. Les quantités estimées de carbone pour chaque réservoir sont en milliards de tonnes et les échanges sont donnés en milliards de tonnes par an (Gt / an).

CYCLE DE CALVIN

Biochim., Éner. - Ensemble des réac-tions débutant par l'incorporation de CO_2 au **ribulose-diphosphate** (Rudi-P) dans le stroma des chloroplastes. Cette fixation de matière minérale sur de la matière organique ne nécessite pas directement d'énergie lumineuse. Elle est réalisée par une **carboxylase**. C'est pour cette raison que ces réactions sont connues sous le nom de **réactions non-photochimiques** ou obscures de la photosynthèse. Cette fixation du CO_2 est suivie de la transformation de l'**acide**

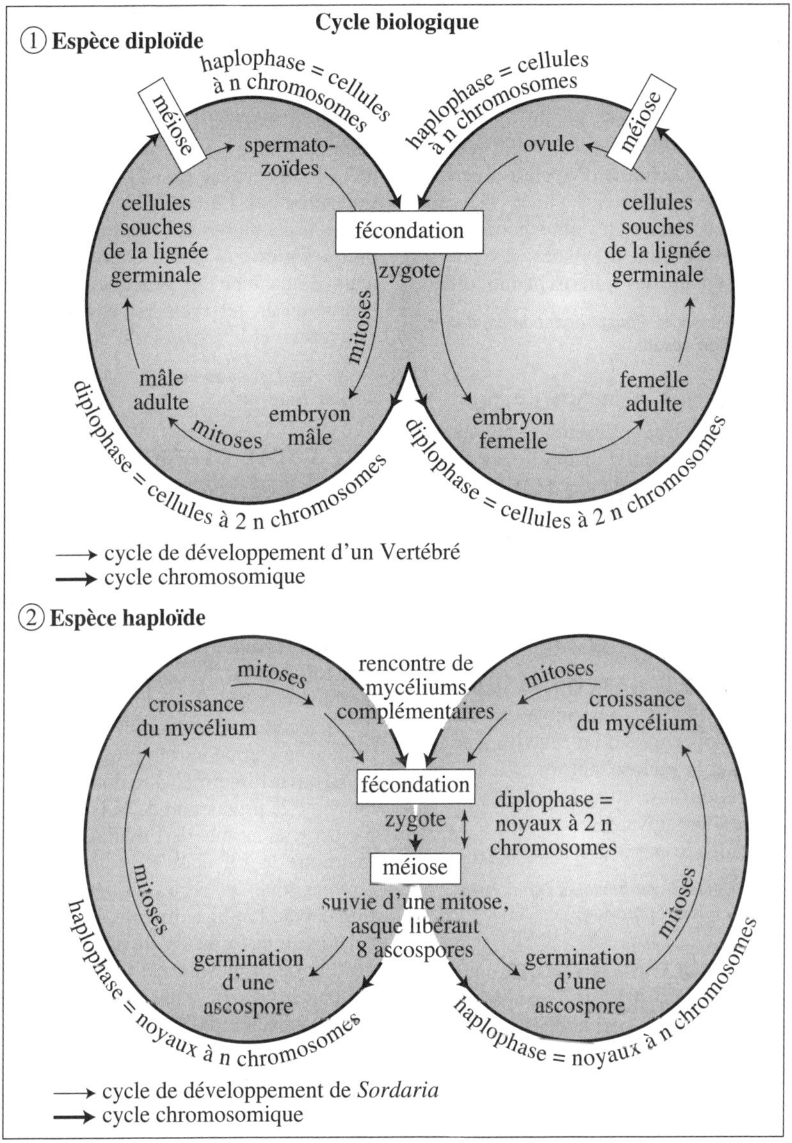

phosphoglycérique (APG) ainsi obtenu par l'hydrolyse de l'ATP et l'oxydation des transporteurs réduits au cours de la phase lumineuse ou phase claire (**réactions photochimiques**) de la **photosynthèse.** Il se forme deux trioses phosphates dont l'un régénère le rudi-P alors que l'autre est à la base de nouvelles synthèses organiques (glucides, lipides, protides).

CYCLE DE KREBS

Biochim., Éner. - Ensemble de **décarboxylations oxydatives**, de **déshydrogénations** associées à des réductions de transporteurs et à des hydratations qui dégradent progressivement le radical acétyl fixé par le coenzyme A sur l'**acide oxaloacétique** (C4) qui à la fin du cycle est régénéré, alimentant ainsi le cycle.

Le cycle de Krebs se déroule dans la matrice de la **mitochondrie**. Il permet la libération de CO_2, la production d'une quantité limitée d'**ATP** et conduit à la formation d'un grand nombre de transporteurs **réduits** (TH_2) qui sont réoxydés dans une **chaîne d'oxydoréduction** ou chaîne respiratoire située dans la membrane interne des mitochondries ce qui permet ensuite la synthèse d'ATP par l'intermédiaire des **sphères pédonculées**.

→ ***Glycolyse, Phosphorylation oxydative, Respiration aérobie.***

CYCLE DIPLOPHASIQUE

Biol. cell. - Ensemble des étapes du développement d'un être vivant **eucaryote** où la **méiose** précède la **fécondation**. La quasi totalité de la vie de l'organisme se déroule à l'état **diploïde** (la majorité des espèces vivantes).

→ ***Cycle haplophasique, Diplonte, Diplophase, Haplophase.***

CYCLE HAPLOPHASIQUE

Biol. cell. - Ensemble des étapes du développement d'un être vivant **eucaryote** où la **méiose** suit immédiatement la **fécondation**. La quasi totalité de la vie de l'organisme se déroule à l'état **haploïde** (*Exemple : Neurospora*).

→ ***Cycle diplophasique, Diplophase, Haplonte, Haplophase.***

CYCLE MENSTRUEL

Physiol. ani. - Ensemble des transformations périodiques (28 jours chez la Femme, 4 jours chez la Souris, 35 jours chez le Chimpanzé) touchant les muqueuses vaginale et utérine. Le cycle menstruel se déroule régulièrement de la **puberté** à la **ménopause**. Les changements des caractéristiques de l'appareil génital sont provoqués par la sécrétion des hormones ovariennes. Par convention, le premier jour du cycle est défini par le jour d'apparition des menstruations et se termine le jour précédent l'apparition des menstruations du cycle suivant.

→ ***Cycle ovarien, Cycle utérin.***

CYCLE OROGÉNIQUE

Tecto. - Succession des événements qui conduit à la formation d'une **chaîne de montagnes**, puis à sa destruction par l'érosion. Le cycle orogénique comprend trois phases : **sédimentation** (dépôt), **orogenèse** (relief), **pénéplanation** (érosion). La coïncidence entre les cycles orogéniques et la **tectonique des plaques** n'est pas établie avec certitude, mais d'une manière générale, on peut penser qu'un tel cycle est couplé avec l'ouverture et la fermeture d'un océan.

→ ***Alpin, Calédonien, Échelle stratigraphique, Hercynien.***

CYCLE OVARIEN

Physiol. ani. - Ensemble des modifications périodiques qui touchent le fonctionnement de l'**ovaire** depuis la **puberté** jusqu'à la **ménopause**. La première partie du cycle ou **phase folliculaire** se caractérise par la croissance du **follicule tertiaire** qui contient l'**ovocyte I** (le follicule tertiaire passe de 2-4 mm à 20-24 mm de diamètre). C'est une période de sécrétion d'**œstradiol** dont un pic déclenche (rétrocontrôle positif) un **pic de LH**, par l'intermédiaire de l'augmentation de la production de la **GnRH**. Ce pic est responsable de l'**ovulation** qui a lieu entre le 13e et le 19e jour après le premier jour des règles. Après l'ovulation débute la **phase lutéale**, le follicule éclaté se transforme en **corps jaune** producteur de **progestérone**. S'il y a fécondation, le corps jaune persiste, si la fécondation n'a pas lieu, le corps jaune régresse et la production de progestérone stoppe, ce qui provoque les règles du cycle suivant.

→ ***Cycle menstruel, Ovaire.***
Voir figure page 147.

CYCLE UTÉRIN

Physiol. ani. - Ensemble des modifications de la **muqueuse utérine** en réponse aux différentes hormones produites par les ovaires. Durant la **phase folliculaire**, la muqueuse utérine est lisse alors que durant la **phase lutéa-**

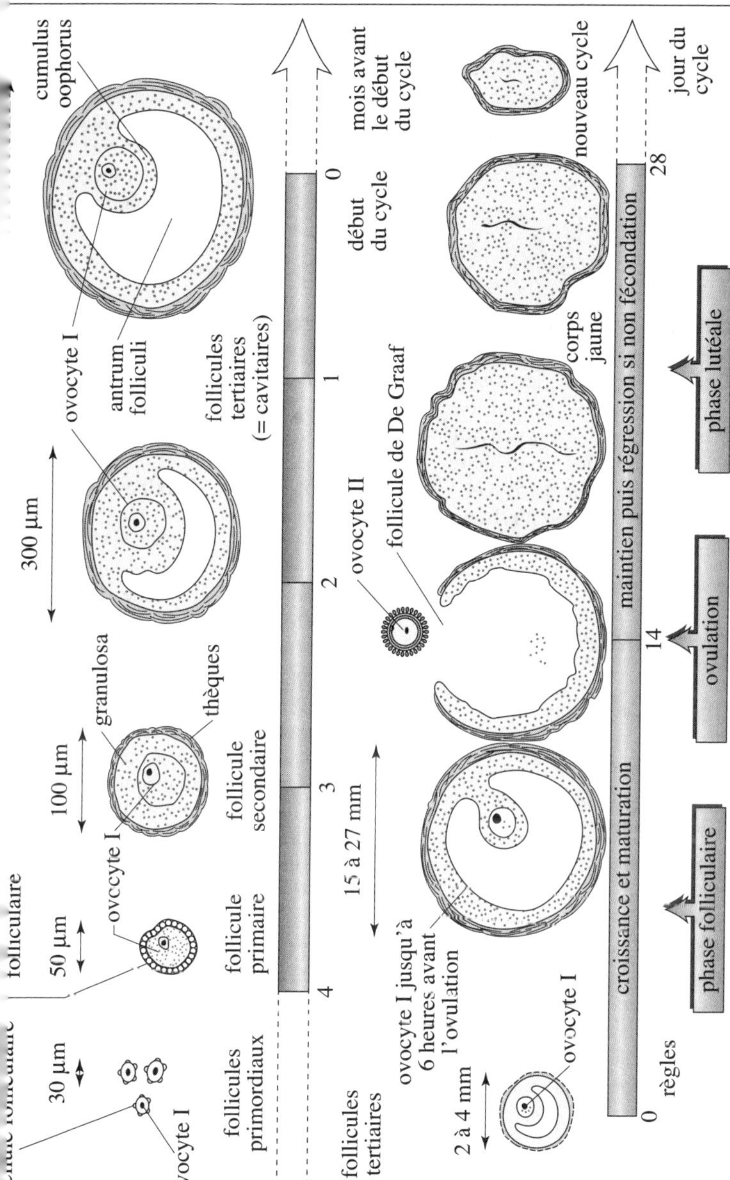

Au début de chaque cycle, il existe une dizaine de follicules cavitaires dans chaque ovaire, vers le cinquième jour du cycle, un seul follicule, appelé follicule dominant, poursuit son développement alors que les autres dégénèrent. L'ovocyte I, reprend sa méiose et la bloque en métaphase de seconde division. Celle-ci ne reprend que s'il y a fécondation.

le, la muqueuse utérine se développe, se plisse en une dentelle, différencie des glandes productrices de glycogène. Avec la chute du taux des hormones ovariennes à la fin du cycle, la muqueuse utérine se délabre, les vaisseaux qui la parcouraient se rompent, les **menstruations** apparaissent.

→ ***Cycle menstruel, Dentelle utérine, Œstrogènes, Progestérone, Vaisseaux spiralés.***

CYCLOSE *n. f.*
Cyto. - Mouvements de l'intérieur de la **cellule** qui entraînent les différents organites à parcourir l'ensemble du volume cellulaire. La cyclose est entre autres due aux changements de viscosité du **hyaloplasme**.

CYLINDRAXE *n. m.*
Neurobiol. - syn. ***Axone.***

CYLINDRE CENTRAL
Bot. - Partie centrale d'une **tige** ou d'une **racine** qui contient les tissus conducteurs. Le cylindre central est entouré par les cellules du **parenchyme médullaire**. Dans la racine, le cylindre central est délimité par le péricycle ; pour la tige, cette locution est plus rarement employée (syn. Stèle).

→ ***Phloème, Xylème.***

CYON-LUDWIG
Neurobiol.

→ ***Nerf de Cyon-Ludwig.***

CYTIDINE *n. f.*
Biochim. - Nucléoside ayant pour base azotée la **cytosine**.

→ ***Base pyrimidique.***

CYTODIÉRÈSE *n. f.*
Biol. cell. - Ensemble des événements conduisant à la séparation d'une cellule en deux cellules filles à l'exception de la division du **noyau** ou caryocinèse. La cytodiérèse débute pendant l'**anaphase** et s'achève au-delà de la **télophase**.

CYTOGÉNÉTIQUE *n. f.*
Cyto. - Domaine de la génétique qui a pour objet l'étude des chromosomes au moyen de la microscopie.

CYTOKINE *n. f.*
Immuno. - Terme générique désignant les molécules sécrétées par les cellules du **système immunitaire** et assurant la communication entre ses différentes cellules soit sur le mode autocrine, paracrine ou endocrine. Les cytokines affectent la croissance, la division et la différenciation des cellules du système immunitaire. Les différentes **interleukines** (IL-1, IL-2…) et les molécules qui attirent les **macrophages** sont des cytokines.

→ ***Coopération cellulaire.***

CYTOKININES *n. f. pl.*
Physiol. vég. - Catégorie de substances de croissance synthétisées dans les apex racinaires et transportées dans toutes les autres parties de la plante par le xylème. Les cytokinines agissent toujours de concert avec l'**auxine** en stimulant la division de cellules déjà différenciées dont elles déclenchent la dédifférenciation puis la division. *In vitro*, une concentration plus importante d'auxine que de cytokinines favorise la **rhizogenèse**, alors que les concentrations inverses entraînent la formation des bourgeons. Les proportions de ces deux hormones contrôlent l'organogenèse. Les cytokinines activent l'initiation des feuilles et des tiges, sont responsables de la levée de **dormance** des graines, retardent la sénescence foliaire en cas de sécheresse et stimulent la croissance des chloroplastes.

CYTOLOGIE *n. f.*
Cyto. - Branche de la biologie qui étudie la structure, les caractéristiques, le fonctionnement et l'évolution des cellules.

CYTOPLASME *n. m.*
Biol. cell. - L'intérieur de la cellule, le cytoplasme comprend le **hyaloplasme** et les **organites** à l'exception du noyau.

CYTOSINE *n. f.*
Biochim. - Une des trois **bases pyrimidiques** constituant un **nucléoside**, la cytidine. La cytosine se lie par trois **liaisons hydrogène** à une **base purique**, la guanine.

CYTOSOL *n. m.*
Biol. cell. - syn. ***Hyaloplasme.***

CYTOSQUELETTE *n. m.*
Biol. cell. - Ensemble de protéines fibrillaires présentes dans les **cellules eucaryotes**. Le cytosquelette est constitué principalement par des filaments d'**actine**, des filaments intermédiaires et des **microtubules**. C'est l'ensemble de ces protéines qui donne à la cellule sa forme. De plus, le cytosquelette intervient dans le déplacement de la cellule, dans les mouvements du cytoplasme et dans l'interaction avec le milieu extracellulaire. Le cytosquelette n'est pas une structure figée, il est en permanence démonté et reformé.

→ ***Aster, Centriole, Fuseau de division, moteur moléculaire.***

CYTOTOXICITÉ *n. f.*
Immuno. - Moyens utilisés par certaines cellules du système immunitaire (lymphocytes, phagocytes mononucléés, granulocytes) pour tuer des cellules cibles. On distingue plusieurs formes de cytotoxicité suivant les modalités d'action. La cytotoxicité des **lymphocytes T cytotoxiques** est due à la libération entre le lymphocyte T et la cellule cible de **perforines** qui forment un canal lytique et/ou à la libération de **granzymes** qui entraîne une protéolyse conduisant à son **apoptose** ou à sa nécrose.

CYTOTOXIQUE *adj.*
Immuno. - Qui détruit les cellules.

→ ***Cytotoxicité, Lymphocyte T cytotoxique.***

D

DALTONISME *n. m.*

Génét., Méd. - Trouble de la vision des couleurs dû à un allèle récessif porté par le chromosome X.

→ ***Femme vectrice.***

DARWINISME *n. m.*

Évol. - Théorie explicative de l'évolution formulée en 1858 par Charles Darwin et Alfred Wallace. Elle a été publiée par Charles Darwin en 1859 dans son livre : *« L'origine des espèces au moyen de la sélection naturelle ou la persistance des races favorisées dans la lutte pour la vie »*. Ainsi, pour Darwin, les variations apparaissant chez certains individus seraient avantageuses dans la lutte pour la vie. Seuls les individus les plus aptes survivraient, il y a **sélection naturelle** par le milieu des individus les mieux adaptés. Ces individus plus performants, vivant plus longtemps et plus fertiles auraient une descendance plus nombreuse possédant les caractéristiques des parents. Un tel processus se répétant au cours des générations, l'**espèce** se transforme progressivement en une autre (**gradualisme**). La théorie de Darwin repose sur des variations continues non héréditaires et sur l'hérédité des caractères acquis. La **théorie synthétique de l'évolution** ne retient de Darwin que la sélection naturelle.

→ ***Évolution, Lamarckisme.***

DATATION *n. f.*

Géol. - Action de déterminer par différentes méthodes l'âge d'un objet (fossiles, roches, minéraux), d'une couche, d'une structure, d'un événement,... **1.** La datation est relative quand elle se fait par comparaison, suivant la flèche du **temps**, avec d'autres objets équivalents. La datation relative repose sur les **principes de superposition** (1), **de recoupement** (2), **de continuité** (3) et **d'identité paléontologique** (4). **2.** La datation est dite absolue quand l'âge est quantifié par les méthodes de la **radiochronologie**. On préférera l'expression datation radiochronologique ou radiométrique à datation absolue qui laisse entendre qu'il n'y a aucune incertitude sur la valeur avancée. En fonction des âges des objets à dater, il existe 3 principales méthodes radiochronologiques de datation : Carbone 14, Potassium-Argon, Uranium-Plomb-Thorium.

DATATION PAR LE CARBONE 14

Géol. - Dans le cas de la datation par le **Carbone 14**, le calcul de l'âge d'un objet est aisé car la valeur du rapport $^{14}C/^{12}C$ dans celui-ci est connue au moment de la **fermeture du système**, c'est celle de l'air ambiant dont le rapport $^{14}C/^{12}C$ est supposé identique au rapport actuel. On s'est aperçu récemment que le $^{14}C/^{12}C$ varie au cours du temps en fonction de l'intensité du rayonnement cosmique. Au-delà de 30-40 000 ans, la quantité de ^{14}C restant est trop faible pour être dosée, entre 64 et 128 fois moins qu'à la fermeture du système.

DATATION PAR LE POTASSIUM-ARGON

Géol. - Méthode de datation radiochronologique qui permet de dater des événements vieux de plusieurs millions d'années en raison de la période de 1,25 Ga de l'isotope ^{40}K, qui ne représente que 0,012 % du potassium total. Le ^{40}K se désintègre en argon ^{40}Ar, un gaz rare. Cette méthode s'applique aux laves et aux projections volcaniques. Elle est particulièrement utilisée pour dater les niveaux volcaniques qui encadrent les fossiles d'**Hominoïdes** en Afrique de l'Est.

DATATION PAR LE RUBIDIUM-STRONTIUM

Géol. - Méthode de datation permettant de dater les événements anciens de l'histoire de la Terre. Le rubidium (Rb) et le strontium (Sr) sont des éléments traces des roches magmatiques qui, dans les minéraux, se substituent en partie au K pour le Rb et au Ca pour le Sr. Seul ^{87}Rb est radioactif alors que ^{85}Rb ne l'est pas. ^{87}Rb se désintègre avec une période de $48{,}8.10^{9}$ ans ($\lambda = 1{,}42.10^{-11}.an^{-1}$) en ^{87}Sr qui est un isotope stable come le ^{86}Sr et le ^{88}Sr. À la fin de la cristallisation (**fermeture du système**) d'une roche magmatique, chaque minéral a intégré des quantités initiales différentes des trois isotopes du Sr et des deux du Rb. La quantité de ^{87}Sr initial dans chaque minéral au moment de l'étude, soit quelques millions ou milliards d'années plus tard, est augmentée de la quantité de ^{87}Sr formée par désintégration du ^{87}Rb, c'est-à-dire $^{87}Rb.\lambda t$. La quantité de ^{87}Sr initial dans un minéral n'est pas connue ainsi que le temps (t) écoulé depuis la fermeture du système. Il y a donc toujours une inconnue de plus que d'équations (une équation par minéral). Ce problème est résolu car la quantité de ^{86}Sr est stable, cet isotope n'est ni radioactif ni **radiogénique** et donc le rapport $^{87}Sr/^{86}Sr$ est le même, au moment de leur formation, pour tous les minéraux de la roche étudiée. Pour chaque équation correspondant à chaque minéral considéré, on divise par ^{86}Sr : $(^{87}Sr/^{86}Sr)_{actuel} = (^{87}Sr/^{86}Sr)_{initial} - (^{87}Rb/^{86}Sr).\lambda t$. En représentant $^{87}Sr/^{86}Sr = a(^{87}Rb/^{86}Sr) + (^{87}Sr/^{86}Sr)_{initial}$ (courbe du type y = ax + b) sur un diagramme

Datation rubidium - strontium

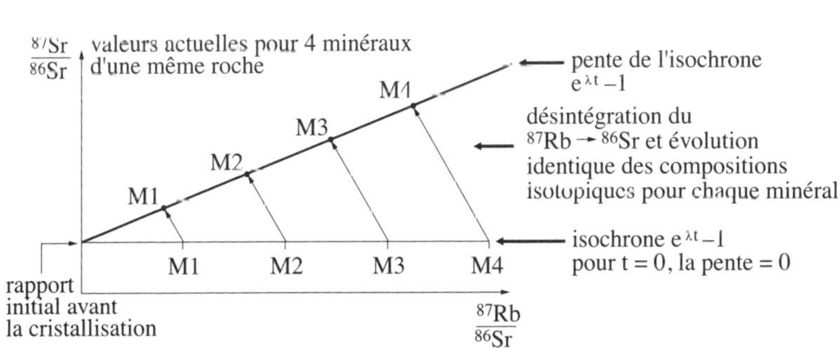

On suppose un magma homogène du point de vue géochimique et isotopique caractérisé par un rapport $^{87}Sr/^{86}Sr$ initial. La cristallisation fractionnée a pour conséquence une répartition différente dans les minéraux du ^{87}Rb qui se comporte comme le potassium alors que le Sr se comporte comme le calcium. De ce fait, les minéraux au moment de leur formation se différencieront par leur rapport $^{87}Rb/^{86}Sr$, mais pas par leur rapport $^{87}Sr/^{86}Sr$ (les deux isotopes se comportant de la même manière).
Avec le temps le rapport $^{87}Rb/^{86}Sr$ diminuera, mais le rapport $^{87}Sr/^{86}Sr$ augmentera du fait de la désintégration du ^{87}Rb en ^{87}Sr.

avec $^{87}Sr/^{86}Sr$ en ordonnées et $^{87}Rb/^{86}Sr$ en abscisses, on trace une droite parallèle à l'axe des abscisses et d'ordonnées $(^{87}Sr/^{86}Sr)_{actuel}$. La valeur $(^{87}Sr/^{86}Sr)_{initial}$ peut aussi être déterminée graphiquement par intersection de cette droite avec les ordonnées. Pour chaque minéral, on place alors sur le graphique les valeurs de $^{87}Rb/^{86}Sr$ en fonction de $(^{87}Sr/^{86}Sr)_{actuel}$. Ces valeurs se placent sur une droite dite **isochrone**. La valeur du rapport $(^{87}Rb/^{86}Sr)_{initial}$ pour chaque minéral s'obtient en prenant l'intersection avec la parallèle représentant la valeur de $(^{87}Sr/^{86}Sr)_{initial}$ et la droite de pente –1 car la désintégration d'un atome de ^{87}Rb donne un atome de ^{87}Sr. La valeur de la pente de la droite isochrone (a) permet d'obtenir t ($a = e^{-\lambda t} - 1$ et donc $t = \ln(a + 1)/\lambda$).

→ ***Radiochronologie.***

D.B.O.

Écol. - Sigle de **Demande Biologique en Oxygène**.

D.B.O. 5

Écol. - Sigle de **Demande Biologique en Oxygène** mesurée à 20 °C, dans l'obscurité et au bout de cinq jours.

D.C.O.

Écol. - Sigle de **Demande Chimique en Oxygène**.

DDT *n. m.*

Écol. - Sigle de Dichloro-Diphényl-Trichloroéthane. Insecticide organochloré à forte toxicité agissant sur le système nerveux des Insectes mais aussi sur la fécondité des Mammifères et des oiseaux. Le DDT est peu biodégradable et à forte capacité de **bioamplification**. Son usage est interdit dans la plupart des pays industrialisés.

DÉBIT CARDIAQUE

Physiol. ani. - Volume de sang éjecté par chaque ventricule durant une minute. La valeur moyenne est comprise entre 5,5 et 6,5 litres · min^{-1}. Dans la pratique, il faut mieux mesurer séparément les débits droit et gauche. Au repos, ces deux débits sont identiques.

DÉBIT RESPIRATOIRE/ VENTILATOIRE

Physiol. ani. - Volume d'air ventilé par unité de temps (en général litre.min^{-1}).

DÉBOURRAGE *n. m.*

Bot. - Stade apparent du développement des bourgeons des arbres qui se traduit par l'apparition de nouvelles feuilles.

DÉCALAGE SPECTRAL

Astron. - Différence entre la position des raies des longueurs d'onde d'un objet source et leur position dans un spectre de référence observé sur la Terre.

→ ***Effet Doppler.***

DÉCARBOXYLASE *n. f.*

Biochim., Éner. - Enzyme réalisant une **décarboxylation oxydative**.

DÉCARBOXYLATION OXYDATIVE

Biochim., Éner. - Élimination d'un groupement CO_2 d'une molécule sous l'action d'une enzyme, la décarboxy-lase, qui catalyse l'oxydation de la molécule en présence de coenzyme.

→ ***Cycle de Krebs.***

DÉCHARGE OVULANTE

Endocrino. - Libération soudaine et brève d'une grande quantité de **LH** par l'antéhypophyse. Ce pic est responsable de la libération, par le **follicule de De Graaf**, de l'**ovocyte II** bloqué en métaphase de seconde division de méiose. Le pic de LH est sous contrôle hypothalamique (augmentation de la fréquence et de l'amplitude des pulses de la **GnRH**), mais aussi sous **rétrocontrôle positif** par l'**œstradiol**. Le pic d'œstradiol pendant la **phase folliculaire** est parfois qualifié de décharge ovulante.

→ ***Ovulation.***

DÉCLINAISON DU SOLEIL

Astron. - Angle que fait le Soleil avec le plan passant par l'équateur terrestre.

DÉCLINAISON MAGNÉTIQUE

Géophys. - Angle que fait la composante horizontale du champ magnétique local avec la direction du Nord géographique.

→ ***Boussole, Pôle géographique.***

DÉCOMPOSEURS *n. m.*

Écol. - Ensemble des **êtres vivants** qui, pour se nourrir, utilisent la **matière organique** provenant de parties de végétaux morts (bois, litière), de cadavres d'animaux, d'excréments. Cette matière forme la matière organique morte qui est progressivement dégradée par les différents décomposeurs (**Micro-organismes, Champignons** saprophytes) en **matière minérale**. L'énergie potentielle contenue dans la matière organique est utilisée par ces décomposeurs comme source d'énergie pour leur développement et leur croissance.

→ ***Chaîne alimentaire, Détritivores, Réseau trophique.***

DÉCROCHEMENT *n. m.*

Tecto. - **Faille** plus ou moins verticale dont le mouvement relatif des compartiments se fait principalement suivant un rejet horizontal et parallèlement à cette faille.

DÉDIFFÉRENCIATION *n. f.*

Biol. - Capacité d'une cellule déjà différenciée à retourner à un état indifférencié, souvent associée à la reprise de l'activité mitotique et à la capacité de se redifférencier en un autre type cellulaire. La dédifférenciation s'observe surtout chez les végétaux.

→ ***Cal.***

DÉFICIT IMMUNITAIRE COMBINÉ SÉVÈRE

Immuno. - Maladie provoquée par les absences de **thymus** et de **ganglions lymphatiques** qui empêchent l'évolution normale des lymphocytes B et des lymphocytes T. Le déficit immunitaire combiné sévère est sous la dépendance d'un allèle autosomique récessif. L'espérance de vie des malades est très courte à cause des nombreuses infections auxquelles l'individu ne peut faire face. Seule la greffe de **moelle osseuse** peut restaurer une situation à peu près normale.

DÉGRADATION *n. f.*

Biochim., Éner. - Destruction d'une molécule de petite taille soit à cause de son usure, soit pour en obtenir l'énergie chimique qu'elle contient.

→ ***Renouvellement biologique, Ubiquitine.***

DE GRAAF

Histo., Physiol. ani.

→ ***Follicule de De Graaf.***

DÉGRANULATION *n. f.*

Biol. cell., Immuno. - Libération, par exocytose, du contenu, des vésicules endoplasmiques (granules). Chez les **mastocystes**, ce phénomène conduit à la libération massive d'histamine. La dégranulation a lieu aussi dans les arborisations terminales des neurones en réponse à l'arrivée d'un potentiel d'action.

DEGRÉ GÉOTHERMIQUE

Géophys - Profondeur à parcourir pour que la température s'élève de 1° C. Cette distance est variable et dépend du flux géothermique local.

→ ***Gradient géothermique.***

DÉLAI SYNAPTIQUE

Neurobiol. - Durée nécessaire pour qu'un message nerveux franchisse une **synapse**. Ce délai est de l'ordre d'une milliseconde.

DÉLÉTION *n. f.*

Génét., Méd. - Perte d'un fragment de matériel génétique, de la simple **paire de bases** à une portion plus ou moins importante d'un **chromosome**. Plus une délétion est importante, plus la probabilité de survie est faible.

→ ***Mucoviscidose, Mutation.***

DÉLÉTION CLONALE

Immuno. - Destruction ou inactivation des cellules immunitaires pouvant être dangereuses pour l'organisme : **lymphocytes T immatures** porteurs des récepteurs spécifiques aux molécules du soi (antigènes du CMH de classe I et de classe II) et **lymphocytes B immatures** se liant trop fortement aux antigènes du soi. Ainsi, dans le thymus, les lymphocytes T immatures rencontrent la presque totalité des molécules du **soi immunologique** (antigènes du CMH associés à des peptides résultant de la fragmentation des protéines cellulaires) présentées par les cellules du thymus. En se fixant sur leurs récepteurs T, ces cellules du thymus déclenchent la mort des lymphocytes T immatures par apoptose. Néanmoins, quelques lymphocytes T immatures ayant des récepteurs complémentaires du soi immunologiques peuvent échapper à ce contact et parvenir a maturité. Cependant, il existe une sorte de protection contre l'attaque des cellules de l'organisme par le système immunitaire par un mécanisme de **double reconnaissance**. Dans la moelle osseuse, les lymphocytes B immatures qui se lient trop fortement aux antigènes du **soi** présentés par les cellules de la moelle sont éliminés (apoptose) alors que les autres sont conservés, deviennent immunocompétents et se dirigent vers les ganglions lymphatiques (syn. Sélection négative).

→ ***Apprentissage du soi, Sélection positive.***

DÉLÉTION 5P

Génét., Méd. - Délétion d'une partie du bras court (p) du chromosome 5 connue sous le nom de syndrome du cri du Chat. Le **syndrome** se caractérise par l'émission d'un cri particulier. Ce cri est produit dès la naissance et pendant plusieurs mois. L'individu atteint présente une petite tête, des malformations faciales et cérébrales ainsi qu'un retard psychomoteur. La survie jusqu'à l'âge adulte n'est pas rare.

DEMANDE BIOLOGIQUE EN OXYGÈNE (DBO)

Écol. - Quantité de **dioxygène** nécessaire aux **Bactéries** aérobies pour oxyder les matières organiques **fermentescibles** en **matières minérales**. La DBO est utilisée pour mesurer la **pollution** d'une eau par des **matières organiques**. En effet, plus la quantité de matière organique est importante dans un milieu aquatique, plus les Bactéries aérobies se multiplient et plus elles consomment de dioxygène. La DBO est exprimée par la quantité de dioxygène consommée en $mg \cdot L^{-1}$ dans un volume d'eau maintenu à l'obscurité pendant cinq jours, on la note DBO_5. Plus la DBO est élevée, plus la pollution est importante.

→ ***Fermentation, Micro-organisme.***

DEMANDE CHIMIQUE EN OXYGÈNE

Écol. - Quantité de **dioxygène** nécessaire pour oxyder complètement toute la **matière organique** présente dans un échantillon. Elle est exprimée en $mg \cdot L^{-1}$.

→ ***Demande biologique en oxygène, Minéralisation.***

DEMI-VIE *n. f.*

Phys. - syn. ***Période radioactive.***

DÉNATURATION *n. f.*

Biochim. - Opération consistant à chauffer, ou à acidifier ou enfin à alcaliniser des **macromolécules** afin de leur faire perdre leur **structure III** et donc leur fonction. La dénaturation des protéines par la chaleur est irréversible (coagulation).

DÉNATURATION DE L'ADN

Biochim. - Technique consistant, le plus souvent, à chauffer des molécules d'ADN **bicaténaires** afin de briser les **liaisons hydrogène** entre les **bases azotées** pour obtenir de l'ADN **monocaténaire**. Le refroidissement plus ou moins rapide du mélange obtenu (renaturation de l'ADN) permet d'étudier les particularités des séquences d'ADN. La dénaturation de l'ADN est utilisée dans le cadre de la technique d'**hybridation moléculaire**.

DENDRITE *n. f.*

Neurobiol. - Prolongement cytoplas-mique des **neurones** qui reçoit des potentiels postsynaptiques excitateurs ou inhibiteurs en provenance des arborisations terminales d'autres neurones. Dans les **neurones sensitifs**, les dendrites sont à l'origine du codage d'un stimulus.

DENDROGRAMME *n. m.*

Évol.

→ ***Arbre.***

DENTELLE UTÉRINE

Physiol. ani. - Structure festonnée prise par la **muqueuse utérine** ou endomètre dans la seconde partie du **cycle menstruel**. La dentelle utérine se caractérise par de nombreux replis, par l'apparition de glandes qui produisent du glycogène et par une irrigation importante qui est rompue à la fin du cycle, ce qui provoque les menstruations.

→ ***Cycle utérin, Vaisseaux spiralés.***

DÉPENDANCE *n. f.*

Neurobiol. - Condition provoquée par la prise continuelle et répétée de **drogue**, conduisant au besoin d'en prendre de plus en plus souvent et à doses de plus en plus élevées.

→ ***Sevrage, Toxicomanie.***

DÉPISTAGE *n. m.*

Génét., Méd. - Recherche chez un individu ou dans une population, à l'aide de méthodes ou de **tests** simples, rapides et peu coûteux, de signes décelables de maladies qui ne se sont pas encore manifestées. Des dépistages précoces sont réalisés chez les nouveau-nés afin d'identifier des troubles rares (**phénylcétonurie**, **hypothyroïdie congénitale**...) qui, lorsqu'ils sont identifiés, peuvent être soignés par un traitement approprié. La recherche de la **séropositivité** au **VIH** est un test de dépistage.

DÉPLASMOLYSE *n. f.*

Biol. cell. - Retour de l'eau dans une cellule après que celle-ci l'ait perdue au cours d'une plasmolyse. L'entrée d'eau dans la cellule la conduit à un état turgescent.

→ ***Vacuole.***

DÉPOLARISATION *n. f.*

Neurobiol. - Réduction de la différence de potentiel électrique de part et d'autre d'une membrane d'une cellule à la suite d'un flux entrant d'ions positifs. La dépolarisation est due à un **courant entrant**.

→ ***Potentiel d'action.***

DÉPÔT ÉOLIEN

Sédiment. - Accumulation de fines particules transportées par les vents. Le **lœss** est un dépôt éolien.

DÉPRESSION *n. f.*

Climato. - Zone où la pression atmosphérique est basse à la suite de la remontée d'air chaud (Dépression d'Islande).

→ ***Circulation atmosphérique.***

Méd., Neurobiol. - État mental marqué par une diminution du tonus neuropsychique. La dépression se traduit par de la lassitude, une fatigabilité accrue, le renoncement et la tendance au pessimisme, la dépression peut être ou non accompagnée d'anxiété.

DÉRIVE DES CONTINENTS

Tecto. - Hypothèse proposée par le météorologiste allemand Alfred Wegener (à partir de 1912) qui suppose que les continents ne formaient qu'une masse unique, la **Pangée**, qui, au cours des temps géologiques, s'est fragmentée en plusieurs blocs à l'origine des continents qui se sont, par la suite, séparés. Cette théorie de la mobilité des continents a été combattue pendant plus de 50 ans. Ce n'est que dans les années 1960-1970 que de très nombreux arguments (**paléomagnétisme**, connaissance des fonds océaniques, sédiments océaniques, datations, prise en compte de la mobilité de la lithosphère…) ont convaincu la communauté scientifique de son bien-fondé. La dérive des continents n'est qu'un aspect de la **tectonique des plaques**.

→ ***Gondwana, Laurasie.***

DÉRIVE GÉNÉTIQUE

Génét. - Variation des **fréquences alléliques** et génotypiques, d'une génération à la suivante, au sein d'une petite population. La dérive génétique tend à une réduction du **polymorphisme**. Elle est due au fait qu'à chaque génération, à cause du faible nombre de reproducteurs, tous les **gamètes** théoriquement possibles et toutes les possibilités de **fécondation** ne sont pas réalisés. Ainsi, certains **génotypes** vont disparaître, certains **allèles** seront aussi perdus et les fréquences alléliques et génotypiques fluctuent de manière aléatoire au cours des générations.

→ ***Effet de fondation, Population de faible effectif***

DÉSENSIBILISATION *n. f.*

Immuno. - Diminution naturelle ou provoquée de la réaction d'un organisme (hypersensibilité) à l'égard de certains agents (chimiques, pollen…) ou de certaines infections. La désensibilisation se fait par administration de doses croissantes d'allergènes.

→ ***Allergie.***

DÉSHYDROGÉNASE *n. f.*

Biochim., Éner. - Enzyme qui catalyse l'oxydation des molécules organiques en l'absence de dioxygène. Les déshydrogénases fonctionnent avec des **coenzymes** qui soit transportent un proton et deux électrons et en cèdent un au solvant, soit transportent les deux atomes d'hydrogène arrachés au substrat.

→ ***Déshydrogénation, Transporteur d'électrons.***

DÉSHYDROGÉNATION *n. f.*

Biochim., Éner. - Élimination de deux atomes d'hydrogène d'une molécule organique par une **déshydrogénase** lors d'une oxydation en l'absence de dioxygène. Ces atomes sont récupérés par un transporteur **oxydé** qui devient **réduit** alors que le substrat, de réduit devient oxydé.

→ ***Coenzyme, Couple rédox, Transporteur d'hydrogène.***

DÉSOXYHÉMOGLOBINE *n. f.*

Biochim. - Molécule d'hémoglobine dont aucun des 4 hèmes n'a fixé une molécule de dioxygène.

→ ***Oxyhémoglobine.***

DÉSOXYRIBONUCLÉOTIDE *n. m.*

Biochim. - Espèce chimique constituée d'un acide phosphorique (H_3PO_4), d'un sucre en C_5 (désoxyribose), d'une base azotée (BA), soit purique : adénine (A) ou guanine (G), soit pyrimidique : cytosine (C) ou thymine (T). Les désoxyribonucléotides d'un même brin d'**ADN** sont reliés entre eux par des liaisons phosphodiester alors qu'entre brins complémentaires, ce sont les **liaisons hydrogène** entre les bases azotées qui lient les deux brins.

DÉSOXYRIBOSE *n. m.*

Biochim. - Ribose qui a subi une désoxygénation réductrice du carbone 2. Le désoxyribose entre dans la constitution des désoxyribonucléotides.

→ ***ADN.***

DÉTERMINANT ANTIGÉNIQUE

Immuno. - Site particulier d'un **antigène** qui détermine à lui seul une **réponse immunitaire spécifique** par l'intermédiaire des lymphocytes B ou des lymphocytes T. Une molécule peut avoir plusieurs sites antigéniques. Chaque déterminant antigénique est reconnu par le site de fixation d'un anticorps spécifique (syn. Épitope, Motif antigénique, Site antigénique).

→ ***Paratope.***

DÉTERMINATION *n. f.*

Embryo. - Acquisition, fondamentalement irréversible, du devenir d'une cellule au cours du développement.

→ ***Différenciation cellulaire.***

DÉTRITIQUE *adj.*

Sédiment. - Se dit d'un sédiment ou d'une roche formé en totalité ou en partie de fragments d'origines diverses.

→ ***Bioclastique, Brèche.***

DÉTRITIVORES *n. m.*

Écol. - Groupe d'êtres vivants qui consomment de la **matière organique** morte. Suivant l'origine de cette matière organique, on distingue des saprophages (matière organique en voie de décomposition), des nécrophages (matière organique provenant des cadavres), des coprophages (matière organique provenant des excréments), des géophages (matière organique en voie d'**humification**).

→ ***Chaîne alimentaire, Consommateur, Décomposeurs.***

DETTE EN DIOXYGÈNE

Physiol. ani. - **1.** Quantité de dioxygène nécessaire à l'oxydation des produits du métabolisme anaérobie qui se sont accumulés dans les tissus musculaires pendant une période d'activité physique. **2.** Déficit de la quantité d'énergie chimique stockée qui apparaît quand un tissu aérobie, comme le muscle, se contracte alors que le dioxygène est en quantité insuffisante par rapport à l'énergie demandée. Pour restaurer cette énergie perdue, il y a alors consommation d'oxygène au-dessus du taux habituel pour quelque temps jusqu'à ce que les réserves d'énergie (phosphocréatine) soient restaurées par la respiration.

→ ***EPOC.***

DÉVELOPPEMENT *n. m.*

Embryo. - Ensemble des transformations par lesquelles passent un être vivant multicellulaire depuis la fécondation jusqu'à la maturité sexuelle. Le développement embryonnaire correspond à la mise en place du plan d'organisation, il se poursuit par un développement larvaire ou fœtal. Quand le stade de développement à l'éclosion est un **embryon**, le développement est indirect, il se poursuit alors par une **larve** ; il est direct quand l'individu à la naissance (ou éclosion) est un jeune.

DÉVONIEN *n. m.* ou *adj.*

Strati.

→ ***Échelle stratigraphique.***

DEXTRINES *n. f.*

Biochim. - Petits **polyholosides** résultant de la digestion partielle de molécules d'**amidon**. Les dextrines sont colorées en rouge foncé par l'eau iodée.

DIABÈTE *n. m.*

Méd. - Terme ancien de médecine qui désigne une maladie qui s'accompagne d'une élimination importante d'urine (**polyurie**) et d'une soif intense. On distingue plusieurs diabètes dont les causes sont différentes. Employé seul, le terme de diabète fait référence au **diabète sucré**.

→ ***Diabète insipide, Diabète de types I, II.***

DIABÈTE DE TYPE I

Méd. - Forme de **diabète sucré** observé chez des individus jeunes qui a pour cause la destruction des cellules β des îlots de Langerhans par différents agents (virus, maladies auto-immunes). Le diabète de type I est **insulinodépendant** (syn. Diabète juvénile, Diabète insulinodépendant).

DIABÈTE DE TYPE II

Méd. - **Diabète** qui ne peut être traité par l'injection d'**insuline**. Trois mécanismes participent à l'**hyperglycémie**. Une sécrétion existante mais inadaptée d'insuline par rapport aux besoins en liaison avec une baisse de la sensibilité des récepteurs des cellules β au glucose [1], une résistance des tissus musculaires et adipeux à l'action de l'insuline faute de récepteurs et de transporteurs de glucose en quantité suffisante [2], une absence de suppression de la libération du glucose par le foie et une stimulation excessive de la production de glucose par le **glucagon** [3]. Le diabète de type II montre une prédisposition familiale et il est souvent associé à l'obésité et à l'**insulinorésistance** (syn. Diabète non insulinodépendant, DNID).

DIABÈTE INSIPIDE

Méd. - Maladie due à un dysfonctionnement du contrôle exercé par la vasopressine (**ADH**) sur la rétention d'eau. Ce diabète s'accompagne d'une soif intense et de l'excrétion d'un volume important d'urine diluée dépourvue de glucose, d'où le nom de cette maladie.

DIABÈTE INSULINO-DÉPENDANT (DID)

Méd. - syn. ***Diabète de type I.***

DIABÈTE JUVÉNILE

Méd. - syn. ***Diabète de type I.***

DIABÈTE SUCRÉ

Méd. - Maladie due à une absence ou à la quasi-absence d'**insuline** ou à une diminution de la réponse des tissus cibles à cette **hormone**. Le diabète sucré se manifeste par une telle augmentation de la **glycémie** que du glucose est éliminé dans les urines (phénomène de glycosurie). On distingue un diabète insulinodépendant (qui est associé avec certains antigènes du CMH sans qu'il y ait une relation de cause à effet entre cette maladie et leur présence) quand le sujet ne fabrique pas d'insuline mais répond normalement à des injections de cette hormone et un diabète non insulinodépendant ou **diabète de type II**.

→ ***Insulinorésistance.***

DIACLASE *n. f.*

Tecto. - **Fissure** à travers une couche sédimentaire sans déplacement relatif des parties séparées.

→ ***Faille.***

DIAGENÈSE *n. f.*

Sédiment. - Ensemble des processus qui touche un dépôt sédimentaire meuble et le transforme progressivement en **roches sédimentaires** solides. En surface, la diagenèse commence avec l'activité des organismes, des Micro-organismes et organismes vivant dans et sur le **sédiment** et se poursuit par des phénomènes chimiques. En profondeur, le sédiment se compacte sous l'effet de son propre poids et de la pression qu'exercent les dépôts situés au-dessus, il perd alors de l'eau et sa densité augmente. Avec l'enfouissement, la température augmente, ce qui favorise les réactions chimiques, responsables entre autres de la future cohésion de la roche. Au-delà de certaines conditions de température et de pression, les roches sédimentaires entrent dans le domaine du **métamorphisme régional**.

→ ***Sédimentation.***

DIAGNOSTIC ANTÉNATAL

Génét., Méd. - syn. ***Diagnostic prénatal.***

DIAGNOSTIC PRÉIMPLANTATOIRE

Génét., Méd. - Recherche d'anomalies génétiques sur des **embryons** de trois jours obtenus par fécondation *in* *vitro*. Une des dix cellules de l'embryon est prélevée, sans aucune incidence sur le développement ultérieur, pour être étudiée. On peut ainsi rechercher sur la cellule prélevée le sexe de l'embryon (pour ne réimplanter que des embryons femelles dans le cas d'une maladie récessive liée au chromosome sexuel, par exemple la **myopathie de Duchenne**), la présence d'un allèle **récessif** à l'état homozygote (**mucoviscidose**), la présence d'anomalies chromosomiques dont certaines sont peu repérables sur un **caryotype** classique.

→ ***FIVETE.***

DIAGNOSTIC PRÉNATAL

Génét., Méd. - Recherche d'**anomalies chromosomiques**, géniques et **congénitales** sur le **fœtus** à naître. Le prélèvement des cellules du fœtus se fait par les techniques de **choriocentèse**, d'**amniocentèse** ou de **cordocentèse**. Le diagnostic prénatal est fondé sur l'étude du **caryotype** (anomalies chromosomiques), sur le dosage de certains métabolites pour établir les déficits enzymatiques, sur l'amplification de l'ADN des cellules amniotiques (anomalies géniques), sur la recherche de protéines anormales par **électrophorèse** et sur l'observation morphologique du fœtus par **échographie** (syn. Diagnostic anténatal).

DIAGRAMME POLLINIQUE

Paléont. Variation de l'abondance relative, représentée sous forme de schémas, des différents **grains de pollen** et spores au cours du temps.

→ ***Palynologie.***

DIAGRAMME PRESSION-TEMPÉRATURE (P,T)

Minér., Pétrol. - Représentation graphique montrant les différents domaines de stabilité des minéraux ou des roches en fonction des variations de pression et de température. Les courbes *liquidus* et *solidus* marquent les domaines de changement de phase d'un mélange (début de fusion, début de cristallisation).

→ ***Géobaromètre, Géothermomètre, Grille pétrogénétique, Minéral du métamorphisme, Liquidus, Solidus.***

DIAGRAMME PRESSION-TEMPÉRATURE, TEMPS (P, T, t).

Minér., Pétrol. - Reconstitution de l'histoire thermodynamique (pression, température) par laquelle est passée une **roche métamorphique**. Le principe de reconstitution repose sur l'établissement de la chronologie de l'apparition des **associations minérales** (faciès de métamorphisme) qui permet de déduire, connaissant les domaines de stabilité des minéraux repères du métamorphisme (**diagramme pression-température**), les étapes successives de leurs transformations.

→ ***Grille pétrogénétique.***

DIAGRAPHIE *n. f.*

Géol. - Mesures et enregistrement en continu et donc en fonction de la profondeur des caractéristiques physiques (résistivité électrique, polarisation spontanée, radioactivité naturelle et induite, rayonnement γ absorbé, vitesse du son, température) des roches rencontrées au cours d'un sondage. Ces données physiques permettent d'évaluer la présence de liquide, la porosité, la salinité, la masse volumique, la compacité, la conductibilité thermique… et donc de formuler des hypothèses sur la nature et la structure des roches inaccessibles.

→ ***Log.***

DIALYSE *n. f.*

Méd. - Procédé employé pour séparer différentes substances dissoutes d'un liquide et consistant à leur faire traverser une membrane. La dialyse est une méthode d'épuration extrarénale destinée à retirer les produits toxiques du métabolisme, en particulier l'urée provenant du catabolisme des protides.

DIAMANT *n. m.*

Minér. - Pierre précieuse, le plus souvent incolore, la plus brillante et la plus dure (dureté 10) de toutes. Il s'agit de carbone pur cristallisé dans le système cubique où chaque atome est lié avec ces quatre voisins. Les diamants se forment dans les cheminées volcaniques (Afrique du Sud, Australie). En revanche dans le graphite, qui est aussi du carbone pur, chaque atome de carbone est lié solidement au sein d'un feuillet, alors que les feuillets sont faiblement liés entre eux.

→ ***Kimberlite.***

DIAPÉDÈSE *n. f.*

Immuno. - Capacité que possèdent certains leucocytes du type **phagocyte** (granulocytes neutrophiles) à traverser la paroi des capillaires et à se retrouver dans la lymphe interstitielle baignant les tissus.

DIAPHRAGMATION *n. f.*

Physiol. ani. - Capacité à modifier le diamètre de la **pupill**e.

DIAPHRAGME *n. m.*

Anat. - Cloison musculo-tendineuse qui sépare le corps des Mammifères, Oiseaux, Reptiles en thorax et abdomen. C'est un muscle inspirateur fondamental. Les contractions (abaissement) du diaphragme sont responsables, avec celles des muscles intercostaux, de l'entrée d'air dans les poumons. Le diaphragme est traversé par l'aorte, la veine cave inférieure, l'œsophage et des nerfs.

Méd. - Dispositif **contraceptif** généralement en caoutchouc destiné à être placé sur le col de l'**utérus**. C'est une sorte de préservatif féminin.

→ ***Contraception locale.***

DIAPIR *n. m.*

Tecto. - Toute structure de remontée par effraction d'un matériau moins dense que l'encaissant (diapir de sel, diapir de boue, diapir magmatique).

→ ***Pluton.***

DIASTASE *n. f.*

Biochim. - Enzyme formée par un mélange d'**amylases**.

DIASTOLE *n. f.*

Physiol. ani. - Période de la révolution cardiaque durant laquelle les **oreillettes** et les **ventricules** ne se contractent pas. Le sang arrive des veines caves dans l'oreillette droite, des veines pulmonaires dans l'oreillette gauche. Comme les **valvules auriculo-ventriculaires** sont ouvertes, le sang s'écoule directement dans les ventricules. La diastole est une phase de repos musculaire et de remplissage des ventricules. Elle dure 0,4 s sur un cycle qui dure 0,8 s.

DICOTYLÉDONES *n. f. pl.*

Bot. - Une des deux divisions des **Angiospermes** qui regroupe les plantes qui se caractérisent essentiellement par la présence d'un embryon à deux **cotylédons**, des feuilles avec une **nervure** principale et des nervures secondaires, une racine principale d'où partent des racines secondaires et la possibilité d'accroissement du diamètre des tiges et des racines. Les principales familles de Dicotylédones sont les Composées ou Astéracées (Marguerite, Pissenlit, Bleuet…) et les **Légumineuses** ou Fabacées. Le séquençage des ARNr a montré que les Dicotylédones ne forment pas un groupe monophylétique mais comprennent quatre lignées différentes.

→ ***Monocotylédones.***

DICTYOSOME *n. m.*

Biol. cell. - **Organite** aplati, formé par un empilement de saccules, dans lequel se fait la **maturation** des protéines. Le dictyosome bourgeonne sur sa **face *trans*** des vésicules qui fusionnent avec la **membrane** plasmique et qui excrètent leur contenu dans le milieu extracellulaire. De la même manière, des vésicules, issues du réticulum endoplasmique fusionnent avec les membranes des saccules (**face** ***cis***).

→ ***Appareil de Golgi, Exocytose, Fusion membranaire.***

DIENCÉPHALE *n. m.*

Neurobiol. - Partie du cerveau faisant suite au télencéphale. Le diencéphale est formé d'un toit qui s'évagine et donne naissance aux yeux. Les parois du diencéphale contiennent le thalamus et son plancher l'**hypothalamus**, auquel est reliée l'**hypophyse**, le diencéphale contient des centres de coordination du **système nerveux autonome**. Il est aussi nommé cerveau intermédiaire.

DIFFÉRENCIATION CELLULAIRE

Biol. cell. - Acquisition par une cellule non spécialisée d'un caractère spécifique. La différenciation cellulaire est due à la répression de l'expression de certains **gènes** et à l'activation de certains autres. La cellule-œuf chez les Mammifères peut se différencier en environ deux cent vingt types cellulaires distincts (neurones, cellules musculaires, hématies, lymphocytes...).

→ ***Détermination, Pluripotence, Totipotence.***

DIFFÉRENCIATION ISOTYPIQUE

Immuno. - Production successive de différentes **classes d'immunoglobulines** au cours de la maturation du **lymphocyte B** avant qu'il n'ait rencontré un antigène.

→ ***Commutation de classe.***

DIFFÉRENCIATION MAGMATIQUE

Minér., Pétrol. - Transformation pro-gressive d'un **magma** au cours d'un processus de **cristallisation fractionnée** par soustraction d'éléments, conduisant à une sédimentation de minéraux sur le plancher d'une **chambre magmatique**, ce qui modifie la composition minéralogique du magma résiduel.

DIFFÉRENCIATION SEXUELLE

Biol. - Succession des transformations qui conduisent un embryon non sexué à devenir mâle ou femelle. Dans l'espèce humaine, jusqu'à la 6e semaine les gonades, sont indifférenciées mais il existe déjà un double système de conduits génitaux : les **canaux de Müller** à l'origine des voies femelles (oviductes) et les **canaux de Wolff** à l'origine des voies mâles (spermiductes). Si l'embryon est XY, il secrète vers la 6-7e semaine l'**hormone antimüllérienne** (AMH) produite par les **cellules de Sertoli**. L'AMH est à l'origine de la régression des canaux de Müller vers la 8e semaine. Puis, les **cellules de Leydig** sécrètent vers la 10e semaine la testostérone qui stimule le développement des canaux de Wolff. Si l'embryon est femelle, donc en l'absence de testostérone, ce sont les canaux de Wolff qui dégénèrent et les canaux de Müller qui se développent.

→ ***SRY.***

DIFFUSION *n. f.*

Biol. cell. - Déplacement libre de molécules, d'ions d'une zone à forte concentration vers une zone à faible concentration. La diffusion du soluté ne demande pas d'énergie. La vitesse de diffusion de molécules séparées par une paroi dépend de la taille de la surface de la zone de passage, de l'épaisseur de la séparation, de la différence de concentration de chaque côté de la paroi et du coefficient de solubilité de la molécule considérée (Loi de Fick).

→ ***Gradient, Hémiperméable, Hypertonique, Hypotonique, Osmose, Perméable, Pression osmotique.***

DIFFUSION MEMBRANAIRE

Biol. cell. - Mouvement de molécules ou d'ions à travers une membrane perméable suivant leur **gradient de concentration**.

→ ***Diffusion.***

DI GEORGE

Immuno.

→ ***Syndrome de Di George.***

DIGESTION *n. f.*

Physiol. ani. - Ensemble des processus par lequel les aliments sont transformés en **nutriments**. La digestion comprend une phase mécanique au cours de laquelle les aliments sont découpés en morceaux de petite taille, ce qui facilite, par augmentation de la surface d'attaque, l'action des **enzymes** et des acides digestifs réalisant la digestion chimique. La digestion est une simplification moléculaire, résultant d'une **hydrolyse**, souvent enzymatique, au cours de laquelle les glucides, les lipides et les protéines sont découpés en leurs éléments constitutifs (acides aminés, sucres simples, acides gras). Les nutriments ainsi obtenus sont absorbés par la paroi intestinale.

→ ***Bile, Chyle, Chyme, Duodénum, Entérocyte, Estomac, Hydrolase, Intestin, Pancréas exocrine.***

DIGLYCÉRIDES *n. m.*

Biochim., Éner. - **Glycérides** dont deux fonctions alcool sont estérifiées par des acides gras et la troisième par un acide phosphorique qui à son tour peut être estérifié par un alcool (sérine, choline, éthanolamine, inositol). Les diglycérides sont le constituant lipidique majeur des **membranes** biologiques avec les sphingolipides (syn. Diacylglycérides).

DIHOLOSIDES *n. m.*

Biochim. - Catégorie de **glucides** formés par la liaison entre deux oses simples, les diholosides ont pour formule brute $C_{12}H_{22}O_{11}$. Le saccharose est un diholoside (syn. Disaccharides).

DIHYBRIDISME *n. m.*

Génét. - Croisement dans lequel les deux parents ne se distinguent que par deux caractères.

→ ***Caractère qualitatif.***

DINOSAURES *n. m.*

Paléont. - Groupe (classe) de Vertébrés terrestres considérés comme étant, des **Reptiles** entre autres, à cause de leur peau écailleuse. Néanmoins, les Dinosaures s'en écartent par la possession de membres marcheurs semblables à ceux des **Oiseaux** ou des **Mammifères** (membres parasagittaux ou verticaux) et par un métabolisme probablement plus proche de ceux-ci que de celui des Reptiles. Ce point fait actuellement l'objet de débats passionnés chez les spécialistes qui admettent que les Dinosaures étaient vraisemblablement **homéothermes**. Cependant, certains pensent que leur homéothermie était due à leur grande taille favorisant la conservation de la chaleur corporelle alors que d'autres admettent qu'elle était due à un **métabolisme** élevé. Les Dinosaures ont dominé tous les écosystèmes terrestres pendant plus de 130 millions d'années. Pour certains chercheurs, la disparition des Dinosaures semble avoir été progressive, pour d'autres la disparition a été soudaine. Le débat est loin d'être clos.

→ ***Iridium.***

DIOÏQUE *adj.*

Bot. - Se dit d'une espèce végétale qui possède des pieds portant des **fleurs** uniquement mâles et des pieds différents portant des fleurs uniquement femelles. Ainsi, les **gamètes** ne sont pas produits par le même individu. S'oppose à **monoïque** et à **bisexué**.

DIORITE *n. f.*

Pétrol., Volcano. - **Roche grenue** plutonique, à cristaux blanchâtres, verdâtres ou noirâtres, ayant une composition chimique (plagioclases et amphiboles, mais pas de quartz) intermédiaire entre celle d'un **granite** et celle d'un **gabbro**. L'équivalent effusif (microlitique) est une syénite. Les diorites se trouvent sous forme de massifs isolés souvent en relation avec des granites ou des gabbros.

→ ***Granitoïde, Pluton.***

DIOXYDE DE CARBONE

Biochim. - Carbone oxydé (CO_2), c'est-à-dire dont les électrons périphériques sont attirés par les atomes d'oxygène. Le dioxyde de carbone fait partie de la **matière minérale**. C'est sous cette forme que le carbone minéral va être intégré par les **producteurs primaires** à de la matière organique préexistante (phénomène d'**assimilation chlorophyllienne**). Les êtres vivants produisent du dioxyde de carbone au cours des phénomènes respiratoires et fermentaires à partir desquels ils se procurent l'énergie dont ils ont besoin.

→ ***Carbone minéral, Photosynthèse, Respiration.***

DIOXYGÈNE *n. m.*

Biochim. - **Oxydant** le plus utilisé dans les systèmes vivants. Le dioxygène est une molécule qui accepte les électrons et les protons arrachés aux **substrats** énergétiques au cours des différentes étapes du **catabolisme**. Le dioxygène est produit par les végétaux chlorophylliens quand ils sont éclairés, mais il est consommé par tous les autotrophes au carbone et les hétérotrophes au carbone au cours des phénomènes de **respiration** et de **fermentation** aérobie. On admet que le dioxygène de l'atmosphère terrestre provient de la photosynthèse des **Cyanobactéries**.

→ ***Atmosphère primitive, Oxydation, Photosynthèse.***

DIPLOÏDE *adj.*

Biol. - État d'une cellule ou d'un organisme (**diplonte**) qui possède deux lots de **chromosomes homologues**. Ainsi, chaque cellule possède dans le noyau deux lots de chromosomes qui portent les mêmes **loci**, mais pas nécessairement les mêmes **allèles**. Pour l'Homme, 2 n = 46, n = 23 représente le nombre de paires de chromosomes.

DIPLONTE *n. m.*

Biol. - Être vivant qui passe la plus grande partie de son cycle à l'état diploïde comme les Ptérydophytes, les Spermatophytes et les Métazoaires.

→ ***Cycle diplophasique.***

DIPLOPHASE *n. f.*

Biol. - Stade de la vie d'un organisme où les noyaux des cellules sont à 2 n chromosomes à l'exception des gamètes.

→ ***Cycle diplophasique.***

DIPNEUSTES *n. m.*

Zool.

→ ***Poissons.***

DISACCHARIDES *n. m.*

Biochim. - syn. ***Diholosides*** (terme tombé en désuétude).

DISCONTINUITÉ DE GUTENBERG

Géophys. - Surface séparant la base du manteau inférieur du noyau externe. La discontinuité de Gutenberg est située à 2 900 km de profondeur. Elle correspond à un changement dans la composition chimique du manteau inférieur formé de **péridotites** solides de densité comprise entre 4,5 et 6 et où les ondes P se déplacent à des vitesses de 4,5 à 6 km · s^{-1}, et du noyau externe composé surtout de fer à l'état liquide de densité comprise entre 9,8 et 12 et où les ondes P se déplacent à des vitesses de 8 à 8,5 km · s^{-1}.

→ ***Couche D".***

DISCONTINUITÉ DE LEHMAN

Géophys. - Zone de séparation, située à 5 100 km de profondeur, entre la base du noyau externe et la graine.

DISCONTINUITÉ DE MOHOROVIČIĆ

Géophys. - Appelée plus simplement Moho, cette discontinuité marque un changement de nature des roches constituant la **lithosphère**. Le Moho marque la limite inférieure entre les **granodiorites** des continents et les gabbros océaniques d'une part et le **manteau** supérieur de nature péridotitique d'autre part. Cette discontinuité est située en moyenne à environ 10 km de profondeur sous les océans et 30 à 40 km sous les continents et jusqu'à 70 km sous les chaînes de montagnes. Cette transition ne semble pas aussi tranchée qu'on le pensait il y a quelques années (syn. Moho).

→ ***Croûte terrestre.***

DISCORDANCE ANGULAIRE

Sédiment. - Dépôt d'une **strate** sur des couches géologiques plus anciennes qui ne lui sont pas toujours parallèles. Les couches anciennes ont été plissées ou basculées antérieurement par des mouvements tectoniques (orogenèse) et parfois érodées avant que des sédiments plus récents ne se déposent dessus.

→ ***Concordance, Contact anormal.***

DISJONCTION *n. f.*

Génét. - **1.** Lors de la première division de **méiose**, séparation, puis répartition équitable, sauf accident, dans les deux cellules filles d'un des **chromosomes homologues** de chaque paire. **2.** Lors de la **mitose** et de la seconde division de méiose, la disjonction correspond à la séparation des deux **chromatides sœurs** d'un même chromosome.

→ ***Brassage interchromosomique, Ségrégation.***

DISPONIBILITÉ ÉNERGÉTIQUE ALIMENTAIRE (DEA)

Méd. - Quantité énergétique disponible par habitant.

DISPOSITIF INTRA-UTÉRIN

Méd. - syn. ***Stérilet.***

DISQUE IMAGINAL

Embryo. - Massif de cellules embryonnaires indifférenciées mais déterminées d'origine ectoblastique, présent chez l'asticot de Drosophile et qui, au cours de la métamorphose, fournira les cellules nécessaires à la formation des ailes et des appendices (pattes, antennes, pièces buccales).

→ ***Détermination.***

DISSÉMINATION *n. f.*

Bot. - Déplacement des **semences** des plantes qui assure, par le développement d'un nouveau pied (sporophyte), le maintien de l'espèce sur toute son aire de répartition mais aussi son extension.

DISSOLUTION *n. f.*

Phys. - Passage d'un cristal à l'état d'ions en solution aqueuse.

DISTANCE GÉNÉTIQUE

Évol., Génét. - Mesure du degré de parenté entre des **taxons** (espèce, sous-espèce…) ou des populations fondée sur les différences observées entre les séquences des nucléotides de gènes homologues, les séquences d'acides aminés entre protéines homologues ou les **fréquences alléliques** entre populations. La distance génétique permet d'estimer le degré de ***divergence génétique*** et à partir de là, la date de séparation des deux entités considérées.

→ ***Horloge moléculaire.***

DISTANCE GÉNÉTIQUE ENTRE DEUX GÈNES

Génét. - Mesure, en terme probabiliste, de l'éloignement entre deux **loci** situés sur le même **chromosome**. La distance génétique s'exprime en **centimorgan**. Elle est égale au nombre de chromatides (chromosomes) recombinées / nombre total de chromatides (chromosomes) produites × 100. Chez les diploïdes, le nombre de chromatides recombinées est obtenu par un ***test-cross****. Pour les deux mêmes loci, la distance calculée varie suivant les croisements-tests réallisés. Maintenant, grâce aux techniques de séquençage de l'ADN, les distances sont connues en **kilobase**.

→ ***Carte génétique, Carte physique, Crossing-over, Gènes dépendants, Liaison.***

DISTANCE GÉNÉTIQUE ENTRE UN GÈNE ET LE CENTROMÈRE

Génét. - Distance, mesurée en terme probabiliste, entre le **locus** d'un gène et le centromère du chromosome qui le porte. Chez certains haploïdes, elle est estimée par le rapport suivant (*Neurospora*) : Nombre d'**asques post-réduits** / 2 fois le nombre total d'**asques** × 100. On divise par 2, car un ***crossing-over**** ne touche que deux chromatides sur quatre ou alors, cette distance est estimée par le nombre de chromatides (chromosomes) recombinées / nombre total de chromatides (chromosomes).

→ ***Distance génétique entre deux gènes.***

DISTENSION *n. f.*

Tecto. - Étirement de la **croûte terrestre** qui provoque son amincissement et sa rupture. La distension se matérialise généralement, au niveau structural supérieur, par l'apparition de **failles** perpendiculaires à la direction des forces de distension. Les failles de distension sont des failles typiques des zones de **rift**.

DISTHÈNE *n. m.*

Minér. - **Silicate d'alumine** rare dans les roches magmatiques mais très abondant dans les roches du métamorphisme régional (micaschistes, gneiss) ayant subi des pressions élevées comprises entre 0,3 et 0,8 GPa. En lumière polarisée analysée, le disthène apparaît sous forme de baguettes aplaties bleutées ou nacrées.

→ ***Géobaromètre, Géothermomètre.***

DIURÈSE *n. f.*

Physiol. ani. - Débit urinaire.

→ ***ADH.***

DIURÉTIQUE *n. m.*

Méd., Physiol. ani. - Médicament qui a pour action de favoriser la production d'urine, ce qui a pour effet chez les personnes hypertendues de diminuer la **volémie** et donc la **pression artérielle**.

DIVERGENCE GÉNÉTIQUE

Évol., Génét.

→ ***Distance génétique.***

DIVISION CELLULAIRE

Biol. cell. - Mécanisme par lequel une cellule se reproduit.

→ ***Division équationnelle, Division réductionnelle, Méiose, Mitose.***

DIVISION ÉQUATIONNELLE

Biol. cell. - Division d'une cellule dans laquelle le nombre de **chromosomes** est conservé indépendamment du nombre de **chromatides** par chromosomes. La **mitose** et la seconde division de **méiose** sont des divisions équationnelles.

→ ***Division réductionnelle.***

DIVISION RÉDUCTIONNELLE

Biol. cell. - Première division de la **méiose**. La division réductionnelle détermine la réduction chromatique et permet un brassage intra- et interchromosomique des **gènes**. Elle conduit, à partir d'une cellule diploïde, à deux cellules filles (haploïdes) possédant n chromosomes formés de deux chromatides.

→ ***Division équationnelle.***

DIZYGOTE *adj.*

Biol. cell. - Qui provient de deux **œufs** comme les faux **jumeaux**.

DOGME CENTRAL

Génét. - Principe suivant lequel le transfert de l'**information génétique** se fait par la **transcription** de l'ADN en ARNm, puis par la **traduction** de celui-ci en **chaîne polypeptidique**, ce principe était considéré comme universel. Le dogme central a dû être modulé par la découverte de la **transcriptase inverse** qui fabrique de l'ADN à partir d'une séquence d'ARN. Ce dogme sera peut-être mis à mal quand on comprendra le fonctionnement des **prions**.

DOLLY *n. f.*

Génét. - Premier Mammifère (brebis) cloné à partir du noyau d'une cellule somatique (1997). Dans cette expérience, les gènes réprimés dans la cellule somatique issue de la glande mammaire de la mère ont pu de nouveau s'exprimer. Les **télomères** de Dolly ont 80 % de la longueur qu'ils auraient dû avoir à âge égal ce qui montre, entre autres, que Dolly provient bien du noyau de la cellule transplantée. En revanche comme attendu, les mitochondries sont celles qui dérivent du cytoplasme de l'œuf où a été injecté le noyau.

DOLOMITE *n. f.*

Pétrol. - **Carbonate** de calcium et de magnésium Ca Mg $(CO_3)_2$.

→ ***Calcaire.***

DOMAINE D'UNE PROTÉINE

Biochim. - Portion d'une **protéine** globulaire formée par le repliement propre dans l'espace d'une partie parfaitement définie de la chaîne polypeptidique correspondant à plusieurs éléments de **structure II**. Les domaines des protéines correspondent à des unités structurales et fonctionnelles. Les protéines à plusieurs domaines pourraient provenir de la fabrication de nouveaux gènes par brassage d'**exons**.

DOMAINE F_{ab} *n. m.*

Immuno. - Partie de la molécule d'**immunoglobuline** formée par les **régions variables** et hypervariables des quatre chaînes polypeptidiques de la molécule. Les domaines F_{ab} constituent les sites de fixation des **déterminants antigéniques** (ab = *antigens binding*).

→ ***Domaine F_c, Paratope.***

DOMAINE F_c *n. m.*

Immuno. - Partie de la molécule d'**immunoglobuline** formée par les **régions constantes** des deux **chaînes lourdes**, le domaine F_c donne ses propriétés à l'immunoglobuline. Il est aussi appelé domaine effecteur, car c'est cette partie de la molécule qui est responsable de la fixation de l'immunoglobuline sur la membrane des lymphocytes B, des phagocytes ou qui est responsable du maintien de certains anticorps dans des compartiments particuliers de l'organisme. De plus, le domaine F_c possède le site de fixation du **complément** qui se trouve dégagé quand un antigène se fixe sur l'anticorps. Ainsi, la première protéine du complément se fixe dessus et devient fonctionnelle, ce qui déclenche la cascade de réactions d'activation.

DOMESTICATION *n. f.*

Agric., Zool. - Action par laquelle l'Homme a élevé, à partir du **Néolithique**, différentes espèces de Mammifères et d'Oiseaux afin de pouvoir en disposer en permanence pour différents usages. Ces élevages ont souvent été suivis de croisements orientés afin d'obtenir des Animaux ayant des caractéristiques plus intéressantes. C'est par ces croisements réalisés depuis des milliers d'années que les races domestiques ont commencé à se former.

→ ***Sélection massale.***

DOMINANCE *n. f.*

Génét. - Caractéristique d'un allèle d'un gène qui, chez un **hétérozygote**, masque au niveau du phénotype, l'effet d'un allèle du même gène.

→ ***Allèle dominant, récessif, Récessivité.***

DOMINANCE APICALE *n. f.*

Physiol. vég. - Phénomène d'inhibition du fonctionnement des **bourgeons** axillaires exercé par le bourgeon apical par voie hormonale (**auxine**). La dominance apicale diminue avec l'éloignement du bourgeon apical des **bourgeons** axillaires ce qui conduit à une ramification latérale plus importante à la base.

DOMINANT *adj.*
Génét.

→ ***Allèle dominant.***

DONNEUR *n. m.*
Immuno., Méd. - Se dit de l'organisme sur lequel l'organe ou le tissu est prélevé pour réaliser une greffe. Il existe actuellement des banques informatisées de donneurs dans lesquelles les caractéristiques de leurs antigènes du système HLA sont spécifiées.

DOPAMINE *n. f.*
Méd., Neurobiol. - **Neurotransmetteur** excitateur appartenant à la famille des amines biogènes. La dopamine est produite par des neurones dits dopaminergiques. Elle agit sur la membrane postsynaptique en se fixant sur des récepteurs spécifiques associés à des canaux Na^+. Les **amphétamines** agissent sur les **synapses** dopaminergiques en chassant les molécules de dopamine des vésicules et en déclenchant leur exocytose. Ainsi, les amphétamines provoquent des décharges de dopamine, sans qu'il y ait eu au préalable de message nerveux. Elles ont donc un effet psychotrope.

DOPAMINERGIQUE *adj.*
Neurobiol. - Se dit d'un neurone dont l'arborisation terminale libère de la **dopamine**.

DORMANCE *n. f.*
Bot., Physiol. vég. - Forme de vie ralentie caractérisée par le fait qu'un organe (**bourgeons**) ou une **graine**, bien que placé dans des conditions externes favorables de développement, n'évolue pas. La levée de dormance a lieu avec l'apparition de conditions externes précises et / ou de nouvelles conditions physiologiques internes. Les spores des végétaux primitifs comme les Ptéridophytes ne présentent pas de dormance ainsi que les graines de nombreuses espèces tropicales. La synthèse d'**acide abscissique** déclenche l'entrée en dormance avec répression de l'ADN.

DORSAL
Embryo., Génét. - Gène maternel codant la protéine morphogène *Dorsal* qui est répartie suivant un gradient ventro-dorsal. La protéine *Dorsal* est responsable de la polarité dorso-ventrale.

DORSALE OCÉANIQUE
Tecto. - Relief dépassant du fond des océans, atteignant quelques centaines de kilomètres de large ou plus et serpentant sur le fond sur 60 000 km de longueur. Les dorsales océaniques dominent les **plaines abyssales** de 2 000 à 3 000 m et leurs sommets sont recouverts par environ la même épaisseur d'eau. L'Islande est une exception qui correspond à un morceau émergé de la dorsale Atlantique ; cette particularité est due à l'existence d'un **point chaud** à son aplomb. C'est au niveau des dorsales que se forme du **plancher océanique** (accrétion océanique) et que les plaques lithosphériques s'écartent et s'agrandissent. Les dorsales sont le siège d'un volcanisme basaltique effusif (***MORB***) avec la formation de coulées typiques des **laves en oreillers** ou *pillow lavas*, et de nombreux tremblements de terre à **foyer** superficiel. Les dorsales océaniques sont découpées perpendiculairement à leur axe par des **failles transformantes**. Suivant la vitesse d'expansion des fonds océaniques on distingue : les dorsales rapides, les dorsales intermédiaires et les dorsales lentes. **1.** Les dorsales rapides présentent une vitesse d'expansion supérieure à 8 cm/an avec des segments ultra-rapides à 15-18 cm/an, elles sont essentiellement localisées dans le Pacifique, c'est-à-dire dans des océans possédant des zones de **subduction**. Elles se caractérisent par un

horst axial surélevé, des **chambres magmatiques** allongées suivant l'axe de la dorsale et une production magmatique importante résultant d'un taux de fusion partielle des péridotites mantelliques atteignant 25 % laissant, en profondeur, un résidu péridotitique réfractaire de type **harzburgite**. Elles sont associées aux **ophiolites** de type HOT. **2.** Les dorsales lentes avec des vitesses d'expansion inférieures à 4 cm/an sont présentes dans les océans jeunes, c'est-à-dire sans zones de subduction (océan Atlantique), elles possèdent une dépression axiale (**graben**) et les chambres magmatiques seraient de petite taille et discontinues dans l'espace et dans le temps ; la fusion partielle des péridotites du manteau y est faible et la production de magma n'est pas suffisante pour combler les effondrements liés à l'expansion océanique. Elles sont associées aux ophiolites de type LOT. **3.** Les dorsales à vitesse d'expansion intermédiaire présentent un bombement axial mais pas de dépression centrale (syn. ***ride océanique***, à éviter d'utiliser compte tenu des différentes réalités géologiques qu'il recouvre).

→ ***Subsidence thermique, Tectonique des plaques.***

DOUBLE HÉLICE

Génét.

→ ***ADN.***

DOUBLE RECONNAISSANCE

Immuno. - **1.** Hypothèse proposée il y a quelques années pour rendre compte de l'**activation des lymphocytes T** par une **cellule présentatrice d'antigènes**. On avait supposé qu'il existait sur la membrane du lymphocyte T deux récepteurs groupés qui reconnaissaient respectivement les antigènes du **complexe majeur d'histocompatibilité** et le **déterminant antigénique** d'une cellule présentatrice d'antigènes. L'activation du LT ne pouvait avoir lieu que si ses deux récepteurs établissaient le contact avec les deux antigènes présentés par la CPA, c'est-à-dire qu'il y avait une double reconnaissance. Cette hypothèse a maintenant été abandonnée au profit de la théorie du **soi modifié**. **2.** Reconnaissance entre, d'une part le soi modifié présenté par une CPA avec le récepteur T d'un lymphocyte T, et d'autre part, entre la protéine B7 de la CPA et la protéine B28 du lymphocyte T. Cette double reconnaissance est nécessaire à l'activation du lymphocyte T.

→ ***Cosignal B7-CD28.***

DOULEUR *n. f.*

Neurobiol. - Impression anormale et pénible née au niveau d'une partie du corps et perçue par le cerveau. On peut distinguer une douleur « rapide » et une douleur « lente ». La douleur « rapide » est provoquée par la stimulation de fibres nerveuses myélinisées de 4 à 5 µm de diamètre. Elle est à l'origine de l'apparition d'une douleur tolérable, bien localisée. La douleur « lente » apparaît, quant à elle, après augmentation de l'intensité de stimulation. Cette dernière est véhiculée par les **fibres C**, d'un diamètre de 1 µm. Elle provoque une douleur intense et diffuse. Les fibres qui véhiculent les informations de la douleur sont appelées fibres nociceptives.

→ ***Nocicepteur, Réflexe nociceptif.***

DOWN

Méd.

→ ***Syndrome de Down.***

DOWN-WELLING *n. m.*

Océan. - Mouvement vers le bas des eaux de surface causé par la convergence de différents courants dans l'océan ouvert ou quand les courants de surface atteignent les côtes.

→ ***Up-welling.***

DRÉPANOCYTOSE *n. f.*

Génét., Méd. - Anomalie à globules falciformes improprement appelée anémie falciforme ou ***sicklémie*** qui est un anglicisme. Anomalie de l'**hémoglobine** due au remplacement dans la chaîne β, en

6e position, de l'acide glutamique par la valine. L'**allèle** de la drépanocytose peut être considéré, d'un point de vue biochimique, comme codominant et il fournit des **hétérozygotes** qui sont plus résistants au **paludisme** que les individus **homozygotes** qui ne possèdent pas cette anomalie de l'hémoglobine. Les molécules de HbS fixent normalement le dioxygène, mais dans le sang désoxygéné, la solubilité de HbS n'est que le cinquième de celle de HbN. Dans ces conditions où le milieu est pauvre en dioxygène, les molécules de HbS forment des agrégats en forme de bâtonnets ou de fibres qui déforment les hématies en faucille et conduisent à des blocages de la circulation dans les capillaires. Les individus atteints qui expriment encore le **gène paralogue** de l'hémoglobine fœtale ont une hémoglobine $\alpha_2\gamma_2$ qui inhibe la polymérisation de HbS et donc diminue significativement les problèmes liés à la possession de l'allèle HbS. La drépanocytose et les autres maladies de l'hémoglobine (**thalassémie**) sont fréquentes aux Antilles, en Guyane, en Afrique Noire, à la Réunion et dans l'ensemble du bassin méditerranéen. Le dépistage de la drépanocytose est systématique dans les départements d'Outre-Mer et il est en cours de généralisation en Métropole pour les nouveau-nés concernés (syn. Anémie falciforme).

DROGUES *n. f.*

Neurobiol. - Substances étrangères à l'organisme qui ne sont pas utilisées comme aliment, mais doivent être éliminées après avoir subi des modifications de structures dans les cellules. Les drogues agissent à doses très faibles sur le **système limbique**. Pour l'Organisation des Nations-Unies, elles se répartissent en **stupéfiants** et en **psychotropes**. Elles provoquent une **pharmacodépendance**.

→ ***Accoutumance, Cocaïne, Opium.***

DSCAM

Embryo., Génét. - Sigle anglais de : *Down Syndrome Cellular Adhesion Molecule* (molécule d'adhérence cellulaire du syndrome de Down). Récepteur d'adhérence cellulaire de la famille des immunoglobulines qui, avec 2 autres protéines, est responsable de l'orientation de la croissance de certains neurones sensoriels de la Drosophile, la *DSCAM* est aussi exprimée dans le système nerveux central. La protéine contient 2016 acides aminés pour un gène long de 61 206 nucléotides.

→ ***Épissage alternatif.***

DUCHENNE

Génét., Méd.

→ ***Myopathie de Duchenne.***

DUCTILE *adj.*

Phys. - Se dit d'un matériau qui peut se déformer par étirement sans se casser.

DULÇAQUICOLE *adj.*

Écol. - Ensemble formé par tous les milieux d'eau douce (syn. Dulcicole).

DUODÉNUM *n. m.*

Anat. - Partie antérieure de l'**intestin grêle** qui fait suite à l'estomac. Le duodénum reçoit la bile par l'intermédiaire du canal cholédoque et des sucs digestifs par les deux canaux pancréatiques. Le duodénum produit aussi ses propres enzymes qui complètent celles sécrétées par le pancréas. Ainsi, les **enzymes** duodénales hydrolysent les peptides en acides aminés, les disaccharides (maltose, lactose, saccharose) en sucres simples (glucose, galactose, fructose), les acides nucléiques en nucléotides.

→ ***Pancréas exocrine.***

DUPLICATION *n. f.*

Biochim. - Doublement d'un élément cellulaire, d'une molécule comme la duplication de l'ADN, d'un gène. On emploie l'expression de **réplication de l'ADN** quand on fait référence au mécanisme et non au résultat.

→ ***Duplication génique.***

DUPLICATION GÉNIQUE

Génét. - Apparition sur le même chromosome de deux copies identiques du même **gène** à la suite d'un *crossing-over* inégal. Ainsi, avec l'accumulation de mutations différentes sur les deux copies, les deux gènes finissent par coder des protéines différentes qui n'auront plus exactement les mêmes caractéristiques et donc les mêmes rôles. La duplication des gènes est l'origine des familles de gènes.

→ ***Famille de gènes, gènes homologues, paralogues.***

DURAMEN *n. m.*

Bot. - **Bois** imprégné de résines, de pigments et de **tanins** situé au centre de l'arbre et des branches d'où son nom de bois de cœur. Le duramen est un bois dur, généralement foncé, parfois noir comme l'ébène à forte valeur commerciale.

DYKE *n. m.*

Volcano. - Intrusion magmatique en forme de lame ou de colonne, de quelques dizaines à quelques centaines de mètres d'épaisseur, traversant d'autres roches. L'érosion peut retirer les roches encaissantes, il ne reste alors plus que l'intrusion magmatique qui fait alors saillie à la surface.

→ ***Filon.***

DYNAMIQUE *n. f.*

Phys. - Branche de la **physique** dont l'objet est de relier les mouvements et les déplacements des objets aux forces qui les provoquent.

→ ***Géodynamique.***

DYNÉINE *n. f.*

Biochim. - Protéine de type **moteur moléculaire**, associée aux microtubules dans les flagelles et les cils ou dans le hyaloplasme des cellules eucaryotes qui en changeant de forme à la suite de l'hydrolyse de l'ATP est responsable de leur courbure ou du déplacement de vésicules dans le hyaloplasme.

DYSPNÉE *n. f.*

Physiol. ani. - Difficulté à respirer associée à une sensation d'oppression et de gêne.

DYSTROPHINE *n. f.*

Biochim. - Protéine associée à la membrane de la cellule musculaire squelettique striée dont les mutations sont à l'origine de la **myopathie de Duchenne**. Le gène de la dystrophine est le plus long connu avec 2,4 millions de bases et 79 exons.

DYSTROPHISATION *n. f.*

Écol. - **Eutrophisation** accélérée liée aux rejets de matières organiques **fermentescibles** et à l'apport d'ions nutritifs liés à l'utilisation d'engrais lessivés par les pluies. La dystrophisation conduit à un appauvrissement des eaux en dioxygène, à leur réchauffement et à la disparition progressive des Salmonidés (Truites, Saumons…) qui sont remplacés par des Cyprinidés (Carpes…) de plus faible valeur commerciale.

→ ***Eutrophisation, Nitrates, Phosphates, Pollution.***

E

EAST SIDE STORY

Génét., Paléont. - Théorie selon laquelle la réactivation du fonctionnement du rift est-africain, il y a quelque 8 Ma et les modifications de la végétation qui ont suivi ont séparé une population ancestrale d'**Homininés** donnant à l'est, dans la savane, la **lignée humaine** (**Hominines**) et à l'ouest, dans la forêt, les Chimpanzés (**Panines**) et les Gorilles. Cette théorie suppose que la **bipédie** correspondrait à une adaptation à la vie dans la savane (meilleure vision de loin, protection du dos contre le soleil,...). Il existe une autre théorie où la bipédie serait apparue en milieu forestier, indépendamment de l'évolution climatique, à la suite de mutations de gènes de développement (**hétérochronie**), elle aurait une origine indépendante de la sélection naturelle.

→ ***Omo event.***

EAU DE CHAUX

Physiol.

Solution qui contient de l'hydroxyde de calcium $Ca(OH)_2$. En présence de dioxyde de carbone, l'eau de chaux se trouble. Ce trouble n'est en fait que la formation de carbonate de calcium (calcaire) qui précipite $Ca(OH)_2 + CO_2 \rightarrow CaCO_3 + H_2O$.

EAU DE GRAVITÉ

Pédol. - Eau s'écoulant librement, vers le bas, entre les particules du sol, elle occupe un volume appelé **macroporosité**.

→ ***Eau de rétention, Microporosité.***

EAU DE RÉTENTION

Pédol. - Eau retenue dans un sol après le départ de l'**eau de gravité**. Une grande partie de cette eau peut être absorbée par les racines des plantes, une faible partie se trouve liée aux particules du sol par une force supérieure à la force de succion des racines. Quand une plante ne peut plus prélever d'eau dans le sol, elle atteint son point de flétrissement.

EAU FIXÉE

Pédol. - Eau fortement retenue à la surface des différentes particules constituant le sol et qui ne peut être absorbée par les racines des plantes.

→ ***Eau de rétention.***

EAU IODÉE

Biochim. - Réactif qui permet de caractériser certains polyholosides comme l'**amidon** qui est coloré en bleu violacé, les **dextrines** qui sont colorées en rouge plus ou moins intense et le **glycogène** qui est coloré en brun acajou.

EAU SOUTERRAINE

Hydrogéol. Eau se trouvant dans le sous-sol. Les eaux souterraines comprennent les eaux contenues dans les **aquifères**, mais aussi toutes les eaux particulièrement abondantes qui circulent dans les **karsts**. Elles y constituent de véritables réseaux hydrographiques souterrains en communication avec les eaux de surface par des sources et des résurgences. Un aquifère est alimenté par des eaux d'infiltration, des eaux des rivières ou par celles d'une autre nappe dont elle est séparée par une couche semi-perméable. L'aquifère se vide en des points précis, les sources, mais peut également se vidanger de manière diffuse dans une rivière ou une autre nappe. Ainsi, les eaux de surface et les eaux souterraines forment un système interconnecté. L'eau circule plus rapidement en surface qu'en profondeur, mais en tout état de cause et à l'exception des nappes fossiles, les eaux souterraines finissent par se déverser dans la mer. L'évaporation de l'eau de surface est à l'origine des nuages producteurs de pluies rechargeant les nappes.

→ ***Nappe d'eau souterraine, Pluie efficace.***

ECG

Méd., Physiol. ani. - Sigle d'**Électrocardiogramme**.

ÉCHANGE D'IONS

Pédol. - Transfert entre les cations du **complexe argilo-humique** et ceux de la solution du sol qui occupe les pores du sol.

ÉCHAPPEMENT VAGAL

Neurobiol. - Accélération du rythme cardiaque lors d'une section de la branche du **nerf pneumogastrique** innervant le cœur, le nerf pneumogastrique a donc un effet ralentisseur. En son absence, le cœur échappe à son contrôle et bat à son rythme propre, plus élevé, imposé par son **tissu nodal**. Cette situation s'observe dans le cas de greffe de cœur où l'innervation ne peut être rétablie.

« ÉCHELLE » DE RICHTER

Sismo., Tecto. - Expression impropre et donc à éviter, utilisée pour quantifier la **magnitude d'un séisme** qui varie de manière continue.

→ ***Intensité d'un séisme.***

ÉCHELLE MAGNÉTO-STRATIGRAPHIQUE

Géol. - Division du temps fondée sur la datation des roches sédimentaires par utilisation du **champ magnétique terrestre** fossilisé qu'elles contiennent.

ÉCHELLE PALÉOMAGNÉTIQUE

Géol. - Division du temps fondée sur l'existence d'**inversions des pôles** magnétiques. Ainsi, l'échelle paléomagnétique présente les successions et les durées des périodes durant lesquelles le pôle Nord magnétique était au nord géographique (périodes dites normales) et les périodes où il était au pôle Sud (périodes dites inverses).

ÉCHELLE STRATIGRAPHIQUE

Strati. - Division des temps géologiques fondée sur les coupures entre les **strates** et leur regroupement en ensembles de plus en plus vastes. L'échelle stratigraphique permet d'établir une chronologie relative que l'on essaye de faire coïncider sur tous les continents, en appliquant les quatre principes stratigraphiques (continuité, superposition, recoupement, identité paléontologique), avec les âges « absolus ». Ainsi, l'unité de base en **chronostratigraphie** est l'**étage** qui correspond à un intervalle de temps donné, en moyenne de 5-6 Ma, les étages sont regroupés en époque, les époques en période et les périodes en **ère**. Les grandes coupures (entre les différentes ères, entre les différentes périodes) correspondent à des événements majeurs de l'histoire de la Terre (ouverture des océans, formation des chaînes de montagnes) et de la vie (apparition et/ou disparition d'espèces).

L'***Antécambrien*** est une période qui correspond au neuf dixièmes de l'histoire de la Terre. Il débute à la formation de la Terre, il y a environ 4,55 Ga et se termine suivant les auteurs à 570 ou 530 Ma. Le Précambien est divisé en ***Archéen*** qui correspond à la période la plus ancienne des temps géologiques et en ***Protérozoïque*** qui correspond à la période la plus récente du Précambien. Les événements marquants de cette ère sont : l'apparition de la vie à partir de

Échelle stratigraphique

	ère	âge absolu en Ma.	système période	série époque	événements principaux : biologiques	événements principaux : géologiques
4	CÉNOZOÏQUE TERTIAIRE	0,01	Quaternaire	Holocène	*Homo*	succession des glaciations
		1,8		Pléistocène		
			Néogène	Pliocène		collision de l'Inde et de l'Asie
		23		Miocène		
			Paléogène	Oligocène	Nummulites	séparation de l'Australie et de l'Antarctique
				Eocène		
		65		Paléocène		cycle orogénique alpin
3	MÉSOZOÏQUE SECONDAIRE		Crétacé	✱ supérieur	Ammonites, Poissons, Amphibiens, Reptiles, Mammifères, Dinosaures, Oiseaux	
				moyen		
		135		inférieur		ouverture de l'océan Atlantique Sud
			Jurassique	supérieur		
				moyen		
		205		inférieur		ouverture de l'océan Atlantique Nord
			Trias	✱ supérieur		
				moyen		
		245		inférieur		
2	PALÉOZOÏQUE PRIMAIRE		Permien	✱ supérieur	Fusulines	cycle orogénique hercynien
		295		inférieur		
			Carbonifère	supérieur		formation de la Pangée
		360		inférieur		
			Dévonien	✱ supérieur		
				moyen		
		410		inférieur	Trilobites	
			Silurien	✱ supérieur		cycle orogénique calédonien
		435		inférieur		
			Ordovicien ✱	supérieur		
		500		inférieur		
			Cambrien	✱ supérieur		
				moyen		
		540		inférieur	premiers fossiles à coquille	
1	PRÉCAMBRIEN	1 000	Protéro-zoïque (Algonkien)		reproduction sexuée	
		1 500			apparition des cellules eucaryotes	
		2 500			apparition de la photosynthèse (bactéries, algues)	
		3 000	Archéen			✱ crise biologique majeure
		4 550			apparition de la vie	

matière organique fabriquée de manière abiotique, l'apparition des premières Bactéries anaérobies vers 3,8 Ga et de Bactéries photosynthétiques vers 3 Ga qui enrichissent progressivement l'atmosphère en dioxygène. Les premières cellules eucaryotes se forment vers 1,5 Ga et les premiers Invertébrés à corps mou («méduses», vers) sont connus de la faune d'Ediacara (670 Ma) [1].

L'ère ***primaire*** (***Paléozoïque***) est marquée par une explosion de la vie végétale et animale. Tous les embranchements apparaissent à cette période. Le ***Cambrien*** se caractérise par de nombreux fossiles (Trilobites, Brachiopodes,...) qui possèdent une coquille ou une carapace carbonatée ou phosphatée, les ancêtres des Vertébrés seraient apparus au Cambrien. À l'***Ordovicien***, les Poissons (d'abord sans mâchoires), les Oursins et les Coraux font leur apparition, mais il y a de très nombreuses extinctions. Le ***Silurien*** est marqué par le début de la colonisation du milieu terrestre par les plantes vasculaires (Ptéridophytes) qui se développent au Dévonien. Le ***Dévonien*** voit l'apparition des Amphibiens d'abord en tant que Tétropodes aquatiques, qui conquièrent par la suite les milieux continentaux humides où ils se nourrissent des premiers Arthropodes terrestres qui les ont devancés. Le ***Carbonifère*** est l'âge d'or des Amphibiens, mais c'est aussi à cette période que les Reptiles « inventent » l'œuf amniotique, les Insectes se diversifient et les forêts de Fougères couvrent de vastes surfaces, puis disparaissent (charbon, tourbe). Au ***Permien***, le milieu terrestre devient plus aride, les Amphibiens commencent à régresser et les Reptiles se diversifient. La fin du Permien est marquée par des extinctions massives, surtout en milieu marin (Trilobites, Fusulines...). On estime que 95 % des espèces du primaire n'ont pas survécu à cette crise biologique majeure. C'est durant l'ère primaire que les continents qui étaient séparés au début du Cambrien se rapprochent et forment la dernière Pangée. Les chocs des masses continentales sont à l'origine de la surrection de chaînes de montagnes. La collision de l'Amérique du Nord (Laurentie) et de l'ensemble formé par l'Afrique du Nord et l'Europe produit l'orogenèse ***calédonienne*** en Europe et acadienne en Amérique (Dévonien). À la fin du Permien, le Gondwana entre en collision avec le bloc continental précédemment soudé, C'est l'orogenèse ***hercynienne*** (Massif Central, Massif Armoricain, Vosges) en Europe et appalachienne (Amérique du Nord). La Pangée est alors constituée [2].

Après la vague d'extinctions qui marque la fin de l'ère primaire, l'ère ***secondaire*** (***Mésozoïque***) apparaît comme un nouveau départ de la vie. Au ***Trias***, de nouveaux types d'Invertébrés marins apparaissent (Lamellibranches, Ammonites, Coraux,...). La végétation terrestre est dominée par les Conifères. Les Reptiles se diversifient et certains d'entre eux sont à l'origine des Mammifères. Les premiers Dinosaures font leur apparition. Au ***Jurassique***, l'Atlantique Nord commence à s'ouvrir, 25 % des terres sont recouvertes d'eau (transgression marine). Les Dinosaures se diversifient en milieu terrestre, les Reptiles marins (Ichtyosaures, Plésiosaures), les Ammonites en milieu aquatique et les Oiseaux apparaissent. Le ***Crétacé*** est marqué par l'ouverture de l'Atlantique Sud et la formation de gigantesques dépôts de craie. Les plantes à fleurs et les Insectes se diversifient. Les Reptiles aquatiques et aériens (Ptérosaures), les Dinosaures, les Ammonites, entre autres, soit 50 % des espèces s'éteignent à la fin du Crétacé, victimes du volcanisme paroxysmique du Deccan et/ou d'un astéroïde [3].

L'ère ***tertiaire***, divisée en ***Paléocène***, ***Éocène***, ***Oligocène*** (regroupés au sein du ***Paléogène***), ***Miocène***, ***Pliocène*** (regroupés au sein du ***Néogène***) est marquée par la radiation adaptative des Mammifères et des Oiseaux qui occupent toutes les niches écologiques laissées libres par la disparition des Dinosaures et des Reptiles marins. Les plantes à fleurs et les Insectes poursuivent leur diversification. Les Primates se développent et un rameau est à l'origine de l'Homme apparu il y a quelque 2 Ma. On définit une ère ***quaternaire*** débutant il y a 1,8 Ma marquée par le développement du genre *Homo* et de nombreuses glaciations. L'ère quaternaire, divisée en ***Pléistocène*** et en ***Holocène***, est souvent regroupée avec l'ère tertiaire au sein du ***Cœnozoïque***. Le déplacement des continents, avec la poursuite de l'ouverture de l'Atlantique conduit progressivement ceux-ci à leur place actuelle. Le choc de l'Inde qui remonte vers le nord avec l'Asie est à l'origine de l'Himalaya, tandis que celui de l'Afrique avec l'Europe est à l'origine de la surrection des Alpes. L'ère tertiaire se poursuivra (?) jusqu'à la formation d'une nouvelle Pangée dans quelque 150 Ma [4].

⟶ ***Âge absolu, Âge relatif, Crise biologique, Datation, Système.***

ÉCHOGRAPHIE *n. f.*

Méd. - Technique médicale consistant à visualiser l'intérieur de l'organisme en transformant en images, à l'aide d'un ordinateur, des signaux émis sous forme d'ultrasons. On réalise maintenant des échographies en 3 dimensions.

ÉCHOGRAPHIE SISMIQUE

Géol. - syn. ***Tomographie sismique.***

ÉCLIPSE *n. f.*

Astron. - Occultation passagère d'un **astre**, produite par l'interposition d'un autre corps céleste entre cet astre et la source de lumière.

ÉCLIPTIQUE *n. m.* ou *adj.*

Astron. - Trajectoire apparente du Soleil vue de la Terre définissant un plan.

ÉCLOGITE *n. f.*

Pétrol. - Roche peu abondante du **métamorphisme général** à cristaux de grenat rose et de pyroxène vert (jadéite). La composition chimique est celle d'un basalte ou d'un gabbro avec une très faible quantité de SiO_2. Ces roches résultent du métamorphisme de haute pression des **basaltes** et des **gabbros**. Les éclogites les plus typiques se forment dans les zones de **subduction**. Certaines éclogites se formeraient au voisinage de la discontinuité de Mohorovičić par fusion partielle des **péridotites** du manteau supérieur.

ÉCOLOGIE *n. f.*

Écol. - Étymologiquement, l'écologie est la science de l'**habitat**. L'écologie a pour but d'étudier les relations entre les êtres vivants entre eux et avec leur **milieu naturel**.

⟶ ***Biocœnose, Biodiversité, Biotope, Écosystème, Réseau trophique, Pollution.***

ÉCORCE *n. f.*

Bot. - **1.** Au sens botanique, cylindre qui comprend tous les tissus extérieurs (épiderme, liège, assise génératrice externe, phelloderme, parenchyme cortical) au cylindre central (moelle, bois, cambium, liber). **2.** Au sens forestier, l'écorce comprend, la partie superficielle d'un tronc, d'une branche ou d'une racine qui se détache facilement, c'est-à-dire les tissus extérieurs précédents avec en plus le liber. **3.** Au sens commun du terme, l'écorce correspond aux tissus situés à l'extérieur du liège et donc physiologiquement isolés des tissus vivants sous-jacents, ces tissus morts désquament naturellement par morceaux de formes et de tailles variables ; c'est le rhytidome des botanistes. Le **rhytidome** se renouvelle par la formation, en profondeur, chaque année d'un nouveau **phellogène**. L'écorce possède parfois une valeur économique importante comme c'est le cas du Chêne-liège (*Quercus suber*), que l'on récolte tous les dix ans et du Quinquina (*Cinnamonum zeylanicum*), dont on extrait la quinine qui est un antipaludéen.

ÉCORCE CÉRÉBRALE

Neurobiol. - syn. ***Cortex cérébral.***

ÉCORCE TERRESTRE

Tecto. - syn. ***Croûte terrestre.***

ÉCOSYSTÈME *n. m.*

Écol. - Ensemble formé par deux éléments en interaction permanente : un environnement de nature physico-chimique, **abiotique** et bien délimité dans l'espace et dans le temps que l'on appelle le **biotope**, c'est-à-dire le lieu de vie présentant des caractéristiques climatologiques et l'ensemble des êtres vivants, ou **biocœnose**, qui habite ce biotope. L'écosystème constitue l'élément fonctionnel de base de la **biosphère**, il se maintient par l'intermédiaire d'un flux d'énergie et de matière entre ces différentes composantes en interaction permanente.

→ ***Consommateur, Décomposeurs, Habitat, Milieu naturel, Producteurs primaires.***

ECTASY *n. f.*

Méd. - Molécule de synthèse (3,4 méthylènedioxyméthamphétamine = MDMA) à effets psychoactifs qui n'a jamais eu son autorisation de mise sur le marché à des fins thérapeutiques. L'ectasy a été synthétisée en 1912 dans un but militaire afin d'augmenter les effets des **amphétamines**. Après une légère anxiété, l'ectasy provoque une augmentation du rythme cardiaque et de la pression artérielle, une contraction des muscles de la mâchoire, une moiteur cutanée, une sécheresse buccale, une sensation de bien-être et d'euphorie ainsi qu'une exacerbation des sens ; parallèlement l'organisme se déshydrate. La prise à répétition entraîne des passages à vide, des crises d'anxiété, de la dépression, une instabilité caractérielle et un affaiblissement généralisé. Les comprimés d'« ectasy » ne contiennent pas toujours cette molécule qui peut être associée à des amphétamines, des hallucinogènes, des analgésiques, des anabolisants ou des substances comme la caféine, l'amidon…

ECTOBLASTE *n. m.*

Embryo. - Tissu embryonnaire qui donne, au cours du développement embryonnaire, l'épiderme et ses dérivés (poils, glandes cutanées…) et le système nerveux (syn. Ectoderme).

ECTODERME *n. m.*

Embryo. - syn. ***Ectoblaste.***

ECTOPIQUE *adj.*

Embryo. Méd. - Qualifie un organe ou une structure qui ne se trouve pas à sa position habituelle. Pour un gène, signifie qu'il se situe en dehors de son compartiment normal d'expression.

→ ***Antennapedia.***

ECTOTHERME *n. m.* ou *adj.*

Éner., Physiol. ani. - Animal dont la source de **chaleur** corporelle provient principalement du milieu extérieur. Chez ces Animaux, comme les Poissons, les Amphibiens et les Reptiles, l'intensité du métabolisme est faible et ils ne possèdent pas de revêtement comme les plumes ou les poils qui limitent les pertes de chaleur. De ce fait, la plupart d'entre eux doivent augmenter leur température interne, en se chauffant au soleil, avant d'être pleinement actifs. En effet, la vitesse des réactions biochimiques dépend de la température. Comme ces Animaux voient leur température varier au cours de la journée et de l'année, on les appelle aussi **poïkilothermes**. Par l'origine de leur chaleur corporelle qui vient de l'extérieur, les ectothermes s'opposent aux **endothermes**, comme les Oiseaux et les Mammifères qui produisent eux-mêmes, par leur métabolisme, leur chaleur corporelle. Les ectothermes ont longtemps été appelés Animaux à sang froid, cette dénomination est à proscrire car de nombreux Reptiles, quand ils se sont chauffés au soleil, ont une température de quelques degrés supérieure à celle des Mammifères.

→ ***Hétérotherme, Homéotherme.***

ECZÉMA *n. m.*

Méd. - Affection cutanée caractérisée par des rougeurs, des vésicules suintantes et la formation de croûtes et de squames, l'eczéma est une des manifestations de l'**allergie**.

ÉDAPHIQUE *adj.*

Écol., Pédol. - Qui se rapporte au sol.

ÉDITION *n. f.*

Génét. - Processus au cours duquel des **ARNm** sont modifiés par changement ou ajout de nucléotides après leur **transcription**. Ce processus se rencontre au cours de la fabrication des chaînes d'immunoglobulines et chez certains parasites unicellulaires.

ÉDUCATION DU SOI

Immuno. - syn. ***Apprentissage du soi.***

EEG

Méd., Neurobiol. - Sigle d'**Électro-encéphalogramme**.

EFFECTEUR *n. m.*

Physiol. - Organe ou cellule différenciée réalisant une fonction en réponse à un signal qui peut être de nature nerveuse ou hormonale.

EFFÉRENT *adj.*

Anat. - Qui va du centre vers la périphérie, qui conduit à l'extérieur d'un organe.

→ ***Afférent.***

EFFET DE FONDATION

Génét. - Échantillonnage aléatoire de certains **allèles** à l'occasion de l'isolement d'une petite population, appelée **population fondatrice**, à partir d'une population mère. Lors de la fondation, tous les allèles d'un gène donné ne se trouvent pas obligatoirement dans les différents individus de la population fondatrice. Il s'ensuit une perte de la variabilité **génétique** (syn. Effet du fondateur).

→ ***Dérive génétique, Polymorphisme, Population de faible effectif.***

EFFET DE SERRE

Écol.

→ ***Serre (effet de).***

EFFET DOPPLER

Astron., Phys. - Modification apparente de la fréquence d'une radiation due au mouvement relatif de la source et de observateur. Ainsi, l'allongement de la longueur d'onde de la lumière (décalage vers le rouge) émise par un objet (galaxie) qui s'éloigne de l'observateur est une manifestation de l'effet Doppler et une preuve de l'expansion de l'Univers.

EFFORT *n. m.*

Physiol. ani. - Activité d'un animal qui mobilise ses forces pour résister ou vaincre une résistance ou une contrainte extérieure ou intérieure. Un effort physique se traduit par des contractions musculaires supérieures à celles réalisées en l'absence de toute contrainte.

ÉGESTION *n. f.*

Physiol. - Élimination des déchets produits par un organisme. Classiquement, on réserve le terme d'égestion aux aliments non digérés.

EL NIÑO *n. m.*

Océan. - Réchauffement océanique au large des côtes péruviennes associé à une modification de la position des hautes et basses pressions dans le Pacifique sud. Ce phénomène prenait naissance tous les 5 à 8 ans dans l'océan Pacifique, mais actuellement, la fréquence des phénomènes El Niño est presque annuelle (18 mois).

ÉLECTROCARDIOGRAMME (ECG) *n. m.*

Physiol. ani. - Résultats graphiques de l'enregistrement des activités de dépolarisation et de repolarisation du cœur précédant sa contraction. Il comprend une onde P, de faible amplitude, précédant la contraction des **oreillettes** et une onde rapide de forte amplitude QRS, précédant la contraction des **ventricules**. L'onde T, lente et de faible amplitude, correspond à la repolarisation des ventricules. La durée PR correspond au temps que met l'excitation à se propager des oreillettes aux ventricules.

→ ***Révolution cardiaque.***

ÉLECTRO-ENCÉPHALOGRAMME (EEG) *n. m.*

Neurobiol. - Enregistrement de l'activité électrique du cerveau par des électrodes réceptrices placées de manière symétrique en différents endroits du cuir chevelu.

ÉLECTRO-ENCÉPHALOGRAPHIE *n. f.*

Neurobiol. - Technique consistant à enregistrer à la surface du crâne, les variations du champ électrique provenant de l'activité des différents groupes de neurones cérébraux.

→ ***Électro-encéphalogramme.***

ÉLECTROMYOGRAPHIE (EMG) *n. f.*

Physiol. ani. - Technique d'enregistrement de l'activité électrique d'un muscle, le tracé obtenu est un électromyogramme.

ÉLECTRONOGRAPHIE *n. f.*

Biol. cell. - Photographie en noir et blanc obtenue à l'aide d'un **microscope électronique à transmission**. Les électronographies permettent d'observer l'ultrastructure des cellules.

ÉLECTROPHORÈSE *n. f.*

Biochim., Génét. - Technique de séparation par un champ électrique des molécules chargées (acides nucléiques, protéines). Un mélange de protéines est soumis à un champ électrique, les protéines chargées négativement se dirigent vers la cathode, les protéines chargées positivement vers l'anode. La distance parcourue par un type de molécule en un temps donné dépend de sa charge globale et de sa masse moléculaire. Les protéines ou les fragments d'acides nucléiques forment alors des bandes (zymogramme) qu'il est possible de caractériser par des techniques appropriées (réaction de coloration, **sonde radioactive**, anticorps marqués…).

ÉLÉMENT FILS

Phys. - Élément provenant de la désintégration d'un atome radioactif appelé élément père.

→ ***Période radioactive, Radioactivité.***

ÉLÉMENT GÉNÉTIQUE MOBILE

Génét. - syn. ***Transposon.***

ÉLÉMENT PÈRE

Phys. - Élément radioactif, qui en se désintégrant, donne naissance à un élément fils ou élément radiogénique.

→ ***Période radioactive, Radioactivité.***

ÉLÉMENT TRANSPOSABLE

Génét. - syn. ***Transposon.***

ELLIPSOÏDE DE RÉVOLUTION

Géogr. Géol. - Surface convexe définie par la rotation d'une ellipse autour d'un de ses axes. Dans le cas de la Terre, cette surface est un ellipsoïde renflé à l'équateur. L'ellipsoïde de Clairaut permet de calculer la valeur de l'accélération de la pesanteur (g), en supposant que la répartition des masses est homogène dans tout le volume de la Terre, en n'importe quel point de sa surface simplement en fonction de la latitude, c'est-à-dire de la valeur du rayon terrestre. L'ellipsoïde est défini par son aplatissement. Il existe plusieurs ellipsoïdes de référence.

EMBRANCHEMENT *n. m*

Bot., Zool.

→ ***Phylum, Plan d'organisation.***

EMBRYOGENÈSE *n. f.*

Embryo. - Ensemble des transformations qui, à partir d'un œuf fécondé, aboutit à la formation d'un **embryon**. L'embryogenèse comprend : la **segmentation** caractérisée par de très nombreuses divisions cellulaires [1], la **gastrulation** marquée par des mouvements cellulaires conduisant à la formation d'un embryon à trois feuillets embryonnaires (ectoblaste, endoblaste, mésoblaste) [2], la **neurulation** mettant en place le système nerveux [3], et l'organogenèse précédée d'une histogenèse responsable de la formation des différents organes [4]. Arrivé à ce stade, l'embryogenèse est achevée, l'embryon est devenu un fœtus ou une larve qui poursuit son développement par une phase de croissance. Chez l'Homme, l'embryogenèse dure deux mois.

EMBRYOLOGIE *n. f.*

Embryo. - Étude de l'**embryogenèse**, c'est-à-dire des transformations successives conduisant d'un **œuf** fécondé à un **embryon**.

EMBRYON *n. m.*

Embryo. - Stade de développement d'un organisme qui débute dès la fécondation et se poursuit jusqu'à ce que les différents organes soient formés.

→ ***Blastocyste, Embryogenèse, Feuillet embryonnaire, Fœtus, Morula.***

EMPOIS D'AMIDON

Biochim. - Liquide collant et poisseux obtenu par dissolution de grains d'**amidon** dans de l'eau chaude.

EMPREINTE GÉNÉTIQUE

Génét. - Ensemble des **fragments de restriction** de régions répétées hypervariables comme les ADN **microsatellites** et mini satellites qui différencient avec une probabilité très élevée des ADN issus d'individus différents. Cette approche est utilisée pour identifier des individus dans des affaires criminelles. Ces fragments sont visualisés par la **méthode de Southern**.

→ ***Carte de restriction.***

ENCÉPHALE *n. m.*

Neurobiol. - Le centre de coordination du système nerveux. Le cerveau de l'Homme est une masse formée par plus de 1 000 milliards de cellules (10^{12}) dont 100 milliards de **neurones** interconnectés, entourée par des tissus protecteurs, les méninges ; l'ensemble étant protégé par la boîte crânienne. Le cerveau analyse et intègre les différentes informations sensorielles et génère différents messages qu'il envoie aux muscles et aux glandes. Le cerveau est situé à l'extrémité antérieure de la **moelle épinière**. Il comprend cinq parties ou étages : le télencéphale, le diencéphale, le mésencéphale, le métencéphale et le myélencéphale qui forment l'encéphale. Le télencéphale est formé par les deux **hémisphères cérébraux**. Sa surface extérieure, le **cortex cérébral**, est constituée de la substance grise, plissée en de nombreuses circonvolutions cérébrales. Sous le télencéphale se situe le diencéphale qui est formé par le thalamus, l'hypothalamus et l'hypophyse. Le mésencéphale constitue la partie intermédiaire de l'encéphale où se trouve, entre autres, le siège de l'alternance veille-sommeil. Le métencéphale est formé par la protubérance annulaire et le cervelet. Le myélencéphale est le dernier étage de l'encéphale, il est formé par le bulbe rachidien (syn. Cerveau).

Voir figure page 180.

ENCÉPHALOPATHIE *n. f.*

Méd. - Toute maladie du cerveau dont l'origine est le plus souvent neurodégénérative ou toxique. Les maladies neurodégénératives dont le **prion** est supposé être l'agent causal se nomment encéphalopathies subaiguës spongiformes transmissibles ou ESST. Chez l'Homme c'est la maladie de **Creutzfeldt-Jakob**, chez le mouton la tremblante et chez les bovins l'encéphalopathie spongiforme bovine (ESB) ou maladie de la vache folle. Ces maladies se traduisent par une désorganisation du tissu nerveux due à la dégénérescence des neurones et à la prolifération des cellules gliales. Au microscope, le cerveau apparaît criblé de trous comme une éponge (d'où l'adjectif de spongiforme).

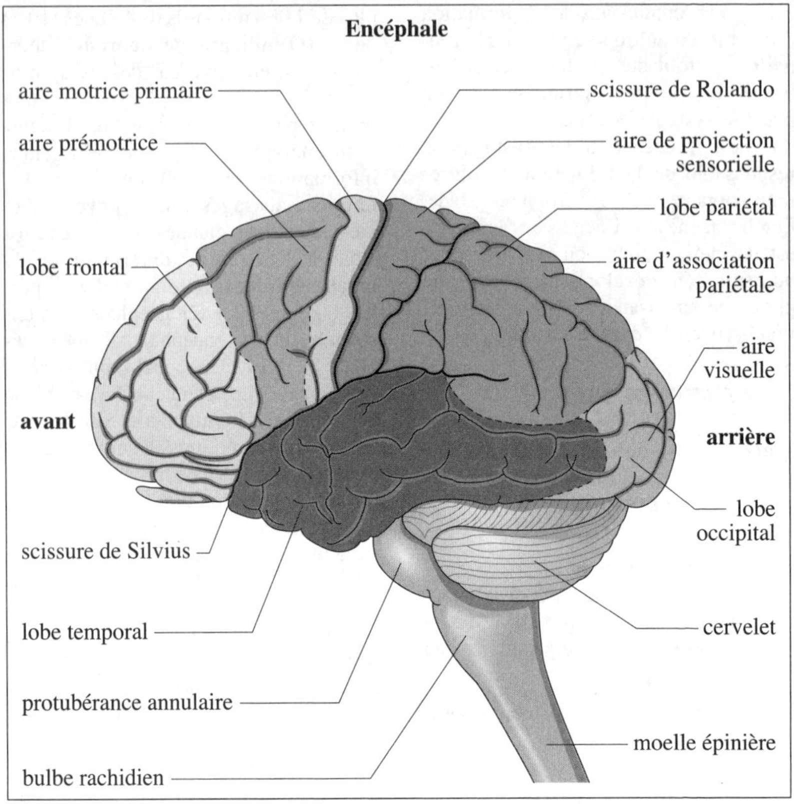

Les hémisphères cérébraux comprennent les lobes frontaux, les lobes pariétaux, les lobes temporaux et les lobes occipitaux. L'aire motrice primaire comprend le départ des circuits nerveux responsables de la commande des muscles, alors que l'aire de projection sensorielle reçoit les terminaisons sensorielles en provenance des différentes parties du corps.

Cette destruction des neurones provoque une démence et une perte d'équilibre. L'incubation atteint parfois 35 ans chez l'Homme, période au cours de laquelle le prion se multiplie sans aucun signe immunologique.

ENCLUMES DE DIAMANTS (CELLULE À)

Géophys. Dispositif permettant de coincer un minéral dans une rondelle métallique et de le comprimer mécaniquement par effet de levier entre deux pointes de diamant pur pour obtenir des pressions telles que celles qui règnent au centre du noyau (3,5 mégabars). Un rayon laser passant au travers des diamants chauffe le minéral à plus de 5 000 °C, soit la température du noyau. L'utilisation de rayons X et d'autres techniques permettent d'analyser la structure des minéraux.

ENDÉMIE *n. f.*

Méd. - Présence habituelle d'une maladie dans une région géographique déterminée et qui s'y manifeste soit constamment, soit épisodiquement. Le **paludisme** est une endémie de la zone intertropicale.

ENDERGONIQUE *adj.*
Éner.

→ ***Réaction endergonique.***

ENDOBLASTE *n. m.*
Embryo. - Tissu embryonnaire qui donne, au cours du développement, le tube digestif et ses dérivés ainsi que les poumons (syn. Endoderme, Entoblaste).

ENDOCRINE *adj.*
Endocrino. - S'emploie pour qualifier une cellule ou une glande qui déverse ses produits de **sécrétion** directement dans le sang sans l'intermédiaire d'un canal excréteur.

→ ***Exocrine, Glande, Hormone.***

ENDOCRINIEN adj.
Endocrino. - Qui se rapporte aux glandes **endocrines** et à leurs sécrétions.

→ ***Exocrine, Glande, Hormone.***

ENDOCRINOLOGIE *n. f.*
Endocrino. - Branche de la physiologie et de la médecine qui étudie les glandes endocrines (structure, fonction, régulation) et leurs maladies.

ENDOCYTOSE *n. f.*
Biol. cell. - Capacité que possèdent certaines cellules (macrophages, granulocytes neutrophiles,...) à réaliser une invagination de leur membrane plasmique et à intégrer des particules extérieures à l'intérieur d'une vésicule membranaire formée par la membrane plasmique retournée.

→ ***Fusion membranaire, Phagocytose.***

ENDODERME *n. m.*
Bot. - Assise formée d'une seule épaisseur de cellules qui correspond à la dernière couche de cellules du parenchyme cortical. Les cellules de l'endoderme se caractérisent par des épaississements de **subérine** et parfois de **lignine** formant les cadres de Caspary. L'endoderme de la racine contrôle le passage des substances minérales dans le **cylindre central**.
Embryo. - syn. ***Endoblaste.***

ENDOGAMIE *n. f.*
Génét. - **Reproduction sexuée** entre individus apparentés.

→ ***Consanguin, Exogamie.***

ENDOMÈTRE *n. m.*
Anat. - syn. ***Muqueuse utérine.***

ENDOMORPHINES *n. f.*
Neurobiol. - Molécules produites par le **système nerveux central** et qui ont la propriété d'imiter l'action de la **morphine**, car elles se fixent sur les mêmes récepteurs, appelés **récepteurs aux opioïdes**. La morphine présente une analogie structurale avec les endomorphines, ce qui permet sa fixation sur les mêmes récepteurs. Les endorphines (31 acides aminés) et les **enképhalines** (5 acides aminés) sont des endomorphines.

ENDONUCLÉASE DE RESTRICTION
Biochim., Génét. - syn. ***Enzyme de restriction.***

ENDOPEPTIDASE *n. f.*
Biochim. - Enzyme qui hydrolyse les **liaisons peptidiques** au sein des protéines et produit des peptides, alors que les ***exopeptidases*** attaquent les protéines par leurs extrémités.

ENDORPHINES *n. f.*
Neurobiol. - **Endomorphines** produites par les centres nerveux.

ENDOSOME *n. m.*
Biol. cell., Immuno. - Vésicule cytoplasmique (phagosome) formée par l'invagination de la membrane plasmique d'une cellule phagocytaire.

→ ***Endocytose, Fusion membranaire.***

ENDOSYMBIOTE *n. m.*

Biol. Évol. - Cellule procaryote ou eucaryote qui vit à l'intérieur d'une autre cellule ou d'un autre organisme.

→ ***Théorie endosymbiotique.***

ENDOTHÉLIUM *n. m.*

Histo. - Tissu de revêtement (dérivant du mésoblaste) formé de cellules jointives (nature épithéliale) qui tapisse les surfaces internes des cavités contenant des liquides (vaisseaux sanguins, cœur, cœlome…).

→ ***Tissu épithélial.***

ENDOTHERME *n. m.* ou *adj.*

Éner. - Animal qui produit sa propre **chaleur** par l'importance des réactions de son **catabolisme** et qui la conserve grâce à l'existence d'un revêtement adiabatique comme les plumes ou les poils. Les Mammifères et les Oiseaux sont endothermes. Ils possèdent une température corporelle constante voisine de 37° C pour les Mammifères et de 40° C pour les Oiseaux, ils sont dits à sang chaud. Comme cette température est constante, on dit qu'ils sont **homéothermes**. Néanmoins, il existe quelques exceptions comme les Mammifères hibernants (Ours, Chauves-souris, Loirs, Marmottes…) qui, en hiver, laissent chuter leur température corporelle, mais la maintiennent à un degré au-dessus de celle du milieu extérieur. De tels Mammifères sont dits **hétérothermes**.

→ ***Ectotherme.***

ENDURANCE *n. f.*

Méd. Physiol. ani. - Aptitude à résister à la fatigue, à l'essoufflement.

ÉNERGÉTIQUE *n. f.*

Éner. - Branche de la biochimie qui s'intéresse aux voies de transfert de l'énergie dans une cellule.

ÉNERGIE *n. f.*

Éner. - Grandeur physique possédée par un système à partir de laquelle il est possible de produire du **travail**.

ÉNERGIE CHIMIQUE POTENTIELLE

Éner. - Énergie fournie par les nutriments transformés par l'organisme vivant par les voies du **catabolisme** (**oxydoréduction**). Cette énergie est contenue dans les liaisons covalentes des nutriments (acides aminés, acides gras, glucose…). L'énergie chimique potentielle d'un nutriment est l'énergie libérée, sous forme de chaleur, au cours de sa combustion complète. Pour le glucose, elle est de 2 860 kJ. Au cours de la respiration, 60 % de l'énergie potentielle du glucose sont dissipés sous forme de chaleur, les 40 % restants sont convertis en **ATP**.

→ ***Cycle de Krebs, Fermentation, Glycolyse, Rendement énergétique, Respiration aérobie.***

ÉNERGIE D'ACTIVATION

Biochim. - Quantité d'énergie qu'il faut fournir à des molécules « stables » pour qu'elles réagissent ensemble. Les **enzymes** abaissent l'énergie d'activation en employant une autre voie réactionnelle que la réaction non catalysée, spontanée mais beaucoup plus lente. Le site actif hydrophobe des enzymes désolubilise les substrats, les oriente dans la bonne position et les amène à un niveau énergétique supérieur en établissant avec eux des liaisons faibles.

Voir figure page 183.

ÉNERGIE INTERNE DU GLOBE

Tecto., Géophys. - Énergie responsable des différents mouvements (séismes, volcanisme, mouvements des plaques lithosphériques) ayant lieu à la surface terrestre et du flux géothermique terrestre qui compte pour 99 % du bilan énergétique global. L'énergie interne du globe est dissipée par conduction quand la chaleur traverse la matière sans la déplacer et par convection quand la chaleur est véhiculée par le mouvement de matière, cette quantité de chaleur est estimée à environ 44,2 TW (téra = 10^{12}). Les estimations des différentes contri-

Énergie d'activation

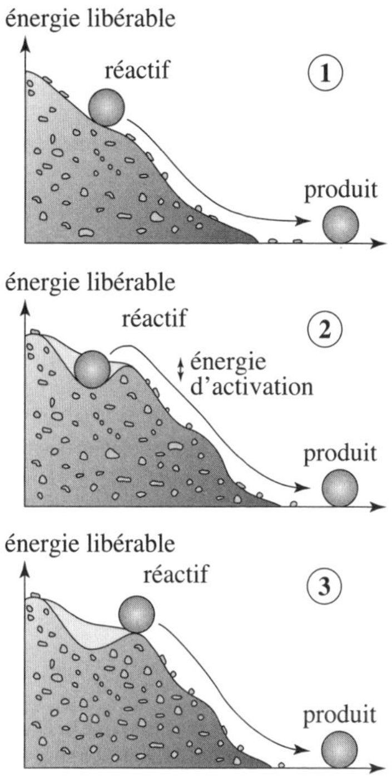

1. Dans une réaction spontanée et exergonique, le réactif se transforme en produit sans intervention extérieure en libérant de l'énergie, tout comme la balle qui descend une pente.
2. Dans une réaction non spontanée et exergonique, il faut fournir un peu d'énergie pour que le réactif, en libérant de l'énergie, se transforme en produit, tout comme il faut fournir à la balle un peu d'énergie (énergie d'activation) pour la sortir du creux.
3. Quand le réactif a reçu un peu d'énergie, il peut, en libérant de l'énergie, se transformer en produit.

butions énergétiques diffèrent suivant les auteurs. En se fondant sur la radioactivité actuelle des **chondrites**, la radioactivité actuelle terrestre serait responsable de 22 à 26 TW, il faut expliquer l'origine des 18 à 22 autres TW. L'énergie d'accrétion est comptée au maximum à $1 \cdot 10^{12}$ TW et selon certaines estimations se serait dissipée en 600-800 Ma. Il y a 4,556 Ga, la chaleur évacuée par la Terre était 5 fois plus forte ; cette chaleur issue de la forte radioactivité initiale serait responsable des quelque 20 TW recherchés. Suivant une autre estimation, la chaleur latente de cristallisation de la graine libérerait quelque 10 TW et la radioactivité 32 TW. La radioactivité actuelle est concentrée dans la croûte continentale supérieure et, à cause de l'érosion, dans les roches sédimentaires qui peuvent être à l'origine d'un granite d'**anatexie**. La croûte océanique est en revanche très pauvre en radioactivité. La croûte continentale compte pour 1/135 du volume et 1/267 de la masse de la Terre, mais contient 1/4 de sa radioactivité. L'évacuation de cette énergie interne est responsable de la **tectonique des plaques**.

→ ***Accrétion planétaire, Cellule de convection.***

ÉNERGIE POTENTIELLE

Éner. - Énergie qui peut être récupérée et utilisée pour un travail. Ainsi, la combustion complète des molécules organiques libère de l'énergie sous forme de chaleur.

→ ***Calorimètre, Énergie chimique potentielle.***

ÉNERGIE SOLAIRE

Astron. - **Énergie** dégagée par le **Soleil** et provenant des réactions thermonucléaires qui s'y déroulent. D'une manière générale dans les étoiles, deux atomes légers (isotopes de l'hydrogène) fusionnent pour donner un atome d'hélium, un neutron et de l'énergie (3,25 MeV par neutron produit). Pour que ces réactions de fusion nucléaire aient lieu, il faut que les noyaux positifs se rencontrent malgré leur répulsion électrostatique. Seule l'agitation thermique existant pour des températures de plus de 10^8 K permet la fusion des noyaux atomiques.

ENFANT BULLE

Méd. - Enfant présentant une **immunodéficience** sévère qui le rend inapte à se débarrasser d'agents pathogènes. Ces immunodéficiences sont souvent dues à une anomalie de la **moelle osseuse** et, en attendant une greffe de moelle, les enfants sont maintenus dans des espaces complètement stériles appelés « bulles ».

ENGRAIS *n. m.*

Agric. - **Matière minérale** répandue dans les cultures afin de maintenir ou d'augmenter leur fertilité et donc la production envisagée. Les engrais chimiques sont essentiellement composés par des **phosphates**, des **nitrates** et des sels d'**ammonium** ou de potassium. La fabrication des nitrates est très coûteuse en énergie. Les nitrates et les phosphates ne se maintiennent pas dans le sol, ils sont entraînés par les eaux de ruissellement et s'accumulent dans les lacs et les **nappes phréatiques** qu'ils polluent.

→ ***Amendement, Fumure, Pollution.***

ENGRAMME *n. m.*

Neurobiol. - Trace laissée dans l'**encéphale** qui matérialise l'existence de la mémoire. Certains engrammes peuvent être de véritables programmes qui se mettent à fonctionner sans intervention directe de la volonté.

ENJAMBEMENT *n. m.*

Génét. - syn. ***Crossing-over.***

ENKÉPHALINES *n. f.*

Neurobiol. - Substances naturelles produites par l'**encéphale** (système limbique et thalamus), mais aussi par la glande médullosurrénale et le tube digestif. Ce sont des pentapeptides (méténképhaline et leu-enképhaline). Les enképhalines se fixent aux **récepteurs aux opioïdes**, mimant les effets de la morphine, produisant des effets de type analgésique en empêchant la libération de la **substance P** par les fibres C. Leurs effets sont de courte durée, elles sont détruites rapidement par les enképhalinases (endopeptidase neutre et aminopeptidase N) alors que les **opioïdes exogènes** (morphine, héroïne) ne sont pas détruits, et donc leur action est prolongée. Avec les endorphines, les enképhalines sont regroupées sous le nom d'opioïdes endogènes.

ENSILAGE *n. m.*

Agric. - Conservation des fourrages verts dans des silos.

ENTÉROCYTE *n. m.*

Biol. cell. - Cellule de la paroi de l'**intestin grêle** qui sécrète des enzymes digestives. Les entérocytes sont aussi responsables de l'absorption intestinale. Leur pôle apical est garni de très nombreux replis ($200\,000 \cdot m^{-2}$), les **microvillosités** qui augmentent leur surface d'absorption d'un facteur 20.

ENTOBLASTE *n. m.*

Embryo. - syn. ***Endoblaste.***

ENTRANT *n. m.*

Génét. - En génétique humaine, désigne un individu qui arrive dans une famille dans laquelle sévit une **maladie héréditaire**. En première hypothèse, on considère que cet individu ne possède pas l'**allèle** de la maladie étudiée ; néanmoins, il existe des situations où cet individu est **hétérozygote** pour le **gène** considéré.

→ ***Arbre généalogique.***

ENTRENŒUD *n. m.*

Bot. - Partie d'une tige située entre deux nœuds, c'est-à-dire entre deux insertions de feuilles ou de rameaux.

ENVELOPPE EXTERNE

Géol. - Couche entourant la Terre définie par ses propriétés. On distingue de l'extérieur vers l'intérieur trois enveloppes : l'**atmosphère**, l'**hydrosphère** et la **lithosphère**.

→ ***Activité externe, Biosphère.***

ENVELOPPE INTERNE

Géol. - Couche se trouvant sous la lithosphère. On distingue de la périphérie vers le centre : une partie du **manteau** supérieur (la partie supérieure étant dans la lithosphère), le manteau inférieur, le **noyau externe** et la **graine**.

→ ***Activité interne.***

ENVELOPPE NUCLÉAIRE

Biol. cell. - Structure formée par la double **membrane** qui délimite le **noyau** et dont la membrane externe se plisse et forme le **réticulum endoplasmique**.

ENVELOPPE PLASTIDIALE

Biol. cell. - Structure formée par la double **membrane** qui délimite le **chloroplaste**.

ENVIRONNEMENT *n. m.*

Écol. - Ensemble formé par les êtres vivants et leurs biotopes qui correspond aussi au cadre de vie de l'Homme. Les principaux problèmes concernant l'environnement touchent la démographie dans les pays en voie de développement, la pollution sous toutes ses formes, la crise énergétique et l'arrivée d'espèces invasives. Les activités humaines entraînent, entre autres, un réchauffement planétaire modifiant la répartition des espèces animales, la destruction des milieux et donc des espèces qui les habitent avec une perte considérable de la biodiversité.

ENZYME *n. f.* ou *m.*

Biochim., Génét. - Molécule biologique pouvant accélérer la vitesse d'une réaction biochimique thermodynamiquement possible. Les enzymes sont des **protéines** et, de ce fait, en ont leurs propriétés générales. Les enzymes sont spécifiques d'un **substrat** ou d'un type de réactions (oxydases, réductases, transférases, hydrolases, polymérases...). Certains ARN (**splicéosome**) possèdent également une activité enzymatique.

→ ***Activité enzymatique, Site actif, V_{max}.***

Enzyme

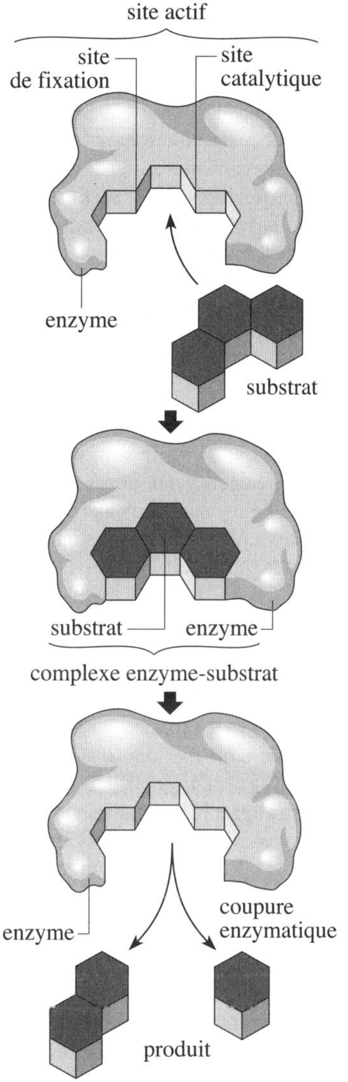

Il existe une étroite complémentarité entre le site actif de l'enzyme et le substrat (ajustement induit). Le site actif comprend le site de fixation qui reconnait le substrat par l'intermédiaire d'affinités physique et électrochimique et le place dans une position favorable à la réaction chimique, qui a lieu dans le site catalytique. L'association temporaire entre l'enzyme et son substrat constitue le complexe enzyme-substrat.

ENZYME DE RESTRICTION

Biochim., Génét. - Enzyme coupant la molécule d'ADN en des fragments de taille variable et en des sites bien spécifiques (**sites de restriction**) d'une dizaine de paires de bases. Les enzymes de restriction sont produites par les Micro-organismes ; il en existe plus de 400 différentes qui constituent les outils de base du génie génétique (syn. Endonucléase de restriction).

ENZYME RÉGULATEUR

Biochim. - Enzyme dont l'activité contrôle la production d'un métabolite. L'affinité de ces enzymes régulateurs pour leur substrat est contrôlée par des molécules qui sont des modulateurs positifs ou négatifs qui, en se fixant sur un site de l'enzyme, augmentent l'affinité du site actif pour son substrat ou au contraire la diminue.

ÉOCÈNE *n. m.* ou *adj.*

Strati.

→ ***Échelle stratigraphique.***

ÉON *n. m.*

Strati. - Durée d'une division chronostratigraphique qui comprend plusieurs ères : Hadéen, Précambrien, Paléozoïque, Mésozoïque, Cénozöique.

→ ***Échelle stratigraphique.***

ÉOSINOPHILE *adj.*

Immuno. - Qualifie une catégorie de **granulocytes** ou polynucléaires. Les granulocytes éosinophiles représentent 2 à 5 % des leucocytes. Ils possèdent une protéine basique qui peut être sécrétée dans le milieu intérieur et provoque des altérations des agents pathogènes.

ÉPICENTRE *n. m.*

Sismo. - Point de la surface terrestre se trouvant à la verticale du **foyer** d'un **séisme**.

→ ***Intensité d'un séisme.***

ÉPICOTYLE *n. m.*

Bot. - Partie de la tige se trouvant au-dessus de l'insertion des **cotylédons**.

→ ***Hypocotyle.***

ÉPIDÉMIE *n. f.*

Méd. - **1.** Augmentation inhabituelle du nombre de cas d'une maladie infectieuse transmissible dans une région donnée ou au sein d'une population ou d'une collectivité. **2.** Dans le sens commun, et par extension, multiplication du nombre de cas de toute maladie ou de tout autre phénomène anormal (accidents, suicides…).

ÉPIDÉMIOLOGIE *n. f.*

Méd. - **1.** Étude des épidémies. **2.** Étude des relations existant entre les maladies et divers facteurs sociaux (mode de vie, lieu de vie, hygiène de vie, milieu de vie, particularités individuelles) susceptibles d'influencer leur fréquence, leur distribution, leur évolution.

ÉPIDERME *n. m.*

Bot., Zool. - Tissu de revêtement formé en général par une seule couche de cellules qui sont jointives. L'épiderme des végétaux possède différentes zones spécialisées d'échange (**stomates** dans les feuilles, **poils absorbants** sur les racines). Sur une feuille l'épiderme ventral se trouve sur la face supérieure et l'épiderme dorsal sur la face inférieure. Les tissus épidermiques animaux ou végétaux produisent souvent un dépôt hydrophobe de nature lipidique, la **cuticule** qui limite les pertes d'eau.

→ ***Tégument.***

ÉPIDIDYME *n. m.*

Anat. - Partie supérieure du **testicule** où confluent les différents **tubes séminifères** avant de se jeter dans le **canal déférent**.

→ ***Canal de Wolff.***

ÉPIDOTE *n. f.*

Minér. - **Silicate** contenant du fer, du calcium et de l'aluminium apparaissant dans des conditions du **métamorphisme** peu intense. L'épidote s'observe surtout dans le faciès des **schistes verts**.

ÉPIGENÈSE *n. f.*

Embryol. Génét. - Concept central du développement embryonnaire qui est fondé sur la différenciation progressive de l'embryon à partir d'une masse de cellules indifférenciées. L'épigenèse s'oppose à la théorie de la préformation qui voyait dans le spermatozoïde un être minuscule (l'homonculus) qui ne ferait que grandir au cours du développement.

ÉPIGÉNÉTIQUE *adj.*

Génét. - **1.** Qualifie la succession des événements (**épigenèse**) conduisant du génotype au phénotype. Un facteur épigénétique modifie le phénotype sans toucher au génotype. **2.** Qualifie tout événement qui n'est pas directement sous l'influence de l'action des gènes.

ÉPILEPSIE *n. f.*

Neurobiol. - Maladie neurologique chronique se traduisant par des crises pouvant présenter des intensités variées.

→ ***Barbituriques.***

ÉPINÉPHRINE *n. f.*

Endocrino., Neurobiol. - syn. ***Adrénaline.***

ÉPIPHYSE *n. f.*

Neurobiol. - Glande endocrine située dans le cerveau et connectée au système nerveux sympathique. Chez certains Reptiles, l'épiphyse forme un œil rudimentaire avec un cristallin et une rétine. Chez les Mammifères et les Oiseaux, l'épiphyse sécrète une hormone, la **mélatonine**, dont la sécrétion est diminuée par la lumière qui, au contraire, augmente celle de **sérotonine** responsable de l'endormissement. De plus la sécrétion de mélatonine ralentit la production de progestérone. Le philosophe Descartes voyait dans cette glande le siège de l'âme… (syn. Glande pinéale).

ÉPISOME *n. m.*

Génét. - Molécule d'**ADN circulaire** qui peut soit se reproduire de manière autonome (**plasmide**), soit être intégrée à un **chromosome**.

ÉPISSAGE *n. m.*

Génét. - Processus de soudure des exons de l'**ARNpm** après excision des **introns**. L'épissage est une étape de la maturation des ARNm.

→ ***Épissage alternatif, Gène morcelé.***

ÉPISSAGE ALTERNATIF, DIFFÉRENTIEL

Génét. - Processus par lequel le même **ARNpm** peut donner naissance à de multiples **ARNm** à l'origine de chaînes polypeptidiques différentes. L'épissage alternatif peut avoir lieu dans la même cellule et donner des chaînes polypeptidiques différentes ou au contraire dans des cellules différentes où les ARNm seront spécifiques du type cellulaire. Ainsi le gène de la **DSCAM** de la Drosophile possède 108 exons dont 17 sont toujours retenus dans l'ARNm final. Certains exons sont toujours présents alors que les autres diffèrent d'un ARNm à l'autre. Selon ces données, ce gène peut produire 38 106 ARNm différents soit autant de chaînes polypeptidiques ! soit approximativement le même nombre de gènes que celui estimé pour l'Homme (30-35 000).

ÉPISTASIE *n. f.*

Génét. - Situation dans laquelle le phénotype d'un individu dépend d'une part du génotype à un locus donné et d'autre part du génotype à un autre locus.

→ ***Gène modificateur du phénotype.***

ÉPITHÉLIUM *n. m.*

Histo. - syn. ***Tissu épithélial.***

ÉPITOPE *n. m.*

Immuno. - Partie d'une molécule capable de déclencher une réponse immunitaire spécifique. Un antigène peut posséder plusieurs épitopes et donc activer plusieurs types de lymphocytes B se distinguant par leurs **récepteurs B** (syn. Déterminant antigénique, Site antigénique).

EPO

Endocrino. - Sigle d'Érythropoïétine. Hormone de type glycoprotéine produite essentiellement par les reins (cellules non encore identifiées) et peut-être par le foie. L'EPO stimule la différenciation finale des globules rouges et contrôle l'**érythropoïèse**. Les cellules rénales libèrent l'EPO quand elles ne reçoivent pas assez de dioxygène.

→ ***Dette en dioxygène.***

EPOC

Physiol. ani. - Sigle d'Excès Post-exercice d'Oxygène Consommé. Différence entre la quantité de dioxygène consommée pendant la récupération suivant un exercice et la consommation au repos, elle est en partie liée à la restauration des stocks de **créatine-phosphate** utilisés pendant l'effort pour fabriquer de l'ATP.

ÉPOQUE *n. f.*

Strati. - Division géochronologique de la **période**. Pour chaque période, on détermine l'âge absolu de son début et de sa fin. En chronostratigraphie, l'équivalent de l'âge correspond à l'**étage**.

→ ***Échelle stratigraphique.***

ÉQUATEUR *n. m.*

Géol. - Plan perpendiculaire à la ligne des pôles géographiques et passant par le centre de la Terre.

ÉQUATEUR THERMIQUE

Climato. - Isotherme des températures les plus élevées. L'équateur thermique se déplace au cours de l'année.

ÉQUILIBRE DE HARDY-WEINBERG

Évol., Génét. - Une **population** est dite en équilibre d'Hardy-Weinberg quand se réalise, à chaque génération, la structure génotypique (fréquence génotypique) conforme à la loi de Hardy-Weinberg.

ÉQUILIBRES PONCTUÉS

Évol.

→ ***Évolution.***

ÉQUINOXE *n. m.*

Astron. - Jours de l'année où l'axe de rotation de la Terre est perpendiculaire aux rayons du Soleil. Chacune des deux époques de l'année où les longitudes du Soleil sont à 0° (équinoxe de printemps : 21 mars) et à 180° (équinoxe d'automne : 22 septembre). Le Soleil passe alors au-dessus de l'équateur. La durée du jour est égale à celle de la nuit en tout point de la surface terrestre. La **déclinaison du Soleil** est alors nulle.

ÈRE *n. f.*

Géol. - Division géochronologique de longue durée. On distingue quatre ères : le Précambrien (3,8 Ga à 530 Ma), l'ère primaire ou Paléozoïque (530-245 Ma) qui se termine avec une grande vague d'extinction (Trilobites, Fusulines…), l'ère secondaire ou Mésozoïque (245-65 Ma) qui s'achève avec la disparition des Dinosaures, Ammonites… et l'ère tertiaire ou Cénozoïque dans laquelle nous sommes toujours. Néanmoins, certains auteurs définissent une ère quaternaire dans le Cénozoïque commençant il y a 1,8 ou 1,6 Ma. Les ères sont divisées en **périodes**.

→ ***Échelle stratigraphique, Système.***

ERGASTOPLASME *n. m.*

Biol. cell.

→ ***Réticulum endoplasmique.***

ÉROSION *n. f.*

Sédiment. - Ensemble des processus conduisant au départ des éléments (ions, minéraux, fragments de roches) issus de l'**altération**. Ce départ est nécessaire pour que les processus d'altération se poursuivent. Le transport est alors assuré par le vent, l'eau, la gravité.

ÉROSION GLACIAIRE

Glaciol. - Abrasion des roches due à l'action des **glaciers**. L'érosion glaciaire provoque un surcreusement des vallées à l'origine de vallées en auge, de lacs. Les blocs arrachés par son avancée forment les **moraines** frontales ou latérales. Elle est aussi responsable du polissage des roches ou au contraire de leur striation marquée, quand les glaciers présentent dans leur masse des cailloux.

→ ***Glaciations, Vallée glaciaire.***

ÉRUPTION MAGMATIQUE

Volcano. - Éruption volcanique où les produits éjectés sont formés à partir de lave.

→ ***Éruption phréatique, Éruption phréatomagmatique, Éruption volcanique.***

ÉRUPTION PHRÉATIQUE

Volcano. - Explosion plus ou moins importante d'un appareil volcanique causée par une vaporisation de l'eau de pluie qui s'y est infiltrée et qui s'échauffe au contact de roches chauffées par la présence d'une chambre magmatique superficielle. Quand la pression de vapeur à l'intérieur du volcan dépasse la résistance de ses parois, il explose donnant naissance à des nuages de vapeur qui emportent des blocs, des poussières, de la boue... L'éruption phréatique ne projette pas de lave. Les événements de la Soufrière de Guadeloupe en 1976-1977 étaient de nature phréatique.

→ ***Éruption volcanique.***

ÉRUPTION PHRÉATOMAGMATIQUE

Volcano. - Explosion d'un volcan causée par la rencontre entre les eaux d'infiltration et un magma chaud qui est pulvérisé.

→ ***Éruption volcanique.***

ÉRUPTION SOLAIRE

Astron. - Émission de matière ionisée, souvent observée près des centres actifs du Soleil. Sur les bords du Soleil, elle forme des protubérances qui alimentent le vent solaire.

→ ***Activité solaire.***

ÉRUPTION VOLCANIQUE

Volcano. - Apparition à la surface du globe de roches en fusion (**laves**) provenant de **magma** et de débris rocheux de taille variable entraînés par la remontée de ce dernier. Les différents produits éjectés ou débris **pyroclastiques**, en dehors des gaz, qui sont le moteur de l'éruption, et des coulées, sont classés suivant leur taille : ***cendre*** (< 2 mm), ***lapilli*** (2 mm < d < 30 ou 64 mm), bombe. Ces éléments forment les produits pyroclastiques.

→ ***Éruption magmatique, Éruption phréatique, Éruption phréatomagmatique.***

ÉRYTHROCYTE *n. m.*

Physiol. ani. - Syn. ***Globule rouge.***

ÉRYTHROPOÏÈSE *n. f.*

Physiol. ani. - Formation des globules rouges (érythrocytes) dans la moelle osseuse. Une fois libéré dans le sang un globule rouge fonctionne environ 120 jours avant d'être détruit dans la rate.

ÉRYTHROPOÏÉTINE *n. f.*

Endocrino. - syn. ***EPO.***

ESB *n. f.*

Méd. - Sigle d'**Encéphalopathie** Spongiforme Bovine (syn. Maladie de la vache folle).

ESPACE INTERSTELLAIRE

Astron. - Zone comprise entre les étoiles et qui contient des atomes isolés, des molécules et des grains de poussière.

→ ***Univers.***

ESPACE PÉRIOVOCYTAIRE

Biol. cell. - syn. ***Espace périovulaire.***

ESPACE PÉRIOVULAIRE

Biol. cell. - Zone située entre l'extérieur de la membrane de l'**ovule** et la base de la membrane vitelline. Après la fécondation, l'espace périovulaire est rempli par le contenu des **granules corticaux** et la membrane vitelline se sépare de la membrane plasmique ovulaire (syn. Espace périovocytaire, Espace périvitellin).

→ ***Membrane de fécondation.***

ESPACE PÉRIVITELLIN

Biol. cell. - syn. ***Espace périovulaire.***

ESPACE SYNAPTIQUE

Neurobiol. - Zone du milieu extracellulaire comprise entre deux neurones ou un neurone et une autre cellule. C'est dans l'espace synaptique qu'est libéré le **neurotransmetteur** assurant la transmission du message entre deux cellules excitables (syn. Fente synaptique).

→ ***Synapse.***

ESPÈCE *n. f.*

Évol., Génét. - Ensemble d'individus apparentés, présentant des caractéristiques morphologiques, anatomiques, écologiques, éthologiques, biochimiques, physiologiques… communes et dont les individus se ressemblent plus entre eux qu'ils ne ressemblent à d'autres ensembles équivalents. Pour appartenir à la même espèce, les individus doivent avoir ensemble, dans les conditions naturelles, une descendance commune fertile.

→ ***Cladogenèse, Sous-espèce, Spéciation.***

ESPÈCE INDICATRICE

Écol. - syn. ***Bio-indicateur.***

ESTOMAC *n. m.*

Anat. - Partie antérieure dilatée du tube digestif, communiquant avec l'œsophage par le cardia et avec le duodénum par le pylore qui possède un **sphincter**. La muqueuse gastrique est constituée de plusieurs types de glandes qui sécrètent une endopeptidase, la pepsine, dont le pH optimal de fonctionnement est de 2. L'acidité de l'estomac est due à la production d'acide chlorhydrique. Les aliments sont brassés dans l'estomac par les contractions des fibres musculaires présentes dans la paroi. Les contractions musculaires entraînent l'ouverture du pylore qui laisse passer, dans le duodénum, des jets de **chyme**.

ESTROGÈNES *n. m.*

Endocrino. - syn. ***Œstrogènes.***

ÉTAGE *n. m.*

Strati. - Unité de base de la chronostratigraphie, l'étage est défini par un stratotype, c'est-à-dire un affleurement ayant des caractéristiques lithologiques et paléontologiques spécifiques. À l'intérieur de cet étage, il est possible de réaliser des subdivisions plus fines en fonction de la présence ou de l'absence d'espèces présentes dans les niveaux inférieurs et supérieurs.

→ ***Échelle stratigraphique, Ère, Système.***

ÉTAMINE *n. f.*

Bot. - Unité de la fleur correspondant à une pièce florale mâle. L'ensemble des étamines constitue l'androcée. L'étamine possède une partie supérieure renflée l'**anthère** où se forme, à la suite d'une méiose, les grains de pollen. L'anthère contient deux loges, séparées par un connectif, chacune constituée de deux sacs polliniques (ou microsporanges).

ÉTAT *n. m.*

Évol.

→ ***Caractère.***

ÉTHIQUE *n. f.*

Biol., Méd. - Science descriptive et normative qui cherche à établir des règles dans la conduite et les pratiques humaines. Un comité consultatif national d'éthique a été créé afin d'étudier les nouvelles approches et techniques de la biologie sur la procréation et sur l'action sur le patrimoine génétique humain (congélation d'embryons, tris d'embryons, clonages humains, thérapie génique, procréation assistée, IVG...).

⟶ ***Bioéthique.***

ÉTHYLÈNE *n. m.*

Physiol. vég. - Gaz (C_2H_4) produit par la majorité des organes végétaux et principalement par les apex en croissance, les fleurs et les fruits en maturation. Sa fabrication est inhibée par le manque de dioxygène et la lumière et favorisée par un taux élevé d'**auxine** et par l'**acide abscissique**. L'éthylène provoque la maturation des fruits. En tant que gaz, l'éthylène diffuse localement et est rejeté à l'extérieur.

ÉTIAGE *n. m.*

Écol. - Baisse périodique du niveau de l'eau dans un cours d'eau durant les périodes de sécheresse. L'étiage s'accompagne d'une diminution de la quantité de dioxygène dissous à la suite de l'augmentation de la température.

ÉTOILE *n. f.*

Astron. - **Astre** d'apparence ponctuelle doué d'un éclat propre, il émet de la lumière. Cette lumière provient de photons émis au cours des réactions thermonucléaires. Le Soleil est une étoile.

ÉTOILE FILANTE

Astron. - **Météore** de faible éclat lumineux dû au passage d'un petit **météorite** qui s'échauffe et produit de la lumière en passant dans l'atmosphère terrestre.

ÉTRANGLEMENT DE RANVIER

Neurobiol. - Syn. ***Nœud de Ranvier.***

ÊTRE VIVANT

Biol. - Ensemble constitué de macromolécules, de molécules et d'ions formant un ensemble organisé capable d'assimilation, de croissance, de reproduction et d'évolution. La **cellule** est la plus petite structure qui possède les propriétés de la vie.

EUBACTÉRIES *n. f.*

Biol. cell. - Division des **Bactéries** qui regroupe les bactéries classiques par opposition aux **Archées**. Les Eubactéries sont divisées d'un point de vue pratique en Gram + et Gram – suivant qu'elles fixent un colorant spécifique. Les bactéries Gram + possèdent une épaisse paroi externe constituée par des peptydoglycanes et de l'acide teichoïque. Chez les Bactéries Gram –, la couche de peptidoglycane est de faible épaisseur, elle est doublée à l'extérieur par une bicouche lipidique, la membrane externe, et à l'intérieur par la membrane plasmique. La classification des Bactéries repose sur la séquence du gène de l'ARN16S ribosomique.

EUCARYOTE *n. m.*

Biol. cell., Évol., Génét. - Organisme dont les cellules (ou la cellule unique dans le cas des **Protozoaires** et des algues **unicellulaires**) possèdent de nombreux compartiments internes délimités par des membranes (= **organites**) et dont le matériel génétique est associé à des **protéines** et forme des **chromosomes**. Ce matériel génétique est contenu dans un organite appelé **noyau**.

⟶ ***Bactérie, Cellule eucaryote, Procaryote.***

EUCHROMATINE *n. f.*

Génét.

⟶ ***Chromatine.***

EUCRITE *n. m.*

Astron. - **Météorite pierreux** constitué par des pyroxènes et des plagioclases, leur composition rappelle celle des basaltes et de certaines roches lunaires.

EUGÉNISME *n. m.*

Évol., Génét. - Doctrine et « Science » qui cherche à améliorer l'espèce humaine. On distingue un eugénisme « positif » qui voudrait favoriser les unions entre les individus les meilleurs et un eugénisme « négatif » qui consiste à empêcher la reproduction des individus les plus « inaptes ».

→ ***Bioéthique.***

EUSTASIE *n. f.*

Géol. - Variations du niveau de la mer causées par les mouvements tectoniques et/ou la formation ou la fonte des glaciers.

→ ***Régression, Transgression marine.***

EUTROPHISATION *n. f.*

Écol. - Accroissement en ions minéraux nutritifs (phosphates, nitrates…) des eaux continentales ou littorales, à la suite de phénomènes naturels. L'eutrophisation se caractérise par une prolifération des Algues et des plantes aquatiques provoquant une désoxygénation progressive des couches inférieures. L'accélération du dépôt des matières végétales mortes, qui se décomposent très lentement, provoque un comblement rapide des lacs sujets à l'eutrophisation. En revanche, la **dystrophisation** est une eutrophisation causée par les activités humaines.

ÉVAPORATION *n. f.*

Péd. - Phénomène physique lié à la température et à l'hygrométrie de l'air par lequel l'eau contenue dans un sol s'échappe dans l'atmosphère.

→ ***Évapotranspiration.***

ÉVAPORITE *n. f.*

Pétrol. - **Roche sédimentaire** provenant de la précipitation chimique de sels (chlorures et sulfates) à la suite de l'évaporation de l'eau dans des milieux de faible profondeur sous climat chaud. Les évaporites se forment dans des milieux lagunaires peu ou pas reliés à la mer ou dans des milieux continentaux fortement lessivés mais où l'eau ne peut s'écouler. Le gypse et le ***sel gemme*** sont les principales évaporites. Le gypse déshydraté est à l'origine du plâtre et le sel gemme fournit le sel (syn. Roche saline).

ÉVAPOTRANSPIRATION *n. f.*

Physiol. vég. - Émission de l'eau vers l'atmosphère due à la **transpiration foliaire** des Végétaux et à l'évaporation du sol.

→ ***Aspiration foliaire.***

ÈVE AFRICAINE (HYPOTHÈSE DE L')

Génét., Paléont., Préhist. - Hypothèse fondée sur l'étude des ADN mitochondriaux des populations humaines actuelles selon laquelle l'espèce *Homo sapiens* dériverait de la descendance d'une seule femme, appelée Ève, ayant vécu il y a environ 150 000 ans en Afrique. Cette hypothèse est aujourd'hui réfutée (syn. Ève mitochondriale).

ÉVENTAIL DÉTRITIQUE

Sédiment. - Dispersion et dépôt des matériaux transportés par un courant à la suite de son ralentissement. Ainsi, les matériaux les plus lourds sont au centre du dépôt alors que les plus légers se trouvent répartis de part et d'autre des précédents, donnant à l'ensemble une forme caractéristique d'éventail.

ÉVOLUTION *n. f.*

Évol. - Apparition de nouveaux types d'organismes à partir d'êtres préexistants par accumulation de mutations sur de très longues durées. L'évolution s'étudie par la succession des formes fossiles et par la comparaison des différentes espèces vivantes ou ayant vécu. Ces comparaisons se font à partir de données morpho-anatomiques, physiologiques, biochimiques et génétiques. La théorie actuelle de l'évolution (**Théorie**

synthétique de l'évolution) repose sur l'existence des mutations et sur le principe de la sélection naturelle découvert par Charles Darwin au XIXe siècle. Elle cherche à établir les mécanismes de l'évolution. Depuis sa première formulation, elle a subi de nombreuses modifications destinées à intégrer, entre autres, les progrès récents de la biologie moléculaire. On considère actuellement que : l'évolution ne se fait pas toujours par l'accumulation de petits changements [1], que certaines mutations ne donnent pas prise à la sélection naturelle (neutralisme) [2], que, pendant de longues périodes, une espèce peut ne pas changer, puis se modifier très rapidement (***équilibres ponctués***) [3].

⟶ ***Adaptation, Anagenèse, Arbre, Cladogenèse, Classification, Darwinisme, Fixisme, Gradualisme, Lamarckisme, Radiation adaptative, Sélection naturelle.***

ÉVOLUTION BUISSONNANTE

Évol. - Modalité de l'évolution selon laquelle les transformations évolutives se sont faites, à des vitesses différentes, dans plusieurs lignées apparentées vivant à la même époque.

ÉVOLUTION EN MOSAÏQUE

Évol. - Modalité de l'évolution où les transformations ne se font pas à la même vitesse pour tous les organes. Ainsi, l'espèce présente des **caractères** primitifs et des caractères dérivés.

EXAO

Éner. - Sigle d'Expérimentation Assistée par Ordinateur.

EXCENTRICITÉ *n. f.*

Astron. - Valeur qui caractérise l'aplatissement d'une orbite. Cette valeur (e) est nulle quand l'orbite est circulaire, la Terre reçoit alors la même quantité d'énergie tout au long de l'année. Plus l'orbite est elliptique plus la variation de l'énergie reçue augmente. L'excentricité de l'orbite terrestre est actuellement proche de 0 (0,017) et ses périodes sont de 95 000 ans et de 410 000 ans.

⟶ ***Fluctuations climatiques.***

EXCISION *n. f.*

Génét. - Processus d'élimination des **introns** d'un **ARNpm**. L'excision est une des étapes de la maturation des **ARNm**.

⟶ ***Épissage, Splicéosome.***

EXCITABILITÉ *n. f.*

Neurobiol. - Capacité d'une cellule vivante à répondre à un **stimulus**. Les cellules sensorielles, les neurones et les cellules musculaires sont excitables. L'excitabilité est une des caractéristiques des Animaux.

⟶ ***Sensibilité.***

EXCITANT *n. m.*

Neurobiol. - Substance capable de produire une excitation, c'est-à-dire un surcroît d'agitation mentale ou physique. Le café et le thé sont des excitants.

EXCITATEUR *adj.*

Neurobiol.

⟶ ***Potentiel Postsynaptique Excitateur.***

EXCITÉ *adj.*

Éner. - Qualifie, par exemple, un électron qui a reçu un photon et, de ce fait atteint un état supérieur d'énergie, ce qui se traduit par une diminution du **potentiel rédox** de la molécule excitée qui peut donc être oxydée plus facilement.

⟶ ***Chlorophylle excitée.***

EXCLUSION ALLÉLIQUE

Immuno. - Situation rencontrée chez les lymphocytes dans laquelle seuls les gènes d'un chromosome servent à fabriquer les récepteurs spécifiques (**récepteur B**, **récepteur T**). Les gènes portés par l'autre homologue de la paire ne sont pas transcrits. De ce fait, la cellule ne produit qu'un seul type de récepteurs.

EXCRÉTION *n. f.*
Physiol. ani. - **1.** Processus par lequel une cellule élimine les déchets de son métabolisme (CO_2, NH_3…) dans le milieu extracellulaire. **2.** Élimination de ces déchets du **milieu intérieur**. Chez les Vertébrés, ce sont les reins qui se chargent de ce travail de purification du milieu intérieur. On ne confondra pas l'excrétion avec l'**égestion** des matières fécales.

EXERGONIQUE *adj.*
Éner.

→ ***Réaction exergonique.***

EXOBIOLOGIE *n. f.*
Astron. - Discipline qui a pour objet la recherche des formes de vie extraterrestre.

EXOCRINE *adj.*
Endocrino. - S'emploie pour qualifier une cellule ou une glande qui rejette ses produits de sécrétion (enzymes…) dans le milieu extracellulaire (*exemples :* acinus du pancréas, glande sudoripare).

→ ***Endocrine, Glande.***

EXOCYTOSE *n. f.*
Biol. cell. - Fusion d'une vésicule membranaire, dérivée des dictyosomes, avec la membrane plasmique, puis excrétion de son contenu dans le milieu extracellulaire.

→ ***Dégranulation, Fusion membranaire, Synapse.***

EXOGAMIE *n. f.*
Génét. - **Reproduction sexuée** entre individus non apparentés.

→ ***Endogamie.***

EXON *n. m.*
Génét. - Séquence d'ADN transcrite en **ARNpm** et conservée dans l'**ARNm** après **excision**. Le gène de la titine ou connectine (une protéine musculaire) contient entre 178 et 234 exons, il possède un exon de 17 106 paires de bases et une séquence codante, suivant les formes, de plus de 80 700 pb. Un gène humain typique contient en moyenne 4 exons et quelque 1 350 pb soit 450 acides aminés.

→ ***Épissage, Gène morcelé, Intron.***

EXOPEPTIDASE *n. f.*
Biochim.

→ ***Endopeptidase.***

EXPANSION CLONALE
Immuno. - Prolifération des lymphocytes immunocompétents après leur rencontre avec le **déterminant antigénique** pour les lymphocytes B ou le **soi modifié** pour les lymphocytes T qui possèdent des récepteurs spécifiques qui leur sont complémentaires. L'expansion clonale permet de passer de quelques lymphocytes (centaines, milliers ?) possédant un type de récepteur spécifique à des millions le possédant.

→ ***Phase de prolifération.***

EXPANSION OCÉANIQUE
Tecto. - Augmentation de la surface d'une plaque à la suite du phénomène d'accrétion océanique qui crée de la lithosphère océanique au niveau d'une dorsale.

→ ***Tectonique des plaques.***

EXPÉRIENCES DE FOX
Évol. - Expériences montrant que dans certaines conditions, des mélanges de **polypeptides** se polymérisent et s'associent spontanément avec des **polysaccharides**. La structure obtenue est une bicouche formant une microsphère ou **coacervat** doué d'une perméabilité membranaire sélective et, si on leur introduit des enzymes, de certaines propriétés catalytiques. Ainsi, certains de

ces coacervats peuvent s'accroître et se diviser par bourgeonnement. Faute de matériel génétique, la continuité des caractéristiques initiales n'est pas assurée, le système est capable d'assimiler et de croître, mais pas de se reproduire en conservant les propriétés du coacervat parental.

→ ***Vie.***

EXPÉRIENCES DE MILLER

Évol. - Expériences réalisées par Miller et Urey à partir de 1952 pour montrer qu'il était possible de fabriquer de manière abiotique les molécules élémentaires de la vie. À partir d'un mélange de H_2, NH_3, CH_4, supposés présents dans l'atmosphère primitive, en présence de vapeur d'eau et de décharges électriques fournissant l'énergie nécessaire aux réactions, Miller et Urey ont produit des molécules organiques. Suivant la composition initiale du mélange (présence ou absence de CO_2), les molécules organiques obtenues étaient différentes, mais des acides aminés, des bases azotées et des oses ont pu être synthétisés.

→ ***Atmosphère primitive.***

EXPLANT *n. m.*

Biol. - Petit fragment de tissu prélevé sur un organisme et mis en culture.

→ ***Cal, Implant.***

EXPRESSION GÉNÉTIQUE

Génét. - Ensemble des mécanismes responsables de la **transcription** et de la **traduction** des **gènes** ainsi que leur contrôle, qui conduit à la formation des **protéines** ou à la fabrication d'ARN non traduits.

EXTÉROCEPTIF *adj.*

Neurobiol. - Qui se rapporte à la sensibilité superficielle.

EXTINCTION *n. f.*

Évol. - Disparition au cours des temps géologiques d'une espèce ou de groupes entiers d'êtres vivants. Les extinctions servent à établir des coupures dans l'**échelle stratigraphique**.

→ ***Crise biologique.***

EXTRAGROUPE *n. m.*

Évol. - Groupe ou espèce utilisé pour la réalisation d'un **cladogramme** dont on est persuadé, *a priori*, qu'il ne fait pas partie d'un ensemble dont on cherche les **liens de parenté** entre ces éléments (syn. Groupe externe, extérieur).

EYELESS *n. m.*

Génét. - Mutation chez la Drosophile conduisant à l'absence d'yeux ou au développement de petits yeux. Le gène *Eyeless* est homologue du gène ***PAX-6**** impliqué dans la mutation *Small eye* (Souris) et dans l'**aniridie** humaine.

F

F_{ab}

Immuno.

→ ***Domaine F_{ab}.***

F1

Génét. - Individus provenant du croisement de deux parents, généralement **homozygotes**, départ de la lignée (syn. Génération F1).

→ ***Race pure.***

F2

Génét. - Individus résultant du croisement entre eux d'individus **F1** obtenus, en principe, à partir de deux **races pures**. On note F1 × F1 (syn. Génération F2).

F'2

Génét. - Individus provenant du croisement entre des individus **F1** et des parents **homozygotes** récessifs (syn. Génération F'2).

FACE *CIS*, FACE *TRANS*

Biol. cell.

→ ***Dictyosome.***

FACIÈS *n. m.*

Sédiment. - Catégorie dans laquelle on peut classer un **terrain** en fonction de critères lithologiques et paléontologiques pour les roches sédimentaires. On emploie aussi ce terme pour désigner le milieu de **fossilisation** (faciès lagunaire, faciès récifal…).

→ ***Faciès de métamorphisme.***

FACIÈS DE MÉTAMORPHISME

Pétrol., Tecto. - Association bien identifiée de minéraux qui indique les conditions de pression et de température où une roche métamorphique s'est formée (faciès des **zéolites**, **schistes verts**, des **schistes bleus**, des **éclogites**, des **amphibolites**, des **granulites**). Ces faciès ont été définis pour des roches magmatiques (basaltes et gabbros), mais s'emploient aussi pour des roches sédimentaires. Dans ce dernier cas, l'attribution d'un faciès à une roche ne correspond pas à la présence de minéraux précis, mais à l'existence de minéraux caractéristiques et stables d'un domaine de pression et de température défini.

→ ***Amphibolite, Association minérale, Grille pétrogénétique, Minéral du métamorphisme.***

FACILITATION *n. f.*

Neurobiol. - Processus par lequel l'augmentation de la fréquence des potentiels d'action sur le neurone **présynaptique** a pour effet d'accroître la quantité de **neurotransmetteur** excitateur libéré, ce qui a pour effet de dépolariser davantage la membrane **postsynaptique** facilitant ainsi la transmission du message nerveux.

→ ***Inhibition postsynaptique, Potentiel postsynaptique excitateur.***

FACTEUR DE COAGULATION

Physiol. ani. - Chacune des douze substances (molécules, ions) qui participent successivement à la formation d'un caillot sanguin débutée par l'altération d'un vaisseau sanguin. Le facteur I est le **fibrinogène**, le facteur II la **prothrombine** qui active le facteur I, le facteur VIII le facteur antihémophilique A, le IX le facteur antihémophilique B, le XI le facteur antihémophilique C.

—► ***Hémophilie.***

FACTEUR DE TRANSCRIPTION

Génét. Catégorie de protéines régulatrices nécessaire à l'initiation ou à la régulation de l'expression d'un gène. Par leur **homéodomaine**, les facteurs de transcription reconnaissent des séquences spécifiques de l'ADN (promoteurs) sur lesquelles ils se fixent, favorisant ainsi l'attachement de l'ARNpolymérase.

FACTEUR LIMITANT

Écol. - Paramètre du milieu extérieur dont la valeur est très éloignée de la valeur conduisant à un développement et à une croissance optimaux.

FACTEUR RHÉSUS

Immuno. - Antigène trouvé sur les hématies de Singe rhésus (Macaque) et dans une certaine proportion de la population humaine (85 %). Le facteur rhésus est déterminé par un **allèle dominant**. Ce dernier est important dans le cas ou une mère Rh– porte un enfant Rh+. En effet, elle produit des anticorps contre l'antigène du fœtus et, à la suite d'une grossesse ultérieure, elle déclenche une attaque contre le fœtus (maladie hémolytique du nouveau-né).

FAILLE *n. f.*

Tecto. - Cassure affectant un **terrain** avec mouvement relatif des parties séparées. Les déplacements sont soit verticaux, une des parties se trouvant située plus bas, soit horizontaux, les deux parties se trouvant éloignées l'une de l'autre, mais la plupart du temps ces deux déplacements se combinent. On appelle ***compartiment*** chacune des parties séparées, lèvres de la faille, les surfaces engendrées par la cassure et le ***rejet*** est la mesure du déplacement réalisé. Le rejet peut être vertical ou horizontal. Dans ce dernier cas, le rejet peut être transversal à l'axe de la faille, il s'agit alors d'une distension ou d'un raccourcissement, ou parallèle à l'axe de la faille, il y a alors décrochement ou coulissage. La libération de l'énergie accumulée par des contraintes est à l'origine du rejeu de la faille et de tremblements de terre.

—► ***Faille inverse, listrique, normale, transformante, Fracture, Rift, Séismes.***

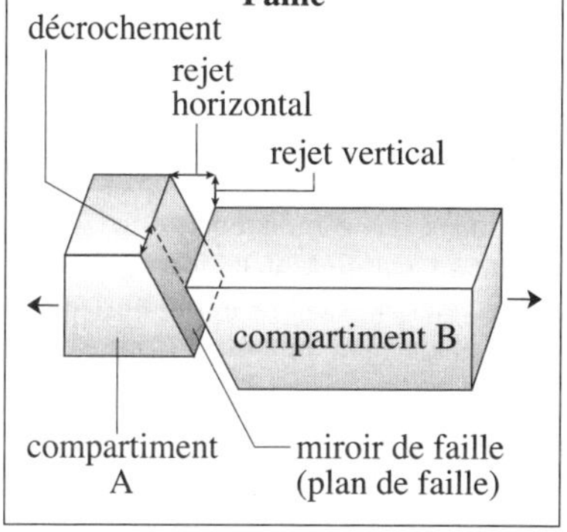

L'ampleur du déplacement du compartiment A par rapport au compartiment B est le rejet qui se décompose en rejet horizontal, rejet vertical et décrochement. Dans une faille normale due à des mouvements de distension, le miroir de faille est incliné vers le compartiment affaissé (cf. schéma) ; les deux compartiments s'éloignent l'un de l'autre. Lorsque le miroir de faille surplombe le compartiment affaissé, la faille est due à des mouvements de compression ; le compartiment B passe au-dessus du compartiment A.

FAILLE INVERSE

Tecto. - **Faille** où le rejet horizontal transversal correspond à un raccourcissement. Les failles inverses apparaissent dans des zones de compression. Dans cette situation, un des compartiments de la faille passe au-dessus de l'autre, il y a alors un épaississement des terrains impliqués.

FAILLE LISTRIQUE

Tecto. - **Faille normale** à pendage peu important en surface s'annulant progressivement en profondeur. Les failles listriques affectent la croûte supérieure où elles délimitent les blocs basculés, alors que la croûte inférieure est étirée sans rupture. Elles bordent les **rifts** et se rencontrent sur les marges passives (Atlantique et Amérique du Nord).

FAILLE NORMALE

Tecto. - **Faille** apparaissant dans une zone de distension (rift). Le rejet horizontal transversal correspond à un allongement, il y a amincissement des terrains affectés.

FAILLE TRANSFORMANTE

Tecto. - Limite de plaques lithosphériques où le mouvement est rigoureusement parallèle à la frontière et se traduit par le déplacement horizontal d'une plaque par rapport à l'autre sans création ni disparition de lithosphère. On distingue des failles transformantes qui relient une dorsale à une fosse océanique, des failles transformantes connectant deux fosses océaniques ou joignant deux portions de dorsale entre elles.

→ ***Tectonique des plaques.***

Faille transformante

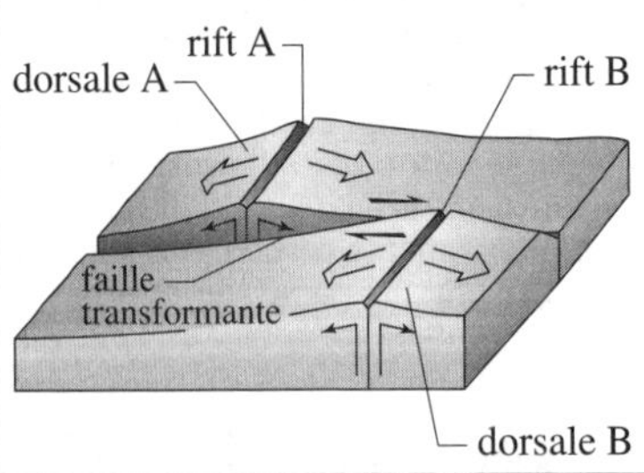

Faille qui assure la transformation d'un mouvement en un autre. Ainsi, dans une faille transformante reliant deux portions de rift, il n'y a un mouvement relatif des deux plaques que dans l'espace compris entre les segments de dorsales A et B. À l'extérieur de cet intervalle, les compartiments se déplacent dans le même sens.

FAISCEAU DE HIS, DE PURKINJE

Anat., Histo.

→ ***Tissu nodal.***

FALLOPE

Anat.

→ ***Trompe de Fallope.***

FALUN *n. m.*

Pétrol. - **Roche sédimentaire** peu consolidée formée par accumulation de coquilles diverses noyées dans une matrice argilo-sableuse.

FAMILLE DE GÈNES

Évol., Génét.

Ensemble de **gènes** dont on pense qu'il provient d'un **gène ancestral** qui se serait dupliqué et dont chaque copie aurait plus ou moins divergé sous l'action des **mutations**. Les différentes hémoglobines, les hormones de l'antéhypophyse proviendraient chacune de l'évolution d'un gène qui se serait dupliqué successivement au cours des centaines de millions d'années de la diversification des Vertébrés (syn. Famille multigénique).

→ ***Gènes homologues, paralogues.***

FAMILLE MULTIGÉNIQUE

Évol., Génét. - syn. ***Famille de gènes.***

FARINE *n. f.*

Agri. - **1.** Poudre principalement constituée d'amidon obtenue par broyage de certaines graines, fruits ou plantes. Les farines complètes proviennent du broyage du grain (= akène : blé, maïs) c'est-à-dire de la graine et de la paroi du fruit qui y adhère (son). Le blutage consiste à séparer par tamisage la poudre de l'enveloppe du fruit. **2.** Les farines animales sont des poudres obtenues à partir de carcasses animales broyées, utilisées dans l'alimentation de la volaille et du bétail. L'utilisation de ces farines a conduit à l'épidémie de la maladie de la vache folle.

→ ***Encéphalopathie.***

FASCICULÉ *adj.*

Bot. - Caractérise des racines de taille comparable qui prennent naissance au même endroit, elles forment une sorte de touffe. Les racines fasciculées sont typiques des Monocotylédones. S'oppose à pivotante.

FAUNE *n. f.*

Zool. - Ensemble des Animaux présents dans un lieu donné, à un moment donné : faune du Sahara, faune de la Méditerranée.

FAUX NÉGATIF, POSITIF

Méd.

→ ***Test (d'une maladie).***

F_c

Immuno.

→ ***Domaine F_c.***

FÉCONDANCE *n. f.*

Physiol. ani. - Propriété que doit acquérir un **spermatozoïde** pour être capable de réaliser la **fécondation**. L'acquisition de la fécondance nécessite le passage des spermatozoïdes dans l'épididyme, l'action des sécrétions des **vésicules séminales**, de la **prostate** et d'autres glandes annexes et la **capacitation** dans les voies génitales femelles.

FÉCONDATION *n. f.*

Biol. cell. - Réunion dans la cellule-œuf des **gènes** d'origine paternelle et des gènes d'origine maternelle. La fécondation conduit à la **diploïdie**. Chez les organismes haploïdes, la **méiose** suit immédiatement la fécondation. En revanche, chez les diploïdes, la méiose précède de peu la fécondation.

→ ***Cycle diplophasique, Cycle haplophasique, Diploïde.***

Voir figure page 200.

FÉCONDATION *IN VITRO* (FIV)

Méd., Physiol. ani.

Technique de procréation médicalement assistée qui consiste à réaliser en laboratoire une **fécondation** à partir de **spermatozoïdes** et d'**ovocytes II** dans un tube à essai, sur une lame de verre…

→ ***FIVETE.***

FÉCONDITÉ *n. f.*

Physiol. ani. - Propriété que possède un individu ou une espèce de se reproduire rapidement; dans un sens plus restreint, le terme de fécondité désigne le nombre d'œufs produit par un individu.

→ ***Fertilité.***

FÉCULE *n. f.*

Biochim. - **Amidon** extrait des tubercules sous forme de petits grains blancs alors que l'amidon extrait par broyage des graines de céréales constitue la farine après retrait du **gluten**.

→ ***Féculent.***

FÉCULENT *n. m.* ou *adj.*

Biochim. - Substance qui est riche en **fécule** ou en autres substances **amylacées**.

FEED-BACK *n. m.*

Physiol. ani. - Terme anglais.
syn. ***Rétroaction.***

FEHLING

Biochim.

→ ***Liqueur de Fehling.***

FELDSPATH *n. m.*

Minér. - **Silicate** très abondant dans la **croûte terrestre** qui se caractérise par le remplacement d'un atome de silicium par un atome d'aluminium au centre de certains tétraèdres. En raison d'un diamètre proche, la structure du tétraèdre n'est pas modifiée, mais sa charge globale est changée $(AlO_4)^{5-}$.

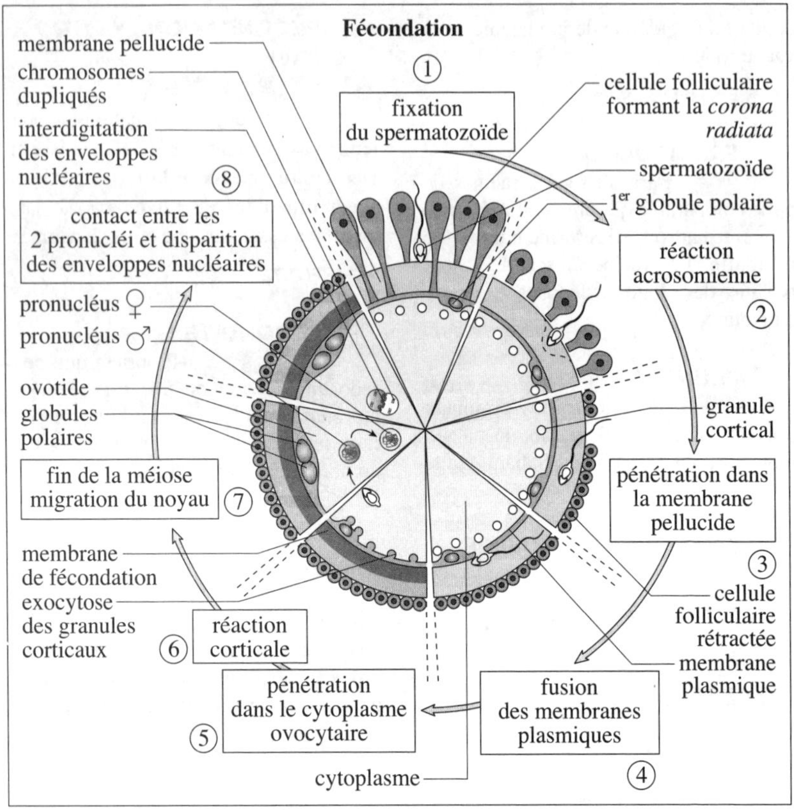

1 et 2. L'arrivée des spermatozoïdes au contact de la *corona radiata* a pour effet d'entraîner la rétraction des cellules folliculaires. La fixation d'un spermatozoïde à la surface de la membrane pellucide (complémentarité des récepteurs) déclenche la libération des enzymes de l'acrosome (réaction acrosomienne) qui facilitent la traversée de la membrane pellucide.

3. Le spermatozoïde pénètre dans la membrane pellucide et atteint la membrane plasmique de l'ovocyte sur laquelle il se fixe.

4. Au cours de la réaction acrosomienne, la membrane du spermatozoïde a acquis la capacité à fusionner avec celle de l'ovocyte II.

5. La fusion des membranes entraîne une modification de l'activité de l'ovocyte conduisant entre autres à l'exocytose des granules corticaux.

6. Le contenu des granules corticaux modifie la base de la membrane pellucide qui devient alors infranchissable pour d'autres spermatozoïdes, il y a formation de la membrane de fécondation.

7. Sous l'effet de l'activation, l'ovocyte II bloqué en métaphase de seconde division de méiose, passe en anaphase, puis en télophase, puis se divise en deux cellules de tailles inégales, l'ovotide ou ovule et le second globule polaire. Les noyaux augmentent de volume à la suite de la duplication de l'ADN, ils deviennent alors des pronucléi (pronoyaux) et migrent vers le centre de l'œuf.

8. Rapprochement des enveloppes nucléaires (chez les Mammifères, il n'y a pas fusion des membranes nucléaires, donc pas de caryogamie) qui se rompent et les chromosomes maternels et paternels viennent s'aligner sur la plaque équatoriale, la première division peut commencer.

Dans un feldspath, les tétraèdres $(AlO_4)^{5-}$ et $(SiO_4)^{4-}$ sont reliés entre eux, tout comme dans les **quartz**, par les oxygènes de leurs sommets (chaque oxygène est partagé entre deux tétraèdres). Cette situation conduit à un déséquilibre des charges qui est compensé par K^+, Na^+, Ca^{2+}. Dans les feldspaths potassiques comme l'orthose $K(AlSi_3O_8)$, le cation compensateur est le K^+ et minoritairement le Na^+. Dans les plagioclases ou feldspaths sodicalciques, il existe une série continue de l'albite $Na(Al\ Si_3O_8)$ où un tétraèdre sur quatre est substitué par Al et le déficit neutralisé par Na^+ et l'anorthite $Ca(Al_2Si_2O_8)$ où deux tétraèdres sur quatre sont substitués par Al et le déficit compensé par Ca^{2+}.

FELSIQUE *adj.*

Pétrol. - Désigne les minéraux clairs des roches magmatiques par opposition aux minéraux sombres (ferromagnésiens). Les minéraux clairs sont le **quartz**, les **feldspaths**, les feldspathoïdes et la muscovite (dérivé de feldspaths et silice).

FEMME VECTRICE

Génét. - Dans une **maladie génétique** récessive liée aux **hétérochromosomes** (**daltonisme**, **hémophilie**, **myopathie de Duchenne**), une femme **hétérozygote** ne présente pas la maladie mais transmet l'**allèle** responsable avec une probabilité de 1/2, elle est dite vectrice ou ***conductrice***. Le garçon qui a reçu l'allèle défectueux de sa mère a la maladie, car cet allèle s'exprime en l'absence de gène homologue sur le chromosome Y. Si l'enfant à naître est une fille, elle a une probabilité de 1/2 d'être vectrice à son tour et de 1/2 de ne pas l'être (syn. Femme conductrice).

FENTE SYNAPTIQUE

Neurobiol.

→ ***Espace synaptique.***

FER *n. m.*

Minér. - Métal blanc gris, le fer est par son abondance le quatrième élément de l'écorce terrestre, c'est le principal métal magnétique. Le fer s'oxyde en rouille (Fe_2O_3) à l'air humide. Il est facilement transporté par l'eau à l'état ferreux et peut précipiter et donner du minerai de fer. On pense que le **noyau** de la Terre est constitué essentiellement par du fer et la **graine** par du fer et du nickel, d'où son ancien nom de nifé.

→ ***Fer rubané, Magnétisme.***

FER RUBANÉ

Pétrol. - Gisement de minerai de fer antérieur à 2 Ga associé à des lits siliceux. Ces gisements se seraient formés par l'accumulation de fer transporté par des eaux pauvres en dioxygène. L'absence de tels dépôts après 2 Ga est interprétée comme résultant de l'accumulation de dioxygène dans l'atmosphère provoquant son oxydation au cours du temps. La disparition du fer rubané serait donc un marqueur de l'apparition de la **photosynthèse**, qui est le seul phénomène naturel produisant du dioxygène.

→ ***Atmosphère primitive, Uraninite.***

FERMENTATION *n. f.*

Biochim., Éner. - Dégradation incomplète d'un **substrat** organique avec production d'**ATP**. La fermentation, au sens strict, fait suite à la **glycolyse**. Elle consiste en la réoxydation des transporteurs réduits au cours de la glycolyse. L'**accepteur final** des atomes d'hydrogène est le pyruvate, qui devient alors de l'acide lactique, dans le cas de la fermentation lactique (fibres musculaires) l'éthanal, qui devient de l'éthanol, dans le cas de la fermentation éthylique (Levures). D'une manière générale, les fermentations sont **anaérobies**, mais la fermentation acétique est **aérobie**.

Microbiol. - En microbiologie industrielle, le terme de fermentation est utilisé pour désigner toute production aérobie ou anaérobie résultant de l'activité catabolique d'un **Micro-organisme**.

→ ***Fermentescible, Fermenteur.***

FERMENTESCIBLE *adj.*

Microbiol. - Se dit de matière organique pouvant être dégradée par **fermentation**.

FERMENTEUR *n. m.*

Éner. - Dispositif dans lequel on réalise une **fermentation** industrielle.

FERMETURE DU SYSTÈME

Géol. - Instant ou un minéral ou une roche ne reçoit plus ou ne cède plus d'éléments à son environnement. C'est le démarrage d'un **géochronomètre**.

FERROMAGNÉSIEN *adj.*

Minér. - Qualifie un **minéral** dont les principaux cations sont le fer et le magnésium (micas noirs, pyroxènes, amphiboles, péridots).

→ ***Minéral ferromagnésien.***

FERROMAGNÉTIQUE *adj.*

Minér. - Qualifie un minéral qui contient du fer, du nickel ou du cobalt et qui est attiré par les aimants (boussole).

→ ***Magnétite.***

FERTILE *adj.*

Agric. - Caractérise un sol qui produit de grandes quantités et qualités de végétaux utiles. S'oppose à stérile.

Biol. - Caractérise un organisme apte à la **reproduction**. La fertilité dépend essentiellement de la capacité des gonades à fabriquer des gamètes viables.

→ ***Fécondité.***

Pétrol., Volcano. - Qualifie une péridotite de type **lherzolite** qui, par **fusion partielle**, donne un liquide à l'origine d'un basalte.

→ ***Harzburgite.***

FERTILITÉ *n. f.*

Agric., Biol. - État de ce qui est **fertile**.

FEUILLE *n. f.*

Bot. - Organe aplati, généralement de couleur verte qui assure l'essentiel de la **photosynthèse**. La feuille est formée par un **limbe** qui s'attache à la tige par l'intermédiaire d'un court pédoncule ou pétiole. La feuille contient des structures conductrices (**nervures**) qui apportent l'eau et les sels minéraux (**sève brute**) aux cellules chlorophylliennes. Ces dernières fabriquent par le phénomène de la photosynthèse de la **matière organique** (saccharose, acides aminés...) qui repart en solution dans la **sève élaborée** par le **phloème** vers toutes les parties non chlorophylliennes.

→ ***Organe puits, Organe source.***

FEUILLET EMBRYONNAIRE

Endocrino. - Tissu de l'embryon dont les cellules ne sont pas encore différenciées. Le feuillet embryonnaire se caractérise par les modalités de sa mise en place, par sa localisation et son devenir. Chez la majorité des Animaux, on distingue trois feuillets fondamentaux : l'**ectoblaste**, l'**endoblaste** et le **mésoblaste**.

→ ***Embryogenèse.***

FEUILLET PLISSÉ β

Biochim. - **Structure (II)** secondaire plissée que prend une chaîne polypeptidique dans l'espace quand deux brins étirés sont proches l'un de l'autre et qu'ils peuvent établir des **liaisons hydrogène** perpendiculaires à l'axe des brins. Ces liaisons hydrogène s'établissent entre l'oxygène du groupement carbonyl d'une liaison peptidique de l'un et l'hydrogène du groupement amide d'une liaison peptidique du brin qui lui fait face.

FEUILLUS *n. m. pl.*

Bot. - **1.** Terme de sylviculture sans valeur systématique qui désigne les arbres à feuilles ayant un large limbe et qui tombent à l'automne, par opposition aux **Conifères**. **2.** Adj. ou n. m. Se dit d'une plante dont les feuilles ne sont ni des aiguilles ni des épines.

FGF

Physiol. ani. - Sigle anglais de *Fibroblast Growth Factor* (Facteur de Croissance des Fibroblastes). Catégorie de protéines produites par les fibroblastes qui favorisent leur propre division. Une protéine similaire est supposée avoir un effet morphogène (induction du mésoderme) au cours du développement embryonnaire des Amphibiens.

FIBRE *n. f.*

Biol. cell., Neurobiol. - Désigne une cellule ou une partie de cellule qui possède une forme allongée.

→ ***Axone, Fibre musculaire.***

Bot. - Cellule allongée atteignant parfois plusieurs centimètres présente dans le **xylème**, le **phloème** II et le **sclérenchyme**. Dans les tissus conducteurs, les fibres dérivent des mêmes tissus que les éléments conducteurs (**procambium**, **cambium**) alors que dans les sclérenchymes, les fibres dérivent d'une spécialisation à l'intérieur d'un parenchyme. D'une manière générale, les parois des fibres, quelle que soit leur origine, sont lignifiées et donc les cellules sont mortes et dépourvues de cytoplasme. Les fibres apparaissent dans les organes dont l'allongement est terminé.

FIBRE A

Neurobiol. - Catégorie de **fibres nerveuses** myélinisées qui compte tous les neurones **afférents** des sensibilités cutanée et musculaire et de la motricité squelettique. Leur diamètre varie de 2 à 22 µm et leur vitesse de conduction de 12 à 22 $m \cdot s^{-1}$ On distingue, suivant leur diamètre les fibres : Aα (12 à 22 µm), Aβ (5 à 12 µm) et Aδ (2 à 5 µm).

FIBRE α

Neurobiol. - Axone moteur innervant les muscles striés. Ce motoneurone établit des synapses avec de nombreuses cellules musculaires qui se contractent en même temps. Les cellules musculaires reliées au même motoneurone α définissent une **unité motrice**. Le diamètre de ces fibres varie de 12 à 18 µm et leur vitesse de conduction de 70 à 110 $m \cdot s^{-1}$.

→ ***Motoneurone α.***

FIBRE B

Neurobiol. - Catégorie de fibres nerveuses **myélinisées** constituant les nerfs des voies nerveuses préganglionnaires du système nerveux sympathique

FIBRE BLANCHE

Neurobiol.

→ ***Axone myélinisé.***

FIBRE C

Neurobiol. - **Fibre nociceptive**, amyélinique et de faible diamètre (1 µm) qui assure une transmission lente (2 $m \cdot s^{-1}$) des informations douloureuses en provenance des récepteurs profonds.

→ ***Douleur, Sensibilité profonde.***

FIBRE DE CHROMATINE

Génét. - syn. ***Fibre nucléosomique.***

FIBRE γ

Neurobiol. - Axone moteur innervant les fuseaux neuromusculaires. Leur diamètre varie de 2 à 7 µm et leur vitesse de conduction de 10 à 40 $m \cdot s^{-1}$.

FIBRE IA

Neurobiol. - Axone sensitif, bipolaire qui relie les fuseaux neuromusculaires aux motoneurones α dans l'arc **réflexe myotatique**.

FIBRE IB

Neurobiol. - Fibre sensitive innervant le récepteur neurotendineux de Golgi.

FIBRE MUSCULAIRE

Biol. cell. - Cellule de grande taille, de forme allongée, dont la longueur atteint plusieurs centimètres ; ensemble, les fibres musculaires constituent les muscles. Les fibres musculaires squelettiques proviennent de la fusion de cellules embryonnaires, les myoblastes. Elles sont incapables de se diviser mais augmentent de taille (diamètre) par incorporation de cellules du tissu conjonctif environnant à la suite de microdéchirures provoquées lors de leur étirement. Les cellules musculaires contiennent plusieurs noyaux, de nombreuses mitochondries et un réticulum (sarcoplasmique) particulièrement développé. Ce **réticulum endoplasmique** entoure les éléments contractiles appelés **myofibrilles**. Ces éléments sont constitués de structures répétitives : les **sarcomères**, eux-mêmes formés par des **myofilaments** de myosine et d'actine. Suivant leurs caractéristiques, on distingue des fibres musculaires squelettiques lentes et des fibres musculaires squelettiques rapides (syn. Cellule musculaire, Myocyte).

→ ***Fibre musculaire de type I, Fibre musculaire de type II.***

FIBRE MUSCULAIRE DE TYPE I

Biol. cell. - Fibre musculaire présentant les caractéristiques inverses de la fibre musculaire rapide. La fibre musculaire lente possède de nombreuses réserves, une teneur élevée en **myoglobine**, de nombreux capillaires, de nombreuses **mitochondries** avec des activités enzymatiques élevées. Les fibres musculaires lentes se contractent et se relâchent plus lentement que les rapides, mais se fatiguent moins vite. Leur couleur est rouge et leur **métabolisme** est essentiellement aérobie. Elles interviennent dans les muscles développant des efforts prolongés (syn. Fibre musculaire squelettique lente).

FIBRE MUSCULAIRE DE TYPE II

Biol. cell. - Fibre musculaire caractérisée par une irrigation peu développée, par des réserves en glycogène, triglycérides et **phosphocréatine** peu importantes, par un faible nombre de **mitochondries** peu actives, mais par une activité importante des enzymes de la **glycolyse** et par une faible teneur en **myoglobine**. Ces fibres se contractent et se relâchent très rapidement, mais se fatiguent vite. Ces fibres, de couleur blanche, en raison de la rareté de la myoglobine, interviennent dans les muscles impliqués dans des efforts brefs. Leur **métabolisme** est surtout anaérobie (syn. Fibre musculaire squelettique rapide).

FIBRE NERVEUSE

Neurobiol. - syn. ***Axone.***

FIBRE NOCICEPTIVE

Neurobiol. - Axone qui achemine des informations de type **douleur**. On distingue des fibres nociceptives périphériques et des fibres nociceptives médullaires. Chacune de ces fibres nociceptives périphériques est formée par un neurone bipolaire dont les extrémités dendritiques forment des **sites de transduction**. Le corps cellulaire se trouve dans le ganglion rachidien. Les arborisations terminales de ces fibres établissent des synapses avec les fibres nociceptives médullaires qui gagnent le thalamus. Les fibres nociceptives périphériques libèrent au niveau des synapses médullaires la **substance P** qui est la première molécule identifiée comme intervenant dans la transmission de la douleur. Actuellement, il a été montré que d'autres **neurotransmetteurs** étaient produits par les fibres nociceptives (glutamate, somatostatine, vasopressine…). Il semble maintenant établi que le glutamate soit le principal neurotransmetteur de la douleur dont l'action serait modulée par la substance P.

→ ***Fibre C, Nocicepteur.***

FIBRE NUCLÉOSOMIQUE

Génét. - Filament de **chromatine** formé par la molécule d'ADN enroulée sur des **nucléosomes** (syn. Fibre de chromatine, Nucléofilament).

FIBRES ALIMENTAIRES

Physiol. ani. - Éléments constitutifs des aliments végétaux, qui ne sont pas digérés et qui arrivent tels quels dans le gros intestin. On distingue la **cellulose** qui est un polymère de glucose mais que notre organisme est incapable de digérer faute de l'enzyme spécifique, la cellulase et la **lignine** qui est un polymère complexe. Les fibres alimentaires interviennent sur le transit intestinal en absorbant l'eau, ce qui évite la constipation.

FIBRES VÉGÉTALES

Bot. - Tissu de soutien des végétaux formé par des cellules mortes, allongées, dont la paroi cellulosique est épaissie et souvent imprégnée de lignine.

→ ***Fibres alimentaires, Sclérenchyme, Xylème.***

FIBRINE *n. f.*

Physiol. - Polymère qui provient de l'action de la **thrombine** sur le **fibrinogène** et forme un maillage insoluble à l'origine du caillot qui bloque l'hémorragie.

→ ***Coagulation, Plaquette sanguine.***

FIBRINOGÈNE *n. m.*

Physiol. - Protéine fibreuse présente dans le sang des Vertébrés et qui sous l'action de la **thrombine** se transforme en **fibrine**.

→ ***Facteur de coagulation.***

FIBROBLASTE *n. m.*

Physiol. ani. - Cellule du tissu conjonctif fibreux qui sécrète la **matrice extracellulaire**, en particulier du **collagène** et de l'acide hyaluronique.

FILON *n. m.*

Pétrol. - Roche allongée, d'épaisseur variable de quelques millimètres à plusieurs mètres, qui coupe une autre roche appelée roche encaissante. Un filon se forme le plus souvent par remplissage d'une fracture de taille variable soit par des intrusions de magma, soit par la circulation de fluide enrichi en minéraux qui cristallise sur place.

→ ***Complexe filonien.***

FILON BASALTIQUE

Pétrol.

→ ***Complexe filonien.***

FISSURE *n. f.*

Tecto. - Fente allongée formée dans une roche, mais ne la séparant pas en plusieurs parties, à l'inverse d'une **fracture**.

→ ***Faille.***

FIVETE *n. f.*

Méd. - Sigle de **Fécondation *In Vitro*** Et Transferts d'Embryons. La FIVETE s'emploie dans les cas de **stérilité** due à des **trompes de Fallope** bouchées, un sperme pauvre en **spermatozoïdes** mobiles et normaux ou dans toute autre situation où la fécondation par voies naturelles est impossible. La FIVETE peut utiliser du sperme ou des ovocytes de donneur.

→ ***Insémination artificielle.***

FIXISME *n. m.*

Évol. - Théorie postulant que les espèces naissent, se développent et meurent sans évoluer. Pour les partisans de cette théorie (Fixistes), la succession des flores et des faunes s'explique par leur destruction brutale par des phénomènes de grande ampleur (déluge, catastrophe) et par la création de nouvelles espèces à la suite de ces extinctions massives.

→ ***Actualisme, Catastrophisme, Créationisme, Évolution.***

FLEUR *n. f.*

Bot. - Organe reproducteur des Angiospermes. Les fleurs peuvent être bisexuées ou unisexuées. Elles comprennent généralement des pièces stériles protectrices (pétales, sépales) et des pièces fertiles mâles (**étamines**) et/ou femelles (**carpelles**).

→ ***Dioïque, Monoïque, Spermatophytes.***

FLOCULATION *n. f.*

Sédiment.

→ ***Colloïde.***

FLORE *n. f.*

Bot. - Ensemble des végétaux présents dans un lieu donné. La flore considère toutes les plantes autotrophes au carbone, mais aussi les organismes hétérotrophes comme les Champignons.

→ ***Biodiversité.***

FLUAGE *n. m.*

Pétrol. - Déformation plastique, c'est-à-dire sans rupture, des roches par dislocation des cristaux et glissement des plans des atomes.

FLUCTUATIONS CLIMATIQUES

Climato. - Variations des climats au cours de l'histoire de la Terre. Selon Milankovitch, le facteur déterminant les fluctuations climatiques du Quaternaire n'est pas la quantité globale d'énergie solaire reçue par la Terre au cours d'une année, mais la quantité reçue aux hautes latitudes de l'hémisphère Nord au cours de l'été. Cette quantité dépend des **paramètres orbitaux** de la Terre qui varient avec l'**obliquité** (ε) de l'axe de rotation sur l'écliptique [1] ; avec la **précession des équinoxes** qui, combinée au mouvement du grand axe de l'orbite terrestre qui tourne de 360° en 126 000 ans, définit la longitude héliocentrique ω du périhélie de la Terre, qui varie de 0° à 360° avec une période de 21 500 ans [2] ; l'**excentricité** (e) de l'orbite terrestre [3]. Les valeurs de ε et celles de ω correspondant aux angles 90° et 270° jouent un rôle important dans les variations climatiques. Quand ε est minimal et ω = 90°, l'amplitude saisonnière pour les hautes latitudes est faible, de même que l'ensoleillement dans ces régions. Enrevanche, le contraste d'insolation est grand entre le pôle et l'équateur. Cette situation est celle d'un **âge glaciaire**. Quand ε est maximal et ω = 270°, la différence d'insolation entre le pôle et l'équateur est moins marquée et l'ensoleillement estival au pôle plus important, ce qui fait fondre la glace accumulée pendant

Fleur

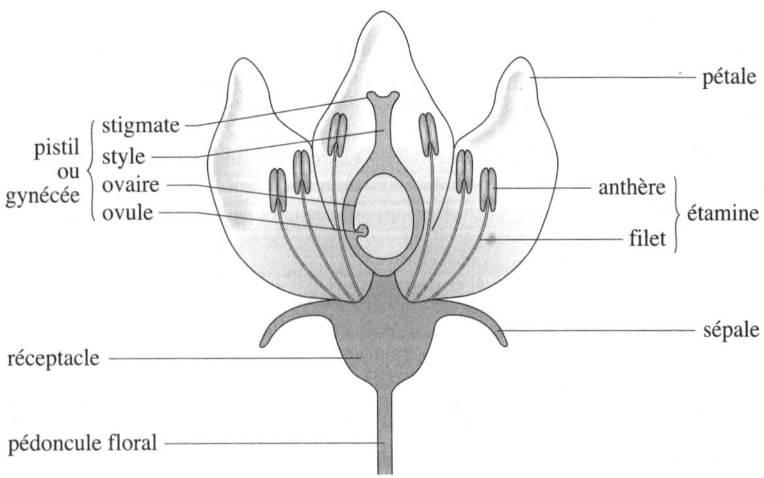

l'hiver. Cette situation est celle d'un âge **interglaciaire**. Cependant ces paramètres ne permettent pas d'expliquer à eux seuls l'amplitude des variations climatiques. Les données isotopiques sur l'oxygène ont montré des fluctuations de périodicité de 100 000, 41 000 et 23 000 ans sur les 500 000 dernières années, mais qui ne sont pas en relation simple avec les paramètres orbitaux de la Terre.

FLUIDE *n. m.*

Phys. - Corps ne présentant pas de forme propre et, qui de ce fait se déforme sans effort et épouse la forme de son contenant. Les gaz et les liquides sont des fluides. Les laves se comportent comme des fluides.

FLUORESCENCE *n. f.*

Éner. - Propriété que possède un corps de transformer une lumière reçue en une radiation de plus grande longueur d'onde qui transporte donc moins d'**énergie**, car une partie de l'énergie est perdue sous forme de **chaleur**. La fluorescence est un phénomène bref qui ne dure que 10^{-9} à 10^{-8} s après l'excitation. La fluorescence est utilisée pour marquer des molécules.

→ ***Phosphorescence, Sonde fluorescente.***

FLUVIO-GLACIAIRE *adj.*

Sédiment. - Se dit de **sédiments** continentaux provenant de matériaux arrachés par un **glacier** et retransportés par un cours d'eau.

FLUX GÉNIQUE

Génét. - Passage d'allèles entre deux **populations** à la suite de la migration d'adultes reproducteurs. L'existence d'un flux génique est due à l'absence de barrière d'isolement reproducteur et de ce fait, les populations ne peuvent diverger ; le maintien d'un flux génique est un facteur assurant le brassage des populations et donc leur homogénéisation.

→ ***Espèce, Sous-espèce, Spéciation.***

FLUX GÉOTHERMIQUE

Géol., Volcano. - Quantité de chaleur sortant du sol par unité de surface. On le mesure en général en $W \cdot m^{-2}$. La valeur moyenne du flux géothermique est de 0,05 $W \cdot m^{-2}$ (0,08 $W \cdot m^{-2}$ suivant d'autres estimations), soit près de 7 000 fois moins que le flux solaire. Le flux géothermique est élevé dans les zones de dorsales et dans les autres zones volcaniques.

FLUX HYDRIQUE

Physiol. vég. - Transport vertical de l'eau des racines aux feuilles et des feuilles aux autres organes.

→ ***Sève brute, élaborée, Transpiration foliaire.***

FLUX SOLAIRE

Astron. - syn. ***Constante solaire effective.***

FŒTALISATION *n. f.*

Embryo., Évol. - Théorie selon laquelle, au cours de la phylogenèse, des stades fœtaux ancestraux peuvent être conservés dans la descendance adulte. Cette théorie a été appliquée à l'évolution de la lignée humaine, elle supposait qu'un retard général du développement par rapport aux Chimpanzés était à l'origine des caractères fœtaux de l'adulte humain (crâne bombé...) et non pas seulement quelques organes. Bien que ces explications soient abandonnées, l'Homme adulte possède des caractères du fœtus de Chimpanzé qui pourraient s'expliquer par des phénomènes d'**hétérochronie**.

→ ***Néoténie.***

FŒTUS *n. m.*

Embryo. - Chez les Mammifères, stade de développement où l'organisme a acquis les formes caractéristiques de son espèce. Dans l'espèce humaine, le stade fœtus est atteint 8 semaines après la fécondation.

→ ***Embryon.***

FOIE *n. m.*

Anat. - Organe glandulaire des Vertébrés étroitement associé au tube digestif. Il produit la **bile** et stocke des réserves, principalement du **glycogène**, il intervient aussi dans le métabolisme des lipides. Il participe également à la détoxification de certains composés. Il libère dans le sang des protéines comme l'**angiotensinogène**, l'**albumine** sérique, des lipides comme le **cholestérol** et de l'urée produit du catabolisme des acides aminés. Le foie reçoit les nutriments en provenance de l'intestin grêle par la ***veine porte hépatique***. Il agit un peu comme un « filtre » et libère dans la circulation générale différentes substances par la ***veine sus-hépatique***.

FOLIATION *n. f.*

Pétrol., Tecto. - Structure présente dans certaines roches métamorphiques qui se caractérise par la formation de **lits** de minéraux et qui se superpose à la **schistosité**. La foliation donne un aspect rubané à la roche qui se présente sous forme d'une succession de lits à contenu minéralogique bien défini.

FOLIOLE *n. f.*

Bot. - Division d'une **feuille** composée en unités élémentaires ; contrairement aux feuilles, les folioles ne possèdent pas de bourgeons à leur aisselle.

FOLLICULE *n. m.*

Histo., Physiol. ani. - Structure en forme de sac formée par un amas de cellules mésodermiques entourant une cellule ou un autre ensemble de cellules.

→ ***Follicule ovarien.***

FOLLICULE CAVITAIRE

Histo., Physiol. ani. - syn. ***Follicule tertiaire.***

FOLLICULE DE DE GRAAF

Histo., Physiol. ani. - Cinquième stade de l'évolution d'un **follicule ovarien**. Le follicule de De Graaf se caractérise par la fusion, en une cavité unique, des différentes cavités apparues dans la **granulosa** d'un follicule tertiaire. C'est dans cette cavité ou ***antrum folliculi*** qu'est suspendu l'**ovocyte** avant l'**ovulation**. C'est à ce stade que l'ovocyte I reprend sa **méiose**. Quelques heures avant l'ovulation le premier **globule polaire** est émis et se trouve collé sous la **membrane pellucide** de l'ovocyte II qui est bloqué en métaphase de seconde division de méiose. (syn. Follicule mature, Follicule mûr)

FOLLICULE MATURE / MÛR

Histo., Physiol. ani. - syn. ***Follicule de De Graaf.***

FOLLICULE OVARIEN

Histo., Physiol. ani. - Ensemble des cellules de l'**ovaire** entourant l'ovocyte. Élément constitutif de l'ovaire comportant un ensemble cellulaire d'abord plein, puis creusé d'une cavité renfermant l'ovocyte.

→ ***Folliculogenèse.***

FOLLICULE PRIMAIRE

Histo., Physiol. ani. - Deuxième stade de l'évolution d'un **follicule ovarien**. Le follicule primaire se caractérise par la formation de deux-trois couches continues de cellules folliculaires qui entourent l'**ovocyte I** ; à ce stade, il mesure, chez la femme, 50 µm. La reprise d'activité qui le caractérise a lieu environ 4 à 5 mois avant l'**ovulation** de l'ovocyte contenu dans le follicule.

→ ***Follicule primordial, Follicule secondaire.***

FOLLICULE PRIMORDIAL

Histo., Physiol. ani. - Premier stade de développement du **follicule ovarien** qui se caractérise par un **ovocyte I** bloqué en prophase de première division de méiose. Cet ovocyte est entouré par quelques cellules folliculaires aplaties, il mesure 30 µm. L'ovocyte I provient d'une **ovogonie** qui a arrêté de se multiplier vers la quinzième semaine du développement fœtal, les ovaires d'un fœtus de 5 mois contiennent environ 6 millions d'ovocytes I qui dégénèrent presque tous progressivement. À la naissance, il en reste entre 500 000 et 1 000 000 qui reprennent leur développement à partir de la puberté.

→ ***Follicule primaire.***

FOLLICULE SECONDAIRE

Histo., Physiol. ani. - Troisième stade de l'évolution du **follicule ovarien**. Le follicule secondaire est atteint un mois après la reprise d'activité, il mesure 100 µm et l'**ovocyte I** environ 60 µm. Il se caractérise par la présence de plusieurs couches de cellules folliculaires plus ou moins sphériques qui forment la **granulosa** qui commence à se creuser d'une cavité l'***antrum folliculi***. À partir du tissu conjonctif entourant le follicule se différencient la **thèque externe** et la **thèque interne**. Seuls quelques follicules secondaires poursuivent leur évolution.

→ ***Follicule primaire, Follicule tertiaire.***

FOLLICULE TERTIAIRE

Histo., Physiol. ani. - Quatrième stade de l'évolution du **follicule ovarien**. Le follicule tertiaire est formé 2 mois après la reprise d'activité, c'est un stade de croissance du follicule qui passe d'un diamètre de 300 µm à un diamètre de 16 à 27 mm. Le follicule tertiaire se caractérise par la formation d'une très grande cavité (***antrum folliculi***) dans la **granulosa** dans laquelle est suspendu l'ovocyte. Le follicule tertiaire est délimité par deux autres couches de cellules formant la **thèque interne** et la **thèque externe**. Il présente des récepteurs à la LH dans la thèque interne et à la FSH dans la granulosa, il peut donc répondre à ces hormones et les cellules de la thèque interne et de la granulosa sécrètent alors des **œstrogènes** (syn. Follicule cavitaire).

→ ***Follicule de De Graaf.***

FOLLICULOGENÈSE *n. f.*

Histo., Physiol. ani. - Ensemble des transformations par lesquelles passe un **follicule ovarien** qui reprend son activité bloquée depuis le stade fœtal jusqu'à l'ovulation ou à son involution (atrésie). La folliculogenèse est un phénomène qui dure tant qu'il y a des follicules primordiaux en réserve dans l'**ovaire**. Ceux-ci se transforment successivement en : follicule primaire, follicule secondaire, follicule tertiaire, follicule de De Graaf. La fin de la folliculogenèse marque la ménopause.

FOLLICULOSTIMULINE (*FSH*) *n. f.*

Endocrino. - **Hormone** glycoprotéique appartenant à une famille multigénique, c'est une gonadostimuline ou gonadotrophine hypophysaire. La *FSH* est produite chez l'homme comme chez la femme par des cellules endocrines de l'**antéhypophyse**. La *FSH* provoque, chez la femme, la croissance des **follicules de De Graaf**, notamment en favorisant la multiplication des cellules de la **granulosa** et des **thèques** qui produisent des **œstrogènes**. Chez le mâle, elle stimule la **spermatogenèse** par l'intermédiaire des **cellules de Sertoli** qui contrôlent sa production par l'intermédiaire d'une autre hormone : l'inhibine. La **testostérone** régule également la concentration en *FSH* par **rétrocontrôle négatif**. Chez la femme, le taux de *FSH* est diminué par l'inhibine produite par les cellules de la granulosa et par l'action des stéroïdes ovariens (œstrogènes…) qui freinent directement la production de *FSH*. Une action des œstrogènes par l'intermédiaire de la diminution de la **GnRH**, sur la sécrétion de *FSH* est aussi envisageable. Durant la **phase lutéale**, la présence de **progestérone** associée à des quantités faibles d'**œstradiol** a pour effet de diminuer la production de **LH** et de produire par rétrocontrôle négatif l'augmentation de *FSH* responsable de la croissance folliculaire du cycle suivant (syn. *FSH*, Hormone folliculo-stimulante).

→ ***Phase folliculaire, Rétrocontrôle.***

FONCTION *n. f.*

Physiol. - Rôle que joue un tissu, un organe ou un système dans le mécanisme d'un ensemble organique plus complexe. L'étude de la fonction est le domaine de la **physiologie** qui est indissociable de l'étude de l'**anatomie**. Les fonctions organiques correspondent à des modifications structurales temporelles qui tendent à maintenir les constantes du milieu intérieur (homéostasie) ou à rétablir l'équilibre de l'organisme en cas de perturbations extérieures (**régulation**).

FONCTION DE NUTRITION

Physiol. - Ensemble des processus par lesquels un **être vivant** se procure la matière et l'**énergie** dont il a besoin. Les fonctions de nutrition comprennent, chez les hétérotrophes au carbone, la prise alimentaire, la digestion, l'absorption, l'assimilation, la respiration et l'excrétion. Les fonctions de nutrition assurent le maintien de l'individu en vie, elles constituent avec les **fonctions de relation**, les fonctions végétatives.

→ ***Autotrophie, Hétérotrophie.***

FONCTION DE RELATION

Physiol. - Ensemble des processus par lesquels un **être vivant** perçoit son milieu et y réagit. Les fonctions de relation comprennent la protection, la détection des stimuli, leur **intégration** et la réponse de l'organisme (mouvement, locomotion). Elles sont particulièrement développées dans le règne **animal**.

→ ***Sensibilité, Stimulus.***

FONCTION DE REPRODUCTION

Physiol. - Ensemble des processus par lesquels un être vivant assure la survie de l'espèce, c'est-à-dire produit de nouveaux individus. On distingue une **reproduction asexuée** où un individu unique est capable de donner naissance à une descendance identique à lui-même (clone), d'une **reproduction sexuée** qui provient de la réunion de deux **gamètes** produits, en général par des individus différents. La reproduction s'accompagne de deux phénomènes complémentaires : la **méiose** et la **fécondation**.

→ ***Parthénogenèse.***

FONGICIDE *n. m.*

Agric. - Substance chimique utilisée pour détruire les **Champignons** indésirables.

FORAGE *n. m.*

Géol. - Opération consistant à pénétrer dans l'écorce terrestre afin d'en étudier ses caractéristiques ou pour exploiter les fluides (pétrole, gaz) contenus dans les terrains traversés. Les forages se réalisent à partir de la croûte continentale, d'une plate-forme ou d'un bateau. Le forage le plus profond atteint une profondeur de 13 km. Le dispositif de forage comprend une tour ou derrick qui supporte le poids d'un train de tiges pouvant être allongé au cours du forage, un trépan muni de molettes à roues diamantées entraînées par un moteur, un système de refroidissement et de récupération des roches broyées.

→ ***Carottage, Carotte.***

FORAMINIFÈRES *n. m.*

Paléont., Zool. - **Protozoaires** essentiellement marins caractérisés par la fabrication d'une coquille calcaire appelée **test** et qui se conserve dans les sédiments. Le test est formé par une succession de loges comparables à celles de la coquille des Ammonites. Leur diamètre varie du millimètre à plusieurs centimètres. Ces Animaux se caractérisent par l'existence d'une alternance de générations sous forme d'individus sexués de grande taille et d'individus de petite taille à reproduction asexuée. Parmi les groupes les plus importants, on note les **Fusulines** et les **Nummulites**. D'une manière générale, les Foraminifères sont de bons **fossiles stratigraphiques**.

FORCE *n. f.*

Phys. - Produit de la masse d'un corps par son accélération.

FORCE DE CORIOLIS

Phys. - Force qui s'applique aux objets en mouvement placés sur un objet animé d'un mouvement de rotation (exemple : la Terre). La force de Coriolis est due à l'inertie de l'objet et à la rotation de la Terre autour de son axe. Ainsi, cette force dévie les trajectoires des objets vers la droite dans l'hémisphère Nord, vers la gauche dans l'hémisphère Sud pour un observateur regardant la Terre de l'espace. Cette force est nulle à l'équateur et maximale au pôle, elle ne se fait sentir que sur les objets en mouvement. À cause de cette force, on observe dans les cours d'eau de l'hémisphère Nord une érosion plus importante de la rive droite que de la rive gauche. Cette force de Coriolis a un effet sur le déplacement de l'atmosphère et de l'hydrosphère. Les différences de températures entre l'équateur et les pôles font qu'il existe un gradient de pression dirigé du nord vers le sud, les vents auraient donc une direction nord-sud dans l'hémisphère Nord. La force de Coriolis leur donne une direction est-ouest. Quand il existe une haute pression dans l'hémisphère Nord, les vents tournent dans le sens des aiguilles d'une montre formant un tourbillon caractéristique.

→ ***Circulation atmosphérique, Circulation océanique.***

FORCE ÉLECTROMOTRICE

Neurobiol. - Cause qui maintient une différence de potentiel électrique.

FORÊT *n. f.*

Écol. - Milieu le plus souvent naturel (il existe des « forêts » entièrement artificielles, Landes de Gascogne), peuplé d'**arbres** dont les houppiers se touchent. De ce fait, le climat au sol est modifié par la présence de la **canopée**. Dans une forêt, on distingue une ***strate cryptogamique*** peuplée par les Champignons, les Mousses et les Fougères (Cryptogames), une ***strate herbacée*** peuplée par les plantes à fleurs de petites tailles, une ***strate arborescente*** peuplée par des arbustes ou des arbrisseaux et une ***strate arborée*** correspondant aux arbres.

FORMATION *n. f.*

Strati. - **1.** Unité fondamentale utilisée en **lithostratigraphie** et constituant un ensemble se différenciant d'autres ensembles équivalents (ex. formation calcaire). **2.** Ensemble formant une unité lithologique à laquelle on associe un nom de lieu. La formation de Morisson du Jurassique supérieur continental des États-Unis est très célèbre pour ses Dinosaures.

FORMATION RÉTICULÉE

Neurobiol. - Zone du cerveau étagée entre le thalamus et le bulbe rachidien qui contient, entre autres, un réseau de neurones. La formation réticulée intègre des informations de nature sensitive et sensorielle en une activité qui module le cortex cérébral en libérant de l'acétylcholine et maintient le niveau d'éveil. La formation réticulée est excitée par de la noradrénaline libérée par d'autres centres cérébraux.

FORME RELIQUE

Évol. - Espèce appartenant à un groupe jadis florissant et qui, aujourd'hui, ne contient plus qu'une ou quelques espèces. Le Cœlacanthe (2 espèces), poisson Crossoptérygien est le seul représentant d'un groupe apparu il y a quelque 400 Ma (syn. Fossile vivant).

FOSSE OCÉANIQUE

Tecto. - Dépression allongée du fond des océans, pouvant atteindre plusieurs milliers de kilomètres de long, de quelques dizaines de kilomètres de large et dont la profondeur est supérieure à celle des plaines abyssales. Les fosses océaniques les plus profondes atteignent 11 000 m. Elles se situent le long des continents et des **arcs magmatiques** et sont les marqueurs de la flexion d'une plaque océanique plongeant sous une autre plaque.

⟶ ***Subduction, Tectonique des plaques.***

FOSSÉ D'EFFONDREMENT

Tecto. - syn. ***Graben.***

FOSSILE *n. m.*

Paléont. - Reste d'être vivant (animal, végétal) ou de son activité (terrier, piste, trace, œuf…) conservé dans la roche depuis des périodes reculées, à la suite d'un processus d'enfouissement ou d'infiltration par des fluides minéralisés. Les roches qui contiennent des fossiles sont les roches sédimentaires ou peu métamorphisées (schistes). On emploie aussi le terme de fossile pour désigner des objets enfouis dans le sol à une époque déterminée (eau fossile, combustible fossile).

⟶ ***Fossilisation, Sédimentation.***

FOSSILE DE FACIÈS

Paléont. - Fossile lié à un milieu de **sédimentation** particulier. Les Coraux indiquent un milieu récifal, c'est-à-dire, une eau peu profonde, claire, chaude, bien oxygénée, leur présence indique un climat de type tropical.

FOSSILE STRATIGRAPHIQUE

Paléont. - Espèce d'être vivant ayant une grande répartition géographique mais ayant eu une durée de vie très brève à l'échelle des temps géologiques. Les fossiles stratigraphiques permettent de comparer l'âge de **strates** situées dans des régions différentes et donc d'établir, à distance, des corrélations temporelles. Les différentes espèces d'**Ammonites** du Toarcien (190 Ma) sont d'excellents fossiles stratigraphiques pour délimiter cet **étage** et établir des subdivisions à l'intérieur de celui-ci.

⟶ ***Échelle stratigraphique, Stratigraphie.***

FOSSILE VIVANT

Paléont. - syn. ***Forme relique.***

FOSSILISATION *n. f.*

Paléont., Sédiment. - Ensemble des transformations (en général minéralisation) que subit un être vivant ou les restes de son activité à la suite de sa mort et de son enfouissement dans le sol. La fossilisation est un phénomène exceptionnel en particulier pour les Animaux et les végétaux de grande taille. En effet, un être vivant mort est attaqué très rapidement par des nécrophages et les décomposeurs de toute taille qui vont détruire le corps en commençant par les parties molles. La fossilisation nécessite donc l'enfouissement rapide du corps, en général à l'abri du dioxygène, pour que celui-ci puisse être conservé. La préservation des parties molles est exceptionnelle (faune de l'ambre fossile de la Baltique, Mammouth dans les tourbières de Sibérie…).

⟶ ***Fossile.***

FOUGÈRES *n. f.*

Bot. - Une des divisions des **Ptéridophytes** caractérisée par des plantes pourvues d'un **appareil végétatif** de grande taille.

FOURCHE DE RÉPLICATION

Génét. - Point à partir duquel la molécule d'**ADN** parental double brin s'ouvre en deux pour être répliquée par l'**ADN polymérase**. Il y a en général deux fourches de réplication progressant en sens inverse à partir de l'origine de l'**œil de réplication**.

⟶ ***Réplication (de l'ADN).***

FOVÉA *n. f.*

Anat. - Petite dépression peu profonde située au centre de la rétine qui ne contient que des **cônes**, c'est la zone de plus grande acuité (syn. tâche jaune).

FOX

Évol.

⟶ ***Expériences de Fox.***

FOYER *n. m.*

Sismo. - Point où les **contraintes tectoniques** accumulées dans les roches se libèrent et sont à l'origine d'un **séisme** (syn. Hypocentre).

FRACTIONNEMENT ISOTOPIQUE

Biol., Géol. - Processus biologique ou géologique qui modifie le **rapport isotopique** de plusieurs éléments entre les différents compartiments de la biosphère, entre les biotopes et les organismes ou les communautés d'êtres vivants, ou entre les différentes enveloppes de la Terre. Le fractionnement isotopique est d'autant plus significatif que les éléments sont légers. Le rapport $^{13}C/^{12}C$ est modifié par la photosynthèse qui privilégie, en raison de sa masse plus faible, le ^{12}C ; ainsi ce rapport est moins élevé dans les végétaux que dans l'atmosphère.

→ ***Paléotempérature.***

FRACTURE *n. f.*

Tecto. - Terme général qui désigne toute cassure, dans des objets géologiques (couches, roches, minéraux), avec ou sans déplacement des parties séparées. Les **failles** sont des fractures de l'écorce terrestre.

→ ***Fissure.***

FRAGMENT DE RESTRICTION

Génét. - Morceau d'ADN double brin obtenu à la suite de l'action d'une **enzyme de restriction**.

FRATRIE *n. f.*

Génét. - Ensemble des frères et des sœurs d'une même génération.

→ ***Arbre généalogique.***

FRÉON *n. m.*

Écol. - Nom commercial donné aux CFC par le chimiste Dupont de Nemours.

FRÉQUENCE ALLÉLIQUE

Génét. - Proportion d'un **allèle** dans une **population**, c'est-à-dire nombre de cet allèle / nombre d'allèles dans l'ensemble des individus de la population pour le **locus** du gène considéré.

FRÉQUENCE GÉNOTYPIQUE

Génét. - Proportion d'un **génotype** dans une **population**. Nombre d'individus ayant un génotype donné / nombre total d'individus dans la population.

FRISSON *n. m.*

Neurobiol. - Tremblement irrégulier provoqué par des contractions musculaires involontaires de faible amplitude quand un organisme **homéotherme** (Mammifères ou Oiseaux) est exposé au froid. La **chaleur** libérée au cours de ces contractions compense celle que l'animal a perdue, ainsi il y a maintien de la température corporelle à la valeur habituelle.

→ ***Thermogenèse.***

FRUIT *n. m.*

Bot. - Partie de la plante résultant de la transformation de l'**ovaire** après la fécondation des **ovules**. Les ovules fécondés deviennent des **graines**. Le rôle essentiel du fruit est d'assurer la protection et la dissémination des graines.

→ ***Angiospermes.***

FSH

Endocrino. - Sigle anglais de : *Follicle-Stimulating Hormone.*

syn. ***Folliculostimuline.***

FUMEUR *n. m.*

Hydrogéol. - Rejet d'eau de mer ayant circulé dans de la croûte basaltique fissurée, s'étant réchauffée (350 °C) à son contact et chargée de sulfures qui se déposent à la sortie. Ces jets d'eau sont noirs. Les fumeurs noirs sont localisés dans les **dorsales océaniques** actives et sont à l'origine de communautés biologiques extraordinaires qui tirent leur énergie de l'oxydation par des Bactéries chimiolithotrophes des composés minéraux réduits (SH_2). Bien que certaines de ces Bactéries (**Archées** hyperthermophiles) puissent vivre à des températures de plus de 110°C sous pression, la plupart des Animaux de cet **écosystème** vivent dans des eaux dont la température est celle que l'on rencontre habituellement à ces profondeurs (autour de 1 à 3 °C). Rares sont les espèces qui vivent dans des eaux à température de 30-40 °C autour des fumeurs noirs. Il existe aussi des fumeurs blancs, mais la température de l'eau à la sortie de la croûte océanique est moins élevée et les rejets d'eau de mer ne présentent pas cette coloration foncée, d'où leur nom.

→ ***Hydrothermalisme.***

FUMURE *n. f.*

Agric. - Procédé agricole destiné à augmenter la fertilité d'un champ par épandage d'**engrais** chimiques (phosphates, nitrates, sels de potassium...).

FUMURE AZOTÉE

Agric. - Adjonction de substances chimiques (**engrais**) contenant de l'azote nécessaire à la croissance des plantes. L'azote peut être apporté sous forme de **nitrates**, d'ammoniaque ou d'urée.

FUMURE MINÉRALE

Agric. - Adjonction de **matière minérale** (**phosphates**, **nitrates**, sels de potassium...) destinée à augmenter la fertilité d'un champ.

FUSEAU ACHROMATIQUE

Biol. cell. - syn. ***Fuseau de division.***

FUSEAU DE DIVISION

Biol. cell. - Ensemble de protéines (microtubules, dynéine) participant à la séparation, puis à la migration des **chromosomes** au cours des **divisions cellulaires** (syn. Fuseau achromatique, Fuseau mitotique).

FUSEAU MITOTIQUE

Biol. cell. - syn. ***Fuseau de division.***

FUSEAU NEUROMUSCULAIRE

Neurobiol. - Ensemble de cellules musculaires dont la partie centrale est différenciée en un mécanorécepteur qui mesure l'étirement du muscle. De la partie médiane du fuseau neuromusculaire part un neurone sensitif (**fibre Ia**) qui établit des **synapses** dans la moelle épinière avec un motoneurone α et des interneurones et se dirige vers les centres nerveux supérieurs. C'est l'étirement du fuseau neuromusculaire qui est à l'origine du **réflexe myotatique**. De plus, le fuseau neuromusculaire possède à ses extrémités une innervation par des motoneurones γ qui contrôlent son étirement.

→ ***Organe neurotendineux de Golgi, Tonus musculaire.***

FUSIBLE *adj.*

Géol., Phys. - Qualifie un solide qui passe facilement à l'état liquide sous l'effet de la diminution de pression, d'une hydratation ou de l'augmentation de la température. Ainsi, au cours d'un processus de **fusion partielle**, ce sont les minéraux les plus fusibles, c'est-à-dire les moins stables qui passent en premiers à l'état liquide, ceux qui ne fondent pas sont réfractaires.

FUSION *n. f.*

Phys. - Passage direct d'un corps de l'état solide à l'état liquide.

FUSION MEMBRANAIRE

Biol. cell. - Processus par lequel les membranes de certains **organites** (réticulum endoplasmique, vésicule, vacuole, lysosomes, dyctiosomes) fusionnent entre elles et avec la membrane plasmique. Quand une vésicule fusionne avec la membrane plasmique, il y a **exocytose**, quand une vésicule se forme à partir de la membrane plasmique, il y a **endocytose**.

Voir figure page 215.

FUSION PARTIELLE

Géol., Phys. - Liquéfaction partielle et différentielle d'une roche solide formée d'une association de minéraux différents avec ou sans verre qui fondent chacun à une température précise en fonction de la pression et de l'hydratation locales. Ainsi, une baisse de pression pour une température donnée ou une augmentation de température à pression constante entraîne une fusion partielle de la roche à l'origine d'un magma. Sous une dorsale océanique, la baisse de pression due à la diminution de l'épais-

Fusion membranaire : exocytose et endocytose

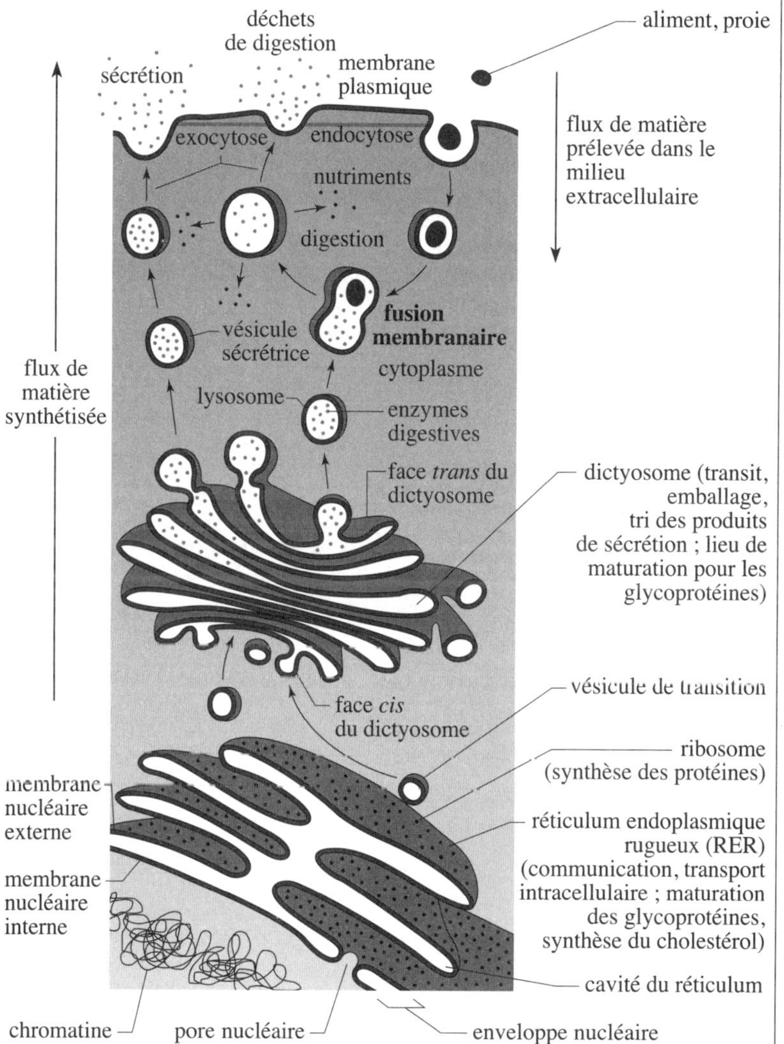

Les réseaux membranaires internes (réticulum endoplasmique, vésicules, dictyosomes) forment un continuum avec la membrane plasmique. Les membranes sont des structures dynamiques capables de fusionner entre elles.

seur de la lithosphère entraîne, par fusion partielle, la production d'un **basalte tholéiitique**. Il résulte que la liquéfaction des minéraux les plus **fusibles**, libère les éléments **incompatibles**, et laisse une péridotite, réfractaire, enrichie en éléments **compatibles**, l'**harzburgite**. Les **migmatites** sont des roches provenant d'une fusion partielle d'un **gneiss**.

→ ***Cristallisation fractionnée.***

FUSION THERMONUCLÉAIRE

Phys. - Réaction nucléaire au cours de laquelle plusieurs noyaux atomiques réagissent ensemble pour en donner un seul, plus volumineux, avec libération de beaucoup d'énergie. Les réactions thermonucléaires ne sont possibles qu'à de très hautes températures (10^7 K) nécessaires pour vaincre la répulsion exercée par deux noyaux chargés positivement. Au cours de ces réactions de fusion, de la matière est convertie partiellement en énergie véhiculée sous la forme de rayonnements électromagnétiques, notamment dans les infrarouges et les visibles.

FUSULINES *n. f.*

Paléont. - **Foraminifères** en forme de fuseau dont la taille est comprise entre 1 et 70 mm de long. Les Fusulines ont vécu du Carbonifère au Permien dans des mers chaudes peu profondes. Les Fusulines sont de bons **fossiles stratigraphiques**.

FÛT *n. m.*

Bot. - Partie non ramifiée d'un tronc d'arbre qui produit un bois sans nœuds.

G

Ga

Géol. - Sigle de Giga années, nouvelle appellation du milliard d'années.

GABA

Neurobiol. - Sigle anglais de *Gamma Amino-Butyrique Acide*. L'acide gamma amino-butyrique est un acide aminé qui n'est jamais intégré aux protéines. Il agit dans le cerveau comme **neurotransmetteur** dans 25 à 40 % des synapses cérébrales. Il se fixe sur les canaux ioniques Cl^- et provoque leur ouverture. Les ions Cl^- du milieu extracellulaire diffusent à l'intérieur de la cellule **postsynaptique**, ce qui a pour effet de provoquer une **hyperpolarisation** membranaire. Ainsi, la cellule postsynaptique est plus difficile à exciter. Les tranquillisants ou **anxiolytiques**, comme le valium, agissent en renforçant les effets du GABA.

GABAERGIQUE *adj.*

Neurobiol. - Caractérise un neurone dont l'arborisation terminale libère du **GABA**.

GABBRO *n. m.*

Pétrol. - Roche magmatique ayant la composition chimique d'un **basalte**. Les gabbros constituent la partie inférieure de la croûte océanique. Ce sont des roches grenues, ils proviennent donc d'un refroidissement lent d'un magma. Les gabbros sont de couleur générale vert noirâtre (pyroxènes) avec des plages blanches (plagioclases) plus ou moins étendues. Les gabbros sont pauvres en silice.

→ ***Chambre magmatique, Ophiolites.***

GABBRO LITÉ

Pétrol. - Gabbro provenant d'une cristallisation lente d'un liquide magmatique sur le plancher d'une **chambre magmatique**, ces gabbros présentent une structure en cumulats. Ils se déposent au-dessus des péridotites litées. Au sommet de ces gabbros lités se trouve une couche de gabbros massifs.

→ ***Ophiolites.***

GAIN *n. m.*

Physiol. ani. - Dans une **rétroaction**, le gain est défini par le rapport (sans unité) entre la compensation, c'est-à-dire la valeur de la perturbation moins la valeur atteinte après correction et la valeur atteinte après correction. Ainsi, dans le cas de la régulation de la pression artérielle, une augmentation de 15 mm de mercure ramenée après intervention des mécanismes régulateurs à 5 mm de mercure, correspond à un gain de 15-5 / 5 = 2. La valeur de la variable régulée après correction se trouve dans la **bande passante**. Un système à bande passante de forte amplitude possède un gain faible alors qu'un système à bande passante étroite possède un gain élevé.

→ ***Rétroaction négative.***

GAINE DE MYÉLINE

Neurobiol. - Manchon formé par les **cellules de Schwann** qui s'enroulent à espaces réguliers le long des axones. Les zones de l'axone non recouvertes par les cellules de Schwann constituent les **nœuds de Ranvier** où se situent les canaux Na^+ et K^+ voltage-dépendants. La gaine de myéline constitue un isolant électrique qui améliore la vitesse de propagation de l'influx nerveux grâce à la **conduction saltatoire**.

GALAXIE *n. f.*

Astron. - **1.** Nébuleuse spirale dans laquelle se trouve notre Soleil. La Voie Lactée est sa trace sur la voûte céleste. Notre Galaxie est formée de 120 milliards d'étoiles autour desquelles gravitent probablement des planètes comparables à celles de notre système solaire. **2.** Nom commun désignant des ensembles stellaires comprenant des centaines de milliards d'étoiles et analogues à notre système local, notre Galaxie.

GALET *n. m.*

Pétrol. - Caillou arrondi par l'usure mécanique au cours de son transport. Les galets sont des éléments constitutifs des roches détritiques du type **poudingue** ; leur diamètre est compris, suivant les classifications, de 10 ou 20 mm à 100 ou 200 mm.

→ ***Granulométrie.***

GALET AMÉNAGÉ

Préhist. - Outil réalisé par les premiers Hommes et peut-être par des Australopithèques. On distingue ceux qui ne possèdent qu'une seule face tranchante (*chopper*) de ceux qui en ont deux (biface).

→ ***Oldowayen, Pebble culture.***

GAMÈTE *n. m.*

Biol. cell. - Cellule reproductrice **haploïde** ayant achevé la **méiose** et la différenciation cytoplasmique. Le gamète mâle est le **spermatozoïde**, le gamète femelle l'**ovule** ou **ovotide**.

→ ***Ovogenèse, Spermatogenèse.***

GAMÉTOGENÈSE *n. f.*

Biol. cell. - Ensemble des étapes et des modalités conduisant des cellules souches (gonies) à la formation des gamètes (**spermatozoïdes** ou **ovules**). La gamétogenèse comporte une **méiose** permettant de passer de cellules diploïdes à des cellules haploïdes et des transformations cellulaires conduisant à des spécialisations cellulaires.

→ ***Ovogenèse, Spermatogenèse.***
Voir figure page 219.

GAMMAGLOBULINE *n. f.*

Immuno. - Type de protéines sériques définies par leur mobilité électrophorétique. Les gammaglobulines comprennent les différentes **immunoglobulines** circulant, ainsi que d'autres globulines qui ne sont pas des anticorps.

→ ***Électrophorèse.***

GAMONTE *n. m.*

Zool. - Stade du développement de certains Protozoaires (**Hématozoaire du paludisme**) qui conduit à la formation de cellules capables de fusionner et de donner un œuf qui subit une méiose à l'origine des sporozoïtes infestants.

GANGLION ÉTOILÉ

Neurobiol. - Relais synaptique dans la chaîne nerveuse sympathique entre des neurones issus de la **moelle épinière** et le nerf sympathique cardiaque dont la stimulation provoque l'accélération du rythme et l'augmentation de l'ampleur et de la force des contractions cardiaques.

→ ***Système nerveux sympathique.***

GANGLION LYMPHATIQUE

Immuno. - Structure plus ou moins globuleuse présente le long des vaisseaux lymphatiques où les antigènes entrant dans le milieu intérieur sont « attendus » par les cellules immunocompétentes. Les ganglions lymphatiques sont le lieu principal où se fait l'activation des lymphocytes B et T. Avec la rate et les amygdales, les ganglions lymphatiques sont regroupés sous le nom d'**organes lymphoïdes périphériques** (syn. Ganglion lymphoïde).

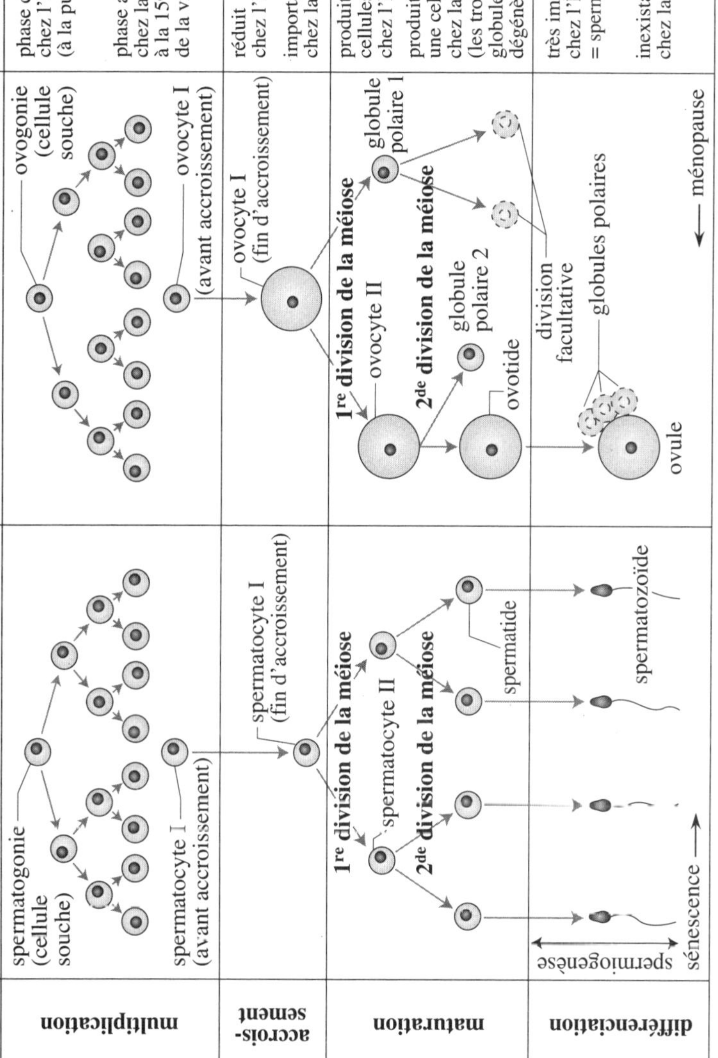

phases	remarques
multiplication	phase continue chez l'homme (à la puberté) phase achevée chez la femme à la 15e semaine de la vie fœtale
accroissement	réduit chez l'homme important chez la femme
maturation	produit quatre cellules viables chez l'homme produit une cellule viable chez la femme (les trois autres, globules polaires, dégénèrent)
différenciation	très importante chez l'homme = spermiogenèse inexistante chez la femme

Dans les ovaires d'un fœtus féminin, il y a multiplication des ovogonies, leur nombre atteint alors 6 millions. Entre le quatrième et le septième mois, seules deux millions d'ovogonies débutent une phase d'accroissement qui les transforme en ovocytes I. À la naissance, ils ne sont plus que 500 000 à un million, seuls environ 500 arrivent à maturité.

GANGLION LYMPHOÏDE

Immuno. - syn. ***Ganglion lymphatique.***

GANGLION NERVEUX *n. m.*

Neurobiol. - Centre nerveux, situé en dehors du **système nerveux central**, formé par les corps cellulaires des neurones périphériques.

GANGLION RACHIDIEN

Neurobiol. - syn. ***Ganglion spinal.***

GANGLION SPINAL

Neurobiol. - Ganglion formé par les corps cellulaires des neurones sensitifs passant par la racine dorsale de la moelle épinière (syn. Ganglion rachidien).

GASTRIQUE *adj.*

Physiol. ani. - Qui se rapporte à l'**estomac**.

GASTRULA *n. f.*

Embryo. - Stade de développement où les trois **feuillets embryonnaires** se mettent en place.

→ ***Gastrulation.***

GASTRULATION *n. f.*

Embryo. - Ensemble des mouvements des cellules dans un jeune embryon qui conduit certaines d'entre elles, situées en surface, à l'intérieur de celui-ci. La gastrulation fait suite à la segmentation, elle est à l'origine de la mise en place des **feuillets embryonnaires**.

→ ***Gastrula.***

GÉLIFRACTION *n. f.*

Glaciol.

→ ***Modelé périglaciaire.***

GÈNE *n. m.*

Génét. - Séquence d'un brin d'ADN transcrite en **ARN** (ARNpm, ARNm, ARNt, ARNr, ARNsn, ARNsno). Le gène est situé à un endroit bien précis du chromosome (**locus**) et porte une information génétique. La transcription d'une séquence d'ADN nécessite la présence d'une **ARN polymérase** et de **facteurs de transcription** qui reconnaissent des séquences particulières constituant des signaux de régulation (**promoteur**, silenceur, **amplificateur**). De ce fait, on peut considérer que ces séquences font partie du gène même si elles sont parfois éloignées de la séquence transcrite. Il est difficile d'établir une classification des gènes. **1.** On distingue les gènes protéiques dont les ARNpm et ARNm sont traduits en chaînes polypeptidiques et les gènes dont les ARN ne sont pas traduits : ARNt, ARNr, ARNsn, ARNsno. **2.** Si l'on se réfère à l'organisation des gènes, on distingue les gènes continus des gènes (en) mosaïques qui sont pourvus d'**introns** et d'**exons**. **3.** Si l'on considère le rôle du gène, on différencie les **gènes de structure** des **gènes de régulation**. La majorité des gènes code pour des chaînes polypeptidiques. La relation un gène code une protéine n'est valable qu'à partir du moment où la protéine n'est constituée que par une seule chaîne polypeptidique ce qui est loin d'être le cas général. Avec l'existence des gènes morcelés des Eucaryotes et des Archées, un ARNpm connaît un **épissage alternatif**. De ce fait, un transcrit primaire est à l'origine de nombreuses protéines différentes, dans ce contexte un gène code plusieurs protéines. Or ce qui est important pour le fonctionnement d'un organisme n'est pas le nombre d'ARNpm produits, mais le nombre de protéines (protéome) qu'il élabore à partir des différents ARNm que fabrique l'épissage alternatif (**transcriptome**). Si l'on veut conserver, la relation un gène → une chaîne polypeptidique, il faut considérer comme gène chacune des combinaisons possibles entre introns et exons d'un ARNpm donnant naissance à une chaîne polypeptidique. De la même manière, la recombinaison des gènes ou segments géniques des chaînes lourdes et légères des immunoglobulines conduit à la formation d'un ARNpm qui subit un épissage alternatif.

→ ***Génétique, Génome, Génotype, Phénotype, Traduction, Transcription.***

GÈNE (À EFFET) MATERNEL

Embryo., Génét. - Catégorie de gènes de la mère dont les produits d'expression, ARNm et protéines, sont stockés dans l'œuf et initient les premières étapes du développement du futur embryon de la Drosophile. Il existe plus d'une cinquantaine de gènes à effet maternel responsables de la mise en place des axes antéro-postérieur et dorso-ventral de l'embryon. Les produits d'expression de ces gènes se répartissent souvent suivant des **gradients** de concentration morphogènes. Les gènes à effet maternel se répartissent en trois groupes selon la région où ils interviennent dans l'embryon : partie antérieure, ***Bicoïd****; partie postérieure : ***Nanos****, deux extrémités : ***Torso****. Les mutations des gènes à effet maternel ne peuvent en aucun cas être compensées par les gènes apportés par le spermatozoïde.

GÈNE À EMPREINTE

Génét. - Gène dont l'expression dépend de l'origine de l'allèle (maternelle ou paternelle).

GÈNE ANCESTRAL

Génét. - Gène très ancien à l'origine de différents **gènes paralogues** constituant une **famille multigénique** ou de **gènes orthologues**.

GÈNE ARCHITECTE

Génét. - syn. ***Gène de développement.***

GÈNE C

Immuno. - Séquence d'ADN codant la **région constante** des chaînes des immunoglobines. Les parties constantes des différentes **chaînes lourdes** sont codées par neuf gènes différents (2α, ε, μ, 4γ, δ) donnant leur spécificité aux immunoglobulines (IgA, IgE, IgM, IgG, IgD). Les régions constantes des chaînes légères ne sont codées que par deux gènes C (λ, κ).

→ ***Gènes des immunoglobulines.***

GÈNE CHIMÈRE

Génét. - Gène formé par la réunion de deux ou plusieurs séquences d'ADN qui seront transcrites en une unité. Cette technique permet de fabriquer des protéines chimères dont on veut étudier le rôle des différents domaines.

→ ***Bricolage moléculaire.***

GÈNE CONSTITUTIF

Génét. - Gène dont la transcription n'est pas régulée.

→ ***Gène inductible.***

GÈNE D

Immuno. - Séquence d'ADN codant pour une des parties de la **région variable** d'une **chaîne lourde**. Il existe 27 gènes ou segments D (= diversité) différents. Au cours de la maturation du lymphocyte B, un de ces gènes est placé à côté de n'importe lequel des quelque 51 **gènes V**, puis cet ensemble à côté d'un des 6 **gènes J**. Les gènes D ne codent pas de portions des chaînes légères. Il y a donc 8 262 combinaisons possibles de chaînes lourdes.

→ ***Gènes des immunoglobulines.***

GÈNE DE DÉVELOPPEMENT

Génét. - **Gène** qui n'intervient en principe que durant la mise en place du **plan d'organisation** de l'animal et qui en est responsable (syn. Gène architecte).

→ ***Gène de régulation, Gène homéotique.***
Voir figure page 222.

GÈNE DE LA RÈGLE D'APPARIEMENT

Génét. - syn. ***Gène pair-rule.***

GÈNE DE MAINTENANCE

Génét. - **Gène** qui intervient après que le développement de l'organisme se soit achevé. En ce sens, les gènes de maintenance s'opposent aux **gènes de développement** (syn. Gène de ménage, Gène domestique).

GÈNE DE MÉNAGE

Génét. - syn. ***Gène de maintenance.***

GÈNE DE POLARITÉ SEGMENTAIRE

Embryo., Génét. - Troisième catégorie de gènes zygotiques (*engrailed, hedgehog, wingless, gooseberry, patched, smoothened*) qui, chez la Droso-

Gènes de développement

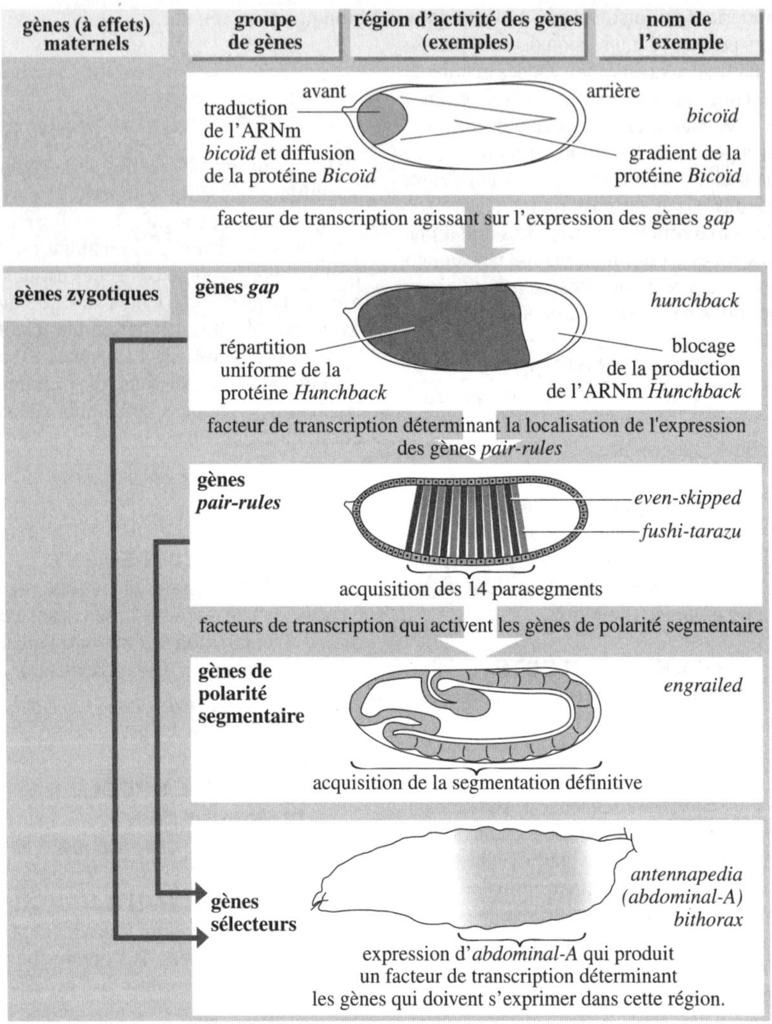

Représentation de l'expression séquentielle des différents groupes de gènes responsables de la construction du corps de la Drosophile le long de l'axe antéro-postérieur. Le démarrage du développement embryonnaire débute par la traduction des ARNm Bicoïd d'origine maternelle à l'origine d'un gradient de concentration de la protéine Bicoïd qui active l'expression des gènes zygotiques gap.

phile, sont exprimés en fin de segmentation, dans chaque moitié de **segment**. Leurs mutations sont responsables de la perte d'une partie de chaque segment et de son remplacement par une image en miroir de tout ou partie du reste du segment. Ce sont des **gènes sélecteurs**.

GÈNE DE RÉGULATION

Génét. - Gène dont la fonction est

de modifier le taux de **transcription** d'autres gènes. Les gènes de régulation sont bien connus chez les **Procaryotes** où ils interviennent dans le fonctionnement des **opérons**. Chez les Eucaryotes pluricellulaires, de nombreux gènes impliqués dans le développement embryonnaire sont des gènes de régulation comme les **gènes *gap*** (eux-mêmes régulés par la protéine *Bicoïd*), qui codent pour des facteurs de transcription qui agissent sur la régulation de l'expression des **gènes *pair-rules*.**

GÈNE DE SEGMENTATION

Embryo., Génét. - Catégorie de gènes zygotiques qui s'expriment au cours de la segmentation après les gènes maternels. Les gènes de segmentation contrôlent le nombre et la polarité des **segments**. Ce sont les **gènes *gap*, *pair-rules*** et de **polarité segmentaire**.

GÈNE DE STRUCTURE

Génét. - Gène codant pour un **ARNt**, un **ARNr** ou une **chaîne polypeptidique** mais qui n'est pas régulateur (trice).

→ ***Gène de régulation.***

GÈNE DE SUSCEPTIBILITÉ

Génét, Méd. - En fait, **allèle** d'un gène dont la présence dans le génome d'un individu prédispose à l'apparition d'une maladie qui est néanmoins incapable d'apparaître sans l'intervention d'autres facteurs génétiques (certains allèles d'autres gènes) et /ou de facteurs environnementaux.

→ ***Insulinorésistance.***

GÈNE D'INTÉRÊT

Génét. - **Transgène** inséré dans le matériel génétique d'une autre espèce pour lui apporter une propriété nouvelle.

→ ***OGM.***

GÈNE (EN) MOSAÏQUE

Génét. - syn. ***Gène morcelé.***

GÈNE *GAP*

Embryo., Génét. - Première catégorie de **gènes zygotiques** (*hunchback, krüppel, knirps, giant, tailless, ...*) à s'exprimer par la synthèse de protéines (**facteurs de transcription**) se liant à l'ADN des **gènes *pair-rules*** dont ils déterminent la localisation de l'expression. Leur expression est déclenchée au début du développement par la protéine ***Bicoïd****. La présence de leur produit d'expression définit 5 grandes régions selon l'axe antéro-postérieur (syn. Gène lacunaire).

GÈNE HOMÉOTIQUE

Génét. - Gène dont l'existence est révélée par des **mutations** (***mutation homéotique***) qui ont pour effet de transformer une partie du corps en une autre. Ainsi, la mutation ***bithorax**** de la drosophile a pour effet de transformer le 3e segment thoracique, qui ne porte pas d'ailes, en 2e segment thoracique qui en porte une paire ; la drosophile ainsi obtenue porte deux paires d'ailes au lieu d'une seule. La mutation ***antennapedia**** provoque la formation d'une patte en lieu et place d'une antenne. Ces gènes interviennent très tôt dans le développement, ils ont pour effet de spécifier les caractéristiques des différentes parties de l'animal. Ils sont également connus chez les Vertébrés. On pense que leurs mutations qui ont des effets spectaculaires sur le **phénotype** ont joué un rôle considérable dans l'évolution des espèces. Un gène homéotique est un **gène de développement** qui possède un **homéodomaine** (syn. Homéogène).

GÈNE INDUCTIBLE

Génét. - Gène dont l'expression est régulée par un facteur présent dans le milieu. Les gènes inductibles se rencontrent dans les opérons des Eubactéries.

→ ***Gène constitutif.***

GÈNE J

Immuno. - Petite séquence d'ADN qui est accrochée à un **gène** ou segment

V pour une chaîne légère ou à un gène V+D pour une chaîne lourde, pour produire un ADN codant pour la **région variable** d'une chaîne lourde ou légère. Chaque lymphocyte B possède 5 (chaîne κ) et 4 (chaîne λ) gènes J (= jonction) différents pour la chaîne légère et 6 autres pour la chaîne lourde.

⟶ ***Gènes des immunoglobulines.***

GÈNE MAÎTRE

Génét. - Catégorie de **gènes de régulation** situés au sommet de la hiérarchie d'une cascade génétique d'où ils régulent, par la production de protéines régulatrices du type **facteur de transcription**, un ensemble de gènes secondaires qui, eux-mêmes, influencent l'activité d'autres gènes d'un niveau hiérarchique inférieur. Il en découle l'activation et l'expression de **gènes de structure** codant des protéines à partir desquelles les cellules se différencient et s'assemblent en structures et organes.

⟶ ***PAX-6.***

GÈNE MAJEUR

Génét. - Gène dont l'effet est responsable du phénotype observé quelle que soit sa place dans la hiérarchie du système génétique considéré.

GÈNE MODIFICATEUR (MODULATEUR) DU PHÉNOTYPE

Génét. - Gène dont le produit d'expression modifie, suivant l'allèle présent à ce locus, le phénotype induit par un **gène majeur**. Un exemple classique est la **drépanocytose** ou l'affection est moins grave si l'individu exprime encore le gène de l'hémoglobine fœtale.

⟶ ***Drépanocytose, Épistasie, Gène régulateur.***

GÈNE MORCELÉ

Génét. - Séquence d'ADN, codant pour une **chaîne polypeptidique**, et contenant un ou plusieurs **introns**. Dans certains gènes, l'existence d'un **épissage alternatif** conduit à plusieurs chaînes polypeptidiques pour le même **gène** (syn. Gène (en) mosaïque).

GÈNE MUTATEUR

Génét. - Gène dont le produit d'expression est une protéine dont les effets sont de corriger les erreurs d'appariement des bases azotées survenant durant la duplication de l'ADN. Ce gène peut lui même muté et sa protéine être inactive, le taux d'erreur d'appariement dans l'ADN peut alors augmenter d'un facteur 1 000.

GÈNE *PAIR-RULES*

Génét. - Deuxième catégorie de **gènes zygotiques** (*even-skipped, fushi tarazu, hairy*) qui interviennent précocement dans l'établissement du nombre de segment dans l'embryon de Drosophile. Les mutants de cette catégorie de gènes possèdent la moitié du nombre de segments. Les gènes *pair-rules* sont activés par les produits d'expression des **gènes *gap*** (syn. Gène de la règle d'appariement).

GÈNE RÉALISATEUR

Génét. - Catégorie de gènes qui assurent les transformations spécifiées par les **gènes de développement**.

GÈNE SAUTEUR

Génét. - syn. ***Transposon.***

GÈNE SÉLECTEUR

Embryo., Génét. - Gène dont le produit d'expression donne une identité à un ensemble de cellules en contrôlant l'activité d'autres gènes. Chez la Drosophile, les gènes sélecteurs spécifient par exemple la formation d'une patte dans un segment donné. Leur expression permanente sont indispensables au maintien de cette activité. Les gènes de polarité segmentaire sont des gènes sélecteurs.

⟶ ***Gène sélecteur homéotique.***

GÈNE SÉLECTEUR HOMÉOTIQUE

Embryo., Génét. - Catégorie de **gènes sélecteurs** qui définit par son action l'évolution ultérieure d'un segment en fonction de la position de celui-ci dans l'organisme. Chez les Arthropodes, l'identité d'un segment, c'est-à-dire la nature des appendices qu'il possède est définie par l'expression de ces gènes. Chez la Drosophile, les gènes sélecteurs homéotiques sont des **gènes maîtres** régulateurs et sont regroupés dans les complexes ***Antennapedia**** et ***Bithorax**** (syn. Gène sélecteur de position).

GÈNE SUPPRESSEUR DE TUMEURS

Génét. - syn. ***Anti(-)oncogène.***

GÈNE V

Immuno. - Séquence d'ADN codant pour la partie principale de la **région variable** des chaînes lourdes ou légères. Chaque lymphocyte B possède environ 40 + 30 gènes ou segments V (= variable) codant pour la **chaîne légère** et environ 51 pour la chaîne lourde. Pour former le gène complet de la région variable, un des gènes V doit se joindre à l'un des gènes J pour une chaîne légère, à l'un des 27 gènes D et à l'un des 5 autres gènes J pour former le gène complet de la région variable d'une chaîne lourde. Ces réarrangements de l'ADN ne se font que pendant la maturation des lymphocytes B. Ce phénomène est moins connu pour les lymphocytes T.

→ ***Gènes des immunoglobulines.***

GÈNE ZYGOTIQUE

Embryo., Génét. - Catégorie de gènes de l'embryon dont les produits d'expression sont responsables de la suite du développement après l'action des gènes (à effet) maternels. Ce sont d'abord les **gènes *gap*** qui s'expriment d'abord et dont le rôle est le contrôle des **gènes *pair-rules*** qui délimitent les 14 **parasegments**, l'acron et le telson de l'embryon. Puis, ce sont les **gènes de polarité segmentaire** qui entrent en jeu et définissent la limite antérieure d'un parasegment et l'arrière d'un segment. Enfin, les gènes sélecteurs homéotiques des complexes ***Bithorax**** et ***Antennapedia**** confèrent, par leur activité combinée au sein de chaque complexe, respectivement l'identité aux parasegments 5-13 et antérieurs au 5e.

GÉNÉRATION *n. f.*

Génét. - Naissance de nouveaux individus de l'espèce.

GÉNÉRATION F1, F2, F'2

Génét. - syn. ***F1, F2, F'2.***

GÉNÉRATION SPONTANÉE

Évol. - Théorie suivant laquelle des organismes vivants peuvent se former spontanément à partir de matière non vivante. Il a fallu attendre les expériences de Pasteur pour que cette théorie soit définitivement abandonnée même pour les Micro-organismes. Cependant on admet actuellement que les premiers systèmes vivants se sont formés à partir de matière organique synthétisée de manière abiotique.

→ ***Expériences de Fox, Expériences de Miller, Soupe primitive, Vie.***

GÈNES DÉPENDANTS

Génét. - Gènes physiquement liés, c'est-à-dire qui sont situés sur le même **chromosome** et ont tendance à être hérités ensemble en raison de la proximité de leur **loci**. Il est possible de mesurer le degré de dépendance de deux gènes en calculant la fréquence de leur recombinaison. Si dans la descendance d'un double **hétérozygote**, il y a autant de gamètes parentaux que de gamètes recombinés, on peut considérer que les gènes sont indépendants c'est-à-dire qu'il n'y a pas d'association privilégiée entre les différents allèles des deux gènes. Quand le nombre de gamètes recombinés est inférieur à 50 %, les gènes sont dépendants.

→ ***Distance génétique entre deux gènes, Gènes dépendants, Gènes indépendants, Gènes liés, Liaison.***

GÈNES DES IMMUNOGLOBULINES

Immuno. - **Famille de gènes** qui codent les chaînes polypeptidiques constituant les immunoglobulines. Ils comprennent de nombreuses séquences similaires codant pour des parties différentes de la molécule d'immunoglobulines. On distingue quatre types de gènes ou segments appelés respectivement V, J, D, C. Au cours du développement des **lymphocytes B**, il y a des réarrangements de l'ADN qui conduisent à la jonction d'un exemplaire de chacun de ces différents gènes « élémentaires » pour former un gène complet codant une chaîne légère ou une chaîne lourde. Compte tenu du nombre de gènes de chaque catégorie, il y a 40 V × 5 J × 1 κ + 30 V × 4 J × 1 λ = 320 chaînes légères possibles et 51 V × 27 D × 6 J = 8 262 chaînes lourdes possibles, soit $2{,}64 \cdot 10^6$ immunoglobulines différentes, sans compter la variabilité introduite par les approximations de jonction entre les différents gènes élémentaires, les phénomènes de mutation et les neuf types de régions constantes des chaînes lourdes donnant leur spécificité aux différentes classes d'immuglobulines. (Rmq : ces données correspondent à celles trouvées chez un individu). Les récepteurs T sont produits suivant un mécanisme comparable, mais les détails sont moins connus.

→ ***Gène C, Gène D, Gène J, Gène V.***

GÈNES HOMOLOGUES, ORTHOLOGUES, PARALOGUES

Génét. - Gènes présentant entre eux de nombreuses correspondances dans leur séquence et qui dérivent très probablement d'un même **gène ancestral**. Les gènes homologues de différentes espèces, hérités de leur ancêtre commun qui possédait le **gène ancestral** sont dits orthologues. Dans chaque lignée, il y a eu divergence à la suite de l'accumulations de mutations indépendantes. Les **gènes homologues** provenant de la duplication d'un gène ancestral suivie d'une divergence à la suite de mutations sont dits paralogues. En général, une copie conserve sa fonction d'origine alors que l'autre peut en acquérir une nouvelle. Les gènes paralogues constituent les différents membres d'une **famille de gènes**.

GÈNES INDÉPENDANTS

Génét. - Gènes qui sont hérités indépendamment les uns des autres, c'est-à-dire que les gamètes possèdent n'importe quelle combinaison des **allèles** parentaux. C'est la deuxième **loi de Mendel**. Les gènes sont indépendants s'ils sont portés par des paires différentes de chromosomes [1], s'ils sont situés sur la même paire mais à une telle distance que l'apparition d'un **chiasma** entre les deux gènes est un événement quasi certain [2]. Dans le cas d'un **dihybridisme**, si les gènes sont indépendants, les proportions des quatre **phénotypes** en **F2** sont 9,3,3,1 et dans le cas d'un ***test-cross****, chaque phénotype compte pour 25 % du total.

→ ***Crossing-over, Distance génétique entre deux gènes, Gènes libres, Liaison.***

GÈNES LIBRES

Génét. - Gènes présents sur des paires différentes de chromosomes. On emploie, à tort, cette expression pour désigner des gènes situés sur le même chromosome, mais assez éloignés les uns des autres pour qu'à chaque **méiose**, il existe un ***crossing-over**** entre ces gènes.

→ ***Gènes indépendants, Gènes liés.***

GÈNES LIÉS

Génét. - **Gènes** qui ont tendance à être hérités ensemble en opposition avec la deuxième **loi de Mendel** qui stipule l'assortiment indépendant de chaque allèle. Cette tendance est due au fait que les gènes liés sont très proches l'un de l'autre sur le même chromosome et que la probabilité d'être séparés par un ***crossing-over**** est faible. Les gènes liés sont des **gènes dépendants**.

→ ***Groupe de liaison, Liaison.***

GÉNÉTHON *n. m.*

Génét. - Un des laboratoires dans lesquels le **génome humain**, soit 3,3 milliards de paires de bases par lot **haploïde**, est séquencé.

GÉNÉTIQUE *n. f.* ou *adj.*

Génét. - Partie de la biologie qui est concernée par l'étude et le fonctionnement du matériel héréditaire (ADN, gènes…).

GÉNÉTIQUE DES POPULATIONS

Génét. - Partie de la **génétique** qui a pour objet d'étudier les mécanismes et les modalités de la variation des **fréquences alléliques** et génotypiques dans des populations.

→ ***Loi de Hardy-Weinberg.***

GÉNÉTIQUE FORMELLE

Génét. - Partie de la **génétique** qui a pour objet d'étudier la répartition et la place des gènes sur les chromosomes à partir de l'étude statistique des résultats de croisements.

GÉNIE GÉNÉTIQUE

Génét. - Technique consistant à l'introduction de changements dans la molécule d'ADN d'un organisme vivant sans qu'il y ait intervention des moyens naturels de reproduction.

→ ***Biotechnologie.***

GÉNOME *n. m.*

Génét. - Ensemble de tout le matériel génétique (ADN) d'un être vivant. Pour les organismes diploïdes, le génome désigne, en général, le lot haploïde de chromosomes nucléaires. Le génome comprend chez les **Procaryotes**, le **« chromosome » circulaire** et les **plasmides**. Chez les **Eucaryotes**, le génome est constitué par l'**ADN** nucléaire et l'ADN contenu dans les chloroplastes et les mitochondries. Depuis 1995 des génomes ont été entièrement séquencés. L'approche informatique a permis d'estimer le nombre de gènes présents dans ces différents organismes. La difficulté de ces estimations reposent sur le concept de **gène**. Les estimations du nombre de gènes ne tiennent pas compte de l'**épissage alternatif** à l'origine d'une très grande diversité de protéines. Plus que le nombre de gènes, le **protéome** est un élément plus important de la compréhension du fonctionnement d'un être vivant que la connaissance de la séquence des différentes unités de transcription.

→ ***ADN chloroplastique, ADN mitochondrial, Chromosome, Virus.***

GÉNOME HUMAIN

Génét. Méd. - Ensemble des séquences de l'ADN humain qu'il soit nucléaire ou mitochondrial. Le projet de séquençage du génome humain est né aux États-Unis à la fin des années 1980. L'ensemble du génome haploïde nucléaire mesure $3{,}3 \cdot 10^9$ paires de bases. On estime aujourd'hui le génome humain à environ 30-35 000 **gènes** (unités de transcription) soit le tiers de l'estimation de 1980. Il y aurait environ 1% d'**exons**, 24% d'**introns** et 75% d'ADN intergénique. Une grande partie des séquences transcrites code pour les facteurs de transcriptions, les immunoglobulines, les récepteurs olfactifs (1 000 gènes), les petits ARN (821 pour les ARNt, 350-500 copies pour les ARNr, 119 pour les ARNsno et ARNsn).

GÉNOMIQUE *n. f.*

Génét. - Science dont les objets d'étude sont les **génomes**. La génomique rassemble des analyses qui vont de la cartographie du génome à l'identification de nouveaux gènes, à l'étude de leurs fonctions et au séquençage des molécules d'ADN. Cette approche nécessite des logiciels spécialisés permettant de rechercher dans la succession des bases des séquences particulières : **homéoboîte**, **palindrome**, séquences régulatrices, séquences homologues, codon d'initiation et codon stop, séquences répétées, **microsatellites**...

GÉNOPATHIE *n. f.*
Génét., Méd.
- syn. ***Maladie génétique.***

GÉNOTYPAGE *n. m.*
Génét. - Établissement des différents allèles des individus pour différents loci et mise en relation des modalités de la transmission de ces allèles entre parents et enfants et les caractères du phénotype.

GÉNOTYPE *n. m.*
Génét. - Ensemble des **gènes** portés par les **chromosomes**. En **génétique formelle**, l'écriture du génotype consiste à préciser les **allèles** présents aux **loci** considérés, leur position respective (sur la même paire ou sur des paires différentes de chromosomes) ainsi que leur **dominance** ou **récessivité**.

→ ***Gènes libres, Gènes liés.***

GÉOBAROMÈTRE *n. m.*
Tecto. - Minéral qui apparaît dans des conditions définies de pression.

→ ***Géothermomètre, Minéral du métamorphisme, Silicate d'alumine.***

GÉOCHIMIE *n. f.*
Géochim. - Étude de l'abondance et de la distribution des éléments chimiques et de leurs isotopes à l'intérieur de la Terre ou d'autres corps solides du Système solaire, de leur circulation dans l'atmosphère, l'hydrosphère, la biosphère et la lithosphère, et des lois qui gouvernent leur répartition et leur évolution.

→ ***Cycle biogéochimique, Datation.***

GÉOCHRONOLOGIE *n. f.*
Géol. - Ensemble des méthodes permettant de dater des roches. La géochronologie est absolue quand elle utilise la radiochronologie pour donner un âge en millions d'années à des terrains, elle est relative quand elle s'appuie sur les principes de la stratigraphie.

→ ***Chronostratigraphie, Échelle stratigraphique.***

GÉOCHRONOMÈTRE *n. m.*
Géol. - Ensemble formé par un isotope radioactif P et l'isotope **radiogénique** F provenant de la désintégration de P.

→ ***Datations par le carbone 14, le potassium-argon, le rubidium-strontium.***

GÉODÉSIE *n. f.*
Géol. - Étude de la forme générale de la Terre et de son champ de pesanteur et des causes qui déterminent leur variation.

GÉODYNAMIQUE *n. f.* ou *adj.*
Géol. - Étude des phénomènes géologiques dépendant de la dissipation des énergies interne et externe de la Terre.

→ ***Tectonique des plaques.***

GÉOÏDE *n. m.*
Géol. - Surface théorique définie par le caractère constant du potentiel de pesanteur, c'est-à-dire où en tout point, le potentiel de pesanteur g · r (r = rayon de la Terre) a la même valeur et où g est perpendiculaire à cette surface. Par voie de conséquence, il existe une infinité de surfaces équipotentielles. Le géoïde correspond à la valeur du potentiel de pesanteur au niveau moyen des océans prolongés sur les continents, c'est un des niveaux d'altitude 0. La surface équipotentielle définit l'horizontale, par définition le géoïde correspond à la forme de la Terre. Les études gravimétriques ont montré que la répartition des masses à l'intérieur de la Terre n'était pas homo-

gène aussi bien en profondeur que latéralement. Il existe des zones avec des excès de masse et/ou de volume et d'autres avec des déficits par rapport aux régions avoisinantes. Ainsi, ces variations modifient l'attraction locale sur les océans dont le niveau ne sera pas identique en tout point de sa surface, il existe donc des creux et des bosses à la surface du géoïde qui s'écartent de l'**ellipsoïde** de référence. Des cartes de la hauteur du géoïde par rapport à l'ellipsoïde ont été réalisées. Il y a ainsi un creux au sud de l'Inde (– 105 m) et une bosse en Nouvelle-Guinée (+ 73 m) qui s'étalent sur des milliers de kilomètres (anomalies à grande longueur d'onde). Ces bombements sont interprétés comme résultant d'une montée de matière chaude (convection mantellique), moins dense (g diminue), qui déforme la surface du géoïde (r augmente en conséquence et g.r reste donc constant). En revanche, si l'on s'intéresse à l'écart sur de petites distances (anomalies à courtes longueurs d'onde) entre le géoïde et l'ellipsoïde, on constate une superposition parfaite avec le relief sous-marin.

GÉOLOGIE *n. f.*

Géol. - Science qui étudie la Terre dans ces différentes parties directement accessibles à l'observation et qui essaye de reconstituer leur histoire par l'étude de leur agencement. La géologie comprend principalement : la pétrologie, la minéralogie, la sédimentologie, la stratigraphie, la tectonique, la géomorphologie, la glaciologie.

→ ***Géophysique.***

GÉOMORPHOLOGIE *n. f.*

Géomorphol. - Étude d'abord descriptive puis explicative des différentes formes du relief.

GÉOPHYSIQUE *n. f.* ou *adj.*

Géophys. - Science qui applique les méthodes de la physique à l'étude de la Terre et de ses enveloppes liquides ou gazeuses, et à son action à distance (champ magnétique, champ gravitationnel). Classiquement, on distingue une géophysique interne appelée aussi physique du Globe qui comprend la géodésie, la sismologie, le magnétisme terrestre, la tectonophysique (résistance des matériaux), la volcanologie et une géophysique externe comprenant la météorologie, l'océanographie physique et l'hydrogéologie.

GÉOTHERME *n. m.*

Géol. - Courbe représentant les variations de la température en fonction de la profondeur. S'il est linéaire, c'est-à-dire que la variation est régulière et constante, on parle de **gradient géothermique** qui est de 3 °C/100 m dans la croûte continentale supérieure.

→ ***Points d'ancrage du géotherme.***

GÉOTHERMIE *n. f.*

Géol. - **Chaleur** libérée par la Terre qui peut être exploitée par l'Homme. La géothermie est particulièrement développée dans les régions où le **gradient géothermique** est élevé. L'Islande est le pays où la géothermie trouve le plus d'application (chauffage direct, production d'électricité...).

GÉOTHERMOMÈTRE *n. m.*

Géol. - Minéral qui apparaît dans des conditions définies de température.

→ ***Géobaromètre, Minéral du métamorphisme, Silicate d'alumine.***

GERMEN *n. m.*

Génét. - Ensemble des **cellules souches** sexuelles et des cellules qui en dérivent. Une **mutation** survenant dans les cellules de la **lignée germinale** peut donc se transmettre à la descendance.

→ ***Gonie, Ovogonie, Soma, Spermatogonie.***

GERMINATION *n. f.*

Physiol. vég. - Période de reprise de l'activité d'une **graine** à la suite d'une durée plus ou moins longue de vie ralentie. Cette reprise se fait après l'hydratation de la graine et conduit au développement de l'embryon qui vit, en **hétérotrophe**, sur les réserves accumulées dans le ou les cotylédons.

→ ***Dormance.***

GESTATION *n. f.*

Physiol. ani. - Période durant laquelle une femelle d'animal vivipare porte ses embryons, puis ses **fœtus** dans son **utérus** ou ses utérus.

→ ***Placenta.***

GEYSER *n. m.*

Hydrogéol., Volcano. - Source géothermique qui, à intervalles réguliers, devient instable et projette violemment dans l'air de l'eau chaude et de la vapeur.

GH *n. f.*

Neuro - syn. ***Hormone de croissance.***

GIBBÉRELLINES *n. f. pl.*

Physiol. vég. - Catégorie de substances de croissance de nature terpénique, synthétisées (plus de 80 molécules) dans les **apex** racinaires, les embryons, les fruits immatures, les jeunes feuilles, les **méristèmes** caulinaires. Les gibbérellines sont transportées par le **xylème** des racines aux autres parties de la plante, mais également de cellule à cellule et dans le **phloème** des feuilles. À l'inverse de l'**auxine**, le transport n'est pas polarisé. Les gibbérellines agissent sur la multiplication (mérèse) et le grandissement des cellules des méristèmes primaires et sont responsables de l'allongement des entre-nœuds à la suite de la stimulation des méristèmes intercalaires. Les gibbérellines participent à la floraison et à la sexualisation des fleurs. Au début de la germination, l'**hypocotyle** devient sensible à la lumière ce qui entraîne la fabrication de gibbérelline qui diffuse dans la graine et atteint les cellules vivantes de l'assise située sous le tégument. Elles produisent alors des amylases qui hydrolysent l'amidon en glucose ce qui augmente la pression osmotique, fait donc entrer de l'eau, et fournit l'énergie aux synthèses.

GIFT

Méd. - Sigle anglais de *Gametes IntraFallopian Transfert*. Technique de procréation médicalement assistée qui consiste à prélever des **gamètes** des deux sexes comme pour une **FIVETE**. Après avoir rendu les spermatozoïdes fécondants, les gamètes sont replacés dans les trompes de Fallope où la fécondation se fait ***in vivo****. Cette technique est utilisée quand les trompes sont bouchées.

GISEMENT D'EAU

Hydrogéol. - Lieu où l'eau douce est présente et exploitable. Une grande partie de l'eau utilisée pour les besoins, domestiques, agricoles et industriels est prélevée dans les fleuves ou dans les lacs. Cependant pour rendre de l'eau potable, il faut lui faire subir de nombreux traitements onéreux dans des usines d'épuration des eaux. C'est pour cela que l'on utilise, quand la situation le permet, les eaux souterraines qui, sauf **pollution**, sont directement consommables sans traitement. Elles ont été filtrées, au cours de leur descente vers l'**aquifère**, par les couches de terrain sus-jacentes. Ces eaux sont récupérées au niveau de sources ou de forages.

→ ***Puits.***

GLACIATION *n. f.*

Géomorphol., Glaciol. - Période climatiquement plus froide durant laquelle la quantité d'eau stockée sous forme de glace est supérieure à la « normale ». Les glaciations sont associées à des **régressions marines**. L'eau soustraite aux océans se trouvant prise sous forme de glace dans les **inlandsis** et les glaciers, alors que les périodes **interglaciaires** correspondent à des **transgressions marines** provoquées par la fonte des glaces. On connaît des glaciations au Précambrien, au début du Cambrien, au

Carbonifère, à la fin du Tertiaire et au Quaternaire. Les glaciations les mieux connues sont celles du Quaternaire. En Europe occidentale, on distingue quatre glaciations quaternaires dont les noms correspondent à des affluents du Danube qui sont par ordre d'ancienneté et aussi par ordre alphabétique : Günz, Mindel, Riss et Würm. Chacune de ces glaciations est séparée par une période de recul des glaciers provoquée par un réchauffement climatique plus ou moins lié à la modification des **paramètres orbitaux** de la Terre. Les glaciations quaternaires ont fortement modelé les paysages d'Europe. Elles provoquent un recul des espèces vers le sud au climat plus clément. Ainsi, des espèces se trouvant réparties sur l'Europe ont été progressivement chassées vers le sud et les populations isolées les unes des autres dans les péninsules Ibérique, Italienne, et Balkanique. Dans de telles conditions, chacun de ces ensembles de populations a divergé (mutation, dérive génétique, effet de fondation, sélection naturelle) des autres et sont à l'origine de nouvelles **espèces** ou **sous-espèces**.

→ ***Glacier, Modelé glaciaire, Spéciation.***

GLACIER *n. m.*

Glaciol. - Étendue de glace formée par l'accumulation de couches de neige que la pression due à leur propre poids transforme progressivement en glace. Ainsi, la glace la plus profonde est donc la plus ancienne. On distingue : les **inlandsis**, les **calottes glaciaires**, les **glaciers de cirque**, les **glaciers de vallée** et les **glaciers de piémont**.

GLACIER DE CIRQUE

Glaciol. - Glacier perché au-dessus d'une vallée et occupant la base d'une paroi rocheuse. Le glacier de cirque peut générer des langues glaciaires qui s'étendent dans des vallées (syn. Glacier suspendu).

GLACIER DE PIÉMONT

Glaciol. - Glacier provenant de l'arrivée, à basse altitude, d'un glacier de vallée suffisamment alimenté en amont.

GLACIER DE VALLÉE

Glaciol. - Glacier occupant le fond d'une vallée, le glacier de vallée provient en général d'un ou plusieurs glaciers de cirque bien alimentés à leur origine par des précipitations. L'avancée du glacier s'accompagne de l'érosion de la vallée qui prend, en coupe transversale, une forme en U.

→ ***Vallée en auge.***

GLACIER SUSPENDU

Glaciol. - syn. ***Glacier de cirque.***

GLACIOLOGIE *n. f.*

Glaciol. - Étude de la glace et des glaciers.

GLACIS CONTINENTAL

Tecto. - Zone immergée à pente très faible (moins de 1 %), située entre 4000 et 5000 m de profondeur où la bordure continentale se raccorde aux fonds océaniques.

→ ***Marge continentale.***

GLAIRE CERVICALE

Physiol. ani. - Sécrétion muqueuse alcaline produite par des glandes du **col de l'utérus**. Son abondance et ses caractéristiques physiques se modifient au cours du **cycle menstruel**. La glaire cervicale est particulièrement abondante au moment de l'**ovulation**. En dehors de cette période, elle forme un maillage qui empêche la plupart des **spermatozoïdes** de gagner l'utérus.

GLANDE *n. f.*

Endocrino., Physiol. ani. - Cellule isolée ou agrégat de cellules spécialisées dans la production de différentes substances. On distingue des glandes **exocrines** qui libèrent leur sécrétion dans le milieu extérieur (glandes sudoripares) ou dans les cavités de l'organisme ouvertes sur l'extérieur (glandes digestives) et les glandes **endocrines** (**hypophyse, ovaires, testicules, thyroïde, surrénales**…) qui libèrent leur sécrétion (hormones) dans le sang.

GLANDE PINÉALE

Endocrino. - syn. ***Épiphyse.***

GLAUCONIE *n. f.*

Sédiment. - **Boue** argileuse se formant en milieu marin à des profondeurs de 50 à 500 m.

GLAUCOPHANE *n. f.* ou *m.*

Minér. - **Amphibole** de couleur bleue apparaissant dans des roches métamorphisées comme les schistes bleus. Le glaucophane est un minéral repère des conditions de hautes pressions et basses températures.

→ ***Minéral du métamorphisme.***

GLOBIGÉRINES *n. f.*

Paléont. - **Foraminifères** dont le **test** calcaire est formé par des loges plus ou moins sphériques à paroi mince. Les Globigérines sont des Protozoaires marins pélagiques très abondants dans la zone équatoriale. L'accumulation de leur test au fond des océans est à l'origine des **boues** calcaires (Cénozoïque).

GLOBOTRUNCANA *n. m.*

Paléont. - **Foraminifères** à loges enroulées en spirale proches des **Globigérines**. Les *Globotruncana* sont des organismes marins et pélagiques, à évolution rapide, qui permettent de faire des subdivisions très précises dans le Crétacé supérieur.

GLOBULE BLANC

Immuno. - syn. ***Leucocyte.***

GLOBULE POLAIRE

Biol. cell. - Petite cellule abortive qui élimine, lors des deux divisions de **méiose**, un lot de **chromosomes** à deux **chromatides** pour le premier globule polaire (GPI) et une chromatide par chromosome pour le second (GPII).

GLOBULE ROUGE

Physiol. - Cellule sanguine, chargée d'environ 280 millions de molécules d'hémoglobine, assurant le transport du dioxygène des poumons aux différentes cellules de l'organisme et d'une partie du CO_2 des cellules aux poumons. Quand les globules rouges sont dépourvus de noyau (Mammifères), ils sont appelés hématies (syn. Érythrocyte).

GLOMÉRULE RÉNAL

Anat. - Réseau de capillaires artériels entouré par la capsule de Bowman. C'est dans cette structure que le sang est filtré et que les déchets du métabolisme dilués dans de l'eau arrivent dans le rein où ils sont à l'origine de l'urine.

→ ***Néphron.***

GLOMUS CAROTIDIEN

Anat. - syn. ***Corpuscule carotidien.***

GLOTTE *n. f.*

Anat. - Débouché des deux cavités pulmonaires dans la partie postérieure du pharynx.

GLUCAGON *n. m.*

Endocrino. - Hormone polypeptidique provoquant une **hyperglycémie**. Le glucagon est synthétisé et sécrété par les cellules α des îlots de Langerhans, c'est l'hormone antagoniste de l'**insuline**.

→ ***Glycémie, Pancréas endocrine.***

GLUCIDES *n. m.*

Biochim. - Catégorie de molécules composées de carbone, d'hydrogène et d'oxygène de formule brute $C_x(H_2O)_y$, c'est pourquoi ces molécules ont été appelées carbohydrates ou hydrates de carbone. Les glucides comprennent les oses simples (glucose, fructose, galactose, ribose, désoxyribose…), les diholosides formés de deux ***oses simples*** ou ***sucres***

simples (maltose, lactose, saccharose) et les polyholosides constitués par des **polymères** de glucose (amidon, glycogène, cellulose, hémicellulose). Les oses simples sont caractérisés par la forme des cristaux qu'ils produisent avec la nyhidrine. Le glucose est la molécule la plus utilisée d'un point de vue énergétique (amidon, glycogène) et structural (cellulose) [syn. Oses].

GLUCOCORTICOÏDES *n. m.*
Endocrino. - Hormones (**cortisol, cortisone, corticostérone**) produites par les corticosurrénales et favorisant la libération du glucose par le foie.

→ ***Glycémie, Stress.***

GLUCODÉPENDANT *adj.*
Physiol. ani. - Désigne une cellule qui ne peut utiliser que du glucose pour son métabolisme énergétique. Les neurones et les hématies sont glucodépendants.

GLUCOSE *n. m.*
Biochim., Éner. - Glucide simple de formule brute $C_6H_{12}O_6$ trouvé dans toutes les cellules vivantes, plus particulièrement dans la sève des végétaux sous forme de **saccharose** et dans le milieu intérieur des Animaux où sa concentration (glycémie) est très strictement régulée. Il est le produit terminal de la digestion des polymères glucidiques (**amidon, glycogène, cellulose**) et le **nutriment** le plus important du **catabolisme**.

GLUTAMATE *n. m.*
Neurobiol. - Acide aminé (acide glutamique) chargé négativement et qui fonctionne comme neurotransmetteur **excitateur** dans le cerveau.

→ ***Potentiel postsynaptique excitateur.***

GLUTEN *n. m.*
Biochim. - Ensemble formé par différentes protéines de la **farine** qui forme un maillage tridimensionnel imperméable qui assure une cohésion, une viscosité et une plasticité à la pâte au cours de la **panification**. Le maillage de gluten retient le dioxyde de carbone produit par les Micro-organismes et s'étire sous sa pression pour former la texture alvéolaire du pain.

GLYCÉMIE *n. f.*
Physiol. ani. - Taux de glucose présent dans le sang. La valeur de la glycémie oscille autour d'une valeur moyenne de 1 g. L^{-1}, soit environ 5 $mmol.L^{-1}$.

GLYCÉRIDES *n. m.*
Biochim., Éner. - Esters du **glycérol**, les glycérides sont des **lipides**. Comme cet alcool possède trois fonctions estérifiables, il existe des monoglycérides, des **diglycérides** et des **triglycérides**. On les appelle maintenant des acylglycérols.

GLYCÉROL *n. m.*
Biochim., Éner. - CH_2OH–CHOH–CH_2OH. Trialcool contenant deux fonctions alcool primaire et une fonction alcool secondaire. Ces fonctions peuvent être estérifiées par un, deux, ou trois acides. Le glycérol forme le squelette des **glycérides** qui sont des lipides.

GLYCINE *n. f.*
Neurobiol. - Le plus simple de tous les acides aminés. La glycine fonctionne aussi comme un neurotransmetteur **inhibiteur** dans le tronc cérébral et dans la moelle épinière dans les synapses qu'établissent les **interneurones** (syn. Glycocolle).

→ ***Potentiel postsynaptique inhibiteur.***

GLYCOGÈNE *n. m.*
Biochim., Éner. - Molécule organique, polymère ramifié de **glucose**, de formule $(C_6H_{10}O_5)_n$, le glycogène est la forme de réserve glucidique des tissus animaux et des Champignons. Il est présent dans le foie (100 g) où il est hydrolysé, puis libéré dans le **milieu intérieur**. Il est aussi stocké dans les

muscles, mais il ne peut être libéré dans la circulation sanguine.

→ ***Glycogénogenèse, Glycogénolyse.***

GLYCOGÉNOGENÈSE *n. f.*

Biochim., Physiol. ani. - Synthèse dans le foie ou le muscle, de **glycogène**, à partir du glucose sanguin.

→ ***Néoglucogenèse.***

GLYCOGÉNOLYSE *n. f.*

Biochim., Physiol. ani. - Dégradation du **glycogène** en de nombreux glucoses-phosphates. Dans la cellule hépatique, le glucose peut diffuser dans le sang ; dans la cellule musculaire, le glucose-phosphate est utilisé sur place.

GLYCOLYSE *n. f.*

Biochim., Éner. - Dégradation dans le hyaloplasme du glucose en **acide pyruvique**. La glycolyse comporte dix étapes chacune catalysée par une enzyme spécifique. La glycolyse est anaérobie, elle produit deux **transporteurs d'hydrogène** réduits et libère l'énergie nécessaire à la synthèse de 4 **ATP** (phosphorylation liée au substrat).

→ ***Cycle de Krebs.***

GLYCOSURIE *n. f.*

Physiol. ani. - Présence de glucose dans les urines. La glycosurie apparaît à partir d'une concentration sanguine en glucose de 1,8 $g \cdot L^{-1}$.

→ ***Diabète sucré.***

GNEISS *n. m.*

Pétrol. - Roche métamorphique formée par l'empilement de **lits** sombres composés de minéraux ferromagnésiens (micas, amphiboles…) et de lits clairs (blancs, gris, rosés) formés de quartz et de feldspaths. Dans les lits sombres, les cristaux sont allongés alors qu'ils sont granuleux dans les lits clairs. On distingue des gneiss granitoïdes à grains grossiers et à **foliation** peu prononcée, des gneiss œillés où les micas et les feldspaths forment des masses claires et des gneiss rubanés où les lits sombres et clairs alternent régulièrement.

→ ***Métamorphisme régional.***

GnRH

Endocrino. - Sigle anglais de *Gonadotrophin-Releasing Hormone* (hormone de libération des **gonadotrophines** hypophysaires). Décapeptide, commun à tous les Mammifères, produit par certains neurones de l'**hypothalamus**. La *GnRH* est libérée de manière pulsatile (**pulse**) dans le système porte hypophysaire et stimule la libération de **folliculostimuline** et de **LH** aussi bien chez le mâle que chez la femelle. On ne connaît pas, à l'heure actuelle, les mécanismes responsables de cette pulsatilité, bien que l'on ait mis en évidence l'existence d'un rythme endogène de sécrétion des neurones producteurs de la *GnRH*. Ainsi, les pulses dont la fréquence et l'amplitude varient au cours du cycle menstruel seraient sous contrôle d'un rythme propre, d'une synchronisation interne et/ou externe et d'une régulation par les taux des gonadotrophines et des hormones stéroïdes. Au cours de la **phase folliculaire** du cycle, l'œstradiol, après une période de rétrocontrôle négatif sur l'hypothalamus, exerce un **rétrocontrôle positif** qui augmenterait la fréquence des pulses de la *GnRH* responsable du pic de LH ou décharge ovulante (syn. Gonadolibérine).

→ ***Horloge biologique interne.***

GOLGI

Biol. cell, Neurobiol.

→ ***Appareil de Golgi, Organe neurotendineux de Golgi.***

GONADE *n. f.*

Anat. - Nom générique utilisé pour désigner les **testicules** et les **ovaires**. Les gonades constituent les caractères sexuels primordiaux. Chez l'Homme, jusqu'à la 6e semaine les gonades sont indifférenciées. Puis chez les individus XY, la partie profonde différenciée en médulla est colonisée par les cellules germinales venant de la partie périphérique et s'organise en cordons (de Pflüger) où les spermatogonies prolifèrent. Leur entrée en méiose ne se fera qu'à la puberté. Le reste de la médulla se différencie entre autres en **cellules de Leydig**. Chez les individus XX, la partie superficielle des gonades ou cortex conserve les cellules germinales qui se différencient en ovogonies qui entrent en prophase de première division de **méiose**, puis s'entourent de cellules folliculaires.

GONADOLIBÉRINE *n. f.*
Endocrino. - syn. ***GnRH***.
(Ce terme de gonadolibérine apparaît mal choisi, car il suggère que cette hormone agit sur les gonades, alors que la GnRH n'agit sur elles que par l'intermédiaire des gonadostimulines.)

GONADOSTIMULINE *n. f.*
Endocrino. - Hormone glycoprotéique qui agit sur le fonctionnement des gonades. On distingue des gonadostimulines hypophysaires (**folliculostimuline, LH**) et la gonadostimuline ou gonadotropine chorionique humaine ou placentaire (**HCG**) [syn. Gonadotrophine, Gonadotropine, Hormone gonadotrope].

GONADOTROPE *adj.*
Endocrino. - **1.** Désigne une cellule qui produit une hormone qui stimule le fonctionnement des gonades. **2.** Désigne aussi l'action de cette hormone.

→ ***Folliculostimuline, LH, Gonadotrophine chorionique humaine.***

GONADOTROPHINE *n. f.*
Endocrino. - syn. ***Gonadostimuline***.

GONADOTROPHINE CHORIONIQUE HUMAINE (*HCG*)
Endocrino. - Hormone glycoprotéique qui est d'abord produite par le chorion de l'embryon, puis par le **placenta** au cours de la gestation. La gonadotrophine chorionique humaine a un effet proche de la **LH**. Elle assure le maintien du fonctionnement du **corps jaune**, c'est-à-dire la production de progestérone. Elle est éliminée rapidement dans les urines et permet un diagnostic précoce de la grossesse en utilisant des anticorps spécifiques dirigés contre elle. De plus l'augmentation de son taux a été corrélé à l'augmentation du risque de trisomie 21 (syn. Gonadotropine chorionique, *HCG*, Hormone gonadotrope placentaire, Hormone gonadotrophique chorionique).

GONADOTROPINE *n. f.*
Endocrino. - syn. ***Gonadostimuline.***

GONADOTROPINE CHORIONIQUE
Endocrino. - syn. ***Gonadotrophine chorionique humaine.***

GONDWANA *n. m.*
Paléont., Tecto. - Partie de la **Pangée** constituée, au début du Jurassique, par l'Amérique du Sud, l'Afrique, la péninsule Arabique, l'Antarctique, l'Inde et l'Australie.

GONIE *n. f*
Biol. cell. - Terme général utilisé pour désigner les cellules initiales de la **lignée germinale** qui ont la capacité de se multiplier, ce sont des cellules souches.

→ ***Ovogonie, Spermatogonie.***

GONOCOCCIE *n. f.*
Méd. - Toute infection due au **gonocoque**.

GONOCOQUE *n. m.*
Méd. - Bactérie responsable de la **blennorragie**. Le Gonocoque est une Bactérie qui vit associée par deux. Les **granulocytes** neutrophiles présents sur les lieux de l'infection contiennent de nombreux Gonocoques qu'ils ont phagocytés. Ils sont à l'origine du pus libéré.

GONORRHÉE *n. f.*
Méd. - syn. ***Blennorragie.***

GONOSOME *n. m.*
Génét. - syn. ***Hétérochromosome.***

GORILLINÉS *n. m.*
Zool. - Sous-famille de la famille des **Hominidés** qui contient le Gorille différencié en trois sous-espèces. On ne connaît aucun fossile de Gorilles.

GPS *n. m.*
Phys. - Sigle anglais de *Global Positioning System*. Système de repérage par satellites de coordonnées terrestres. Le système est constitué par 24 satellites militaires américains répartis de telle manière qu'en n'importe quel endroit de la surface terrestre, à chaque instant, au moins 4 d'entre eux soient visibles.

GRABEN *n. m.*
Tecto. - Bloc effondré bordé par des failles normales (syn. Fossé d'effondrement).

→ ***Horst, Rift.***

GRADE *n. m.*
Évol. - État de l'organisation (morphologique, anatomique, physiologique…) atteint par différentes espèces à une période de l'histoire géologique. Le grade correspond à l'ensemble des espèces qui ont atteint cet état. Les **Reptiles**, groupe **paraphylétique**, constituent un grade évolutif et non pas un clade car leurs membres ne dérivent pas d'un seul **ancêtre commun**.

GRADIENT *n. m.*
Éner. - Variation d'une valeur (concentration par exemple) en fonction de la distance.

GRADIENT ADIABATIQUE
Géophys. - Faible variation de la température des péridotites lors de leur remontée dans les courants de convection. Le gradient adiabatique est provoqué par la diminution de pression et ne vaut que 0,3-0,5 °C par kilomètre. Ainsi, au cours de leur ascension, due à leur plus faible densité, car chaudes et dilatées, les péridotites de la base du manteau inférieur ne perdraient qu'environ 900° C avant d'atteindre la base de la lithosphère.

GRADIENT GÉOTHERMIQUE
Géophys. - Variation plus ou moins régulière de la température en fonction de la profondeur. Dans des régions continentales anciennes, il est d'environ 30° C pour 1 000 m jusqu'à 15 km de profondeur (croûte supérieure plus radioactive) et de 20° C pour 1 000 m dans la croûte inférieure. En revanche, il est plus élevé dans les régions volcaniques et sous les rifts (fossé Rhénan).

→ ***Anomalie, Énergie interne du globe, Géotherme.***

GRADUALISME *n. m.*
Évol. - Théorie de l'**Évolution** qui postule que les changements évolutifs observés à l'échelle des temps géologiques sont dus à des modifications imperceptibles, plus ou moins rapides, mais qui ne diffèrent pas qualitativement des modalités de l'évolution intra-spécifique.

→ ***Darwinisme.***

GRAIN D'ALEURONE
Biochim., Cyto. - Amas de substances azotées formés par la fragmentation de vacuoles. Les grains d'aleurone constituent les réserves en azote de la graine.

GRAIN D'AMIDON
Biochim., Cyto. - Amas plus ou moins réguliers d'**amidon** situé dans les **plastes**. Les stries observées à leur surface correspondent à des dépôts successifs qui se différencient par leur état respectif d'hydratation. Les grains d'amidon sont nombreux dans les tubercules, les racines, les graines et certains fruits non mûrs. Ils sont colorés en bleu violacé par l'eau iodée.

→ ***Féculent.***

GRAIN DE SÉCRÉTION

Biol. cell. - Grande vésicule provenant de la fusion de vésicules de petite taille issues de l'**appareil de Golgi** et contenant des molécules qui doivent être excrétées par la cellule.

→ ***Exocytose.***

GRAIN DE ZYMOGÈNE

Biol. cell. - Vésicule d'exocytose sécrétée par des cellules exocrines (pancréas exocrine par exemple) et contenant des enzymes qui ne sont pas encore actives (**zymogène**).

GRAINE *n. f.*

Bot. - Chez les **Spermatophytes**, résultat de l'évolution d'un **ovule** fécondé. La graine contient un embryon et différentes structures associées. Elle est en général très pauvre en eau. L'ovule des Spermaphytes n'est pas équivalent à celui des Animaux. Chez les **Angiospermes**, la graine est contenue dans un **fruit** provenant de la fermeture d'un ou plusieurs carpelles, en une cavité, l'ovaire ; chez les **Gymnospermes**, elle est nue et directement visible sur l'écaille du cône.

Géophys. - Partie centrale du globe terrestre comprise entre 5 100 km et le centre de la Terre, soit 6 378 km de profondeur. La graine solide (densité 12 à 12,5) est séparée de la base du **noyau externe** liquide par la discontinuité de Lehman. Cc sont l'étudc dc la vitcssc dc propagation des ondes, la connaissance de la densité de la Terre et la composition chimique des météorites métalliques qui permettent de supposer que la graine est constituée essentiellement de fer et de nickel. On admet que la graine croît par cristallisation progressive du noyau externe liquide ($100\ m^3 \cdot s^{-1}$), ce qui libère l'énergie latente de cristallisation soit 10^{12} TW. La température au centre serait de 5 000 à 6 000 K.

→ ***Énergie interne du globe, Structure du Globe.***

GRAINS DE POLLEN

Bot.

→ ***Pollen, Pollinisation.***

GRAISSE *n. f.*

Physiol. ani. - Lipide du type **triglycéride** qui est solide à température ambiante. Les graisses sont stockées dans les adipocytes.

GRAMINÉES *n. f.*

Bot. - Famille de **Monocotylédones** dont la tige creuse ou chaume est cylindrique, dont les fleurs sont peu apparentes et groupées en épillets. La graine est très riche en **amidon** dont on tire la farine. Les Graminées regroupent les Céréales mais aussi les Bambous et la plupart des herbes des prairies et des savanes. (syn. Poacées.)

GRANA *n. m.*

Biol. cell. - Pluriel de granum.

GRANITE *n. m.*

Pétrol. - Roche magmatique plutonique (**holocristalline**) à structure **grenue**, de teinte claire mais présentant toute une gamme de couleurs du blanc au gris en passant par le rose et le rouge. Pour un **magma** de même composition chimique qu'un granite et qui ne cristallise pas entièrement, on obtient comme roche volcanique équivalente une **rhyolite**. Le quartz, les feldspaths alcalins (orthose, microcline) et les plagioclases sont les minéraux essentiels et constituent 80 % du volume d'un granite. Les minéraux secondaires sont très diversifiés (micas, amphiboles...). Les granites constituent l'essentiel de la croûte continentale, ils apparaissent essentiellement dans les chaînes de montagnes et sont liés à leur formation, mais aussi comme des massifs intrusifs (**pluton**) responsables d'un **métamorphisme de contact**. Quand les granites sont en surface, ils se fracturent progressivement, le massif se transforme en chaos granitique. Les fractures et microfractures augmentent la surface d'attaque par l'eau chargée de dioxyde de carbone (acide carbonique), responsable de la transformation des feldspaths et des micas en argiles facilement lessivées. Le granite perd alors sa cohésion, il devient friable, on dit aussi qu'il est « pourri », il se forme alors une **arène granitique**.

→ ***Chaos granitique, Croûte terrestre, Granite altéré, pourri, sain, Granitoïde .***

GRANITE ALTÉRÉ

Pétrol. - Granite qui a été découpé à toutes les échelles par des fractures et des microfractures ayant favorisé l'attaque des feldspaths par les eaux acides et donc l'altération de la roche.

GRANITE POURRI

Pétrol. - Granite ayant perdu à la suite de l'altération et du départ des feldspaths, une partie de sa cohésion. Les différents cristaux constituant la roche ne sont plus liés et la roche s'effrite facilement.

GRANITE SAIN

Pétrol. - Granite non encore altéré.

GRANITOÏDE *n. m.* ou *adj.*

Pétrol. - Catégorie de roche comprenant tous les **granites**, les granites alcalins et les tonalites, c'est-à-dire toutes les roches grenues contenant entre 20 et 60 % de quartz parmi leurs minéraux clairs. On distingue les granitoïdes modernes de ceux de l'**Archéen** qui sont plus sodiques.

→ ***Granodiorite.***

GRANOCLASSEMENT *n. m.*

Pétrol. - Classement des grains suivant leur taille décroissante de bas en haut dans un **sédiment** détritique.

→ ***Granulométrie.***

GRANODIORITE *n. f.*

Pétrol. - Roche magmatique claire, grenue, de même nature chimique et minéralogique que l'**andésite**, contenant parfois plus de 20 % de quartz, des plagioclases, de l'orthose, de la biotite ou des amphiboles. Les granodiorites se trouvent typiquement à la base (substratum) des arcs magmatiques issus des zones anciennes de subduction. Comme les continents se sont formés par extraction d'éléments alcalins (K^+) du manteau, la croûte continentale possède plus une composition moyenne de granodiorite que de granite.

GRANULAIRE *adj.*

Pédol.

→ ***Structure d'un sol.***

GRANULES CORTICAUX

Cyto. - Vésicules sphériques sécrétées par l'appareil de Golgi de l'ovocyte et qui se situent sous sa membrane plasmique. Quand la membrane du spermatozoïde fusionne avec la membrane de l'ovo-cyte II (fécondation), il y a alors exocytose, dans l'**espace périovulaire**, des enzymes contenues dans ces vésicules, c'est la réaction corticale qui donne naissance à une **membrane de fécondation** empêchant la **polyspermie**.

→ ***Membrane vitelline.***

GRANULITE *n. f.*

Pétrol., Tecto. - Roche métamorphique basique apparaissant dans un contexte de haute température (> 750° C et souvent de haute pression) et contenant principalement du quartz et des feldspaths (orthose, plagioclase). Le faciès des granulites correspond à des minéraux qui se sont formés à haute température.

GRANULOCYTE *n. m.*

Immuno. - Leucocyte dérivé de la lignée **myéloïde** (moelle osseuse). En raison de leur noyau plurilobé, les granulocytes sont appelés aussi polynucléaires. Avant de devenir fonctionnels, ils passent par cinq stades de différenciation : myéloblaste, promyélocyte, myélocyte, métamyélocyte, granulocyte. En fonction des propriétés tinctoriales (fixation spécifiques de certains colorants) des granulations cytoplasmiques, on distingue trois catégories : les granulocytes **éosinophiles**, **basophiles** et **neutrophiles**. Les granulocytes neutrophiles sont les plus nombreux et les plus importants. Ils sont attirés par des substances chimiques produites par des Micro-organismes et les phagocytent ainsi que les substances étrangères. Les neutrophiles traversent la paroi des capillaires. Ils dégénèrent souvent après la phagocytose et constituent le pus. Les éosinophiles ont les mêmes fonctions que les neutrophiles mais interviennent surtout dans les réactions allergiques. Les basophiles sont moins connus (syn. Polynucléaire).

GRANULOMÉTRIE *n. f.*

Pétrol. - Répartition selon leur taille des éléments d'une roche ou d'un sédiment détritique. On définit des classes granulométriques délimitées par un diamètre minimal et un diamètre maximal. L'étude granulométrique d'une roche se fait soit à partir d'une roche meuble, soit après la désagrégation, par une attaque acide, d'une roche consolidée. Pratiquement, on utilise des tamis à maillage défini pour trier les différents composants en fonction de leur taille. La connaissance de la granulométrie d'une roche détritique permet de préciser son mode de formation. Il existe plusieurs échelles granulométriques dont les limites de taille ne sont pas les mêmes suivant les auteurs. Actuellement, on utilise une classification basée sur trois classes de taille : les ***lutites*** comprennent les grains de diamètre inférieur à 1/16 mm (colloïdes, argiles, limons), les ***arénites*** dont les grains ont un diamètre compris entre 1/16 mm et 2 mm (sablons, sables) et les ***rudites*** dont le diamètre est supérieur à 2 mm (granules, gravillons, cailloux, galets, blocs).

GRANULOSA *n. f.*

Histo. - Ensemble des cellules folliculaires qui entourent l'ovocyte II. Les cellules de la granulosa sont sensibles à la **folliculostimuline** et produisent de l'**œstradiol** pendant la **phase folliculaire** puis de la progestérone pendant la **phase lutéale**.

→ ***Corps jaune, Follicule de De Graaf, Œstradiol, Progestérone.***

GRANUM *n. m.*

Biol. cell. - Empilement de plusieurs **thylacoïdes** dans le stroma d'un chloroplaste.

GRANZYME *n. f.*

Immuno. - Enzymes (sérine-estérases) contenues dans les granules des lymphocytes cytotoxiques et qui sont responsables d'une partie de la **cytotoxicité** de ces lymphocytes.

GRAVIER *n. m.*

Pétrol. - Élément constitutif d'une **roche détritique** dont le diamètre est compris, suivant les classifications, de 1 ou 2 mm à 15 ou 30 mm.

→ ***Granulométrie.***

GRAVILLON *n. m.*

Pétrol. - Élément constitutif d'une **roche détritique** dont le diamètre est compris, suivant les classifications, de 1 ou 2 mm à 10 ou 20 mm.

→ ***Granulométrie.***

GRAVIMÉTRIE *n. f.*

Géol. - Étude des différentes valeurs de la **pesanteur terrestre**. Les variations de la pesanteur terrestre, ou anomalies gravimétriques dans un lieu donné sont un moyen d'approcher les caractéristiques du sous-sol (épaisseur de la racine d'une chaîne de montagnes, déficit ou excès de masse...).

→ ***Géodésie, Géoïde.***

GREFFE *n. f.*

Immuno., Méd. - Intégration d'un tissu ou d'un organe dans un (autre) individu. Dans le cas d'une **autogreffe**, le donneur et le receveur sont le même individu. Une transfusion sanguine est une greffe d'un tissu liquide.

→ ***Allogreffe, Greffon, Hétérogreffe, Isogreffe.***

GREFFON *n. m.*
Immuno., Méd. - Tissu ou organe transféré sur un (autre) individu qui est le receveur.

GRENAT *n. m.*
Minér. - Silicate d'aluminium et/ou de calcium, les grenats sont des minéraux souvent de couleur rouge sombre. Ils se forment au cours du **métamorphisme** dans des roches riches en silice (micaschistes, gneiss…). Les grenats sont assez facilement altérés, ils donnent naissance à de la **serpentine**, du talc…

GRENUE *adj.*
Pétrol.

→ ***Roche grenue.***

GRÈS *n. m.*
Pétrol. - **Roche détritique** formée de plus de 85 % de grains de quartz plus ou moins arrondis, de taille comprise entre 1/16 de mm et 2 mm, assemblés par un ciment siliceux, calcaire ou à base de calcaire. En raison, de l'altération très lente du quartz, les grès sont parmi les roches sédimentaires les plus communes, elles sont blanchâtres à gris clair, parfois teintées en vert ou en rouge.

GRILLE PÉTROGÉNÉTIQUE
Pétrol. - Diagramme qui relie soit le domaine de stabilité de minéraux du métamorphisme soit un assemblage de minéraux typiques de certaines conditions du métamorphisme (pression-température). Le domaine de stabilité des minéraux ou des assemblages de minéraux est déterminé expérimentalement. Chaque minéral ou association de minéraux est positionné dans un diagramme pression-température. Les limites de stabilité marquent les frontières où sont indiquées les réactions de transformation des minéraux ou des assemblages d'un domaine à l'autre. L'ensemble produit une grille pétrogénétique pour une roche ou une famille de roches donnée. Les régions du diagramme de recouvrement des domaines de stabilité des minéraux définissent les conditions de pression et de température de l'équilibre, c'est-à-dire celle du métamorphisme qui leur a donné naissance.

→ ***Diagramme P, T, t.***

GRM
Immuno. - Sigle de Globules Rouges de Mouton. Cellules souvent utilisées dans les expériences d'immunologie.

GROS INTESTIN
Anat. - Partie terminale de l'intestin. Le gros intestin ne produit pas d'enzymes et inactive celles qui arrivent avec le **chyle**. Le contenu entrant dans le gros intestin est pratiquement dépourvu de **nutriments**, mais contient des **fibres végétales**, de l'eau et des ions inorganiques. Le côlon réabsorbe l'eau et les ions et produit les fèces qui sont éliminées périodiquement. Il contient la flore intestinale constituée essentiellement de la Bactérie *Escherichia coli* qui utilise des éléments non digérés pour produire des acides gras volatils, des acides aminés, des vitamines B et K ; ces substances sont ensuite absorbées par la paroi.

GROSSE PLANÈTE
Astron. - Planète dont les diamètres sont plus grands que ceux de la Terre, ce sont les quatre géantes gazeuses (Jupiter, Saturne, Uranus, Neptune).

GROSSESSE À RISQUES
Méd. - Situation dans laquelle un couple qui, compte tenu des antécédents familiaux, de l'âge de la mère, ou de son état de santé, possède une probabilité supérieure à la normale, soit de mettre au monde un enfant ayant une **maladie génétique**, soit de mettre en danger la vie de la mère et/ou de l'enfant à naître.

→ ***Risque génétique.***

GROUPE DE LIAISON

Génét. - Ensemble des loci physiquement liés, un groupe de liaison correspond à un **chromosome**.

→ ***Gènes indépendants, liés, Liaison.***

GROUPE EXTERNE, EXTÉRIEUR

Évol. - syn. ***Extragroupe.***

GROUPE SANGUIN

Immuno. - Phénotype d'individus humains correspondant à la présence de différents types de glycoprotéines à la surface des hématies. On distingue une vingtaine de groupes sanguins principaux : le système ABO, le **facteur rhésus**, le système MN (n'intervenant pas dans les transfusions, mais très utile pour les études de génétique des populations), les systèmes Duffy, Kell… Dans le système ABO, il y a trois allèles (A, B et un **allèle nul** « O ») correspondant à un gène conduisant à quatre phénotypes (A, B, AB, O). La mise en place des marqueurs A et B dépend aussi de l'existence d'un autre gène dont un des allèles, noté h, n'est pas fonctionnel. Ainsi, la transmission du groupe sanguin ABO correspond à un **dihybridisme** et non pas un monohybridisme comme on l'a longtemps cru.

GROUPE TISSULAIRE

Immuno. - Désigne les antigènes du système **HLA**.

GROUPES-FRÈRES *n. m.*

Évol. - Groupes monophylétiques qui possèdent en commun une espèce ancestrale (ancêtre commun exclusif) qui leur est propre. Chaque groupe-frère forme avec l'espèce ancestrale un groupe monophylétique ou clade.

GRUMELEUSE *adj.*

Pédol.

→ ***Structure d'un sol.***

GUANINE *n. f.*

Biochim. - Base azotée de la famille des bases puriques. La guanine se lie par trois **liaisons hydrogène** avec la **cytosine**.

GUANOSINE *n. f.*

Biochim. - **Nucléoside** ayant pour base azotée la **guanine**.

GÜNZ

Glaciol. - Première **glaciation** du Quaternaire repérée dans les régions alpines, la glaciation de Günz s'est déroulée de 1,2 Ma à 700 000 ans. Elle est séparée de la glaciation suivante par l'interglaciaire Günz-Mindel qui a duré environ 50 000 ans.

GUTENBERG

Géophys.

→ ***Discontinuité de Gutenberg.***

GUTHRIE

Génét., Méd.

→ ***Test de Guthrie.***

GYMNOSPERMES *n. m. pl.*

Bot. - Groupe de **Spermatophytes** généralement de grande taille dont les représentants (**Conifères**…) sont caractérisés par la possession d'**ovules** simplement fixés à la surface de feuilles modifiées (écailles) dont l'ensemble constitue le cône (pomme de pin ou pigne). Les grains de pollen se forment directement à la surface de petites feuilles modifiées (écailles). Après la fécondation, la **graine** se forme directement à la surface de ces feuilles et n'est pas protégée, comme chez les **Angiospermes**, par un **fruit**.

GYNÉCÉE *n. m.*

Bot. - syn. ***Pistil.***

GYPSE *n. m.*

Pétrol. - Sulfate de calcium hydraté ($CaSO_4$, 2 H_2O), le gypse est une **évaporite** incolore ou de couleur blanchâtre, jaunâtre, voire rougeâtre. Il existe sous plusieurs formes (gypse pied d'alouette, fer de lance, albâtre, rose des sables). Déshydraté, le gypse fournit le plâtre.

GYRE *n. m.*

Océan. - Mouvement circulaire ou en spirale de l'eau dans un système de courant. Il existe un gyre principal dans chaque bassin océanique situé à environ 30° de l'équateur et déplacé vers la bordure ouest. Les gyres océaniques sont provoqués par la circulation atmosphérique et tournent dans le sens des aiguilles d'une montre dans l'hémisphère Nord et dans le sens inverse dans l'hémisphère Sud en raison de la force de Coriolis.

→ ***Courant de surface.***

H

H-2

Immuno. - Nom du **Complexe majeur d'histocompatibilité** chez la Souris.

HABITAT *n. m.*

Écol. - Lieu de vie d'une espèce associé à son **environnement** immédiat défini par des facteurs **abiotiques** et **biotiques**.

→ ***Biotope, Milieu.***

HAGEN

Phys.

→ ***Loi de Hagen-Poiseuille.***

HALLUCINATION *n.f.*

Neurobiol. - **Perception** imaginaire apparaissant en l'absence de toute stimulation extérieure. Les hallucinations sont provoquées par des substances dites **hallucinogènes** comme celles contenues dans le **cannabis** (marijuana, haschisch) ou le LSD.

HALLUCINOGÈNE *n. m.* ou *adj.*

Neurobiol. - Substance à l'origine de **sensations** visuelles, auditives, tactiles, olfactives, gustatives (**hallucinations**) qui ne sont pas provoquées par des objets réels.

HALOCLINE *n. m.*

Océan. - Couche d'eau où il existe une variation importante de la salinité. L'halocline est développé près des côtes où les apports d'eau douce sont importants, produisant des eaux de surface à plus faible salinité.

HAPLOÏDE *adj.*

Biol. - Se dit d'un organisme ou d'une **cellule eucaryote** qui ne possède qu'un seul lot de **chromosomes homologues**. Les **gamètes**, les Champignons comme les Levures ou les *Neurospora* sont des organismes haploïdes.

→ ***Diploïde, Haplophase.***

HAPLONTE *n. m.*

Biol. - Être vivant qui passe la plus grande partie de son cycle à l'état **haploïde** comme *Neurospora*, *Sordaria* ou les Bryophytes. (Cycle haplophasique).

HAPLOPHASE *n.f.*

Biol. - Stade de la vie d'un organisme où les noyaux des cellules sont à n chromosomes.

→ ***Cycle haplophasique.***

HAPLOTYPE *n. m.*

Immuno. - Les différents allèles portés par un des chromosomes d'une paire ; s'emploie pour les loci complexes formés de plusieurs gènes fortement liés comme ceux du **complexe majeur d'histocompatibilité**. Les haplotypes du CMH sont transmis en bloc par les parents parce qu'il n'y a pas de *crossing-over* (moins de 1 %) entre ces loci.

HARDY-WEINBERG

Génét.

→ ***Équilibre de Hardy-Weinberg, Loi de Hardy-Weinberg.***

HARZBURGITE *n.f.*

Pétrol. - **Péridotite** dont les minéraux principaux sont de l'olivine (Mg, Fe)SiO_4, des orthopyroxènes (Mg, Fe) SiO_3 et des spinelles. Les harzburgites se rencontrent dans certaines ophiolites et sous les dorsales océaniques rapides. Elles se forment au cours d'un processus de fusion partielle adiabatique à partir de péridotites de l'asthénosphère (lherzolites) qualifiées alors de fertiles.

HAWAIIEN *adj.*

Volcano.

→ ***Volcan, Volcanisme effusif.***

HCG

Endocrino. - Sigle anglais de *Human Chorionic Gonadotrophin.*

→ ***Gonadotrophine chorionique humaine.***

HÉLICE α *n.f.*

Biochim. - Structure (II) secondaire hélicoïdale que prend une chaîne polypeptidique dans l'espace. L'hélice possède 3,6 acides aminés par tour sur une distance de 5,4 nm. Cette structure secondaire est stabilisée par des liaisons hydrogène parallèles à l'axe de l'hélice qui s'établissent entre l'oxygène du groupement carbonyl de la liaison peptidique et l'hydrogène du groupement amide d'une liaison peptidique située quatre acides aminés plus loin. Le nombre moyen d'acides aminés par hélice est de 10 (5-40), soit trois tours pour une longueur de 1,5 nm.

HÉLIOSYNCHRONE *adj.*

Astron. - Se dit d'un satellite qui tourne avec le Soleil et se trouve toujours au-dessus d'une région éclairée.

HÉMAGGLUTINATION *n.f.*

Immuno. - **Agglutination** des globules rouges sous l'action d'une agglutinine (anticorps), c'est une réaction antigène-anticorps.

→ ***Agglutinogène.***

HÉMATIE *n.f.*

Physiol. - Cellule sanguine, dépourvue de noyau, formée dans la **moelle osseuse** et spécialisée dans le transport du dioxygène des surfaces respiratoires aux différentes cellules de l'organisme.

→ ***Globule rouge, Hémoglobine.***

HÉMATOCRITE *n. m.*

Méd., Physiol. ani. - Rapport du volume des érythrocytes du sang à celui du sang total.

HÉMATOPOÏÈSE *n.f.*

Immuno., Physiol. - Formation du sang et plus particulièrement des cellules sanguines. L'hématopoïèse se déroule dans la **moelle osseuse**.

→ ***Cellules souches lymphoïdes, Cellules souches myéloïdes.***

HÉMATOSE *n.f.*

Physiol. ani. - Échange gazeux à travers les surfaces respiratoires au cours duquel le sang s'enrichit en dioxygène et libère son dioxyde de carbone.

HÉMATOZOAIRE DU PALUDISME

Zool. - Protozoaire du genre *Plasmodium* agent du **paludisme**. Il existe plusieurs espèces de *Plasmodium* responsables de différentes formes de paludisme qui se différencient, entre autres, par la durée séparant les poussées de fièvre. La **malaria** est une forme de paludisme.

HÉMICELLULOSES *n.f. pl.*

Bot. - **Polyholosides** plus ou moins ramifiés ne dépassant pas 200 unités et formés par des oses variés (xylose, fucose, arabinose, glucose, mannose, acide glucuronique, galactose). En dépit de leur nom, les hémicelluloses n'ont aucune parenté avec la cellulose, elles se localisent dans les **parois** primaire et secondaire des végétaux où le réseau tridimensionnel qu'elles forment assure une résistance à la compression. Dans la paroi primaire, les hémicelluloses sont responsables de la cohésion entre la cellulose et d'autres molécules ramifiées de la paroi ; dans la paroi secondaire, elles sont constituées par des molécules peu ramifiées. À l'inverse de la cellulose, les hémicelluloses sont facilement dégradées et servent à l'occasion de réserves.

HÉMICRISTALLIN *adj.*

Pétrol. - Qualifie une roche dont seule une partie du volume est sous forme de cristaux.

→ ***Cristal, Holocristallin, Roche magmatique, Verre.***

HÉMIPERMÉABLE *adj.*

Physiol. - Caractérise une membrane qui laisse passer uniquement l'eau, mais pas les substances dissoutes (syn. Semi-perméable).

→ ***Osmose, Perméable.***

HÉMIPLÉGIE *n.f.*

Neurobiol. - Paralysie des membres d'un même côté du corps.

→ ***Tétraplégie.***

HÉMISPHÈRES CÉRÉBRAUX

Neurobiol. - Partie la plus développée de l'encéphale chez les Mammifères. L'extérieur ou cortex cérébral est formé par la substance grise constituée de six couches de neurones, siège de toutes les activités élaborées du comportement humain. Dans la substance blanche sous corticale se situent les noyaux gris de la base.

→ ***Aires de Brodman, Circonvolution cérébrale.***

HÉMOGLOBINE *n.f.*

Biochim. - Protéine formée par quatre **chaînes polypeptidiques** deux à deux identiques ($\alpha_2\beta_2$ chez l'adulte, $\alpha_2\gamma_2$ chez le fœtus) et possédant chacune un groupement non protéine appelé hème contenant du fer. L'hémoglobine fixe 1, 2, 3 ou 4 molécules de dioxygène. Elle est contenue en général dans les **globules rouges**. Il existe de nombreuses maladies héréditaires touchant l'hémoglobine : **drépanocytose, hémophilie, thalassémie**.

→ ***Désoxyhémoglobine, Duplication génique, Famille de gènes, Oxyhémoglobine.***

HÉMOGLOBINOPATHIE *n.f.*

Méd. - **Maladie génétique** due à une anomalie dans la structure de l'hémoglobine (**drépanocytose**, **thalassémie**).

HÉMOLYSE *n.f.*

Immuno. - Destruction des **globules rouges** à la suite d'une entrée d'eau provoquant un choc osmotique qui détruit la membrane plasmique et fait éclater la cellule.

HÉMOPHILIE *n.f.*

Biochim., Génét., Méd. - Maladie provoquée par un trouble de la coagulation du sang dû à un **allèle récessif** porté par le chromosome X. On distingue une hémophilie A et une hémophilie B. L'hémophilie est due à l'absence des facteurs antihémophiliques A (facteur VIII) ou B (facteur IX). Dans certaines formes de la maladie, ces **facteurs de coagulation** sont présents mais non fonctionnels.

HÉPATOCYTE *n. m.*

Biol. cell. - Cellule du foie.

HERBICIDE *n. m.*

Agric. - Pesticide destiné à lutter contre les plantes **adventices**.

HERCYNIEN *adj.*

Tecto. - Qui se rapporte aux phénomènes tectoniques ayant conduit à la formation de la chaîne de montagnes d'Europe entre la base du Dévonien et le Permien supérieur (420-300 Ma). La chaîne hercynienne prend naissance en Ibérie et se poursuit jusque sous les Carpates sur 3 000 km de long et 700 de large. La convergence des plaques qui l'a formée a conduit à la Pangée permienne. En France, le massif Armoricain, le massif Central, les Vosges et les Ardennes sont les vestiges de cette chaîne (syn. Varisque).

→ ***Échelle stratigraphique.***

HÉRÉDITAIRE *adj.*

Génét. - Capacité d'un descendant à développer un caractère de déterminisme génétique présent chez un ascendant.

→ ***Hérédité.***

HÉRÉDITÉ *n.f.*

Génét. - Science qui étudie les modalités de la transmission des caractères sous contrôle génétique entre parents et descendants. **1.** La théorie de l'hérédité par mélange, aujourd'hui abandonnée, suppose que le phénotype d'un individu provienne du mélange dans certaines proportions des influences parentales. **2.** La théorie de l'hérédité particulaire suppose que l'information génétique soit transmise à la descendance sous forme d'unités discrètes, les particules, de telle sorte que le phénotype ne soit pas, pour chaque caractère, un mélange des traits des deux parents.

→ ***Allèle dominant, Allèle récessif.***

HÉRÉDITÉ CYTOPLASMIQUE

Génét. - Transmission à la descendance de **gènes** contenus dans les organites (mitochondries, chloroplastes). Cette transmission ne suit pas les lois de Mendel. Chez les Animaux, c'est la femelle qui fournit les mitochondries qui sont contenues dans l'ovocyte. Toutes les mitochondries d'un individu proviennent donc de la division des mitochondries maternelles. (NB : des observations récentes montrent qu'il y a des exceptions et que le spermatozoïde apporte parfois quelques mitochondries).

→ ***ADN chloroplastique, ADN mitochondrial.***

HERING

Neurobiol.

→ ***Nerf de Hering.***

HÉRITABILITÉ *n.f.*

Génét. - Importance relative du **génotype** dans l'expression d'un caractère phénotypique dans une population. L'héritabilité d'un caractère est la portion de sa variation phénotypique qui est due au génotype. Elle se mesure par un chiffre compris entre 0 et 1. Une héritabilité de 1 indique que le caractère considéré est toujours le même quel que soit le milieu où se trouve l'espèce.

HERMAPHRODISME *n. m.*

Biol. - État d'un individu qui possède des gonades différenciées en une partie ovarienne et une partie testiculaire. L'hermaphrodisme vrai peut être une constance de l'espèce (Escargot, Ténia), il peut être successif, l'individu est d'abord femelle puis mâle ou l'inverse. Il peut être rencontré aussi dans une espèce normalement **bisexuée.**

→ ***Pseudohermaphrodisme.***

HERSAGE *n. m.*

Agric. - Technique agricole consistant à passer dans un champ un appareil constitué par des lames qui entrent dans le sol pour briser les mottes de terre une fois que le terrain a été labouré. L'hersage est aussi utilisé pour enfouir dans le sol des **graines** et les mettre hors de portée du froid ou des **ravageurs**.

HÉTÉROCHROMATINE *n.f.*

Génét.

→ ***Chromatine.***

HÉTÉROCHROMOSOMES *n. m.*

Génét. - **Chromosomes** appartenant à une paire responsable de la détermination du sexe, XX pour la femme XY pour l'homme. Les hétérochromosomes ne sont que partiellement **homologues**. Actuellement, 36 gènes sont connus sur le ***chromosome Y*** parmi lesquels : TDF = *Testis Determining Factor*, qui code pour la protéine ***SRY*** (*Sex Determining Région Y*) présent dans le bras court de Y... La parti

Hétérochromosomes humains

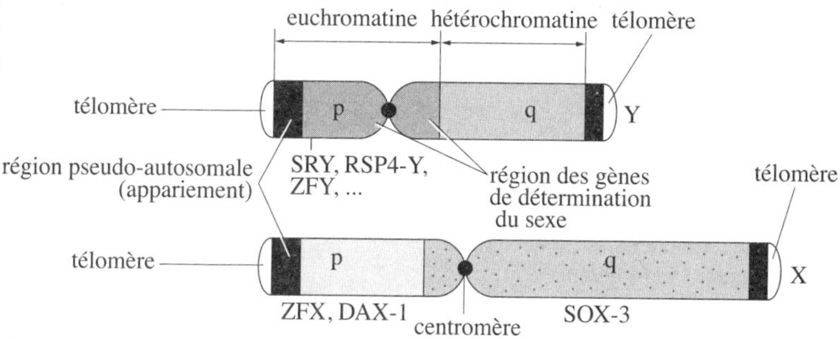

spécifique au ***chromosome X*** porte de nombreux gènes (350 ?) dont les **allèles** mutés sont responsables des maladies héréditaires liées au sexe (syn. Chromosome sexuel, Gonosome, Hétérosome).

→ ***Corpuscule de Barr, Hétérogamétique, Homogamétique.***

HÉTÉROCHRONIE *n.f.*

Embryo., Évol. - Décalages temporels dans l'apparition d'une structure et/ou dans sa vitesse de développement provoquant ainsi des différences de forme et de proportion des organes. L'apparition du genre ***Homo**** est maintenant « expliquée » en faisant référence à des mutations touchant les **gènes de développement**.

→ ***Loi biogénétique fondamentale.***

HÉTÉRODUPLEX *n. m.*

Biochim. - **Acide nucléique** bicaténaire formé par deux **brins** d'origine différente, dont toutes les bases ne sont pas appariées alors que dans un **homoduplex**, elles le sont.

→ ***Hybridation moléculaire.***

HÉTÉROGAMÉTIQUE *adj.*

Génét. - Se dit du sexe qui forme deux catégories de **gamètes** qui diffèrent par la possession soit du chromosome X, soit du chromosome Y. Chez l'Homme ainsi que tous les autres Mammifères et la Drosophile, le mâle est de sexe hétérogamétique, chez les Oiseaux, c'est la situation inverse qui s'observe.

→ ***Hétérochromosome, Homogamétique.***

HÉTÉROGREFFE *n.f.*

Immuno. - Greffe entre deux individus appartenant à des espèces différentes (syn. Xénogreffe).

HÉTÉROLOGUE *adj.*

Génét. - Désigne deux **chromosomes** qui n'appartiennent pas à la même paire.

→ ***Chromosome homologue.***

HÉTÉROSIS *n. m.*

Génét. - syn. ***Viguour hybride.***

HÉTÉROSOME *n. m.*

Génét. - syn. ***Hétérochromosome.***

HÉTÉROTHERME *n. m.* ou *adj.*

Éner. - Animal **endotherme** qui est capable de laisser tomber sa température, mais qui la maintient à un degré au-dessus de la température du milieu extérieur ou de 0 °C, ce qui lui évite de geler en cas de températures négatives.

→ ***Ectotherme, Homéotherme.***

HÉTÉROTROPHE (AU CARBONE) *adj.*

Physiol. - Caractérise un organisme ou une cellule qui a besoin de **matiè-**

re organique préexistante pour élaborer sa propre substance. Les Champignons et les Animaux sont hétérotrophes au carbone, ce sont des consommateurs.

HÉTÉROTROPHIE *n. f.*

Physiol. - Caractéristique d'un **être vivant** qui ne peut élaborer sa propre **matière organique** qu'à partir de matière organique préexistante, c'est donc un consommateur ou un décomposeur (Animaux, Champignons).

→ ***Assimilation, Autotrophie, Hétérotrophe au carbone, Producteurs primaires.***

HÉTÉROXYLÉ *adj.*

Bot. - Se dit d'un **xylème secondaire** où les éléments ligneux sont les **fibres** et les **vaisseaux** et parfois des trachéïdes (Ex. Angiospermes).

HÉTÉROZYGOTE *n. m.* ou *adj.*

Génét. - Individu qui possède sur chaque **chromosome homologue** de la même paire un allèle différent d'un même **gène**.

HISTAMINE *n. f.*

Immuno. - Puissant vasodilatateur des vaisseaux sanguins synthétisé par décarboxylation à partir de l'histidine. L'histamine est produite principalement par les **mastocytes**, mais aussi par les granulocytes basophiles et les plaquettes sanguines. Elle est responsable des manifestations allergiques comme le rhume des foins. C'est aussi un neurotransmetteur du système nerveux central.

→ ***Inflammation.***

HISTOCOMPATIBILITÉ *n. f.*

Immuno. - Degré de similitude des antigènes codés par le complexe majeur d'histocompatibilité entre le donneur et le receveur.

HISTOLOGIE *n. f.*

Histo. - Science qui étudie la structure des tissus et des cellules qui les constituent.

HISTONE *n. f.*

Biochim. - Catégorie de protéines contenues dans le **noyau** sur lesquelles s'enroule la molécule d'**ADN**. Associées par groupes de huit, elles forment le **nucléosome**. Les histones sont des protéines basiques qui se lient facilement à l'ADN par des liaisons ioniques et hydrogène.

HIV

Immuno. - Sigle anglais de *Human Immuno-Deficience Virus*, nom anglais du VIH.

HLA

Immuno. Sigle anglais de *Human Leucocyte Associated Antigen*, nom donné au **complexe majeur d'histocompatibilité** chez l'Homme.

HODOCHRONE *n. f.*

Sismo. - Courbe qui relie le temps de propagation des ondes P, S et L en fonction de la distance épicentrale. Ces hodochrones sont connues par les observations des temps d'arrivée, mais les vitesses de déplacement de ces ondes dans les différents milieux sont inconnues. Le calcul permet d'obtenir la répartition des vitesses en fonction de la profondeur.

→ ***Hodographe.***

HODOGRAPHE *n. m.*

Sismo. - Graphique représentant les temps d'arrivée, en fonction des distances de surface et angulaire séparant les différents points d'enregistrements, des **ondes P**, des **ondes S** et des **ondes L** nées d'un même séisme (**hodochrones**). Les hodographes ont été très utiles pour établir certaines caractéristiques des enveloppes internes de la Terre.

HOLOCÈNE *n. m.* ou *adj.*

Strati.

→ ***Échelle stratigraphique.***

HOLOCRISTALLIN *adj.*

Pétrol. - Qualifie une roche formée uniquement par des cristaux de grande taille.

→ ***Cristal, Hémicristallin, Roche magmatique, Verre.***

HOM

Génét. - Nom donné à l'ensemble des **gènes homéotiques** de la Drosophile comme ceux des complexes ***Antennapedia**** et ***Bithorax**** car chacun d'eux code pour un **facteur de transcription** à **homéodomaine**. Les gènes de ces complexes sont organisés sur le chromosome 3 suivant leur ordre d'expression dans le temps et l'espace. On peut considérer que ces deux complexes sont en gros homologues du seul complexe **Hox** des Vertébrés.

HOMÉOBOÎTE *n. f.*

Biochim., Génét. - Séquence de 180 bases des gènes homéotiques qui code pour un domaine protéique, l'homéodomaine de 60 acides aminés, qui se fixe à l'ADN (syn. Homéobox).

HOMÉODOMAINE *n. m.*

Biochim., Génét. - Séquence de 60 acides aminés des protéines, codée par une **homéoboîte,** se liant à l'ADN. Les **homéodomaines** se rencontrent dans de nombreux facteurs de transcription impliqués dans le développement. Dans les gènes paralogues, les homéodomaines sont bien conservés d'une protéine à l'autre alors que le reste de la séquence est différent.

HOMÉOGÈNE *n. m.*

Génét. - syn. ***Gène homéotique.***

HOMÉOSE *n. f.*

Embryo., Génét. - Transformation de tout un segment d'un Arthropode, ou d'une structure en une structure voisine, provoquée par une mutation homéotique (**gène homéotique**).

HOMÉOSTAT *n. m.*

Physiol. ani. - Ensemble des organes et des mécanismes qui interviennent dans la régulation d'une constante biologique (glycémie, pression artérielle,...). L'homéostat est un système qui maintient l'homéostasie.

HOMÉOSTASIE *n. f.*

Physiol. ani. - Maintien des caractéristiques physico-chimiques du milieu intérieur par le jeu des **rétroactions**.

HOMÉOTHERME *n. m.* ou *adj.*

Éner. - Animal, comme les Oiseaux et les Mammifères, qui maintient sa température constante, au prix d'une grande dépense énergétique, indépendamment des fluctuations de la température extérieure.

→ ***Endotherme, Hétérotherme.***

HOMÉOTIQUE *adj.*

Génét.

→ ***Gène homéotique.***

HOMINIDÉS *n. m. pl.*

Paléont., Zool. - Famille de Primates apparue en Afrique de l'Est il y a environ 10 Ma qui regroupait classiquement les espèces bipèdes comme les espèces du genre *Homo* et les espèces d'*Australopithecus*, et des genres apparentés. Actuellement, cette famille regroupe les sous-familles des **Homininés** et des **Gorillinés**.

HOMINIENS *n. m. pl.*

Paléont. - Suivant les classifications, désigne : la tribu des **Hominines** [1], la superfamille des Hominoïdes [2] et un sous-ordre de Primates [3].

HOMININES *n. m. pl.*

Paléont., Préhist. - Subdivision (tribu) de la sous-famille des Homininés qui regroupe toutes les espèces des genres ***Homo****, ***Australopithecus****, ***Paranthropus****, ***Kenyanthropus****, ***Ardipithecus****, ***Orrorin**** qui se caractérisent : par une **bipédie** permanente [1], une perte de l'opposabilité du gros orteil [2], une arcade dentaire parabolique (en U chez les Chimpanzés) [3], un glissement du trou occipital (*foramen magnum*) sous le crâne [4], une colonne vertébrale en S (une seule courbure chez les Chimpanzés) [5], un bassin élargi et court (étroit et long chez les autres **Hominoïdes**) [6], un prémaxillaire vertical (oblique chez les Chimpanzés) [7].

⟶ ***Panines.***

HOMININÉS *n. m. pl.*

Paléont., Préhist., Zool. - Sous-famille des Hominidés divisée en deux tribus : les **Hominines** (sans accent) et les **Panines**.

HOMINISATION *n. f.*

Évol., Paléont., Préhist. - Pour Teilhard de Chardin : « l'hominisation est l'ensemble des processus évolutifs par lesquels les hommes ont acquis les caractères qui les distinguent des autres **Primates** ». L'hominisation concerne l'acquisition d'une **bipédie** de plus en plus parfaite, d'un encéphale de plus en plus volumineux, de mieux en mieux vascularisé et de plus en plus circonvolutionné, d'un langage articulé, d'activités industrielles et culturelles, ainsi que du sens métaphysique. Aux schémas de l'hominisation quasi linéaires menant de l'ancêtre commun à l'Homme et aux Pongidés, en passant par les Australopithèques, l'*Homo habilis*, l'*Homo erectus*, l'*Homo neanderthalensis* et enfin l'*Homo sapiens*, se substituent des schémas d'**évolution buissonnante** où plusieurs espèces possédant des caractéristiques humaines et non-humaines se côtoient. Compte tenu de l'état très fragmentaire de la plupart des fossiles d'Hominidés du Miocène, il est difficile d'une part d'attribuer des fragments osseux à une espèce voire à un genre et d'autre part de déduire la taille, le poids, la **capacité crânienne**, les capacités locomotrices et psychiques (système social, langage, utilisation d'outils éphémères, ...) de ces espèces. De plus, il est délicat de proposer des relations de parenté entre ces différentes formes. Les relations phylogénétiques proposées sont surtout déduites de l'aire géographique et de la succession chronologique des espèces. Ainsi, dans ce foisonnement d'espèces, et dans cette **évolution en mosaïque**, il est difficile de trouver l'espèce dans laquelle s'enracine le genre ***Homo****.

⟶ ***Australopithèques, Hominidés, Homo, Industrie préhistorique.***

HOMINOÏDES *n. m. pl.*

Paléont., Zool. - Superfamille de Primates apparue il y a quelque 25 Ma en Afrique de l'Est et s'étant diversifiée au Miocène en Europe, de grande taille partageant l'absence de queue, des bras plus longs que les jambes (à l'exception de l'Homme), une fusion de deux os du carpe (scaphoïde et central) et une omoplate dorsale et allongée. Les Hominoïdes contiennent les Gibbons, l'Orang-outan, les Gorilles, les Chimpanzés et l'Homme plus les espèces fossiles des genres *Proconsul* et dérivés (*Ramapithecus, Sivapithecus*), *Orrorin, Kenyanthropus, Ardipithecus, Australopithecus, Paranthropus* et *Homo*. Suivant les auteurs, les Hominoïdes sont divisés en deux familles (**Hylobatoïdés** et **Hominoïdés**) ou plus généralement en trois (Hylobatidés, **Pongidés**, **Hominidés**) (syn. Hominiens).

HOMINOÏDÉS *n. m. pl.*

Paléont., Zool. - Famille de Primates qui regroupe tous les **Hominoïdes** à l'exception des Gibbons qui appartiennent à la famille des Hylobatidés ou **Hylobatoïdés**. Les Hominoïdés sont divisés en **Hominidés** et **Pongidés**.

HOMO *n. m.*

Paléont., Préhist., Zool. - Genre de Primates appartenant à la superfamille des **Hominoïdés**, à la famille des **Hominidés**, à la sous-famille des **Homininés** et à la tribu des **Hominines**

Le genre *Homo* est difficile à définir surtout sur des portions incomplètes de squelette et dans un processus d'**évolution en mosaïque**. Classiquement, il se caractérise par une **bipédie** permanente, une **capacité crânienne** élevée, un larynx susceptible de produire un langage articulé et la réalisation d'outils de plus en plus complexes, accompagnés d'une montée du psychisme. La taille du cerveau avec son corollaire la fabrication d'outils n'est plus un critère qui permet de définir le genre *Homo* (*Paranthropus aethiopicus* et *Australopithecus gahri* fabriquaient des outils de pierre). De la même manière, la bipédie n'est plus un caractère du genre *Homo*, une bipédie stable apparaît vers 6 Ma chez ***Orrorin****. La définition du genre *Homo* revient à trouver le groupe monophylétique auquel il appartient. Pour certains auteurs, le genre *Homo* apparaît avec les espèces de grande taille comme ***H. ergaster**** à dimorphisme sexuel réduit, très bipède, mobile, vivant dans des milieux ouverts. Suivant cette définition ***H. habilis**** et ***H. rudolfensis**** ne seraient plus des *Homo*. En revanche, selon d'autres auteurs, il n'y aurait qu'une seule espèce d'*Homo* commençant avec *H. habilis* et *H. rudolfensis*, suivis des *H. ergaster-H. erectus* et se terminant avec les ***H. sapiens****. Chacune de ces espèces correspondrait à des stades d'une seule et même espèce du genre *Homo*.

—► *Hominisation.*

HOMO ANTECESSOR *n. m.*

Paléont., Préhist. - Espèce d'**Homininés** découverte en Espagne, datée de 780 000. L'attribution de ce fossile à une nouvelle espèce ne fait pas l'unanimité d'autant plus qu'il a été décrit sur une forme juvénile.

HOMO ERECTUS *n. m.*

Paléont., Préhist., Zool. - Espèce d'**Homininés** qui a vécu entre 1 (?) Ma et 300 000 ans en Afrique, Asie et Europe. Comme chez *Homo habilis*, les mâchoires se projettent vers l'avant, les molaires sont puissantes, il n'y a pas de menton, les arcades sourcilières sont épaisses et le crâne bas avec une capacité variant entre 900 et 1 100 cm^3. Les *H. erectus* les plus anciens ont une capacité moyenne de 900 cm^3 alors que chez les plus récents, elle est de 1 100 cm^3. Le squelette est plus robuste que chez les Hommes modernes. **1.** *Homo erectus* a d'abord été vu comme un stade évolutif ayant précédé les *Homo sapiens* archaïques sur l'ensemble de l'Ancien Monde. Les échanges de gènes entre les différentes populations seraient alors responsables de l'homogénéité de cette espèce et des mêmes tendances évolutives conduisant à l'*Homo sapiens*, il y aurait eu alors évolution graduelle régionale. Ainsi, on reconnaît plusieurs sous-espèces d'*Homo erectus* localisées à des grandes régions : *H. erectus erectus* en Indonésie, *H. e. pekinensis* en Chine, *H. e. heidelbergensis* en Europe et *H. e. africanus* en Afrique (*H. ergaster*). **2.** On envisage maintenant que plusieurs espèces d'Homme présentant globalement les caractéristiques d'*Homo erectus* ont cohabité entre 1,9 Ma et 300 000 ans dans différentes régions : ***H. heidelbergensis**** en Europe, ***H. antecessor**** en Espagne, ***H. erectus**** en Asie ; ***H. ergaster**** en Afrique. Les *Homo erectus* au sens large ont une industrie lithique plus complexe que les ***H. habilis**** et vers 500 000 ans, ils ont domestiqué le feu.

HOMO ERGASTER *n. m.*

Paléont., Préhist. Espèce d'**Homininés** ayant vécu en Afrique de l'Est, en Europe méridionale et en Eurasie tempérée entre 1,9 et 1 Ma. Le squelette le plus complet de cette espèce est celui de l'adolescent du Turkana qui vivait dans le nord du Kenya il y a 1,6 Ma. Ce spécimen est un squelette presque complet, à l'exception des pieds et des mains, d'un garçon de 11-12 ou de 9 ans d'une taille de 1,60 m et d'une **capacité crânienne** de 880 cm^3. À l'âge adulte, il aurait atteint 185 cm et une capacité crânienne de 910 cm^3. Cet individu est particulièrement grand, comme les habitants actuels de cette région. À l'exception des caractéristiques crâniennes, le squelette de l'adolescent du Turkana est similaire à celui d'un adolescent actuel. *H. ergaster* montre une discontinuité remarquable par rapport à ces contemporains ***H. habilis**** et ***H. rudolfensis**** et il est difficile d'envisager qu'il provient d'une évolution graduelle des premiers Hommes. Si ce volume cérébral apparaît grand pour cette époque, il faut le ramener à la taille du corps. L'anatomie et la physiologie d'*Homo ergaster* témoigne de son adaptation au milieu ouvert, à un plus grand volume cérébral et à un métabolisme fondé sur une alimentation plus carnée. Un crâne de cette espèce, très similaire à celui du Sinanthrope, trouvé dans la même région et dans la même couche qu'un *Paranthropus boisei* et daté de 1,7 Ma possède une capacité crânienne de 850 cm^3. *Homo ergaster* est le premier Homme à sortir d'Afrique (vers 2 Ma ?), il aurait pu donner naissance aux *Homo erectus* d'Asie et aux ***Homo heidelbergensis**** d'Afrique et d'Europe.

HOMO HABILIS *n.m.*

Paléont., Préhist. - Espèce d'**Homininés** qui a vécu entre 2,4 et 1,5 Ma. *Homo habilis* est encore très proche des Australopithèques. La face est encore primitive et se projette moins en avant que chez *A. africanus*. Les molaires sont plus petites mais plus grandes que chez les Hommes modernes. La **capacité cérébrale** moyenne est de 650 cm^3, mais varie entre 500 et 800 cm^3 et chevauche celle des Australopithèques pour les valeurs inférieures et celles des *Homo erectus* pour les valeurs supérieures. Le cerveau semble plus complexe et posséderait une aire de Broca indispensable à la parole. Il atteignait 1,3 m pour 45 kg. *Homo habilis* possédait encore certains caractères du squelette favorisant le grimper. *Homo habilis* a réalisé des outils. Certains Paléontologues pensent que des fossiles attribués à cette espèce appartiendraient à ***Homo rudolfensis**** voire à d'autres espèces (*Homo ergaster, Australopithecus*, ...). De plus, si l'on redéfinit le genre ***Homo****, l'espèce *habilis* passe dans le genre *Australopithecus*...

HOMO HEIDELBERGENSIS *n.m.*

Paléont., Préhist. - Espèce d'**Homininés** européenne dans laquelle on range les nombreux fossiles dont les crânes présentent un mélange de traits d'*H. erectus* et d'*Homo sapiens*. Le cerveau est plus volumineux (1 200 cm^3) que ceux des *H. erectus*, mais plus petits que ceux de la majorité des *H. s. sapiens*. Le crâne est plus arrondi que chez *H. erectus*. Le squelette et les dents sont moins robustes que chez les *H. erectus*, mais plus que chez *H. s. sapiens*. Les arcades sourcilières sont généralement proéminentes et le front et le menton sont souvent fuyants. *H. heidelbergensis* correspond aux *H. sapiens* archaïques qui vivaient entre 500 000 et 200 000 ans. De nombreux fossiles de cette période sont difficiles à identifier et il n'y a pas de limites nettes entre les *H. erectus* tardifs et les premiers *H sapiens*.

HOMO NEANDERTHALENSIS *n.m.*

Paléont., Préhist. - Espèce d'**Homininés** ayant vécu entre 230 000 (?) et 27 000 (?) ans de l'Europe au Moyen-Orient. L'évolution des Néandertaliens aurait débuté il y a quelque 500-450 000 ans et a été en mosaïque. Ains avec les épisodes froids, la sélection aurait favorisé les individus les plu trapus alors que dans les population périphériques la dérive génétique fixai différents autres caractères pas nécessairement adaptatifs. La **capacité crânienne** moyenne de 1 450 cm^3 (1 500 à 1 750 cm^3) est légèrement supérieure à celle de *H. sapiens*, peut-être en corrélation avec un plus grand volume corporel. La cavité crânienne est plus allongée qu chez *H. sapiens*, avec un épaississemen osseux à l'arrière (chignon). Les mâ choires sont saillantes et le front fuyant comme chez *H. erectus*. Le menton est peu marqué. Il y a quelques différences avec l'Homme moderne au niveau des ceintures pectorale et pelvienne, mais surtout pour ce qui concerne l'oreille interne. Les proportions corporelles des Néandertaliens sont voisines de celles des *H. s. sapiens* vivant dans les régions froides et s'interprètent comme une adaptation aux climats froids. Les os sont épais et lourds et témoignent de l'ancrage de muscles puissants. Ces **caractères dérivés** se mettent très tôt en place au cours de l'ontogenèse. Les hommes mesuraient en moyenne 168 cm et devaient être très forts et très résistants. Les Néandertaliens ont réalisé des outils et des armes diversifiés (principalement le **Moustérien**). Ils étaient principalement carnivores. Ils enterraient leurs morts il y a au moins 100 000 ans et pratiquaient le cannibalisme (rituel ou alimentaire ?) et les derniers Néandertaliens possédaient des parures. Les Néandertaliens s'éteignent face à la compétition exercée par les Hommes de Cro-Magnon (Aurignaciens). Les Néandertaliens d'Europe, appelés Néandertaliens classiques, sont plus robustes que ceux trouvés ailleurs. Les Néandertaliens sont loin d'avoir été des « brutes épaisses », marchant les genoux pliés, comme l'ont imaginé les premiers Paléoanthropologues. Les études génétiques sur de l'ADN fossile et des particularités de l'oreille interne suggèrent que l'Homme de Néandertal est une espèce et non plus une sous-espèce d'*H. sapiens*. Les deux lignées auraient divergé à partir des ***Homo sapiens* archaïques***, il y a quelque 400-500 000 ans (?) au cours d'un processus de **spéciation** allopatrique. Néanmoins certains fossiles suggèrent qu'il y aurait eu des cas d'hybridation.

HOMO RUDOLFENSIS *n. m.*

Paléont., Préhist., Zool. - Espèce d'**Homininés** plus ou moins contemporaine (2,4 à 1,7 Ma) d'***Homo habilis****** qui se distingue par une capacité crânienne importante (775 cm^3), par les os des pommettes, l'articulation mandibulaire et des caractéristiques dentaires. La bipédie est plus affirmée que celle d'*Homo habilis* mais on ne connaît pas ses membres antérieurs. Il atteignait 1,40 m pour 50 kg. L'attribution de certains fossiles à *H. habilis* ou *H. rudolfensis* pose parfois des problèmes. Selon certains auteurs, *H. rudolfensis* est l'ancêtre de *H. habilis*, pour d'autres c'est l'inverse. Certains rangent l'espèce *rudolfensis* dans le genre ***Kenyanthropus**** et l'espèce *habilis* dans le genre *Australopithecus*.

HOMO SAPIENS ARCHAÏQUES *n. m.*

Paléont., Préhist., Zool. - Premiers représentants de l'espèce Homo sapiens qui seraient apparus en Afrique il y a quelque 300-400 000 ans à partir d'une population d'***Homo erectus****, d'***Homo heidelbergensis**** ou d'***Homo ergaster**** récents. Le front est toujours fuyant avec des arcades sourcilières proéminentes (torus), le menton est absent, mais le cerveau est de grande dimension (1 650 cm^3). Certains fossiles de cette période sont difficiles à classer, ils sont soit interprétés comme des *Homo erectus* évolués soit comme des *Homo sapiens* primitifs. Ces *Homo sapiens* archaïques auraient donné naissance d'une part aux *Homo sapiens sapiens* et d'autre part aux *Homo neanderthalensis*. Dans le modèle dit multirégional ou du candélabre, chaque population d'*H. sapiens* archaïque donne naissance aux populations d'Afrique, d'Asie du Proche-Orient qui à leur tour donnent celles d'Europe. Ainsi, la diversité génétique des Hommes actuels daterait de l'époque où *Homo erectus* est sorti d'Afrique. Ce modèle suppose implicitement que la même espèce ait pu apparaître plusieurs fois, dans plusieurs régions, à la suite d'anagenèses indépendantes, ce qui semble peu probable. De son côté, le modèle *out of Africa*, ou de l'Arche de Noé postule que *Homo sapiens sapiens* est apparu en Afrique sub-saharienne (voire au Proche Orient) il y a quelque 150 000 à 100 000 ans. Il aurait alors envahi l'Ancien Monde, remplaçant les populations d'*Homo sapiens* archaïques.

HOMO SAPIENS SAPIENS

Évol., Paléont., Préhist. - Sous-espèce de l'Homme archaïque. L'homme moderne regroupe toutes les populations humaines actuelles et les populations anciennes qui lui sont proches (Cro-Magnon…). Les fossiles les plus anciens attribuables à cette sous-espèce ont été trouvés en Afrique de l'Est et au Proche Orient (Qafzeh), ils sont datés d'environ 100 000 ans. L'anatomie crânienne d'*Homo sapiens sapiens* marque une rupture totale avec celle de toutes les formes précédentes : le front est haut, les arcades sourcilières (torus) disparaissent, le menton se développe, le volume cérébral est de 1 400 cm^3, la taille moyenne de 1,7 m. Ce développement cérébral s'accompagne de la diversification des matériaux et des outils et de la naissance de l'art (peintures…).

⟶ ***Capacité crânienne.***

HOMODUPLEX *n. m.*

Génét. - **Acide nucléique** bicaténaire dont toutes les **bases azotées** sont appariées, alors qu'elles ne le sont pas dans un **hétéroduplex**.

⟶ ***Hybridation moléculaire.***

HOMOGAMÉTIQUE *adj.*

Génét. - Se dit du sexe qui ne produit qu'une seule catégorie de **gamètes** par rapport aux **hétérochromosomes**. Dans l'espèce humaine la femme est homogamétique alors que chez les Oiseaux, c'est le mâle.

⟶ ***Hétérogamétique.***

HOMOLOGIE *n. f.*

Évol. - **1.** État de deux structures qui, chez des espèces différentes, conservent la même organisation et les mêmes connexions avec les organes du voisinage malgré d'éventuels changements morphologiques et fonctionnels. Il s'agit d'une homologie de position ou homologie primaire que l'on utilise pour établir des **liens de parenté**. **2.** Ressemblance entre plusieurs espèces d'organes, de parties d'organes ou de séquences dont on pense qu'elle provient de l'héritage d'un **ancêtre commun**. Il s'agit d'une homologie de descendance ou de filiation aussi appelée homologie secondaire.

⟶ ***Gènes homologues.***

HOMOLOGUES *adj.*

Évol. - Se dit de deux caractères anatomiques qui, chez des espèces ayant le même plan d'organisation, dérivent d'une même structure embryonnaire ou d'une même structure ancestrale, même si au cours du développement ou de l'évolution, ces structures ont acquis des fonctions différentes. Les ailes des Oiseaux et des Chauves-souris, les nageoires pectorales des Cétacés et les pattes antérieures des Chevaux sont des organes homologues parce qu'ils sont bâtis sur le même plan, mais n'ont pas la même fonction.

⟶ ***Adaptation, Analogie, Convergence évolutive, Évolution, Gènes homologues.***

Génét.

⟶ ***Chromosomes homologues.***

HOMONCULE MOTEUR

Neurobiol. - Représentation schématique des différentes parties du corps humain dans l'**aire motrice primaire** du cerveau. La figure obtenue est complètement disproportionnée et traduit, non pas l'importance des masses musculaires mais la finesse des mouvements qu'elles réalisent.

⟶ ***Homoncule sensitif, Représentation somatotopique, Somesthésie.***

Voir figure page 255.

HOMONCULE SENSITIF

Neurobiol. - Représentation sché

Homoncule moteur,
homoncule sensitif

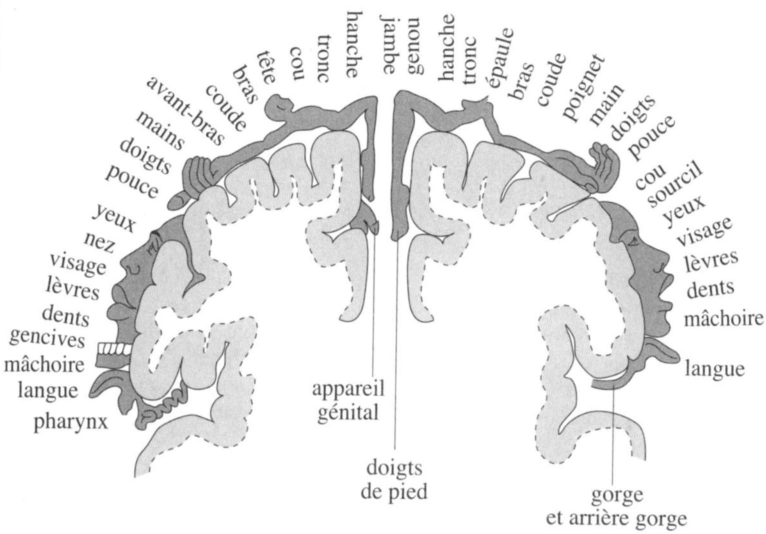

homoncule sensitif
aire de projection sensorielle

homoncule moteur
aire motrice primaire

matique des différents territoires cutanés du corps humain dans l'**aire de la sensibilité primaire** du cerveau. Comme pour l'aire de projection motrice, la figure est disproportionnée et traduit la sensibilité (nombre de terminaisons sensorielles) d'un territoire et non la surface de celui-ci. Plus un territoire est innervé, plus sa projection sur l'aire sensorielle est importante. L'homoncule sensitif du côté droit reçoit les informations issues du côté gauche, l'homoncule moteur du côté gauche commande les muscles du côté droit (et inversement).

→ ***Homoncule moteur, Somesthésie.***

HOMOPLASIE *n.f.*

Évol. - Ressemblance quel que oit le niveau d'analyse (séquence l'ADN, organes...) dont on suppose u'elle ne provient pas de l'héritage 'un **ancêtre commun**.

→ ***Convergence évolutive.***

HOMOXYLÉ *adj.*

Bot. - Se dit d'un **xylème secondaire** dont les éléments ligneux ne sont que les **trachéïdes**, il n'y a ni vaisseaux parfaits, ni fibres. Les **Gymnospermes** ont un bois homoxylé.

HOMOZYGOTE *n.m.* ou *adj.*

Génét. - Individu qui possède pour un même **gène** le même **allèle** sur les deux chromosomes homologues de la paire.

→ ***Hétérozygote.***

HORIZON *n.m.*

Pédol. - Différenciation d'un **sol** en fonction de sa profondeur. Les horizons se caractérisent par leur couleur, leur richesse en matière organique et en matière minérale, leur structure et leur texture. Dans un sol ancien ou évolué, on distingue trois horizons principaux : l'horizon A très riche en matière organique et différencié principalement en litière et horizon humifère [1] ; l'horizon B qui est une zone d'accumulation et de concentration de colloïdes et d'ions positifs [2]; l'horizon C formé par la roche mère plus ou moins désagrégée [3].

Strati.
Couche géologique de faible épaisseur que l'on peut distinguer dans un ensemble stratigraphique, en fonction de sa **lithologie** ou de son contenu fossilifère.

HORIZON D'ACCUMULATION

Pédol. - Horizon où s'accumulent des éléments provenant des couches superficielles d'un sol qui ont été entraînés par l'eau de lessivage. L'horizon d'accumulation est noté B.

→ ***Humus.***

HORIZON HUMIFÈRE

Pédol. - Horizon se trouvant situé sous la **litière**. L'horizon humifère présente une couleur sombre due à la présence d'**humus** provenant de la dégradation de la matière organique de la litière. L'horizon humifère est noté A_1.

HORLOGE BIOLOGIQUE INTERNE

Physiol. ani. - Rythme d'activité propre à un individu et défini par son patrimoine génétique. Ces rythmes biologiques endogènes sont modulés par des facteurs du milieu appelés synchroniseurs.

HORLOGE MOLÉCULAIRE

Évol. - Mesure du temps écoulé depuis la divergence de différentes lignées actuelles d'êtres vivants à partir d'un **ancêtre commun**. Cette durée peut être estimée en comparant des séquences d'ADN ou de protéines entre deux espèces actuelles. Sur de longues périodes, l'accumulation de différences pour des nucléotides non sélectionnés semble uniquement proportionnelle au temps. Ainsi, de telles horloges peuvent être étalonnées en comparant des espèces dont on connaît, par les fossiles, la date de leur séparation. Malheureusement, les différents gènes d'une même espèce n'indiquent pas toujours les mêmes valeurs et les écarts sont parfois très importants. L'horloge moléculaire est à utiliser avec d'infinies précautions.

→ ***Arbre, Mutation, Taux d'évolution.***

HORMONE *n.f.*

Endocrino. - Molécule produite par un organe ou une cellule spécialisé (glande ou cellule **endocrine**), transportée par le sang, et modifiant, à distance, le fonctionnement d'un ou de plusieurs tissu(s) ou cellules, appelé(es) tissu(s) ou cellule(s) cibles.

HORMONE ADRÉNOCORTICOTROPE

Endocrino. - syn. ***ACTH.***

HORMONE ANTIDIURÉTIQUE

Endocrino., Neurobiol. - syn. ***ADH.***

HORMONE ANTIMÜLLÉRIENNE

Physiol. ani. - Hormone produite par les **cellules de Sertoli** d'un embryon mâle qui entraînent la disparition des **canaux de Müller**.

→ ***Pseudohermaphrodisme.***

HORMONE DE CROISSANCE

Physiol. ani. - Hormone polypeptidique produite par l'antéhypophyse sous contrôle hypothalamique. L'hormone de croissance agit sur le foie et y stimule la production d'une autre hormone, la somatomédine, qui agit sur la croissance des os et des muscles (syn. GH, Somatotropine).

HORMONE DE LIBÉRATION

Endocrino. - syn. ***Libérine.***

HORMONE FOLLICULOSTIMULANTE
Endocrino. - syn. ***Folliculostimuline.***

HORMONE GONADOTROPE
Endocrino. - syn. ***Gonadostimuline.***

HORMONE GONADOTROPE PLACENTAIRE (HCG)
Endocrino. - syn. ***Gonadotrophine chorionique humaine.***

HORMONE GONADOTROPHINE CHORIONIQUE (HCG)
Endocrino. - syn. ***Gonadotrophine chorionique humaine.***

HORMONE LUTÉINISANTE
Endocrino. - syn. ***LH.***

HORMONE THYRÉOSTIMULANTE
Endocrino. - syn. ***TSH.***

HORMONE THYRÉOTROPE
Endocrino. - syn. ***TSH.***

HORMONES STÉROÏDES
Endocrino. - Hormones lipidiques élaborées à partir du cholestérol. Les hormones stéroïdes ou ***stéroïdes*** comprennent les **œstrogènes**, la **progestérone**, la **testostérone** et ses dérivés, les **glucocorticoïdes** et les minéralocorticoïdes.

HORMONES VÉGÉTALES
Physiol. vég. - Ensemble de substances produites par les plantes et qui assurent leur morphogenèse, leur croissance et leur fonctionnement . Les hormones végétales agissent en des lieux différents de ceux de leur synthèse. On distingue : l'**acide abscissique**, les **auxines**, les **cytokinines**, l'**éthylène** et les **gibbérellines** (syn. Phytohormones, Substances, Régulateurs et Facteurs de croissance).

HORNBLENDE *n. f.*
Minér. - **Amphibole** de couleur verte dans les diorites, les granodiorites et les amphibolites et brune dans les laves.

HORST *n. m.*
Tecto. - Structure tectonique positive apparaissant dans un contexte distensif. Le horst est formé par une succession de compartiments, de plus en plus abaissés à mesure que l'on s'éloigne du milieu de la structure, qui sont séparés par des **failles normales**. Deux horst parallèles sont séparés par un **graben**. Horsts et grabens se rencontrent au sein d'un **rift**.

HÔTE *n. m.*
Zool. - Dans le sens courant désigne aussi bien celui qui reçoit que celui qui est reçu. En parasitologie, l'hôte est l'organisme qui abrite le **parasite**. On distingue un hôte définitif dans lequel le parasite atteint le stade adulte et se reproduit et un ou des hôtes intermédiaires qui hébergent la ou les formes larvaires qui sont éventuellement capables de se reproduire. Les **vecteurs** sont des hôtes intermédiaires responsables de la dissémination des parasites d'un hôte définitif à un autre hôte définitif.

HOUPPIER *n. m.*
Bot.

→ ***Arbre.***

Hox
Embryo., Génét. - Nom donné à l'ensemble des **gènes homéotiques** chez la Souris responsables de l'identité de position, par exemple la différenciation des vertèbres, le long de l'axe antéro-postérieur. C'est la combinaison des produits de chaque gène *Hox* le long de l'axe antéro-postérieur qui est responsable de la différenciation ultérieure de chacune de ces régions. Les gènes *Hox*

se répartissent en 4 complexes répartis sur 4 chromosomes : Hoxa (ch. 6, 11 gènes), Hoxb (ch. 11, 9 gènes), Hoxc (ch. 15, 11 gènes), Hoxd (ch. 2, 9 gènes). Pour chacun de ces 4 chromosomes, les gènes s'expriment suivant leur ordre. Ces 4 complexes *Hox* proviendraient de la duplication d'un unique complexe *Hox* ancestral. Les gènes de ces 4 complexes se ressemblent surtout pour la séquence de l'**homéoboîte**. Ces gènes sont nés de la duplication du complexe ancestral, puis de leur divergence au sein de la même espèce.

HOX

Embryo., Génét. - Nom donné à l'ensemble des **gènes homéotiques** (***Hox****) de l'Homme.

HUMEUR AQUEUSE

Anat. - Liquide contenu dans la partie antérieure de l'œil (chambres antérieure et postérieure) constitué d'eau et de glucose qui fournit de l'énergie à la cornée, au cristallin et à certaines cellules de la rétine. L'humeur aqueuse, en mouvement continu, est renouvelée en permanence, elle passe dans le sang où elle se débarrasse de ses déchets métaboliques.

HUMEUR VITRÉE

Anat. - Gel formé par une trame de collagène contenant plus de 99 % d'eau qui remplit la partie (segment) postérieure de l'œil en arrière du cristallin. Le corps vitré transmet la lumière, maintient la face postérieure du cristallin, comprime la partie nerveuse de la rétine contre sa partie pigmentaire et maintient une pression intraoculaire qui s'oppose à la traction exercée par les muscles fixés au globe. L'humeur vitrée, à l'inverse de l'humeur aqueuse, n'est pas renouvelée au cours de la vie de l'individu.

HUMIFICATION *n. f.*

Pédol. - Ensemble des phénomènes réalisés par la **microflore** et la **microfaune** du sol, transformant les substances organiques de la litière en **humus**. La vitesse d'humification dépend de l'abondance des Bactéries dans le sol. Le début de l'humification commence par la dégradation des macromolécules (cellulose, protéines, lignine). Les molécules formant l'humus proviennent d'une part de la formation de nouvelles molécules à partir des produits de dégradation des molécules organiques initiales et d'autre part de ces molécules qui n'ont pas subi de transformations ultérieures.

HUMORAL *adj.*

Physiol. ani. - Qui se rapporte aux différents liquides extracellulaires de l'organisme.

→ *Milieu intérieur.*

HUMUS *n. m.*

Pédol. - Mélange des différents composés organiques provenant de la **minéralisation** progressive, par les Micro-organismes, de la matière organique morte de la litière. Associé à l'argile, l'humus donne aux sols leur fertilité en conditionnant la rétention des ions minéraux dont ont besoin les végétaux. La formation de l'humus dépend de l'abondance de la matière organique, de la **microflore** et de la **microfaune**, de l'aération, de la teneur en eau, du pH, de la nature de la roche mère et du climat.

→ *Humification.*

HUNCHBACK

Embryo., Génét. - **Gène zygotique** codant la protéine *Hunchback* qui est un facteur de transcription des **gènes *pair-rules****. L'ARNm de *Hunchback* est réparti de manière uniforme le long de l'axe antéro-postérieur. La protéine ***Bicoïd**** active la traduction de l'ARNm Hunchback. En revanche, la protéine ***Nanos**** inhibe de façon progressive, la traduction de l'ARNm *Hunchback* et supprime son activité dans la partie postérieure.

HUNTINGTON

Génét., Méd.

→ ***Chorée de Huntington.***

HYALOPLASME *n. m.*

Biol. cell. - Phase plus ou moins liquide d'une **cellule** comprise entre la **membrane plasmique** et l'extérieur de la membrane des **organites** alors que l'on appelle cytoplasme, le contenu de la cellule, c'est-à-dire, le **hyaloplasme** et les **organites** (syn. Cytosol).

HYBRIDATION MOLÉCULAIRE

Biochim., Génét. - Technique utilisée pour déterminer la ressemblance de deux brins d'**acides nucléiques** en associant deux acides nucléiques **monocaténaires** et en mesurant l'importance de la **double hélice** ainsi formée. C'est sur ce principe de complémentarité entre l'ADN et le brin d'ARN transcrit qu'il est possible de localiser un **locus** sur un chromosome à partir de la connaissance de son produit d'expression (ARN).

→ ***Hétéroduplex, Homoduplex.***

HYBRIDE *n. m.* ou *adj.*

Génét. - Individu résultant de la **reproduction sexuée** entre deux individus appartenant à deux espèces différentes. Les hybrides sont en principe stériles. En **génétique formelle**, le terme hybride s'emploie pour désigner les individus hétérozygotes issus du croisement de deux parents de races pures.

HYBRIDE STABLE

Génét. - **1.** Hybride provenant de l'hybridation entre deux espèces dont les lots chromosomiques ont été doublés. De ce fait l'hybride est tétraploïde (4n) et la méiose se fait sans problème, ce type d'hybrides se rencontrent principalement chez les Végétaux (Blé). **2.** Hybride provenant de croisements successifs entre individus appartenant à des races différentes et dont la reproduction entre eux donnent toujours des individus présentant les caractères de la race. Ces individus possèdent une mosaïque de caractères stables due à l'élimination des loci hétérozygotes.

HYBRIDOME *n. m.*

Biochim., Biol. cell., Génét. - Cellule artificielle réalisée par la fusion d'un **lymphocyte B** pris dans la rate et d'une cellule issue d'un **myélome** (cellule cancéreuse). L'hybridome se multiplie indéfiniment en culture. Il produit alors de très grandes quantités d'anticorps tous identiques (**anticorps monoclonaux**) qui sont utilisés pour des diagnostics ou des traitements médicaux. D'une manière générale, le terme d'hybridome désigne maintenant toute cellule artificielle réalisée par la fusion de deux cellules différentes.

HYDRATES DE CARBONE

Biochim. - syn. ***Glucides.***

HYDROGÉOLOGIE *n.f.*

Hydrogéol. - Partie de la géologie qui a pour objet d'étudier la circulation des eaux souterraines dans le sous-sol. L'hydrogéologie s'attache à rechercher les **nappes d'eau souterraines**, à évaluer les réserves disponibles et exploitables, à mesurer les vitesses de remplissage et de vidange de ces nappes, à trouver les moyens de les exploiter et de les protéger.

HYDROLASE *n.f.*

Biochim. - Enzyme réalisant une **hydrolyse**. Les glucosidases, les protéinases ou protéases, les lipases, les nucléases sont des hydrolases qui coupent respectivement les polyholosides, les chaînes polypeptidiques, les graisses, les acides nucléiques en molécules de plus petites tailles.

→ ***Digestion.***

HYDROLYSE *n.f.*

Biochim. - Destruction d'une liaison chimique par l'adjonction d'un ion OH^- et d'un ion H^+ provenant de l'eau avec pour conséquence la séparation de la molécule en au moins deux molécules plus petites. Les hydrolyses sont souvent catalysées par des enzymes, les **hydrolases**.

Géol. - Réaction chimique entre un minéral et l'eau qui donne de nouveaux composés plus simples. L'hydrolyse est la forme d'altération chimique la plus commune des minéraux des roches magmatiques ou métamorphiques.

HYDROSPHÈRE *n.f.*

Hydrogéol. - Partie de la **biosphère** qui est occupée par tous les milieux aquatiques. L'ensemble des eaux océaniques totalise 97,4 % de l'eau libre de la planète, les eaux continentales et les eaux prises sous forme de banquise ne comptent que pour 2,6 %.

HYDROTHERMALISME *n.m.*

Hydrogéol. - Circulation d'eaux chaudes dans des zones où ont eu lieu des éruptions volcaniques, des cristallisations magmatiques ou dans les zones de failles des chaînes de montagne. Il existe un hydrothermalisme sous-marin particulièrement important dans les dorsales océaniques. Il est dû à la circulation, au réchauffement et à la réémission de l'eau de mer à des températures pouvant atteindre 350 °C à la suite de son infiltration dans la croûte océanique fissurée des axes immergés des dorsales actives. La croûte océanique atteint le faciès des schistes verts et des amphibolites au cours de ce processus. Cette eau projetée à plus de 10 m de hauteur constitue les « **fumeurs** noirs ». Elle contient de nombreux minéraux en suspension dont des sulfures qui précipitent en masse à la sortie des évents. Ces dépôts hydrothermaux, situés entre 2000 et 3000 m de profondeur, sont le support d'un écosystème florissant qui fonctionne indépendamment de l'énergie solaire. Les producteurs primaires sont des Bactéries qui synthétisent de la matière organique à partir de l'énergie contenue dans des molécules comme SH_2. Au cours de ces transformations, la croûte océanique se modifie. Quand elle retourne dans le manteau dans une zone de subduction, elle ne possède plus sa composition d'origine. Les basaltes et les gabbros ont subi des transformations connues sous le nom de métamorphisme hydrothermal (basse pression, basse température) qui conduisent à l'apparition d'un faciès à **zéolites**, à **schistes verts** et parfois à **amphibolites**.

→ ***Dorsale océanique.***

HYGROMAGMATOPHILE

adj. et *n. m*

Géochim. - syn. ***Incompatible.***

HYLOBATOÏDÉS *n.m.*

Zool. - Famille de Primates qui regroupe les différentes espèces de Gibbons. Les Hylobatoïdés se différencient des Hominoïdés par la pratique de la brachiation (syn. Hylobatidés).

HYPERCHOLESTÉROLÉMIE *n.f.*

Méd., Physiol. ani. - Teneur en cholestérol dans le sang supérieure à 3 $g \cdot L^{-1}$. Les valeurs normales pour le cholestérol total sont comprises entre 1,2 et 2,7 $g \cdot L^{-1}$ pour l'homme, soit 3,3 à 7 $mmol \cdot L^{-1}$.

HYPERCOLLISION *n.f.*

Tecto. - Poursuite d'une **collision** ayant donné une chaîne de montagnes. L'hypercollision est marquée par une **suture ophiolithique** (1), un important écaillage de la croûte continentale qui entre en **subduction** et connaît le **métamorphisme d'ultra haute pression** (2), des rétrodéversements et des rétrocharriages du côté interne (3).

HYPERGLYCÉMIE *n.f.*

Méd., Physiol. ani. - Teneur en glucose dans le sang supérieure à 1,2 $g \cdot L^{-1}$.

→ ***Diabète, Glycémie, Insuline.***

HYPERMÉTROPIE *n.f.*

Méd. - Anomalie de la réfraction sur le cristallin, qui n'est pas assez convergent. Les rayons lumineux issus d'objets proches forment une image nette en arrière de la rétine. Le port de verres convergents pallie ce défaut.

HYPERMUTATION SOMATIQUE

Immuno. - Augmentation de la fréquence des mutations dans le gène de la région variable qui caractérise le clone de lymphocytes B considéré. L'hypermutation somatique atteint 10^{-3} par paire de nucléotides et par génération cellulaire. Toute mutation qui améliore l'affinité de l'**immunoglobuline** pour le déterminant antigénique favorise donc la multiplication des lymphocytes porteurs de cette mutation et l'efficacité de la réponse. Ce phénomène rend compte du fait que la **réponse immunitaire secondaire** est plus efficace que la réponse primaire.

HYPERPOLARISATION *n.f.*

Neurobiol. - Augmentation en valeur absolue de la différence de potentiel électrique de part et d'autre d'une membrane, soit à la suite de l'entrée d'ions Cl^- au niveau d'une **synapse inhibitrice**, soit après la sortie excessive d'ions K^+ lors de la repolarisation membranaire à la suite d'un **potentiel d'action**.

→ ***Potentiel postsynaptique inhibiteur.***

HYPERSENSIBILITÉ *n.f.*

Immuno. - Réponse incontrôlée, inappropriée et le plus souvent très violente à un antigène généralement inoffensif. Cette hypersensibilité se traduit par les manifestations allergiques, voire conduit au **choc anaphylactique**. On distingue plusieurs formes d'hypersensibilité.

→ ***Sensibilisation.***

HYPERSENSIBILITÉ À MÉDIATION CELLULAIRE

Immuno. - **Hypersensibilité retardée** provoquée par les lymphocytes T4.

HYPERSENSIBILITÉ À MÉDIATION HUMORALE

Immuno. - **Hypersensibilité immédiate** qui est déclenchée par les IgE.

HYPERSENSIBILITÉ DE CONTACT

Immuno. - **Hypersensibilité retardée** provoquée par le contact d'un antigène avec la peau.

HYPERSENSIBILITÉ IMMÉDIATE

Immuno. - Hypersensibilité qui apparaît quelques minutes après le contact avec l'antigène (asthme, rhume des foins, eczéma). Elle est provoquée par la libération soudaine d'histamine par les **mastocytes** qui ont fixé sur leur membrane des IgE portant l'**allergène**.

→ ***Allergie, Hypersensibilité retardée.***

HYPERSENSIBILITÉ RETARDÉE

Immuno. - Hypersensibilité se manifestant 24 à 48 heures après la rencontre avec l'antigène. Elle est induite par les lymphocytes T4 sensibilisés par l'antigène. Les LT4 libèrent des cytokines qui activent les macrophages qui provoquent des lésions tissulaires.

→ ***Allergie.***

HYPERTENSION *n.f.*

Méd. - Élévation anormale de la **pression artérielle** dans les artères. L'hypertension est généralement asymptomatique et on la découvre le plus souvent lors de prises de tension systématiques (consultation chez le médecin, médecine du travail). Elle peut, à long terme, se compliquer d'accidents vasculaires cérébraux, d'insuffisance rénale, d'accidents cardiaques. Pour l'O.M.S., on parle d'hypertension artérielle légère pour une pression systolique comprise entre 140 et 180 mm de mercure et/ou une pression diastolique comprise entre 90 et 105 mm si ces chiffres sont retrouvés à plusieurs reprises et que la tension artérielle est mesurée dans de bonnes conditions (au repos depuis plus de 5 min). Les causes de l'hypertension sont très diverses.

→ ***Hypotension.***

HYPERTHERMOPHILE *n. m. ou adj.*

Évol. - Catégories d'**Archées** qui vivent dans des milieux où la température atteint parfois 110 °C comme dans les évents des fumeurs noirs des dorsales océaniques ou dans les sources chaudes à la surface (95 °C).

HYPERTONIQUE *adj.*

Physiol. - Caractérise un milieu dont le nombre de molécules en solution est supérieur à celui d'un autre milieu qualifié d'**hypotonique**. Si la membrane qui sépare ces deux milieux est perméable, les substances dissoutes (solutés) et l'eau se dirigent suivant leur propre gradient de concentration. Au bout de quelque temps, chaque compartiment possède la même **pression osmotique**, les deux milieux ont la même concentration, ils sont isotoniques, les échanges continuent à se faire, mais dans les deux sens avec une intensité égale.

→ ***Diffusion, Gradient, Osmose.***

HYPERTROPHIE *n. f.*

Physiol. ani. - Exagération du développement d'un organe ou d'un tissu à la suite d'une multiplication du nombre des cellules ou plus rarement, d'une augmentation de leur taille.

HYPNOGRAMME *n. m.*

Neurobiol. - Représentation graphique des enregistrements (tonus musculaire, activité électrique du cerveau en fonction du temps) faits au cours d'une nuit de **sommeil**.

HYPOCENTRE *n. m.*

Sismo. - syn. ***Foyer.***

HYPOCOTYLE *n. f.*

Bot. - Partie de la tige des Spermatophytes qui se situe au-dessous du niveau d'insertion des colylédons et au-dessus du **collet**.

HYPOGLYCÉMIE *n. f.*

Physiol. ani. - Teneur en glucose dans le sang inférieure à 0,8 $g \cdot L^{-1}$.

→ ***Glycémie.***

HYPOGONADISME *n. m.*

Méd. - Ensemble des manifestations dues à des sécrétions hormonales insuffisantes des **ovaires** ou des **testicules**.

→ ***Caractères sexuels secondaires, Œstrogènes, Testostérone.***

HYPOPHYSE *n. f.*

Endocrino., Neurobiol., Physiol. ani. - Glande endocrine située sous l'hypothalamus. L'hypophyse est constituée de deux parties, la partie antérieure ou **antéhypophyse** fabrique des hormones, la partie postérieure ou posthypophyse déverse dans le sang des **neurohormones** (ocytocine, vasopressine) sécrétées par des neurones hypothalamiques. L'hypophyse est sous contrôle de l'hypothalamus auquel elle est reliée par un système vasculaire et différents neurones.

→ ***Complexe hypothalamo-hypophysaire.***

HYPOPHYSE ANTÉRIEURE

Endocrino., Neurobiol., Physiol. ani.

syn. ***Antéhypophyse.***

HYPOPHYSE POSTÉRIEURE

Endocrino., Neurobiol., Physiol. ani.

syn. ***Neurohypophyse.***

HYPOPHYSECTOMIE *n. f.*

Méd. - Ablation de l'**hypophyse**.

HYPOTENSION *n.f.*

Méd. - Diminution de la **pression artérielle**.

→ ***Hypertension.***

HYPOTENSION ORTHOSTATIQUE

Méd. - Diminution brusque et anormale de la **pression artérielle** lors du passage de la position couchée à la position debout.

HYPOTHALAMUS *n. m.*

Neurobiol. - Centre intégrateur du diencéphale situé entre les voies sensorielles et les voies en provenance des centres nerveux supérieurs (cortex cérébral). L'hypothalamus intervient aussi dans le contrôle de l'**homéostasie**. Il sécrète de nombreux peptides dont certains sont des facteurs de libération des hormones hypophysaires (**libérines**). L'hypothalamus est le centre des comportements d'alimentation (oxérostat, dipsostat), de thermorégulation (thermostat) et de reproduction (gonostat).

→ ***Complexe hypothalamo-hypophysaire.***

HYPOTHERMIE *n.f.*

Méd., Physiol. ani. - Abaissement de la température du corps d'un **endotherme** en dessous de 36 °C. Cette chute de la température est due soit à une insuffisance alimentaire soit à une entrée en hibernation comme chez les **hétérothermes**.

HYPOTHYROÏDIE CONGÉNITALE

Génét., Méd. - Maladie **congénitale** due à une absence de **thyroïde** ou à un défaut de production des hormones thyroïdiennes qui sont indispensables à la croissance harmonieuse et au dévelop-pement psychomoteur de l'enfant. Le **dépistage** de l'hypothyroïdie congéni-tale est réalisé systématiquement chez les nouveau-nés depuis 1978 par le dosage de la **TSH**. Cette hypothyroïdie est soignée par la prise régulière de **thyroxine** par voie buccale durant toute la vie.

HYPOTONIQUE *adj.*

Physiol. - Caractérise un milieu dont le nombre de molécules en solution est inférieur à celui d'un autre milieu qualifié d'**hypertonique**. Si la membrane que sépare ces deux milieux est perméable à l'eau et aux substances dissoutes (soluté), l'eau passe du milieu hypotonique vers le milieu hypertonique (osmose) alors que les substances passent en sens inverse (**diffusion**). Après quelque temps, les deux milieux présentent les mêmes caractéristiques, ils sont isotoniques.

→ ***Gradient, Isotonique, Osmose.***

HYPOXIE *n.f.*

Méd., Physiol. ani. - Diminution de la quantité de dioxygène dans le sang.

HYSTÉRECTOMIE *n.f.*

Méd. - Ablation de l'**utérus**.

HYSTÉROGRAPHIE *n.f.*

Méd. - Radiographie de l'**utérus** après injection d'un produit opaque aux rayons X.

I

IA

Méd. - Sigle d'**Insémination Artificielle**.

IAB

Pétrol., Volcano.

→ ***Série tholéiitique***

IAC

Méd. - Sigle d'**Insémination Artificielle** avec sperme du Conjoint.

IAD

Méd. - Sigle d'**Insémination Artificielle** avec sperme du Donneur.

ICEBERG *n. m.*

Climato., Glaciol. - Gigantesque morceau de glace détaché du front d'un glacier.

ICSI

Méd. - Sigle anglais de *IntraCytoplasmic Sperm Injection* (Injection de Spermatozoïde Intra-Cytoplasmique). Technique de **fécondation *in vitro*** dans laquelle on injecte un seul spermatozoïde dans l'ovocyte II pour éviter la **polyspermie** apparaissant fréquemment dans ce type de fécondation.

IDENTITÉ BIOLOGIQUE

Génét. - Ensemble des caractéristiques génétiques d'un individu qui le rendent différent des autres membres de son espèce.

→ ***Complexe majeur d'histocompatibilité.***

IDIOTOPE *n. m.*

Immuno. - Extrémité de la **région variable** d'un anticorps qui se comporte comme un antigène.

Ig

Immuno. - Sigle d'**Immunoglobuline**.

IgA

Immuno. - Immunoglobulines produites par certains tissus lymphoïdes et sécrétées localement dans le tube digestif, la salive, les larmes, le lait. La fonction des IgA est d'empêcher les virus et les Bactéries de se lier aux cellules épithéliales des muqueuses. Les IgA sont très abondantes dans le colostrum (premier lait sécrété en fin de grossesse et peu après l'accouchement), elles protègent le nourrisson des infections gastro-intestinales.

IgD

Immuno. - Immunoglobulines implantées dans la membrane des lymphocytes B, elles constituent les récepteurs B. Les IgD sont peu abondantes et très mal connues.

IgE

Immuno. - Immunoglobulines impliquées dans les réactions inflammatoires locales. On trouve les IgE le plus souvent liées aux récepteurs membranaires des mastocytes et des granulocytes basophiles. En présence de leur antigène spécifique, les IgE liées aux mastocytes provoquent leur dégranulation et une réaction allergique.

→ ***Allergie, Hypersensibilité.***

IgG

Immuno. - Immunoglobulines sécrétées par les **plasmocytes** à la fin de la **réponse immunitaire primaire** et durant la **réponse immunitaire secondaire**. Les IgG sont des **anticorps circulants**, elles traversent facilement les parois des vaisseaux et gagnent les liquides interstitiels, elles franchissent le placenta et donnent une immunité passive au fœtus. Les IgG se fixent sur les antigènes bactériens, viraux, sur les toxines et déclenchent l'action du **complément**.

IgM

Immuno. - Premières immunoglobulines sécrétées par les **plasmocytes** au cours de la **réponse immunitaire primaire**. Les IgM sont sécrétées sous forme de pentamère de 5 IgM reliées entre elles par un peptide de jonction. Les IgM constituent, avec les IgD, les récepteurs spécifiques des lymphocytes B ou **récepteurs B**.

IGNIMBRITE *n. f.*

Volcano. - Roche volcanique constituée par des débris de lave acide (rhyolite) soudés entre eux. Les ignimbrites se forment principalement dans les éruptions explosives libérant des **nuées ardentes.**

ÎLE VOLCANIQUE

Tecto. - Étendue de terre entourée d'eau, formée par l'arrivée en surface d'un **volcan**. Les îles volcaniques appartiennent à deux catégories : celles dont le volcanisme est dû à un **point chaud** (Réunion, Islande, Hawaii...) et celles qui tirent leur origine d'une **subduction** entre deux plaques océaniques de densité différente (la majorité des îles de l'arc antillais...). Les îles volcaniques ou océaniques se différencient des îles continentales (Irlande...) par leur composition lithologique (andésite, basalte par rapport à granodiorite).

→ ***Arc magmatique, Tectonique des plaques.***

ILÉON *n. m.*

Anat. - Partie terminale de l'**intestin grêle** qui fait suite au jéjunum et se jette dans le **gros intestin**.

ILLUSION D'OPTIQUE

Physiol. ani. - Analyse erronée par le cerveau des messages nerveux visuels générés par les yeux.

ÎLOTS DE LANGERHANS

Endocrino., Histo. - Amas cellulaires constituant la partie **endocrine** du pancréas. Les cellules β sécrètent l'**insuline**, les cellules α le **glucagon**.

→ ***Glycémie.***

IMAGE RÉELLE

Physiol. ani. - Image de l'objet qui se forme sur la **rétine**.

IMAGE SATELLITALE

Astron. - Image numérique obtenue par traitement des signaux envoyés par des satellites d'observation. En fonction de la précision des radiomètres embarqués, la plus petite surface détectable est variable. Pour les satellites d'observation civils, la surface élémentaire est de 20 × 20 m. La lumière réfléchie par chacune de ces surfaces constitue une unité appelée pixel.

IMAGO *n. m.*

Zool. - Stade de développement d'un animal correspondant au moment où il ressemble aux adultes qui lui ont donné naissance, c'est le résultat de la métamorphose de la **larve**.

IMMUNISÉ *adj.*

Immuno. - **1.** Se dit d'un animal qui a produit des anticorps protecteurs ou des **lymphocytes T activés** contre des agents pathogènes ou infectieux. L'animal immunisé devient alors résistant à une nouvelle infection par le même agent. **2.** Se dit aussi de l'action de protéger un organisme contre l'effet nocif de toxines, de Micro-organismes par l'injection de formes pathogènes rendues inoffensives (mais possédant les mêmes déterminants antigéniques), par la prise en quantité croissante d'une substance toxique, ou par l'injection d'une toxine dénaturée (anatoxine), mais gardant le pouvoir antigénique initial.

—► *Mithridatisation, Vaccination.*

IMMUNITÉ *n.f.*

Immuno. - Capacité à résister, à limiter le développement et à se débarrasser d'une maladie après avoir été infecté par des Micro-organismes (virus, Bactéries, Champignons) ou des parasites. L'**immunité acquise** est due à des barrières mécaniques (peau), chimiques (enzymes non-spécifiques comme le lysozyme qui détruit les Bactéries). L'immunité se développant tout au long de la vie est le produit de l'activité du **système immunitaire** et provient soit d'un contact naturel avec un antigène (infection, envenimation), soit d'une vaccination. L'immunité est de deux types. L'***immunité à médiation humorale*** est le résultat de la production et de la sécrétion d'anticorps par les **lymphocytes B** devenus plasmocytes ; elle est principalement active contre les envenimations, les virus, les Bactéries extracellulaires. L'***immunité à médiation cellulaire*** est réalisée par des cellules dites cytolytiques ou cytotoxiques (**lymphocytes T**) ; elle est particulièrement dirigée contre les Champignons, les cellules infectées par des virus, des Bactéries et les cellules cancéreuses. Il existe une collaboration étroite entre ces deux types d'immunité, l'une n'allant pas sans l'autre.

—► *Réponse immunitaire.*

IMMUNITÉ À MÉDIATION CELLULAIRE

Immuno.

—► *Immunité.*

IMMUNITÉ À MÉDIATION HUMORALE

Immuno.

—► *Immunité.*

IMMUNITÉ ACQUISE, ADAPTATIVE, SPÉCIFIQUE

Immuno. - Réponse immunitaire qui est spécifique de l'agent qui l'a induite et qui se caractérise par une augmentation de la rapidité et de l'efficacité de la réponse à chaque nouveau contact. Cette forme d'immunité repose sur la spécificité antigénique, la **mémoire immunitaire**, la diversité des **immunoglobulines**, la reconnaissance du soi et du **non-soi**. L'immunité acquise n'est pas indépendante de l'**immunité naturelle** entre autres par l'intermédiaire des **phagocytes**.

IMMUNITÉ ACTIVE

Immuno. - **Immunité adaptative** développée à la suite de l'exposition naturelle à un agent pathogène ou à un antigène par **vaccination**.

IMMUNITÉ INNÉE, NATURELLE, NON-SPÉCIFIQUE

Immuno. - Réponse immunitaire dont les effecteurs existent avant l'exposition à un antigène. Ils ne sont ni spécifiques d'un agent infectieux ni plus efficaces après d'autres rencontres avec cet antigène. L'immunité naturelle est fondée sur de nombreux mécanismes, molécules et cellules : barrières anatomiques (épiderme, derme, muqueuses), barrières physiologiques (augmentation de la température, pH acide, système du **complément**, interférons, **lysozymes**), barrières phagocytaires (**phagocytose**), barrière endocytaires (**endocytose**) et barrières inflammatoires (**inflammation**).

IMMUNITÉ PASSIVE

Immuno. - **Immunité adaptative** acquise par transfert d'anticorps ou de cellules T d'un individu sensibilisé à un qui ne l'est pas.

—► *Sérothérapie.*

IMMUNOCOMPÉTENCE *n.f.*

Immuno. - Capacité de répondre à une stimulation antigénique, c'est-à-dire de différencier le **soi**, du **non-soi** et du **soi modifié**. L'immunocompétence est acquise quand les **lymphocytes** expriment, à leurs surfaces, les récepteurs spécifiques (**récepteur B** ou **récepteur T**) d'un déterminant antigénique ou d'un soi modifié donné.

IMMUNODÉFICIENCE *n.f.*

Immuno. - Défaut dans la capacité d'un organisme de produire une réponse immunitaire effective. L'immunodéficience peut être due à plusieurs causes : destructions des lymphocytes T4 (auxiliaires) par le virus du **SIDA**, incapacité à produire des anticorps à la suite d'un mauvais fonctionnement des gènes des immunoglobulines, absence de développement des différentes catégories de lymphocytes due à des anomalies génétiques.

→ ***Agammaglobulinémie, Enfant-bulle, SIDA, Syndrome de Di George.***

IMMUNODÉPRIMÉ *adj.*

Immuno. - Caractérise un individu dont le **système immunitaire** est affaibli.

→ ***Immunodéficience, Immunosuppression.***

IMMUNODIFFUSION DOUBLE

Immuno.

→ ***Ouchterlony (test de).***

IMMUNO-ÉLECTROPHORÈSE *n.f.*

Immuno. - Technique d'analyse d'un mélange complexe de substances antigéniques dont les composants sont d'abord séparés par électrophorèse avant de faire réagir différents anticorps marqués qui identifient des molécules spécifiques.

→ ***Sonde.***

IMMUNOGÈNE *adj.*

Immuno. - Se dit d'une substance qui déclenche une réaction immunitaire spécifique.

IMMUNOGLOBULINE (Ig) *n.f.*

Immuno. - Protéine hautement variable produite par les **lymphocytes B** et les **plasmocytes** qui en dérivent. Les immunoglobulines sont libérées dans le sang, mais aussi dans certaines sécrétions corporelles en réponse à la présence d'un antigène étranger. Chaque molécule élémentaire d'immunoglobuline est formée de deux **chaînes légères** et de deux **chaînes lourdes** identiques reliées entre elles par des ponts disulfure. Chaque molécule d'anticorps possède deux sites de fixation des **déterminants antigéniques** (ou épitopes) formés par les extrémités variables d'une chaîne légère associée à l'extrémité variable d'une chaîne lourde. En fonction de la nature de la région constante de la chaîne lourde, les immunoglobulines sont classées en cinq classes principales : **IgA, IgD, IgE, IgG, IgM**. Les immunoglobulines sont produites par les Animaux à la suite de la rencontre avec un **antigène** qui se fixe spécifiquement dessus. L'organisme peut produire une quasi-infinité d'immunoglobulines différentes (syn. Anticorps).

→ ***Activation des lymphocytes B, Gènes des immunoglobulines.***

Voir figure page 268.

IMMUNOLOGIE *n.f.*

Immuno. - Partie de la médecine et de la biologie qui étudie l'**immunité**, son support, son apparition, son développement, sa régulation, les conséquences prophylactiques et thérapeuthiques.

IMMUNOMARQUAGE *n. m.*

Immuno. - Repérage d'une molécule dans une cellule ou un organisme en la mettant en présence d'un de ses anticorps spécifiques (une molécule donnée possède plusieurs **déterminants antigéniques**) qui a été au préalable marqué par fluorescence ou radioactivité (**sonde**).

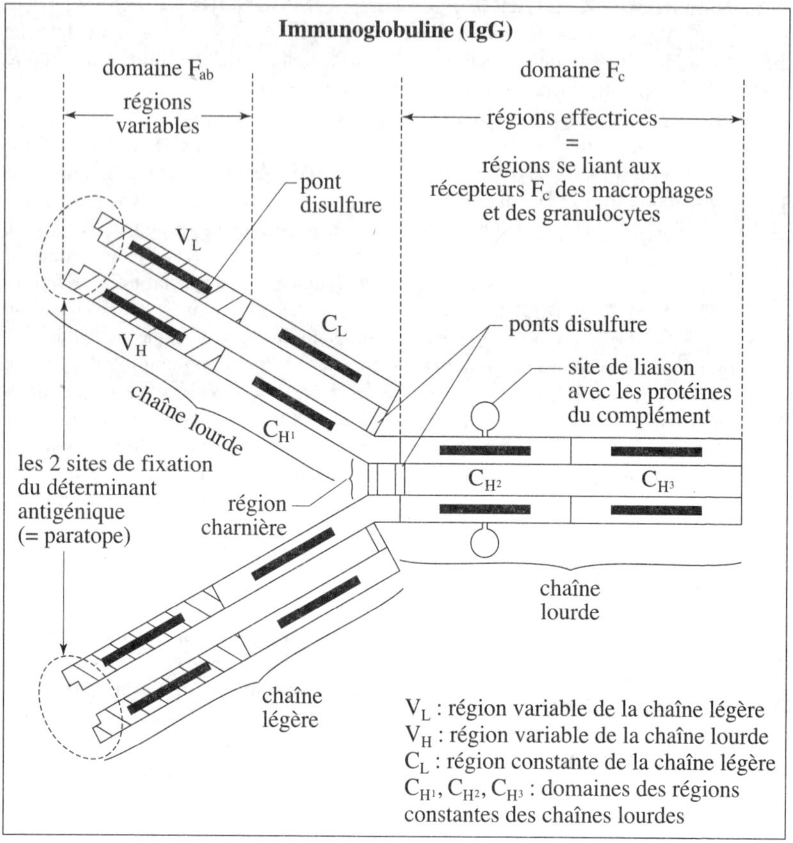

IMMUNOPOÏÈSE *n.f.*
Immuno. - Phase durant laquelle un **lymphocyte B** qui a rencontré son déterminant antigénique spécifique grossit, prolifère se transforme en plasmocyte et sécrète des **immunoglobulines**.

IMMUNOSUPPRESSION *n.f.*
Immuno. - Perte, le plus souvent temporaire, de la capacité à produire une réponse immunitaire adaptée. L'immunosuppression est due à des drogues qui tuent spécifiquement les **lymphocytes** ou à l'action de radiations. Les traitements immunosuppresseurs sont utilisés pour les différentes **greffes** afin de limiter les réactions de **rejet**.

→ ***SIDA.***

IMMUNOTHÉRAPIE *n.f.*
Immuno. - syn. ***Sérothérapie.***

IMPLANT *n.m.*
Biol. - Petit fragment de tissu (greffon).
Méd. - **1.** Médicament solide dont le contenu sera progressivement libéré. **2.** Prothèse de petite taille intégrée à un organisme.

IMPLANTATION *n.f.*
Physiol. ani. - syn. ***Nidation.***

IMPUTRESCIBILITÉ *n.f.*
Biol. - Propriété de ce qui ne peut être attaqué et dégradé par les êtres vivants.

IN SILICO

Biol. - Expression latine employée pour indiquer qu'un résultat a été obtenu à partir d'un programme informatique.

IN VITRO

Biol. - Expression latine employée pour indiquer qu'une observation, une expérience a été faite en dehors d'un être vivant, sur une lame de verre, dans un tube à essai...

→ *In vivo.*

IN VIVO

Biol. - Expression latine employée pour indiquer qu'une observation, une expérience a été faite directement dans, ou sur un être vivant.

→ *In vitro.*

INACTIVATION DU X

Biol. cell., Génét.

→ *Corpuscule de Barr.*

INCLINAISON *n.f.*

Astron. - Angle entre l'axe de rotation d'une planète et le plan de l'**écliptique**.

INCLINAISON MAGNÉTIQUE

Géol. - Angle que fait le champ magnétique local avec le plan horizontal. Les paléoinclinaisons témoignent des paléolatitudes où se trouvaient les roches anciennes étudiées.

→ *Boussole, Champ magnétique terrestre.*

INCLUSION GAZEUSE

Climato., Glaciol. - Bulle d'air contenue dans un solide et représentant les caractéristiques de l'air au moment où il a été piégé. Les carottages dans les inlandsis ont permis de découvrir de l'air vieux de plus de 400 000 ans. L'analyse de la proportion des isotopes 16 et 18 du dioxygène donne accès aux paléotempératures. Des analyses d'air contenu dans de l'ambre fossile suggèrent qu'au Crétacé l'air contenait environ 30 % de dioxyène. Cette valeur a été attribuée à une plus grande activité des dorsales favorisant la libération de CO_2 et donc la photosynthèse et le rejet de dioxygène.

INCOMPATIBLE *adj.* et *n. m.*

Géochim. - Éléments chimiques qui passent facilement dans les liquides (magmas) issus de la fusion partielle des péridotites en raison de leur grand rayon. Il s'agit des alcalins (K, Rb, Cs), des terres rares (Nd, Sm), des alcalino-terreux (Sr, Ba) et du Th, U, Zr. Ainsi, une **lherzolite** ayant subit une fusion partielle sera appauvrie en éléments incompatibles et proportionnellement enrichie en éléments **compatibles**. Comme le K, Th et l'U sont incompatibles, ils ont tendance à passer dans la croûte et à augmenter sa radioactivité (syn. Hygromagmatophile).

INCUBATION *n.f.*

Méd. - Durée séparant la contamination par un agent infectieux (Bactérie, virus, prion, Protozoaire...) et le moment où apparaissent les symptômes de la maladie.

INDICATEUR BIOLOGIQUE

Écol. - syn. ***Bio-indicateur.***

INDICE BIOTIQUE

Écol. - Mesure utilisée pour déterminer la qualité d'une eau douce. Cet indice est fondé sur un critère de présence/absence de certaines espèces d'Invertébrés considérées comme étant des **bio-indicateurs** de qualité ou au contraire de **pollution**. L'échelle employée contient 11 niveaux, de 10 pour une eau très pure à 0 pour une eau fortement polluée.

INDICE DE MASSE CORPORELLE (IMC) *n.f.*

Méd. - Indice qui relie le poids à la taille corporelle et permet d'estimer la surcharge pondérale. L'IMC se calcule selon la formule : poids [kg]/(taille

[m])^2. Ainsi, un I.M.C. de 40 équivaut, par exemple, à un poids de 130 kg pour une taille de 1,80 m.

→ ***Obésité.***

INDIVIDU SAIN

Génét., Méd. - Individu ne présentant pas la maladie génétique considérée, néanmoins cet individu peut être **hétérozygote** pour le gène responsable de la maladie si l'**allèle** est récessif.

INDUSTRIE LITHIQUE

Préhist. - syn. ***Industrie préhistorique.***

INDUSTRIE PRÉHISTORIQUE

Préhist. - Ensemble des outils et des instruments fabriqués par les différents groupes humains. En fonction des méthodes de fabrication, des résultats obtenus, des matériaux utilisés, on distingue différents ensembles nommés d'après le lieu où ces premières industries ont été identifiées. Les appellations utilisées (se terminant en « -ien » comme les étages stratigraphiques) suggèrent que ces industries se soient succédé sans recouvrement alors qu'elles peuvent être l'œuvre d'Hommes différents vivant à la même époque. Il y a dissociation entre l'évolution industrielle et l'évolution biologique. Néanmoins, ces grandes subdivisions permettent de découper le **Paléolithique** en grandes périodes : Oldowayen, Acheuléen formant le **Paléolithique inférieur**, Moustérien caractérisant le **Paléolithique moyen**, Aurignacien, Périgordien, Solutréen, Magdalénien constituant le **Paléolithique supérieur** (syn. Industrie lithique).

→ ***Préhistoire.***

INFARCTUS DU MYOCARDE

Méd. - Nécrose puis transformation en tissu fibreux non contractile d'une partie du muscle cardiaque (myocarde) à la suite de l'occlusion d'une **artère coronaire** ou de la branche qui irriguait ce territoire. L'occlusion est le plus souvent due à un caillot qui obstrue l'artère dans une zone où la lumière était rétrécie par une plaque d'**athérome**.

→ ***Maladie cardiovasculaire.***

INFECTION *n.f.*

Méd. - Envahissement du **milieu intérieur** et des cellules par des Micro-organismes (virus, Bactéries, Champignons, parasites) qui provoquent des perturbations dans le fonctionnement de l'organisme.

INFERTILITÉ *n.f.*

Méd. - Incapacité pour un couple d'avoir des enfants à la suite d'une période de deux ans de rapports sexuels réguliers.

→ ***Procréation médicalement assistée.***

INFILTRATION *n.f.*

Hydrogéol. - Processus physique par lequel les eaux de surface pénètrent dans le sol. L'infiltration est responsable du réapprovisionnement des **nappes d'eau souterraines** et, de ce fait, permet de régulariser le débit des cours d'eau en absorbant l'excédent d'eau pluviale et en le restituant lors des périodes d'**étiage**.

→ ***Pluie efficace.***

INFLAMMATION *n.f.*

Immuno. - Ensemble des phénomènes réactionnels se produisant au point irrité ou perturbé par un agent pathogène. L'inflammation locale se caractérise par quatre symptômes : chaleur, douleur, rougeur et tuméfaction. Ainsi, une lésion et/ou l'arrivée de Micro-organismes provoque la réaction inflammatoire, les petits vaisseaux sanguins se dilatent et entraînent une augmentation du débit sanguin à l'origine de la rougeur et de l'augmentation locale de la température, les vaisseaux sanguins deviennent plus perméables et du plasma s'échappe dans les tissus environnants provoquant un œdème à l'origine de l'excitation des cellules nerveuses, qui sont aussi excitées par les toxines libérées par les Micro-organismes. La réaction inflammatoire est déclenchée par la lésion des **mastocytes** et des granulocytes **basophiles** qui libèrent, entre autres, un vasodilatateur l'histamine. Moins d'une heure après la blessure, les granulocytes **neutrophiles** arrivent sur le site, attirés par les substances libérées par les cellules lésées, puis les **monocytes** qui se transforment en macrophages. Ceux-ci consomment alors les agents pathogènes, mais aussi, les restes des granulocytes neutrophiles, qui sont morts après avoir consommé de nombreux microbes. Les macrophages libèrent aussi, des substances pyrogènes qui sont responsables de la fièvre.

→ ***Pus.***

INFLUX NERVEUX

Neurobiol. - « Message » conduit le long de la fibre nerveuse. C'est une onde de dépolarisation qui voyage le long de la membrane de l'axone. L'énergie pour le déplacement de cette onde ne provient pas du **stimulus**, mais est fournie à mesure que le message avance. En conséquence, la nature du message nerveux n'est pas affectée par l'intensité du stimulus, mais cette dernière code sa fréquence. L'influx nerveux se manifeste par la succession des **potentiels d'action** qui constituent son support physique.

→ ***Conduction saltatoire, Modulation de fréquence.***

INFORMATION *n.f.*

Neurobiol. - Ensemble de données d'origines diverses pouvant être transmis par un signal ou une combinaison de signaux.

INFORMATION DE POSITION

Embryo., Génét. - Ensemble des signaux moléculaires (gradient de concentration, récepteur membranaire, caractéristiques de la matrice extracellulaire) qu'une cellule reçoit en fonction de sa position dans l'embryon et qui conditionne son développement ultérieur.

→ ***Morphogène.***

INFORMATION EXTÉROCEPTIVE

Neurobiol. - Information provenant des récepteurs périphériques (**sensibilité**) qui captent les données dans le milieu extérieur.

INFORMATION GÉNÉTIQUE

Génét. - Ensemble des instructions contenues dans les **gènes** et dans des séquences non codantes fonctionnelles qui assure le développement de l'individu à partir de la cellule-œuf, le fonctionnement individuel de chaque cellule et le fonctionnement intégré des différentes cellules dans l'organisme. Son support moléculaire est l'ADN, mais certains virus (**virus à ARN**) possèdent leur matériel génétique sous forme d'ARN.

INFORMATION INTÉROCEPTIVE

Neurobiol. - Information provenant des récepteurs sensoriels propres aux ligaments, aux muscles, aux os. C'est sur la base des informations perçues par des **fuseaux neuromusculaires** que se déclenche le **réflexe myotatique**.

INFORMATION NOCICEPTIVE

Neurobiol. - Information provenant des récepteurs qui captent les sensations de **douleur**.

→ ***Fibre nociceptive, Substance P.***

INFORMATION PROPRIOCEPTIVE

Neurobiol. - Information provenant des récepteurs sensoriels présents dans les viscères.

INFRALIMINAIRE *adj.*

Neurobiol. - Qui est inférieur à la valeur seuil (syn. Infraliminale).

INFRALIMINALE *adj.*

Neurobiol. - syn. ***Infraliminaire.***

INFUSOIRE *n.f.*

Zool. - Animal unicellulaire, microscopique vivant dans différents liquides (eau de mare...), ce sont des Protozoaires.

INGESTION *n.f.*

Physiol. ani. - Action de mettre dans sa bouche des aliments qui sont conduits dans les voies digestives. On ne confondra pas ingestion et **absorption**.

INHIBINE *n.f.*

Neurobiol. - Hormone glycoprotéique gonadique produite par les **cellules de Sertoli** chez le mâle et par les cellules de la **granulosa** chez la femelle de Mammifères. L'inhibine, sécrétée de manière pulsatile, ralentit spécifiquement la production de la **folliculostimuline** et l'augmentation de la concentration en FSH accroît la production d'inhibine.

→ ***Rétrocontrôle.***

INHIBITEUR *adj.* ou *n.m.*

Neurobiol. - Qui empêche une action de se réaliser.

→ ***Inhibition postsynaptique, Potentiel postsynaptique inhibiteur.***

INHIBITEUR ENZYMATIQUE

Biochim. - Molécule qui diminue la vitesse d'une réaction enzymatique. Il existe plusieurs types d'inhibiteurs enzymatiques parmi lesquels les inhibiteurs compétitifs se caractérisent par une analogie structurale avec le **substrat** et, de ce fait, entrent en compétition avec lui pour se fixer sur le **site actif**.

→ ***Cinétique enzymatique,*** V_{max}.

INHIBITION POSTSYNAPTIQUE

Neurobiol. - Processus par lequel l'augmentation de la fréquence des **potentiels d'action** sur le neurone présynaptique a pour effet d'accroître la quantité de neurotransmetteur inhibiteur libéré, ce qui a pour conséquence de polariser davantage (hyperpolarisation) la membrane postsynaptique rendant de plus en plus difficile la naissance de potentiels d'action postsynaptiques.

→ ***Facilitation.***

INITIALE *n.f.*

Bot. - Cellule des **méristèmes secondaires** qui conserve la capacité de se diviser de manière continue. Une initiale en se divisant donne naissance à deux cellules dont une reste au sein du méristème et l'autre s'en éloigne et se différencie. On distingue les initiales radiales de forme plus ou moins cubique, à l'origine du parenchyme horizontal dans les tissus secondaires, et les initiales fusiformes à partir desquelles se différencient les éléments conducteurs du bois ou **xylème** secondaire et du **phloème** secondaire.

INLANDSIS *n. m.*

Glaciol. - Glacier de grande épaisseur (3 000 m) recouvrant des surfaces continentales importantes près des pôles (Groenland, Islande) ou beaucoup plus au sud lors des phénomènes de **glaciations** (inlandsis fenno-scandinave, inlandsis nord-américain).

INNERVATION RÉCIPROQUE

Neurobiol. - Circuit nerveux dont le fonctionnement entraîne une inhibition des motoneurones innervant un des **muscles antagonistes** dont la contraction aurait pour effet d'empêcher le mouvement désiré réalisé par l'autre muscle. Cette inhibition est due à l'existence d'**interneurones** établissant des synapses inhibitrices avec les motoneurones d'un des muscles.

INNOVATION GÉNÉTIQUE

Évol. - Apparition d'un nouvel **allèle** par mutation, d'un nouveau gène à la suite d'un ***crossing-over**** inégal qui donnera deux **gènes paralogues**, d'une nouvelle régulation à la suite du déplacement d'une séquence régulatrice (insertion)…

INSECTES *n. m. pl.*

Zool. - Subdivision (classe) des **Arthropodes** qui contient plusieurs millions d'espèces. Le corps est divisé en trois parties : la tête porte les organes sensoriels et des pièces buccales bien différenciées, le thorax possède généralement deux paires d'ailes et trois paires de pattes alors que l'abdomen ne possède pas d'appendices locomoteurs. La plupart des Insectes passent par une métamorphose qui transforme la larve en adulte ailé. Les Insectes sont particulièrement bien adaptés à la vie aérienne entre autres par la présence d'une **cuticule** imperméable à l'eau. Les **Collemboles** et les Protoures ne font plus partie des Insectes mais forment un groupe à part.

INSÉMINATION ARTIFICIELLE (IA)

Méd. - Mise en place de manière non naturelle de sperme dans le vagin. Ce sperme peut provenir du conjoint (IAC) ou d'un donneur anonyme (IAD), mais dont les principales caractéristiques sont connues.

INSERT *n. m.*

Génét. - Séquence d'ADN intégrée dans une cellule.

→ ***Gène d'intérêt.***

INSERTION *n. f.*

Génét. - Intégration d'une séquence d'ADN dans un gène ou d'une manière plus générale dans un ADN. Ainsi, un **provirus** ou un **transposon** s'insère dans le génome de son hôte. Il en est de même des gènes **d'intérêt**.

INSULINE *n. f.*

Endocrino. - Hormone polypeptidique provoquant une **hypoglycémie**. L'insuline est synthétisée et sécrétée par les cellules β du pancréas **endocrine**. Son action s'oppose à celle du **glucagon**. L'insuline est la seule hormone hypoglycémiante de l'organisme.

→ ***Diabète, Glycémie, Hyperglycémie.***

INSULINÉMIE *n. f.*

Physiol. ani. - Taux d'**insuline** dans le sang.

→ ***Glucagon, Hyperglycémie.***

INSULINODÉPENDANT *adj.*

Méd. - Caractérise un **diabète sucré** qui peut être traité par injection d'**insuline**.

INSULINORÉSISTANCE *n. f.*

Méd., Physiol. ani. - État d'un sujet dont l'hyperglycémie ne peut être traitée par injection d'insuline. Cette maladie est parfois associée, chez le même patient à l'obésité et au **diabète** non insulinodépendant (DNID). Ces maladies sont liées au récepteur β3-**adrénergique** qui régule l'utilisation au repos des lipides stockés dans l'organisme. Il existe deux formes du récepteur β3; elles correspondent à deux allèles (Arg64, Try64) du gène codant pour la synthèse de ce récepteur du tissu adipeux. L'un des deux allèles (Arg64) réduit au minimum la consommation de graisses qui sont donc stockées. Néanmoins, le fait d'hériter cet allèle, voire de deux, ne constitue pas en soi un facteur déterminant ce type de maladie nutritionnelle mais l'aggrave.

INTÉGRASE *n. f.*

Biochim. - Enzyme produite par des virus comme le **VIH** qui assure l'insertion de l'ADN du **provirus** dans le génome de la cellule infectée.

INTÉGRATION *n. f.*

Neurobiol. - Prise en compte de nombreuses informations et coordination de leurs effets pour assurer le fonctionnement harmonieux d'un organisme.

→ ***Intégration nerveuse, Intégration neurohormonale.***

INTÉGRATION NERVEUSE

Neurobiol. - Processus par lequel un centre nerveux (ganglion, noyaux gris, synapse), recevant un ensemble de messages différents élabore des messages nerveux originaux à l'origine d'une réponse appropriée. Plus précisément, l'intégration nerveuse repose sur la propriété des corps cellulaires des neurones de faire le bilan « algébrique » entre les potentiels postsynaptiques excitateurs et les potentiels postsynaptiques inhibiteurs, et de produire un nouveau message nerveux en réponse à de nombreux potentiels d'action provenant de neurones présynaptiques.

→ ***Sommation spatiale, Sommation temporelle.***

INTÉGRATION NEUROHORMONALE

Endocrino., Neurobiol. - Réponse coordonnée de l'organisme qui s'effectue au moyen de messages de nature nerveuse et hormonale.

INTENSITÉ D'UN SÉISME

Sismo. - Mesure des effets et des dégâts causés par un tremblement de terre sur les populations, les habitations et le paysage. L'échelle d'intensité ou échelle MSK est une échelle arithmétique, graduée de I à XII ; l'intensité du séisme décroît à mesure que l'on s'éloigne de l'**épicentre**. Il ne faut pas confondre l'intensité d'un séisme avec la magnitude (**« échelle » de Richter**) qui est une mesure de l'énergie libérée.

INTENSITÉ PHOTOSYNTHÉTIQUE

Éner., Physiol. vég. - Mesure de l'importance de la **photosynthèse**, c'est-à-dire de la quantité de **matière organique** fabriquée. L'intensité photosynthétique peut être mesurée par la dispari-

Intégration nerveuse

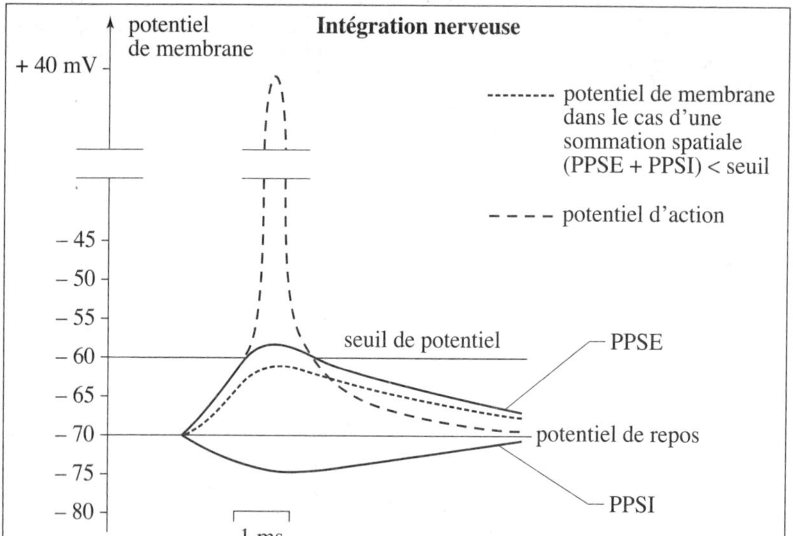

Un motoneurone reçoit à chaque instant des messages nerveux issus de neurones afférents. Ces messages produisent sur la membrane de ses dendrites des potentiels synaptiques inhibiteurs (PPSI) ou excitateurs (PPSE). Ces hyperpolarisations et dépolarisations s'additionnent, il y a sommation spatiale. Si le résultat de cette intégration à un instant donné est supérieur au seuil, il y a alors naissance d'un message nerveux dans le cône axonique (potentiel d'action), dans le cas contraire, il n'y a pas de potentiel d'action.

tion de CO_2 du milieu, par la libération d'O_2 et par l'augmentation de la masse du végétal considéré. L'intensité photosynthétique nette est la quantité de **matière organique** fabriquée par **photosynthèse** à laquelle est retirée celle détruite par la **respiration**.

INTENSITÉ RESPIRATOIRE

Éner. - Volume de dioxygène absorbé par unité de masse et par unité de temps. L'intensité respiratoire permet donc de comparer la consommation de dioxygène pour des tissus différents ou pour des organismes de tailles différentes.

INTERFÉRON *n. m.*

Immuno. - Catégorie de protéines de petite taille produites naturellement par des cellules ou sécrétées à la suite d'une infection virale. Les interférons agissent aussi sur d'autres cellules en empêchant l'entrée des virus. Les interférons inhibent la croissance des cellules tumorales, augmentent les capacités physiologiques des macrophages et stimulent l'action des lymphocytes cytotoxiques.

→ ***Interleukine-6.***

INTERGLACIAIRE *n. m.* ou *adj.*

Glaciol. - Période comprise entre deux **glaciations.** Les interglaciaires sont des périodes au climat plus doux et plus humide qui sont marquées par le recul des glaciers et par la remontée des espèces de climats froids vers le nord. Les estimations des **paléotempératures** ont montré que la température fluctuait pendant ces périodes de redoux.

→ ***Diagramme pollinique, Palynologie.***

INTERLEUKINE (IL) *n. f.*

Immuno. - Catégorie de protéines produites par les différentes cellules du système immunitaire et qui agissent, à distance, sur d'autres cellules de ce même système. On peut considérer les interleukines comme les hormones du système immunitaire.

INTERLEUKINE-1 (IL-1) *n. f.*

Immuno. - Interleukine produite par des **macrophages** activés (c'est-à-dire ayant phagocyté un antigène) et qui déclenche la mise en place des récepteurs à l'interleukine-2 à la surface des lymphocytes T4 et T8.

INTERLEUKINE-2 (IL-2) *n. f.*

Immuno. - Interleukine produite par les **lymphocytes T auxiliaires** à la suite de leur stimulation par l'interleukine-1. L'IL-2 provoque la multiplication des lymphocytes B et T8 et d'eux-mêmes (LTa).

INTERLEUKINE-4 (IL-4) *n. f.*

Immuno. - Interleukine produite par les lymphocytes T4 devenus **lymphocytes T auxiliaires**. L'IL-4 agit sur les lymphocytes B non activés en induisant l'expression et la mise en place des antigènes du CMH de classe II, puis elle stimule leur multiplication et la production d'anticorps par les lymphocytes B devenus plasmocytes (syn. Facteur de stimulation des lymphocytes B).

INTERLEUKINE-6 (IL-6) *n. f.*

Immuno. - Appelée aussi β-interféron, l'IL-6 est une cytokine multifonctionnelle fabriquée par une grande diversité de cellules. L'IL-6 est produite par des fibroblastes et des cellules tumorales. Elle active la production et la sécrétion d'anticorps par les plasmocytes. Elle aurait aussi une activité antivirale.

INTERLEUKINE-7 (IL-7) *n. f.*

Immuno. - Interleukine produite par les cellules dendritiques. L'IL-7 favorise la différenciation des **lymphocytes pro-B** en **lymphocytes pré-B**.

INTERNEURONE *n. m.*

Neurobiol. - Neurone de petite dimension du **système nerveux central**, l'interneurone est situé entre deux neurones. Il permet, dans le cadre d'une innervation réciproque, comme celle de l'arc réflexe myotatique, de bloquer le passage d'un message nerveux issu d'un neurone sensitif vers l'un des motoneurones.

INTÉROCEPTIF *adj.*
Neurobiol. - Qui se rapporte à la **sensibilité profonde**.

INTERPHASE *n.f.*
Biol. cell. - Période du **cycle cellulaire** marquée par la **réplication de l'ADN**, une forte activité métabolique, une croissance cellulaire. L'interphase sépare deux **mitoses** ou précède une **méiose**. Elle se divise en trois périodes : une **phase Gl**, une **phase S** et une **phase G2**.

INTERSEXUÉ *adj.* ou *n. m.*
Biol. - **1.** Organisme présentant des caractéristiques intermédiaires entre un mâle et une femelle typique de l'espèce. **2.** Individu changeant de sexe au cours de sa vie.

→ ***Hermaphrodisme.***

INTERSPÉCIFIQUE *adj.*
Écol. - Qualifie des relations entre des individus appartenant à des **espèces** différentes.

→ ***Compétition.***

INTESTIN *n. m.*
Anat. - Partie du tube digestif qui commence à l'extrémité postérieure de l'estomac (pylore) et se prolonge jusqu'à l'anus. On distingue une partie antérieure ou **intestin grêle** formée par le duodénum, le jéjunum et l'iléon et un **gros intestin** postérieur constitué par le cæcum (appendice), le côlon ascendant, le côlon transverse, le côlon descendant, le côlon sigmoïde, le rectum et l'anus.

INTESTIN GRÊLE *n. m.*
Anat. - Partie antérieure des intestins, l'intestin grêle mesure 6 à 8 m de longueur chez un homme adulte. Son diamètre est de 3 cm dans sa partie antérieure et diminue progressivement pour atteindre 2 cm à la jonction avec le gros intestin. Les nombreux replis, villosités et **microvillosités** que forme sa muqueuse lui donne une surface d'absorption d'environ 550 m^2, soit la superficie d'un court de tennis. Le duodénum est la section la plus courte, c'est l'endroit où débouchent la **vésicule biliaire** et le **pancréas exocrine**, c'est le lieu de digestion, alors que le jéjunum et l'iléon sont principalement des lieux d'absorption.

→ ***Entérocyte.***

INTRASPÉCIFIQUE *adj.*
Écol. - Qualifie des relations entre des individus appartenant à la même **espèce**.

→ ***Compétition.***

INTRON *n. m.*
Génét. - Séquence d'**ADN** transcrite, puis excisée lors de la maturation de l'**ARNpm**. Les introns se situent dans les **gènes morcelés**, ils séparent les **exons**. Dans certains ARNpm, ce ne sont pas les mêmes introns qui sont éliminés. Ainsi, un ARNpm peut donner naissance à plusieurs ARNm différents et donc plusieurs **chaînes polypeptidiques**, il s'agit d'un **épissage alternatif**.

→ ***Excision, Transcription.***

INVERSION *n.f.*
Génét. - Cassure d'un fragment de **chromosome** suivie de son recollement au même endroit, mais en position inversée par rapport à son homologue.

INVERSION DE SEXE
Biol. - Changement de **sexe** au cours de la vie d'un individu. Il s'agit d'un **hermaphrodisme** successif.

INVERSION DES PÔLES

Géol., Géophys. - Changement de place entre le pôle Nord magnétique et le pôle Sud magnétique. Les causes de ces changements sont inconnues, mais on admet qu'ils se sont faits très rapidement. Ces inversions de pôles permettent de définir des périodes de champ magnétique normal (le pôle Nord est du côté du Nord géographique) et des périodes inverses où le Nord magnétique est du côté Sud. Ces inversions ont permis de réaliser une échelle paléomagnétique.

→ ***Migration des pôles, Paléomagnétisme.***

INVERTASE *n.f.*

Biochim. - **Enzyme**, produite par l'intestin, qui hydrolyse le saccharose en fructose et glucose, et le maltose en deux molécules de glucose.

→ ***Digestion, Diholosides.***

INVERTÉBRÉS *n.m.*

Zool. - Ensemble hétérogène d'Animaux qui s'oppose aux Vertébrés par le fait qu'ils ne possèdent pas de squelette interne formé d'os. Les Invertébrés sont représentés principalement par les **Protozoaires**, les différents **Vers**, les **Mollusques** et les **Arthropodes**.

IONISÉ *adj.*

Biochim. - Caractérise une espèce chimique (atome ou molécule) qui a gagné ou perdu un ou plusieurs électrons.

→ ***Oxydé, Réduit.***

IONOSPHÈRE *n.f.*

Astron. - Partie de l'espace qui entoure un corps céleste où se trouve de la matière ionisée. Dans le cas de la Terre : région de l'atmosphère qui se situe entre 80 et 600 km d'altitude.

IPSILATÉRAL *adj.*

Neurobiol. - Situé du même côté du plan de symétrie d'un être vivant.

→ ***Controlatéral.***

IRIDIUM *n.m.*

Astron., Volcano. - Élément rare de la famille de l'or, de l'osmium et du platine. L'iridium est un métal très peu abondant dans les couches superficiell es du globe. La découverte de ce métal en grande quantité dans les sédiments argileux marquant la fin du Crétacé a relancé le débat sur les causes de la disparition des **Dinosaures** et les extinctions de la fin du Secondaire. Comme cet élément est abondant dans des **météorites**, on a supposé qu'un météorite de 10 km de diamètre avait frappé la Terre il y a 65 Ma (cratère de Chicxulub au Mexique de 180 km de diamètre) provoquant un gigantesque cataclysme. La découverte d'iridium dans les laves du Piton de la Fournaise à la Réunion, qui est associé au volcanisme des trapps du Deccan (Inde), a suggéré que ce volcanisme fût responsable du dépôt d'iridium et des événements ayant marqué la fin du Crétacé. Certains chercheurs pensent que les éruptions du Deccan ont commencé 500 000 ans avant le dépôt de l'iridium. Les nouvelles datations des trapps du Deccan montrent que ces éruptions se sont étendues sur 8 Ma. L'étude des minéraux **choqués** et des **magnétites nickélifères** supporte davantage l'hypothèse d'un choc avec une météorite que la présence d'iridium à la limite Crétacé-Paléocène. Compte tenu des incertitudes sur les datations de ces événements et sur la vitesse de la disparition des Dinosaures (entre autres groupes), le débat est loin d'être clos.

IRIS *n.m.*

Anat. - Différenciation antérieure de la choroïde qui fonctionne comme un diaphragme dont l'ouverture, la ***pupille***, est contrôlée par deux muscles antagonistes, le constricteur est à innervation sympathique et le dilatateur est à innervation parasympathique. L'iris sépare la partie antérieure de l'**œil** en une chambre antérieure et une chambre postérieure remplies par l'humeur aqueuse.

IRM

Méd. - Sigle d'Imagerie par Résonance Magnétique. Technique d'exploration de l'intérieur d'un organisme nécessitant le positionnement du sujet dans un champ magnétique intense qui, au moment de l'examen, est perturbé par une onde radio qui provoque la résonance (vibration) des atomes d'hydrogène. À l'interruption de la perturbation, les noyaux d'hydrogène émettent des signaux, recueillis et traités par ordinateur qui donnent une image très précise de l'organe étudié.

IRRADIATION *n.f.*

Génét., Méd. - Exposition d'un être vivant ou d'un matériau quelconque à des radiations porteuses d'énergie qui ont pour effet de détériorer plus ou moins les molécules et plus particulièrement les molécules supports de l'**information génétique**.

→ ***Mutagène, Mutation, Rayonnement.***

ISCHÉMIE *n.f.*

Méd. - Arrêt ou insuffisance de l'apport de sang à un organe.

→ ***Infarctus du myocarde.***

ISOBARE *n.f.* ou *adj.*

Climato. - Ligne d'égale valeur de la pression atmosphérique. On distingue des zones à hautes pressions (anticyclones) et des zones à basses pressions (dépressions). Quand la pression atmosphérique tombe à moins de 970 hPa, la dépression devient un cyclone. Les vents se déplacent entre les anticyclones et les dépressions. Cependant, en raison de la rotation de la Terre, ces vents ne se déplacent pas en ligne droite. Dans l'hémisphère Nord, le vent tourne autour des anticyclones dans le sens des aiguilles d'une montre et autour d'une dépression dans le sens inverse (il en est de même pour les courants marins de surface). En revanche, dans l'hémisphère Sud, les sens de rotation sont inversés. La vitesse des vents est d'autant plus grande que les isobares sont resserrés.

→ ***Circulation atmosphérique.***

ISOCHRONE *n.f.*

Géol. - Courbe reliant les points représentés par des rapports isotopiques $^{87}Sr/^{86}Sr$ et $^{87}Rb/^{86}Sr$ pour différents minéraux issus de la cristallisation d'une même roche magmatique et possédant le même rapport $^{87}Sr/^{86}Sr$ initial. Comme la pente de cette droite vaut $e^{-\lambda t}-1$, $t = \ln(^{87}Rb/^{86}Sr + 1)/\lambda$.

→ ***Datation par le rubidium-strontium.***

ISOENZYME *n.m.*

Biochim. - Enzyme assurant une même fonction mais présentant des propriétés légèrement différentes comme le pH optimum. Les isoenzymes sont codés par des allèles du même gène.

ISOFORMES *adj* ou *n.f.*

Génét. - Protéines de structure proche différant par quelques acides aminés et souvent par des différences d'activité, de fonction et de répartition cellulaire. Les protéines isoformes sont codées par des gènes homologues.

ISOGRADE *adj*

Géol. - Qui est affecté par la même intensité d'un phénomène.

ISOGREFFE *n.f.*

Immuno. - Greffe entre deux individus ayant le même **soi** immunologique.

ISOLEMENT REPRODUCTIF

Évol., Génét. - Propriété d'individus, appartenant à deux **populations** différentes, qui les empêche de se reproduire entre eux lorsque ces deux populations géographiquement isolées reviennent en contact. Cet isolement est dû à l'accumulation de **mutations** différentes entre ces deux populations qui entraîne des divergences (morpho-anatomiques, biochimiques, écologiques, éthologiques...)

rendant la fécondation impossible.

→ ***Espèce, Sous-espèce, Spéciation.***

ISOMÉTRIE *n.f.*

Biol. - Croissance harmonieuse d'un organe par rapport au corps, c'est-à-dire à la même vitesse qu'une référence ou que l'ensemble.

→ ***Allométrie.***

ISOPAQUE *adj.*

Tecto.

→ ***Pli isopaque.***

ISOPIÈZE *n.f.* ou *adj.*

Hydrogéol. - Courbe reliant les points où les **niveaux piézométriques** ont les mêmes valeurs pour une nappe d'eau donnée.

→ ***Piézomètre, Surface piézométrique.***

ISOSÉISTE *n.f.* ou *adj.*

Sismo. - Courbe joignant sur une carte les points où l'**intensité d'un séisme** est identique. Pour une zone ayant été soumise à un séisme, on évalue, au moyen de l'échelle des intensités, l'importance des dégâts que l'on quantifie de I à XII. L'épicentre se trouve dans la surface de la courbe définissant la plus grande intensité.

→ ***« Échelle » de Richter, Magnitude d'un séisme.***

ISOSTASIE *n.f.*

Tecto. - Théorie proposée pour rendre compte du déficit de masse observé à proximité d'une chaîne de montagnes alors que le relief devrait en créer un excès. **1.** Suivant le modèle de Pratt, la densité des montagnes serait d'autant plus faible qu'elles sont élevées. Ainsi, le relief peut alors se découper en colonnes indépendantes de même masse, mais dont les densités et les hauteurs sont variables. Dans ce modèle, c'est à partir de 100 km de profondeur que les différences d'altitude sont compensées par les différences de densité. Ce modèle s'applique, dans son principe à la lithosphère océanique. **2.** En revanche, suivant le modèle d'Airy, les montagnes sont lourdes (en raison de leur altitude) mais de densité constante, mais elles présenteraient une **racine** de même densité, entourée par un milieu plus dense. Suivant le principe d'Archimède, l'enfoncement de ce volume de faible densité provoqué par la surcharge montagneuse est à l'origine du déficit de masse observé. Ainsi, selon ce modèle, plus une montagne est élevée, plus sa racine serait profonde. Néanmoins les données actuelles sur les Pyrénées montrent que la situation n'est pas aussi simple. La formation de la racine est due à la collision continentale. Les modèles de Pratt et d'Airy correspondent à une isostasie locale où les colonnes se comporteraient indépendamment les unes des autres. La théorie de l'isostasie stipule qu'à partir d'une certaine profondeur, la profondeur ou surface de compensation, le milieu est en équilibre hydrostatique (équilibre isostatique), c'est-à-dire que la pression exercée par chaque colonne sus-jacente est égale à la poussée d'Archimède exercée par le manteau lithosphérique sur la surface de chacune d'entre elles. Avec la diminution de la surcharge (érosion, fonte d'une calotte glaciaire), l'épaisseur de la racine diminue à la suite de sa remontée. **3.** Dans le modèle de l'isostasie régionale, c'est la lithosphère (lithosphère mécanique) qui se déforme comme une plaque élastique au-delà de l'aplomb des reliefs.

→ ***R(é)ajustement isostatique.***

ISOTHERME *n.f.* ou *adj.*

Climato. - Ligne qui relie sur une carte les points ayant les mêmes températures pour un mois donné. On remarque souvent que la répartition de certaines espèces est limitée par l'isotherme d'un mois.

→ ***Circulation atmosphérique.***

Tecto., Volcano. - Ligne qui relie sur une carte géologique ou sur une coupe du globe des points ayant la même température.

ISOTONIQUE *adj.*

Physiol. - Qualifie deux compartiments liquidiens qui possèdent le même nombre de molécules en solution, c'est-à-dire qu'ils se caractérisent par la même **pression osmotique**, mais pas nécessairement par la même composition chimique.

→ ***Diffusion, Gradient, Hypertonique, Hypotonique, Osmose.***

ISOTOPE *n. m.*

Phys. - Un élément chimique peut contenir dans son noyau atomique un nombre variable de neutrons. Les isotopes d'un même élément possèdent le même nombre de protons et d'électrons (nombre atomique), répartis sur les mêmes orbitales, ils ont donc exactement les mêmes propriétés chimiques, mais diffèrent par leur nombre de masse (nombre de protons + nombre de neutrons). On distingue des isotopes stables (^{16}O et ^{18}O) et des isotopes instables ou radioactifs (^{14}C) qui se désintègrent en émettant des rayonnements.

→ ***Radioactivité.***

IVG

Méd. - Sigle d'Interruption Volontaire de Grossesse. C'est un **avortement** réalisé légalement, sous contrôle médical, dans certaines conditions qui peuvent dépendre d'un pays à l'autre. En France, l'IVG pour cause non thérapeu-

J, K, L

JACHÈRE *n. f.*
Agric. - Technique culturale qui consiste à laisser une ou plusieurs années de suite un champ sans culture afin que le tapis végétal naturel reconstitue le sol qui a été appauvri par les cultures précédentes.

→ ***Assolement.***

JADÉITE *n. f.*
Minér. - **Pyroxène** vert apparaissant dans le **métamorphisme** de haute pression et basse température. C'est un minéral des **éclogites**.

JÉJUNUM *n. m.*
Anat. - Partie médiane de l'**intestin grêle** qui fait suite au duodénum et se prolonge de manière insensible par l'iléon. C'est dans cette partie que se fait la poursuite de la **digestion** et l'essentiel de l'**absorption** intestinale à la suite de la transformation des aliments en nutriments (acides aminés, oses simples, nucléotides, acides gras, glycérol).

→ ***Entérocyte, Microvillosités.***

JET-STREAM *n. m.*
Climato.

→ ***Courant-jet.***

JONCTION NEUROMUSCULAIRE
Neurobiol. - syn. ***Synapse neuromusculaire.***

JUMEAU *n. m.* ou *adj.*
Zool. - Chacun des deux descendants issus d'une même grossesse. Les faux jumeaux ou jumeaux bivitellins ou dizygotes proviennent de la fécondation simultanée de deux ovules différents par deux spermatozoïdes différents. En revanche, les vrais jumeaux ou jumeaux univitellins ou monozygotes dérivent d'un œuf unique qui s'est clivé naturellement en deux au cours de son développement précoce. Les vrais jumeaux sont donc génétiquement identiques.

JURASSIQUE *n. m.*
Strati.

→ ***Échelle stratigraphique.***

KAOLIN *n. m.*
Pétrol. - Roche argileuse blanche et friable constituée essentiellement d'un **minéral argileux**, la kaolinite. Le kaolin se forme, par altération, sous climat chaud et humide, de roches magmatiques (**granite**) riches en feldspaths potassiques et pauvres en minéraux ferromagnésiens. Le kaolin sert dans la fabrication de certaines porcelaines.

→ ***Argile.***

KAPOSI
Immuno.

→ ***Sarcome de Kaposi.***

KARST *n. m.*
Géomorphol. - Région de Slovénie qui a donné son nom aux reliefs des pays calcaires modelés par l'érosion due à la dissolution du carbonate de calcium par les eaux de pluies chargées de dioxyde de carbone. On distingue un modelé karstique de surface et un modelé karstique de profondeur. Parmi les manifes-

tations de surface, les *lapiez* sont des surfaces creusées de cannelures plus ou moins larges séparées par des arêtes tranchantes, les dolines sont des dépressions circulaires dont le fond est couvert de terre rouge, les avens sont des entrées de gouffre. Les manifestations du modelé karstique en profondeur sont essentiellement des galeries creusées par le réseau hydrographique souterrain qui donnent naissance à des siphons ou à des salles ornées de stalagmites ou de stalactites.

KENYANTHROPUS PLATYOPS *n. m.*

Paléont., Zool. - Hominidé fossile (l'Homme du Kenya à face plate) ayant vécu entre 3,5 et 3,2 Ma dans le nord du Kenya. Cette espèce présente une mosaïque unique de caractères. Son volume crânien (400 à 500 cm^3) le rapproche des Chimpanzés, mais sa face est plate et différente de celle des ***Paranthropus****, et les dents possèdent un émail épais. Cette combinaison de caractères a conduit les auteurs de la découverte à placer cette espèce fossile dans un nouveau genre qui pourrait être l'ancêtre d'***Homo habilis****.

KÉRATINE *n. f.*

Biochim. - Famille de protéines (111 gènes) fibrillaires, contenant de nombreux atomes de soufre, appartenant à la catégorie des filaments intermédiaires. Les kératines sont des molécules synthétisées par les cellules épidermiques des Vertébrés terrestres. Elles sont les constituants principaux des ongles, poils, plumes, écailles. Les kératines sont un élément important de l'adaptation des Reptiles, des Oiseaux et des Mammifères au milieu aérien en limitant les pertes d'eau.

KÉRATINOCYTE *n. m.*

Biol. cell. - Cellule épidermique synthétisant la **kératine** en grande quantité et se chargeant de mélanine par transfert direct effectué par les **mélanocytes**.

KILOBASE (Kb) *n. f.*

Génét. - Unité de mesure de la taille d'une séquence d'ADN. Le kilobase correspond à 1 000 **paires de bases** et mesure 3,4 µm de longueur.

KIMBERLITE *n. f.*

Pétrol., Volcano. - **Péridotite** remplissant des cheminées verticales ; la kimberlite est issue d'une fusion partielle profonde du manteau (200-250 km) et contenant des inclusions diverses sous forme de **xénolites** (diamants, grenats…).

KLINEFELTER

Génét., Méd.

→ ***Syndrome de Klinefelter.***

KNOCK-OUT

Génét. - Inactivation complète d'un gène dans un organisme transgénique.

KNOP

Physiol. vég.

→ ***Liquide de Knop.***

KOMATIITE *n. f.*

Pétrol., Volcano. - Roche volcanique très riche en magnésium présente dans la plupart des **cratons** précambriens où elles forment des coulées plus minces que les basaltes récents. Cette roche serait issue d'une **fusion partielle** importante (40-60 %) du manteau primitif provoquée par une température de 1 600 °C au lieu des 1 300-1 400 °C actuels.

KREBS

Éner.

→ ***Cycle de Krebs.***

KWASHIORKOR *n. m.*

Méd. - Maladie due à un défaut d'alimentation en protéines. Le kwashiorkor apparaît chez le jeune enfant après le sevrage (vers 18 mois à 2 ans) principalement en Afrique, quand le lait est remplacé par une alimentation à base de féculents. L'ensemble des effets de cette carence en protéines se traduit par un retard de croissance, les membres et le ventre gonflés par des œdèmes, des troubles digestifs, de l'apathie, des défauts de pigmentation.

LACTATE *n. m.*
Biochim. - CH_3–CHOH–COO^-. Forme ionisée de l'acide lactique.

LAMARCKISME *n. m.*
Évol. - Théorie explicative des mécanismes de l'évolution proposée par Lamark en 1809 dans sa : «*Philosophie zoologique*». Elle repose sur deux lois. 1re loi : «Dans tout animal qui n'a point dépassé les termes de ses développements, l'emploi plus fréquent et soutenu d'un organe quelconque, fortifie peu à peu cet organe, le développe, l'agrandit, et lui donne une puissance proportionnée à la durée de cet emploi ; tandis que le défaut constant de cet organe, l'affaiblit insensiblement, le détériore, diminue progressivement ses facultés, et finit par le faire disparaître.» 2e loi : «Tout ce que la nature a fait acquérir ou perdre aux individus par l'influence des circonstances où leur race se trouve depuis longtemps exposée et, par conséquent, par l'influence de l'emploi prédominant de cet organe, ou par celle d'un défaut constant d'usage de telle partie ; elle le conserve par la génération aux nouveaux individus qui en proviennent, pourvu que les changements acquis soient communs aux deux sexes, ou à ceux qui ont produit ces nouveaux individus.»

→ ***Darwinisme, Évolution, Théorie synthétique de l'Évolution.***

LAME MINCE
Minér. - Section de roche de 30 µm d'épaisseur montée entre une lame et une lamelle de verre destinée à être étudiée au **microscope polarisant**. La lame permet de visualiser et d'identifier les différents minéraux constitutifs, de déterminer leur proportion et donc d'identifier la roche dont elle est issue.

→ ***Lumière polarisée, Minéralogie.***

LAMELLE MOYENNE
Bot. - Couche composée principalement de **pectine** située entre les deux **parois** de cellules adjacentes. La lamelle moyenne se forme à la fin de la division cellulaire à partir du contenu des vésicules issues de l'appareil de Golgi qui se placent à l'équateur de la cellule (syn. Lamelle mitoyenne).

LAMES LATÉRALES
Anat., Embryo. - Tissu dérivé du **mésoblaste**, se développant de part et d'autre du tube digestif et délimitant une cavité, le cœlome, primitivement remplie de liquide. La lame latérale située dans le plan de symétrie de l'animal est la splanchnopleure qui est à l'origine des muscles lisses et du tissu conjonctif du tube digestif, du cœur et du système circulatoire et d'une partie des gonades. Celle qui est vers l'extérieur est la somatopleure, elle donne naissance au squelette des membres et à une partie du derme.

LANGUE GLACIAIRE
Glaciol. - Avancée d'un glacier dans une vallée.

LAPIEZ *n. m.*
Géomorphol.

→ ***Karst.***

LAPILLI *n. m.*
Volcano.

→ ***Éruption volcanique.***

LARVE *n. f.*
Zool. - Stade de développement post-embryonnaire, immature où l'organisme masque (*larva* = masque en latin) le plan d'organisation de l'animal adulte. La larve se transforme en **imago** par le phénomène de **métamorphose**. Le têtard d'Amphibiens est une larve. Néanmoins, dans certaines conditions, une larve peut être sexuellement mature et de ce fait se reproduire.

→ ***Néoténie.***

LARYNX *n. m.*

Anat. - Partie antérieure élargie de la trachée à son débouché dans la cavité bucco-pharyngienne. Le larynx constitue l'organe de la phonation des Mammifères assurée par la vibration, sous l'action du passage de l'air, de replis de la muqueuse laryngée appelés cordes vocales.

LAURASIE *n. f.*

Paléont., Tecto. - Partie de la **Pangée** constituée, au début du Jurassique, par l'Amérique du Nord, l'Europe et l'Asie. Avec le Gondwana, la Laurasie formait la Pangée.

→ ***Dérive des continents.***

LAVE *n. f.*

Volcano. - Roche en fusion, c'est-à-dire à l'état plus ou moins liquide qui sort de la croûte terrestre et apparaît en surface en un lieu appelé **volcan**. La température d'émission des laves est comprise entre 700 et 1 200 °C. Les laves se caractérisent par la formation de coulées qui s'échappent du volcan à des vitesses plus ou moins élevées, allant de quelques mètres par heure à quelques dizaines de kilomètres par heure. La vitesse de déplacement dépend de la composition chimique, de la température, de la viscosité, de la présence de gaz. Suivant sa composition chimique, la lave se solidifie à des températures comprises entre 700 et 900 °C.

→ ***Éruption volcanique, Magma.***

LAVE EN COUSSINS

Volcano. - syn. ***Lave en oreillers.***

LAVE EN OREILLERS

Volcano. - Lave de nature basaltique, formée sous l'eau, au niveau d'une **dorsale** océanique et dont l'épanchement prend la forme d'une succession de boules. Les laves en oreillers ou en coussins se forment quand du magma basaltique fluide arrive dans l'eau qui, en la refroidissant, solidifie l'extérieur de la coulée qui se fige quelques instants, puis sous l'effet de la pression exercée par la lave fluide sous-jacente continuant d'arriver, la mince croûte solidifiée craque, donnant naissance à un nouvel épanchement qui à son tour se fige, et le cycle continue. Les laves en oreillers forment la surface du plancher océanique (syn. Lave en coussins, *Pillow lava*).

→ ***Ophiolites.***

LAWSONITE *n. f.*

Minér. - **Silicate** hydraté (11 %) contenant du calcium et de l'aluminium. Avec le glaucophane, la lawsonite est un minéral qui caractérise le **métamorphisme** de haute pression et basse température.

LB

Immuno. - Sigle de **Lymphocyte B**.

LÉGUME *n. m.*

Bot. - **1.** Dans le sens commun, le terme de légume désigne n'importe quelle partie d'un végétal (**racine, tige, feuille, fruit**...) qui peut être consommée « salée » ! **2.** Dans le sens botanique traditionnel, un légume est une gousse, c'est-à-dire uniquement le **fruit** sec typique de la famille des **Légumineuses** (Haricots...) qui s'ouvre par deux fentes.

LÉGUMINEUSES *n. f.*

Bot. - Famille de plantes à fleurs qui se caractérise par leur aptitude à établir une **symbiose** racinaire avec des **Bactéries fixatrices d'azote** atmosphérique (*Rhizobium*). Ces plantes peuvent donc se développer sur des sols très pauvres (Acacias dans les zones semi-arides). Certaines, comme les Fabacées (Haricot, Petit pois, Luzerne, Trèfle, Lentille...), présentent un grand intérêt économique, car elles peuvent se développer sans apport de nitrates.

→ ***Légume.***

LEHMAN

Géophys.

→ ***Discontinuité de Lehman.***

LENTICELLE *n. m.*
Bot. - Discontinuité dans le **suber** jeune formant des saillies creuses en forme de boutonnières allongées. En profondeur, les cellules du liège sont séparées par des méats ce qui autorise les échanges gazeux avec les tissus sous-jacents.

→ ***Phellogène.***

LESSIVAGE *n. m.*
Écol., Géol. - Entraînement des substances minérales du sol par les eaux de ruissellement à la suite d'une disparition de la couverture végétale.

→ ***Érosion.***

Pédol. - Entraînement par l'**eau de gravité** des différentes particules minérales et organiques non liées des **horizons** supérieurs des sols vers les horizons inférieurs.

LÉTAL *adj.*
Génét.

→ ***Allèle morbide.***

LEUCÉMIE *n. f.*
Méd. - Cancer touchant les cellules souches des leucocytes (leucoblastes).

LEUCOCYTE *n. m.*
Immuno. Catégories de cellules du système immunitaire qui se sont différenciées en granulocytes, lymphocytes, monocytes, macrophages, plasmocytes et mastocytes (syn. Globule blanc).

LEUCOCYTE CIRCULANT
Immuno. - Leucocyte présent dans les circulations sanguine et lymphatique.

LEUCOCYTE TISSULAIRE
Immuno. - Leucocyte présent dans la lymphe interstitielle et sur les muqueuses.

LEUCOPOÏÈSE *n. f.*
Immuno. - Formation des globules blancs (leucocytes).

LEVAIN *n. m.*
Biol., Microbiol. - Mélange de farine et d'eau dans lequel on a laissé se développer les germes naturellement présents. Ces Micro-organismes comprennent des **Levures** et des Bactéries acidifiantes produisant des acides lactique et acétique.

LEVURE *n. f.*
Microbiol. - Champignon unicellulaire appartenant aux genres *Saccharomyces, Mycoderma, Candida.* Les Levures sont des proches parents de *Neurospora.* Elles sont très abondantes dans les sols, à la surface des plantes, sur les muqueuses. La Levure de bière *Saccharomyces cerevisiae* est l'espèce la plus connue. Son génome a été le premier génome eucaryote à avoir été séquencé (1997), il compte $13 \cdot 10^6$ pb pour une estimation de 6 183 gènes. Les Levures sont largement utilisées comme modèle simple d'organismes. Les cellules de Levures sont ovoïdes et mesurent quelques millièmes de millimètres. Elles sont capables de se reproduire par multiplication asexuée, par un phénomène de bourgeonnement : une petite hernie fait saillie dans laquelle le noyau et du cytoplasme sont enfermés, elle grossit, s'étrangle et finit par se séparer de la cellule mère. La Levure de bière se reproduit aussi de manière sexuée, le noyau entame une **méiose**, des **ascospores** se forment, si elles sont de type sexuel complémentaire, elles fusionneront avec des ascospores d'autres Levures en une nouvelle cellule **diploïde**. Les Levures ont été particulièrement utilisées en **génie génétique** et pour comprendre les facteurs qui déclenchent la division cellulaire. Ce sont elles qui sont à l'origine des **fermentations** alcooliques, lactiques, acétiques utilisées dans l'industrie agro-alimentaire.

LEYDIG
Endocrino.

→ ***Cellule interstitielle de Leydig.***

LH

Endocrino. - Sigle de *Luteinizing Hormone*, l'hormone lutéinisante. Hormone glycoprotéine proche de la folliculostimuline, c'est une gonadostimuline produite par l'antéhypophyse. Chez la femme, sa sécrétion pulsatile est cyclique. C'est un **pic de** ***LH***, produit sous contrôle hypothalamique, qui déclenche l'**ovulation**. Après celle-ci, la *LH* déclenche la transformation du **follicule de De Graaf** en **corps jaune**. Chez l'homme, la *LH* stimule le développement des **cellules interstitielles de Leydig** et la production de testostérone. Le contrôle du taux de *LH* est assuré par un rétrocontrôle des stéroïdes gonadiques et par l'inhibine. Chez l'homme, la testostérone agit en ralentissant la fréquence des pulses de la **GnRH**, ce qui provoque le ralentissement des pulses de *LH*, mais les stéroïdes gonadiques, aussi bien chez l'homme que la femme, ralentissent aussi directement la réponse hypophysaire. Chez la femme, au cours de la **phase folliculaire**, l'**œstradiol**, après une période d'inhibition sur la production des gonadostimulines (**rétrocontrôle négatif**) provoque une sécrétion importante de *LH* et de FSH et une stimulation importante de l'hypothalamus (**rétrocontrôle positif**) qui est à l'origine du pic de *LH*. On remarque que l'augmentation de la fréquence des pulses de GnRH n'est pas nécessaire à l'apparition du pic de *LH*. Puis, durant la **phase lutéale**, la progestérone associée à de l'œstradiol entraîne, par rétrocontrôle négatif, la diminution de la fréquence et de l'amplitude des pulses de la GnRH. En présence de progestérone, le **complexe hypothalamo-hypophysaire** ne réagit pas par un pic de *LH* à une concentration élevée en œstrogènes (syn. Hormone lutéinisante).

→ ***Décharge ovulante.***

LHERZOLITE *n. f.*

Pétrol. - **Péridotite** normale du manteau, exceptionnelle à l'affleurement (étang de Lers dans les Pyrénées, sans h), présente habituellement sous forme d'enclaves dans des basaltes ou dans des roches venant du manteau profond. Les lherzolites contiennent essentiellement de l'**olivine** et des **pyroxènes** (ortho- et clinopyroxènes). Jusqu'à 30 km de profondeur (P < 1 GPa), les lherzolites contiennent aussi des **plagioclases**, entre 30 et 75 km (P > 2-3 GPa) des **spinelles** et au-delà de 75 km (P > 3 GPa) des **grenats**, ces derniers provenant de la transformation des pyroxènes.

LIAISON *n. f.*

Génét. - Tendance pour des allèles parentaux à être hérités en bloc en contradiction avec la **loi de Mendel** de l'assortiment indépendant des allèles parentaux dans les gamètes. Cette tendance est due au fait que les loci considérés sont très proches les uns des autres et que la probabilité de recombinaison est faible. Les gènes sont physiquement liés, ils sont dépendants les uns des autres (syn. Linkage).

→ ***Gènes indépendants, Gènes liés, Groupe de liaison.***

LIAISON DE VAN DER WAALS

Biochim. - Attraction électrostatique faible décroissant très vite avec la distance entre deux atomes. Ces forces de Van der Waals sont très faibles, mais si les molécules ont des surfaces fortement complémentaires la liaison entre elles peut être solide.

LIAISON FAIBLE

Biochim. - Liaison non covalente comme les liaisons de Van der Waals, ioniques en milieu aqueux, hydrogène et hydrophobes.

LIAISON FORTE

Biochim. - Liaison covalente simple, double, triple et peptidique. La liaison ionique est aussi forte qu'une liaison covalente en l'absence d'eau.

LIAISON HYDROGÈNE

Biochim. - Liaison faible de nature électrostatique mais plus forte que la liaison de Van der Waals, entre deux molécules comprenant chacune un atome d'hydrogène et un atome électronégatif. Elle lie par exemple un antigène à son anticorps ou un substrat à son enzyme. Les liaisons hydrogène entre les **bases azotées** de la molécule d'ADN assurent la réunion des deux **brins** complémentaires ; elles participent aussi au maintien de la **structure III** des protéines.

→ ***Feuillet β, Hélice α***

LIAISON HYDROPHOBE

Biochim. - Rapprochement de groupes hydrophobes en solution aqueuse qui permet l'établissement de **liaison de Van der Waals** entre ces groupes qui sont en plus retenus entre eux par les liaisons hydrogène entre les molécules d'eau qui les entourent. Cette situation est souvent appelée effet hydrophobe.

LIAISON IONIQUE

Biochim. - Liaison faible électrostatique entre deux groupements de signes opposés ou entre un anion et un cation.

LIAISON PEPTIDIQUE [CO–NH]

Biochim. - Liaison chimique reliant deux **acides aminés**. La liaison peptidique relie la fonction COOH d'un acide aminé à la fonction NH_2 d'un autre acide aminé avec élimination d'une molécule d'eau. À l'inverse d'une liaison simple, les atomes de carbone et d'azote ne peuvent tourner autour de l'axe de la liaison.

LIBER *n. m.*

Bot. - syn. ***Phloème II.***

LIBÉRINE (*RH*) *n. f.*

Endocrino. - Neurohormone synthétisée et sécrétée par des neurones de l'hypothalamus dans les vaisseaux sanguins irriguant l'**antéhypophyse**. Les libérines sont produites par des populations spécifiques de neurones dont les corps cellulaires se trouvent dans des noyaux de l'**hypothalamus**. Leur rôle est de déclencher la sécrétion de certaines hormones antéhypophysaires (*FSH*, *LH*, *TSH*, *ACTH*...) [syn. Hormone de libération, *RH*].

→ ***Complexe hypothalamo-hypophysaire, Gonadolibérine.***

LICHEN *n. m.*

Bot. - Organisme formé par la **symbiose** entre le **mycélium** d'un Mycète et des **Algues** vertes unicellulaires, ou parfois des Algues bleues. Les Lichens sont capables de pousser sur des substrats nus (rochers, coulées de lave...). Ils utilisent uniquement l'eau atmosphérique et la **matière minérale** présente dans l'atmosphère pour former leur propre **matière organique**. En raison de ces propriétés, ils constituent des végétaux pionniers.

LIÈGE *n. m.*

Bot. - syn. ***Suber.***

LIEN DE PARENTÉ

Évol. - Relation qui unit des groupes par le fait qu'ils possèdent un **ancêtre commun** exclusif. La recherche de parenté implique de trouver le **groupe-frère** et non pas l'ancêtre commun qui est inaccessible. Il s'agit alors de déduire certains des caractères de l'ancêtre à partir de l'étude des **caractères dérivés** qui définit le groupe.

LIGAMENT *n. m.*

Anat. - Tissu conjonctif fibreux attachant les os entre eux ou les organes aux os.

LIGAND *n. m.*

Biochim. - Molécule qui se lie à la surface d'une autre molécule par des liaisons non covalentes et modifie sa structure tridimensionnelle. Un substrat qui se place dans le **site actif** d'une enzyme est parfois considéré comme un ligand bien qu'il soit métabolisé par l'enzyme.

→ *Ajustement induit.*

LIGASE *n. f.*
Biochim., Génét. - **Enzyme** qui rétablit certaines liaisons chimiques aux dépens de l'**hydrolyse** d'**ATP**. Il existe une ligase qui est capable de relier entre eux des **nucléotides** et, de ce fait, « colle » des séquences d'ADN. Les ligases sont très employées en biotechnologie.

LIGNÉE GERMINALE
Génét. - Ensemble des cellules souches des **gamètes** et des différents stades cellulaires correspondant à la formation des gamètes.

→ *Germen, Soma.*

LIGNÉE HUMAINE
Évol., Paléont. - Ensemble des fossiles conduisant de l'ancêtre commun à l'Homme et aux Chimpanzés à l'Homme moderne (*Homo sapiens sapiens*). Pour appartenir à la lignée humaine, il faut que l'espèce possède au moins un des caractères dérivés liés à la **bipédie**.

→ *Hominidés, Hominisation, Homo.*

LIGNEUX *n. m.* ou *adj.*
Bot. - Se dit d'un tissu, d'un organe ou d'une plante qui contient de la **lignine**.

→ *Lignifié.*

LIGNIFIÉ *adj.*
Bot. - Se dit d'un tissu, d'un organe ou d'une plante devenu **ligneux**.

LIGNÉE PURE
Génét. - syn. *Race pure.*

LIGNINE *n. f.*
Biochim., Bot. - Catégories de substances, peu dégradables, non glucidiques résultant de la copolymérisation de 3 alcools aromatiques (monolignols) formés à partir de la phénylalanine (alcools p-hydroxycinnamique, coniférylique, synaptylique). Les lignines sont colorées en jaune, jaune brun et l'**humus** leur doit sa couleur. Les lignines polymérisent dans les **parois** primaires et secondaires à la fin de leur formation dans tous les espaces laissés libres. Elles forment un réseau macromoléculaire tridimensionnel qui établit des liaisons covalentes avec les autres composés de la paroi ce qui améliore la résistance globale et favorise la transmission des contraintes de croissance. Dans la lamelle moyenne, elles assurent la soudure irréversible des cellules entre elles. La synthèse de lignine chez les premiers végétaux vasculaires a ouvert la voie à la conquête du milieu aérien et leur explosion au Carbonifère. Ce matériau hydrophobe et rigide a permis la formation de végétaux à port arborescent capables de transporter l'eau sous tension sur de longues distances des racines aux feuilles.

LIMBE *n. m.*
Bot. - Partie élargie de la **feuille** qui assure la **photosynthèse**.

→ *Parenchyme chlorophyllien pallisadique.*

LIMINAIRE, LIMINAL *adj.*
Physiol. - Relatif au seuil.

LIMON *n. m.*
Sédiment. - Dépôt **détritique** meuble formé par accumulation de particules sédimentaires de petite taille (diamètre inférieur à 62,5 µm) quelles que soient leur nature et leur origine. Un limon déposé par les vents est un lœss.

→ *Sédimentation.*

LINÉARISATION *n. f.*
Génét. - Coupure d'un ADN circulaire en un seul site de restriction permettant son intégration dans un autre ADN coupé par la même enzyme.

LINKAGE *n. m.*
Génét. - syn. ***Liaison.***

LIPASE *n. f.*
Biochim. - Enzyme capable d'hydrolyser les glycérides en acides gras et glycérol. Il existe plusieurs catégories de lipases (pancréatique, cytosolique…).

→ ***Hydrolase.***

LIPIDES *n. m.*
Biochim. - Molécules de structure variée essentiellement formée par du carbone et de l'hydrogène et d'un peu d'oxygène. Tous les lipides se caractérisent par une extrémité hydrophile et une extrémité hydrophobe qui définissent leur orientation par rapport aux molécules d'eau. Les lipides ne sont solubles que dans les solvants organiques (éther, acétone, chloroforme, benzène…). Ils regroupent les **glycérides**, les acides gras, les **stéroïdes**, les phospholipides (contenant aussi du phosphore et de l'azote), les glycolipides, les terpènes.

LIPOGENÈSE *n. f.*
Physiol. ani. - Synthèse d'acides gras et de lipides.

LIPOLYSE *n. f.*
Physiol. ani. - Hydrolyse des lipides soit dans le tube digestif, soit dans les adipocytes par des enzymes spécifiques comme la lipase pancréatique.

LIPOPROTÉINE *n. f.*
Biochim. - Ensemble moléculaire formé par des lipides et des protéines. Les lipoprotéines plasmatiques sont des formes de transports des lipides.

→ ***Cholestérol HDL, Cholestérol LDL, Chylomicrons.***

LIPOSOME *n. m.*
Biol. cell. - Sphère artificielle, de petite taille (quelques microns), délimitée par une membrane (bicouche lipidique) et contenant un liquide aqueux. Les liposomes sont utilisés pour étudier les propriétés des **membranes** biologiques, ou pour délivrer des molécules à des cellules.

LIQUÉFACTION *n. f.*
Phys. - Passage direct d'un corps de l'état de gaz à celui de liquide.

LIQUEUR DE FEHLING
Biochim. - Solution contenant en milieu basique des ions Cu^{2+}. La liqueur de Fehling est utilisée pour caractériser la présence de **sucres réducteurs** qui réduisent le Cu^{2+} de couleur bleue en Cu^{+} de couleur rouge :
$Cu(OH)_2$ + sucre réducteur → 2 CuO + sucre oxydé.

→ ***Oxydoréduction.***

LIQUIDE CÉPHALO-RACHIDIEN
Neurobiol. - Liquide se trouvant à l'intérieur du **système nerveux central** et entre la dure-mère et la pie-mère (méninges). Dans le cerveau, ce liquide occupe des cavités nommées ventricules qui sont dans le prolongement du canal de l'épendyme qui parcourt toute la longueur de la moelle épinière. L'encéphale et la moelle épinière baignent dans ce liquide qui assure un rôle de soutien et d'amortissement des chocs et des vibrations.

LIQUIDE DE KNOP
Physiol. vég. - Solution nutritive standard contenant des ions dont des nitrates de calcium et de potassium, du sulfate de magnésium, du phosphate monopotassique et des traces de chlorure ferrique.

→ ***Culture hors sol.***

LIQUIDE FOLLICULAIRE
Endocrino., Histo.

→ ***Antrum folliculi.***

LIQUIDE MAGMATIQUE
Minér., Volcano. - Phase liquide résiduelle après une **cristallisation fractionnée**.

LIQUIDUS *n. m.*

Minér. - Courbe expérimentale indiquant les conditions de pression et de température dans lesquelles un mélange de roches à l'état liquide commence à contenir des cristaux. Dans les conditions thermodynamiques intermédiaires entre les courbes de *liquidus* et de *solidus*, le mélange a subi une **cristallisation fractionnée**.

⟶ ***Solidus.***

LIT *n. m.*

Sédiment. - Couche sédimentaire de faible épaisseur.

⟶ ***Banc.***

LITHOLOGIE *n. f.*

Pétrol. - Nature des roches constituant une formation géologique.

LITHOSIDÉRITE *n. f.*

Astron. - syn. ***Sidérolite.***

LITHOSPHÈRE *n. f.*

Tecto. - Couche superficielle de la Terre, rigide, d'épaisseur moyenne comprise entre 70 km sous les océans à 200 km, voire 300 sous les **continents**. Suivant l'approche privilégiée, les acceptions sont différentes. Ainsi on distingue : une lithosphère rigide caractérisée par son comportement cassant [1] ; une lithosphère élastique qui réagit par des mouvements verticaux à la suite des variations de charge qu'elle porte [2] ; une lithosphère sismique dont la limite inférieure correspond à un ralentissement des ondes à leur arrivée dans la **LVZ** [3] ; une lithosphère thermique qui marque la limite entre les transferts de chaleur par **convection mantellique** et ceux par conduction (environ 1 300 °C) [4]. La lithosphère est constituée de deux enveloppes de nature chimique différente : la **croûte terrestre** et la partie supérieure du manteau supérieur (= manteau lithosphérique), séparées l'une de l'autre par la **discontinuité de Mohorovičić**. La lithosphère est scindée en une douzaine de plaques mobiles, les **plaques lithosphériques**. Leurs limites horizontales ont été définies par la répartition des séismes qui ont pour origine les frictions qu'exercent les différentes plaques les unes contre les autres et des ceintures volcaniques. La croûte (**plancher océanique**) située sous les océans ou croûte océanique est formée de **basalte** et de **gabbro** sur une épaisseur de moins

Lithosphère

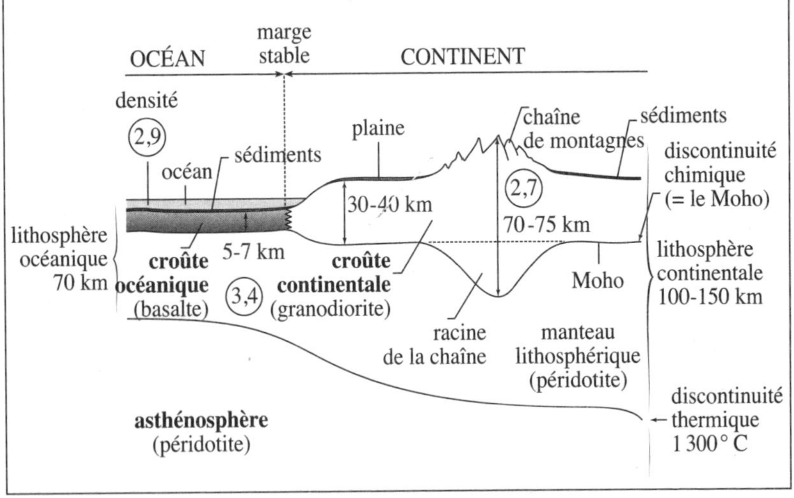

d'une dizaine de kilomètres (densité 2,9). La croûte continentale, constituée essentiellement de **granodiorite**, mesure entre 30 et 40 km sous les continents et jusqu'à 70 km d'épaisseur sous les montagnes (densité 2,7). Sous la croûte se situe le **manteau** supérieur (densité 3,3) qui se distingue de la croûte par sa composition minéralogique (**péridotite**). La base de la lithosphère est définie par une particularité thermique : pour une température de 1 300 °C, les minéraux constitutifs du manteau supérieur fondent en partie (moins de 1 %), ce qui abaisse sa viscosité et permet aux plaques lithosphériques de se déplacer à sa surface. Cette partie visqueuse du manteau supérieur s'appelle l'**asthénosphère** (densité 3,25) et s'étend jusqu'à une profondeur de 400 km.

→ ***Tectonique des plaques.***

LITHOSTRATIGRAPHIE *n. f.*

Strati. - **Stratigraphie** dont le découpage en **strates** est fondé uniquement sur la nature géologique des couches, indépendamment des fossiles qu'elles contiennent.

LITIÈRE *n. f.*

Pédol. - Partie superficielle d'un sol forestier. La litière est constituée par l'accumulation des feuilles mortes, des branches et des différents débris végétaux en décomposition. Sur un profil pédologique, la litière est indiquée par A_0.

→ ***Horizon, Humus.***

LOBE *n. m.*

Anat. - Grande division d'un organe (foie, poumons, cerveau).

LOBE FRONTAL

Neurobiol. - Partie antérieure de chaque hémisphère cérébral limitée postérieurement par la scissure de Rolando et ventralement par la scissure de Sylvius. Le lobe ou cortex frontal est le siège, entre autres, des différentes **aires motrices**.

LOBE OCCIPITAL

Neurobiol. - Partie postérieure de chaque hémisphère cérébral, siège de l'aire visuelle.

LOBE PARIÉTAL

Neurobiol. - Partie latérale supérieure de chaque hémisphère cérébral, délimitée antérieurement par la scissure de Rolando et ventralement par la scissure de Sylvius.

LOBE TEMPORAL

Neurobiol. - Partie latérale inférieure de chaque hémisphère cérébral, limitée en haut par la scissure de Sylvius.

LOBOTOMIE *n. f.*

Neurobiol. - Opération chirurgicale consistant à sectionner certaines fibres nerveuses allant au cortex frontal. Ce type d'opération est utilisé comme traitement de certains troubles psychiques (agressivité, angoisse).

LOCI *n. m.*

Génét. - Pluriel de **locus**.

LOCUS *n. m.*

Génét. - Position du **gène** sur le **chromosome**. Les **cartes génétiques** traduisent la position relative des différents loci sur les chromosomes, les **cartes physiques** indiquent leur position exacte.

LOCUS NIGER *n. m.*

Neurobiol. - **Noyau gris** présent dans le tronc cérébral. Ses neurones contrôlent l'activité d'autres noyaux gris constituant les corps striés. Dans le cas de la maladie de Parkinson, on note un fonctionnement anormal du *locus niger* dont les neurones dopaminergiques sont détruits (syn. Substance noire).

LŒSS *n. m.*

Sédiment. - Dépôt sédimentaire périglaciaire, à grains de diamètre inférieur à 62,5 µm, détritique, friable, pulvérulent, non stratifié. Le lœss provient du transport par le vent de fines particules de quartz, d'argile et de calcaire arrachées à des roches présentes à l'affleurement dans des zones steppiques balayées par le vent durant les périodes froides du Quaternaire où les forêts étaient absentes. Le lœss recouvre environ 10 % des surfaces continentales d'Europe.

→ ***Limon.***

LOG *n. m.*

Géol. - De l'anglais « étalonner », terme à éviter utilisé pour désigner une colonne stratigraphique issue d'une étude régionale ou le résultat d'une **diagraphie**.

LOI BIOGÉNÉTIQUE FONDAMENTALE

Embryo., Évol. - « Loi » proposée par Ernst Haeckel (1859) selon laquelle : l'**ontogenèse** récapitule la **phylogenèse** et la phylogenèse est la cause mécanique de l'ontogenèse. Cette « loi » de **récapitulation** a eu un certain succès au XIXe siècle mais les études embryologiques ont montré ses défauts, notamment sur le fait que l'ontogenèse ne récapitule pas les stades adultes de la phylogenèse comme le supposait Haeckel.

LOI DE HAGEN-POISEUILLE

Physiol. ani. - Loi qui établit la variation de la pression sanguine entre l'entrée et la sortie du réseau vasculaire considéré. Ainsi, la différence de pression est égale au produit du débit cardiaque (fréquence cardiaque × volume d'éjection systolique) par la résistance vasculaire à l'écoulement. La résistance vasculaire est proportionnelle à huit fois la longueur du réseau vasculaire traversé, à la viscosité du liquide et inversement proportionnelle à π et à la puissance 4 du rayon. De ce fait une diminution par 2 du rayon entraîne une augmentation de la résistance vasculaire par 16.

LOI DE HARDY-WEINBERG

Évol., Génét. - Dans une **population** d'effectif considéré comme infini, où les individus se reproduisent au hasard (**panmixie**), en l'absence de migrations, de **mutations** et de sélection naturelle, les **fréquences alléliques** d'un **gène** possédant deux **allèles** (avec $f(A) = p$ et $f(a) = q$) et génotypiques restent constantes d'une **génération** à la suivante. Les **génotypes** se répartissent dans les proportions suivantes : p^2 AA, $2\,pq$ A*a*, q^2 *aa*.

→ ***Équilibre de Hardy-Weinberg.***

LOI DE STEFAN-BOLTZMANN

Astron., Phys.

→ ***Corps noir.***

LOI DE TITIUS-BODE

Astron.

→ ***Ceinture des astéroïdes, Orbite.***

LOI DU TOUT-OU-RIEN

Neurobiol. - Caractéristique d'un neurone dont la réponse électrique, avant que l'excitation ne dépasse la valeur seuil d'excitabilité, est proportionnelle à l'intensité du **stimulus**, mais ne donne pas naissance à des **potentiels d'action** qui se propagent. En revanche, à partir du dépassement de cette valeur seuil, la réponse électrique du neurone n'est plus proportionnelle et se traduit par un train de potentiels d'action d'amplitude constante qui se propage le long de l'axone.

→ ***Modulation d'amplitude, Modulation de fréquence, Sommation spatiale, Sommation temporelle.***

LOIS DE MENDEL

Génét. - Lois qui ont été formulées par Mendel au XIXe siècle à la suite de ses expériences sur les petits pois. Première loi ou loi d'uniformité des **hybrides** de première génération (**F1**) : tous les hybrides de première **génération** sont semblables si les parents étaient de **races pures** ; la seule exception à cette loi concerne les gènes portés par les **hétérochromosomes**. Deuxième loi ou loi de la **disjonction** : les hybrides de la deuxième génération sont différents les uns des autres et, à côté d'individus ayant le même **phénotype** que les parents, on voit apparaître des phénotypes recombinés. Troisième loi ou loi d'indépendance des caractères : dans le croisement de deux individus différant par plusieurs caractères (allèles), les caractères sont indépendants les uns des autres et se retrouvent associés chez les descendants comme s'ils avaient été distribués au hasard. Dans le cas d'un **dihybridisme**, les proportions obtenues en **F2** sont 9/16, 3/16, 3/16, 1/16. Cette loi connaît des exceptions pour les gènes liés.

→ ***Gènes dépendants, Gènes indépendants, Gènes libres.***

LOVE
Sismo.

→ ***Onde de surface.***

LSD
Méd. - Sigle anglais de Diéthylamine de l'acide lysergique. Le *LSD* est obtenu à partir d'un Champignon parasite, l'Ergot de seigle. Sa caractéristique est d'être hallucinogène à la suite d'une action sur les fonctions sensorielles. Sa prise conduit parfois au délire. Les effets sont longs (5 à 12 heures, voire plus). La redescente est parfois très difficile : confusion mentale, angoisse, panique, paranoïa, phobies, délires.

LT
Immuno. - Sigle de **Lymphocyte T**.

LTa
Immuno. - Sigle de **Lymphocyte T auxiliaire**.

LTh
Immuno. - Sigle anglais de ***Lymphocyte* T *helper***.

LT4
Immuno. - Sigle de **Lymphocyte T4**.

LT8
Immuno. - Sigle de **Lymphocyte T8**.

LUCA *n. m.*
Évol. - Sigle anglais de *Last Universal Common Ancestor.* Dernier ancêtre commun universel. Nom donné à l'ancêtre hypothétique commun de tous les Procaryotes, **Archées** et Eubactéries. Cette créature aurait pu être un **hyperthermophile**. En revanche, selon certains auteurs, les Eucaryotes ne descendraient pas de Procaryotes, et LUCA aurait pu être plus complexe que les Bactéries et Archées actuelles.

LUCIFÉRASE *n. f.*
Biochim. - Enzyme catalysant l'oxydation de protéines appelées luciférines, souvent en présence d'ATP et de transporteurs réduits. Cette réaction s'accompagne de l'éjection d'un photon responsable de l'émission de lumière par certains êtres vivants (Ver luisant, Calmar, plancton...).

→ ***Bioluminescence.***

LUDWIG
Neurobiol.

→ ***Nerf de Cyon-Ludwig.***

LUMIÈRE (D'UNE CAVITÉ) *n. f.*
Anat. - Espace interne présent à l'intérieur d'un tube ou d'une cavité d'un organe.

LUMIÈRE NATURELLE
Minér. - Terme employé en minéralogie par opposition à une **lumière polarisée** pour caractériser une lumière dont les vibrations se propagent dans tous les plans.

→ ***Lame mince, Microscope polarisant.***

LUMIÈRE POLARISÉE
Minér. - Lumière dont les ondes ne vibrent rectilignement plus que dans une direction perpendiculaire à la direc-

tion de propagation, après être passées au travers d'un dispositif appelé ***polariseur***. Le même dispositif placé perpendiculairement au précédent empêchera le passage d'une telle lumière, il est dit analyseur. Si, entre le polariseur et l'analyseur, on place une **lame mince**, les minéraux qu'elle contient, vont modifier les caractéristiques de la lumière polarisée, celle-ci peut alors traverser, l'analyseur mais avec disparition de certaines longueurs d'onde. Le minéral prend alors une coloration spécifique en lumière polarisée analysée. En faisant tourner l'analyseur, on obtient quatre positions appelées positions d'extinction où aucune lumière ne passe et quatre positions d'intensité lumineuse maximale.

→ ***Lumière naturelle.***

LUMINOSITÉ *n. f.*

Astron. - Puissance totale rayonnée par un astre dans toutes les directions de l'espace et sur toute l'étendue du spectre électromagnétique (visible et invisible).

LUNE *n. f.*

Astron. - Satellite de la Terre ayant un diamètre moyen de 3 476 km, une densité 3,34 et situé en moyenne à 384 000 km de celle-ci. Sa trajectoire elliptique obéit aux Lois de Kepler ; elle gravite autour de la Terre en 27 jours 7 heures 43 minutes. La faible masse de la Lune n'a pas permis la conservation d'une atmosphère et les écarts de température y sont importants (– 173 à + 117 °C).

LUTÉAL *adj.*

Endocrino. - Qui se rapporte à la seconde phase du cycle menstruel.

→ ***Cycle ovarien, Cycle utérin.***

LUTÉINE *n. f.*

Endocrino. - Pigment jaune du groupe des caroténoïdes présent dans le **corps jaune** ovarien. Ancien nom de la progestérone.

→ ***LH, Phase lutéale.***

LUTÉINISATION *n. f.*

Endocrino. - Transformation du **follicule de De Graaf**, après l'ovulation, en **corps jaune** sécréteur de progestérone.

→ ***Phase lutéale.***

LUTÉOLYSE *n. f.*

Endocrino. - Régression du **corps jaune** si l'ovulation n'a pas été suivie d'une fécondation.

→ ***Phase lutéale.***

LUTITE *n. f.*

Sédiment.

→ ***Granulométrie.***

LUTTE AUTOCIDE

Agric., Écol. - Méthode qui consiste, pour se débarrasser d'une espèce animale nuisible, à libérer dans la nature de très grandes quantités de mâles de la même espèce qui ont été au préalable stérilisés par irradiation. Les accouplements résultant de l'union de ces mâles avec des femelles fertiles conduisent à des œufs non fécondés.

→ ***Mutagène.***

LUTTE BIOLOGIQUE

Agric., Écol. - Méthode de lutte contre les **ravageurs**, les **parasites** nuisibles aux cultures et les espèces vectrices de maladie, fondée sur l'utilisation d'organismes qui sont des prédateurs ou des parasites de l'espèce dont on veut se débarrasser. Ces organismes sont dits auxiliaires.

LUTTE CHIMIQUE

Agric., Écol. - Méthode de défense des cultures fondée sur l'utilisation de produits chimiques (**pesticides**) pour se débarrasser d'êtres vivants que l'on considère comme nuisibles (ravageurs des cultures, moustiques…).

LUTTE INTÉGRÉE

Agric., Écol. - Méthode de défense des cultures fondée sur l'utilisation harmonieuse de différentes méthodes 1de lutte (**lutte biologique**, **lutte chimique**,...), tout en appliquant de plus faibles doses de pesticides compatibles avec l'emploi d'organismes auxiliaires.

LVZ

Sismo. - Sigle anglais de *Low Velocity Zone*, c'est-à-dire zone à faible vitesse de propagation des ondes. La *LVZ*, située à une profondeur moyenne de 100 à 250 km, est une zone de ralentissement des ondes au sommet de l'**asthénosphère**. Ce ralentissement est interprété comme résultant d'une fusion partielle (moins de 1 %) des **péridotites** du **manteau** supérieur pour une température de 1 300 °C, cette zone est ainsi moins rigide et favorise donc le déplacement des **plaques lithosphériques** susjacentes. Il semble que cette fusion corresponde à l'apparition d'un mince film liquide entre les cristaux de la péridotite à l'origine du ralentissement des ondes.

LYMPHADÉNOPATHIE *n. f.*

Immuno. - Gonflement des **ganglions lymphatiques** à la suite de la prolifération des différents leucocytes.

LYMPHE *n. f.*

Physiol. ani. Liquide baignant tous les espaces intercellulaires. La lymphe est drainée par les vaisseaux lymphatiques qui sont en communication avec le sang au niveau des tissus lymphoïdes. Elle a la même composition que le **plasma**.

LYMPHOCYTE *n. m.*

Immuno. - Une des catégories de leucocytes. Les lymphocytes sont présents en grand nombre dans les tissus lymphoïdes (lymphe, sang). Il existe deux grandes catégories fonctionnelles, les **lymphocytes B** (LB) et les **lymphocytes T** (LT). Ces deux catégories participent à la **réponse immunitaire spécifique**. En revanche, les cellules tueuses naturelles sont des lymphocytes qui participent à une réponse immunitaire non-spécifique en s'attaquant principalement aux cellules cancéreuses.

LYMPHOCYTE ACTIVÉ

Immuno. - Lymphocyte ayant été au contact d'un antigène soluble ou du soi modifié présenté par une CPA et qui se multiplie et se différencie en réponse à ce contact.

→ ***Lymphocyte B activé, Lymphocyte T activé.***

LYMPHOCYTE AUTORÉACTIF

Immuno. - Lymphocyte capable de se lier avec un antigène du soi (LB) ou avec le soi immunologique (LT).

→ ***Maladie auto-immune.***

LYMPHOCYTE B (LB)

Immuno. - Petit lymphocyte spécialisé dans la production d'**immunoglobulines** qui se différencie d'abord dans le foie fœtal, puis dans la **moelle** osseuse (B vient de Bourse de Fabricius où se différencient ces lymphocytes chez les Oiseaux). Cette cellule passe par plusieurs stades de différenciation (lymphocyte pro-B, lymphocyte pré-B, lymphocyte B immature, lymphocyte B mature) au cours desquels se fait le réarrangement des **gènes des immunoglobulines** (syn. Cellule B).

→ ***Plasmocyte.***

LYMPHOCYTE B ACTIVÉ

Immuno. - **Lymphocyte B mature** ayant fixé un antigène sur ses immunoglobulines membranaires (récepteurs B). À la suite de ce contact, le lymphocyte B se multiplie et donne naissance à un clone. Il produit de plus en plus d'**IgG** (anticorps solubles) et de moins en moins d'IgD et d'IgM (anticorps membranaires). Il y a alors eu **commutation de classes**, le lymphocyte B devient un **plasmocyte** sécréteur d'IgG ayant le même site de fixation du déterminant antigénique que le lymphocyte B mature dont il est issu. Certains lymphocytes B matures deviennent des cellules mémoire qui survivent plusieurs mois, voire plusieurs années, après le contact avec l'antigène.

→ ***Lymphocyte mémoire.***

LYMPHOCYTE B IMMATURE

Immuno. - Troisième étape de la maturation d'un **lymphocyte B** qui se caractérise par le réarrangement des gènes des **chaînes légères** d'immunoglobulines. Ces gènes sont alors transcrits et les chaînes légères s'associent aux **chaînes lourdes**. L'ensemble, constituant le **récepteur B**, est alors exporté vers la membrane plasmique. Cependant, ces lymphocytes ne prolifèrent pas encore en réponse à la fixation de l'antigène complémentaire des récepteurs antigéniques des immunoglobulines membranaires. Ils sont immatures et se trouvent encore dans la moelle osseuse.

→ ***Gènes des immunoglobulines, Lymphocyte B mature, Lymphocyte pré-B, Lymphocyte pro-B, Maturation des lymphocytes.***

LYMPHOCYTE B MATURE

Immuno. - Quatrième étape de la maturation d'un lymphocyte B. Les lymphocytes B élaborés dans la moelle osseuse gagnent les tissus lymphoïdes périphériques et le sang. Les lymphocytes B matures produisent alors deux types d'immunoglobulines membranaires : les IgD et les IgM qui ne diffèrent que par la région constante de leurs **chaînes lourdes**, ces immunoglobulines constituent leurs **récepteurs** B. Un lymphocyte B donné n'exprime qu'un seul type d'anticorps membranaires. Les lymphocytes B, après avoir été activés, en réponse à la lymphokine libérée par les LTa, se multiplient et se différencient en **plasmocytes** (ou en lymphocytes B mémoire) sécréteurs d'un type d'anticorps dont les sites de fixation des déterminants antigéniques sont identiques à ceux des récepteurs membranaires du lymphocyte B sélectionné. Les LB se comportent aussi comme cellule présentatrice d'antigènes, ils captent les antigènes s'étant fixés sur leurs anticorps membranaires, les internalisent, les transforment et les associent aux antigènes du CMH de classe II. Ils présentent directement cet ensemble aux LT4 qui deviennent alors activés, sécrètent des interleukines et se transforment en **lymphocytes T auxiliaires**.

→ ***Lymphocyte B, Lymphocyte B immature, Lymphocyte pré-B, Lymphocyte pro-B, Maturation des lymphocytes.***

LYMPHOCYTE MÉMOIRE

Immuno. - Lymphocyte B ou T4 à longue durée de vie qui se multiplie peu après avoir été activé et qui n'achève pas sa différenciation. Les lymphocytes mémoire ressemblent aux lymphocytes B qui n'ont jamais rencontré leur antigène. Bien qu'ils conservent les mêmes récepteurs, les lymphocytes B mémoire améliorent l'efficacité des anticorps qu'ils sécrètent. Les différentes mutations que subissent les **gènes des immunoglobulines** peuvent augmenter l'affinité de l'anticorps pour le déterminant antigénique et donc l'efficacité de la réponse. De plus, les lymphocytes B mémoire, réactivés, produisent leurs anticorps en sept jours alors que douze sont nécessaires pour les LB qui viennent d'être activés. Les lymphocytes mémoire sont à la base de la **réponse immunitaire secondaire**.

→ ***Mémoire immunitaire.***

LYMPHOCYTE NAÏF, VIERGE

Immuno. - **Lymphocyte** B ou T qui ne s'est jamais lié à l'**épitope** spécifique de son **récepteur B** ou au soi-modifié dont son **récepteur T** est complémentaire.

LYMPHOCYTE PRÉ-B

Immuno. - Deuxième étape de la différenciation d'un **lymphocyte B**. Le lymphocyte pré-B se caractérise par l'apparition dans son cytoplasme de **chaînes lourdes** d'immunoglobulines à la suite de la recombinaison des gènes des chaînes lourdes. Il ne présente pas encore d'immunoglobulines membranaires, car les gènes codant pour les chaînes légères ne se sont pas encore réarrangés. De ce fait, les lymphocytes pré-B sont incapables de reconnaître un antigène. Ils ne se rencontrent que dans le foie fœtal et la moelle osseuse. L'étape suivante de différenciation conduit au lymphocyte B immature.

→ ***Gènes des immunoglobulines, Lymphocyte B, Maturation des lymphocytes.***

LYMPHOCYTE PRO-B

Immuno. - Première étape de la différenciation des **lymphocytes B**, à partir des cellules souches lymphoïdes. La formation des lymphocytes pro-B se déroule dans la rate et le foie chez le fœtus et dans la moelle osseuse chez l'adulte. Les lymphocytes pro-B se divisent en réponse à la fixation d'**interleukine-7** libérée par les cellules stromales. Les gènes des immunoglobulines ne sont pas encore réarrangés. L'étape suivante de différenciation conduit au lymphocyte pré-B.

→ ***Maturation des lymphocytes.***

LYMPHOCYTE T (LT)

Immuno. - Catégorie de lymphocytes qui se différencient dans le **thymus** (T pour thymus) et qui se trouvent dans les **organes lymphoïdes périphériques** et dans le sang ; ils interviennent dans les réactions immunitaires à médiation cellulaire et aident à la production des anticorps par les **lymphocytes B**. Les lymphocytes T qui possèdent des récepteurs T spécifiques ne réagissent qu'à des déterminants antigéniques présentés avec les antigènes du CMH (= **soi modifié**). Les lymphocytes T se divisent en deux catégories, les **lymphocytes T4** qui se transforment en lymphocytes T auxiliaires après activation et les **lymphocytes T8** qui deviennent des lymphocytes cytotoxiques. Les lymphocytes T passent par des stades de différenciation qui sont moins connus que ceux des lymphocytes B. Il existe aussi des lymphocytes T appelés K (*Killer*) et NK (*Natural Killer*) qui ont une activité cytotoxique, mais dont les modalités d'action diffèrent des **lymphocytes T cytotoxiques** (syn. Cellule T).

→ ***Lymphocyte T immature, Lymphocyte T mature, Thymocyte.***

LYMPHOCYTE T ACTIVÉ

Immuno. - Lymphocyte T mature ayant établi une liaison avec une **CPA** présentant du soi modifié complémentaire de son type de **récepteur T**. Suivant le corécepteur CD4 ou CD8 que possède ce lymphocyte, il se multiplie et se différencie en **LT auxiliaire** ou **LT cytotoxique**.

→ ***Activation des lymphocytes.***

LYMPHOCYTE T AUXILIAIRE (LTa)

Immuno. - Lymphocyte T qui provient de l'activation d'un **lymphocyte T4**. Les lymphocytes T4 sont activés par des **cellules présentatrices d'antigènes** (macrophages...). Ils forment un clone dont toutes les cellules possèdent à leur surface le même récepteur membranaire (**récepteur T**) au **soi modifié**. Ils sécrètent entre autres de l'IL-2 qui entraîne la prolifération des lymphocytes B avec qui ils se sont liés et des lymphocytes T8. Ils sont la clé de voûte de la réponse immunitaire. Ce sont ces lymphocytes qui sont les cibles privilégiées du **VIH**, car le récepteur CD4 possède une forme complémentaire d'une des protéines de surface du VIH (syn. Lymphocyte T *helper*).

LYMPHOCYTE T CYTOLYTIQUE (LTc)

Immuno. - syn. ***Lymphocyte T cytotoxique.***

LYMPHOCYTE T CYTOTOXIQUE (LTc)

Immuno. - Lymphocyte effecteur de la réponse immunitaire à médiation cellulaire. Les lymphocytes T cytotoxiques proviennent de la différenciation des LT8 qui ont été activés par contact avec les cellules présentatrices d'antigènes (soi modifié), mais aussi par l'IL-1 sécrétée par les macrophages infectés et l'IL-2 sécrétée par les LTa. Les LT cytotoxiques se fixent par leurs récepteurs membranaires spécifiques (**récepteur T**) aux cellules possédant le **soi modifié** (cellules infectées, cellules cancéreuses, cellules mutées) complémentaire de leurs récepteurs. Ce contact provoque, de la part du LTc, l'exocytose des granules de cytolyse contenant des protéines, les **perforines**. Les perforines se polymérisent, s'enchâssent dans la membrane de la cellule à détruire et forment un canal transmembranaire par lequel l'eau entre, ce qui provoque son éclatement. Certains LTc libèrent des molécules qui déclenchent l'apoptose de la cellule à détruire (syn. Lymphocyte T cytolytique, Lymphocyte tueur).

→ ***Complexe d'attaque membranaire, Cytotoxicité, Granzyme.***

LYMPHOCYTE T *HELPER* (*LTh*)

Immuno. - syn. ***Lymphocyte T auxiliaire.***

LYMPHOCYTE T IMMATURE

Immuno. - Population de lymphocytes T qui exprime une très grande diversité de **récepteurs T** sur lesquels se fixe le **soi modifié**. Les lymphocytes T immatures sont localisés dans le cortex du thymus où ils prennent le nom de thymocytes. Les récepteurs (**récepteur T**) des lymphocytes T immatures sont formés par deux chaînes appelées α et β qui présentent de nombreuses homologies avec les chaînes des immunoglobulines. Leur fabrication fait appel à des mécanismes génétiques comparables à ceux observés chez les lymphocytes B. Cependant, bien que les gènes correspondant aux chaînes α et β du récepteur T soient réarrangés, celui-ci n'est toujours pas synthétisé. En plus des récepteurs T, les lymphocytes T immatures possèdent à la fois les corécepteurs CD4 et CD8, puis à mesure de leur différenciation, ils n'en expriment plus qu'un seul, ce qui conduit à deux sous-populations les **lymphocytes T4** et les **lymphocytes T8** et le récepteur T est exprimé à la surface en plus ou moins grande quantité. À partir de ce stade de différenciation, les LT immatures cessent de se multiplier. Quand ces LT immatures ne reconnaissent aucun des antigènes du CMH, ils sont inutiles et ils meurent au bout de trois jours. Quand ils reconnaissent (se lient à) un **auto-antigène** associé aux antigènes du CMH, ils sont alors dangereux, car ils peuvent attaquer le **soi**, ils sont alors détruits. S'ils ne reconnaissent que les (ne se lient qu'aux) antigènes du CMH, en l'absence de tout antigène du soi, ces LT immatures sont conservés (sélectionnés) et pourront se différencier. S'ils expriment CD4 sur leur membrane, ils se lient aux cellules ayant les antigènes du CMH de classe II et deviendront **lymphocytes T auxiliaires**, s'ils expriment CD8, ils deviendront des **lymphocytes T cytotoxiques**.

→ ***Apprentissage du soi, Délétion clonale, Lymphocyte T mature, Maturation des lymphocytes.***

LYMPHOCYTE T MATURE

Immuno. - Lymphocyte T qui a achevé sa différenciation dans la partie centrale (médulla) du **thymus**. Les lymphocytes T matures possèdent des récepteurs spécifiques (**récepteurs T**) à un type de **soi modifié**. Leurs différentes modalités d'action et leurs marqueurs membranaires spécifiques permettent de définir deux groupes principaux, les LT4 et les LT8. Les lymphocytes T4 se lient par leurs récepteurs T aux CPA présentant les peptides étrangers associés à des antigènes du CMH de classe II. Ils sont alors activés, se multiplient et sécrètent de l'interleukine-2 et de l'interleukine-4. Elles stimulent la division des LB qui se transforment soit en lymphocytes B mémoire, soit en plasmocytes. Certains LT4 se transforment en LT4 mémoire. Les LTa activent par l'IL-2 qu'ils sécrètent les **lymphocytes T8**. Les lymphocytes T8 se lient aux CPA présentant les antigènes étrangers associés aux antigènes du CMH de classe I. Ils sont alors activés, se divisent et se transforment en **lymphocytes T cytotoxiques** qui sont les effecteurs de la réponse à médiation cellulaire.

→ ***Maturation des lymphocytes, Thymocyte mature.***

LYMPHOCYTE T SUPPRESSEUR

Immuno. - Lymphocyte T qui modulerait la réponse immunitaire. Les observations récentes ne suggèrent plus l'existence d'une catégorie spéciale de LT dont les effets seraient d'arrêter la réponse immunitaire. Néanmoins, il semblerait que les différentes catégories de lymphocytes puissent avoir, à un moment donné de leur existence, des fonctions inhibitrices sur les autres cellules du système immunitaire.

LYMPHOCYTE T4 (LT4)

Immuno. - Lymphocyte T présent dans les organes lymphoïdes périphériques. Les lymphocytes T4 sont caractérisés par la possession du marqueur membranaire CD4 (appelé aussi T4). Ils possèdent à leur surface des récepteurs spécifiques (**récepteurs T**), uniques pour un LT4 donné, du **soi modifié** présenté par les CPA. Le contact avec la CPA présentant un peptide antigénique associé à des antigènes du CMH de classe II produit son activation. Le LT4 se multiplie alors et donne naissance à un clone de lymphocytes T exprimant, à la surface de leur membrane, le même récepteur T. Ces LT4 deviennent des **lymphocytes T auxiliaires** qui interagissent par contact et par la production d'**interleukine** (IL-2, IL-4) avec les autres cellules du système immunitaire ou deviennent des LT4 mémoire.

→ ***Sida, VIH.***

LYMPHOCYTE T8 (LT8)

Immuno. - Lymphocyte T caractérisé par la possession du marqueur membranaire CD8. Les lymphocytes T8 possèdent à leur surface des récepteurs spécifiques (**récepteurs T**), uniques pour un LT8 donné, du **soi modifié** présenté par les CPA. Ils sont activés par la liaison avec des CPA qui présentent des peptides antigéniques associés aux antigènes du CMH de classe I complémentaire de leur récepteur T. Leur activation conduit à leur multiplication (sous l'effet de l'IL-2 sécrétée par les **lymphocytes Ta**) et à leur différenciation en lymphocytes T cytotoxiques.

LYMPHOCYTE TUEUR

Immuno. - syn. ***Lymphocyte T cytotoxique.***

(On évitera l'emploi de ce terme qui prête à confusion avec les **cellules naturelles tueuses**).

LYMPHOCYTE VIERGE

Immuno. - Lymphocyte B ou T qui n'a pas rencontré son **déterminant antigénique** (LB) ou son **soi modifié** (LT) spécifique de leur récepteur B ou de leur récepteur T.

LYMPHOÏDE *adj.*

Immuno. - Qui se rapporte aux lymphocytes.

→ ***Cellules souches lymphoïdes.***

LYMPHOKINE *n. f.*

Immuno. - Peptide (cytokine) produit et sécrété par les **lymphocytes T activés**. Les lymphokines ont une grande diversité d'effets parmi lesquels la prolifération et la différenciation des autres cellules du système immunitaire. Les **interleukines** et l'interféron gamma sont des lymphokines.

LYMPHOME *n. m.*

Méd. - **Tumeur**, souvent maligne, des tissus **lymphoïdes**.

LYMPHOPOÏÈSE *n. f.*

Immuno. - Phase de production et de différenciation des **lymphocytes B** en l'absence d'antigènes.

LYSE *n. f.*

Biol. cell., Immuno. - Destruction d'une cellule par un choc osmotique. Les lymphocytes T cytolytiques insèrent dans la membrane des cellules à détruire des protéines (**perforines**) qui forment un canal d'entrée pour l'eau. Le milieu intracellulaire étant hypertonique par rapport au milieu extracellulaire, la cellule éclate sous la pression de l'eau. De même, les protéines tardives du complément se fixent dans la membrane des cellules à détruire et constituent un canal par lequel l'eau entre dans la cellule.

→ ***Complexe d'attaque membranaire, Lymphocyte T cytotoxique, Osmose.***

LYSOSOME *n. m.*

Biol. cell. - Vésicule intracytoplasmique contenant des enzymes digestives. Ces vésicules, fabriquées par les dictyosomes, sont nommées les lysosomes I ; quand elles fusionnent avec une vacuole d'endocytose, la vacuole ainsi formée devient un lysosome II.

LYSOZYME *n. m.*

Biochim. - Enzyme très répandue particulièrement dans les sécrétions des Animaux (larmes…), dans le blanc d'œuf, chez certains Micro-organismes. Le lysozyme casse les liaisons glycosidiques des mucopeptides et des mucopolysaccharides de la paroi des Bactéries.

M

Ma

Géol. - Sigle de Million d'années.

MACLE *n. f.*

Minér. - Groupement de deux ou plusieurs cristaux de même nature dont l'orientation obéit à des lois géométriques bien précises, conditionnées par la symétrie du réseau cristallin.

→ ***Cristal.***

MACRO-ÉLÉMENT *n. m.*

Biochim. - Élément minéral intervenant en grande quantité dans la nutrition d'un végétal. Les macro-éléments sont le carbone, l'hydrogène, l'oxygène et l'azote.

→ ***Oligo-élément.***

MACROFAUNE *n. f.*

Zool. - Animaux vivant dans le sol dont la taille est comprise entre 4 et 80 mm. Les **Vers** de terre, les **Insectes** et leurs larves et les **Mille-pattes** sont les principaux représentants de la macrofaune du sol.

→ ***Mégafaune, Mésofaune, Microfaune.***

MACROFOSSILE *n. m.*

Paléont. - Fossile dont les principales caractéristiques peuvent s'étudier à l'œil nu.

→ ***Fossile, Microfossile, Nanofossile.***

MACROMOLÉCULE *n. f.*

Biochim. - **Polymère** dont le poids moléculaire est compris entre 10 000 et 1 000 000 de daltons, qui est formé par l'association de molécules simples appelées monomères : **acides nucléiques** (polymères de nucléotides), **protéines** (polymères d'acides aminés), **polyholosides**. Les **lipides** ne sont pas considérés comme des macromolécules.

MACROPHAGE *n. m.*

Immuno. - Cellule qui provient de la transformation d'un **monocyte** dans les tissus. Les macrophages interviennent d'abord comme des cellules phagocytaires non spécifiques. Ils ont une durée de vie assez longue (plusieurs mois). Certains résident en permanence dans les tissus conjonctifs (foie, poumons), ils sont particulièrement nombreux dans les **ganglions lymphatiques**, la **rate**, en fait là où ils rencontrent les agents pathogènes. Les macrophages expriment à leur surface aussi bien les antigènes du CMH de classe I que de classe II. Ils pratiquent la **phagocytose**, à l'aide de leurs pseudopodes, des antigènes (étrangers ou non) et les présentent après découpage en petits peptides (**déterminants antigéniques**), associés aux antigènes du CMH de classe II, aux **lymphocytes T4**, et associés aux antigènes de classe I aux **lymphocytes T8**. Ce sont des **cellules présentatrices d'antigènes** (CPA). Les macrophages interviennent comme effecteurs de la réponse immunitaire en phagocytant les **complexes immuns** et les débris cellulaires provenant de la réponse immunitaire spécifique ou non spécifique.

→ ***Activation des macrophages, Inflammation, Macrophage infecté.***

MACROPHAGE INFECTÉ

Immuno. - Macrophage ayant ingéré, par **phagocytose**, un agent pathogène. L'agent pathogène peut : rester à l'état latent dans la cellule [l], tuer la cellule [2], être détruit par la cellule, et les peptides antigéniques produits, associés aux antigènes du CMH, sont exportés à la surface de la membrane [3] ; le macrophage devient alors une **cellule présentatrice d'antigènes** qui déclenche une **réponse immunitaire spécifique**. Ainsi, certaines Bactéries ont développé des capsules qui empêchent les macrophages de les phagocyter, d'autres ont acquis une résistance à leurs enzymes lytiques qui leur permet parfois de se reproduire à l'intérieur du macrophage. La possession de ces caractéristiques explique en partie pourquoi un Micro-organisme est pathogène alors qu'un autre ne l'est pas.

→ ***Activation des macrophages, Aide à la phagocytose, MAF.***

MACROPOROSITÉ *n. f.*

Pédol. - Volume situé entre les particules d'un sol qui peut être occupé par de l'eau qui peut s'écouler sous son propre poids. Cette eau non retenue dans le sol constitue l'eau de gravité.

MAF

Immuno. - Sigle anglais de *Macrophage Activating Factor*, facteur d'**activation des macrophages**. Le *MAF* est produit par les **lymphocytes T auxiliaires** et active les macrophages.

MAFIQUE *adj.*

Pétrol. - Se dit d'une roche qui contient des **minéraux ferromagnésiens** comme l'**olivine** et les pyroxènes (dérivé de magnésium et fer).

MAGDALÉNIEN *n. m.* ou *adj.*

Préhist. - Dernière culture préhistorique du **Paléolithique supérieur**, le Magdalénien (17 000-10 000 ans), décrit de la grotte de la Madeleine en Dordogne, se caractérise par un usage de plus en plus important de l'os qui devient travaillé et éventuellement orné de représentation animale. Les grottes sont couvertes de bas reliefs, de gravures et de peintures. *Homo sapiens sapiens* est le réalisateur de cette culture.

MAGMA *n. m.*

Tecto., Volcano. - Bouillie cristalline plus ou moins visqueuse ayant une température, en général, supérieure à 600 °C qui, en se refroidissant et en se solidifiant donne naissance à des roches, appelées **roches magmatiques**. Suivant la vitesse de refroidissement de ce liquide, on distingue des roches (magmatiques) plutoniques quand le refroidissement se fait lentement au cours de la remontée du magma et donne naissance à des **roches grenues**, et des roches (magmatiques) volcaniques ou effusives quand le refroidissement se fait rapidement à la surface et donne des **roches microlitiques**. Le magma prend naissance à des profondeurs différentes : limite entre la lithosphère et l'asthénosphère (dorsales) [1] ; zone profonde du manteau à la limite du noyau externe (panache) [2] ; fusion de roches crustales préexistantes (magma d'anatexie) [3], fusion de croûte océanique et de manteau supérieur dans une zone de subduction [4]. Suivant la composition chimique du magma, on distingue des magmas granitiques qui ont une composition minéralogique voisine de celle des continents, ils se caractérisent par leur richesse en silice et en éléments **incompatibles**, ainsi que par leur viscosité élevée et des magmas basaltiques, pauvres en silice, très fluides et de composition chimique moyenne proche de celle des basaltes océaniques. Les magmas basaltiques sont caractéristiques des zones de dorsales et de points chauds alors que les magmas granitiques sont typiques des zones de **subduction** et de **collision**.

MAGMA PRIMAIRE *n. f.*

Pétrol., Volcano. - Magma provenant de la fusion partielle du manteau supérieur et qui n'a pas encore subi de modifications soit par cristallisation fractionnée, soit par contamination. Les différenciations successives d'un magma primaire sont à l'origine des **séries volcaniques**.

MAGNÉSIO(-)WÜSTITE *n. f.*

Pétrol. - Oxyde ferro-magnésien (Mg, Fe)O existant dans le manteau inférieur au-delà de 670 km et de 1 600 °C, qui provient de la transformation de l'olivine à structure de **spinelle** accompagnée de la formation d'un silicate ferromagnésien à structure de **pérovskite**.

MAGNÉTISME *n. m.*

Géophys., Phys. - Propriété que possède un corps, appelé aimant, d'attirer le fer. Les forces d'attraction qu'exerce ce corps définissent un champ magnétique.

→ ***Champ magnétique terrestre, Magnétisme terrestre, Paléomagnétisme.***

MAGNÉTISME TERRESTRE

Géol., Géophys. - La Terre possède la propriété d'attirer le fer, elle se comporte donc comme un aimant dipolaire dont le barreau serait placé au centre de la Terre. L'axe de ce dipôle perce la surface terrestre au pôle Nord magnétique et au pôle Sud magnétique. C'est donc au niveau des **pôles magnétiques** que convergent les forces du champ magnétique terrestre.

→ ***Champ magnétique terrestre, Magnétisme, Paléomagnétisme.***

MAGNÉTITE *n. f.*

Minér. - Oxyde de fer présent principalement dans les roches magmatiques basiques et métamorphiques. C'est un des principaux **minerais** de fer.

MAGNÉTITE NICKÉLIFÈRE

Minér. - Oxyde de fer à forte concentration en nickel qui ne peut se former qu'à partir d'une roche à haute teneur en nickel dans un milieu riche en dioxygène. Des expériences conduites en laboratoire montrent que ces deux conditions sont nécessaires et suffisantes pour obtenir ces magnétites nickélifères. Celles-ci ne semblent jamais réunies sur

Magnétisme terrestre

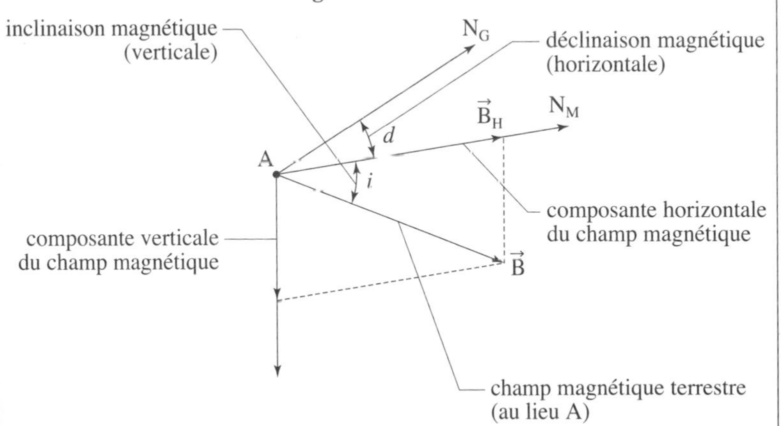

La direction de la composante horizontale $\vec{B}_H$ de $\vec{B}$ est appelée Nord magnétique N_M. L'angle *d* entre $\vec{B}_H$ et le Nord géographique N_G, compté positivement vers l'est, est appelé déclinaison magnétique. L'angle *i* du champ $\vec{B}$ avec l'horizontale est appelé inclinaison magnétique. Comptée positivement vers le bas, l'inclinaison magnétique est nulle à l'équateur et égale à 90° au pôle Nord. La composante horizontale et l'inclinaison varient avec le lieu et lentement au cours du temps.

Terre, mais le sont quand un **météorite** contenant du nickel entre dans l'atmosphère. La chaleur des frottements entraîne une fusion de l'extérieur du météorite, des fines gouttelettes se détachent et sont facilement oxydées au contact du dioxygène atmosphérique. La présence de ces magnétites à la transition entre le Crétacé et le Paléocène est un des arguments les plus convaincants, avec la présence des minéraux **choqués**, de la réalité de l'impact météoritique ayant marqué la fin du Crétacé.

→ ***Iridium.***

MAGNÉTO-CHRONOLOGIE *n. f.*

Géol. - Chronologie fondée sur la succession des inversions magnétiques.

→ ***Échelle paléomagnétique.***

MAGNÉTOMÈTRE *n. m.*

Phys. - Appareil destiné à mesurer les caractéristiques d'un champ magnétique.

→ ***Champ magnétique terrestre.***

MAGNÉTOSPHÈRE *n. f.*

Astron. - Partie de l'espace qui entoure une planète où existe un champ magnétique.

MAGNÉTO-STRATIGRAPHIE *n. f.*

Sédiment. - Utilisation du **paléomagnétisme** des roches sédimentaires pour préciser leur position stratigraphique.

→ ***Échelle magnétostratigraphique.***

MAGNITUDE D'UN SÉISME

Sismo. - Mesure de l'énergie totale libérée au **foyer** d'un **séisme**. La magnitude est mesurée par l'**«échelle» de Richter** qui est une échelle logarithmique non bornée. Le séisme le plus violent que l'on ait enregistré a eu une magnitude de 8,7.

→ ***Intensité d'un séisme.***

MALADIE AUTO-IMMUNE

Immuno., Méd. - Maladie due à l'attaque et à la destruction des cellules d'un individu par son propre système immunitaire. *Exemples* : **diabète de type I** (attaque des cellules productrices d'insuline), maladie de Basedow (attaque des récepteurs de l'hormone stimulant la thyroïde), myasthénie (attaque des récepteurs à acétylcholine), sclérose en plaques (attaque de la gaine de myéline)…

MALADIE AUTOSOMIQUE

Génét., Méd. - Maladie génétique dont le **locus** du **gène** défectueux porté par une paire d'**autosomes** (*Exemples* : phénylcétonurie, albinisme, mucoviscidose).

MALADIE CARDIO-VASCULAIRE

Méd. - Maladie qui touche le cœur et les vaisseaux sanguins.

→ ***Artériosclérose, Hypertension, Infarctus du myocarde, Thrombose.***

MALADIE DE PARKINSON

Méd., Neurobiol. - Affection due à un dysfonctionnement du *locus niger* et du corps strié dont les neurones **dopaminergiques** sont détruits. La maladie de Parkinson se traduit par des tremblements prononcés aux extrémités des doigts et par une rigidité musculaire qui donne au malade une attitude figée caractéristique (membres plus ou moins pliés, corps fléchi…).

MALADIE DOMINANTE

Génét., Méd. - Maladie génétique dont l'**allèle** défectueux est dominant. Cette situation est rare, c'est le cas de la **chorée de Huntington**.

MALADIE GÉNÉTIQUE

Génét., Méd. - Maladie qui est due à un défaut de fonctionnement d'un **gène**. Les maladies génétiques sont héréditaires, tout au moins celles qui sont compatibles avec l'acquisition de la maturité sexuelle (chorée de Huntington, daltonisme, hémophilie…). Elles peuvent être liées au sexe, autosomiques, récessives ou dominantes (syn. Génopathie).

→ ***Maladie héréditaire.***

MALADIE HÉRÉDITAIRE

Génét., Méd. - Maladie génétique qui n'est pas incompatible avec l'arrivée à l'état d'adulte.

MALADIE LIÉE AU SEXE

Génét., Méd. - **Maladie génétique** dont le **locus** du **gène** défectueux est porté par le **chromosome X** (*Exemples* : daltonisme, hémophilie, myopathie de Duchenne…).

→ ***Femme vectrice.***

MALADIE MONOFACTORIELLE

Génét., Méd. - Maladie génétique qui est causée par le défaut de fonctionnement d'un seul gène. La plupart des maladies génétiques sont monofactorielles (chorée de Huntington, mucoviscidose, myopathie de Duchenne).

MALADIE OPPORTUNISTE

Immuno. - Maladie infectieuse ou non dont l'agent causal est en principe éliminé par le système immunitaire, mais qui se développe quand l'individu atteint présente une **immunodéficience**. *Exemples* : pneumonies, infections disséminées, diarrhées, tuberculose, méningites, sarcome de Kaposi…

→ ***SIDA.***

MALADIE RÉCESSIVE

Génét., Méd. - Maladie génétique dont l'**allèle** défectueux est **récessif**. *Exemples* : albinisme, drépanocytose, mucoviscidose, phénylcétonurie…

MALARIA *n. f.*

Méd. - Une des formes de **paludisme** qui se caractérise par des fièvres apparaissant toutes les 48 heures. La malaria est provoquée par un Protozoaire : *Plasmodium malariae.*

MALNUTRITION *n. f.*

Méd. - État de nutrition incorrect provoqué par une sous-alimentation, une suralimentation, une alimentation mal équilibrée ou une absorption intestinale imparfaite.

MAMMIFÈRES *n. m. pl.*

Zool. - Classe de Vertébrés fondamentalement terrestres qui comprend actuellement plus de 4 500 espèces. Les Mammifères se caractérisent, entre autres, par une température corporelle constante, par la possession de poils, par le fait d'allaiter leurs petits et par une demi-mâchoire inférieure formée d'un seul os alors que chez les Reptiles, elle en compte plusieurs. On distingue : des Mammifères primitifs, les Monotrèmes australiens (3 espèces : Ornithorynque, Échidnés), qui pondent des œufs comme ceux des Oiseaux et des Reptiles mais allaitent leurs jeunes [1], des Marsupiaux (272 espèces : Kangourous, Koala, Opossums…) dont la gestation s'arrête au stade embryonnaire et chez qui le développement fœtal se réalise dans une poche où se trouvent les mamelles [2], des Mammifères « vrais » ou Placentaires (4 230 espèces : Rongeurs, Chauves-souris, Insectivores, Ongulés, Carnivores, Cétacés, Primates…) dont la gestation est longue, donnant naissance à un jeune entièrement formé [3]. Les premiers Mammifères apparaissent au début de l'ère secondaire, ils sont peu diversifiés pendant le règne des Dinosaures et produisent dès le début du tertiaire une formidable radiation adaptative ayant donné progressivement naissance aux Mammifères contemporains.

MANTEAU *n. m.*

Géophys., Tecto. - Deuxième enveloppe solide du globe, située sous la **croûte terrestre**, sa limite supérieure est la discontinuité de Mohorovičić, présente entre 10 et 70 km de profondeur et marquant une discontinuité chimique fondamentale (**granodiorite** ou **basalte** pour la croûte, péridotite pour le manteau). Ce manteau associé à la croûte terrestre dans la lithosphère est appelé manteau lithosphérique. La limite inférieure du manteau, la discontinuité de Gutenberg, définit l'existence d'une troisième enveloppe : le noyau externe, se trouvant à 2900 km de la surface. Les limites et les subdivisions du manteau sont établies à partir des données de la sismologie et la tomographie sismique. Le Manteau est constitué par des **péridotites.** On distingue un manteau supérieur et un manteau inférieur ou ***mésosphère***. Le manteau supérieur s'étend du Moho jusqu'à 670 km de profondeur, il est de nature péridotitique et, à partir d'une profondeur moyenne de 100 km jusqu'à environ 250 km, il est partiellement fondu (LVZ) et forme l'**asthénosphère** parcourue par des courants de convection, sur laquelle les **plaques lithosphériques** glissent et / ou sont entraînées. Entre 400 et 670 km de profondeur se situe une ***zone de transition*** où la vitesse des ondes P et la densité augmentent. (NB : pour certains auteurs, la zone de transition fait partie de l'asthénosphère). Le manteau inférieur ou mésosphère s'étend de 670 km à 2900 km de profondeur, sa limite inférieure est constituée par la discontinuité de Gutenberg qui le sépare du noyau externe et sa limite supérieure correspond à une transition de phase.

→ ***Convection mantellique, Croûte terrestre, Couche D", Structure du Globe.***

MANTEAU APPAUVRI

Pétrol., Volcano. - Manteau situé au-dessous des dorsales dont la **lherzolite** initiale a subi une **fusion partielle** faisant disparaître les clinopyroxènes et les minéraux accessoires (spinelles, grenats) contenant de l'aluminium à l'origine des **basaltes** de la croûte océanique (MORB), le manteau appauvri est constitué par de l'**harzburgite** ou de la lherzolite qui a peu fondu. Il est appauvri en éléments **incompatibles** qui sont passés dans les magmas.

→ ***Manteau enrichi.***

MANTEAU ENRICHI

Pétrol., Volcano. - **1.** Manteau inférieur qui n'a pas subi d'appauvrissement à la suite d'une fusion partielle, c'est le manteau profond de nature lherzolitique. **2. Asthénosphère** enrichie en éléments incompatibles par l'arrivée de sédiments d'origine continentale portés par la plaque subduite.

MANTELLIQUE *adj.*

Tecto. - Qui se rapporte au **manteau**.

MARASME *n. m.*

Méd. - Maladie due à une carence sévère en protéines. Le marasme s'observe chez les très jeunes enfants des villes des pays en voie de développement, il se caractérise par une extrême maigreur, l'absence de graisses sous-cutanées, des muscles très réduits, la croissance est très ralentie et le poids peut tomber à 60 % de la valeur normale.

MARCOTTAGE *n. m.*

Agric., Bot. - Technique de **reproduction asexuée** qui consiste à prélever chez certains végétaux une partie de la plante qui a déjà différencié des racines, à la différence du **bouturage**.

→ ***Stolon.***

MARÉE OCÉANIQUE

Géol. - Variation quotidienne du niveau des océans provoquée par l'attraction gravitationnelle de la Lune et du Soleil. L'amplitude des marées ou marnage, exprimé par le coefficient de marée, est la différence de déformation entre le niveau de la surface des océans et de la surface du sol. En dépit de sa faible masse par rapport au Soleil, mais en raison de sa grande proximité, la Lune a un effet gravitationnel 2,17 fois plus important que le Soleil. Quand la Lune et le Soleil sont alignés (syzygie) les effets attractifs s'ajoutent et la déformation est importante, c'est la marée de vive-eau ; quand ces deux astres sont en quadrature (à 90°) ou en opposition, leurs effets se retranchent, c'est la marée de morte-eau.

MARGE ACTIVE

Tecto. - Zone de contact entre deux **plaques lithosphériques** convergentes, l'une portant un océan, l'autre un continent. La marge active est marquée par une **fosse océanique** d'une largeur de 100 km et pouvant atteindre 11 km de profondeur qui remplace le **glacis continental**. Ces marges sont le lieu de très nombreux tremblements de terre qui définissent le **plan de Wadati-Benioff** marquant le trajet de la plaque subductée.

→ ***Chaîne de subduction, Subduction.***

MARGE CONTINENTALE

Tecto. - Zone située sous l'eau, en bordure d'un **continent** et qui fait la transition avec le **plancher océanique**. On distingue les **marges passives** stables où le passage entre la croûte continentale, de nature granodioritique, et la croûte océanique, de nature basaltique, se fait au sein de la même **plaque lithosphérique**, et les **marges actives** ou instables, où la croûte océanique s'enfonce sous la croûte continentale au niveau d'une zone de **subduction**.

MARGE PASSIVE

Tecto. - Zone de transition entre une croûte continentale et une croûte océanique au sein de la même plaque. La marge passive débute au niveau du **continent** par un plateau continental dont la largeur n'excède pas 100 km et dont la profondeur ne dépasse pas 200 m, elle se poursuit par le talus continental qui est une zone de rupture de pente (5°) qui descend sur une largeur moyenne de 45 km à une profondeur de 4 000 m et se termine par le glacis continental où la pente est plus douce (1°) jusqu'aux limites des plaines abyssales situées à 5 000 m de profondeur. Les marges passives sont asismiques. L'épaisseur de la croûte continentale diminue progressivement et finit par atteindre au bas de la marge une épaisseur comparable à celle de la croûte océanique.

→ ***Marge active, Marge continentale.***

MARNE *n. f.*

Pétrol. - **Roche sédimentaire** formée d'un mélange de carbonate de calcium et d'argile comptant pour 35 à 65 %. Les marnes ont une composition chimique intermédiaire entre les calcaires marneux (5 à 35 % d'argile) et les argiles calcareuses ou marnes argileuses (65 à 95 % d'argile).

MARQUEUR GÉNÉTIQUE

Génét. - Terme utilisé pour décrire une séquence d'**ADN** ou un **gène** dont les propriétés et parfois la position sur le **chromosome** sont connues. Ces marqueurs sont utilisés pour repérer certaines cellules ou comme point de référence quand on cartographie les **loci** sur les chromosomes.

MARQUEUR MEMBRANAIRE

Biol. cell. - Molécule présente à la surface d'un type de cellule et qui la caractérise. Les antigènes du CMH, des groupes sanguins, les molécules CD sont des marqueurs membranaires.

MASSIF GRANITIQUE

Tecto. - Relief formé par des intrusions de **granite** plus ou moins altérées. Les massifs de granite se forment le plus souvent dans les chaînes de montagnes.

→ ***Chaîne de collision, Chaîne de subduction, Pluton.***

MASTOCYTE *n. m.*

Immuno. - **Granulocyte** capable, par dégranulation, de libérer de l'**histamine** en réponse, par exemple, à la fixation d'un allergène sur ses IgE membranaires.

→ ***Allergie.***

MATÉRIEL CHROMOSOMIQUE

Génét. - Structures moléculaires porteuses de l'**information génétique**.

→ ***ADN, Chromosome.***

MATIÈRE GRISE

Neurobiol. - syn. ***Substance grise.***

MATIÈRE MINÉRALE

Biochim. - Ensemble des molécules qui ne contiennent pas de **carbone réduit**. La matière minérale comprend les différentes formes de **carbone oxydé** comme le dioxyde de carbone et le monoxyde de carbone, les **sulfates**, les **nitrates**, les **phosphates**, les nitrites, l'eau…

→ ***Carbone minéral, Carbone organique.***

MATIÈRE ORGANIQUE

Biochim. - Molécule fabriquée par les êtres vivants à partir de carbone, d'hydrogène, d'oxygène, d'azote, de soufre et de phosphore. La matière organique est constituée par des molécules contenant du **carbone réduit**. D'une manière générale, la chimie organique traite de tous les dérivés du carbone d'origine naturelle ou artificielle.

→ ***Carbone minéral, Carbone organique.***

MATRICE *n. f.*

Biol. cell.

→ ***Mitochondrie.***

Génét. - Brin d'ADN qui sert de « moule », par l'intermédiaire de la complémentarité des bases, à la synthèse d'un autre brin qui lui est donc complémentaire. Le brin sens de l'ADN est la matrice sur laquelle l'ARN polymérase forme l'ARNm.

MATRICE DES CARACTÈRES

Évol. - Tableau à double entrée comportant verticalement une série de **taxons** et horizontalement une série de caractères dont les états sont codés 0, 1, 2… Cette matrice sert à construire les **cladogrammes**.

MATRICE EXTRACELLULAIRE

Biol. cell. - Compartiment de l'organisme formé par les **macromolécules** produites par les cellules des tissus conjonctifs (fibroblastes). La matrice extracellulaire est composée par des protéines (**collagène**, fibronectine, élastine), des complexes de protéines et de glycosaminoglycanes (protéogycanes) qui forment un maillage sur lequel les cellules se déplacent et se fixent par l'intermédiaire de protéines membranaires, les intégrines.

MATURATION *n. f*

Biochim. - Modification d'une molécule la conduisant à son état fonctionnel (*Exemple :* maturation des **ARNpm**, des protéines).

Biol. cell. - S'emploie aussi pour désigner la méiose appelée également division de maturation.

MATURATION D'AFFINITÉ

Immuno. - Augmentation avec le temps de la précision de la reconnaissance d'un anticorps avec son **déterminant antigénique**. La maturation d'affinité est la conséquence de l'hypermutation somatique qui produit, à partir d'un clone de lymphocytes B, des anticorps à plus grande affinité pour le déterminant antigénique responsable de la sélection du **lymphocyte B mature**.

→ ***Affinité, Lymphocyte mémoire, Mémoire immunitaire.***

MATURATION DES LYMPHOCYTES

Immuno. - Transformation progressive des lymphocytes ne possédant pas encore de récepteurs spécifiques en cellules immunocompétentes à l'origine d'un **clone**. Ainsi, à partir de cellules souches de la moelle osseuse, les lymphocytes pro-B se transforment en lymphocytes pré-B, lymphocytes B immatures, lymphocytes B matures et enfin plasmocytes sécréteurs d'anticorps. À partir de cellules souches de la moelle osseuse qui ont migré dans le thymus, se différencient les thymocytes précurseurs, les thymocytes immatures, les thymocytes matures, les lymphocytes T4 et T8 et enfin les lymphocytes T cytotoxiques et les lymphocytes T auxiliaires.

→ ***Lymphocyte B, Lymphocyte T.***

MAXIMUM GLACIAIRE

Glaciol. - Époque durant laquelle les **calottes glaciaires** sont au maximum de leur extension. Le dernier maximum a eu lieu il y a 20 000 ans (Würm).

MÉAT *n. m.*

Bot. - **1.** Espace intercellulaire qui n'excède pas la taille d'une cellule et qui provient de la séparation des **parois** cellulaires adjacentes. Les méats se rencontrent dans les tiges, les feuilles et les racines et facilitent les mouvements de gaz à l'intérieur des organes. **2.** Petit orifice apparaissant à l'intérieur d'un organe.

MEB

Biol. - Sigle de **Microscope Électronique à Balayage**.

MÉCANIQUE CÉLESTE

Astron. - Partie de la mécanique qui étudie plus particulièrement le mouvement des corps célestes. La mécanique céleste est fondée sur les principes d'inertie et de la loi d'attraction de Newton.

→ ***Pesanteur terrestre.***

MÉCANORÉCEPTEUR *n. m.*

Neuro. - Récepteur sensoriel (Corpuscule de Pacini, fuseau neuromusculaire,...) qui transforme l'énergie d'un stimulus en un message nerveux.

MÉDECINE *n. f.*

Méd. - Science qui a pour objet le maintien et le rétablissement de la santé.

MÉDIATION CELLULAIRE, HUMORALE

Immuno.

→ ***Immunité.***

MÉDICAMENT *n. m.*

Méd. - Substance d'origine naturelle ou artificielle employée pour traiter une affection ou des effets morbides.

MÉDULLAIRE *adj.*

Neurobiol. - Qui se rapporte à la moelle épinière.

→ ***Spinal.***

MÉDULLO-SURRÉNALE *n. f.* ou *adj.*

Endocrino., Physiol. ani.

→ ***Surrénale.***

MÉGACARYOCYTE *n. m.*

Physiol. - Cellule de grande taille de la moelle osseuse qui en se fragmentant donne naissance aux **plaquettes sanguines**.

MÉGAFAUNE *n. f.*

Zool. - Animaux dont la taille est supérieure à 80 mm. Dans le sol, la mégafaune est représentée par les Animaux vivant dans des terriers (Mulot, Taupe, Lapin...).

→ ***Macrofaune, Mésofaune, Microfaune.***

MÉIOSE *n. f.*

Biol. cell., Génét. - Suite de deux divisions d'une cellule **diploïde**, aboutissant à quatre cellules **haploïdes**. La première division est réductionnelle, le nombre de **chromosomes** est divisé par deux avec migration dans chaque cellule fille de *n* chromosomes (un de chaque paire) à deux **chromatides**. Elle comprend la **prophase** I, la **métaphase** I, l'**anaphase** I et la **télophase** I. La seconde division est équationnelle, il y a fissuration du **centromère**, conduisant dans chaque cellule fille à *n* chromosomes à une seule chromatide. Elle comprend aussi quatre phases : prophase II, métaphase II, anaphase II et télophase II (syn. Réduction chromatique).

Voir figure page 311.

MÉIOSE ANORMALE

Biol. cell., Génét.

- syn. ***Méiose atypique.***

MÉIOSE ATYPIQUE

Biol. cell., Génét. - **Méiose** caractérisée par la non-disjonction d'une paire de **chromosomes homologues** au moins ou par la non-séparation des **chromatides sœurs** au cours de la seconde division de méiose, les autres paires subissant le déroulement normal de la méiose. Les monosomies et les trisomies sont dues à des méioses atypiques (syn. Méiose anormale).

—► ***Aneuploïdie.***

MÉLANINE *n. f.*

Biochim., Génét. - Molécule de couleur brun foncé présente dans la peau et ses dérivés. La quantité de mélanine détermine sa couleur. Ce pigment est synthétisé à partir d'un **acide aminé**, la phénylalanine, converti en tyrosine par une enzyme, la phénylalanine hydroxylase ; la tyrosine est alors transformée en mélanine par la **tyrosinase**. Les anomalies de fonctionnement de ces deux gènes conduisent respectivement à deux maladies héréditaires : la **phénylcétonurie** et l'**albinisme**.

MÉLANOCYTE *n. m.*

Biol. cell. - Cellule pigmentaire ramifiée de l'épiderme. Les mélanocytes s'installent dans la couche germinative de l'épiderme au début du développement. Ils synthétisent de la **mélanine** stockée dans des mélanosomes. Ces granules de pigments sont exportés directement vers les cellules de la couche cornée de l'épiderme (**kératinocyte**).

MÉLANOPHORE *n. m.*

Biol. cell. - Cellule probablement d'origine nerveuse, située dans le derme, synthétisant la **mélanine**. Si les **mélanosomes** sont situés près du noyau, le cytoplasme est clair, s'ils sont répartis dans tout le cytoplasme, la cellule est foncée. Les mélanosomes migrent le long des microtubules, transportés par des **moteurs moléculaires**.

MÉLANOSOME *n. m.*

Biol. cell. - Granule de pigments synthétisant la **mélanine** et riche en **tyrosinase**.

MÉLATONINE *n. f.*

Endocrino. - Hormone produite par la glande pinéale ou **épiphyse** située dans le cerveau. Chez l'Homme, elle intervient dans le contrôle du rythme **circadien**.

—► ***Rythme biologique.***

MEMBRANE BIOLOGIQUE

Biol. cell. - Bicouche lipidique contenant des protéines délimitant la cellule et les organites. Certains organites comme les lysosomes, le réticulum endoplasmique, l'appareil de Golgi sont délimités par une simple membrane alors que d'autres comme le noyau (**enveloppe nucléaire**), les chloroplastes et les mitochondries le sont par une double membrane.

—► ***Membrane plasmique***

MEMBRANE DE FÉCONDATION

Embryo. - Partie inférieure de la **membrane vitelline** qui est modifiée par la libération des enzymes contenues dans les **granules corticaux** de l'ovocyte II. Leur libération dans l'**espace périovulaire** a été déclenchée par la fixation de la tête d'un spermatozoïde sur la partie supérieure de la membrane vitelline.

MEMBRANE PELLUCIDE

Embryo. - Nom donné à la **membrane vitelline** des Mammifères (syn. Zone pellucide).

MEMBRANE PLASMIQUE *n. f.*

Biol. cell. - Pellicule continue de 5 à 10 nm d'épaisseur délimitant le cytoplasme du milieu extracellulaire. La membrane est formée par l'association de deux feuillets formés de **phospholi-**

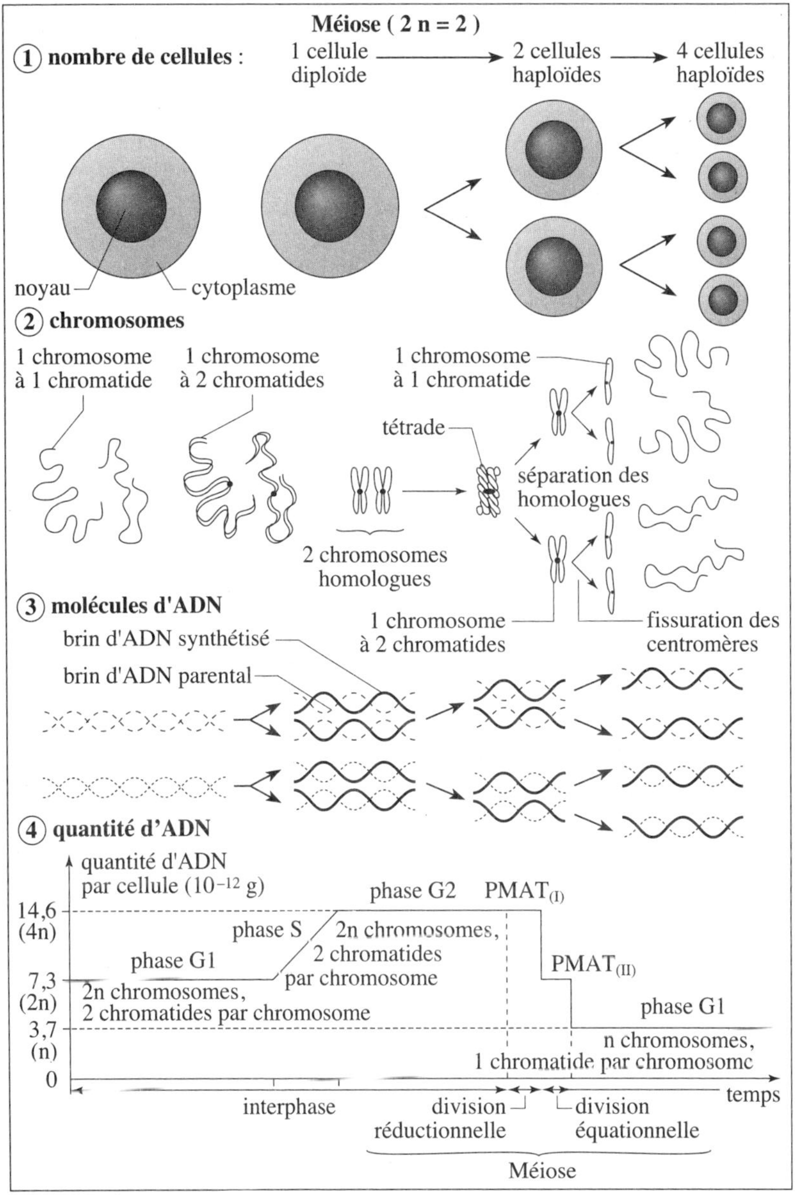

Évolution : **1.** du nombre de cellules, **2.** du nombre de chromosomes, **3.** du nombre de molécules d'ADN, **4.** de la quantité d'ADN, au cours de la méiose. La méiose est précédée par la duplication de la quantité d'ADN. La première division de méiose est réductionnelle et produit deux cellules haploïdes contenant chacune un homologue à deux chromatides de chaque paire. La seconde division de chaque cellule-fille est équationnelle et produit deux cellules-filles contenant chacune un homologue de chaque paire mais formé d'une seule chromatide. Les deux divisions de méiose se succèdent sans interphase (P : prophase, M : métaphase, A : anaphase, T : télophase).

pides et de glycolipides qui se font face par leur pôle hydrophobe. Entre les molécules phospholipidiques se trouvent des protéines dites intrinsèques et du **cholestérol** (uniquement chez les Animaux). Sur les faces externe et interne constituées par les pôles hydrophiles des phospholipides membranaires se fixent des protéines intrinsèques sur lesquelles s'accrochent le **cytosquelette** ou les molécules de la substance (matrice) extracellulaire. Les spécificités des membranes sont surtout dues à la présence des protéines qui assurent la perméabilité sélective, la reconnaissance de signaux chimiques ou portent des marqueurs (antigènes du CMH…). La plupart des éléments constitutifs de la membrane plasmique sont libres et peuvent se déplacer latéralement. La fluidité membranaire est d'autant plus importante que les **acides gras** constituant les lipides membranaires sont courts et insaturés (syn. Membrane cellulaire, Plasmalemme).

→ ***Endocytose, Exocytose, Fusion membranaire, Membrane biologique.***

MEMBRANE POSTSYNAPTIQUE

Neurobiol. - Membrane de la cellule (cellule musculaire, neurone) située après l'espace synaptique. La membrane postsynaptique possède des récepteurs spécifiques aux neurotransmetteurs dont la fixation provoque l'ouverture de **canaux chimiodépendants**.

→ ***Synapse.***

MEMBRANE PRÉSYNAPTIQUE

Neurobiol. - Membrane du neurone qui libère par exocytose, à la suite de l'arrivée d'un train de potentiels d'action, le **neurotransmetteur** dans l'espace synaptique.

→ ***Arborisation terminale, Synapse.***

MEMBRANE VITELLINE

Embryo. - Membrane acellulaire plus ou moins épaisse entourant un **ovocyte** et qui possède des récepteurs spécifiques des protéines présentes sur la tête du **spermatozoïde**, elle fait obstacle aux spermatozoïdes ne possédant pas les molécules de surface caractéristiques de l'**espèce**. Chez les Mammifères, elle prend le nom de membrane pellucide, chez les Amphibiens, elle correspond au chorion. À la suite de l'exocytose des **granules corticaux**, sa partie inférieure se transforme en **membrane de fécondation**.

MÉMOIRE IMMUNITAIRE

Immuno. - Capacité que possède le système immunitaire de réagir plus rapidement et plus efficacement lors de contacts ultérieurs avec un antigène déjà reconnu. La mémoire immunitaire repose sur l'existence de lymphocytes B et T n'ayant pas achevé leur différenciation et sur le phénomène de **maturation d'affinité** (syn. Mémoire immunologique).

→ ***Lymphocyte mémoire, Réponse immunitaire secondaire.***

MÉMOIRE IMMUNOLOGIQUE

Immuno. - syn. ***Mémoire immunitaire.***

MÉNARCHE *n. f.*

Physiol. ani. - Âge de la première **menstruation**.

→ ***Ménopause.***

MENDEL

Génét.

→ ***Lois de Mendel.***

MÉNINGES *n. f.*

Neurobiol. - Ensemble des trois membranes qui entourent le cerveau et la moelle épinière. La pie-mère adhère directement à l'encéphale, la dure-mère, très richement vascularisée est collée aux os du crâne et, entre les deux, l'arachnoïde forme un réseau fibreux, plus ou moins dense, imprégné de liquide céphalo-rachidien.

MÉNOPAUSE *n. f.*

Physiol. ani. - Âge marqué par l'arrêt de la fonction ovarienne et qui correspond, le plus souvent, à l'épuisement de la réserve de **follicules ovariens**.

→ ***Cycle menstruel, Ménarche.***

MENSTRUATIONS *n. f.*

Physiol. ani. - Destruction de la **muqueuse utérine** et écoulement sanguin à la fin de chaque **cycle menstruel**. Les menstruations sont provoquées par la chute conjointe des taux d'**œstrogènes** et de **progestérone** qui entraîne la destruction des **vaisseaux spiralés** (syn. Règles).

→ ***Cycle ovarien, Cycle utérin.***

MER ÉPICONTINENTALE

Tecto. - Mer se trouvant au-dessus du plateau continental, c'est-à-dire en bordure des **continents**. Les mers épicontinentales se caractérisent par leur profondeur ne dépassant pas 200 m. Lors des épisodes de **régressions marines**, les mers épicontinentales disparaissent ainsi que la flore et la faune associées. Lors des transgressions, les mers épicontinentales s'étendent vers l'intérieur des continents.

MER MARGINALE

Tecto. - syn. ***Bassin (d') arrière-arc.***

MÈRE PORTEUSE

Méd. - Désigne une femme qui accepte d'assurer la grossesse (moyennant une éventuelle rétribution) d'un embryon conçu à partir de **gamètes** qui lui sont étrangers, pour le donner ensuite, dès la naissance, au couple stérile. Cette pratique est interdite en France.

MÉRÈSE *n. f.*

Physiol. vég. - Division des cellules méristèmatiques.

→ ***Auxèse, Gibbérellines.***

MÉRISTÈME *n. m.*

Bot. - **Tissu** végétal indifférencié dont les cellules sont capables de se multiplier par **mitose**, d'assurer la formation de tissus, puis d'**organes** nouveaux. Les méristèmes apicaux sont situés aux extrémités des **tiges** et des **racines**, ils sont alors responsables de la croissance en longueur de ces organes.

MÉRISTÈME CAULINAIRE

Bot. - Ensemble de cellules qui en se divisant fournit les cellules à l'origine de tous les tissus des divers organes du **cormus**. Le méristème caulinaire des Angiospermes est formé par une ou deux couches (L1, L2) de cellules, formant la *tunica* à divisions anticlines qui recouvre une couche de cellules (L3), formant le *corpus* dont les plans de divisions sont quelconques. La formation d'une feuille débute par la division de cellules situées sur les flancs du point végétatif et qui constituent l'anneau initial. Le soulèvement latéral qui en résulte constitue le primordium foliaire (syn. Point végétatif).

MÉRISTÈME INTERCALAIRE

Bot. - Méristème primaire situé dans les entrenœuds et responsable de leur élongation sous l'effet des **gibbérellines**.

MÉRISTÈME PRIMAIRE

Bot. - Tissu formé de cellules de petites tailles, isodiamétriques, indifférenciées et **totipotentes** qui se divisent rapidement. La paroi est une paroi primaire, mince et non lignifiée, le noyau est grand, le cytoplasme riche en ribosomes et en mitochondries, les vacuoles sont petites et les plastes ne sont pas encore différenciés. Le **protoderme**, le **procambium**, le méristème apical et le méristème cortical génèrent des files de cellules à partir desquelles se différencient respectivement l'épiderme, les tissus conducteurs, l'écorce (parenchyme cortical) et le méristème apical à l'origine de l'élongation.

MÉRISTÈME SECONDAIRE
Bot. - Tissu à l'origine de la croissance en épaisseur des végétaux vasculaires. Les méristèmes secondaires sont formés de cellules à contour rectangulaire en coupe transversale et disposées en files radiales. En coupe longitudinale, les cellules issues de la division de ces **initiales** sont orientées suivant le grand axe de l'organe, elles possèdent une mince paroi cellulosique et une ou deux grandes vacuoles. Le **cambium** et le **phellogène** constituent les deux types de méristèmes secondaires. Naguère, le terme de cambium était utilisé comme synonyme de méristèmes secondaires ; actuellement, il ne désigne plus que l'assise (génératrice) libéro(-)ligneuse.

MÉROZOÏTE *n. m.*
Zool. - syn. ***Sporozoïte.***

MÉSENCÉPHALE *n. m.*
Neurobiol. - Partie du cerveau située au-dessous du diencéphale, à la partie supérieure du tronc cérébral, il est aussi nommé isthme du cerveau. Le mésencéphale comprend les tubercules quadrijumeaux, les noyaux d'origine des troisième et quatrième paires de nerfs crâniens et les deux pédoncules cérébraux qui abritent les fibres descendantes des voies pyramidales.

MÉSENCHYME *n. m.*
Embryo. - **Tissu** conjonctif embryonnaire formé de cellules indifférenciées qui dérivent du mésoblaste. Au cours du développement, le mésenchyme donne naissance à des muscles, des tissus conjonctifs et sanguins.

→ ***Mésoblaste.***

MÉSOBLASTE *n. m.*
Embryo. - **Feuillet embryonnaire** qui se forme après l'ectoblaste et l'endoblaste entre lesquels il s'insinue au cours de la **gastrulation**. Le mésoblaste donne naissance, au cours du développement embryonnaire, au squelette, aux muscles, à l'appareil circulatoire, à l'appareil urogénital...

MÉSOFAUNE *n. f.*
Zool. - Ensemble des Animaux dont la taille est comprise entre 0,2 mm et 4 mm. Les **Collemboles** et les **Acariens** sont les principaux représentants de la mésofaune du sol.

→ ***Macrofaune, Mégafaune, Microfaune.***

MÉSOGÉE *n. f.*
Tecto. - syn. ***Téthys.***

MÉSOLITHIQUE *n. m.*
Préhist. - Période de courte durée (8 000-5 000 ans), intermédiaire entre le **Paléolithique** et le **Néolithique**, marquée par la réalisation d'outils de silex de petite dimension.

MÉSONÉPHROS *n. m.*
Anat. - **Rein** définitif des **Anamniotes** et transitoire des Amniotes. L'uretère correspond chez les deux sexes au **canal de Wolff**.

MÉSOPHYLLE *n. m.*
Bot. - Tissu parenchymateux d'une feuille, situé entre l'**épiderme** dorsal et l'épiderme ventral. Le mésophylle est formé par du **parenchyme chlorophyllien palissadique** du côté de l'épiderme supérieur et par un parenchyme lacuneux du côté de l'épiderme inférieur.

MÉSOSPHÈRE *n. f.*
Climato.

→ ***Atmosphère terrestre.***

Géophys.

→ ***Manteau.***

MÉSOZOÏQUE *n. m.*
Strati.

→ ***Échelle stratigraphique.***

MESSAGE *n. m.*
Neurobiol. - Élément matériel par lequel un ensemble de données (**informations**), organisé suivant un code, se déplace d'un émetteur à un récepteur.

→ ***Messager.***

MESSAGE DE LA LUMIÈRE

Astron., Phys. - Information portée par l'étude de la **réflectance**.

MESSAGE NERVEUX

Neurobiol. - **1.** Données traduisant des stimuli ou contenant des ordres véhiculées par l'intermédiaire de cellules électriquement excitables, les **neurones**. Le codage de ces informations est assuré par la fréquence des **potentiels d'action** se déplaçant le long de la membrane des cellules nerveuses. **2.** Ensemble de potentiels d'action qui se propage le long de la membrane d'un axone et qui peut être transmis à d'autres neurones au moyen de **synapses**. Le message nerveux se déplace soit du **récepteur sensoriel** vers le **centre nerveux** (message nerveux afférent), soit du centre nerveux vers l'organe effecteur (message nerveux efférent).

MESSAGE NERVEUX AFFÉRENT

Neurobiol. - Message né au niveau d'un récepteur sensoriel, d'une dendrite ou d'un centre nerveux et se propageant vers un (autre) centre nerveux. Il est aussi centripète et parfois sensoriel.

MESSAGE NERVEUX CENTRIFUGE

Neurobiol. - Message provenant d'un centre nerveux et se dirigeant vers un organe effecteur, il est efférent au centre nerveux.

MESSAGE NERVEUX CENTRIPÈTE

Neurobiol. - Message né au niveau d'un récepteur et se propageant vers un centre nerveux, il est afférent au centre nerveux.

MESSAGE NERVEUX EFFÉRENT

Neurobiol. - Message quittant un centre nerveux, il est aussi centrifuge.

MESSAGE NERVEUX MOTEUR

Neurobiol. - Message en provenance d'un centre nerveux qui entraîne la contraction d'un muscle.

→ ***Voie directe, Voie indirecte.***

MESSAGE NERVEUX SENSITIF

Neurobiol. - Message en provenance d'un récepteur sensoriel qui se dirige vers un centre nerveux.

MESSAGER *n. m.*

Endocrino., Neurobiol. - Support physique du **message**.

MET

Biol. - Sigle de **Microscope Électronique à transmission**.

MÉTA-

Pétrol. - Préfixe utilisé pour désigner l'origine d'une roche métamorphique (**métabasalte, métagabbro**) qui n'a pas encore été trop transformée.

MÉTABASALTE *n. m.*

Pétrol., Tecto. - **Basalte** ayant été métamorphisé. Suivant le degré de métamorphisme, le métabasalte contient d'abord de l'**actinolite** et de la chlorite (faciès des schistes verts), puis du glaucophane (faciès des **schistes bleus**) puis des grenats et de la jadéite dans le faciès des **éclogites**.

MÉTABOLISME *n. m.*

Biol. cell., Éner. - Ensemble des réactions enzymatiques qui se déroulent au sein d'un être vivant et plus spécifiquement dans ses cellules et dans son milieu intérieur. On distingue un **catabolisme** qui dégrade les molécules des structures cellulaires et les molécules absorbées en petites molécules, avec libération d'énergie, et un **anabolisme** qui conduit à la formation de molécules complexes à partir de petites molécules exogènes et endogènes, avec consommation d'énergie.

→ ***Cycle de Krebs, Fermentation, Glycolyse, Métabolite, Respiration aérobie.***

MÉTABOLISME BASAL

Éner., Physiol. ani - syn. ***Métabolisme de base.***

MÉTABOLISME DE BASE

Éner., Physiol. ani - Quantité de chaleur libérée par un sujet nu, vigilant (non endormi), au repos intellectuel (ne pensant à rien) et physique (allongé), à une température ambiante de 25 °C et à jeun depuis 12 heures. Pour réaliser des comparaisons, on ramène la quantité de chaleur produite à une heure et un mètre carré de surface corporelle. Chez l'Homme, le métabolisme de base est de 155 $kJ \cdot m^{-2} \cdot h^{-1}$ et dépend de l'âge et du sexe. Chez les Animaux de petite taille, le métabolisme basal est plus important que chez ceux de grande taille en raison de la grande surface corporelle qu'ils développent par rapport à leur petit volume (syn. Métabolisme basal).

MÉTABOLITE *n. m.*

Biochim., Éner. - Molécule provenant d'une réaction du **métabolisme**. Le métabolite est impliqué dans des réactions du **catabolisme** quand il fournit de l'énergie ou provient de la dégradation d'une molécule plus complexe, et de l'**anabolisme** quand il est à l'origine de nouvelles molécules.

MÉTACENTRIQUE *adj.*

Génét. - Se dit d'un **chromosome** qui possède deux bras d'égale longueur.

→ ***Bras court, Bras long, Caryotype.***

MÉTAGABBRO *n. m.*

Pétrol., Tecto. - **Gabbro** ayant été plus ou moins métamorphisé. Les minéraux obtenus au cours de ces transformations où l'augmentation de pression est le facteur clé sont les mêmes que ceux des **métabasaltes**.

MÉTAMÈRE *n. m.*

Zool. - Unité élémentaire des animaux métamérisés (Annélides, Arthropodes, Vertébrés), fondamentalement creusé d'une paire de vésicules cœlomiques (cœlome) formée, au cours du développement embryonnaire, par **métamérisation.**

MÉTAMÉRISATION *n. f.*

Embryo., Zool. - Processus de découpage du mésoblaste le long de l'axe antéro-postérieur de l'animal qui donne naissance à des unités répétitives, les **métamères**. Chez les **Annélides**, dans ces blocs de mésoblaste, se creusent les cavités cœlomiques. Chez les **Cordés**, ces blocs se divisent dans leur partie dorsale en **somites** et pièces intermédiaires alors que leur partie inférieure, à l'origine des **lames latérales**, reste indivise.

MÉTAMORPHIQUE *adj.*

Tecto.

→ ***Roche métamorphique.***

MÉTAMORPHISME *n. m.*

Tecto. - Transformation d'une **roche** à l'état solide du fait des changements des conditions thermodynamiques après sa formation. La température et la pression sont les deux facteurs responsables de ces transformations qui touchent aussi bien les minéraux qui la constituent que leurs caractéristiques macroscopiques. Au cours du métamorphisme, il se forme de nouveaux minéraux dits minéraux néoformés et les roches métamorphisées présentent une structure et une texture nouvelles. Suivant l'importance des zones touchées par le métamorphisme, on distingue un métamorphisme régional ou général et un métamorphisme de contact ou thermométamorphisme. **1.** Dans le **métamorphisme régional**, la base de série sédimentaire, de plusieurs kilomètres d'épaisseur, se trouve soumise a une augmentation de pression (pression lithostatique), due au poids des roches situées au-dessus qui comprime les minéraux, et a tendance à les orienter parallèlement à la surface (foliation). Dans les zones de collision, les **contraintes tectoniques** génèrent des pressions 10 à 100 fois moins élevées que la pression lithostatique. Ces pressions sont responsables de la **schistosité** et de la déformation des roches. **2.** Le **métamorphisme de contact** est localisé autour des intrusions magmatiques (**pluton**), la zone métamorphisée forme une auréole où l'intensité des transformations décroît en fonction de l'éloignement. **3.** Un gabbro de la croûte océanique composé de cristaux de **pyroxènes** et de **plagioclases** anisotropes se solidifie à une température d'environ 1 000 °C à l'axe de la dorsale. Il se situe entre 2 et 6 km de profondeur, il est alors soumis à une pression inférieure à 0,3 GPa. Avec l'éloignement de l'axe de la dorsale, le gabbro se refroidit (T 900-600 °C) dans un régime de déformation en extension qui fait naître des fractures par lesquelles l'eau de mer circule (**hydrothermalisme**), il se forme des amphiboles (faciès des **amphibolites**) et il y a formation d'un **métagabbro** déformé. L'éloignement se poursuit, la température atteint 400 °C, la pression est toujours inférieure à 0,3 GPa, des aiguilles d'**actinolite** et de **chlorite** se forment (faciès des **schistes verts**). Sous l'effet principalement de son propre poids (augmentation de l'épaisseur et de la densité), la lithosphère océanique plonge dans la zone de **subduction** ; la pression est voisine de 0,8 à 1 GPa pour une température de 300-400 °C, le **glaucophane** (plagioclase + chlorite → glaucophane + H_2O), la lawsonite et la jadéite apparaissent (faciès des **schistes bleus**) dans ce métagabbro à glaucophane qui conserve encore ses clinopyroxènes. L'enfoncement de la lithosphère océanique se poursuit, la pression est comprise entre 1,2 et 2 GPa et la température 500 °C ; il se forme une **éclogite** qui contient des clinopyroxènes sodiques (omphacite), du grenat, du glaucophane, de l'**épidote** et du quartz (faciès des éclogites), le **métamorphisme prograde** s'achève. Dans le cas d'une collision continentale, l'éclogite précédemment formée est déstabilisée par la décompression (P passe de 1,4 à 0,8 GPa) et l'augmentation de la température (600-700 °C). Dans ces conditions, il se forme de la **hornblende**, des plagioclases et de l'**épidote** dans une éclogite de haute température (passage du faciès des éclogites au faciès des amphibolites). Avec la fin de la convergence et le retour de la croûte à une épaisseur normale, la pression passe de 0,8 GPa à la pression atmosphérique et la température de 650 °C à la température de surface, hornblende et plagioclase apparaissent dans une amphibolite qui se retrouve proche de la surface ou à l'affleurement.

→ ***Métamorphisme prograde, Métamorphisme rétrograde, Minéral du métamorphisme.***

MÉTAMORPHISME DE CONTACT

Tecto. - Métamorphisme provoqué par l'intrusion d'un **magma** dans des roches encaissantes qui se trouvent donc soumises à des températures élevées, mais à de faibles pressions. C'est l'augmentation de la température qui est responsable de la transformation des minéraux des roches **antémétamorphes**. Le métamorphisme de contact se repère par l'existence d'une **auréole de métamorphisme** qui se différencie autour d'un **pluton** (syn. Thermométamorphisme).

MÉTAMORPHISME D'ULTRA-HAUTE PRESSION (UHP)

Géol. - Métamorphisme se produisant dans des croûtes continentales enfouies à grande profondeur (60-300 km et au-delà) à la suite d'un processus d'hypercollision. Ce métamorphisme a été découvert à la suite de la remontée de ces roches à des vitesses assez rapides pour que le **métamorphisme rétrograde** n'ait pas eu le temps de transformer les minéraux formés dans ces conditions thermodynamiques.

→ ***Coésite.***

MÉTAMORPHISME GÉNÉRAL

Tecto.

- syn. ***Métamorphisme régional.***

MÉTAMORPHISME PROGRADE

Tecto. - Métamorphisme dans lequel les transformations sont dues à une augmentation de la pression et de la température provoquée par un enfouissement des terrains.

MÉTAMORPHISME RÉGIONAL

Tecto. - Métamorphisme affectant les roches de toute une région lors de leur enfouissement avec ou sans l'action de **contraintes tectoniques**. Les minéraux se transforment sous l'effet du **gradient géothermique**, de la **pression lithostatique** et des forces tectoniques. Le métamorphisme régional est un métamorphisme de forte pression et de faible température. Le métamorphisme régional touche les roches des bassins sédimentaires, mais aussi celles se trouvant écrasées lors des phénomènes de collision ou dans les failles transformantes (syn. Métamorphisme général).

MÉTAMORPHISME RÉTROGRADE

Tecto. - Métamorphisme dans lequel les transformations sont dues à une diminution de la pression et de la température à la suite d'une remontée des terrains.

MÉTAMORPHOSE *n. f.*

Zool. - Ensemble des transformations par lesquelles passe une **larve** pour se transformer en **imago**. Ces transformations sont dues à la mise en route d'un programme génétique sous l'action des hormones de la métamorphose (thyroxine chez les **Amphibiens**, ecdysone chez les **Arthropodes**). La métamorphose se caractérise par la destruction des tissus spécifiquement larvaires (histolyse), par la différenciation de nouveaux tissus (histogenèse) et par des remaniements de tissus larvaires. Dans le cas des Amphibiens, la métamorphose transforme le têtard fondamentalement aquatique en un animal terrestre.

MÉTANÉPHROS *n. m.*

Anat. - **Rein** définitif des **Amniotes** dont l'urine produite est conduite vers la vessie par un **uretère** secondaire sans connection avec le **canal de Wolff**.

MÉTAPHASE *n. f.*

Biol. cell. - Deuxième stade des divisions cellulaires (**mitose** et **méiose**) pendant lequel les **chromosomes** à deux **chromatides** se placent à l'équateur de la cellule.

→ ***Plaque équatoriale.***

MÉTASOMATOSE *n. f.*

Pétrol., Volcano. - Modification des minéraux d'une roche par l'action de différents fluides.

MÉTASTASE *n. f.*

Méd. - Cellule qui s'est détachée d'une **tumeur** cancéreuse et qui a été entraînée dans le milieu intérieur. Les métastases s'implantent dans d'autres parties du corps où elles se multiplient de nouveau, donnant naissance à de nouvelles métastases à l'origine d'un **cancer** généralisé.

MÉTAXYLÈME *n. m.*

Bot. - **Xylème** primaire différencié après le **protoxylème** une fois que l'élongation de l'organe est achevée. Le **métaxylème** se caractérise, suivant les groupes, par des **trachéïdes** et des **vaisseaux** rayés, réticulés et ponctués.

MÉTAZOAIRES *n. m.*

Zool. - Animaux constitués de plusieurs cellules formant des **tissus** bien individualisés. Les principaux groupes de Métazoaires sont les **Vers** nématodes, les **Annélides**, les **Mollusques**, les **Arthropodes**, les **Vertébrés**.

→ ***Protozoaires.***

MÉTENCÉPHALE *n. m.*
Neurobiol.

→ ***Cervelet.***

MÉTÉORE *n. m.*
Astron. - **1.** Dans le sens général, tout phénomène lumineux dans l'atmosphère terrestre (arc-en-ciel, aurore boréale, halo…). **2.** Dans un sens restreint phénomène lumineux dû au passage d'un **météoride**, objet plus ou moins gros traversant l'atmosphère terrestre en se consumant et dont le résidu tombant au sol est appelé **météorite**.

MÉTÉORIDE *n. m.*
Astron. - Corps de dimension réduite parcourant le milieu interplanétaire et qui se manifeste lors de son entrée dans l'atmosphère terrestre.

→ ***Météore.***

MÉTÉORISATION *n. f.*
Climato. - Altération des terrains sous l'effet des agents atmosphériques. La météorisation commence par une désagrégation physique de la roche et se poursuit par une attaque chimique (**altération**) ; l'importance relative de ces deux processus dépend des conditions climatiques.

→ ***Érosion.***

MÉTÉORITE *n. f.* ou *m.*
Astron. - Morceau de matière venu de l'espace, les météorites connus ont une masse allant du gramme à 60 tonnes, mais de plus gros ont dû frapper la Terre au cours des temps géologiques. Ainsi, on a calculé que celui qui serait responsable des extinctions massives de la fin du Crétacé aurait mesuré entre 8 et 10 km de diamètre. L'âge absolu des différents météorites ayant heurté la Terre se situe autour de 4,6 Ga, ce qui en font les roches les plus anciennes du système solaire. On pense actuellement que la Terre se serait formée par **accrétion planétaire** de météorites hydratés. Suivant leur composition chimique, on les classe en **météorites pierreux**, **météorites métalliques** et **sidérolites**.
Voir figure page 320.

→ ***Iridium, Météoride.***

MÉTÉORITE FERREUX
Astron. - syn. ***Météorite métallique.***

MÉTÉORITE MÉTALLIQUE
Astron. - Météorite constitué essentiellement par des métaux (Fe, Ni). On pense que leur composition chimique reflète celle de la graine (syn. Météorite ferreux, Sidérite).

MÉTÉORITE PIERREUX
Astron. - Météorite dont la couche externe est vitrifiée, le météorite pierreux est composé de silicates (pyroxènes, olivine) et de quelques éléments métalliques (Fer, Nickel). Suivant la structure du météorite, on distingue : les ***chondrites*** contenant des grains métalliques et des sphérules (ou chondres) composées de cristaux de silicates, et les ***achondrites*** qui en sont dépourvues, pauvres en métaux et formées de cristaux d'olivine et de pyroxènes les rapprochant des gabbros terrestres. Certaines chondrites, les chondrites carbonées, contiennent jusqu'à 5 % de matière organique d'origine extraterrestre (syn. Aérolit(h)e).

MÉTHODE DE NORTHERN
Génét. - Transfert d'ARN, séparé par **électrophorèse**, depuis un gel sur une membrane artificielle où il peut être hybridé avec un acide nucléique complémentaire qui sert de **sonde**. Le nom de cette technique provient d'un jeu de mot analogique avec la **méthode de Southern** qui s'applique à l'**ADN**.

→ ***Hybridation moléculaire.***

MÉTHODE DE SOUTHERN
Génét. - Transfert d'ADN **monocaténaire**, coupé par des **enzymes de restriction** et dont les fragments ont été séparés par **électrophorèse**, depuis le

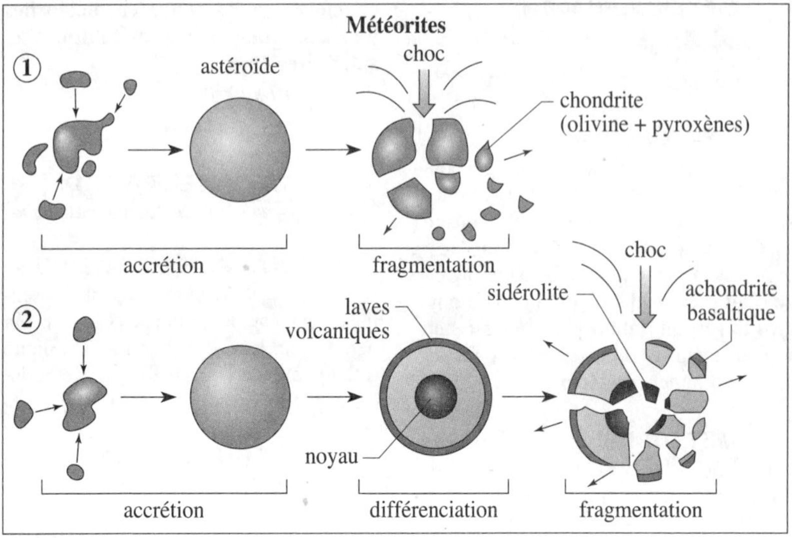

Toutes les météorites sont âgées d'environ 4,6 Ga. **1.** Certaines, les chondrites proviennent de la fragmentation d'un astéroïde avant qu'il ne se soit différencié en enveloppes concentriques. **2.** D'autres, les sidérolites et les achondrites basaltiques se sont formées après que l'astéroïde se soit différencié en fonction de la densité de ses éléments constitutifs à l'image des enveloppes de la Terre.

gel sur une membrane artificielle où il peut être hybridé avec un acide nucléique complémentaire qui sert de **sonde**. Cette technique a été mise au point par Southern. Elle permet de localiser les **gènes** sur les **chromosomes**.

→ ***Méthode de Northern.***
Voir figure page 321.

MÉTHODE DE WESTERN

Génét. - Technique consistant à transférer sur une membrane artificielle des **protéines** séparées au préalable par **électrophorèse** afin de conduire une analyse plus fine. Le nom de cette technique provient d'un jeu de mot analogique avec la **méthode de Southern**.

MÉTHODE SÉQUENTIELLE

Endocrino., Méd. - Technique de **contraception** qui consiste à bloquer l'**ovulation** par la prise, pendant 21 jours, d'une « **pilule** » contenant d'abord des **œstrogènes** (7 à 15 jours de prise), puis des œstrogènes et de la **progestérone**. Ces hormones s'ajoutent à celles naturellement présentes. Cette quantité d'hormone supérieure à la normale a pour seul effet d'empêcher l'apparition du **pic de LH** qui déclenche l'ovulation. La chute du taux d'œstrogènes et de progestérone avec l'arrêt de la prise entraîne l'apparition des règles.

→ ***Pilule séquentielle.***

MICA *n. m.*

Minér. - **Silicate** formé de feuillets élémentaires qui se détachent plus ou moins facilement les uns des autres. Les atomes de silicium sont parfois remplacés par des atomes d'aluminium et les feuillets sont reliés entre eux par des cations potassium, sodium, fer, magnésium. On distingue principalement les micas noirs ou ferromagnésiens comme la ***biotite*** et les micas blancs riches en atomes de potassium et de sodium (***muscovite***). Les micas font partie de la famille des **minéraux argileux** et apparaissent plus particulièrement dans certaines roches métamorphiques (schistes, micaschistes, gneiss).

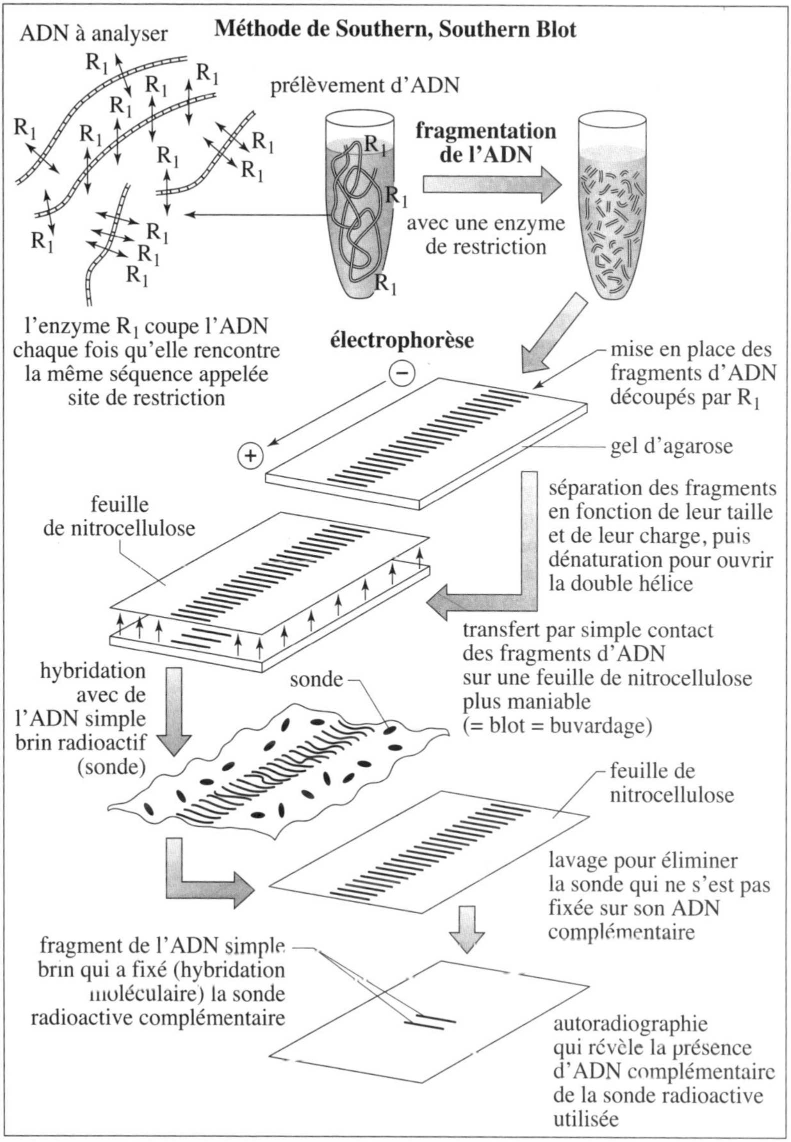

MICASCHISTE *n. m.*

Pétrol. - **Roche métamorphique** commune, à grain moyen, présentant une **schistosité** et une **foliation** marquées avec de nombreux micas apparents responsables d'une partie de la schistosité. Les micaschistes sont composés principalement de micas blancs ou noirs, de quartz et de feldspaths associés à d'autres minéraux : andalousite, grenat... Les micaschistes proviennent le plus souvent de la transformation d'une argile dans le contexte du **métamorphisme régional**.

MICELLE *n. f.*

Biochim. - **1.** Arrangement ordonné et linéaire de molécules comme les microfibrilles de cellulose. **2.** Structure sphérique formée par l'agencement dans l'eau de molécules **amphipathiques** comme les phospholipides avec les parties hydrophobes au centre et les parties hydrophiles en périphérie.

MICROBE *n. m.*

Microbiol. - Terme vague qui englobe suivant les auteurs : uniquement les Bactéries [1] ; Les Bactéries et les virus [2] ; tous les unicellulaires procaryotes ou eucaryotes ainsi que les virus [3]. Dans ce sens large, microbe est synonyme de Micro-organisme.

MICROBIOLOGIE *n. f.*

Microbiol. - Branche de la biologie qui a pour objet l'étude des organismes microscopiques (**Microbes**).

MICROBOUTURE *n. f.*

Bot. - **Bourgeon** prélevé sur un **cal** obtenu par une culture de tissus végétaux *in vitro*. Ce bourgeon est alors repiqué dans une nouvelle culture *in vitro*. Le microbouturage est une technique de reproduction végétative conduisant à des **clones**.

→ ***Bouturage, Bouture, Micropropagation, Reproduction végétative.***

MICRO-ÉLECTRODE EXCITATRICE

Neurobiol. - Conducteur électrique de petite taille qui permet de créer une perturbation locale du potentiel électrique de membrane dans une cellule.

MICRO-ÉLECTRODE RÉCEPTRICE

Neurobiol. - Conducteur électrique de petite taille capable de transmettre une différence de potentiel entre deux points de la membrane d'une cellule ou entre le milieu extracellulaire et intracellulaire.

MICRO-ÉLÉMENT *n. m.*

Biochim. - syn. ***Oligo-élément.***

MICROFAUNE *n. f.*

Zool. - Ensemble des Animaux de petite taille invisibles à l'oeil nu. Leur taille est inférieure à 0,2 mm. Les Protozoaires et les **vers** nématodes sont les principaux représentants de la microfaune du sol.

→ ***Macrofaune, Mégafaune, Mésofaune.***

MICROFLORE *n. f.*

Bot. - Ensemble des êtres vivants invisibles à l'oeil nu autres que les Protozoaires (Bactéries, Mycètes et Algues unicellulaires).

→ ***Micro-organisme.***

MICROFOSSILE *n. m.*

Paléont. - **Fossile** dont les dimensions réduites ne permettent qu'une étude à la loupe. Les **Protozoaires** constituent un groupe important de microfossiles.

MICROFRACTURE *n. f.*

Tecto. - Cassure de petite dimension présente dans une roche. Une microfracture peut traverser un cristal et le couper en plusieurs morceaux, ce qui favorise son **altération** chimique.

→ ***Érosion, Fracture.***

MICROGRENUE *adj.*

Pétrol.

→ ***Roche microgrenue.***

MICROLIT(H)E *n. m.*

Pétrol. - Cristal en forme de petite baguette non visible à l'œil nu. Les microlithes de feldspath caractérisent les roches magmatiques qui se sont refroidies rapidement.

→ ***Roche microlit(h)ique.***

MICROLIT(H)IQUE *adj.*

Pétrol.

→ ***Roche microlit(h)ique.***

MICRO-ORGANISME *n. m.*

Microbiol. - Organisme microscopique tel que les **Bactéries**, les Algues unicellulaires, les **Protozoaires**, les **Levures**.

⟶ ***Microbe, Microflore, Virus.***

MICROPILULE *n. f.*

Endocrino., Méd. - Pilule contraceptive, contenant uniquement de la **progestérone** à très faibles doses, c'est donc une pilule microdosée. Les micropilules sont prises pendant 21 jours, avant un arrêt de 7 jours qui permet le retour des règles. La micropilule ne bloque pas l'**ovulation**, mais modifie les caractéristiques de la muqueuse utérine, ce qui la rend impropre à une **nidation** ; de plus, elle modifie la texture de la glaire cervicale et la rend infranchissable aux spermatozoïdes (syn. Pillule microdosée).

⟶ ***Contraception hormonale.***

MICROPOROSITÉ *n. f.*

Pédol. - Volume d'eau retenu dans un sol après le départ de l'**eau de gravité**. La microporosité définit le pouvoir de rétention d'eau dans un sol.

⟶ ***Eau de rétention.***

MICROPROPAGATION *n. f.*

Physiol. vég. - Principe de **reproduction végétative** d'une espèce végétale par culture de méristèmes *in vitro*.

⟶ ***Cal, Microbouture.***

MICROSATELLITE *n. m., adj.*

Génét. - Région de l'ADN constituée par une séquence nucléotidique répétée de nombreuses fois en tandem. Les microsatellites sont très variables au sein d'une même espèce et servent d'**empreinte génétique**.

MICROSCOPE *n. m.*

Biol. - Dispositif optique permettant d'étudier les objets infiniment petits. Suivant leurs caractéristiques, on distingue quatre grands types de microscopes : le microscope optique, le microscope électronique à balayage, le microscope électronique à transmission, le microscope à effet tunnel.

MICROSCOPE ÉLECTRONIQUE À BALAYAGE (MEB)

Biol. - Le microscope électronique à balayage permet d'observer un objet en trois dimensions. Des électrons sont envoyés sur les différents points de la surface de l'objet massif (balayage). La surface de l'objet réémet des électrons qui sont alors captés suivant le même principe que celui utilisé dans le microscope électronique à transmission.

MICROSCOPE ÉLECTRONIQUE À TRANSMISSION (MET)

Biol. - Le microscope électronique utilise une source d'électrons qui traversent l'objet (coupe ultrafine). Le flux d'électrons est successivement élargi par des condenseurs électromagnétiques et frappe un écran qui devient fluorescent. La coupe à observer est traitée par des métaux lourds qui se fixent sur les structures cellulaires et piègent les électrons qui les frappent. Ainsi, seuls les électrons non capturés arrivent sur l'écran et provoquent sa fluorescence. La coupe apparaît alors en blanc, gris et noir. Le grossissement maximal atteint 500 000.

MICROSCOPE OPTIQUE

Biol. - Le microscope optique ou photonique utilise la lumière visible (naturelle ou artificielle). Celle-ci est focalisée par un condenseur et traverse l'objet placé entre une lame et une lamelle de verre. L'image de l'objet est ainsi transportée à travers un dispositif de lentilles (objectif et oculaire) qui grossit l'image arrivant dans l'œil de l'observateur, ou sur un film photographique ou des capteurs vidéo. Les grossissements obtenus sont compris entre 10 et 2 000. Pour être observé, l'objet peut être coloré par des réactifs spécifiques qui se fixent sur un type donné de molécules.

MICROSCOPE POLARISANT

Minér. - Microscope optique permettant d'observer des **lames minces** en **lumière polarisée**.

MICROSÉISME *n. m.*

Sismo. - Secousses de faible amplitude, naturelles ou provoquées par l'activité humaine, obtenues par des explosions ou par des camions vibreurs.

MICROTUBULE *n. m.*

Biol. cell. - Tube formé par des protéines globulaires, les tubulines ; les microtubules sont un des éléments du **cytosquelette** et forment le **fuseau de division** et l'armature des cils et des flagelles des cellules eucaryotes.

MICROVILLOSITÉ *n. f.*

Biol. cell. - Repli de la membrane d'une cellule de nature épithéliale qui augmente considérablement sa surface de contact avec le milieu extracellulaire. La face des **entérocytes** tournée vers la lumière intestinale est garnie de très nombreuses microvillosités et forme une ***bordure en brosse***.

MIGMATITE *n. f.*

Pétrol. - Roche présente à l'affleurement, formée de **gneiss** et de **granite**. Les migmatites proviennent d'un processus d'**anatexie** encore incomplet. Avec l'augmentation de la température et la diminution de la pression, les gneiss commencent à fondre et donnent, en cristallisant un granite d'anatexie, si le processus se poursuit les gneiss fondent complètement et le magma en se refroidissant donne un granite d'anatexie. Dans les **chaînes de collision**, les migmatites apparaissent avant les granites d'anatexie.

MIGRATEUR *n. m.* ou *adj.*

Zool. - Animal qui effectue des déplacements périodiques avec retour entre deux zones géographiques distinctes ou entre deux habitats de la même zone.

MIGRATION CELLULAIRE

Embryo. - Déplacement de cellules au cours du développement embryonnaire. Les migrations cellulaires sont responsables de la mise en place des différents **feuillets** de l'organisme. Les cellules se déplacent en réponse à la présence de molécules de la **matrice extracellulaire** ou des autres cellules.

MIGRATION DES PÔLES

Tecto. - Déplacement apparent des **pôles magnétiques** au cours du temps. On admet actuellement que les pôles magnétiques ne se déplacent pas, c'est donc les plaques lithosphériques au-dessus desquelles ils se trouvaient qui ont changé de place a une époque donnée (syn. Trajectoire des pôles).

→ ***Paléomagnétisme, Paléopôle.***

MILIEU *n. m.*

Écol.

→ ***Milieu naturel.***

MILIEU AÉRIEN

Écol. - Terme considéré comme synonyme de **milieu terrestre** que l'on oppose à **milieu aquatique** pour insister sur les différences entre les propriétés physiques et chimiques de l'eau et de l'air qui différencient ces deux milieux. Au cours de l'évolution, la conquête puis la colonisation du milieu aérien ont nécessité de nombreuses **adaptations**.

MILIEU AÉROBIE

Écol. - Milieu qui contient du dioxygène.

MILIEU ANAÉROBIE

Écol. - Milieu dépourvu de dioxygène.

MILIEU AQUATIQUE

Écol. - Ensemble des milieux aquatiques marins et d'eau douce.

→ ***Milieu dulçaquicole, Milieu marin.***

MILIEU ARIDE

Écol. - Région continentale située approximativement entre les deux **tropiques**. Les milieux arides se caractérisent par une pluviométrie annuelle inférieure à 200 mm d'eau, répartie de manière irrégulière avec l'existence d'une saison sèche et d'une saison humide dont la durée diminue à mesure que l'on s'éloigne de l'équateur. Seules des espèces possédant des **adaptations** particulières peuvent survivre dans ces milieux que l'on qualifie aussi de désertiques (syn. Milieu désertique).

MILIEU BIOLOGIQUE

Écol. - Désigne l'habitat de certaines espèces parasites. Les endoparasites vivent dans le milieu intérieur de leur hôte (sang, lymphe) qui constitue le milieu biologique, les mésoparasites vivent dans les cavités du corps de leur hôte en communication avec l'extérieur (tube digestif), ils ne sont donc pas, à proprement parler, en milieu biologique.

MILIEU DE CULTURE

Agric., Microbiol. - Support artificiel inerte (gélose, argile expansée, vermiculite) auquel on associe les éléments nutritifs nécessaires à la croissance d'êtres vivants (Bactéries, Champignons, Végétaux, tissu végétal, cellules animales...).

MILIEU DÉSERTIQUE

Écol. - syn. ***Milieu aride.***

MILIEU DULÇAQUICOLE

Écol. - Ensemble formé par tous les milieux d'eau douce. Les animaux vivant en eau douce sont hypertoniques par rapport à ce milieu extérieur, ce qui leur pose des problèmes d'osmorégulation. (syn. Milieu dulcicole).

MILIEU DULCICOLE

Écol. - syn. ***Milieu dulçaquicole.***

MILIEU EXTRÊME

Écol. - Milieu dans lequel un ou plusieurs paramètres ont des valeurs ou des caractéristiques qui s'éloignent de beaucoup de celles observées dans les autres milieux. *Exemples* : milieu désertique, milieu hypersalé.

→ ***Milieu aride.***

MILIEU INTÉRIEUR

Physiol. ani. - Ensemble des liquides de l'organisme (**sang**, lymphes). Le maintien des caractéristiques physicochimiques du milieu intérieur ou **homéostasie** est assuré par les hormones et le système nerveux.

→ ***Fonction, Physiologie, Régulation.***

MILIEU MARIN

Écol. - Ensemble formé par tous les océans et les mers en communication avec eux. Le milieu marin se caractérise par sa salinité qui est parfois supérieure à celle du milieu intérieur des animaux qui l'habite et de ce fait leur pose des problèmes d'osmorégulation. Il recouvre plus de 70 % de la surface du globe terrestre.

MILIEU MINIMUM

Génét., Microbiol. - Milieu de culture qui possède de la matière minérale et une source de carbone organique (glucose). Les Bactéries, les Levures, les **Mycètes** de phénotype **sauvage** peuvent se développer sur ces milieux. En revanche ceux qui possèdent des **mutations** touchant les gènes gouvernant le **métabolisme** de certains **acides aminés** ou d'autres molécules (vitamines...) ne se développent pas sur ces milieux. Pour assurer leur croissance, il faut donc ajouter l'élément qui fait défaut. Ces mutants métaboliques sont dits **auxotrophes** à la substance.

MILIEU NATUREL

Écol. - Terme de géographie physique employé pour désigner des zones géographiques différentes (régions) possédant des caractéristiques écologiques communes. Souvent, le terme de milieu naturel se réduit simplement à ***milieu***.

MILIEU TERRESTRE

Écol. - L'ensemble des terres émergées. Le milieu terrestre se caractérise, par rapport aux milieux aquatiques, par sa faible portance (poussée d'Archimède quasi nulle), sa faible viscosité, sa faible disponibilité en eau (milieu déshydratant), l'abondance du dioxygène (21 %) sa grande transparence et sa faible capacité thermique.

→ ***Milieu aérien, Milieu aride.***

MILIEU TRANSPARENT

Anat. - Corps de l'œil qui laisse passer la lumière (cornée, humeur vitrée, cristallin, humeur aqueuse). L'ensemble des milieux transparents de l'œil correspond à une lentille de focale de 17 mm (58,6 dioptries) qui fait converger, sur la rétine, les rayons lumineux issus d'un objet situé à l'infini.

MILLE-PATTES *n. m.*

Zool. - syn. ***Myriapodes.***

(Nom commun des *Myriapodes* comme les Scolopendres et les Iules).

MILLER

Évol.

→ ***Expériences de Miller.***

MINDEL

Glaciol. - Deuxième glaciation du Quaternaire repérée dans les régions alpines, la glaciation de Mindel s'est déroulée de 650 000 à 350 000 ans. Elle est séparée de la glaciation suivante par l'interglaciaire Mindel-Riss qui a duré 50 000 ans.

MINERAI *n. m.*

Pétrol. - Minéral ou association minérale qui peut être exploité pour un ou plusieurs métaux. L'**uraninite** est un minerai d'uranium, la **bauxite** un minerai d'aluminium, la minette et la pyrite sont des minerais de fer…

MINÉRAL *adj.*

Biochim. - Qualificatif employé pour désigner des molécules qui ne contiennent pas de carbone associé à des atomes d'hydrogène. Le carbone contenu dans le CO_2 est du **carbone minéral** par opposition à celui présent dans le méthane (CH_4) qui est du **carbone réduit**.

Minér. *n. m.* ou *adj.* - Espèce chimique naturelle formée le plus souvent par un motif cristallin (cristal) de taille variable. Les minéraux sont à de rares exceptions constitués par l'assemblage d'anions reliés entre eux par des cations – l'édifice cristallin tient donc par des liaisons ioniques – et, en dehors de leur surface, ils se présentent comme électriquement neutres. Les minéraux les plus résistants sont ceux dont les éléments constitutifs sont liés par des liaisons covalentes (**quartz**, **diamant**). La classification des minéraux repose sur des critères chimiques (composition atomique) et des critères cristallographiques (agencement des atomes les uns par rapport aux autres). On distingue d'un point de vue chimique : les éléments natifs (diamant, soufre…), les sulfures, les oxydes, les hydroxydes, les halogénures, les **carbonates**, les phosphates, les sulfates, les **silicates**. Ces derniers sont les minéraux les plus abondants du globe. Dans une roche, en fonction de leur abondance relative, on définit des minéraux essentiels, des minéraux accessoires et des minéraux accidentels.

MINÉRAL ARGILEUX

Minér. - **Silicate d'alumine** hydraté, plus ou moins riche en magnésium, potassium, sodium, fer. Les minéraux argileux les plus abondants sont la kaolinite, l'illite, la glauconite, la vermiculite, la chlorite et les smectites. Les minéraux argileux proviennent : de l'altération des roches magmatiques ou métamorphiques [1], se forment dans les bassins de sédimentation [2], prennent naissance à la suite d'une réorganisation minéralogique au cours d'un phénomène de diagenèse [3].

→ ***Argile.***

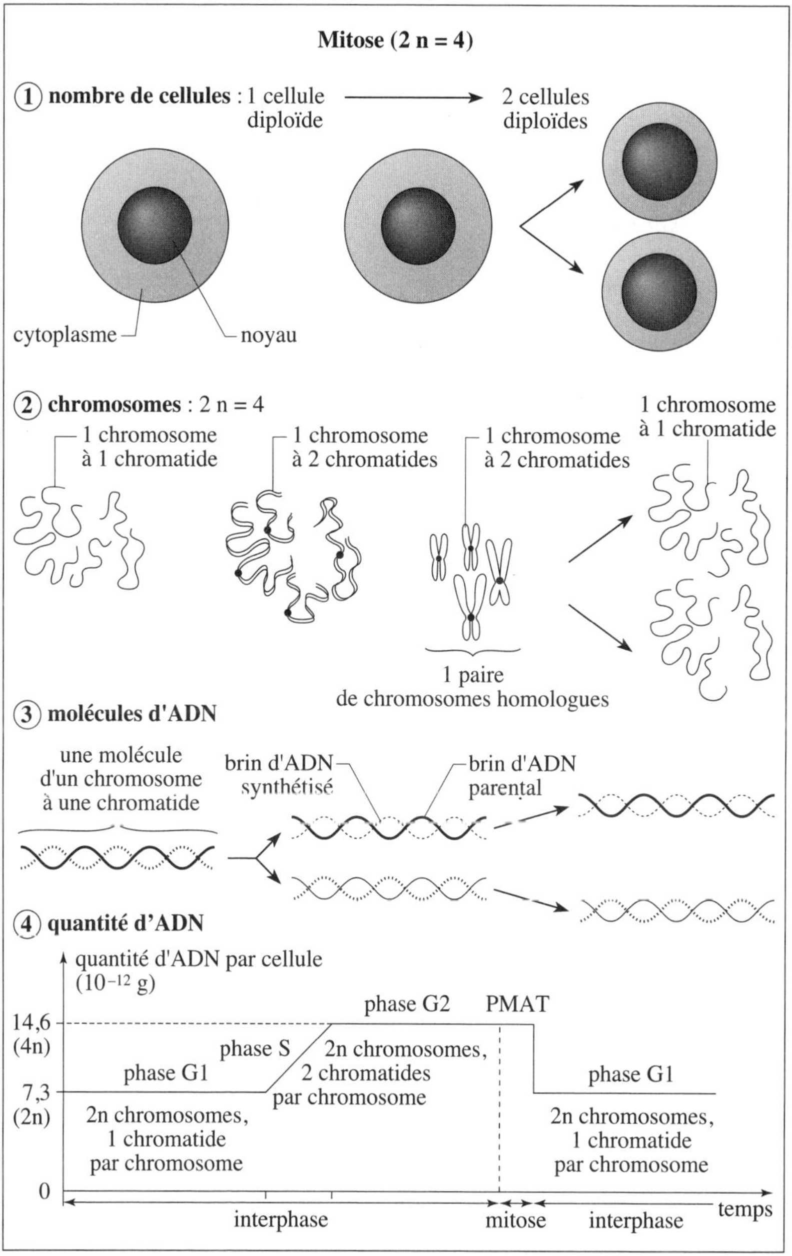

Évolution : **1.** du nombre de cellules, **2.** du nombre de chromosomes, **3.** du nombre de molécules d'ADN, **4.** de la quantité d'ADN, au cours de la mitose. La quantité d'ADN est donnée par cellule. On considère que les cellules filles sont indépendantes quand leur cytoplasme n'est plus en continuité, c'est-à-dire à la fin de la télophase ; (P : prophase, M : métaphase, A : anaphase, T : télophase).

Mitose (2n = 4) : prophase, métaphase, anaphase, télophase

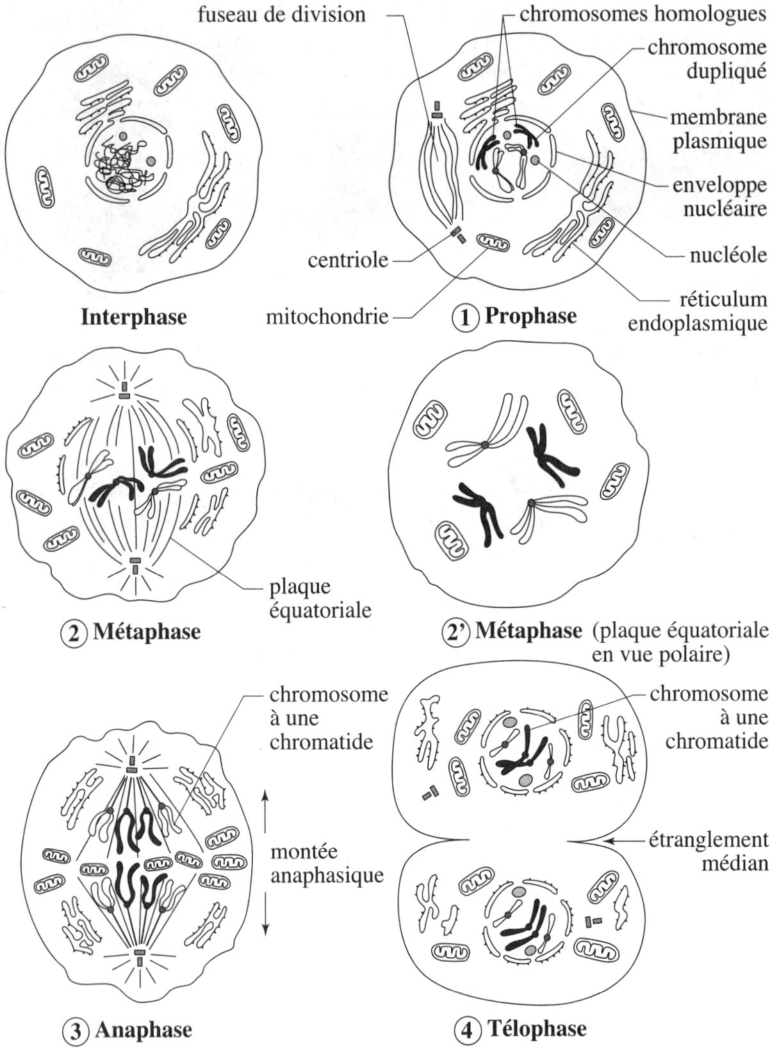

Entre deux mitoses, la cellule animale est en interphase, période où elle grandit. **1.** Prophase : migration des centrioles, apparition du fuseau de division entre les deux centrioles, apparition des chromosomes à deux chromatides ; elle dure 15 à 60 minutes. **2.** Métaphase : formation et mise en place du fuseau de division ; alignement des centromères au centre de la cellule et formation de la plaque équatoriale ; elle dure environ 5 minutes. **3.** Anaphase : fissuration des centromères ; chaque chromosome à une chromatide ainsi formé se dirige vers un pôle de la cellule, les chromosomes à une chromatide se dirigent vers les pôles opposés ; elle dure 2 à 3 minutes. **4.** Télophase : reconstitution de l'enveloppe nucléaire ; réapparition des nucléoles ; étranglement médian à l'origine de la séparation des deux cellules filles (répartition des organites de la cellule mère) ; reconstitution en fin de télophase de la membrane plasmique qui sépare les cellules filles ; elle dure 15 à 60 minutes.

méninges, en son centre se trouve le canal de l'épendyme. Entre chaque vertèbre, elle présente des expansions latérales formant les racines de la moelle. Les ***racines dorsales*** ou racines postérieures sont le lieu d'entrée des fibres nerveuses afférentes (sensitives) dont les corps cellulaires des neurones bipolaires se trouvent dans les ganglions rachidiens. Ces fibres sensitives établissent des synapses avec des neurones moteurs qui sortent de la moelle par la ***racine ventrale*** ou racine antérieure. Les deux racines d'un même côté se rejoignent et forment, entre chaque vertèbre, les nerfs rachidiens qui sont des nerfs mixtes. La moelle épinière est le centre nerveux des réflexes médullaires. Les neurones issus des centres nerveux supérieurs (voies de la motricité volontaire) descendent dans la moelle épinière par la substance blanche. De la même manière, des neurones sensitifs, issus des différentes parties du corps, remontent vers les centres nerveux supérieurs dans la moelle épinière.

MOELLE OSSEUSE

Anat., Immuno. - Tissu présent dans certains os et plus particulièrement les os longs où se réalise l'**hématopoïèse**. Toutes les cellules du système immunitaire proviennent d'une cellule souche hématopoïétique formant le ***tissu hématopoïétique*** à l'origine des lignées **myéloïde** et **lymphoïde**. Les **lymphocytes B** naissent et se différencient dans la moelle osseuse alors que les **lymphocytes T** se différencient dans le thymus. La moelle osseuse est formée par la ***moelle rouge*** présente chez le fœtus et l'enfant et qui est le siège de l'hématopoïèse, et la moelle jaune de l'adulte riche en cellules adipeuses.

MOELLE ROUGE

Anat., Immuno.

→ ***Moelle osseuse.***

MOHO *n. m.*

Tecto. - syn. ***Discontinuité de Mohorovičić.***

MOISISSURE *n. f.*

Bot. - Mycètes dont le **mycélium** se présente sous la forme d'un feutrage plus ou moins dense recouvrant la matière organique qu'il consomme. En principe, les Moisissures ne digèrent pas la cellulose.

MOLASSE *n. f.*

Pétrol. - Dépôt terrigène, marin ou continental formé par un mélange de **grès** et de **conglomérats** qui reposent, souvent en discordance, sur les couches sous-jacentes dans des zones orogéniques en fin d'évolution.

→ ***Orogenèse.***

MOLÉCULE PHOSPHATÉE

Biochim., Éner. - Molécule ayant fixé un groupe phosphate dont l'hydrolyse libère de l'**énergie**. La phosphocréatine et l'ATP sont des molécules phosphatées.

MOLÉCULE PRÉBIOTIQUE

Évol. - Molécule organique formée sans l'intervention d'êtres vivants. Les **expériences de Miller** ont permis de fabriquer de telles molécules (acides aminés, bases azotées, oses, ATP…).

→ ***Soupe primitive.***

MOLÉCULES DU CMH

Immuno. - Antigènes (glycoprotéines) produits par les différents allèles du **Complexe majeur d'histocompatibilité**.

→ ***CMH de classe I, CMH de classe II.***

MOLLUSQUES *n. m.*

Zool. - Animaux au corps mou, dont la partie dorsale qui contient la masse viscérale est enveloppée dans un repli, le manteau, qui produit, chez la plupart des espèces, une coquille calcaire. Ce repli du manteau définit la cavité palléale qui contient les branchies et les ouvertures des conduits génitaux, urinaires et digestifs. La tête (réduite chez les Bivalves) porte des organes sensoriels et la bouche qui abrite une langue protractile (la radula) munie de petites dents. La locomotion est assurée par un pied musculeux. Les Céphalopodes (Pieuvre, Calmars, **Ammonites**), les Bivalves (Moules, Huîtres...) et les Gastéropodes (Escargots, Limaces...) sont les trois principales classes de Mollusques.

MOLYBDIQUE *adj.*

Biochim. - Caractérise un réactif utilisé pour mettre en évidence les ions phosphate dans une solution. Ainsi, en présence de ces ions, il se forme un précipité jaune de phospho-molybdate.

MONGOLISME *n. m*

Génét., Méd. - Description d'un état pathologique (yeux bridés...) dont les caractéristiques ont été rapprochées au XIXe siècle par le médecin britannique Down de la morphologie du peuple Mongol. L'ensemble des manifestations cliniques correspond au **syndrome de Down** et sa cause en est la présence d'un chromosome 21 surnuméraire (trisomie 21) [syn. Syndrome de Down] ; (ce terme péjoratif est à proscrire, il est fondé sur l'idée raciste que les anomalies de développement rencontrées chez les « Blancs » correspondent au développement intellectuel « normal » des autres peuples jugés « inférieurs »).

→ ***Méiose atypique.***

MONOCATÉNAIRE *adj.*

Génét. - Se dit d'un **acide nucléique** formé d'un seul **brin**. L'ARNm et l'ADN de certains virus ne sont formés que d'une seule chaîne de nucléotides.

→ ***Hybridation moléculaire.***

MONOCENTRISME *n. m.*

Évol. - Hypothèse de l'origine de l'Homme moderne qui suppose que toutes les populations actuelles d'*Homo sapiens* dérivent d'une seule population ancestrale d'*Homo sapiens* archaïque qui se serait différenciée en Afrique, à partir des *Homo erectus* locaux, il y a quelque 400 000 ans.

→ ***Polycentrisme.***

MONOCLONAL *adj.*

Immuno. - Dérivé d'un clone.

→ ***Anticorps monoclonal.***

MONOCOTYLÉDONES *n. f. pl.*

Bot. - Une des deux divisions classiques des **Angiospermes** qui regroupe les plantes se caractérisant essentiellement par un embryon ne possédant qu'un seul **cotylédon** et des feuilles longues à **nervures** parallèles. Les Monocotylédones sont des plantes herbacées plus rarement à port arborescent (Palmiers). Les Graminées (= Poacées) et les Orchidées sont les principales familles de Monocotylédones.

→ ***Dicotylédones.***

MONOCYTE *n. m.*

Immuno. - Leucocyte qui se différencie à partir des monoblastes de la moelle rouge. Les monocytes ont le même rôle que les polynucléaires **neutrophiles**, en particulier la **phagocytose**. Ils circulent dans le sang, et en présence de protéines étrangères, les monocytes augmentent de volume et deviennent des **macrophages**. Les monocytes sécrètent des cytokines.

MONOFACTORIEL *adj.*

Génét. - syn. ***monogénique.***

MONOGÉNIQUE *adj.*

Génét. - Qui est contrôlé par un seul gène (syn. monofactoriel).

MONOHYBRIDISME *n. m.*

Génét. - Croisement dans lequel les deux parents ne se distinguent que par un seul caractère (gène).

→ ***Caractère qualitatif, Caractère quantitatif, Dihybridisme, Lois de Mendel.***

MONOÏQUE *adj.*

Bot. - Se dit d'une plante qui possèdent des **fleurs** mâles et des fleurs femelles disposées sur le même pied.

→ ***Dioïque.***

MONOMORPHE *adj.*

Génét. - Se dit d'un **gène** qui ne possède qu'un **allèle**.

→ ***Polymorphe.***

MONOŒSTRIEN *adj.*

Physiol. ani. - Se dit d'une femelle qui n'a qu'une période d'**œstrus** par an.

MONOŒSTRUS *n. m.*

Physiol. ani. - Une seule période d'**œstrus** par an.

MONOPHYLÉTIQUE (GROUPE)

Évol. - Ensemble formé par une espèce ancestrale et toutes les espèces qui en sont issues. Un tel groupe, formant un **clade**, est défini par la possession d'au moins une **apomorphie** partagée (syn. Clade).

→ ***Synapomorphie.***

MONOPODIALE *adj.*

Bot.

→ ***Bourgeon.***

MONOSACCHARIDES *n. m.*

Biochim. - Ancien terme utilisé pour désigner les oses simples (glucose, fructose, ribose, désoxyribose).

→ ***Glucides.***

MONOSOMIE *n. f.*

Génét., Méd. - Absence d'un des **chromosomes homologues** dans une paire, le chromosome manquant est noté 0.

→ ***Aneuploïdie, Syndrome de Turner.***

MONOSYNAPTIQUE *adj.*

Neurobiol.

→ ***Réflexe monosynaptique.***

MONOZYGOTE *adj.*

Biol. cell. - Qui provient d'un seul **œuf** comme les vrais **jumeaux** (syn. Univitellin).

→ ***Bivitellin.***

MORAINE *n. f.*

Glaciol. - Accumulation de blocs rocheux tombés sur un glacier ou arrachés aux flancs et au fond de la vallée et transportés à la suite de son avancée. Avec la fonte du glacier, le matériel provenant des flancs se trouve déposé en aval où il forme des moraines latérales, celui raboté sur le fond donne des petites collines et celui poussé par le front du glacier est à l'origine d'une moraine frontale qui marque le maximum d'extension du glacier.

→ ***Érosion glaciaire.***

MORB

Pétrol., Volcano.

→ ***Série tholéiitique.***

MORBIDE *adj.*

Génét. - Relatif à la maladie.

→ ***Allèle morbide.***

MORPHINE *n. f.*

Neurobiol. - Molécule de la famille des Opiacées, extraite du Pavot (*Papaver somniferum*). La morphine se fixe sur des récepteurs cellulaires qualifiés de morphiniques ou de **récepteurs aux opioïdes**. Ces récepteurs sont surtout situés au niveau du thalamus et du système limbique. Ils fixent aussi les morphines endogènes (**enképhalines** et **endorphines**). La morphine est donc un analogue structural des enképhalines au niveau du site de reconnaissance du récepteur membranaire. En se fixant sur les terminaisons synaptiques des **fibres C**, elle empêcherait l'exocytose des neurotransmetteurs et donc la transmission de la douleur ; elle pourrait agir aussi sur les membranes postsynaptiques. Elle soulage donc la douleur, mais ses effets secondaires (dépression respiratoire, dépendance) limitent ses applications.

MORPHOGÈNE *n. m.* ou *adj.*
Embryo. - Molécule répartie suivant un gradient de concentration à laquelle les cellules répondent différemment, à partir de valeur-seuil, suivant leur place le long du gradient. Les morphogènes seraient des facteurs de régulation qui déclencheraient le fonctionnement de gènes responsables de l'apparition de structures spécifiques.

⟶ ***Information de position.***

MORPHOGENÈSE *n. f.*
Embryo. - Acquisition progressive par un organisme à la suite du développement et de la croissance, de la différenciation des tissus et des organes, puis de sa structure et de sa forme. Chez les végétaux, la croissance est considérée comme indéfinie.

⟶ ***Acaule, Organogenèse.***

MORPHOLOGIE *n. f.*
Biol. - Étude de l'organisation externe d'un être vivant ou d'un organe. On évitera l'expression « morphologie externe » qui, par l'usage est un pléonasme.

⟶ ***Anatomie.***

MORT CELLULAIRE PROGRAMMÉE
Immuno. - syn. ***Apoptose.***

MORULA *n. f.*
Embryo. - Première étape du développement embryonnaire où l'**embryon**, formé de centaines de cellules semblables, ressemble à une petite mûre, d'où le nom donné à ce stade. Le stade morula précède le stade **blastula**.

⟶ ***Segmentation.***

MOTEUR MOLÉCULAIRE
Biol. cell. - Protéine comme la **myosine** ou la **dynéine** transformant l'énergie d'hydrolyse de l'ATP en mouvements, ou comme **l'ATP-synthase** dont une partie tourne comme un rotor.

MOTIF ANTIGÉNIQUE
Immuno. - syn. ***Déterminant antigénique.***

MOTONEURONE *n. m.*
Neurobiol. - Neurone médullaire transmettant un message nerveux vers un muscle (effecteur) [syn. Neurone moteur].

MOTONEURONE α
Neurobiol. - Motoneurone dont le corps cellulaire se situe dans la **substance grise** de la moelle épinière et qui est responsable de la propagation d'un message nerveux déclenchant des contractions musculaires. Il établit entre autres des synapses avec des neurones sensitifs issus des fuseaux neuromusculaires, avec les neurones des voies pyramidale et extrapyramidale de la motricité dirigée.

⟶ ***Fibre α.***

MOTONEURONE γ
Neurobiol. - Motoneurone dont le corps cellulaire se trouve dans la moelle épinière et qui innerve les extrémités des **fuseaux neuromusculaires** et contrôle leur étirement. Ainsi, cette régulation, ou boucle γ permet, lors de toute modification de la longueur du muscle, de lutter contre cette modification par la voie du **réflexe myotatique** (au repos ou pendant le mouvement). Lors d'un mouvement volontaire, il y a coactivation des motoneurones α et γ, ce qui permet au réflexe myotatique de ne pas contrecarrer le mouvement souhaité.

MOTRICITÉ DIRIGÉE
Neurobiol. - Capacité que possède un organisme à réaliser un acte musculaire volontaire, c'est-à-dire qui se fait de manière consciente ; la motricité dirigée ou volontaire s'oppose à un mouvement de nature **réflexe** qui se fait inconsciemment (syn. Motricité volontaire).

MOTRICITÉ VOLONTAIRE
Neurobiol. - syn. ***Motricité dirigée.***

MOULAGE ENDOCRÂNIEN

Paléont. - Reconstitution de l'aspect extérieur de l'encéphale d'un Vertébré. Les moulages endocrâniens réalisés dans la lignée humaine permettent de visualiser la vascularisation de plus en plus importante du cerveau, à l'origine d'un fonctionnement accru de celui-ci, l'apparition d'aires cérébrales spécialisées (aire de Broca liée à l'usage de la parole)... La **capacité crânienne** ne donne qu'une tendance de la montée du psychisme, mais les capacités cérébrales d'un individu sont plus liées au nombre de synapses qu'au volume total. Chez l'Homme moderne, les écarts vont du simple au double, ainsi Anatole France avait un cerveau de 1 000 cm^3 alors que celui de Tourgueniev atteignait le double.

MOUSSES *n. f. pl.*

Bot. - Une des divisions des **Bryophytes**.

⟶ ***Cryptogames.***

MOUSSON *n. f.*

Climato. - Vent saisonnier qui touche essentiellement l'Asie du sud-est et l'Inde et dont le sens s'inverse au cours de l'année. La mousson d'été dure d'avril à octobre, elle souffle de l'océan vers le continent, c'est-à-dire du sud-est vers le nord-ouest ; la mousson d'hiver, de novembre à mars, souffle du continent vers l'océan.

MOUSTÉRIEN *n. m.* ou *adj.*

Préhist. - Ensemble de pierres taillées de dimensions et de formes variées ainsi que de représentations artistiques caractéristiques du **Paléolithique moyen**. Le Moustérien a été décrit de la ville du Moustier en Dordogne, il s'étend de 120 000 à 34 000 ans et a été réalisé essentiellement par les **Néandertaliens** et leurs ancêtres directs.

MST

Méd. - Sigle de Maladie Sexuellement Transmissible. La syphilis, la blennorragie, les infections à chlamydiae, le SIDA sont des MST.

MUCILAGE *n. m.*

Biol. cell. - Ensemble de substances complexes de nature glucidique (polysaccharides) qui deviennent visqueuses et glissantes quand elles sont hydratées. Les mucilages sont particulièrement abondants chez les plantes et les Bactéries.

MUCOVISCIDOSE *n. f.*

Génét., Méd. - Maladie autosomique récessive entraînant un excès de production de certaines sécrétions (poumons, pancréas). La mucoviscidose est due à la **mutation** d'un **gène** codant pour une protéine transmembranaire de 1 480 acides aminés la CFTR (*Cystic Fibrosis Conductance Regulator*) qui intervient dans l'élimination du chlore intracellulaire. En fait, il existe plus de 200 mutations pour ce gène, dont la plus fréquente (70 % des cas) est la **délétion** du codon responsable de la mise en place du 508e acide aminé de la chaîne. La mucoviscidose touche un enfant sur 2 000 et la fréquence des **hétérozygotes** dans la population générale est de 1/22,5. On l'appelle aussi fibrose kystique du pancréas. Elle est diagnostiquée par la recherche d'une teneur élevée en NaCl dans la sueur. La délétion de cet acide aminé empêche l'exportation de la protéine hors du réticulum. Faute de ce canal transmembranaire, il y a moins de Cl^- secrété ce qui réduit l'apport hydrique et entraîne la production d'un mucus épais qui bouche les voies respiratoires. La possession d'un allèle muté semble conférer une protection contre les effets mortels des diarrhées dans les régions où sévit le choléra.

MUCUS *n. m.*

Physiol. ani. - Sécrétion des glandes muqueuses, le mucus est constitué par de la mucine (une glycoprotéine) lui donnant un aspect filant, par de l'eau, des sels, des cellules mortes et des leucocytes. Le mucus assure un rôle protecteur, à la fois physique et chimique, des muqueuses qu'il recouvre.

MULTIFACTORIEL, MULTIGÉNIQUE *adj.*

Génét. - syn. ***Polygénique.***

MULTIPLICATION VÉGÉTATIVE

Bot. Zool. - Processus de reproduction où un individu donne naissance à un nouvel individu sans qu'il y ait de fécondation et de méiose. La multiplication végétative peut être naturelle (marcottage) ou artificielle (bouturage). Ce terme s'emploie aussi pour certaines espèces animales à multiplication asexuée.

→ ***Reproduction asexuée, Reproduction végétative.***

MUQUEUSE *n. f.*

Anat., Histo. - Tissu épithélial produisant un **mucus** recouvrant les cavités de l'organisme en communication avec l'extérieur. La muqueuse utérine se plisse durant la **phase lutéale**, différencie des glandes productrices de glycogène, est parcourue par de très nombreux vaisseaux et forme une dentelle qui se désagrège à la fin du cycle menstruel, ce qui provoque les règles du cycle suivant et une reconstruction de la muqueuse (syn. Endomètre).

MURIN *adj.*

Zool. - Qui se rapporte aux Rongeurs. Des cellules murines, par exemple, proviennent d'une Souris.

MUSCLE *n. m.*

Anat., Neurobiol. - Organe spécialisé dans la conversion de l'énergie chimique (ATP) en énergie mécanique.

→ ***Fibre musculaire.***

MUSCLE EXTENSEUR

Anat., Neurobiol. - Muscle dont la contraction provoque l'ouverture d'une articulation.

→ ***Muscles antagonistes.***

MUSCLE FLÉCHISSEUR

Anat., Neurobiol. - Muscle dont la contraction provoque la fermeture d'une articulation.

→ ***Muscles antagonistes.***

MUSCLE INTERCOSTAL

Anat. - Catégorie de muscles reliant les côtes entre elles et dont la contraction, associée à un abaissement du diaphragme, entraîne une augmentation de volume de la cage thoracique et donc une dépression qui est à l'origine de l'inspiration.

MUSCLES ANTAGONISTES

Anat., Neurobiol. - Couple de muscles squelettiques formé par un muscle extenseur et un muscle fléchisseur situés de part et d'autre d'une articulation et qui sont responsables respectivement de l'ouverture et de la fermeture de l'articulation.

MUSCOVITE *n. f.*

Minér.

→ ***Mica.***

MUTAGÈNE *adj.*

Génét. - Se dit d'un agent physique (rayonnements…) ou chimique (gaz moutarde, amiante…) qui provoque des **mutations**.

MUTAGENÈSE *n. f.*

Génét. - Production de mutants par l'utilisation d'agents **mutagènes** chimiques ou physiques.

MUTANT *n. m.* ou *adj.*

Génét. - Qui apparaît par **mutation**, qui descend d'une lignée où a eu lieu une mutation. S'emploie aussi bien pour un gène que pour un caractère.

→ ***Sauvage.***

MUTATION *n. f.*

Génét. - Modification de la séquence des nucléotides de l'ADN, ou d'une manière plus générale, toute modification héréditaire du matériel génétique. Dans un organisme pluricellulaire, seules se transmettent à la descendance les **mutations germinales**. Les **mutations somatiques** ne se transmettent qu'aux cellules issues par mitose de la cellule mutée, ces cellules forment alors un clone.

⟶ ***Code génétique.***

MUTATION CHROMOSOMIQUE

Génét. - Modification du matériel héréditaire qui affecte tout ou partie d'un **chromosome** et qui est visible sur un caryotype.

⟶ ***Délétion, Inversion, Translocation.***

MUTATION DÉCALANTE

Génét. - Perte ou gain d'une ou deux paires (ou de leur multiple entier non divisible par 3) de **bases azotées** dans la molécule d'ADN, ce qui modifie le **cadre de lecture** de l'**ARNm** par les **ribosomes**. La mutation décalante produit une chaîne polypeptidique très différente de celle d'origine. Celle-ci est rarement achevée à cause de l'apparition rapide d'un **codon stop**.

⟶ ***Addition, Code génétique.***

MUTATION FAUX-SENS

Génét. - Mutation ponctuelle conduisant au remplacement d'un **acide aminé** par un autre dans la **chaîne polypeptidique** codée par le **gène** muté.

⟶ ***Code génétique.***

MUTATION GERMINALE

Génét. - Mutation touchant l'ADN des **cellules souches** des **gamètes**. La mutation germinale est potentiellement transmissible à la descendance.

⟶ ***Germen, Mutation somatique.***

MUTATION HOMÉOTIQUE

Génét.

⟶ ***Gène homéotique.***

MUTATION NON-SENS

Génét. - Mutation ponctuelle conduisant au remplacement d'un acide aminé par un **codon stop**, ce qui provoque un arrêt de la **traduction** de l'ARNm et donc une **chaîne polypeptidique** incomplète.

⟶ ***Code génétique.***

MUTATION PONCTUELLE

Génét. - Modification d'une seule paire de **bases azotées** dans la molécule d'ADN lors de la **réplication** ou à la suite de l'intervention d'un agent **mutagène**. Une paire A-T peut être remplacée par une paire T-A, G-C, ou C-G.

⟶ ***Code génétique, Substitution.***

MUTATION SILENCIEUSE

Génét. - Mutation ponctuelle ne conduisant pas a une substitution d'acide aminé dans la **chaîne polypeptidique** codée par le gène. Cette caractéristique est due à la **redondance du code génétique**.

MUTATION SOMATIQUE

Génét. - Mutation touchant l'ADN des cellules du corps (soma). Seules les cellules issues de la cellule mutée portent l'anomalie, il y a naissance d'un **clone** de cellules anormales, mais la mutation ne se transmet pas à la descendance (syn. Somation).

MYCÉLIUM *n. m.*

Bot. - Appareil végétatif des **Mycètes** constitué de filaments (hyphes). Le mycélium s'oppose au « chapeau » qui forme l'organe reproducteur des Champignons supérieurs.

⟶ ***Moisissure, Mycorhize.***

MYCÈTES *n. m. pl.*

Bot. - Un des 5 règnes du monde vivant, qui contient plus de 100 000 espèces.

⟶ ***Champignons.***

MYCODERME DU VIN *n. m.*

Microbiol. - Levure (*Mycoderma aceti*) responsable de la **fermentation** acétique qui se déroule en présence de dioxygène. Le Mycoderme forme dans le vin un dépôt appelé mère de vinaigre. Cette fermentation **aérobie** produit de l'acide acétique et de l'eau comme déchets. L'énergie libérée au cours de ce processus est utilisée par le Mycoderme pour son métabolisme.

MYCORHIZE *n. f.*

Bot. - Association souterraine (symbiose) entre les racines d'une plante chlorophyllienne, et un Champignon dont le **mycélium** prélève sur la plante les **glucides** nécessaires à son métabolisme, mais lui fournit « en échange » essentiellement des phosphates.

MYDRIASE *n. f.*

Méd. - Relâchement des muscles de l'iris entraînant une augmentation du diamètre de la pupille.

→ ***Diaphragmation.***

MYÉLENCÉPHALE *n. m.*

Neurobiol. - Partie la plus postérieure de l'encéphale qui comprend la partie inférieure du quatrième ventricule et la moelle allongée.

→ ***Bulbe rachidien.***

MYÉLINE *n. f.*

Neurobiol. - Lipide très abondant dans la membrane des **cellules de Schwann**. La myéline possède une grande résistance électrique qui est à l'origine de la **conduction saltatoire** de l'influx nerveux dans les fibres **myélinisées**.

MYÉLINISÉ *adj.*

Neurobiol. - Se dit d'une cellule nerveuse qui possède une **gaine de myéline**.

MYÉLOÏDE *adj.*

Immuno. - Qui se rapporte aux cellules sanguines autres que les **lymphocytes**.

→ ***Cellules souches myéloïdes.***

MYÉLOME *n. m.*

Méd. - **Cancer** de la moelle osseuse touchant souvent les **lymphocytes B**. Le myélome se traduit généralement par une production très importante d'une catégorie d'anticorps correspondant à celle sécrétée par la cellule souche à l'origine du clone.

→ ***Lymphome.***

MYOCARDE *n. m.*

Anat., Histo. - L'ensemble du tissu musculaire constituant la paroi du **cœur**. Le myocarde est irrigué par les **artères coronaires**. Quand une de ces artères se bouche, la partie qui n'est plus alimentée meurt, il y a un infarctus du myocarde.

MYOCYTE *n. m.*

Biol. cell. - syn. ***Fibre musculaire.***

MYOFIBRILLE *n. f.*

Biol. cell. - Unité fonctionnelle de la **fibre musculaire** constituée par un agencement de **myofilaments**.

MYOFILAMENT *n. m.*

Biol. cell. - Filament protéique qui constitue les **sarcomères**. Les myofilaments épais sont formés de la réunion en faisceaux des molécules de **myosine**. Les myofilaments fins sont essentiellement constitués de l'enchaînement de molécules d'**actine**.

→ ***Fibre musculaire.***

MYOGLOBINE *n. f.*

Biochim. - Protéine formée d'une seule chaîne polypeptidique contenant un atome de fer qui fixe une molécule de dioxygène. La myoglobine est présente dans les muscles striés où elle stocke du dioxygène et ne le libère qu'en cas de travail intense. La myoglobine donne cette couleur rouge au muscle.

MYOKINASE *n. f.*

Biochim. - Enzyme présente dans la fibre musculaire striée. La myokinase permet la phosphorylation d'ADP à partir d'un autre ADP (ADP + ADP → ATP + AMP + énergie).

→ ***Chaleur retardée.***

MYOMÈTRE *n. m.*

Anat., Histo. - Partie interne de la paroi de l'utérus, située sous l'endomètre, formée de tissu musculaire lisse et de tissu conjonctif, riche en éléments vasculaires et nerveux.

MYOPATHIE DE DUCHENNE

Génét., Méd. - Maladie **récessive** dont le **gène** responsable est porté par le chromosome X. Le gène code une protéine musculaire, la **dystrophine** qui, chez les individus atteints de myopathie, n'est pas fonctionnelle, ce qui conduit à une dégénérescence des cellules musculaires ; elle touche un garçon sur 5 000.

MYOPIE *n. f.*

Méd. - Anomalie de la réfraction sur le cristallin, qui est trop convergent. Ainsi, les rayons lumineux issus d'objets lointains provoquent la formation d'une image nette en avant de la rétine et donc floue sur elle. La vision de près est correcte. Le port de verres divergents pallie ce défaut.

→ ***Hypermétropie.***

MYOSINE *n. f.*

Biol. cell. - Protéine, en forme de club de golf, constituant les myofilaments épais de la fibre musculaire. La myosine possède une activité enzymatique ATP-asique qui lui permet de disposer d'énergie pour faire pivoter sa tête sur les filaments d'**actine** et donc de raccourcir les **sarcomères** constituant une myofibrille.

→ ***Fibre musculaire.***

MYRIAPODES *n. m.*

Zool. - Classe des **Arthropodes** qui regroupe des espèces de forme allongée à nombreuses paires de pattes dont la tête porte une paire d'antennes et une paire de mandibules. La respiration se fait par des trachées. La seule région différenciée est la tête suivie par une série de segments qui portent une (Scolopendres) ou deux paires (Iules) de pattes locomotrices (syn. Mille-pattes).

N

NADH, $NADH_2$

Biochim., Éner. - Formes réduites du NAD^+.

——► ***Tox/Tréd.***

NAD^+

Biochim., Éner. - Sigle de Nicotinamide Adénine Dinucléotide oxydé. Coenzyme constitué par une molécule de nicotinamide, une molécule d'adénine, deux groupes phosphate et deux molécules de ribose. C'est un accepteur (transporteur) universel d'hydrogène qui devient **NADH** ou **$NADH_2$**.

——► ***Cycle de Krebs, Tox/Tréd, Transporteur d'hydrogène.***

NADPH, $NADPH_2$

Biochim., Éner. - Formes réduites du $NADP^+$.

$NADP^+$

Biochim., Éner. - Sigle de Nicotinamide Adénine Dinucléotide Phosphate oxydé. Coenzyme constitué par une molécule de NAD^+ associée à un groupe phosphate supplémentaire. C'est un accepteur (transporteur) universel d'hydrogène qui devient **NADPH** ou **$NADPH_2$**. Le $NADP^+$ est l'accepteur final des électrons arrachés à la molécule d'eau au cours de la **photosynthèse**.

——► ***Transporteur d'hydrogène.***

NAINE BLANCHE

Astron. - Résidu inerte, souvent de couleur blanche, en général mille fois moins lumineux que le Soleil. La naine blanche de masse inférieure à 1,4 fois celle du Soleil représente le stade final d'évolution des étoiles dont la masse initiale est inférieure à 8 à 9 masses solaires. Ainsi, dans quelques milliards d'années le Soleil deviendra une naine blanche en passant par le stade de géante rouge.

NALOXONE *n. f.*

Neurobiol. - Molécule de structure proche de la morphine qui bloque les récepteurs aux opioïdes.

NANDROLONE *n. f.*

Méd. - **Anabolisant** puissant qui accroît la masse musculaire et stimule l'agressivité.

NANOFOSSILE *n. m.*

Paléont. - **Fossile** de taille micrométrique qui ne peut s'étudier qu'au microscope électronique. Les nanofossiles font le plus souvent partie du nanoplancton. Les **Coccolithophoridés** sont un exemple de nanofossiles dont les dépôts sur des dizaines de mètres d'épaisseur sont à l'origine de la craie.

NANOS

Embryo., Génét. - **Gène maternel** codant la protéine *Nanos*. Ce gène appartient au groupe postérieur responsable de la spécification de l'arrière de l'embryon. L'ARNm *Nanos* est stocké à l'arrière de l'ovule puis traduit après la fécondation en protéine *Nanos*. La protéine *Nanos* diffuse vers l'avant, établissant un gradient opposé à ***Bicoïd****. *Nanos* bloque de façon progressive la traduction de l'ARNm ***Hunchback****.

NAPPE ALLUVIALE

Hydrogéol. - Nappe d'eau dont l'**aquifère** est constitué par les **alluvions** déposées par un fleuve.

NAPPE ARTÉSIENNE

Hydrogéol. - syn. ***Nappe captive.***

NAPPE CAPTIVE

Hydrogéol. - Nappe d'eau souterraine dont l'**aquifère** est situé entre deux couches imperméables de terrain. L'eau, sous pression, jaillit spontanément des puits qui la mettent en relation avec la surface, de tels puits sont dits artésiens (syn. Nappe artésienne).

→ ***Bassin artésien.***

NAPPE DE CHARRIAGE

Tecto. - Ensemble de **terrains** déplacé par des forces tectoniques et qui est venu recouvrir un autre ensemble éloigné du précédent. Le terrain déplacé est dit allochtone.

NAPPE D'EAU SOUTERRAINE

Hydrogéol. - Eau souterraine contenue dans les interstices, les fissures et les fractures, en communication les uns avec les autres. Cette eau souterraine est localisée dans un **aquifère** situé au-dessus d'une couche de terrain imperméable. Une nappe d'eau souterraine se caractérise par son niveau supérieur ou **niveau piézométrique**. En fonction de sa position, on distingue des **nappes libres** ou nappes phréatiques où le niveau piézométrique se situe dans l'aquifère et des nappes captives, situées entre deux couches de terrain imperméables, dont le niveau piézométrique est situé au-dessus de l'aquifère.

NAPPE FOSSILE

Hydrogéol. - Eau souterraine contenue dans un **aquifère** situé en général à grande profondeur et qui s'est rempli dans un passé lointain. Certaines nappes fossiles stockent des eaux depuis le Secondaire. On cherche actuellement à exploiter, dans les régions arides, de telles nappes.

NAPPE LIBRE

Hydrogéol. - Nappe dont la partie supérieure n'est pas limitée par une couche imperméable, de ce fait, son niveau peut monter et parfois atteindre la surface du sol si les précipitations augmentent. L'eau y est donc en équilibre avec la pression atmosphérique et atteint naturellement son **niveau piézométrique**. Les nappes phréatiques sont des nappes libres.

→ ***Nappe captive.***

NAPPE OPHIOLITIQUE

Tecto. - Ensemble de terrains basiques à ultrabasiques comprenant de bas en haut des **péridotites**, des **gabbros** et des **basaltes** charriés sur des surfaces continentales. Ils sont interprétés comme des morceaux de plancher océanique ayant échappé à la **subduction**. Les nappes ophiolitiques sont particulièrement importantes dans le chapelet d'îles entourant l'Australie.

→ ***Ophiolites.***

NAPPE PHRÉATIQUE

Hydrogéol. - Eaux souterraines, situées à faible profondeur, remplissant complètement les interstices d'un terrain poreux et perméable appelé l'**aquifère**. La nappe se forme par l'accumulation, dans tous les espaces libres, en communication les uns avec les autres, des eaux d'infiltration au-dessus d'une couche imperméable qui arrête toute descente de l'eau plus en profondeur. Le niveau supérieur atteint par l'eau forme la ***surface libre*** qui est le niveau auquel se stabilise l'eau dans les puits atteignant la nappe. À cause du phénomène de capillarité, de l'eau peut se trouver au-dessus de la surface libre, définissant un niveau appelé ***surface de la nappe***. Si au-dessus de cette surface se trouve un terrain perméable, la nappe est dite libre et quand elle est trop alimentée, son niveau peut atteindre la surface du sol.

→ ***Nappe d'eau souterraine, Puits.***

NARCOTIQUE *n. m.*

Méd., Neurobiol. - Médicament dont l'action produit l'assoupissement, la perte des capacités de contraction musculaire et de la sensibilité allant jusqu'à l'endormissement.

NATRÉMIE *n. f.*

Physiol. ani. - Taux de sodium contenu dans le sang, il est de 3,25 g par litre.

NÉANDERT(H)ALIEN
n. m. ou *adj.*
Préhist.

→ ***Homo neanderthalensis.***

NÉBULEUSE *n. f.*

Astron. - Ensemble de gaz et de poussières interstellaires où la densité est nettement supérieure à celle de l'espace interstellaire (syn. Nuage interstellaire).

NÉCROSE *n. f.*

Biol. - Mort des cellules et des tissus à la suite d'une perturbation extérieure.

→ ***Apoptose.***

NÉMATODES *n. m.*

Zool. - Embranchement d'**Invertébrés** constitué par des Vers ronds, fusiformes, non segmentés, recouverts par une **cuticule**. Les Nématodes forment un groupe de Vers très abondants dans les sols où ils participent à la dégradation de la **litière**. En raison de leur capacité à muer, de la présence d'une cuticule très proche de celle des Arthropodes et de parentés génétiques, les Nématodes sont inclus, avec les Arthropodes dans le groupe des Ecdysozoaires.

NÉOGÈNE *n. m.* ou *adj.*
Strati.

→ ***Échelle stratigraphique.***

NÉOGLUCOGENÈSE *n. f.*

Physiol. ani. - Synthèse de glucose, dans la cellule hépatique, à partir de substrats non glucidiques (glycérol, lactate, acides aminés).

NÉOLITHIQUE *n. m* ou *adj.*

Préhist. - Dernière période de l'Âge de la pierre taillée, le Néolithique ou Âge de la pierre polie (7 000 à 2 000 ans avant J.-C.) est marqué par l'apparition d'outils de silex dont toute la surface est polie, la fabrication des premières poteries, le début de l'utilisation des métaux et les prémices de l'agriculture et de l'élevage. C'est à cette époque que le mode de vie change, de chasseur-cueilleur nomade, l'Homme devient agriculteur-éleveur et sédentaire, ou nomadise encore. Cette époque s'accompagne de la diminution de la taille de l'espèce humaine que l'on attribue au changement de régime alimentaire (moins de protéines animales) lié à la modification du mode de vie.

NÉOPLASIE *n. f.*

Méd. - Formation d'une tumeur cancéreuse ou non.

NÉOTÉNIE *n. f.*

Embryo., Évol. - Anomalie du développement conduisant, à cause d'un ralentissement de la vitesse de développement ou de croissance, à un adulte possédant un phénotype larvaire ou juvénile.

→ ***Hétérochronie, Larve.***

NÉPHRON *n. m.*

Anat. - Unité structurale de base constituant le rein des Vertébrés. Le néphron est formé par le glomérule rénal, la capsule de Bowman et le tube urinifère. Il est responsable de la filtration du sang et de l'excrétion des déchets du métabolisme. Son activité produit l'urine.

NERF *n. m.*

Neurobiol. - Ensemble d'axones emballé dans un tissu de protection qui relie le **système nerveux central** à différentes parties du corps. Une coupe transversale dans un nerf montre des vaisseaux sanguins et des fibres nerveuses de diamètres différents, isolées le plus souvent, les unes des autres par les gaines de myéline. Certains nerfs sont uniquement sensitifs, d'autres uniquement moteurs et d'autres mixtes. Les nerfs appartiennent au **système nerveux périphérique**.

—► ***Nerf mixte, Nerf moteur, Nerf sensitif.***

NERF CERCAL

Neurobiol. - Nerf sensitif, symétrique, présent chez la Blatte, le nerf cercal relie les cerques au sixième ganglion de la chaîne nerveuse abdominale. Les neurones de ce nerf sont reliés à des **soies sensorielles** dont le mouvement, à la suite d'un déplacement d'air, donne naissance à un message nerveux qui peut provoquer une réaction de fuite.

—► ***Nerf paracercal.***

NERF CRÂNIEN

Neurobiol. - Nerf issu de l'encéphale. On distingue des nerfs moteurs (moteurs oculaires), des nerfs mixtes (facial, glossopharyngien, pneumogastrique) et des nerfs sensitifs (olfactif, optique, trijumeau).

—► ***Système nerveux périphérique***

NERF DE CYON-LUDWIG

Neurobiol. - Nerf sensitif partant de la **crosse aortique**. Les nerfs de Cyon-Ludwig, droit et gauche, forment des synapses dans le bulbe **rachidien** (**centre cardiomodérateur**) d'où partent des voies effectrices. Les extrémités sensorielles de ces nerfs sont sensibles aux variations de tension de la paroi de la crosse aortique, mais aussi aux variations de la composition chimique du sang (présence de **chémorécepteurs**). Toute variation de la **pression artérielle** à ce niveau provoque par voie réflexe une réaction compensatrice en sens opposé.

—► ***Nerf de Hering, Pression artérielle.***

NERF DE HERING

Neurobiol. - Nerf sensitif reliant un **sinus carotidien** au centre bulbaire (**centre cardiomodérateur**). Les extrémités sensorielles des nerfs de Hering sont sensibles aux variations de tension de la paroi artérielle et aux variations de la composition chimique du sang. Toute variation de la pression à ce niveau provoque par voie réflexe une réaction compensatrice en sens opposé.

—► ***Nerf de Cyon-Ludwig, Nerf glossopharyngien, Pression artérielle, Système nerveux parasympathique.***

NERF GLOSSOPHARYNGIEN

Neurobiol. - Nerf essentiellement sensitif, le nerf glossopharyngien constitue la neuvième paire de nerfs crâniens. Ils véhiculent les sensations issues de la bouche et de la langue. Une de ses branches, appelée **nerf de Hering**, conduit au centre **cardiomodérateur** les informations relatives au changement de pression dans les **sinus carotidiens**.

NERF MIXTE

Neurobiol. - Nerf contenant à la fois des axones sensitifs et des axones moteurs. Le **nerf pneumogastrique** est un nerf mixte.

NERF MOTEUR

Neurobiol. - Nerf constitué par les axones des **motoneurones**.

—► ***Nerf mixte.***

NERF OPTIQUE

Neurobiol. - Nerf formé par les fibres de sortie de la rétine qui se regroupent au point aveugle et relie l'œil au cerveau. Il y a environ 100 fois moins de fibres nerveuses dans ce nerf que de récepteurs visuels. Un traitement de l'image rétinienne est donc nécessaire pour acheminer l'information visuelle aux aires visuelles.

NERF PARACERCAL

Neurobiol. - Nerf sensitif, présent chez la Blatte (et d'autres Arthropodes), parallèle au nerf cercal. Le nerf paracercal relie les **cerques** au sixième ganglion de la chaîne nerveuse abdominale, mais ses neurones sont en contact avec une autre catégorie de soies sensorielles qui se mettent en mouvement sous l'effet du déplacement du cerque. Les neurones des nerfs paracercaux établissent des synapses avec des interneurones inhibiteurs. Ainsi, un mouvement spontané des cerques ne provoque pas une réaction de fuite de la Blatte.

NERF PNEUMOGASTRIQUE
Neurobiol. - **Nerf mixte**, le nerf pneumogastrique appartient à la dixième paire de nerfs crâniens. Les fibres motrices ou efférentes innervent les appareils respiratoire, circulatoire, digestif et urogénital. Elles constituent une partie importante du **système nerveux parasympathique**. Les fibres sensitives ou afférentes conduisent des informations relatives aux variations de la pression sanguine en provenance des barorécepteurs de la crosse aortique ; ces fibres sensorielles constituent les **nerfs de Cyon-Ludwig** (syn. Nerf vague, Nerf X).

NERF RACHIDIEN
Neurobiol. - Nerf mixte issu de la moelle épinière et résultant de la confluence des racines ventrale et dorsale de la moelle épinière. Chez l'Homme, il en existe 31 paires (syn. Nerf spinal).

NERF SCIATIQUE
Neurobiol. - Un des nerfs rachidiens innervant le membre postérieur.

NERF SENSITIF
Neurobiol. - Nerf constitué par les axones des **neurones sensitifs**.

NERF SPINAL
Neurobiol. - syn. ***Nerf rachidien.***

NERF VAGUE
Neurobiol. - syn. ***Nerf pneumogastrique.***

NERVURE *n. f.*
Bot. - Ligne saillante formée par les vaisseaux conducteurs de la feuille. Généralement, les feuilles des Dicotylédones ont une nervure principale d'où partent des nervures secondaires alors que les feuilles des Monocotylédones ont des nervures parallèles d'égale importance.

NEURITE *n. f.*
Neurobiol. - Prolongement cytoplasmique du neurone quand la différence entre axone et dendrite ne peut être faite comme c'est le cas dans des cultures de tissu nerveux.

NEUROBIOLOGIE *n. f.*
Neurobiol. - Étude de la morphologie, de l'anatomie, de la physiologie, de la biochimie et du développement du cerveau et du système nerveux, ainsi que la base cellulaire et biochimique du fonctionnement cérébral.

NEUROENDOCRINE *adj.*
Endocrino. - Désigne un système dont la fonction et les caractéristiques sont situées entre celles des cellules **endocrines** et celles des **neurones**. La structure neuroendocrine la plus importante est l'**hypothalamus** qui produit les **libérines** et trois autres **neurohormones**.

→ ***Complexe hypothalamo-hypophysaire, Neuropeptide, Neurosécrétion.***

NEUROHORMONE *n. f.*
Endocrino., Neurobiol. - **Hormone** produite par des **neurones** sécréteurs, en général situés dans le cerveau (hypothalamus). Les neurohormones se différencient des **neurotransmetteurs** par le fait qu'elles agissent sur des cellules éloignées de leur lieu de libération, duquel elles sont transportées par voie sanguine alors que les neurotransmetteurs agissent au niveau des **synapses**. Les facteurs hypothalamiques des hormones antéhypophysaires (**libérines**) sont des neurohormones tout comme l'ADH.

→ ***Gonadolibérine.***

NEUROHYPOPHYSE *n. f.*

Endocrino., Neurobiol., physiol. ani. - Lobe postérieur de l'**hypophyse** qui appartient au **système nerveux central**. La neurohypophyse abrite les terminaisons axoniques de neurones situés dans l'hypothalamus qui produisent l'ocytocine et la vasopressine (syn. Hypophyse postérieure, Posthypophyse).

NEUROLEPTIQUES *n. m.*

Méd., Neurobiol. - Médicaments qui calment l'hyperactivité musculaire et l'agitation. Certains sont aussi des sédatifs. Ce sont des tranquillisants majeurs, par opposition aux tranquillisants mineurs comme les **anxiolytiques**.

NEUROMÉDIATEUR *n. m.*

Endocrino., Neurobiol. - Terme peu précis qui désigne une molécule produite par des **neurones**. Il est souvent considéré comme synonyme de **neurotransmetteur**. Cependant, il est préférable d'employer neuromédiateurs pour des **neurosécrétions** qui se comportent comme des neurotransmetteurs, mais aussi comme des **neurohormones**. L'acétylcholine et l'adrénaline illustrent l'emploi de ce terme.

NEUROMODULATEUR *n. m.*

Endocrino., Neurobiol. - Neuropeptide libéré en même temps, au même endroit et par le même **neurone** qu'un **neurotransmetteur** classique et qui agit sur les mêmes sites pré- et postsynaptiques que le neurotransmetteur. La présence du neuromodulateur atténue ou augmente les effets du neurotransmetteur et donc modifie les caractéristiques de la transmission synaptique.

→ ***Enképhalines, Substance P.***

NEUROMODULATION *n. f.*

Endocrino., Neurobiol. - Modalité d'action de certains neuropeptides du cerveau, appelés **neuromodulateurs**, qui modifient les caractéristiques de la **transmission synaptique**.

NEURONE *n. m.*

Neurobiol. - Cellule constituant l'unité de fonctionnement du système nerveux. Le neurone est spécialisé dans la génération et la conduction de l'**influx nerveux**. Il est constitué par un corps cellulaire ou soma qui contient tous les organites, par des **dendrites** qui reçoivent soit des messages issus d'autres cellules nerveuses, soit qui sont de nature sensorielle, et par un prolongement cytoplasmique, ou **axone**, qui conduit l'influx nerveux jusqu'à l'arborisation terminale où se fait la libération des vésicules de **neurotransmetteurs** en réponse à l'arrivée d'un influx nerveux. Certains neurones, les neurones myélinisés, possèdent une **gaine de myéline** alors que d'autres en sont dépourvus.

→ ***Conduction saltatoire, Intégration, Propagation d'un message nerveux, Synapse, Transmission synaptique.***

Voir figure page 346.

NEURONE BIPOLAIRE

Neurobiol. - Neurone dont le corps cellulaire se trouve excentré par rapport à l'axone, c'est-à-dire qu'il émet deux prolongements. L'un se termine par des dendrites qui constituent des terminaisons sensorielles, l'autre forme des synapses avec d'autres neurones. Les neurones sensitifs des nerfs rachidiens sont des neurones bipolaires dont les corps cellulaires forment les ganglions rachidiens.

NEURONE CORTICAL

Neurobiol. - Neurone ayant son corps cellulaire dans le cortex cérébral.

NEURONE INHIBITEUR

Neurobiol. - Petit neurone dont la stimulation entraîne la libération d'un neurotransmetteur (GABA, glycine) qui provoque une **hyperpolarisation** des membranes postsynaptiques et donc s'oppose à la transmission d'un message nerveux. Les neurones inhibiteurs se rencontrent dans les innervations des **muscles antagonistes** et préviennent la

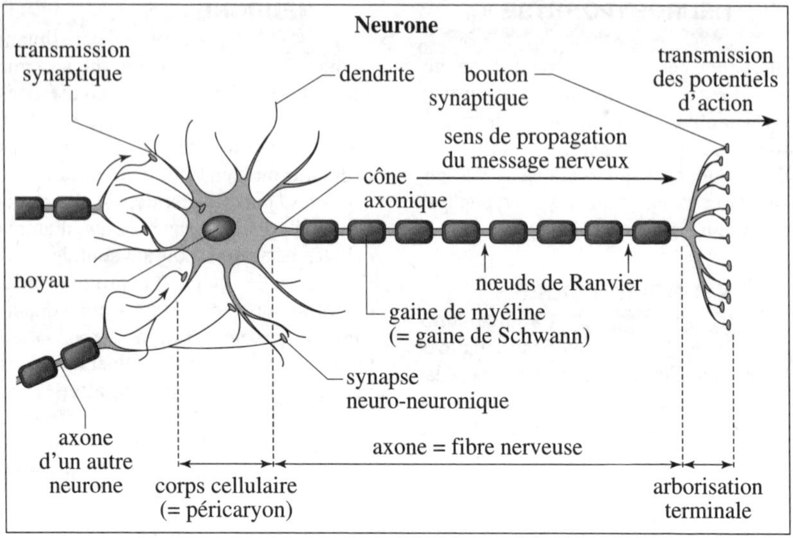

contraction simultanée des deux muscles, ce qui aurait pour effet de bloquer le mouvement. Les interneurones sont des neurones inhibiteurs.

NEURONE MOTEUR

Neurobiol. - syn. ***Motoneurone.***

NEURONE MULTIPOLAIRE

Neurobiol. - Neurone se caractérisant par la possession de plusieurs prolongements dendritiques de grande taille.

→ ***Dendrite.***

NEURONE PYRAMIDAL

Neurobiol. - Neurone dont le corps cellulaire ressemble à une pyramide. Les neurones pyramidaux se situent dans les aires motrices du cortex cérébral.

→ ***Voie directe (ou pyramidale).***

NEURONE SENSITIF

Neurobiol. - Cellule nerveuse qui conduit des messages d'un organe des sens ou d'un récepteur sensoriel vers le système nerveux central.

→ ***Nerf mixte, Nerf sensitif.***

NEUROPEPTIDE *n. m.*

Endocrino., Neurobiol. - Peptide synthétisé par un **neurone**. Les neuropeptides sont libérés par l'**arborisation terminale** du neurone qui les a synthétisés et présentent une affinité 1 000 fois supérieure aux **neurotransmetteurs** usuels. Suivant leur modalité d'action, on distingue des **neurohormones**, des **neurotransmetteurs** et des **neuromédiateurs**. Les neuropeptides sont synthétisés dans le noyau du neurone et sont transformés durant leur transport vers la terminaison axonique. Ils sont libérés dans la **fente synaptique**, mais contrairement aux neurotransmetteurs non peptidiques, ils ne sont pas recapturés par le neurone postsynaptique. Ils sont donc dégradés plus lentement. Les **enképhalines**, les **endorphines** et la **substance P** sont des neuropeptides qui agissent plutôt en modulant les caractéristiques de la transmission synaptique.

→ ***Neuromodulateur, Neurosécrétion.***

NEUROPHYSIOLOGIE *n. f.*

Neurobiol. - Partie de la physiologie qui étudie le fonctionnement du système nerveux et de ses constituants.

NEUROPLASTICITÉ *n. f.*

Neurobiol. - Propriété du système nerveux de se réorganiser, c'est-à-dire d'établir de nouveaux circuits nerveux à la suite de différentes perturbations.

→ ***Plasticité cérébrale.***

NEUROSÉCRÉTION *n. f.*

Neurobiol. - Toute substance produite et libérée par un neurone dans le milieu extracellulaire et qui agit en tant qu'hormone. L'hypothalamus produit des **neurohormones**.

→ ***Neurohormone, Neuromodulateur, Neurotransmetteur.***

NEURO-TRANSMETTEUR *n. m.*

Neurobiol. - Molécule en général de petite taille, libérée par l'arborisation terminale d'un **neurone** en réponse à l'arrivée d'un **message nerveux** de nature électrique. Le neurotransmetteur est libéré dans la **fente synaptique**. Il provoque l'ouverture de canaux ioniques spécifiques, dits chimiodépendants, ce qui permet au message nerveux de passer dans la cellule suivante. Ainsi, l'arrivée d'un train de **potentiels d'action** sur l'arborisation terminale y provoque l'ouverture des canaux à Ca^{2+}. L'entrée brusque de ces ions déclenche l'**exocytose** des vésicules présynaptiques qui libèrent le neurotransmetteur dans la fente synaptique ; celui-ci se fixe sur des récepteurs-canaux de la membrane postsynaptique et provoque leur ouverture. Si l'ion qui diffuse dans la cellule postsynaptique est le Na^{+}, il y a naissance d'un PPSE, le neurotransmetteur est excitateur ; si l'ion qui diffuse dans la cellule est le Cl^{-}, il y a naissance d'un PPSI, le neurotransmetteur est inhibiteur. L'action du neurotransmetteur est brève ; en effet, celui-ci est le plus souvent détruit par une enzyme spécifique. Parmi les neurotransmetteurs excitateurs, l'**acétylcholine**, l'**adrénaline**, la **dopamine**, le **glutamate** sont les plus communs, le **GABA** est le neurotransmetteur inhibiteur le plus fréquent.

→ ***Neurohormone, Neurosécrétion, Potentiel postsynaptique, Synapse.***

NEURULA *n. f.*

Embryo. - Stade du développement embryonnaire durant lequel l'**embryon** acquiert son système nerveux central.

NEURULATION *n. f.*

Embryo. - Formation du système nerveux central.

→ ***Embryogenèse, Neurula.***

NEUTRALISATION DE L'ANTIGÈNE

Immuno. - Inactivation d'un antigène par la fixation de l'anticorps spécifique. L'anticorps ne détruit pas l'antigène, mais le **complexe immun** ainsi formé est facilement phagocyté par les macrophages ou est à l'origine de l'**activation du complément**.

→ ***Opsonisation.***

NEUTRALISME *n. m.*

Évol. - Théorie de l'évolution qui suppose que le polymorphisme des gènes de structure ne donne pas prise à la sélection en raison d'une efficacité comparable des différentes protéines (**isoenzymes**) codées par les **allèles** du même gène. Selon le neutralisme, le polymorphisme observé s'explique par les **mutations**, les phénomènes de **dérive génétique** et l'**effet de fondation**, et non pas par la **sélection naturelle**.

NEUTROPHILE *n. m.* ou *adj.*

Immuno. - Leucocyte du type **granulocyte** fixant les colorants neutres.

NÉVRAXE *n. m.*

Neurobiol. - Ensemble anatomique contenant l'encéphale et la moelle épinière.

→ ***Système nerveux central.***

NÉVROGLIE *n. f.*
Neurobiol. - Ensemble des cellules du système nerveux autres que les neurones. Les cellules de la névroglie assurent un rôle de soutien et de protection des neurones. Les cellules de Schwann, responsables de la formation de la gaine de myéline, appartiennent à la névroglie.

NICHE ÉCOLOGIQUE
Écol. - Terme faisant référence à la place et à la spécialisation d'une **espèce** dans un **peuplement**. La niche écologique regroupe les caractéristiques de l'ensemble des paramètres du milieu (climatiques, alimentaires...) spécifiques à une espèce et qui la différencie d'autres espèces du même peuplement. Il ne faut pas confondre niche écologique et habitat. L'habitat correspond au lieu de vie alors que la niche écologique correspond à une spécialisation dans un habitat donné. L'observation et l'expérimentation montrent que deux espèces ne peuvent appartenir à la même niche écologique (principe d'exclusion) au même endroit. On peut écrire l'équivalence : une espèce ⇔ une niche écologique.

→ ***Écosystème.***

NICOTINE *n. m.*
Méd. - Alcaloïde présent dans le Tabac et responsable de la majorité des effets du tabagisme.

→ ***Récepteur nicotinique.***

NIDATION *n. f.*
Physiol. ani. - Fixation de l'embryon dans la paroi utérine. Dans l'espèce humaine, la nidation a lieu une semaine après la fécondation (syn. Implantation).

Voir figure page 349.

NITRATES *n. m.*
Biochim., Physiol. vég. - L'ion nitrate NO_3^- est la **matière minérale** sous laquelle la majorité des plantes absorbent et assimilent l'azote. Les nitrates (sels et esters de l'acide nitrique) sont entraînés par les eaux de ruissellement et contribuent à la **pollution** des **nappes phréatiques**.

NITRIFICATION *n. f.*
Biochim., Écol. - Oxydation de l'ammoniac en nitrite, puis oxydation de l'ion nitrite en nitrate par des Bactéries du sol.

→ ***Ammonisation, Cycle biogéochimique de l'azote.***

NITROGÉNASE *n. f.*
Biochim., Écol. - Complexe multienzymatique des **Bactéries fixatrices d'azote** qui permet la réduction du N_2 en ion ammonium (NH_4^+).

→ ***Cycle biogéochimique de l'azote.***

NIVEAU DE LA MER
Géol. - Niveau défini par la surface du **géoïde** ou d'un ellipsoïde de référence, il correspond à l'altitude 0 m.

NIVEAU PIÉZOMÉTRIQUE
Hydrogéol. - Niveau pouvant être atteint dans un tube, le piézomètre, par l'eau d'une nappe d'eau souterraine dans lequel il est enfoncé. Pour une nappe libre, le niveau piézométrique se confond avec la surface libre de la nappe, pour une nappe phréatique, le niveau piézométrique correspond à la hauteur d'eau dans les puits. Pour une nappe captive, ce niveau est situé au-dessus de la nappe qui est bloquée par une couche de terrains imperméables (syn. Toit de la nappe).

→ ***Isopièze, Surface piézométrique.***

NIVEAU TROPHIQUE
Écol. - Étape de la circulation de la matière dans un **écosystème**. On définit le niveau des producteurs primaires qui fabriquent leur matière organique à partir de matière minérale et d'énergie solaire, le niveau des producteurs secondaires qui prennent leur matière organique chez les précédents, ce sont des consommateurs primaires, le niveau des

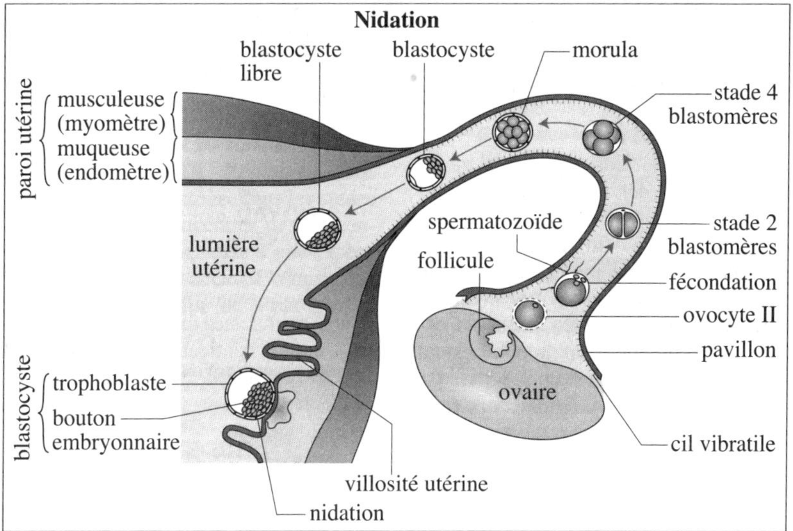

Chez la femme, l'implantation du blastocyste dans la muqueuse utérine débute 6 jours après la fécondation, elle est achevée au 10e jour.

producteurs tertiaires formé par des carnivores qui consomment les précédents et ainsi de suite.

→ ***Réseau trophique.***

NOCICEPTEUR *n. m.*

Neurobiol. - Récepteur sensoriel sensible à la **douleur**. Les nocicepteurs sont des dendrites de neurones bipolaires qui relient les différents organes à la corne dorsale de la moelle épinière. Les corps cellulaires de ces neurones se situent dans le ganglion rachidien (syn. Récepteur nociceptif).

→ ***Fibre C, Fibre nociceptive, Réflexe nociceptif.***

NODOSITÉ *n. f.*

Bot. - Hypertrophie de certains tissus racinaires due à la présence de Bactéries symbiotiques fixatrices de diazote (*Rhizobium*). On trouve des nodosités chez les **Légumineuses**.

NŒUD *n. m.*

Bot. - Zone d'insertion des feuilles et des rameaux sur la tige.

Évol. - Dans un **cladogramme**, groupe comprenant un taxon ancestral et l'ensemble de tous les groupes-frères successifs qui en dérivent. Le nœud correspond à un **ancêtre commun** inconnu mais qui possède une **innovation génétique**, morphologique, anatomique…

NŒUD DE RANVIER

Neurobiol. - Discontinuité dans la **gaine de myéline** où se trouvent les canaux ioniques voltage-dépendants d'un axone myélinisé. Les nœuds de Ranvier sont les zones où la membrane axonique est au contact du milieu extracellulaire. La propagation de l'influx nerveux se fait de nœud de Ranvier en nœud de Ranvier (syn. Étranglement de Ranvier).

→ ***Conduction saltatoire.***

NŒUD SINUSAL

Anat., Histo. - Zone différenciée de l'oreillette droite qui a la propriété de se contracter de manière spontanée et rythmique. Le nœud sinusal est la partie du **tissu nodal** dont la dépolarisation automatique est la plus rapide et, de ce fait, conditionne la fréquence cardiaque (syn. Nœud sino-atrial).

→ ***Pace(-)maker.***

NON-SOI *n. m.*

Immuno. - Ensemble des molécules qui ne se définissent qu'en rapport avec le **soi** auquel il est associé. La base moléculaire de la différence entre ces deux catégories de molécules ne porte que sur des particularités des **déterminants antigéniques**. Ce sont ces différences qui donnent aux molécules du non-soi leur pouvoir antigénique. Ce sont les récepteurs spécifiques des lymphocytes B et T qui le reconnaissent et qui entraînent la **réponse immunitaire spécifique**.

→ ***Soi immunologique, Soi modifié.***

NORADRÉNALINE *n. f.*

Endocrino., Neurobiol. - Hormone sécrétée en petite quantité par les cellules nerveuses de la glande **médullo-surrénale** en compagnie d'**adrénaline**. La noradrénaline est produite essentiellement dans le **système nerveux sympathique** où elle agit comme **neurotransmetteur** au niveau des organes effecteurs (tube digestif, cœur…) et dans le système nerveux central (syn. Norépinéphrine).

→ ***Catécholamines, Neuromédiateur.***

NORD GÉOGRAPHIQUE

Géol.

→ ***Pôle géographique.***

NORD MAGNÉTIQUE

Géol.

→ ***Pôle magnétique.***

NORÉPINÉPHRYNE *n. f.*

Endocrino., Neurobiol.

- syn. ***Noradrénaline.***

NORTHERN BLOT

Génét.

→ ***Méthode de Northern.***

NOVA *n. f.*

Astron. - Étoile dans ses dernières phases d'évolution qui, par la suite de l'explosion de ses couches externes, devient brusquement très brillante.

→ ***Supernova.***

NOYAU *n. m.*

Biol. cell. - Organite cellulaire de grande taille qui caractérise les **cellules eucaryotes**. Le noyau est limité par une double membrane constituant l'enveloppe nucléaire. Il contient la quasi-totalité de l'ADN cellulaire et un ou plusieurs **nucléoles**. Le noyau cellulaire disparaît au cours des divisions cellulaires durant lesquelles l'ADN et certaines protéines nucléaires forment les **chromosomes**.

NOYAU DU NERF VAGUE

Neurobiol. - Relais synaptique bulbaire situé entre le **centre cardiomodérateur** (sympathique) et le départ des **nerfs pneumogastriques** qui ont un effet ralentisseur sur la fréquence cardiaque.

→ ***Centre intégrateur hypothalamo-bulbaire.***

NOYAU DU TRACTUS SOLITAIRE

Neurobiol. - Relais synaptique bulbaire où arrivent les **nerfs de Cyon-Ludwig** et de Hering qui véhiculent les informations quant à la pression artérielle dans la **crosse aortique** et dans les **sinus carotidiens** (syn. Centre cardio-modérateur).

→ ***Centre intégrateur hypothalamo-bulbaire.***

NOYAU DU TRONC

Neurobiol. - Noyau gris situé dans le tronc cérébral.

NOYAU EXTERNE

Géophys. - Troisième enveloppe du globe terrestre comprise entre 2 900 et 5 100 km de profondeur, le noyau externe est séparé du **manteau** inférieur par la discontinuité de Gutenberg et la **couche D''**. L'existence du noyau externe est montrée par une accélération de la vitesse de propagation des ondes P qui est interprétée comme une augmentation de la densité (9,8 à 12). En revanche, les ondes S ne s'y propagent pas et on admet donc que le noyau externe est liquide. Le noyau serait composé de fer, de soufre, 6 à 12 % (formant des sulfures de fer), de 7 à 8 % d'oxygène et de 4 % de nickel. La séparation entre le noyau externe liquide et la **graine** solide est marquée par la discontinuité de Lehman. La température du noyau externe est difficile à estimer compte tenu des incertitudes sur sa composition chimique. Elle serait de 3 500-4 500 °C (4 000 °C) à la limite avec le manteau, soit à 2 900 km de profondeur et de 5 100 °C à la limite de la graine et du noyau liquide (5 150 km).

→ ***Structure du Globe.***

NOYAUX GRIS

Neurobiol. - syn. ***Centres sous-corticaux.***

NUCLÉOCAPSIDE *n. f.*

Microbiol. - syn. ***Capside.***

NUCLÉOFILAMENT *n. m.*

Génét. - syn. ***Fibre nucléosomique.***

NUCLÉOÏDE *n. m.*

Microbiol. - Partie d'un Procaryote ou d'un virus entourant le matériel génétique.

NUCLÉOLE *n. f.*

Biol. cell. - Structure plus ou moins sphérique présente en nombre variable dans le noyau. Les nucléoles sont les sites d'assemblage des sous-unités des **ribosomes**. Ils contiennent de l'ADN provenant de certains chromosomes dont les gènes sont transcrits en **ARNr**.

NUCLÉOPLASME *n. m.*

Biol. cell. - Contenu du noyau à l'exclusion des nucléoles et des fibres de chromatine.

NUCLÉOSIDE *n. m.*

Biochim. - Ensemble formé par une base azotée associée à un **ribose** ou un **désoxyribose**. Les nucléosides sont les éléments constitutifs des **acides nucléiques**. Ils sont liés entre eux par des **acides phosphoriques** formant des liaisons phosphodiester. Les nucléosides sont des précurseurs qui, lorsqu'ils sont rendus radioactifs par du tritium (nucléoside tritié), permettent de repérer les acides nucléiques.

→ ***Nucléotide.***

NUCLÉOSOME *n. m.*

Biol. cell. - Structure formée par l'assemblage d'**histones** (protéines) sur laquelle s'enroule la molécule d'**ADN**.

→ ***Fibre nucléosomique.***

NUCLÉOSOMIQUE *adj.*

Biol. cell. - Qui se rapporte aux **nucléosomes**.

NUCLÉOSYNTHÈSE *n. f.*

Astron. - Formation des éléments chimiques dans l'Univers. L'essentiel de la masse de l'Univers (97 %) est constitué de dihydrogène et d'hélium. L'hélium est produit dans les régions centrales des étoiles par des réactions de fusions thermonucléaires, puis est utilisé au cours de réactions ultérieures pour donner naissance à des éléments plus lourds.

NUCLÉOTIDE *n. m.*

Biochim. - Molécule composée par un sucre (**ribose** ou **désoxyribose**), une **base azotée** et un **acide phosphorique**. Les nucléotides constituent les éléments de base des acides nucléiques. Il en existe cinq types principaux qui se différencient par la base azotée qu'ils portent (adénosine, cytidine, thymidine, guanosine, uridine).

NUDE *adj.*

Immuno. - Mutation connue chez la Souris qui provoque, outre l'absence de pelage, l'absence du **thymus** et donc l'inexistence de lymphocytes T fonctionnels.

NUÉE ARDENTE

Volcano. - Volume de gaz très chaud (300 à 350 °C) se dilatant progressivement, transportant à vive allure (plusieurs centaines de km · h^{-1}) des morceaux de lave incandescents allant de la taille des cendres à celle de gros blocs. Les nuées ardentes sont associées au **volcanisme andésitique**, elles sont dues à l'explosion d'une partie de l'appareil volcanique sous l'effet de l'augmentation de la pression des gaz et de l'obstruction de la cheminée par des laves particulièrement visqueuses (aiguilles de lave). Les nuées ardentes ont été décrites la première fois lors de l'éruption de 1902 de la montagne Pelée qui a fait plus de 28 000 morts.

NUL *adj.*

Génét.

→ ***Allèle nul.***

NUMMULITES *n. f.*

Paléont. - **Foraminifères** de forme circulaire et aplatie, dont le diamètre atteint parfois 100 mm. Les Nummulites sont apparues au début du Tertiaire (Éocène) et s'éteignent à la fin de l'Oligocène. L'ensemble des terrains stratigraphiques (Éocène-Oligocène), où ces fossiles sont trouvés, définit le Nummulitique. D'autres genres proches des Nummulites comme *Operculina* et *Heterostegina* apparus à l'Éocène se rencontrent encore actuellement. Ils vivent sur le fond des mers chaudes peu profondes. Ce sont de bons **fossiles stratigraphiques**.

NUTRIMENT *n. m.*

Physiol. - Substance alimentaire pouvant être directement assimilée. Chez les végétaux **autotrophes** au carbone, le terme de nutriments désigne l'ensemble des éléments minéraux nécessaires à la formation de la **matière organique**. Les phosphates, les nitrates, les sulfates, les sels de calcium et de potassium ainsi que le dioxyde de carbone sont des nutriments. Chez les **hétérotrophes au carbone**, les nutriments sont constitués par le résultat de la **digestion** des glucides, lipides, protides, acides nucléiques. Ce sont les acides aminés, les oses simples, les acides gras..., ils constituent des **métabolites**.

→ ***Assimilation, Vie.***

NUTRITION *n. f.*

Physiol. - Une des fonctions qui caractérise les **êtres vivants** et qui consiste à prélever de la matière dans le milieu extérieur et à l'utiliser pour leur développement et leur croissance. La nutrition apporte à l'être vivant matière et **énergie**.

→ ***Fonction de nutrition, Nutriment.***

NYCTHÉMÈRE *n. m.*

Physiol. ani. - Durée de 24 heures qui correspond à l'alternance du jour et de la nuit (syn. Photopériode).

→ ***Circadien.***

O

OBDUCTION *n. f.*

Tecto. - Recouvrement d'une **marge continentale** par du plancher océanique (**ophiolites**) provenant de la marge de l'autre plaque. Le stade d'obduction précède le stade de collision intercontinentale. Dans les **chaînes d'obduction**, l'affrontement entre les deux masses continentales n'a pas encore eu lieu.

OBÉSITÉ *n. f.*

Méd. - Dépassement du poids théorique d'au moins 25 %. L'obésité est due à une accumulation de tissus adipeux dans les différentes parties de l'organisme. L'obésité est d'origine exogène par suralimentation ou d'origine endogène à la suite de troubles métaboliques ou endocriniens.

OBLIQUITÉ *n. f.*

Astron. - Inclinaison de l'axe de rotation de la Terre par rapport à la normale du plan de l'**écliptique**. L'obliquité varie entre 22° 02' et 24° 32' avec une périodicité de 410 000 ans.

→ ***Fluctuations climatiques.***

OCÉAN *n. m.*

Tecto. - Vaste étendue d'eau salée entourant les **continents** et les îles à la surface de la Terre. Cependant, tout comme pour les continents, les définitions des Géologues diffèrent de celles des Géographes. Ainsi, les Géologues parlent d'océans quand la **croûte terrestre** est de nature basaltique, ce qui exclut du domaine océanique le talus et le plateau continental qui sont de nature granodioritique. Inversement, il existe des croûtes océaniques qui ne correspondent pas à des océans (Islande : croûte océanique exondée, mer Rouge). Les océans comprennent des dorsales océaniques qui sont les lieux de formation de la croûte océanique, des bassins océaniques qui se situent entre les dorsales et la limite de la croûte continentale (talus continental ou fosse océanique). Dans le cas où le bassin océanique est limité par une **fosse océanique** (marge active), les apports terrigènes tombent dans la fosse et ne vont pas au-delà. En revanche, dans le cas où le bassin océanique est limité par une marge passive, les apports terrigènes sont acheminés par les canyons sous-marins et vont s'étaler sur le glacis continental avant de s'étendre dans le bassin océanique où ils recouvrent les plaines abyssales.

OCÉAN ALPIN

Tecto. - Océan formé il y a quelque 160 Ma, entre deux **failles transformantes**, à la suite de l'ouverture de l'Atlantique Sud qui pousse la plaque africaine vers l'est. Cet océan sépare un continent européen d'un continent africain qui porte aussi l'Italie. Il y a 120 Ma, à la suite de l'ouverture de l'Atlantique Nord, la plaque africaine remonte vers le nord. Le plancher océanique de l'océan alpin, plonge sous la plaque africaine (phase de subduction). Il y a 80 Ma, le plancher océanique de la plaque africaine se trouve charrié sur la croûte continentale de la plaque européenne (phase d'obduction). Pour finir, les deux masses continentales s'affrontent (Europe et Italie) depuis 40 Ma et ont donné naissance aux Alpes (phase de collision) [syn. Océan liguro-piémontais].

→ ***Chaîne de collision, Chaîne de subduction, Chaîne d'obduction.***

OCÉAN PRIMITIF

Tecto. - Océan entourant la **Pangée** avant qu'elle ne se fractionne en différents continents. Le reste de cet océan est le Pacifique (syn. Panthalassa).

OCÉANISATION *n. f.*

Tecto. - Dans le sens actuel, formation d'une croûte océanique à partir d'un **rift**.

OCYTOCINE *n. f.*

Endocrino. - Neuropeptide synthétisé par des neurones de l'**hypothalamus** et libéré dans la **neurohypophyse**. En présence d'**œstrogènes**, l'ocytocine stimule la contraction des muscles utérins et déclenche la parturition ; de plus elle favorise la contraction de cellules musculaires des glandes mammaires en réponse à une stimulation mécanique.

ŒDÈME *n. m.*

Méd., Physiol. ani. - Infiltration de liquide séreux dans les tissus sous-cutanés et muqueux. Dans le cas d'un œdème pulmonaire, il s'agit de l'arrivée de liquide provenant des capillaires pulmonaires dans les alvéoles pulmonaires.

ŒIL *n. m.*

Anat. - Organe sensible à la lumière qui se présente sous différentes formes suivant les embranchements. Chez les Insectes et la plupart des Crustacés, les yeux sont soit composés (yeux à facettes), c'est-à-dire formés de nombreuses unités élémentaires appelées facettes ou ommatidies, soit simples. Chez les Vertébrés et les Céphalopodes, l'œil est une sphère creuse délimitée par plusieurs membranes tissulaires : la **sclérotique**, la **choroïde** et la **rétine**. La lumière traverse d'abord la **cornée**, puis passe au travers de l'**humeur aqueuse**, du **cristallin** et enfin de l'**humeur vitrée** avant d'atteindre la **rétine**. La quantité de lumière arrivant sur la rétine est réglée par l'**iris**.

ŒIL DE RÉPLICATION *n. m.*

Biol. cell., Génét. - Région dans laquelle l'ADN a été répliqué à l'intérieur d'une région plus longue non répliquée. Un œil de réplication comporte deux **fourches de réplication** progressant en sens inverse. Dans les chromosomes des **eucaryotes**, il existe plusieurs yeux de réplication, alors qu'il n'en existe qu'un seul dans le **chromosome circulaire** des Procaryotes.

→ ***ADN polymérase.***

ŒSOPHAGE *n. m.*

Anat. - Conduit rectiligne, d'environ 25 cm de long, reliant le pharynx à l'entrée de l'estomac. L'œsophage est situé entre la trachée et la colonne vertébrale. Il est muni de fibres musculaires qui favorisent l'avancée des aliments vers l'estomac.

ŒSTRADIOL *n. m.*

Endocrino. - Hormone sexuelle femelle synthétisée à partir du cholestérol. Cet œstrogène est produit par la **thèque interne** du **follicule ovarien** avant l'ovulation, puis par les cellules de la **granulosa**. L'œstradiol est responsable du développement de l'appareil génital femelle et, au moment de la puberté, de l'apparition des **caractères sexuels secondaires**. La libération d'œstradiol est sous contrôle de la **folliculostimuline**. Suivant sa concentration, en fonction des périodes du cycle menstruel, l'œstradiol agit comme inhibiteur (première partie de la **phase folliculaire**) ou comme stimulant des **gonadostimulines** hypophysaires (seconde partie de la phase folliculaire).

→ ***Cycle menstruel, Follicule de De Graaf, Rétrocontrôle négatif, Rétrocontrôle positif.***

ŒSTROGÈNES *n. m.*

Endocrino. - Hormones synthétisées à partir du cholestérol, les œstrogènes sont produits par la **thèque interne** et la **granulosa** du follicule ovarien, la plus active est l'**œstradiol**. Les œstrogènes agissent sur la prolifération des cellules de la **muqueuse utérine**, sur la sécrétion des glandes du col de l'utérus et sur le métabolisme des glucides et des lipides. À la puberté, elles sont responsables de l'acquisition du statut d'adulte (syn. Estrogènes).

ŒSTRUS *n. m.*

Physiol. ani. - État ou période de la vie d'une femelle de Mammifères quand celle-ci est apte à être fécondée (syn. Chaleur, Rut).

ŒUF *n. m.*

Biol. - **1.** Première cellule **diploïde** d'un nouvel être vivant provenant de la fusion d'un gamète mâle et d'un gamète femelle (fécondation). La cellule ou zygote est diploïde. **2.** Par abus, le gamète femelle avant la **fécondation** est appelé œuf vierge. **3.** En obstétrique, l'œuf correspond au produit de la fécondation au cours de son développement intra-utérin. **4.** Structure reproductrice produite par les femelles d'ovipares, cette structure peut être un ovocyte si la fécondation est externe ou au contraire une cellule diploïde si la fécondation est interne. De plus, l'ovocyte ou le zygote peuvent être associés à des structures nécessaires au développement ultérieur de l'embryon.

→ ***Gamète, Œuf amniotique, Ovotide, Ovule, Zygote.***

ŒUF AMNIOTIQUE

Embryo., Zool. - Structure reproductrice émise par les femelles des Insectes, Reptiles, des Oiseaux et de quelques Mammifères qui contient, en plus de la cellule-œuf (le jaune), du blanc (albumine hydratée), le tout protégé dans des membranes coquillières et une coquille. Au cours de son développement en milieu aérien, l'embryon développe des **annexes embryonnaires**, dont l'amnios, nécessaires à la survie de l'embryon.

OGM

Agric., Génét. - Sigle d'Organisme Génétiquement Modifié. Organisme provenant du développement d'un œuf dans lequel on a inséré (**transgenèse**) un ou plusieurs gènes (transgène) dits d'intérêt, destinés à lui apporter une propriété nouvelle (herbicides, résistance à un parasite...). Les gènes d'intérêt concernent par exemple la production de protéines insecticides. La transgenèse (appelée en 1975 manipulation génétique) est une pratique courante depuis les années 1980 pour faire produire de l'insuline, de l'hormone de croissance, des facteurs de coagulation humains par des bactéries ou des levures.

→ ***Biotechnologie.***

OIB

Pétrol., Volcano.

→ ***Série tholéiitique.***

OISEAUX *n. m. pl.*

Zool. - Classe de Vertébrés aériens se caractérisant fondamentalement par des membres antérieurs transformés en ailes et par la possession de plumes. Les Oiseaux ont une température corporelle constante et plus élevée que celle des Mammifères, ils pondent des œufs amniotiques qu'ils couvent. Les Oiseaux comptent aujourd'hui plus de 9 700 espèces. Le premier fossile de Vertébrés possédant des plumes, ***Archéoptéryx***, date du Jurassique, présente des caractères dinosauriens (dents, queue, écailles griffes sur les ailes, os allégé...). Le squelette de Archéoptéryx est tellement semblable à celui de certains petits Dinosaures que l'un de ces fossiles, dont on n'avait pas encore observé les empreintes de plumes dans la dalle calcaire qui l'abritait, a été considéré comme celui d'un petit Dinosaure déjà connu... ce qui montre que ce n'est que la plume qui fait l'Oiseau ! D'ailleurs, quelques scientifiques ont franchi le pas en suggérant que certains Dinosaures bipèdes devaient posséder des plumes censées améliorer leur endothermie (NB : de tels animaux viennent d'être découverts en Chine). Si l'on admet cette interprétation, les Dinosaures n'ont pas disparu... et égayent les écosystèmes de leurs chants mélodieux !

OLDOWAYEN *n. m.* ou *adj.*

Préhist. - Période comprise entre 2,5 et 1 Ma, durant laquelle *Australopithecus gahri*, *Paranthropus boisei*,

P. africanus, *Homo habilis* et *H. rudolfensis* ont fabriqué des galets aménagés attribuables à la ***Pebble culture****.

OLIGOCÈNE *n. m.* ou *adj.*
Strati.

→ ***Échelle stratigraphique.***

OLIGODENDROCYTE *n. m.*
Neurobiol. - Cellule de la névroglie prédominante dans la substance blanche du système nerveux central. Les oligodendrocytes forment la gaine de myéline autour des axones.

→ ***Cellule de Schwann.***

OLIGO-ÉLÉMENT *n. m.*
Biochim., Physiol. - Élément minéral (atome) indispensable aux êtres vivants pour se développer normalement. À l'inverse des **macro-éléments**, les oligo-éléments ne sont pas nécessaires en grande quantité. Leur absence d'un sol ou d'un régime alimentaire conduit à des dysfonctionnements par **carence** provoquant parfois la mort. Il ne faut pas confondre éléments et **nutriments** ; les éléments sont des atomes ou les ions en dérivant alors que les nutriments sont des molécules (syn. Micro-élément).

OLIGOSPERMIE *n. f.*
Méd. - **1.** Diminution du nombre de spermatozoïdes dans le sperme. **2.** Production insuffisante de sperme.

OLIVINE *n. f.*
Pétrol. - **Silicate** ferro-magnésien de formule moyenne (Mg, Fe)SiO_4 de couleur verte faisant partie de la série des péridots. L'olivine constitue le minéral essentiel du **manteau**. En fonction de la profondeur, et donc de la pression, ainsi que de la température, les distances interatomiques entre les atomes* de l'olivine diminuent, il s'agit de transitions de phases. Ainsi, vers 410 km de profondeur, l'olivine α, à structure orthorhombique, adopte la structure d'une **spinelle** (olivine β à structure cubique) et augmente de densité de 7,8 % en libérant de la chaleur (réaction réversible). Au-delà de 660 +/– 10 km, l'olivine à structure exacte de spinelle se décompose, en libérant de la chaleur, en deux minéraux ultra compacts de silicates de fer et de magnésium : un minéral à structure de **pérovskite** Mg SiO_3 (appelé improprement pérovskite) et un oxyde de fer ou de magnésium, la **magnésiowüstite** (Mg, Fe)O.

→ ***Minéral ferromagnésien.***

OMO EVENT
Évol., Paléont. - Nom donné à la modification du climat qui a eu lieu en Afrique de l'Est (région du fleuve Omo) entre 4 et 1 millions d'années et qui a conduit au remplacement de la forêt par la savane. Selon la théorie de l'***East Side Story**** cet événement aurait donné naissance au genre ***Homo**** d'où le jeu de mot *(H)omo event*.

ONCOGÈNE *n. m.*
Génét. - Initialement, **gène** porté par un **virus** cancérigène, qui est totalement ou partiellement responsable de l'apparition d'une **tumeur**. De nombreux oncogènes sont des versions altérées de gènes cellulaires intervenant dans le contrôle ou la différenciation cellulaire. Chez les virus à ARN, l'oncogène qu'il possède provient d'un gène cellulaire qui a été prélevé au cours de l'infection virale. Le gène cellulaire normal est appelé proto-oncogène ou c-onc (le c indique l'origine cellulaire), la version virale v-onc. Il existe d'autres gènes sans homologie avec les oncogènes viraux qui sont à l'origine de tumeurs.

ONCOPROTÉINE *n. f.*
Génét. - Protéine codée par un **oncogène**. Dans la cellule non cancéreuse ces protéines se répartissent en deux grands groupes de fonction : les facteurs de transcription et les facteurs de transduction d'un signal. Ces protéines sont essentielles au fonctionnement cellulaire normal en contrôlant le cycle cellulaire et la prolifération cellulaire pendant le

développement embryonnaire, l'apoptose et l'adhérence cellulaire. Leur changement de configuration spatiale ou leur surexpression entraînent alors la formation d'une tumeur.

ONCOVIRUS *n. m.*

Biol. cell., Génét. - Famille de **rétrovirus** dont le matériel génétique est formé par de l'ARN. Ces rétrovirus possèdent l'enzyme **transcriptase inverse**. Par la possession d'un **oncogène**, les oncovirus sont capables de déclencher une prolifération anarchique de la cellule infectée et donc d'être à l'origine d'une tumeur.

ONDE *n. f.*

Phys. - Déformation, ébranlement, vibration dont l'élongation est périodique et dépend du temps et de l'espace.

ONDE CONIQUE

Sismo. - Onde réfractée se propageant dans le milieu le plus dense (inférieur) à la limite de la discontinuité et resortant dans le milieu le moins rapide (supérieur) avec le même angle que l'onde qui lui a donné naissance.

ONDE DE COMPRESSION-DILATATION

Sismo.

→ ***Onde P.***

ONDE DE LOVE

Sismo.

→ ***Onde de surface.***

ONDE DE RAYLEIGH

Sismo.

→ ***Onde de surface.***

ONDE DE SURFACE

Sismo. - Onde de grande amplitude, voyageant uniquement dans les couches superficielles du globe et se propageant selon un plan parallèle à la surface du globe. Les mouvements des ondes de surface sont complexes et correspondent d'une part à une agitation horizontale du sol (***onde de Love***) et d'autre part à une sorte de houle (***onde de Rayleigh***). Par leur forte amplitude, les dernières ondes de surface à arriver, sont celles qui causent le plus de dégâts.

→ ***Rai sismique, Sismologie.***

Voir figure page 358.

ONDE DE VOLUME

Sismo. - Onde se propageant dans toutes les directions de l'espace et pouvant traverser le volume terrestre comme les ondes P et les ondes S.

→ ***Rai sismique, Structure du globe.***

Voir figures pages 358, 359.

ONDE DIRECTE

Sismo. - Onde dont la trajectoire n'a pas été modifiée avant son arrivée sur un lieu d'enregistrement.

ONDE INDIRECTE

Sismo. - Onde dont la trajectoire a été déviée lors d'un changement de milieu physique.

ONDE L

Sismo. - Onde ne se propageant que dans les couches superficielles de la croûte comme les ondes de Love et de Rayleigh. Les ondes L sont les moins rapides et proviennent de la réflexion des ondes de volume sur la surface du globe. Les ondes L sont des ondes de surface.

ONDE P

Sismo. - Première onde d'un séisme à être enregistrée sur un sismogramme, c'est une ***onde de compression-dilatation*** (vibrations parallèles à la trajectoire) se propageant rapidement dans toutes les directions de l'espace à partir du foyer. Les ondes P voyagent dans les liquides et dans les solides, mais aussi dans l'atmosphère et sont responsables du grondement sourd accompagnant la secousse. On distingue des ondes Pg se

Ondes de volume, ondes de surface

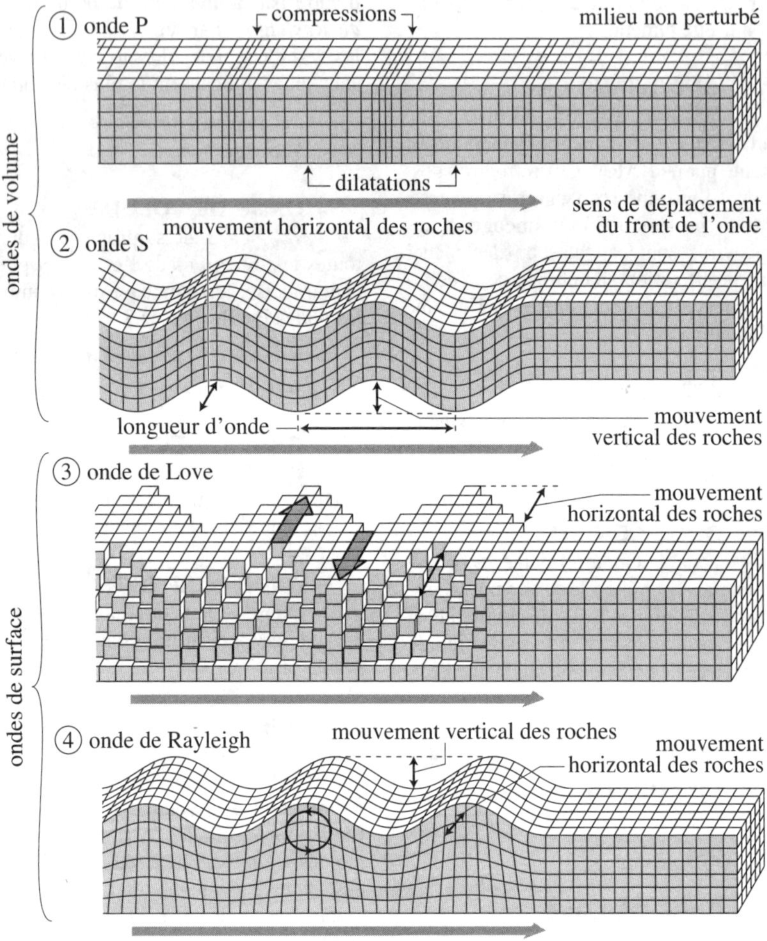

1. Les ondes P sont les premières ressenties lors d'un séisme. Leur action est comparable à celle provoquée par le franchissement du mur du son qui cogne et fait vibrer les fenêtres et osciller les lustres.

2. Les ondes S arrivent quelques secondes après les ondes P. Elles provoquent des mouvements et cisaillements verticaux et horizontaux et sont responsables de nombreux dégâts.

3. Les ondes de Love sont des ondes de surface, elles agitent le sol dans un plan horizontal perpendiculairement à leur sens de propagation. Elles sont plus lentes que les ondes S. Elles causent des dégâts dans les fondations des bâtiments.

4. Les ondes de Rayleigh déplacent les roches à la fois horizontalement et verticalement dans un plan vertical parallèle au sens de déplacement du front de l'onde. Elles évoquent les vagues de l'océan. Le milieu perturbé par les ondes de Rayleigh se déplace suivant une ellipse.

Ondes de volume et structure du globe

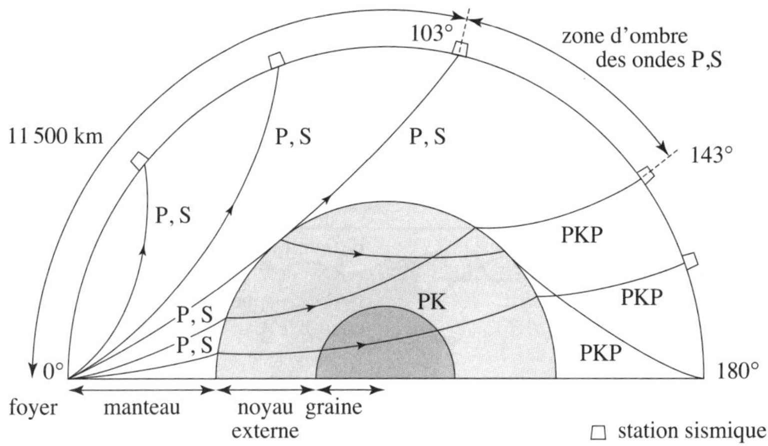

Pour un séisme superficiel, par convention situé à 0°, on enregistre d'abord l'arrivée des ondes P, puis celle des ondes S, pour des stations situées jusqu'à 103° du foyer. Entre 103° et 143°, les ondes P et S ne sont plus enregistrées (zone d'ombre). Au delà de 143°, les ondes P réapparaissent (PKP), mais leurs caractéristiques indiquent qu'elles ont subi une double réfraction lors d'un changement de milieu (manteau-noyau, noyau-manteau). L'absence d'ondes S an delà de 103° est interprétée comme le fait que le noyau externe se comporte comme un liquide vis-à-vis des ondes S qui sont des ondes de cisaillement.

propageant uniquement dans la croûte superficielle et des ondes Pn, provenant d'une onde P réfractée qui a été accélérée ($8\ km \cdot s^{-1}$ au lieu de $5{,}6\ km \cdot s^{-1}$) en passant dans un milieu beaucoup plus dense (syn. Onde première, Onde primaire).

→ ***Onde Pg, Sismologie.***

ONDE Pg

Sismo. - Onde première voyageant à la vitesse de $5{,}6\ km \cdot s^{-1}$ dans la **croûte terrestre** (g signifie que cette onde se propage dans les granites).

→ ***Onde P.***

ONDE PKP

Sismo. - Onde P ayant voyagé dans le manteau et ayant subi une première réfraction à la transition entre le **manteau** et le noyau, puis une seconde entre le noyau et le manteau avant de réapparaître à la surface. On notera que c'est l'étude de la trajectoire de ces ondes de volume qui a permis de définir l'existence du **noyau externe** terrestre à partir d'une profondeur de 2 900 km ; le noyau est séparé de la base du manteau par la discontinuité de Gutenberg.

ONDE Pn

Sismo. - Onde première provenant d'une onde Pg qui a été réfractée par la **discontinuité de Mohorovičić**, puis accélérée dans le manteau en s'y propageant parallèlement et réémise vers la surface. Du fait de leur accélération, ces ondes arrivent, à partir d'une certaine distance (environ 150 km), avant les ondes directes Pg qui n'ont pas été réfractées.

ONDE PREMIÈRE

Sismo. - syn. ***Onde P.***

ONDE PRIMAIRE

Sismo. - syn. ***Onde P.***

ONDE S

Sismo. - Deuxième train d'ondes à être enregistré sur un **sismogramme**. Les ondes S ou secondes sont des ***ondes transversales*** par rapport à la direction de propagation, ce sont des ondes de cisaillement qui ne se déplacent que dans les solides ; les liquides n'offrant que très peu de résistance à ce type de contraintes.

ONDES TRANSVERSALES

Sismo.

⟶ ***Onde S.***

ONTOGENÈSE *n. f.*

Embryo. - **1.** Dans un sens restreint, étape du développement d'un être vivant débutant à la fécondation et se terminant avec la fin du **développement embryonnaire** marquée par la mise en place du **plan d'organisation**. **2.** On considère actuellement que l'ontogenèse se poursuit jusqu'à l'acquisition du stade adulte, certains auteurs vont même jusqu'à étendre le terme d'ontogenèse à toute la vie de l'être vivant.

OOLIT(H)E *n. f.* ou *m*

Sédimento. - Petite sphère de 0,5 à 2 mm de diamètre dont le centre ou nucléus est formé par un débris (grain de quartz, fragments de **test**) entouré par des couches concentriques formant le cortex. Ces couches, la plupart du temps calcaires, sont bien délimitées ; une structure radiaire plus ou moins étendue se superpose parfois à elles. Les oolites actuelles se forment en milieu marin, parfois en milieu saumâtre ou lacustre, dans des eaux bien agitées qui les mettent en suspension et permettent le dépôt d'une nouvelle enveloppe avant de sédimenter.

OPÉRATEUR *n. m.*

Génét. - Séquence de l'ADN trouvée dans les **opérons** des Bactéries sur laquelle se fixe soit un activateur, soit un répresseur qui autorise ou non le déclenchement de la transcription par la fixation de l'ARN polymérase sur le **promoteur**. L'opérateur fait partie intégrante du gène.

OPÉRON *n. m.*

Génét. - Ensemble de **gènes** contigus, présents chez les Bactéries, codant pour les différentes enzymes d'une même voie métabolique, qui est transcrit en un seul ARNm appelé **ARNm polycistronique**. La **transcription** de cet ARN débute sur une séquence de l'ADN, appelée promoteur, qui est contrôlée par une protéine régulatrice codée par un gène voisin appelé **gène de régulation**. Suivant le type d'opéron considéré, la protéine régulatrice, quand elle est fixée sur l'opérateur, autorise ou empêche la transcription des gènes.

OPHIOLITES *n. f.*

Tecto., Volcano. - Ensemble de roches magmatiques présent dans les chaînes de montagnes. Les ophiolites comprennent de bas en haut des **péridotites** foliées qui ont donc subi des contraintes tectoniques à l'état solide pour de hautes pressions et températures [1] ; des péridotites litées [2] ; des **gabbros** lités et massifs [3] ; des injections de basalte formant le complexe filonien [4] ; à l'origine des **laves en oreillers** [5]. Ces complexes ophiolitiques sont considérés comme étant des restes de **plancher océanique** et du **manteau** supérieur qui ont été portés en altitude lors de la collision entre deux continents (phase d'obduction), [Europe et Afrique ayant produit les Alpes, Oman] ou entre un continent et un arc insulaire (chaîne de Nouvelle-Calédonie). Cent cinquante complexes ophiolitiques ont été reconnus. Schématiquement, les ophiolites entrent dans deux catégories. **1.** Les ophiolites de type Oman (*Harzburgite Ophiolite Type = HOT*) ont une épaisseur de 6-7 km. Elles se caractérisent par une péridotite appauvrie en éléments **incompatibles** qui se dépose par placage d'asthénosphère (manteau appauvri), remontant comme un champignon, contre la base de la lithosphère sus-jacente (accrétion verticale) et par une épaisseur importante de **gabbros** lités (4 500 m) surmontés par le complexe filonien, les basaltes en coussins et les radiolarites. **2.** Les ophiolites du type Trinity en Californie (*Lherzolite Ophiolite Type = LOT*) ont une épaisseur de 2 à 3 km. Elles possèdent à la base une péridotite à plagioclases, la **lherzolite**. Cette roche cristallisée vers 30 km de profondeur, est marquée par des lignes de déformation très inclinées correspondant à un cône d'asthénosphère qui se plaque obliquement contre la lithosphère sus-jacente. Les gabbros y sont peu épais, déformés, recristallisés et fracturés. Le **complexe filonien** et les basaltes sont comparables à ceux du type Oman. Le type *HOT* correspond aux dorsales rapides, le type *LOT* aux dorsales lentes, mais il existe des intermédiaire (syn. Complexe ophiolitique).

OPIACÉ *adj.*

Neurobiol. - Se dit d'un élément qui contient de l'**opium**.

OPIOÏDES *n. m.*

Neurobiol. - Famille qui regroupe les molécules (morphine, héroïne, codéine, papavérine…) dont la structure et les effets sont proches de l'**opium**.

→ ***Récepteur aux opioïdes.***

OPIOÏDES ENDOGÈNES

Neurobiol. - Molécules produites par l'organisme (enképhalines et endorphines) qui se fixent sur les **récepteurs aux opioïdes**.

OPIOÏDES EXOGÈNES

Neurobiol. - Molécules naturelles extraites du Pavot ou synthétisées comme l'héroïne. Les **opioïdes** exogènes ont la propriété de se fixer sur les récepteurs aux opioïdes.

OPIUM *n. m.*

Neurobiol. - Liquide produit lors de l'incision des capsules (fruits) du Pavot (*Papaver somniferum*), une plante proche des Coquelicots. L'opium contient des **alcaloïdes** dont le plus actif est la morphine qui est un stupéfiant, et la codéine ont un narcotique et un sédatif.

→ ***Drogue.***

OPSONISATION *n. f.*

Immuno. - Association d'anticorps de types IgM et IgG (appelés alors opsonines) sur des molécules étrangères. La phagocytose de ces éléments du non-soi est facilitée car les phagocytes reconnaissent plus facilement, par l'intermédiaire de leurs **récepteurs Fc**, la région constante des anticorps que les antigènes (syn. Aide à la phagocytose).

OPTIMUM *n. m.*

Physiol. - Valeur d'un facteur la plus profitable possible pour un organisme. Quand on s'intéresse à l'action d'un facteur sur une production végétale, on note trois réactions qui dépendent directement de sa valeur. La première correspond à une augmentation de la croissance, la deuxième à un arrêt de la croissance et la troisième à un ralentissement de la croissance.

ORBITE *n. f.*

Astron. - Courbe que décrit un corps céleste (ou artificiel) se déplaçant autour d'un autre. Dans notre système solaire, ces courbes planes correspondent aux trajectoires des planètes et ont pour foyer le Soleil. On constate que les orbites de ces planètes sont quasi-circulaires, à l'exception de Mercure, Mars et Pluton. Les demi-grands axes (a) sont presqu'égaux à la distance moyenne Soleil-planète qui augmente en progression géométrique comme l'exprime la ***loi de Titius-Bode*** : a (en **u.a.**) = $0{,}4 + 0{,}3 \cdot 2^n$ ($n = 1$ pour la Terre). La valeur $n = 3$ correspond à la **ceinture des astéroïdes**.

ORDOVICIEN *n. m.* ou *adj.*

Strati.

→ ***Échelle stratigraphique.***

OREILLETTE *n. f.*

Anat. - Cavité cardiaque dont la paroi est fine et dans laquelle débouchent les veines. La contraction (systole auriculaire) des deux oreillettes est synchrone et chasse le sang dans les **ventricules**. Les oreillettes sont séparées des ventricules par les valvules auriculo-ventriculaires. L'oreillette droite reçoit le sang des **veines caves** inférieure et supérieure. Elle est séparée du ventricule droit par la valvule tricuspide. L'oreillette gauche reçoit le sang des quatre veines pulmonaires. Elle est séparée du ventricule gauche par la valvule bicuspide ou mitrale, car elle ressemble à la mitre d'un évêque.

→ ***Révolution cardiaque.***

ORGANE *n. m.*

Anat. - Ensemble de **tissus** groupés en une structure complexe qui participe à la réalisation d'une même **fonction**. Les feuilles, les racines, les tiges et les fleurs sont des organes des plantes. Les muscles, le cœur, les intestins, le cerveau… sont des organes des Animaux.

ORGANE DE RÉSERVE

Bot. - Partie d'un organisme qui stocke de la matière organique qui n'est pas utilisée immédiatement. **1.** Chez les végétaux, l'organe de réserve est formé de cellules spécialisées qui accumulent les produits de photosynthèse. Les tubercules, les rhizomes, les bulbes, certaines racines sont des organes de réserve. **2.** Chez les Animaux, le **foie**, les muscles et les **adipocytes** assurent le stockage du **glycogène** et des **lipides**.

ORGANE EFFECTEUR

Physiol. ani. - Organe recevant un message nerveux ou un message hormonal et produisant la réponse physiologique.

ORGANE LYMPHOÏDE CENTRAL

Immuno. - Organe où les **lymphocytes** sont produits et se différencient. La **moelle osseuse** est le lieu de production des lymphocytes B et des lymphocytes T. Les lymphocytes B se différencient sur place tandis que les lymphocytes T se différencient dans le **thymus**. Par la suite, ces lymphocytes achèvent leur maturation dans les **organes lymphoïdes périphériques**.

ORGANE LYMPHOÏDE PÉRIPHÉRIQUE

Immuno. - Organe dans lequel les **lymphocytes** entrent en contact avec les antigènes ou le soi modifié, ce qui déclenche leur prolifération et leur différenciation. Les organes lymphoïdes périphériques sont les ganglions lymphatiques, la rate, les amygdales (syn. Organe lymphoïde secondaire).

ORGANE LYMPHOÏDE SECONDAIRE

Immuno. - syn. ***Organe lymphoïde périphérique.***

ORGANE NEUROTENDINEUX DE GOLGI

Neurobiol. - Récepteur musculaire sensible à la tension. Les organes neurotendineux de Golgi sont situés dans les tendons qui relient les os aux muscles. Ils transmettent des informations sensorielles uniquement quand le muscle est contracté. Leur stimulation est à l'origine du réflexe myotatique « inverse ».

→ ***Motoneurone γ.***

ORGANE PUITS

Bot., Physiol. vég. - Chez les Végétaux chlorophylliens, les organes non chlorophylliens (racines, fleurs, fruits…) qui utilisent la matière organique sont qualifiés d'organes puits par opposition aux feuilles qui la fabriquent et sont appelées ***organes sources***.

ORGANE RÉCEPTEUR

Neurobiol. - Organe contenant des cellules nerveuses spécialisées qui, en réponse à un **stimulus** spécifique, élaborent un message nerveux.

→ ***Récepteur sensoriel.***

ORGANE SOURCE

Bot., Physiol. vég.

→ ***Organe puits.***

ORGANIQUE *adj.*

Biochim. - Qualifie des molécules qui possèdent des atomes de carbone associés à des atomes d'hydrogène et dont beaucoup sont fabriquées par des êtres vivants.

→ ***Carbone réduit, Matière organique.***

ORGANISME *n. m.*

Bot., Microbiol., Zool. - Système uni ou pluricellulaire possédant les propriétés définissant la **vie**.

ORGANITE *n. m.*

Biol. cell. - Compartiment cellulaire délimité par une **membrane plasmique** simple (**réticulum endoplasmique**, **appareil de Golgi**, **vésicule de sécrétion**, **vacuole**) ou double (**chloroplaste**, **mitochondrie**, **noyau**). Néanmoins, on considère traditionnellement que les ribosomes, le cytosquelette et les centrioles sont des organites bien qu'ils ne soient pas délimités par une telle membrane. Quelques auteurs considèrent que les chromosomes et les nucléoles sont des organites intra nucléaires.

→ ***Enveloppe nucléaire, Enveloppe plastidiale.***

ORGANOGENÈSE *n. f.*

Embryo. - Formation des organes au cours du développement embryonnaire.

→ ***Embryogenèse.***

ORGANOLEPTIQUE *adj.*

Physiol. ani. - Propriété que possèdent certaines substances chimiques d'activer un récepteur sensoriel, s'emploie plus particulièrement pour les substances sapides et odorantes.

OROGÈNE *n. m.*

Tecto. - Ensemble des terrains provenant de la construction et de la destruction d'une chaîne de montagnes.

OROGENÈSE *n. f.*

Tecto. - Formation des reliefs d'une **chaîne de montagnes**.

→ ***Cycle orogénique, Échelle stratigraphique.***

OROGÉNIQUE *adj.*

Volcano. - syn. ***calco-alcalin.***

Tecto. - Qui se rapporte à la formation d'une chaîne de montagnes.

ORRORIN TUGENENSIS *n. m.*

Paléont., Zool. - Plus ancien **Hominidé** fossile connu ayant vécu il y a quelque 6 Ma dans le nord du Kenya. Cette espèce, d'abord officieusement appelée *Millenium ancestor*, d'un mètre de haut pour 40 kg possède des fémurs de bipèdes, mais ses membres antérieurs semblent (encore) adaptés à la locomotion arboricole. Les caractères de la denture (petite taille des dents, émail épais) rapprochent *Orrorin* des Chimpanzés et de l'Homme et l'éloignent des Australopithèques. La place de cette espèce dans l'évolution humaine n'est pas claire d'autant plus que rien ne prouve que les différents os appartiennent à la même espèce...

→ ***Hominisation.***

ORTHO-

Pétro. - Préfixe utilisé pour désigner qu'une roche métamorphique provient d'une roche magmatique. Un orthogneiss provient de la transformation d'un granitoïde.

ORTHOSE *n. m.*

Minér. - Variété de **feldspath** potassique.

OS *n. m.*

Anat. - Organe de couleur blanche, constitué d'un tissu conjonctif spécialisé, vascularisé, minéralisé (phosphate de calcium) et innervé, le tissu osseux. Les os constituent les pièces élémentaires du squelette des Vertébrés, ils sont reliés entre eux par les ligaments accrochés de chaque côté des articulations et mis en mouvement par les muscles qui y sont attachés par les tendons. On distingue : les os longs, les os courts et les os plats. Les os sont des organes dont le tissu squelettique est en perpétuel remaniement. Ils constituent une réserve de calcium et de phosphates pour l'organisme.

OSCILLATEUR *n. m.*
Neurobiol. - Ensemble des neurones interconnectés, à l'origine des rythmes biologiques. On admet actuellement qu'il n'existe pas d'**horloge biologique interne** située dans une zone bien délimitée du cerveau. L'épiphyse pourrait abriter un de ces oscillateurs.

OSCILLATION *n. f.*
Physiol. ani. - Variation de la valeur d'une variable à réguler autour du **point de consigne**.

→ ***Homéostasie, Régulation, Rétroaction.***

OSES *n. m.*
Biochim. - syn. ***Glucides.***

OSMORÉCEPTEUR *n. m.*
Physiol. ani. - Cellule stimulée par des variations de la **pression osmotique** et produisant un message nerveux traduisant la valeur de cette variable.

OSMOSE *n. f.*
Physiol. - Passage d'un solvant, en général l'eau, au travers d'une membrane **hémiperméable**, d'une solution diluée vers une solution concentrée ou d'eau pure vers une autre solution.

→ ***Diffusion, Hypertonique, Hypotonique.***
Voir figure page 365.

OSTIOLE *n. m.*
Bot. - Ouverture des **stomates** qui met en communication le milieu extérieur avec la **chambre sous-stomatique**. L'ouverture de l'ostiole est régulée par la variation de la **turgescence** des **cellules stomatiques**.

OUCHTERLONY (TEST DE)
Immuno. - Technique pour mesurer la quantité d'antigènes et le degré de ressemblance d'antigènes dans un échantillon. Ce test est fondé sur l'***immunodiffusion double*** des antigènes et des anticorps déposés dans trois puits creusés dans un gel. Les figures de précipitation peuvent être de trois types : La fusion des deux arcs de précipitation signifie l'identité des deux antigènes déposés dans les deux puits ; si les deux arcs sont indépendants, les deux antigènes sont différents, si les arcs forment un éperon, l'identité n'est que partielle, l'un présentant des épitopes absents sur l'autre.

OVAIRE *n. m.*
Anat., Bot. - Chez les Angiospermes, l'ovaire est la cavité située dans la partie inférieure du **pistil** et contient une ou plusieurs loges renfermant des **ovules**. Après la fécondation de l'ovule, l'ovaire se transforme en fruit.

→ ***Carpelle.***

Anat., Zool. - Organe reproducteur de la femelle (gonade) dans lequel se forment les ovocytes. L'ovaire produit des hormones stéroïdes (œstrogènes, progestérone). Chez les Mammifères, les ovaires se situent en face de l'ouverture des trompes de Fallope. Ils contiennent de nombreux follicules dans lesquels se développent les ovocytes.

→ ***Folliculogenèse, Ovogenèse.***

OVARIECTOMIE *n. f.*
Méd. - Opération consistant à retirer les **ovaires**. L'ovariectomie bilatérale entraîne la stérilité et la disparition du **cycle menstruel**. De plus à cause de la disparition du **rétrocontrôle négatif** de l'œstradiol sur l'hypophyse, le taux des gonadotrophines hypophysaires (FSH et LH) augmente et leur sécrétion n'est plus cyclique.

Osmose

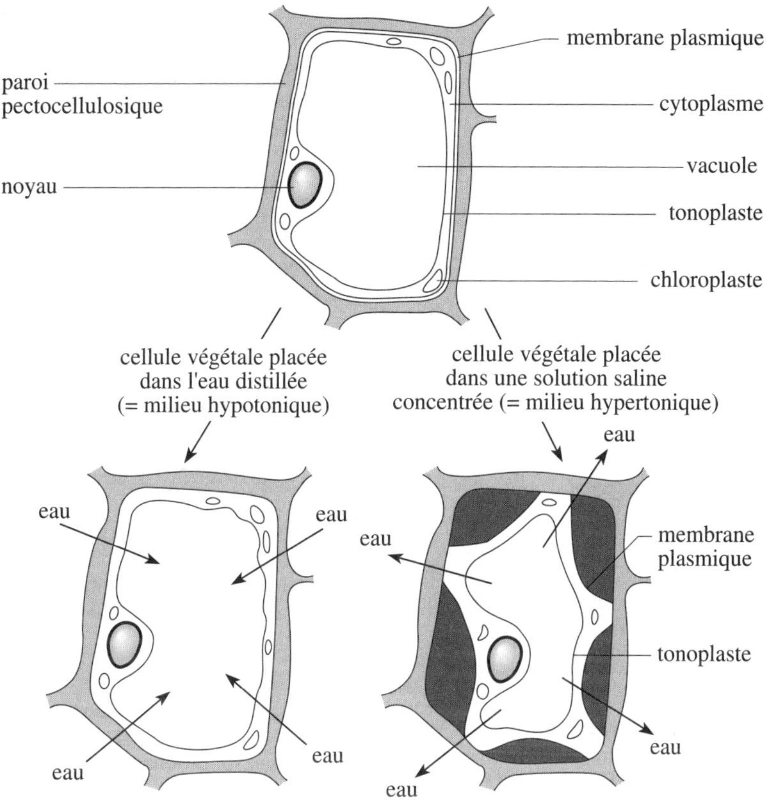

la cellule se gonfle mais conserve sa forme (turgescence)

le corps de la cellule se rétrécit et la membrane s'écarte de la paroi pectocellulosique (plasmolyse)

Une cellule végétale placée dans de l'eau distillée gonfle à la suite de l'entrée de l'eau dans la vacuole (phénomène d'osmose). Si la cellule est placée dans un milieu hypertonique, le flux d'eau s'inverse, la vacuole perd de l'eau, la cellule diminue de volume et sa membrane se décolle de la paroi. La cellule est dite plasmolysée. Ce phénomène est réversible quand la cellule est placée dans un milieu hypotonique (déplasmolyse).

OVIDUCTE *n. m.*

Anat. - Conduit pair assurant l'acheminement des **gamètes** femelles de l'ovaire à l'extérieur. Il peut se différencier en plusieurs zones spécialisées : pavillon, trompe utérine, utérus, vagin.

→ *Canal de Müller.*

OVIPARITÉ *n. f.*

Physiol. ani. - Reproduction au moyen d'**œufs** pondus à terre ou dans l'eau, quels que soient le stade de développement de l'embryon au moment de la ponte et la durée de l'incubation externe.

→ *Ovoviviparité, Viviparité.*

OVOCYTE I *n. m.*

Cyto. - Cellule diploïde provenant de l'accroissement d'une **ovogonie**.

Chez la femme, l'ovocyte I est bloqué en prophase de première division de **méiose** depuis la vie fœtale, il ne reprend la méiose qu'une vingtaine d'heures avant l'ovulation et devient un **ovocyte II.**

OVOCYTE II *n. m.*
Cyto. - Cellule haploïde résultant de la première division de méiose d'un **ovocyte I**. Dans l'espèce humaine, l'ovocyte II ne se forme qu'une vingtaine d'heures avant l'ovulation, en même temps que le premier **globule polaire** qui dégénère, et se retrouve bloqué en métaphase de seconde division de **méiose**. La méiose ne se poursuit que s'il y a fécondation.

→ ***Fécondation, Ovotide.***

OVOGENÈSE *n. f.*
Cyto. - Ensemble des transformations et des divisions cellulaires qui conduisent des cellules souches ou **ovogonies** à la formation des gamètes femelles ou **ovules**.

→ ***Ovocyte I, Ovocyte II, Ovotide.***

OVOGONIE *n. f.*
Cyto. - Cellule souche des **gamètes** femelles. Chez la femme, le nombre d'ovogonies est fixé avant la naissance.

OVOTIDE *n. m.*
Cyto. - Ultime étape de l'**ovogenèse**. L'ovotide provient de l'**ovocyte II** qui a expulsé son second **globule polaire** à la suite de la fécondation. L'ovotide correspond au gamète femelle, c'est-à-dire à l'ovule qui a achevé sa méiose et ne possède plus qu'un noyau contenant un lot de chromosomes à une chromatide.

OVOVIVIPARITÉ *n. f.*
Physiol. ani. - Modalité de reproduction très fréquente chez les Reptiles qui se caractérise par au moins une des particularités suivantes : une éclosion des œufs immédiatement après la ponte [1], une membrane coquillière, entourant en permanence les embryons, mince et non calcifiée [2], et une absence de placenta [3]. Devant les difficultés d'application de ces critères qui révèlent des réalités biologiques différentes, il a été suggéré d'abandonner l'usage de ce terme et de lui préférer **viviparité**.

→ ***Oviparité.***

OVULATION *n. f.*
Physiol. ani. - Rupture du follicule ovarien mûr suivie de l'expulsion de l'**ovocyte II** entouré par les cellules de la ***corona radiata**** (Mammifères) dans les voies génitales femelles (syn. Ponte ovulaire).

→ ***Follicule de De Graaf.***

OVULE *n. m.*
Bot. - Structure reproductrice pluricellulaire des **Spermatophytes**, attaché sur un **carpelle**. L'ovule est entouré d'un ou de deux tégument(s) et contient entre autres le gamète femelle ou oosphère. Après fécondation, l'ovule se transforme en **graine**.

Cyto., Zool. - **1. Gamète** femelle, mûr et fécondable, il correspond à l'**ovotide**. À ce stade, le noyau ne contient plus qu'un lot de **chromosomes** (*n*) à une **chromatide**. **2.** Il existe un sens plus large (à éviter) où ce terme désigne toute cellule reproductrice émise par l'ovaire, quel que soit son état de maturation.

→ ***Œuf, Ovogenèse, Ovulation.***

OXYDANT *n. m.*
Biochim. - Espèce chimique capable d'arracher un ou plusieurs électrons a une autre espèce chimique qui se trouve alors **oxydée** alors que l'oxydant est **réduit**.

→ ***Oxydoréduction, Potentiel rédox.***

OXYDATION *n. f.*
Biochim.

→ ***Oxydoréduction.***

OXYDÉ *adj.*
Biochim. - Qui a perdu un ou

plusieurs électrons par rapport à un état initial neutre ou déjà oxydé.

→ ***Oxydoréduction, Réduit.***

OXYDORÉDUCTION *n. f.*

Biochim. - Réaction impliquant un transfert d'électrons. La molécule ayant perdu l'électron est **oxydée** par l'**oxydant** qui se trouve alors **réduit**, il y a alors eu ***oxydation*** par perte d'un électron.

→ ***Potentiel rédox, Réduction.***

OXYGÈNE 18 *n. m.*

Phys. - **Isotope** lourd de l'oxygène. Le rapport isotopique entre ^{18}O et ^{16}O est utilisé pour estimer les variations de température dans le passé, ou **paléotempérature** ; il constitue un **thermomètre isotopique**.

OXYHÉMOGLOBINE *n. f.*

Biochim. - **Hémoglobine** dont les 4 hèmes ont fixé chacun une molécule de dioxygène.

OZONE *n. m.*

Climato. - Gaz de formule O_3 se formant dans la haute stratosphère par action des rayons ultraviolets sur le dioxygène. L'ozone a la capacité d'absorber les rayons ultraviolets de longueur d'onde inférieure à 0,34 µm, qui ont un effet mutagène et, de ce fait, protège la vie sur la surface émergée des continents. On pense actuellement que la couche d'ozone a commencé à se mettre en place il y a 2 Ga et qu'elle a atteint des concentrations compatibles avec une vie terrestre il y a 500 Ma. On note à cet effet que les premiers Invertébrés terrestres étaient les Scorpions et les Blattes qui, dans la nature actuelle, sont les espèces qui résistent le mieux aux radiations. Les trous observés dans la couche d'ozone de l'Arctique et de l'Antarctique ne sont qu'une des manifestations les plus spectaculaires de la baisse régulière de la teneur moyenne en ozone stratosphérique qui a été divisée par deux en 30 ans.

P

PACE(-)MAKER *n. m.*

Physiol. ani. - Cellule ou région bien définie d'un organe qui détermine le rythme d'activité dans d'autres cellules ou organes. **1.** Dans le cœur, le tissu nodal possède son propre rythme de contraction qui initie et maintient le rythme cardiaque à la fréquence de 75 battements par minute. **2.** Certaines cellules nerveuses émettent, de manière spontanée, des **potentiels d'action** sans intervention extérieure (comme celles produisant les **gonadolibérines**).

→ ***Sécrétion pulsatile.***

PAILLETTE *n. f.*

Méd. - Tube de fin diamètre dans lequel est stocké le sperme d'un donneur. Chaque tube contient la quantité de sperme nécessaire à une insémination. Les paillettes sont conservées dans de l'azote liquide.

→ ***Banque de sperme, CECOS.***

PAIRE DE BASES

Génét. - Ensemble formé par deux bases azotées complémentaires dans un ADN (A-T, T-A, G-C, C-G).

PALÉOCÈNE *n. m.* ou *adj.*

Strati.

→ ***Échelle stratigraphique.***

PALÉOCLIMAT *n. m.*

Paléont. - Climat du passé.

→ ***Paléoclimatologie.***

PALÉOCLIMATOLOGIE *n. f.*

Paléont. - Étude des climats du passé (paléoclimat). La paléoclimatologie est fondée sur l'étude : des modelés géomorphologiques (recherche de moraines, trace d'érosion glaciaire témoignant d'un climat froid, évaporites témoignant d'un climat chaud, faciès d'altération…) [1], de la distribution géographique de certains fossiles dont on connaît ou dont on suppose les exigences écologiques en partant du principe que, dans un groupe donné, les espèces fossiles avaient les mêmes exigences écologiques que les espèces actuelles (les Coraux et les Fougères arborescentes actuels sont typiquement des espèces de la zone intertropicale) [2], des températures du passé (**paléotempératures** estimées par des méthodes isotopiques) [3], de la position des continents à l'époque considérée [4].

PALÉOÉCOLOGIE *n. f.*

Paléont. - Reconstitution des environnements passés et des relations existant entre les différentes espèces et leur milieu. La paléoécologie fait entre autres appel aux **fossiles de faciès**, aux conditions de formation des roches sédimentaires, aux formes d'érosion…

→ ***Paléoclimat, Paléo-environnement.***

PALÉO-ENVIRONNEMENT *n. m.*

Paléont. - Milieu dans lequel vivaient les espèces fossiles. La reconstitution des paléo-environnements nécessite la connaissance du paléoclimat, la nature du milieu (caractéristiques physico-chimiques) et les différentes espèces présentes.

→ ***Paléoécologie.***

PALÉOGÈNE *n. m.* ou *adj*

Strati.

→ ***Échelle stratigraphique.***

PALÉOGÉOGRAPHIE *n. f.*

Paléont. - Reconstitution de la position et des caractéristiques des continents au cours des temps géologiques, la paléogéographie s'intéresse aussi à la répartition des **flores** et des **faunes** fossiles et à l'extension des surfaces marines.

→ ***Dérive des continents, Migration des pôles.***

PALÉOLITHIQUE *n. m.* ou *adj.*

Préhist. - Première période de la **préhistoire**, on l'appelle aussi âge de la pierre ancienne. Le Paléolithique est divisé en Paléolithique inférieur, Paléolithique moyen et Paléolithique supérieur sur le critère de l'augmentation de la complexité des outils fabriqués. Dans chacune de ces divisions, on reconnaît divers ensembles d'outils qui forment les différentes **industries préhistoriques**.

PALÉOLITHIQUE INFÉRIEUR

Préhist. - Première coupure du **Paléolithique**, le Paléolithique inférieur commence par l'**Oldowayen** entre 2,5 et 1,5 Ma, se caractérise par des galets aménagés avec une ou deux faces tranchantes et se termine par l'**Acheuléen** entre 1,7 Ma et 300 000 ans avec la fabrication de bifaces aux contours plus réguliers et aux tranchants plus coupants ainsi que par l'utilisation des éclats.

PALÉOLITHIQUE MOYEN

Préhist. - Deuxième division du **Paléolithique** qui s'étend entre 200-300 000 ans et 43 000 ans, il correspond à l'industrie de type **moustérien**.

PALÉOLITHIQUE SUPÉRIEUR

Préhist. - Troisième et dernière division du **Paléolithique** comprise entre 43 000 et 10 000 ans, le Paléo-lithique supérieur est marqué par la diversification des outils et l'augmentation de leur efficacité, par l'amélioration des tranchants et par l'apparition de l'art. Le Paléolithique supérieur commence avec l'**Aurignacien** (43 000-27 000) et le **Gravettien** (27 000-20 000), se poursuit entre 20 000 et 14 000 par le **Solutréen**; il se termine par le **Magdalénien** (14 000-5 000 ans).

→ ***Périgordien.***

PALÉOMAGNÉTISME *n. m.*

Géol. - Étude des caractéristiques du champ magnétique terrestre dans les temps géologiques. Celles-ci sont conservées (fossilisées) dans les laves basaltiques émises par les dorsales océaniques et dans les sédiments. Ces laves fluides et chaudes (1 100-1 200 °C) contiennent des cristaux de magnétite (Fe_3O_4) et ont la propriété d'acquérir une aimantation appelée aimantation ***thermorémanente*** quand elles se refroidissent et que leur température passe au-dessous d'une certaine valeur dite « point de Curie ». Ainsi, au-dessus de 600 °C, bien que la roche soit à l'état solide, il n'y a pas d'orientation uniforme des minéraux magnétiques, mais au-dessous de cette température, ces minéraux acquièrent les caractéristiques du magnétisme local. Lors de la formation d'une roche sédimentaire, des particules magnétiques, en sédimentant, s'orientent suivant les caractéristiques locales du champ magnétique, puis sont bloquées dans cette position lors de la **diagenèse** du sédiment. Cette **rémanence** détritique est environ 1 000 fois plus faible que la rémanence des roches basaltiques. Les caractéristiques du champ magnétique et donc les positions des pôles magnétiques et géographiques de l'époque de formation de la roche considérée ne peuvent être évaluées que si la position de l'échantillon a été parfaitement enregistrée et que cette roche n'a pas été portée, par la suite, à des températures élevées qui auraient modifié son aimantation (déplacement apparent).

→ ***Aimantation, Magnétisme terrestre, Migration des pôles, Paléopôle.***

PALÉONTOLOGIE *n. f.*

Paléont. - Partie de la Géologie qui a pour objet d'étudier les êtres vivants disparus à partir de leurs restes fossilisés et des éventuelles traces de leurs activités. Le Paléontologue doit s'attacher à reconstituer toutes les caractéristiques morphoanatomiques, physiologiques, mais aussi écologiques et éthologiques des espèces disparues.

→ ***Paléoécologie, Paléo-environnement.***

PALÉOPÔLE *n. m.*

Tecto. - Emplacement qu'occupaient les **pôles magnétiques** dans le passé. Comme on considère, pour des raisons physiques, que les pôles magnétiques ne se sont pas déplacés au cours du temps (en dehors des périodes d'inversion qui on été rapides), on admet que ce sont les continents se trouvant au-dessus des paléopôles qui ont migré.

→ ***Inversion des pôles, Migration des pôles.***

PALÉOSOL *n. m.*

Paléont., Pédol. - **Sol** ancien qui a été conservé à la suite de son recouvrement par des couches plus récentes. Avec le réchauffement faisant suite au **Würm**, des forêts se sont installées sur le **lœss** donnant naissance à un sol brun forestier qui, à son tour, a pu être recouvert, sauvegardant ainsi ce sol ancien.

PALÉOTEMPÉRATURE *n. f.*

Géol., Paléont. - Température du passé. L'estimation des paléotempératures est fondée sur la variation du rapport entre deux **isotopes** de l'oxygène, l'oxygène 16 et l'oxygène 18. Le principe sur lequel repose ce calcul est le suivant : durant les périodes chaudes, l'évaporation de l'eau est plus intense, comme l'eau formée avec de l'oxygène 18 est plus lourde que l'eau formée à partir d'oxygène 16, le taux d'oxygène 16 augmente dans l'air, car l'eau le contenant s'évapore plus facilement. En revanche la condensation favorise la précipitation des molécules plus lourdes. À mesure de leur refroidissement par précipitations successives, les nuages s'appauvrissent en isotope lourd, il y a donc **fractionnement isotopique**. La mesure du rapport des concentrations $^{18}O/^{16}O$ fournit des indications sur les paléotempératures. Pour ce faire on utilise : $\delta^{18}O = (^{18}O/^{16}O$ échantillon $- {}^{18}O/^{16}O$ référence$)/^{18}O/^{16}O$ référence $\times 1\,000$. Plus ce rapport est élevé plus la température à l'époque considérée était froide. Il est possible de retrouver de l'air fossile dans les bulles conservées dans les glaces de l'Antarctique ou du Groenland pour des périodes allant jusqu'à 400 000 ans. En revanche pour les périodes plus anciennes, le rapport entre ces deux isotopes est inscrit dans le carbonate de calcium des Mollusques ou des Foraminifères. Ainsi, à partir de la valeur actuelle de ce rapport isotopique, il est possible d'estimer les variations des paléotempératures par l'étude des fluctuations de ce rapport.

→ ***Paléoclimat, Paléo-environnement.***

PALÉOZOÏQUE *n. m.*

Strati.

→ ***Échelle stratigraphique.***

PALINDROME *n. m.*

Génét. - Séquence de bases azotées qui se lit de la même façon de gauche à droite que de droite à gauche. Ce sont ces séquences qui sont reconnues et coupées par les **enzymes de restriction**. Ainsi, la première enzyme de restriction connue Eco RI (*Escherischia coli*) coupe une molécule d'ADN chaque fois qu'elle rencontre la séquence : GAATTC.

→ ***Biotechnologie, Bout collant, Site de restriction.***

PALUDÉEN *adj.*

Écol. - **1.** Relatif aux marais, aux terrains marécageux. **2.** Relatif au paludisme.

PALUDISME *n. m.*

Méd. - Maladie parasitaire due à un être vivant unicellulaire appelé Hématozoaire du paludisme (*Plasmodium*) transmis par un moustique, l'**Anophèle**. Cette **endémie** sévit essentiellement dans toute la zone intertropicale (à l'exception de l'Australie, des Antilles...). Des centaines de millions d'hommes sont touchés et 2 à 3 millions en meurent chaque année. Le protozoaire, injecté par un Anophèle sous forme de **sporozoïtes**, s'installe d'abord dans les cellules hépatiques où il se multiplie (schizogonie), les fait éclater (stade mérozoïtes), puis colonise les hématies dans lesquelles il se multiplie (schizogonie) de nouveau (stade **schizozoïtes** formant des corps à rosaces) provoquant à intervalles réguliers (48, 72 heures suivant les espèces de *Plasmodium*) leur éclatement à l'origine de poussées de fièvre. Le malade s'affaiblit, sa rate et son foie deviennent énormes. Après de multiples cycles d'invasion et d'éclatements synchrones des hématies à l'origine des fièvres, certains schizozoïtes se transforment en **gamontes** (forme sexuée). Si des gamontes mâles et des gamontes femelles sont aspirés par un Anophèle femelle, il y a fécondation dans l'intestin de l'Insecte. À la suite d'une méiose de l'œuf, suivie de nombreuses divisions cellulaires (sporogonie), de nouveaux sporozoïtes infestants sont produits, ils sont inoculés lors d'un nouveau repas de sang.

——► ***Drépanocytose, Malaria.***

PALUDISME DES AÉROPORTS

Méd. - Paludisme attrapé dans une zone tempérée à la suite de la piqûre par un Anophèle, porteur de l'Hématozoaire du paludisme, ayant voyagé en avion.

PALUDISME D'IMPORTATION *n. m.*

Méd. - Développement du paludisme en dehors de la zone d'endémie. Le malade a été piqué par un Anophèle alors qu'il séjournait dans une zone d'endémie, mais le paludisme ne s'est déclaré qu'après avoir quitté la zone.

PALYNOLOGIE *n. f.*

Paléont. - Étude des **pollens** et des **spores** conservés dans les couches géologiques. À cause de leur enveloppe particulièrement résistante, les pollens et les spores se fossilisent facilement. Ces structures possèdent des caractéristiques spécifiques qui permettent d'identifier la famille, le genre, voire l'espèce qui les a produites. Comme les pollens et les spores sont très nombreux dans certains sédiments, il est possible de réaliser une analyse statistique de l'abondance des différentes espèces. On obtient alors un spectre pollinique caractérisant les conditions climatiques au moment de la fossilisation de ces structures, car pour le quaternaire, il s'agit le plus souvent d'espèces actuelles dont on connaît les exigences écologiques. Ainsi, la présence de pollen de Conifères reflète une pluviométrie comprise entre 250 et 700 mm répartie sur l'ensemble de l'année, une température pendant deux mois consécutifs supérieure à 10 °C ; le pollen d'arbres à feuilles caduques (Hêtre, Chêne...), un climat tempéré plutôt humide ; le pollen d'espèces herbacées traduit un climat tempéré où les pluies sont insuffisantes pour permettre la croissance des arbres. La variation de l'abondance des différentes espèces au cours du temps débouche sur la construction d'un **diagramme pollinique**.

PANACHE *n. m.*

Géol. - Remontée de **magma** qui traverse le manteau supérieur et perfore la croûte terrestre à partir d'un réservoir magmatique profond, le **point chaud** dont l'origine se situerait à la transition entre le noyau externe et le manteau (**Couche D''**).

PANACHÉ *adj.*

Bot. - Qualifie une plante dont les feuilles présentent des zones dépourvues de **chlorophylle**.

PANCRÉAS *n. m.*

Physiol. ani. - Glande formée de deux parties fonctionnellement différentes : le pancréas endocrine et le pancréas exocrine. Le pancréas endocrine est constitué par les **îlots de Langerhans**. Par la production d'hormones (glucagon, insuline) il joue un rôle prépondérant dans le métabolisme glucidique. Les cellules du pancréas exocrine sécrètent différentes enzymes digestives (lipases, glucidases, protéases...) qui sont conduites vers l'intestin grêle (duodénum) par les canaux pancréatiques.

→ ***Glycémie, Hydrolase, Insuline.***

PANDÉMIE *n. f.*

Méd. - Maladie épidémique dont la presque totalité des habitants d'une région géographique de grande taille sont victimes. Les **épidémies** de choléra, de peste sont des pandémies.

PANGÉE *n. f.*

Paléont. - Réunion de tous les **continents** en une masse unique entourée par un océan. La partie nord de la Pangée comprenait, au début du Jurassique, l'Amérique du Nord, l'Europe et l'Asie formant la Laurasie; la partie sud, ou Gondwana, était formée par l'Amérique du Sud, l'Afrique, la péninsule Arabique, l'Antarctique, l'Inde et l'Australie. Durant le Secondaire et le Tertiaire, l'Eurasie était séparée de l'Afrique par un océan, la Téthys ou Mésogée, occupant approximativement l'emplacement de la Méditerranée actuelle. À la fin du Jurassique, deux **rifts** se mettent en place de part et d'autre de l'Afrique. L'ouverture du rift oriental provoque la séparation de l'Afrique du reste du Gondwana alors que celle du rift occidental est à l'origine de l'écartement de l'Afrique et de l'Amérique du Sud et donne naissance à l'Atlantique sud. La fracturation des continents et la formation des océans se poursuivent encore de nos jours. Les continents se rejoindront et formeront une nouvelle Pangée qui, à son tour, se fragmentera. On estime actuellement que le cycle complet (cycle de Wilson) dure environ 400 millions d'années.

→ ***Dérive des continents, Échelle stratigraphique, Tectonique des plaques.***

PANIFICATION *n. f.*

Biol. - Ensemble des différentes opérations qui conduisent à la fabrication du pain.

PANINES *n. m.*

Zool. - Sub-division (tribu) de la sous-famille des **Homininés** qui regroupe les deux espèces de Chimpanzés : le Chimpanzé commun (*Pan troglodytes*) et le Bonobo (*Pan paniscus*) ou Chimpanzé pygmée. Cette tribu est peut-être artificielle (polyphylétique), le Bonobo semblant être plus proche (il partagerait un ancêtre commun plus récent avec l'Homme qu'avec le Chimpanzé) de l'Homme que du Chimpanzé commun. On ne connaît aucun fossile de Chimpanzés.

PANMIXIE *n. f.*

Génét. - Désigne un système de reproduction sexuée où les **fécondations** se font au hasard, c'est-à-dire qu'il n'y a pas de choix des partenaires. Toutes les combinaisons de fécondation réalisables sont censées apparaître.

→ ***Équilibre de Hardy-Weinberg, Loi de Hardy-Weinberg.***

PANSPERMIE *n. f.*

Astron. - Théorie selon laquelle la vie sur Terre serait apparue à la suite de l'arrivée sur la planète de molécules organiques ou d'êtres vivants primitifs (Bactéries ?) venus de l'espace. Elle ne fait que déplacer le problème de l'origine de la vie. Cette théorie a retrouvé un regain d'intérêt après l'annonce de la découverte, dans une météorite martienne trouvée dans les glaces du Groenland, de structures rappelant des Bactéries.

PANTHALASSA *n. f.*

Tecto. - Océan unique entourant tous les continents rassemblés en une masse unique ou **pangée**. La dernière panthalassa date du Permien.

PARA-

Petro. - Préfixe utilisé pour désigner qu'une roche métamorphique provient d'une roche sédimentaire. Un paragneiss s'est formé par transformation de roches argileuses.

PARABIOSE *n. f.*

Physiol. ani. - État de deux individus qui sont morphologiquement et physiologiquement unis (circulation sanguine). La parabiose est soit naturelle (organisme siamois), soit expérimentale et consiste à la greffe d'un individu sur un autre avec établissement des connexions vasculaires.

→ ***Chimère.***

PARACRINE *adj.*

Physiol. ani. - Effet d'une substance produite par des cellules sur des cellules situées à proximité immédiate.

→ ***Autocrine, Endocrine.***

PARALYSIE *n. f.*

Méd. - Incapacité de contracter un ou plusieurs muscles. Les paralysies ont des causes diverses : destruction du centre nerveux, section des nerfs, blocage de la transmission synaptique.

→ ***Curare, Hémiplégie, Tétraplégie.***

PARAMÈTRES ORBITAUX

Astron. - Ensemble des caractéristiques de l'orbite terrestre (**excentricité, obliquité, précession des équinoxes**).

→ ***Fluctuations climatiques.***

PARANTHROPUS *n. m.*

Paléont., Préhist., Zool. - Genre d'Homininés de grande taille naguère appelés **Australopithèques** robustes (45-55 kg et 1,50 m pour les mâles ; 1,20 m, 30 kg pour les femelles) à **capacité crânienne** atteignant 530 voire 600 cm^3, à mastication développée ayant vécu en Afrique entre 2,7 et 1 Ma. Le genre *Paranthropus*, comprend quatre espèces : *P. aethiopicus* en Éthiopie (vallée de l'Omo) et au Kenya (à l'ouest du lac Turkana) ; *P. boisei* en Éthiopie (vallée de l'Omo et Konso), au Kenya (à l'est du lac Turkana) et en Tanzanie (à Olduvai) ; *P. robustus* (Afrique australe) et *P. crassidens* (Malawi). Les paranthropes semblent avoir possédé une **bipédie** plus efficace que celle des Australopithèques mais légèrement moins perfectionnée que celle des *Homo*. La main ressemble à celle d'***Homo habilis**** et les paranthropes (***Zinjanthropus boisei**** et *P. aethiopicus*) utilisaient des outils de pierre.

PARAPHYLÉTIQUE (GROUPE) *adj.*

Évol. - Ensemble formé par une espèce ancestrale et une partie seulement de ses descendants.

PARASEGMENT *n. m.*

Embryo. - Unité segmentaire du jeune embryon (de la Drosophile) qui correspond à la moitié postérieure du **segment** n et la moitié antérieure du segment $n+1$. Chez la Drosophile, les **gènes *pair-rules*** sont responsables de l'organisation de l'embryon en 14 parasegments : 3 céphaliques, 3 thoraciques et 8 abdominaux.

PARASEXUALITÉ *n. f.*

Génét., Microbiol. - Transfert unilatéral (conjugaison bactérienne) ou échange d'informations génétiques (noyaux chez les Paramécies) à la suite de l'accolement de deux cellules dites de signes complémentaires. Ce don ou cet échange ne conduisent pas à une reproduction puisqu'il y a toujours deux cellules, mais à une recombinaison génétique. La reproduction se fait à la suite de cet événement par simple division.

PARA-SIDA *n. m.*

Méd. - Ensemble des manifestations cliniques qui ne sont pas aussi graves que celles qui caractérisent le **SIDA**, mais qui sont causées par le **VIH**. La différence entre le para-SIDA et le pré-SIDA n'est pas toujours évidente (syn. ARC).

PARASITE *n. m.*
Bot., Microbiol., Zool.

→ *Parasitisme.*

PARASITISME *n. m.*
Bot., Microbiol., Zool. - Association à bénéfice unilatéral entre deux espèces, dont l'une appelée le ***parasite*** vit obligatoirement aux dépens d'une autre appelée l'hôte. Le parasite se nourrit des tissus et des molécules de l'hôte chez lequel il provoque des troubles plus ou moins importants pouvant conduire à la mort (rouille, maladie du sommeil, **paludisme**...).

→ *Symbiose.*

PARATOPE *n. m.*
Immuno. - Site de fixation du **déterminant antigénique** sur l'immunoglobuline. Il y a deux paratopes par immunoglobuline. Le paratope est formé par le repliement dans l'espace des **régions variables** d'une chaîne lourde et d'une chaîne légère de l'anticorps.

PARENCHYME *n. m.*
Bot. - Tissu végétal formé de cellules peu spécialisées, dont les parois restent minces. Ce sont des tissus de constitution qui peuvent cependant accomplir des fonctions spécialisées.

PARENCHYME CHLOROPHYLLIEN PALISSADIQUE
Bot. - Parenchyme situé entre les deux **épidermes** d'une feuille et dont les cellules très allongées verticalement contiennent de très nombreux **chloroplastes**. La forme des cellules évoque ainsi une palissade. C'est le tissu foliaire spécialisé dans la **photosynthèse**.

PARENCHYME CORTICAL
Bot. - Parenchyme situé dans les tiges ou les racines sous le tissu épidermique. D'une manière générale, un parenchyme cortical désigne un tissu qui se trouve à la périphérie d'un organe sous un tissu appelé écorce.

PARENCHYME FOLIAIRE
Bot. - Parenchyme contenu dans les **feuilles**. Les cellules constituant ce parenchyme sont très riches en **chloroplastes**.

→ *Parenchyme chlorophyllien palissadique.*

PARENCHYME LACUNEUX
Bot. - Parenchyme dans lequel les cellules sont éloignées les unes des autres et forment des lacunes remplies d'air entre elles. Ce tissu se situe sous les **stomates**.

PARENCHYME MÉDULLAIRE
Bot. - Parenchyme situé au centre d'un organe allongé comme la tige où il constitue la moelle.

PARKINSON
Méd., Neurobiol.

→ *Maladie de Parkinson.*

PAROI *n. f.*
Bot., Biol. cell. - Structure rigide entourant la membrane plasmique des cellules des Végétaux chlorophylliens, des Champignons et des Bactéries. Chez les Mycètes, la paroi contient de la chitine et chez les **Bactéries** des peptidoglycanes. Dans les cellules végétales, on distingue une paroi primaire et une paroi secondaire dites pectocellulosiques. La paroi primaire, caractéristique des cellules jeunes, est constituée par des microfibrilles de **cellulose** (25 à 30 %) disposées dans tous les sens ce qui lui permet d'être extensible, de **pectines** (jusqu'à 35 %), d'**hémicelluloses** (15 à 25 %) et de glycoprotéines (5 à 10 %); son épaisseur est comprise entre 1 et 3 µm; elle est fortement hydratée (80 % du poids frais). La paroi secondaire se forme au cours de la différenciation de la cellule, elle est plus épaisse, moins hydratée, contient une proportion plus

importante de cellulose mais pas de pectines. Elle se situe sous la paroi primaire. La paroi secondaire est constituée par des dépôts successifs (S1, S2, S3) de fibres de celluloses souvent à disposition en contre-plaqué. La couche S1, la plus externe et donc la plus âgée, et la couche S3, la plus interne et donc la plus jeune, possèdent des microfibrilles de cellulose disposées transversalement, alors que celles de la couche S2 sont placées suivant le grand axe de la cellule. Cette paroi secondaire est capable de s'accroître en épaisseur, mais elle est inextensible. Elle n'est pas toujours présente dans les tissus différenciés. Quand la paroi secondaire se dépose, certaines régions (comme celles pourvues de **plasmodesmes**) ne sont pas recouvertes et forment des **ponctuations** permettant les échanges entre cellules. Dans le **protoxylème**, (trachéïdes annelées et spiralées) les parois secondaires lignifiées ne se déposent que de manière discontinue, formant des anneaux indépendants ou des spirales. Les parois des cellules végétales sont imprégnées de différentes substances (**lignine, subérine, tanins...**) qui leur confèrent de nouvelles propriétés.

PARTHÉNOGENÈSE *n. f.*

Zool. - Développement d'un **ovule** sans qu'il y ait eu fécondation par un spermatozoïde. La parthénogenèse donne naissance à des individus **haploïdes** (*exemple* : mâles d'abeille) s'il y a eu **méiose** ou à des individus **diploïdes** (*exemple* : pucerons) si la méiose reste inachevée. La parthénogenèse est une reproduction sexuée uniparentale.

PARTICULAIRE *adj.*

Pédol.

→ ***Structure d'un sol.***

PARTICULE SÉDIMENTAIRE

Sédimento. - Terme général qui désigne les différents éléments transportés par l'eau où les vents, quelle que soit leur taille.

PARTURITION *n. f.*

Méd. - Accouchement naturel.

PATCH-CLAMP *n. m.*

Neurobiol. - Technique de biologie cellulaire qui permet d'isoler avec une micropipette un **canal ionique** et de mesurer l'intensité des courants générés par le passage des ions au travers de celui-ci.

→ ***Courant entrant, Courant sortant, Voltage imposé.***

PATHOGÈNE *n. m. ou adj.*

Immuno. - Micro-organismes ou organismes à l'origine d'une maladie.

→ ***Toxine.***

PAX-6

Génét. - **Gène maître** qui s'exprime le plus précocement dans l'œil. Il est l'homologue humain d'un gène **murin** responsable de la mutation *small eye* et d'un gène de la Drosophile responsable de la mutation *eyes-less*. Une de ses mutations est à l'origine de l'**aniridie**. L'introduction de ce gène humain dans les **disques imaginaux** de la Drosophile conduit à l'apparition à l'extrémité des appendices d'yeux **ectopiques** surnuméraires, avec pour chacun une rétine électriquement fonctionnelle.

PCR

Génét. - Sigle anglais de *Polymerase Chain Reaction* (réaction de polymérisation en chaîne). Technique qui permet, à partir d'une portion de molécule d'ADN, d'obtenir des millions de copies identiques qui pourront facilement être séquencées. La limitation de cette technique est la possession d'amorces spécifiques pour démarrer la réaction (syn. ACP, Amplification en chaîne par polymérase).

→ ***Amplification de gènes, BAC.***

PEBBLE CULTURE *n. f.*

Préhist. - **Industrie préhistorique** constituée de galets aménagés ou *choppers*, c'est-à-dire de pierres où seuls quelques éclats ont été retirés par percussion.

→ ***Oldowayen.***

PECTINES *n. f.*

Bot., Biol. cell. - Polyholosides formés par la polymérisation d'acides uroniques (dérivés d'oses simples) avec environ, tous les 20 résidus, une molécule de rhamnose qui impose un coude et donc une structure en zig-zag. Certains résidus sont estérifiés par des groupements méthyle ou fixent du Ca^{2+} et du K^{+}, d'autres fixent certaines chaînes glucidiques. En milieu aqueux, les pectines forment des gels. Les pectines sont des composants importants de la **lamelle moyenne**. Dans les **parois** primaires, elles enrobent les fibres de cellulose et conditionnent le degré de porosité de la paroi.

PECTOCELLULOSIQUE *adj.*

Bot. - Qualifie la **paroi** des cellules végétales qui contient de la **cellulose** et de la **pectine**.

PEDIGREE *n. m.*

Génét. - Arbre généalogique, s'emploie plutôt pour des Animaux.

PÉDOGENÈSE *n. f.*

Pédol. - Processus conduisant à la formation d'un **sol** à partir d'une **roche mère**. La pédogenèse fait intervenir les facteurs climatiques et donc physicochimiques d'**altération** des roches et les facteurs biologiques. Une roche mère est d'abord colonisée par une végétation pionnière formée principalement de **Lichens** et de **Mousses**. Elle constitue le premier tapis végétal qui attaque progressivement la roche mère qui est ensuite lentement colonisée par d'autres plantes plus exigeantes (arbres).

PÉDOLOGIE *n. f.*

Pédol. - Science qui étudie les sols et les modalités de leur formation.

PÉDOLOGIQUE *adj.*

Pédol. - Qui se rapporte au sol.

PÉLÉEN *adj.*

Volcano.

→ ***Volcan, Volcanisme explosif.***

PELLUCIDE *adj.*

Cyto.

→ ***Membrane pellucide.***

PENDAGE *n. m.*

Tecto. - Angle que forme une surface (**strate**, **contact anormal**...) avec l'horizontale. Le pendage se mesure par la ligne de plus grande pente développée par la surface et son sens est la direction du pendage orientée vers le bas. Sur les coupes géologiques, le pendage est indiqué par une flèche en forme de T pointée dans le sens du pendage.

PÉNÉPLANATION *n. f.*

Géol. - Érosion d'un **relief** jusqu'à l'obtention d'une surface plane. La pénéplanation d'une chaîne de montagnes apparaît quand l'importance de l'érosion est supérieure à l'augmentation du relief due au **r(é)ajustement isostatique**.

PÉNÉTRANCE *n. f.*

Génét. - Fréquence des individus ayant un **génotype** donné et qui possèdent le **phénotype** correspondant, c'est-à-dire qui expriment le caractère. Une pénétrance complète du caractère signifie que tous les individus le possédant l'expriment, une pénétrance incomplète signifie que le caractère en question n'est pas exprimé par tous les porteurs du gène. La pénétrance d'un **gène** varie avec l'influence des autres gènes et de l'environnement.

PEPSINE *n. f.*

Physiol. ani. - Enzyme protéolytique du type endopeptidase sécrétée par certaines cellules de la muqueuse stomacale sous forme de pepsinogène transformé en pepsine par une protéolyse réalisée par l'acide chlorhydrique stomacal. La pepsine découpe les protéines en peptides, son pH optimal se situe entre 2 et 3.

→ ***Hydrolase, Zymogène.***

PEPTIDE *n. m.*

Biochim. - Chaîne de quelques acides aminés, jusqu'à une vingtaine, reliés entre eux par une **liaison peptidique**. Les dipeptides sont formés par 2 acides aminés, les tripeptides par 3, etc.

→ ***Chaîne polypeptidique, Polypeptide.***

PEPTIDERGIQUE *adj.*

Neurobiol. - Caractérise un neurone dont l'arborisation terminale libère des neuropeptides.

PERCEPTION *n. f.*

Neurobiol. - Interprétation mentale des **sensations** physiques produites par les stimuli externes.

PERFORINES *n. f.*

Immuno. - Molécules produites par les lymphocytes T cytotoxiques. Les perforines sont libérées dans le milieu intérieur, se polymérisent en polyperforine et s'intègrent dans la membrane de la cellule à détruire. La perforine est homologue de la protéine C9 du complé-

Perforine

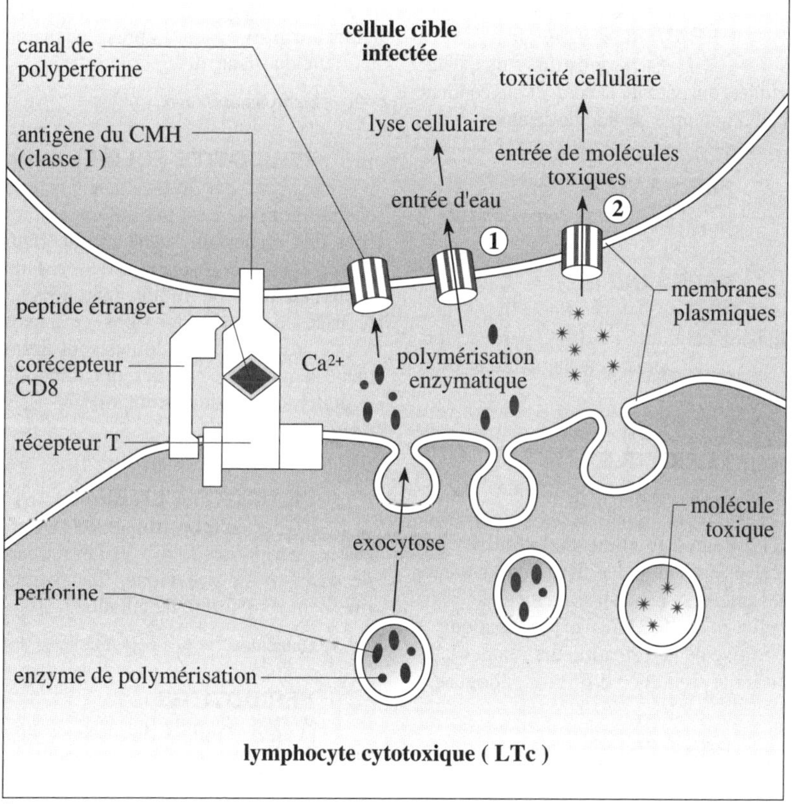

À la suite de la reconnaissance entre le soi modifié présenté par la cellule cible et les lymphocytes T cytotoxiques présentant le récepteur T complémentaire, le lymphocyte T libère par exocytose des molécules de perforine qui polymérisent dans la membrane de la cellule-cible (polyperforine) et forment un canal lytique.
1. L'eau entre dans la cellule ;
2. Ces canaux sont aussi utilisés par des enzymes et des molécules toxiques qui entraînent la mort de la cellule cible.

ment. La polyperforine forme un **canal lytique** par lequel l'eau pénètre, ce qui conduit à l'éclatement de la cellule.

⟶ ***Complément, Complexe d'attaque membranaire.***

PERFUSION *n. f.*
Physiol. ani. - Introduction longue et continue, pendant quelques heures ou quelques jours, de diverses solutions (sang, solution saline, solution nutritive, solution médicamenteuse) dans la circulation sanguine. La perfusion se réalise au moyen d'un dispositif appelé goutte-à-goutte.

PÉRICARDE *n. m.*
Anat. - Sac constitué de deux feuillets qui entoure le cœur et qui contient 5 à 20 grammes de liquide séreux.

PÉRICARYON *n. m.*
Neurobiol. - syn. ***Corps cellulaire.***

PÉRICLINE *adj.*
Biol. cell., Bot. - Se dit d'une division cellulaire ou d'une paroi se formant parallèlement à la surface d'un organe.

PÉRICYCLE *n. m.*
Bot. - Couche de cellules parenchymateuses, située sous l'**endoderme**, constituant la bordure du **cylindre central** et entourant les tissus conducteurs des racines. Dans les racines, le péricycle a une activité méristématique à l'origine de la formation des racines latérales qui sont donc d'origine endogène.

PÉRIDERME *n. m.*
Bot. - Couche périphérique imperméable des Gymnospermes et des Dicotylédones mise en place par le **phellogène** et constituée par le suber vers l'extérieur et le phelloderme vers l'intérieur. Les lenticelles constituent des solutions de continuité entre l'extérieur et les tissus sous-jacents vivants.

PÉRIDOT *n. m.*
Minér. - **Silicate** ferromagnésien formant une série continue des minéraux contenant du fer à ceux contenant du magnésium, les minéraux contenant du fer et du magnésium reliant les tétraèdres SiO_4^{4-} correspondent à l'**olivine** de couleur verte. L'olivine se trouve dans les basaltes, les gabbros et les péridotites, c'est-à-dire dans des roches pauvres en silice. L'olivine est facilement altérée en **serpentine**.

⟶ ***Minéral ferromagnésien.***

PÉRIDOTITE RÉSIDUELLE
Pétrol., Volcano. - Péridotite (**harzburgite**) restant après la fusion partielle du manteau supérieur.

⟶ ***Manteau appauvri.***

PÉRIDOTITE FOLIÉE
Pétrol. - Péridotite située à la base des **ophiolites**. Les péridotites foliées sont des roches du manteau supérieur présentant des déformations des cristaux d'olivine, plus ou moins marquées et réalisées à hautes pressions et hautes températures. Ces péridotites sont fortement serpentinisées, elles ont donc été hydratées après leur formation.

⟶ ***Serpentinisation.***

PÉRIDOTITE LITÉE
Pétrol. - **Péridotite** située au-dessus des péridotites foliées et faisant partie de la croûte océanique. Ces péridotites sont sous forme de cumulat.

⟶ ***Ophiolites.***

PÉRIDOTITES *n. f.*
Pétrol. - Famille de roches grenues, à **olivine** dominante, constituant l'essentiel du **manteau** terrestre de la base de la croûte à la couche D". Les péridotites sont présentes à la base des **ophiolites** et en enclaves dans certains basaltes d'origine profonde. Ce sont des roches jaunâtres ou vert noirâtre contenant plus de 90 % de minéraux ferromagnésiens. Les dunites contiennent plus

de 90 % d'olivine et des spinelles, les **harzburgites** contiennent de l'olivine et des orhtopyroxènes et les **lherzolites** de l'olivine, des grenats, des ortho- et des clinopyroxènes ainsi que des plagioclases. Suivant le contexte géodynamique, la fusion partielle des péridotites mantelliques est provoquée par : une augmentation de la température (panache) [1], une diminution de la pression lithostatique (zone d'extension) [2], une hydratation (zones de subduction et d'accrétion) [3].

—► ***Péridot, Péridotite foliée, Péridotite litée.***

PÉRIGORDIEN *n. m* ou *adj.*

Préhist. - Culture préhistorique du **Paléolithique supérieur**, contemporaine de l'Aurignacien, le Périgordien, décrit du Périgord, est constitué par une industrie lithique un petit peu plus fruste que celle de l'Aurignacien.

—► ***Industrie préhistorique.***

PÉRIODE *n. f.*

Strati. - Division géochronologique de l'Ère. L'ère secondaire est divisée en trois périodes : Trias, Jurassique, Crétacé. Chaque période est divisée à son tour en époques. Ainsi le Jurassique est divisé en trois **époques** : Jurassique inférieur, Jurassique moyen, Jurassique supérieur.

—► ***Échelle stratigraphique.***

PÉRIODE RADIOACTIVE

Phys. - Temps nécessaire pour que la moitié des atomes radioactifs contenus dans un échantillon se désintègre. Les périodes ont des durées variées, celle du ^{14}C est de 5 730 ans, celle du ^{40}K de 1,25 Ga et celle de ^{238}U de 4,468 Ga. La période radioactive permet d'obtenir l'âge absolu d'une roche (syn. Demi-vie).

—► ***Carbone 14, Constante radioactive, Radioactivité, Radiochronologie.***

PÉRIODE RÉFRACTAIRE

Neurobiol. - Période durant laquelle une région de la membrane plasmique d'un neurone n'est plus excitable.

—► ***Conduction saltatoire, Excitabilité.***

PERMÉABILITÉ *n. f.*

Biol. cell. - État d'une membrane qui laisse passer différentes substances ; une membrane est hémiperméable si elle laisse passer l'eau, mais pas les substances dissoutes.

PERMÉABILITÉ D'UN SOL

Pédol. - Capacité d'un **sol** à laisser passer l'eau des couches supérieures vers les couches inférieures. Ainsi, un sol argileux est peu perméable par rapport à un sol sableux.

PERMÉABILITÉ SÉLECTIVE

Biol. cell. - Passage de certaines substances au travers d'une membrane alors que d'autres ne pourront pas la traverser.

PERMÉABLE *adj.*

Physiol. - Caractérise une **membrane** biologique ou artificielle qui laisse passer à la fois l'eau (solvant) et les substances dissoutes (soluté).

PERMIEN *n. m.* ou *adj*

Strati.

—► ***Échelle stratigraphique.***

PÉROVSKITE (STRUCTURE DE)

Pétrol. - Arrangement cuboctaédrique compact des atomes d'un silicate ferromagnésien de formule (Mg, Fe)SiO_3 qui commence vers 670 km de profondeur et correspond à la transition manteau supérieur-manteau inférieur. La **lherzolite** dont l'olivine est à structure de pérovskite est la roche la plus abondante du globe. Sa **fusion partielle** produit un abondant liquide magmatique à l'origine d'un **basalte** et un résidu solide, réfractaire, de type **harzburgite**.

—► ***Spinelle (structure de)***

PÉROXYDASE *n. f.*

Biochim. - Enzyme qui utilise le peroxyde d'hydrogène, plus connu sous le nom d'eau oxygénée H_2O_2, pour oxyder ses substrats.

→ ***Oxydoréduction.***

PERSISTANCE DE L'IMAGE

Physio. ani. - Maintien d'une image sur la rétine alors qu'une autre est en train de se former dessus. C'est à cause de ce phénomène de fusion que notre cerveau interprète comme mouvements continus une suite d'images fixes qui sont passées à une certaine cadence (25 images par seconde).

PESANTEUR TERRESTRE

Phys.

Force qui entraîne les corps vers le centre de la Terre.

PESTICIDE *n. m.*

Agric., Écol. - Molécules minérales ou organiques utilisées à grande échelle pour se débarrasser d'êtres vivants nuisibles (ravageurs des cultures, vecteurs de maladie, plantes et Animaux indésirables). On distingue plusieurs catégories de pesticides en fonction de leur cible. Ainsi, les insecticides sont destinés à éliminer les Insectes, les acaricides les Acariens, les nématicides les Nématodes (Vers), les hélicides les Escargots, les rodenticides les Rongeurs, les fongicides les Champignons, les herbicides les plantes adventices. L'emploi de ces produits toxiques en très grande quantité conduit à des phénomènes de **pollution**, voire d'empoisonnement par les phénomènes de **bioaccumulation** et de **bioconcentration**.

PÉTIOLE *n. m.*

Bot. - Structure de petite dimension reliant le limbe de la **feuille** à la tige. Le pétiole contient les **vaisseaux conducteurs** de sève.

PETITE PLANÈTE

Astron. - Petit corps céleste ayant des dimensions pouvant aller jusqu'à quelques centaines de kilomètres de diamètre pour les plus grosses et circulant dans le système solaire entre les orbites de Mars et Jupiter. La ceinture des ***astéroïdes*** pourrait être les restes d'une protoplanète ayant explosé.

PÉTROLOGIE *n. f.*

Pétrol. - Science qui décrit les **roches**, étudie leur constitution, réalise leur classification et établit les conditions de leur formation.

→ ***Minéralogie.***

PEUPLEMENT *n. m.*

Écol. - Ensemble des populations d'**espèces** qui sont plus ou moins apparentées. Ces espèces habitent le même lieu et possèdent une écologie comparable. Par *exemple*, on peut définir le peuplement d'Amphibiens d'une mare.

PHAGE *n. m.*

Génét., Microbiol. - **Virus** infectant une **Bactérie**. Les phages T4, T2 et lambda sont les plus utilisés dans les expériences de génétique, ils servent aussi de **vecteur** pour introduire de l'**ADN** étranger dans une cellule (syn. Bactériophage).

→ ***Transgenèse.***

PHAGOCYTE *n. m.*

Immuno. - Cellule capable de réaliser la **phagocytose** (monocytes, macrophages, granulocytes neutrophiles…). Les **macrophages** interviennent d'abord dans la réponse immunitaire non spécifique, puis en tant que **cellules présentatrices d'antigènes**, et à la fin de la réponse immunitaire spécifique, avec les granulocytes neutrophiles, en nettoyant le milieu intérieur des **complexes immuns** capturés facilement par les récepteurs Fc et des différents débris cellulaires provenant des cellules détruites.

→ ***Inflammation.***

PHAGOCYTOSE *n. f.*

Immuno. - Capacité pour une cellule d'ingérer un élément du non-soi. La phagocytose est réalisée par des cellules appelées phagocytes comme les macrophages et les granulocytes neutrophiles qui réalisent une réponse immunitaire non spécifique. Les cellules phagocytaires associent dans leur cytoplasme les antigènes fractionnés (déterminants antigéniques) aux antigènes du CMH. Le soi modifié ainsi formé, est exposé à la surface de la cellule et peut entrer en contact avec un lymphocyte T dont les récepteurs T sont complémentaires. Le phagocyte est alors devenu une cellule présentatrice d'antigène.

PHAGOSOME *n. m.*

Immuno. - Vacuole d'un phagocyte contenant la particule (Bactérie, virus, débris cellulaire…) endocytée.

→ ***Endocytose, Phagocytose.***

PHANÈRES *n. m.*

Zool. - Dérivés de l'épiderme kératinisé des Vertébrés. Les écailles des **Tétrapodes**, les ongles, les griffes, les sabots, les cornes, les poils et les plumes sont des phanères qui participent à l'adaptation des Vertébrés au milieu aérien.

PHANÉROGAMES *n. f. pl.*

Bot. - Groupe de Végétaux **vasculaires** dont les organes reproducteurs sont particulièrement visibles et constituent les **fleurs** chez les Angiospermes et les cônes chez les **Gymnospermes**. Les Phanérogames s'opposent aux Cryptogames dont les organes reproducteurs sont cachés. Actuellement, on emploie de préférence le terme de Spermatophytes pour désigner les Phanérogames.

PHANÉROZOÏQUE *n. m.*

Stati. - Partie de l'histoire géologique débutée au Cambrien (570 ou 530 Ma) et marquée par l'apparition de très nombreux fossiles à la suite de l'acquisition de coquilles dures et de squelettes internes fossilisables.

PHARMACO-DÉPENDANCE *n. f.*

Neurobiol. - État psychique et parfois physique résultant de l'interaction entre un organisme et une **drogue**. La pharmacodépendance se traduit par une modification du comportement qui comprend toujours un désir de prendre de la drogue de façon continue ou périodique afin de retrouver les effets qu'elle provoque et éviter la sensation de manque.

→ ***Accoutumance.***

PHARYNX *n. m.*

Anat. - Partie antérieure du tube digestif des **Cordés** conduisant à l'œsophage. Le pharynx est percé, au moins chez l'embryon, par des fentes, les fentes viscérales ou pharyngiennes, mettant en communication la cavité buccale avec l'extérieur. Sur leurs parois se développe un épithélium d'origine ectoblastique, constituant la surface respiratoire des branchies des Poissons osseux. Leur oxygénation est assurée par un flux d'eau entrant par la bouche et sortant entre les branchies.

PHASE CLAIRE

Éner. - Phase photochimique.

→ ***Photochimique.***

PHASE D'ACTIVATION

Immuno. - Deuxième partie de la **réponse immunitaire** durant laquelle le macrophage (ou toute autre CPA) présente aux lymphocytes T4 et T8 le **soi modifié** et où les lymphocytes T4 deviennent des lymphocytes auxiliaires qui libèrent différentes **interleukines** à l'origine de l'activation des lymphocytes T et des lymphocytes B. C'est la seconde partie de la phase d'induction.

→ ***Activation des lymphocytes B, Activation des lymphocytes T, Réponse immunitaire.***

PHASE D'AMPLIFICATION

Immuno. - Phase durant laquelle la réponse immunitaire spécifique se prépare par l'augmentation du nombre de cellules effectrices et leur différenciation en **plasmocytes** et **lymphocytes T cytotoxiques**. La phase d'amplification comprend la phase de prolifération et la phase de différenciation.

→ ***Réponse immunitaire.***

PHASE DE DIFFÉRENCIATION

Immuno. - Seconde partie de la phase d'amplification et quatrième partie de la réponse immunitaire spécifique. La phase de différenciation correspond à la formation de cellules effectrices. Les LT8 deviennent des **lymphocytes T cytotoxiques** et les LB des **plasmocytes** sécréteurs d'anticorps.

→ ***Réponse immunitaire.***

PHASE DE NEUTRALISATION (ou PHASE D'EXPRESSION)

Immuno. - Cinquième et dernière partie de la réponse immunitaire. Les **lymphocytes T cytotoxiques** détruisent par l'intermédiaire des **perforines** (cytotoxicité) les cellules reconnues comme du non-soi (réponse spécifique à médiation cellulaire). Les immunoglobulines, en se liant aux antigènes, déclenchent l'**activation du complément** et forment le **complexe immun** (réponse immunitaire spécifique à médiation humorale). Les débris des cellules lysées et les complexes immuns sont phagocytés par les **macrophages** et les **granulocytes** (réponse immunitaire non spécifique).

→ ***Réponse immunitaire.***

PHASE DE PROGRAMMATION D'UN MOUVEMENT VOLONTAIRE

Neurobiol. - Deuxième partie de l'élaboration d'un mouvement volontaire durant laquelle la séquence des mouvements est conçue. Les informations en provenance des aires pariétales postérieures sont transmises au cortex frontal et, en liaison avec les noyaux gris de la base (appartenant aux centres sous-corticaux), élaborent un comportement qui peut tenir compte d'un éventuel apprentissage. Ces données arrivent aux **aires prémotrices** et à l'**aire motrice supplémentaire** qui établissent le programme moteur contenant les données relatives à l'amplitude des mouvements, à la force à utiliser, à la rapidité d'exécution, toutes ces données étant à adapter par rapport au but à atteindre.

→ ***Phase d'exécution d'un mouvement volontaire.***

PHASE DE PROLIFÉRATION

Immuno. - Phase de la réponse immunitaire spécifique durant laquelle les **lymphocytes T8** et les **lymphocytes B** activés se multiplient en grand nombre. Certains LB ne se différencient pas et deviennent des **lymphocytes B mémoire**, il en est de même pour des **lymphocytes T4**. C'est la première partie de la phase d'amplification et la troisième partie de la réponse immunitaire qui est suivie par la phase de différenciation.

→ ***Réponse immunitaire.***

PHASE DE RECONNAISSANCE

Immuno. - Première partie de la réponse immunitaire durant laquelle les **macrophages** et autres cellules phagocytaires phagocytent les antigènes étrangers et où les **lymphocytes B** entrent en contact avec les antigènes circulants. La phase de reconnaissance est la première étape de la phase d'induction, elle est suivie par la phase d'activation.

→ ***Réponse immunitaire.***

PHASE D'EXÉCUTION D'UN MOUVEMENT VOLONTAIRE

Neurobiol. - Ultime étape de la **motricité dirigée**. Le programme établi précédemment arrive au niveau de l'aire motrice primaire dont les parties concernées sont activées. Le cortex moteur reçoit des informations sensorielles qui lui permettent d'ajuster (force et longueur) en temps réel le mouvement grâce aux données d'origine sous-corticale, médullaire et cérébelleuse.

→ ***Centre sous-corticaux, Cervelet, Phase de programmation d'un mouvement volontaire.***

PHASE D'INDUCTION

Immuno. - Phase correspondant à la sélection des lymphocytes spécifiques qui possèdent le récepteur complémentaire (**récepteur T**, **récepteur B**) du soi modifié et/ou de l'antigène soluble. La phase d'induction comprend la phase de reconnaissance et la phase d'activation.

→ ***Réponse immunitaire, Sélection clonale.***

PHASE FOLLICULAIRE

Endocrino. - Période du **cycle ovarien** durant approximativement 14 jours chez la femme, pendant laquelle le **follicule tertiaire** passe d'une taille de 2-4 mm à une taille de 16-27 mm par une multiplication des cellules folliculaires, ce qui augmente la production d'**œstrogènes**. La phase folliculaire se termine par l'**ovulation**. Un nouveau cycle menstruel débute à la suite de la levée de l'inhibition exercée par les stéroïdes ovariens sur le **complexe hypothalamo-hypophysaire**. De ce fait, les taux de **LH** et de **folliculostimuline** augmentent pendant la première semaine du cycle ce qui entraîne le développement d'une dizaine de follicules tertiaires qui sécrètent de l'œstradiol qui exerce alors un **rétrocontrôle négatif** sur l'hypophyse. Ainsi, la concentration en FSH diminue. Seul, un voire deux follicules tertiaires poursuivent leur croissance. Le follicule augmente de taille et produit de plus en plus d'œstradiol. La multiplication des cellules du follicule est exponentielle ce qui a pour conséquence de produire un pic d'œstradiol. C'est le temps que met le follicule en croissance pour produire une concentration d'œstradiol supérieure au seuil déclenchant le **pic de LH**, qui détermine la durée de la phase folliculaire (syn. Phase préovulatoire).

→ ***Phase lutéale, Phase ovulatoire.***

PHASE G1

Biol. cell. - Période du **cycle cellulaire** des eucaryotes qui s'étend de la fin de la **mitose** précédente (télophase) au début de la **réplication de l'ADN**. C'est pendant la phase G1 que la cellule est métaboliquement la plus active et assure sa croissance. G est l'initiale de *Gap* qui signifie discontinuité, mais aussi de *Growth* qui signifie croissance. Pour un cycle cellulaire de 24 h, chez l'Homme, la phase G1 dure 8 heures.

→ ***Phase G 2.***

PHASE G2

Biol. cell. - Période du **cycle cellulaire** qui commence quand la **réplication de l'ADN** est achevée et qui s'arrête au début de la **mitose**. Chez l'Homme, elle dure environ 5 heures.

→ ***Prophase.***

PHASE LUMINEUSE

Éner. - Phase photochimique.

→ ***Photochimique.***

PHASE LUTÉALE

Endocrino. - Période du **cycle ovarien** succédant à l'ovulation durant laquelle les cellules folliculaires se chargent d'un pigment jaune (la lutéine). Elles forment alors le **corps jaune** qui produit la **progestérone**. La **LH** libérée en faible quantité après l'ovulation provoque la sécrétion de progestérone par le corps jaune qui libère aussi de l'**œstradiol**. En présence de progestérone, l'œstradiol agit sur le **complexe hypothalamo-hypophysaire** et bloque tout pic de LH et donc toute nouvelle ovulation. Chez les femelles de Primates, c'est la durée de fonctionnement du corps jaune, indépendamment de la présence des **gonadostimulines**, qui définit la durée de la phase lutéale (syn. Phase lutéinique, Phase post-ovulatoire).

→ ***Phase ovulatoire.***

PHASE LUTÉINIQUE

Endocrino. - syn. ***Phase lutéale.***

PHASE OBSCURE

Éner. - syn. ***Phase sombre.***

→ ***Réactions non-photochimiques.***

PHASE OVULATOIRE

Endocrino. - Période du **cycle ovarien** autour de laquelle se prépare et se déroule l'**ovulation**. Le pic d'œstradiol, enregistré par l'hypophyse, entraîne la sécrétion d'un **pic de LH** et de FSH. Le pic de LH déclenche l'ovulation et modifie l'activité sécrétoire des cellules de la **granulosa** qui cessent la production d'**œstradiol** et la remplacent par celle de **progestérone**.

→ ***Follicule de De Graaf.***

PHASE POST-OVULATOIRE

Endocrino. - syn. ***Phase lutéale.***

PHASE PRÉOVULATOIRE

Endocrino. - syn. ***Phase folliculaire.***

PHASE PRÉPARATOIRE D'UN MOUVEMENT VOLONTAIRE

Neurobiol. - Première partie de l'élaboration d'un mouvement volontaire durant laquelle les différentes **aires d'association sensitives** et frontales intègrent des informations sensorielles et définissent un éventuel but à atteindre par le mouvement.

PHASE S

Biol. cell. - Phase de **réplication de l'ADN** précédant toute division cellulaire (**mitose** ou **méiose**). Chez l'Homme, elle dure environ 10 heures.

→ ***Phase G1, Phase G2.***

PHASE SOMBRE

Éner. - Période durant laquelle se déroulent les **réactions non-photochimiques** de la photosynthèse (syn. Phase obscure).

PHELLODERME *n. m.*

Bot. - Parenchyme facultatif mis en place vers l'intérieur par le fonctionnement du **phellogène**.

PHELLOGÈNE *n. m.*

Bot. - **Méristème** secondaire qui se forme dans les tiges et les racines ligneuses et dont les cellules de l'assise génératrice donnent en se divisant des files de cellules à disposition radiale qui se différencient vers l'extérieur en **suber** et parfois en phelloderme vers l'intérieur. Tous les tissus situés à l'extérieur du liège meurent et tombent sous forme de **rhytidome**. Le phellogène se différencie à partir de la dédifférenciation de cellules parenchymateuses plus ou moins profondes, parfois directement à partir de l'assise sous-épidermique, elle-même parfois déjà différenciée en collenchyme. (syn. Assise subéro(-)phellodermique).

PHÉNOCRISTAL *n. m.*

Minér. - **Cristal** visible à l'œil nu.

PHÉNOGRAMME *n. m.*

Évol. - Cladogramme qui représente les degrés de similitude globale sans tenir compte du degré de parenté, il est le résultat d'une méthode d'analyse appelée taxinomie numérique et produit une classification phénétique.

→ ***Arbre.***

PHÉNOTYPE *n. m.*

Génét. - Ensemble des caractéristiques (**caractère qualitatif**, **caractère quantitatif**) d'un individu résultant de l'expression de ses **gènes** et de leurs éventuelles interactions avec l'environnement. Les **protéines** sont responsables des particularités du phénotype.

→ ***Tyrosinase.***

PHÉNOTYPE ALTERNATIF

Génét. - Phénotype que peut prendre un individu en fonction des conditions de développement dans lesquelles il se trouve.

→ ***Accomodation.***

PHÉNOTYPE COMPORTEMENTAL

Neurobiol. - Ensemble des réactions d'un individu. Le phénotype comportemental repose sur l'organisation cérébrale et donc sur les différents circuits nerveux tels qu'ils sont mis en place par le génome au cours du développement. Au sein d'une espèce, il existe quelques différences dues au polymorphisme des gènes impliqués dans le guidage des neurones au cours de leur croissance ; c'est la « mémoire génétique » qui se transmet héréditairement. Ces circuits nerveux sont plus ou moins modifiés par l'influence du milieu. De ce fait chaque individu possède un phénotype comportemental unique, résultat de l'interaction entre le génotype et l'environnement.

PHÉNOTYPE IMMUNITAIRE

Immuno. - Ensemble des **lymphocytes B** et **T** présents dans l'organisme à un moment donné de la vie d'un individu. Ce phénotype immunitaire est dû à tous les processus génétiques à l'origine de la formation des différentes chaînes lourdes et légères constituant les **immunoglobulines** et les **récepteurs T** à la base du répertoire immunitaire, mais aussi à la sélection des différents lymphocytes B et T par le non-soi et le soi modifié. Le phénotype immunitaire évolue donc en réponse à l'arrivée d'éléments extérieurs. La **vaccination** participe à sa modification (syn. Répertoire immunitaire).

→ **Sélection clonale.**

PHÉNYLCÉTONURIE (PCU) *n. f.*

Génét., Méd. - **Maladie héréditaire** due à un **allèle** autosomique **récessif** codant pour une forme non fonctionnelle de la phénylalanine hydroxylase, une enzyme, qui transforme la phénylalanine en tyrosine. Faute de sa transformation correcte, la phénylalanine est métabolisée en un sous-produit, l'acide phénylpyruvique, éliminé dans les urines. Cette substance serait responsable de l'arriération mentale qui caractérise cette maladie, mais on ne connaît pas son mode d'action sur le cerveau. On l'observe dans une naissance sur 15 000. La situation peut se prévenir ou s'améliorer par un régime pauvre en phénylalanine. La phénylcétonurie est détectée par le **test de Guthrie**.

PHÉROMONE *n. f.*

Zool. - Substance chimique (alcools, acides gras volatils) émise en petites quantités dans le milieu extérieur par un animal et qui agit comme un signal sur d'autres individus de l'espèce. Les phéromones sont souvent utilisées pour attirer le partenaire sexuel, elles sont détectées par des organes olfactifs.

PHLOÈME *n. m.*

Bot. - Tissu conducteur assurant le transport de la **sève élaborée** chez les plantes vasculaires. Le phloème comprend des cellules criblées, des cellules compagnes (à l'exception des Gymnospermes), du parenchyme et des fibres. Les cellules criblées superposées constituent les **tubes criblés**. Elles sont séparées les unes des autres par leur paroi perforée qui constitue les cribles qui assurent la continuité du **hyaloplasme** hydraté (sève élaborée). Le phloème primaire se différencie à partir du **procambium**. Dans les organes en croissance, il constitue le protophloème ; avec la croissance de l'organe, ces premiers tubes criblés sont étirés et écrasés. Dans les organes dont la croissance en longueur est achevée, se différencient les éléments conducteurs du métaphloème qui demeurent fonctionnels. Chez les végétaux ligneux se différencie sur la face externe du cambium du phloème secondaire ou liber. Les cellules criblées montrent, en coupe transversale, des cellules à paroi mince non lignifiée, des fibres sont aussi présentes ainsi que des rayons libériens, prolongement des rayons ligneux du côté externe du cambium. D'une manière générale, seul le **liber** mis en place au cours de la saison est fonctionnel. Le phloème (à l'exception des fibres ligneuses) à paroi cellulosique est coloré en rose par la double coloration du carmin-aluné-vert d'iode (syn. Tissu criblé).

PHLOGOPITE *n. f.*
Minér. - **Mica** magnésien.

PHOSPHATES *n. m.*
Biochim. - Sels et esters de l'acide phosphorique (H_3PO_4). PO_4^{3-}, l'ion phosphate, est la forme sous laquelle les plantes absorbent le phosphore nécessaire à leur développement et à leur croissance. Le phosphore entre dans la composition des acides nucléiques, support de l'information génétique.

PHOSPHOCRÉATINE *n. f.*
Biochim., Éner. - syn. ***Créatine-phosphate.***

PHOSPHOLIPIDES *n. m.*
Biochim. - Lipides contenant une fonction alcool phosphorylée par l'acide phosphorique (H_3PO_4), des chaînes d'**acides gras** comme les diglycérides de la **membrane plasmique** dont l'alcool constitutif est le glycérol.

PHOSPHORESCENCE *n. f.*
Biochim., Éner. - Émission de lumière qui se poursuit alors que la source d'excitation a disparu, et cela, d'autant plus longtemps que la température est faible. La phosphorescence n'est pas accompagnée de libération de chaleur.

——► ***Bioluminescence, Fluorescence.***

PHOSPHORYLATION *n. f.*
Biochim., Éner. - Addition d'un ion **phosphate** sur une molécule organique.
Voir figure page 387.

PHOSPHORYLATION DE L'ADP
Biochim., Éner. - Fixation, sur une molécule d'**ADP**, d'un ion phosphate, conduisant à une molécule d'**ATP**, c'est une réaction nécessitant de l'énergie.

——► ***Phosphorylation liée au substrat, Phosphorylation oxydative.***

PHOSPHORYLATION LIÉE AU SUBSTRAT
Biochim., Éner. - Phosphorylation couplée à une **réaction exergonique** de transformation d'un substrat. La synthèse d'ATP au cours de la glycolyse est due à une phosphorylation liée au substrat.

PHOSPHORYLATION OXYDATIVE
Biochim., Éner. - Phosphorylation couplée à un transfert d'électrons du substrat vers le dioxygène et à une translocation de protons. La phosphorylation oxydative se déroule dans les **sphères pédonculées** des mitochondries et des chloroplastes. Elle permet la synthèse d'ATP à partir de la réoxydation de **transporteurs** d'hydrogène précédemment **réduits**.

——► ***Respiration.***

PHOTOCHIMIQUE *adj.*
Éner. - Ensemble des réactions se déroulant au cours de la **photosynthèse** qui consistent en la conversion de l'énergie lumineuse en **ATP** et en **transporteurs** réduits. Ce sont les anciennes réactions « claires ». Les réactions de fixation de l'ATP et de réduction du CO_2 (réactions non-photochimiques) utilisent, aussi bien à la lumière qu'à l'obscurité, l'ATP et les transporteurs réduits. Ce sont les anciennes réactions « sombres ».

PHOTODISSOCIATION DE L'EAU
Éner. - Coupure par oxydation de la molécule d'eau en e^-, H^+ et 1/2 O_2 par la **chlorophylle** oxydée (syn. Photolyse de l'eau).

PHOTOLYSE DE L'EAU *n. f.*
Éner. - syn. ***Photodissociation de l'eau.***

PHOTON *n. m.*
Phys. - Particule ou quantum d'**énergie** lumineuse, le photon ne pos-

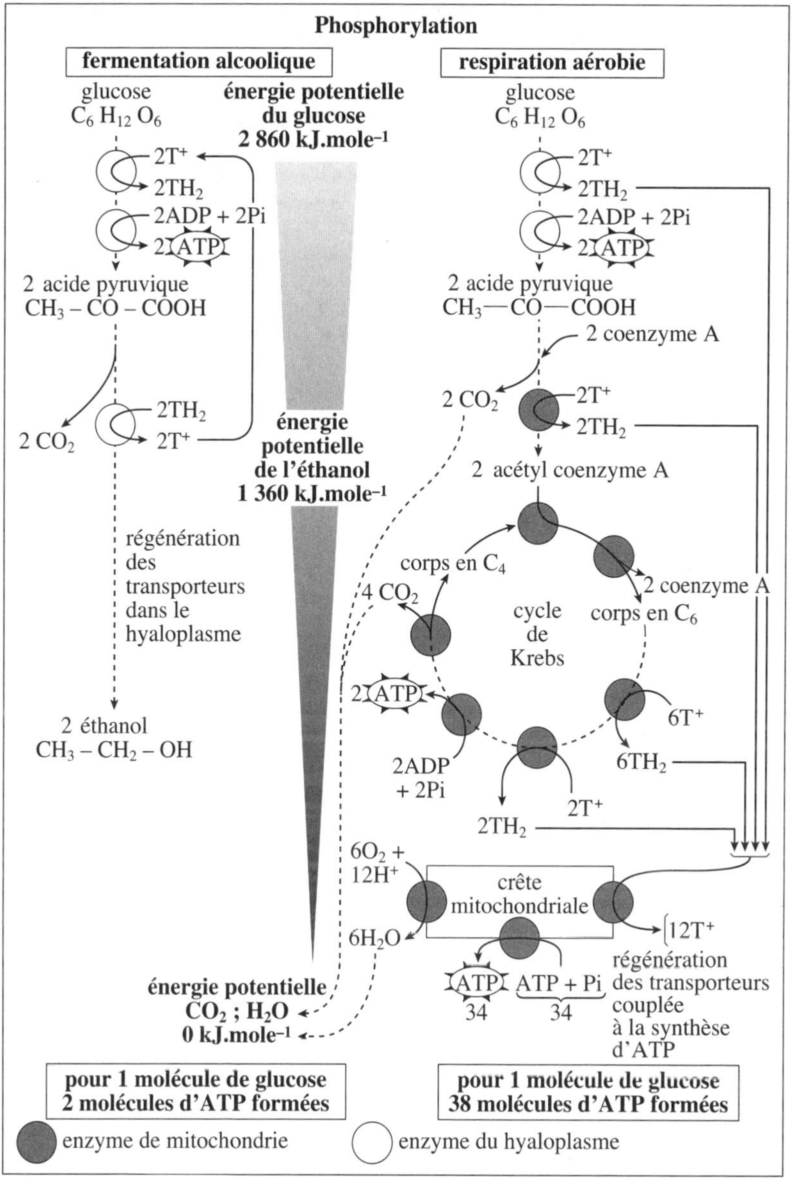

L'essentiel de la production d'ATP au cours de la respiration cellulaire (34 molécules formées par molécule de glucose) se réalise par phosphorylation oxydative dans les sphères pédonculées des crêtes mitochondriales. Il n'y a qu'un gain de 4 molécules d'ATP qui se forment par phosphorylation liée au substrat (2 au cours de la glycolyse, 2 au cours du cycle de Krebs), soit au total 38 ATP. En fait, le gain net est de 36 ATP, car il y a consommation de deux molécules d'ATP pour faire entrer les transporteurs réduits au cours de la glycolyse dans la matrice de la mitochondrie et l'ATP stocke une énergie utilisable de 30 kJ.mole^{-1}.

sède ni masse, ni charge. Associé à une onde électromagnétique, le photon a une énergie proportionnelle à la fréquence de cette onde.

PHOTOPÉRIODE *n. f.*
Endocrino. - syn. ***Nycthémère.***

PHOTOPÉRIODISME *n. m.*
Physiol. - Action de la durée des jours sur le développement des êtres vivants.

⟶ ***Nycthémère.***

PHOTOPHOSPHORYLATION *n. f.*
Éner. - Formation d'**ATP** qui utilise l'énergie lumineuse captée au cours de la photosynthèse.

⟶ ***Phosphorylation oxydative.***

PHOTOPIQUE *adj.*
Physiol. ani. - Qualifie la vision diurne due aux **cônes**.

PHOTORÉCEPTEUR *n. m.*
Bio. cell. - syn. ***Récepteur visuel***.

PHOTORESPIRATION *n. f.*
Éner. - Fixation du dioxygène sur le Rudi-P à la place du dioxyde de carbone, il y a alors production de CO_2 sans fabrication d'ATP et une destruction de matière organique

PHOTOSPHÈRE *n. f.*
Astron. - Partie de l'atmosphère solaire qui se manifeste surtout par l'émission d'un spectre continu. C'est une couche très fine qui est recouverte par la chromosphère.

PHOTOSYNTHÈSE *n. f.*
Éner. - Fabrication de matière organique à partir de matière minérale (CO_2, H_2O, NO_3^-...) et d'énergie lumineuse qui se déroule chez les Végétaux chlorophylliens. La photosynthèse comprend deux séries de réactions : les **réactions photochimiques** durant lesquelles l'énergie lumineuse est convertie en énergie chimique (ATP et transporteurs réduits) et les **réactions non-photochimiques** durant lesquelles le dioxyde de carbone est fixé et **réduit**. Ces réactions conduisent à la formation de glucides dans les **chloroplastes** à partir de dioxyde de carbone et d'eau avec la libération de dioxygène comme déchet (photodissociation de l'eau), en présence de lumière dont l'énergie est capturée et transformée en énergie chimique par la **chlorophylle** contenue dans les chloroplastes.

⟶ ***Cycle de Calvin.***
Voir figure page 389.

PHOTOSYNTHÈSE AÉROBIE
Éner. - Photosynthèse qui conduit à la libération de dioxygène à la suite de la photodissociation de l'eau qui fournit les électrons à la chlorophylle. C'est la photosynthèse aérobie, apparue il y a au moins 3,8 Ga qui est responsable de la présence de dioxygène dans l'atmosphère.

⟶ ***Photosynthèse anaérobie, Réactions « claires ».***

PHOTOSYNTHÈSE ANAÉROBIE
Éner. - Photosynthèse dans laquelle le donneur d'électrons à la chlorophylle n'est pas l'eau mais le sulfure d'hydrogène (H_2S). Les Biologistes admettent (sans preuve) que la photosynthèse anaérobie a précédé la photosynthèse aérobie.

⟶ ***Archées.***

PHOTOSYSTÈME *n. m.*
Éner. - Ensemble formé par les pigments de l'antenne collectrice et par la chlorophylle. On distingue deux photosystèmes.

PHOTOTROPHE *adj.*
Éner.

⟶ ***Autotrophie.***

PHOTOTROPISME *n. m.*
Bot. - Réaction d'orientation d'un organe, le plus souvent en développe-

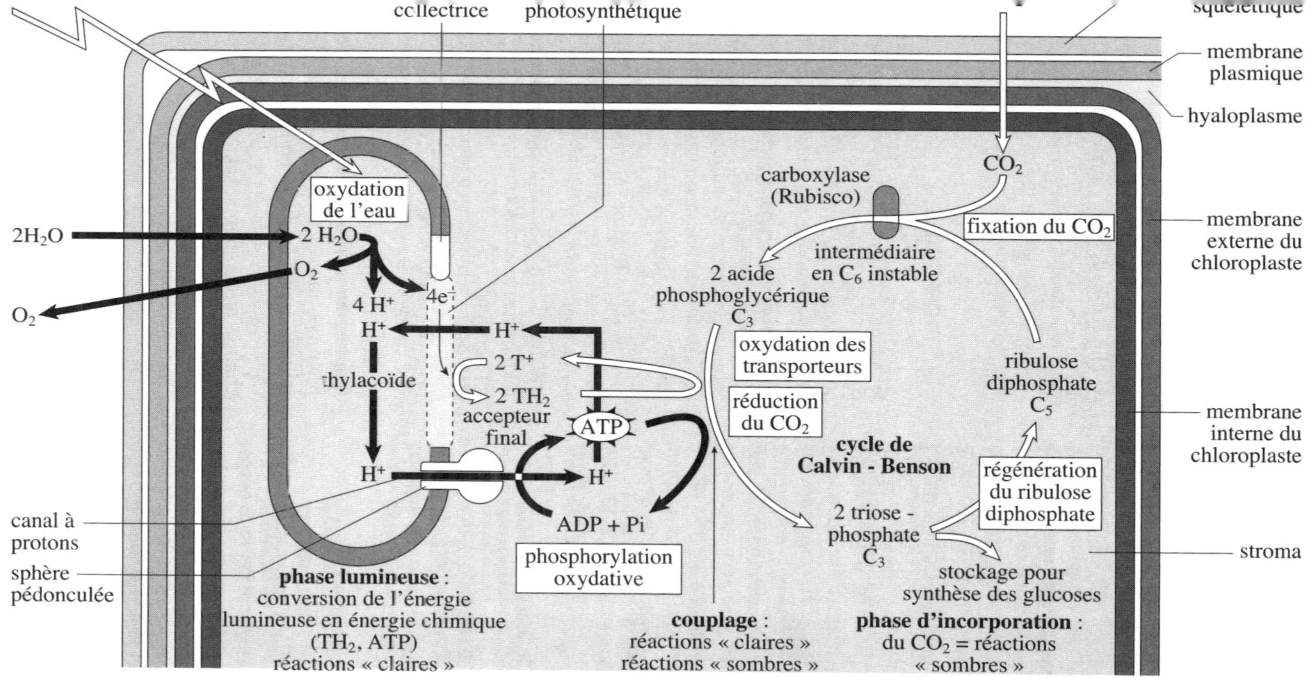

Durant la phase photochimique de la photosynthèse, il y a conversion de l'énergie lumineuse en énergie chimique (production d'ATP) et en même temps, les transporteurs d'électrons et de protons sont réduits (ils servent de système réducteur dans la phase non-photochimique). Durant cette dernière phase, il y a fixation d'une molécule de CO_2 sur le ribulose diphosphate par l'intermédiaire de la ribulose-diphosphate-carboxylase. L'assimilation d'une molécule de CO_2 nécessite trois molécules d'ATP et deux transporteurs réduits (TH_2), elle à lieu au cours du cycle de Calvin-Benson. Il faut six tours de cycle de Calvin pour obtenir un gain d'une molécule de glucose qui est stockée sous forme d'amidon, puis déstockée sous forme de saccharose qui est véhiculé dans la sève élaborée.

ment, à une anisotropie de l'éclairement. La courbure de l'organe est due à une inégalité de vitesse de croissance entre les deux faces provoquée par une accumulation de l'**auxine** du côté le moins éclairé qui grandit alors plus vite. Le phototropisme est positif si l'orientation rapproche l'organe de la source lumineuse, il est négatif dans le cas contraire.

PHRAGMOPLASME (-PLASTE) *n. m.*
Bot. - Ensemble des vésicules formées par l'appareil de Golgi dans lesquelles se trouvent les molécules à l'origine de la **lamelle moyenne** et de la **paroi** qui sépare deux cellules végétales en division.

PHYLÉTIQUE *adj.*
Évol. - Qui se rapporte à un **phylum**.

→ ***Cladisme, Phylogenèse.***

PHYLOGENÈSE *n. f.*
Évol. - Reconstitution de l'histoire évolutive de différentes lignées depuis leur divergence à partir d'un ancêtre commun (syn. Phylogénie).

PHYLOGÉNÉTIQUE *adj.*
Évol. - Qui est fondé sur la parenté évolutive entre différents groupes d'êtres vivants.

→ ***Phylogenèse, Phylum.***

PHYLOGÉNIE *n. f.*
Évol. - syn. ***Phylogenèse.***

PHYLUM *n. m.*
Évol. - Ensemble des êtres vivants construits suivant le même **plan d'organisation** général et dont on suppose qu'ils sont apparentés et dérivent donc d'un **ancêtre commun**. Les Annélides (Vers), les Mollusques, les Arthropodes et les Vertébrés constituent les phylums les plus importants.

PHYSIOLOGIE *n. f.*
Physiol. - Science qui étudie les **fonctions** normales des **organes**, des **tissus**, des **cellules** des êtres vivants.

PHYSIQUE *n. f.*
Phys. - Sciences des causes naturelles. La physique cherche à connaître les causes des phénomènes de la matière, elle établit des lois (loi de l'attraction universelle, loi des gaz parfaits...). Les processus biologiques de base se réduisent aux lois de la physique et de la chimie.

PHYTOCIDE *n. m.*
Écol. - Substance chimique tuant les plantes. Les phytocides sont utilisés comme désherbants (herbicides) ou comme défoliants.

PHYTOHORMONE *n. f.*
Physiol. vég. - syn. ***Hormones végétales.***

PHYTOPHAGE *n. m.*
Écol. - Régime alimentaire basé sur l'ingestion de matière végétale. Ce terme est plutôt employé pour les Insectes, il est synonyme de végétarien, mais avec une acception plus large qu'herbivore.

PHYTOPLANCTON *n. m.*
Écol. - Ensemble des êtres vivants généralement unicellulaires, **autotrophes au carbone,** présent dans les premiers mètres (zone éclairée) des milieux marins et d'eau douce. Le phytoplancton est à la base de toutes les **chaînes alimentaires** des milieux aquatiques.

→ ***Plancton.***

PIC DE *LH*
Endocrino. - Augmentation brusque du taux de **LH** dans le sang. Le pic de LH apparaît 24 à 36 heures avant l'**ovulation** et en est responsable. Il est déclenché par un **rétrocontrôle positif**

de l'œstradiol sur l'hypophyse et par une augmentation de la fréquence et de l'amplitude des pulses de la **GnRH**. Le pic de LH est aussi synchrone d'un pic de FSH (syn. Décharge ovulante).

→ ***Cycle ovarien, Phase folliculaire, Phase ovulatoire.***

PIERROSITÉ *n. f.*

Pétrol. - Quantité ou proportion des éléments de grosse taille (graviers, cailloux) présents dans un sol.

PIÉZOMÈTRE *n. m.*

Hydrogéol. - Tube enfoncé verticalement dans le sol et servant à mesurer la pression de l'eau dans une **nappe d'eau souterraine** avec laquelle son extrémité inférieure est en contact.

→ ***Niveau piézométrique.***

PIGMENT PHOTOSYNTHÉTIQUE

Biochim., Éner. - Molécule organique absorbant des photons de longueurs d'onde déterminées. Les pigments photosynthétiques les plus abondants des Végétaux chlorophylliens sont les chlorophylles (a et b) de couleur verte et les caroténoïdes (xanthophylle et carotène) de couleur jaune et orange.

PILLOW LAVA *n. f.*

Volcano. - syn. ***Lave en oreillers.***

PILULE *n. f.*

Endocrino., Méd. - Dans le sens commun, désigne la **pilule contraceptive**.

→ ***Pilule contraceptive.***

PILULE ABORTIVE

Endocrino., Méd. - syn. ***Pilule contragestive.***

PILULE COMBINÉE

Endocrino., Méd. - **Pilule contraceptive** contenant à la fois des **œstrogènes** et de la **progestérone**. La pilule combinée est prise pendant 21 jours avant un arrêt de 7 jours qui permet le retour des règles. Elle peut être soit minidosée (on l'appelle alors **minipilule**), soit normodosée (syn. Pilule œstro-progestative).

→ ***Contraception hormonale.***

PILULE CONTRACEPTIVE

Endocrino., Méd. - Préparation pharmaceutique dont la prise, pendant 21 jours, empêche l'apparition d'une grossesse. On distingue les **pilules combinées** normo- ou minidosées qui contiennent dans chaque comprimé, des **œstrogènes** et des **progestatifs** [1] ; les **pilules séquentielles** qui ne contiennent, pour les premiers comprimés, que des **œstrogènes** et pour les suivants des œstrogènes combinés à des progestatifs [2], et les **micropilules** ne renfermant que des progestatifs [3]. Les pilules combinées bloquent l'ovulation et modifient les caractéristiques de la muqueuse utérine et de la glaire cervicale, les pilules séquentielles bloquent l'ovulation alors que les micropilules agissent en rendant la glaire cervicale impropre au passage des spermatozoïdes et empêchent aussi une éventuelle nidation.

PILULE CONTRAGESTIVE

Endocrino., Méd. - Pilule dont l'action va interrompre la grossesse en entraînant l'expulsion de l'embryon déjà implanté. La pilule contragestive contient une **anti-hormone** de la progestérone, le **RU 486** qui se fixe sur les récepteurs de la **progestérone** situés dans l'**endomètre**. Cette molécule administrée à dose élevée entre en compétition avec la progestérone. La muqueuse utérine, privée de progestérone, se comporte comme si elle était en fin de **cycle menstruel** et saigne 3 jours après la prise de l'anti-hormone. L'embryon se détache alors, son expulsion est favorisée par la prise de **prostaglandine** qui déclenche les contractions des muscles utérins, l'embryon est alors entraîné par l'hémorragie (syn. Pilule abortive).

→ ***Antagoniste, Contragestion.***

PILULE DU LENDEMAIN

Endocrino., Méd. - Préparation pharmaceutique conte-nant de fortes doses d'un œstrogène et d'un **progestatif** de synthèse destinée à empêcher une éventuelle nidation. Cette pilule se prend après un rapport sexuel dont on craint, compte tenu du moment où il a eu lieu, qu'il soit fécondant. L'action des hormones contenues dans cette pilule porterait sur les sécrétions et les contractions (nécessaires au déplacement de l'œuf vers l'utérus) des **trompes de Fallope** et sur les caractéristiques de la **muqueuse utérine**.

PILULE MICRODOSÉE

Endocrino., Méd. - syn. ***Micropilule.***

PILULE MINIDOSÉE

Endocrino., Méd. - syn. ***Minipilule.***

PILULE NORMODOSÉE

Endocrino., Méd. - **Pilule combinée** où les doses d'hormones employées sont plus fortes que celles contenues dans les **pilules minidosées** dites minipilules.

PILULE ŒSTROPROGESTATIVE

Endocrino., Méd. - syn. ***Pilule combinée.***

PILULE SÉQUENTIELLE

Endocrino., Méd. - Ensemble des 21 comprimés contenant pour les 7 ou 15 premiers des **œstrogènes**, puis des œstrogènes et de la progestérone pour les suivants.

—► ***Méthode séquentielle.***

PINÉAL *adj.*

Neurobiol. - Qui se rapporte à l'**épiphyse**.

PISTIL *n. m.*

Bot. - Organe femelle de la **fleur** formé par l'**ovaire**, le **style** et le **stigmate** (syn. Gynécée).

—► ***Carpelle.***

PITHECANTHROPUS *n. m.*

Préhist. - Nom proposé par Haeckel (1868) pour le chaînon manquant supposé exister entre le « Singe » et l'Homme, il s'agit de l'Homme-singe muet (*Pithecanthropus alalus*). En 1891 Dubois découvrit un fémur typiquement humain et une calotte crânienne de faible capacité (1 000 cm^3) présentant un bourrelet osseux sus-orbitaire particulièrement impressionnant. Dubois considéra alors que ces deux pièces appartenaient à la même espèce, alors qu'elles n'avaient pas été trouvées dans les mêmes niveaux. Il proposa alors pour leur propriétaire le nom de *Pithecanthropus erectus*. Une étude récente a montré que le fémur appartenait à un Homme moderne... Les pithécanthropes sont maintenant considérés comme des ***Homo erectus****.

PITUITAIRE *adj.*

Endocrino., Neurobiol. - Qui se rapporte à l'**hypophyse**.

—► ***Tige hypophysaire.***

PIVOTANTE adj.

Bot. - Qualifie une **racine** de grande dimension formant un axe ou pivot à partir duquel partent des petites racines ou radicelles. La racine pivotante assure à elle seule l'ancrage de la plante, elle contient souvent des réserves très abondantes, *exemple* : la Carotte.

PLACEBO *n. m.*

Méd. - Traitement en principe dépourvu d'efficacité thérapeutique, mais qui peut produire un effet thérapeutique (effet *placebo*) par un mécanisme psychologique, si le sujet pense être soumis à des soins réels. L'effet *placebo* est utilisé pour tester l'efficacité thérapeutique d'un traitement en dehors de toute perturbation due à des effets psychologiques.

PLACENTA *n. m.*

Embryo. - Organe d'échanges trophiques d'origine mixte formé entre la mère et un **embryon**. Chez les Mammifères, le placenta est constitué par des tissus du fœtus et la muqueuse utérine de la mère. Les deux circulations sanguines, qui ne se mélangent pas, sont très proches l'une de l'autre, ce qui permet la diffusion de la mère vers le fœtus des nutriments, du dioxygène, des anticorps, mais aussi de certains médicaments, Micro-organismes… et du fœtus vers la mère des différents déchets de son métabolisme (CO_2, NH_3…). Le placenta est également un organe producteur d'hormones qui assurent le maintien de la gestation par la sécrétion de HCG et de progestérone.

PLACENTAIRES *n. m.*

Zool. - Groupe de **Mammifères** caractérisé par l'établissement d'une structure sélective d'échanges, le placenta, entre les circulations maternelle et fœtale.

PLAGE DE LYSE

Immuno., Microbiol. - Dans une culture de cellules, zone de coloration différente où certaines cellules sont détruites, soit par des lymphocytes T cytotoxiques, soit par des virus ou des Bactéries.

PLAGE FOSSILE

Paléont. - Zone marquant la limite entre la terre et la mer à une époque où le niveau de la mer était plus élevé.

PLAGIOCLASES *n. m.*

Minér.

→ ***Feldspath.***

PLAINE ABYSSALE

Sédimento., Tecto. - Zone des bassins océaniques située au-delà d'une **marge passive** recevant des sédiments terrigènes qui s'étalent sur une surface importante sans relief.

PLAN DE CLIVAGE

Minér.

→ ***Clivage.***

PLAN DE SYMÉTRIE

Biol. - Plan passant par l'axe antéro-postérieur et les faces dorsale et ventrale d'un animal à symétrie bilatérale ou par le diamètre d'un animal à symétrie radiale. Chez les animaux à symétrie bilatérale, un côté est l'image de l'autre dans un miroir.

PLAN DE WADATI-BENIOFF

Tecto. - Zone matérialisant l'angle (souvent d'une valeur de 50° avec l'horizontale) de plongée d'une **plaque lithosphérique** sous une autre plaque. Le plan de Wadati-Benioff est défini par la localisation des séismes nés dans une zone de **subduction**. Ceux-ci se répartissent en séismes à **foyers** superficiels, intermédiaires et profonds. Ces séismes naissent, à profondeurs intermédiaires, de la libération de l'énergie accumulée par les contraintes de traction dues à la plongée de la plaque sous l'effet de son propre poids. À des profondeurs supérieures, ces séismes naissent de la libération de l'énergie de compression, ce qui montre que vers 700 km, la plaque plongeante rencontre un milieu plus rigide ou plus dense qui s'oppose à la poursuite de l'enfoncement. La tomographie sismique a montré que certaines plaques s'infléchissaient au passage de cette zone de transition et que, de plus, elles pouvaient atteindre la **couche D"**.

PLAN D'ORGANISATION

Bot., Zool. - Représentation des relations existant entre les différents systèmes constituant un animal (systèmes digestif, circulatoire, nerveux, reproducteur, excréteur, locomoteur). Les principaux plans d'organisation correspondent aux ***Embranchements*** des Annélides, des Mollusques, des Arthropodes, des Vertébrés et à leurs principales subdivisions, les Classes.

→ ***Classification, Phylum, Systématique.***

PLANCHER OCÉANIQUE

Minér. - Croûte de nature basaltique produite par une **dorsale** océanique. À mesure que l'on s'en éloigne, le plancher océanique est de plus en plus âgé. Il est recouvert par des sédiments dont l'épaisseur est d'autant plus grande que le plancher est ancien.

→ ***Basalte, Subsidence thermique.***

PLANCTON *n. m.*

Écol. - Ensemble des organismes aquatiques autotrophes (**phytoplancton**) ou hétérotrophes (***zooplancton***) au carbone, peu mobiles qui habitent les parties superficielles des milieux aquatiques marins ou lacustres. Du fait de leur faible mobilité, le plancton dépend des mouvements horizontaux et verticaux des masses d'eau pour sa répartition spatio-temporelle. Le plancton comprend des organismes de taille millimétrique à centimétrique.

→ ***Réseau trophique.***

PLANÈTE *n. f.*

Astron. - Corps du système solaire de forme généralement sphérique qui décrit des orbites elliptiques autour du Soleil. Par extension, corps analogues pouvant circuler autour d'autres étoiles.

→ ***Planète gazeuse, Planète tellurique.***

PLANÈTE GAZEUSE

Astron. - Planète ayant une faible densité (0,7 à 1,7) par comparaison avec les **planètes telluriques**. Ces planètes sont constituées essentiellement par de l'hydrogène et de l'hélium. Jupiter, Saturne, Uranus et Neptune sont les quatre planètes géantes gazeuses.

PLANÈTE INFÉRIEURE

Astron. - Planète plus proche du Soleil que la Terre. Les deux planètes inférieures sont Mercure et Vénus.

→ ***Planète supérieure.***

PLANÈTE MORTE

Astron. - Planète **tellurique** n'ayant plus d'activité interne (volcanisme). Dans le système solaire, Mars et la Lune sont des planètes mortes alors que la Terre, Vénus et Io, un des satellites de Jupiter, possèdent une activité interne.

→ ***Planète vivante.***

PLANÈTE SUPÉRIEURE

Astron. - Planète plus éloignée du Soleil que la Terre. Les planètes supérieures sont par ordre d'éloignement du Soleil : Mars, Jupiter, Saturne, Uranus, Neptune et Pluton.

→ ***Planète inférieure.***

PLANÈTE TELLURIQUE

Astron. - Planète ayant une forte densité : 3,9 pour Mars, 5,2 pour Vénus, 5,4 pour Mercure et 5,5 pour la Terre.

→ ***Planète gazeuse.***

PLANÈTE VIVANTE

Astron. - Planète ayant encore une activité volcanique (Terre, Vénus). Cette expression impropre est à éviter.

→ ***Planète morte.***

PLANÉTÉSIMAL *n. m.*

Astron. - Petit corps solide provenant d'une condensation locale de matière au sein d'une nébuleuse entourant une étoile jeune. L'accrétion de nombreux planétésimaux conduit à la formation d'astres plus grands comme les astéroïdes ou les planètes.

→ ***Accrétion planétaire.***

PLANÉTOLOGIE *n. f.*

Astron. - Science qui a pour objet l'étude des planètes solaires ou extra-solaires et, d'une manière plus générale, de tous les corps du Système solaire, Soleil exclus. La comparaison des différentes planètes entre elles permet d'expliquer leurs caractéristiques en fonction, de leur taille, de leur masse, de leur composition chimique et de leur éloignement du Soleil.

PLANTE *n. f.*

Bot. - Désigne un végétal terrestre muni de **vaisseaux conducteurs**.

PLANTE ANNUELLE

Bot. - Plante qui réalise tout son cycle de développement en moins d'une année. Une plante annuelle passe l'hiver ou une partie de l'hiver sous forme de **graines** qui germent, le plus souvent au printemps suivant. L'appareil végétatif disparaît après la fructification.

→ ***Plante bisannuelle, Plante vivace.***

PLANTE BISANNUELLE

Bot. - Plante qui réalise son cycle de développement sur deux années civiles. La première année, la plante bisannuelle forme son **appareil végétatif** avec lequel elle produit de grandes quantités de matière organique qui sont stockées dans des **organes de réserve** généralement souterrains. La plante bisannuelle passe l'hiver réduite le plus souvent à ces organes souterrains et reprend son développement l'année suivante où elle utilise les réserves accumulées précédemment. Elle fleurit et fructifie la seconde année. Les Betteraves, les Carottes sont des plantes bisannuelles.

→ ***Plante annuelle, Plante vivace.***

PLANTE VIVACE

Bot. - Plante qui réalise son cycle de développement sur plusieurs années. Ces plantes passent l'hiver soit réduites à des organes souterrains, soit avec l'**appareil végétatif** ligneux développé. Certaines plantes vivaces, après une période de développement qui dure plusieurs années, fleurissent tous les ans alors que d'autres plantes, comme les Bambous, ne fleurissent qu'une seule fois après une période de croissance atteignant, chez certaines espèces, 120 ans.

→ ***Plante annuelle, Plante bisannuelle.***

PLANTULE *n. f.*

Bot. - Embryon ayant achevé son développement à partir des réserves de la **graine**, il est contenu dans la graine avant sa germination. On désigne aussi, abusivement, sous le terme de plantule une petite plante issue de la **multiplication végétative**.

PLAQUE CHEVAUCHANTE

Tecto. - **Plaque lithosphérique** qui, en raison de sa densité inférieure à celle de l'asthénosphère, ne peut s'enfoncer à grande profondeur dans le manteau lors d'un phénomène de **subduction**. Lors de la subduction, une plaque chevauchante continentale se plisse et donne naissance à un magmatisme orogénique (**volcanisme andésitique**) ou à une **obduction**.

→ ***Tectonique des plaques.***

PLAQUE ÉQUATORIALE

Biol. cell. - Figure de la **mitose** et de la **méiose** où les **chromosomes** se trouvent situés au milieu de la cellule (équateur). **1.** Dans la mitose et à la seconde division de méiose, les différents chromosomes à deux **chromatides** sont placés côte à côte avec les **centromères** orientés vers le centre de la cellule. **2.** À la première division de la méiose, les centromères des **chromosomes homologues** d'une paire sont situés de part et d'autre du plan équatorial, ce qui fait qu'un homologue donné a une probabilité de 1/2 de migrer vers l'un ou l'autre pôle de la cellule.

→ ***Brassage interchromosomique.***

PLAQUE LITHOSPHÉRIQUE

Tecto. - Partie superficielle de la Terre, d'une épaisseur moyenne de 100 km qui constitue, avec d'autres plaques équivalentes, la surface terrestre. On dénombre une douzaine de portions de **lithosphère** flottant et se déplaçant sur une couche solide et visqueuse, l'**asthénosphère**. C'est l'étude de la répartition des **séismes** qui a permis de définir ces plaques et de préciser leurs limites. Elles ne suivent pas les coupures océans-continents, elles peuvent séparer un **océan**, un **continent** ou être à la frontière entre les deux. Suivant les mouvements d'une plaque, l'une par rapport à l'autre, on définit des zones

Plaque lithosphérique

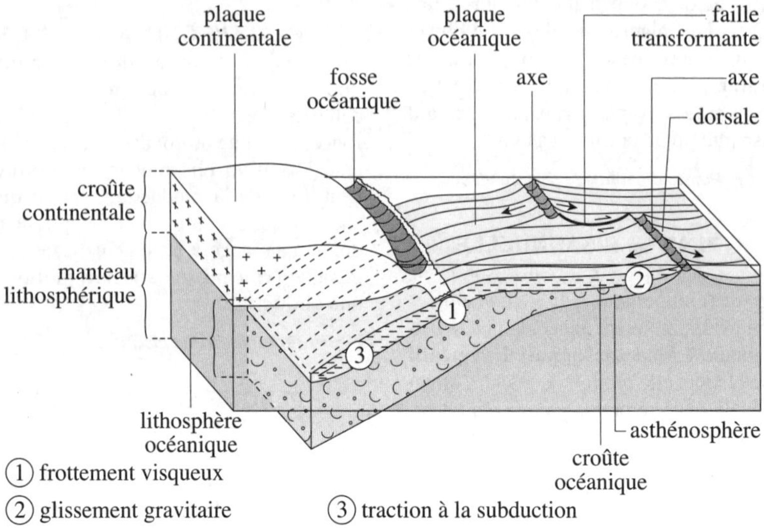

Les limites entre les plaques lithosphériques ont été établies par la répartition des séismes et du volcanisme d'une part et par la localisation des dorsales, des fosses océaniques et des failles transformantes d'autre part. Plusieurs mécanismes interviennent dans le déplacement des plaques lithosphériques :

1. Entraînement par les cellules de convection situées dans l'asthénosphère.

2. Glissement gravitaire des plaques dont la frontière située près de la dorsale est plus élevée que la frontière située près de la zone de subduction.

3. Traction à la subduction par le poids de la partie plongeante de la plaque.

d'éloignement ou d'**accrétion océanique** (dorsale océanique), des zones de convergence ou zones de **subduction** et des zones de coulissage (**faille transformante**).

→ ***Tectonique des plaques.***

PLAQUE MOTRICE

Neurobiol. - syn. ***Synapse neuromusculaire.***

PLAQUE PLONGEANTE

Tecto. - **Plaque lithosphérique** s'enfonçant par **subduction** car son refroidissement l'a rendue plus dense et donc plus lourde que l'asthénosphère qui la portait (syn. plaque subduite, Slab).

→ ***Tectonique des plaques.***

PLAQUETTE SANGUINE

Physiol. - Cellules sanguines, les plaquettes sanguines proviennent de la fragmentation des **mégacaryocytes**. Elles interviennent dans la **coagulation** du sang et convergent rapidement vers le lieu d'une hémorragie, puis libèrent le facteur X de coagulation qui convertit la **prothrombine** en thrombine qui transforme, à son tour, le fibrinogène en fibrine formant un maillage dans lequel les plaquettes sanguines et les cellules sanguines sont emprisonnées, ce qui stoppe l'hémorragie (syn. Thrombocyte).

→ ***Hémophilie.***

PLASMA *n. m.*

Biol., Physiol. ani. - Partie liquide du sang contenant essentiellement de l'eau et des substances dissoutes : des ions (Na^+, Cl^-, K^+, HCO_3^-) ; des nutriments (glucose, acides aminés, acides gras) ; des protéines (albumine, facteurs de coagulation, immunoglobulines) ; des hormones, des vitamines, des déchets du métabolisme.

→ ***Milieu intérieur.***

PLASMALEMME *n. m.*

Biol. cell. - syn. ***Membrane plasmique.***

PLASMIDE *n. m.*

Biol. cell., Microbiol. - Molécule d'**ADN circulaire** typique des **Levures** et des **Bactéries**. Les plasmides se reproduisent indépendamment du matériel génétique principal (chromosomes). Ils sont présents en nombre stable de génération en génération. Les plasmides des Bactéries portent notamment les gènes de résistance aux antibiotiques. Parfois, ils peuvent être intégrés au chromosome bactérien.

→ ***Épisome.***

PLASMOCYTE *n. m.*

Immuno. - Stade ultime de l'évolution des **lymphocytes B**. Les plasmocytes sont des cellules qui présentent un **réticulum endoplasmique** rugueux particulièrement abondant et qui synthétisent des **IgM**, puis des **IgG** qu'ils libèrent dans le milieu extracellulaire (2 000 par seconde). Les sites de fixation des déterminants antigéniques (paratopes) des immunoglobulines sécrétées correspondent à ceux exprimés sur la membrane des lymphocytes B par les **récepteurs B**. L'**activation des lymphocytes B** par la fixation du déterminant antigénique spécifique déclenche la synthèse de ces immunoglobulines et leur sécrétion.

PLASMODESME *n. m.*

Biol. cell., Bot. - Continuité cytoplasmique et membranaire au travers des **parois** de cellules végétales adjacentes. Les plasmodesmes se forment au moment de la division cellulaire quand les microtubules du fuseau de division persistent dans le plan équatorial là où se forme la nouvelle paroi.

→ ***Phragmoplasme.***

PLASMODIUM FALCIPARUM *n. m.*

Zool. - Nom scientifique de l'**Hématozoaire du paludisme**.

PLASMOLYSE *n. f.*

Biol. cell. - Départ d'eau d'une cellule à la suite de sa mise en place dans une solution hypertonique. La **vacuole** se vide par **osmose** et la membrane plasmique se décolle de la paroi squelettique. Le contenu vacuolaire devient plus concentré.

→ ***Déplasmolyse.***

PLASTE *n. m.*

Biol. cell. - **Organite** cellulaire délimité par une double membrane. Suivant leur couleur et leur composition, on distingue les **chloroplastes** (verts), les chromoplastes qui contiennent des caroténoïdes (jaunes) et les amyloplastes incolores.

PLASTICITÉ CÉRÉBRALE

Neurobiol. - Capacité que possède le **cerveau** à établir de nouvelles synapses et donc de nouveaux circuits nerveux au cours de la vie de l'individu (apprentissage, réflexe, mémoire, stimulations sensorielles) mais aussi à rétablir de nouveaux circuits après la destruction d'anciens, perdus à la suite d'un traumatisme ou d'un accident vasculaire cérébral. La plasticité cérébrale s'observe au cours du développement durant lequel l'architecture du cortex est déterminée génétiquement mais peut être modifiée lors de périodes critiques. Ainsi, l'absence de certains stimuli libère en quelque sorte le cortex qui les traitent normalement au profit d'autres stimuli qui auront ainsi une plus grande aire de traitement et donc une représentation plus fine.

→ ***Phénotype comportemental.***

PLASTICITÉ PARIÉTALE

Biol. cell., Bot. - Capacité que possède la **paroi** primaire des cellules végétales de s'étirer sous l'effet de la **pression de turgescence**. Les espaces libérés entre les molécules de cellulose et de pectine sont comblés de l'intérieur par de nouvelles molécules.

PLASTICITÉ SYNAPTIQUE

Neurobiol. - **1.** Capacité que possèdent les neurones d'établir de nouvelles synapses au cours de leur vie et donc de nouveaux circuits nerveux. **2.** Renforcement de l'efficacité du fonctionnement des synapses existantes.

PLATEAU CONTINENTAL

Tecto. - Partie d'un continent qui se prolonge en pente douce sous un océan ou une mer (syn. Plate-forme continentale).

→ ***Marge continentale, Marge passive.***

PLATEAU OCÉANIQUE

Tecto. - Relief sous-marin à pente quasi nulle dominant les plaines abyssales de 2 500 à 3 000 m et parfois atteignant ou dépassant la surface (Islande). La croûte océanique y est basaltique et épaisse d'environ 20-25 km. On suppose que les plateaux océaniques ont été produits par des **panaches**. Ils couvrent un tiers de la surface de la lithosphère océanique et ils représentent 25% des volumes de lave émis au cours des 150 derniers millions d'années.

PLATE-FORME CONTINENTALE

Tecto. - syn. ***Plateau continental.***

PLÉIOTROPIE *n. f.*

Génét. - Effet multiple d'un gène qui n'agit pas que sur un caractère phénotypique.

PLÉISTOCÈNE *n. m.* ou *adj.*

Strati.

→ ***Échelle stratigraphique.***

PLÈVRE *n. f.*

Anat. - Ensemble de deux tissus séreux qui recouvre les poumons des Crocodiles, Oiseaux et Mammifères. La plèvre accolée aux poumons provient de la splanchnopleure, la plèvre accolée à l'intérieur de la paroi thoracique provient de la somatopleure.

→ ***Lames latérales.***

PLI *n. m.*

Tecto. - Déformation des couches géologiques ou des roches à la suite de contraintes de compression (**contrainte tectonique**) ou de torsion. À l'échelle des strates, les plis se traduisent souvent par une succession de synclinaux et d'anticlinaux.

→ ***Anticlinal, Synclinal.***

Voir figure page 399.

PLI ANISOPAQUE

Tecto. - Pli dont l'épaisseur des couches plissées varie en fonction de leur position. Le pli anisopaque se rencontre en profondeur (> 5 km) et peut être accompagné de métamorphisme.

→ ***Anticlinal, Synclinal.***

PLI ISOPAQUE

Tecto. - Pli dont l'épaisseur des couches plissées est la même quel que soit l'endroit du pli considéré. Ainsi, toutes les couches sont parallèles entre elles. Ce type de pli se rencontre à des profondeurs inférieures à 5 km.

→ ***Anticlinal, Synclinal.***

PLIOCÈNE *n. m*

Strati.

→ ***Échelle stratigraphique.***

PLOÏDIE *n. f.*

Génét. - Nombre de lots de **chromosomes** dans une cellule. Chez un organisme **diploïde**, le degré de ploïdie est de deux, il est de trois chez un triploïde et de quatre chez un tétraploïde.

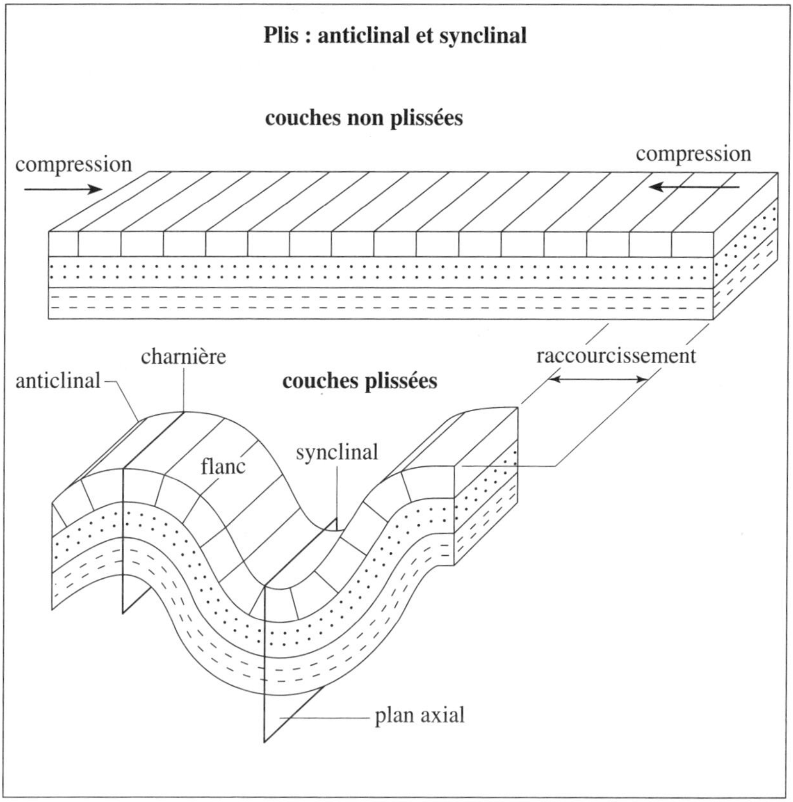

La forme élémentaire d'un pli est convexe (anticlinal) ou concave (synclinal). Un pli se caractérise par sa charnière, ligne passant par les points de courbure maximale d'une couche ; par le plan axial, plan passant par les charnières de toutes les couches affectées par le pli ; par les flancs, parties du pli situées de part et d'autre du plan axial.

PLUIE *n. f.*

Climato. - Chute d'eau liquide sous forme de gouttes dont le diamètre est compris entre 0,5 et 6 mm ; pour des diamètres inférieurs, il s'agit de bruine.

PLUIE EFFICACE

Hydrogéol. - Précipitations qui alimentent les cours d'eau par ruissellement et permettent l'***alimentation des nappes*** d'eau souterraines par infiltration. La hauteur de la pluie efficace se calcule à partir de la connaissance de la pluviométrie totale diminuée de l'évapotranspiration. Ainsi, les pluies les plus importantes pour recharger les aquifères sont celles de décembre à mai, un déficit en pluies hivernales provoque une baisse du **niveau piézométrique**. Les pluies de printemps remplissent peu les aquifères du fait de l'importance des prélèvements hydriques réalisés par les végétaux en période de croissance.

→ ***Nappe d'eau souterraine.***

PLURICELLULAIRE *n. m.* ou *adj.*

Anat. - Désigne un être vivant formé de plusieurs cellules, s'oppose à unicellulaire.

→ ***Métazoaires.***

PLURIPOTENCE *n. f.*
Embryo. - Capacité que possède une cellule de se différencier en certains autres types cellulaires.

→ ***Différenciation cellulaire, Totipotence.***

PLURIPOTENT *adj.*
Embryo. - Caractérise une cellule pluripotente.

PLUTON *n. m.*
Tecto. - Roche magmatique qui s'est formée par **cristallisation** lente d'un magma dans des roches encaissantes. Les roches plutoniques sont des roches entièrement cristallisées qui comprennent suivant leur minéralogie les **granites**, les **gabbros** et les **péridotites**. Les plutons sont responsables du **métamorphisme de contact**.

PNEUMOCYTE *n. m.*
Biol. cell. - Cellule de l'épithélium pulmonaire, constituant élémentaire de la surface respiratoire. Chez les Amniotes, on en distingue deux types. Les pneumocytes de type I ont une épaisseur très faible (0,1-0,2 µm) et sont au contact de l'endothélium aminci des capillaires, ils couvrent plus de 95% de la surface respiratoire. Les pneumocytes de type II sont des cellules cuboïdes synthétisant le **surfactant**.

PNEUMOGRAMME *n. m.*
Méd., Physiol. ani. - Tracé réalisé à l'aide d'un pneumographe qui enregistre le rythme et l'amplitude des mouvements respiratoires.

PNEUMOPATHIE *n. f.*
Méd. - Toute affection des poumons.

PODZOL *n. m.*
Pédol. - **Sol** lessivé se développant dans les climats froids ou tempérés à partir d'une **roche mère** siliceuse (sable, grès). La **litière** est épaisse et peu décomposée à cause de la faible activité des Micro-organismes qui n'aiment pas les pH acides. Sous la litière se trouvent un **horizon** humifère cendreux, décoloré, sans structure, formé de sable pauvre en argile et en humus, puis un horizon d'accumulation sableux, riche en **humus** et en matière minérale avec une accumulation d'oxydes de fer et d'aluminium lui donnant une teinte jaunâtre. Comme les couches superficielles du podzol sont pauvres en argile, l'eau de pluie s'infiltre rapidement et entraîne les minéraux solubles et les ions des couches supérieures qui vont s'accumuler dans l'horizon B, le sol est alors lessivé.

POÏKILOTHERME *n. m.* ou *adj.*
Éner. - Animal dont la **température** corporelle fluctue en fonction de celle du milieu extérieur.

→ ***Ectotherme.***

POIL ABSORBANT
Bot. - Cellule différenciée de l'épiderme racinaire. Les poils absorbants constituent la zone de passage entre la **solution du sol** et l'intérieur de la plante. Le nombre de poils est très important, on en compte 2 000/cm^2, soit 14 milliards pour un plant de Seigle.

→ ***Assise pilifère.***

POINT AVEUGLE
Histol., Physiol. ani.

→ ***Rétine.***

POINT CHAUD
Géol., Tecto. - Instabilité thermique qui se situerait soit dans le **manteau** profond, à la limite du noyau, soit à 670 km de profondeur. Le point chaud fonctionne de manière discontinue pendant des dizaines de millions d'années, il émet des **panaches** ou plume vers la surface se traduisant par un volcanisme intraplaque. En surface, le point chaud se repère par des alignements de volcans ordonnés suivant leur âge croissant ou décroissant. La plaque Pacifique en possède plusieurs ; ils sont un marqueur du déplacement de cette plaque. Les réservoirs magmatiques des points chauds se situent aussi bien au-dessous d'une plaque océanique (plaques Indienne et

Pacifique) que d'une dorsale (Islande). Le point chaud de la plaque Indienne est impliqué dans le volcanisme de la limite Crétacé-Paléogène (***Trapp****).

POINT D'ANCRAGE DU GÉOTHERME

Géophys. - Température régnant à une profondeur donnée du globe déterminée par l'approche expérimentale et dont on est à peu près sûr. Il existe trois points d'ancrage du **géotherme**. Le premier est donné par l'équilibre qui existe entre des laves et des morceaux de péridotite remontant de plus de 250 km, les valeurs obtenues sont de 1 000 °C à 70 km et environ 1 300-1 500 °C vers 100 km de profondeur, à la base de la lithosphère. Le deuxième correspond aux températures de transition de phases entre l'**olivine** et l'olivine à structure de **spinelle**, soit 1 400 °C à 400 km et l'olivine à structure de spinelle et l'olivine à structure de **pérovskite**, soit 1 600 °C à 650-670 km de profondeur, à la limite manteau supérieur-manteau inférieur. Le troisième correspond à la limite entre le noyau externe liquide et la graine solide ; on peut y calculer, compte tenu de sa composition chimique, sa température de fusion, soit environ 5 100 °C à 5 150 km. Entre ces points d'ancrage, la variation de la température en fonction de la profondeur n'est pas mesurable directement et les valeurs proposées dépendent du modèle de **convection mantellique** admis.

POINT DE COMPENSATION

Physiol. vég. - Valeur de l'**intensité photosynthétique** qui annule les effets de la destruction de matière organique par la **respiration**.

POINT DE CONSIGNE

Physiol. ani. - Valeur de la variable considérée (pression artérielle, glycémie…) qui est fixée par les caractéristiques du système.

→ ***Régulation.***

POINT DE CURIE

Phys. - Température au-delà de laquelle les minéraux ferromagnétiques perdent leur aimantation rémanente. Ils en retrouvent une s'ils sont refroidis dans un champ magnétique.

→ ***Paléomagnétisme.***

POINT DE FLÉTRISSEMENT

Physiol. vég. - Valeur de l'humidité du sol au-dessous de laquelle la plante se fane irréversiblement et meurt.

POINT DE SOMMATION

Physiol. ani. - Partie d'un centre nerveux qui reçoit la valeur instantanée de la variable à réguler et qui la compare à la valeur du **point de consigne**. Si la différence entre ces deux valeurs est trop élevée, il y a production d'un **signal d'erreur** qui parvient aux **effecteurs** dont l'action est de ramener la valeur de la variable à réguler à une valeur proche du point de consigne.

→ ***Gain, Homéostat, Régulation.***

POINT VÉGÉTATIF

Bot. - syn. ***Méristème caulinaire.***

POISEUILLE

Phys.

→ ***Loi de Hagen-Poiseuille.***

POISSONS *n. m. pl.*

Zool. - Vertébrés fondamentalement adaptés au milieu aquatique. Les Poissons se caractérisent par la présence de mâchoires, de nageoires paires, par une respiration branchiale et une peau recouverte d'écailles osseuses. Chez la plupart des Poissons, la fécondation est externe. Ces animaux sont inféodés au milieu aquatique, mais certains d'entre eux (***Dipneustes*** et ***Crossoptérygiens***), apparus il y a quelque 400 Ma possèdent des nageoires homologues des membres marcheurs des **Tétrapodes** et des poumons parfaitement fonctionnels. Les ***Cœlacanthes*** et les ***Protoptères*** sont des représentants actuels (fossiles vivants) de ces groupes qui ont aussi donné naissance aux Tétrapodes au Dévonien.

POLARISATION *n. f.*

Biol. cell. - Existence d'une différence de potentiel électrique de part et d'autre d'une membrane. Au repos, la différence de potentiel entre l'intérieur et l'extérieur d'une cellule est d'environ –70 mV, l'extérieur de la membrane étant chargé positivement par rapport à l'intérieur.

→ ***Dépolarisation, Hyperpolarisation, Potentiel (électrique) de membrane.***

POLARISATION DES CARACTÈRES

Évol. - Observation et raisonnement qui conduisent à retracer la séquence évolutive de la transformation d'un caractère depuis son état primitif ou plésiomorphe à son ou ses états dérivés ou apomorphes.

POLARISEUR *n. m.*

Phys.

→ ***Lumière polarisée.***

POLARITÉ *n. f.*

Biol., Géol. - Caractéristique d'un objet, quelle que soit son échelle (organisme, cellule, membrane,...), qui oppose deux régions (pôles) distinctes par rapport à un axe imaginaire.

PÔLE GÉOGRAPHIQUE

Géol. - Lieu de convergence des méridiens terrestres, c'est le point d'intersection entre l'axe de rotation de la Terre et la surface du globe. On distingue un pôle ***Nord géographique*** et un pôle Sud géographique.

→ ***Déclinaison magnétique, Pôle magnétique.***

PÔLE MAGNÉTIQUE

Géol., Géophys. - Lieu de convergence des lignes de **champ magnétique terrestre**. La **boussole** de déclinaison, petite aiguille aimantée, pointe dans la direction du ***Nord magnétique***. Celui-ci ne coïncide pas avec le ***Nord géographique***, la différence angulaire en un point entre les deux directions (vers le Nord magnétique et vers le Nord géographique) est appelée déclinaison magnétique dont la valeur actuelle est d'environ 11°.

POLLEN *n. m.*

Bot. - Ensemble constitué par les ***grains de pollen*** qui sont les microspores libérées par les étamines. Ils sont constitués d'au moins trois cellules dont deux correspondent à des **gamètes** (cellules reproductrices).

→ ***Méiose, Spore.***

POLLINISATION *n. m.*

Bot. - Transport des ***grains de pollen*** des étamines jusqu'au pistil.

→ ***Fleur, Ovule, Stigmate.***

POLLUTION *n. f.*

Écol. - Phénomène de modifications défavorables des **milieux naturels** qui résulte directement ou indirectement des activités humaines. Il s'agit de la dégradation d'un milieu par l'arrivée d'un agent physique, chimique ou biologique polluant. Ainsi, la pollution modifie la répartition des flux d'énergie, des radiations, altère les propriétés physicochimiques des milieux naturels et entraîne des diminutions des populations des espèces vivantes, voire provoque leur disparition.

POLYALLÉLIE *n. f.*

Génét. - État d'un **gène** qui possède plusieurs **allèles**. Les différents allèles proviennent des **mutations**. On considère qu'il y a polyallélisme quand l'allèle le plus rare atteint une fréquence d'au moins 1 % (syn. Polyallélisme).

→ ***Monomorphe, Polymorphisme.***

POLYALLÉLISME *n. m.*

Génét. - syn. ***Polyallélie.***

POLYCENTRISME *n. m.*

Évol. - Hypothèse de l'origine de l'Homme moderne qui suppose que les populations d'*Homo sapiens* actuelles d'Afrique, d'Asie, du Proche-Orient et d'Europe dérivent de la transformation des différentes populations d'***Homo sapiens* archaïques*** vivant sur place, elles-mêmes dérivant des Homo erectus locaux. C'est la théorie du candélabre, ou de la continuité régionale.

POLYGÉNIQUE *adj.*

Génét. - Se dit d'un caractère du phénotype (taille, pigmentation…) qui est déterminé par l'action de plusieurs gènes (syn. Multifactoriel, Multigénique).

POLYGLOBULIE *n. f.*

Méd., Physiol. ani. - Augmentation du nombre des érythrocytes circulants se traduisant par une augmentation de l'hématocrite.

POLYHOLOSIDES *n. m.*

Biochim. - Molécules formées par la polymérisation d'un ose simple comme le glucose. L'amidon, le glycogène et la cellulose sont des polyholosides (syn. Polysaccharides).

→ ***Polymère.***

POLYMÉRASE *n. f*

Génét. - Enzyme qui assure l'allongement d'un **polymère** par adjonction de **monomères** (nucléotides) comme les **ARN polymérases** et les **ADN polymérases**.

POLYMÈRE *n. m.*

Biochim. - Molécule organique de grande taille formée par la répétition d'éléments identiques (homopolymère : cellulose, glycogène, amidon) ou proches (hétéropolymère : protéines).

→ ***Polyholosides.***

POLYMÉRISATION *n. f.*

Biochim. - Réaction qui lie successivement des molécules ayant les mêmes propriétés chimiques (acides aminés, oses, nucléotides…). La polymérisation est à l'origine de la formation des polymères (syn. Condensation).

POLYMORPHE *adj.*

Évol., Génét. - Se dit d'un **gène** qui possède plusieurs **allèles**.

→ ***Polyallélie, Polymorphisme.***

POLYMORPHISME *n. m.*

Évol., Génét. - Présence au sein d'une **espèce** ou d'une **population** de plusieurs catégories bien différentes d'individus (Phalène du Bouleau noire, Phalène du Bouleau blanche ; individu présentant la drépanocytose, individu sain…). Le polymorphisme existe au niveau morphologique ou biochimique. Ces différences sont dues essentiellement à l'existence d'**enzymes** différentes codées par des **allèles** du même gène qui est donc polyallélique.

POLYMORPHISME DE RESTRICTION

Génét. - Variation dans la présence d'un **site de restriction** entre l'ADN de deux individus.

→ ***Enzyme de restriction.***

POLYNUCLÉAIRE *n. m.* ou *adj.*

Immuno. - syn. ***Granulocyte.***

POLYŒSTRIEN *adj.*

Physiol. ani. - Se dit d'une femelle qui a plusieurs périodes d'**œstrus** par an.

POLYŒSTRUS *n. m.*

Physiol. ani. - Plusieurs périodes d'**œstrus** par an.

POLYPEPTIDE *n. m.*

Biochim. - Polymère d'acides aminés reliés entre eux par des **liaisons peptidiques**. Une chaîne polypeptidique correspond, en principe, à l'expression d'un **gène**.

→ ***Peptide, Protéine.***

POLYPERFORINE *n. f.*

Immuno. - Agrégat résultant de la polymérisation de molécules de **perforine**.

POLYPHYLÉTIQUE (GROUPE)

Évol. - Ensemble formé par la réunion de plusieurs espèces ou taxons mais qui n'inclut pas l'**ancêtre commun** à tous.

POLYRIBOSOME *n. m.*

Biol. cell. - syn. ***Polysome.***

POLYSACCHARIDES *n. m.*

Biochim. - syn. ***Polyholosides***. (Terme tombé en désuétude).

POLYSOME *n. m.*

Biol. cell. - Ensemble de **ribosomes** reliés entre eux par un **ARNm** qu'ils sont en train de traduire. Chaque ribosome donne naissance à une **chaîne polypeptidique** à mesure qu'il avance le long de l'ARNm à traduire (syn. Polyribosome).

POLYSOMIE *n. f.*

Génét. - Condition dans laquelle plus de deux **chromosomes** d'une paire d'homologues sont présents dans une cellule **diploïde**. La **trisomie** est une polysomie.

→ ***Aneuploïdie.***

POLYSPERMIE *n. f.*

Cyto. - Entrée de plusieurs spermatozoïdes dans un ovocyte. La polyspermie est, sauf très rares exceptions, incompatible avec le développement normal du zygote.

→ ***Membrane de fécondation.***

POLYSYNAPTIQUE *adj.*

Neurobiol. - Qualifie un circuit nerveux qui contient plusieurs synapses consécutives.

→ ***Monosynaptique.***

POLYTÈNE *adj.*

Génét. - Qui caractérise un chromosome géant (syn. Polyténique).

→ ***Polyténie.***

POLYTÉNIE *n. f.*

Génét. - Duplication successive (10) d'un chromosome sans séparation des molécules d'ADN ainsi répliquées. La polyténie conduit à la formation de chromosomes géants dans les tissus (glandes salivaires) de certains Insectes (Mouches, Moustiques).

→ ***Puff.***

POLYTÉNIQUE *adj.*

Génét. - syn. ***Polytène.***

POLYURIE *n. f.*

Méd., Physiol. ani. - Augmentation de la quantité d'urine produite.

POMPE NA⁺/K⁺ ATP DÉPENDANTE

Biol. cell. - Protéine membranaire assurant l'éjection de 3 Na^+ et l'entrée dans le neurone de 2 K^+ qui se font à l'encontre des forces osmotiques (**gradients de concentration**) ou électriques respectives. La pompe maintient la **polarisation** initiale du neurone après le passage des **potentiels d'action**. Néanmoins, compte tenu des concentrations respectives en Na^+ (extracellulaire) et K^+ (intracellulaire), du volume respectif du neurone par rapport au milieu extracellulaire et de la quantité d'ions Na^+ entrant et de la quantité d'ions K^+ sortant pour donner naissance à un potentiel d'action, le neurone peut émettre des potentiels d'action pendant plusieurs heures alors que cette pompe a été inactivée.

PONCE *n. f.*

Pétrol. - Roche magmatique volcanique, généralement de couleur claire, non cristallisée (vitreuse), très poreuse, donc de faible densité et pouvant flotter sur l'eau. La ponce se forme à partir de morceaux de magma très visqueux (acides), qui expulsés dans l'air subissent une chute de pression très rapide qui provoque un dégazage à l'origine des nombreuses alvéoles constituant sa structure. Les ponces sont des verres volcaniques soufflés. Certaines obsidiennes ont la même composition chimique que les ponces.

→ ***Rhyolite.***

PONCTUATION *n. f.*

Bot. - Amincissement plus ou moins symétrique de la **paroi** primaire de deux cellules végétales adjacentes de part et d'autre de la lamelle moyenne. Les ponctuations ne sont pas lignifiées, elles permettent le passage d'eau, d'hormones et d'éléments nutritifs de cellule à cellule. Dans les éléments conducteurs du xylème (**trachéïdes** et **vaisseaux**), les parties de la paroi qui ne sont pas recouvertes par une paroi secondaire lignifiée forment des ponctuations dont les formes définissent les différents types (annelés, rayés…).

PONGIDÉS *n. m. pl.*

Zool. - Famille de Primates qui regroupait classiquement l'Orang-outan, les Chimpanzés et le Gorille. Les études génétiques ont montré que les Pongidés africains sont plus proches de l'Homme que de l'Orang-Outan. En conséquence, il faudrait classer les Chimpanzés et le Gorille dans la famille des **Hominidés**, ou les rassembler avec les Australopithèques au sens large et l'Homme dans la famille des Pongidés. La première solution a été retenue. Ainsi, la famille des Pongidés ne contient plus que l'Orang-Outan.

PONT DE VAROLE

Neurobiol. - Le pont de Varole forme avec le cervelet le métencéphale. Il se situe immédiatement au-dessus du bulbe rachidien, dont il est séparé par un sillon peu profond. Le pont de Varole est le lieu de passage des fibres nerveuses verticales qui unissent les différents niveaux du **système nerveux central** et des fibres horizontales qui l'unissent au cervelet (syn. Protubérance annulaire).

PONT DISULFURE

Biochim. - Liaison covalente se formant dans les **protéines** entre les deux atomes de soufre appartenant à deux acides aminés cystéine. Ces liaisons pont disulfure contribuent à stabiliser la structure tridimensionnelle d'une protéine, ou à relier deux chaînes d'acides aminés comme dans la molécule d'insuline au cours de sa formation à partir de la pro-insuline.

PONTE OVULAIRE

Physiol. ani. - syn. ***Ovulation.***

***POOL* DE GÈNES** *n. m.*

Génét. - **1.** Ensemble des gènes et de leurs allèles présents dans une population, une espèce. **2.** D'une manière plus générale désigne l'ensemble de la variabilité des séquences d'ADN.

→ ***Effet de fondation.***

POPULATION *n. f.*

Évol., Génét. - Ensemble des individus d'une même **espèce** se reproduisant entre eux et vivant au même endroit et à la même époque.

POPULATION DE FAIBLE EFFECTIF

Évol., Génét. - Population dans laquelle, en raison du faible nombre d'individus, tous les **gamètes** et toutes les fécondations théoriquement possibles ne se produisent pas. Ainsi, par le fait du hasard, certaines combinaisons génétiques présentes à la **génération** précédente n'existent pas dans la nouvelle génération, la population n'est donc pas panmictique et les **fréquences alléliques** et génotypiques ne sont pas constantes d'une génération à la suivante, elles varient donc de manière aléatoire (syn. Population d'effectif limité).

→ ***Dérive génétique, Loi de Hardy-Weinberg.***

POPULATION D'EFFECTIF INFINI

Évol., Génét. - Population où toutes les combinaisons génétiques, aussi bien au niveau des **gamètes** que des **féconda-**

tions, sont réalisées à chaque **génération**. Cette population idéale n'existe pas, mais en considérant un petit nombre de gènes, certaines populations peuvent être considérées comme d'effectif infini.

→ ***Loi de Hardy-Weinberg, Population de faible effectif.***

POPULATION FONDATRICE

Évol., Génét. - Population de faible effectif se séparant d'une population initiale et qui n'emporte pas toute la **variabilité génétique** de la population de départ.

→ ***Effet de fondation.***

POPULATION PANMICTIQUE

Évol., Génét. - Population où les individus se reproduisent au hasard.

→ ***Loi de Hardy-Weinberg, Panmixie.***

PORE NUCLÉAIRE

Biol. cell. - Interruption de l'enveloppe nucléaire permettant un transfert de matière (ARN, ribosomes…) entre le **noyau** et le **hyaloplasme** (dans les deux sens).

POROSITÉ *n. f.*

Pédol., Pétrol. - Ensemble des volumes de petites tailles séparant les particules constitutives d'un sol ou d'une roche. Cette porosité peut être occupée par différents fluides (gaz, eau, pétrole). Dans un sol, on peut évaluer la porosité totale en réalisant le rapport du volume d'eau pouvant être stocké sur le volume total de la roche, multiplié par 100.

→ ***Aquifère, Macroporosité, Microporosité, Roche réservoir.***

PORPHYROÏDE *adj.*

Pétrol. - Caractérise les roches magmatiques dont la structure se compose de cristaux de grande taille (**phénocristal**) noyés dans une matrice de cristaux plus petits ou de microlites.

PORT *n. m.*

Bot. - Allure générale que prend une plante. La diversité du monde végétal repose en partie sur les différents types de port : arborescent, buissonnant, lianescent, en drapeau, herbacé…

→ ***Monopodiale, Sympodiale.***

PORTEUR « SAIN »

Méd.

→ ***SIDA.***

POSTHYPOPHYSE *n. f.*

Endocrino., Neurobiol., Physiol. ani.

- syn. **Neurohypophyse.**

POSTŒSTRUS *n. m.*

Physiol. ani. - Période suivant l'ovulation.

→ ***Phase lutéale.***

POSTRÉDUCTION *n. f.*

Génét.

→ ***Asque postréduit.***

POSTRÉDUIT *adj.*

Génét.

→ ***Asque postréduit.***

POST-RIFT *adj.*

Tecto. - Sédiments s'étant déposés ou événements ayant eu lieu après le fonctionnement des **failles listriques** d'un rift, c'est-à-dire après la phase d'élargissement du **graben**.

→ ***Syn-rift.***

POSTSYNAPTIQUE *adj.*

Neurobiol. - Qui concerne la cellule située après l'espace synaptique dans le sens de déplacement du message nerveux.

→ ***Présynaptique, Synapse.***

POSTURE *n. f.*

Physiol. ani. - Position du corps dans l'espace dont le maintien est dû à la contraction des différents muscles. Cette position est assurée essentiellement par le tonus musculaire.

POTASSE (ALCOOLIQUE)

Minér., Physiol. - Solution qui contient de l'hydroxyde de potassium KOH appelé potasse. En présence de dioxyde de carbone, la potasse fixe le CO_2 sous forme de carbonate de potassium :

$$2\ KOH + CO_2 \rightarrow K_2CO_3$$

qui précipite.

POTENTIEL D'ACTION

Neurobiol. - Séquence stéréotypée, observable sur un oscilloscope constituée d'une **dépolarisation** suivie d'une **repolarisation** et d'une **hyperpolarisation** passagère d'une membrane plasmique de cellule excitable (neurone ou cellule musculaire). Le potentiel d'action apparaît chaque fois qu'une dépolarisation préalable a fait atteindre au potentiel de membrane une valeur seuil. Au cours d'un potentiel d'action, le potentiel de membrane passe de – 70 mV à + 30 mV, puis revient à sa valeur initiale après une brève hyperpolarisation. C'est la manifestation évidente de l'influx nerveux. Néanmoins, tous les neurones ne présentent pas des potentiels d'action ayant cette amplitude.

→ ***Modulation de fréquence.***

POTENTIEL DE RÉCEPTEUR

Neurobiol. - Dépolarisation locale et graduelle de la membrane d'une cellule sensorielle en réponse à l'augmentation de l'intensité d'un **stimulus**. Lorsqu'elle atteint une valeur, appelée **valeur seuil** (environ – 50 mV), cette membrane, au niveau du site générateur, déclenche des potentiels d'action qui se propagent. L'intensité de la stimulation est alors codée en modulation de fréquence.

→ ***Modulation d'amplitude.***

POTENTIEL DE REPOS

Biol. cell. - Valeur du **potentiel (électrique) de membrane** qui peut rester constante durant de longues périodes, en l'absence de modifications des conditions extracellulaires. Pour des cellules excitables (neurones, cellules muscu-

Potentiel d'action

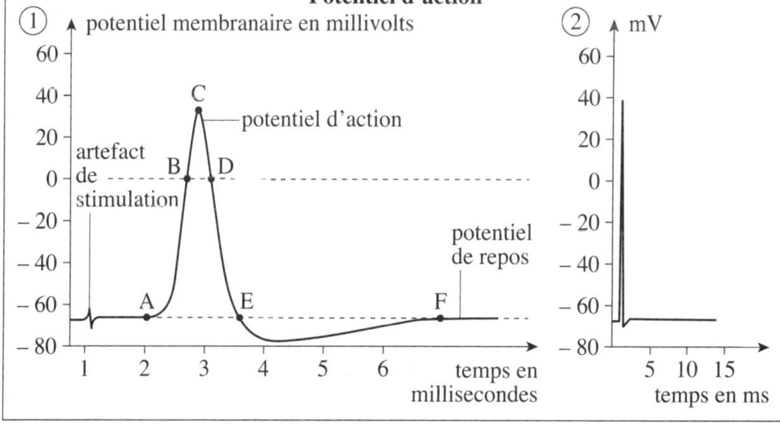

1. Le potentiel d'action (AF) dure 4,5 ms. AB : dépolarisation ; BCD : inversion du potentiel de membrane ; DE : repolarisation ; EF : hyperpolarisation. Suivant la vitesse de balayage utilisée par l'oscilloscope ses caractéristiques sont plus ou moins marquées.
2. Le balayage utilisé par l'oscilloscope est environ 5 fois plus rapide.

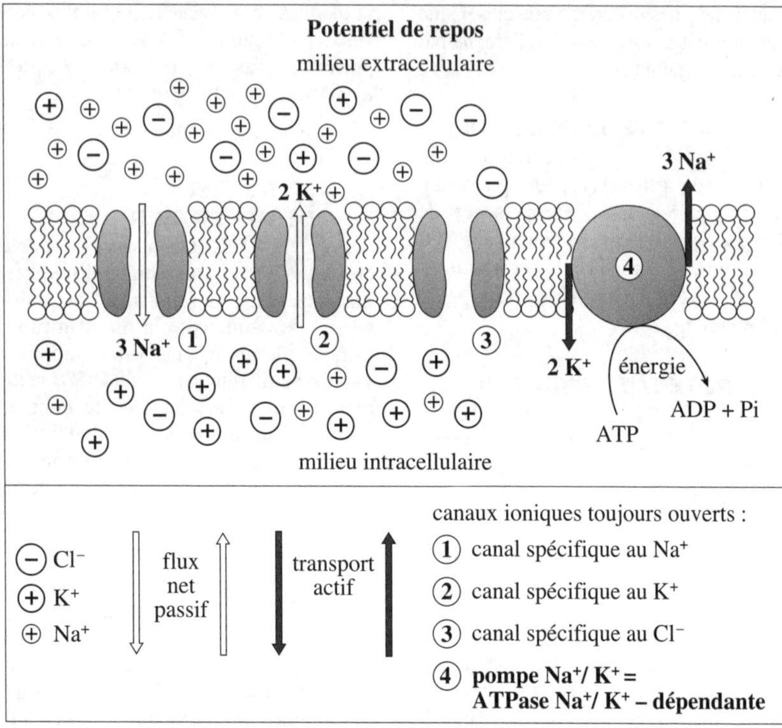

Le potentiel électrique transmembranaire est dû à la répartition inégale des ions K^+, Na^+ et Cl^- de part et d'autre de la membrane plasmique. Cet équilibre est la résultante de la diffusion par des canaux spécifiques toujours ouverts (phénomène passif) de ces ions suivant leur gradient de concentration et le potentiel électrique transmembranaire et d'un transport actif fonctionnant en sens inverse pour le Na^+ et le K^+. Le transport actif est assuré par une pompe qui tire l'énergie dont elle a besoin de l'hydrolyse de l'ATP. Ainsi, il entre autant de Na^+ par diffusion qu'il en sort par transport actif et il sort par diffusion autant de K^+ qu'il en entre par transport actif. La membrane de l'axone possède une perméabilité fonctionnelle à ces deux ions. La différence de potentiel observée correspond au potentiel d'équilibre des ions Cl^- qui diffusent du milieu extracellulaire vers le milieu intracellulaire. L'équilibre est obtenu quand la force de diffusion est compensée par la force électrique de rappel. Au repos, la face externe de la membrane est positive alors que la face interne est négative. Sur ce schéma les canaux ioniques voltage-dépendants ne sont pas représentés.

laires), en l'absence de stimulation, cette valeur est de l'ordre de – 70 mV.

——► ***Excitabilité.***

POTENTIEL D'ÉQUILIBRE DU K^+

Neurobiol. - Valeur du potentiel de la membrane pour laquelle le passage des ions K^+ par **diffusion**, d'un milieu à un autre, est stoppé par la force électrique née du déséquilibre ionique, résultant de ce même passage, entre deux compartiments. Ainsi, sa valeur correspond à la somme des effets du gradient de concentration et du potentiel électrique de membrane. Le gradient de concentration tend à laisser fuir les ions du milieu le plus concentré au milieu le moins concentré, alors que le potentiel électrique de membrane va générer une force qui s'oppose à leur passage. Pour l'axone géant de Calmar, les potentiels d'équilibre sont V_{Na} = + 55 mV ; V_K = – 75 mV et V_{Cl} = – 65 mV.

POTENTIEL (ÉLECTRIQUE) DE MEMBRANE

Biol. cell. - Tension électrique existant de part et d'autre de la membrane plasmique de toute cellule vivante. Le potentiel de membrane est dû à l'inégale répartition de certains ions dans le milieu intracellulaire et le milieu extracellulaire. Na^+, Cl^-, Ca^{2+} sont les ions typiques du milieu extracellulaire alors que le K^+ est l'ion le plus abondant dans le milieu intracellulaire (syn. Potentiel électrique transmembranaire).

→ ***Potentiel d'action, Potentiel de repos, Potentiel d'équilibre du K^+.***

POTENTIEL GLOBAL

Neurobiol. - Variation du potentiel électrique de l'ensemble d'un nerf ou d'un muscle au cours d'une stimulation.

POTENTIEL HYDRIQUE

Biol. cell. - Potentiel physique de l'eau. C'est la quantité d'énergie (Joules · mole^{-1}) que peut fournir un volume d'eau donné. Par convention l'eau distillée à un potentiel chimique de 0. C'est la valeur du potentiel hydrique qui conditionne les mouvements d'eau entre deux compartiments, sauf apport d'énergie extérieure. Ainsi, l'eau passe du système le plus hydraté (le moins concentré en substances dissoutes) au moins hydraté (le plus concentré en substances dissoutes), c'est-à-dire vers les potentiels les plus négatifs.

→ ***Osmose.***

POTENTIEL POSTSYNAPTIQUE

Neurobiol. - Potentiel (électrique) membranaire d'une cellule postsynaptique. Suivant la nature du **neurotransmetteur** libéré dans l'espace synaptique, le potentiel de la membrane postsynaptique devient plus négatif (**potentiel postsynaptique inhibiteur**), il y a alors une petite hyperpolarisation, ou alors moins négatif (**potentiel postsynaptique excitateur**), il y a alors une petite dépolarisation.

→ ***Intégration nerveuse, Sommation.***

POTENTIEL POSTSYNAPTIQUE EXCITATEUR (PPSE)

Neurobiol. - Potentiel de membrane naissant sur un neurone **postsynaptique** à la suite de l'ouverture de **canaux chimiodépendants** laissant passer des ions positifs (Na^+). L'entrée des ions positifs diminue en amplitude (il passe par exemple, de – 70 mV à – 68 mV) le potentiel de membrane, ce qui facilite la dépolarisation. Si le PPSE atteint une valeur supérieure à la valeur seuil d'excitabilité de la cellule postsynaptique, le message est transmis.

→ ***Intégration nerveuse, Sommation.***

POTENTIEL POSTSYNAPTIQUE INHIBITEUR (PPSI)

Neurobiol. - Potentiel de membrane naissant sur un neurone **postsynaptique** à la suite de l'ouverture de **canaux chimiodépendants** laissant passer des ions négatifs (Cl^-), il s'ensuit une **hyperpolarisation** de la membrane postsynaptique, celle-ci passe par exemple de – 70 mV à – 72 mV. La cellule post-synaptique devient moins facilement excitable.

→ ***Intégration nerveuse, Sommation.***

POTENTIEL RÉDOX

Biochim., Éner. - Mesure de la force de rétention des électrons par une molécule et/ou de la force d'attraction des électrons par une autre molécule. Les électrons peuvent passer d'une molécule à l'autre quand le potentiel rédox de la première est inférieur à celui de la seconde.

→ ***Oxydoréduction.***

POTENTIEL SEUIL

Neurobiol. - Valeur du potentiel (électrique) de membrane qui doit être atteinte pour donner naissance à un **potentiel d'action**.

→ ***Loi du tout-ou-rien, Valeur seuil.***

POTENTIEL TRANSMEMBRANAIRE

Biol. cell. - syn. ***Potentiel (électrique) de membrane.***

POTOMÈTRE *n. m.*

Physiol. vég. - Appareil utilisé pour mesurer la quantité d'eau absorbée et rejetée par une plante.

POUDINGUE *n. m.*

Pétrol. - Roche sédimentaire détritique de type **conglomérat** formée pour au moins 50 % d'éléments arrondis de type galet de diamètre supérieur à 2 mm et réunis entre eux par un ciment de nature variable. Les poudingues se forment à partir d'éléments qui ont été usés mécaniquement par un transport assez long ou agités par les vagues.

POUMON *n. m.*

Anat. - Sac pair provenant d'une évagination du plancher du pharynx des Tétrapodes et de quelques poissons (**Dipneustes**), fonctionnant comme organe de la respiration. Au cours de l'évolution, les poumons se sont complexifiés par l'augmentation de leur surface respiratoire permettant une plus grande prise de dioxygène et donc la production d'une plus grande quantité d'énergie permettant de vivre dans des milieux dont les caractéristiques physico-chimiques sont de plus en plus éloignées des constantes du milieu intérieur. Chez les Mammifères, chaque poumon est divisé en lobes, le poumon gauche, de plus petite taille en raison de la présence du cœur, est moins divisé que le droit. Chaque lobe reçoit une bronche secondaire qui se divise en bronchioles primaires conduisant l'air à des lobules pulmonaires où elles se divisent en bronchioles de divers ordres.

POUSSÉE RACINAIRE

Physiol. vég. - Propriété que possèdent certaines racines de faire monter de l'eau dans une tige ou un tronc quand elles ont à disposition de l'énergie.

→ ***Aspiration foliaire.***

POUSSIÈRE *n. f.*

Astron. - Composant solide de petite taille de la matière interstellaire ou interplanétaire.

Géol. - Particule solide de petite taille < 2µm qui peut être mise en mouvement par le vent.

POUVOIR ABSORBANT

Pédol. - Capacité d'un sol à fixer des ions et à faciliter leur transfert entre l'**humus** et les racines des plantes. C'est le **complexe argilo-humique** qui, en fixant à sa surface négative des ions positifs (K^+, Ca^{2+} …), contribue à la fertilisation des sols. En revanche, les ions négatifs comme les nitrates et les phosphates ne sont pas retenus directement par le complexe argilo-humique, ils sont donc lessivés par les pluies et se retrouvent dans les nappes phréatiques où ils sont à l'origine d'une **pollution**.

POUVOIR SÉPARATEUR

Physiol. ani.

→ ***Acuité visuelle.***

POUZZOLANE *n. f.*

Volcano. - Variété de sol formée par des scories de petite taille, non consolidées, et qui mélangée à de la chaux est utilisée pour la fabrication de certains mortiers.

ppm

Écol., Géol.

Sigle de parties par million, unité utilisée pour quantifier les faibles concentrations dans l'atmosphère ou dans les roches.

PPS

Neurobiol. - Sigle de **Potentiel Postsynaptique**.

PPSE

Neurobiol. - Sigle de **Potentiel Postsynaptique Excitateur**.

PPSI

Neurobiol. - Sigle de **Potentiel Postsynaptique Inhibiteur**.

PRAEANTHROPUS *n. m.*

Évol., Préhist., Paléont. - Genre d'**Hominidés** ayant vécu il y a quelque 3,5 Ma dans lequel certains auteurs rangent *Australopithecus africanus* en raison de sa plus grande ressemblance avec les premiers *Homo*.

PRAIRIE *n. f.*

Agric. - Étendue artificielle d'herbes qui fournit du fourrage au bétail. La prairie est maintenue sous cette forme par la tonte de l'herbe directement par les herbivores ou par la fauche par l'Homme. Si la prairie n'est plus fauchée ou tondue, la végétation herbacée laisse progressivement la place à la **forêt** qui, sous nos latitudes, correspond au **climax** de la végétation.

PRÉ-AUSTRALOPITHÈQUE *n. m.*

Évol. - Nom donné par Yves Coppens à la forme considérée comme la plus primitive des **Australopithèques** représentée par l'espèce *Australopithecus afarensis*.

PRÉBIOTIQUE *adj.*

Évol. - Désigne les événements où les objets datant d'avant l'apparition de la vie.

→ ***Molécules prébiotiques.***

PRÉCAMBRIEN *n. m.* ou *adj.*

Strati.

→ ***Échelle stratigraphique.***

PRÉCESSION DES ÉQUINOXES

Astron. - Avance de l'**équinoxe** de printemps provoquée par l'attraction exercée par le Soleil et la Lune sur le renflement équatorial qui modifie l'inclinaison de l'axe de rotation de la Terre et donc le moment où a lieu l'intersection du plan de l'écliptique et de l'équateur. L'axe de rotation décrit un cône de révolution dont l'axe est perpendiculaire à l'écliptique avec une période de 26 000 ans.

→ ***Fluctuations climatiques.***

PRÉCIPITATION *n. f.*

Minér. - Cristallisation d'une roche à partir d'une solution aqueuse.

Climato. - Chute d'eau liquide (**pluie**, bruine…) ou solide (grêlons, neige) en provenance de l'atmosphère.

PRÉDATION *n. f.*

Écol. - Comportement alimentaire d'un **animal** qui se nourrit d'un autre être vivant provoquant sa mort. Les carnivores sont des prédateurs.

PRÉDISPOSITION FAMILIALE

Génét. - Augmentation du risque d'avoir une maladie par le fait que l'individu a une probabilité supérieure à la moyenne de posséder un ou plusieurs **gènes** (allèles) **de susceptibilité** dont on connait la présence dans la famille.

PRÉHISTOIRE *n. f.*

Préhist. - Histoire de l'Homme avant l'existence de témoignages écrits, la préhistoire est basée sur l'étude des restes d'activités humaines (outils, art, habitat, sépulture). La préhistoire est découpée en six périodes de durée de plus en plus courte, ce qui témoigne de l'accélération du processus d'**hominisation**.

→ ***Industrie préhistorique.***

PRÉNÉANDERT(H)ALIEN *n. m.*
Préhist. - ***Homo sapiens* archaïque*** ou ***Homo erectus**** évolué qui présente, à l'état rudimentaire, des caractères qui vont se développer plus tard chez les **Néandertaliens**.

PRÉŒSTRUS *n. m.*
Physiol. ani. - Période précédant l'**ovulation**.

PRÉRÉDUCTION *n. f.*
Génét.

→ ***Asque préréduit.***

PRÉRÉDUIT *adj.*
Génét.

→ ***Asque préréduit.***

PRESBYTIE *n. f.*
Méd. - Difficulté à voir les images rapprochées provoquée par un défaut d'**accomodation** du cristallin qui a perdu son élasticité à la suite de son vieillissement.

PRÉSENTATION DES ANTIGÈNES
Immuno. - Exposition d'antigènes étrangers à la surface de cellules spécialisées en association avec les antigènes du CMH, cet ensemble constitue le soi modifié. Ces **cellules présentatrices d'antigènes** (macrophages, lymphocytes B, cellules dendritiques...) fixent sur leur membrane, entre des antigènes du CMH, des fragments d'antigènes (**déterminants antigéniques**) qui proviennent de la digestion des antigènes phagocytés. De même, les cellules banales de l'organisme, infectées par des Bactéries, des virus ou ayant subi des mutations, exposent des fragments de protéines sous forme de soi modifié. Elles sont alors reconnues par les **lymphocytes T** spécifiques responsables de leur destruction.

→ ***Cosignal B7-CD28.***

PRÉ-SIDA *n. m.*
Méd.

→ ***SIDA.***

PRESSION ARTÉRIELLE
Méd., Physiol. ani. - Pression exercée par le sang sur la paroi des **artères**. En examen clinique, on mesure la force opposée, c'est-à-dire la résistance de la paroi des artères ou **tension artérielle**.

→ ***Loi de Hagen-Poiseuille.***

PRESSION DE TURGESCENCE
Physiol. vég. - Pression exercée sur la paroi par la vacuole qui se gonfle d'eau. La pression de turgescence atteint parfois un Mpa, soit 10 fois la pression atmosphérique.

PRESSION LITHOSTATIQUE
Tecto. - Pression due à la masse des roches et des sédiments sus-jacents. C'est la pression lithostatique qui est, avec le **gradient géothermique**, responsable du **métamorphisme régional**.

PRESSION OSMOTIQUE
Physiol. - Mesure de l'activité osmotique d'une solution. La pression osmotique se définit comme la **pression** minimum qu'il faut exercer pour empêcher le passage d'un solvant dans une solution séparée d'une solution moins concentrée par une membrane **hémiperméable**. La pression osmotique est proportionnelle à la concentration relative du soluté de part et d'autre de la membrane (indépendamment de la taille des espèces chimiques en présence) et à la température.

→ ***Diffusion, Osmose, Potentiel hydrique.***

PRÉSYNAPTIQUE *adj.*
Neurobiol. - Qui concerne la cellule située avant l'espace synaptique dans le sens de déplacement du message nerveux.

→ ***Postsynaptique, Synapse.***

PRIMAIRE *n. m.*
Strati.

→ ***Échelle stratigraphique.***

PRIMATES *n. m.*
Zool. - Un des dix-huit ordres de **Mammifères** caractérisé par : des yeux frontaux permettant une vision binoculaire associée à un développement important des aires visuelles cérébrales [1], des membres à cinq doigts terminés par un ongle plat [2], des mains préhensibles avec les pouces opposables [3]. Une longue gestation par rapport à la taille [4], une prééminence de la vision binoculaire sur l'odorat [5]. Classiquement les Primates étaient divisés en **Prosimiens** et en **Simiens**. Ces deux divisions correspondent à des **grades**. L'approche cladistique rendue possible grâce aux nombreuses données moléculaires et anatomiques a bouleversé ce système. Les principales modifications touchent l'hétérogénéité des Prosimiens et des **Pongidés**.

→ ***Anthropoïdes, Australopithèques, Hominidés.***

PRINCIPE DE CONTINUITÉ
Strati. - Un des quatre principes de la **stratigraphie** qui postule qu'une même couche est du même âge sur toute son étendue.

PRINCIPE DE PRÉCAUTION
Écol. - Selon la loi Barnier de 1995 est « un principe selon lequel, l'absence de certitudes, compte tenu des connaissances scientifiques et techniques du moment, ne doit pas retarder l'adoption de mesures effectives et proportionnées visant à prévenir un risque de dommages graves et irréversibles à l'environnement à un coût économique acceptable ».

PRINCIPE DE RECOUPEMENT
Strati. - Un des quatre principes de la **stratigraphie** qui postule qu'un événement (intrusion magmatique, faille, filon) ayant provoqué un changement dans la géométrie des couches ou des discontinuités est postérieur à la formation qu'il affecte.

PRINCIPE DE SUPERPOSITION
Strati. - Un des quatre principes de la **stratigraphie** qui postule que dans une série stratigraphique, en l'absence de remaniements tectoniques, la strate située le plus bas est plus ancienne que celle qui est au-dessus.

PRINCIPE D'IDENTITÉ PALÉONTOLOGIQUE
Strati. - Un des quatre principes de la **stratigraphie** qui postule que des couches contenant les mêmes (bons) **fossiles stratigraphiques** sont de même âge quelle que soit la roche qui les contient.

PRION (PrP)
Génét., Méd. - Sigles anglais de *Protein only* et de *Proteinaceous infection Particle*, particule protéique infectieuse. La protéine prion est une molécule découverte dans les tissus nerveux des sujets atteints de certaines formes de dégénérescence comme celles de la maladie de Creutzfeldt-Jakob (Homme), de la tremblante du Mouton ou de l'**encéphalopathie** spongiforme bovine (ESB) plus connue sous le nom de maladie de la « vache folle ». La protéine prion est présente chez les sujets atteints de ces maladies dégénératives du système nerveux, mais également chez les sujets sains. Chez les individus malades la protéine prion n'a pas la même structure tridimensionnelle que chez les individus sains. De plus, il semble que la protéine pathogène soit capable d'entraîner le changement de forme de la protéine normale et de la rendre à son tour pathogène. Ces protéines prions pathogènes sont libérées dans le milieu extracellulaire et entraînent la mort des neurones du voisinage. Le cerveau apparaît avec des vides qui lui donnent l'aspect d'une éponge, d'où le nom de la

maladie. On ne sait pas actuellement comment se fait la contamination, si la maladie est contagieuse d'une espèce à une autre et quel est le rôle normal de la protéine prion.

PRISME D'ACCRÉTION SÉDIMENTAIRE

Tecto. - Ensemble de couches sédimentaires déposées sur le **plancher océanique** et qui ont été entraînées vers une **fosse océanique** par le phénomène de subduction où elles s'empilent les unes sur les autres. Les couches sédimentaires forment une série d'écailles inclinées qui peuvent parfois atteindre la surface de l'océan comme celles constituant l'île de la Barbade à l'est de l'arc des Petites Antilles.

PRNP

Génét. - Gène de la protéine **prion (PRPc)** situé chez l'Homme sur le chromosome 20.

PROCAMBIUM *n. m.*

Bot. - Tissu issu des **méristèmes primaires** racinaire et caulinaire à l'origine de la différenciation du xylème et du phloème primaires.

PROCARYOTE *n. m.*

Microbiol. - Cellule simple qui ne possède pas d'**organites** à l'exception des ribosomes et où le matériel génétique n'est pas condensé avec des protéines. Du point de vue métabolique, on distingue des Procaryotes autotrophes au carbone comme les **Cyanobactéries** (Algues bleues) et des Procaryotes hétérotrophes au carbone comme les Bactéries. D'un point de vue évolutif, on distingue les **Archées** et les **Eubactéries**.

→ ***Stromatolites.***

PROCRÉATION MÉDICALEMENT ASSISTÉE (PMA)

Méd., Physiol. ani. - Ensemble des techniques médicales mises en œuvre pour palier la **stérilité** d'un couple. En fonction des causes de la stérilité, les moyens utilisés ne sont pas les mêmes.

→ ***Fivete, GIFT, ICSI, Insémination artificielle, SUZI, ZIFT.***

PRODUCTEURS PRIMAIRES

Écol. - Ensemble des organismes **autotrophes au carbone**, c'est-à-dire capables de réaliser la synthèse de **matière organique** à partir de **matière minérale** et d'**énergie**. Les plantes vertes en milieu terrestre et le phytoplancton en milieu marin sont les principaux producteurs primaires.

PRODUCTEURS SECONDAIRES

Écol. - Ensemble des organismes **hétérotrophes au carbone**, ce sont des êtres vivants qui ont besoin de matière organique déjà synthétisée pour assurer leur propre croissance. Ce sont essentiellement les Animaux. Les producteurs secondaires sont des consommateurs.

PRODUCTION *n. f.*

Écol. - Ensemble de la matière vivante (organique) fabriquée par les différentes catégories d'espèces d'un **écosystème** (producteurs, consommateurs, décomposeurs) sur une surface donnée. On distingue une production primaire formée par la biomasse végétale produite par unité de surface et une production secondaire formée par la biomasse animale par unité de surface.

→ ***Productivité.***

PRODUCTION PRIMAIRE BRUTE

Écol. - **Biomasse** végétale fabriquée par les **producteurs primaires** sur une unité de surface avant qu'ils n'en dégradent une partie pour récupérer l'énergie dont ils ont besoin.

→ ***Productivité.***

PRODUCTION PRIMAIRE NETTE

Écol. - **Biomasse** produite au cours du processus de **photosynthèse** qui conduit à la fabrication de matière organique à partir de matière minérale et d'énergie lumineuse à laquelle on soustrait la biomasse qui a été dégradée par la respiration pour couvrir les besoins énergétiques de ces végétaux.

→ ***Productivité.***

PRODUCTIVITÉ *n. f.*

Écol. - Quantité de **biomasse** fabriquée par unité de surface et unité de temps. C'est aussi la **production** par unité de temps. La productivité mesure la quantité et la vitesse de fabrication de la biomasse.

PRODUCTIVITÉ PRIMAIRE

Écol. - Vitesse de **production** de la matière végétale sèche par les Végétaux chlorophylliens. La productivité primaire se mesure en tonnes de matière sèche produite par hectare et par an, mais d'une manière plus générale en unité de masse par unité de surface et unité de temps.

PRODUCTIVITÉ SECONDAIRE

Écol. - Vitesse de **production** de la matière animale sèche par les **producteurs secondaires**. La productivité secondaire se mesure en kilogrammes de matières sèches produites par hectare et par an, mais d'une manière plus générale en unité de masse par unité de surface et unité de temps.

PRODUIT *n. m.*

Biochim. - Molécule issue d'une réaction chimique ou biochimique.

PRO-ENZYME *n. m.*

Biochim. - syn. ***Zymogène.***

PROFIL D'UN FLEUVE

Géomorphol. - Pente comprise entre la source du fleuve et son embouchure, cette pente varie en fonction de la surrection continentale et du niveau de la mer. En période de glaciations, les fleuves s'enfoncent dans leur lit. En revanche, durant les interglaciaires, ils divaguent et forment des méandres. Le profil d'équilibre est atteint quand les facteurs agissant sur l'érosion du paysage sont compensés par la « résistance » de la Terre. Ainsi, sur une période géologique déterminée, le profil d'équilibre du fleuve est atteint quand le paysage ne change pas.

PROFIL PÉDOLOGIQUE

Pédol. - Coupe réalisée dans la profondeur d'un sol, de la **litière** à la **roche mère**. Les profils pédologiques sont obtenus avec une tarière ou observés directement au niveau d'une tranchée (route…).

PROFIL SISMIQUE

Géophys., Sismo. - Représentation graphique du résultat des traitements des signaux (ondes) émis par une explosion ou une vibration, renvoyés par les **réflecteurs sismiques** et enregistrés par des géophones (à terre) ou des hydrophones (en mer), c'est la technique de la sismique réflexion. Le profil représente en abscisses la distance et en ordonnées le temps double, c'est-à-dire le temps mis par l'onde pour atteindre le réflecteur et en revenir. Le profil sismique met en évidence les caractéristiques des couches sédimentaires, les fractures, les déformations, les intrusions magmatiques.

→ ***Sismique, Réflexion, Réfraction.***

PROFONDEUR DE COMPENSATION DES CARBONATES (*CCD*)

Sédiment. - Profondeur à partir de laquelle on ne trouve plus de **carbonates** dans les dépôts marins en raison des conditions thermodynamiques régnant à cette profondeur. Actuellement, elle est située à 4 500-5 000 m sous la surface océanique. Les tests calcaires (Foraminifères…) et autres éléments calcaires biogènes issus des organismes morts se dissolvent progressivement au cours de leur descente et disparaissent complètement au-delà de ce niveau.

PROGÉNOTE *n. m.*
Évol. - Ancêtre commun très primitif à partir duquel ont divergé les trois grands groupes d'êtres vivants actuels : les Procaryotes, les Eucaryotes et les Archées.

→ ***LUCA, Urcaryotes.***

PROGESTATIF *n. m.*
Endocrino. - Molécule qui, par sa présence, permet la transformation de la muqueuse utérine en **dentelle utérine** et la rend apte à recevoir un embryon. La **progestérone** est le progestatif naturel. Elle est fabriquée par le **corps jaune** durant la seconde partie du cycle ovarien et aussi par le placenta. Il existe des progestatifs artificiels, proches de la progestérone qui sont utilisés dans les cas de risques d'avortement spontané, à des fins contraceptives et dans le traitement des conséquences de la ménopause.

→ ***Contragestion, Phase lutéale, RU 486.***

PROGESTÉRONE *n. f.*
Endocrino. - Hormone ovarienne produite par le **corps jaune** à partir du cholestérol. La progestérone est sécrétée pendant la seconde partie du **cycle ovarien**. Elle favorise la formation de la **dentelle utérine** et la sécrétion de ses glandes ainsi que la sécrétion des glandes du col utérin, elle provoque le développement des glandes mammaires et une augmentation de la température corporelle. En cas de gestation, la progestérone est aussi produite par le **placenta**. La progestérone exerce un **rétrocontrôle négatif** sur la **LH** et de ce fait est utilisée pour bloquer l'**ovulation**.

→ ***Micropilule, Phase lutéale.***

PROGRADATION *n. f.*
Strati. - Accumulation de sédiments sur la marge continentale quand le taux de sédimentation est supérieur à celui de la création d'espace ce qui provoque le dépôt de sédiments de plus en plus vers le large.

PROGRADE *adj.*
Tecto.

→ ***Métamorphisme prograde.***

PROGRAMME DE DÉVELOPPEMENT
Génét. - Partie de l'**information génétique** d'un organisme pluricellulaire qui est responsable du développement embryonnaire et post-embryonnaire.

PROGRAMME GÉNÉTIQUE
Génét. - syn. ***Code génétique 2***.

→ ***Information génétique.***

PROLACTINE (PRL) *n. f.*
Endocrino. - Hormone peptidique sécrétée par l'**antéhypophyse**. Chez les Mammifères, la prolactine agit en synergie avec les **œstrogènes** et la **progestérone** sur le développement des glandes mammaires. Elle est responsable de la sécrétion lactée.

PROMOTEUR *n. m.*
Génét. - Séquence d'ADN située en amont d'un **gène** et qui est nécessaire à sa **transcription**. Le promoteur comprend le site de fixation de l'**ARN polymérase** et des sites de fixation (**homéoboîte**) des protéines régulatrices (activateur, répresseur).

→ ***Opérateur, Opéron.***

PRONOYAU *n. m.*
Biol. cell. - syn. ***Pronucléus.***

PRONUCLÉI *n. m.*
Biol. cell. - Pluriel de**Pronucléus**.

PRONUCLÉUS *n. m.*
Biol. cell. - Désigne le noyau **haploïde** des **gamètes** qui se gonfle (duplication de l'ADN) avant de fusion-

ner dans le cytoplasme de la cellule-œuf (syn. Pronoyau).

→ ***Caryogamie, Fécondation.***

PROPAGATION D'UN MESSAGE NERVEUX

Neurobiol. - Déplacement des potentiels d'action le long de l'axone, du corps cellulaire vers l'arborisation terminale d'un même neurone (syn. Conduction d'un message nerveux).

→ ***Transmission synaptique.***

PROPHASE *n. f.*

Biol. cell. - Premier stade des divisions cellulaires (**mitose**, **méiose**) durant lequel les **chromosomes** formés par deux **chromatides** identiques s'individualisent progressivement par condensation, l'**enveloppe nucléaire** disparaît et le **fuseau de division** se met en place. La **duplication** de l'ADN a eu lieu durant la **phase S** de l'interphase.

→ ***Métaphase.***

PROPHYLAXIE *n. f.*

Méd. - Toute pratique préventive destinée à empêcher des êtres vivants d'attraper une maladie. Les mesures d'hygiène sont prophylactiques.

PROPRIÉTÉ INTÉGRATRICE

Neurobiol. - Capacité que possède un neurone à produire une réponse tenant compte de tous les messages nerveux qui lui sont arrivés.

→ ***Sommation.***

PROPRIOCEPTIF *adj.*

Neurobiol. - Qui se rapporte à la sensibilité des tendons et des muscles.

PROSIMIENS *n. m.*

Zool. - Groupe de **Primates** considérés comme primitifs par opposition aux **Simiens** jugés plus évolués. Les Prosimiens comprenaient les Lémuriens, les Loris et les Tarsiers. Ce groupe polyphylétique est un **grade** en raison de caractères partagés avec les Tarsiers maintenant inclus dans les Simiens.

PROSTAGLANDINE *n. f.*

Endocrino. - Groupe d'**hormones** formées par des dérivés d'acides gras à 20 carbones (acide arachidonique formé à partir de l'acide linoléique, un acide gras essentiel). Les prostaglandines sont présentes dans de nombreux tissus de Mammifères. Elles agissent principalement en modifiant les effets d'autres hormones. Les prostaglandines favorisent le mouvement des muscles lisses et interviennent dans la **réaction inflammatoire**. L'effet anti-inflammatoire de l'aspirine est dû à l'inhibition de l'enzyme prostaglandine-synthétase dont le rôle est de synthétiser une prostaglandine qui intervient dans le déclenchement de la réaction inflammatoire. La première prostaglandine a été isolée à partir de la **prostate** d'où son nom.

PROSTATE *n. f.*

Anat. - Glande associée à l'appareil génital masculin. La prostate se situe au début de l'urètre. Ses sécrétions participent à la formation du **sperme**.

→ ***Prostaglandine.***

PROTÉASE *n. f.*

Biochim. - Enzyme capable d'hydrolyser les liaisons peptidiques au sein d'une **chaîne polypeptidique** ou directement par ses extrémités.

→ ***Endopeptidase, Exopeptidase, Hydrolase, Hydrolyse, Protéolyse.***

PROTÉINE *n. f.*

Biochim. - **1.** Polymère linéaire d'**acides aminés**, reliés entre eux par des **liaisons peptidiques**, ayant une **structure III** bien définie. La titine est formée d'une seule chaîne de quelque 27 000 acides aminés. **2.** Édifice fonctionnel formé par plusieurs **chaînes polypeptidiques**. La séquence primaire des protéines est définie par l'enchaînement des nucléotides dans la molécule d'ADN (**gène**). Les protéines assurent de très nombreuses fonctions dans l'organisme : catalyse enzymatique (enzyme), soutien (collagène, tubuline...), mouvement (actine, myosine), transport (albumine), communication (hormones, canaux ioniques, cytokines), défense (immunoglobulines, interférons...), maintien de la pression osmotique, système tampon... Quand une chaîne polypeptidique de plusieurs dizaines d'acides aminés a adopté une conformation tridimensionnelle et qu'elle a subi une maturation, elle devient une protéine.

→ ***Feuillets β, Hélice α, Pro-enzyme, Structures I, II, III, IV.***

PROTÉINE B7

Immuno. - Protéine exprimée à la surface d'une **cellule présentatrice d'antigènes**. La protéine B7 se lie à la protéine CD28 d'un lymphocyte T. Ce contact entre ces deux protéines et celui entre le **soi modifié** de la CPA et le **récepteur T** du lymphocyte sont à l'origine d'un cosignal responsable de l'**activation du lymphocyte T**.

→ ***Cosignal B7-CD28, Double reconnaissance (2.).***

PROTÉINE CANAL

Biol. cell. - Protéine qui assure le passage des ions de part et d'autre d'une membrane plasmique. Les canaux ioniques sont formés par des protéines canal.

PROTÉINE CD28

Immuno. - Protéine de la surface des lymphocytes T à laquelle se lie la **protéine B7** de la **cellule présentatrice d'antigènes**. Ce contact entre ces deux protéines est à l'origine d'un cosignal responsable de l'**activation du lymphocyte T**.

→ ***Cosignal B7-CD28, Double reconnaissance (2.).***

PROTÉINES DE CHOC THERMIQUE, DE STRESS

Bio. cell., Biochim. - Catégorie de protéines qui apparaît en quantité quand la cellule est soumise à une augmentation de température ou à des agents dénaturants (métaux, poisons, solvants). Ces protéines se lient aux protéines dénaturées et, en consommant de l'ATP, les restaurent. Ces protéines, connues sous le nom de **chaperon**, apparaissent en grandes quantités dans ces situations, mais elles ont un rôle de routine dans la cellule en assurant le repliement correct des chaînes polypeptidiques et le transfert de chaînes polypeptidiques dans les organites.

PROTÉOLYSE *n. f.*

Biochim. - **Hydrolyse** d'une protéine ou d'une chaîne polypeptidique.

PROTÉOME *n. m.*

Biochim. - Ensemble des protéines d'une cellule ou d'un être vivant. Avec l'**épissage alternatif** et l'**édition** le nombre de protéines codées par un organisme est très nettement supérieur à son nombre de **gènes**.

PROTÉOMIQUE *n. f.*

Biochim. - Étude de la synthèse, de la diversité, des propriétés et des rôles des protéines.

PROTÉOSOME *n. m.*

Biochim. - Structure macromoléculaire (28 protéines) intracellulaire en anneau dans laquelle les protéines sont détruites avec consommation d'ATP. Le protéosome reconnaît, par l'intermédiaire de particules régulatrices, les protéines marquées par l'**ubiquitine** qui doivent être détruites.

PROTÉROZOÏQUE *n. m.*

Strati.

→ ***Échelle stratigraphique.***

PROTHROMBINE *n. f.*

Physiol. - Protéine plasmatique intervenant dans la **coagulation** du sang. La prothrombine est formée dans le foie en présence de vitamine K. En présence d'ions Ca^{2+}, elle est convertie en thrombine sur le lieu d'une blessure par le facteur X appelé aussi thrombokinase (syn. Thrombinogène).

→ ***Facteur de coagulation, Fibrine, Fibrinogène, Plaquette sanguine, Thrombine.***

PROTIDE *n. m.*

Biochim. - Ensemble de molécules contenant du carbone, de l'hydrogène de l'azote et de l'oxygène. Les protides comprennent les **acides aminés**, les **peptides** et les **protéines**.

PROTISTES *n. m.*

Bot., Zool. - Règne probablement polyphylétique dans lequel on regroupe des êtres vivants eucaryotes unicellulaires (Protozoaires, Algues unicellulaires) ou pluricellulaires (Algues, certains « Champignons »), qui présentent des caractères qui ne permettent pas de les ranger dans les autres Règnes. Suivant les auteurs, les groupes inclus dans les Protistes diffèrent. De plus, les analyses cladistiques ont montré que ce groupe était hétérogène.

PROTODERME *n. m.*

Bot. - Tissu méristématique à l'origine de l'épiderme.

PROTOMÈRE *n. m.*

Biochim. - Élément constitutif d'une protéine (Factine) formée de nombreuses chaînes polypeptidiques.

→ ***Structure IV.***

PROTO-ONCOGÈNE *n. m.*

Génét. - Gène cellulaire codant une **oncoprotéine** intervenant à un moment donné de la régulation de la division cellulaire. Sous l'effet de mutations ponctuelles (gènes codant des **protéines-kinases** activant des facteurs de transcription de gènes impliqués dans les premières étapes de la division cellulaire), d'insertion de virus, d'augmentation du nombre de copies de certains gènes et de **remaniements chromosomiques**, le proto-oncogène est activé et déclenche la division cellulaire incontrôlée et un **cancer**.

PROTOPLASME *n. m.*

Biol. cell. - **1.** Ensemble formé par le **cytoplasme** et le **nucléoplasme**. **2.** Contenu vivant de la cellule à savoir le noyau et le cytoplasme, auxquels on adjoint parfois la membrane plasmique.

PROTOPLASTE *n. m.*

Biol. cell. - Cellule isolée d'un tissu végétal à laquelle on a retiré la **paroi** squelettique. La cellule devient alors sphérique, ce type de cellules est souvent utilisé dans les cultures *in vitro*.

PROTOPTÈRE *n. m.*

Zool.

→ ***Poissons.***

PROTOXYLÈME *n. m.*

Bot. - Partie du **xylème** primaire différenciée à partir du **procambium** pendant l'élongation d'un organe. Le protoxylème contient des **trachéïdes** annelées et spiralées de petit diamètre aussi bien chez les Gymnospermes que chez les Angiospermes. Faute de pouvoir s'allonger, ces trachéïdes du protoxylème sont étirées et écrasées durant la croissance de l'organe et disparaissent.

PROTOZOAIRES *n. m.*

Zool. - Animaux formés d'une seule cellule. Les Amibes, les Paramécies, les Plasmodiums sont des Protozoaires.

→ ***Métazoaires.***

PROTUBÉRANCE ANNULAIRE

Neurobiol. - syn. ***Pont de Varole.***

PROVIRUS *n. m.*

Génét. - Virus à ADN ou ARN qui est intégré sous forme d'ADN bicaténaire à l'ADN nucléaire de la cellule hôte. Le provirus est dupliqué chaque fois que la cellule se divise, il est ainsi transmis par l'intermédiaire des chromosomes à chaque cellule fille.

⟶ *Virion.*

PRPc

Biol. cell., Génét. - Sigle de *Proteinaceous Particle* (particule protéinique cellulaire). La protéine **prion** cellulaire normale est une glycoprotéine de la surface membranaire. Elle est insérée dans la membrane des cellules et intervient dans la transduction d'un signal extracellulaire. La *PRPc* est soluble, digérée par les protéases, constituée essentiellement par des **hélices α**. Elle est codée par le gène *PNRP*. La protéine prion pathogène *PRPsc* (sc pour scrapie) possède la même structure primaire mais une structure secondaire en **feuillet β**, elle est insoluble dans les solvants et résiste aux protéases. La *PRPsc* transforme *in vivo* et *in vitro* la *PRPc* par simple contact. Cette transformation pourrait être due à un changement conformationnel provoqué par la *PRPsc* qui se comporterait comme un **ligand** de la *PRPc* (déstabilisation et repliement dans un autre état stable en l'absence d'une protéine **chaperon** nécessaire à la construction de la forme en hélice α). Les *PRPsc* forment des agrégats. On ne sait pas si ces amas sont la cause ou la conséquence de la maladie.

PSEUDOGÈNE *n. m.*

Génét. - Séquence d'ADN apparentée à une séquence transcrite mais qui a perdu toute fonctionnalité à la suite de l'accumulation de changements. Les pseudogènes correspondent soit à des gènes ancestraux ayant accumulé des mutations, soit à des séquences provenant de la rétrotranscription d'un ARNm après élimination des introns.

PSEUDOHERMAPHRODISME *n. m.*

Biol. - État pathologique d'un individu qui possède dans son appareil génital interne et/ou externe un mélange de traits mâles et femelles. Le pseudohermaphrodisme masculin se rencontre chez des individus XY dont les voies génitales internes sont normales et les organes génitaux externes femelles ou intermédiaires. Il est dû à une insensibilité des tissus-cibles aux **androgènes**. Certains pseudohermaphrodites possèdent encore des vestiges des **canaux de Müller** (***Syndrome de persistance des canaux de Müller***) à la suite d'un défaut de la production d'**hormone antimüllérienne**. Le pseudohermaphrodisme féminin correspond à des individus XX qui ont des ovaires mais qui ont subi une masculinisation plus ou moins importante de leur tractus génital à la suite d'une surproduction d'androgènes.

⟶ *Syndrome du testicule féminisant.*

PSEUDOPODE *n. m.*

Biol. cell. - Évagination de la membrane plasmique des phagocytes qui leur permettent de se déplacer et d'entourer les cellules ou les particules à ingérer.

⟶ *Macrophage, Phagocytose.*

PSYCHOTROPE *n. m.* ou *adj.*

Neurobiol. - Se dit d'une substance qui agit sur le fonctionnement du cerveau.

PTÉRIDOPHYTES *n. f. pl.*

Bot. - Embranchement des plantes caractérisées par la présence de racines, de tiges, de feuilles, de vaisseaux conducteurs de sève, mais dépourvues de **graines** et de **fleurs**. Les Ptéridophytes se reproduisent au moyen de **spores**. Les vaisseaux conducteurs leur ont permis d'atteindre une grande taille (Fougères arborescentes de 20 m de haut). Il y a environ 300 millions d'années, ces Fougères dominaient les milieux terrestres et sont à l'origine de la formation de charbon. Les Ptéridophytes sont des **Cryptogames** vasculaires.

PUBERTÉ *n. f.*

Physiol. ani. - Période où l'organisme des Mammifères commence à se transformer pour donner un individu apte à la reproduction, c'est le passage de l'enfance à l'adolescence. La puberté se caractérise par un ensemble de transformations morphologiques, anatomiques, physiologiques et comportementales. Les facteurs qui la déclenchent sont largement inconnus, mais il semble que le **système nerveux** soit à l'origine de cette mise en route du système hormonal à la suite de la perception de l'état de développement de l'individu.

→ ***Œstrogènes, Testostérone.***

PUCE À ADN *n. f.*

Génét. - Lame divisée en milliers de cases (jusqu'à 25 000 sur quelques centimètres carrés) dans chacune desquelles on dépose une séquence d'ADN simple brin contenant un gène particulier. On dispose sur ces lames des ARN issus d'une cellule donnée, marqués par une molécule fluorescente. L'hybridation reflète alors les gènes exprimés dans une cellule donnée. Il est alors possible de comparer les gènes exprimés dans différentes cellules (différenciations cellulaire, tumorale).

PUFF *n. m.*

Génét. - Région bien délimitée des chromosomes polyténiques où les fibres nucléosomiques sont déroulées et les molécules d'ADN transcrites.

PUISSANCE *n. f.*

Phys. - Quantité d'énergie transférée par unité de temps. Le watt par mètre carré est une unité utilisée en géologie et en planétologie.

→ ***Constante solaire effective, Flux géothermique.***

PUISSANCE SOLAIRE

Astron. - Puissance (flux d'énergie) totale émise par le Soleil, elle est estimée à $4 \cdot 10^{23}$ kW.

→ ***Constante solaire effective.***

PUITS *n. m.*

Hydrogéol. - Cavité circulaire, étroite et profonde, à parois maçonnées, creusée dans le sol pour mettre une **nappe phréatique** en relation avec la surface. Pour les puits creusés au-dessus de nappes d'eau libre, le niveau de l'eau dans le puits correspond à la surface libre de la nappe. Pour les puits creusés au-dessus de **nappes captives**, l'eau jaillit à la surface du sol, ces puits sont dits ***artésiens***.

PULSE *n. m.*

Endocrino.

→ ***Sécrétion pulsatile.***

PUPILLE *n. f.*

Anat.

→ ***Iris.***

PURE *adj.*

Génét.

→ ***Race pure.***

PUS *n. m.*

Immuno. - Ensemble de **phagocytes** (granulocytes neutrophiles chargés de lipides, macrophages) dont la plupart sont morts, de Bactéries, de débris cellulaires formant un exsudat de couleur blanc jaunâtre.

PUTRÉFACTION *n. f.*

Biochim., Éner. - **Fermentation** dont le substrat de départ est azoté (protéines). Les putréfactions s'accompagnent d'un dégagement gazeux nauséabond.

→ ***Acide butyrique.***

PYRAMIDE ÉCOLOGIQUE

Écol. Forme de représentation graphique utilisée en **écologie** pour indiquer des rapports quantitatifs entre différentes catégories d'individus ou d'espèces correspondant à différents niveaux trophiques. Il existe des pyramides des âges, des **biomasses**, des **productions**, des **productivités**...

PYROCLASTIQUE *adj.*

Volcano. - Qualifie les morceaux de lave solidifiée éjectés par les volcans. Suivant leur diamètre, on définit des cendres, des lapilli, des **tufs volcaniques** et des **ignimbrites**.

→ ***Éruption volcanique.***

PYROLITE *n. f.*

Tecto. - Roche théorique qui est censée représenter la composition chimique du **manteau**. On admet que sa composition correspond à un mélange de un volume de **basalte** tholéiitique pour deux à trois volumes de **péridotites**.

PYROXÈNE *n. m.*

Minér. - **Silicate** ferromagnésien en chaîne simple, avec en proportions plus ou moins importantes, du calcium et du sodium. Les pyroxènes sont des minéraux essentiels des roches magmatiques et métamorphiques. En **lumière polarisée** analysée, les pyroxènes montrent une grande diversité de colorations (brunes et/ou bleutées, bleu vert, orange vif, gris, gris-brun).

→ ***Minéral ferromagnésien.***

PYRUVATE *n. m.*

Biochim., Éner. - $CH_3{-}CO{-}COO^-$. Forme ionisée de l'**acide pyruvique**.

Q, R

QR

Physiol. ani. - Sigle de **quotient respiratoire**.

QUARTZ *n. m.*

Minér.

→ ***Silice.***

QUATERNAIRE *n. m.*

Strati.

→ ***Échelle stratigraphique.***

QUOTIENT RESPIRATOIRE (QR)

Physiol. ani. - Rapport entre le CO_2 produit et l'O_2 consommé au cours du **catabolisme**. C'est un index qui permet de préciser la nature des substrats intervenant dans le **cycle de Krebs**. En cas de consommation exclusive de glucides, le QR est égal à 1, à 0,74 pour la consommation exclusive de lipides et à 0,81 pour celle des protides.

RABATTEMENT D'UNE NAPPE

Hydrogéol. - Inclinaison de la surface libre d'une nappe vers un exutoire, c'est-à-dire un point de sortie de l'eau.

→ ***Nappe d'eau souterraine.***

RACCOURCISSEMENT *n. m.*

Tecto. - Diminution de la longueur d'un ensemble de terrains, d'une croûte ou d'une lithosphère causée par une ou plusieurs contraintes horizontales ou plus ou moins obliques, telles les forces de compression comme celles qui s'exercent dans une zone de convergence (subduction, collision, obduction).

RACE *n f.*

Évol., Génét. - **1.** Ensemble d'animaux domestiques d'une même espèce présentant des caractéristiques phénotypiques constantes au cours des générations. Les races domestiques sont issues de la sélection artificielle et les individus les composant sont fortement apparentés. **2.** On évite d'employer le terme de race pour l'espèce humaine et on lui préfère le terme d'ethnie qui inclut les caractéristiques culturelles et linguistiques.

→ ***Sous-espèce.***

RACE GÉOGRAPHIQUE

Évol. - syn. ***Sous-espèce.***

RACE PURE

Génét. - Désigne, en **génétique formelle**, des individus qui sont **homozygotes** pour les gènes considérés. Quand on croise deux individus appartenant à deux races ***pures*** différentes, la F1 est homogène, c'est la première **loi de Mendel** (syn. Lignée pure, Variété pure).

RACHIDIEN *adj.*

Neurobiol. - Qui se rapporte à la colonne vertébrale.

→ ***Spinal.***

RACINE *n. f.*

Bot. - Organe le plus souvent souterrain qui se différencie de la tige par la disposition relative des différents tissus conducteurs (xylème et phloème) et l'absence de bourgeon. Les racines ont pour fonction d'ancrer les végétaux au sol, de prélever l'eau et la matière minérale à l'aide de poils absorbants et éventuellement de stocker des réserves.

→ ***Rhizome, Tubercule.***

Tecto. - Épaississement de la croûte continentale sous une chaîne de montagnes. La discontinuité de Mohorovičić peut atteindre une profondeur de 70 à 80 km, Elle remonte progressivement à mesure de l'érosion de la chaîne et par suite du **réajustement isostatique** dû au relâchement des contraintes. Quand la chaîne est complètement érodée, le Moho est à la profondeur moyenne d'une trentaine de kilomètres.

→ ***Cycle orogénique.***

RACINE DORSALE DE LA MOELLE ÉPINIÈRE

Neurobiol.

→ ***Moelle épinière.***

RACINE TUBÉRISÉE

Bot. - Racine stockant dans ses tissus des réserves ; la racine apparaît alors renflée et ressemble à un tubercule. On appelle aussi ces racines des tubercules racinaires. Le topinambour possède ce type d'organe.

RACINE VENTRALE DE LA MOELLE ÉPINIÈRE

Neurobiol.

→ ***Moelle épinière.***

RADAR *n. m.*

Astron. - Appareil (et technique) qui permet la détection ou la localisation d'un objet et de certaines de ses caractéristiques (vitesse, trajectoire…) et dont le principe est fondé sur l'émission d'ondes radioélectriques et sur l'analyse des ondes réfléchies ou émises par l'objet.

RADARALTIMÈTRE *n. m.*

Astron. - **Radar** embarqué à bord d'un satellite, qui permet de déterminer la différence instantanée d'altitude entre celui-ci et la surface de l'astre autour duquel il gravite.

RADIATION *n. f.*

Phys. - syn. ***Rayonnement.***

RADIATION ADAPTATIVE

Évol. - Processus évolutif au cours duquel une espèce ou un plan d'organisation donne naissance, très rapidement, à un ensemble d'espèces ou de groupes qui occupent différentes niches écologiques libres. La diversification et l'apparition des différents types de **Mammifères** au début du Tertiaire est un exemple de radiation adaptative. Il en est de même pour les Pinsons des îles Galapagos.

→ ***Évolution buissonnaute.***

RADICAL LIBRE

Biochim. - Atome ou molécule qui possède un électron non apparié qui le rend particulièrement réactif vis-à-vis d'autres atomes dont il prend un électron. La plupart des radicaux libres ont une courte durée de vie et sont détruits par la cellule, mais leur présence est dommageable. Par exemple, au cours de la respiration, il y a production d'ions superoxyde qui sont transformés en eau oxygénée (H_2O_2) par la superoxyde dismutase et en H_2O et 1/2 O_2 par la **catalase**.

→ ***Vieillissement.***

RADIOACTIVITÉ *n. f.*

Phys. - Propriété que possèdent certains éléments de se transformer en un autre élément à la suite de la désintégration spontanée du noyau atomique par émission de rayonnements électromagnétiques ou corpusculaires. On distingue des **radioéléments** naturels et des radioéléments créés artificiellement par des bombardements de protons ou de neutrons sur les noyaux qui deviennent alors instables. Un élément radioactif est caractérisé par son rayonnement, mais aussi par sa période radioactive.

——► ***Radiochronologie.***

RADIOASTRONOMIE *n. f.*

Astron. - Branche de l'astronomie qui étudie le rayonnement radioélectrique des astres dans les longueurs d'onde comprises entre quelques millimètres et environ 15 m.

RADIOCHRONOLOGIE *n. f.*

Géol. - Ensemble des méthodes de datation des minéraux, des roches, des fossiles utilisant les teneurs d'éléments radioactifs et celles de leurs produits de désintégration. Un âge obtenu par cette méthode est qualifié d'âge isotopique ou radiométrique, expression plus appropriée qu'âge absolu. Ces méthodes de datation sont fondées sur le principe de la **radioactivité** qui stipule que la masse d'un élément radioactif décroît de manière exponentielle en fonction du temps suivant la relation $P = P°e^{-\lambda t}$ où P° est la quantité d'élément père radioactif présent au début, P la quantité d'élément père présent au moment de la mesure, t le temps écoulé et λ une constante de proportionnalité. À l'exception du carbone 14, on ne connaît pas P°. Néanmoins, comme la quantité F de l'élément radiogénique fils dans l'échantillon, à l'instant t est liée à la décroissance radioactive de l'élément père, on a : $F = P(e^{-\lambda t} - 1) + F°$ où F° est la quantité de l'élément fils présent à l'origine. Comme F° est toujours inconnue, on dose un autre isotope stable Fs de l'élément fils et l'on divise l'équation précédente par cette quantité ; on obtient : $F/Fs = P/Fs(e^{-\lambda t} - 1) + F°/Fs$. Ainsi, au moment (temps t) de la formation d'une roche magmatique à partir d'un magma homogène, F° et Fs, qui ont les mêmes propriétés chimiques, se sont retrouvés inclus en proportions identiques au cours de ce refroidissement quel que soit le minéral. Les mesures de ces deux rapports (F/Fs et F°/Fs) pour plusieurs minéraux formés à partir d'un même magma homogénéisé avant **fermeture du système** s'alignent approximativement sur une droite appelée **isochrone** de pente $e^{-\lambda t} - 1$ qui coupe l'axe des ordonnées pour la valeur de F°/Fs. Les différentes périodes des éléments radioactifs permettent de couvrir l'ensemble de la durée écoulée depuis la formation de la Terre. En remplaçant P° et P par ^{87}Rb, F et F° par ^{87}Sr et Fs par ^{86}Sr, on obtient le principe de la **datation par le rubidium-strontium**.

RADIOÉLÉMENT *n. m.*

Phys. - Élément radioactif artificiel ou naturel.

——► ***Radioactivité.***

RADIOGÉNIQUE *adj.*

Phys. - Se dit d'un atome qui provient de la désintégration d'un atome radioactif.

——► ***Élément père.***

RADIOLAIRES *n. m. pl.*

Paléont. - **Protozoaires** marins et pélagiques possédant un test siliceux à symétrie axiale ou sphérique. Leur **test** siliceux se dissout moins facilement que celui des Foraminifères à test calcaire et, de ce fait, se trouve dans les sédiments de grande profondeur.

——► ***Ophiolites.***

RADIOLARITE *n. f.*

Pétrol. - Roche sédimentaire siliceuse contenant des **Radiolaires**. Les radiolarites sont souvent colorées en rouge ou rouge violacé par des oxydes de fer. Elles se présentent sous forme de bancs d'épaisseur comprise entre 5 et 15 cm séparés par des lits argileux. Ses formations atteignent parfois plusieurs dizaines, voire plusieurs centaines de mètres d'épaisseur.

——► ***Ophiolites.***

RADIOMÈTRE *n. m.*

Astron., Phys. - Capteur utilisé en

télédétection mesurant une partie du rayonnement électromagnétique émis ou réfléchi par une surface (visible et infrarouge). Les radiomètres mesurent l'**albédo** et de la **réflectance**. Ils donnent ainsi l'image de la surface de la Terre pour chaque longueur d'onde. Ces capteurs réalisent des mesures qui sont numérisées et, par un traitement informatique approprié, envoyées sur Terre par ondes radio où elles servent à élaborer, entre autres, des images satellitales.

RADIOTÉLESCOPE *n. m.*

Astron., Phys. - Télescope dont les capteurs détectent les ondes hertziennes des radiosources.

RAI INCIDENT

Sismo. - **Rai sismique** qui arrive sur une surface de discontinuité avec un angle donné appelé angle d'incidence.

RAI RÉFLÉCHI

Sismo. - **Rai sismique** qui repart dans le milieu d'où il est venu avec un angle de réflexion égal à l'angle d'incidence.

RAI RÉFRACTÉ

Sismo. - **Rai sismique** se propageant dans un nouveau milieu, mais dont la trajectoire et la vitesse sont différentes de celles du rayon incident qui lui a donné naissance.

RAI SISMIQUE

Sismo. - Modélisation du déplacement des ondes sismiques de volume dans les roches qui considère qu'elles se propagent de la même manière que les ondes lumineuses dans un milieu transparent. Les rais sismiques représentent l'énergie qui se déplace dans toutes les directions à partir d'une source ponctuelle, le foyer ; ils sont en tout point perpendiculaires au front de l'onde. Quand un rai sismique arrive dans un milieu qui présente des caractéristiques différentes, il se réfléchit sur la surface de discontinuité et parfois se réfracte avec un changement de la vitesse de propagation. Les lois de Snell-Descartes de l'optique sont applicables dans ce contexte.

→ ***Onde de volume, Réflexion, Réfraction, Structure du globe.***

RAMIFICATION *n. f.*

Bot. - Division d'une **tige** en plusieurs axes formant des tiges de second ordre ou rameaux à la suite du développement de **bourgeons** axillaires. Chez les arbres, les ramifications ne commencent qu'à partir d'une certaine hauteur, alors que chez les buissons, il est impossible de distinguer une tige principale.

→ ***Fût.***

RANCISSEMENT *n. m.*

Biochim. - Modification progressive des caractéristiques organoleptiques des graisses et des huiles conduisant à l'apparition d'un goût et d'une odeur désagréables. Ce rancissement résulte le plus souvent de l'oxydation par l'oxygène de l'air des **acides gras insaturés** ou de leurs esters. Les huiles végétales rancissent moins facilement que les graisses animales, bien qu'elles soient plus insaturées. En effet, elles contiennent les tocophérols ou vitamines E, qui empêchent leur oxydation. Certains composés synthétiques ou naturels appelés **antioxygènes** ont les mêmes propriétés que les tocophérols.

RANVIER

Neurobiol.

→ ***Nœud de Ranvier.***

RAPHÉ *n. m.*

Neurobiol. - Ensemble de neurones sérotoninergiques se trouvant sous le cervelet.

RAPPORT ISOTOPIQUE

Géophys. - Proportion (R) d'un isotope d'un élément par rapport à un autre isotope de ce même élément.

→ ***Paléotempérature, SMOW.***

RATE *n. f.*

Immuno. - **Organe lymphoïde périphérique** très vascularisé dans lequel des lymphocytes se multiplient et les globules rouges sont détruits.

RATION ALIMENTAIRE

Méd., Physiol. ani. - Quantité de nourriture qu'il faut consommer en fonction des besoins de l'organisme. La ration alimentaire dépend de l'âge, du sexe, de la dépense physique, du climat.

RAVAGEURS *n. m.*

Agric., Écol. - Ensemble des êtres vivants (certains Vers, Mollusques, Acariens, Insectes, Mammifères, Oiseaux…) qui consomment des parties de végétaux cultivés sans pour autant les détruire complètement.

RAYLEIGH

Sismo.

→ ***Onde de surface.***

RAYON *n. m.*

Bot. - Bande de parenchyme se développant radialement dans le **xylème** et le **phloème** secondaires à partir d'une cellule initiale (cellules fusiformes) du **cambium**. Les rayons ligneux ont un diamètre et une épaisseur variables. Ils assurent un rôle de soutien et de conduction de l'eau, voire stockent des réserves.

RAYONNEMENT *n. m.*

Phys. - Flux de particules. Le rayonnement électromagnétique est considéré comme un flux de **photons**. Une émission d'ondes électromagnétiques par un corps chauffé est un rayonnement thermique (syn. Radiation).

RAYONNEMENT INFRAROUGE

Phys. - Ondes électromagnétiques invisibles de longueur d'onde comprise entre 0,8 μm et 0,3 mm soit entre le rouge et les micro-ondes les plus courtes. Tous les corps ayant une température au-dessus du 0 K absorbent et libèrent des rayons infrarouges. Les rayons infrarouges transportent de la chaleur qui peut être détectée par des capteurs spécifiques, c'est le principe des caméras thermiques et de l'astronomie infrarouge.

→ ***Corps noir.***

RAYONNEMENT SOLAIRE

Astron. - Ensemble des rayonnements émis par le Soleil. Le spectre d'émission de ces rayonnements s'étage des rayons γ (10^{-13} m) aux ondes radio (2.10^4 m). Les radiations visibles comptent pour 40 % et les radiations infrarouges, c'est-à-dire porteuses de chaleur, pour 50 % de l'ensemble. L'énergie de ces rayonnements est produite par les réactions de fusions thermonucléaires dans les zones centrales du Soleil où la température est supérieure à 10^7 K, où quatre atomes d'hydrogène fusionnent pour donner un atome d'hélium avec perte de 7/1 000e de la masse qui est convertie en énergie.

RAYONS ULTRAVIOLETS (UV)

Phys. - Ondes électromagnétiques de longueur d'onde comprise entre 10 et 400 nm, soit entre la lumière visible et les rayons X. Les UV sont invisibles pour l'œil humain, mais détectés par certains Poissons, Oiseaux et Insectes. On distingue les UVA (coups de soleil) et les UVB (dommages cutanés à long terme). Ces rayons produisent le bronzage et la formation de vitamine D dans la peau. Par leur action sur l'ADN des Micro-organismes, les rayons ultraviolets sont germicides.

→ ***Xeroderma pigmentosum.***

RÉACTION CORTICALE

Cyto. - Exocytose des **granules corticaux** dans l'**espace périovulaire** à la suite de la fixation d'un spermatozoïde sur la **membrane vitelline** qui se transforme en **membrane de fécondation**.

→ ***Polyspermie.***

RÉACTION DE FEULGEN

Biol. cell. - Technique de coloration spécifique de l'ADN.

RÉACTION DE HILL

Biol. cell. - Acceptation d'électrons issus de la photodissociation de l'eau en présence de lumière et d'un accepteur d'électrons.

RÉACTION ENDERGONIQUE

Biochim., Éner. - Réaction thermodynamiquement impossible sans l'apport d'**énergie** extérieure. Une réaction endergonique ne peut avoir lieu que si elle est couplée à une **réaction exergonique** comme l'hydrolyse d'**ATP**.

RÉACTION EXERGONIQUE

Biochim., Éner. - Réaction thermodynamiquement possible sans apport d'**énergie** extérieure. Une réaction exergonique est susceptible de fournir de l'énergie (dissipée en chaleur ou utilisée par une **réaction endergonique**).

→ ***Réactions couplées, Thermodynamique.***

RÉACTION IMMUNITAIRE

Immuno. - syn. ***Réponse immunitaire.***

RÉACTION INFLAMMATOIRE

Immuno. - Réaction locale de tissus infectés qui se traduit par une vasodilatation, un œdème, une augmentation de température et l'arrivée de nombreuses cellules phagocytaires.

→ ***Inflammation.***

RÉACTIONS COUPLÉES

Éner. - Ensemble de deux réactions l'une exergonique et l'autre endergonique. La première, par l'énergie qu'elle libère, permet la réalisation de la seconde qui en consomme.

RÉACTIONS NON-PHOTOCHIMIQUES

Éner. - Ensemble des réactions se déroulant dans le stroma des **chloroplastes** (phase sombre) qui conduit à la fixation du CO_2 par l'intermédiaire d'une carboxylase sur le ribulose-diphosphate grâce à l'ATP et aux **transporteurs d'hydrogène** réduits au cours des **réactions photochimiques** (syn. ancien : Réactions sombres).

→ ***Cycle de Calvin, Photosynthèse.***

RÉACTIONS PHOTOCHIMIQUES

Éner. - Ensemble des réactions qui se déroulent dans les **thylacoïdes** des chloroplastes et qui conduit, en présence de lumière (phase lumineuse), à la production de **transporteurs d'hydrogène** réduits et d'ATP (conversion de l'énergie lumineuse en énergie chimique) [syn. ancien : Réactions claires].

→ ***Photosynthèse.***

R(É)AJUSTEMENT ISOSTATIQUE

Tecto. - Remontée des roches se trouvant sous une chaîne de montagnes à la suite de la diminution de la pression due à l'érosion des sommets et conduisant à un état d'équilibre gravitationnel. De ce fait, malgré l'érosion, l'altitude des reliefs reste sensiblement la même tant que le réajustement isostatique a lieu, puis faute de cette compensation, les reliefs diminuent.

→ ***Cycle orogénique, Isostasie, Racine.***

REBOND ÉLASTIQUE (THÉORIE DU)

Sismo. - Théorie de la formation des séismes qui suppose que les différents compartiments d'une faille, ou d'un bloc, restent immobiles pendant qu'une énergie de contrainte s'accumule lentement dans les roches, jusqu'à ce qu'elle soit supérieure aux forces de frottements maintenant ensemble les deux compartiments opposés d'une faille ou la cohésion d'un seul bloc, provoquant une rupture. Dans une zone sismique, les contraintes sont accumulées pendant environ 50-100 ans et sont relachées en l'espace de quelques dizaines de secondes.

RÉCAPITULATION *n. f.*

Embryo., Évol. - Répétition des stades adultes ancestraux dans les stades embryonnaires et juvéniles des descendants. Ainsi, l'**ontogenèse** d'une espèce se ferait par ajout successif d'une nouvelle étape à la fin de l'ontogenèse ancestrale.

→ ***Loi biogénétique fondamentale.***

RÉCEPTEUR ADRÉNERGIQUE

Endocrino., Neurobiol. - Protéine membranaire qui est spécifique de l'**adrénaline** et de la **noradrénaline**. On distingue des récepteurs α et β qui sont couplés à d'autres protéines membranaires. La fixation de ces hormones enclenche une cascade de réactions dans la cellule, d'où les effets de l'hormone sur celle-ci.

RÉCEPTEUR ANTIGÉNIQUE

Immuno. - Protéine de surface des lymphocytes B (immunoglobulines de type M ou D = **récepteurs B**) et des lymphocytes T (**récepteurs T**), qui se lie spécifiquement à un déterminant antigénique ou à un type de soi modifié. Chaque lymphocyte B ou T ne possède qu'une seule catégorie de récepteur antigénique et, de ce fait, ne peut être activé que par un déterminant antigénique ou par un soi modifié donné.

RÉCEPTEUR AUX OPIOÏDES

Neurobiol. - Récepteur membranaire du **système nerveux central** sur lequel se fixent la morphine, l'héroïne, mais aussi les enképhalines et les endorphines.

RÉCEPTEUR B (*BCR*)

Immuno. - Récepteur antigénique constitué soit par une molécule d'**IgM**, soit par une molécule d'**IgD**. Ces récepteurs portés par les lymphocytes B sont appelés BCR (Sigle anglais de *B Cell Receptor*) [syn. BCR].

→ ***Gènes des immunoglobulines.***
Voir figure p. 430.

RÉCEPTEUR CHOLINERGIQUE

Endocrino., Neurobiol. - Protéine membranaire qui fixe l'**acétylcholine**. On reconnaît plusieurs types de récepteurs cholinergiques en fonction de leur capacité à fixer des **agonistes** de l'acétylcholine. Ainsi, lorsque l'acétylcholine se fixe sur des **récepteurs nicotiniques**, la réponse excitatrice des muscles striés est rapide et brève. En revanche, quand l'acétylcholine se fixe sur les **récepteurs muscariniques** des fibres musculaires lisses, la réponse est nettement plus longue.

RÉCEPTEUR Fc

Immuno. - Molécules présentes à la surface des phagocytes. Les récepteurs Fc sont complémentaires des domaines Fc des anticorps, ce qui facilite leur phagocytose.

→ ***Opsonisation.***

RÉCEPTEUR MEMBRANAIRE

Endocrino., Neurobiol. - Protéine présente à la surface de la membrane d'une cellule et qui est capable de lier des molécules comme les **hormones** et les **neurotransmetteurs**.

RÉCEPTEUR MÉTABOTROPE

Neurobiol. - Récepteur membranaire présent essentiellement sur les neurones du système nerveux central. Les récepteurs métabotropes fixent des **neurotransmetteurs**, mais ne produisent pas directement de réponse cellulaire. La fixation du neurotransmetteur sur le récepteur active ou inhibe des protéines membranaires associées aux **canaux ioniques** dont le fonctionnement est ainsi modulé. Les récepteurs métabotropes nécessitent quelques dizaines de millisecondes avant que l'effet n'apparaisse, au lieu d'une milliseconde dans le cas des récepteurs classiques.

→ ***Canal (ionique) chimiodépendant.***

RÉCEPTEUR MUSCARINIQUE

Endocrino.. Neurobiol. - Protéine membranaire sur laquelle se lie l'**acétylcholine** et qui est « bloquée » par un alcaloïde, la muscarine (Amanite tue-mouches). Ces récepteurs se situent sur les membranes postsynaptiques des neurones du **système nerveux parasympathique**. Un alcaloïde, l'atropine, en se fixant sur ces récepteurs mime l'action du système parasympathique (action parasympathicomimétique).

RÉCEPTEUR NICOTINIQUE

Endocrino.. Neurobiol. - Protéine membranaire sur laquelle se lie l'**acétylcholine** et qui est bloquée par la nicotine. Ces récepteurs se situent principalement au niveau de la membrane postsynaptique de la **synapse neuromusculaire**. C'est sur ces récepteurs que se fixe le **curare** qui empêche ainsi la fixation de l'acétylcholine, d'où l'action paralysante de ce poison.

RÉCEPTEUR NOCICEPTIF

Neurobiol. - syn. ***Nocicepteur.***

RÉCEPTEUR SENSORIEL

Neurobiol. - Cellule ou portion de cellule spécialisée (**site de transduction**), capable de répondre à une catégorie spécifique de stimuli. Cette information est conduite au système nerveux central, soit directement comme dans les neurones sensitifs dont les extrémités se comportent comme des récepteurs sensoriels, soit par l'intermédiaire de connexions avec des neurones sensitifs. Le récepteur sensoriel transforme l'**énergie** du **stimulus** en un **message nerveux**.

→ ***Modulation d'amplitude.***

Récepteur B, récepteur T

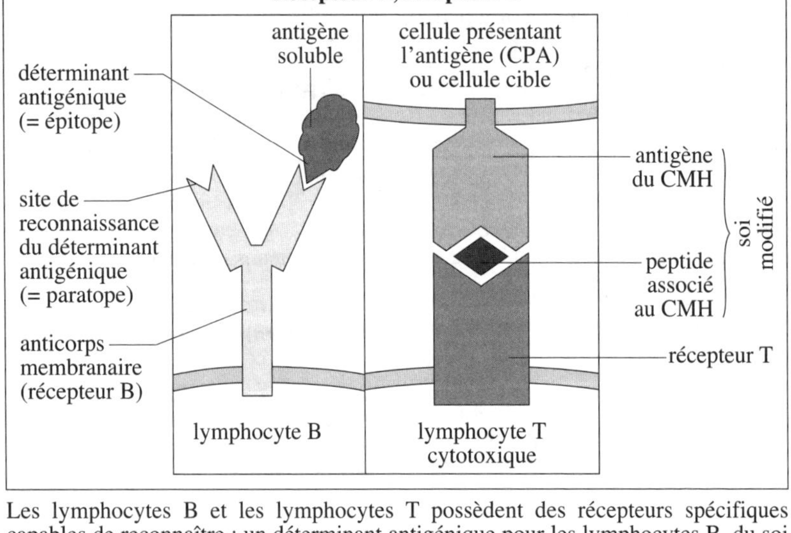

Les lymphocytes B et les lymphocytes T possèdent des récepteurs spécifiques capables de reconnaître : un déterminant antigénique pour les lymphocytes B, du soi modifié pour les lymphocytes T. Un lymphocyte B donné ne possède à sa surface qu'un seul type de récepteur B, mais en des milliers d'exemplaires. Il en est de même pour les lymphocytes T.

RÉCEPTEUR T (*TCR*)

Immuno. - Ensemble formé par des chaînes polypeptidiques dont les séquences sont proches de celles constituant les immunoglobulines. Les récepteurs T sont formés de deux chaînes appelées α et β. Ils reconnaissent le **soi modifié** présenté par les **cellules présentatrices d'antigènes**, ce qui entraîne leur activation. Les récepteurs T sont produits à la suite de la recombinaison dans les **lymphocytes T immatures**, de gènes nommés V (pour variable), D (pour diversité), J (pour jonction) et C (pour constant). Tout comme pour les immunoglobulines, il existe de très nombreux gènes codant chacun des domaines des diverses chaînes polypeptidiques du récepteur. De ce fait, on trouve une très grande diversité de récepteurs T. Ces gènes sont portés par une autre paire de chromosomes que celle qui porte les gènes V, D, J, C dont la recombinaison produit les chaînes des immunoglobulines. Les gènes codant les récepteurs T sont bien moins connus que ceux codant les immunoglobulines.

Voir figure page 430.

RÉCEPTEUR VISUEL

Anat. - Structure comme l'**œil** transformant l'énergie lumineuse, dans une certaine gamme de longueurs d'onde dites visibles, en message nerveux (syn. Photorécepteur).

RÉCESSIF *adj.*

Génét.

→ ***Allèle récessif.***

RÉCESSIVITÉ *n. f.*

Génét. - Caractéristique d'un allèle d'un gène qui, chez un hétérozygote, ne s'exprime pas au niveau du phénotype.

→ ***Allèle récessif, Dominance.***

RECEVEUR *n. m.*

Méd. - Organisme qui reçoit le **greffon** lors d'une greffe. Celui-ci est d'autant mieux accepté que les antigènes du CMH du receveur et du donneur sont proches. Dans le cadre d'une greffe, on utilise des médicaments immunosuppresseurs destinés à atténuer l'attaque du greffon par les **lymphocytes T cytotoxiques**.

RÉCIF CORALLIEN

Zool. - Édifice calcaire construit par l'accumulation des squelettes des **Coraux** dans les mers tropicales chaudes bien éclairées.

RECOMBINAISON *n. f.*

Génét. - Formation de nouvelles associations d'allèles à la suite de trois mécanismes cytologiques différents qui réassocient (*crossing-over*) ou brassent les gènes (anaphase I et II de méiose). **1.** Réassociation aléatoire par le phénomène du ***crossing-over**** de morceaux de **chromatides** homologues, lors de la **prophase** I de méiose. On obtient ainsi des chromosomes recombinés. **2.** Réassociation aléatoire entre les **chromosomes homologues** des différentes paires lors de l'**anaphase** de première division de **méiose**. Le brassage interchromosomique produit chez l'Homme 2^{23} combinaisons différentes. **3.** Réassociation aléatoire des deux chromatides des différents chromosomes au cours de l'anaphase de seconde division de méiose.

→ ***Brassage interchromosomique, Brassage intrachromosomique.***

RECONNAISSANCE SPÉCIFIQUE

Immuno. - Capacité que possède un déterminant antigénique ou du soi modifié de se fixer sur un récepteur cellulaire (B ou T) qu'il n'a jamais rencontré, mais dans lequel il s'emboîte parfaitement.

RED BED

Sédimento. - syn. ***Couche rouge.***

REDONDANCE DU CODE GÉNÉTIQUE

Génét. - Fait que dans le **code génétique**, certains acides aminés sont spécifiés par plusieurs codons différents.

→ ***Mutation silencieuse.***

RÉDUCTEUR *n. m.*

Biochim., Éner. - Espèce chimique capable de donner un ou plusieurs électrons à une autre espèce chimique qui se trouve alors réduite alors que le réducteur est oxydé.

→ ***Oxydoréduction.***

RÉDUCTION *n. f.*

Biochim., Éner. - Réaction impliquant le gain d'électron(s) par une espèce chimique qui devient réduite. La molécule ayant perdu un ou plusieurs électrons est **oxydée** au cours d'une réaction d'**oxydoréduction**.

RÉDUCTION CHROMATIQUE

Biol. cell. - syn. ***Méiose.***

RÉDUIT *adj.*

Biochim., Éner. - Qualifie une espèce chimique qui a gagné un ou plusieurs électrons par rapport à un état plus ou moins **oxydé**. Plus une espèce chimique est **réduite**, plus elle possède d'**énergie** potentielle.

→ ***Oxydoréduction.***

RÉFLECTANCE *n. f.*

Astron. - Pour une longueur d'onde donnée, rapport (de 0 à 100 %) entre la quantité d'énergie réfléchie par un matériau et la quantité qu'il a reçue. L'albédo caractérise le rapport entre l'énergie réfléchie et l'énergie reçue quand un astre est éclairé par le rayonnement solaire.

RÉFLECTEUR SISMIQUE

Sismo. - Surface, correspondant souvent à un changement lithologique brusque, qui réfléchit les ondes sismiques.

→ ***Profil sismique.***

RÉFLEXE *n. m.*

Neurobiol. - Réaction motrice involontaire, stéréotypée, prévisible en réponse à une stimulation. Le réflexe est déclenché par un stimulus, le message nerveux ainsi généré emprunte un circuit appelé **arc réflexe**.

RÉFLEXE ACHILLÉEN

Neurobiol. - Réflexe d'extension du pied à la suite d'une stimulation mécanique sur le tendon d'Achille.

RÉFLEXE CONDITIONNEL

Neurobiol. - Réaction de l'organisme déclenchée en présence d'un **stimulus conditionnel** en raison de l'association de ce stimulus au **stimulus inconditionnel** qui provoque spontanément cette réaction (syn. Réflexe conditionné, Réflexe de Pavlov).

RÉFLEXE MONOSYNAPTIQUE

Neurobiol. - Réflexe dans lequel il n'existe qu'une seule **synapse** dans le circuit nerveux utilisé qui comprend seulement un neurone sensitif et un neurone moteur, le **réflexe myotatique** est le seul réflexe monosynaptique.

RÉFLEXE MYOTATIQUE

Neurobiol. - Réflexe qui entraîne la contraction d'un muscle en réponse à son propre étirement sous l'effet de la pesanteur ou d'une contraction. L'établissement de ce type de circuit nerveux est sous le contrôle de l'information génétique.

→ ***Réflexe monosynaptique, Tonus musculaire.***

Voir figure page 433.

RÉFLEXE MYOTATIQUE « INVERSE »

Neurobiol. - Relâchement du muscle à la suite de son étirement excessif. Le fonctionnement de ce réflexe polysynaptique n'est pas très bien compris.

RÉFLEXE NOCICEPTIF

Neurobiol. - Réflexe de retrait d'une partie du corps qui est le siège d'une sensation douloureuse.

→ ***Douleur, Fibre C, Nocicepteur.***

Réflexe myotatique

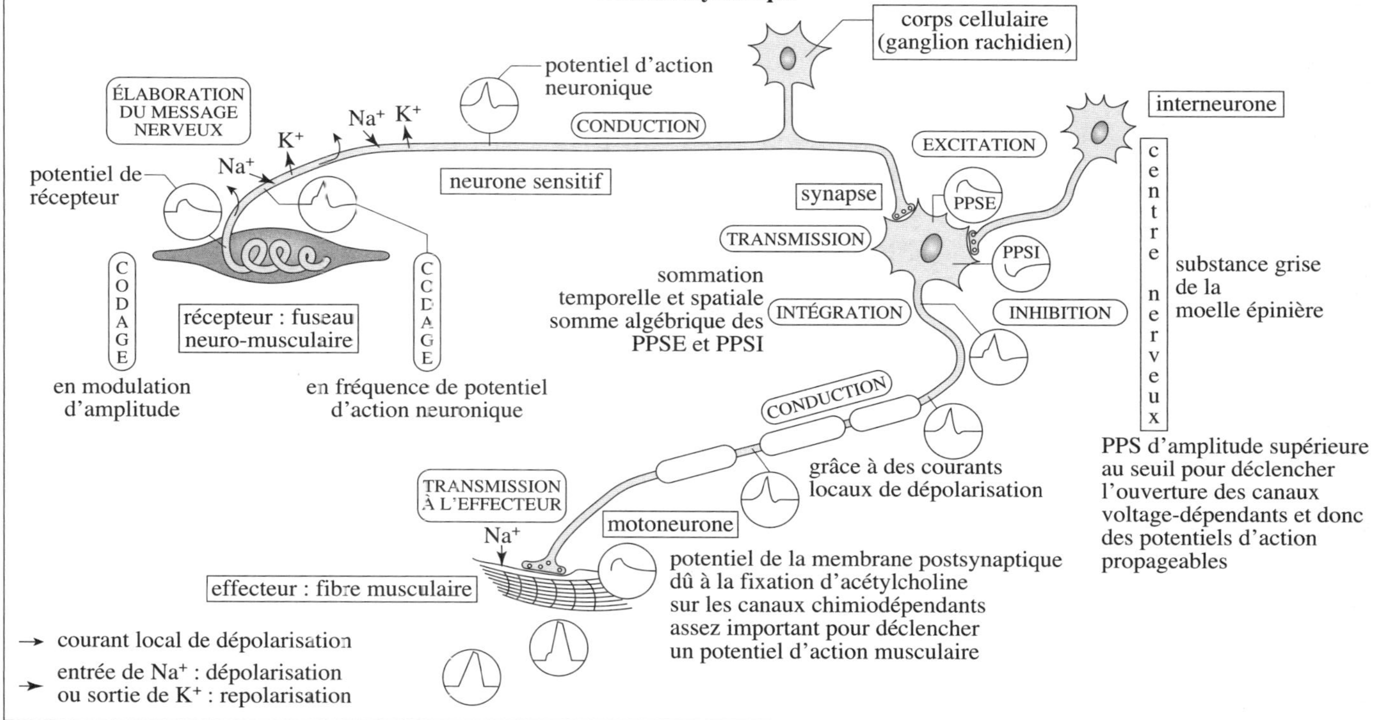

Dans le cas du réflexe myotatique, l'étirement du fuseau neuromusculaire, sous l'effet du poids du muscle, entraîne la naissance d'un message nerveux qui a pour conséquence de provoquer la contraction de ce même muscle.

RÉFLEXE POLYSYNAPTIQUE

Neurobiol. - Arc réflexe dans lequel il existe au moins deux synapses dans le circuit nerveux utilisé.

RÉFLEXE ROTULIEN

Neurobiol. - Extension de la jambe à la suite d'une percussion sur le tendon rotulien.

RÉFLEXION *n. f.*

Phys. - Modification de la direction d'un rayon lumineux ou d'un **rai sismique** quand il arrive à la surface de séparation entre deux milieux. Une partie du rayon incident est renvoyée dans le milieu d'origine, c'est le rayon réfléchi alors que l'autre partie, le rayon réfracté, passe dans le second milieu mais voit sa trajectoire modifiée.

⟶ ***Réfraction.***

RÉFRACTAIRE *adj.*

Géol., Phys. - Qualifie un solide qui passe difficilement à l'état liquide sous l'effet de la chaleur.

⟶ ***Fusible.***

Neurobiol.

⟶ ***Période réfractaire.***

RÉFRACTION *n. f.*

Phys. - Déviation d'un rayon lumineux ou d'une manière plus générale d'une **onde**, à la suite de la traversée de la surface de séparation de deux milieux de propriétés différentes qui modifient la vitesse de propagation. Le rayon réfracté se trouve dans le même plan que celui formé par le rayon incident et la droite perpendiculaire à la surface de séparation des deux milieux.

⟶ ***Réflexion.***

RÉFRINGENT *adj.*

Phys. - Se dit d'un corps qui fait dévier les rayons lumineux qui sont de ce fait réfractés.

RÉGION CONSTANTE

Immuno. - Domaine de la **chaîne lourde** ou de la **chaîne légère** qui différencie les différentes classes d'immunoglobulines. Pour les chaînes légères, il existe deux types de régions constantes (Cλ, Cκ), pour les chaînes lourdes cinq types principaux (Cμ, Cδ, Cγ, Cε, Cα) qui définissent respectivement les cinq classes d'immunoglobulines : IgM, IgD, IgG, IgE, IgA.

RÉGION HYPERVARIABLE

Immuno. - Partie des **régions variables** des immunoglobulines qui présente une grande diversité ; ce sont les régions hypervariables des **chaînes légères** et des **chaînes lourdes** qui forment, par repliement dans l'espace, le site de fixation du **déterminant antigénique** (paratope).

RÉGION VARIABLE

Immuno. - Partie terminale des **chaînes légères** et des **chaînes lourdes** des molécules d'immunoglobines qui constituent les sites de fixation des **déterminants antigéniques** (paratopes). Chaque région variable est constituée de 110 acides aminés.

⟶ ***Gènes des immunoglobulines.***

RÈGLES *n. f. pl.*

Endocrino., Physiol. ani.
- syn. ***Menstruations.***

RÈGNE ANIMAL

Zool. - Division du monde vivant qui regroupe toutes les espèces **hétérotrophes au carbone** qui sont douées d'**excitabilité** à l'opposé des **Mycètes**.

RÈGNE VÉGÉTAL

Bot. - Division du monde vivant qui regroupe toutes les espèces **autotrophes au carbone**. Les Champignons, naguère inclus dans le règne végétal, constituent à eux seuls un règne qui leur est spécifique (**Mycètes**).

RÉGRESSION MARINE

Géol. - Recul des **océans** en-deçà des surfaces continentales précédemment recouvertes avec exondation de surfaces plus ou moins importantes (plateau continental). Les glaciations, la diminution de l'activité des dorsales océaniques et le soulèvement général des continents sont à l'origine des régressions. Les régressions se repèrent, entre autres, par l'existence de dépôts continentaux sur des sédiments marins et des lacunes de sédimentation. À la fin du Crétacé, il y a eu une gigantesque régression marine faisant disparaître les **mers épicontinentales** et donc la faune marine associée (Ammonites, Ichtyosaures, Plésiosaures…). Cette baisse du niveau des océans mit, par l'intermédiaire du Détroit de Béring, l'Amérique du Nord en communication avec l'Asie ; les **Dinosaures** américains migrèrent en Asie et inversement. Les deux écosystèmes furent perturbés par les envahisseurs respectifs et certains auteurs voient dans cet échange la cause principale de la disparition progressive des Dinosaures.

→ ***Eustasie, Transgression marine.***

RÉGULATION *n. f.*

Physiol. ani. - Mécanisme physiologique par lequel, une variable du **milieu intérieur** est maintenue à une valeur définie ou **point de consigne**.

→ ***Boucle de régulation, Rétroaction.***

RÉGULATION GÉNÉTIQUE

Génét. - Mécanisme par lequel un gène n'est exprimé que dans certains tissus (régulation spatiale) ou qu'à certaines étapes du développement (régulation temporelle).

→ ***Expression génétique.***

REIN *n. m.*

Anat. - Un des deux organes pairs des Vertébrés impliqué dans l'excrétion des déchets azotés et la régulation de l'équilibre hydrique. La quantité d'**urine** produite influence la **volémie** et donc la régulation de la **pression artérielle**.

→ ***ADH, Mésonéphros, Métanéphros.***

REJET *n. m.*

Méd. - Destruction progressive d'un greffon qui a été reconnu par le système immunitaire de l'hôte (lymphocytes T) comme élément du **non-soi**.

→ ***Complexe majeur d'histocompatibilité.***

Tecto.

→ ***Faille.***

REL

Biol. cell. - Sigle de Réticulum Endoplasmique Lisse.

→ ***Réticulum endoplasmique.***

RELAXINE *n. f.*

Endocrino. - Hormone produite par le **corps jaune** provoquant, pendant la grossesse, un relâchement des ligaments du pelvis.

RELIEF *n. m.*

Tecto. - Forme d'une surface qui porte des saillies (relief positif) et des creux (relief négatif).

RÉMANENCE *n. f.*

Phys. - Persistance d'un phénomène après la disparition de sa cause. *Exemple* : l'aimantation rémanente.

REMANIEMENT CHROMOSOMIQUE

Génét. - Modification des caractéristiques d'un chromosome à la suite de la perte, du gain ou du déplacement de fragments de chromosomes. Les translocations peuvent conduire à la surexpression d'un proto-oncogène à la suite de l'arrivée de séquences régulatrices dans leur voisinage, à l'apparition d'un gène de fusion dont certains sont des facteurs de transcription à l'origine de cancer.

→ ***Mutation chromosomique.***

RÉMANOMÈTRE *n. m.*

Phys. - Appareil destiné à mesurer les caractéristiques (intensité, inclinaison, déclinaison) d'un champ paléomagnétique contenu dans un échantillon dont la localisation et l'orientation sont parfaitement connues.

RENATURATION DE L'ADN

Biol. cell. Génét. - Réassociation, après **dénaturation**, de brins d'ADN **monocaténaires** ou d'ARN complémentaire.

→ ***Hybridation moléculaire, Méthode de Northern, Méthode de Southern.***

RENDEMENT *n. m.*

Agric. - **Biomasse** utile à l'Homme produite par unité de surface et par unité de temps. Le rendement correspond donc à une **productivité**.

RENDEMENT ÉCOLOGIQUE

Écol. - Rapport entre l'énergie totale contenue dans un **niveau trophique** donné et la quantité d'énergie solaire absorbée par les **producteurs primaires**.

RENDEMENT ÉNERGÉTIQUE

Biochim., Éner. - Rapport entre l'**énergie** qui est effectivement récupérée sous forme utilisable et l'énergie totale fournie. Dans un moteur à explosion, le rendement est de l'ordre de 10 % alors qu'il atteint 38 % dans la **respiration aérobie**, mais seulement 2 % pour les **fermentations**.

→ ***Énergie chimique potentielle.***

RÉNINE *n. f.*

Physiol. ani. - Enzyme protéolytique sécrétée par l'**appareil juxtaglomérulaire** du rein qui provoque l'hydrolyse dans le sang de l'**angiotensinogène** produit par le foie. La libération de rénine est déclenchée par une chute de la concentration en Na^+ qui serait détectée directement au niveau de l'appareil juxtaglomérulaire.

→ ***Aldostérone, Système rénine-angiotensine.***

RENOUVELLEMENT BIOLOGIQUE

Physiol. - Remplacement permanent de molécules (renouvellement moléculaire) par de nouvelles molécules identiques ou de cellules mortes par de nouvelles cellules (renouvellement cellulaire). Dans une cellule en équilibre, la plupart des espèces chimiques sont dégradées et synthétisées en permanence. En revanche, l'ADN d'une cellule reste le même jusqu'à sa mort. La vitesse de renouvellement varie suivant les molécules et les cellules. Elle est mesurée par la demi-vie de la substance ou de la cellule, c'est-à-dire le temps nécessaire pour que 50 % des molécules ou des cellules soient remplacés. Ainsi, les hématies ont une demi-vie de 120 jours et sont continuellement renouvelées alors que les neurones, quand ils meurent, ne le sont en principe pas (syn. *Turn-over*).

RÉPERTOIRE IMMUNOLOGIQUE, IMMUNITAIRE

Immuno. - Ensemble des **récepteurs B** et des **récepteurs T** présents à la surface des différents clones de lymphocytes B et T et permettant de reconnaître le **non-soi** et le **soi modifié**. On estime que l'étendue du répertoire permet la reconnaissance de 100 millions de déterminants antigéniques différents (syn. Phénotype immunitaire).

→ ***Gènes des immunoglobulines.***

RÉPLICATION (DE L'ADN) *n. f.*

Biol. cell., Génét. - Processus de copie de l'**information génétique** par le complexe de réplication qui comprend entre autres enzymes, l'**ADN polymérase**.

→ ***Duplication.***

Voir figure page 438.

REPOLARISATION *n. f.*

Neurobiol. - Retour du potentiel de membrane, après une dépolarisation, à sa valeur initiale.

→ ***Potentiel d'action.***

RÉPONSE IMMUNITAIRE

Immuno. - Capacité que possède le **système immunitaire** à produire une réaction spécifique à la nature de l'agression. La réponse immunitaire comprend d'abord une **réponse immunitaire non spécifique**, puis une **réponse immunitaire spécifique**. Cette dernière comporte une **réponse immunitaire à médiation cellulaire** et une **réponse immunitaire à médiation humorale**, mais qui agissent en étroite collaboration. La réponse immunitaire spécifique, qu'elle soit à médiation humorale ou cellulaire, comprend cinq phases : la phase de reconnaissance et la phase d'activation forment la phase d'induction, qui est suivie par une phase d'amplification comprenant une phase de prolifération et une phase de différenciation, et se termine par une phase de neutralisation (syn. Réaction immunitaire).

→ ***Immunité, Immunité acquise, innée.***
Voir figure page 439.

RÉPONSE IMMUNITAIRE À MÉDIATION CELLULAIRE

Immuno. - Une des modalités de la réponse immunitaire spécifique dont les effecteurs sont les **lymphocytes T cytotoxiques**.

→ ***Immunité.***

RÉPONSE IMMUNITAIRE À MÉDIATION HUMORALE

Immuno. - Une des modalités de la réponse immunitaire dont les effecteurs sont les anticorps sécrétés par les plasmocytes et les protéines du complément.

→ ***Immunité.***

RÉPONSE IMMUNITAIRE NON SPÉCIFIQUE

Immuno. - Action du système immunitaire pour éliminer des éléments du **non-soi** sans qu'il y ait intervention des cellules possédant les récepteurs spécifiques (récepteurs B, récepteurs T) aux antigènes étrangers ou au soi modifié.

→ ***Immunité innée.***

RÉPONSE IMMUNITAIRE PRIMAIRE

Immuno. - Première réaction immunitaire spécifique après l'entrée d'un antigène, la réponse immunitaire primaire apparaît au bout d'une semaine et se caractérise par la présence d'**IgM** dans le sang.

RÉPONSE IMMUNITAIRE SECONDAIRE

Immuno. - Réaction spécifique du système immunitaire à un contact ultérieur avec l'antigène. La réponse immunitaire secondaire est plus rapide que la réponse immunitaire primaire, elle est réalisée par les **lymphocytes B mémoire** qui libèrent de grandes quantités d'**IgG**.

→ ***Lymphocyte mémoire.***

RÉPONSE IMMUNITAIRE SPÉCIFIQUE

Immuno. - Réponse du système immunitaire pour éliminer des éléments du non-soi, mais avec l'intervention de cellules possédant des récepteurs spécifiques (lymphocytes T et B). Les **immunoglobulines** produites par les plasmocytes neutralisent spécifiquement les antigènes, les **lymphocytes T cytotoxiques** provoquent la lyse des cellules infectées. Les macrophages et les granulocytes neutrophiles sont les principaux acteurs (effecteurs) de la réponse immunitaire spécifique en phagocytant les **complexes immuns** et les débris cellulaires provenant des cellules lysées par les lymphocytes T cytotoxiques.

→ ***Immunité acquise.***

REPRÉSENTATION CORTICALE

Neuro. - Lieu du **cortex cérébral** où sont traitées les différentes informations sensorielles.

Réplication de l'ADN

① réplication de la molécule d'ADN

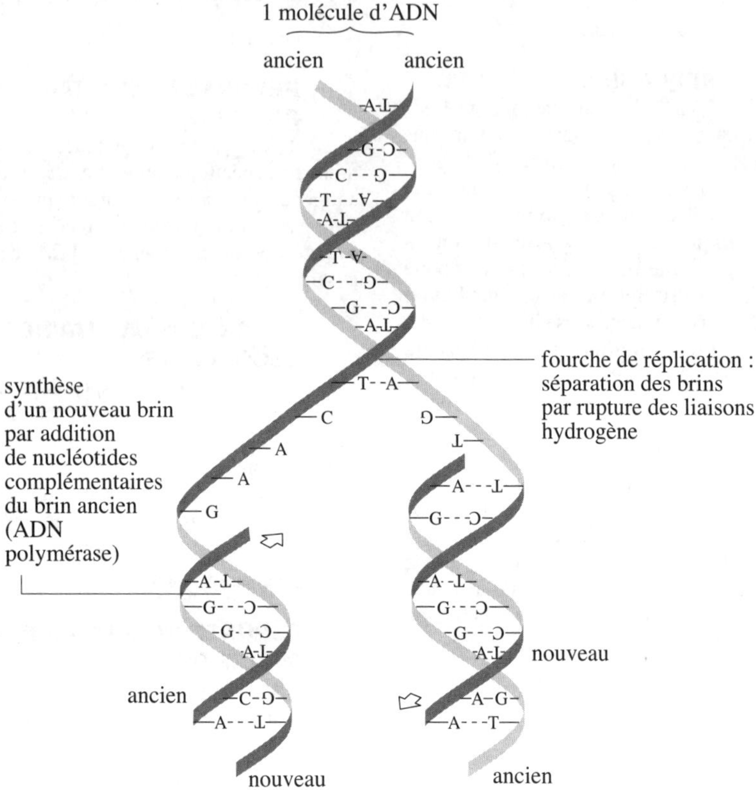

② réplication de la fibre nucléosomique vue au microscope électronique (x 220 000)

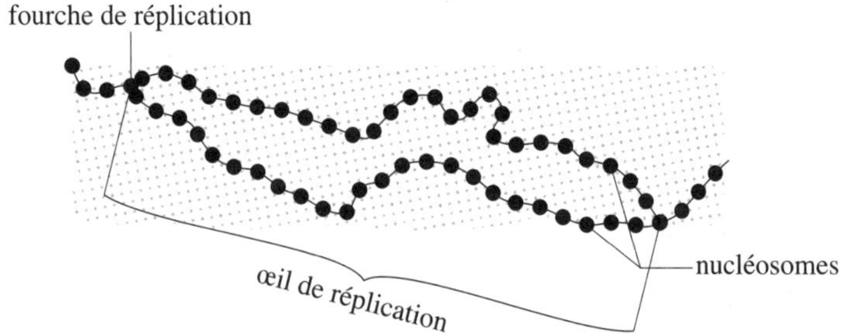

1. La réplication de l'ADN est dite semiconservative. Chacune des deux molécules formées est constituée d'un brin de la molécule initiale et d'un nouveau brin en application de la règle de complémentarité des bases (A↔T, G↔C). L'ADN polymérase est une enzyme qui sert de catalyseur lors de l'élaboration du nouveau brin.

Réponse immunitaire

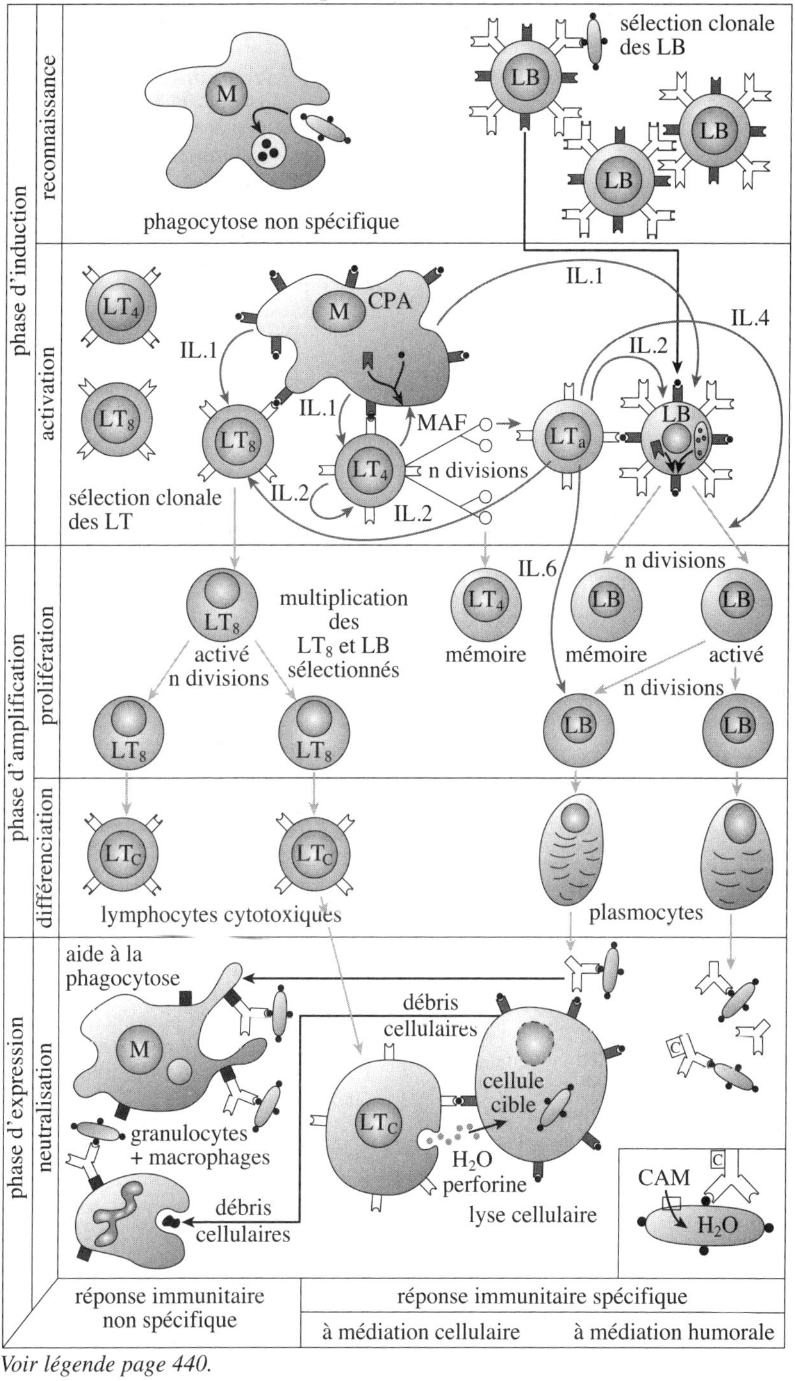

Voir légende page 440.

M : macrophage - LB : lymphocyte B - CPA : cellule présentatrice d'antigènes
LT_4 : lymphocyte T_4 - LT_8 : lymphocyte T_8 - LT_a : lymphocyte auxiliaire
LT_C : lymphocyte T cytotoxique - MAF : Macrophage activating factor

antigènes du CMH
anticorps
récepteurs Fc
protéine du complément
CAM complexe d'attaque membranaire
récepteurs T
peptide étranger / antigène du CMH } soi modifié
perforines
bactérie
déterminant antigénique

REPRÉSENTATION SOMATOTOPIQUE

Neurobiol. - Localisation sur les hémisphères cérébraux des aires qui interviennent dans la motricité volontaire et dans la sensibilité générale. Ces localisations donnent lieu à la réalisation d'un homoncule.

→ ***Homoncule moteur, Homoncule sensitif, Somesthésie.***

RÉPRESSEUR *n. m.*

Génét. - Protéine régulatrice qui se fixe sur l'**opérateur** et qui empêche la transcription de se faire en bloquant l'accès au site de fixation de l'ARN polymérase.

→ ***Activateur, Opéron.***

REPRODUCTION

Bot., Zool. - Formation de nouveaux êtres vivants. La reproduction est l'une des trois propriétés fondamentales de la **Vie**.

→ ***Reproduction asexuée, sexuée.***

REPRODUCTION ASEXUÉE

Bot., Zool. - Capacité que possède un individu isolé à donner naissance à un ou plusieurs descendants qui lui sont génétiquement identiques à l'exception des mutations pouvant survenir au cours des **mitoses** successives.

→ ***Clone, Multiplication végétative.***

REPRODUCTION CONFORME

Biol. - Reproduction d'une cellule ou d'un organisme dans lequel les descendants ont la même **information génétique** que l'unique parent. La reproduction asexuée, la mitose sont des reproductions conformes.

REPRODUCTION SEXUÉE

Bot., Zool. - Reproduction faisant intervenir la **méiose** et/ou la **fécondation**.

→ ***Gamète, Parthénogenèse.***

REPRODUCTION VÉGÉTATIVE

Bot., Zool. - Reproduction ne faisant pas intervenir les organes reproducteurs.

→ ***Bouturage, Marcottage, Multiplication végétative, Reproduction asexuée.***

REPTILES *n. m. pl.*

Zool. - « Classe » de Vertébrés fondamentalement terrestres qui comprend actuellement plus de 7 100 espèces (Crocodiles, Tortues, Lézards, Serpents). Les Reptiles se caractérisent par une température corporelle variable, une peau sèche et imperméable et par un développement embryonnaire qui s'effectue dans un œuf, l'**œuf amniotique**, qui n'est pas pondu dans l'eau, à l'inverse de celui des **Amphibiens**. L'acquisition de ces **adaptations** il y a quelque 340 Ma a permis aux Reptiles de coloniser l'ensemble des milieux chauds et secs de la Terre. Parmi les Reptiles fossiles, on trouve en milieu marin les Plésiosauriens et les Ichtyosauriens, et en milieu aérien les Ptérosauriens. Bien que considérés comme étant des Reptiles, les **Dinosaures** s'en écartent par la possession de membres parasagittaux (membres dressés) et par leur probable homéothermie. On admet

RÉTROCONTRÔLE NÉGATIF

Physiol. ani. - Rétroaction dans laquelle l'augmentation de la valeur de la variable à réguler doit être compensée par une diminution de la valeur du facteur qui provoque son augmentation, ce qui a pour effet de stabiliser cette dernière. Dans le cas de la régulation du taux des **gonadostimulines** hypophysaires, l'augmentation de la quantité d'**œstradiol** dans la première partie de la **phase folliculaire** entraîne une chute du taux des gonadotrophines hypophysaires. Chez la femelle ovariectomisée ou ménopausée, ce rétrocontrôle n'existe pas, les taux de **folliculostimuline** et de **LH** sont supérieurs à ceux de la femelle fertile. Chez le mâle, l'augmentation du taux de **testostérone** entraîne une diminution du taux de LH (syn. *Feed-back* négatif, Rétroaction négative).

⟶ ***Boucle de régulation, Cycle ovarien, GnRH, Phase folliculaire.***

Voir figure page 444.

RÉTROCONTRÔLE POSITIF

Physiol. ani. - Rétroaction dans laquelle l'augmentation de la valeur de la variable à réguler provoque également l'augmentation de la valeur de la variable qui la déclenche. Ainsi, dans un rétrocontrôle positif, la valeur du facteur déclenchant augmente en permanence. Dans le cas de la régulation du taux des **gonadostimulines** hypophysaires, l'aug-mentation de la production d'œstradiol, en liaison avec la croissance du follicule, pendant la seconde partie de la phase folliculaire entraîne, avec l'augmentation des pulses de la **GnRH**, d'une manière qui peut paraître paradoxale, une augmentation de la sécrétion des gonadotrophines hypophysaires (pic de LH) [syn. *Feed-back* positif, Rétroaction positive].

⟶ ***Boucle de régulation, Cycle ovarien, Phase folliculaire.***

RÉTROCROISEMENT *n. m.*

Génét. - syn. ***Back-cross.***

RÉTROGRADE *adj.*

Tecto.

⟶ ***Métamorphisme rétrograde.***

RÉTROTRANSCRIPTION *n. f.*

Génét. - Formation par action de la **transcriptase inverse** d'un brin d'ADNc à partir d'un ARN.

RÉTROTRANSPOSITION *n. f.*

Génét. - **Transposition** où la séquence d'ADN déplacée et insérée provient au départ d'un ARN qui a été rétrotranscrit en ADN par la **transcriptase inverse**.

RÉTROVIRUS *n. m.*

Génét. - Catégorie de Virus dont le matériel génétique est de l'ARN qui est transcrit en ADN par la **transcriptase inverse**. Le virus du SIDA et les oncovirus sont des rétrovirus. Tous les virus à ARN ne sont pas des virus à membrane plasmique comme le **VIH**.

RÊVE *n. m.*

Neurobiol. - Ensemble d'images, d'idées incohérentes, mais plus ou moins structurées les unes par rapport aux autres et qui apparaissent à l'esprit durant le **sommeil paradoxal**. La prise de conscience ne se fait que si le sujet se réveille au cours de son rêve. Les rêves traduisent souvent les désirs secrets de l'individu et les pensées qui appartiennent à son subconscient, de ce fait, leur interprétation a une grande importance en psychanalyse. Les rêves sont indispensables à l'équilibre psychique de l'organisme. Un animal privé de sommeil, et donc de rêves, devient fou et meurt.

RÉVOLUTION *n. f.*

Astron. - Mouvement périodique et régulier d'un corps céleste suivant une trajectoire définie autour d'un astre. Les **lois de Kepler** décrivent les caractéristiques des mouvements des planètes autour du Soleil.

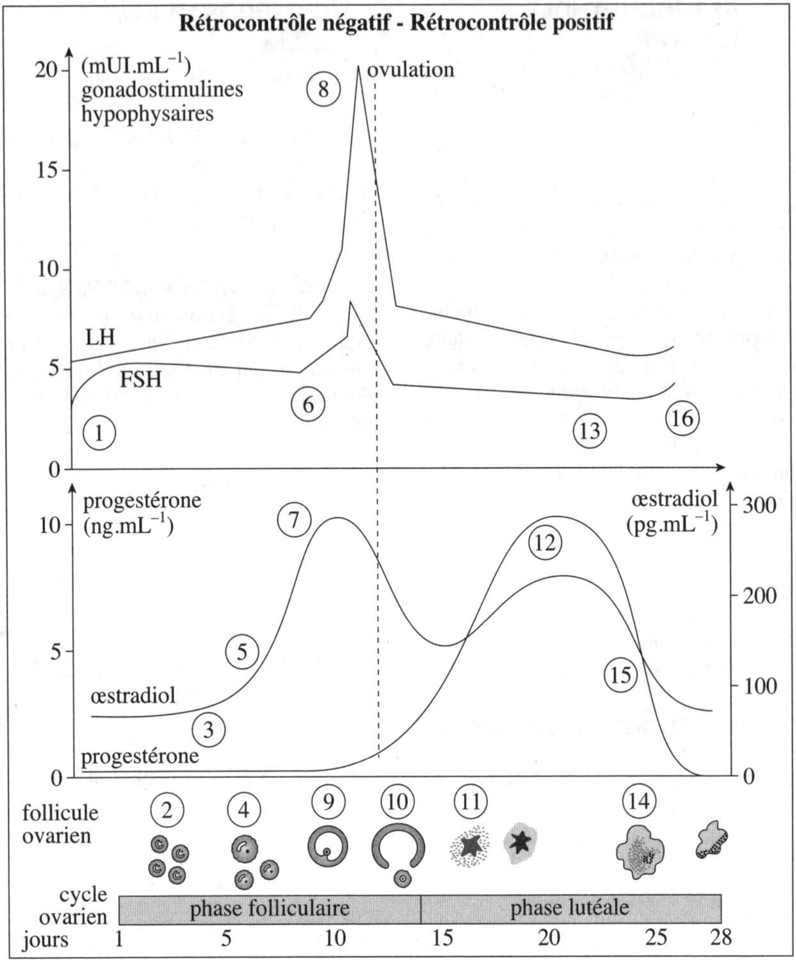

1. Au début d'un cycle ovarien, il y a peu d'œstradiol circulant, ce qui induit l'augmentation de la production de folliculostimuline (FSH) et de LH. **2.** Ces gonadostimulines entraînent le développement de plusieurs follicules tertiaires. **3.** Ces follicules produisent de plus en plus d'œstradiol. **4.** Parmi ceux-ci, un follicule devient dominant, les autres régressent. **5.** La multiplication des cellules de la granulosa et de la thèque interne entraîne une augmentation de la quantité d'œstradiol. **6.** L'œstradiol exerce alors un rétrocontrôle négatif sur la folliculostimuline. **7.** L'augmentation de la taille du follicule dominant est responsable du pic d'œstradiol. **8.** Ce pic d'œstradiol est maintenant responsable du pic de LH (rétrocontrôle positif de l'œstradiol sur la GnRH). **9.** L'ovocyte II bloqué en prophase I de méiose poursuit sa division jusqu'au stade ovocyte II bloqué en métaphase II grâce au taux de LH. **10.** Le taux de LH déclenche l'ovulation. **11.** Les cellules folliculaires se chargent d'un pigment jaune, le follicule devient le corps jaune. **12.** Ce dernier produit de l'œstradiol et de la progestérone. **13.** Ces hormones ovariennes exercent un rétrocontrôle négatif sur la LH et la FSH dont les concentrations chutent. **14.** Faute de ces gonadostimulines, le corps jaune régresse. **15.** La régression du corps jaune entraîne une diminution de la sécrétion d'œstradiol et de progestérone. **16.** Ces faibles concentrations en hormones ovariennes stimulent la production des gonadotrophines hypophysaires.

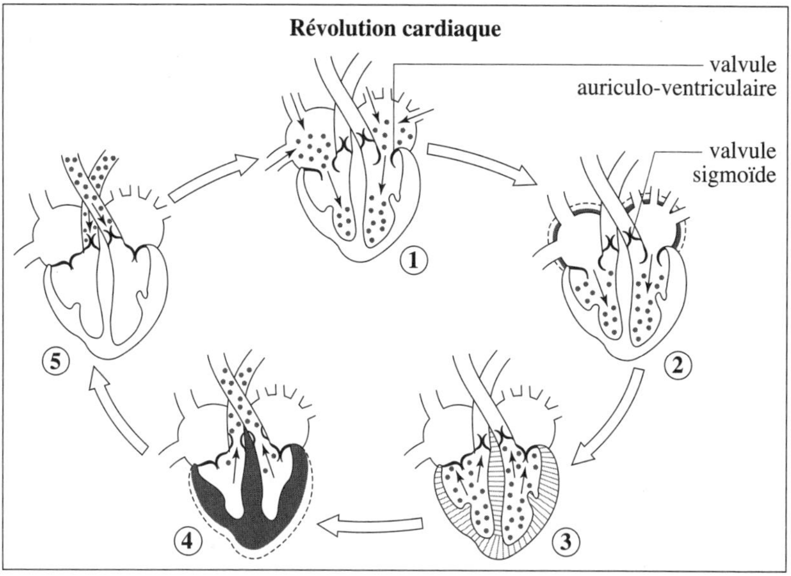

1. Diastole : relâchement général du cœur durant lequel le cœur se remplit, les valvules auriculo-ventriculaires étant ouvertes.
2. Systole auriculaire : les oreillettes se contractent, le sang est chassé dans les ventricules.
3. Les valvules auriculo-ventriculaires et les valvules sigmoïdes sont fermées, les ventricules se contractent.
4. Systole ventriculaire : les valvules sigmoïdes s'ouvrent, le sang est chassé des ventricules vers les artères (aorte et artères pulmonaires).
5. Relâchement généralisé, les valvules sigmoïdes se ferment.

RÉVOLUTION CARDIAQUE

Physiol. ani. - Cycle des contractions rythmiques du cœur. Le cycle ou révolution cardiaque commence par une phase de remplissage des **oreillettes** et des **ventricules**, c'est la diastole qui dure 0,4 s durant laquelle l'ensemble du muscle cardiaque est relâché. Elle est suivie d'une phase de contraction des oreillettes, c'est la systole auriculaire qui dure 0,1 s, puis d'une phase de contraction des ventricules suivie d'une phase d'éjection du sang dans les artères, c'est la systole ventriculaire d'une durée de 0,3 s.

→ ***Électrocardiogramme.***

RF

Endocrino. Sigle anglais de *Releasing Factor*. Désigne une molécule produite par l'**hypothalamus** et qui agit sur l'**antéhypophyse**, mais qui n'est pas encore caractérisée à l'inverse d'une **libérine** (RH).

RH

Endocrino. Sigle anglais de *Releasing Hormone.*

syn. ***Libérine.***

RHÉSUS *n. m*

Immuno.

→ ***Facteur Rhésus.***

RHIZOBIUM *n. m.*

Agric., Bot., Microbiol. - Genre de Bactéries fixatrices d'azote possédant de la leghémoglobine fixant de l'O_2.

RHIZODERME *n. m.*
Bot. - syn. ***Assise pilifère.***

RHIZOGENÈSE *n. f.*
Bot. - Formation et mise en place des racines à partir du **péricycle**. La rhizogenèse est contrôlée par les proportions d'**auxines** et de **cytokinines**.

RHIZOME *n. m.*
Bot. - Tige souterraine vivace portant des feuilles écailleuses et des racines. Le rhizome produit régulièrement de nouvelles pousses aériennes.

→ ***Tubercule.***

RHIZOSPHÈRE *n. f.*
Bot., Écol. - Partie du sol qui est pénétrée par les racines des plantes. Les racines libèrent de grandes quantités de molécules organiques favorables à la **microflore** du sol.

RHODOPSINE *n. f.*
Biochim., Neurobiol. - Pigment visuel des **bâtonnets**, de couleur pourpre, qui s'accumule dans les disques des segments externes. La rhodopsine se forme à partir de la vitamine A qui est convertie en rétinal 11-cis qui se combine alors avec une protéine, l'opsine. Les pigments des **cônes** fonctionnent sur le même principe, mais les opsines sont de trois types (théorie trichromatique). Par exemple, la lumière jaune stimule les cônes rouges et verts, mais si les cônes rouges sont plus stimulés que les verts, c'est de l'orange qui est détecté, si tous les cônes sont stimulés avec la même intensité, c'est du blanc ou des gris qui sont détectés (syn. Pourpre rétinien).

RHUME DES FOINS
Méd. - Rhinite allergique et saisonnière provoquée par les différents pollens qui se comportent comme des **allergènes**. Le rhume des foins se manifeste par un écoulement nasal, des salves d'éternuements, la turgescence de la muqueuse nasale souvent accompagnée de conjonctivite, de toux, de pharyngite, voire d'**asthme**. Les rhinites non saisonnières sont dues aux poussières, aux poils d'animaux, aux **Acariens**.

RHYOLITE *n. f.*
Pétrol. - Roche magmatique effusive, visqueuse, de teinte claire, riche en **verre** et pauvre en **microlites** et en **phénocristaux**. Les rhyolites sont riches en silice et contiennent des feldspaths, des amphiboles et de la biotite. La roche holocristalline ayant la même composition chimique que la rhyolite est un **granite**. Les rhyolites forment des dômes, des aiguilles et des coulées courtes.

RHYTIDOME *n. m.*
Bot. - Partie externe d'un tronc qui tombe régulièrement. Le rhytidome est formé par du **périderme**, du phloème, voire des parenchymes, c'est-à-dire tous les tissus isolés du phloème secondaire fonctionnel par un **phellogène** profond.

RIBONUCLÉOPROTÉINE *n. f.*
Génét. - Protéine étroitement associée à une ou plusieurs séquences d'ARN (**télomérase**).

RIBOSE *n. m.*
Biochim. - Sucre en C_5 présent dans les nucléotides constituant l'ARN.

→ ***Désoxyribose.***

RIBOSOME *n. m.*
Biol. cell. - Structure intracellulaire, constituée de **protéines** et d'**ARNr** qui forme le site d'assemblage des **acides aminés** en **chaîne polypeptidique**, selon un ordre défini par la séquence de nucléotides de l'ARNm. Le ribosome contient le ***site A*** sur lequel se fixe l'ARNt portant l'acide aminé qui vient allonger la chaîne polypeptidique et un ***site P*** dans lequel se trouve cette dernière. Au cours de la traduction, les ribosomes se déplacent de trois bases le long de l'ARNm (translocation du ribosome) qui est en cours de traduction. Chez les **Procaryotes** et exceptionnelle-

ment chez les Eucaryotes, les ribosomes se fixent directement sur l'**ARNm** en train d'être transcrit sur l'ADN.

→ ***Liaison peptidique, Nucléole, Polysome, Synthèse des protéines.***

RIBOZYME *n. m.*

Génét. - Molécule d'ARN possédant une activité enzymatique comme certaines séquences d'ARN provenant de la transcription d'**introns** qui s'excisent elles-même d'un ARNpm sans aucune intervention enzymatique.

→ ***Splicéosome.***

RIBULOSE-DIPHOSPHATE (RUDI-P) *n. m.*

Biochim., Éner. - Sucre à 5 atomes de carbone (C_5) du stroma qui fixe le CO_2 par l'intermédiaire d'une **carboxylase** (rubisco) au cours du **cycle de Calvin**.

→ ***Photosynthèse, Réactions non-photochimiques.***

RICHTER

Sismo., Tecto.

→ ***« Échelle » de Richter.***

RIDE OCÉANIQUE

Tecto.

→ ***Dorsale océanique.***

RIFT *n. m.*

Tecto. - Déchirure de la **croûte terrestre** qui se matérialise par un fossé d'effondrement, parcouru par de nombreuses fissures éruptives. Le *rift* est limité sur les côtés par des bords surélevés provenant de fractures parallèles à son axe. Les *rifts* peuvent être continentaux (fossé Rhénan, *rifts* Est-africains) ou océaniques, ils sont situés alors au sommet des **dorsales océaniques**. Schématiquement, on distingue les *rifts* passifs et les *rifts* actifs suivant la cause première de l'origine de la fracture continentale.

→ ***Accrétion océanique, Rifting, Tectonique des plaques.***

RIFTING *n. m.*

Tecto. - Processus de formation d'un **rift**, c'est le stade initial de l'ouverture d'un **océan**. Certains rifts, comme le fossé Rhénan, ont arrêté leur développement alors que d'autres le poursuivent (rifts d'Islande, rifts Est-africains). **1.** Le rifting actif est déclenché à l'aplomb d'un **panache** chaud (courant de convection ascendant) de matériel mantellique, dont l'origine se situe peut-être à la transition noyau externe-manteau (couche D"). Ce panache entraîne un bombement topographique de plusieurs centaines de kilomètres de diamètre de la croûte, suivi par l'étirement et la rupture de la plaque sus-jacente. Cette étape est caractérisée par l'apparition de **failles normales**, de blocs basculés et du **graben**. Au cours de ces deux premières étapes, le volcanisme est particulièrement développé. Il correspond d'abord à la fusion des matériaux de la croûte continentale sous l'effet de la chaleur du panache, puis passe progressivement à une composition plus mantellique. Dans ce modèle, la rupture de la lithosphère continentale et l'ouverture océanique qui peut lui succéder sont les conséquences de l'impact du panache sur la lithosphère. **2.** Le rifting passif est déclenché par l'apparition de tensions opposées au sein d'une même lithosphère continentale. Ainsi, celle-ci est étirée et amincie ce qui crée un fossé d'effondrement entre les deux bords du rift en formation, puis il y a un bombement qui rehausse le rift provoqué par la diminution de la pression lithosphérique sur l'asthénosphère sous-jacente qui remonte ; cette phase est associée à un volcanisme modéré. Dans ce modèle, les causes de la formation d'un rift passif sont à rechercher loin de la zone de déchirure : subduction d'un des bords de la plaque sous l'effet de son propre poids (subduction spontanée), collision continentale avec expulsion latérale de fragments de lithosphère hors de la zone de collision, divergence de deux **cellules de convection**.

RISQUE GÉNÉTIQUE

Génét., Méd. - Situation dans laquelle un couple désirant avoir des enfants possède une probabilité supérieure à la normale de mettre au monde un enfant présentant une anomalie héréditaire existant dans une ou dans les deux familles.

RISS

Glaciol.

Troisième glaciation du Quaternaire repérée dans les régions alpines, la glaciation de Riss s'est déroulée de 300 000 à 120 000 ans. Elle est séparée de la glaciation suivante par l'interglaciaire Riss-Wurm qui a duré 40 000 ans.

ROCHE *n. f.*

Pétrol. - Matériau constituant l'écorce terrestre. Les roches sont formées par l'assemblage d'unités élémentaires, les minéraux, qui donnent à l'ensemble ses caractéristiques et ses propriétés. Le plus souvent, les minéraux sont reliés entre eux et forment un ensemble dur (caillou, pierre, galet), plastique (argile...), meuble (sable), voire liquide (pétrole) ou gazeux. On classe les roches de plusieurs manières différentes, mais suivant leur origine, on distingue les **roches magmatiques**, les **roches sédimentaires** et les **roches métamorphiques**.

→ ***Minéral.***

ROCHE ARGILEUSE

Pétrol. - **Roche sédimentaire**, tendre et rayable à l'ongle, fragile à l'état déshydraté, contenant plus de 50 % de minéraux argileux, auxquels s'ajoutent d'autres éléments d'origine diverse et qui sont à l'origine d'argiles calcaires et d'argiles sableuses (argilite).

→ ***Minéral argileux.***

ROCHE BIOCLASTIQUE

Pétrol. - syn. ***Roche biodétritique.***

ROCHE BIODÉTRITIQUE

Pétrol. - **Roche détritique** dont les fragments constitutifs sont des débris provenant de squelettes ou de tests d'organismes vivants (syn. Roche bioclastique).

ROCHE BIOGÈNE

Pétrol. - **Roche sédimentaire** dont les éléments constitutifs sont formés par des **fossiles** ou des fragments de fossiles reliés entre eux par un ciment. La craie, les calcaires coquilliers sont des roches biogènes.

ROCHE CORNÉENNE

Pétrol. - Roche du **métamorphisme de contact**, la plus proche de la source de chaleur. Les roches cornéennes sont caractérisées par leur dureté, leur aspect compact, leur texture massive, leur fine granulation et l'absence de schistosité.

ROCHE DÉTRITIQUE

Pétrol. - **Roche sédimentaire** composée pour au moins 50 % de débris rocheux provenant de l'érosion des continents. Suivant la taille des débris les composant, on définit les rudites, les arénites et les lutites.

→ ***Granoclassement.***

ROCHE ENDOGÈNE

Pétrol. - Roche dont les matériaux constitutifs proviennent de l'intérieur de la Terre. Les **roches magmatiques** sont des roches endogènes.

ROCHE EXOGÈNE

Pétrol. - Roche dont les matériaux constitutifs proviennent de la surface terrestre, les **roches sédimentaires** sont des roches exogènes.

ROCHE GRENUE

Pétrol. - **Roche magmatique** dont tout le volume est formé par un assemblage de cristaux parfaitement visibles à l'œil nu. Une roche grenue provient du refroidissement très lent d'un magma (gabbro, granite).

→ ***Holocristallin.***

ROCHE MAGASIN

Pétrol. - syn. ***Roche réservoir.***

ROCHE MAGMATIQUE

Pétrol. - Roche issue de la cristallisation plus ou moins rapide d'un **magma**. On distingue : des roches totalement cristallisées (= **roches plutoniques**) issues d'un magma qui s'est refroidi lentement en profondeur (**granite**, **gabbro**, **péridotite**) [1] ; des roches partiellement cristallisées (= **roches volcaniques**) constituées de cristaux plus ou moins gros (pyroxènes, plagioclases) s'étant formés au cours d'un refroidissement lent en profondeur et noyés dans une pâte (**basalte, andésite**) [2] ; et des **roches microlitiques** formées de petits cristaux (**microlites**) noyés dans un verre provenant d'un refroidissement rapide en surface [3]. Les roches magmatiques forment la majeure partie des croûtes continentales (**granodiorite**) et océanique (basalte, gabbro). La vitesse de refroidissement conditionne leur structure. Ainsi, lors d'un refroidissement rapide, les différents minéraux constitutifs d'un magma n'ont pas le temps de s'assembler en cristaux de grande taille, la roche produite après solidification est homogène dans son volume. Si elle est formée de microcristaux ou microlites visibles uniquement au microscope, elle est de structure vitreuse ou microlitique. Ces roches peu cristallisées sont dites volcaniques ou effusives. À l'inverse, si le refroidissement est lent, les ions ont le temps de s'assembler pour former des cristaux parfaitement visibles, la roche est grenue ou holocristalline, elle est dite plutonique ou intrusive. Entre ces deux extrêmes, représentés respectivement par les basaltes et les granites, on trouve toute une série d'intermédiaires de roches plus ou moins cristallisées (hémicristallines). Pour un magma de même composition chimique, suivant le degré de cristallisation, on obtient trois types de roches : **roche grenue**, **roche microgrenue**, **roche microlitique**. Ainsi, pour un magma riche en silice (acide) et en feldspaths alcalins, le refroidissement très lent conduit à une roche formée uniquement de gros cristaux (taille supérieure au millimètre), la roche est dite grenue, c'est un granite. Si le refroidissement est un peu moins lent, les cristaux sont plus petits, la roche est un microgranite, si les cristaux visibles à l'œil nu sont quasiment inexistants, la roche est une rhyolite. Pour un magma pauvre en silice et riche en plagioclases, on obtient après refroidissement lent un gabbro (roche grenue), moins lent, un microgabbro (roche microgrenue), ou un basalte lors d'un refroidissement très rapide (roche microlitique).

——► ***Cristal, Cristallisation fractionnée, Hémicristallin, Holocristallin.***

ROCHE MÈRE

Pétrol. - **1.** Roche qui, à la suite d'une altération physico-chimique et/ou biologique, s'est plus ou moins désagrégée et a fourni les éléments constitutifs d'un sol. Dans une coupe de sol, la roche mère fragmentée est désignée par C, et par R quand elle est intacte. Si la roche mère est un sable quartzeux, le sol sera un podzol pauvre en humus, si elle est de nature calcaire, elle sera surmontée par un sol brun riche en humus. **2.** Roche qui a été érodée mécaniquement et qui a libéré les éléments détritiques à l'origine d'un sédiment. **3.** Roche où se sont formés les hydrocarbures (pétrole, gaz).

ROCHE MÉTAMORPHIQUE

Pétrol. - Roche provenant de la transformation d'une roche à l'état solide à la suite de son arrivée dans de nouvelles conditions de pression et/ou de température. Ce **métamorphisme** s'accompagne de la disparition de minéraux dits antémétamorphes et de l'apparition de nouveaux minéraux, ainsi que de la modification de sa texture. La classification des roches métamorphiques est complexe, elle tient compte de la nature de la roche antémétamorphe, de l'apparition de minéraux dits du métamorphisme, de l'importance des transformations.

——► ***Auréole de métamorphisme, Géobaromètre, Géothermomètre.***

ROCHE MICROGRENUE

Pétrol. - **Roche magmatique** formée par l'assemblage de cristaux de petite dimension noyés dans une pâte qui n'apparaît pas cristallisée. Les roches microgrenues proviennent de roches magmatiques qui ont subi un refroidissement rapide (bordure de pluton, filon).

ROCHE MICROLIT(H)IQUE

Pétrol. - **Roche magmatique** qui ne présente pas de cristaux visibles à l'œil nu. L'observation au microscope montre que sa structure est formée de petites baguettes, les microlites, en général constituées de feldspaths. Les roches microlitiques proviennent de magma ayant cristallisé relativement rapidement.

ROCHE PLUTONIQUE

Pétrol. - Roche provenant du refroidissement d'un magma n'ayant pas atteint la surface. Les roches plutoniques sont des roches entièrement cristallisées (holocristallines) qui forment des intrusions, ou **plutons**, dans des terrains sédimentaires qu'ils métamorphisent plus ou moins. Les granites sont des roches plutoniques.

→ ***Massif granitique, Métamorphisme de contact, Tectonique des plaques.***

ROCHE RÉSERVOIR

Pétrol. - Couche de roches sédimentaires imprégnées d'hydrocarbures et constituant les réserves de ces combustibles fossiles (syn. Roche magasin).

ROCHE SALINE

Pétrol. - syn. ***Évaporite.***

ROCHE SÉDIMENTAIRE

Pétrol. - Roche formée à la surface de la Terre. Les roches sédimentaires ne représentent que 5 % du volume de la **croûte terrestre**, mais couvrent 75 % de sa surface. Elles sont formées à la suite du transport et du dépôt de matériaux (sédiments, molécules) ayant appartenu à d'autres roches, qui vont subir une transformation ou **diagenèse**. En l'absence de phénomènes tectoniques, les couches sédimentaires se déposent les unes au-dessus des autres et sont donc les témoins et les produits du temps. Les roches sédimentaires détritiques sont formées par l'agglomération de fragments de roches préexistantes, liés, le plus souvent entre eux par un ciment. Les roches sédimentaires physico-chimiques et biogènes proviennent, dans des conditions de pression et de température régnant à la surface du globe, de la précipitation de molécules et de sédiments en suspension. Les roches détritiques sont classées en fonction de la taille des grains les constituant, les roches biogènes et physico-chimiques en fonction de leur nature chimique (carbonatée, siliceuse, saline, phosphatée, ferrugineuse) et de la taille des grains les constituant.

→ ***Fossile, Fossilisation, Sédiment, Sédimentation, Roche biodétritique, détritique, Stratigraphie.***

ROCHE VITREUSE

Pétrol. - Roche non cristallisée, comme l'obsidienne, provenant du refroidissement très rapide d'un **magma**. Dans les roches microlitiques et microgrenues, une partie du magma n'a pas eu le temps de cristalliser, il forme une matrice vitreuse plus ou moins importante qui entoure les cristaux.

→ ***Roche microgrenue, Roche microlit(h)ique, Verre.***

ROCHE VOLCANIQUE

Pétrol. - Roche formée à partir de **lave** émise par un **volcan** et s'étant solidifiée en partie à la surface de la lithosphère. Les roches volcaniques sont des **roches magmatiques** qui se refroidissent en général rapidement et, de ce fait, ne sont pas entièrement cristallisées, elles sont en général formées par des phénocristaux issus d'une cristallisation lente en profondeur (réservoir magmatique, chambre magmatique) noyés dans une pâte microlitique ou vitreuse provenant d'un refroidissement rapide en surface.

→ ***Cristal, Cristallisation fractionnée, Phénocristal, Verre.***

ROLANDO

Neurobiol.

→ ***Scissure de Rolando.***

ROTATION DES CULTURES

Agric. - Pratique culturale qui consiste à ne pas semer les mêmes espèces chaque année dans les mêmes champs afin d'éviter l'épuisement de certains sels minéraux.

→ ***Jachère.***

ROUGE DE CRÉSOL

Biochim. - Colorant qui permet de suivre l'évolution de la teneur en CO_2 d'un milieu. En l'absence de CO_2, le rouge de Crésol est rouge, à l'air ambiant, il est rose, dans un air enrichi en CO_2, il est jaune.

RU 486 *n. m.*

Endocrino. - Molécule contragestive fabriquée par Russel-Uclaf, d'où le nom. Le RU 486 est une **anti-hormone** qui se fixe sur les mêmes récepteurs que ceux de la **progestérone** mais ne provoque pas son effet. Sa structure est très proche de celle de la progestérone. Comme cet analogue ne transmet pas de signaux aux cellules cibles, l'utérus ne se prépare pas à la nidation. L'embryon est alors privé de nutriments et meurt. Il se détache et part avec les débris de la muqueuse utérine.

→ ***Contragestion.***

RUBÉFACTION *n. f.*

Climato., Pédol. - Rougissement d'un sol lors d'un réchauffement climatique à la suite de l'oxydation du fer présent. La rubéfaction est un phénomène classique lors des périodes interglaciaires.

RUBISCO *n. f*

Biochim., Éner.

→ ***Carboxylase.***

RUDI-P

Biochim., Éner. - Sigle de **Ribulose-diphosphate**.

RUDITE *n. f.*

Pétrol.

→ ***Granulométrie.***

RUT *n. m.*

Physiol. ani. - syn. ***Œstrus.***

RYTHME BIOLOGIQUE

Neurobiol. - Résultat de la variation dans l'intensité ou la nature de l'activité d'un organisme, d'un organe, d'un tissu, ou d'une cellule. Un rythme biologique se caractérise par différents paramètres. La période est l'intervalle de temps qui s'écoule entre deux manifestations identiques du phénomène rythmique ; dans les rythmes circadiens, la période est de 24 heures (alternance veille-sommeil), dans les rythmes ultradiens (battements cardiaques, ventilation pulmonaire, sécrétions glandulaires), la période est plus courte et dans les rythmes infradiens, elle est supérieure (cycle menstruel…). En conséquence, il est possible de représenter la variation du paramètre considéré comme une fonction sinusoïdale. On distingue alors un pic où le facteur est à sa valeur maximale et un creux où il est à sa valeur minimale. La période est donc l'intervalle de temps séparant deux pics ou deux creux. L'amplitude d'un rythme circadien se définit comme la moitié de la variabilité autour de la valeur moyenne calculée à partir des valeurs des creux et des pics. L'***acrophase*** correspond à l'étendue de la variation (c'est-à-dire aux différentes valeurs rencontrées pour des individus sains, placés dans les mêmes conditions), on la représente par un intervalle de confiance qui regroupe 95 % des valeurs observées pour les pics et les creux.

→ ***Horloge biologique interne, Mélatonine, Synchroniseur.***

S

SABLE *n. m.*

Pétrol. - **1.** Élément constitutif d'une **roche détritique** dont le diamètre est compris, suivant les classifications, de 100 à 200 µm à 2 mm. **2.** S'emploie aussi pour désigner les grains de quartz formant les dunes et les plages.

⟶ ***Granulométrie.***

SAC VITELLIN

Embryo. - **Annexe embryonnaire** formée par de l'entoblaste et du mésoblaste. Le sac vitellin entoure les réserves nutritives de l'œuf et permet leur utilisation au cours du développement embryonnaire. Le sac vitellin se rencontre essentiellement dans l'œuf des Amniotes.

SACCHAROSE *n. m.*

Biochim. - **Diholoside** non **réducteur** constitué par la liaison avec élimination d'une molécule d'eau entre le glucose et un de ses isomères, le fructose. La formule brute est $C_{12}H_{22}O_{11}$. Le saccharose n'est l'intermédiaire d'aucune réaction métabolique et il est transporté sans être modifié. C'est le sucre de table qui est très abondant dans la **sève élaborée** de la Canne à sucre, de l'Érable et dans la racine de la Betterave sucrière. Il est hydrolysé par une enzyme spécifique appelée sucrase ou invertase (syn. Sucrose).

SALPINGITE *n. f.*

Méd. - Inflammation de la **trompe de Fallope** ou de la trompe d'Eustache.

SANG *n. m.*

Physiol. ani. - Tissu liquide de l'organisme qui agit en plus comme moyen de transport. Il est contenu dans le système circulatoire et propulsé par les contractions du cœur. Le sang est composé par des cellules, les **globules rouges**, les **leucocytes** et les **plaquettes sanguines** baignant dans une phase liquide, le **plasma** sanguin. Le sang transporte aux cellules les nutriments et le dioxygène, et évacue les déchets du métabolisme vers les organes excréteurs. Le sang véhicule les **hormones** et intervient dans l'**immunité**. Le sang hématosé est transporté dans les artères, dans le cœur gauche et les veines pulmonaires. Il est relativement riche en dioxygène (19,5 %). Le sang carbonaté est transporté dans les veines, le cœur droit et les artères pulmonaires. Il est pauvre en dioxygène (13,5 %) et riche en dioxyde de carbone (54 %).

SAPROPHYTE *n. m.*

Écol. - Végétal, plus souvent **Champignon**, qui se développe dans des milieux riches en matière organique morte qu'il transforme par digestion en nutriments. Les saprophytes assurent le recyclage de la matière organique. Ce sont des décomposeurs.

⟶ ***Saprophytisme.***

SAPROPHYTISME *n. m.*

Écol. - État d'un végétal qui consomme de la **matière organique** morte (litière, pain, fumier, papier…). Ces végétaux sont très importants dans le recyclage de la matière organique, mais ils deviennent très gênants quand ils s'attaquent aux réserves alimentaires. La croûte blanche des fromages de type « camembert » est formée par le **mycélium** de Champignons saprophytes.

SARCOME DE KAPOSI

Méd. - **Cancer** du tissu conjonctif. Le sarcome de Kaposi est une des **maladies opportunistes** associée au SIDA.

SARCOMÈRE *n. m.*

Biol. cell. - Unité de base de la **myofibrille**. Le sarcomère est constitué de **myofilaments** d'actine et de myosine. Il est délimité par deux stries Z.

→ ***Fibre musculaire.***

SATELLITE *n. m.*

Astron. - Corps, en général sphérique, tournant autour d'une planète (la Lune est un satellite de la Terre). Un satellite artificiel est un engin spatial placé sur une orbite analogue à celle d'un satellite naturel. **1.** Un satellite à défilement est en orbite à environ 500 km d'altitude et se déplace par rapport au sol. En raison de la rotation de la Terre, la trace au sol, c'est-à-dire la projection de sa trajectoire, se translate régulièrement vers l'ouest, au cours de ses révolutions successives. Le satellite à défilement balaie l'ensemble du globe avec les capteurs et les radars embarqués. **2.** Un satellite géostationnaire est en orbite à 36 000 km d'altitude et de ce fait tourne à la même vitesse que la Terre. Ils apparaissent donc immobiles et observent en continu, au moyen de radiomètres et de radars embarqués, une région géographique donnée. Les satellites de communication et météorologiques sont de ce type.

SAUMÂTRE *adj.*

Écol. - Qualifie une eau dont la teneur en sels est intermédiaire entre celle de l'eau de mer et celle de l'eau douce. Les eaux des deltas, des estuaires et des lagunes sont saumâtres.

SAUVAGE *adj.*

Génét. - Désigne un organisme qui possède la forme fonctionnelle du **gène** à l'opposé d'un **mutant** qui possède un **allèle** plus ou moins défectueux. Par convention, on associe à l'abréviation de la mutation le signe + pour désigner l'allèle sauvage. Ainsi, chez la Drosophile, vg^+ correspond à l'allèle sauvage dont le mutant a pour effet de produire un **phénotype** à ailes vestigiales vg. Le terme sauvage s'emploie aussi bien pour le **génotype** que pour le phénotype.

SCANNER *n. m.*

Neurobiol. - Appareil utilisé pour réaliser une **tomodensitométrie**.

SCHISTE *n. m.*

Pétrol. - **Roche métamorphique** ayant acquis une **schistosité** sous l'effet de **contraintes tectoniques**. Ces schistes se débitent plus ou moins facilement en feuillets soit à la suite d'une fracturation, soit à cause d'une orientation des cristaux de la roche parallèlement au **plan de clivage**. Les schistes ardoisiers, à grains fins, à la surface lisse et homogène, de couleur noire ou gris foncé avec plus ou moins de reflets, sont très peu métamorphisés et ceux qui se débitent facilement fournissent les ardoises. Les schistes du **métamorphisme** général de faible intensité se caractérisent par des recristallisations minérales formant des cristaux visibles à l'œil nu. Sous l'effet d'un métamorphisme plus intense, les schistes se transforment en **micaschistes**, puis en **gneiss**.

SCHISTE BLEU

Pétrol., Tecto. - Roche métamorphique provenant de la transformation de roches basiques (basalte, gabbro, amphibolite) dans un contexte de haute pression et basse température dans une zone de **subduction** ou au cours d'une collision continentale. Le faciès des schistes bleus correspond aux roches qui ont subi ce type de **métamorphisme prograde**, elles contiennent du **glauco-**

phane, du **grenat**, de l'**épidote** voire de la **jadéite** quand la pression est plus importante.

SCHISTE VERT

Pétrol. - Roche métamorphique à **chlorite** et à **actinolite** provenant de la transformation de roches basiques comme les **basaltes** et les **gabbros** d'une croûte océanique. Ces transformations se déroulent à des températures comprises entre 150 et 450 °C. C'est un métamorphisme de basse pression (inférieure à 1 GPa) et basse température qui se poursuit avec l'augmentation de la valeur de ces paramètres et plus particulièrement de la pression qui conduit au faciès des **schistes bleus**. Le faciès des schistes verts correspond aux roches qui ont subi ce type de métamorphisme. En dehors des zones de subduction, le faciès des schistes verts s'observe dans la croûte océanique (**hydrothermalisme**) conduisant à la formation de chlorite et d'**épidote** dans le **complexe filonien**.

SCHISTOSITÉ *n. f.*

Pétrol. - Feuilletage en plans parallèles, plus ou moins serrés de certaines roches. Ces plans sont des zones de fragilité où la roche se casse en feuillets homogènes plus ou moins minces. Les feuillets obtenus sont d'autant plus fins que le grain de la roche est de faible diamètre. Il existe deux types principaux de schistosité : à faible profondeur, des plans de fracture avec dissolution de matière sous pression affectent la roche, on parle de schistosité de fracture [1], à plus grande profondeur, il y a réorientation de certains minéraux (micas…), on parle de schistosité de flux [2].

→ ***Foliation.***

SCHIZOZOÏTE *n. m.*

Zool. - Stade de multiplication asexuée de l'**Hématozoaire du paludisme**, d'abord dans les cellules hépatiques, puis dans les hématies. Ces multiplications asexuées (schizogonies) conduisent à l'éclatement synchrone de ces cellules à l'origine des poussées de fièvre.

SCHWANN

Neurobiol.

→ ***Cellule de Schwann.***

SCINTIGRAPHIE *n. f.*

Méd. - Technique de visualisation d'un organe qui nécessite l'utilisation d'un radio-isotope émetteur de rayons γ détectés ensuite par une caméra. Dans certains cas, la scintigraphie permet de mettre en évidence les variations du débit sanguin, ce qui, associé à un code de couleur, indique les régions les plus actives d'un organe. L'inconvénient de cette méthode réside dans la vision d'une structure tridimensionnelle sur une surface plane.

SCISSURE DE ROLANDO

Neurobiol. - Sillon séparant le lobe frontal du lobe pariétal de chaque hémisphère cérébral.

SCISSURE DE SYLVIUS

Neurobiol. - Sillon séparant le lobe temporal des lobes frontal et pariétal de chaque hémisphère cérébral.

SCISSURE INTERHÉMISPHÉRIQUE

Neurobiol. - Sillon séparant les deux hémisphères cérébraux (syn. Sillon interhémisphérique).

→ ***Scissures de Rolando, Sylvius.***

SCLÉRENCHYME *n. m.*

Bot. - Tissu de soutien formé de cellules mortes à paroi épaisse entièrement **lignifiée**. Le sclérenchyme se trouve essentiellement dans les organes primaires sous forme de **fibres** allongées et de **sclérites**.

SCLÉRITE *n. f.*

Bot. - Cellule morte des parenchymes, de forme irrégulière, mais plutôt ramassée dont la paroi est fortement lignifiée et garnie de **ponctuations**.

SCLÉROSE *n. f.*
Méd. - Durcissement d'un organe à la suite de celui du tissu conjonctif le constituant.

→ ***Artériosclérose.***

SCLÉROTIQUE *n. f.*
Anat. - Membrane épaisse (1 mm) constituée d'un tissu fibreux à disposition en contreplaqué. La sclérotique délimite l'extérieur de l'**œil** et sert de points d'attache aux muscles oculomoteurs. En avant de l'œil, elle est recouverte par la **cornée**.

SCORBUT *n. f.*
Méd. - Affection provoquée par un déficit en vitamine C (acide ascorbique) dû à une carence de l'alimentation. Le scorbut se traduit par de la fièvre, une anémie, des hémorragies, une gingivite grave allant jusqu'à la perte des dents. L'acide ascorbique intervient comme coenzyme dans la formation du collagène, dont les fibres sont responsables de l'ancrage des dents aux gencives.

SCORIE *n. f.*
Volcano. - Fragment de **lave** projeté par un volcan ou apparaissant à la surface d'une coulée. La scorie se caractérise par sa texture vacuolaire, poreuse, une faible densité, et par la présence de pointes et d'arêtes.

→ ***Pouzzolane.***

SCOTOME *n. f.*
Méd. - Lacune dans le champ visuel due à l'insensibilité de certaines régions de la rétine ou à une lésion partielle du nerf optique.

SCOTOPIQUE *adj.*
Physiol. ani. - Qualifie la vision nocturne due aux **bâtonnets**.

SECOND MESSAGER
Biol. cell., Endocrino. - Molécule ou ion libéré dans la cellule en réponse à la fixation d'une hormone sur un de ses récepteurs membranaires spécifiques. Par exemple, le **glucagon**, en se fixant sur les récepteurs des cellules du foie, active une enzyme, l'adényl-cyclase, qui transforme l'ATP en AMP cyclique, qui active une enzyme favorisant l'hydrolyse du glycogène en glucose qui est ensuite libéré, d'où l'effet hyperglycémiant de cette hormone.

SECONDAIRE *n. m*
Strati.

→ ***Échelle stratigraphique.***

SÉCRÉTION *n. f.*
Biol. cell. - Molécules ou fluide produit et sécrété par des cellules ou des glandes. Ces éléments sont synthétisés par une cellule, à partir de précurseurs, d'une ou de plusieurs substances chimiques que la cellule n'utilise pas pour elle-même et qu'elle libère généralement dans le milieu extracellulaire. On distingue des cellules ou glandes à sécrétion interne (**endocrine**) et des cellules ou glandes à sécrétion externe (**exocrine**).

→ ***Neurosécrétion.***

SÉCRÉTION PULSATILE
Endocrino., Neurobiol.
- Sécrétion d'hormones ou de neurohormones se faisant de manière discontinue. Ces ***pulses*** se caractérisent par la quantité d'hormone libérée et par la fréquence de leur sécrétion.

→ ***GnRH, LH, Pace(-)maker.***

SÉDATIF *n. m.* ou *adj.*
Neurobiol. - Molécule dont l'action diminue le fonctionnement d'un organe.

SÉDIMENT *n. m.*
Sédiment., Strati. - Accumulation par dépôt de particules de taille variable ayant subi, indépendamment les unes

des autres, un transport ou provenant de la précipitation des ions et des minéraux d'un liquide. Ces matériaux proviennent soit de l'érosion de roches anciennes, soit résultent d'une activité biologique (accumulation de coquilles...). Après avoir été transportés et déposés, les sédiments gorgés d'eau subissent des transformations ou **diagenèse** sous l'effet du poids de ceux accumulés au-dessus, ils perdent alors leur eau, les particules se lient entre elles, le sédiment meuble devient une **roche sédimentaire** dure.

→ ***Fossile, Sédimentation.***

SÉDIMENTAIRE *adj.*
Sédiment., Strati.

→ ***Bassin, Roche sédimentaire.***

SÉDIMENTATION *n. f.*
Sédiment., Strati. - Ensemble des étapes conduisant à la formation de **sédiments**. Suivant la nature du lieu où les sédiments se déposent, on distingue des sédimentations marines, des sédimentations lagunaires, des sédimentations continentales. Si la zone de dépôt est de grande étendue et que les sédiments se déposent durant une longue période, il s'agit d'un **bassin sédimentaire**, il est alors possible de mesurer la vitesse de sédimentation.

SÉDIMENTOLOGIE *n. f.*
Sédiment. - Étude des roches sédimentaires et des conditions dans lesquelles elles se sont formées.

SEGMENT *n. m.*
Embryo. - Unité du corps de l'embryon tardif (de la Drosophile) constituée par la partie postérieure (compartiment) du **parasegment** *n* et la partie antérieure du parasegment *n* + 1.

SEGMENT INITIAL
Neurobiol. - Région du neurone située entre le corps cellulaire et l'axone où naissent les potentiels d'action (syn. Cône axonique).

SEGMENTATION *n. f.*
Embryo. - Première étape de l'**embryogenèse** caractérisée par de nombreuses divisions qui découpent le volume de l'œuf en de nombreuses petites cellules de plus en plus petites, les blastomères (l'embryon est alors appelé **morula**). La segmentation laisse le volume de l'œuf inchangé, elle se termine au stade **blastula**.

SÉGRÉGATION *n. m.*
Génét. - Processus qui produit la séparation de deux éléments. Ainsi, lors des divisions cellulaires, il y a ségrégation des chromosomes.

→ ***Disjonction, Méiose, Mitose.***

SÉISME *n. m.*
Sismo. - Libération soudaine d'**énergie** provoquant à la surface terrestre des secousses. On distingue des séismes tectoniques dus au rejeu d'une **faille** [1] ; des séismes volcaniques provoqués par des montées de magma [2] ; des séismes d'effondrement résultant de l'écroulement d'une cavité [3]. Cette énergie est libérée essentiellement sous forme de chaleur (70 %), mais aussi sous forme d'**ondes** élastiques qui se propagent dans toutes les directions de l'espace et sont responsables des mouvements de la surface terrestre (tremblements de terre). Le séisme naît en profondeur en un point appelé hypocentre ou foyer, à sa verticale, au niveau de la surface se trouve l'épicentre. En fonction de la profondeur du foyer, on distingue des séismes superficiels (foyer entre 0 et 60 km), des séismes intermédiaires (60 à 300 km) et des séismes profonds (de 300 à 700 km). La répartition des séismes tectoniques marque la limite entre les **plaques lithosphériques**. Les dorsales océaniques présentent des séismes à foyers superficiels, alors que les zones de subduction sont marquées en plus par des séismes à foyers intermédiaires et profonds qui définissent un **plan de Wadati-Benioff**. Pour caractériser un séisme, on définit sa magnitude qui est une mesure de l'éner-

gie libérée par la secousse ; elle correspond au logarithme de l'amplitude A (en mm) des ondes de surface mesurées à 100 km de l'épicentre sur un sismographe donné. Cette « échelle » ou magnitude de Richter n'est pas bornée, la magnitude maximale connue est de 8,7. Un séisme de magnitude sept libère dix à trente fois plus d'énergie qu'un séisme de magnitude six. L'intensité d'un séisme, en un lieu donné est une échelle graduée de I à XII qui définit l'importance des dégâts, qui diminuent quand on s'éloigne de l'épicentre d'un séisme (syn. Tremblement de Terre).

→ ***Intensité d'un séisme, Magnitude d'un séisme, Rebond élastique, Tectonique des plaques.***

SEL GEMME

Pétrol.

→ ***Évaporite.***

SÉLECTION CLONALE

Immuno. - Sélection, puis prolifération, de certains lymphocytes qui possèdent les récepteurs membranaires complémentaires (**récepteur B** ou **récepteur T**) d'un déterminant antigénique spécifique ou du soi modifié. Ces quelques lymphocytes, au départ présents dans l'organisme à un millier (?) d'exemplaires, se multiplient et donnent un clone dont toutes les cellules expriment les mêmes récepteurs de surface spécifiques (B ou T).

→ ***Réponse immunitaire.***

Voir figure page 458.

SÉLECTION MASSALE

Évol., Génét. - Choix des reproducteurs dans une **population** fondé sur le fait que les individus choisis sont ceux qui présentent le meilleur développement du caractère intéressant.

→ ***Caractère qualitatif, quantitatif.***

SÉLECTION NATURELLE

Évol., Génét. - Avantage pris par certains **génotypes** par diminution relative de la fécondité et/ou de l'espérance de vie d'autres génotypes de la **population**, sous l'influence de facteurs du milieu.

→ ***Avantage sélectif, Darwinisme, Évolution.***

SÉLECTION NÉGATIVE

Immuno. - syn. ***Délétion clonale.***

SÉLECTION POSITIVE

Immuno. - Conservation des lymphocytes T qui sont capables de reconnaître les antigènes du CMH, mais pas les auto-antigènes et des lymphocytes B qui ne reconnaissent pas les antigènes du soi.

→ ***Apprentissage du soi.***

SÉLÉNIQUE *adj.*

Astro. - Qui se rapporte à la Lune.

SELS MINÉRAUX

Physiol. vég. - Composé chimique dans lequel l'(les)hydrogène(s) d'un acide a (ont) été remplacé(s) par un métal. Les sels se forment par l'action d'un acide (H_2SO_4, HNO_3, HCl, H_3PO_4) sur des bases. En milieu aqueux, ces sels se dissocient en ions (sulfates, nitrates, chlorures, phosphates) qui sont absorbés par les racines des végétaux.

SEMENCE *n. f.*

Agric., Bot. - **Graine**, **fruit** ou partie de fruit qui participent soit naturellement, soit à la suite de l'intervention de l'Homme, à la dissémination d'une espèce végétale.

SEMI-DOMINANT *adj.*

Génét.

→ ***Allèles semi-dominants.***

SEMI-PERMÉABLE *adj.*

Physiol. - syn. ***Hémiperméable.***

SÉNESCENCE *n. f.*

Physiol. - Processus physiologique du **vieillissement** se traduisant par un affaiblissement et un ralentissement des fonctions vitales.

Sélection clonale des lymphocytes B

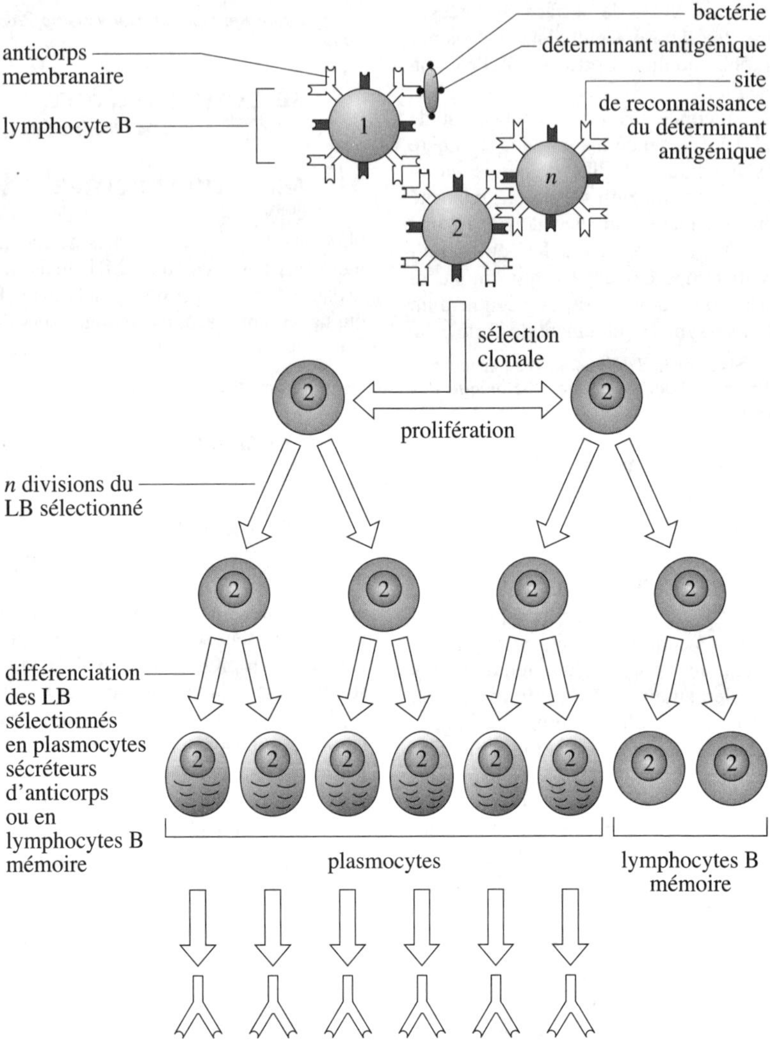

Seuls les quelques lymphocytes B possédant les récepteurs B (= anticorps membranaires) complémentaires du déterminant antigénique sont sélectionnés, ils deviennent des lymphocytes B activés qui se multiplient un grand nombre de fois avant de se différencier en plasmocytes sécréteurs d'anticorps ou de se transformer en lymphocytes B mémoire.

SENS *n. m.*

Neurobiol. - **Sensibilité** qui permet de percevoir des impressions conscientes, c'est-à-dire des **sensations**. Les cinq sens classiques sont : la vue, l'ouïe, l'odorat, le goût et le toucher.

SENSATION *n. f.*

Neurobiol. - Phénomène psychophysiologique par lequel un **stimulus** externe ou interne a un effet conscient sur l'être vivant. La sensation consiste en une **intégration** des différentes **informations** sensorielles et à leur confrontation aux souvenirs, ce qui permet la reconnaissance et la représentation du milieu extérieur ainsi que des rapports qu'entretient le corps avec celui-ci.

→ ***Perception, Sens, Sensibilité.***

SENSIBILISATION *n. f.*

Immuno. - **1.** Action de rendre un tissu, un organe capable de réagir de manière spécifique au contact d'un antigène, d'un agent physique ou chimique. **2.** Dans le cas de l'**hypersensibilité**, la sensibilisation correspond à la production d'IgE spécifiques d'un allergène. Ces IgE se lient à un **mastocyte** et, dans le cas d'un contact ultérieur avec le même allergène, libèrent de l'histamine.

→ ***Allergie.***

SENSIBILITÉ *n. f.*

Neurobiol. - Propriété d'un être vivant de réagir aux variations du milieu extérieur ou intérieur par des **sensations**. La sensibilité est la capacité que possède le système nerveux à recevoir, à analyser et à intégrer les **stimuli**, et d'être ainsi informé des particularités des milieux extérieur ou intérieur.

→ ***Excitabilité, Extéroceptif, Intéroceptif, Perception.***

SENSIBILITÉ PROFONDE

Neurobiol. - Sensibilité des viscères ou intéroceptive.

SENSIBILITÉ SUPERFICIELLE

Neurobiol. - Sensibilité tégumentaire ou extéroceptive.

SENSIBLE *adj.*

Neurobiol. - Doué de sensibilité.

SENSITIF *adj.*

Neurobiol. - Relatif aux **sens**, à la **sensibilité**, aux **sensations**. Qualifie aussi un organe (récepteur ou organe **sensoriel**) capable de transformer un **stimulus** interne ou externe en un message nerveux et de l'acheminer vers un centre nerveux où il est analysé. *Exemple* : nerf sensitif.

SENSORIEL *adj.*

Neurobiol. - Relatif aux organes des **sens** et aux **sensations**. *Exemples* : récepteurs sensoriels, organes sensoriels.

→ ***Sensitif.***

SÉPARATION ISOTOPIQUE

Phys. - Tri des différents isotopes d'un même élément avec un spectrographe de masse.

→ ***Fractionnement isotopique.***

SEPTUM *n. m.*

Anat. - Paroi du cœur qui le sépare en un **cœur droit** qui reçoit du sang veineux et un **cœur gauche** qui reçoit du sang qui a été hématosé dans les poumons.

SÉQUENCE *n. f.*

Biochim., Évol., Génét. Ordre d'enchaînement d'éléments constitutifs d'un **polymère** (protéines, acides nucléiques) formé par des unités non identiques.

→ ***Acide aminé, Information génétique, Nucléotide, Structure I.***

SÉQUENCE NUCLÉOTIDIQUE

Biochim., Évol., Génét. - Ordre d'enchaînement des nucléotides, c'est la structure primaire d'un acide nucléique (ADN, ARN).

SÉQUENCE SÉDIMENTAIRE

Sédiment. - Ensemble de couches sédimentaires séparé à la base et au sommet par une discordance.

SÉREUX *adj.*

Physiol. ani. - Qualifie un liquide qui ressemble au sérum sanguin.

SÉRIE ALCALINE

Pétrol., Volcano. - Qualifie une **série volcanique** de nature basaltique qui se forme à partir d'une fusion partielle faible du manteau (quelques pour cent) au-dessus des points chauds et des amincissements crustaux distensifs.

SÉRIE CALCO-ALCALINE *adj.*

Pétrol., Volcano. - Qualifie une **série volcanique** de nature basaltique des zones de subduction où le taux de fusion partielle du manteau est variable ainsi que l'importance de la contamination crustale. Comme le nom l'indique les roches de cette série (andésites) sont riches en Ca^{2+}, Na^{+} et K^{+} (avec $Na^{+} > K^{+}$). Ces roches sont à l'origine de la croûte continentale (syn. Série orogénique, série andésitique).

SÉRIE MAGMATIQUE

Pétrol.. Volcano. - Ensemble de roches qui proviennent de la **cristallisation fractionnée** d'un **magma** originel.

SÉRIE SHOSHONITIQUE *adj.*

Pétrol., Volcano. - Qualifie une série volcanique de nature basaltique apparaissant dans les zones de subduction.

SÉRIE THOLÉIITIQUE

Pétrol., Volcano. - Qualifie une série volcanique de nature basaltique produite dans les zones de divergence de plaques (dorsales), mais aussi dans les zones intraplaques océaniques (**points chauds**) ou continentales (**trapps**), dans les zones de **subduction** juvénile du côté de la fosse et dans les **bassins d'arrière-arc**. Les basaltes tholéiitiques ou tholéiites proviennent d'une fusion partielle importante du **manteau** supérieur. Suivant le contexte tectonique, on distingue : **1.** Les tholéiites des dorsales (***MORB** : Mid Ocean Ridge Basalt*) provenant de la fusion partielle (30 %) à faible profondeur du manteau supérieur appauvri, elles constituent l'essentiel des planchers océaniques. **2.** Les tholéiites d'arc (***IAB** : Intra Island Basalt*) provenant de la fusion à moyenne profondeur d'un coin du manteau hydraté dans une subduction continentale ou océanique. **3.** Les tholéiites des **plateaux océaniques** (***OIB** : Ocean Island Basalt*) qui se forment par fusion partielle (5 %) d'un manteau plus profond (panache), elles recouvrent les ***MORB*** et sont à l'origine des alignements d'îles océaniques. **4.** Les tholéiites continentales, à forte contamination crustale, sont à l'origine des trapps.

SÉRIE VOLCANIQUE

Pétrol., Volcano. - Ensemble des différentes roches volcaniques qui se sont formées au cours d'une courte période de temps à l'échelle géologique (dizaines de milliers d'années), dans une même région (quelques centaines de kilomètres carrés) et dans le même contexte tectonique (même magma d'origine). On distingue 5 **séries** volcaniques : **tholéiitique, calco-alcaline** ou orogénétique, transitionnelle, **alcaline** et **shoshonitique**.

SÉRIQUE *adj.*

Physiol. ani. - Qui se rapporte au **sérum sanguin**.

SÉROCONVERSION *n. f.*

Immuno. - Passage de la **séronégativité** à la **séropositivité**. Apparition d'anticorps spécifiques après une première infection. Dans le cas de la contamination par le VIH, le délai d'apparition des anticorps en quantité suffisante pour être détectés par le **sérodiagnostic** peut s'étendre jusqu'à trois mois.

SÉRODIAGNOSTIC *n. m.*

Immuno. - Recherche de l'agent causal d'une maladie infectieuse par la mise en évidence des anticorps spécifiques dans le sang d'un patient. Le **test ELISA** est un sérodiagnostic. Il existe des tests ELISA spécifiques pour différents antigènes.

→ ***Dépistage, Séronégativité, Séropositivité.***

SÉRONÉGATIVITÉ *n. f.*

Immuno. - État d'un organisme dans lequel on ne détecte pas les anticorps spécifiques d'un antigène donné.

→ ***Sérodiagnostic, Test ELISA.***

SÉROPOSITIVITÉ *n. f.*

Immuno. - État d'un organisme qui présente dans son sang les anticorps spécifiques d'un antigène donné.

→ ***Sérodiagnostic, Test ELISA.***

SÉROTHÉRAPIE *n. f.*

Immuno. - Méthode de soin consistant à injecter des anticorps spécifiques d'un antigène, produits par un autre individu, voire une autre espèce, à un patient qui est victime de ces mêmes antigènes. Le traitement des envenimations se fait souvent par sérothérapie (syn. Immunothérapie, Transfert d'immunité).

→ ***Sérum thérapeutique.***

SÉROTONINE *n. f.*

Immuno., Neurobiol.

- Neurotransmetteur dérivé de l'acide aminé tryptophane. La sérotonine est fabriquée par plusieurs noyaux gris du tronc cérébral. Elle est aussi produite par les neurones du raphé, elle intervient dans l'endormissement. La sérotonine est aussi produite par les mastocytes (cellules du système immunitaire) et provoque la vasoconstriction des artérioles.

SÉROTONINERGIQUE *adj.*

Neurobiol. - Qualifie un neurone qui produit de la sérotonine.

SÉRO-VACCINATION *n. f.*

Immuno. - Injection combinée d'un **sérum thérapeuthique** provenant d'un animal ou d'un individu immunisé contre un antigène spécifique et d'un **vaccin** dirigé contre ce même antigène, dans le but d'obtenir rapidement par le premier une **immunité** passive transitoire, par le second, une immunité active plus durable.

SERPENTINE *n. f.*

Minér. - Silicate provenant de l'altération par l'eau ou le **métamorphisme** de l'**olivine** et de certains pyroxènes.

→ ***Serpentinisation.***

SERPENTINISATION *n. f.*

Pétrol. - Transformation exothermique des olivines et des pyroxènes des péridotites en serpentine, à différentes pressions, à des températures comprises entre 400 et 800 °C, par l'eau de mer circulant dans les zones fracturées de l'axe des dorsales. À la surface, la serpentinisation est totale et diminue avec la profondeur pour s'arrêter vers 7 km de profondeur.

→ ***Hydrothermalisme.***

SERRE, EFFET DE

Écol. - Phénomène atmosphérique par lequel les couches inférieures de l'atmosphère absorbent le rayonnement infrarouge émis par la Terre et retiennent la chaleur, augmentant ainsi la température de la basse atmosphère. Ce piégeage d'énergie, appelé effet de serre, est provoqué principalement par des gaz, dits à effet de serre, comme le dioxyde de carbone, le méthane, la vapeur d'eau et l'ozone qui absorbent les rayons infrarouges et retiennent la chaleur comme le font les vitres d'une serre qui empêchent une partie de l'énergie accumulée derrière elles, durant le jour, de s'échapper durant la nuit. Si la Terre ne possédait pas de gaz à effet de serre sa température moyenne serait de – 18 °C alors qu'elle est de 15 °C. Au rythme annuel des émissions, un doublement de la concentration en dioxyde de carbone se produira vers 2 030-40 provoquant, selon le modèle, une augmentation de la température moyenne de 2 à 5° C avec des effets plus marqués pour les moyennes et hautes latitudes de l'hémisphère Nord (aridification, fonte des calottes glaciaires).

SERTOLI

Endocrino.

→ ***Cellule de Sertoli.***

SÉRUM SANGUIN

Immuno. - Partie liquide du sang (**plasma**) dépourvue des différentes cellules et des plaquettes sanguines, ainsi que de la fibrine et des différentes protéines responsables de la coagulation.

SÉRUM THÉRAPEUTIQUE

Immuno. - Sérum sanguin provenant d'un individu (animal ou humain) **immunisé** contre un antigène spécifique, il contient des anticorps spécifiques et peut être utilisé en traitement préventif ou curatif.

→ ***Sérothérapie.***

SEUIL *n. m.*

Neurobiol. - Valeur minimale de l'intensité d'une stimulation nécessaire pour obtenir une réponse d'une cellule excitable.

→ ***Infraliminaire, Supraliminaire, Valeur seuil.***

SÈVE *n. f.*

Physiol. vég. - L'ensemble des liquides circulant dans les **tissus conducteurs** d'une plante. En fonction de sa composition, de la nature des tissus dans lesquels elle circule, on distingue une **sève brute** et une **sève élaborée**.

SÈVE BRUTE

Physiol. vég. - Solution aqueuse puisée dans le sol. La sève brute contient de l'eau qui passe dans les racines par **osmose** et des ions minéraux qui diffusent ou sont pompés par transport actif. La sève brute circule dans la plante dans les vaisseaux du bois (**xylème**), compte tenu de son sens de déplacement, elle est aussi qualifiée de sève ascendante.

SÈVE ÉLABORÉE

Physiol. vég. - Solution aqueuse formée dans les feuilles, la sève élaborée se forme par accumulation de la matière organique (**saccharose**, acides aminés) provenant de l'**assimilation chlorophyllienne**. Elle utilise des conduits appelés **tubes criblés**, qui constituent le **phloème**, qui répartissent la sève élaborée dans les parties inférieures de la plante. Pour cette raison, elle est aussi appelée sève descendante. À la « mauvaise saison », les tubes criblés se bouchent, ce qui empêche le passage de la sève élaborée.

SEVRAGE *n. m.*

Méd. - Action de priver un toxicomane de sa drogue habituelle au cours d'une cure de désintoxication.

→ ***Toxicomanie.***

Physiol. ani. - Arrêt complet et définitif de l'allaitement.

SEXE *n. m*

Biol. - Ensemble des caractéristiques qui distingue les mâles des femelles. Chez certaines espèces, le sexe est entièrement déterminé par le génotype, chez d'autres (tortues marines, crocodiles), la température à laquelle se développent les œufs est déterminante. Le sexe génotypique est celui défini par le caryotype. Le sexe est celui qui apparaît par examen des caractères sexuels primaires et secondaires.

SEX-RATIO *n. m.*

Biol. - Rapport du nombre de mâles pour 100 femelles dans la population. Dans l'espèce humaine, le *sex-ratio* varie en fonction de l'âge des individus comparés (naissance, adolescence, âge mûr, troisième âge) des pays. Il naît plus de garçons que de filles, mais la mortalité chez les mâles est plus importante probablement à cause de l'absence de loci homologues dans le chromosome Y qui fait qu'un allèle muté peu ou pas fonctionnel n'est pas compensé par l'allèle normal.

SEXUALITÉ *n. f.*

Génét. - Ensemble des processus à l'origine du transfert d'ADN entre génomes.

→ ***Parasexualité, Transformation bactérienne.***

SICKLÉMIE *n. f.*

Génét., Méd.

→ ***Drépanocytose.***

SIDA *n. m.*

Méd. - Sigle de Syndrome d'Immuno Déficience Acquise. Destruction des défenses immunitaires d'un individu par le **VIH**. Ce virus s'attaque essentiellement aux **lymphocytes T4** et aux **macrophages**, ce qui conduit, avec la diminution de leur nombre, à une baisse de l'efficacité des défenses immunitaires. Celle-ci s'accompagne du développement de **maladies opportunistes** mortelles et de cancers (**sarcome de Kaposi**, lymphomes). Le sujet contaminé par le sang ou le sperme est dit ***séropositif*** (pour le virus), cet état peut durer plusieurs années avant que le système immunitaire ne perde son efficacité. Si l'individu séropositif ne possède pas de signes de son infection, il est dit asymptomatique ou ***porteur «sain»***. Avec le temps, et la diminution progressive des LT4 (ils passent d'environ 1 000 à 600-400/mm^3) et/ou que les LT4 deviennent moins nombreux que les LT8, les premières manifestations du SIDA apparaissent : poussées de fièvre à répétition, diarrhées, amaigrissement, hypertrophie des ganglions, elles constituent le ***pré-SIDA***. Quand le nombre de LT4 tombe au-dessous de 200/mm^3, les maladies opportunistes se développent et entraînent rapidement la mort du sujet. On a d'abord cru que la destruction des LT4 était simplement due à leur éclatement quand les virus se multiplient. Maintenant, d'après des études *in vitro*, on pense que la mort massive des LT4, alors que seulement 0,01 à 0,1 % d'entre eux sont infectés, est due à un signal de «suicide collectif» libéré par les LT4 infectés. Ainsi, les LT4 non-infectés se mettent en situation de préapoptose et, lorsqu'ils rencontrent le **soi modifié** dont leur récepteur T est spécifique, s'engagent définitivement dans la voie de la mort cellulaire. D'autres hypothèses ont été avancées. Des gp120 libres peuvent se fixer sur des LT4 ou des macrophages non infectés et les transformer en cible pour le système immunitaire. Des cellules infectées peuvent fusionner avec des cellules non infectées formant de grands syncytiums multinucléés qui meurent. Le VIH est capable de déclencher l'**apoptose** des cellules du système immunitaire. 40 millions de personnes sont séropositives et 2,4 millions meurent chaque année. La contamination d'un individu se fait par les rapports sexuels où un des partenaires est déjà contaminé, par l'injection de produits sanguins infectés, par l'usage de seringues et autres instruments chirurgicaux non désinfectés et de la mère à l'enfant par le placenta. Tous les cas de contamination proviennent d'un contact entre le sang, le lait, le sperme, les sécrétions vaginales et le milieu intérieur d'un individu à travers une plaie mal cicatrisée. Il n'existe pas d'autres moyens de contamination prouvés (transmission par l'air, par simple contact, par des vecteurs animaux).

SIDÉEN *adj.*

Méd. - Qui est atteint du SIDA.

SIDÉRAL *adj.*

Astron. - Qui se rapporte aux astres.

SIDÉRITE *n. f.*

Astron. - syn. ***Météorite métallique.***

SIDÉROLITE *n. f.*

Astron. - Météorite dont la teneur en métaux (Ni, Fe) est la même que celle en silicates (olivine, pyroxène) [syn. Lithosidérite].

SIGNAL D'ERREUR

Physiol. ani. - Message émis par le **point de sommation** en direction des organes effecteurs pour ramener la variable à réguler à la valeur de son **point de consigne**.

SIGNATURE OPTIQUE, SPECTRALE

Astron., Phys. - Ensemble des valeurs prise par la **réflectance** en fonction des longueurs d'onde étudiées. La gamme de réflectance caractérise un objet (forêt de feuillus, de conifères, roches, cours d'eau, lacs…) et permet de déterminer sa nature à distance.

SILEX *n. m.*

Pétrol., Préhist. - **Roche sédimentaire** siliceuse existant sous plusieurs formes (quartz, calcédoine, opale), de couleur gris foncé se formant par précipitation de silice en solution à l'intérieur de couches calcaires. Les silex contiennent souvent des spicules d'éponges. Ils ont été utilisés par les hommes préhistoriques pour réaliser des outils tranchants.

→ ***Industrie préhistorique.***

SILICATE *n. m.*

Minér. - Minéral caractérisé par un motif tétraédrique comportant un atome de silicium tétravalent en son centre et un atome d'oxygène à chaque sommet du tétraèdre SiO_4^{4-}. Ces tétraèdres sont reliés entre eux par certains ions positifs ou par leurs atomes d'oxygène. Selon la disposition des tétraèdres, on distingue plusieurs catégories de silicate.

→ ***Feldspath, Silice.***

SILICATE D'ALUMINE

Minér. - Silicate où les tétraèdres élémentaires sont reliés entre eux par des atomes d'aluminium (Al_2SiO_5). Suivant les caractéristiques du milieu de cristallisation (pression, température), le silicate d'alumine donne naissance à des minéraux différents, c'est un minéral polymorphe qui existe sous trois états : andalousite, disthène, sillimanite. Chacun de ces états constitue un témoin des conditions thermodynamiques régnant au moment de sa formation.

→ ***Géobaromètre, Géothermomètre, Minéral du métamorphisme.***

SILICE *n. f.*

Minér. - Silicate de formule brute SiO_2 cristallisant sous différentes formes. Le principal minéral formé de silice est le ***quartz*** qui cristallise dans les **roches magmatiques** à partir d'une masse de silice supérieure à 55-60 %, il peut alors former 30 % du volume de la roche. La dureté particulière du quartz raye l'acier et le verre et son insolubilité en font un des minéraux les plus abondants dans les roches sédimentaires détritiques (sables, grès…). Ces propriétés sont dues à l'association des tétraèdres $[S_iO_4]^{4-}$ qui mettent en commun chacun de leur oxygène, ce qui donne une grande solidité aux liaisons (covalentes) et entraîne la neutralité électrique de ce cristal. Parmi les différentes variétés de quartz, on note le cristal de roche et l'améthyste. La calcédoine, l'agate, l'onyx et l'opale sont différentes variétés de silice.

→ ***Coésite, Feldspath.***

SILLIMANITE *n. f.*

Minér. - **Silicate d'alumine** rare dans les roches magmatiques mais très abondant dans les roches du **métamorphisme** régional (schistes, micaschistes, gneiss). En lumière polarisée, la sillimanite apparaît en prismes blancs, fins et allongés. La sillimanite se forme dans des conditions de cristallisation où la température dépasse 600 °C pour des pressions comprises entre 0,2 et 0,8 GPa. Elle témoigne de conditions de formation dans les profondeurs de la croûte.

→ ***Géobaromètre, Géothermomètre, Minéral du métamorphisme.***

SILLON INTERHÉMISPHÉRIQUE

Neurobiol. - syn. ***Scissure interhémisphérique.***

SILURIEN *n. m.* ou *adj.*

Strati.

→ ***Échelle stratigraphique.***

SIMIENS *n. m. pl.*

Zool. - Sous-ordre de **Primates** caractérisé par un cerveau volumineux au **cortex** plissé, une soudure complète des mandibules dans le plan de symétrie (pas de symphyse), une soudure complète des os frontaux droit et gauche, une fermeture de l'orbite par une paroi osseuse postérieure. Les Simiens ou Simiiformes sont divisés en Platyrhiniens (Singes du Nouveau Monde à queue préhensile) et en Catarrhiniens (Singes de l'Ancien Monde).

SINANTHROPUS *n. m.*

Paléont., Préhist. - Nom proposé (*Sinanthropus pekinensis*) pour des fossiles à l'aspect humain trouvés dans les environs de Pékin. Ces fossiles sont maintenant associés à l'espèce ***Homo erectus****.

SINUS CAROTIDIEN

Anat. - Zone (il existe un sinus droit et un sinus gauche) de divergence entre chaque artère carotide interne et externe qui assurent plus de 90 % de l'irrigation du cerveau. La paroi du sinus est amincie, élastique et riche en **barorécepteurs** formés par les terminaisons libres d'une branche du nerf glossopharyngien, appelée **nerf de Hering**. La présence de ces barorécepteurs assure, par voie réflexe, le maintien d'une perfusion régulière de l'encéphale.

→ ***Corpuscule carotidien, Système nerveux parasympathique.***

SINUS VEINEUX

Anat. - Cavité où confluent les veines caves antérieure et postérieure dans l'oreillette droite. Au cours de l'évolution des Vertébrés, ce sinus a été progressivement intégré à la paroi de cette oreillette et n'existe plus chez les Mammifères.

SISMICITÉ *n. f.*

Sismo. - Abondance, intensité, magnitude, profondeur des foyers des **séismes** dans une région donnée. Les régions à forte sismicité correspondent aux frontières de **plaques lithosphériques** et aux zones volcaniques avant une éruption.

→ ***Tectonique des plaques.***

SISMIQUE *n. f.*

Sismo. - Technique de prospection du sous-sol consistant à étudier les caractéristiques de **réfraction** (sismique réfraction) ou de **réflexion** (sismique réflexion) des ondes sismiques provoquées par l'explosion d'une charge.

adj. - Qui se rapporte aux séismes.

SISMOGRAMME *n. m.*

Sismo. - Enregistrement, à l'aide d'un sismographe, des mouvements du sol lors d'un tremblement de terre.

SISMOGRAPHE *n. m.*

Sismo. - Appareil destiné à enregistrer les variations des mouvements du sol lors des tremblements de terre. Le sismographe est composé d'un support solidaire du sol qui bouge lors d'un séisme et d'une masse pesante, munie d'un stylet inscripteur, dont l'inertie fait qu'elle ne se déplace pas lors du mouvement, alors que le cylindre enregistreur fixé au sol se déplace avec lui. Ainsi, il est possible de mesurer les caractéristiques des vibrations du sol. Les sismographes modernes enregistrent numériquement les vibrations du sol.

→ ***Sismogramme.***

SISMOLOGIE *n. f.*

Sismo. - Étude des tremblements de terre ou **séismes** naturels ou provoqués par des explosions, générant des ébranlements qui se transmettent dans les différentes couches du globe sous formes d'**ondes** dont les caractéristiques permettent d'étudier les propriétés des différentes couches traversées. On distingue ainsi les **ondes de volume** (ondes P, ondes S) et les **ondes de surface** (ondes de Rayleigh, ondes de Love). Les ondes P, ou ondes primaires, sont des ondes de compression-dilatation qui se propagent rapidement dans tous les milieux en déplaçant les particules parallèlement à la direction de propagation. Les ondes S, ou ondes secondes, sont des ondes de cisaillement, de distorsion, elles déplacent les particules perpendiculairement à la direction de propagation de l'onde; elles ne se propagent pas dans les milieux liquides, car ceux-ci n'offrent aucune résistance au cisaillement. Les ondes de surface sont de grande amplitude et se propagent lentement dans des milieux élastiques. Ainsi, les ondes de Love agitent la surface dans le plan horizontal, alors que les ondes de Rayleigh sont des ondes résultant d'une combinaison de pression-dilatation et de cisaillement formant une sorte de houle.

→ ***Rai sismique, Rebond élastique.***

SITE A

Biol. cell., Génét.

→ ***Ribosome.***

SITE ACTIF

Biochim. - Région d'une **enzyme** qui se lie au **substrat**. Dans le site actif, on distingue le ***site de fixation*** dont la géométrie spatiale est complémentaire de celle du substrat et le ***site catalytique*** où se fait la réaction spécifique.

→ ***Cinétique enzymatique, Complexe enzyme-substrat, Énergie d'activation.***

SITE ANTIGÉNIQUE

Immuno. - syn. ***Déterminant antigénique.***

SITE CATALYTIQUE

Biochim.

→ ***Site actif.***

SITE DE FIXATION

Biochim.

→ ***Site actif.***

SITE DE FIXATION DU COMPLÉMENT

Immuno. - Partie de la région constante des chaînes lourdes d'immunoglobines qui est dégagée quand l'anticorps fixe un antigène. Cette région est capable de se lier à une des molécules du complément en solution dans le sang et de déclencher son activation, c'est la **voie classique** d'activation du complément.

SITE DE RESTRICTION

Génét. - Zone de la molécule d'**ADN** caractérisée par une **séquence** précise de nucléotides qui se lit de la même façon de droite à gauche que de gauche à droite (**palindrome**), et qui est reconnue et coupée de manière spécifique par une **enzyme de restriction** donnée. Pour une enzyme de restriction donnée, il existe de nombreux exemplaires d'un site de reconnaissance spécifique qui permettent de découper l'ADN d'un organisme en de multiples fragments qui se caractérisent par la même séquence de nucléotides à leur extrémité. Il est alors possible de réaliser une **carte de restriction**.

→ ***Méthode de Southern.***

SITE DE TRANSDUCTION

Neurobiol. - Zone de l'extrémité d'une dendrite d'un neurone sensitif où l'énergie du stimulus est convertie en une dépolarisation proportionnelle à celle-ci, cette dépolarisation est appelée **potentiel de récepteur**.

→ ***Modulation d'amplitude, Récepteur sensoriel.***

SITE P

Biol. cell., Genét.

→ ***Ribosome.***

SLAB *n. m.*

Tecto. - Partie plongeante d'une plaque lithosphérique dans une zone de subduction actuelle ou panneau de plaque ayant déjà plongé au cours d'une subduction ancienne.

SMOW

Climato., Glaciol. - Sigle anglais de *Standard Mean Ocean Water*. Eau océanique moyenne de composition standard. Il s'agit d'un échantillon d'eau de mer dont la composition isotopique pour le deutérium, l'hydrogène, ^{18}O et ^{16}O sert de référence (étalon), pour les estimations des paléotempératures. Le rapport $^{18}O/^{16}O$ vaut 0,00193.

→ ***Inclusion gazeuse.***

SOCLE *n. m.*

Tecto. - Ensemble de grande dimension formé par des terrains très fortement plissés, souvent métamorphisés, témoignant des **contraintes tectoniques** qu'ils ont subies. Ces terrains sont essentiellement constitués de **granite** et de **gneiss** pénéplanés sur lesquels reposent, souvent en **discordance angulaire**, des couches sédimentaires ou volcaniques.

→ ***Granodiorite, Pénéplanation.***

SOI *n. m.*

Immuno. - Ensemble de tous les **déterminants antigéniques** (antigènes du CMH, **soi immunologique**, **groupes sanguins**…) que possède un individu et, en principe, contre lesquels le système immunitaire ne réagit pas, sauf en cas de **maladies auto-immunes**. Une cellule possède entre 500 000 et 1 000 000 d'antigènes du CMH sur sa membrane et une hématie environ 10 000 marqueurs du système ABO.

SOI IMMUNOLOGIQUE

Immuno. - Ensemble des antigènes du CMH associé à des peptides du soi.

SOI MODIFIÉ

Immuno. - Molécules du soi (antigènes du **complexe majeur d'histocompatibilité** de classes I et II) auxquelles les cellules présentatrices d'antigènes (CPA) associent des fragments moléculaires (petits peptides) qui proviennent de la digestion d'éléments du **non-soi** qu'elles ont phagocytés. Le soi modifié est alors placé sur la membrane des CPA où il est reconnu par des lymphocytes T4 ou T8 portant le **récepteur T** complémentaire. Les cellules infectées par des virus ou des Bactéries et les cellules cancéreuses présentent aussi du soi modifié qui est reconnu par les lymphocytes T cytotoxiques.

SOIE SENSORIELLE

Neurobiol. - Récepteur sensoriel des Insectes qui détecte des stimuli spécifiques.

→ ***Cerque.***

SOL *n. m.*

Pédol. - Partie superficielle de l'**écorce terrestre** émergée explorée par les êtres vivants. Un sol est formé par l'**altération** de la roche mère sous-jacente par les facteurs climatiques et par l'action des êtres vivants. Les restes végétaux constituent la litière qui est progressivement transformée en **humus** sous l'action conjuguée des Animaux microscopiques, des Champignons saprophytes et des Micro-organismes (Bactéries, Protozoaires). Un sol constitue donc un véritable écosystème. Un sol se caractérise par : sa texture (granulométrie) [1], sa structure (organisation des éléments constitutifs) [2], sa teneur en eau, en matières minérale et organique [3], son pH [4], son organisation verticale en **horizons**, plus ou moins parallèles à la surface [5]. Les sols sont érodés à la suite de la destruction du couvert végétal (surpâturage, déforestation, mauvaises techniques agricoles, surexploitation, industrialisation) qui favorise sa destruction par les agents atmosphériques.

→ ***Humification, Pédogenèse, Podzol, Sol brun.***

SOL BRUN

Pédol. - Sol des climats tempérés se formant dans les forêts se développant sur un substrat calcaire. La **litière** du sol brun est peu épaisse et très décomposée. L'horizon humifère est aussi peu épais. Il est formé par de l'argile mélangée à du calcaire et possède un pH neutre et des ions NO_3^-, Ca^{2+}, K^+. En revanche, l'horizon d'accumulation est épais, riche en **humus** et en calcaire. Sa couleur brune est due à la migration des composés humiques produits très rapidement par une microflore très active. À cause de la présence d'argile, les horizons superficiels retiennent l'eau et évitent le lessivage des ions nutritifs.

SOL LATÉRITIQUE

Pédol. - Sol rouge apparaissant sous les couverts forestiers des régions tropicales humides, il est pauvre en silice, qui a été lessivée, mais riche en hydroxydes de fer et d'aluminium qui lui donnent sa teinte si particulière.

SOLEIL *n. m.*

Astron. - L'étoile de notre système solaire. L'atmosphère solaire est constituée par la photosphère, la chromosphère et la couronne. Son diamètre total est de 1 392 530 km, sa masse moyenne est de $1{,}989 \cdot 10^{30}$ kg, sa masse volumique de 1,4 g/cm^3. Le Soleil est essentiellement composé d'hélium et d'hydrogène. L'hélium se forme à partir de réactions de fusion. L'énergie libérée au cours de ces réactions de fusion est dégagée sous forme de chaleur (température externe moyenne 6 000 °C) et de lumière.

→ ***Constante solaire effective, Rayonnement solaire.***

SOLIDE *n. m.*

Phys. - État de la matière dans lequel les distances entre chacun des éléments constitutifs (molécules, ions) demeurent proches de positions fixes, l'agitation thermique ne provoquant que des mouvements de faible amplitude au cours du temps. Dans la pratique, un corps à l'état solide possède une forme propre, mais est toujours plus ou moins déformable. Une roche est solide mais aussi **ductile**.

SOLIDIFICATION *n. f.*

Phys. - Passage direct d'un liquide à l'état solide.

SOLIDUS *n. m.*

Minér. - Courbe expérimentale indiquant les conditions de pression et de température dans lesquelles un minéral, une roche ou un mélange de roches à l'état liquide ou semi-liquide passe à l'état entièrement solide.

→ ***Liquidus.***

SOLIFLUXION *n. f.*

Sédimento. - Glissement de terrain le long d'une pente sous l'effet de son propre poids.

→ ***Modelé périglaciaire.***

SOLSTICE *n. m.*

Astron. - Époque de l'année où le Soleil est à son plus grand éloignement angulaire de l'équateur, c'est-à-dire à sa déclinaison maximale (solstice d'été, le 21 ou 22 juin) ou minimale (solstice d'hiver, le 21 ou 22 décembre). La longitude du Soleil est alors de 90° et 270°. Les solstices correspondent aux jours les plus longs et les plus courts et se situent au début de l'été et de l'hiver.

→ ***Équinoxe.***

SOLUTION DE LESSIVAGE

Pédol. - Liquide contenant des substances solubles ou colloïdales qui ont été entraînées par les eaux d'infiltration.

SOLUTION DU SOL

Physiol. vég. - Liquide contenu dans le sol, c'est essentiellement de l'eau et de la matière minérale en solution.

→ ***Absorption racinaire, Sève brute.***

SOLUTION NUTRITIVE

Physiol. vég. - Liquide utilisé pour les cultures hors sol. La composition est parfaitement définie suivant les besoins alimentaires des plantes et leurs périodes de développement. Le **liquide de Knop** est une solution nutritive très utilisée.

SOLUTRÉEN *n. m.* ou *adj.*

Préhist. - Deuxième **industrie préhistorique** du Paléolithique supérieur, le Solutréen (20 000-17 000 ans), décrit de la roche de Solutré en Saône-et-Loire est caractérisé par des silex taillés en forme de feuilles allongées, par des pointes à cran, des aiguilles en os, par des sculptures et des peintures rupestres. Le Solutréen a été élaboré par *Homo sapiens sapiens*.

SOMA *n. m.*

Anat. - Ensemble de toutes les cellules de l'organisme à l'exception de celles de la **lignée germinale**. Une **mutation** survenant dans ces cellules ne se transmet pas à la descendance, mais toutes les cellules issues de cette cellule mutée la possédent.

→ ***Clone, Germen, Mutation somatique.***

Neurobiol. - syn. ***Corps cellulaire.***

SOMATION *n. f.*

Génét. - syn. ***Mutation somatique.***

SOMESTHÉSIE *n. f.*

Neurobiol. - Aire corticale située en arrière de la scissure de Rolando et qui correspond à l'aire de la sensibilité primaire. La somesthésie est matérialisée par l'**homoncule sensitif**.

→ ***Représentation somatotopique.***

SOMITE *n. m.*

Embryo. - Masse issue de la métamérisation du mésoblaste dorsal des Cordés. Les somites se situent de part et d'autre de la corde. Ils sont entre autres à l'origine du derme.

SOMMATION *n. f.*

Neurobiol. - Propriété d'un neurone postsynaptique à réagir aux **potentiels postsynaptiques inhibiteurs** et aux **potentiels postsynaptiques excitateurs** provenant des différents neurones faisant des **synapses** avec lui. Si les PPS proviennent du même neurone présynaptique, la sommation est temporelle, s'ils proviennent, en même temps, de plusieurs neurones présynaptiques, elle est spatiale. Cette distinction entre sommation spatiale et sommation temporelle est pratique, mais il s'agit le plus souvent de sommation spatio-temporelle. Le corps cellulaire du neurone postsynaptique fait la somme « algébrique » des PPS, si la valeur obtenue est supérieure à la valeur seuil, un message (potentiel d'action) est émis, si elle est inférieure, aucun message n'est transmis.

→ ***Intégration.***

SOMMATION SPATIALE

Neurobiol. - Sommation, à un instant donné, de tous les potentiels postsynaptiques qui arrivent sur un neurone postsynaptique.

Voir figure page 470.

SOMMATION TEMPORELLE

Neurobiol. - Sommation, dans une région d'un neurone postsynaptique, des potentiels postsynaptiques arrivant à quelques millisecondes d'intervalle.

SOMMEIL *n. m.*

Neurobiol. - Condition physiologique, périodique et réversible, caractérisée principalement par la perte temporaire de la conscience et accompagnée d'une diminution plus ou moins importante de la **sensibilité** et d'un ralentisse-

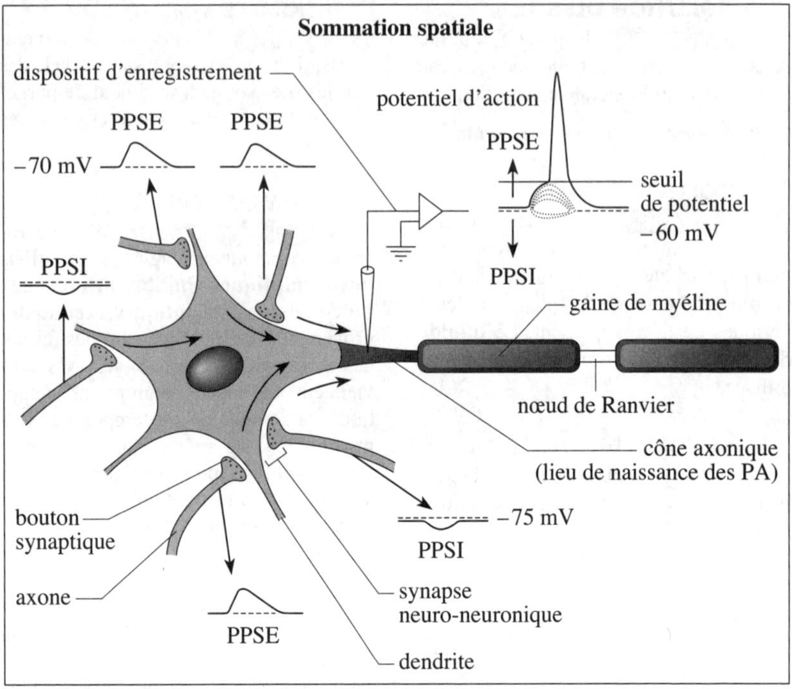

Un potentiel postsynaptique excitateur (PPSE) dont la valeur amène la membrane postsynaptique de –70 mV à –58 mV déclenche un potentiel d'action car le seuil de potentiel (–60 mV) a été franchi. En revanche, si au même instant, dans une autre synapse, arrive un potentiel postsynaptique inhibiteur (PPSI) faisant passer le potentiel de membrane de –70 mV à –75 mV, le potentiel de membrane devient : -5 + (12 – 70) mV = –63 mV et n'atteint donc pas la valeur seuil. Le neurone postsynaptique ne déclenche pas de potentiel d'action. Il a tenu compte (intégration) des deux messages arrivant simultanément sur deux synapses différentes.

ment de la plupart des fonctions organiques (rythmes respiratoire et circulatoire), d'un abaissement de la température corporelle d'environ 0,5 °C, d'une baisse des sécrétions à l'exception de celles des reins, d'un relâchement musculaire. Le sommeil correspond à un besoin vital de repos de l'organisme. Il est déclenché par la mise en repos des centres de vigilance, situés dans la formation réticulée et la mise en activité des neurones du raphé. La réalisation d'un **électroencéphalogramme** et l'enregistrement des activités musculaires des yeux ont conduit à la distinction de deux phases distinctes de sommeil qui se succèdent quatre à six fois par nuit : le **sommeil lent** (activité cérébrale lente) et le **sommeil paradoxal** (activité cérébrale rapide) pendant lequel se déroulent les **rêves**. Chaque cycle dure entre 1 h 30 et 2 h, une courte période d'éveil dont le dormeur ne se souvient pas sépare deux cycles successifs.

→ ***Hypnogramme, Veille.***

SOMMEIL LENT

Neurobiol. - Sommeil caractérisé par un **électroencéphalogramme** dont les ondes sont ralenties progressivement par rapport à celles enregistrées quand le sujet est en période de **veille**. Le sommeil lent comprend une phase de sommeil léger (stade I, stade II) où le dormeur est facilement réveillé par des stimuli exté-rieurs et un sommeil profond (stade III, stade IV) durant lequel ni la lumière, ni le bruit ne réveillent le dormeur. Durant le sommeil lent, le rythme respiratoire est ralenti et régulier, mais plus lent que pendant l'état de veille, le **tonus musculaire** est faible, mais la posture d'endormissement est conservée.

→ ***Sommeil paradoxal.***

SOMMEIL PARADOXAL

Neurobiol. - Phase du sommeil où l'activité électrique enregistrée sur un électroencéphalogramme se traduit par des ondes qui sont de plus faible amplitude, mais plus fréquentes que celles observées pendant le **sommeil lent**. Le tracé obtenu pendant une phase de sommeil paradoxal correspond à celui de l'état de **veille**. Durant le sommeil paradoxal, il existe une intense activité cérébrale, la respiration est irrégulière, les mouvements oculaires très intenses, les yeux sont souvent ouverts, les organes génitaux sont en érection, en revanche le tonus musculaire est quasi nul. Ainsi, à une intense activité cérébrale s'oppose une absence de tonus musculaire qui est à l'origine de la dénomination de cette phase de sommeil. C'est durant le sommeil paradoxal qu'ont lieu les **rêves**. Le dormeur qui se réveille au cours de son sommeil paradoxal se souvient de son rêve dans plus de 80 % des cas alors que ceux réveillés pendant leur sommeil lent se souviennent rarement d'avoir rêvé.

SONDE *n. f.*

Biol. cell. - Molécule qui se lie de manière spécifique à une molécule que l'on recherche. Les immunoglobulines et les acides nucléiques **monocaténaires** sont capables de repérer des molécules spécifiques ou des séquences particulières de nucléotides.

→ ***Sonde fluorescente, radioactive.***

SONDE CHAUDE

Biol. cell. - syn. ***Sonde radioactive.***

SONDE FLUORESCENTE

Biol. cell. - Séquence d'**ADNc** ou d'ARN marquée par des molécules qui émettent de la lumière (**fluorescence**). Ces sondes s'hybrident (formation d'un duplex) avec les régions de l'ADN dont elles sont complémentaires. De la même manière, des anticorps sont marqués avec des molécules fluorescentes afin de visualiser la répartition de certaines molécules dont ils sont spécifiques (syn. Sonde froide).

→ ***Hybridation moléculaire.***

SONDE FROIDE

Biol. cell. - syn. ***Sonde fluorescente.***

SONDE RADIOACTIVE

Biol. cell. - **1.** Séquence connue d'**ADNc** ou d'ARN, marquée par un **isotope** radioactif, utilisé pour localiser et identifier le brin d'ADN complémentaire au cours d'une expérience d'**hybridation moléculaire**. **2.** Des anticorps sont aussi marqués par des atomes radioactifs afin de repérer les **antigènes** sur lesquels ils se fixent (syn. Sonde chaude).

→ ***Méthode de Northern, Méthode de Southern.***

SOUCHE RÉSISTANTE

Génét. - Ensemble d'êtres vivants qui a acquis la capacité, par mutations, à se développer en présence d'un médicament ou d'un produit auquel ils étaient sensibles.

SOUDAN III

Biochim. - Réactif, de couleur rouge, spécifique des **lipides**. En leur présence, le Soudan III devient noir.

SOUPE PRIMITIVE

Évol. - Mélange des premières molécules organiques produites de manière abiotique à partir desquelles la vie a pu prendre forme. Cinq étapes sont nécessaires pour passer de la matière inerte à la matière organique produite par la vie, c'est-à-dire la possibilité d'assimiler, de croître et de se reproduire : formation d'une planète avec une atmosphère contenant les molécules élémentaires [1] ; synthèse des briques élémentaires des polymères biologiques (bases azotées, acides aminés, sucres) [2] ; polyméri-sation de ces éléments conduisant à la formation d'acides nucléiques et de protéines [3] ; isolement par une barrière sélective (membrane plasmique) de certains de ces composants du reste du milieu [4] ; mise en place d'un système de reproduction permettant à cette première « cellule » de transmettre ses caractéristiques à sa descendance [5].

SOURCE *n. f.*

Hydrogéol. - Issue naturelle ou artificielle par laquelle une eau souterraine sort du sol. Cette situation apparaît quand le niveau piézométrique recoupe la surface topographique.

SOUS-ESPÈCE *n. f.*

Évol., Génét. - Ensemble de populations présentant des caractéristiques communes et habitant une subdivision du domaine géographique de l'espèce. Chaque sous-espèce présente des différences par rapport à d'autres ensembles de populations de l'espèce. Les individus appartenant à des sous-espèces différentes de la même espèce peuvent se reproduire entre eux sans diminution de la fertilité. Le statut de sous-espèce s'exprime par un troisième nom associé au nom d'**espèce** (syn. Race géographique).

→ ***Spéciation.***

SOUS-NUTRITION *n. f.*

Méd. - Défaut de l'apport alimentaire aussi bien qualitatif que quantitatif. Le **marasme** et le **kwashiorkor** sont des formes de sous-nutrition dues à un régime carencé en protéines.

→ ***Disponibilité énergétique alimentaire, Malnutrition.***

SOUS-SYSTÈME *n. m.*

Strati. - Subdivision du **système**.

SOUTHERN *BLOT*

Génét.

→ ***Méthode de Southern.***

SPÉCIATION *n. f.*

Évol., Génét. - Processus de formation des **espèces**. Des espèces naissent, le plus souvent, à partir d'une espèce ancestrale quand, à la suite de différents événements tectoniques, climatiques,... l'aire de répartition originelle est fragmentée. Il se forme alors plusieurs sous-ensembles qui évoluent indépendamment les uns des autres au gré des **mutations**, de la **sélection naturelle**, de la **dérive génétique**, de l'**effet de fondation**. Ces sous-ensembles finissent par diverger les uns des autres (spéciation allopatrique). Schématiquement, si des individus pris dans ces sous-ensembles se reproduisent entre eux, ces sous-ensembles forment des **sous-espèces**, s'ils en sont incapables, ce sont des espèces.

→ ***Ancêtre commun, Cladogenèse, Isolement reproductif.***

SPECTRE *n. m.*

Phys. - Répartition des longueurs d'onde, et donc de l'énergie, émises (spectre d'émission) ou absorbées (spectre d'absorption) par un objet.

SPECTRE D'ABSORPTION

Éner. - Variation de l'absorption de la lumière en fonction de la longueur d'onde des radiations lumineuses considérées. Un grand nombre de molécules possèdent un spectre d'absorption qui leur est spécifique (chlorophylle, ADN...).

SPECTRE D'ACTION

Énerg., Physiol. vég. - Variation de l'**intensité photosynthétique** en fonction de la longueur d'onde des radiations éclairantes. Pour la **chlorophylle**, on constate que le spectre d'action se superpose au spectre d'absorption.

SPECTRE D'UN ASTRE

Astron. - Cliché ou enregistrement montrant la variation de l'intensité de la lumière en fonction de la longueur d'onde. On y distingue des raies d'absorption.

→ ***Spectrographe.***

SPECTRE ÉLECTROMAGNÉTIQUE

Phys. - Ensemble des radiations des différentes ondes électromagnétiques émises ou absorbées par un objet.

→ ***Absorption d'un rayonnement.***

SPECTRE POLLINIQUE

Paléont. - Abondance relative des différents types de **spores** et de **grains de pollen** dans une couche géologique. Le spectre pollinique permet de déduire le climat à l'époque de leur dépôt.

→ ***Diagramme pollinique, Palynologie.***

SPECTROGRAPHE *n. m.*

Astron., Phys. - Instrument disposé en général au foyer d'un **télescope**. Le spectrographe disperse la lumière collectée par le télescope et donne un spectre de l'astre qui permet de reconnaître les atomes et/ou les ions existant dans la source. Le spectrographe permet de déterminer, par la mesure de ces raies, la température, la pression, la vitesse radiale, la vitesse de rotation, etc., des étoiles.

→ ***Spectre d'un astre.***

SPECTROGRAPHE DE MASSE

Phys. - Appareil destiné à séparer les **isotopes** d'un même élément (syn. Spectromètre de masse).

SPECTROMÈTRE DE MASSE

Phys. - syn. ***Spectrographe de masse.***

SPECTROPHOTOMÈTRE *n. m.*

Phys. - Appareil permettant de comparer le spectre de deux rayonnements.

SPECTROSCOPIE *n. f.*

Phys. - Étude des spectres électromagnétiques.

SPERMATIDE *n. f.*

Biol. cell. - Cellule à n chromosomes résultant de la seconde division de **méiose** et subissant la **spermiogenèse**.

→ ***Germen, Spermatogenèse.***

SPERMATOCYTE I *n. m.*

Biol. cell. - Cellule à 2n chromosomes, appartenant à la **lignée germinale** et issue des **spermatogonies** après une phase d'accroissement. Les spermatocytes I vont subir la première division de la **méiose** et se transformer en **spermatocytes II**.

→ ***Germen, Spermatogenèse.***

SPERMATOCYTE II *n. m.*

Biol. cell. - Cellule à n chromosomes résultant de la première division de **méiose** et qui se divise en deux **spermatides**.

→ ***Spermatogenèse.***

SPERMATOGENÈSE *n. f.*

Cyto. - Ensemble des transformations qui conduit d'une **spermatogonie** diploïde ayant valeur de cellule-souche à un **spermatozoïde** haploïde. Chez l'Homme, la spermatogenèse dure 74 jours. Elle comprend la transformation d'une spermatogonie en **spermatocyte I** qui se divise en deux **spermatocytes II** haploïdes (première division de **méiose**), chaque spermatocyte II se divise en deux **spermatides** haploïdes (seconde division de méiose) ; les quatre spermatides obtenues se différencient en spermatozoïdes. Cette dernière étape constitue la spermiogenèse.

→ ***Ovogenèse.***

SPERMATOGONIE *n. f.*

Biol. cell. - Cellule à 2n chromosomes réalisant de nombreuses mitoses. Certaines spermatogonies augmentent de volume et se transforment en spermatocytes I. Ce sont des cellules souches à l'origine de la lignée germinale.

→ ***Spermatogenèse.***

SPERMATOPHYTES *n. f. pl.*

Bot. - Embranchement du **règne végétal** défini par les plantes se reproduisant au moyen de **graines** et qui possèdent des **tissus conducteurs** (plantes vasculaires). Les Spermatophytes regroupent les plantes à graines nues (**Gymnospermes** : Pins, Sapins...) et les plantes à graines protégées par un **fruit** (**Angiospermes**) qui sont les plantes à **fleurs** (syn. Phanérogames).

SPERMATOZOÏDE *n. m.*

Biol. cell. - Gamète mâle.

→ ***Spermatogenèse, Spermiogenèse.***

SPERME *n. m.*

Physiol. ani. - Liquide visqueux et opalescent dont les constituants sont sécrétés par les différentes parties de l'appareil génital masculin et qui contient en suspension les **spermatozoïdes**. Chaque éjaculat renferme quelques centimètres cubes de sperme, et un millilitre de 100 à 180 millions de spermatozoïdes. Le sperme contient également de nombreux leucocytes.

→ ***Prostate, Tube séminifère, Vésicule séminale.***

SPERMICIDE *n. m.*

Méd. - Molécule détruisant les **spermatozoïdes**. Le spermicide est un contraceptif local qui se présente sous forme de gelée ou d'ovule à déposer dans le vagin.

→ ***Contraception chimique.***

SPERMIDUCTE *n. m.*

Anat. - Canal qui conduit les spermatozoïdes des testicules vers le milieu extérieur. Chez les Mammifères, les deux spermiductes débouchent dans un canal commun : l'urètre par où passent l'urine et le sperme.

→ ***Canal de Wolff.***

SPERMIOGENÈSE *n. f.*

Cyto. - Dernière étape de la **spermatogenèse** marquée par la différenciation progressive des **spermatides** en **spermatozoïdes**. Au cours de ce phénomène, il y a formation d'un flagelle locomoteur, fabrication de l'**acrosome** par l'appareil de Golgi et élimination d'une grande partie du cytoplasme.

→ ***Spermatogenèse.***

SPERMOCYTOGRAMME *n. m.*

Méd. - Examen des caractéristiques des spermatozoïdes.

→ ***Spermogramme.***

SPERMOGRAMME *n. m.*

Méd. - Examen destiné à caractériser le sperme d'un individu (numération des spermatozoïdes, étude de leur morphologie, de leur mobilité, de leur viabilité, de leur durée de vie, comptage et caractérisation des autres cellules présentes, analyse des propriétés physicochimiques du liquide spermatique).

→ ***Spermocytogramme.***

SPHÈRE PÉDONCULÉE

Biochim., Éner. - Ensemble de protéines faisant saillie sur la membrane interne des **mitochondries** sur celle du **thylacoïde** et sur la membrane plasmique des bactéries. Ces sphères sont traversées par un canal. Dans la mitochondrie, ce canal relie l'espace intermembranaire à la matrice ; dans le chloroplaste, il relie l'intérieur du thylacoïde au stroma. C'est par ces canaux que passent des protons provenant de la réoxydation des **transporteurs d'hydrogène** réduits. L'énergie libérée au cours de leur déplacement fournit l'énergie à l'ATP-synthétase, contenue dans la tête de la sphère pédonculée, pour synthétiser l'**ATP** à partir d'ADP et de phosphate.

→ ***ATP synthase, Chaîne d'oxydoréduction, Phosphorylation oxydative, Translocation de protons.***

SPHÉRULE BASALTIQUE

Minér. - Petite sphère d'environ 1 mm de diamètre présente sur toute la surface du globe dans la couche d'argile à la frontière Crétacé/Paléocène. Ces sphérules sont de nature basaltique et sont interprétées comme provenant de la fusion et de la pulvérisation d'une croûte océanique sous l'effet de la chaleur dégagée lors d'un impact météoritique, puis ces gouttelettes se sont rapidement solidifiées avant de retomber et d'être altérées.

→ ***Iridium, Tectique.***

SPHINCTER *n. m.*

Anat. - Muscle à fibres circulaires entourant un orifice et qui en assure l'ouverture ou la fermeture.

→ ***Estomac.***

SPICULE *n. m.*

Paléont., Zool. - Structure siliceuse ou calcaire dont l'assemblage constitue le squelette de certains Invertébrés comme les Éponges et les Oursins.

SPINAL *adj.*

Neurobiol. - Qui se rapporte à la moelle épinière ou à la colonne vertébrale. Un animal spinal est un animal dont le cerveau a été détruit, mais qui conserve la moelle épinière et donc la capacité à réaliser les réflexes médullaires.

→ ***Rachidien.***

SPINELLE *n. f.*

Pétrol. - Famille de minéraux de formule générale AB_2O_4 et appartenant au système cubique ou A = Co^{2+}, Cu^{2+}, Fe^{2+}, Mg^{2+}, Ni^{2+}, Ti^{2+}, Zn^{2+} et B = Al^{3+}, Cr^{3+}, Fe^{3+}, Fe^{2+}, Mg^{2+}, Mn^{3+}, U^{3+} … à laquelle appartient par exemple le rubis. Ils sont de couleurs rose pâle, rouge,jaune, verte, bleue. Les spinelles se rencontrent essentiellement dans les roches magmatiques basiques (basaltes, gabbros, péridotites) et dans des roches métamorphiques car elles sont instables en présence de quartz. Au sens strict, la spinelle est un minéral de formule $MgAl_2O_4$.

SPINELLE (STRUCTURE DE)

Pétrol. - Structure cristalline plus compacte (cubique) que prennent les **olivines** des péridotites du manteau supérieur (zone de transition) entre 400 et 670 km de profondeur en libérant de la chaleur.

SPLÉNIQUE *adj.*

Immuno. - Qui se rapporte à la rate.

SPLICÉOSOME *n. m.*

Génét. - Ensemble macromoléculaire formé par des protéines et des petits ARN nucléaires (ARNsn) qui retirent les **introns** et recollent les **exons** des gènes nucléaires. Ce sont les ARNsn qui sont responsables de ces activités et non pas les protéines du splicéosome.

SPORE *n. f.*

Bot. - **1.** Cellule reproductrice protégée par une paroi, issue de la **méiose** qui en germant donne naissance à un gamétophyte, c'est-à-dire une plante qui produit des gamètes. La fusion de ces gamètes est à l'origine d'un individu **diploïde**, le sporophyte dont certaines cellules connaissent une méiose génératrice de spores. Chez les plantes à fleurs, le **grain de pollen** est le gamétophyte mâle. **2.** Cellule reproductrice également protégée par une paroi ne provenant pas d'une méiose et assurant la reproduction asexuée de certains **Mycètes**. À l'inverse des graines, les spores ne connaissent pas de dormance.

SPOROZOAIRES *n. m.*

Zool. - Groupe de Protozoaires strictement parasites auquel appartient l'**Hématozoaire du paludisme**.

SPOROZOÏTE *n. m.*

Zool. - Stade résultant de la méiose d'un œuf de **Sporozoaires**. Chez le

Plasmodium, les sporozoïtes sont produits dans les glandes salivaires de l'**Anophèle** et sont les formes qu'il injecte dans la circulation sanguine d'un Mammifère lors d'un repas de sang (syn. Mérozoïte).

SRY

Biol. - Sigle anglais de *Sex-determining Region Y.* Gène de l'Homme (***Sry*** chez la Souris) responsable de la fabrication du ***TDF***.

STÉRILE *adj.*

Agric., Physiol. - Caractérise soit un organisme, soit un sol non fertile.

STÉRILET *n. m.*

Méd. - Dispositif intra-utérin utilisé comme moyen de **contraception**. Le stérilet empêche, en modifiant les caractéristiques de la **muqueuse utérine**, la **nidation** d'un éventuel embryon.

STÉRILITÉ *n. f.*

Méd. - Incapacité d'un être vivant à se reproduire.

→ ***Fécondité, Fertilité, Infertilité.***

STÉROÏDES *n. m.*

Endocrino.

→ ***Hormones stéroïdes.***

STIGMATE *n. m.*

Bot. - Partie apicale du **pistil**, le stigmate est la partie différenciée du **style**. Le stigmate est souvent gluant, il constitue alors un piège où les **grains de pollen** se collent.

→ ***Pollinisation.***

STIMULANT *n. m.*

Neurobiol. - Substance qui améliore le fonctionnement d'un système.

STIMULATION *n. f.*

Neurobiol. - Modification physique ou chimique susceptible de déclencher une réponse au niveau d'une cellule excitable. Si la valeur de la stimulation est supérieure à la valeur seuil, un influx nerveux naît et se propage.

→ ***Excitabilité, Infraliminaire, Récepteur sensoriel, Stimulus, Supraliminaire.***

STIMULI *n. m.*

Neurobiol. - Pluriel de **stimulus**.

STIMULINE *n. f.*

Endocrino. - Hormone dont l'effet principal est d'entraîner la sécrétion d'autres hormones. Les stimulines sont des hormones hypophysaires dont la libération est sous contrôle hypothalamique par l'intermédiaire des **libérines**.

→ ***Gonadostimuline, Hypophyse.***

STIMULUS *n. m.*

Neurobiol. - Modification le plus souvent soudaine, de nature physique (son, chaleur, lumière, pression...) ou chimique (molécules), qui provoque l'activité de cellules dites excitables.

→ ***Excitabilité, Réflexe, Sensibilité.***

STIMULUS ABSOLU

Neurobiol. - syn. ***Stimulus inconditionnel.***

STIMULUS CONDITIONNEL

Neurobiol. - Stimulus qui ne déclenche pas la réaction à laquelle on s'intéresse, mais qui, par association avec un **stimulus inconditionnel**, est capable de la déclencher après une période d'apprentissage où les deux stimuli sont utilisés conjointement. La présence de ce nouvel **arc réflexe** montre la plasticité des circuits nerveux.

→ ***Réflexe conditionnel.***

STIMULUS INCONDITIONNEL

Neurobiol. - Stimulus qui déclenche une réaction spécifique en raison d'un circuit nerveux inscrit en permanence dans l'individu, ce circuit nerveux est un **arc réflexe** dont l'établissement fait partie du programme génétique de l'espèce. *Exemple* : l'odeur de la viande déclenche la salivation du chien (syn. Stimulus absolu).

→ ***Réflexe conditionnel.***

STOLON *n. m.*

Bot. - **Tige** aérienne plus ou moins rampante qui, lorsqu'elle est en contact avec le sol, se différencie en un nouvel individu possédant à la fois racines, tiges et feuilles. Ce nouvel individu peut être séparé de la plante mère, il possède la même information génétique qu'elle. Le **marcottage** n'est que l'utilisation de ce phénomène naturel.

STOMATE *n. m.*

Bot. - Discontinuité dans l'épiderme des feuilles par laquelle les gaz s'échappent de la plante. Les stomates constituent une porte de sortie pour le dioxygène produit par la **photosynthèse**, une porte d'entrée (photosynthèse) et de sortie (**respiration**) pour le dioxyde de carbone, et une porte de sortie pour l'eau (**transpiration foliaire**). Les plantes ont la capacité de réguler l'ouverture des stomates en fonction des caractéristiques climatiques locales et de leur rythme biologique. Les stomates se situent essentiellement sur la face inférieure (dorsale) des feuilles. Un stomate est constitué par deux cellules épidermiques différenciées appelées **cellules stomatiques** ou cellules de garde entre lesquelles se situe un orifice, l'**ostiole**, dont l'ouverture peut être régulée. L'ostiole est en communication avec une **chambre sous-stomatique** où se font les mouvements d'air.

STRATE *n. f.*

Strati. - Ensemble sédimentaire, délimité par deux surfaces plus ou moins parallèles qui correspondent à des discontinuités ou des changements de composition de la roche permettant de différencier cette couche des **terrains** voisins (syn. Couche géologique).

→ ***Stratigraphie.***

STRATE ARBORÉE, STRATE ARBORESCENTE, STRATE CRYPTOGAMIQUE, STRATE HERBACÉE

Écol.

→ ***Forêt.***

STRATIFICATION *n. f.*

Strati. - Disposition de couches en **strates** parallèles.

→ ***Principe de superposition, Stratigraphie.***

STRATIFICATION OCÉANIQUE

Océan. - Disposition permanente en couches superposées des eaux océaniques suivant leur salinité et leur température qui influencent leur densité.

STRATIGRAPHIE *n. f.*

Strati. - Étude de la succession des dépôts sédimentaires s'étant transformés en roches et formant des couches géologiques ou strates. La stratigraphie permet d'établir une chronologie relative en mettant en pratique quatre principes qui, bien qu'ayant une portée très générale, souffrent parfois de quelques exceptions : le **principe de continuité**, **le principe de recoupement, le principe d'identité patéonlogique** et le **principe de superposition**. Le contenu paléontologique permet d'établir des corrélations à distance entre des couches qui ne sont pas accessibles sur toute leur étendue.

→ ***Âge absolu, Âge relatif, Datation, Sédiment, Stratotype.***

STRATOSPHÈRE *n. f.*

Climato.

→ ***Atmosphère terrestre.***

STRATOTYPE *n. m.*

Strati. - Couche sédimentaire ayant servi à définir un étage et faisant office de référence pour tous les Géologues. Le nom du stratotype est dérivé d'un nom de lieu auquel on accroche le suffixe -ien.

→ ***Stratigraphie.***

STRESS *n. m.*

Physiol. - Réponse non spécifique de l'organisme à n'importe quel besoin auquel il doit faire face. Le stress est causé par l'activation du **système nerveux sympathique** qui provoque, entre autres, une augmentation de la **pression artérielle**, du rythme cardiaque et entraîne la libération d'**adrénaline** par la glande médullosurrénale et de **glucocorticoïdes** par la glande corticosurrénale. Cette activation du système nerveux sympathique prépare l'organisme à faire face à un danger éventuel, en augmentant la **glycémie** et la vitesse de circulation du sang, ce qui permet aux cellules musculaires de pouvoir fournir un effort immédiat. Ainsi, le stress est une réaction de défense de l'organisme, mais un animal en permanence stressé voit son état physiologique se détériorer très rapidement.

STRIE Z

Biol. cell. - Structure de la fibre musculaire sur laquelle se fixe une des extrémités des filaments d'**actine** d'un **sarcomère**. Deux stries Z reliées par des myofilaments délimitent un sarcomère.

STROMA *n. m.*

Biol. cell.

→ ***Chloroplaste.***

STROMATOLITES *n. f.*

Paléont. - Dépôts calcaires réalisés par des Algues bleues ou **Cyanobactéries**, organismes **Procaryotes** photosynthétiques. Les Stromatolites sont connues depuis le Précambrien et persistent aujourd'hui, les plus anciennes ayant été datées de 3 Ga.

STROMBOLIEN *adj.*

Volcano.

→ ***Volcan.***

STRUCTURE *n. f.*

Géol. - État de l'arrangement des différentes parties d'un système, cette notion est valable quelle que soit l'échelle et quel que soit le nombre de dimensions considérées. On distingue : une structure cristalline (réseaux cristallins) basée sur la position des atomes les uns par rapport aux autres [1], une structure minérale (macle, zonation) basée sur l'arrangement des édifices cristallins [2], une structure des roches, ou ***texture*** ou structure pétrographique, basée sur la taille et la forme des minéraux (structure holocristalline, hémicristalline,...) [3], une structure tectonique basée sur les grands ensembles de roches (massifs intrusifs, coulées, couches, failles, plis...) [4], et la **structure du globe** basée sur l'étude des propriétés physiques des différentes couches déduites de l'étude de la propagation des ondes sismiques [5].

STRUCTURE DU GLOBE

Géol., Géophys. - Les études sismiques, les analyses de roches terrestres et de météorites, la densité de la Terre, les vitesses et les caractéristiques des ondes en fonction du matériau traversé ont permis de proposer un modèle où le globe est formé par quatre enveloppes concentriques : la **croûte terrestre**, le **manteau** (manteau supérieur + manteau inférieur), le **noyau externe** et la **graine** de composition chimique différente.

→ ***Cellule de convection, Tectonique des plaques.***

Voir figure page 479.

STRUCTURE D'UN SOL

Pédol. - Organisation spatiale des particules d'un **sol** les unes par rapport aux autres. Des sols de même texture peuvent avoir des structures différentes. On peut définir trois structures : la structure ***grumeleuse*** ou ***granulaire*** qui retient bien l'eau et les ions et laisse facilement pénétrer les racines [1], la structure ***compacte*** dans laquelle les racines ont du mal à pénétrer [2] et la structure ***particulaire*** dans laquelle les

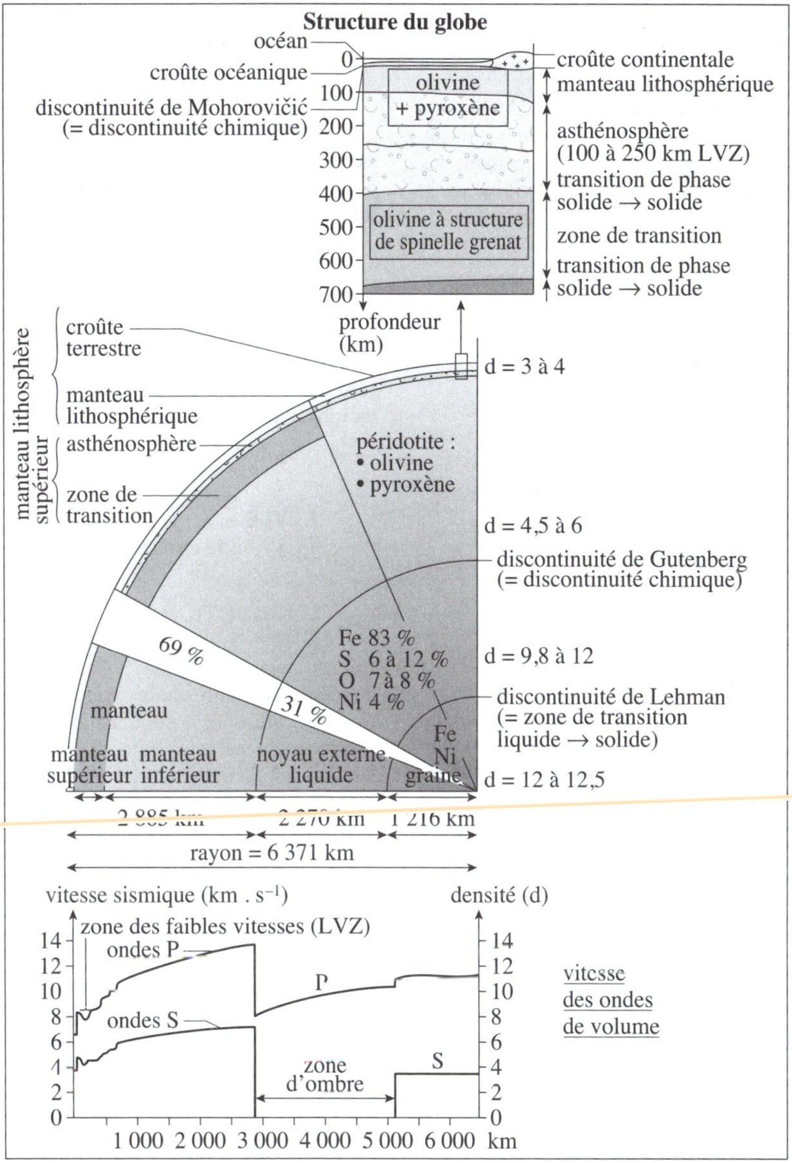

Le globe terrestre se différencie en quatre enveloppes concentriques dont les limites correspondent à des discontinuités chimiques ou physiques. La croûte terrestre est formée de granodiorite (quartz, feldspaths, micas) pour les continents et de basalte et de gabbros (olivine, plagioclases, pyroxènes) pour les océans. Sous la croûte se situe le manteau supérieur (manteau lithosphérique, LVZ, asthénosphère, zone de transition) composé par de la péridotite (olivine, pyroxènes). À partir de 400 km et 1 400 °C, l'olivine prend la structure de spinelle et de 670 km et 1 600 °C à 2 900 km, celle-ci se transforme en olivine à structure de pérovskite, olivine à structure plus compacte qui forme le manteau inférieur. Le manteau constitue 84,8 % du volume du globe. Le noyau externe liquide est séparé de la base du manteau par une discontinuité chimique et de la graine par une discontinuité physique.

racines pénètrent facilement mais où l'eau n'est pas retenue [3].

STRUCTURE PRIMAIRE

Bot. - Organisation des tissus mise en place par le fonctionnement des **méristèmes primaires** à l'origine de la croissance en longueur de la plante.

STRUCTURE SECONDAIRE

Bot. - Organisation des tissus mis en place par le fonctionnement des **méristèmes secondaires** responsables de la croissance en épaisseur.

STRUCTURE THERMIQUE

Phys. - Répartition et valeurs de la température dans un solide.

STRUCTURE TRIDIMENSIONNELLE

Biochim. - syn. ***Structure III.***

STRUCTURE I

Biochim. - Enchaînement ordonné et linéaire des **acides aminés** dans une chaîne polypeptidique ou des **nucléotides** dans un acide nucléique (syn. Séquence primaire).

——► ***Séquence.***

STRUCTURE II

Biochim. - Repliement local bidimensionnel d'une chaîne **polypeptidique** ou d'une chaîne polynucléotidique. On distingue des **hélices** α et des **feuillets** β pour les protéines. La structure secondaire est due aux nombreuses interactions entre les différents acides aminés (**liaisons hydrogène**, **liaisons de Van der Waals**) ou les nucléotides proches les uns des autres dans la séquence linéaire.

STRUCTURE III

Biochim. - Repliement dans l'espace d'une **chaîne polypeptidique**. Ce repliement donne sa fonctionnalité à la **protéine**, notamment par la formation du **site actif** des enzymes (syn. Structure tridimensionnelle).

STRUCTURE IV

Biochim. - Association de plusieurs **chaînes polypeptidiques** comme dans les molécules d'**immunoglobulines** et d'**hémoglobine**.

STUPÉFIANT *n. m.*

Méd. - Médicament à action sédative, analgésique, **narcotique** et euphorisante qui provoque, à la longue, l'**accoutumance** et la **toxicomanie** (opium, morphine, héroïne, cocaïne, cannabis…).

——► ***Drogue, Sédatif.***

STYLE *n. m.*

Bot. - Partie effilée du **pistil**.

SUBDUCTION *n. f.*

Tecto. - Enfoncement d'une **lithosphère** océanique froide et dense dans une **asthénosphère** moins dense située sous une lithosphère continentale, mais parfois sous une autre lithosphère océanique. L'inclinaison de la plaque plongeante ou plaque subductée, définit un **plan de Wadati-Benioff** marqué par des tremblements de terre à foyers de plus en plus profonds. Les zones de subduction se caractérisent, au niveau océanique, par une fosse océanique qui n'est rien d'autre que la matérialisation de la flexion de la **plaque plongeante**. Les zones de subduction sont associées à un **volcanisme andésitique** (ceinture de Feu du Pacifique) particulièrement meurtrier. Les foyers des séismes n'apparaissent plus au-delà de 700 km de profondeur, ce que l'on a expliqué par la fusion totale de la plaque plongeante et son intégration au manteau supérieur. Plus une lithosphère s'éloigne de l'axe de la dorsale plus elle se refroidit et plus elle s'épaissit à la suite de la descente de l'isotherme 1 300 °C constituant la limite thermique avec l'asthénosphère. Ce faisant, elle se contracte et devient plus dense et plus lourde que l'asthénosphère qui la porte (**subsidence thermique**). Quand, la lithosphère océanique est jeune, elle possède une croûte basaltique et gabbroïque moins dense que son manteau lithosphérique péridotitique sous-jacent. De ce fait, elle agit comme un flotteur et empêche le manteau lithosphérique plus dense (lourd) que l'asthénosphère de s'y enfoncer. Le calcul montre qu'une lithosphère océanique de moins de 30 Ma (jeune) flotte sur l'asthénosphère alors qu'une lithosphère plus âgée devrait couler. L'âge de la lithosphère conditionne les caractéristiques des zones de subduction. À partir de 30 Ma (LO jeune), suivant les conditions locales, la lithosphère peut entrer en subduction spontanée ou au contraire continuer de flotter. L'asthénosphère n'étant pas un liquide, cet équilibre instable peut durer jusqu'à un âge de 150-200 Ma. **1.** Dans les subductions spontanées, c'est la lithosphère âgée, épaisse, dense et lourde qui se décroche de sa marge passive qui n'est rien d'autre qu'une des lèvres du rift à l'origine de l'expansion océanique. Dans cette situation, la fosse et l'océan sont profonds, les séismes sont peu nombreux et peu violents en raison du faible couplage mécanique entre les deux plaques, le plan de Wadati-Benioff est très incliné et il y a peu de déformations sur la plaque continentale, la plaque plonge sous l'effet de son propre poids. **2.** Dans les subductions forcées, la plaque subduite est jeune et entre en force, sous l'autre plaque, ce qui provoque de violents séismes. **3.** Les caractéristiques du magmatisme des zones de subduction dépendent de l'âge de la croûte, de la vitesse de subduction et de l'angle de la plaque subduite. Dans ce contexte, il est difficile de proposer un modèle général. Au cours de l'enfoncement d'une lithosphère jeune, les conditions thermodynamiques changent. Jusqu'à 70 km, la croûte océanique et les sédiments qui la recouvrent libèrent de l'eau et des éléments **incompatibles** qui hydratent d'abord la croûte, et avec la profondeur, le manteau lithosphérique de la plaque sus-jacente. Entre 60 et 70 km de profondeur, la croûte océanique métamorphisée précédemment dans le faciès des **amphibolites** arrive dans le faciès des **éclogites** et commence à fondre. Cette fusion partielle est à l'origine d'**adakites**, roches qui correspondent soit à un marqueur d'une croûte jeune soit à des roches de l'Archéen. Ce magma adakitique (uniquement dans les subductions forcées) atteint la surface et/ou participe à une **métasomatose** du manteau. Pour que le manteau métasomatisé de la plaque chevauchante fonde, il faut qu'il soit entraîné (par des courants de convection induits dans le manteau par la subduction de la plaque océanique) jusqu'à une profondeur de 90-120 km et atteigne 1 000 °C pour que son amphibole déstabilisée libère de l'eau provoquant sa fusion et la formation d'un magma qui remonte, en raison de sa plus faible densité, dans le manteau et dans la croûte où il connaîtra différentes modifications. Dans la croûte, il est stocké dans des réservoirs où il se transforme par assimilation, **cristallisation fractionnée** avant son éruption ou sa cristallisation complète sous forme de plutons.

→ ***Tectonique des plaques.***
Voir figure page 482.

SUBDUCTION CONTINENTALE

Tecto - Subduction où les deux plaques portent des continents qui, en raison de leur plus faible densité que l'asthénosphère, « flottent » et finissent par entrer en collision. Au cours de ce processus des écailles de croûte continentale peuvent être entraînées à grande profondeur jusqu'à 250-300 km où les minéraux subissent un **métamorphisme d'ultra-haute pression**.

SUBER *n. m.*

Bot. - Tissu secondaire protecteur mis en place par l'assise subéro-phellodermique dans les troncs, les branches et les racines âgés de Gymnospermes et de Dicotylédones. D'un point de vue fonc-

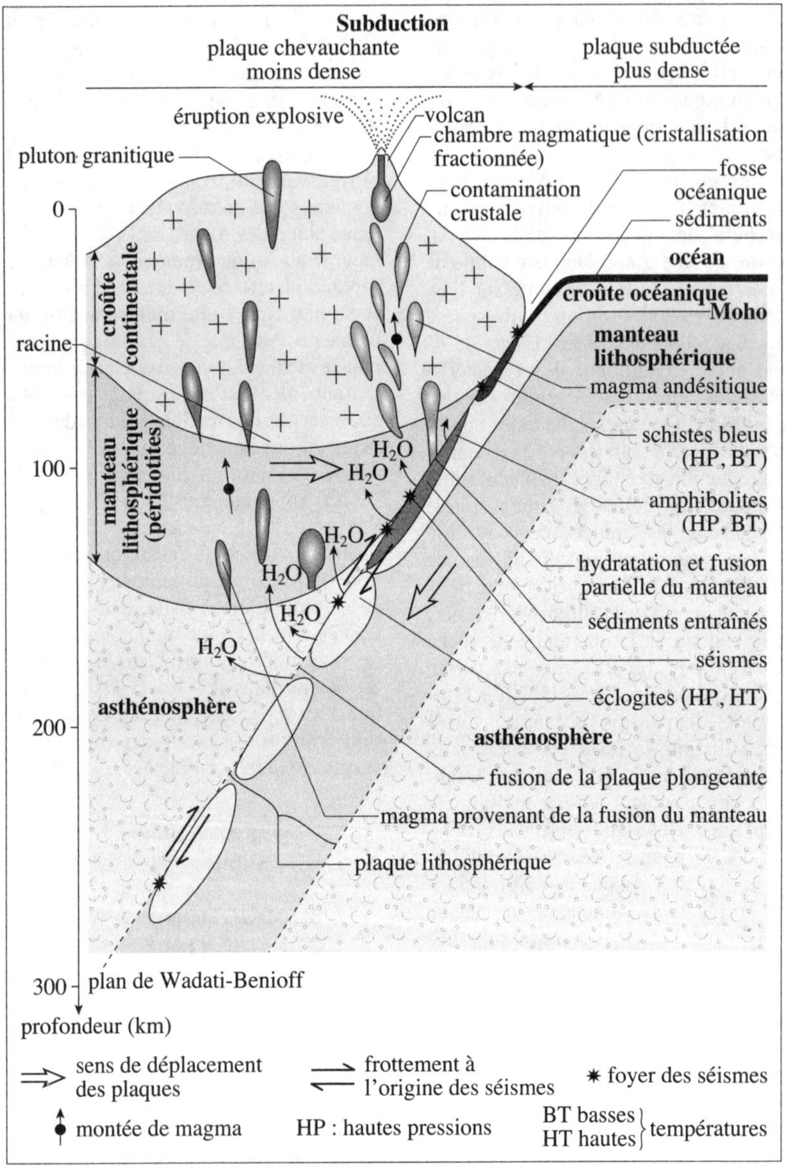

Avec son enfoncement progressif sous le bord d'un continent, les basaltes du plancher océanique sont métamorphisés et transformés en schistes (verts ou bleus), puis en amphibolites et enfin en éclogites. La plaque subduite se déshydrate, l'eau ainsi libérée abaisse le point de fusion des péridotites du manteau lithosphérique. Le magma ainsi formé, beaucoup moins dense, monte progressivement, il est à l'origine d'un volcanisme explosif. Les magmas formés plus en profondeur (fusion de la base du manteau lithosphérique de la plaque chevauchante) sont à l'origine de roches riches en silice, de type granite qui forment des plutons quand ils sont dégagés par l'érosion. Ces roches participent à la formation de la croûte continentale. Ainsi, les continents se forment en partie à partir du manteau par le magmatisme des zones de subduction.

tionnel, le suber remplace l'épiderme qui est tombé. Le suber est formé de cellules empilées radialement, remplies d'air et dont la paroi imprégnée de **subérine** est imperméable à l'eau et au gaz. Cette imperméabilité est à l'origine de leur mort. En conséquence, tous les tissus situés à l'extérieur meurent et tombent, ils constituent le **rhytidome** ou **écorce** du langage commun (syn. Liège).

SUBÉRINE *n. f.*

Bot. - Catégorie de substances de nature lipidique (polymères d'acides gras et d'acides alcools à très longues chaînes, de cires et de composés phénoliques) et donc hydrophobe, déposée dans les parois du **suber** et associée à de la **lignine** dans les parois épaissies de l'endoderme et du périderme racinaires.

SUBLIMATION *n. f.*

Phys. - Passage direct d'un corps de l'état solide à l'état de gaz.

SUBMÉTACENTRIQUE *adj.*

Génét. - Se dit d'un **chromosome** dont le **centromère** n'est pas tout à fait au milieu de la **chromatide**.

SUBSIDENCE *n. f.*

Tecto. - Affaissement superficiel d'un bassin sédimentaire qui permet l'accumulation de sédiments sur une grande épaisseur. Les causes de la subsidence sont nombreuses et peuvent se combiner ; elles dépendent du contexte. **1.** La surcharge locale due à une série sédimentaire (effet partiel), un volcan (surcharge + refroidissement), une calotte glaciaire, un empilement de nappes de charriage. **2.** Refroidissement de la lithosphère qui augmente de densité et qui s'enfonce sous l'effet de son propre poids (**subsidence thermique**). **3.** Étirement de la lithosphère qui provoque son amincissement (subsidence tectonique).

SUBSIDENCE THERMIQUE

Tecto. - Enfoncement de la lithosphère dans l'asthénosphère à la suite de son refroidissement. Le refroidissement est à l'origine de la contraction thermique de la lithosphère (diminution d'épaisseur) et de l'augmentation de sa densité. Ainsi, une lithosphère océanique s'épaissit, aux dépens de l'asthénosphère, en vieillissant et en cédant de la chaleur à l'océan. Née à 2 500 m sous la surface de l'océan à l'axe de la dorsale, cette lithosphère océanique en se contractant entraîne son enfoncement isostatique progressif et donc une augmentation de la profondeur des océans qui atteint 5 500-6 000 m dans les plaines abyssales. La lithosphère passe de quelques kilomètres d'épaisseur à l'axe de la dorsale à 100 km en 60 Ma. La profondeur de l'océan varie comme la racine carrée de l'âge du plancher océanique (syn. Thermosubsidence).

→ ***Subduction.***

SUBSTANCE BLANCHE

Neurobiol. - Composante du tissu nerveux constituée par les axones des neurones myélinisés. Dans le cerveau, la substance blanche se trouve sous la substance grise, dans la moelle épinière, elle se situe à l'extérieur.

→ ***Substance grise.***

SUBSTANCE GRISE

Neurobiol. - Dans le système nerveux central, les parties des neurones dépourvues de gaine de myéline, c'est-à-dire les corps cellulaires, constituent la substance grise. Ainsi, dans le cerveau, la substance grise forme d'une part le **cortex cérébral** et se trouve à l'extérieur, et d'autre part les **noyaux gris** situés à l'intérieur. Dans la moelle épinière, les corps cellulaires des neurones sont à l'intérieur de celle-ci où ils forment la substance grise qui est entourée par la substance blanche (syn. Matière grise).

SUBSTANCE NOIRE

Neurobiol. - syn. ***Locus niger.***

SUBSTANCE P *n. f.*

Neurobiol. - Neuropeptide de 11 acides aminés produit par les arborisations terminales des **fibres nociceptives** périphériques (fibres C). La substance P (*Pain* = douleur en anglais) est le premier **neuromédiateur** connu pour véhiculer des informations nociceptives. Contrairement à ce que l'on a pensé pendant très longtemps, la substance P ne semble pas être le seul neurotransmetteur responsable de cette transmission synaptique, il agirait plutôt comme co-neurotransmetteur à action prolongée. La morphine, le plus puissant analgésique connu, bloquerait l'exocytose de la substance P.

→ ***Neuromodulateur, Neuromodulation, Nocicepteur.***

SUBSTITUTION *n. f.*

Génét. - Mutation ponctuelle ayant pour effet de remplacer une paire de bases azotées par une autre. En raison de la redondance du **code génétique**, la substitution peut être sans effet sur la chaîne polypeptidique ou au contraire entraîner le remplacement d'un acide aminé par un autre.

SUBSTRAT *n. m.*

Biochim. - Molécule sur laquelle agit une **enzyme**.

SUC GASTRIQUE

Physiol. ani. - Liquide produit par l'épithélium de l'estomac et qui contient de l'acide chlorhydrique et de la **pepsine**.

SUC PANCRÉATIQUE

Physiol. ani. - Liquide déversé dans l'**intestin grêle** par le **pancréas exocrine**. Il contient de nombreuses enzymes digestives.

SUCRE *n. m.*

Biochim. - Terme général utilisé pour désigner les oses simples ou les diholosides. On l'emploie dans le langage courant pour le **saccharose**.

→ ***Glucides.***

SUCRE LENT

Biochim., Éner. - Glucide qui doit être hydrolysé avant d'être absorbé. L'amidon et le glycogène sont des sucres lents dont l'**hydrolyse** libère du glucose.

→ ***Amylase, Sucre rapide.***

SUCRE RAPIDE

Biochim., Éner. - Glucide comme les diholosides (saccharose, maltose, lactose), dont l'hydrolyse libère rapidement des oses simples (glucose, galactose, fructose), ou ces mêmes oses simples qui sont directement absorbables par la paroi intestinale.

→ ***Absorption intestinale, Sucre lent.***

SUCRE RÉDUCTEUR

Biochim. - Sucre capable de réduire la **liqueur de Fehling** en milieu basique, c'est-à-dire de donner un électron à un ion Cu^{2+} de couleur bleue qui deviendra un ion Cu^{+} de couleur rouge. Le glucose, le maltose et le lactose sont des sucres **réducteurs** alors que le **saccharose** ne l'est pas.

SUCROSE *n. m.*

Biochim. - syn. ***Saccharose.***

SUDATION *n. f.*

Physiol. ani. - Transpiration intense. La sudation peut être due à un effort intense, à une exposition à la chaleur, à une crise d'anxiété ou pathologique (fièvre). Chez les Chimpanzés, il n'y a pas de glandes sudoripares.

SUEUR *n. f.*

Physiol. ani. - Liquide très dilué produit par les glandes sudoripares et déversé à la surface de la peau. La sueur contient du chlorure de sodium, des sulfates, des phosphates alcalins et des traces d'acide. Son pH peut être acide ou basique suivant l'alimentation. La sueur produite en grande quantité intervient pour refroidir le corps quand elle s'évapore et forme une barrière chimique à la surface de la peau, qui évite la prolifération de certains Micro-organismes.

SULFATES *n. m.*

Biochim. - Matière minérale de formule SO_4^{2-}, c'est la forme principale d'absorption du soufre par les Végétaux.

SUPERCONTINENT *n. m.*

Tecto. - Agglomération de masses continentales anciennes à la suite de phénomènes de convergence (subduction). Les limites entre ces **cratons** correspondent à des sutures souvent de nature ophiolithique. Quand tous les blocs continentaux sont réunis en une masse unique, le supercontinent est une **pangée**.

SUPERNOVA *n. f.*

Astron. - Explosion d'une étoile dans laquelle toute sa matière, à l'exception de son centre, est dispersée dans l'espace interstellaire.

→ ***Nova.***

SUPEROVULATION *n. f.*

Endocrino. - Production supérieure à la normale de **follicules de De Graaf** au cours d'un cycle ovarien. Chaque follicule libère alors un ovocyte II. La superovulation est souvent liée à la prise de **LH** dans les cas de stérilité dus à un défaut de production de cette hormone.

SUPRALIMINAIRE *adj.*

Neurobiol. - Qui est supérieur au seuil.

→ ***Infraliminaire.***

SUPRAMÉDULLAIRE *adj.*

Neurobiol. - Se rapporte à la partie du **système nerveux central** située au dessus de la moelle épinière. Fait référence à l'encéphale.

SURFACE DE DISCONTINUITÉ

Phys. - Interface entre deux milieux de nature différente. Les surfaces de discontinuité se repèrent dans le globe terrestre par le changement des caractéristiques des vitesses de propagation des ondes. Ainsi, le Moho, ou discontinuité de Mohorovičić marque la limite entre la croûte terrestre de nature basaltique ou granitique et le manteau supérieur de nature péridotitique.

SURFACE DE LA NAPPE

Hydrogéol.

→ ***Nappe phréatique.***

SURFACE DE PROJECTION MOTRICE

Neurobiol. - syn. ***Aire motrice primaire.***

SURFACE LIBRE

Hydrogéol.

→ ***Nappe phréatique.***

SURFACE PIÉZOMÉTRIQUE

Hydrogéol. - Surface délimitée par une **isopièze**.

SURFACE RESPIRATOIRE

Anat., Physiol. ani. - Lieu où se font les échanges de gaz respiratoires. Ces surfaces respiratoires sont essentiellement les branchies, les poumons et le tégument. Plus la surface respiratoire est développée et plus son épaisseur est faible, plus les échanges de gaz sont importants et rapides. En revanche, pour que le dioxygène diffuse au travers de la surface respiratoire, il faut qu'il soit dissous dans l'eau. La faible épaisseur de cette surface facilite la perte d'eau par l'organisme.

→ ***Surfactant.***

SURFACTANT *n. m.*

Biochim., Physiol. ani. - Sécrétion essentiellement lipidique (86 % de lipides, 13% de protéines) de 50 à 100 nm d'épaisseur produit par les pneumocytes de type II. Par sa composante lipidique, le surfactant abaisse la tension superficielle de l'interface air-liquide pulmonaire, en diminuant les forces de cohésion entre les molécules d'eau recouvrant les alvéoles pulmonaires, maintien le diamètre alvéolaire au cours de l'expiration et favorise son gonflement. Il évite aussi la déshydratation pulmonaire en maintenant humide la **surface respiratoire**.

SURRÉNALE *n. f.* ou *adj.*
Endocrino. - Glande **endocrine** située au-dessus de chaque rein. La partie périphérique est nommée glande ***corticosurrénale***, elle produit des hormones, les **glucocorticoïdes** agissant sur le métabolisme des glucides, sous la dépendance d'une hormone hypophysaire l'**ACTH** et des minéralocorticoïdes qui agissent sur l'équilibre hydrominéral de l'organisme. La partie centrale ou glande ***médullosurrénale*** est d'origine nerveuse et libère de l'**adrénaline**.

→ ***Aldostérone, Corticoïdes.***

SUTURE OPHIOLITHIQUE *n. f.*
Tecto. - Zone de contact entre deux **plaques lithosphériques** marquée par la présence d'**ophiolites** traduisant les restes d'un ancien océan disparu à la suite d'une subduction.

→ ***Chaîne de collision.***

SUZI
Méd. - Sigle anglais de *Subzonal Insemination,* insémination sous la zone (pellucide). Technique de **fécondation *in vitro*** où plusieurs spermatozoïdes sont placés directement au contact de la membrane de l'ovocyte II. Cette technique augmente le risque de **polyspermie** et donc de non développement de l'œuf.

→ ***Membrane de fécondation.***

SYLVICULTURE *n. f.*
Agric. - Exploitation rationnelle, mise en valeur et sciences des arbres forestiers (conservation de la diversité, entretien, régénération, reboisement,...) qui ont pour but d'améliorer la quantité et la qualité du bois à l'hectare.

SYLVIUS
Neurobiol.

→ ***Scissure de Sylvius.***

SYMBIOSE *n. f.*
Écol. - Association nutritionnelle obligatoire, à bénéfice réciproque entre deux espèces.

→ ***Lichens, Mycorhize, Nodosité.***

SYMBIOTIQUE *adj.*
Écol. - Relatif à la **symbiose**.

SYMPATHOMIMÉTIQUE *adj.*
Neurobiol. - Substance qui mime l'action du **système nerveux sympathique**, c'est-à-dire qui provoque les mêmes effets qu'une stimulation de ce système. L'**adrénaline** est une substance sympathomimétique.

SYMPODIALE *adj.*
Bot. - Modalité de la croissance en longueur d'une tige qui se fait par le fonctionnement successif de différents bourgeons. Après le fonctionnement du **bourgeon** terminal pendant une saison, celui-ci avorte. La saison suivante, la poursuite de la croissance est assurée par un ou plusieurs bourgeons axillaires proches de l'apex.

SYNAPOMORPHIE *n. f.*
Évol. - Ensemble de caractères **apomorphes** dans plusieurs lignées.

→ ***Arbre [2].***

SYNAPSE *n. f.*
Neurobiol. - Zone de contact entre l'arborisation terminale d'un neurone et une autre cellule (neurone, cellule musculaire, cellule glandulaire). La synapse comporte une membrane présynaptique formant le bouton synaptique, un espace ou fente synaptique et une membrane postsynaptique. Le message nerveux passe dans un seul sens, de l'arborisation terminale d'un neurone à une autre cellule par l'intermédiaire d'un **neurotransmetteur**, ce type de synapse est

qualifié de chimique. Suivant la nature du neurotransmetteur libéré, la synapse est inhibitrice ou excitatrice. Le système nerveux central des Mammifères contiendrait quelque 10^{14} synapes.

→ ***Délai synaptique, Plasticité synaptique, Transmission chimique, Transmission électrique.***

SYNAPSE EXCITATRICE

Neurobiol. - Synapse dont le neurone présynaptique libère un neurotransmetteur qui produit une dépolarisation de la membrane postsynaptique (PPSE).

SYNAPSE INHIBITRICE

Neurobiol. - Synapse dont le neurone présynaptique libère un neurotransmetteur qui produit une hyperpolarisation de la membrane postsynaptique (PPSI).

SYNAPSE NEUROMUSCULAIRE

Neurobiol. - Synapse entre un neurone et une cellule musculaire (syn. Jonction neuromusculaire, Plaque motrice).

SYNAPSE NEURO-NEURONIQUE

Neurobiol. - Synapse entre deux neurones.

SYNCHRONISEUR *n. m.*

Physiol. ani. - Paramètre du milieu extérieur régulant un rythme d'activité. Il en est ainsi de la modification de la **photopériode** qui déclenche la reprise d'activité des neurones hypothalamiques produisant de la **GnRH** chez des Animaux à reproduction saisonnière. Les synchroniseurs modulent le rythme propre de l'horloge biologique interne.

SYNCLINAL *n. m.*

Tecto. - **Pli** affectant les couches géologiques où les strates les plus récentes se situent à l'intérieur de la courbure. Dans le relief, s'il n'y a pas d'érosion, le synclinal apparaît comme une dépression ; s'il y a eu érosion, il se repère par l'existence de strates de plus en plus anciennes de part et d'autre de son plan axial.

→ ***Anticlinal.***

SYNDROME *n. m.*

Méd. - Ensemble de symptômes ou de signes qui, pris ensemble, caractérisent un état pathologique alors qu'un seul d'entre eux n'est pas significatif de cet état.

SYNDROME DE DI GEORGE

Immuno. - Ensemble des manifestations cliniques dû à l'absence de **thymus** ou à la possession d'un thymus rudimentaire. En conséquence, il n'y a pas de maturation des **lymphocytes T** et l'organisme est incapable de reconnaître le soi modifié. L'individu est alors victime d'infections dont les agents sont intracellulaires (virus, certains Protozoaires, certaines Bactéries, certains Champignons). En l'absence de greffe de thymus, l'issue est fatale à court terme. Chez la souris, il existe la mutation **« nude »** qui entraîne une absence de thymus.

→ ***Lymphocyte T mature.***

SYNDROME DE DOWN

Génét., Méd. - **Maladie congénitale** appelée aussi **mongolisme**. Les enfants atteints de cette maladie possèdent une face évoquant celle des peuples mongols (tête ronde, face aplatie, yeux bridés), des mains et des pieds larges, de petits fémurs et un développement intellectuel très retardé, d'où le nom d'idiotie mongolienne. L'espérance de vie dépasse rarement 30 ans. La cause de cette anomalie congénitale est une **trisomie 21** associée parfois à une translocation d'un des trois chromosomes 21 sur un des homologues de la paire N° 14.

→ ***Méiose atypique.***

SYNDROME DE KLINEFELTER

Génét., Méd. - Phénotype masculin de caryotype XXY (**trisomie**) qui touche un garçon sur 850. Les **caractères sexuels primaires** et les **caractères sexuels secondaires** sont peu développés, les membres sont allongés, parfois il existe un déficit intellectuel plus ou moins marqué.

SYNDROME DE PERSISTANCE DES CANAUX DE MÜLLER (SPCM)

Méd., Physiol. ani.

⟶ ***Pseudohermaphrodisme.***

SYNDROME DE TURNER

Génét., Méd. - Phénotype féminin de caryotype X0 (**monosomie**), qui touche une fille sur 10 000. Les filles atteintes du syndrome de Turner sont de petite taille, stériles et à **caractères sexuels secondaires** peu développés.

SYNDROME DU TESTICULE FÉMINISANT (STF)

Méd., Physiol. ani. - Expression impropre qui désigne un sujet de caryotype XY dont l'apparence est entièrement féminine, sans aucune virilisation des organes génitaux externes, sans puberté de type masculin. À l'âge adulte, les glandes mammaires sont bien développées, mais il n'y a pas de règles. L'individu ne possède ni utérus, ni trompes ni ovaires, mais présente des testicules sans spermatogenèse, non descendus dans les bourses, mais avec des cellules de Leydig bien développées qui sécrètent de la testostérone de façon quasiment normale. Cette anomalie est due à une absence de récepteurs fonctionnels à la **testostérone**.

SYN-RIFT *adj.*

Tecto. - Se dit de sédiments qui se déposent pendant la phase de fonctionnement des **failles listriques** bordant les deux lèvres du rift, c'est-à-dire quand le **graben** s'élargit et que la croûte s'amincit. Les sédiments syn-rifts se caractérisent par leur épaisseur dissymétrique à la suite de leur dépôt sur des blocs basculés.

⟶ ***Post-rift.***

SYNTHÈSE DES PROTÉINES

Biochim., Génét. - Ensemble des étapes conduisant à l'expression de l'**information génétique** sous forme de **protéines**. La synthèse des protéines comprend la **transcription** de l'ADN en ARNm et la **traduction** de cet ARNm en **chaîne polypeptidique**.

⟶ ***Protéome.***

SYPHILIS *n. f.*

Méd. - Maladie sexuellement transmissible due à une Bactérie, le Tréponème pâle. La syphilis se transmet exceptionnellement par voie sanguine, mais aussi de la mère à l'enfant par l'intermédiaire du placenta. Elle se manifeste par une période d'incubation de 3 à 4 semaines au bout de laquelle apparaît un **chancre** indolore au point d'inoculation, puis des petites taches de roséole caractéristiques (syphilis récente d'une durée de 2 ans). Ces symptômes disparaissent, le plus souvent, sans traitement, la syphilis devient latente pendant 3 à 8 ans. Puis, la syphilis tardive apparaît, elle se traduit par des atteintes de la peau et des muqueuses, suivies par des atteintes du système nerveux et enfin du cœur et des vaisseaux. Cette période s'étale parfois sur plus d'une quinzaine d'années, le sujet n'est plus contagieux, mais l'issue de la maladie est mortelle. L'utilisation de la pénicilline permet de vaincre la syphilis si celle-ci est traitée à un stade précoce.

SYSTÉMATIQUE *n. f.*

Évol. - Science dont le but est la réalisation d'une classification des êtres vivants ; la systématique actuelle (systématique phylogénétique ou cladistique) est basée sur l'étude des degrés de parenté entre taxons et doit refléter l'histoire évolutive des différentes lignées.

→ ***Cladisme, Évolution, Taxonomie.***

SYSTÈME *n. m.*

Anat. - Ensemble des différents **organes** ayant les mêmes caractéristiques et qui contribuent à une même **fonction**.

→ ***Appareil, Système nerveux.***

Strati. - Subdivision chronostratigraphique de l'**ère**, les systèmes sont aussi divisés en sous-systèmes. Le Cénozoïque (ère tertiaire) est divisé en trois systèmes (Quaternaire, Néogène, Paléogène), le Mésozoïque (ère secondaire) en Crétacé, Jurassique, Trias et le Paléozoïque (ère primaire) en Permien, Carbonifère, Dévonien, Silurien, Ordovicien, Cambrien.

→ ***Échelle stratigraphique.***

SYSTÈME DE RÉPARATION

Génét. - Ensemble des protéines dont le rôle est de réparer l'ADN muté. Une déficience de certaines protéines de ce système est à l'origine de maladies comme ***Xeroderma pigmentosum**** (syn. Système SOS).

SYSTÈME IMMUNITAIRE

Immuno. - Ensemble des tissus et des cellules (granulocyte, lymphocyte, macrophage, monocyte, plasmocyte...) des Vertébrés qui leur permet de produire une réponse spécifique et adaptée à l'invasion par des Micro-organismes, des virus, des parasites, des cellules cancéreuses, des toxines..., les protégeant contre les effets de l'infection et, dans certains cas, leur conférant une protection plus ou moins longue à la réinfection. Le système immunitaire est aussi responsable du rejet des greffes et des problèmes de transfusion.

→ ***Complexe majeur d'histocompatibilité, Immunité, Non-soi, Réponse immunitaire, Soi immunologique, Soi modifié.***

SYSTÈME LIMBIQUE

Neurobiol. - Partie du cerveau qui intervient dans la mémoire et l'apprentissage ainsi que dans l'humeur et l'affectivité.

SYSTÈME NERVEUX

Anat., Neurobiol., Physiol. ani.

Ensemble de cellules (**neurones**) qui génèrent, conduisent et transmettent des messages de nature électrique. Le système nerveux reçoit et coordonne les informations en provenance de l'extérieur et de l'intérieur de l'organisme par l'intermédiaire des récepteurs sensoriels dont les messages provoquent des réponses des muscles et de certaines glandes, ce qui permet à l'animal de répondre rapidement et de manière adéquate aux **stimuli** internes ou externes. Chez les Invertébrés le système nerveux comprend le plus souvent une **chaîne nerveuse ventrale**, des **nerfs** et des **ganglions** qui sont des agrégats des corps cellulaires des neurones. Chez les Vertébrés, le système nerveux comprend le cerveau et la moelle épinière qui forment le **système nerveux central** associé au **système nerveux périphérique**. Le **système nerveux parasympathique** et le **système nerveux sympathique** forment le **système nerveux autonome** qui innerve les muscles lisses, cardiaque et des glandes. Le système autonome agit en dehors de tout contrôle conscient.

SYSTÈME NERVEUX AUTONOME

Anat., Neurobiol., Physiol. ani.

Partie du **système nerveux** qui fonctionne de manière inconsciente (non volontaire), il comprend le **système nerveux sympathique** et le **système nerveux parasympathique** qui innervent les muscles lisses des appareils digestif, circulatoire, respiratoire et urogénital, ainsi que le cœur et l'activité sécrétoire des glandes exocrines. Les **nerfs** appartenant au système nerveux autonome se caractérisent par l'existence d'un relais

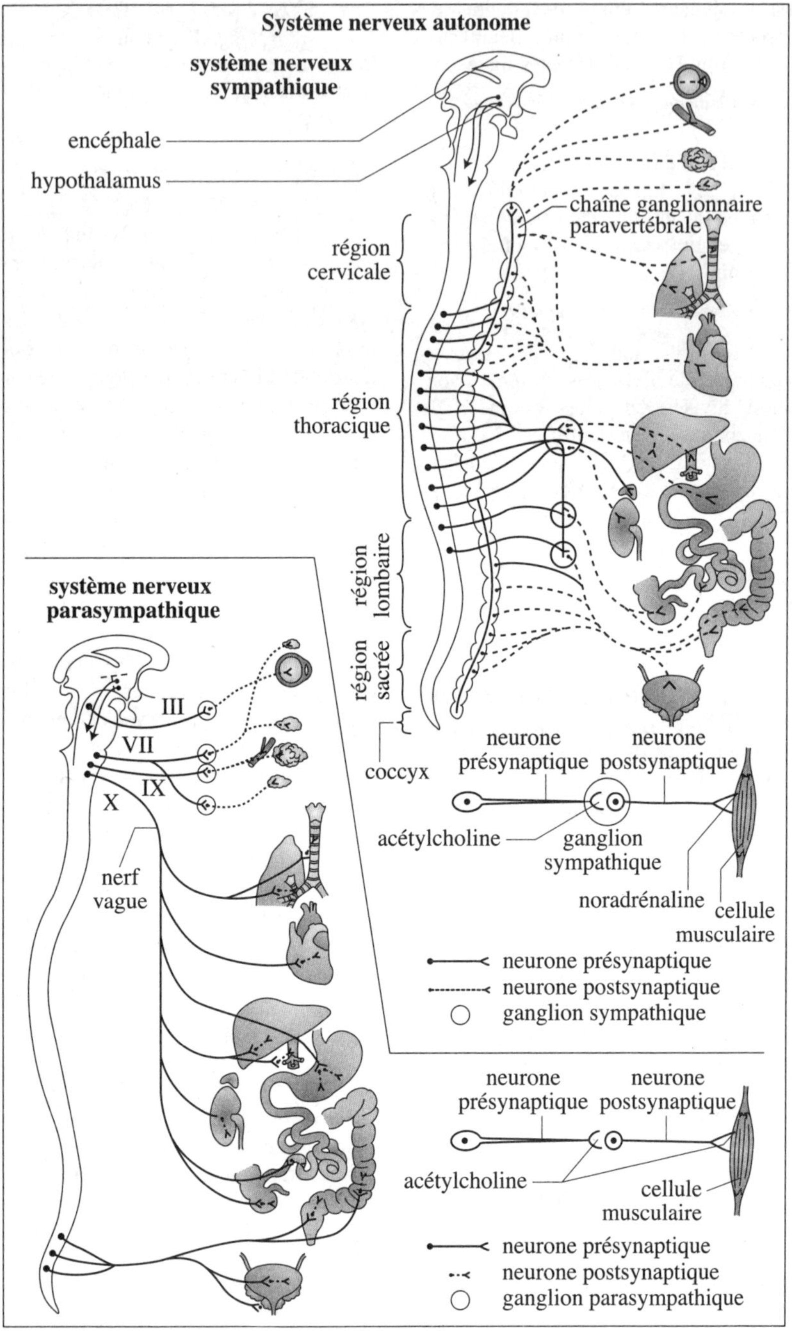
Système nerveux autonome
système nerveux sympathique
encéphale
hypothalamus
chaîne ganglionnaire paravertébrale
région cervicale
région thoracique
région lombaire
région sacrée
coccyx
neurone présynaptique
neurone postsynaptique
acétylcholine
ganglion sympathique
noradrénaline
cellule musculaire
neurone présynaptique
neurone postsynaptique
ganglion sympathique
système nerveux parasympathique
III
VII
IX
X
nerf vague
neurone présynaptique
neurone postsynaptique
acétylcholine
cellule musculaire
neurone présynaptique
neurone postsynaptique
ganglion parasympathique

ganglionnaire (synapse) entre le **neurone** d'origine dont le corps cellulaire se trouve dans le **système nerveux central** et l'organe effecteur. Dans le système nerveux sympathique, les ganglions relais forment deux chaînes parallèles à la **moelle épinière**, dans le système nerveux parasympathique, les ganglions relais se situent à proximité ou dans les organes effecteurs (syn. Système nerveux neuro-végétatif).

SYSTÈME NERVEUX CENTRAL (SNC)

Anat., Neurobiol., Physiol. ani.

Partie du système nerveux située dans le plan de symétrie d'un animal. Chez les Vertébrés il comprend l'**encéphale** et la **moelle épinière**. Chez les Invertébrés, il comprend généralement une masse ganglionnaire située dans la tête qui est appelée cerveau, prolongée par une chaîne nerveuse ventrale de nature ganglionnaire.

→ ***Système nerveux périphérique.***

SYSTÈME NERVEUX NEURO-VÉGÉTATIF

Anat., Neurobiol., Physiol. ani.

syn. ***Système nerveux autonome.***

SYSTÈME NERVEUX ORTHOSYMPATHIQUE

Anat., Neurobiol., Physiol. ani.

syn. ***Système nerveux sympathique.***

SYSTÈME NERVEUX PARASYMPATHIQUE

Anat., Neurobiol., Physiol. ani.

Division du **système nerveux autonome** qui contrôle les contractions involontaires des fibres musculaires des vaisseaux sanguins, du tube digestif, de la vessie, des organes génitaux et du rectum. Il agit aussi sur les sécrétions glandulaires de l'œil et des glandes salivaires. Le système nerveux parasympathique est constitué par les nerfs crâniens III, VII, IX, X et les nerfs sacrés S2, S3 et S4. Le **nerf pneumogastrique** (nerf X) innerve l'appareil respiratoire, le cœur, l'appareil digestif, les reins. Les nerfs du système parasympathique se terminent dans des ganglions périphériques localisés près ou dans des organes cibles. Le **neurotransmetteur** du système parasympathique est l'**acétylcholine** que ce soit au niveau des ganglions ou à celui de la jonction avec l'organe effecteur. L'action du système nerveux parasympathique est globalement antagoniste de celle du **système nerveux sympathique,** il entraîne le relâchement des muscles des artères et donc favorise la baisse de tension artérielle, il ralentit le rythme cardiaque et stimule la digestion.

SYSTÈME NERVEUX PÉRIPHÉRIQUE

Anat., Neurobiol., Physiol. ani.

Ensemble des nerfs qui partent du système nerveux central. Chez les Vertébrés le système nerveux périphérique est formé des différents nerfs issus du névraxe. On distingue, en général, dix paires de **nerfs crâniens** issues de l'encéphale et un nombre variable, suivant les espèces, de **nerfs rachidiens** (10 chez les Grenouilles, 31 chez l'Homme). Chez les Invertébrés, il existe des nerfs céphaliques innervant la tête et des nerfs partant des différents ganglions de la **chaîne nerveuse ventrale**.

SYSTÈME NERVEUX SYMPATHIQUE

Anat., Neurobiol., Physiol. ani.

Division du **système nerveux autonome** qui comprend des nerfs qui quittent la **moelle épinière** dans les régions thoracique et lombaire et qui innervent les viscères (appareils digestif, reproducteur, urinaire, respiratoire…), le cœur (au niveau du nœud sinusal) et les fibres musculaires des vaisseaux sanguins. Ces nerfs forment des **synapses** à la hauteur d'une **chaîne ganglionnaire** sympathique symétrique de part et d'autre de la moelle épinière. Chaque ganglion sympathique est relié au nerf correspondant de la moelle épinière par une branche spécifique. Le système nerveux sympathique contrôle le mouvement et l'état physiologique des viscères (contraction des sphincters du tube digestif, contraction cardiaque, contraction de la paroi des artères ; relâchement des muscles circulaires de l'iris, des muscles lisses du tube digestif). L'**adrénaline** est le principal **neurotransmetteur** impliqué au niveau des synapses avec les organes effecteurs et l'**acétylcholine** est le neurotransmetteur agissant au niveau des ganglions sympathiques. D'une manière générale, le système nerveux sympathique a une action antagoniste du **système nerveux parasympathique**. Un organe donné des viscères possède une innervation par les deux divisions du système nerveux autonome (syn. Système nerveux orthosympathique).

SYSTÈME RÉNINE-ANGIOTENSINE

Physiol. ani. - Système de régulation hormonale trouvé chez les Vertébrés supérieurs qui intervient dans le maintien de la **pression artérielle**. Ainsi, la libération de **rénine** par le rein permet la formation d'**angiotensine** II, un puissant vasoconstricteur qui agit aussi par l'intermédiaire d'une hormone sécrétée par la glande corticosurrénale : l'**aldostérone**.

SYSTÈME SOLAIRE

Astron. - Ensemble des astres qui gravitent autour du Soleil. Le Système solaire est formé par le Soleil dont la masse exerce une attraction responsable de la gravitation des neuf planètes, des milliers d'astéroïdes, des comètes, des météorites et des poussières interplanétaires. L'ensemble des planètes se concentre dans un disque de $6 \cdot 10^9$ kilomètres de rayon soit 40 fois la distance moyenne Soleil-Terre (= 150 millions de km = 1 unité astronomique).

SYSTOLE AURICULAIRE

Physiol. ani. - Contraction simultanée des deux **oreillettes** après que le cœur se soit rempli au cours de la **diastole** ; les **valvules auriculo-ventriculaires** du cœur droit et du cœur gauche sont ouvertes. Les oreillettes se contractent pendant 0,1 s (sur une **révolution cardiaque** qui dure 0,8 s) et la pression sanguine augmente à l'intérieur des oreillettes, le sang restant est alors chassé dans les ventricules.

SYSTOLE VENTRICULAIRE

Physiol. ani. Contraction des **ventricules** à la suite de leur remplissage. Ceux-ci se contractent pendant 0,3 s, mais le volume des ventricules reste inchangé (contraction isovolumique), la pression sanguine à l'intérieur augmente et dépasse celle des oreillettes, d'où la fermeture des **valvules auriculo-ventriculaires** qui empêche le sang de revenir en arrière. La pression dans les ventricules augmente encore jusqu'à dépasser celle de l'**aorte** (ventricule gauche) ou celle des artères pulmonaires (ventricule droit). Les **valvules sigmoïdes** de la base de ces artères s'ouvrent sous la pression du sang qui est éjecté dans la circulation artérielle, c'est la fin de la systole ventriculaire, les ventricules se relâchent et reprennent leur volume initial, c'est la **diastole**.

→ ***Révolution cardiaque.***

T

T ox / T réd

Éner. - Sigle d'un couple rédox comme NAD^+ / $NADH_2$.

T^+ / TH_2

Éner. - Sigle d'un couple rédox comme NAD^+ / $NADH_2$.

TABAGISME *n. m.*

Méd. - Intoxication par le tabac. Le tabagisme peut être aigu (vertiges, pâleur, vomissement, faiblesse généralisée) ou chronique (palpitations cardiaques, douleurs thoraciques, nervosité, insomnie, perte de la mémoire, lésions des vaisseaux, bronchites, …). La nicotine est le principal responsable de ces effets sans parler des substances cancérigènes présentes dans la fumée (goudrons, …).

TACHE SOLAIRE

Astron. - Formation sombre, plus ou moins étendue, qui apparaît sur le **Soleil**. C'est une région plus froide due à des tourbillons dans la photosphère qui engendrent une grande **activité solaire**.

TACHYCARDIE *n. f.*

Physiol. ani. - Accélération du rythme des pulsations cardiaques. La tachycardie est modérée quand le nombre des battements est compris entre 80 et 100, elle est intense quand elle dépasse cette valeur. Elle peut être physiologique (effort) ou le reflet de certaines maladies.

→ ***Adrénaline, Bradycardie, Système nerveux parasympathique.***

TALUS CONTINENTAL

Tecto. - Zone de rupture de pente faisant suite au plateau continental le reliant aux plaines abyssales.

→ ***Continent, Marge continentale.***

TAMISAGE *n. m.*

Paléont., Pétrol. - Opération consistant à séparer les constituants d'une roche meuble au travers d'un système de grilles ou tamis. Le tamisage s'emploie pour étudier la **granulométrie** d'un sable ou pour extraire les microfossiles.

TANINS *n. m.*

Bot. - Substances aromatiques (esters de glucose et d'acides galliques) présentes dans les différents tissus de la plante, dans les fruits, dans l'écorce et dans le bois des arbres. Les tanins assureraient une protection contre des parasites en faisant coaguler les enzymes extracellulaires des Champignons et des Bactéries ; leur abondance protège les plantes de la dent des herbivores en faisant coaguler les protéines de la salive ce qui lui fait perdre son pouvoir lubrificateur et leur donne des propriétés astringentes.

TAUX DE MUTATION

Génét., Évol. - Taux auquel apparaissent les mutations dans une population. Le taux spontané d'un remplacement de paires de bases (dû aux erreurs de réplication et aux facteurs de l'environnement : agents mutagènes) est d'environ 10^9 par cycle de réplication. À partir de cette valeur, il a été calculé que pour une protéine donnée une mutation apparaît tous les 10^6 générations cellulaires. Les taux de mutation varient suivant les gènes et les organismes.

TAUX D'ÉVOLUTION

Évol. - Vitesse avec laquelle les substitutions de nucléotides ou d'acides aminés apparaissent dans différentes lignées, ou d'une manière plus générale, vitesse avec laquelle s'accumulent les changements.

→ ***Évolution, Horloge moléculaire, Taux de mutation.***

TAXINOMIE *n. f.*

Évol. - syn. ***Taxonomie.***

TAXON *n. m.*

Évol. - Groupe d'organismes formant une unité bien délimitée à chacun des différents niveaux hiérarchiques de la classification. Les **espèces**, les genres, les familles, les ordres sont des taxons de différents niveaux hiérarchiques.

→ ***Taxonomie.***

TAXONOMIE

Évol. - Discipline de la Biologie qui a pour objet de réaliser une classification des êtres vivants, la taxonomie obéit à des règles strictes définies par plusieurs codes internationaux (Botanique, Zoologie, Procaryotes) [syn. Taxinomie].

→ ***Cladisme, Systématique.***

TCR

Immuno. - Sigle anglais de *T Cell Receptor*, **Récepteur T**.

TDF *n. m.*

Biol. - Sigle anglais de *Test Determining Factor* (Facteur de détermination testiculaire). Comme le gène codant la protéine SRY est maintenant localisé, *TDF* s'appelle protéine Sry. Cette protéine se fixe sur l'ADN des cellules somatiques de la gonade embryonnaire et le courbe. Cette courbure serait à l'origine de l'activation des gènes impliqués dans leur développement en **cellules de Sertoli**. En son absence, les cellules germinales primordiales évoluent en ovogonies.

TECTIQUE *n. f.*

Pétrol. - Fragments de **verre** fondu de diverses formes et couleurs. Les tectiques seraient des morceaux de l'écorce terrestre, vaporisés et projetés lors de la chute d'un gros météorite. Ces roches en fusion retombent sur le sol en se solidifiant, jusqu'à des milliers de kilomètres du lieu d'impact.

→ ***Sphérule basaltique.***

TECTONIQUE *n. f.* ou *adj.*

Tecto. - Étude des déformations ayant touché des terrains géologiques postérieurement à leur formation. La tectonique cherche aussi à établir les causes de ces phénomènes.

TECTONIQUE DES PLAQUES

Tecto. - Théorie selon laquelle la partie superficielle de la Terre ou **lithosphère** est formée d'éléments rigides, les plaques lithosphériques, flottant et se déplaçant sur l'**asthénosphère** moins rigide et plus dense. Ces plaques sont constituées d'une partie du **manteau** supérieur rigide surmontée par de la **croûte terrestre** de nature continentale ou océanique, leur épaisseur atteint environ 150 km sous les continents et 70 km sous les océans. Les limites des plaques sont constituées par trois frontières de nature distincte : les zones d'accrétion ou d'expansion océanique, les zones de subduction et les failles transformantes.

Les zones d'accrétion sont situées au niveau des **dorsales océaniques**, le centre de ces dorsales est le lieu de formation du nouveau plancher océanique (**accrétion océanique**) et de séismes superficiels. Les dorsales se caractérisent par une **anomalie** thermique positive due à une remontée de l'asthénosphère. De part et d'autre de l'axe de la dorsale, et ce de manière symétrique, le plancher océanique est de plus en plus vieux à mesure que l'on s'éloigne de son axe. Les dorsales océaniques forment une chaîne de volcans sous-marins qui produisent de la lave en grande quantité (environ 20 km^3 par an). Les minéraux magnétiques contenus dans ces laves (basalte), en refroidissant, indiquent, tels des microboussoles fossiles, les caractéristiques du **champ magnétique terrestre** régnant au moment du refroidissement de cette lave. Ce **paléomagnétisme** a été l'un des arguments les plus forts pour faire admettre la théorie de la dérive des continents [1].

Les zones de **subduction** correspondent aux zones de disparition de la lithosphère créée au niveau des dorsales. Elles apparaissent quand une plaque océanique, plus lourde et plus dense que l'asthénosphère qui la porte se décroche de sa marge et s'y enfonce, transformant ainsi une **marge passive** en **marge active**. Cette plongée a de nombreuses conséquences. L'angle que fait la plaque plongeante quand elle s'enfonce provoque une courbure de la plaque océanique à l'origine d'une **fosse océanique**, les fosses sont donc les marqueurs des zones de subduction. L'enfoncement de la plaque sous la lithosphère provoque des frottements et des relaxations à l'origine de tremblements de terre. Leurs foyers se répartissent suivant un plan incliné faisant souvent un angle de 50° avec l'horizontale, appelé **plan de Wadati-Benioff**. Il matérialise la trajectoire de la plaque subduite et n'excède pas 700 km de profondeur. La subduction de la plaque froide est responsable d'une anomalie thermique négative. L'enfoncement de la plaque provoque sa déshydratation et par la suite une fusion du manteau sus-jacent à l'origine d'un magma qui, en remontant, cristallise partiellement et donne naissance à des laves andésitiques très visqueuses responsables d'éruptions explosives mais aussi des magmas à l'origine d'**adakites**. Ce volcanisme de zone de subduction est qualifié de volcanisme orogénique, car il donne naissance à des chaînes de montagnes comme la Cordillère des Andes. Les sédiments présents sur la plaque plongeante peuvent parfois être portés en surface et former un **prisme d'accrétion sédimentaire** (Île de La Barbade aux Petites Antilles) [2].

Les **failles transformantes**, comme la faille de San Andréas (Californie), sont des limites de plaques où il n'y a ni apport ni disparition de matière, il y a simple coulissement d'une plaque par rapport à l'autre [3].

La tectonique des plaques ou tectonique globale permet une synthèse des différentes observations, elle rend compte de la dynamique des masses continentales, de la répartition des volcans, des séismes et des phénomènes d'**orogenèse**. Les mouvement des plaques sont dus à la perte de la chaleur interne par la Terre. Un continent unique se fragmente progressivement, les masses continentales s'éloignent les unes des autres pour former un nouveau supercontinent quelque 400 Ma plus tard. Les différentes étapes du cycle sont les suivantes : stade de distension ou ***rifting****, stade océan étroit, stade océan large, stade de subduction, stade de collision. La théorie de la tectonique des plaques est à la géologie, ce que la théorie de l'évolution est à la biologie, c'est-à-dire une théorie unificatrice.

TÉGUMENT *n. m.*

Anat. - Tissu ou ensemble de tissus et de leur production qui recouvre et délimite le corps d'un être vivant. **1.** Chez les Vertébrés, le tégument ou peau est un organe constitué par deux tissus d'origine embryologique différente, l'**épiderme**, tissu épithélial pluristratifié d'origine ectoblastique et le **derme**, tissu conjonctif d'origine mésoblastique souvent mal séparé d'un tissu conjonctif sous-cutané, l'hypoderme, qui assure une liaison plus ou moins étroite avec les organes du mouvement (muscles et os). Le tégument participe à la formation de structures spécialisées phanères (poils, plumes, ongles, cornes, écailles) et glandes (sudoripares, sébacées...) aux dépens de l'épiderme ; formations squelettiques aux dépens du derme (écailles de poissons, bois des Cervidés...). **2.** Chez les Invertébrés, le tégument est constitué d'un épiderme formé d'une seule couche de cellules reposant sur une lame basale. En revanche, chez les Mollusques, l'épiderme est doublé par un tissu conjonctif riche en collagène, le derme. **3.** Chez les **Cormophytes**, les organes (racines, tiges, feuilles, pièces florales) sont délimités par un épiderme unistratifié qui forme un tégument. **4.** Dans l'**ovule** des Spermatophytes, le tégument est constitué d'une ou deux couches de cellules qui l'entourent et se transforment, après fécondation, en l'enveloppe de la graine.

TÉLÉMÉTRIE *n. m.*

Astron., Phys. - Méthodes optiques (laser), radioélectriques ou acoustiques de mesure des distances.

TÉLENCÉPHALE *n. m.*

Neurobiol. - Partie antérieure de l'encéphale. Le télencéphale est formé à partir de la vésicule cérébrale embryonnaire la plus antérieure. Il comprend les hémisphères cérébraux, les ventricules latéraux et une partie du troisième ventricule.

TÉLESCOPE *n. m.*

Astron., Phys. - Instrument d'observation astronomique dont l'objectif est un miroir et non une lentille ou un ensemble de lentilles comme dans une lunette astronomique.

TELLURIQUE *adj.*

Géol. - Qui se rapporte ou qui est semblable à la Terre.

TÉLOCENTRIQUE *adj.*

Génét. - Se dit d'un **chromosome** dont le **centromère** est situé à une des extrémités de la **chromatide**.

→ ***Acrocentrique, Métacentrique.***

TÉLOMÉRASE *n. f.*

Génét. - **Ribonucléoprotéine** fonctionnant comme une **transcriptase inverse** dont l'unique ARN possède une séquence AAUCCC qui guide l'ajout de séquences TTAGGG à l'extrémité d'un des brins d'ADN avant la réplication de l'ADN. Ainsi à chaque cycle de duplication, l'ADN des **télomères** n'est pas raccourci.

TÉLOMÈRE *n. m.*

Génét. - Extrémité des chromosomes formée par la répétition environ 2 000 fois de la séquence 5'TTAGGG 3'. Les télomères évitent aux extrémités des chromosomes de s'emmêler et participent à l'appariement des chromosomes homologues durant la prophase de la première division de méiose. De plus, compte tenu du système de réplication, l'extrémité de chaque chromosome perd environ 100 paires de bases à chaque mitose, c'est-à-dire environ 16 unités TTAGGG, Ainsi après 125 divisions, il n'y a plus d'ADN télomérique. La disparition des séquences télomériques impose donc une durée de vie limitée aux cellules somatiques car, lors des réplications suivantes, la cellule voit les gènes situés aux extrémités des chromosomes être rognés. Certaines cellules synthétisant la **télomérase** sont « immortelles » comme celles de la lignée germinale, celles de Protozoaires et de certaines cellules cancéreuses.

TÉLOPHASE *n. f.*

Biol. cell. - Quatrième et dernier stade des divisions cellulaires (**mitose**, **méiose**). Durant la télophase de mitose, les **chromosomes** se décondensent, l'**enveloppe nucléaire** se reforme et les deux cellules filles commencent à se séparer. Les télophases I et II de méiose présentent les mêmes caractéristiques.

→ ***Cytodiérèse.***

TELSON *n. m.*

Zool. - Segment anal des Annélides et des Arthropodes. Le telson ne correspond pas à un **métamère** en raison de l'absence de cœlome.

TEMPÉRATURE *n. f.*

Éner. - Mesure de la quantité de chaleur contenue dans un système. La température se mesure en degrés kelvin.

TEMPÉRATURE DE NEUTRALITÉ THERMIQUE

Physiol. ani. - Pour un animal homé-otherme, température extérieure pour laquelle la production de chaleur par le **métabolisme** compense celle que lui fait perdre le milieu extérieur par conduction et convection. Elle correspond à la plus faible quantité d'énergie dépensée.

TEMPS *n. m.*

Phys. - Paramètre qui permet d'ordonner des événements les uns par rapport aux autres de telle manière que, lorsqu'ils sont dépendants, leur cause se situent toujours avant leurs conséquences ou lorsqu'ils ne le sont pas, ils peuvent être ordonnés suivant leur ordre d'apparition.

TEMPS FOSSILIFÈRES

Strati. - Époques de l'histoire de la terre caractérisées par la présence de fossiles dans les couches sédimentaires. Les temps fossilifères débutent au Cambrien (530 Ma) avec l'apparition d'animaux à squelette dur pouvant se fossiliser, mais on connaît actuellement des fossiles à corps mou plus anciens.

→ ***Cryptozoïque, Échelle stratigraphique.***

TENDON *n. m.*

Anat. - Partie terminale d'un muscle, formée par du tissu conjonctif blanc, dense, dont les fibres de collagène sont orientées suivant les lignes de traction.

TENSION *n. f.*

Physiol. ani. - Résistance qu'oppose une paroi plus ou moins déformable de l'organisme aux liquides ou aux gaz contenus dans la cavité qu'elle définit.

TENSION ARTÉRIELLE

Physiol. ani. - Force élastique exercée par les parois artérielles sur le sang qu'elles contiennent. La tension artérielle est équilibrée (principe de l'action et de la réaction) par la force contractile du cœur transmise par le sang. La **pression artérielle** correspond à la force exercée par le sang sur une surface donnée, alors que la tension artérielle mesure la force exercée par la paroi du vaisseau sur le sang. Bien que représentant des réalités physiques différentes, les deux termes peuvent être considérés comme équivalents d'un point de vue clinique.

→ ***Hypertension, Hypotension.***

TENSION ARTÉRIELLE DIASTOLIQUE

Physiol. ani. - syn. ***Tension artérielle minimale.***

TENSION ARTÉRIELLE DIFFÉRENTIELLE

Physiol. ani. - Différence existant entre la **tension artérielle** maximale et la tension minimale. Chez un individu normotendu, cette différence est de 4 à 7 cm de mercure. C'est cette valeur qui est la plus intéressante pour caractériser l'état physiologique d'un individu.

TENSION ARTÉRIELLE MAXIMALE

Physiol. ani. - Valeur de la tension qui existe dans les artères à la fin de la **systole ventriculaire**. Chez un sujet normotendu, elle est comprise au repos entre 12,5 et 14 cm de mercure. La tension systolique dépend de la puissance de la contraction cardiaque et de l'élasticité des grosses artères (syn. Tension artérielle systolique).

TENSION ARTÉRIELLE MINIMALE

Physiol. ani. - Valeur de la tension qui existe dans les artères au moment où le cœur ne se contracte plus (fin de la **diastole**). Chez un sujet normotendu, elle est comprise, au repos, entre 8 et 9 cm de mercure. La tension artérielle minimale dépend pour l'essentiel de l'écoulement du sang, c'est-à-dire de la résistance que présente le système vasculaire à l'écoulement sanguin (syn. Tension artérielle diastolique).

TENSION ARTÉRIELLE SYSTOLIQUE

Physiol. ani. - syn. ***Tension artérielle maximale.***

TENSION VASCULAIRE

Physiol. ani. - Résistance de la paroi des vaisseaux sanguins à la pression sanguine.

→ ***Tension artérielle.***

TÉRATOGÈNE *adj.*

Génét., Méd. - Agent chimique ou physique qui provoque des malformations plus ou moins importantes pendant le développement embryonnaire. Un tranquillisant, la thalidomide, donné aux femmes enceintes pendant les années Soixante a été la cause de la naissance de nombreux enfants sans bras ni jambes.

TÉRATOLOGIE *n. f.*

Génét., Méd. - Science qui étudie les développements anormaux et les anomalies **congénitales**.

TERRAIN *n. m.*

Strati. - Ensemble formé par les roches à l'affleurement et qui sont l'objet d'études géologiques.

TERRASSE FLUVIATILE

Géomorphol. - Relief constitué par un replat situé sur le bord d'une vallée à une altitude supérieure à celle du cours d'eau et qui correspond à l'ancien lit de la rivière qui a été érodé. Les terrasses peuvent être creusées dans les **alluvions** mêmes de la rivière ou dans un substratum rocheux ; elles peuvent aussi être étagées et marquer alors les différents niveaux occupés par le fleuve.

TERRASSE MARINE

Géomorphol. - Relief constitué par un replat situé au-dessus d'une plage actuelle, les terrasses marines marquent le niveau ancien de la mer (**plage fossile**) et sont donc des témoins des transgressions. Pour une même époque, elles peuvent être en continuité avec les terrasses fluviatiles.

TERRE *n. f.*

Géol. - Troisième planète du Système solaire à partir du Soleil. La distance moyenne au Soleil est de $149{,}6 \cdot 10^6$ km soit une unité astronomique. Le rayon moyen est de 6 371 km, la densité de 5,517 et la masse de $5{,}99 \cdot 10^{24}$ kg.

→ ***Géoïde, Structure du globe.***

TERRIGÈNE *adj.*

Minér., Pétrol. - Qualifie tout fragment de roche, de minéral qui a été arraché par l'érosion à une terre émergée ainsi que les sédiments qui en sont formés.

TERTIAIRE *n. m*

Strati.

→ ***Échelle stratigraphique.***

TEST *n. m.*

Paléont., Zool. - Squelette externe, calcaire ou siliceux qui protège des Animaux comme les **Foraminifères**, les **Radiolaires**, les Oursins.

TEST DE GUTHRIE

Génét., Méd. - Test de dépistage obligatoire en France depuis 1967 et servant à déceler chez le nouveau-né la **phénylcétonurie** (PCU).

TEST (D'UNE MALADIE)

Méd. - Méthode destinée à rechercher de façon rapide une ou plusieurs caractéristiques d'une substance (dépistage), d'une fonction, d'un organisme. Un individu présentant le signe recherché est positif, un individu ne le présentant pas est négatif. Cependant, il arrive que des individus malades soient négatifs au test, ils sont alors ***faux négatifs*** (par opposition aux ***vrais négatifs*** qui sont sains et négatifs) et inversement des individus sains sont trouvés malades, ils sont alors ***faux positifs*** (par opposition aux ***vrais positifs*** qui sont malades et positifs au test). Être faux négatif quand on est vrai positif est bien évidemment plus grave que d'être faux positif quand on est vrai négatif malgré le traumatisme causé par cette annonce. On définit la ***validité d'un test*** par le rapport : nombre de vrais positifs / nombre de positifs ; plus ce rapport tend vers 1, plus le test est fiable.

→ ***Séronégatif, Séropositif, Test de Guthrie, Test ELISA.***

TEST ELISA

Immuno., Méd. - Sigle anglais d'*Enzyme Linked Immuno Sorbent Assay,* dosage immuno-enzymatique. Test immunologique (**sérodiagnostic**) permettant de détecter, à l'aide d'anticorps marqués, et à l'aide d'une réaction enzymatique, la présence des anticorps spécifiques d'un antigène. Le test ELISA ne s'applique pas uniquement à la recherche des anticorps anti-VIH.

TEST-CROSS *n. m.*

Génét. - Croisement d'un individu dont on veut connaître le **génotype** avec un homozygote récessif (porteurs des allèles récessifs des gènes considérés). Le *test-cross* permet de « convertir » le génotype des gamètes en **phénotype** des individus. Il permet d'estimer le taux de **recombinaison** et donc de calculer la **distance génétique entre deux gènes** (syn. Croisement-test).

→ ***Back-cross, Gènes dépendants, Gènes indépendants.***

TESTICULE *n. m.*

Anat. - Glande reproductrice mâle qui élabore les **spermatozoïdes**. Le testicule est formé par des cellules appartenant au **germen** ; elles constituent la lignée germinale qui se différencie à partir des **spermatogonies** diploïdes, et les transforment en spermatozoïdes haploïdes par l'intermédiaire de la **méiose** et de la **spermatogenèse**. Cette spermatogenèse se déroule dans la paroi des **tubes séminifères** où se situent les **cellules de Sertoli**. Entre ces tubes se trouvent les **cellules interstitielles de Leydig** qui produisent une hormone, la **testostérone**.

TESTOSTÉRONE *n. f.*

Endocrino. - Hormone principale des mâles des Vertébrés. La testostérone est synthétisée à partir du cholestérol par les **cellules interstitielles de Leydig**. Elle est produite par les gonades de l'embryon mâle au cours de son développement. Elle induit la formation des **caractères sexuels primaires** et par la suite celles des **caractères sexuels secondaires** et leur maintien. Au cours de la vie adulte, la testostérone stimule la multiplication et la différenciation des cellules de la **lignée germinale**.

→ ***TDF.***

TÉTANOS *n. m.*

Méd. - Maladie infectieuse grave due à une Bactérie anaérobie du genre *Clostridium* qui vit dans le sol. Cette Bactérie pénètre dans l'organisme par la moindre coupure ou piqûre. Elle entraîne des contractions incontrôlées, puis une paralysie des muscles respiratoires conduisant rapidement à la mort si le malade n'est pas placé sous ventilation assistée. La **vaccination** contre le tétanos confère une protection très efficace.

TÊTARD *n. m.*

Zool. - **Larve** des Amphibiens du type Grenouille. Le têtard se caractérise par un corps globuleux sans limite nette entre la tête et le tronc qui se prolonge par une queue locomotrice. Au cours de son développement post-embryonnaire, les pattes postérieures et les pattes antérieures se forment et le têtard se transforme en petite Grenouille à la suite de la **métamorphose**.

→ ***Climax.***

TÉTHYS *n. f.*

Tecto. - Océan presque complètement disparu situé entre l'Eurasie et l'Afrique à l'emplacement de l'actuelle Méditerranée. La Paléotéthys a été suturée par l'orogenèse **hercynienne** (subduction du **Gondwana** sous la **Laurasie**). La Mésotéthys, née de la dislocation de la Pangée permienne, a disparu par soudure du Gondwana et de la Laurasie. La Néotéthys est née de l'ouverture du Gondwana il y a 260 Ma créant une marge passive au sud et une marge passive eurasiatique au nord. La Néotéthys a disparu avec l'éclatement de la Pangée et l'ouverture océanique. Les **sutures ophiolitiques** s'étendent des Alpes aux Balkans, à l'Asie mineure et au nord de l'Inde.

TÉTRADE *n. f.*

Génét. - syn. ***Bivalent.***

TÉTRAPLÉGIE *n. f.*

Méd. - Paralysie des quatre membres.

→ ***Hémiplégie.***

TÉTRAPLOÏDE *adj.*

Génét. - État d'une cellule ou d'un organisme qui possède quatre fois la garniture chromosomique **haploïde**.

→ ***Ploïdie.***

TÉTRAPODES *n. m. pl.*

Zool. - Vertébrés fondamentalement pourvus de quatre membres locomoteurs et respirant par des poumons. Les premiers Tétrapodes (*Acanthostega*, *Ichthyostega*) sont apparus il y a quelque 380 Ma. Ils possédaient des pattes dont les extrémités étaient terminées par 7 ou 8 doigts et vivaient probablement en milieux marins ou saumâtres à l'inverse des Amphibiens actuels qui sont d'eau douce. De plus, *Acanthostega* était incapable de se déplacer à terre, ces pattes lui servaient à se stabiliser dans l'eau et à s'accrocher sur le fond pour guetter ses proies. *Ichthyostega* pouvait sans doute se hisser sur les rochers à la manière des Phoques et des Otaries. Les Amphibiens sont encore dépendants du milieu aquatique pour la reproduction. En revanche, les **annexes embryonnaires** présentes chez les Reptiles, les Oiseaux et les Mammifères les libèrent de la reproduction et du développement dans le milieu aquatique extérieur. Chez certains Tétrapodes comme les Serpents, il y a eu disparition secondaire des membres.

TÉTRASPORE *n. f.*

Génét. - Une des quatre **spores** issues de la méiose chez la plupart des Champignons.

→ ***Ascospore, Asque.***

TÉTRODOTOXINE (TTX)

Neurobiol. - Substance toxique extraite des Poissons coffres japonais, les fameux *Fugu* ou Tétrodons. La tétrodotoxine a la propriété de se loger à l'entrée des canaux Na^+ voltage-dépendants et d'empêcher le passage de cet ion. De ce fait, ni les neurones, ni les cellules musculaires ne peuvent propager de potentiels d'action. Ce poison a une activité paralysante quasi instantanée.

TEXTURE *n. f.*

Géol.

→ ***Structure.***

TEXTURE D'UN SOL

Pédol. - Répartition granulométrique des différentes particules constituant un **sol**. La texture d'un sol conditionne en partie sa **porosité**.

→ ***Granulométrie, Structure d'un sol.***

THALAMUS *n. m.*

Neurobiol. - Noyaux gris du diencéphale où convergent de nombreuses informations sensorielles (à l'exception de l'odorat) et les informations sensitives avant d'être acheminées vers le cortex cérébral. Le thalamus oriente les informations vers le cortex cérébral, mais en rétrograde certaines vers des centres sous-corticaux moteurs réflexes.

THALASSÉMIE *n. f.*

Génét., Méd. - Affection **congénitale** provoquée par des délétions ou des substitutions de paires de bases azotées dans les différents **gènes** de la famille de l'**hémoglobine** qui ne fonctionnent pas suivant le programme établi. Les thalassémies se rencontrent surtout dans le bassin Méditerranéen (d'où leur nom). Dans la β-thalassémie, la chaîne β de l'hémoglobine adulte est remplacée par la chaîne γ de l'hémoglobine fœtale. La β-thalassémie peut être repérée par un **diagnostic prénatal**. Les génotypes **homozygotes** sont la plupart du temps létaux à court terme alors que les **hétérozygotes** sont peu atteints (β-thalassémie mineure).

THALLE *n. m.*

Bot. - Appareil végétatif des végétaux primitifs constitué de cellules isolées (Algues unicellulaires, Levures), de filaments ramifiés (mycélium des Mycètes) ou d'un tissu parenchymateux lamellaire (Algues). Se définit aussi par l'absence de feuilles, de tiges et de racines.

THÉORIE CELLULAIRE

Biol. cell. - Proposition faite au milieu du XIXe siècle qui suppose que « tous les êtres vivants, Animaux et Végétaux, sont constitués de cellules » et que « toute cellule provient d'une cellule ».

THÉORIE CHROMOSOMIQUE DE L'HÉRÉDITÉ

Biol. - Théorie qui postule que les facteurs déterminant les caractères sont portés par les chromosomes.

THÉORIE ENDOSYMBIOTIQUE

Biol. - Théorie Selon laquelle la cellule eucaryote se serait formée par intégration de cellules procaryotes autonomes à l'origine des chloroplastes et des mitochondries. Les Cyanobactéries, comme *Prochloron*, sont considérées comme les candidats les plus probables pour l'origine des **chloroplastes** et les Bactéries pourpres seraient à l'origine des **mitochondries**. Au cours de ce processus la plupart des gènes de ces Bactéries ont disparu, d'autres ont été intégrés au noyaux. Certains auteurs pensent que les péroxysomes sont d'anciens symbiotes qui ont perdu toute leur information génétique.

→ ***LUCA, Progénote.***

THÉORIE SYNTHÉTIQUE DE L'ÉVOLUTION

Évol. - Théorie explicative des mécanismes de l'évolution proposée aux États-Unis à la fin de la Seconde Guerre mondiale par Dobzhansky, Mayr et Simpson. C'est une synthèse de la génétique mendélienne (mutation), de la génétique des populations, de la paléontologie (chronologie) et de la systématique (notion d'espèce), elle intègre la sélection naturelle proposée par Darwin d'où son nom de Néo-darwinisme. Depuis sa naissance, la théorie synthétique de l'évolution a intégré le **neutralisme** et les équilibres ponctués. Elle a ainsi renoncé à l'omniprésence de la **sélection naturelle** et reconnaît le rôle de la **dérive génétique** dans la **spéciation**. De plus, elle intègre la notion d'évolution discontinue (équilibres ponctués) d'autant plus que la découverte des **gènes homéotiques** permet d'expliquer qu'une seule mutation peut avoir des effets considérables sur le phénotype.

→ ***Adaptation, Darwinisme, Évolution, Spéciation.***

THÈQUE *n. f.*

Histo. - Enveloppe de tissu conjonctif qui entoure un organe.

THÈQUE EXTERNE

Histo. - Tissu fibreux, conjonctif entourant le follicule tertiaire mais commençant à s'individualiser au stade **follicule secondaire**.

THÈQUE INTERNE

Histo. - Tissu fibreux, vascularisé, présentant des cellules à allure épithéliale. La thèque interne du **follicule de De Graaf** possède des récepteurs à **LH** et produit avec la **granulosa** de l'**œstradiol**.

→ ***Follicule secondaire, Follicule tertiaire.***

THÉRAPIE GÉNIQUE

Génét., Méd. - Correction d'un défaut génétique par le remplacement ou l'ajout de cellules génétiquement corrigées, c'est-à-dire porteuses d'un allèle fonctionnel. La thérapie génique n'est encore qu'au stade expérimental et pose encore de nombreux problèmes qui sont loin d'être résolus.

→ ***Thérapie génique germinale, Thérapie génique somatique.***

THÉRAPIE GÉNIQUE GERMINALE

Génét., Méd. - Introduction dans une cellule-œuf présentant un déficit génique, d'une version corrigée du gène **morbide**. Chez les Animaux, cette **thérapie génique** conduit à un animal transgénique. Le gène corrigé, ainsi introduit, se transmet de génération en génération. À cause des problèmes éthiques, cette technique n'est pas appliquée à l'Homme d'autant plus que le **diagnostic préimplantatoire** permet de choisir les embryons à réimplanter.

→ ***OGM, Thérapie génique somatique, Transgenèse.***

THÉRAPIE GÉNIQUE SOMATIQUE

Génét., Méd. - Introduction dans des cellules somatiques d'une version fonctionnelle du **gène** morbide (**allèle**), dans ces conditions, la modification apportée n'est pas héréditaire.

→ ***Soma, Thérapie génique germinale, Transgenèse.***

THERMOCLINE *n. f.*

Océan. - Zone de changements brutaux de la température dans les océans, les mers, les lacs. La thermocline débute entre 10 et 500 m de profondeur suivant les latitudes et les fluctuations climatiques et s'étend jusqu'à plus de 1 500 m où la température devient constante autour de 3 °C.

THERMODYNAMIQUE *n. f.*

Éner. - Étude des transferts de **chaleur**.

THERMOGENÈSE *n. f.*

Éner., Physiol. ani. - Production de chaleur par un être vivant.

THERMOMÉTAMORPHISME *n. m.*

Tecto. - syn. ***Métamorphisme de contact.***

THERMOMÈTRE ISOTOPIQUE

Paléont. - Rapport entre les teneurs en oxygène 18 et en oxygène 16. Les variations de ce rapport au cours des temps géologiques permettent d'estimer les **paléotempératures**.

THERMORÉCEPTEUR *n. m.*

Neurobiol. - Récepteur sensoriel spécialisé dans la détection des variations de température. On distingue des thermorécepteurs cutanés périphériques et des thermorécepteurs centraux situés dans l'**hypothalamus**. Chez certains Animaux, comme le Crotale, les thermorécepteurs sont utilisés pour détecter les proies **endothermes**. La sensibilité de ces récepteurs est telle qu'ils peuvent réagir (production de messages nerveux) à une variation de température sur eux de quelques millièmes de degrés provoquée, par exemple, par la présence d'une souris à une cinquantaine de centimètres.

THERMORÉGULATION *n. f.*
Physiol. ani. - Contrôle de la température corporelle par des processus métaboliques (augmentation des oxydations cellulaires), physiologiques (vasoconstrictions) ou comportementaux de telle manière à ce qu'elle reste à peu près constante.

→ ***Ectotherme, Homéotherme.***

THERMORÉMANENT *adj.*
Phys.

→ ***Paléomagnétisme.***

THERMOSPHÈRE *n. f.*
Climato.

→ ***Atmosphère terrestre.***

THROMBINE *n. f.*
Physiol. ani. - Enzyme produite sur le lieu d'une blessure à partir de la prothrombine. La thrombine convertit le **fibrinogène** soluble en fibrine insoluble qui forme un maillage dans lequel les cellules sanguines sont retenues prisonnières, ce qui empêche l'hémorragie par la formation d'un caillot.

→ ***Coagulation, Plaquette sanguine.***

THROMBINOGÈNE *n. m.*
Physiol. ani. - syn ***Prothrombine.***

THROMBOCYTE *n. m.*
Physiol. ani. - syn. ***Plaquette sanguinc.***

THROMBOSE *n. f.*
Méd. - Formation d'un caillot (thrombus) dans un vaisseau sanguin ou dans une cavité cardiaque. La thrombose a pour conséquence de bloquer l'arrivée du sang dans les organes, ce qui provoque une embolie ou un infarctus du myocarde.

→ ***Maladie cardio-vasculaire.***

THYLACOÏDE, THYLAKOÏDE *n. m.*
Biol. cell. - Compartiment contenu dans les **chloroplastes** et constituée par un petit sac aplati limité par une membrane contenant des **chaînes d'oxydoréduction** et des **sphères pédonculées** tournées vers le stroma. La membrane du thylacoïde est le siège des réactions « claires » de la **photosynthèse**.

→ ***Réactions non-photochimiques.***

THYMECTOMIE *n. f.*
Immuno. - Ablation du thymus.

→ ***Syndrome de Di George.***

THYMIDINE *n. f.*
Biochim. - **Nucléoside** ayant pour base azotée la thymine.

THYMINE *n. f.*
Biochim. - Une des trois bases pyrimidiques constituant un **nucléoside**, la thymidine. La thymine n'est présente que dans l'**ADN**, elle est remplacée dans les **ARN** par une autre base pyrimidique, l'uracile.

THYMOCYTE *n. m.*
Immuno. - Cellules de la lignée des **lymphocytes T** qui résident et se différencient dans le **thymus**. Une fois qu'un thymocyte a quitté le thymus et entre dans le milieu intérieur, il devient un lymphocyte T.

THYMOCYTE IMMATURE
Immuno. - Lymphocyte T immature qui se situe toujours dans le cortex du **thymus**.

→ ***Lymphocyte T immature.***

THYMOCYTE MATURE
Immuno. - Lymphocyte T présent dans la médulla du **thymus** qui n'exprime plus qu'un des marqueurs CD (CD4 ou CD8), mais présente sur sa membrane les antigènes du CMH et de grande quantité d'un type de **récepteur T**. Les

thymocytes matures ne se multiplient plus. Ils deviennent des lymphocytes T matures dans les **organes lymphoïdes périphériques**.

→ *Thymocyte immature.*

THYMOCYTE PRÉCURSEUR

Immuno. - Cellule souche thymique qui provient de la moelle rouge. Les thymocytes précurseurs prolifèrent dans le cortex du **thymus**. Ils ne possèdent encore aucun **récepteur T** ni aucun marqueur de type CD. Ils sont à l'origine de la lignée des lymphocytes T.

→ *Thymocyte immature.*

THYMUS *n. m.*

Immuno. - **Organe lymphoïde central** se trouvant au niveau des poumons dans lequel les futurs **lymphocytes T**, originaires de la moelle rouge, achèvent leur maturation. Le thymus comprend un cortex où se situent les thymocytes précurseurs et les thymocytes immatures et une médulla où se localisent les thymocytes matures. Il est le lieu de l'apprentissage du soi par les **thymocytes matures**. Le thymus du Veau est connu sous le nom de ris de veau. Avec l'âge, le volume de cette glande diminue et elle est progressivement envahie par du tissu adipeux.

THYR(É)OLIBÉRINE (*TRH*) *n. f.*

Endocrino. - syn. ***TRH.***

THYRÉOSTIMULINE (*TSH*) *n. f.*

Endocrino. - syn. ***TSH.***

THYRÉOTROPE *adj.*

Endocrino. - **1.** Qui présente une affinité pour la thyroïde. **2.** Qui exerce une influence sur la thyroïde. Cellule de l'antéhypophyse qui sécrète la TSH.

THYRÉOTROPHINE *n. f.*

Endocrino. - syn. ***TSH.***

THYRÉOTROPINE *n. f.*

Endocrino. - syn. ***TSH.***

THYROGLOBULINE *n. f.*

Endocrino. - Glycoprotéine synthétisée dans les cellules folliculaires de la thyroïde et sécrétée dans la lumière du follicule thyroïdien. Après fixation d'atomes d'iode, sur certains de ses acides aminés et après protéolyse, la thyroxine est libérée dans la circulation.

THYROÏDE *n. f.*

Endocrino. - Glande endocrine présente chez tous les Vertébrés. La thyroïde se situe au niveau de l'œsophage. Elle est constituée par des follicules formés d'une seule couche de cellule. La cavité centrale du follicule contient la colloïde, sécrétée par les cellules, dont le principal composant est la **thyroglobuline**. La thyroïde produit la thyroxine (T_4) et la triiodothyronine (T_3). Ces hormones thyroïdiennes augmentent le métabolisme oxydatif des cellules et donc leur production d'énergie (ATP). De plus, chez les Amphibiens, ce sont les hormones responsables de la métamorphose de la larve. La sécrétion de la thyroxine est sous le contrôle d'une hormone de l'antéhypohyse, la **TSH**. La thyroïde produit une autre hormone, la calcitonine qui intervient sur la croissance.

THYROÏDECTOMIE *n. f.*

Endocrino. - Ablation de la **thyroïde**.

THYROXINE *n. f.*

Endocrino. - Hormone contenant quatre atomes d'iode qui est produite par la glande **thyroïde**. La thyroxine agit en modifiant l'activité des gènes.

TIGE *n. f.*

Bot. - Chez les Végétaux possédant un système conducteur de sève, la tige ou axe primaire, désigne un organe généralement aérien, plus ou moins dressé et ramifié, sur lequel se développent des **bourgeons** qui se différencient soit en feuilles, soit en fleurs, soit en axes secondaires (rameaux) qui à leur tour portent des feuilles ou des fleurs.

TIGE HYPOPHYSAIRE

Endocrino. - Liaison anatomique entre l'hypothalamus et l'hypophyse. La tige hypophysaire contient un système porte dans lequel sont déversées les neurosécrétions (libérines) produites par l'hypothalamus qui ont pour effet d'entraîner la sécrétion des hormones de l'antéhypophyse (syn. Tige pituitaire).

→ ***Complexe hypothalamo-hypophysaire.***

TIGE PITUITAIRE

Endocrino. - syn. ***Tige hypophysaire.***

TILLITE *n. f.*

Glaciol. - Conglomérat d'origine glaciaire ou fluvio-glaciaire formé par la consolidation par une matrice argileuse de débris morainiques mal classés, souvent striés, de tailles variées, présentant une gamme importante de couleurs. Les tillites sont des marqueurs des glaciations, on en connaît, par exemple, du Précambrien et de l'ère primaire.

→ ***Modelé glaciaire, Moraine.***

TISSU *n. m.*

Histo. - Ensemble de cellules d'un type particulier regroupées en une unité fonctionnelle. *Exemples* : tissus nerveux, musculaire, sanguin, conjonctif... L'étude des tissus est l'objet de l'histologie.

TISSU ADIPEUX

Histo. - Tissu dont les cellules constitutives sont des **adipocytes**.

→ ***Triglycérides.***

TISSU CONDUCTEUR

Bot., Histo. - Tissu d'une plante vasculaire qui achemine la **sève brute** et la **sève élaborée**.

→ ***Phloème, Xylème.***

TISSU CONJONCTIF

Histo. - Tissu formé de cellules non jointives (**fibroblastes**) dispersées dans une substance interstitielle, la substance fondamentale ou **matrice extracellulaire**. Le tissu conjonctif exerce un rôle de soutien et d'emballage des autres tissus.

→ ***Tissu épithélial.***

TISSU ÉPITHÉLIAL

Histo. - Tissu formé de cellules jointives et fortement liées entre elles par des desmosomes. Les tissus épithéliaux recouvrent les surfaces internes (cavités) et externes des organismes pluricellulaires. Ils interviennent dans des fonctions de protection (épiderme), de sécrétions (épithélium glandulaire), d'absorption (épithélium digestif) [syn. Épithélium].

→ ***Tissu conjonctif.***

TISSU HÉMATOPOÏÉTIQUE

Histo., Immuno.

→ ***Moelle osseuse.***

TISSU LYMPHOÏDE

Histo., Immuno. - Tissu où sont produits les lymphocytes. Les tissus lymphoïdes primaires sont la **moelle osseuse** et le **thymus** où les cellules souches des lymphocytes se multiplient et se différencient. Les **lymphocytes** migrent ensuite dans des organes lymphoïdes secondaires (ganglions lymphatiques, rate...). Les lymphocytes et les phagocytes y rencontrent les antigènes, ce qui déclenche leur prolifération.

TISSU NODAL

Histo., Physiol. ani. - Ensemble des cellules du muscle cardiaque qui sont capables de se contracter spontanément et rythmiquement sans intervention de la volonté (activité ***pace(-)maker****). Le tissu nodal est donc le siège de l'automatisme cardiaque. Le tissu nodal est réparti dans deux zones ou nœuds : le nœud de Keith et Flack situé dans l'**oreillette droite** au niveau de l'arrivée des **veines caves**, le nœud atrio-ventriculaire d'Aschoff-Tawara qui se localise entre les deux oreillettes. De ces nœuds partent des faisceaux de fibres musculaires qui propagent l'onde de contraction aux différentes parties du cœur (*faisceaux de His* et *réseau de Purkinje* au niveau des ventricules). Plus on descend vers les ventricules, plus la fréquence générée est lente.

TITIUS

Astron.

→ ***Orbite.***

TNF

Immuno. - Sigle anglais de *Tumor Necrosis Factor*, facteur nécrosant les tumeurs. Cette cytokine est produite principalement par les macrophages et détruit certaines cellules cancéreuses.

TOIT DE LA NAPPE

Hydrogéol. - syn. ***Niveau piézométrique.***

TOLÉRANCE *n. f.*

Neurobiol. - Capacité d'un organisme à supporter, sans dommages apparents, les effets des agressions chimiques ou physiques auxquelles il est soumis.

→ ***Accoutumance.***

TOLÉRANCE AU SOI

Immuno. - syn. ***Apprentissage du soi.***

TOLÉRANCE IMMUNITAIRE

Immuno. - Incapacité d'un sujet adulte à déclencher une **réponse immunitaire spécifique** lors de l'introduction, dans son organisme, d'un antigène étranger qui déclenche, par ailleurs, une réaction immunitaire habituelle chez un sujet sain. Cette immunotolérance a été acquise lorsqu'une première inoculation de cet antigène a été faite chez le nouveau-né, c'est-à-dire durant une période où il est incapable de s'immuniser. Le sujet tolère alors cet antigène qu'il considère comme appartenant au soi.

→ ***Apprentissage du soi.***

TOMODENSITOMÉTRIE *n. f.*

Méd. - Appelée aussi « scanner », cette technique est basée sur la radiographie par rayons X. La tomodensitométrie permet d'obtenir une image pour chaque position définie de la source émettrice de rayons X. Chaque image est mémorisée par un ordinateur. À l'aide d'un programme informatique, il est possible d'obtenir des coupes de l'organe examiné, ces coupes virtuelles ou tomographies permettent d'observer l'organe sous tous ses angles.

TOMOGRAPHIE PAR ÉMISSION DE POSIT(R)ONS

Méd. - Technique associant à la fois la scintigraphie par rayonnement gamma avec le principe de la **tomodensitométrie**. Les capteurs de rayons gamma couplés à un ordinateur mémorisent les émissions gamma de chaque point de l'organe. Il est alors possible de trier les points suivant les plans de coupe que l'on souhaite obtenir afin de réaliser des images de l'organe dans les trois dimensions.

TOMOGRAPHIE SISMIQUE

Sismo. - Technique qui consiste à cartographier l'intérieur de la Terre en trois dimensions, comme dans la tomographie médicale ou « scanner » en utilisant les anomalies de vitesse que l'on cherche à corréler avec des variations de température, de composition et d'état. Une augmentation de la vitesse des ondes sismiques de 1 % par rapport à un modèle sphérique homogène signifie, qu'à minéralogie identique, la région traversée est plus dense donc plus froide, une diminution de la vitesse, qu'elle est moins dense et donc plus chaude (syn. Échographie sismique).

→ ***Géoïde, Structure du globe.***

TONOPLASTE *n. m.*

Biol. cell.

→ ***Vacuole.***

TONUS MUSCULAIRE

Neurobiol. - État de contraction permanent, de faible intensité qui existe normalement dans les muscles. Quand un muscle est privé de son innervation, le tonus musculaire disparaît, le tonus est une matérialisation du **réflexe myotatique**.

TOPOGRAPHIE *n. f.*

Géomorphol. - Description détaillée du relief.

TORSO

Embryo., Génét. - Gène maternel codant la protéine *Torso* qui est un récepteur membranaire présent sur toute la membrane de l'ovule. Il est activé par un ligand déposé au cours de l'ovogenèse entre la membrane vitelline et la membrane de l'ovule uniquement aux extrémités antérieure et postérieure.

TOTIPOTENCE *n. f.*

Embryo. - Capacité que possède une cellule, généralement embryonnaire, de se différencier en tous les types cellulaires différents.

→ ***Pluripotence.***

TOURTEAU

Agric. - Résidu plus ou moins compacté de graines, de fruits oléagineux dont on a extrait l'huile et que l'on utilise comme aliments pour le bétail.

TOXÉMIE *n. f.*

Méd. - Accumulation dans le sang d'une certaine quantité de poisons d'origine endogène ou exogène (**toxine**) à la suite de l'insuffisance de l'organisme à les éliminer.

TOXICOMANIE *n. f.*

Méd. - État d'intoxication chronique ou périodique, provoqué par l'utilisation d'une **drogue** et qui conduit à l'**accoutumance**.

TOXINE *n. f.*

Méd. - Poison soluble produit par un être vivant. Les toxines sont responsables de la plupart des effets toxiques sur l'organisme. Elles ont un pouvoir antigénique qui déclenche la sécrétion d'anticorps. Par des traitements appropriés, on leur fait perdre leur pouvoir pathogène tout en conservant leurs caractéristiques antigéniques (déterminant antigénique), on obtient des **anatoxines** utilisées pour la préparation des vaccins.

→ ***Toxémie.***

TRACHÉE *n. f.*

Anat. - **1.** Tuyau cartilagineux et membraneux situé dans l'axe du corps des Amniotes par lequel l'air passe de la **glotte** aux **poumons** par l'intermédiaire des **bronches**. La présence d'anneaux de cartilage évite l'aplatissement de la trachée au cours de l'inspiration. **2.** Chez les Insectes, invagination du tégument possédant des anneaux de chitine qui conduit l'air aux cellules.

TRACHÉÏDE *n. f.*

Bot. - Cellule allongée du **xylème**, aux extrémités effilées en biseau, dépourvue de cytoplasme en fin de différenciation, donc morte, et dont la **paroi** secondaire est lignifiée. Les trachéïdes communiquent entre elles et avec des cellules parenchymateuses voisines par l'intermédiaire de discontinuités, latérales dans la paroi secondaire, les **ponctuations**. Suivant la nature des ponctuations, on distingue les trachéïdes aréolées, caractéristiques des Gymnospermes, dont les ponctuations sont circulaires et les trachéïdes scalariformes (Ptéridophytes) où les dépôts de lignine forment des barreaux et où les espaces entre ceux-ci constituent les ponctuations scalariformes. Les trachéïdes annelées et spiralées sont des éléments conducteurs de petits calibres qui se différencient en premier dans tous les organes des végétaux vasculaires dont la croissance n'est pas achevée. Elles constituent les éléments conducteurs du **protoxylème** des Angiospermes. Leur paroi est renforcée par des épaississements ligneux en anneaux discontinus (annelée) ou en spirale continue (spiralée). Par leur superposition, ces trachéïdes constituent des tubes cloisonnés plus ou moins obliquement. Les trachéïdes conduisent la **sève brute** verticalement et assurent des passages latéraux par l'intermédiaire des ponctuations ; leur dépôt de lignine leur confère un rôle de soutien (syn. Vaisseaux imparfaits).

TRADUCTION *n. f.*
Génét. - Décodage d'un message contenu dans un acide nucléique (**ARNm**) en une **chaîne polypeptidique**. La traduction se réalise sur les **ribosomes** avec l'intervention des **ARNt**.

⟶ ***Code génétique, Polysome.***
Voir figure page 509.

TRAJECTOIRE DES PÔLES
Tecto. - syn. ***Migration des pôles.***

TRANQUILLISANTS *n. m.*
Neurobiol. - syn. ***Anxiolytiques.***

TRANSCRIPTASE INVERSE
Génét. - **ADN polymérase** rencontrée chez certains virus (virus à ARN) et dans les cellules eucaryotes (**télomérase**). La transcriptase inverse permet la synthèse d'un brin d'**ADN complémentaire** à partir d'une **matrice** d'ARN. L'ADN complémentaire obtenu peut servir de matrice pour former, à son tour, un nouveau brin d'ADN et obtenir un ADN **bicaténaire** qui peut s'intégrer à une molécule d'ADN. C'est de cette manière que certains virus à ARN (**VIH**...) se maintiennent dans le génome des cellules hôtes.

TRANSCRIPTION *n. f.*
Génét. - Copie d'une séquence d'un brin d'**ADN** en une séquence complémentaire constituant un brin d'**ARN**.

⟶ ***Expression génétique, Gène.***
Voir figure page 510.

TRANSCRIPTOME *n. m.*
Génét. - Ensemble des ARNm transcrits à partir du génome.

TRANSDUCTION *n. f.*
Neurobiol. - Codage d'un signal en un autre signal porteur de la même information.

⟶ ***Site de transduction.***

TRANSFERT DE GÈNES
Génét. - syn. ***Transgenèse.***

TRANSFERT D'IMMUNITÉ
Immuno. - syn. ***Sérothérapie.***

TRANSFORMANT *n. m.*
Génét. - Cellule ayant intégré un ou plusieurs gènes (insert) d'origine différente (**transgène**).

TRANSFORMATION BACTÉRIENNE
Génét. - Forme de **sexualité** où une Bactérie est capable d'intégrer à son génome une séquence d'ADN présente dans son environnement.

TRANSGÈNE *n. m.*
Génét. - **Gène** introduit dans un Animal, un Végétal, une Bactérie ou un virus par les techniques du **génie génétique**. Un tel organisme est dit transgénique.

⟶ ***Gène d'intérêt, Transgenèse.***

TRANSGENÈSE *n. f.*
Génét. - Action d'introduire, par **génie génétique**, un gène étranger, appelé **transgène** et de le faire fonctionner dans un être vivant. Chez un Mammifère, le gène peut être introduit directement dans l'**œuf**, puis celui-ci réimplanté. Dans cette situation, toutes les cellules de l'individu exprimeront le gène si celui-ci a été correctement placé dans l'ADN de la cellule hôte. Chez les plantes, la Bactérie *Agrobacterium tumefasciens* est un vecteur utilisé pour introduire un gène choisi dans une culture de tissu à partir de laquelle, une plante transgénique peut être régénérée par culture *in vitro* (syn. Transfert de gènes).

⟶ ***Thérapie génique.***

Traduction

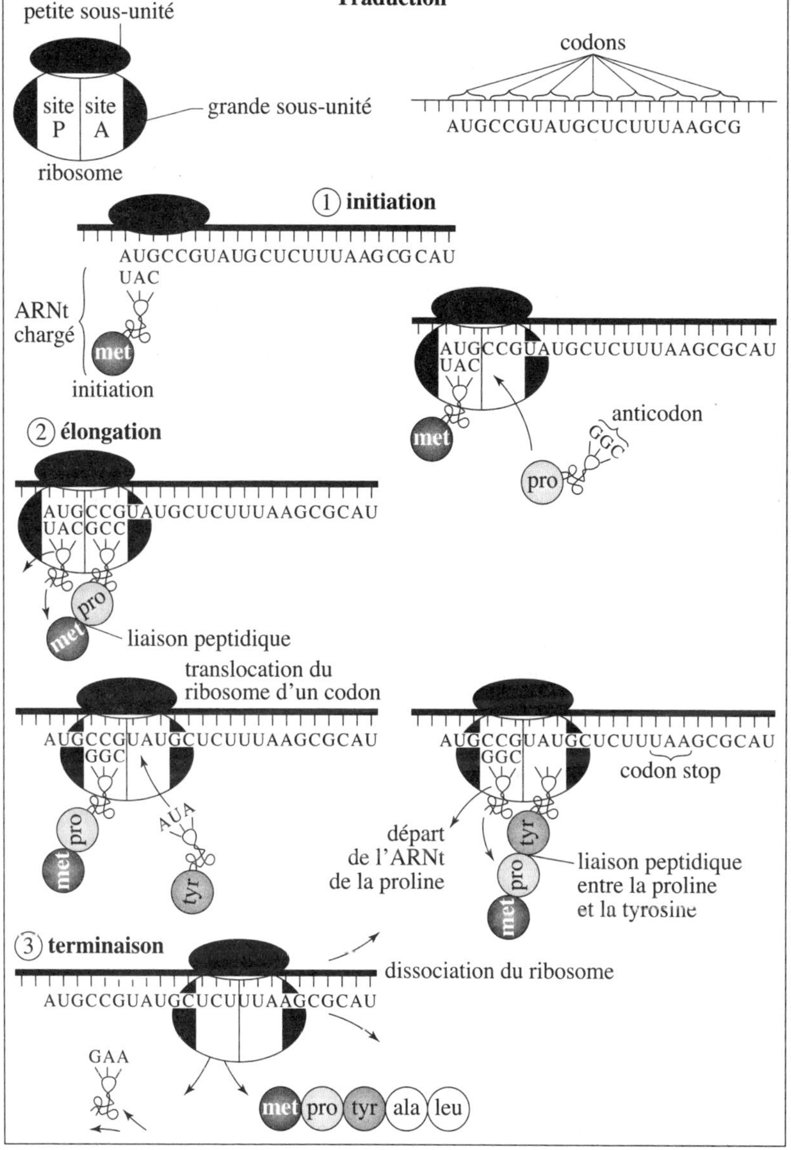

1. L'initiation débute par la fixation d'un ribosome sur le codon AUG correspondant à la méthionine (codon d'initiation). L'ARNt, possédant ce codon se fixe dans le site P du ribosome. **2.** L'élongation débute quand, dans le site A du ribosome, se fixe un autre ARNt activé. Il s'établit alors une liaison peptidique entre les deux acides aminés. Le ribosome avance alors d'un codon (translocation). Le deuxième ARNt se trouve maintenant dans le site P, l'ARNt de la méthionine est libéré et le site A est de nouveau libre pour recevoir un nouvel ARNt dont l'anticodon (AUA) correspond au deuxième codon après celui de la méthionine (UAU). Ce cycle se reproduit. **3.** La terminaison correspond à l'arrivée d'un codon stop dans le site A.

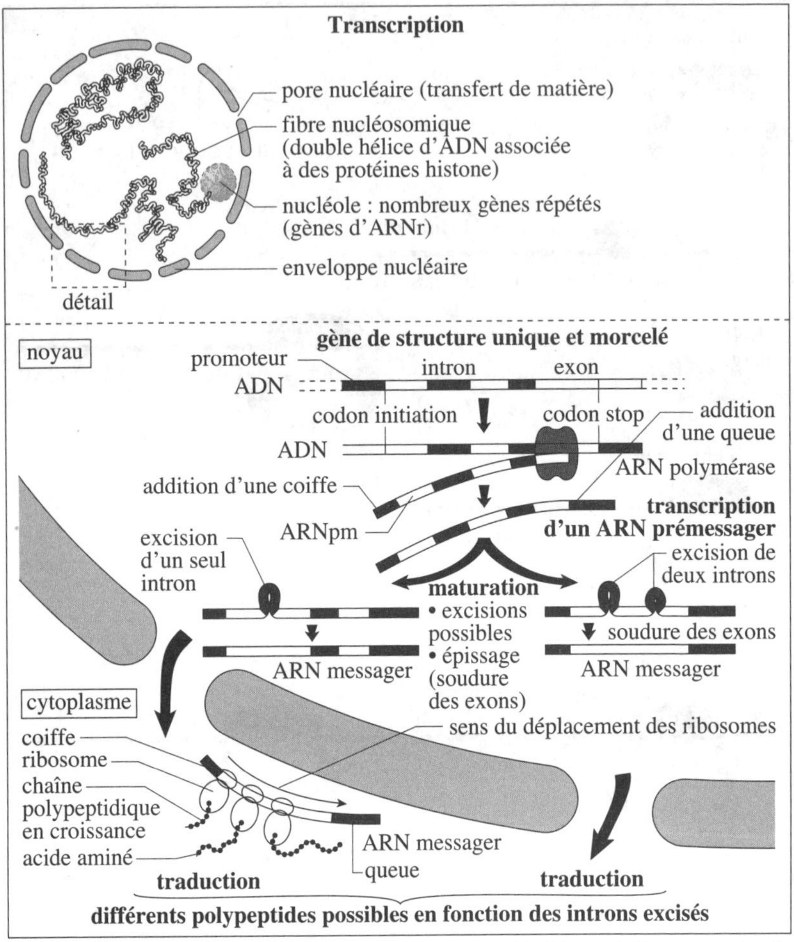

L'ARN polymérase se fixe sur une séquence de nucléotides qu'elle reconnaît. Ce site est appelé promoteur. L'ARN polymérase s'attache sur un seul des brins de la molécule d'ADN, il y a alors formation d'un ARN prémessager (ARNpm) dans la cellule eucaryote (schéma), d'un ARN messager (ARNm) dans la cellule procaryote. Une coiffe et une queue protectrices contre les attaques des exonucléases sont fixées aux extrémités de la molécule d'ARNpm. Certaines séquences de l'ARNpm peuvent être retirées (excision des introns) et les séquences restantes recollées (épissage).

TRANSGÉNIQUE *adj.*

Génét. - Qualifie une cellule ou un organisme qui possède une séquence d'ADN issue d'un autre être vivant.

TRANSGRESSION MARINE

Sédimento. - Avancée de la mer sur des surfaces continentales avoisinantes précédemment exondées. Les transgressions sont dues à une montée du niveau de la mer à la suite de la fonte des glaciers [1], à l'enfoncement de la lithosphère continentale [2], à l'augmentation de l'activité des dorsales [3]. Les transgressions se repèrent, par exemple, quand des sédiments marins reposent sur des sédiments continentaux.

→ ***Régression marine.***

TRANSLOCATION *n. f.*

Biol. cell., Génét. - **1.** Déplacement du **ribosome** de la longueur d'un **codon** le long d'un **ARNm** qui est en cours de traduction. **2.** Transfert de tout ou partie d'un **chromosome** sur un autre chromosome. La translocation chromosomique est équilibrée quand la garniture chromosomique globale est conservée indépendamment de la place des portions de chromosomes déplacées, elle est déséquilibrée quand il y a du matériel génétique en plus ou en moins.

→ ***1. Traduction, 2. Remaniement chromosomique.***

TRANSLOCATION DE PROTONS

Éner. - Pompage de protons (contre un **gradient** de concentration et une différence de potentiel électrique) au travers d'une membrane, grâce à l'énergie libérée par des électrons se déplaçant de proche en proche le long d'une **chaîne d'oxydoréduction** dans une mitochondrie, chloroplaste ou une Bactérie. Ce gradient de protons fournit l'énergie nécessaire à la **phosphorylation oxydative** de l'ATP.

→ ***Sphère pédonculée.***

TRANSMISSION CHIMIQUE

Neurobiol. - Passage de l'**influx nerveux** entre deux cellules par l'intermédiaire de la libération d'un **neurotransmetteur** dans l'espace synaptique. Ce neurotransmetteur provoque l'ouverture de canaux ioniques chimiodépendants qui sont responsables de la modification du potentiel de la membrane postsynaptique.

→ ***Délai synaptique, Synapse.***

TRANSMISSION ÉLECTRIQUE

Neurobiol. - Passage des messages nerveux sans intervention de neurotransmetteurs. Les potentiels d'action passent directement d'une cellule à une autre par l'intermédiaire de communications intercellulaires, les jonctions lacunaines ou communicantes, qui assurent la « continuité hyaloplasmique » entre les cellules. La transmission électrique s'observe dans les cellules du muscle cardiaque.

TRANSMISSION SYNAPTIQUE

Neurobiol. - Passage des potentiels d'action d'un neurone à un autre ou à une autre cellule excitable par l'intermédiaire de **synapses**. La transmission peut être électrique ou chimique.

TRANSPIRATION FOLIAIRE *n. f.*

Physiol. vég. - Perte d'eau par les Végétaux au niveau des **stomates** et de l'épiderme. Cette élimination d'eau est essentielle au déplacement de la sève brute des racines vers les feuilles. Le déplacement vertical de l'eau dans une plante est dû à la **poussée racinaire**, à la finesse des tubes conducteurs (phénomène de capillarité) et à l'évaporation de l'eau par les stomates. Une plante perd environ cent fois plus d'eau par transpiration qu'elle n'en consomme.

→ ***Aspiration foliaire, Évapotranspiration.***

TRANSPLANTATION *n. f.*

Méd. - Greffe d'un organe fonctionnel (transplant) d'un donneur à un receveur avec rétablissement de la continuité des gros vaisseaux. Actuellement le terme de transplantation est synonyme de greffe d'organes.

TRANSPORT MEMBRANAIRE ACTIF

Biol. cell. - Passage de molécules ou d'ions à travers une membrane contre un gradient (de concentration ou électrique) nécessitant un apport d'**énergie** (consommation d'ATP). L'expulsion des ions Na^+ du neurone et l'entrée des ions K^+ dans celui-ci se font par l'intermédiaire d'une structure membranaire appelée **pompe Na^+/K^+ ATP dépendante** qui consomme de l'ATP pour réaliser ce travail.

TRANSPORTEUR D'ÉLECTRONS

Biochim., Éner. - Molécule (cytochrome) présente dans les **chaînes d'oxydoréduction** et qui existe sous une forme réduite et oxydée. Les transporteurs d'électrons dans ces chaînes sont ordonnés suivant leur **potentiel rédox** croissant, ce qui provoque une circulation d'électrons (et donc une libération d'énergie) des transporteurs à faible potentiel rédox vers ceux à fort potentiel rédox.

——► ***Transporteur d'hydrogène.***

TRANSPORTEUR D'HYDROGÈNE

Biochim., Éner. - Molécule oxydée (T ox, T^+) de type coenzyme capable de fixer et de transporter deux protons et deux électrons. Le transporteur est alors **réduit** (T réd, TH_2). Ces transporteurs les acceptent de la part des **déshydrogénases** qui les ont arrachés à leur substrat. La forme oxydée et la forme réduite du transporteur constituent alors un couple rédox.

——► ***Accepteur, Oxydoréduction.***

TRANSPOSITION *n. f.*

Génét. - Déplacement, à la suite de sa réplication et de son insertion, d'une séquence d'ADN (**transposon**) à une autre position au sein de la même molécule d'ADN ou d'une autre. La transposition nécessite la réplication du transposon et son insertion au hasard ou à certains sites privilégiés d'une molécule d'ADN. L'arrivée d'un transposon provoque suivant le cas des délétions, des duplications, des modifications de l'expression des gènes au niveau du site d'insertion.

TRANSPOSON *n. m.*

Génét. - Séquence d'ADN qui a la capacité de s'insérer en un autre endroit de la molécule d'ADN ou sur une autre molécule d'ADN. Le résultat de cette transposition peut avoir pour conséquence l'inactivation du gène dans lequel le transposon s'est inséré, ou bien il peut modifier le taux de transcription des gènes voisins (syn. Élément génétique mobile, Élément transposable, Gène sauteur).

——► ***Transposition.***

TRANSSEXUALISME *n. m.*

Biol. - Sentiment ressenti par certains individus normalement constitués d'appartenir au sexe opposé avec la volonté de changer anatomiquement de sexe. Dans le transsexualisme, l'individu présente un désaccord entre son psychisme sexuel et ses caractères sexuels primaires et secondaires. Le transsexualisme est indépendant de l'état **hermaphrodite**.

TRAPP *n. m.*

Volcano. - Gigantesque empilement de coulées de lave basaltique. Ceux du Deccan (ouest de l'Inde) atteignent par endroits 2 400 m d'épaisseur et recouvrent une surface de deux millions de kilomètres carrés totalisant un volume approximatif de deux millions de kilomètres cubes, soit l'équivalent d'un cube d'environ 125 km de côté. Ce volcanisme daté de 65 Ma a été impliqué dans la disparition des Dinosaures, mais des résultats récents montrent que la couche d'**iridium** est prise en sandwich entre deux coulées de lave et les épanchements auraient duré 8 Ma. On pense que ces laves ont été émises par un point chaud dont le **panache** se situe actuellement au-dessous de la Réunion.

TRAVAIL *n. m.*

Phys. - Produit scalaire d'une force par le déplacement de son point d'application. Le travail est un des modes de transfert de l'**énergie**.

TREMBLEMENT DE TERRE

Sismo. - syn. ***Séisme.***

TRÉPONÈME *n. m.*

Méd. - Bactérie responsable de la **syphilis**.

TRH

Endocrino. - Sigle anglais de *Thyreotropin Releasing Hormone,* hormone de libération de la thyréotropine. **Neuro-hormone** produite par l'hypothalamus et entraînant la libération de **TSH** par l'hypophyse qui déclenche, à son tour, la libération de la thyroxine par la glande thyroïde (syn. Thyr(é)olibérine).

TRIAS *n. m.*

Strati.

→ ***Échelle stratigraphique.***

TRIGLYCÉRIDES *n. m.*

Biochim., Éner. - Catégorie de molécules provenant de l'estérification des trois fonctions alcool du glycérol par trois **acides gras**. Les triglycérides constituent ce que l'on appelle communément les graisses de réserve. Ils sont synthétisés dans les cellules et stockés dans les adipocytes. Ils se déplacent de cellules en cellules sous forme de **lipoprotéines** et sont hydrolysés par les **lipases**.

TRIHYBRIDISME *n. m.*

Génét. - Croisement dans lequel les deux parents se distinguent par trois caractères (**gène**).

TRILOBITES *n. m.*

Paléont. - Groupe d'**Arthropodes** marins, proches des Crustacés, présents du Cambrien au Permien. Les Trilobites se caractérisent par un corps protégé par une carapace. Les quelques milliers d'espèces décrites en font d'excellents fossiles stratigraphiques. Leur disparition marque la fin de l'ère primaire.

TRIPLET *n. m.*

Génét. - Ensemble de trois **nucléotides**. Un triplet de trois nucléotides sur un **ARNm** forme un codon, sur un **ARNt**, un anticodon.

→ ***Code génétique (1).***

TRISOMIE *n. f.*

Génét., Méd. - Présence d'un homologue surnuméraire dans une paire de chromosomes. Pour l'Homme, une trisomie se traduit par un caryotype 2 n = 47.

→ ***Aneuploïdie.***

TRISOMIE 13 *n. f.*

Génét., Méd. - Cause d'une anomalie **congénitale** qui se caractérise par des malformations multiples touchant la presque totalité du corps. L'espérance de vie n'est que de quelques mois, rarement plus. Cette **trisomie** s'observe dans 1/6 000e des naissances.

TRISOMIE 18 *n. f.*

Génét., Méd. - Cause d'une anomalie **congénitale** qui touche 1/5 000e des naissances. La trisomie 18 se rencontre trois fois plus souvent chez les filles sans que l'on ne sache pourquoi. Cette trisomie se caractérise par de nombreuses malformations (cardiaques, squelettiques) et un retard psychomoteur important ; la survie ne dépasse pas quelques mois.

TRISOMIE 21 *n. f.*

Génét., Méd. - Présence d'un chromosome 21 surnuméraire dans les cellules, cause du **mongolisme** ou **syndrome de Down**. La trisomie 21 est liée à l'âge de la mère. La fréquence des trisomies 21 dans la population générale est de 1/700e des naissances, mais elle s'élève à 1/12e quand la mère a plus de 45 ans.

→ ***Méiose atypique.***

TRITHÉRAPIE

Méd. - Méthode de traitement du SIDA qui consiste à donner aux malades un ensemble de deux analogues de **nucléosides** (zivoduline connue sous le nom d'**AZT**, lamivudine, didanosine) de la **transcriptase inverse** qui empêchent la poursuite de l'élongation du brin d'ADN ou des molécules inhibitrices de la transcriptase inverse qui ne sont pas des analogues nucléosidiques (delavirdine, neviparine) ainsi qu'un inhibiteur de la **protéase** virale (indinavir, saquinavir, ritonavir) qui empêche l'action de cette dernière sur la grosse protéine codée par les gènes gag et pol.

TRITIÉE *adj.*
Biol. cell. - Qualifie une molécule dont un des atomes a été remplacé par un atome d'hydrogène radioactif, le tritium.

→ ***Sonde radioactive.***

TROMPE DE FALLOPE
Anat. - Prolongement symétrique de l'**utérus** qui forme deux conduits dont les extrémités ciliées ou pavillons s'ouvrent en face des **ovaires** dont elles recueillent les **ovocytes**. La fécondation se déroule dans les trompes de Fallope.

→ ***Tubaire.***

TRONC *n. m.*
Bot.

→ ***Arbre.***

TRONC CÉRÉBRAL
Neurobiol. - Ensemble fonctionnel constitué par le bulbe rachidien, la protubérance annulaire sous-jacente, le cervelet qui lui fait face et le mésencéphale. C'est l'ensemble du myélencéphale et du métencéphale.

-TROPE
Endocrino. - Suffixe tiré du grec « diriger ».

-TROPHE
Endocrino. - Suffixe tiré du grec « nourriture ».

→ ***-trophine.***

-TROPHINE *n. f.*
Endocrino. - Suffixe tiré du grec « nourriture » indiquant que la substance en question stimule la croissance et le développement du tissu sur lequel elle agit. Les gonadotrophines hypophysaires (**LH** et **folliculostimuline**) entraînent un développement et une croissance des **testicules** et des follicules **ovariens**.

→ ***-tropine.***

TROPHOBLASTE *n. m.*
Embryo. - Couronne de cellules du **blastocyste** qui délimite le blastocœle et le bouton embryonnaire. Le trophoblaste intervient dans la **nidation** de l'embryon et participe à la formation du **placenta**.

-TROPINE *n. f.*
Endocrino. - Suffixe tiré du grec « diriger » indiquant que la molécule considérée stimule la fonction du tissu qu'elle influence. Ainsi, les gonadotropines hypophysaires (**LH** et **folliculostimuline**) dirigent le fonctionnement des **ovaires** et des testicules.

→ ***-trophine.***

TROPIQUES *n. m.*
Géol. - Petits cercles de la sphère terrestre situés à ± 23° 27' de l'équateur. Ils correspondent à la position du Soleil aux **solstices**. Le tropique du Cancer est boréal, le tropique du Capricorne austral.

TROPOSPHÈRE *n. f.*
Géol.

→ ***Atmosphère terrestre.***

TROU NOIR
Astron. - Ultime état d'évolution d'une **étoile** d'une très grande masse initiale, et ayant subi un effondrement ou implosion. Un trou noir a une masse au moins égale à 3 masses solaires (un résidu d'évolution stellaire de masse comprise entre 1,4 et 3 masses solaires est une étoile à neutrons). C'est une région de matière extraordinairement condensée où la vitesse de libération est supérieure à celle de la lumière. En conséquence, aucune matière et aucune lumière ne peuvent s'en échapper. Les trous noirs ne peuvent être détectés directement, mais par l'attraction qu'ils exercent sur leur environnement.

TRYPSINE *n. f.*
Biochim. - Protéase sécrétée dans l'**intestin grêle** par le pancréas sous une forme inactive : le ***trypsinogène*** qui est converti en trypsine par une enzyme intestinale, l'entérokinase. La trypsine agit à pH 8.

→ ***Anti-trypsines, Zymogène.***

TRYPSINOGÈNE *n. m.*
Biochim.

→ ***Trypsine.***

TSH
Endocrino. - Sigle anglais de *Thyreo-Stimulating Hormone,* hormone stimulant la thyroïde. Hormone glycoprotéique, proche des gonadotropines hypophysaires, l'hormone thyréotrope est produite par l'antéhypophyse et stimule la production et la sécrétion de **thyroxine** par les cellules de la glande **thyroïde**. La sécrétion de *TSH* est sous le contrôle d'une libérine hypothalamique, la **TRH** (syn. Hormone thyréostimulante, Hormone thyréotrope, Thyréostimuline, Thyréotrophine, Thyréotropine).

TTX
Neurobiol. - Sigle de **Tétrodotoxine**.

TUBAIRE *adj.*
Anat. - Qualifie un élément relatif aux trompes de Fallope.

TUBE NERVEUX
Anat., Neurobiol. - **Système nerveux central** et embryonnaire des Vertébrés. Le tube nerveux provient de l'**ectoblaste** dorsal qui s'invagine à l'intérieur de l'embryon au cours de la neurulation. Sa partie antérieure donne naissance à l'**encéphale**, sa partie postérieure à la **moelle épinière**.

TUBE SÉMINIFÈRE
Anat. - Long tube pelotonné situé dans les **testicules**. La paroi de ces tubes contient la lignée germinale mâle qui se différencie à partir des spermatogonies en spermatozoïdes libérés dans la lumière du tube. Les spermatogonies ont un pouvoir de multiplication important, ce sont les cellules souches de la lignée germinale.

→ ***Spermatogenèse, Testostérone.***

TUBERCULE *n. m.*
Bot. - **1.** Organe de réserve renflé, formé à partir d'une **tige**, le plus souvent souterraine qui s'hypertrophie. Les pommes de terre sont des tubercules. **2.** On utilise aussi le terme de tubercule pour désigner des racines hypertrophiées qui sont donc des racines tubéreuses.

TUBERCULOSE *n. f.*
Méd. - Maladie provoquée par une Bactérie : le Bacille de Koch. La tuberculose présente des signes variés, mais se caractérise par l'apparition de nodules. Comme l'entrée des Bactéries se fait le plus souvent par inhalation, le foyer de l'infection se situe en général dans les poumons. Le vaccin BCG (Bacille de Calmette et Guérin) protège contre la tuberculose.

TUBES CRIBLÉS
Bot. - Éléments conducteurs de la **sève élaborée**, formés par une file de cellules dont il ne reste que la **paroi,** la membrane et un hyaloplasme hydraté. Entre chaque cellule, les cloisons transversales sont perforées, formant une sorte de tamis ou crible. L'ensemble des tubes criblés constitue une partie du tissu conducteur nommé **phloème** ou liber.

TUBULE TRANSVERSE
Biol. cell. - Invagination de la membrane plasmique vers l'intérieur de la fibre musculaire qui entre en contact avec le **réticulum endoplasmique**. Le tubule transverse permet de propager le **potentiel d'action** musculaire, par l'intermédiaire du réticulum sarcoplasmique, jusqu'au voisinage des **myofibrilles**, par l'intermédiaire de la libération de Ca^{2+}, ce qui provoque ainsi leur raccourcissement.

TUF VOLCANIQUE
Volcano. - Roche formée par l'accumulation de projections volcaniques de petite taille (lapilli) emprisonnant parfois des fragments de plus grosse taille, et consolidée par l'action de l'eau.

TUMEUR *n. f.*
Méd. - Développement d'un massif cellulaire qui peut être limité dans l'espace et dans le temps, il est alors non

invasif (verrues), la tumeur qui en résulte est qualifiée de bénigne. En revanche, si les cellules continuent de proliférer et qu'elles se détachent pour essaimer dans les tissus sous-jacents, la tumeur est qualifiée de maligne ou cancéreuse, elles forment alors des **métastases**.

→ ***Cancer.***

TUMORAL *adj.*

Méd. - Qui a pour origine une tumeur.

TUNICA *n. m.*

Bot. - Structure du **méristème apical** dans lequel il y a différenciation en deux régions suivant le plan de division des cellules, la tunique externe ayant des divisions principalement **anticlines** et la tunique externe des divisions d'orientations variées.

TURBIDITE *n. f.*

Sédimento. - Couche de sédiments détritiques apportés par un courant et dont les éléments sont répartis en fonction de leur taille. À la base de la couche se trouvent les graviers, puis les sables et au sommet les argiles, ils sont donc granoclassés.

→ ***Courant de turbidité, Granoclassement.***

TURBIDITÉ *n. f.*

Écol. - État d'une eau qui contient en suspension des **sédiments** et différentes matières qui empêchent la pénétration de la lumière, ce qui a pour conséquence de diminuer la **photosynthèse**. La turbidité peut être due à l'agitation de l'eau ou à l'apport de polluants divers.

Phys. - État d'un liquide contenant en suspension des particules de très faible diamètre.

TURGESCENCE *n. f.*

Biol. cell., Physiol. - **1.** État d'une cellule gonflée par la pression interne élevée de ses vacuoles. **2.** Distension d'un organe à la suite d'une surpression engendrée par l'augmentation du volume de ses liquides intérieurs.

→ ***Plasmolyse, Pression osmotique.***

TURN OVER *n. m.*

Physiol. ani. - syn. ***Renouvellement biologique.***

TURNER

Génét., Méd.

→ ***Syndrome de Turner.***

TURRICULE *n. m.*

Écol. - Petits tortillons de terre qui correspondent aux déjections des **Vers** de terre. Ces turricules jouent un rôle très important, car ils assurent le brassage de la **rhizosphère** en remontant de la terre en surface.

TYPAGE DU CMH

Immuno. - Caractérisation et identification des allèles du CMH d'un individu donneur ou receveur afin de réaliser une greffe.

TYROSINASE *n. f.*

Biochim. - Enzyme responsable de la dernière étape de la transformation de la tyrosine en **mélanine**. Son absence conduit à un phénotype **albinos**. Il existe des **allèles thermosensibles** de la tyrosinase comme celui qui caractérise les Chats siamois. Chez ces Animaux, le produit de l'allèle muté (tyrosinase thermosensible) ne fonctionne convenablement que dans les parties les plus froides de l'animal. La synthèse de mélanine ne se réalise correctement que dans les extrémités de l'animal qui sont noires alors que le reste du corps est beige en raison de la faible concentration en mélanine due au mauvais fonctionnement de l'enzyme synthétisée par le gène muté.

→ ***Mélanocyte, Mélanophore.***

U, V

UBIQUITINE *n. f.*

Biochim. - Petite protéine rencontrée dans les Bactéries et les cellules eucaryotes qui est impliquée dans le marquage et l'adressage des protéines cellulaires qui doivent être dégradées dans les **protéosomes**.

UI

Biochim. - Sigle d'Unité Internationale. En enzymologie, désigne la quantité d'enzyme capable de transformer une micromole de substrat par minute. Dans le Système International, c'est le nombre de moles transformées par seconde. Comme cette unité est très grande, on utilise le katal : 1 UI = 16,67 nanokatal.

→ ***Activité enzymatique.***

UNICITÉ GÉNÉTIQUE

Génét. - État d'un être vivant qui possède une **information génétique** unique.

ULTRABASIQUE *adj.*

Pétrol. - Qualifie une **roche magmatique** dont la quantité de SiO_2 est inférieure à 45 % du poids total de la roche. De ce fait, une roche ultrabasique ne contient pas de cristaux de quartz. En revanche, la teneur en fer, magnésium et calcium dépasse 40 %. Les roches ultrabasiques sont proches des gabbros et des basaltes mais sont plus riches (90 %) en minéraux ferromagnésiens, en olivine, pyroxène et amphibole.

ULTRASTRUCTURE *n. f.*

Biol. cell. - Structure intra- ou extra-cellulaire de très petite taille qui ne peut être observée qu'au microscope électronique.

UNICELLULAIRE *n. m.* ou *adj.*

Biol. cell., Bot., Zool. - Être vivant formé d'une seule cellule. Les **Protozoaires** et la majorité des espèces du phytoplancton sont des êtres vivants unicellulaires.

UNIFORMITARISME *n. m.*

Géol. - syn. ***Actualisme.***

UNISEXUÉ *adj.*

Biol. - Qualifie un organisme qui n'a qu'un seul sexe, mâle ou femelle.

→ ***Bisexué, Hermaphrodite.***

UNITÉ ASTRONOMIQUE (u.a.)

Astron. - Unité de longueur qui est sensiblement égale au demi-grand axe de l'orbite terrestre ou sensiblement égale à la distance Terre-Soleil :
1 u.a. = 149,598 millions de km.

UNITÉ MOTRICE

Physiol. ani. - Ensemble de toutes les fibres musculaires innervées par un même motoneurone.

UNIVERS *n. m.*

Astron. - L'Univers comprend tout ce qui existe, c'est-à-dire des milliards de galaxies séparées par un espace contenant de la poussière, des atomes, des particules. On l'observe actuellement jusqu'à 17 milliards d'années de lumière.

UNIVERSALITÉ DU CODE GÉNÉTIQUE

Génét. - Principe suivant lequel le code génétique, c'est-à-dire l'équivalence entre les codons de l'ADN et les acides aminés qu'ils spécifient est le même quels que soient les êtres vivants considérés. On connaît actuellement quelques exceptions à cette universalité, mais qui s'expliquent dans le cadre de la théorie de l'évolution.

→ ***ADN mitochondrial.***

UNIVITELLIN *adj.*

Biol. cell. – syn. ***Monozygote.***

UP-WELLING *n. m.*

Océan. - Courant marin vertical qui entraîne, au niveau du plateau continental, une remontée de matière minérale favorable à la photosynthèse. De ce fait, les zones d'*upwelling* présentent une très grande **productivité primaire** à la base d'une très grande concentration de consommateurs. C'est dans les zones d'*upwelling* que se réalisent les plus forts tonnages de pêche.

→ ***El Niño***

URACILE *n. f.*

Biochim. - Une des trois bases pyrimidiques. L'uracile remplace la **thymine** dans les **ARN**, elle se lie avec l'**adénine**.

URANINITE *n. f.*

Pétrol. - **Minerai** d'uranium contenant de l'oxyde d'uranium de formule U_3O_8. L'uraninite se présente sous la forme de dépôts sédimentaires qui ont été formés par accumulation d'oxyde d'uranium transporté par des eaux pauvres en dioxygène. Tout comme le fer rubané, l'uraninite témoigne d'une atmosphère dépourvue de dioxygène avant 2 Ga.

URCARYOTES *n. m.*

Biol. Évol. - Ancêtre supposé de la cellule eucaryote qui est apparu par le phénomène d'endosymbiose.

URETÈRE *n. m.*

Anat. - Conduit assurant l'acheminement de l'urine des reins à la vessie. Chez les **Anamniotes** et les embryons et fœtus d'**Amniotes**, l'uretère est dit primaire et correspond au **canal de Wolff**. Chez les Amniotes adultes, l'uretère est dit secondaire et correspond à une néoformation.

URIDINE *n. m.*

Biochim. - Nucléoside ayant pour base azotée l'**uracile**.

UTÉRUS *n. m.*

Anat. - Organe creux musculeux, prolongé antérieurement par les **trompes de Fallope** et postérieurement par le **vagin**. L'utérus est destiné à recevoir l'embryon qui s'implante (**nidation**) dans sa muqueuse ou **endomètre** durant toute la durée de la **gestation**. Cette muqueuse subit des transformations périodiques au cours de chaque **cycle menstruel**. À la fin de chaque cycle, l'endomètre, devenu **dentelle utérine**, se rompt ainsi que les vaisseaux qui la parcourent. Cette destruction est à l'origine des règles ou **menstruations**. Par extension, le terme d'utérus s'emploie pour désigner la partie de l'oviducte où séjournent les œufs fécondés avant leur ponte.

→ ***Cycle utérin, Vaisseaux spiralés.***

VACCIN *n. m.*

Immuno. - Préparation de Micro-organismes ou de leurs composés antigéniques qui peuvent induire une **immunité** protectrice contre les effets pathogènes d'un virus ou d'une Bactérie, mais qui ne provoquent pas la maladie. Les vaccins peuvent être obtenus à partir de souches inoffensives de virus ou de Bactéries, de souches tuées ou affaiblies, d'antigènes purifiés ou d'analogues antigéniques.

→ ***Anatoxine, Séro-vaccination, Vaccination.***

VACCINATION *n. f.*

Immuno. - Sensibilisation préalable, au moyen d'un **vaccin**, d'un organisme à un antigène, pour augmenter la rapidité et l'efficacité de la réponse immunitaire.

VACHE FOLLE (MALADIE DE LA) - syn. d'**Encéphalopathie** spongiforme bovine.

VACUOLE *n. f.*

Biol. cell. - Compartiment de la **cellule** délimité par une membrane, le **tonoplaste**. Les vacuoles sont particulièrement développées chez les Végétaux. Elles contiennent différentes substances dissoutes et parfois des pigments qui donnent, par exemple, leur couleur aux pétales. L'eau peut entrer et sortir de la vacuole en fonction de la concentration du milieu extracellulaire. Si le milieu extracellulaire est plus concentré (milieu **hypertonique**) que la vacuole, celle-ci perd son eau et la vacuole se rétracte, la cellule est dite plasmolysée. En revanche, si la cellule est placée dans un milieu à faible concentration (milieu hypotonique), l'eau entre dans la cellule, puis dans la vacuole, la cellule est gonflée, elle est dite **turgescente**.

→ ***Déplasmolyse, Plasmolyse.***

VAGIN *n. m.*

Anat. - Organe creux qui relie le col de l'utérus à la vulve, c'est l'organe copulateur féminin.

VAISSEAU *n. m.*

Bot. - Élément conducteur de la **sève brute** caractéristique du **xylème** des Angiospermes. Un vaisseau ligneux est constitué par la superposition de cellules allongées formant un tube (sans paroi transversale ou oblique à l'inverse des **trachéides** qui sont des vaisseaux imparfaits). Ces cellules sont mortes, dépourvues de cytoplasme, leurs parois transversales ont été hydrolysées au cours de la différenciation et leurs parois latérales se sont imprégnées de **lignine**, à l'exception des **ponctuations** permettant les échanges latéraux. Les dépôts de lignine prennent des formes variées qui définissent cinq types de vaisseaux : annelés, spirales, rayés, réticulés et ponctués. Ces trois derniers éléments se trouvent aussi bien dans le **métaxylème** que dans le **xylème** secondaire.

VAISSEAUX LYMPHATIQUES

Anat. - Vaisseaux conduisant la lymphe. Les vaisseaux lymphatiques prennent naissance dans les organes et se rejoignent pour former des troncs sur le trajet desquels se situent les **ganglions lymphatiques**. La lymphe retourne par la suite dans le système sanguin.

VAISSEAUX SPIRALÉS

Anat. - Vaisseaux sanguins qui se développent dans l'**endomètre** principalement au cours de la seconde partie du cycle menstruel. Leur rupture à la fin du cycle provoque les **menstruations**.

→ ***Cycle utérin, Utérus.***

VALEUR ÉNERGÉTIQUE

Éner. - Quantité d'**énergie** libérée par **oxydation** totale et progressive des **nutriments** dans l'organisme. Ainsi, l'oxydation complète dans l'organisme d'1 g de lipides produit 37,7 kJ, d'1 g de glucides et d'1 g de protides 16,7 kJ chacun.

→ ***Coefficient thermique du dioxygène.***

VALEUR SÉLECTIVE

Généł. - Rapport de l'effectif d'un génotype trouvé à une génération à l'effectif théorique de ce génotype attendu par application de la loi de Hardy-Weinberg.

→ ***Coefficient de sélection, Sélection naturelle.***

VALEUR SEUIL

Physiol. - Valeur que doit atteindre un facteur pour déclencher une réaction.

→ ***Infraliminaire, Seuil, Supraliminaire.***

VALIDITÉ D'UN TEST

Méd.

→ ***Test (d'une maladie).***

VALIUM *n. m.*

Neurobiol. - Nom commercial d'une des **benzodiazépines** les plus utilisées.

VALLÉE EN AUGE

Glaciol. - Vallée au profil en U dû au creusement et au rabotage du fond et des flancs par l'avancée d'un glacier (syn. Vallée en U).

VALLÉE EN U

Glaciol. - syn. ***Vallée en auge.***

VALLÉE GLACIAIRE

Glaciol. - Vallée provenant de l'action d'un glacier sur une vallée, les vallées glaciaires sont des **vallées en auge**.

VALVULE *n. f.*

Anat. - Dispositif de structure variée qui possède la propriété d'autoriser le déplacement d'un fluide dans une seule direction et d'éviter ainsi les reflux. On les trouve dans le cœur, mais aussi dans certaines grosses veines.

VALVULE AURICULO-VENTRICULAIRE

Anat. - Dispositif présent entre les **oreillettes** et les **ventricules** qui empêche le reflux du sang dans les oreillettes quand les ventricules se contractent. Durant la **diastole** et la **systole auriculaire**, ces valvules sont ouvertes ; elles se ferment au début de la **systole ventriculaire**.

→ ***Cœur, Révolution cardiaque, Valvule bicuspide, Valvule tricuspide.***

VALVULE BICUSPIDE

Anat. - Valvule auriculo-ventriculaire présente dans le **cœur gauche** (syn. Valvule mitrale).

VALVULE MITRALE

Anat. - syn. ***Valvule bicuspide.***

VALVULE SIGMOÏDE

Anat. - Valvule présente à la sortie des deux **ventricules**, à la base des artères. Les valvules sigmoïdes s'ouvrent sous l'effet de l'augmentation de la pression intraventriculaire et se ferment après l'éjection du sang, ce qui empêche le sang de refluer dans le cœur.

→ ***Révolution cardiaque.***

VALVULE TRICUSPIDE

Anat. - Valvule auriculo-ventriculaire présente dans le **cœur droit**.

VAN DER WALLS

Biochim.

→ ***Liaison de Van der Waals.***

VAPORISATION *n. f.*

Phys. - Passage direct d'un corps de l'état liquide à l'état de gaz.

VARIABILITÉ GÉNÉTIQUE

Génét. - Estimation de la diversité génétique d'une **population**.

→ ***Hétérozygote, Polymorphisme.***

VARIABLE RÉGULÉE

Physiol. ani. - Paramètre du milieu intérieur dont la valeur est maintenue autour du point de consigne par des phénomènes de **régulation**.

→ ***Homéostasie, Rétroaction.***

VARIATION GÉNÉTIQUE

Génét. - Modification d'un caractère héréditaire au cours de **générations** successives.

VARIATION GÉNOTYPIQUE

Génét. - Différence dans la valeur d'un caractère phénotypique qui n'est due qu'au **génotype** des individus.

→ ***Variation phénotypique.***

VARIATION PHÉNOTYPIQUE

Génét. - Différence dans la valeur d'un caractère phénotypique qui est due, non pas à des particularités génétiques, mais à des conditions de développement différentes.

→ ***Phénotype alternatif, Variation génotypique.***

VARIÉTÉ PURE

Génét. - syn. ***Race pure.***

VARIOLE *n. f.*

Méd. - Maladie infectieuse grave, très contagieuse, à tendance épidémique, souvent mortelle, se manifestant par l'apparition de pustules de plus en plus nombreuses. La variole est due à un virus. Elle a été éradiquée depuis 1975 grâce à la campagne de vaccination généralisée réalisée par l'O.M.S. (Office Mondial de la Santé) à partir de 1965. Le virus est conservé dans deux laboratoires à titre de référence, ces stocks auraient dû être détruits au 30 juin 1999. La vaccination antivariolique n'est plus pratiquée pour la population civile.

VAROLE

Neurobiol.

→ ***Pont de Varole.***

VARVES *n. f. pl.*

Sédiment. - Ensemble de couches lacustres constitué d'un dépôt feuilleté millimétrique à centimétrique d'une couche claire formée d'argiles et de sables fins déposés en été durant la fonte des glaciers, surmonté par une couche plus sombre, moins épaisse et riche en débris organiques déposés au cours de l'hiver.

VASCULAIRE *adj.*

Anat. - Qui se rapporte aux systèmes conducteurs des plantes ou à l'appareil circulatoire des Animaux.

VASOCONSTRICTEUR *adj.*

Physiol. ani. - Se dit d'un facteur qui provoque la diminution du diamètre d'un vaisseau sanguin par la contraction des fibres musculaires lisses qui l'entourent (syn. Vasomoteur).

→ ***Vasoconstriction.***

VASOCONSTRICTION *n. f.*

Physiol. ani. - Diminution du diamètre d'un vaisseau principalement des **artères**, à la suite de la contraction de ses fibres musculaires lisses. La vasoconstriction est provoquée par des messages véhiculés par le **système nerveux sympathique**. Elle permet de maintenir une pression artérielle « normale » en cas de diminution de la **volémie**. La vasoconstriction, en diminuant l'arrivée du sang au niveau cutané, limite les pertes de chaleur en cas de températures trop basses. Comme la diminution du diamètre des artères est due à la contraction des fibres musculaires de leurs parois, on parle aussi de ***vasomotricité***.

VASODILATATEUR *adj.*

Physiol. ani. - Se dit d'un facteur qui provoque l'augmentation du diamètre d'un vaisseau sanguin.

→ ***Vasodilatation.***

VASODILATATION *n. f.*

Physiol. ani. - Augmentation du diamètre d'un vaisseau sanguin à la suite du relâchement des fibres musculaires lisses de sa paroi. La vasodilatation permet de faire diminuer la **pression artérielle**. En augmentant, la perfusion de la peau, la vasodilatation favorise l'élimination d'un excédent de chaleur produit par un travail musculaire intense.

→ ***Vasoconstriction.***

VASOMOTEUR *adj.*

Physiol. ani. - syn. ***Vasoconstricteur.***

VASOMOTRICITÉ *n. f*
Physiol. ani.

→ ***Vasoconstriction.***

VASOPRESSINE *n. f.*
Endocrino., Neurobiol. - syn. ***ADH.***

VECTEUR *n. m.*
Génét. - En **génie génétique**, le terme de vecteur désigne un **virus** à ADN, un **phage** ou un **plasmide** dans lequel de l'ADN étranger est inséré pour être ensuite transféré, dans une Bactérie ou une autre cellule, soit pour l'amplifier, soit pour le faire exprimer. C'est ainsi que l'insuline est fabriquée par génie génétique.

Méd. - En parasitologie, s'emploie pour qualifier l'agent responsable de la transmission du **parasite** d'un **hôte** à un autre hôte. Dans le cas du **paludisme**, le vecteur est un Moustique, l'Anophèle femelle.

→ ***Parasitisme.***

VECTRICE *adj.*
Génét.

→ ***Femme vectrice.***

VÉGÉTAL *n. m.* ou *adj.*
Bot. - Être vivant eucaryote pluricellulaire, généralement autotrophe au carbone (présence de chloroplastes) dont les cellules sont entourées par une paroi et qui possède un thalle (lame foliacée aplatie) ou des organes différenciés (racine, tige, feuille). Les **Champignons** ou **Mycètes** ne sont plus considérés comme des Végétaux et les Algues pluricellulaires sont parfois rangées dans les **Protistes**. Le végétal s'oppose à l'animal surtout du point de vue de la **sensibilité**.

→ ***Végétal chlorophyllien.***

VÉGÉTAL CHLOROPHYLLIEN
Bot. - Être vivant se caractérisant par la possession de **chlorophylle**. La présence de ce **pigment** leur permet de convertir l'énergie lumineuse en énergie chimique qu'ils utilisent pour réaliser la synthèse de matière organique à partir de matière minérale (**photosynthèse**). Ces Végétaux sont dits **autotrophes au carbone**, ce sont des **producteurs primaires**. Ils sont appelés Végétaux verts et on les oppose aux Champignons qui sont hétérotrophes au carbone (syn. Végétal vert).

VÉGÉTAL VERT
Bot. - syn. ***Végétal chlorophyllien.***

VÉGÉTATIONS *n. f. pl.*
Méd. - Tumeurs bénignes de la muqueuse buccale ayant un aspect mamelonné.

VEILLE *n. f.*
Neurobiol. - État d'une personne qui ne dort pas. L'électroencéphalogramme d'une personne éveillée se traduit par des ondes rapides qui s'opposent aux ondes lentes enregistrées pendant le **sommeil lent**.

VEINE *n. f.*
Anat. - Vaisseau sanguin conduisant le sang des organes aux **oreillettes**. Le sang y circule avec une pression très faible. Les parois sont minces, pauvres en fibres élastiques ; de plus, les cellules musculaires lisses sont rares. L'intérieur des veines, qui travaillent contre la pesanteur (par *exemple* : veine jugulaire du cou de la Girafe), est garni de **valvules** dites en nid de pigeon qui empêchent le reflux du sang vers le bas. Chez l'Homme, le sang est reconduit au **cœur** par les **veines caves** supérieure et inférieure qui débouchent dans l'oreillette droite.

VEINE CAVE
Anat. - Tronc veineux de diamètre élevé qui collecte le sang de la partie supérieure du corps (veine cave supérieure) ou de la partie inférieure du corps (veine cave intérieure) et le conduit à l'oreillette droite.

VEINE PORTE

Anat. - Veine située entre deux réseaux de capillaires. **1.** La veine porte est un gros tronc veineux qui conduit du sang en provenance de toutes les parties sous-diaphragmiques du tube digestif (intestin, rate, pancréas...) au foie. **2.** Il existe un système porte dans le **complexe hypothalamo-hypophysaire** qui achemine les libérines vers les cellules cibles de l'antéhypophyse.

→ ***Tige hypophysaire.***

VEINE PORTE HÉPATIQUE

Anat.

→ ***Foie.***

VEINE SUS-HÉPATIQUE

Anat.

→ ***Foie, Volorécepteur.***

VEINULE *n. f.*

Anat. - Petite veine qui sort des **organes** juste après les réseaux de **capillaires**.

VÉNÉRIEN *adj.*

Méd. - Relatif aux rapports sexuels. Les maladies vénériennes (syphilis, blennorragie,...) se transmettent lors des rapports sexuels, ce sont des **MST**.

VENT SOLAIRE

Astron. - Émission en permanence par le Soleil de particules ionisées qui s'en éloignent à grande vitesse (500 à 1 000 $km \cdot s^{-1}$) et entraînent aussi un champ magnétique.

VENTILATION *n. f.*

Physiol. ani. - Ensemble des phénomènes mécaniques et physiques responsable des échanges de gaz au cours de la respiration pulmonaire. Par extension (et par abus) s'emploie aussi pour désigner le renouvellement de l'eau au contact des branchies. La ventilation maximale (VMax, VM) est le volume d'air maximal pouvant être ventilé volontairement par les poumons pendant une minute. Pour un adulte, il est de l'ordre de 120 litres. Il est atteint quand le cœur est à sa fréquence maximale. Pour les comparaisons, ce volume est rapporté à l'unité de masse.

VENTRICULE *n. m.*

Anat. - Cavité du **cœur** faisant suite à chaque **oreillette** et dont la contraction est responsable de l'éjection du sang dans le système artériel.

→ ***Valvule auriculo-ventriculaire, Ventricule droit, Ventricule gauche.***

VENTRICULE DROIT

Anat. - Cavité du **cœur** en communication avec l'**oreillette** droite. Le **ventricule** droit reçoit le sang désoxygéné issu des organes et dont la contraction le propulse dans les artères pulmonaires.

→ ***Révolution cardiaque, Systole ventriculaire, Valvule auriculo-ventriculaire.***

VENTRICULE GAUCHE

Anat. - Cavité du cœur en communication avec l'**oreillette** gauche. Le **ventricule** gauche reçoit le sang oxygéné en provenance des poumons. Sa contraction puissante éjecte le sang dans la **crosse aortique** qui se dilate. La paroi du ventricule gauche est plus épaisse que celle du ventricule droit.

→ ***Révolution cardiaque, Systole ventriculaire, Valvule auriculo-ventriculaire.***

VER *n. m.*

Zool. - **Invertébré** se caractérisant par l'absence de vraie tête et d'appendices locomoteurs.

→ ***Annélides.***

VERRE *n. m.*

Pétrol. - État de la matière qui n'est pas cristallisée. Un verre volcanique provient d'un refroidissement très rapide d'un magma. On distingue des roches volcaniques entièrement vitreuses comme l'obsidienne de couleur noire ou verdâtre et des roches volcaniques chez lesquelles une partie plus ou moins importante du magma n'a pas cristallisé.

→ ***Cristal, Roche vitreuse.***

VERRUE *n. f.*

Méd. - Tumeur bénigne de la peau, contagieuse, due à un virus.

VERTÉBRÉS *n. m. pl.*

Zool. - Embranchement d'Animaux se caractérisant, entre autres, par la présence de vertèbres et par la possession d'un système nerveux tubulaire situé au-dessus du tube digestif. Il comprend plus de 50 900 espèces qui se répartissent classiquement en Poissons, Amphibiens, Reptiles, Oiseaux, Mammifères.

→ ***Cordés.***

VÉSICULE BILIAIRE

Anat. - Diverticule associé au foie qui stocke la **bile**. La vésicule biliaire déverse son contenu dans le **duodénum** par l'intermédiaire du canal cholédoque.

VÉSICULE DE SÉCRÉTION

Biol. cell. - Compartiment du cytoplasme de forme sphérique provenant du bourgeonnement de l'**appareil de Golgi**.

→ ***Exocytose, Grain de sécrétion.***

VÉSICULE PRÉSYNAPTIQUE

Neurobiol. - Volume délimité par une membrane contenu dans les boutons synaptiques. La vésicule synaptique contient des **neurotransmetteurs** qui sont libérés par exocytose à la suite de l'arrivée de **potentiels d'action**, qui entraînent l'ouverture des canaux Ca^{2+} voltage-dépendants. L'entrée des Ca^{2+} dans la cellule active le **cytosquelette** qui déplace les vésicules et provoque leur fusion avec la membrane et donc leur exocytose.

VÉSICULE SÉMINALE

Anat. - Réservoir musculo-membraneux pair dans lequel s'accumule le **sperme** entre deux éjaculations. Chaque vésicule séminale est en communication avec le **canal déférent** correspondant.

→ ***Prostate, Testicule.***

VIE *n. f.*

Biol. - Ensemble des phénomènes que présente un assemblage organisé de molécules depuis sa formation jusqu'à sa mort. Pour être vivant, cet assemblage moléculaire doit être capable de prélever de la matière dans le milieu et l'intégrer à sa propre substance (assimilation ou métabolisme) [1], de croître (augmentation de masse et de taille) [2], et de se reproduire, c'est-à-dire de fabriquer un ou plusieurs système(s) possédant des propriétés semblables ou identiques au système initial [3] et d'évoluer [4].

VIE RALENTIE

Physiol. - Période de l'existence d'un être vivant durant laquelle les différentes **fonctions** sont assurées au minimum, voire sont nulles. La vie ralentie est sous l'influence de facteurs externes ou internes. Pendant une période de vie ralentie, l'organisme limite l'utilisation de ses réserves.

→ ***Dormance.***

VIEILLISSEMENT *n. m.*

Biol. - Usure de l'organisme due à l'âge qui se traduit par une perte de mémoire, une baisse des acuités auditive et visuelle ainsi qu'une diminution de la force sans compter les maladies dégénératives comme celle d'Alzeimer. Le vieillissement a plusieurs causes dont les deux principales seraient la perte des **télomères** et l'augmentation des mutations dans les gènes de l'ADN mitochondrial à la suite de l'accumulation de radicaux libres produits par leurs activités oxydatives. Ainsi, de plus en plus de **mitochondries** seraient dans l'incapacité de fournir l'ATP dont toute cellule a besoin pour ses activités.

VIGUEUR HYBRIDE

Génét. - Phénomène observé dans le cas du croisement de deux **races pures** où les descendants présentent un **phénotype** plus intéressant que celui de chacun des deux parents. On explique ce phénomène par l'augmentation du nombre de gènes **hétérozygotes** (syn. Hétérosis).

VIH

Génét., Immuno. - Sigle de Virus de l'Immunodéficience Humaine, nom du virus du **SIDA**. Le virus du SIDA est un **rétrovirus** sphérique à enveloppe cellulaire. Le VIH est constitué par une enveloppe extérieure prise à la cellule hôte. Elle est garnie de 72 spicules formés par deux glycoprotéines codées par le gène *env* (gp120 à l'extérieur et gp41 dans la membrane). L'enveloppe virale contient aussi des antigènes du CMH I et du CMH II et d'autres protéines membranaires prises à la cellule infectée. Les protéines de la nucléocapside proviennent de la transcription du gène *gag*, de sa traduction et de la coupure de cette protéine en 4 protéines (p17, p24, p9, p7). Le gène *pol* produit 4 enzymes à partir d'un seul ARNm : p64 la trancriptase inverse à activité de RNase, p51 la transcriptase inverse simple, p10 la protéase et p32 l'intégrase. Ainsi, avec ces 3 unités de transcription, le VIH code 10 protéines différentes. Il existe aussi 6 autres protéines régulatrices codées par 6 gènes à épissage alternatif. Avec un génome de 9kb, le VIH code 16 protéines. Il existe deux formes du virus du SIDA, le VIH-1 est la forme qui sévit essentiellement en Europe et dans le Nouveau Monde et le VIH-2 est la forme principale rencontrée en Afrique et en Asie. La transcriptase inverse du VIH ne possède pas le système de correction des erreurs d'appariements des autres polymérases. Ainsi, le taux de mutation est très important et la variabilité génétique de ce virus très accrue ce qui est à l'origine de nouvelles souches et rend la mise au point d'un vaccin très difficile. Le VIH est apparenté aux virus de l'immunodéficience simienne. Le VIH-1 serait passé du Chimpanzé à l'Homme en 3 occasions et le VIH-2 du Cercocèbe fuligineux à l'Homme en 4 occasions. Un des passages du VIH-1 à l'Homme daterait des années 30.

VILLOSITÉ INTESTINALE

Anat. - Repli de la paroi intestinale qui augmente de manière très significative la surface d'absorption des nutriments.

→ ***Absorption intestinale, Entérocyte.***

VIH

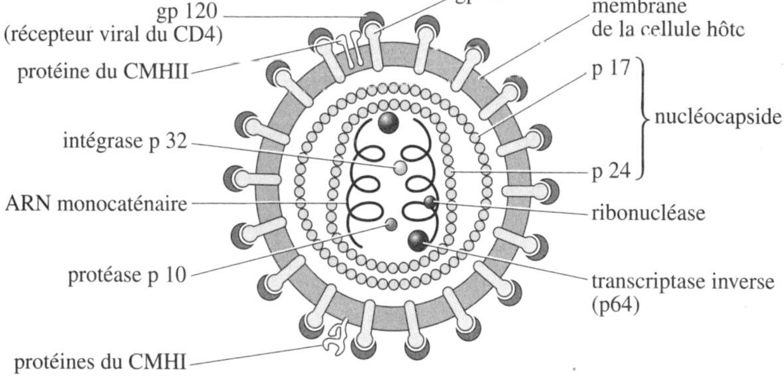

VIRÉMIE *n. f.*

Méd. - Taux de virus dans le sang.

VIRION *n. m.*

Microbiol. - Particule virale complète constituée de son acide nucléique et de son enveloppe protectrice.

→ ***Virus.***

VIRUS *n. m.*

Microbiol. - Parasite intracellulaire obligatoire de très petite taille. La particule virale est constituée de matériel génétique (ADN ou ARN) et d'une enveloppe de protéines, parfois doublée d'une membrane plasmique prélevée à la cellule dans laquelle le virus se multiplie. Un virus est incapable de se multiplier, de transcrire ses gènes à l'extérieur de la cellule hôte. Il est dépourvu de métabolisme. Dans la cellule qu'il parasite, il utilise les enzymes de son hôte et ses ribosomes pour faire fonctionner son matériel génétique et se multiplier. Il est difficile de considérer un virus comme un être vivant.

→ ***Rétrovirus, Vie, VIH.***

VISCOSITÉ *n. f.*

Phys., Volcano - État d'un fluide dont l'écoulement est ralenti par les frottements existant entre ses molécules constitutives. Ce sont la composition chimique, la teneur en gaz et la température qui conditionnent la viscosité d'une lave. Les laves riches en Mg^{2+} et en Ca^{2+} et pauvres en SiO_2, comme les basaltes, sont fluides alors que celles riches en alcalins (K^+), comme les andésites, sont visqueuses.

VISION *n. f.*

Physiol. ani. - Propriété des **récepteurs visuels** de détecter certaines longueurs d'onde (vue) et de les transformer en message nerveux allant au cerveau qui, en les traitant, génère une image ayant des caractéristiques de luminosité, de couleurs et de formes. Dans la vision binoculaire, les stimulus lumineux détectés par la rétine de chaque œil participent à la formation d'une image unique. Quand les champs visuels se recouvrent partiellement, il y a vision stéréoscopique (en relief).

→ ***Perception.***

VITAMINES *n. f.*

Biochim. - Molécules nécessaires à faibles doses pour le développement et le fonctionnement normal de l'organisme. Par définition, l'organisme est incapable de les synthétiser et de ce fait, son alimentation doit les lui apporter. Cependant, une substance peut être une vitamine pour une espèce et pas pour une autre, tel est le cas de la vitamine C que les Primates sont incapables de synthétiser, alors que la majorité des autres Mammifères ont cette faculté. Les vitamines sont souvent des précurseurs de **coenzymes**. Suivant leur solubilité, les vitamines sont classées en hydrosolubles (vitamines C, B1, B2, PP) et vitamines liposolubles (vitamines A, D, E, K).

VITELLINE *adj.*

Biol. cell.

→ ***Membrane vitelline.***

VITESSE DE LIBÉRATION

Astron. - Vitesse que doit atteindre un objet (particule, engin spatial) pour échapper à l'attraction du point de l'astre d'où il part. Pour la Terre, la vitesse de libération ou vitesse d'évasion est de $11 \text{ km} \cdot \text{s}^{-1}$ et la vitesse « thermique » de $0{,}5 \text{ km} \cdot \text{s}^{-1}$. Ainsi, la vitesse moyenne des molécules gazeuses liée à l'agitation thermique doit être inférieure à la vitesse de libération pour qu'une atmosphère puisse se maintenir (syn. vitesse d'évasion).

VITESSE DE SÉDIMENTATION

Sédiment. - Épaisseur de sédiments déposée en un lieu au cours d'une unité de temps.

VITROPLANT *n. m.*

Bot. - Jeune plant obtenu à partir d'un **cal** qui se développe dans un flacon.

VIVIPARITÉ *n. f.*

Physiol. ani. - Reproduction se faisant par la mise bas d'un ou plusieurs jeunes ou par la ponte, à terre ou dans l'eau d'**œufs**, arrivés au terme de leur développement quelles que soient la nature des relations trophiques et celle des structures d'échange entre la mère et les embryons au cours de la gestation.

→ ***Oviparité, Ovoviviparité.***

V_{max}

Biochim. - Sigle de Vitesse maximale. Dans une réaction enzymatique, la vitesse initiale de la réaction est maximale quand tous les **sites actifs** des molécules d'enzyme présentes sont occupés par les molécules de **substrat**. L'enzyme est alors saturée. La vitesse maximale est alors indépendante de la concentration en substrat.

→ ***Cinétique enzymatique.***

VO_2 max

Physiol. ani. - Consommation maximale de dioxygène par unité de temps et souvent par unité de masse. Le VO_2 max est atteint quand la fréquence cardiaque est à son maximum. Il vaut 10 à 12 fois le volume consommé au repos.

VOIE ALTERNE (D'ACTIVATION DU COMPLÉMENT)

Immuno. - Modalité d'activation des protéines du complément par la fixation directe des antigènes bactériens sur certaines d'entre elles. Ainsi, la voie alterne correspond à la mise en place rapide d'une défense non-spécifique avant l'arrivée des anticorps.

VOIE CLASSIQUE (D'ACTIVATION DU COMPLÉMENT)

Immuno. - Modalité d'activation des protéines du **complément**. La voie classique est déclenchée quand des IgM ou des IgG se lient à des antigènes bactériens. La liaison avec l'antigène produit un changement conformationnel dans la **région constante** (Fc) de l'immunoglobuline, qui devient un site catalytique pour la première molécule du complément (C1) qui se trouve activée. Elle est alors à l'origine d'une cascade de réactions et d'amplifications conduisant à la protéine C3 qui initie la formation du complexe lytique ou complexe d'attaque membranaire.

→ ***Complexe immun.***

VOIE DIRECTE (OU PYRAMIDALE)

Neurobiol. - Ensemble des neurones ayant leur corps cellulaire dans l'**aire motrice principale**, la plupart des axones de ces neurones franchissent le plan de symétrie dans le bulbe rachidien. Ces neurones sont les plus longs de l'organisme puisque certains d'entre eux établissent des synapses avec les **motoneurones** de l'extrémité postérieure de la moelle épinière. C'est une voie rapide qui commande les contractions précises des muscles. Le nom de ce circuit nerveux est dû à la forme pyramidale du corps cellulaire de ces neurones.

→ ***Voie indirecte.***

VOIE INDIRECTE (OU EXTRAPYRAMIDALE)

Neurobiol. - Chaîne de neurones dont les corps cellulaires des premiers neurones se trouvent dans l'**aire prémotrice** et l'**aire motrice supplémentaire** (AMS). Ces neurones établissent des synapses dans les **noyaux gris** de l'encéphale. De ce fait, et aussi en raison de la caractéristique de leurs axones, les informations circulent plus lentement. Ces voies indirectes participent à la commande des mouvements d'ensemble et au contrôle des postures.

→ ***Phase de programmation d'un mouvement volontaire, Voie directe.***

VOIE LACTÉE

Astron. - Région de la sphère céleste qui apparaît, à l'œil nu, comme une bande laiteuse ayant la forme d'un grand cercle. La Voie lactée est la trace sur notre ciel de notre nébuleuse spirale : la Galaxie.

VOIE MÉTABOLIQUE

Biochim. - syn. ***Chaîne métabolique.***

VOIE NERVEUSE ASCENDANTE

Neurobiol. - Ensemble de neurones où le message nerveux circule de la périphérie vers les centres nerveux supérieurs (encéphale), ce sont des voies sensitives comme les voies de la sensibilité générale.

→ ***Douleur.***

VOIE NERVEUSE DESCENDANTE

Neurobiol. Ensemble de neurones où le message nerveux circule des centres nerveux supérieurs (encéphale) vers la périphérie (muscles du squelette), ce sont des voies motrices.

→ ***Motricité dirigée.***

VOIES VISUELLES

Neurobiol. - Ensemble des circuits nerveux conduisant l'information visuelle de la rétine aux centres de traitement de l'image. Les voies visuelles démarrent aux cônes et aux **bâtonnets** qui établissent des **synapses** avec des neurones bipolaires qui se connectent au neurones ganglionnaires dont les axones constituent le **nerf optique**. Il y a environ 100 fois moins de cellules visuelles que d'axones, ce qui signifie qu'il existe un premier traitement de l'information visuelle dans la rétine. Ce sont les neurones bipolaires qui sont à l'origine du message nerveux véhiculé par les axones des nerfs optiques. Les nerfs optiques se croisent au niveau du **chiasma optique**. Chaque nerf optique arrive au **corps genouillé latéral** d'où deux autres faisceaux de neurones de troisième ordre conduisent les messages nerveux à l'**aire visuelle** primaire.

VOLCAN *n. m.*

Volcano. - Lieu de la **croûte terrestre** où du **magma** et des gaz arrivent à la surface au travers de fractures. Suivant la nature des **laves** émises, l'appareil volcanique prendra des formes différentes. Ainsi, on a distingué pendant très longtemps des volcans de type ***hawaiien*** caractérisé par un cône à pentes faibles (4 à 6°), de plusieurs dizaines de kilomètres de diamètre, formé par l'empilement de coulées de lave basaltique très fluide (volcanisme de **point chaud** d'Hawaii) [1] ; des volcans de type ***strombolien*** (Stromboli, Italie) constitué d'un cône pointu formé par une alternance de coulées de lave et de matériaux pyroclastiques (projections de matériaux divers : blocs, lapilli, cendres) [2] ; des volcans de type ***vulcanien*** (Vulcano, Italie) dont le cône n'est formé que par l'accumulation de projections [3] ; des volcans de type ***peléen*** (montagne Pelée, Martinique) caractérisé par des laves très visqueuses qui ne s'écoulent pas et forment des aiguilles pouvant à l'occasion être pulvérisées par les gaz qui font pression en dessous (phénomène de la nuée ardente) [4]. Cette classification des appareils volcaniques ne rend pas compte de la diversité des éruptions qui dépend, entre autres, des caractéristiques des laves. Ainsi, un même volcan peut connaître, au cours de ses différentes phases d'activité, des éruptions caractérisant l'un ou l'autre type d'appareil volcanique. Le volcanisme sous-marin et le volcanisme des rifts continentaux (Afrique de l'Est) n'entrent dans aucune de ces catégories alors que ce sont les plus importants. Le volcanisme sous-marin se caractérise par des éruptions fissurales, où la lave ne sort jamais au même endroit et par des coulées de lave fluide formant, à cause du refroidissement rapide et de la pression hydrostatique, des structures particulières, les laves en oreillers.

→ ***Dorsale océanique, Rift, Volcanisme.***

VOLCANIQUE *adj.*
Volcano.

→ ***Roche volcanique.***

VOLCANISME *n. m.*
Volcano. - Ensemble des manifestations liées à la sortie de **magma** des profondeurs de la Terre. Le volcanisme est particulièrement développé aux frontières de plaques (zones d'accrétion et de subduction), mais aussi en leur milieu (volcanisme de point chaud).

→ ***Volcan.***

VOLCANISME ANDÉSITIQUE
Volcano. - Volcanisme des zones de **subduction** dont les éruptions sont explosives et où les laves sont principalement des **andésites** qui se forment à partir d'un magma dont l'origine est complexe. Ainsi, lorsque la plaque plongeante s'enfonce : elle entraîne, à partir d'une profondeur de 100-150 km une fusion partielle du manteau situé au-dessus d'elle [1] ; une déshydratation de la plaque subductée qui abaisse la température de fusion du manteau [2] ; un apport des sédiments présents [3] ; une fusion partielle de la croûte océanique subduite (**adakite**) [4]. Le magma qui remonte alors, en raison de sa plus faible densité, arrache au passage des éléments aux roches de la croûte continentale traversée (contamination crustale), puis se différencie, par **cristallisation fractionnée**, dans une chambre magmatique.

VOLCANISME DE POINT CHAUD
Volcano. - Volcanisme où les **laves** produites proviennent principalement de magma issu des profondeurs du manteau, juste à la transition avec le noyau externe ou de la transition manteau supérieur-manteau inférieur, et non pas du sommet de l'asthénosphère comme dans le volcanisme de dorsale, ou de la fusion de la lithosphère comme dans celui des zones de subduction. Le volcanisme du Massif central est actuellement interprété comme résultant de l'activité d'un **point chaud** et non plus comme étant le témoin d'un rift avorté.

→ ***Panache, Volcanisme intraplaque.***

VOLCANISME EFFUSIF
Volcano. - Volcanisme qui donne naissance essentiellement à des laves basaltiques très fluides et très chaudes. Ces laves se déplacent rapidement et forment des coulées sur de grandes surfaces. Les volcanismes de point chaud et de dorsale sont de type effusif. Un volcan produisant ce type d'éruption est qualifié d'***hawaiien***.

VOLCANISME EXPLOSIF
Volcano. - Volcanisme dont les éruptions provoquent la destruction d'une partie du volcan sous l'effet de la pression des gaz. Les gaz se détendent rapidement et pulvérisent la matière provoquant une **nuée ardente**. Le volcanisme explosif se rencontre essentiellement dans les zones de **subduction**, il est causé par la production de lave très visqueuse (andésite) qui bouche la cheminée du volcan et provoque son explosion avec la montée en pression. Ces éruptions sont qualifiées de ***peléennes*** en référence à l'éruption de 1902 de la Montagne Pelée à la Martinique.

VOLCANISME INTRAPLAQUE
Volcano. - Volcanisme dont les manifestations se situent au sein d'une plaque lithosphérique qu'elle soit océanique ou continentale, à l'inverse du volcanisme de dorsale ou de zone de subduction qui se situe à la frontière entre deux plaques. Le volcanisme intraplaque s'explique actuellement par la présence de **points chauds**.

VOLCANISME SOUS-MARIN
Volcano. - Volcanisme effusif des dorsales océaniques, c'est le volcanisme le plus discret, mais le plus important,

c'est lui qui génère le nouveau **plancher océanique**. Il émet des laves basaltiques, les laves en oreillers ou *pillow lavas*, dont l'origine est un magma produit à la limite entre la base de la lithosphère et l'asthénosphère qui remonte très près de la surface à l'aplomb des **dorsales** (forte anomalie thermique positive).

VOLCANOLOGIE *n. f.*

Volcano. - Étude des volcans, de leurs éruptions et de leurs causes, ainsi que des produits rejetés.

VOLÉMIE *n. f.*

Physiol. ani. - Volume sanguin total, c'est-à-dire le volume du **plasma** et celui des éléments figurés (cellules sanguines). Le volume sanguin total comprend celui du sang circulant et celui des réservoirs. Il est de 76 mL/kg (dont 46 mL de plasma et 30 mL de globules) chez l'homme et de 66 mL/kg (dont 43 mL de plasma et 23 mL de globules) chez la femme. La volémie varie avec les apports et les départs d'eau ainsi qu'avec les hémorragies.

→ ***ADH, Aldostérone, Système rénine-angiotensine, Volorécepteur.***

VOLORÉCEPTEUR *n. m.*

Neurobiol. - Récepteur sensoriel sensible aux variations de volume. Les volorécepteurs sont situés dans l'oreillette gauche, dans la veine cave inférieure et la ***veine sus-hépatique***.

→ ***ADH, Aldostérone, Système rénine-angiotensine, Volémie.***

VOLTAGE IMPOSÉ

Neurobiol. - Technique utilisée pour étudier les changements de perméabilité des canaux ioniques. À cet effet, deux électrodes sont utilisées, la première pour imposer un potentiel à la membrane, la seconde pour mesurer les courants membranaires entrants ou sortants pour en déduire la **conductance** en fonction du temps.

→ ***Courant entrant, Patch-clamp.***

VOLUME CÉRÉBRAL

Paléont. - Mesure du volume de l'**encéphale**.

→ ***Capacité crânienne.***

VRAI NÉGATIF, POSITIF

Méd.

→ ***Test (d'une maladie).***

VULCANIEN *adj.*

Volcano.

→ ***Volcanisme.***

W, X, Y, Z

WADATI

Sismo., Tecto.

→ ***Plan de Wadati-Benioff.***

WESTERN BLOT

Génét.

→ ***Méthode de Western.***

WÜRM

Glaciol. - Quatrième et dernière glaciation du Quaternaire repérée dans les régions alpines, la glaciation de *Würm* a duré de 80 000 à 10 000 ans. Au paroxysme de cette glaciation, le niveau des mers, marqué par les terrasses marines, devait se situer environ 100 m plus bas, l'**inlandsis** arctique atteignait le sud de l'Angleterre et le nord de l'Allemagne, les glaciers alpins descendaient jusqu'à Lyon. La Manche n'existait pas, la Sibérie et l'Alaska étaient en communication, ce qui a permis des échanges de flore et de faune et a mis fin à des barrières d'isolement géographique.

XANTHOPROTÉIQUE (RÉACTION) *adj.*

Biochim. - Réaction destinée à mettre en évidence les **protides**. En présence d'acide nitrique, les protides de l'échantillon deviennent jaunes et se colorent en orange en présence d'ammoniaque. La réaction xanthoprotéique met en évidence les acides aminés dont la chaîne latérale est constituée par un noyau benzénique (tyrosine, tryptophane, phénylalanine).

→ ***Biuret.***

XÉNOGREFFE *n. f.*

Immuno. - syn. ***Hétérogreffe.***

XÉNOLITE *n. m.*

Pétrol., Volcano. - Enclave d'une autre roche de taille variable dans une roche magmatique. Dans les laves, les xénolites sont ramonés au cours de l'ascension des magmas, ils peuvent être d'origine plus ou moins profonde. Ils permettent d'avoir une connaissance des parties profondes de la croûte et du manteau supérieur.

XÉNOMORPHE *adj.*

Minér. - Se dit d'un minéral aux formes irrégulières. Un minéral xénomorphe a cristallisé dans les espaces laissés libres, entre les minéraux déjà formés d'une roche, et n'a donc pu atteindre sa forme parfaite.

→ ***Automorphe.***

XERODERMA PIGMENTOSUM

Méd. - Maladie cutanée héréditaire, récessive et caractérisée par des plaques érythémateuses qui affectent les zones découvertes (mains, cou, face) à la suite de leur exposition au soleil. Du point de vue histologique, on note un amincissement de l'épiderme et une dégénérescence du **collagène**. Des lésions verruqueuses, bénignes, évoluent en tumeurs malignes épithéliomateuses. Les radiations lumineuses, (UVB), provoquent sur l'ADN la formation de dimères de thymine (liaison covalente entre deux thymines adjacentes du même brin). Dans les cellules normales, la réparation de ce défaut par le système SOS comporte deux étapes : le retrait enzymatique (**endonucléase de restriction** et exonucléase) de la séquence anormale, suivi du remplissage de la brèche ainsi créée par synthèse d'un nouvel ADN. Cette maladie héréditaire est provoquée par la déficience du système de réparation dans lequel 9 gènes (XP) sont impliqués. Les mutations de ces différents gènes sont à l'origine des différents cas observés.

XYLÈME *n. m.*

Bot. - Tissu conducteur de la sève brute des végétaux vasculaires. Le xylème assure la conduction de la sève brute et le soutien de la plante en milieu aérien. Le xylème primaire est mis en place à partir du **procambium** sous forme de **protoxylème** et de **métaxylème**. Le bois secondaire ou xylème secondaire est mis en place à partir d'un méristème secondaire, le **cambium**. Suivant les groupes de plantes, il est plus ou moins complexe, il comprend des éléments conducteurs (**trachéides, vaisseaux**) et des éléments de soutien (**fibres**) imprégnés de lignine et qui sont morts; en revanche, les parenchymes et les rayons ligneux du bois sont vivants. Chez les plantes arborescentes **Gymnospermes** et **Angiospermes** dicotylèdones, il y a un renouvellement annuel du bois par le cambium. Dans les régions tempérées, le cambium fabrique chaque année, durant la période de foliation, un anneau appelé cerne, dont la partie la plus interne possède des vaisseaux de gros diamètre et constitue le bois initial ou bois de printemps, et la partie externe contient des vaisseaux à paroi épaisse et de plus faible diamètre et de nombreuses fibres; il forme le bois final ou bois d'automne. Les cellules du xylème à paroi lignifiée sont colorées en vert par la double coloration du **carmin-aluné-vert d'iode**.

YAC

Génét. - Sigle anglais de *Yeast Artificial Chromosomes*, chromosomes artificiels de **Levures**. Ce sont des **chromosomes** naturels de Levure de bière dans lesquels on a inséré des fragments d'**ADN** étrangers de plusieurs **kilobases** et qui se répliquent dans les Levures. Si tout le génome d'un être vivant a été découpé et introduit dans les chromosomes, chaque Levure possédant un fragment d'ADN étranger différent est à l'origine d'un **clone**, l'ensemble des clones constitue une **banque de gènes**.

ZÉNITH *n. f.*

Astron. - Intersection de la verticale ascendante avec la sphère céleste.

ZÉOLITE *n. f.*

Minér. - Famille de minéraux alumino-silicatés contenant du sodium, du potassium, du calcium, du baryum et beaucoup d'eau. Cette eau est faiblement liée, elle sort pour des températures > 200 °C, elle est alors remplacée par des ions (S^{2-}, Cl^-, Hg^{2+}) ou entre dans le réseau cristallin sans le modifier. Les zéolites se rencontrent dans les géodes, les veines hydrothermales et certains sédiments. Elles définissent le faciès des zéolites qui définissent un **métamorphisme** de faible intensité.

ZIFT

Méd. - Sigle anglais de *Zygote IntraFallopian Transfert*. Transfert de l'œuf fécondé dans une **trompe de Fallope** après avoir réalisé une **fécondation *in vitro***.

ZINJANTHROPUS BOISEI

n. m.

Paléont., Préhist., Zool. - Espèce d'Hominidés découverte en Tanzanie (Olduvai) qui est placée maintenant dans le genre ***Paranthropus****. Au moment de sa découverte, on avait cru qu'il était l'auteur des outils taillés (choppers) découverts dans les couches de même âge. Puis, ces outils ont été attribués à une autre espèce : *Homo habilis* (à l'époque, l'outil faisait l'Homme) dont des os ont été trouvés dans les mêmes couches. Puis, *Paranthropus boisei* s'est de nouveau vu attribuer la fabrication d'outils primitifs…

ZONE DE TRANSITION

Sismo., Géol.

→ ***Manteau.***

ZONE D'OMBRE

Sismo. - Partie de la surface du globe terrestre qui ne reçoit pas d'**ondes P** et d'**ondes S** directes en provenance du foyer d'un séisme. Quelle que soit son origine, la zone d'ombre des ondes P se situe entre 103 et 143°, soit à une distance comprise entre 11 500 km et 14 500 km en passant par la surface terrestre.

ZONE PELLUCIDE

Embryo. - syn. ***Membrane pellucide.***

ZOOPLANCTON *n. m.*

Écol., Zool.

→ ***Plancton.***

ZYGOTE *n. m.*

Biol. cell. - Cellule **diploïde** résultant de la fusion de deux **gamètes** haploïdes (syn. Œuf fécondé).

→ ***Œuf.***

ZYMOGÈNE *n. m.*

Biol. cell. - Précurseur inactif des **enzymes** (enzymes digestives) ou d'autres protéines. Ces précurseurs sont transformés en enzymes actives par des coupures spécifiques de leur **chaîne polypeptidique** par des enzymes protéolytiques en dehors des cellules qui les ont élaborés. Ainsi, chaque zymogène est activé par le clivage de **liaison peptidique** (syn. Pro-enzyme).

→ ***Grain de zymogène.***

ZYMOGRAMME *n. m.*

Génét. - Résultat de la migration des **protéines** dans un champ électrique à la suite d'une **électrophorèse**. Le zymogramme permet de savoir pour un gène donné si un individu est **homozygote** ou **hétérozygote**.

LEXIQUE DES TERMES DU NOUVEAU PROGRAMME DE SECONDE 2010

Dans ce lexique, tous les termes suivis d'un astérisque (*) indiquent un renvoi à une entrée de ce même lexique. Les termes en caractères ***gras italiques*** (sans astérisque) signalent un renvoi à une entrée de la partie principale du dictionnaire.

A

ACCIDENT MUSCULO-ARTICULAIRE

Méd. - Lésion qui touche une ou plusieurs composantes des articulations* à la suite d'une mauvaise pratique d'une activité physique : ***muscles*** (courbature, contracture, claquage*, crampe, déchirure*, élongation, entorse*, rupture complète), surfaces articulaires (usure, luxation), ***ligaments*** (rupture, déchirure, arrachement) et ***tendons*** (tendinite, rupture, déchirure*, arrachement).

AGROCARBURANT *n. m.*

Agric., Écol. - Carburant* issu de la culture intensive de certaines plantes (soja, canne à sucre, tournesol, palmier à huile) utilisées dans l'alimentation.

→ Biocarburant*, Biogaz*, Diester*.

AGRODIESEL *n. m.*

Agric., Écol. - syn. Diester*.

ARBRE PHYLOGÉNÉTIQUE

Écol. - Représentation graphique des relations supposées et donc hypothétiques entre différents ***taxons*** fondée sur la possession de ***caractères*** communs à l'état dérivé (synapomorphies) qui définissent des groupes monophylétiques (***clades***) issus d'un ***ancêtre commun*** inconnu situé à une bifurcation ou nœud de l'arbre. La classification résultant de l'analyse cladistique est une classification en groupes emboîtés*.

→ Cladogramme, Monophylétique (groupe).

ARCHIVE GÉOLOGIQUE

Climato., Géol. - Témoin qui apporte une information sur un épisode de plus ou moins longue durée et de plus ou moins grande ampleur de l'histoire de la Terre. Les archives géologiques sont très diverses (fossile, association de fossiles, relation structurale dans les roches, alternance des dépôts, trace d'érosion, d'altération, et de déformation, rapport isotopique, bulle d'air…).

ARTICULATION *n. f.*

Anat. - Ensemble des éléments par lesquels les ***os*** sont reliés fonctionnellement entre eux. Dans les articulations mobiles, les surfaces articulaires sont recouvertes de cartilage, lubrifié par la synovie, qui favorise le glissement des os l'un sur l'autre et qui amortit les chocs ; les os sont reliés entre eux par des ***ligaments*** qui les maintiennent dans la bonne position.

→ Accident musculo-articulaire*.

AXE DE POLARITÉ

Embryo. - Ligne imaginaire orientée qui relie les extrémités antérieure et postérieure (1), dorsale et ventrale (2) et du plan de symétrie au côté (3) selon laquelle on observe des changements progressifs de l'organisation.

B

BARRAGE HYDROÉLECTRIQUE

Éner., Écol. - Construction qui bloque dans une vallée de l'eau issue du bassin versant d'un cours d'eau qui, lorsqu'elle s'écoule dans les conduites, transforme son ***énergie potentielle*** en énergie cinétique, puis en énergie électrique.

→ Houille blanche*.

BILAN CARBONE

Agric., Écol. - Conversion de toute activité humaine en une quantité de gaz à ***effet de serre***.

→ Écobilan*, Empreinte écologique*.

BIOCARBURANT *n. m.*

Agric., Écol. - Combustible produit à partir de ***biomasse*** organique renouvelable (culture, déchets agricoles…). Les carburants de première génération sont fabriqués à partir de plantes par des processus simples. Les plantes oléagineuses (palmier à huile, soja, colza, tournesol, ricin, olive) donnent une huile par pression à partir de laquelle on produit du diester* ou biodiesel pour les moteurs diesels. Les plantes sucrières (betterave, canne à sucre, pomme de terre, maïs) produisent de l'éthanol par ***fermentation*** de micro-organismes. Les biocarburants de deuxième génération proviennent de la transformation en sucres fermentescibles de la cellulose et du bois par des bactéries. Les biogaz* sont aussi des biocarburants.

→ Agrocarburant*, Carburant*, Énergie renouvelable*.

BIODIESEL *n. m.*

Agric., Écol. - syn. Diester*.

BIOGAZ *n. m.*

Agric., Écol. - Gaz produit par la ***fermentation*** anaérobie de matière organique animale ou végétale (***biomasse***). Cette fermentation est essentiellement une méthanisation*, elle est réalisée par des bactéries méthanogènes, les ***archées*** ; elle produit également du dioxyde de carbone et du sulfure d'hydrogène. Cette méthanisation est réalisée dans des digesteurs à partir d'ordures ménagères, de boue de stations d'épuration, de déjections et de litières animales. Elle limite les rejets de ces matières qui contribuent à la pollution des cours d'eau, des ***nappes phréatiques*** et du littoral (marée verte).

→ Agrocarburant*, Biocarburant*.

BIOMASSE FOSSILE

Biol., Écol., Éner., Géol. - Ensemble de la ***biomasse*** qui a été enfouie dans les ***roches sédimentaires*** au cours des temps géologiques et qui, peu à peu, s'est transformée en kérogène*, puis en combustible fossile* (pétrole*, gaz naturel*, tourbe, lignite, ***charbon***). La combustion de cette biomasse fossile a libéré depuis le début de la période industrielle du dioxyde de carbone accumulé au cours de millions d'années. L'élévation de sa concentration de 280 ppm en 1820 à 389,91 ppm (février 2010) est responsable de l'augmentation de l'***effet de serre***.

C

CAPACITE PULMONAIRE VITALE

Méd., Physiol. ani. - Volume d'une partie de l'air contenu dans les ***poumons*** résultant de la somme du volume courant* (0,5 L), du volume de réserve inspiratoire (3,1 L), qui correspond au volume d'air qui est inspiré en plus du volume courant mais avec un effort musculaire, et du volume de réserve expiratoire (1,2 L), qui est expiré avec un effort musculaire après une expiration courante.

→ Spirométrie*.

CARBURANT *n. m.*

Chim., Géol. - Combustible qui alimente en énergie un moteur thermique qui transforme l'***énergie*** contenue dans les molécules (hydrocarbure*, ester, alcool) en ***chaleur*** à l'origine du déplacement rapide des molécules, responsable de la mise en mouvement des pistons (travail mécanique).

→ Combustible fossile*.

CENTRALE ÉLECTRIQUE

Éner. - Site industriel qui assure la transformation d'une ressource énergétique* d'origine naturelle (charbon, fioul, gaz, éléments radioactifs, déplacements d'un fluide, radiations électromagnétiques) en électricité et son injection dans le réseau électrique.

CIRCULATION GÉNÉRALE EN PARALLÈLE

Anat., Physiol. ani. - Distribution du ***sang*** à partir de l'***aorte*** de manière indépendante et quasi simultanée dans les différents organes. Ainsi, chaque organe reçoit du sang qui possède les mêmes caractéristiques que celui qui sort du ***ventricule gauche***.

⟶ Double circulation en série*.

CLASSIFICATION EN GROUPES EMBOÎTÉS

Bot., Zool., Évol. - ***Classification phylogénétique*** dans laquelle les ***taxons*** apparus au cours du temps sont issus d'***ancêtres communs*** successifs et de plus en plus récents qui définissent des ***groupes monophylétiques*** de plus en plus restreints.

CLAQUAGE *n. m.*

Méd. - Rupture des ***fibres musculaires*** lors d'un effort violent.

⟶ Accident musculo-articulaire*.

COMBUSTIBLE FOSSILE

Climato., Géol. - ***Matière organique*** produite au cours des temps géologiques par des organismes disparus et accumulée dans les couches sédimentaires pendant de longues périodes, et dont l'oxydation par le dioxygène libère de l'***énergie***. Cette matière organique est constituée par de la biomasse fossile*. Elle est oxydée en présence de dioxygène (combustion) et libère de l'énergie sous forme de ***chaleur***. Cette matière organique fossile correspond au stockage de l'énergie du soleil au cours des temps géologiques. L'accumulation de végétaux terrestres et leur enrichissement en carbone est à l'origine du ***charbon*** qui constitue des couches ; l'accumulation de débris de micro-organismes planctoniques est à l'origine du pétrole* ; et l'activité bactérienne anaérobie et le craquage du kérogène* conduisent à la production de gaz naturel*. La combustion de la biomasse fossile libère depuis le début de l'époque industrielle une grande quantité de ***dioxyde de carbone*** dans l'atmosphère, responsable de l'augmentation de l'***effet de serre***.

⟶ Carburant*, Gaz à effet de serre*.

D

DÉBIT CARDIAQUE

Méd., Physiol. ani. - Volume de sang éjecté par un ***ventricule*** en une minute, il est égal au produit de la fréquence cardiaque* par le volume d'éjection systolique*. L'augmentation du débit cardiaque face à une augmentation de la demande énergétique des muscles repose sur l'augmentation de la fréquence et l'augmentation du volume d'éjection systolique.

⟶ ***Cœur.***

DÉCHIRURE *n. f.*

Méd. - Rupture d'un tissu dans un organe (***muscle***, ***tendon***, ***ligament***) sous l'effet d'une forte traction.

⟶ Accident musculo-articulaire*.

DÉRIVE GÉN(ÉT)IQUE

Évol., Génét. - Variation de la fréquence des ***allèles*** d'un même ***gène*** dans une ***population de faible effectif***, isolée, sans lien avec une éventuelle ***adaptation*** au milieu, des fréquences par la ***sélection naturelle***. La dérive génique conduit à la fixation d'un allèle, c'est-à-dire à la disparition des autres allèles de ce gène dans la population. Ainsi, dans deux populations de faible effectif où les ***fréquences alléliques*** de ce gène sont différentes au moment de leurs séparations (***effet de fondation***), les allèles fixés ne sont pas les mêmes, les populations divergent de manière aléatoire sans que la sélection naturelle n'intervienne de manière prépondérante. Effet de fondation et dérive génétique apportent une divergence lors de la séparation d'une population initiale et contribue à la ***spéciation***.

DÉVELOPPEMENT DURABLE

Agric., Écol. - Développement qui répond aux besoins des générations du présent sans compromettre la capacité des générations futures à répondre aux leurs.

DIESTER *n. m.*

Agric., Chim., Écol. - syn. Agrodiesel*, Biodiesel*.

Marque déposée de biocarburant* dont le nom provient de la contraction de diesel et ester. Le diester provient de l'estérification des ***triglycérides*** (huiles) issus du soja, du colza, du tournesol ou du palmier à huile estérifiés par le méthanol.

DOPAGE *n. m.*

Méd., Physiol. ani. - Défini par la loi du 23 mars 1999 comme : « l'utilisation de substances ou de procédés de nature à modifier artificiellement les capacités d'un sportif. Font également partie du dopage les utilisations de produits ou de procédés destinés à masquer l'emploi de produits dopants. » La liste des procédés et des substances dopantes mise à jour chaque année fait l'objet d'un arrêté conjoint des ministres chargés des sports et de la santé. Parmi les produits dopants pour les sportifs, on trouve : l'***hormone de croissance*** qui permet d'atteindre une taille et un poids plus importants, les ***anabolisants*** (stéroïdes) qui augmentent la masse musculaire, les dilatateurs bronchiques (salbutamol : prescrit pour lutter contre les crises d'asthme), l'***EPO***...

→ ***Créatine phosphate.***

DOUBLE CIRCULATION EN SÉRIE

Anat., Physiol. ani. - Passage successif du sang qui vient des organes dans le cœur droit, dans les poumons, dans le cœur gauche et enfin dans la circulation générale en parallèle* où le sang alimente, en même temps, les organes en dioxygène et en nutriments.

E

ÉCOBILAN *n. m.*

Agric., Écol. - Estimation de l'impact environnemental de la conception, de l'extraction et de l'acheminement des matériaux, de la production, de la distribution, de la vente, de l'utilisation, du recyclage d'un objet manufacturé, d'un produit agricole brut ou transformé.

→ Bilan carbone*, Empreinte écologique*, Énergie grise*.

EMPREINTE ÉCOLOGIQUE

Agric., Écol. - Surfaces de terres productives et d'écosystèmes aquatiques nécessaires pour la production des ressources* utilisées et l'assimilation des déchets produits par une population définie à un niveau de vie spécifié, là où cette terre se trouve sur la planète.

→ Bilan carbone*, Ecobilan*, Énergie grise*.

ÉNERGIE DE LA BIOMASSE

Agric., Écol. - ***Énergie*** récupérable à partir de la ***biomasse***. On distingue la biomasse fossile qui est épuisable (***charbon***, pétrole*, gaz naturel*) et la biomasse renouvelable à l'échelle de quelques années (bois, déchets organiques agricoles ou urbains, agrocarburants*).

→ Biomasse fossile*, Combustible fossile*, Énergie renouvelable*, Filière bois*.

ÉNERGIE ÉOLIENNE

Éner. - ***Énergie*** cinétique du déplacement du vent* qui est transformée en électricité par l'intermédiaire d'une éolienne*.

→ Énergie renouvelable*.

ÉNERGIE GRISE

Écol., Éner. - Somme de toutes les ***énergies*** nécessaires à la conception, l'extraction, la mise à disposition des matériaux, la fabrication, la production, le transport, l'utilisation et le recyclage des différents composants d'un produit manufacturé.

→ Écobilan*.

ÉNERGIE HYDROÉLECTRIQUE

Éner. - syn. Houille blanche*.

ÉNERGIE NUCLÉAIRE

Éner. - ***Énergie*** libérée par la désintégration de ***radioéléments*** lourds (uranium, plutonium) sous l'effet d'un bombardement par des neutrons (fission nucléaire). L'énergie libérée correspond à l'interaction forte qui retient ensemble les protons chargés positivement qui, en l'absence de cette force, se repousseraient. Cette énergie, libérée sous forme d'énergie cinétique des éléments issus de cette fission et des neutrons, est transformée en ***chaleur***. Dans les réacteurs nucléaires, la chaleur chauffe de l'eau dont la vapeur fait tourner une turbine qui, associée à un alternateur, produit du courant électrique.

→ Ressource énergétique*, ***Radioactivité.***

ÉNERGIE RENOUVELABLE

Éner. - ***Énergie*** dont le stock se renouvelle aussi vite qu'il est consommé.

→ Ressource énergétique*.

ÉNERGIE SOLAIRE

Éner. - ***Énergie*** provenant des radiations électromagnétiques du soleil qui est à l'origine du ***cycle biogéochimique de l'eau***, du vent*, de la ***photosynthèse*** et donc de l'essentiel de l'entrée d'énergie dans les êtres vivants; elle est stockée sous forme de ***biomasse***. Dans le contexte des énergies renouvelables*, l'énergie solaire correspond à l'utilisation directe du soleil pour stocker de la chaleur (chauffe-eau solaire ou panneau thermique ou capteur solaire) ou pour produire de l'énergie électrique par l'intermédiaire de panneaux photovoltaïques*.

→ Combustible fossile*.

ENTORSE *n. f.*

Méd. - Lésion traumatique d'une articulation* avec étirement, déchirure ou arrachement d'un ou plusieurs ***ligaments***, sans déplacement des surfaces articulaires.

→ Accident musculo-articulaire*, Foulure*.

ÉOLIENNE *n. f.*

Éner. - Machine convertissant l'énergie cinétique du vent* en une autre forme d'énergie mécanique (éolienne de pompage) ou en énergie électrique (aérogénérateur).

→ Énergie renouvelable*.

ESPÈCE ENVAHISSANTE

Bot., Écol., Zool. - Espèce qui connaît une explosion démographique dans son aire de répartition d'origine et dont les causes sont essentiellement anthropiques. L'explosion démographique initiale interfère avec les autres composantes de l'écosystème d'origine. Elle augmente aussi le potentiel colonisateur et l'espèce, initialement envahissante dans son aire d'origine, colonise de nouveaux territoires où elle s'implante à très grande vitesse aux dépens des espèces locales.

→ Espèce invasive*.

ESPÈCE INVASIVE

Bot., Écol., Zool. - Espèce qui apparaît dans un territoire à la suite de la suppression d'une barrière géographique rompue par l'activité humaine et qui interfère, via la compétition directe ou indirecte, avec des espèces autochtones appartenant à différents taxons, voire aussi par l'hybridation avec une espèce issue du même ancêtre commun proche. La distinction théorique entre espèce invasive et espèce envahissante* n'est pas toujours facile à établir et n'est donc pas toujours faite.

FILIÈRE BOIS

Agric., Écol., Éner. - Ensemble des acteurs qui cultivent, exploitent, coupent, transforment, utilisent et recyclent le bois de sa source à sa destination finale (objet manufacturé, papier, matériau de construction, combustible). Le bois est une ressource renouvelable tant que sa consommation ne dépasse pas sa production. Le bois est un puits de carbone* sous réserve qu'il soit utilisé comme matériau de construction et non pas comme papier ou combustible, formes sous lesquelles il libère rapidement du dioxyde de carbone dans l'atmosphère.

→ Énergie renouvelable*.

FOULURE *n. f.*

Méd. - Étirement peu important des ***ligaments*** d'une articulation*, c'est une entorse* de faible ampleur.

→ Accident musculo-articulaire*.

FRÉQUENCE CARDIAQUE

Méd., Physiol. ani. - Nombre de battements du ***cœur*** par minute. La fréquence cardiaque diminue avec l'âge et augmente au cours d'un effort physique ; elle est plus faible chez les gros mammifères que chez les petits. Au repos, chez un homme adulte, elle est en moyenne de 70-72 battements par minute ; chez les sportifs très endurants, elle est à 40-50. Lors d'un effort intense, elle atteint 200-220. La fréquence cardiaque est, avec le volume d'éjection systolique*, l'autre paramètre qui contrôle le ***débit cardiaque***.

FRÉQUENCE VENTILATOIRE

Méd., Physiol. ani. - Nombre de cycles inspiration-expiration par minute.

→ Poumon, Volume courant*.

GAZ À EFFET DE SERRE

Climato., Écol., Éner. - Gaz présent dans la basse atmosphère qui absorbe le rayonnement solaire infrarouge rerayonné (flux de chaleur ascendant) vers l'espace par la surface terrestre et qui le réémet (flux de chaleur descendant) vers la surface de la terre qui est ainsi réchauffée. Les principaux gaz à effet de serre sont la vapeur d'eau, le ***dioxyde de carbone***, le méthane* et l'***ozone***.

→ GIEC*, Réchauffement climatique*, ***Serre.***

GAZ NATUREL

Éner. - Gaz formé au cours de la transformation de la matière organique à la suite de son enfouissement (augmentation de pression et de température). Le gaz naturel est essentiellement constitué de méthane* (CH_4), il est associé aux gisements de pétrole*. Sa combustion libère uniquement du CO_2 et de la vapeur d'eau, son utilisation pollue donc moins que celle du charbon et du pétrole qui libère, en plus des cendres, des composés sulfurés et azotés à l'origine de pluies acides et d'autres polluants.

→ Combustible fossile*, Ressource énergétique*.

GIEC

Climato., Écol. - *Groupement Intergouvernemental d'experts sur l'Évolution du Climat.* Structure mise en place à la demande des gouvernements des pays les plus industrialisés (G7) en 1988 par l'Organisation météorologique mondiale (OMM) et le Programme des Nations Unies pour l'environnement (PNUE) pour « expertiser l'information scientifique, technique et socio-économique qui concerne le risque de changement climatique provoqué par l'homme. »

GISEMENT *n. m.*

Géol. - Lieu de la croûte terrestre, défini par sa longitude, sa latitude et sa profondeur, où s'est accumulée une substance minérale ou organique exploitable. L'exploitation d'un gisement dépend de son accessibilité et du prix de revient. On distingue les ***gisements d'eau*** (gisement aquifère), les gisements de métaux (gisement métallifère), les gisements de pétrole* (gisement pétrolifère) et les différents gisements de minéraux et de ***minerais*** (mines).

GROUPE MONOPHYLÉTIQUE
Évol.. - syn. Clade.

→ ***Monophylétique.***

H, K, L

HOUILLE *n. f.*
Géol., Pétrol. - Roche carbonée contenant 85 % de carbone, c'est le ***charbon*** du langage courant.

HOUILLE BLANCHE
Écol., Géol. - ***Énergie*** provenant de la transformation de l'énergie potentielle de l'eau, stockée dans un barrage hydroélectrique* qui descend dans des conduites et se transforme en énergie cinétique entraînant la rotation d'une turbine couplée à un alternateur qui produit de l'électricité. Expression utilisée par analogie avec la houille* dont la combustion dans des centrales thermiques à charbon produit de l'électricité.

→ Énergie renouvelable*.

HYDROCARBURE
Chim. - Molécule formée exclusivement de carbone et d'hydrogène. On distingue, quelle que soit la longueur de la chaîne, les hydrocarbures saturés dont les carbones ne sont reliés que par des liaisons simples (alcanes), les hydrocarbures insaturés dont certains carbones sont reliés par des doubles liaisons (alcènes) ou des triples liaisons (alcynes), et les hydrocarbures aromatiques ou cycliques. Ces molécules sont les constituants principaux des combustibles fossiles*.

KÉROGÈNE *n. m.*
Chim., Géol. - Ensemble de molécules carbonées d'origine végétale (plancton, forêt houillère) qui subissent au cours de leurs phases précoces d'enfouissement des transformations (condensation, polymérisation) dans un milieu dépourvu de dioxygène et où la température augmente avec l'enfouissement. La poursuite de ces transformations conduit, en fonction de la source de matière organique et des conditions de dépôts et d'accumulation, à du ***charbon***, du pétrole* ou du gaz naturel*.

LUXATION *n. f.*
Méd. - Déplacement des extrémités osseuses d'une articulation*. Les surfaces articulaires ne sont donc plus dans leur position d'origine. Il y a eu déboîtement, les ligaments sont distendus. La luxation est souvent accompagnée d'entorses*.

M

MÉTABOLISME ÉNERGÉTIQUE AÉROBIE
Méd., Physio. ani. - Production d'une grande quantité d'***adénosine triphosphate*** (ATP) en présence de dioxygène par oxydation complète des substrats énergétiques (glucose, acide gras) dans les ***mitochondries*** de la ***fibre musculaire***. C'est ce métabolisme qui approvisionne en énergie les fibres musculaires au cours d'efforts de longues durées. Les fibres musculaires qui réalisent ce métabolisme aérobie se caractérisent par des nombreuses mitochondries et de la ***myoglobine***.

→ ***Dette en dioxygène.***

MÉTABOLISME ÉNERGÉTIQUE MUSCULAIRE
Méd., Physio. ani. - Modalités par lesquelles les ***fibres musculaires*** produisent l'***adénosine triphosphate*** (ATP) nécessaire aux contractions. On distingue un métabolisme énergétique anaérobie

alactique* (1), un métabolisme énergétique anaérobie lactique* (2) et un métabolisme énergétique aérobie* (3). Ces trois métabolismes sont classés par ordre croissant de capacité à produire de l'énergie et par ordre décroissant de puissance.

MÉTABOLISME ÉNERGÉTIQUE ANAÉROBIE ALACTIQUE

Méd., Physio. ani. - Renouvellement quasi instantané de l'***adénosine triphosphate*** (ATP) consommé à partir de la ***créatine phosphate*** contenue dans le hyaloplasme de la ***fibre musculaire***. Selon les personnes, la quantité de créatine phosphate est 4 à 6 fois supérieure à celle de l'ATP. Pour des efforts physiques intenses et de faible durée (100 m), l'ATP nécessaire est renouvelé à partir de la créatine phosphate. Plus la masse musculaire est élevée, plus la quantité de créatine phosphate stockée est importante. L'augmentation de la concentration de créatine dans l'organisme est une technique d'amélioration des performances pour des efforts de courte durée, mais n'est pas considérée comme une technique de dopage*.

MÉTABOLISME ÉNERGÉTIQUE ANAÉROBIE LACTIQUE

Méd., Physio. ani. - Production d'***adénosine triphosphate*** (ATP) par glycolyse dans le hyaloplasme de la ***fibre musculaire***, avec comme sous-produit la formation d'***acide lactique*** dont environ 70 % diffuse hors des cellules. Cette voie de production d'ATP est rapide et ne demande pas de dioxygène. L'accumulation d'acide lactique dans le sang et dans la cellule est à l'origine de crampes et de fatigue musculaire. Les reins, le cœur et le foie prélèvent l'acide lactique ce qui diminue le pH du sang. Par ailleurs, le foie transforme une partie du lactate en glucose. La production d'ATP par cette voie est rapide, mais ne dure que quelques minutes. Certaines fibres musculaires, très riches en glycogène et pauvres en mitochondries et en myoglobine, sont spécialisées dans cette voie métabolique.

MÉTHANE *n. m.*

Chim., Climato. - Carbone totalement réduit (CH_4). Il est produit par méthanisation* ou par des réactions chimiques au cours de l'enfouissement de la ***matière organique*** dans les sédiments. Le méthane est un gaz à effet de serre* plus de 20 fois plus efficace que le dioxyde de carbone.

→ Gaz naturel*.

MÉTHANISATION *n. f.*

Agric., Écol. - ***Fermentation*** qui conduit à la production par des ***archées*** de biogaz*. La production de méthane* est naturelle dans les marais, les rizières, les pergélisols, la panse des ruminants et le rectum des termites. Ces émissions contribuent à l'augmentation de l'effet de ***serre***.

→ Énergie renouvelable*, Gaz à effet de serre*.

P

PALÉOENVIRONNEMENT *n. m.*

Géol. - ***Environnement*** ancien.

PANNEAU PHOTOVOLTAÏQUE

Éner. - syn. ***Panneau solaire***.

Structure regroupant des cellules photoélectriques qui convertissent l'énergie lumineuse en courant électrique continu. Les panneaux photovoltaïques sont associés soit à un onduleur qui transforme le courant continu produit en courant alternatif qui est injecté dans le réseau électrique, soit le stocke dans des accumulateurs.

→ Énergie renouvelable*.

PANNEAU SOLAIRE

Éner. - syn. Panneau photovoltaïque*.

PATRIMOINE NATUREL

Écol. - Ensemble des ***écosystèmes*** peu ou pas modifiés par l'Homme et de la ***biodiversité*** qu'ils abritent.

PÉTROLE *n. m.*

Éner., Géol., Pétrol. - Roche liquide noire, appelée *petraoleum* (« huile de pierre »), formée au sein de sédiments par la transformation liée à l'augmentation de la température et de la pression avec l'enfouissement, en l'absence de dioxygène, de ***matière organique*** issue principalement du plancton dans des milieux à forte productivité comme les zones littorales et les estuaires. Au cours de ces transformations, le nombre d'atomes d'oxygène diminue et la matière organique devient liquide (pétrole) ou gazeuse (gaz naturel*). Elle remonte en raison de sa plus faible densité et s'accumule dans des roches poreuses qui constituent des ***roches réservoirs***, où son ascension est bloquée par l'existence d'une couche imperméable sus-jacente. Ainsi, dans des ***anticlinaux*** formés par une succession de grès poreux et d'argile imperméable qui constituent des pièges, on trouve à la base de l'eau de mer et dans le sommet le pétrole et le gaz naturel.

POLARISATION DES CARACTÈRES

Recherche de l'état ancestral et de l'état dérivé d'un ***caractère***.

→ *Cladisme.*

POLARITÉ *n. f.*

Biol. ani., Biol. cell. - Caractéristique d'une structure biologique, quel que soit son niveau structural (membrane, cellule, organe, organisme, embryon), qui possède deux extrémités ou pôles ou deux côtés qui se différencient par leurs natures chimiques, leurs structures, leurs formes, leurs propriétés, leurs fonctionnalités. Dans un organisme, il existe ainsi le plus souvent trois axes de polarité* : antéro-postérieur, dorso-ventral et latéral.

Évol. - Chronologie de l'évolution d'un ***caractère*** dans un ***taxon*** qui établit son état ancestral et son état dérivé. La polarisation des caractères* se réalise en utilisant un ***groupe externe***, le développement embryonnaire et fœtal et les séries de fossiles.

Chim. - Caractéristique d'une molécule ou d'un groupe chimique qui présente, en raison de la différence d'électronégativité des atomes, un moment dipolaire, c'est-à-dire une répartition asymétrique permanente des charges.

PUISSANCE MAXIMALE AÉROBIE (PMA)

Méd., Physio. ani. - Puissance développée par un individu pour atteindre la vitesse maximale aérobie*. Elle est mesurée en Watt, soit des joules par seconde. La puissance maximale aérobie correspond donc à une quantité d'énergie disponible par unité de temps. Elle conditionne l'intensité de l'exercice physique pendant une durée donnée.

PUITS DE CARBONE

Climato., Écol. - Réservoir (océan) et végétaux chlorophylliens (forêts) qui absorbent une partie du dioxyde de carbone excédentaire libérée par les activités humaines.

→ Réchauffement climatique*.

R

RÉCHAUFFEMENT CLIMATIQUE

Climato., Écol. - Augmentation irrégulière de la température moyenne du globe d'environ 1 °C depuis 150 ans. Cette période d'augmentation de la température succède au Petit Âge glaciaire, qui a duré d'environ 1450 à 1850 en Europe, et qui a suivi l'optimum climatique du Moyen Âge, où la température était comparable à celle des années 1990. L'augmentation de la concentration des gaz à effets de serre* (CO_2 et CH_4) est jugée par le GIEC* comme très probablement responsable de ce réchauffement.

RÉSERVE *n. f.*

Éner., Géol. - Quantité d'une ressource restant disponible dans l'avenir. L'estimation précise de la quantité de combustibles fossiles* exploitables est un enjeu économique majeur.

RÉSERVOIR *n. m.*

Climato., Écol., Géol. - Structure géologique qui a stocké une ressource*. Dans le cycle du carbone, les réservoirs correspondent aux compartiments du système terre qui stockent le carbone : ***atmosphère***, ***biosphère***, ***hydrosphère***, ***lithosphère***.

→ ***Cycle biogéochimique du carbone, Nappe phréatique.***

RESSOURCE *n. f.*

Écol., Éner., Géol. - Être vivant, matériau ou forme d'énergie dont l'homme et la société tirent un usage. On distingue les ressources renouvelables des ressources non renouvelables. Une ressource est non renouvelable quand son taux d'utilisation dépasse son taux de renouvellement. Les ressources, qu'elles soient énergétiques, minérales ou biologiques, sont inégalement réparties à la surface de la terre. L'histoire géologique (bassin sédimentaire, plancher océanique, fusion ou séparation des continents...) et l'histoire climatique (climat tropical, climat désertique, altération des roches, forte ou faible productivité primaire) sont à l'origine de ces répartitions inégales.

→ Ressource énergétique*.

RESSOURCE ÉNERGÉTIQUE

Écol., Éner., Géol. - Matière ou phénomène physique à partir desquels l'homme convertit leur contenu énergétique en une forme exploitable (chaleur, électricité). Les combustibles fossiles*, ***charbon***, pétrole*, gaz naturel*, mais aussi minerais radioactifs sont des ressources énergétiques non renouvelables. Les ressources énergétiques renouvelables sont celles dont le stock se renouvelle aussi vite que ce qui est consommé, ou qui n'épuisent pas la ressource. Le soleil est la source primaire de presque toutes les énergies renouvelables (énergie solaire*, énergie éolienne*, énergie de la biomasse*, énergie hydroélectrique*). La ***géothermie*** provient de la chaleur de la terre, alors que l'énergie marémotrice résulte de l'attraction exercée par la lune et le soleil sur les océans qui déplace les masses d'eau et fait fonctionner les usines marémotrices*.

S

SPIROMÉTRIE *n. f.*

Méd., Physiol. ani. - Mesure des différents volumes respiratoires à l'aide d'un appareil, le spiromètre.

→ Capacité pulmonaire vitale*, Volume courant*.

SQUELETTE *n. m.*

Anat., Zool. - Structure solide, à l'échelle des forces qui lui sont appliquées par l'organisme, qui assure le support et la protection des organes mous, la fixation des muscles et définit la forme de l'individu. Chez les Vertébrés, le squelette est composé d'os et de cartilage, il est interne chez les ***Vertébrés*** et externe chez les ***Arthropodes***.

SYMÉTRIE BILATÉRALE

Bota., Zool. - État de deux ensembles qui, de part et d'autre d'un plan appelé plan de symétrie, sont l'image l'un de l'autre dans un miroir. La plupart des ***Métazoaires*** possèdent une symétrie bilatérale définie par un plan situé au milieu du corps, dont un des deux côtés passe par l'axe antéro-postérieur et l'autre par l'axe dorso-ventral. Au cours du développement embryonnaire, cette symétrie bilatérale est plus ou moins altérée.

→ Axe de polarité*.

TENDINITE *n. f.*
Méd. - ***Inflammation*** d'un ***tendon***.

→ Accident musculo-articulaire*.

TRAVAIL MUSCULAIRE
Méd., Physiol. ani. - Contraction d'un ou de plusieurs ***muscles*** qui provoque un déplacement d'un os (ouverture ou fermeture d'une articulation, rotation...) ou qui maintient une posture. L'application de cette force de contraction sur une distance constitue un ***travail*** mécanique qui demande de l'***énergie***.

USINE MARÉMOTRICE
Écol., Éner., Géol. - Centrale électrique* produisant de l'électricité à partir du déplacement de l'eau (marée montante, marée descendante) entrant et sortant dans un estuaire. Les marées océaniques sont dues à l'attraction exercée par la lune et dans une moindre mesure par le soleil.

→ Ressource énergétique*.

VENT *n. m.*
Climato., Éner. - Mouvement d'une masse de gaz à la surface d'une planète qui dispose d'une ***atmosphère***. Les déplacements de l'air proviennent de la différence de température, donc de la quantité d'***énergie solaire*** reçue par unité de surface, qui est donc à l'origine d'une différence de pression entre deux points ainsi que de la ***force de Coriolis*** liée à la rotation de la terre. L'air se déplace des zones de haute pression vers les zones de basse pression.

→ Éolienne*.

VERTÈBRE *n. f.*
Anat., Zool. - Os de la colonne vertébrale qui définit le ***clade*** des ***Vertébrés***. La vertèbre est un caractère à l'état dérivé ou apomorphe par rapport à l'état ancestral, la ***corde***.

VITESSE MAXIMALE AÉROBIE (VMA)
Méd., Physiol. ani. - Vitesse à partir de laquelle, lors d'une course, une personne consomme le maximum de dioxygène. Pour un déplacement moins rapide, la quantité de dioxygène consommée est proportionnelle à la vitesse de déplacement. Au-delà de la VMA, le surplus d'énergie nécessaire pour fournir la puissance demandée est fourni par le métabolisme énergétique anaérobie lactique*.

→ ***VO_2 max.***

VOLUME COURANT
Méd., Physiol. ani. - Volume d'air inspiré et expiré au cours de chaque cycle. Au repos, il est de 0,5 L.

→ Capacité pulmonaire vitale*, ***Poumon.***

VOLUME D'ÉJECTION SYSTOLIQUE
Méd., Physiol. ani. - Volume de sang éjecté par un ventricule à chaque ***systole ventriculaire***. L'augmentation du volume d'éjection systolique dépend du volume sanguin contenu dans le ***ventricule*** (volume télédiastolique) et de la force des contractions des cellules musculaires cardiaques.

→ ***Cœur.***

CLASSIFICATION PHYLOGÉNÉTIQUE DES EUCARYOTES

Les Eucaryotes présentent un ou deux **flagelles** de structure différente du flagelle bactérien. Ce flagelle caractérise soit les cellules libres soit au moins une catégorie de cellules d'un organisme pluricellulaire. Les ***Bicontes*** possèdent deux flagelles alors que les ***Unicontes*** n'en possèdent qu'un seul par cellule. Dans le texte, les taxons monophylétiques ou clades sont en ***italiques gras***. Les structures écrites en **gras** ne correspondent pas à des renvois à des définitions mais aux caractères qui différencient les groupes monophylétiques issus d'un ancêtre commun. La classification par groupes emboîtés présentée ici est centrée sur les groupes monophylétiques dont les divergences ont conduit aux clades des ***Vertébrés*** et des ***Angiospermes***.

Cladogramme des Eucayotes

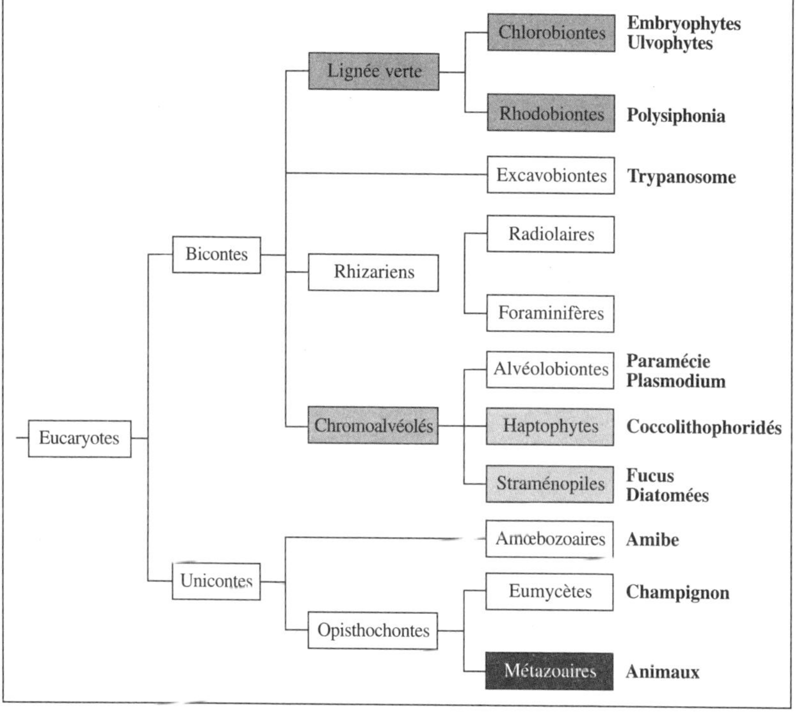

LES BICONTES

Les ***Bicontes*** (deux flagelles, mais des régressions secondaires) se sont différenciés en quatre groupes apparemment monophylétiques :

– la ***Lignée verte*** avec deux grandes lignées, les ***Chlorobiontes*** et les ***Rhodobiontes***. La lignée des ***Chlorobiontes*** a produit :

* les ***Ulvophytes*** (ulve ou laitue de mer) ;

* et les ***Embryophytes*** à l'origine des ***Angiospermes*** (ce groupe monophylétique est détaillé ci-dessous).

– les ***Excavobiontes*** comprennent les euglènes (« algues » vertes unicellulaires) et le trypanosome (agent de la maladie du sommeil) ;

– les ***Rhizariens*** comprennent les ***Radiolaires*** et les ***Foraminifères*** particulièrement abondants dans les roches sédimentaires ;

– et les ***Chromoalvéolés*** qui comprennent de nombreuses lignées :

  * les ***Alvéolobiontes*** (paramécies, plasmodiums) qui possèdent des vésicules sous-membranaires, ou alvéoles, stockant le calcium ;

  * les ***Haptophytes*** dont les ***Coccolithophoridés*** à tests calcaires de la craie ;

  * les ***Hétérochontes*** ou ***Straménopiles*** (« algues » brunes : fucus).

LES EMBRYOPHYTES

Cladogramme des Embryophytes

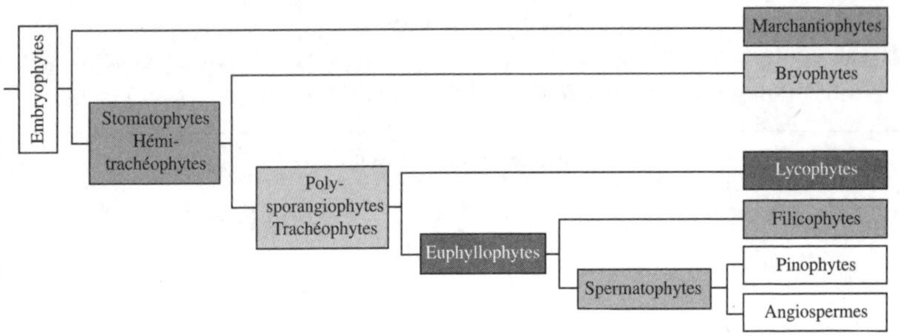

Les ***Embryophytes*** regroupent les plantes terrestres. Ils se caractérisent tous par la formation d'un **embryon diploïde** qui devient le **sporophyte** sur un **gamétophyte femelle** haploïde qui forme ses **gamètes par mitose**. L'ancien groupe des ***Bryophytes*** a disparu en tant que tel à la suite de la reconnaissance de trois lignées distinctes en son sein. Les Bryophytes typiques (mousses, sphaignes) présentent des **stomates**, ce sont des ***Stomatophytes***. Le développement d'un sporophyte sous forme d'un axe vertical, de **sporanges** terminaux, d'éléments conducteurs de sève font des ***Bryophytes*** des ***Hémitrachéophytes***.

Le **groupe-frère** des ***Bryophytes*** est celui des ***Polysporangiophytes*** que l'on assimile aux ***Trachéophytes*** dont la lignée principale est celle des ***Euphyllophytes*** qui sont des plantes possédant de **vraies feuilles**. De plus, ce groupe synthétise de la **lignine** qui est déposée, entre autres, sur la paroi des cellules conductrices de sève brute. Dans ce groupe, la phase sporophytique est dominante et le sporophyte devient indépendant du gamétophyte.

Les ***Euphyllophytes*** se sont différenciées en deux lignées principales, c'est-à-dire deux groupes-frères, les ***Filicophytes*** (Fougères) et les ***Spermatophytes*** (Plantes à graines). Les ***Filicophytes*** présentent des éléments conducteurs particuliers, les **trachéides scalariformes**, des feuilles de type **fronde**, des **sporanges** sur la face inférieure des feuilles et des **gamétanges** dissimulés dans le gamétophyte.

LES SPERMATOPHYTES

Les ***Spermatophytes*** possèdent une structure particulière, l'**ovule** qui abrite le gamétophyte femelle (**sac embryonnaire**). Le gamétophyte mâle est très réduit (**grain de pollen**), il élabore un **tube pollinique** qui conduit les gamètes mâles au contact de l'**oosphère**. L'ovule, après fécondation, se transforme en **graine**. Les Spermatophytes présentent en général une croissance secondaire (**méristèmes secondaires**).

Les deux principaux groupes monophylétiques de ***Spermatophytes*** sont les ***Pinophytes*** et les ***Angiospermes***. Les ***Pinophytes*** portent les **ovules** sur des **écailles ligneuses** disposées le plus souvent sur un **cône**. Leur bois ne contient qu'un seul type d'éléments conducteurs qui assurent aussi le soutien (trachéides, **bois homoxylé**). Les ***Angiospermes*** développent une structure particulière, la **fleur**, fondamentalement constituée de pièces fertiles

étamines et **carpelles**, entourées le plus souvent de pièces stériles, les **sépales** et les **pétales**. L'ovule est enfermé dans une cavité du carpelle qui forme l'**ovaire**. Après une **double fécondation**, l'ovule se transforme en graine et l'ovaire en fruit. Le bois comprend des **trachéides**, des **vaisseaux** et des **fibres de soutien** (**bois hétéroxylé**).

LES UNICONTES

Les ***Unicontes*** (un seul flagelle) se sont différenciés en deux groupes monophylétiques d'importance inégale :
– les ***Amoebozoaires*** qui regroupent essentiellement les amibes ;
– et les ***Opisthochontes*** qui possèdent des mitochondries à crêtes aplaties, un flagelle postérieur qui les propulse vers l'avant et synthétisent du glycogène.

LES OPISTHOCHONTES

Les ***Opisthochontes*** ont produit deux lignées, les ***Eumycètes*** (« champignons ») et les ***Métazoaires*** (« animaux »).

Les ***Métazoaires*** possèdent les caractères dérivés suivants :
– synthèse de **collagène** ;
– un **centriole** principal et un centriole accessoire perpendiculaire au premier ;
– une **méiose** produisant des **gamètes** et non pas des spores ;
– une méiose femelle donnant un seul **ovocyte** ;
– et des **spermatozoïdes** construits sur le même type.

LES MÉTAZOAIRES

Cladogramme des Métazoaires

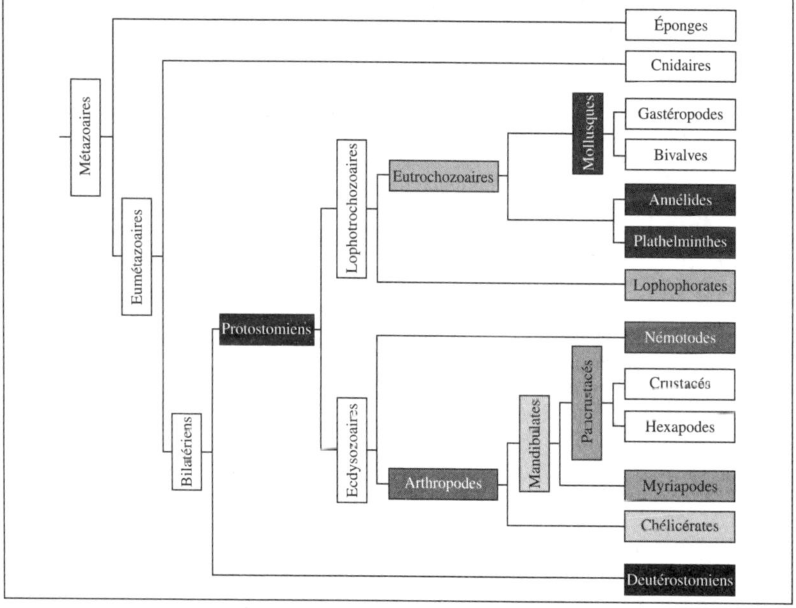

Les ***Métazoaires*** sont pluricellulaires et comprennent plusieurs lignées mal identifiées comme les éponges qui se distinguent par de nombreux caractères des vrais Métazoaires ou ***Eumétazoaires***. À l'inverse des différentes lignées d'éponges, les Eumétazoaires possèdent :
– des **jonctions** entre les cellules ;
– une **matrice extracellulaire** avec du **collagène** ;
– une **lame basale** ;
– et une différenciation cellulaire (**cellules nerveuses**, **cellules musculaires** et **cellules sensorielles**). Les ***Eumétazoaires*** se caractérisent par un fonctionnement coordonné de leurs différentes cellules à l'inverse des éponges.

LES EUMÉTAZOAIRES

Les méduses, polypes et coraux (Cnidaires) sont des ***Eumétazoaires*** à **symétrie radiale**, ils ne sont formés que par deux feuillets embryonnaires (ectoblaste, endoblaste) alors que les ***Bilatériens*** se caractérisent par une **symétrie bilatérale**, un axe **antéro-postérieur**, un **axe dorso-ventral** et un troisième feuillet, le **mésoderme**. Bien que certains ***Bilatériens*** soient dépourvus de **cœlome**, cette absence n'est plus considérée comme un état primitif, mais comme un état dérivé. Selon cette interprétation, tous les ***Bilatériens*** auraient été à l'origine des cœlomates.

LES BILATÉRIENS

Les ***Bilatériens*** se séparent en deux lignées : les ***Protostomiens*** et les ***Deutérostomiens***.

Les ***Protostomiens*** s'individualisent par les caractères dérivés suivant :
– le **blastopore** donne la future **bouche**, l'anus se forme secondairement ;
– le **cœlome** se forme par creusement des massifs mésodermiques (**schizocœlie**) ;
– le **système nerveux** est ganglionnaire et ventral à l'exception des ganglions cérébroïdes (hyponeurien) ;
– le **squelette**, quand il est présent, est d'origine ectodermique et externe.

Les ***Deutérostomiens*** se reconnaissent par les caractères dérivés suivant :
– le **blastopore** donne le futur **anus**, la bouche se perce secondairement ;
– le **mésoderme** se forme à partir de la paroi de l'archentéron (**entérocœlie**).
Les Deutérostomiens se différencient en ***Échinodermes*** (oursins, étoile de mer, crinoïdes) et en ***Chordés***.

LES PROTOSTOMIENS

Les ***Protostomiens*** forment deux lignées principales qui regroupent des animaux qui, dans la systématique traditionnelle, étaient considérés comme fort éloignées :
– les ***Lophotrochozoaires*** ;
– et les ***Ecdysozoaires***.

Les ***Lophotrochozoaires*** partagent en commun (synapomorphie) des séquences dans le gène de l'ARN 18S et dans certains gènes *Hox*. Cette lignée diverge en deux groupes monophylétiques dont un, les ***Eutrochozoaires***, présente un développement post-embryonnaire caractérisé par une larve typique, la **trochophore**, dont les massifs mésodermiques se métamérisent (***Annélides*** : néréis, arénicole) ou ne se métamérisent pas (***Mollusques*** : escargot, moule, seiche). Les ***Plathelminthes*** ou ***vers plats*** appartiennent aussi à ce groupe et l'absence de cœlome est considérée comme un état dérivé et non plus comme un état ancestral. L'autre groupe, les ***Lophophorates***, se caractérise par un tube digestif en U et une couronne de tentacules, le **lophophore**, entourant la bouche.

Les ***Ecdysozoaires*** forment un groupe monophylétique construit tout comme les ***Lophotrochozoaires*** sur des données moléculaires. Il se caractérise aussi par la formation d'une **cuticule** différenciée en trois parties, l'**épicuticule**, l'**exocuticule** et l'**endocuticule**. Cette cuticule rigide et inextensible impose à l'animal une croissance par **mues**. Ces deux caractéristiques sont les principales synapomorphies qui définissent ce groupe. Le clade des ***Ecdysozoaires*** a réuni les ***Arthropodes*** (écrevisse, criquet, araignée) et les ***Nématodes*** (*Ascaris*, *Caenorhabditis elegans*) qui sont alors considérés comme deux groupes-frères, c'est-à-dire qui ont partagé le même ancêtre commun.

LES ARTHROPODES

Le clade des ***Arthropodes*** se sépare en deux grandes lignées en fonction des caractéristiques des pièces buccales, les ***Chélicérates*** et les ***Mandibulates***.

Les ***Chélicérates*** possèdent une paire de crochets, les **chélicères**, suivie d'une seconde paire d'appendices, appelés **pédipalpes**, et 4 paires de pattes locomotrices. Les ***Chélicérates*** comprennent les scorpions, les araignées et les limules.

Les ***Mandibulates*** ou ***Antennates*** possèdent une paire de **mandibules** et au moins une paire d'**antennes**. Ils comprennent les ***Myriapodes*** (mille-pattes) et les ***Pancrustacés***. Ces deux groupes sont associés par les séquences du gène de l'ARN 18S. Les Pancrustacés regroupent principalement les ***Crustacés*** (écrevisse) qui possèdent deux paires d'antennes et les ***Hexapodes***, c'est-à-dire des Mandibulates ayant un corps en trois parties (tête, thorax, abdomen), trois paires de pattes et une seule paire d'antennes. Les Hexapodes correspondent aux insectes du langage commun.

LES DEUTÉROSTOMIENS

À l'exception des ***Échinodermes*** (oursins, étoiles de mer) qui présentent une symétrie d'ordre 5 et un système nerveux particulier, les autres Deutérostomiens possèdent comme **synapomorphie** des **fentes pharyngiennes** s'ouvrant latéralement à l'extérieur. Leurs parois sont constituées par la fusion de l'**endoderme** avec l'**ectoderme** et sont soutenues par des **baguettes cartilagineuses**. Le **système nerveux** est **tubulaire** et **dorsal**. Ces caractéristiques définissent le groupe des ***Pharyngotrèmes***. Les ***Chordés*** forment la principale lignée des Pharyngotrèmes, ils possèdent un axe dorsal cartilagineux, la **corde** qui sert de soutien tout au moins aux stades embryonnaires et larvaires. Parmi les Chordés, on reconnaît les ***Crâniates*** qui présentent une structure protégeant la partie antérieure du système nerveux, le crâne, et les ***Céphalochordés*** dont la corde se prolonge en avant de la bouche.

LES VERTÉBRÉS

Cladogramme des Deutérostomiens

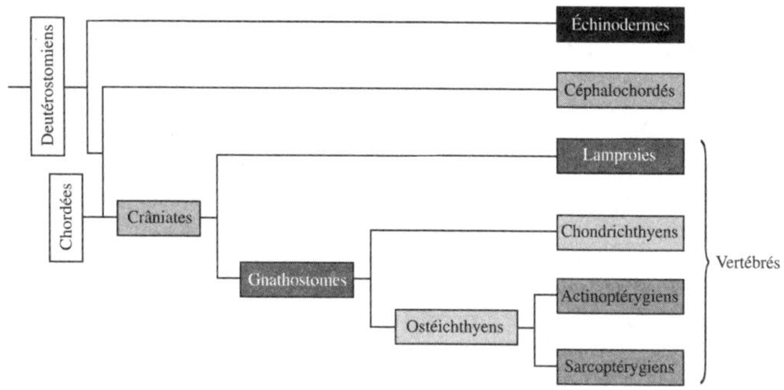

Les ***Crâniates*** qui possèdent des vertèbres forment le clade des ***Vertébrés***. Les ***Lamproies*** (Pétromyzontides) sont dépourvues de mâchoires, elles possèdent une bouche circulaire qui portent des dents cornées et forment une ventouse. Tous les autres vertébrés présentent des mâchoires et définissent le groupe des ***Gnathostomes*** qui s'individualise par d'autres synapomorphies. Le squelette branchial est interne ce qui n'est pas le cas chez les lamproies, certains axones sont myélinisés, l'hémoglobine contient deux types de chaînes.

Les ***Gnathostomes*** se différencient en deux clades, celui des ***Chondrichthyens*** ou poissons cartilagineux (requins, raies) et celui des ***Ostéichthyens*** (poissons osseux) qui possèdent un squelette ossifié alors qu'il est cartilagineux chez les ***Chondrichthyens***. Les ***Ostéichthyens*** se sont différenciés en deux lignées, les ***Sarcoptérygiens*** et les ***Actinoptérygiens***.

Les ***Sarcoptérygiens*** se caractérisent par une **nageoire monobasale**, c'est-à-dire dont l'insertion sur la ceinture ne se réalise que par un seul os. Les Ostéichthyens possèdent des nageoires à **insertion pluribasale**. Les ***Sarcoptérygiens*** ont produit deux lignées, celle des ***Actinistiens*** (cœlacanthes) et celle des ***Rhipidistiens*** qui s'en séparent, entre autres, par la présence d'un cœur à deux oreillettes. Les ***Rhipidistiens*** ont donné naissance à deux lignées, celle des ***Dipneustes*** et celle des ***Tétrapodes***. Les Dipneustes sont des « poissons » à poumons qui constituent le groupe-frère des ***Tétrapodes***.

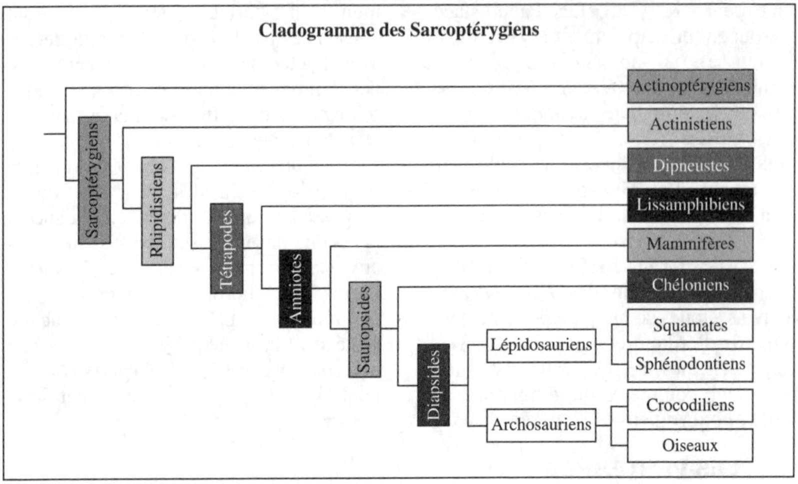

Les ***Tétrapodes*** se caractérisent, entre autres, par la présence de membres marcheurs ou **membres chiridiens** formés de trois segments (stylopode, zeugopode, autopode). Les Tétrapodes ont produit deux lignées, les ***Lissamphibiens*** avec les grenouilles (Anoures) et les salamandres (Urodèles) qui forment le groupe-frère des ***Amniotes***. Les Amniotes possèdent une structure embryonnaire commune, l'**amnios**, qui délimite un volume rempli de liquide, la **cavité amniotique**, dans lequel l'embryon, puis le fœtus se développent. L'amnios donne l'indépendance de l'eau pour la reproduction.

Les ***Amniotes*** se sont différenciés en deux lignées, celle des ***Mammifères*** et celle des ***Sauropsides***. Les Mammifères se caractérisent par l'articulation entre le crâne et la mâchoire inférieure, par des poils munis de **muscles horripilateurs** et de **glandes sébacées** ainsi que par la présence de **glandes mammaires**. Les ***Sauropsides*** possèdent en commun une excroissance sous les vertèbres cervicales alors qu'elle est absente chez les Mammifères. Les Mammifères forment le groupe-frère des ***Sauropsides***.

Les ***Sauropsides*** se sont différenciés en deux lignées : celle des ***Chéloniens*** ou tortues et celle des ***Diapsides***. Les Chéloniens possèdent de nombreuses **apomorphies** parmi lesquelles la présence d'une carapace dorsale et ventrale, des ceintures scapulaires et pelviennes situées à l'intérieur de la cage thoracique et un crâne dépourvu de fenêtre. Les Diapsides présentent un crâne muni de deux fenêtres temporales situées en arrière de l'orbite et une fenêtre sous-orbitaire s'ouvrant sur le palais.

Les ***Diapsides*** ont donné naissance à deux lignées : celle des ***Lépidosauriens*** et celle des ***Archosauriens***. Les Lépidosauriens regroupent les ***Squamates*** (lézards, serpents, amphisbènes) et un groupe mineur, les ***Sphénodontiens***, dont deux espèces survivent en Nouvelle-Zélande. La monophylie des Diapsides est supportée par de nombreuses caractéristiques ostéologiques.

Le clade des ***Archosauriens***, avec les ***Crocodiliens*** et les ***Dinosauriens***, se caractérise, entre autres, par la possession d'un estomac muni d'un **gésier** musculeux, par la présence d'une membrane transparente qui recouvre l'oeil, la **membrane nictitante**, et de nombreux caractères osseux. Les ***Crocodiliens*** actuels ne sont que les vestiges d'un groupe jadis prospère. Les ***Dinosauriens*** comprennent les célèbres ***Dinosaures*** dont les ***Oiseaux*** dérivent. Les ***Oiseaux*** se caractérisent par la possession de **plumes** et la **fourchette** qui résulte de la fusion des deux clavicules. Ces deux caractères se retrouvent aussi chez des dinosaures ***Théropodes*** fossiles. Les ***Oiseaux*** sont des ***Dinosaures*** à plumes adaptés au vol.

LEXIQUE DES TERMES MÉTHODOLOGIQUES

« On fait la science avec des faits comme une maison avec des pierres, mais une accumulation de faits n'est pas plus une science qu'un tas de pierres n'est une maison. »

Henri POINCARÉ.

A

ALÉATOIRE *adj.*

Qualifie un phénomène dont l'apparition est incertaine et subordonnée au **hasard**. Par une étude statistique, on peut affecter une probabilité à un événement aléatoire.

→ ***Contingent, Déterminisme.***

ANALYSE *n. f.*

Selon Descartes, l'analyse est une opération intellectuelle consistant « à diviser chacune des difficultés (d'un problème) en autant de parcelles (parties) qu'il se pourrait et serait requis pour mieux les résoudre ». L'emploi du terme d'analyse pose souvent des difficultés d'application. En effet, si certains auteurs de sujets de devoirs ou d'examens attendent simplement le découpage du problème posé en éléments irréductibles qui composent l'objet étudié, en revanche, d'autres attendent que ce découpage conduise à la résolution du problème.

→ ***Commentaire, Explication, Synthèse.***

ARGUMENT *n. m.*

1. Raisonnement destiné à prouver ou à réfuter une proposition. **2.** Preuve à l'appui ou à l'encontre d'une proposition.

→ ***Argumentation, Réfutation.***

ARGUMENTATION *n. f.*

1. Démarche exposant une suite d'**arguments**. **2.** Suite d'arguments ayant le même but. Le but de l'argumentation est de convaincre et de persuader en utilisant des arguments multiples qui sont, le plus souvent, dépendants du contexte dans lequel on les emploie. Une argumentation se développe pour ou contre une proposition, ce n'est donc pas un raisonnement indiscutable, mais un ensemble d'approches visant à entraîner l'adhésion.

→ ***Démonstration, Explication, Justification, Preuve.***

C

CAUSALITÉ *n. f.*

Principe explicatif suivant lequel tout a une cause et, dans les mêmes conditions, la même cause est suivie des mêmes effets (conséquences).

→ ***Aléatoire, Déterminisme, Explication, Interprétation, Mécanisme.***

CAUSE *n. f.*

Événement antécédent, action qui produit un effet, une conséquence. La recherche des causes des phénomènes naturels est à la base des recherches en sciences expérimentales.

→ ***Causalité, Déterminisme.***

COMMENTAIRE *n. m.*

Ensemble des remarques que l'on peut faire sur un **phénomène**, sur ses particularités, et des éclaircissements et des explications que l'on peut y apporter, compte tenu de l'état de ses connaissances.

→ ***Explication, Interprétation, Paraphrase.***

CONCLUSION *n. f.*

1. Dernière étape d'une démarche intellectuelle démonstrative. **2.** Toute proposition que l'on tire de propositions précédentes.

→ ***Démarche explicative, Démonstration, Explication.***

CONJECTURE *n. f.*

Supposition, **hypothèse**, prédiction reposant sur des généralisations hâtives qui n'ont pu être étayées par un nombre suffisant d'expériences. En sciences, une conjecture est une hypothèse n'ayant qu'une certaine probabilité d'être exacte.

CONSÉQUENCE *n. f.*

1. Conclusion tirée d'une ou plusieurs propositions. **2.** Résultat produit par une cause.

⟶ ***Causalité, Déterminisme, Explication.***

CONTINGENT *adj.*

Se dit d'un événement qui peut se produire ou non, qui est soumis au **hasard**. Ainsi, la disparition des Dinosaures à la fin du Crétacé est un événement contingent.

CORRÉLATION *n. f.*

Mesure de l'interdépendance entre deux variables. La corrélation évalue la tendance d'une mesure à varier de concert avec une autre sans que l'une agisse directement ou indirectement sur l'autre. La corrélation est positive quand les mesures des deux variables augmentent ensemble, la corrélation est négative quand une mesure augmente alors que l'autre diminue, et la corrélation est nulle quand l'une augmente ou diminue alors que l'autre ne change pas. Une corrélation n'implique pas toujours une relation de cause à effet, cependant, elle doit inviter le scientifique à rechercher une éventuelle cause à cette corrélation en sachant que cette corrélation est peut-être non causale. Selon S.-J. Gould, l'hypothèse selon laquelle l'existence d'une corrélation équivaut à la mise en évidence d'une cause est une des deux ou trois erreurs les plus répandues et les plus graves du raisonnement humain.

⟶ ***Explication, Interprétation, Raisonnement.***

CROQUIS *n. m.*

Représentation graphique réalisée en général au crayon à papier ou à la plume. Le croquis a pour but de mettre en évidence les grandes unités structurales rencontrées dans un être vivant, de l'intérieur de la cellule à son anatomie (suivant l'échelle d'observation). Le croquis respecte les formes, les dimensions et les proportions des différents éléments, il est une représentation fidèle de la réalité qui met en évidence les particularités de l'objet observé. Il comporte un titre, des légendes générales et une échelle. Le croquis est un préalable à l'exploitation, puis à l'interprétation de la structure observée.

⟶ ***Dessin d'observation, Schéma.***

D

DÉDUCTION *n. f.*

Conséquence tirée d'un raisonnement qui dépend des propositions choisies au départ. La déduction part de faits généraux (**lois**) et va vers les cas particuliers. La déduction s'oppose souvent à l'**induction**.

⟶ ***Conclusion.***

DÉFINITION *n. f.*

Énoncé par lequel on cherche à faire comprendre les caractéristiques d'un mot ou d'un ensemble de mots à l'aide de termes dont le sens est connu ou supposé connu.

DEGRÉ DE LIBERTÉ

Dimension minimale de l'espace dans lequel l'échantillon, la statistique peuvent être représentés. Ainsi, un échantillon de n observations d'une variable aléatoire x possède n degrés de liberté. En revanche, la moyenne de l'échantillon n'a plus que $n - 1$ degrés de liberté car la valeur de la moyenne entraîne une contrainte sur l'échantillon (somme des écarts à la moyenne = 0) ce qui enlève un degré de liberté à cette statistique.

DÉMARCHE EXPLICATIVE

Processus intellectuel qui amène à l'**explication** d'un phénomène. La démarche explicative comprend plusieurs étapes : l'**observation** qui amène le sujet à se demander dans quelle mesure l'observation faite est générale et permet d'établir une **loi** [1]. Si c'est le cas, le sujet cherche à établir dans quelles conditions cette loi se vérifie et il élabore une hypothèse (induite si celle-ci découle de l'observation des faits, déduite si elle découle de relations déjà connues) [2]. Cette hypothèse est soumise à expérimentation. En effet, une loi n'est pas une explication [3]. Il faut donc construire une explication qui dépend des résultats de l'expérimentation [4]. L'explication causale ne peut être valide que si le résultat obtenu peut être provoqué par la variation d'un paramètre significatif parfaitement contrôlé.

→ ***Expérimentation, Hypothèse, Méthode expérimentale, Validité interne.***

DÉMONSTRATION *n. f.*

Démarche intellectuelle visant à établir une vérité qui n'est pas immédiatement évidente. La démonstration est un raisonnement déductif qui s'appuie sur des propositions dont la vérité a déjà été démontrée.

→ ***Déduction.***

DESSIN D'OBSERVATION

Représentation graphique réalisée au crayon à papier ; le dessin d'observation figure la réalité des structures observées (proportion, taille, dimension, forme), mais il possède en plus les détails des structures que met en évidence le **croquis**. Les différentes structures représentées sont légendées, leurs fonctions peuvent être précisées, le dessin est accompagné d'un titre très précis et d'une échelle ou d'un grossissement.

→ ***Schéma.***

DÉTERMINISME *n. m.*

Principe suivant lequel tout événement est engendré par une cause et, dans les mêmes conditions, les mêmes causes provoquent les mêmes effets (conséquences).

→ ***Aléatoire, Causalité, Explication, Hasard.***

EMPIRIQUE *adj.*

1. Qualifie ce qui utilise l'expérience, l'observation sans avoir recours à un raisonnement. **2.** Qui provient de l'expérience spontanée et commune et n'a rien de systématique.

→ ***Méthode expérimentale, Sciences.***

ÉPISTÉMOLOGIE *n. f.*

Étude critique des sciences destinée à déterminer leur origine, leur démarche, leur valeur, leur portée, leur influence.

ÉQUIVOQUE *adj.*

Qui peut s'interpréter ou s'expliquer de plusieurs manières et de ce fait n'est pas clair.

EXPÉRIENCE *n. f.*

1. Acte de l'expérimentateur par lequel celui-ci met en évidence des **phénomènes** contrôlables et reproductibles au moyen d'une technique répondant aux exigences de la **méthode expérimentale** telle qu'elle est utilisée dans les sciences exactes. **2.** Observation descriptive, sans lien direct avec une recherche programmée. **3.** Rencontre entre l'esprit et la réalité extérieure, perçue par la voie des sens ou de la conscience et procurant au sujet une information sur le monde.

→ ***Démarche explicative, Expérimentation, Protocole expérimental.***

EXPÉRIENCE CRUCIALE

Expérience qui permet de trancher entre deux hypothèses rivales H 1 et H 2 qui s'appliquent au même objet et qui ont été testées expérimentalement avec le même succès, de sorte que les éléments que l'on possède ne permettent pas de trancher en faveur de l'une ou de l'autre. On peut choisir entre ces deux hypothèses si l'on parvient à mettre au point une expérience particulière qui donne d'après H 1 et H 2 des résultats opposés et mutuellement exclusifs.

EXPÉRIMENTAL *adj.*

→ ***Expérimentation, Méthode expérimentale, Protocole expérimental.***

EXPÉRIMENTATION *n. f.*

1. Procédé général de la méthode scientifique selon lequel l'expérimentateur décrit avec précision un nombre suffisant de **variables** à propos d'une question particulière et soumet celles-ci à un traitement contrôlé. Ce dernier consiste à faire varier une seule des variables (variable unique) tout en maintenant les autres constantes (**témoin**). De cette façon, les diverses variables jouent successivement le rôle de variables indépendantes, les effets de celles-ci sur une autre variable, dite dépendante, permettant de déterminer les facteurs considérés comme causes agissant sur cette dernière. **2.** Claude Bernard appelait l'expérimentation : « l'observation provoquée » pour mettre en évidence l'intervention active de l'expérimentateur dans le procédé, par opposition à « l'observation invoquée » dans laquelle l'observateur enregistre les faits sans être lui-même intervenu dans la manipulation d'une variable indépendante.

→ ***Démarche explicative, Expérience, Observation, Protocole expérimental.***

EXPLICATION *n. f.*

Opération consistant à établir les liens fonctionnels qui unissent les différentes parties d'un système. C'est essayer de préciser les relations de cause à effet entre deux éléments, dont l'un est considéré comme un antécédent constant et l'autre comme l'effet (conséquence) qu'il produit nécessairement.

→ ***Déterminisme, Principe de parcimonie, Sciences.***

F

FACTEUR *n. m.*

Toute cause partielle déterminant un effet, la cause principale étant dite facteur principal ou facteur déterminant. La mise en évidence des facteurs qui provoquent l'apparition d'un **phénomène** est la tâche fondamentale de l'expérimentation.

→ ***Explication, Mécanisme.***

FAIT SCIENTIFIQUE

Événement, objet ou résultat provenant de l'observation et que l'on considère comme indiscutable.

FINALISME *n. m.*

Théorie philosophique et biologique affirmant que les différentes structures rencontrées chez les êtres vivants ont été conçues (par qui ?) pour réaliser un but précis. La plupart des biologistes admettent actuellement que l'évolution et l'adaptation des êtres vivants ne sont pas le produit d'une finalité, mais le résultat de la sélection naturelle. Ainsi, dans la rédaction d'un texte biologique on évite l'emploi de certaines tournures commençant par : afin de, pour, dans le but…

→ ***Finalité.***

FINALITÉ *n. f.*

But d'une action qui existe avant que celle-ci n'ait lieu. La cause finale, c'est-à-dire le but, expliquerait un événement en le décrivant comme moyen d'une fin. Comme la finalité est supposée antérieure à l'action et à ses mécanismes, elle n'a donc aucune vertu explicative du phénomène observé.

→ ***Explication, Finalisme, Hasard.***

H

HASARD *n. m.*

Cause fictive, c'est-à-dire qui n'existe qu'en apparence, que l'on rend responsable d'événements qui se produisent sans raison apparente ou explicable.

→ ***Aléatoire, Finalisme.***

HEURISTIQUE (MÉTHODE)

n. f. ou *adj.*

Pratique pédagogique consistant à faire découvrir à l'élève ce que l'on veut lui apprendre. L'heuristique est la partie de la science qui traîte de la découverte des faits.

HYPOTHÈSE *n. f.*

Énoncé anticipant sur la nature des relations entre deux ou plusieurs phénomènes. L'hypothèse est une explication provisoire qui doit être testée par l'expérimentation.

→ ***Conjecture, Démarche explicative, Principe de parcimonie.***

HYPOTHÉTICO-DÉDUCTIVE (MÉTHODE) *adj.*

Dans les sciences expérimentales, la méthode hypothético-déductive permet de vérifier le bien fondé des hypothèses en ce sens que ces dernières doivent donner naissance à des implications (conséquences) testables par l'expérimentation.

→ ***Démarche explicative, Méthode expérimentale, Validité interne.***

I

INDUCTION *n. f.*

Raisonnement qui consiste à remonter des faits (observation) à la loi, du particulier au général.

→ ***Déduction.***

INTERPRÉTATION *n. f.*

Explication destinée à donner à un phénomène une signification exacte (pour l'intégrer dans un contexte plus général), à donner une signification claire à quelque chose d'obscur.

→ ***Analyse, Commentaire.***

J

JUSTIFICATION *n. f.*

Action de fournir des preuves, des **arguments** pour montrer que quelque chose est exact, réel…

L

LOI *n. f.*

Formulation générale ne souffrant aucune exception énonçant une corrélation entre des phénomènes naturels et vérifiée par l'expérience. Une loi n'est pas une explication, mais elle permet de prédire avec exactitude l'évolution d'un système dans lequel la loi en question s'applique.

M

MÉCANISME *n. m.*

1. Agencement, disposition les uns par rapport aux autres des différents éléments (cellules, tissus, organes…) participant à une même fonction. **2.** Mode de fonctionnement d'une structure, quelle que soit sa dimension, que l'on assimile à une machine.

MÉTHODE *n. f.*

Ensemble des démarches, des cheminements que suit l'esprit pour atteindre un certain but.

→ ***Démarche explicative.***

MÉTHODE EXPÉRIMENTALE

Raisonnement conduisant à l'explication d'un phénomène naturel. La méthode expérimentale est une démarche explicative qui se décompose en cinq étapes. **Observation** d'un phénomène naturel (Qualités requises : sens de l'observation, précision dans la description du phénomène qui ne doit contenir aucune **interprétation**. Se méfier du sens des mots) [1]. Cette observation conduit à la formulation d'un problème (**problématique**), généralement posé sous forme de questions (Qualité : curiosité, on cherche à expliquer le phénomène observé) [2]. Il faut donc apporter des réponses (**hypothèses**) aux questions posées qui doivent être testables par l'expérimentation (Qualité : imagination en liaison avec les acquis. Einstein : « *Imagination is more important than knowledge* ») [3]. Il faut éprouver cette hypothèse, c'est-à-dire vérifier si elle explique (relation de **cause** à effet) le phénomène observé ; pour cela, il faut préparer un protocole expérimental (Qualité : rigueur dans l'expérimentation de telle manière qu'il n'y ait aucune ambiguïté dans l'interprétation des résultats) [4]. Il faut confronter les résultats expérimentaux aux hypothèses. Discussion, puis **conclusion**. Soit les hypothèses sont validées par les résultats expérimentaux, soit elles ne le sont pas. Dans le premier cas, l'hypothèse est confirmée, elle devient donc une **explication**, si les résultats sont reproductibles, dans le second cas, il faut reformuler une nouvelle hypothèse qu'il faudra à nouveau tester (Qualités : impartialité, persévérance)[5].

→ ***Démarche explicative, Hypothético-déductive (méthode), Validité interne.***

MODÈLE *n. m.*

Représentation simplifiée d'un **processus** ou d'une structure complexe. En sciences expérimentales, on utilise des modèles anologiques, numériques et structuraux.

1. Les modèles analogiques sont des montages expérimentaux dont les éléments constitutifs sont censés posséder les caractéristiques et les propriétés des objets naturels. Par exemple, les reconstitutions des couches supérieures de la Terre avec du silicone, du sable et du miel constituent un modèle analogique qui sert à étudier les déformations de la croûte continentale.

2. Les modèles numériques sont des ensembles d'équations qui intègrent le maximum de données disponibles et qui permettent d'étudier l'évolution d'un système ou au contraire de comprendre comment il s'est formé.

3. Les modèles structuraux sont des représentations simplifiées de la réalité. En sciences de la Terre, on suppose, par exemple, une Terre concentrique et homogène dans ses différentes enveloppes sur lesquelles on reporte les anomalies observées.

Les caractéristiques de tous les modèles sont leur capacité à être améliorés en intégrant le maximum de données disponibles et en affinant les mesures. Néanmoins, des modèles différents peuvent rendre compte du même ensemble de données.

O

OBSERVATION *n. f.*

Procédé scientifique d'étude conduisant à une description précise et rigoureuse des phénomènes naturels tels qu'ils se déroulent, sans volonté de les modifier ou de les interpréter. Pour Claude Bernard, l'observation est : « la constatation exacte d'un fait à l'aide de moyens d'investigation et d'étude appropriés à cette constatation ». Ainsi, l'observation se distingue de l'**expérimentation** en ceci que la première est à l'origine des **hypothèses** explicatives alors que la seconde a pour but de tester ces hypothèses. Une observation est considérée comme valable quand des observations du même phénomène par des observateurs différents conduisent au même résultat et quand des observations successives par le même observateur sont identiques. La difficulté de l'observation se situe dans l'emploi des mots utilisés pour la description du phénomène étudié ; ceux-ci ne doivent pas avoir de valeur interprétative.

→ ***Explication, Hypothético-déductive (méthode), Interprétation, Sciences.***

P

PARADIGME *n. m.*

Théorie qui domine dans une communauté scientifique, durant une certaine période, à une certaine étape du développement historique d'une science. Un paradigme est la plupart du temps un type d'explication qui est unanimement accepté tant qu'il paraît logique ou empiriquement satisfaisant.

→ ***Théorie.***

PARAMÈTRE *n. m.*

Dans les sciences expérimentales, toute variable définie quantitativement et susceptible de subir des variations contrôlées dans l'analyse causale des phénomènes. Ce mot est pratiquement synonyme de variable ou facteur, mais il désigne plus précisément, sur le plan théorique, une variable qui tend vers l'instauration d'un modèle mathématique et qui, à partir d'un certain niveau d'analyse, n'exige pas une référence à un phénomène directement observable.

→ ***Cause, Facteur, Mécanisme, Variable.***

PARAPHRASE *n. f.*

Développement trop long et maladroit qui n'est qu'une redite d'un texte ou de l'expérience originale et qui n'y apporte rien de plus.

→ ***Commentaire, Hypothèse.***

PHÉNOMÈNE *n. m.*

1. Tout ce qui apparaît à la conscience que ce soit par l'intermédiaire des organes sensoriels ou par l'intermédiaire d'une représentation cérébrale. **2.** Selon Kant, le phénomène est tout ce qui est objet d'expériences possibles, tout ce qui apparaît dans l'espace et le temps par opposition au noumène, « la chose en soi », réalité indépendante de l'observateur.

→ ***Observation.***

PREUVE *n. f.*

Processus intellectuel par lequel notre esprit reconnaît d'une manière convaincante et indubitable la vérité d'une proposition. La preuve s'applique donc à un **raisonnement** mais aussi à un fait, à un objet.

PRINCIPE DE PARCIMONIE

Dans les sciences expérimentales, le principe de parcimonie stipule que si deux **explications** équivalentes du même phénomène sont en présence, la plus simple doit être préférée. L'explication la plus simple est celle qui fait appel au moins d'**hypothèses**. Par la suite, l'explication la plus simple peut se révéler fausse.

PROBLÉMATIQUE *n. f.* ou *adj.*

1. Art, science qui consiste à poser les différents problèmes qui sont liés à un sujet. Ainsi, indiquer une problématique revient à poser les différentes questions relatives à un sujet. **2.** Proposition qui exprime une simple possibilité, c'est-à-dire qui peut être vraie sans que son affirmation et/ou sa négation soient établies avec certitude (Kant).

PROBLÈME *n. m.*

Question à résoudre et qui prête à discussion dans une science.

→ ***Problématique.***

PROCESSUS *n. m.*

Ensemble des **phénomènes** dynamiques et organisés dans le temps et, à chaque instant, se caractérisant par un état donné. L'explication d'un processus repose sur la notion de **causalité** dans la mesure où les événements observés se succèdent dans le temps. Ainsi, l'**explication** est atteinte quand une modification de la valeur d'une variable (cause) à un instant donné a un effet prévisible (conséquence) sur les autres éléments du système.

→ ***Déterminisme.***

PROTOCOLE EXPÉRIMENTAL

Écrit préparatoire destiné à fixer la démarche à suivre pour éprouver une **hypothèse**. Pour ce faire, le chercheur essaie de tenir constants tous les facteurs (**variables** indépendantes) qui peuvent agir sur le phénomène qu'il veut étudier, à l'exception d'un seul, qu'il fait varier systématiquement et dont il mesure l'effet (conséquence) sur le phénomène en question (variable dépendante). Les schémas expérimentaux fixent les dispositions à respecter pour la manipulation des variables en jeu garantissant la validité interne de l'expérience. Un des plans expérimentaux classiques consiste dans la formation d'un groupe expérimental et d'un groupe de contrôle équivalent (témoin), soumis tous les deux à un prétest, le groupe expérimental seul subissant une action systématique déterminée ; les deux groupes sont soumis à un post-test, la différence dans les résultats de celui-ci étant attribuée à l'effet de l'action subie par le groupe expérimental.

→ ***Démarche explicative, Hypothético-déductive (méthode), Méthode expérimentale, Raisonnement.***

R

RAISONNEMENT *n. m.*

Enchaînement de propositions liées les unes aux autres qui conduit à une conclusion. En mathématiques, les raisonnements sont déductifs alors que dans les sciences d'observation, les raisonnements sont plutôt inductifs.

→ ***Déduction, Induction.***

RATIONNEL *adj.*

Qui s'appuie sur un raisonnement et ne contient aucun élément empirique.

→ ***Explication, Sciences.***

RÉDUCTIONNISME *n. m.*

Toute théorie ou approche qui cherche à donner une explication à un phénomène complexe en le ramenant, par l'**analyse**, à ses éléments les plus simples. Suivant cette attitude, l'étude de la vie se ramènerait le plus souvent à l'étude des composants d'un être vivant (atomes, ions, molécules) auxquels s'appliquent intégralement les **lois** de la physique et de la chimie. Le réductionnisme suppose que le tout est la somme de ses parties et qu'il n'émerge pas de propriétés nouvelles de la réunion des éléments simples.

RÉFUTATION *n. f.*

Action de rejeter un raisonnement en prouvant sa fausseté. Selon Karl Popper, toute théorie doit être susceptible d'être réfutée pour être considérée comme scientifique.

S

SCHÉMA *n. m.*

Représentation graphique simplifiée et fonctionnelle d'une structure ou d'un système. Le schéma simplifie les contours, fait appel à des figurés, des couleurs, des représentations symboliques, des flèches. Il a pour but de mettre en évidence les mécanismes, les éléments fondamentaux à retenir.

→ ***Croquis, Dessin d'observation.***

SCIENCES *n. f.*

Ensemble des connaissances de valeur universelle, ayant pour sujet d'étude un « objet » déterminé et une méthode propre et fondée sur des relations objectives vérifiables : sciences exactes (mathématiques), sciences expérimentales (physique, chimie, biologie, sciences de la Terre), sciences d'observation qui ne font pas appel à l'expérimentation (zoologie, botanique, géologie…).

→ ***Démarche explicative, Hypothético-déductive (méthode), Méthode expérimentale, Observation, Protocole expérimental.***

SCIENTIFIQUE *n. m.* ou *adj.*

Qui satisfait aux exigences d'objectivité, de précision, de rigueur et de méthodes des sciences. Selon Karl Popper, une théorie est scientifique si elle peut être confrontée à l'expérience, donc si elle est potentiellement réfutable.

→ ***Empirique, Rationnel, Théorie.***

SYNTHÈSE *n. f.*

Opération consistant à relier ensemble divers éléments pour les unir en un tout. La synthèse permet de remonter de notions simples à des notions plus compliquées ; en ce sens, elle s'oppose à l'**analyse**.

SYSTÈME *n. m.*

Ensemble d'éléments liés entre eux et formant un tout organisé. Un système possède un nombre précis de structures fonctionnellement interdépendantes, présentant une disposition précise et une chronologie de mise en action bien définie.

→ ***Processus.***

T

TÉMOIN *n. m.*

→ ***Protocole expérimental.***

THÉORIE *n. f.*

Ensemble de règles, de **lois** systématiquement organisées servant de base à une science et qui donnent l'explication du plus grand nombre de faits possibles (théorie de l'évolution, théorie chromosomique de l'hérédité, théorie de la relativité…).

→ ***Sciences.***

V

VALIDITÉ INTERNE

Condition nécessaire pour que les résultats d'une expérience aient un sens, c'est-à-dire si les effets mesurés sont réellement attribuables aux variables indépendantes envisagées.

VARIABLE *n. f.*

Tout phénomène observable susceptible de prendre n'importe quelle valeur numérique, du moins entre certaines bornes, sur une échelle continue.

→ ***Facteur, Paramètre, Protocole expérimental.***

Code matières

Agric. : Agriculture
Anat. : Anatomie
Astron. : Astronomie
Biochim. : Biochimie
Biol. : Biologie
Biol. cell. : Biologie cellulaire
Biol. mol. : Biologie moléculaire
Bot. : Botanique
Climato. : Climatologie
Cyto. : Cytologie
Écol. : Écologie
Embryo. : Embryologie
Endocrino. : Endocrinologie
Éner. : Énergétique
Évol. : Évolution
Génét. : Génétique
Géochim. : Géochimie
Géogra. : Géographie
Géol. : Géologie
Géomorphol. : Géomorphologie
Géophys. : Géophysique
Glaciol. : Glaciologie
Histo. : Histologie
Hydrogéol. : Hydrogéologie
Immuno. : Immunologie
Méd. : Médecine
Microbiol. : Microbiologie
Minér. : Minéralogie
Neurobiol. : Neurobiologie
Océan. : Océanographie
Paléont. : Paléontologie
Pédol. : Pédologie
Pétrol. : Pétrologie
Phys. : Physique
Physiol. : Physiologie
Physiol. ani. : Physiologie animale
Physiol. vég. : Physiologie végétale
Préhist. : Préhistoire
Sédiment. : Sédimentologie
Sismo. : Sismologie
Strati. : Stratigraphie
Tecto. : Tectonique
Volcano. : Volcanologie
Zool. : Zoologie

REMERCIEMENTS

La rédaction de la première édition de ce dictionnaire s'est étalée sur quatre ans. Je tiens à remercier les différentes personnes qui m'ont aidé dans cette entreprise :

– Mes élèves du lycée Champlain de Chennevières-sur-Marne ont testé les versions successives du manuscrit et m'ont montré que ce dictionnaire était pour eux une aide précieuse, ce qui m'a encouragé dans la poursuite de ce travail.

– De nombreux collègues (Professeurs, Inspecteurs Généraux, Inspecteurs Pédagogiques Régionaux) m'ont assuré de l'intérêt de cet ouvrage et tout particulièrement MM. Éric Périlleux, Jean-Marie Lepouchard, Christophe Durand, Mme Martine Pernodet...

– Les textes ont été relus par des universitaires spécialistes des différents domaines abordés, leurs remarques ont grandement contribué à la qualité du contenu scientifique.

– Je tiens à remercier les Docteurs Claude Adam, Anne Breuil, Anne Dambricourt-Malassé, Dominique Dumant et Sigfried Lallemant pour leurs remarques constructives.

– M. Gilbert Gié a réalisé une lecture critique du manuscrit définitif et m'a fait de nombreuses suggestions qui ont permis d'améliorer ce dictionnaire de SVT. Je tiens à l'assurer de toute ma gratitude.

– M. Régis Demounem, Doyen de l'Inspection Générale de Sciences de la Vie et de la Terre, m'a fait l'honneur d'en écrire la préface, et je l'en remercie respectueusement.

Cette seconde édition, dont la rédaction a commencé il y a trois ans, a bénéficié plus particulièrement des remarques constructives de mes élèves et collègues du lycée Thuillier à Amiens et du lycée Lakanal à Sceaux.

N.B. : Toutes les définitions et les développements sont originaux et correspondent à une synthèse de données issues de sources multiples. Les informations utilisées pour la rédaction des entrées sont tirées des manuels de l'enseignement supérieur, de l'*Encyclopædia Universalis*, des différents dictionnaires (français, anglais et américains) de Biologie générale, d'Écologie, de Génétique, d'Immunologie, de Médecine, des abréviations en Biologie et en Géologie, ainsi que des revues telles que *Pour la Science*, *La Recherche*, *Nature*, *Science*. De plus, les sites Internet de nombreux établissements scientifiques ont été consultés. Au cours de la collecte des informations pour la rédaction des entrées, certains obstacles sont apparus comme la diversité des avis des auteurs sur un sujet donné, l'emploi de certains termes dans un sens large ou un sens restreint. Plutôt qu'imposer une vision particulière d'un objet ou privilégier une interprétation, j'ai préféré faire part, dans l'entrée, de ces divergences d'opinion.

Achevé d'imprimer en Italie par « La Tipografica Varese S.p.A. »
N° projet 10169975 – JPM – Juin 2010